刘国栋文集

刘国栋　著

地震出版社

图书在版编目（CIP）数据

刘国栋文集/刘国栋著．—北京：地震出版社，2014．3

ISBN 978-7-5028-4394-6

Ⅰ．①刘…　Ⅱ．①刘…　Ⅲ．①地质学—文集　Ⅳ．①P5-53

中国版本图书馆 CIP 数据核字(2014)第 024117 号

地震版　XM3098

刘国栋文集

刘国栋　著

责任编辑：刘晶海

责任校对：孔景宽

出版发行：地震出版社

北京民族学院南路 9 号　　邮编：100081

发行部：68423031　68467993　　传真：88421706

门市部：68467991　　传真：68467991

总编室：68462709　68423029　　传真：68455221

专业部：68467982　68721991

http://www.dzpress.com.cn

经销：全国各地新华书店

印刷：北京鑫丰华彩印有限公司

版（印）次：2014 年 3 月第一版　2014 年 3 月第一次印刷

开本：889×1194　1/16

字数：1514 千字

印张：50　插页：8

印数：0001～1000

书号：ISBN 978-7-5028-4394-6/P(5084)

定价：180.00 元

前　　言

刘国栋先生，我国著名地球物理学家，1934 年 3 月出生于辽宁省兴城县。青少年时代经历了曲折的求学之路，8 岁入小学，13 岁远赴北京读中学，15 岁又徒步返乡，被招工先后进入辽宁杨家杖子钼矿艺徒学校、长春东北地质调查所钻探工人训练班，短期训练后成为我国解放后首批钻探工人队伍的一员。工作中把所学知识用于实践，受到老师傅的好评，也再次点燃了求学的欲望。18 岁被选送到长春东北科学研究所学习钻探泥浆制作技术。同年，钻探队调入华北，先后在重工业部资源勘探总队和冶金部华北勘探公司工作，他刻苦学习、钻研技术，对身边北大、清华毕业的大学生羡慕不已，立志要成为一名大学生。然而，以仅有的 7 年多的文化基础，考上大学的难度可想而知。1955 年高考没被录取，但没有气馁，1956 年考取了北京地质学院地球物理勘探系。大学期间他深知自己基础薄弱，必须花费比他人多几倍的努力，大学五年除一门考试良好外，其他均为优秀，1961 年毕业时以优异成绩被推荐，并考取中国科学院地质研究所研究生，师从著名地质学家张文佑教授和著名地球物理学家顾功叙教授。

刘国栋长期潜心于地球物理和地质学及其相结合的研究，硕果累累。先后在国内外发表论文近 140 多篇，专著两本，译著一本，主编论文集五本。1985 年"SD-1 型数字大地电磁测深仪及其软件系统应用与研究"获国家科技进步二等奖，另获省部级科技进步一等奖 4 次，二等奖 6 次，三等奖 5 次，专项奖 3 次。1990 年被授予对国家有突出贡献的中青年专家称号，1993 年获李四光地质科学奖，1997 年获国家自然科学奖三等奖。1973 年任中国科学院地质研究所深部研究室业务负责人，1979 年被聘为副研究员，任国家地震局地质研究所地球物理研究室主任，1985 年被聘为研究员，任国家地震局地质研究所副所长，1980 年起历任中国地球物理学会第三、四、五届理事会理事，曾任中国地质学会理事会理事，中国地震学会理事会理事，国家地震局第二届学术委员会委员，国家地震局第三届科技委员会委员，国际岩石圈委员会第六工作组成员，《地球物理学报》、《地震地质》、《地震学报》等编委会委员。

1965 年，研究生期间在悉心研究华北地台结晶基地结构中，发现郯庐断裂带两侧重、磁资料异常现象仅用垂直构造运动难以解释，提出郯庐断裂带可能存在位移幅度达150～200km的左旋平移运动，并在中国地质学会第一届构造地质学术会议上发表。该成果得到后来大量研究结果的支持，有的甚至提出更大的位移距离。研究生期间的研究成果，还以“论华北断块结晶基底的早期结构”论文发表在1980年张文佑教授主编的《华北断块形成与演化》文集中。

1966年3月河北邢台地震，刘国栋是我国最早参加邢台地震科学考察的年轻科学家之一，在地震灾害现场亲自聆听了周恩来总理的教诲和指示，立志献身于祖国的地震事业。1966年6月在北京科学会堂召开的第一次邢台地震科学讨论会上，代表中国科学院地质研究所、地理研究所和河北省地理研究所组成的科考队，向李四光等老一辈科学家报告了“邢台地震的地质背景及其成因”科考成果，被称为我国解放后第一个较全面论述大震科考成果的报告。

地震是给人类造成最严重的自然灾害之一，但地震是发生在地球深部，开展深部结构探测研究是探索地震预报、监测地震活动的有效途径。攻坚需有利器，1966年刘国栋是国内最早开始研究国际上新发展的、能够探测地壳上地幔深部结构的大地电磁测深方法的专家之一。1969年开始率队研制我国第一台感应式模拟大地电磁测深仪样机，并用样机完成了我国第一条大地电磁测深剖面的观测。1970年，国家地震局地质研究所又联合国家地震局兰州地震研究所、郑州物探大队等对样机进行改进，完成了我国第一台LH-2型模拟大地电磁测深仪，推动了大地电磁测深方法的发展和应用。

1976年，刘国栋率领中国科学院地质研究所团队开始调研数字化大地电磁设备的最新发展动态，后与原石油部物探局、原北京地质学院联合开发研制数字化大地电磁硬件和数据处理软件系统，经过数年攻关和多次野外试验，1980年我国第一台SD-1型数字大地电磁测深仪及其软件系统研制成功，1985年获得国家科技进步二等奖，打破了当时西方对我国进口类似设备的封锁。原石油部物探局仪器厂又在数字化仪器小型化和多功能方面进行了改进，生产了两台改进型设备，并于1989年用于南方碳酸盐岩地区的油气大地电磁勘探等项目中。

刘国栋始终以推动我国大地电磁方法的发展为已任，1979年与北京地质学院、成都地质学院等资深专家一起授课，在成都举行了我国第一个来自多个部门由50多人参加的大地电磁学习班；1982年在湖南湘潭云湖桥为地矿系统举办了学习班；1988年在北京为石油系统举办了学习班。在这期间，1981年出版了我国第一本《大地电磁测深》研究论文集，1984年出版了《大地电磁测深研究》专著，1985年出版了《大电磁测深教程》，1987年出版了译著《大地电磁测深法》。1984年在广州、1991年在北京分别主办了我国第一届、第二届全国大地电磁学术研讨会。大大促进了大地电磁法在我国石油、地矿、地震、高等院校、中国科学院、有色、冶金和建材等地质和地球物理部门的研究和应用，在20世纪末我国已成为世界上大地电磁法大国，目前从事大地电磁法研究和观测的单位约有400多家。

从1966年邢台地震，到1975年海城地震，再到1976年唐山地震，我国首都圈和华北地区先后遭受了几次地震灾害的重创，刘国栋团队在华北地区开展了大量深部探测研究。20世纪80年代大陆岩石圈结构和动力学过程是地球科学研究的热点研究领域，刘国栋的研究从大地电磁法扩展到人工地震测深等其他深部探测研究，研究领域从地壳上地幔结构扩展到大陆裂谷成因机制、含油气盆地构造、震源构造和地球动力学过程。1982年提出华北裂谷系起因与深部活动有关的韧性下地壳侧向蠕变和上部脆性地壳侧向滑脱，1987年提出渤海可能存在地幔柱，1989年提出华北大震孕育和发生在浅部断裂与壳内隐伏的高角度断裂相会的空间、壳内低速−高导层异常体上边界区和上地幔局部上隆地带的边缘等观点。期间率队参与或组织了对海城地震和唐山地震前后的电磁监测，1981年发表的关于唐山地震前后地壳电性结构变化的论文是我国第一批大地电磁法监测地震的成果之一。

1987～1989年，协助马杏垣院士编制了中国大陆及周围海域岩石圈动力学图和中国岩石圈动力学图集，作为常务副主编协助完成了中国六条地学断面的编制和研究工作，在1989年召开的"东亚地区地学断面国际学术讨论会"上获得很高赞誉。1991年主持了国家八五计划"华北北部地壳上地幔构造、物性、深源岩石参数及其与孕震环境研究"项目，利用最新的大地电磁和地震测深技术，更系统地研究了华北地区深部结构和潜在大震区的深部孕震环境。1995年，倡导和启动了在新疆305项目框架下，开展地壳和岩石圈的深部构造探测研究项目。

20世纪80年代，中国的改革开放向石油等能源资源提出了更高的需求。1984年始，先后承担了石油系统和地矿系统在辽河油田、虎林盆地、楚雄和思茅盆地、江汉油田等油气勘探项目，是我国最早把大地电磁法应用于油气勘探领域的带头人。1989年，和中国大陆石油开发公司等合作，针对南方碳酸盐岩地区油气勘探的重点研究领域，开展了多条剖面的大地电磁勘探工作。1991年，在广东三水盆地的可控源声频大地电磁勘探，是我国最早把该新方法用于实际的油气勘探工作。

1996年第三十届地质大会上被选为中国两位科学家之一，在人民大会堂做大型主题报告：华北新生代裂谷发生和演化过程。

1980年以来，主持了多个国际合作项目。1988～1990年作为中方负责人，组织国家地震局、地矿部和石油工业部下属单位与西德合作，在我国三个石油勘探区和一个地震活动区进行了电偶极子场源深部瞬变电磁法的野外勘探和数据处理及反演、解释，这是我国首次开展该方法研究。1991 年,作为中方负责人,由国家地震局和地矿部等单位,与日本、俄罗斯合作共同完成了马里亚纳海沟–菲律宾海–东海–中国华北的地学大断面的编制和研究项目,作为中方主编分别在俄罗斯和日本出版了侧重领域不同的专著。1992 年推进了国际科学文化中心—世界实验室对中国的科技援助项目—磁流体发电机预报地震,在国家地震局地质研究所成立了国家电磁实验室。1985～1994 年期间,应邀赴美国、加拿大、日本、德国和意大利等国家讲学 9 次。

刘国栋在从事地球物理和深部构造研究的同时,注重人才培养和新技术的发展,先后指导研究生在大地电磁的边界元与有限元耦合,大地电磁二维反演、反射法处理大地电磁数据、适于地形起伏的边界元法大地电磁模型计算,局域网地震 CT 成像,地壳上地幔构造和地球动力学研究等方面取得引人注目的成果。

1996 年刘国栋先生退休后开办了北京欧华联科技有限责任公司,从事国内外先进地球物理仪器设备,数据处理和反演解释软件的销售、推广和技术支持工作,至 2012 年为我国地矿系统,煤炭和石油系统,地震系统,建材系统,高等院校和科研院、所等单位提供地震仪器约 20000 道,大地电磁仪约 150 套,瞬变电磁仪和各种发射系统约 200 台套,磁力仪近 2000 台,其他地球物理仪器设备百余套。2008 年作为技术总监负责技术推广至 2012 年离职。在技术推广方面:

我国 20 世纪 80 年代已开始瞬变电磁法研究,早期应用的国内研制的和从国外引进的瞬变电磁仪发射功率小,应用上受到限制,2001 年在刘国栋先生主办的公司协助下,引进了大、小不同发射功率的瞬变电磁系统,瞬变电磁法在我国的应用领域逐渐扩大,应用效果不断提高,特别是在煤矿井下探测水患和矿产资源探测方面获得很大成功。在煤矿井下探水应用上协助国外制造商改进了发射系统,协助国内用户提高了应用效果。

1985 年西安煤科院从国外引进槽波地震仪,首次开展煤矿井下槽波地震勘探,自 1999 年停止井下观测。由于认识到井下槽波地震勘探是探测煤层结构和煤层内部异常体的有效方法,2010 年刘国栋先生开始推广该方法,至 2012 年我国已有五家煤矿企业,一家研究单位和一所高等院校引进槽波地震仪,在北京欧华联科技有限责任公司的协助下开展井下槽波勘探,包括研发软件系统和数据处理及解释,取得很多令人满意的结果,并有进一步发展趋势。同年在滕吉文院士牵头下,共同获得了国家重点基金科研项目和基金支持。

可控源声频大地电磁法(CSAMT)是一种比较常用的电磁勘探方法,但由于其是单一电偶极子发射,只适合探测层状一维电性结构,在复杂的二维和三维地质条件下不能获得正确的勘探成果。2010 年国外研制成功多电偶极子旋转发射的张量可控源声频大地电磁法(TCSMT),不仅适合探测复杂地质结构,而且具有其他优点,同年刘国栋先生开始推广该方法,经过多次野外试验,证实了该方法的有效性并获得了推广,使国内又增加了一种新的电磁勘探方法。

在北京欧华联科技有限责任公司期间,刘国栋先生编著了《电磁法勘探仪器》,《工程地质勘探中的物探方法、仪器及应用》,《金属矿勘探中的物探仪器》,《地球物理方法、仪器、应用》等内部出版物,本文集中的最后五篇文章是2011～2013年的未公开发表的著作。

2014年正值刘先生80诞辰,为便于了解和学习刘先生的科研成果和学术思想,特编辑《刘国栋文集》。文集主体部分包括已收录到的刘国栋先生发表的部分文章,文章排列以发表时间为序,文集中没有包括已发表的专著。

编辑过程中,对论文中使用的公式、物理量和概念术语未做改动。但对原文印刷中明显的笔误做了校正,对原文排版格式进行了统一。论文注明全部原作者,在每篇文章首页下端也标注文章原出处。

文集附录包括刘先生的全部论文和著作目录,获奖目录,以及部分照片。

文集出版得到中国地震局地质研究所和地震出版社的指导和关心以及朋友们的大力支持,在此一并表示衷心的感谢!

文集主要由刘先生的学生负责选编完成,由于缺乏经验,难免存在不少谬误和疏漏,敬请指正。

《刘国栋文集》编辑小组

2014年1月

目　　录

根据地球物理等资料对华北地台基底构造格式的初步探讨*

刘国栋

在综合分析华北地区的地球物理、地质和绝对年龄等资料的基础上，对地台的基底构造格式做了初步探讨。

基岩出露区的物性数据表明，太古界磁性（K）差高达（2000～3000）$\times 10^{-4}$cgsm，元古界一般为非磁性或弱磁性，古老岩系间的密度差可达0.15～0.25 g/cm^3；加之，它们的分布规模巨大，厚可达十数公里，因此应是形成区域磁、重异常的主要因素。山区的磁力与地质资料对比表明，不同的古老岩系和构造，一般在区域异常走向、范围、强度和变化特征等方面，都有较清楚的反映。平原区的重、磁资料对比表明，区域重、磁异常在走向、范围和强度等方面，除个别地区外也基本上存在着一致性。根据电法无穷大标志层顶板等深图和按磁法计算的结晶基底埋深图，用比较精略的平行板状体公式（$\Delta g = 2\pi f\sigma h$），消除了华北平原地台区的沉积盖层的重力效应，获得了“剩余”重力异常图。该图与磁力图比较，在区域特征上很吻合，与布格重力异常图比较区域特征也基本一致。根据地震大剖面和磁法深度，用甘布洛采夫量板消除沉积盖层的重力效应后，“剩余”重力异常值仍可达20～30 mGal。这些事实表明，区域布格重力异常仍较明显地受基底内部组成和构造的控制。因此，我们对基底构造的研究，主要建筑在对区域磁、重异常的分析基础之上。

华北地台的区域磁、重异常，大都具较明显的方向性，多呈带状展布，强度高达数百珈玛（磁）和数十毫伽（重），带宽数十至百余公里，长达数百公里。与地质资料对比及物性研究表明，它们不是混合岩化或花岗岩化所引起，主要是受基底内部的原岩建造、岩浆活动和构造变动等因素的控制。重力异常高与盖层构造颇有关。

华北平原北半部、北部山区、辽东和鄂尔多斯（统称北部），区域异常以EW、NEE和NE向为主。根据异常特征和相互关系、地质和绝对年龄等资料的综合分析，早太古代构造带以EW-NEE向为主，磁力以正、正负交替和接近正常场为主，异常沿走向延续性较差，常被另一组异常所切割或重叠。晚太古代构造带以近NE向和部分近EW向为主，磁力多为强烈的正、负异常，沿走向延续性较好。华北平原南部，苏皖及各山区（统称南部），区域异常以NWW和近EW向为主，但磁场差异性一般的没有北部明显。按同样分析，它们主要相当于早、晚太古代构造区。总的特征显示华北地台基底的内部构造，大都具明显方向性，呈宽或者窄些的带状分布。

北部有三个早太古代构造带：它们是北边的遵化以北—天镇—杭锦旗近EW向一带，以剧烈跳动的和变动不大的、正负相间排列的窄条状磁异常为主；中间的冀东—阜平—乌审旗NEE一带，以接近正常磁场为主；和南边的渤海—井陉—临县NEE一带以正磁异常为主。看来它们有可能是连在一起的，并可能从北而南由老至新。但每带沿走向延续性都较差。北部的晚太古代构造，在北缘，平行早太古代发展，内部多以近NE向交切或重叠或以NEE向围绕，但从区域观察以NE向为主，深断裂发

* 本文原载于《中国地质学会第一届构造地质学术会议论文摘要汇编》，1965，139～140。

育。在北缘、西起临河东至平泉北有一条由一系列 NWW-NEE 向断裂组成的 EW 向深断裂带，可能是早太古界分布的北界；在内部 NE 向深断裂较多。NE 向区域异常带，正负相间排列，带宽几近相等，这可能代表一个地槽区内具不同性质的构造带，也可能它们正类似于优、冒地槽的相间排列；而 NE 向的区域正异常带常由几个近 NE 和 NEE 向的局部异常呈雁行状排列组成，这可能是受断裂控制的结果。

南部早、晚太古代看来是平行发育的，除控制元古界的淮阳深断裂带外，沿构造方向对古老构造起控制作用的深断不发育，这可能是南部磁异常较弱、差异性不明显的原因之一。从涡阳至定陶由一系列局部重、磁异常组成的 SN 向异常带，破坏了这里本来就不十分明显的 NWW 向区域异常方向。按局部异常特征、定量计算和换算的平均重力图判断，它们可能是受后期侵入体和局部构造控制的 SN 向构造带。

根据元古界的磁性和磁场特征、根据计算的基底埋深（太古界顶面）减去电法标志层埋深（以奥陶纪顶面为主）所得的厚度值以及华北平原北部 5 个见太古界面未穿过元古界地层的钻孔等资料判断，华北地台基底在太古代末期已基本固结，元古界有巨厚发育的地区可能是断糟，而在大部地区以盖层形式显现出来，鲁中断裂带以东元古界可能有广泛发育。

根据重、磁资料分析，鲁中深断裂带仍以 NNE 向北延，直到我们分析区的最北端，并显示了东侧相对北移、长达 150（南段）至 200（北段）km 的水平位移。位移主要发生在太古代晚期，致使南部地区断裂两侧的区域异常因拖引而向 NE 偏移，而在鲁西、渤海等地发育巨大的 NW 向断裂。后期（可能燕山期）也有东侧相对北移的情况，但位移不大。按重、磁等资料初步分析，邢台一带出露的早太古界，推测可能是在太古代时期沿太行山东侧的雁行状断裂（后期发展为 NE 向的统一断裂），从高阳、正定一带经过平移、旋转推来。

本文利用的资料，主要来源于地质部航空物探大队、中原物探大队、地质局和石油部物探大队以及北京地质学院等单位。

注：根据华北地台古老岩系 100 左右个绝对年龄数据值，并结合区域异常走向及其相互关系，我们暂将 22 亿或 23 亿年作为太古界内部的一个界限，暂定为早、晚太古界的时界；18 亿年作为太古界与元古界的时界。

根据重、磁力资料对鲁中断裂带北延及平移等问题的探讨*

刘国栋

（1）已肯定的鲁中断裂带上的磁场特征是异常呈一线状窄带沿断裂方向延伸，两侧的区域异常特征、走向、强度等显然不同。我们初步分析了渤海和东北地区的航磁资料，发现从山东掖县入渤海至下辽河口也有一 NNE 向线状异常，向北经沈阳、四平至长春一线仍可辨出这类线状异常的存在，但因资料不完整，不像以南地区那样清楚。上述一线两侧的区域异常走向、特征是不同的：西侧，辽东湾、下辽河平原为 NE-NNE 向，松辽平原南部近 SN 向；东侧，辽东主要为 NEE-EW 向，长白山南部主要为 NE 和 EW 向。故而鲁中断裂应继续北延至长春。再北因缺乏资料不详。

（2）从布格重力场看，整个断裂带不存在统一的重力梯度带；从南往北，太湖—嘉山有一梯级达 10 mGal 的梯度窄带，它由长度几近相等的呈锯齿状排列的 4 段组成，嘉山—郯城在重力场上没有显示，鲁中山区显示为重力高带，下辽河按剖面资料重力场与山区呈过渡关系。断裂两侧的重力背景值相差不过 10 多毫伽，表明地壳厚度值相差不大。

（3）根据地球物理等资料推断的华北地台基底构造格式可见，断裂两侧磁异常特征及其反映的基底组成、构造等是截然不同的。但将断裂两侧的全部航磁资料统一分析对比时，发现本溪以南的区域异常与渤海的很相似，鲁东北部的与鲁西南、皖北的很相似，苏北的与皖中地区的较类似等等。这说明此断裂有东侧相对向北，西侧相对向南，150（南段）至 200（北段）km 的水平移动。按磁测资料推断，属下太古界的鲁西地区，自南而北发育有 NW-NNW 向大断裂，与鲁中断裂带在该区由近南北向转为 N30°E 相对应；渤海的下太古界发育 NW 向大断裂；根据泰山区测队研究，这套断裂很可能属晚太古代；鲁东地区的古老变质岩系区域走向，按磁异常看，有由北而南的拖引现象，大别山东缘和蚌埠北有由南而北的拖引现象。这些都可能是平移造成的结果。然而推断的上太古界内，在断裂两侧不发育上述断裂。按这些现象，我们推测这一平移主要发生在太古代晚期。

（4）断裂带从巢县—嘉山段，梯度带呈羽列状排列。其东侧的重力异常排列较紧密，有十分明显的由北而南的拖引现象，推测它们是以受压性为主的、盖层褶皱构造（后期发展为断块构造）所控制；其西侧、重力异常开阔、平缓，被几条十分密紧的 NWW 向重力梯度窄带分成几块，推测它们是以受张性为主的、中生代的断陷构造所控制。嘉山—郯城段西段，发育有一系列呈雁行状排列的 NE 向局部重力异常，按异常性质及选择法计算，应为盖层中的较平缓的褶皱构造所引起；东侧也有这类 NE 向异常但不明显。坚硬基岩裸露的鲁西、鲁东地区，按磁测资料分析，在断裂带两侧，发育有一系列的、并多被燕山期火山岩充填的 NW 向断裂。鲁东高密-海阳坳陷中生界形成巨大的 NEE 向复式向斜，接近断裂带向南转折，鲁西则发育有中生代的断陷盆地。上述褶皱、断裂等分布特点和排列形式，反映了鲁中断裂带在后期（可能燕山期）也有东移相对北移的性质，但位移可能不大。

（5）根据断裂带上的磁异常特征，此断裂是由 NE、NNE 和近 SN 向等许多段组成的统一深大断裂带，有的段以侵入岩充填为主，有的段以火山岩充填为主，这可能反映了各段或剪性或张性的差异。

---

* 本文原载于《中国地质学会第一届构造地质学术会议论文摘要汇编》，1965，141～142。

LH-2 型大地电磁测深仪*

刘国栋　张木生　赵国泽　秦国卿　徐常芳

大地电磁测深方法是通过测量天然交变电磁场，求得地下电阻率的分布，进而探测深部构造的一种方法。在野外工作时，实际测量三个互相垂直的磁场分量 H_x，H_y 和 H_z 电场的两个分量 E_x 和 E_y。磁场变化的特点是：振幅小（一般为 0.001 至几伽玛），频率为（10000～0.0001 Hz）。接收磁信号是通过感应线圈来实现的，当交变磁场通过内装有高导磁率的坡莫合金磁芯的螺旋管时，便感应出信号电压（接收器的灵敏度约为 220 $\mu V/\gamma s^{-1}$）然后再将此电压进行放大、滤波，最后记录在纸上。其方框原理如图 1。

由于信号频率低，振辐小，所以对放大器的要求比较严格，尤其是要求放大器的噪声和零点漂移都要小，为此，放大器采用的是加有尖锋箝位的斩波直流放大器。放大器中所用的器件都经过严格的挑选（图 1）。

磁放大器的技术指标为：

输入阻抗：1 MΩ

增益：80 dB

频带：1～0.0001 Hz

噪声电平：<0.1 μV

线性范围：±100 μV

温度漂移：<0.1 μV/℃

环境温度：0～45 ℃

输出阻抗：1.6kΩ

放大器输出端残余电压<100 mV

测量电场 E 的两个分量 E_x、E_y 是在相距 300 m 左右的地方埋下两个不极化电极，当有地电流流动时，在两个电极之间便产生信号电压，将此电压进行放大、滤收，最后记录在记录器上。

电放大器也是采用斩波直流放大器，由于信号比较强，信号电平为毫伏级，所以放大器的增益不需太高，对噪声要求也不大严格。电放大器线路图见图 1，其技术指标为：

输入阻抗：1 MΩ

增益：56 dB

噪声电平：<0.1 mV

频带：1～0.00001 Hz

线性范围：±5 μV

环境温度：0～45 ℃

输出端残余电压：<100 mV

---

* 本文原载于中国科学院地质研究所《LH-2 型大地电磁测深仪研制报告》，1975，1～3。

输出阻抗：1.6kΩ

由于电磁信号频带很宽，且频率很低，因此要分段记录。在测量时，加有快慢两个记录仪。为了在记录长周期信号时排除短周期信号对它的干扰，因此，在放大器的后边连接有源低通滤波器。此种滤波器是由一节双 T 带阻滤波和一节低通滤波所组成。野外实际测量时，短周期信号从放大器直接输出，长周期信号从滤波器输出，并且两者是同时的。

滤波器的技术指标为：

截止频率：周期为 80 s

滤波陡度：33 dB

传输系数：0.92

波纹：0.264 dB

所有放大器和滤波器的电源都是由稳压电源供给，稳压器的稳定度都小于 0.1%。

LH-2 型大地电磁测深仪是在 LH-1 型基础上经过改进的。由于它具有尖锋箝位，因此对放大器的温漂及线性度都有较大的改善。最突出的是滤波器的线路变了以后，滤波陡度比 LH-1 型大大地改善了。

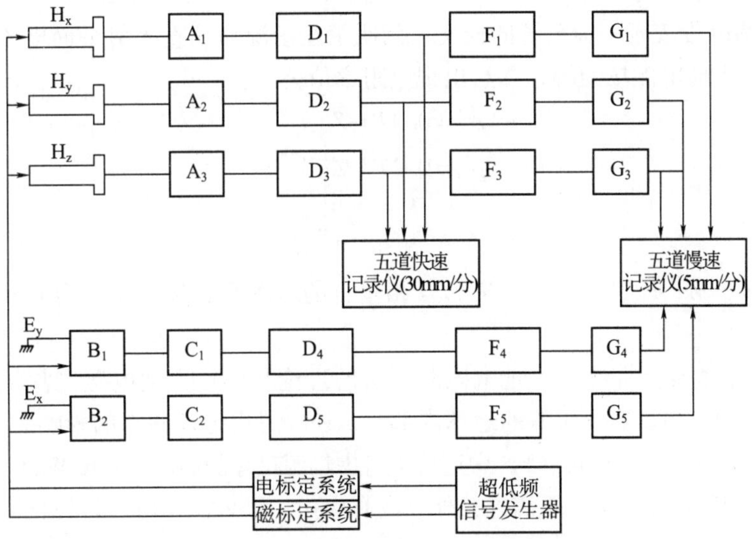

图 1　大地电磁测深仪方框原理图

H_x，H_y，H_z. 磁信号传感器；E_y，E_x. 不极化电极；A_1，A_2，A_3. 低通滤波；B_1，B_2. 极化补偿；C_1，C_2. 双 T 滤波；D_1，D_2，D_3. 调制式尖锋箝位直流放大器；D_4，D_5. 调制式直流放大器；F_1，F_2，F_3，F_4，F_5. A，B 型有源组合低通滤波器；G_1，G_2，G_3，G_4，G_5. 调平输出及过载保护

大地电磁测深方法、仪器及应用*

刘国栋

1 理 论

1950 年 A. H. Тихоhob 首先提出大地电磁测深法。他指出：①大地电磁场的结构是很复杂的，但近似于向地球垂直入射的平面电磁波；②地球的电性阻抗是影响大地电磁场的基本参数；③可通过在地面上的一点来观测互相垂直的大地电磁场水平分量之比，确定地下的电性结构。

1953 年 L. Cagniard 发表了一篇系统的论文，阐明了在场源为垂直入射平面电磁波，地球为水平均匀层状介质条件下，大地电磁场的解，并给出视电阻率值公式：

$$\rho_{xy}=0.2T|Z_{xy}|^2$$
$$\rho_{yx}=0.2T|Z_{yx}|^2 \qquad (1)$$
$$Z_{xy}=\frac{E_x}{H_y},\ Z_{yx}=\frac{E_y}{H_x}$$

式中，阻抗值 $Z_{xy}=Z_{yx}=Z$；E_x、E_y、H_x、H_y为互相垂直的电场和磁场的水平分量；T 为电磁场的变化周期。

以上这两篇文章，奠定了早期的大地电磁测深法的理论基础。大地电磁测深法所面对的主要理论课题是场源和介质结构，当研究非常深的地球内部时，还要考虑地球曲率的影响。

如果场源不是平面电磁波，在式（1）中还应该考虑场源尺寸的影响。J. R. Wait（1954）指出，如果在相当于电磁波穿透深度那样的水平距离上，外场没有变化，那么式（1）是可靠的。A. T. Price（1962）对场源尺寸的影响做了计算，表明随着 ν 的增加（$\frac{2\pi}{\nu}$是场源的水平尺度，如果是平面波 $\nu=0$），场源影响逐渐加大，但对相位的影响大于对振幅的影响。对于大地电磁测深的视电阻率曲线来说，差不多电磁场的周期接近 10^4 s 数量级时，场源尺寸的影响才会出现；对相位曲线来说，在 10^3 s 数量级时，场源的尺寸影响就已出现了；因而一般说来，当周期 $T<1000$ s 时，都可忽略场源尺寸的影响。

为了考虑场源尺寸的影响，S. P. Srivastava（1967）对 5 种不同的场源尺寸（ν），计算了二层和三层的大地电磁测深理论曲线。后来很多人对大地电磁测深中所记录的天然电磁场尺寸做了实地观测研究，证明（A. Adám，1976）在中纬度地区沿子午线方向 100～200 km 的距离上，沿纬度方向 300～500 km 的距离上，外场仅略有变化。

一般的大地电磁测深理论，把地球作为平面问题看待。这对于研究不是过深的地球内部构造和不是过大的电磁场周期时，是完全正确的。但是当研究地球的深部构造，要应用其波长可与地球的半径相比拟的电磁场时，就要考虑地球曲率的影响。J. G. Scholte（1955）等首先对这个问题进行了研究，

* 本文原载于《地震地质译丛》，1979，1（2）：16～24。

他们应用的实测曲线是 $10^1 \sim 10^4$ s 周期，表明地球曲率对 $\frac{E}{X}$ 比值的影响是很小的。H. B. Липская (1969) 对这个问题进行了更深入的研究，表明地球曲率的影响是否可以忽略，不仅与电磁场的周期有关，而且还与地球的电性参数以及外场的均匀程度有关。

关于介质结构对电磁场的影响是大地电磁法所研究的主要课题。水平均匀层状的一维地球模型是最简单的情况，虽然实际上很少遇到，但它是基础。

A. H. Тихонов (1950) 讨论了在任意多层水平均匀介质的表面上计算阻抗值的方法，并编制了二层和三层理论曲线。后来很多人 (Yungul，1961；Wait，1961；Jacobs，1962) 也都编制了相应的曲线。利用电子计算机计算多层理论曲线是容易的，但一般都不编制三层以上的理论量板，因为条数太多且不便应用。多半利用三层理论曲线来解释多层的实测曲线 (Бердичеркий，1977)。

Bossy 和 Vuyst (1969) 研究了当层状介质的电阻率连续变化时，大地电磁测深的解。这个模型虽然没有得到广泛的应用，但对于解释地壳深层的电阻率可能是有意义的。因为那里的电阻率与温度有密切关系，随着温度的增加，在层内电阻率可能出现连续的降低。

在一维地球模型下，由于阻抗 Z 是标量，因而式 (1) 与场源的偏振方向和测量坐标轴的方位无关。此时大地电磁场的数据处理和解释方法都比较简单。只要对记录的大地电磁场信号进行谱分析，并按一定的频率间隔平均，按式 (1) 计算视电阻率，将其绘制在双对数坐标纸上 (ρ_a，T 各为纵、横坐标轴)，即获得实测的视电阻率曲线。这叫标量阻抗法或视振幅法。对实测曲线进行定量解释就可获得测点下的电性参数 (层厚度 h_i，电阻率值 ρ_i)。常用的定量解释方法有三种：

(1) 在地电参数为极限的情况下，利用实测曲线的上升枝和下降枝的渐近线或是一些极值点，解出纵向电导 S_i 以及低阻层的顶面深度 (Заводская，1965；MarBeeB，1974)。

(2) 把实测曲线与模型的理论曲线对比，如符合该模型就是所求的解 (Бердичевский，1977)。

(3) 对实测曲线在计算机上进行自动拟合。有两种途径：一种是先给定初始参数 (h_i，ρ_i)，算出理论曲线并与实测曲线对比，根据最小方差原理，自动修改参数，以达到与实测曲线的最好拟合 (F. T. Wu，1968)；另一种是无需给定初始参数，让计算机自行猜测分层，最后给出最佳拟合时的解 (Patrick，1969)。

当然，方法 (3) 的精度最高，但初始参数也必须通过方法 (1)、(2) 给出。虽然一维情况很少，但其解释方法仍广泛应用。

20 世纪 50 年代一些国家开展了试验性的大地电磁测深工作。但按式 (1) 所整理的视电阻率值，即使在同一频段上经常也很分散。这是因为在多数情况下地下构造是各向异性的，阻抗不是标量。

T. Cantwell (1960) 考虑了各向异性对大地电磁测深资料的影响，提出应用张量阻抗概念解释简单的各向异性结构的方法。F. X. Bostick (1962) 按照 Cantwell 的方法，提出旋转测量坐标轴使阻抗张量的对角线项为最小，以便确定各向异性主轴方位和各向异性程度。T. Madden 等 (1964) 提出了计算张量阻抗的一套方法。C. M. Swlft (1967) 提出了根据电磁场的自相关功率谱和相关系数来计算张量阻抗。D. R. Word 等 (1969) 提出了用各电磁场水平分量间的功率谱表示张量阻抗。

在二维构造情况下，电场 E_x 已不完全是由与其相垂直的磁场 H_y 所感应，它还与同方向的磁场 H_z 有关，电场 E_y 也是同样。即

$$\begin{aligned} E_x &= Z_{xx}H_x + Z_{xy}H_y \\ E_y &= Z_{yx}H_x + Z_{yy}H_y \end{aligned} \tag{2}$$

它可写成如下的矩阵形式：

$$\begin{bmatrix} E_x \\ E_y \end{bmatrix} = [Z] \begin{bmatrix} H_x \\ H_y \end{bmatrix}$$

而
$$[Z]\begin{bmatrix} Z_{xx} & Z_{xy} \\ Z_{yx} & Z_{yy} \end{bmatrix}$$

可见阻抗为二阶张量，Z_{xx}，Z_{xy}，Z_{yx}，Z_{yy}为张量阻抗要素，它们都是复数。当场源满足所假设的平面电磁波的条件时，阻抗 Z 仅与场的变化周期、测点下的电性结构以及测量坐标轴的方位有关，而与场的极化方向无关。为了避免 Z 与测量轴坐标方位的依赖性，要通过计算把 Z 旋转到主轴方位上(即与构造走向平行及垂直的方向上)。

按式（2）我们可以写成：

$$\frac{E_x}{H_y}=Z_{xy}+Z_{xx}\frac{H_x}{H_y}$$
$$\frac{E_y}{H_x}=Z_{yx}+Z_{yy}\frac{H_y}{H_x} \tag{3}$$

可见互相垂直的电磁场水平分量之比$\frac{E_x}{H_y}$和$\frac{E_y}{H_x}$是与外场的极化方向$\frac{E_x}{H_y}$和$\frac{H_y}{H_x}$有关的。因而此时仍按式（1）处理大地电磁测深数据，必然导致分散的结果。

若按自相关功率谱和相干系数表达张量阻抗，则有：

$$Z_{xx}=\frac{|E_x|}{|H_x|}\cdot\frac{\mathrm{Coh}(E_x,H_x)-\mathrm{Coh}(E_x,H_y)\cdot\mathrm{Coh}(H_y,H_x)}{1-|\mathrm{Coh}(H_x,H_y)|^2}$$
$$Z_{xy}=\frac{|E_x|}{|H_y|}\cdot\frac{\mathrm{Coh}(E_x,H_y)-\mathrm{Coh}(E_x,H_x)\cdot\mathrm{Coh}(H_x,H_y)}{1-|\mathrm{Coh}(H_x,H_y)|^2}$$
$$Z_{yx}=\frac{|E_y|}{|H_x|}\cdot\frac{\mathrm{Coh}(E_y,H_x)-\mathrm{Coh}(E_y,H_y)\cdot\mathrm{Coh}(H_x,H_y)}{1-|\mathrm{Coh}(H_x,H_y)|^2}$$
$$Z_{yy}=\frac{|E_y|}{|H_y|}\cdot\frac{\mathrm{Coh}(E_y,H_x)-\mathrm{Coh}(E_x,H_y)\cdot\mathrm{Coh}(H_x,H_y)}{1-|\mathrm{Coh}(H_x,H_y)|^2} \tag{4}$$

式中，

$$|E_x|=<E_xE_x^*>^{1/2};\quad |H_x|=<H_xH_x^*>^{1/2};$$
$$|E_y|=<E_yE_y^*>^{1/2};\quad |H_y|=<H_yH_y^*>^{1/2}$$

式中，* 号表示共轭复数。$<E_xE_x^*>$ 等表示在一定带宽上自相关功率谱对 N 组数据的平均。相关系数如下式表示：

$$\mathrm{Coh}(A,B)=\frac{<AB^*>}{|A|\cdot|B|} \tag{5}$$

例如，
$$\mathrm{Coh}(E_x,H_y)=\frac{<E_xH_y^*>}{(<E_xE_x^*><H_yH_y^*>)^{1/2}}$$

从上面的张量阻抗方程可见，当 H_x 和 H_y 间的相关系数很高时，即 $\mathrm{Coh}(H_x,H_y)\to 1$，$Z_{ij}$ 是不稳定的。这表示外场接近于线性极化。

若按功率谱表达张量阻抗，则有：

$$Z_{xx}=\frac{<E_xA^*><H_yB^*>-<E_xB^*><H_yA^*>}{<H_xA^*><H_yB^*>-<H_xB^*><H_yA^*>}$$
$$Z_{xy}=\frac{<E_xA^*><H_xB^*>-<E_xB^*><H_xA^*>}{<H_yA^*><H_yB^*>-<H_xB^*><H_yA^*>}$$
$$Z_{yx}=\frac{<E_yA^*><H_yB^*>-<E_yB^*><H_yA^*>}{<H_xA^*><H_yB^*>-<H_xB^*><H_yA^*>}$$
$$Z_{yy}=\frac{<E_yA^*><H_xB^*>-<E_yB^*><H_xA^*>}{<H_xA^*><H_xB^*>-<H_xB^*><H_yA^*>} \tag{6}$$

式中，A^*，B^*表示H_x，H_y，E_x，E_y任意的共轭复数；$\langle EA^*\rangle$，$\langle HB^*\rangle$…等表示在一定带宽上相应的功率谱值对N组数据的平均。

由于4个电磁场分量的共轭复数可构成6种不同对的组合，所以对每一种阻抗Z_{ij}有6种估算方法。但其中的E_x^*，H_y^*以及E_y^*，H_x^*两种组合，当外场对不同资料具有不同极化时，对于一维介质来说，其估算的阻抗值趋于零。因此通常只计算其他4种估算值。这4种估算值对电磁场噪音的敏感程度不同，取其平均值可提高信噪比。当外场为线性极化时，上式均不稳定，因为分母趋于零。

为了获得精确的张量阻抗值，显然需要高信噪比并接近椭圆极化的电磁场信号，以及尽量消除运算中的误差。对此程序中都加有检验、限定和校正步骤。L. R. Grillot（1975）提出了先对电磁场信号进行数字窄带滤波，选出高信噪比和椭圆极化的信号用以计算张量阻抗。D. W. Kao等（1977）根据电磁场信号道噪音互不相关以及阻抗Z的4种估算法之平均值可提高信噪比的原理，在Z与互功率谱之间进行反复循环运算以改善Z的精度，取得了显著的效果。

对电磁场进行谱分析是计算张量阻抗的一个基本过程。多数采用傅氏分析方法和数字窄带滤波方法（Бердичевский，1977），也有的用统计频率分析法（G. Kunetz，Parasnis，1975）。

上述方法都是基于频率域上的分析。G. Kunetz（1972）提出了时间域上大地电磁测深数据分析方法。根据理论计算，此法对电性结构的分辨能力明显地高于频率域上的分析方法，并且所需要的数据段长度也短。但目前尚未见到实际应用上的报道。

通过对张量阻抗的分析和解释，可以获得测点下的电性结构（h_i，ρ_i）和各向异性程度以及不同深度上的视构造走向和构造形态的判断。

如前所述，当把阻抗Z旋转到主轴方位以后，就获得了沿走向方向的阻抗值Z'_{xy}，和与走向垂直方向的阻抗值Z'_{yx}。并可计算相应的视电阻率曲线：

$$\rho_{xy}=0.2T|Z'_{xy}|^2$$
$$\rho_{yx}=0.2T|Z'_{yx}|^2 \qquad (7)$$

ρ_{xy}称作纵向视电阻率曲线，ρ_{yx}称作横向视电阻率曲线，并分别用$\rho_{\parallel}$和$\rho_{\perp}$表示。

对典型的二维构造来说，当测量轴X平行构造走向时，磁场H_x不会再引起电场E_x，当测量轴y垂直构造走向时磁场H_y不会再引起电场E_y。这时公式（2）中$Z_{xx}=0$，$Z_{yy}=0$，因此$Z_{xy}=\dfrac{E_x}{H_y}$，$Z_{yx}=\dfrac{E_y}{H_x}$，但$Z_{xy}\neq Z_{yx}$。所以当测量坐标轴沿二维的构造方向布置时，也可以用简单的标量阻抗方法整理大地电磁测深数据。不过构造方向经常是事先不知道的。

对二维视电阻率曲线$\rho_{\parallel}$和$\rho_{\perp}$，目前一般都用一维模型的理论曲线来解释。但往往发现在同一大地构造区域内的不同测点上，这样解释的结果常常是地下电性结构出现很大的差异性。这是什么原因呢？因为在一维模型情况下，电阻率只沿z轴变化，在x和y方向上都是均匀的。因而外场在介质中所激发的电流只沿层面平行流动，其电阻率曲线只反应电阻率沿垂直方向的变化。但在二维情况下，电阻率只是沿走向方向均匀，沿与走向垂直的方向是变化的。因而当电流沿电阻率变化的方向流动时，就不是平行的了，就会在变化的界面上产生电荷积累，出现了局部的异常电磁场，从而使横向视电阻率曲线$\rho_{\perp}$和纵向视电阻率$\rho_{\parallel}$产生畸变。这不仅使$\rho_{\perp}$和$\rho_{\parallel}$的曲线形态各不相同，而且它们也都不同于相应电性参数下的一维构造曲线。所以称其为畸变曲线。对于不同的二维构造，$\rho_{\perp}$和$\rho_{\parallel}$有不同的畸变效应。这就是用一维模型解释二维视电阻率曲线产生错误的原因。视畸变效应不同，这种错误包括：①使深部界面趋于圆滑；②出现假的界面起伏；③出现假的层位。但理论计算和实践表明，横向曲线$\rho_{\perp}$的左支受畸变影响很小，纵向曲线$\rho_{\parallel}$的右支受畸变也很小，尤其是在延伸很长的二维构造情况下。因此，常用$\rho_{\perp}$曲线圈定基底构造，用$\rho_{\parallel}$曲线圈定深部构造。为了获得较正确的解释结果，要对$\rho_{\perp}$和$\rho_{\parallel}$曲线的畸变情况进行判断，并设法纠正。为此要计算各种二维模型的横向和纵向视电阻率曲线，并与相应地电参数下的一维曲线对比，找出畸变的特征和机制，并将其应用于对实测曲线的判断。关于畸变问题，*М. Н. Бердичевский* 等（1969，1970，1973，1976）有较系统的研究。

关于二维模型的解，只有比较简单的情况能求出解析表达式，但借助于数字方法和电解槽模拟实验等对比较复杂的二维模型已获得了解答（Kunetz，1975）。目前已有二维模型的理论曲线图册发表（Dmitriev and Kokotu-shkin，1971；Dmitriev et al.，1973）。三维问题目前正在研究，但困难较多。

前面的论述，主要是研究大地电磁场4个水平分量之间的关系。但磁场的垂直分量 H_z 也是很有用的数据，因而大地电磁测深的野外工作一般都记录电磁场的5个分量 E_x，E_y，H_x，H_y 和 H_z。

当外场是垂直入射的平面电磁波时，在水平均匀层状介质的表面上，没有垂直分量 H_x 存在。但如果是二维构造，根据麦克斯韦方程的解，则

$$H_z = \frac{1}{i\omega}\frac{\partial E_y}{\partial X} \tag{8}$$

此时可以观测到垂直分量 H_z。它与走向方向的电场 E_y 沿倾斜方向的变化率有关。所以 H_z 主要出现在不同电阻率值的延伸构造的交界面附近。

当有垂直分量 H_z 存在时，H_z 也引起水平电场分量。此时

$$\begin{bmatrix} E_x \\ E_y \end{bmatrix} = \begin{bmatrix} Z_{xx} & Z_{xy} & Z_{xz} \\ Z_{yx} & Z_{yy} & Z_{yz} \end{bmatrix} \begin{bmatrix} H_x \\ H_y \\ H_z \end{bmatrix} \tag{9}$$

因而仍按式（2）来计算张量阻抗就会导致误差。*Y. Honkura*（1977）在电阻率截然不同的交界面附近的测点上，按式（2）和式（9）分别计算并对比了张量阻抗值，结果是 Z_{xx} 和 Z_{yx} 没有变化，但 Z_{xy} 和 Z_{yy} 的变化大于20%。因而按式（9）计算张量阻抗是合理的。

E. Takacs（1976）研究了 H_z 的其他用途，表明 H_z 可以有助于确定高阻基底倾斜的唯一方向、选择合理的解释模型以及确定地质构造的变化轮廓。

2　仪　器

1950年提出大地电磁测深方法以后，很长时间没有用于实际，其中一个主要原因是没有试制出可供流动测量的人地电磁测深仪。由于磁场信号很弱（一般称为磁脉冲），频带又很宽，一般是从10～0.0001 Hz，其所对应的磁脉冲幅度约0.001～10 γ，并且要在野外条件下较长时间连续记录，因而磁测仪器的制造困难很多。电场信号较强约10 μV/km～10 mV/km，主要是电磁仪器要有较强的抗共模干扰能力和较高的输入阻抗，以便能在各种环境下开展工作。

由于大地电磁场信号来自于高空和大地，环境中有很多电磁波干扰。虽然频带以外的噪音可以压制，但频带以内的噪音往往构成严重影响，尤其电、磁信号传感器与记录器之间要有一段较长的距离，所以长传输线引起的干扰也很突出。随着工农业的发展，电网和电力设施的普及，对仪器的抗干扰能力要求越来越高。但某些电磁干扰严重的地区仍不能进行大地电磁测深工作。所以大地电磁测深仪的关键问题是低噪音、高稳定性和强抗干扰能力，这与很多仪器的要求相同，而且更加严格。

1957年 Б. М. Яновский 研制成了第一台光电反射系统的地磁仪。同年夏天，А. М. Алексеев 等用这个仪，器在西伯利亚地区进行了大地电磁观测。这个仪器的磁传感器类似于过去地磁台上所用的悬挂式磁变仪，称为静磁式磁变仪。带有反射镜的悬挂磁系，随磁场的变化摆动，从反射镜反射回来的光束，投射在光电倍增管或者光电池上变成电信号记录在示波仪上。我国在20世纪60年代兰州地球物理所也试制并应用了这种仪器。这类仪器的主要缺点是频带窄，高频信号记不下来，磁系的温度系数太大，虽然可以补偿，但温漂仍严重，野外安装和调试都很困难。对此有人做了许多改进，把传感

器的框架做成石英弓，把悬丝改成张丝以提高频率特性，用铂钴合金做磁系以提高稳定性和灵敏度等（Егоров 等，1966），但其基本缺点仍未克服。苏联以上述原理定型的仪器，取名为 МТЛ 型。

1968 年苏联研制成了第一台数字大地电磁测深仪（Ключкий，1970；Алексеев，1969），取名为 ИЭС-1 电测站，1969 年成批生产。这是一个综合电法仪，也可用于其他电法工作，但放大器噪音较高，约 1 μV，为二进制记录形式，所以仍是一个比较落后的仪器。大约在 1973 年改型为 ИЭС-2。指标与法国 CGG 公司生产的大地电磁测深仪类似。苏联数字磁带仪所使用的传感器为感应线圈和静磁原理的两种。美国于 1960 年 Cantwell 和 Madden 在麻省理工学院第一次报道了大地电磁测深成果。用的仪器是模拟磁带，磁传感器为感应线圈，数据质量不太好，认为是线圈安置不稳造成的。得克萨斯大学电子工程实验室 Lorimer（1962）在电子计算机上计算了坡莫合金做磁芯的感应线圈的最佳结构方案，认为对于 6 英尺长的叠片磁芯线圈来说，骨架长 3 英尺，匝数 3×10^4，漆包线线径 0.6 mm 左右，分段线制的方案最佳。由于这样的感应线圈做磁场传感器时，感应电动势一般为 0.5～10 μV，所以对传感器的加工要求非常严格，磁传感器灵敏度为 170 $\mu V/\gamma s^{-1}$。该实验室后来成为美国研制大地电磁测深仪的中心。1965 年 Hopkins 等研制的带输入变压器的真空管式的磁放大器，噪音为 0.05 μV（p-p），但输入阻抗较低。1970 年 Word，Smith and Bostick 研制的第五代大地电磁测深仪整机性能有了显著提高，频带 $10\sim10^{-4}$ Hz，但仍为模拟磁带记录。1969 年 Jepsen 在加利福尼亚大学贝克利分校研制成了二进制数字大地电磁测深仪。1971 年四频段瞬时浮点式的数字大地电磁仪投入使用。1975 年澳大利亚 Vozoff 等报告了计算机控制的数字大地电磁测深仪的试验结果。该仪器的模拟系统是由美国 Geotronics 公司提供的，分 4 个频段，数字系统的采样间隔为 0.01，0.1，2 和 10 s 4 种。计算机型号为 Hewlett pachard model 2116B。整个设备装在一辆仪器车内，由一台 20 kW 发电机供电，大地电磁仪本身耗电 2.2 kW。

法国研制大地电磁测深仪的时间也比较长，20 世纪 60 年代就有模拟磁带的大地电磁测深仪出售。1968 年使用的大地电磁测深仪（BUREAU1972），具有模拟磁带和数字电压表打印输出的双重记录设备。目前法国 CGG 公司出售的数字大地电磁测深仪，分三个频段，最高频率为 100 Hz，最低频率只有 0.003 Hz，是专为石油勘探设计的。磁场放大器入口噪音为 0.25 μV（p-p），电场放大器输入阻抗 300 MΩ。浮点放大的可变增益只有 16 倍，每个信号道配有一个，分五挡。在模拟部分配有手动增益控制。磁传感器也是坡莫合金磁芯的感应线圈，但加有磁通量负反馈，灵敏度很高：10 mV/γ 从 1000 s 到 50 s；50 mV/γ 从 50 s 到 0.01 s。为了解决长传输线带进的干扰，在磁传感器中埋置一个 10 倍的前置放大器（CGG，1978）。

据了解，法国的 Shlunberger 公司有适于深部探测用的大地电磁测深仪商品。

加拿大阿尔伯塔大学物理系长期以来均从事大地电磁测深仪的研究，O. F. Allsopp（1974），研制的数字大地电磁测深仪，磁场放大器采用的是变容二极管斩波的参量放大器，其特点是噪音低，输入阻抗高，温度系数小，磁道放大器的噪音为 0.01 μV。该仪器的频带范围为 10～0.0001 Hz。所采用的磁场传感器是一种新式的多分量感应型接受装置，即三个磁场分量都用绕在一个大型坡莫合金磁环上的感应线圈来接受，不像通常那样用三个独立的螺旋管线圈来接受。其优点是重量轻，总的体积小，还大大地改善了高频特性。但线圈灵敏度降低了，只有 80 $\mu v/\gamma s^{-1}$，所以对磁场放大器的噪音指标要求更高了。

加拿大的 Sintresce 地球物理仪器公司出售的带有聚焦磁铁的饱和磁力仪，即高灵敏度磁通门磁力计，可以作为大地电磁测深仪的磁场接受装置，其分辨率可达 0.003γ，但探头的温度系数很大，达 0.5γ/度，所以并不理想。

综观世界各国的大地电磁测深仪研制情况，主要是在磁场传感器、磁场信号放大器方面下功夫，形式也比较多样。据报道美国正在把超导坠道结磁力仪用于大地电磁测深系统。为了降低仪器噪音和缩小传感器体积，目前研制了一种基于相关分析原理的测磁仪器（Anav，A. et al.，1976），两个传感器平行，接受同一个方向的磁场信号，分别经放大、滤波后输给同一个乘法器，再经积分。如果测量体系的噪音是随机的，则根据噪音互不相关原理，那么积分器输出的信号功率就不受传感器、放大器和滤波器的噪音影响。由于目前积分器的时间常数不能很大等原因，所以只能用来测量 1～140 Hz 的高频磁场信号。

澳大利亚也曾用过光泵磁力仪做大地电磁测深系统的磁仪器，但由于它测量的是地磁场全矢量，为了获得水平分量，需要用线圈精确地补偿地磁场垂直分量，故未能得到进一步应用。

电场传感器早期用铅板的较多，但它需要较长时间的稳定并且极化电位较大，所以近来已被淘汰。目前多数应用的是镉棒-氯化镉无极化电极，它比硫酸铜无极化电极的优点是渗漏慢，填加一次溶液可用 6～8 个月。近来日本的实验表明，纯碳电极温度系数小，极化电位稳定。

电场放大器一般都采用差动输入结构或者是稳定斩波直流放大器。美国一般都用市面上出售的 Offner model 190 型斩波直流放大器。直接用检流计记录电场信号的大地电流仪，已经无人使用。因为检流计的输入阻抗太低，当源阻抗变化时，不能保证测量精度。

线路中应用的滤波器，一般是有源巴特沃斯型滤波器，因为它的通带波纹较小，相移特性简单。高频端截止陡度一般为 24 dB/oct 或 36 dB/oct，低频端截止陡度一般为 6 dB/oct 或 12 dB/oct。截止频率各有千秋。

目前已很少使用纸带模拟记录器，多半采用数字磁带，有的仍用模拟磁带。

大地电磁测深仪普遍实行车载，由专门发电机组供电。每套仪器野外工作人员约 6 名左右。

目前数字大地电磁测深仪的本身精度可以达到 0.05%，能保证观测的电阻率精度高于 1% 以上。

3 应 用

由于大地电磁测深法具有不受高阻层屏蔽、勘探深度大、分辨较高、等效范围较窄、对低阻层敏感、工作人员队伍小、成本低等优点，所以一直受到较大的重视，发展较快。尤其近年来随着仪器的不断改进和电子计算机的应用，使一些复杂的计算问题易于解决，该方法的发展更为迅速了。

大地电磁测深法作为综合地球物理勘探手段已经成功地应用于石油勘探中。尤其在地震勘探非常困难的地方，如表层有火成岩，厚层砂岩、砾岩、灰岩等覆盖的区域，用这个方法可以取得较好的效果。在沉积盆地的勘探中，它可以成功地圈定高阻基底的起伏，进行构造编图，划分沉积层内的电性分层。Vozoff 等（1975）认为，其分辨能力可与地震折射法相比，在某些情况下可与共深度点（CDP）方法相比。苏联认为在研究结晶基底起伏方面其精度并不亚于地震勘探。在沉积盆地勘探的 4 种电法（大地电磁、直流电测深、激发极化法、建场法）中，大地电磁法的工作量占 70%。法国和美国都在研究用该法圈定高阻带等直接找油。

在地壳和上地幔的研究中，大地电磁测深法可以很容易达到 100～200 km 的勘探深度。在地壳上地幔计划和地球动力学计划中，一些国家做了大量的地壳上地幔的电性研究工作。苏联在最近几年就做了 1000 多个深部大地电磁测深点，美国也做了大量测点，尤其是在西部地区（G. Keller. 1971，1971；Word et al.，1971；Berdichevsky，1976）。在某些地区，尤其是构造活动区，发现 15～25 km 的地壳内有低阻层存在，上地幔低阻层偏浅。地壳的低阻层往往与低速层一致，上地幔低阻层与上地幔的低速层一致。关于上地幔低阻层起因，解释比较一致，认为是上地幔软流圈部分熔融的结果。对地壳的低阻层看法还有分歧，有的认为是角闪岩相脱水相变为麻粒岩相的结果，或者是花岗岩化过程中脱水的结果；也有的认为是地壳内部分熔融的结果；有的认为是裂隙水充填的结果，或者是含水的古老风化面等（Mitchell et a1.，1971；Parath et al.，1971；Bailey，1974；Бердичевский，1977）。

目前发现，很多上地幔低阻层偏浅和地壳低阻层发育的地区，都是大地热流值偏高的地区。例如美国西部地区平均大地热流值高于 2.0 HFU，其上地幔低阻层约 70 km，地壳内发育低阻层。力武常次所做的日本岛上地幔低阻层等深线与上田诚野所做的大地热流等值线非常符合。里海盆地和匈牙利盆地，都是大地热流值很高的地区，其上地幔低阻层埋深仅50～60 km（Бердичевский，1977）。

在地球动力学计划中，地壳-上地幔温度研究是一项很重要的内容。由于大陆地区的地温测量受到钻孔的限制，因而利用深部的电阻率参数来研究其温度场特征，已愈益被人们所重视。由于在地壳深部和上地幔范围内，岩石具半导体特性，其电导率值与温度之间呈指数关系，所以电导率值对温度比其他参数都敏感。

在地震预报工作中，也有采用大地电磁测深法监视深部的电阻率变化。根据扩容理论的实验结果，大震前震源区的电阻率可以出现百分之几十的变化，在美国加州南部用大地电磁测深法监视深部电阻率变化的8个月实验表明，深部电阻率有10%的变化，完全可以用此法监测出来（Reddy et a1.，1976）。在加拿大魁北克地区的实验表明，用大地电磁测深法监视震前的深部电阻率变化是完全可行的（Honkura，1977）。日本秋田地区1970年10月16日发生的$M=6.2$的地震，事后根据附近的大地电磁测深的整理结果，表明震前深部电阻率值和阻抗间的相位角都有显著变化（本藏義守，1977）。

在地下水和浅层构造勘探中，高频大地电磁测深法获得了应用。也有人将其引用到良导体的金属矿床勘探中。不过，此时所用的场源主要是赤道附近的雷电效应所激发的电磁波沿地球和大气圈各层之间谐振腔所传播的高频电磁场。由于这些电磁场基本上是近于不同周期的单频率，所以采用谐振式传感器和窄带放大器。

然而大地电磁法仍然是一种体积勘探，电磁波的尺寸很大，所以不如人工电磁法精确，不过后者勘探深度有限。另外，大地电磁法对高阻层的电阻率变化不敏感，理论问题复杂，畸变因素较多等都是它的困难所在。

至1977年苏联每年要组织100个大地电磁测深队伍。1969年组织过全苏“深部电磁研究学术讨论会”，1976年召开了第四届学术会议，参加人员达200多人，论文报告99篇。苏联设有专门的大地电磁测深仪器研制中心，4个数据处理中心。今后的主要任务是：①更详细地探明深部电导率分布情况；②评价具有各种地质构造活动性区域内的软流圈参数；③发展海洋电磁测深；④在面积上进行五分量大地电磁测深的同步测量；⑤发展计算机控制和相应解释的数字大地电磁测深仪；⑥发展物理模型实验工作。东欧各国也开展了大量的电磁测深工作。

20世纪60年代初期，美国的大地电磁测深工作主要限于麻省理工学院、得克萨斯大学和DECO电子研究所等单位，并且公开发表的文章也很少。地壳上地幔计划以来，美国的地壳上地幔电性研究迅速发展，在国内很多地区开展探测工作中，得克萨斯州的大地电磁测深结果，把地壳和上地幔划分了6个电性层（Word et al.，1971），与其他已知资料非常一致。目前很多大学和研究单位都在开展电磁测深的理论研究和实际观测工作，有大量的成果报道。1964年Vozoff把大地电磁测深方法介绍到石油勘探中。很多石油勘探公司进行这方面的工作。大地电磁测深法特别受到美国空军的支持，这主要与地下通讯研究有关。

法国地球物理中心、巴黎师范学院与原子能委员会以及地球物理研究所等单位都从事电磁测深的研究工作，法国地球物理总公司（CGG）积极主张在石油勘探中把大地电磁测深法作为一种综合勘探手段。

加拿大进行了很多地球深部电性方面的研究工作，尤其是阿尔伯塔大学在这方面的工作最为活跃，其他一些大学和地球物理总局也进行电磁测深方面的研究。

日本由于国内电磁噪音干扰过于严重，以及地形十分复杂，大地电磁测深工作开展得很少。但东京大学地震研究所、秋田大学、北海道大学和电波研究所等单位都开展这方面的研究工作，并编制了日本全国上地幔高导层等深线图，目前正在一些地区做深入的工作。日本的有些学者认为，日本的大陆内部地震与上地幔的高导层活动有关。现在十余个单位有地球电磁感应方面的研究工作。

澳大利亚从1969年由矿产资源总局资助开展大地电磁测深研究工作，并作为它的地球物理工作计划的一部分。新南威尔士州大学在这方面的工作比较活跃。

参 考 文 献

Allsopp, D. F. et al. , 1974: Geophysical prospecting, Vol. 22, No. 2.

Anav, A. et al. , 1976: IEEE Trans. Geosciences Electronics, Vol. Ge-14, No. 2.

Berdichevsky, N. N. et al. , 1976: Geoelectricand geothermal studies, Budapest, Hungrian.

CGG, 1978: Magneto-tellurics system, Paris, France.

Grillot, L. R. , 1975: Geophysics, Vol. 40, No. 6.

Honkura, Y. et al. , 1977: Canad.] . Earth Sciences.

Kao, D. W. et al. , 1977: Geophysics, Vol. 42, No. 1.

Keller, G. , 1971: Geoexploration, Vol. 9, No. 2/3.

Kunetz, G. et al. , 1975: Principles of magneto-telluric prospecting, Paris, France.

Reooy et al. , 1976: J. Geomagnet and Geoelect, Vol. 28, No. 2.

Takacs, E. , 1976. Geoeletric and Geothermal Studies, Budapest, Hungarian.

Vozoff, V. et al. , 1975: J. Geological Society Australia, Vol. 22, Part 3.

Word, D. R. et al. , 1971: Geophysical monograph, 14.

Бердичевcкий, М. Н. и др. , 1973: ИЗв. АН СССР, Физика, No. 1, No. 3, 1977, No. 1.

Ключкин, В. Н. , 1970, Прикладная геофизикаВып. 60.

Магвеев, Б. К. , 1974: Интерпротацийя электромаянитных эондированний, Москва.

本藏義守，1977：変動電磁界による地下導電分布の研究。

华北断块区结晶基底的早期结构*

刘国栋

1 引 言

华北断块区大致位于北纬32°～42°，东经106°～125°之间，是我国的一个古老地台。周围山区，山西高原，辽东半岛和鲁中山地等地区，前震旦纪结晶基底均有较广泛出露。但断块内的绝大部分地区为沉积盖层所覆。因此，只根据出露区的地面地质工作对整个华北断块区的结晶基底内部构造进行全面研究，必然受到资料的局限。本文试图在地质学家们工作的基础上，根据航空磁力测量资料，对华北断块区结晶基底的早期结构做一初步探讨。航磁资料是地质总局航空物探大队编制的有关航空磁力异常图件，并主要参考了1975年的“华北地区前寒武纪地层专题会议资料汇编”和“全国同位素地质年龄数据汇编”，在此表示感谢！

近年来，很多地质学家对华北断块区的前震旦纪结晶基底做了广泛深入的研究，尤其是在区测填图的基础上，根据变质程度，原岩建造、构造关系以及地质年代学等多方面工作，对结晶基底的年代划分，地层对比，发展历史等一系列问题，逐渐取得较统一的看法。这就给地球物理资料的解释，提供了较好的依据。

航空磁测异常图，一般是根据航空磁力测量所测得的磁场值，减去正常场后获得的正负值大致相当的磁场相对变化图景。零线的选择只影响正负异常的幅度比，但对磁异常的形态、走向、分布范围、相互关系、梯度变化等没有本质影响。磁异常的特征主要与组成地壳的岩石中磁性物质的多寡及其空间分布有关。由于华北断块区地处北纬32°～42°之间，斜磁化比较明显，正负异常往往相伴出现。随着磁异常体的产状不同，伴生关系也随之变化。

我们知道，随着深度的增加地温逐渐增加，当增至居里点温度以上时，铁磁性的矿物变成为顺磁性。这个深度在不同地区差别很大，从十几公里，变化到60～70 km，视地区的大地热流密度值和地壳中的岩石热产生率而定，就华北地区而论，估算大致在20～30 km以下。因此，从广义上讲，这个深度以上的岩石物质，都影响着磁场的特征。但众所周知，深度越大，岩石组成越趋均匀，构造越平稳，对在地面几百米高度上测得的航磁异常影响也越小。沉积盖层是由非磁性或弱磁性物质组成，对磁场不产生明显影响。因此控制航磁异常特征的主要因素，是前震旦纪结晶基底的组成和构造，以及后期的岩浆侵入体和火山岩。

前震旦纪结晶基底是一套古老变质岩系，它是地壳比较早期的产物，磁性差异明显、厚度巨大，往往厚达十几公里，接近或出露地表，因此它是形成区域航磁异常的主要因素。结晶基底埋藏深度在一定范围内的改变，主要影响区域航磁异常的梯度。埋深加大，梯度变缓，局部特征消失，但对异常的其他特征影响不大。后期岩浆侵入体或火山岩，在华北断块区范围内规模有限，并且主要限于燕山

* 本文原载于《华北断块区的形成与发展》，科学出版社，1980，62～72。

活动期。侵入体多呈线状或规模有限的似圆形，造成的异常强度往往很大，但没有形成规模较大的区域异常。火山岩发育地区，表现为磁异常杂乱，变化剧烈，无规则地跳动，相邻测线很难对比。利用航磁资料，推断解释结晶基底时，可以定性地把后期侵入体和火山岩的干扰加以排除。此外，古老变质岩系往往遭受了不同程度的混合岩化。但对华北断块区结晶基底出露区的变质岩系混合岩化程度与航磁异常特征的对比表明，混合岩化与磁异常特征之间没有明显的关系。这可能是因为混合岩化作用只是外来的钾、钠、二氧化硅等成分交代原岩中的某些组分，但并不明显改变原岩中磁性物质的分布。

我们利用航磁异常图解释结晶基底的早期结构特征，主要建立在结晶基底早期发育的不同阶段原岩建造是有明显差异的，因而由其形成的区域航磁异常特征也是不同的。同一区域异常的空间分布，反映了具有相同原岩建造的结晶基底的分布范围。不同区域异常的相互关系反映了原岩建造不同的结晶基底的发展过程。华北断块区结晶基底，纵然经历了20亿～30亿年以上的漫长地质过程，但基本上保留了形成时期的特征。这就给我们利用航磁资料研究华北断块区结晶基底提供了有利条件。

解释航空磁测资料的一个基本方法，是所谓“从已知到未知”的原则。为此，我们广泛地对比了华北断块区结晶基底出露区的航磁区域异常特征。发现：

（1）不同的古老变质岩系，往往具有独特的区域磁异常特征。例如在遵化，迁西一带出露的迁西群，区域磁异常表现为比较规则的正负相间的条带状，强度背景较大；在太行山一带出露的阜平群，区域异常比较平稳，在零线附近跳动；在吕梁山一带出露的界河口群，以宽缓平稳的区域正磁异常为特征；在大青山一带出露的乌拉山群和二道洼群，以大片的区域负磁异常为特征；在恒山地区出露的吕梁群，表现为强烈的区域正磁异常带。

（2）区域磁异常的延伸方向与结晶基底的区域构造方向基本一致，如下表所示：

地　区	岩　系	区域构造方向	区域磁异常方向
燕山东段	迁西群	近EW	近EW
辽东	鞍山群	近EW	近EW
太行山	阜平群	NEE	NEE
恒山	吕梁群	NE	NE
吕梁山	界河口群	近EW	近EW
吕梁山	吕梁群	NE	NE

（3）区域磁异常的相互关系，基本上反映了各古老变质岩系间的构造关系。例如，根据地面地质研究，吕梁山地区呈北东向分布的吕梁群，切割了下伏的东西向分布的界河口群，而区域磁异常的相互关系，清晰地反映了这种交切关系（图1）。

2　华北断块区内的古陆核

展示华北断块区的航磁异常图，当忽略它们的局部特征时，就显示出了一个较清晰的图案（图2）。大致北纬39°～40°线以北，沿燕山、大青山、河套平原一带，区域磁异常呈EW向展布，好像一条屏障横亘华北断块的北缘，宽约200～300 km，长达1000 km以上，我们称之为EW向区域磁异常带。这一异常带上古老变质岩系广泛出露，是地质上习称的内蒙地轴。

EW向区域磁异常带，虽然异常走向一致，但特征并不相同：东部遵化、迁安、承德、平泉的一个广阔区域内，次一级的EW向磁异常呈紧密的窄带状排列，带宽20～30 km正负相间，幅度差达

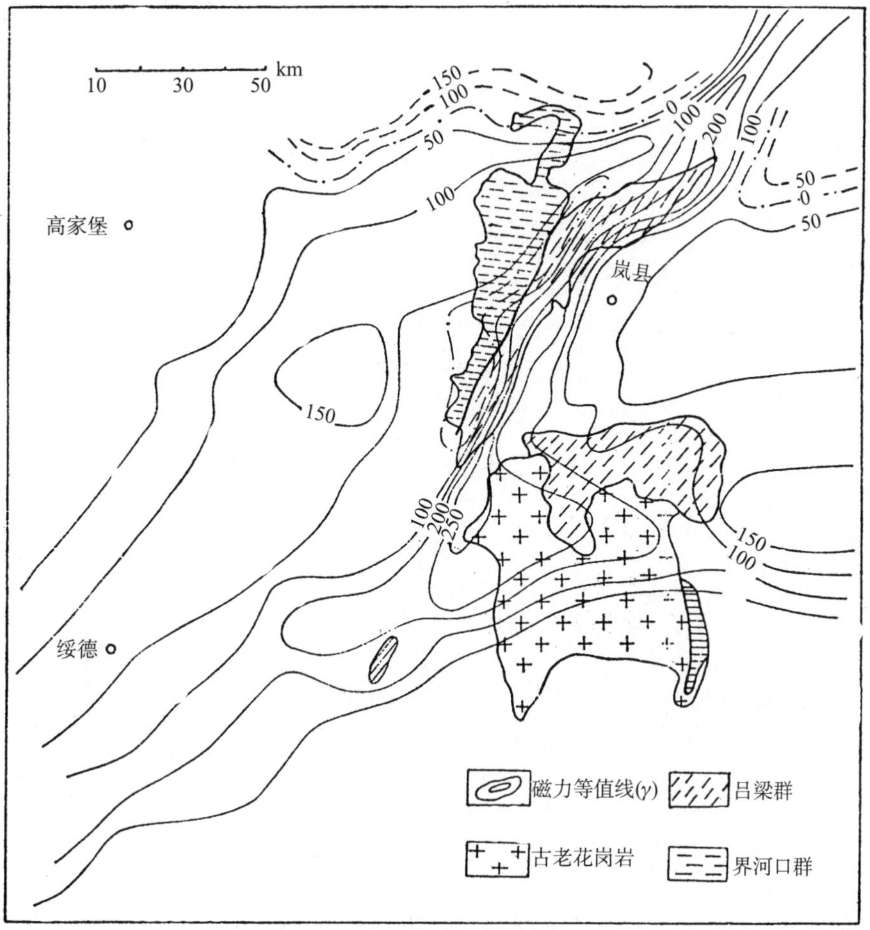

图1　吕梁地区磁异常与地质对比

1000γ 以上。这个异常区大体上呈向南突出的似半圆形。

在地质上，这一带广泛出露迁西群和单塔子群。下部的迁西群以紫苏斜长片麻岩、角闪紫苏斜长片麻岩、黑云母斜长片麻岩和角闪斜长片麻岩等深变质岩类为主。上部的单塔子群以变粒岩、黑云和角闪斜长片麻岩以及上部的绿片岩为主。区域地质构造方向近 EW 向。根据《华北断块区的形成与发展》文集内张兆忠的“华北断块区太古界原岩建造及其地质意义”一文的研究，迁西群的原岩建造主要是超基性火山岩，基性火山岩和火山碎屑岩。单塔子群的原岩建造主要是基性火山岩，中酸性火山岩及其碎屑岩并夹少量碎屑沉积岩，其上部基性火山岩很不发育。可以认为，异常幅度高达 1000～2000γ 的航磁异常，主要是反映了以超基性和基性火山岩建造为主的迁西群分布范围。正负异常呈规则的 EW 向线性排列，可能是斜磁化的伴生关系，也可能反映了结晶基底组成的不同。

遵化、迁安、承德、平泉异常区，南缘被比较平缓的接近零值的负异常带所围绕。此负异常带向西经武清可与太行山北段阜平群出露区的航磁异常联成一体。异常区的北侧在丰宁，隆化东西一线，十分截然的与另一种类型的磁异常区相接，表明这一线有一条古老的深断裂控制了当时地壳中的物质组成。异常区的西缘被平缓的负异常所围，它们是红旗营子群的发育区。红旗营子群以沉积碎屑岩建造为主。

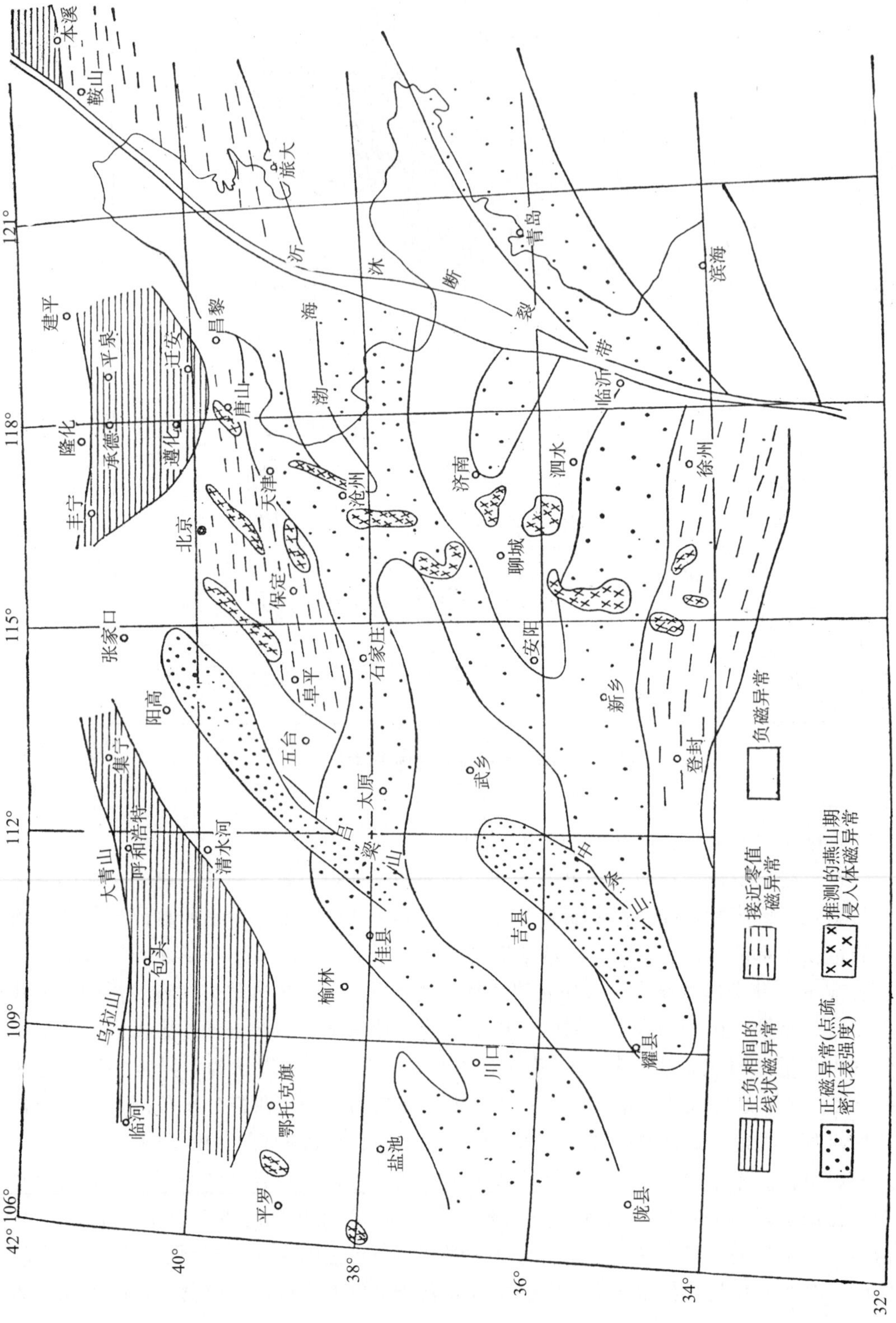

图 2　华北断块区航磁异常结构图

根据Rb/Sr全岩等时线方法同位素年龄测定结果，迁西群下部东荒峪组紫苏花岗岩的绝对年龄值为36.40亿年，中部三屯营组云闪片麻岩的绝对年龄值为34.36亿年，上部马兰峪组角闪片麻岩的绝对年龄值为34.36亿年。这是在华北断块内目前所发现的最古老的岩石。

根据上述，可以认为遵化、迁安、承德、平泉磁异常区，在地质上是华北断块区中的一个古老陆核，它的原岩组成以超基性和基性火山岩为主，形成年龄约36亿年。这个古陆核近于似半圆形，西侧和南侧被晚期构造所围绕，北侧是一条深断裂，它可能形成于古老陆核出现的同时，是深部物质溢出的主要通道。

EW向区域磁异常的西段，在临河、集宁、鄂托克旗、清水河地区，也是一个次一级EW向磁异常紧密排列的区域，次级异常的带宽从北部的20 km，到南部的50 km，正负相间，幅度差近1000γ。整个异常区呈向南突出的似半圆形，外围被平缓的负异常带所围绕。

这个异常区的大部分地区被沉积盖层所覆盖，但异常区东缘，在旗下营、集宁以南，和林格尔以东有古老变质岩系集宁群出露。集宁群下部是一套深变质岩系，以硅线榴石钾长片麻岩为主，上部为变粒岩组。属于麻粒岩变质相。

在异常区东缘集宁一带出露的二道洼群底砾岩砾石中的锆石绝对年龄值为23.50亿年。二道洼群在集宁群之上，因而可以认为集宁群的形成时代远早于23.50亿年。

在航磁异常图上，临河、集宁、鄂托克旗、清水河异常区的西、南、东三面被一个完整的平缓的负异常带所围绕，形成一个非常典型的以前者为核心的围绕构造。这个外围的负磁异常带，向南逐渐转为NE向，并在张家口一带与EW向负异常带合为一体。张家口一带广泛出露有红旗营子群。红旗营子群以沉积碎屑岩建造为主，可能与二道洼群的年代相当。临河、集宁、鄂托克旗、清水河异常区的北侧，从临河到呼和浩特一线，是一条线状的正磁异常窄带，布格重力异常梯度带。其南北两侧重磁异常特征明显不同，推断这是一条古老的深断裂，控制了当时地壳中的物质组成。

从NE向区域磁异常带继续向东，在辽东半岛的辽阳—本溪一线的以北地区，航磁异常表现为紧密的线状排列，幅度变化强烈，从西向东异常走向由EW向逐渐转为NE向。辽阳—本溪一线以南地区，磁场变化较为平缓基本上是以负磁异常为背景的近EW向的区域异常带。两者之间可能以深断裂相隔。

辽阳—本溪一线以北，吉南，抚顺一带出露的古老变质岩系，主要为各种变粒岩，片麻岩，斜长角闪岩和辉石斜长角闪岩等。在清原、抚顺一带并见有少量紫苏斜长麻粒岩。原岩建造以基性火山岩为主，超基性火山岩和火山碎屑岩次之。在清原树基沟采集的花岗混合岩的绝对年龄值为28.48亿年（K/Ar法），在清原红透山采集的方铅矿绝对年龄值为27.70亿年（Pb/Pb法）。

辽阳—本溪一线以南地区，古老变质岩系鞍山群广泛出露，除鞍山式铁矿埋藏区航磁异常为大幅度的正磁异常外，其他地区基本上以负磁异常为背景。鞍山群主要是黑云角闪斜长片麻岩、黑云变粒岩、浅粒岩、斜长角闪岩等。原岩建造中碎屑沉积物由下而上增多，并有大理岩出现，以中基性火山岩活动为特点。鞍山群中的绝对年龄值，最高的为24.28亿年。

据上述，我们推断在辽阳—本溪一线以北地区存在一个古老陆核，其形成时代相当或早于28亿～30亿年。鞍山群围绕古陆核的南缘发育。

综上所述，在EW向区域磁异常带上有三个古老陆核（图3），即西部的临河、集宁、鄂托克旗、清水河地区，中部的遵化、迁安、承德、平泉地区，东部的辽阳—本溪一线以北地区（其北界因缺乏资料未定）。它们在航磁异常图上表现的特征是，陆核内部异常呈较规则的线状排列，正负相间，幅度变化大，但以正磁异常为主要背景。陆核外围基本上以负磁异常为主要背景的区域异常带对陆核本身形成围绕之势。在陆核区内布格重力异常基本上为区域性的相对重力高值区。陆核的原岩建造以基性和超基性火山岩为主，并且经受了深度的变质作用，发育有麻粒岩相带。古老陆核的一侧发育有深断裂。

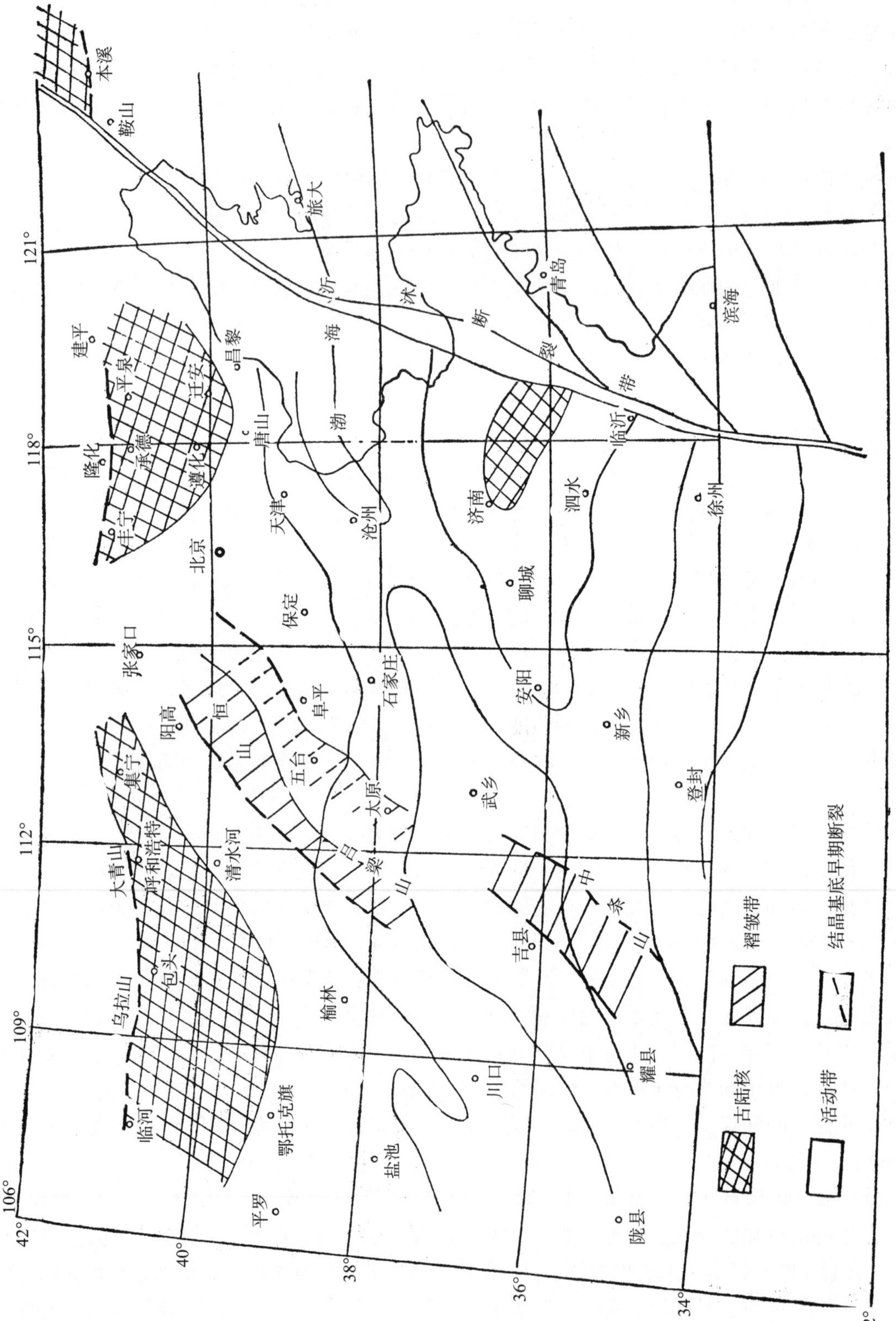

图 3　华北断块区结晶基底结构图

山东鲁中地区，从济南到沂源一带，是一个近 EW 向的正磁异常区，周围由负磁异常围绕。然而，这里的航磁异常走向与古老变质岩系泰山群的构造方向不一致。泰山群在这一带的构造方向为 NW-NNW 向，而磁异常近 EW 向。这一带泰山群出露地表，但磁异常并无明显跳动，泰山群的原岩建造以沉积碎屑岩和中酸性火山岩为主，也似乎不应形成正磁异常区。故我们推断，从济南到沂源一带的近 EW 向的正磁异常区，不是泰山群的反映，它可能是隐伏在泰山群之下的古老陆核所形成的异常。山东泰山群绝对年龄值中的最高值在 24 亿～25 亿年，因而这个隐伏的古老陆核的形成年代应当更早。

3 华北断块区内的活动带

这里所指的活动带，是在陆核形成以后构成华北地台基底的古老变质岩系。它们既受古陆核的控制，又有自己的构造方向，规模巨大，往往形成带状分布。

据华北断块区的航磁异常图（图 2），在上述的古陆核外围和其中间地区，广泛发育正的和负的区域磁异常带。它们的走向和分布范围受古陆核控制。在古陆核的周围地区，这类区域磁异常带，常对古陆核形成围绕之势，并往往以负磁异常为主。当远离古陆核时，异常带的延伸方向趋于稳定，但由于其他古陆核的影响，也常发生转折或弯曲。这类区域磁异常带规模巨大，尤其是延伸方向往往长达数百或近千公里。异常带内的磁场比较平稳，如果去掉后期侵入体的影响，正磁异常带的磁场强度值一般不超过 200γ，负磁异常带的强度值大体也在这个范围之内。显然可见，这类区域磁异常带与古陆核所对应的磁异常区有明显的差别。这种差别可能反映了地质环境和原岩建造的截然不同。在古陆核形成后的活动带阶段，由于广泛的陆地（古陆核）露出水面，出现了剧烈的风化剥蚀和沉积作用，在陆核以外的地区形成了以沉积碎屑岩建造为主的沉降带。虽然这类沉积碎屑岩的母岩是来源于含有铁磁性物质的古陆核，但由于风化作用的结果，原来的铁磁性物质已由高价铁转变为低价铁（如含水的褐铁矿、针铁矿和纤铁矿等）从而失去了磁性，虽经后来的变质作用，但没有一定的温度时（在常压下含水氧化铁 350～400 ℃）低价铁仍不能转变为倍半氧化物（磁铁矿 Fe_3O_4，即 $Fe_2O_3 \cdot FeO$）。因此以这类沉积碎屑岩建造为主的变质带，必然反映为区域负磁异常带。但在另外一些区域内，由于后来的高温变质作用，低价铁就可以实现这种转变，并重新获得磁性，以及伴随这种变质作用的深源磁性物质侵入，必然导致形成正磁异常带。因而活动带阶段所形成的古老变质基底，既可以是区域负磁异常带，也可以是区域正磁异常带，当然也可以形成磁场值在零值附近跳动的区域异常带。

从临河、集宁、鄂托克旗、清水河古陆核向南，进入鄂尔多斯盆地内部，是一片负磁异常区，异常幅度在-100～-200γ 之间，异常走向从陆核外围的围绕方向逐渐转为 NE 向。这片负磁异常的范围十分广阔，西边从平罗到海原，然后呈 NE 方向经榆林、左云在张家口一带转为 EW 向，并与燕山西段地区的 EW 向负磁异常带成为一体。这片负磁异常区的绝大部分地区为沉积盖层所覆盖，但在燕山西段和大青山地区广泛出露有红旗营子群和二道洼群。它们是以沉积碎屑岩建造为主的片岩、片麻岩和大理岩系。因而推测这片负磁异常区相当于红旗营子群和二道洼群的分布区域。

从鄂尔多斯盆地南部的陇县向北东经川口到佳县是一条宽缓的 NE 向正磁异常带，它在兴县一带转为 EW 向进入山西高原，然后经太原在石家庄赞皇一带以 NEE 向进入华北平原。这是一条完整的正磁异常带，磁场强度没有显著变化，一般在 100～200γ 之间，异常带宽度 100～150 km，长达千公里。在该异常带上的兴县—离石一带地表出露有古老变质岩系界河口群。该群的出露位置、宽度和构造方向均与这个正磁异常带一致。界河口群下部是一套片麻岩组，上部是一套片岩组，并夹有多层大理岩，是吕梁山地区的最老地层。根据镜下矿物的百分含量鉴定，磁铁矿达 2%～5%。因此这条正磁异常带应属于界河口群的分布范围。侵入于界河口群中的伟晶岩绝对年龄值为 21.05 亿年。

鄂尔多斯盆地有巨厚的沉积盖层堆积，盖层的区域构造方向呈 SN 向。航磁区域异常以 NE 向为主，无疑它是结晶基底内部结构的反映。由于这些区域磁异常非常宽缓、完整，几乎未受后期侵入体的干扰和破坏，看来鄂尔多斯盆地在其发展过程中，是以稳定的整体下沉为主，不像华北平原那样，由于后期次级断块的大量发育和岩浆侵入的结果，使区域磁异常受到了破坏和歪曲。

在太行山北段阜平一带是阜平群广泛出露的地区。磁场值在±100γ 上下波动，磁异常方向为 NEE 向，与阜平群的区域构造方向一致。我们推测，阜平群向东进入华北平原后，继续以 NEE 方向延伸至唐山、昌黎一带，构成了遵化、迁安、承德、平泉古陆核的南缘构造带，但与古陆核的分界线并不十分清楚，也可能是古陆核的继续推进和扩展。这一带由于后期的断块构造运动，结晶基底埋深变化很大，加之燕山期侵入体所形成的局部磁异常的干扰，使结晶基底阜平群所形成的区域磁场受到了歪曲。

阜平群是一套中深变质岩系，原岩建造以沉积碎屑岩和基性火山岩为主。阜平群中碳酸盐岩比较发育，并且层次多，单层厚度较大。

从中条山一带向东是一条宽缓的、EW 向区域正磁异常带。异常带宽度近百公里，异常幅度约在 200γ 以下。该正磁异常带向东经济源，新乡延至华北平原，继续向东可与鲁南的 NWW 向正磁异常带相连。该正磁异常带向西被潼关、临汾、霍县的 NE 向区域正磁异常拦腰相切以后，又继续向西延伸到耀县一带。

根据地质工作，中条山地区的古老变质基底为涑水群。涑水群正好出露在这个 EW 向的正磁异常带内。涑水群变质较深，总出露厚度达 10000 m 以上，与上覆地层绛县群，中条群为不整合接触。我们推测涑水群构成了该区的古老变质基底，它向东延至华北平原和鲁南地区与泰山群相连，向西延至陕西的耀县一带。

山东鲁西地区，在第二节所推断的古陆核以南，即蒙阴山西南地区，为平稳的区域负磁异常发育区。区域负磁异常呈明显的 NW 向延伸，与泰山群区域构造方向一致。继续向南，即在临沂—泗水一线以南地区，为宽阔的 NWW 向的正磁异常区。该异常区向西与上述的中条山地区的 EW 向正磁异常带相连。在临沂—泗水一线以南，地表有大片的泰山群的上部岩层出露，在其原岩建造中基性火山岩比较发育，因此形成了正磁异常区。

在华北平原南部地区的河南、安徽一带，区域磁异常仍以 NWW 向为主，向西到郑州、新乡一带转为 EW 向。河南、安徽一带的区域磁场背景值较低，大约在±100γ 上下变化，但区域异常方向是十分明显的。在这个区域磁异常带的登封地区，地表有古老变质岩系登封群出露。登封群下部主要是片麻岩组，上部为片岩组。据采自侵入登封群上部的伟晶岩脉的绝对年龄值为 23. 05 亿年。

在上述的 NWW 向区域磁异常内，于涡阳—平阴一带，发育有很多个椭圆形的局部磁力高，并呈 SN 向排列，使 NWW 向的区域磁异常受到了破坏和歪曲。这些局部磁力高与布格重力异常的局部高点相对应。根据一些钻孔资料的揭示结果，它们是由接近于地表的中生代花岗闪长岩所引起。

综上所述，陆核以后的活动带阶段，在陆核周围是围绕陆核逐次向外扩展的，当远离陆核以后，区域构造方向比较稳定。在鄂尔多斯内部以 NW 向为主，在山西高原以 EW 向为主，在华北平原南部以 NWW 向为主。但这种构造方向的变化，主要还是受古陆核的箝制。

活动带阶段所形成的古老变质岩系，在太行山地区以阜平群为代表（如前述它也可能更老），在吕梁山地区以界河口群为代表，在中条山地区以涑水群为代表，在鲁中地区以泰山群为代表，在河南地区以登封群为代表，在鄂尔多斯北部以乌拉山群、二道洼群为代表，燕山西段的红旗营子群也可能是本阶段或后一期的产物。

根据同位素绝对年龄资料，活动带阶段可能结束于 20 亿年左右。这时华北断块区的基底主体已经形成。

根据地质研究，这个阶段的地层变质程度较深，一般属于铁铝榴石角闪岩相，并普遍遭受混合岩化，所形成的褶皱比较开阔。

这个阶段所形成地层的明显特征，是含多层粗晶大理岩，形成韵律或旋廻层。大理岩的层数多，岩性复杂，变化大，含氧化镁较高，但含量变化大。原岩建造中沉积碎屑岩占多数。

这些都表明，活动带阶段与陆核阶段的地质环境发生了质的变化，是地壳发展的又一个阶段。

4 华北断块区的褶皱带

当我们分析华北断块区内的区域航磁异常时，发现有一些区域磁异常带明显的被另一组区域磁异常带所切。最典型的例子，出现在吕梁山地区、五台山地区和中条山地区。

在吕梁山地区，反映界河口群的EW向正磁异常带，被沿关帝山北东一线的NE向正磁异常带所切（图1）。该异常带稳定的向NE方向延伸至恒山地区，并终止在蔚县以西。整个异常带长达400 km，宽30～50 km，异常幅度200～400γ。这个NE向正磁异常带，在吕梁山一带与吕梁群的区域构造方向基木一致。根据地质研究，在吕梁山地区吕梁群以断裂方式沿NE向切过界河口群。吕梁群的上部超覆于界河口群之上。在云中山、恒山一带出露的古老变质岩系，根据航磁资料推断应相当于吕梁群。

在五台山地区，五台群出露区表现为NE向的线性正负磁异常带。该异常带西侧与上述的吕梁山-恒山NE向正磁异常带相接，东侧切过阜平群的NEE向区异常带，并在庄里、太原一线沿NE向切过了EW向区域正磁异常带（图4）。根据地质研究，五台群位于阜平群之上，并呈角度不整合关系。根据航磁资料分析，吕梁群和五台群晚于界河口群和阜平群，区域构造方向呈明显的角度相交，前者以NE向切过后者。

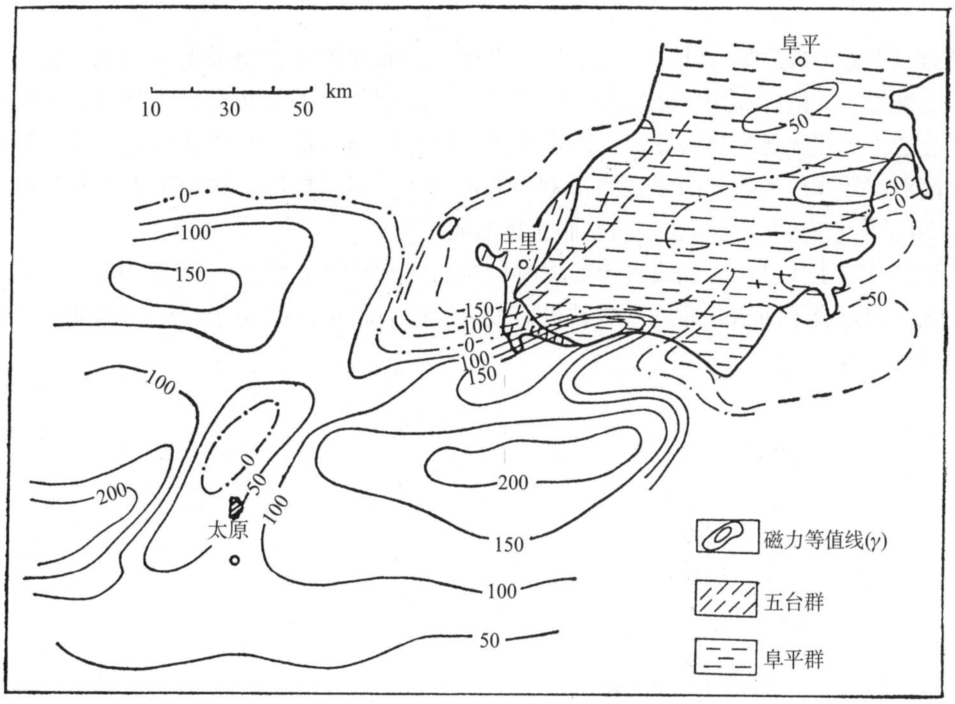

图4 庄里地区北东向负磁异常切过东西向正磁异常图

在中条山地区，正如上节所述，反映涑水群的EW向正磁异常带，被潼关、临汾、霍县的NE向区域正磁异常带所切。NE向异常带宽70 km，长达300 km多，磁异常幅度高达350γ。根据地质研究，中条山地区的绛县群、中条群大致沿NE35°方向延伸，与这个正磁异常带方向一致，它们与下伏的涑水群为不整合接触。因而我们推断，这个NE向的正磁异常带应是绛县群的主要发育区，与吕梁群和五台群一样，它们切过了下伏的地层——涑水群。

因此可以推测，吕梁群、五台群、绛县群属于同一时代的产物。根据地质研究，这套地层是由变质的火山岩，火山喷发-沉积岩为主的岩层所组成。因此可以形成较强烈的正磁异常带或正负相间的线状异常带。这套地层的变质程度属于中低级变质，一般是从绿片岩相到铁铝榴石角闪岩相，混合岩化不普遍，但褶皱较强烈。这套地层上部表现有明显的超覆现象，说明沉积范围上部比下部要广。上部有时出现厚度变化极大的大理岩，有时在 25 km 范围内，厚度由 2000 多米，迅速减至 40 多米。根据航磁资料推断，这套地层的发育区两侧常有深断裂存在，估计深断裂主要控制了下部岩系的发育范围。因此我们认为，这套地层是在华北地台的古老结晶基底基本形成或接近形成的时候，在其上所形成的 NE 向断槽内的产物。这个阶段，我们称之为褶皱带阶段。它的形成时期可能早于 20 亿年，即在活动带阶段尚未完全结束以前，已经出现了断槽。

山西高原上新生代时期产生的，近代非带活动的汾渭地堑，大体上就是沿着这些断槽出现的。

5　华北断块区结晶基底的形成与发展

根据一些学者的研究，在地壳发展的早期阶段，存在一个初始的薄壳，上面广布着海洋。根据《华北断块区的形成与发展》文集内赵宗溥文章的分析，中国大陆范围内的初始地壳属于硅铝壳。由于当时的地热梯度较高，地壳又薄，地球处于初始形成阶段，热力事件占主导地位。大约在 28 亿～30 亿年以前，在华北断块区的北缘，在北纬 39°～41°，沿着纬向方向，在初始地壳上出现了一系列的地壳早期断裂，初始地壳下部的熔融物质上涌，形成了以超基性和基性火山岩建造为主的古陆核，并逐次向南推进。

古陆核露出海面形成原始大陆，开始了风化剥蚀，因而在古陆核周围地区出现了碎屑沉积。大陆围绕的陆核逐渐增长，沉积作用不断增加。活动带就在陆核外围，在初始地壳基础上发展起来。因此它们在原岩建造上沉积碎屑岩比较发育，出现大理岩建造；同时在某些活动带内仍有大量的深源物质侵入，加之高温变质作用形成了一系列的正磁异常带。大陆不断扩展，初始地壳逐渐的被活动带所覆殁，大约在 20 亿年左右，华北断块区的基底主体形成。

华北断块区基底主体基本形成或接近形成时，在地台范围内出现了一些巨大的 NE-NEE 向的深断裂。在断块区内部形成了断槽，即进入褶皱带阶段。这个阶段可能结束于滹沱构造期。然后华北断块进入了盖层发展阶段。

北京地区的地壳、上地幔电性研究*

刘国栋　孙　洁　顾　群　张木生
石樟松　史书林　王宝钧　赵国泽

1　引　言

近十几年对地壳、上地幔的电性结构研究日益受到重视，因为地壳和上地幔的电性分层和电导率参数不仅是研究深部构造的重要依据，而且还可以提供深部的物质组成、状态和地温状况等重要信息，并且与地质构造活动性有密切关系。世界上很多地区的地壳、上地幔电性结构研究表明，在地壳范围内常常发现有高导层存在，它与构造活动存在某种联系；在上地幔范围内几乎普遍发现有高导层，在构造活动地区该层埋深变浅，在稳定地区显著加深；地壳上部电阻层电阻率的大小，往往也与该区的活动历史有一定联系。因而地壳、上地幔的电性结构是研究地质构造活动性的一个重要参数。

北京地区地质构造复杂，新构造运动强烈，地震活动频繁，研究该区的地壳、上地幔电性结构，对我们认识这些现象会有所裨益。1976 年 9～11 月国家地震局地质研究所大地电磁测深组配合北京市地震地质会战，在该区进行了大地电磁测深工作。由于该区工业和其他用电设施所形成的电磁干扰很大，选择测点十分困难，仅有 7 个测点的资料可用于解释，因而这项研究工作仅仅是初步的。图 1 是北京地区的大地电磁测深点位，绘于新构造运动分区图上。

2　仪器与野外工作方法

在大地电磁测深方法中，为了计算地壳的张量阻抗元素，必须同时观测互相垂直的天然电磁场的 4 个变化的水平分量 E_x、E_y、H_x、H_y，有时也观测磁场的垂直变化分量 H_z。我们在北京平原地区用自制的 LH-2 型大地电磁测深仪进行了野外观测。该仪器的方框原理图见图 2。磁场传感器为一缠有 4×10^4 匝线圈的螺旋管，并由 2 m 长的高导磁率坡莫合金叠片做磁芯，磁芯截面积 25×25 mm^2。电极一般采用硫酸铜不极化电极。磁场放大器为带尖峰箝位的调制式直流放大器，噪音小于 0. 1 μV（峰-峰），电场放大器为高输入阻抗的调制式的直流放大器。低通滤波器为基本 A 型节和基本 B 型节组合成的有源滤波器，截频 80 s，陡度 32 dB。记录器为四遭模拟纸带记录仪，纸带宽 160 mm，快记录仪走纸速度 60mm/分，慢记录仪走纸速度 5 mm/分。

观察坐标按磁南北和磁 EW 方向布置，用经纬仪定向，方位精度不低于 10 秒。磁场传感器埋入地下 30cm，用高灵敏度的水准尺校平。电极距为 400 m。

---

* 本文原载于《北京地震地质会战文集》，1980，67～77。

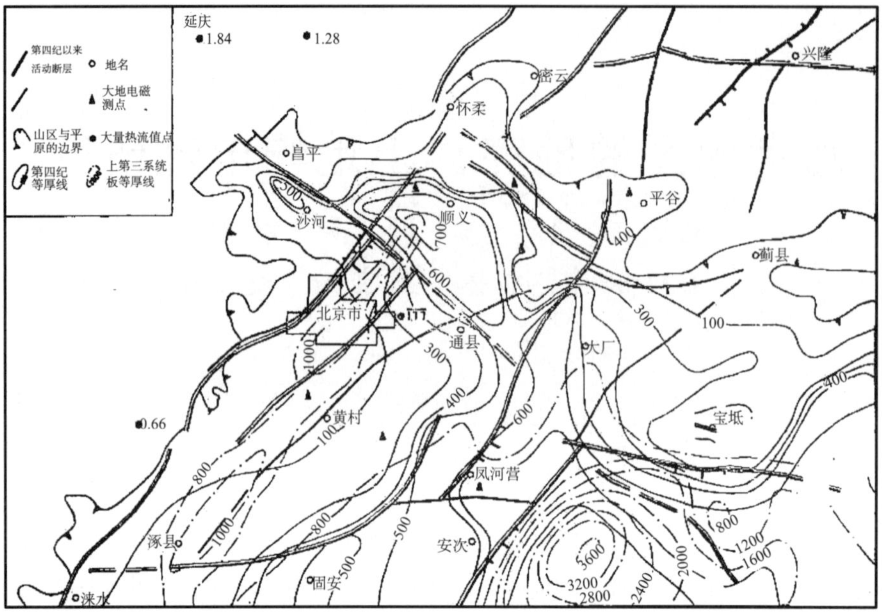

图 1　北京地区大地电磁测深点位置图（底图据李志义、康来迅）

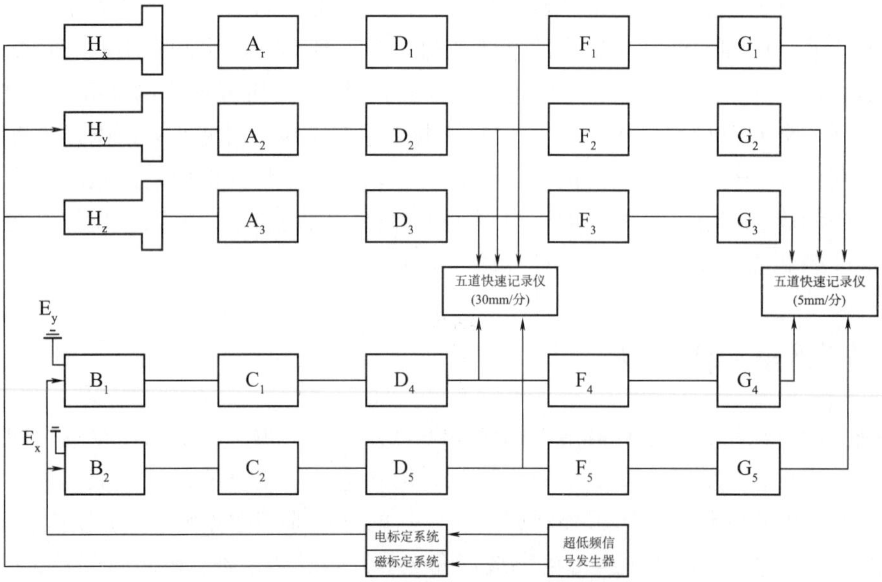

图 2　大地电磁测深仪方框原理示意图

图中符号同本文集 LH-2 型大地电磁测深仪第 5 页图 1

3　大地电磁测深法原理和数据处理

大地电磁测深法利用变化的天然电磁场互相垂直的 4 个水平分量探测地球内部岩石电性随深度的变化。由于高空电离层和磁层的电流体系随时间的变化以及大气层中的雷电效应，引起地球磁场发生波动，其周期范围相当广阔。这种磁场波动在导电的地球内部感应出变化电场——大地电流场，它依次又产生二次磁场。这些变化的电磁场分布特征受地球内部岩石电性的影响。在地表观测，分析和解释这些电磁场数据可以获得地球内部的电性结构信息。

在地表任何一点观测的大地电磁场4个水平分量之间存在着下列关系：

$$E_x = Z_{xx}H_x + Z_{xy}H_y,$$
$$E_y = Z_{yx}H_x + Z_{yy}H_y \tag{1}$$

式中，H_x，H_y，E_x 和 E_y 是直角坐标系中，沿观测坐标方位的互相垂直的磁场水平分量和电场水平分量，需要我们在野外观察的量；Z_{xy}、Z_{yx}，Z_{xx}和 Z_{yy}是在观测坐标方位上张量阻抗元素，它反映地下的电性结构特征，是要通过计算求得的。

式（1）是频率的函数，因为地球介质不是电性均匀的，张量阻抗元素随深度在变化。不同频率的电磁波穿透深度也不同，频率愈低穿透深度愈大，愈能反映深部的电性结构。因而只有当记录到频带足够宽的电磁场信号时，才能获得厚度足够大的地下电性结构信息。式（1）又是观测坐标方位的函数：①当地下构造是一维的，或者是水平均匀层状的地球模型时，各张量阻抗元素只随深度或者说只随反映地下电性信息的电磁波频率发生变化，此时，$Z_{xy}=Z_{yx}$，$Z_{xx}=Z_{yy}=0$，并且与观测坐标方位无关。②当地下构造是典型二维的，也即地球电性仅沿走向方向均匀，并且走向是无限延伸的，则各张量阻抗元素值不仅是电磁波频率的函数，而且也是观测坐标的函数。但当观测坐标方向与构造走向平行和垂直时，Z_{xy}和 Z_{yx}取极大值，并用 Z'_{xy}和 Z'_{yx}表示，Z_{xx}和 Z_{yy}消失。这个方位叫张量阻抗的主轴方位，Z'_{xy}和 Z'_{yx}叫主轴上的张量阻抗。由于实际的二维构造很少是沿走向无限延伸的，因而 Z'_{xx}和 Z'_{yy}常常是较小的有限值。③当地下构造是三维的，也即地球电性沿三度空间变化，则无论在任何观测方位上 Z_{xy}、Z_{yx}、Z_{xx}和 Z_{yy}都是非零的有限值。

从上面简单的定性分析可见，张量阻抗元素不仅可以反映地下的电性分层，而且还可以反映地下构造走向（主轴方位）和构造形态随深度的变化。

仅根据在地表上观测的一组电磁场信号 H_x、H_y、E_x 和 E_y 代入方程组（1）取求4个张量阻抗元素是不可能的，因为方程组（1）只含有两个方程式，不能解出4个未知数。因此，至少要有两组独立的电磁场观测数据，按式（1）列出4个方程式，才能求解，即：

$$\begin{aligned} E_x^1 &= Z_{xx}H_x^1 + Z_{xy}H_y^1 & E_y^1 &= Z_{yx}H_x^1 + Z_{yy}H_y^1 \\ E_x^2 &= Z_{xx}H_x^2 + Z_{xy}H_y^2 & E_y^2 &= Z_{yx}H_x^2 + Z_{yy}H_y^2 \end{aligned} \tag{2}$$

式中，角码“1”和“2”代表观测的序数。所谓两组独立的观测数据意味 $H_x^1/H_y^1 \neq H_x^2/H_y^2$，即场源为非线性极化。但为了提高估算张量阻抗元素的准确程度，目前都是利用多组独立的观测数据，并根据最小方差原理确定出张量阻抗元素的最佳估算值。我们对北京地区大地电磁测深资料的处理就是采用了这种方法。其大致过程为：把在野外记录的大地电磁场数据进行富氏谱分析，以获得不同频率上的大地电磁场4个水平分量的振幅和相位。由于富氏谱分析理论要求数据记录段的长度应当是无限的，但实际上是有限的，因而使真实的谱成分受到了歪曲，即产生了所谓“截段”效应。为了尽量减少这种效应，在谱分析之前对时间域上的大地电磁场数据进行了“预白”和修改频谱“窗口”。在获得谱分析结果以后，计算不同频率电磁场分量之间的自功率和互功率的谱密度及其频带平均值。然后把谱密度的频带平均值代入按最小方差原理所确定的张量阻抗元素的表达式中去，以解出不同频带上的各张量阻抗元素值。它们是野外测量坐标方位上的张量阻抗元素值，为此还必须求出张量阻抗的主轴方位和主轴方位上的张量阻抗元素值 Z'_{xy}、Z'_{yx}、Z'_{xx}和 Z'_{yy}。然后计算二维偏离度 S，以判断构造形态，最后按下式计算视电阻率曲线：

$$\rho_{xy} = 0.2T|Z'_{xy}|^2 \qquad \rho_{yx} = 0.2T|Z'_{yx}|^2 \tag{3}$$

如果 Z'_{xy}是表示电场沿构造走向方向极化的阻抗值，则 Z'_{yx}就表示磁场沿构造走向方向极化的阻抗值。前者叫纵向视电阻率曲线，后者叫横向视电阻率曲线。

上述计算过程的框图如图3所示[1]。

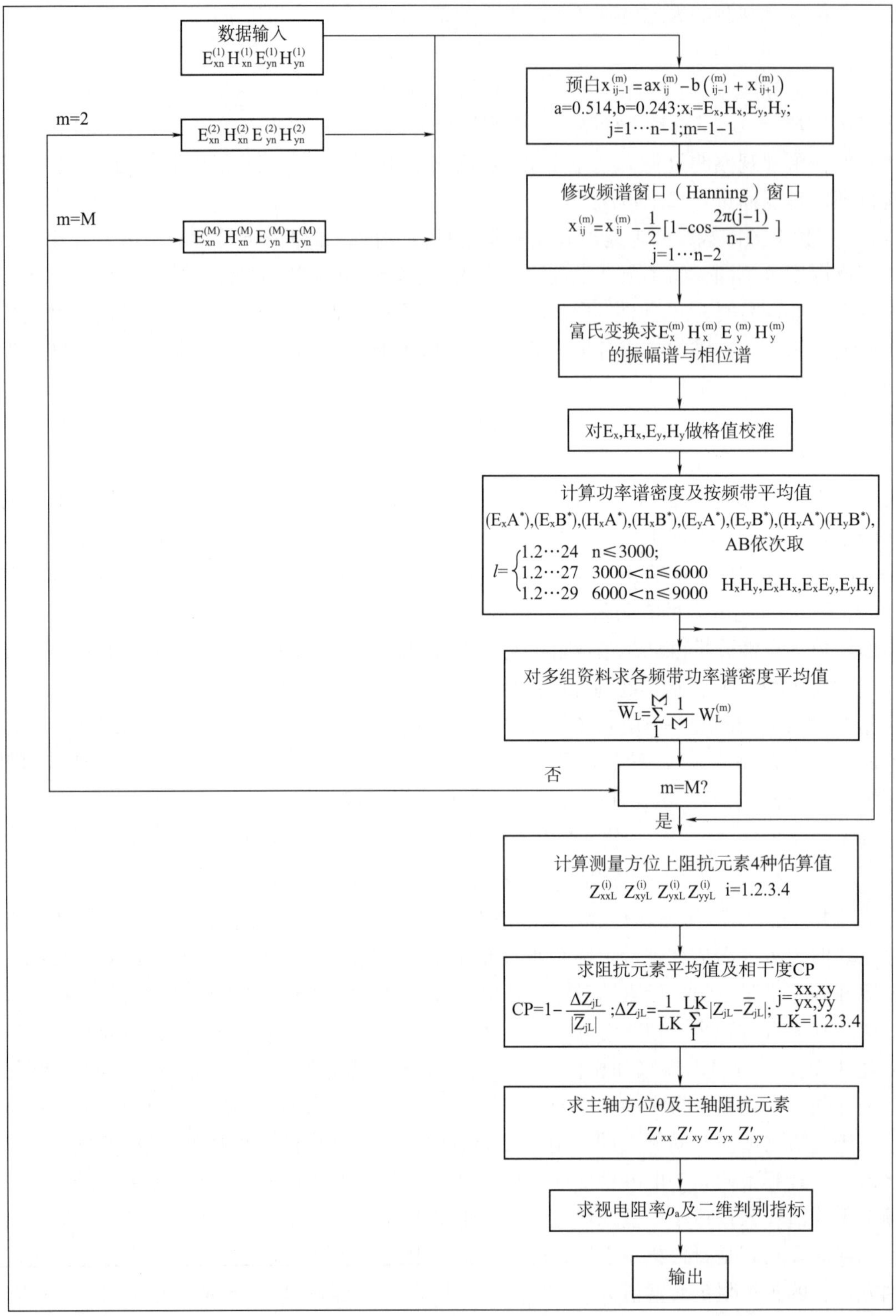

图 3　大地电磁张量阻抗分析方法方框图

4 大地电磁测深的数据处理结果与反演

根据上述的数据处理方法，我们计算了北京地区各测点的大地电磁测深资料，获得了张量主轴方位上的视电阻率值，其周期范围一般为 10～2000 s，如图 4 所示。其中空圆圈代表纵向视电阻率曲线 $\rho_{\parallel}$，实圆圈代表横向视电阻率曲线 $\rho_{\perp}$，实曲线表示对纵向视电阻率值反演拟合以后所获得的一维理论模型的视电阻率曲线。

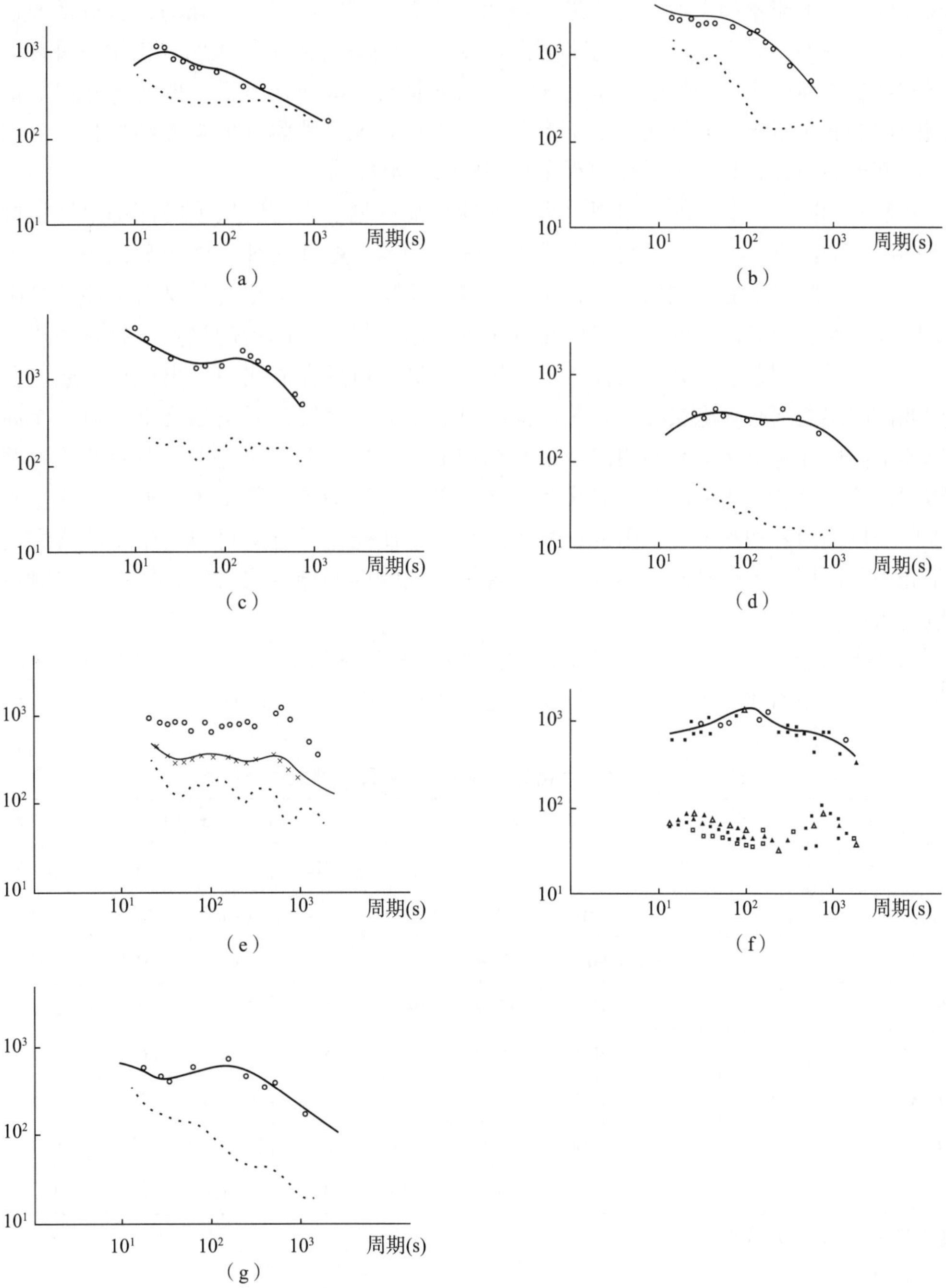

图 4 北京地区大地电磁测深视电阻率曲线

从各测点的纵向视电阻率曲线来看，均显示多层地电断面的特征。位于凹陷内的文化营、狼垡、凤河营测点的曲线左支明显上升，过第一个极大值后在曲线中部出现极小或者明显的拐点；在长周期范围内的曲线右支很快地下降。位于凸起上的李各庄、北务、王辛庄、垡上测点，曲线左支下降，中间有明显的极大，在长周期范围内的曲线右支很快下降。

横向视电阻率曲线在形态上和视电阻率值上都与纵向曲线有很大的差异，这表明该区存在着明显的侧向不均匀性。在短周期部分横向与纵向的视电阻率曲线比较接近，随周期的加长两者逐渐分离，横向曲线很快下降。我们认为这种“畸变”主要属于“边缘效应”，是由于边缘山区的高阻岩层使大地电流场发生畸变的结果。其物理意义是高阻岩层阻碍电流的流通，而沉积盆地则是电流的良好通道，因而波长较大的低频电流就趋于沿盆地的走向极化，从而使横向电场分量减弱，造成横向视电阻率曲线的下移，并发生变形，因而$\rho_{\perp}$受到强烈畸变[5]。理论计算和实际工作表明，当用一维理论模型对受畸变的二维构造的大地电磁测深视电阻率曲线做定量解释时，横向视电阻率曲线只能较好地反映沉积层下第一高阻层的起伏情况。而纵向视电阻率曲线却能较好地反映深部的电性结构特征。因而我们对北京地区的深部电性研究，只采用了纵向视电阻率曲线的解释结果。

从位于凸起和凹陷内各测点的纵向视电阻率曲线特征可见，它们所反映的深部电性结构特征是一致的。位于凸起上的测点，由于缺乏短周期数据，表层的地电断面特征未能表现出来，但下降的左支表明在地壳上部的高阻层下有导电层存在；中间的极大值反映该导电层之下又有较厚的高阻层，曲线右支迅速下降反映在更大的深度的上地幔内出现了导电层。位于凹陷内的测点也缺乏短周期数据，但上升的左支显然是受沉积盖层下高阻层控制；过第一个极大值后在曲线中部出现极小或者明显拐点这一事实，说明高阻层之下有导电层存在。其后曲线略有上升，表明该导电层之下又有一个高阻层；曲线右支的迅速下降同样是由于上地幔内出现了导电层而造成的。但与凸起上的测点相比，凹陷内各测点在视电阻率曲线上反映壳内导电层的极小和反映下部高阻层的极大都不十分明显。这主要与两个因素有关：①由于坳陷内各测点下有低阻的沉积盖层存在，使壳内导电层对视电阻率曲线影响变得模糊了；②由于壳内导电层之下的高阻层不够厚，或者说上地幔内的导电层偏浅，使高阻层对视电阻率曲线的影响也变得模糊。

我们利用一维理论模型，根据“大地电磁测深曲线的病态反演”方法[1]，对北京地区的7个大地电磁测深纵向视电阻率曲线做了反演，所获得的地电断面参数列于表1中。

表1　北京地区大地电磁测深纵向视电阻率曲线反演结果

层参数 / 测点位置	第一层		第二层		第三层		第四层		第五层	
	ρ_1	h_1	ρ_2	h_2	ρ_3	h_3	ρ_4	h_4	ρ_5	h_5
文化营	9.4	1.1	8600	22.5	5.40	6.4	1×10^4	26.8	1.0	
李各庄	——	——	8000	17.4	15.0	4.6	1×10^4	40.0	1.0	
北务	——		7000	17.9	14.0	5.4	2×10^3	50.7	2.0	
王辛庄	——	——	8000	20.0	15.0	3.0	1.5×10^4	36.0	1.5	
狼垡	5.1	1.2	1300	17.8	2.50	3.0	20×10^4	26.0	1.0	
垡上	——	——	2700	25.0	5.00	2.5	2.7×10^6	83.0	1.0	
凤河营	6.3	6.1	2800	13.0	0.90	9.0	1×10^4	15.0	0.5	

注：ρ为电阻率值（Ω · m），h为厚度（km）。

5　大地电磁测深曲线的反演成果

根据表1所列的北京地区大地电磁测深纵向视电阻率曲线的反演结果可见，位于凹陷内的文化营、北务、狼垡测点，其第一层即低阻疏散沉积层的电阻率和厚度值与已知资料基本吻合，但位于武清坳陷内凤河营凸起的凤河营测点，所反演的第一层厚度明显地大于已知资料。同时凤河营测点所反演的到上地幔中间高导层的深度也明显地小于其他测点。这可能与凤河营测点所处的构造部位有关。凤河营测点距离武清坳陷的西侧断裂很近，同时又处在大兴凸起和武清坳陷的过渡地带，因而利用一维理论模型做反演，即使采用纵向视电阻率曲线也难获得较可信的结果。

北京平原地区约在 20 km 左右深处普遍存在一个导电层，厚几公里，电阻率值为几到十几欧姆·米。在该层以下的高阻层电阻率值一般为 10^4 Ω·m。在上地幔范围内有一中间导电层，深约 50～70 km，电阻率近 1 Ω·m。但由于长周期数据缺乏，该层的厚度难于估计。位于大兴凸起顶部垡上测点，壳内导电层偏深，上地幔内的导电层偏深更大。我们认为这可能与测点下的构造形态有关。根据张量阻抗性质，二维偏离度 S：

$$S=\frac{|Z'_{xx}+Z'_{yy}|}{|Z'_{xy}-Z'_{yx}|} \tag{4}$$

式（4）反映了地下构造偏离二维构造的程度。当 $S\to0$ 时地下构造趋于二维，当 $S=1$ 时地下构造为三维。当地下构造接近三维时，利用我们前述的反演方法是不能获得可靠结果的。

北京地区除大兴凸起上的垡上测点以外，其他测点的 S 值均小于 0.3（图 5）。因此我们基本上可以认为在这些测点下的构造是接近二维的。垡上测点 S 接近于 1，故可以认为大兴凸起是一个接近于三维的构造。这与实际情况很一致，大兴凸起的长短轴之比约为 2.5∶1，因而垡上测点的反演结果是仅供参考的。

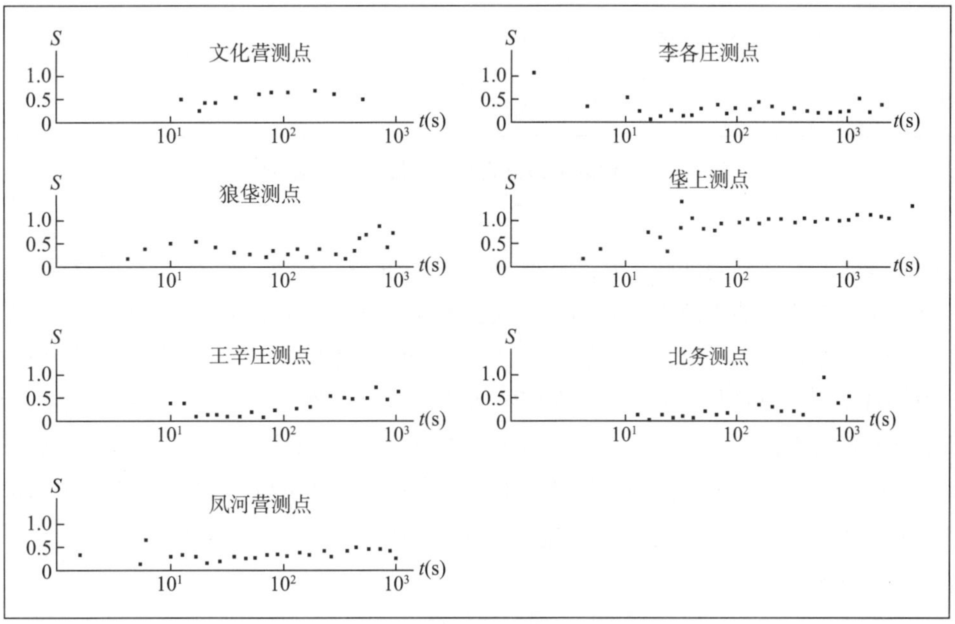

图 5　北京地区大地电磁测深点二维偏离度 S 图

图 6 是北京地区大地电磁测深的张量阻抗主轴方位角 θ 值分布图，或称为测量坐标转角 θ。图中的纵坐标表示角度值，从北向的测量轴按顺时针算起为正，横坐标为电磁波周期，意味着深度。根据前述的张量阻抗的转角特性，θ 角代表地下构造的方向。但由于电磁波包含有一定程度的浅部的地质构造信息，因而 θ 角所表示的构造方向实为视走向方向。从图 6 可见，在短周期范围内，大部分测点的 θ 值在 10°～30°范围内变化，即浅部的构造方向近 NNE 向，这与实际情况是一致的，在长周期范围内，θ 角有减少的趋势，即深部构造有接近 SN 的趋向。

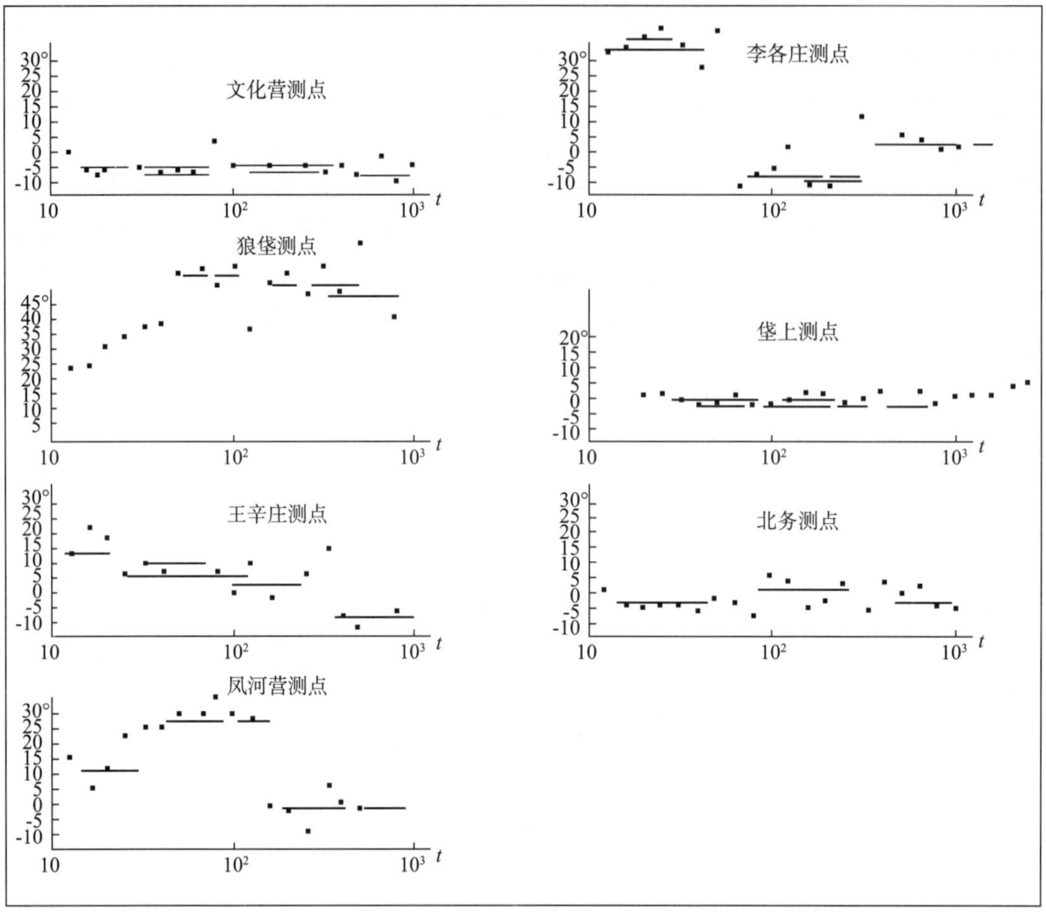

图 6　北京地区大地电磁测深张量阻抗主轴方位 θ

根据北京地区的人工地震测深和天然地震转换波测深资料，地下 20 km 左右的高导层大致与康拉德面相当，地下 50～70 km 的上地幔中间高导层大致与上地幔中的转换界面 M_2 面相当，见图 7。

根据宋仲和等人利用天然地震资料计算的北京等地区的上地幔速度结构资料，北京地区的上地幔低速层大约为 50～60 km①。可见与大地电磁测深资料所解释的上地幔中间高导层的深度非常一致。

北京平原地区壳内存在高导层及上地幔中间高导层偏浅这一事实，与该区大地热流值较高也是一致的。北京平原地区现有的大地热流值分别为 2.01、1.45 和 1.85 HFU，平均值为 1.77 HFU[2]。阿达姆研究了世界一些地区的壳内高导层和上地幔中间高导层的深度 h 与区域大地热流值 Q 之间的关系，认为它们服从指数形式[7]：

$$h = h_{。} Q^{-a} \tag{5}$$

在这个经验公式中，对于壳内高导层来说，取 $h_{。}=35$ km，$a=1.30$ 计算；对于上地幔中间高导层来说，则 $h_{。}=155$ km，$a=1.46$。

北京平原地区的壳内高导层和上地幔中间高导层与该区大地热流值之间的关系，基本符合这个经验公式。故可以认为该区的高导层与深部的地热状况密切相关。

对于壳内高导层的形成机理，目前我们还不尽清楚。一般认为壳内高导层起因于相变脱水或花岗

---

① 宋仲和、朱介寿、安昌强、张丽娟，北京-萨哈林剖面的地幔纵波速度结构。

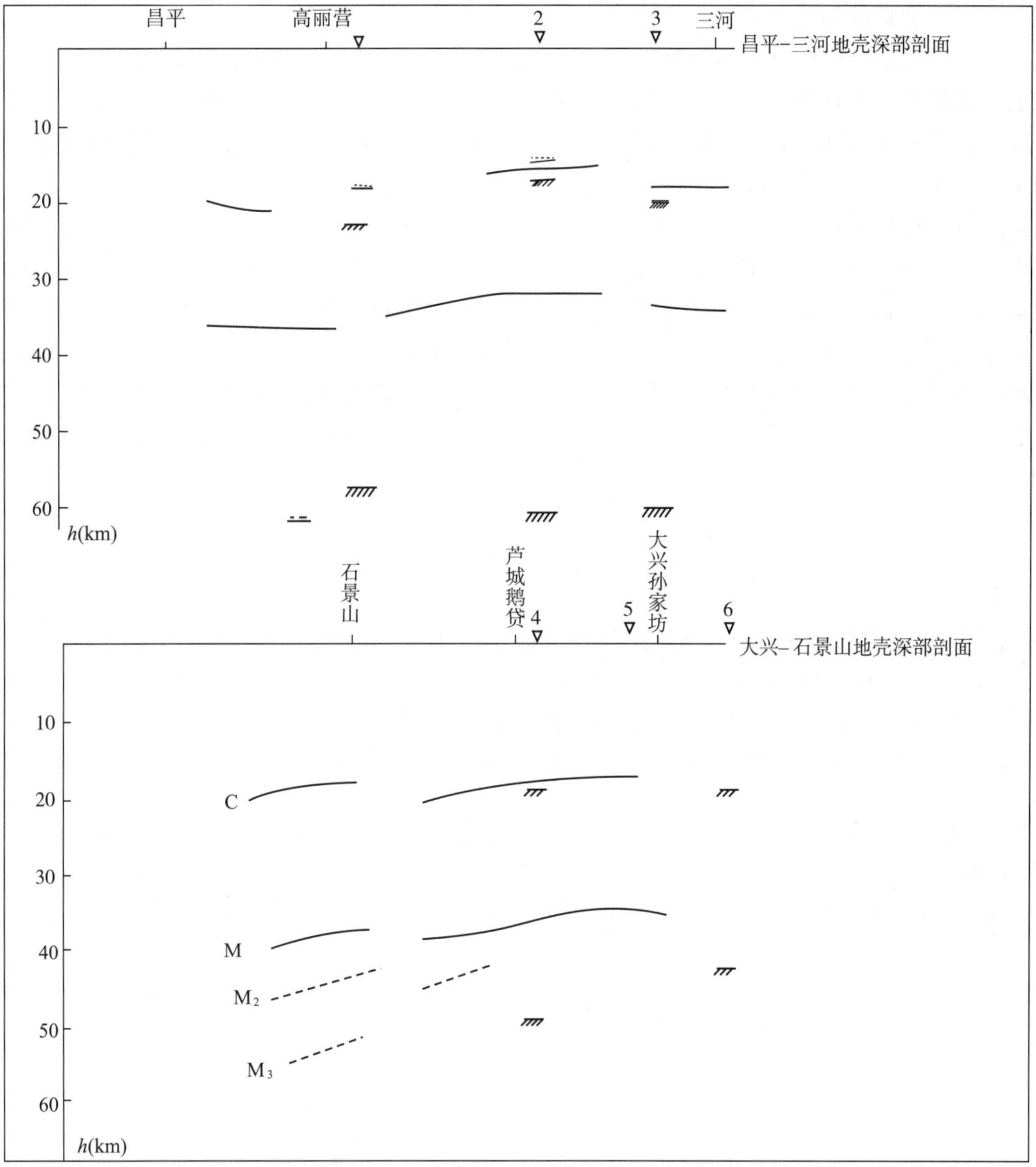

图 7　人工地震、天然地震转换波、大地电磁测深结果对比图

昌平-三河地壳深部剖面图中“1”是文化营；“2”是李各庄；“3”是王辛庄

岩化过程中的脱水作用，也可能是在这一部位出现了部分熔融[6]。我们知道，在“C”面附近的“花岗岩”层内如果因相变脱水而有自由水存在的话，“花岗岩”的最低熔融温度只需 550 ℃。根据航空磁测资料对北京地区的磁性体底界埋深的计算表明，一般都小于 20 km[3]。如果我们把这个深度作为居里等温面的话，它正好与壳内高导层的埋深相当。一般认为居里面的温度为 500 ℃多，所以壳内高导层出现部分熔融也是有可能的。

对上地幔内的中间高导层多数认为是岩石部分熔融的结果。根据钻探结果在北京平原地区凹陷区内，曾发现有多期新生代玄武岩浆活动。这表明在上地幔内存在着局部熔融的层位。如果这个局部熔融带过深，那么熔融物质穿刺到地表是很困难的，而只有在它们埋藏不太深而又有合适的构造环境时才能溢出。我们认为北京平原地区新生代的玄武岩浆活动，主要是由于该区上地幔中间高导层偏浅，而当时又存在着合适的构造环境所造成的。

北京周围山区是新生代以来的隆起区，目前我们尚未开展大地电磁测深工作，但根据表 1 可见平原地区的上地幔中间高导层似乎有向北部变深的趋势。加之北部山区的大地热流值偏低，居里深温面也显著变深。这些地区缺失新生代第三纪沉积，仅有少量的第四纪沉积。这一事实表明新生代以来北京平原地区的下沉可能与上地幔中间高导层的上浸有密切关系。

现今北京平原地区每年仍有 2～3 mm 的升降运动，并且有 7 条活断层显示了更为明显的差异运动[4]。北京平原区域新生代以来的断层主要为正断层，最大断距可达 2000～3000 m。这暗示该区上地幔中间高导层可能仍在活动，综合其他资料，可以设想它甚至可能继续向北部山区发展。

北京地区为一地震活动区，地震频度较高，仅自 1536 年以来就发生了 4 次大于或等于 6 级的地震，其中 1679 年的三河-平谷大震，震级达 8 级。这些地震的震源深度几乎都小于 20 km，位于壳内高导层之上。大陆内很多地震活动区都发现有类似现象，但壳内高导层并非地震活动区所特有。因而地震活动性与壳内高导层的关系仍需很好地进行研究。

参 考 文 献

[1] 国家地震局地质研究所、兰州地震研究所，1980，大地电磁测深法，北京：地震出版社。

[2] 中国科学院地质研究所地热组，1978，华北大地热流，地热研究论文集，北京：科学出版社。

[3] 郝书俭、高华根等，1979，京津唐地区居里等温面及其与地震关系。

[4] 张存德、向家翠、1979，应用大地测量资料论证北京平原地区的现代构造运动和现代应变场，地震地质，第 1 (3)。

[5] Бердuzeъскuй, M. H, др, 1973, μагнfллурuzеское зонduроъание горuзонталъно—неоgнороgных сpeg. Фuзuка зеμлu. No. 1.

[6] Feldman, I. S. , 1976, On the natuze of Conduction layers in the Earth' s crust and upper mantle. in: Geoelectric and geothermal studies, Budapest, 721-730.

[7] 阿达姆，A. , 1978, Geothermal effects in the formation of electrically conducting zones and temperature distribution in the earth. Phys. Earth planet. Inter, 117: 21-28.

北京凤河营地区的地壳电性结构及其在唐山大震前后的变化*

国家地震局地质研究所大地电磁测深组

大震前在震中区周围的一定范围内，地下电阻率出现变化这一事实，在国内外已有很多报道。扩容学说和室内的岩石力学实验表明，岩石的电阻率在岩石受力后所出现的膨胀阶段内，其数值明显减少[1]。这是因为岩石膨胀伴随着水从周围流进膨胀区的缘故。根据实验研究，岩石受力后电阻率的相对变化比线性应变量的相对变化大数百倍[2]，因而人们把观测震前的电阻率变化用以预报地震。山崎良雄多年来用自制电阻率变化仪在日本油壶地区火山岩坑道里，以小极距装置连续观测震前表层岩体的电阻率变化，并取得了可喜的结果[3]。美国在圣安德烈斯断层附近，用人工向地下供 10 s 周期方形电流作为场源的方法监视地壳上部的电阻率变化，曾观测到一个 3.9 级地震前电阻率有明显的变化[4]。我国自 1967 年以来，在地震活动区，用直流四极对称剖面法一直监视着震前地壳浅层的电阻率变化，取得了大量数据和丰富经验。但是，上述这些方法的有效穿透深度都是很有限的，最大不过几公里，有的甚至只在地表附近，因此不可能达到震源所在的深度。为此，近些年来一些国家采用大地电磁测深法，监视地壳内电阻率随时间的变化，并以此来研究地震预报的可能性。采用这种方法的优点是，天然电磁波很容易穿透到震源深度范围内，因而易于观测震源附近的电阻率变化。但该方法也有其困难，例如，场源信息不是预先知道的，如果天然场源不满足平面电磁波的假设，则必然使计算出来的电阻率包含很大的误差，但当电磁场周期小于 1000 s 时场源尺寸的影响可以忽略[5]。其次，电阻率值的观测精度较难精确估定。其原因是天然电磁场的信息比较微弱，易受周围环境和观测系统噪音的污染。

为了研究用大地电磁测深法监视预报地震的可能性，我们在北京东南大兴县凤河营地区选择了一个测点，定期进行重复观测。首次观测是在 1975 年 11 月进行的，1976 年 5 月进行了第二次观测，此后，仅隔两个月就发生了 7.8 级唐山大震。大震后两个月，即 1976 年 9 月又进行了第三次观测。原计划 1977 年还要进行观测，但因测点附近增设了很多工业设施，使天然的大地电磁场受到严重噪声干扰，以致无法再进行正常的观测。由于凤河营测点距 1976 年唐山大震的主震震中 120 km，距唐山地震余震区的最近距离约 90 km，因而我们试图根据该测点主震前后的三次观测结果，讨论一下在这样的距离上地壳电阻率的变化与唐山大震的关系。

凤河营测点三次观测所用的仪器及野外工作方法均与通常的大地电磁测深工作相同。但为了保证重复观测中测量装置精度的一致性，我们采用了铅板电极，而且在三次观测中铅板一直没有从地下取出；磁传感器按埋设的标志定位。为了检查仪器常数的稳定性，三次观测用的是同一套仪器，每次测量开始和结束时均进行系统标定，在记录过程中也经常对仪器进行增益标定。

在三次观测中，每次野外工作时间一般为 10 天或更长一些，以便获得高信噪比的、较充足的野外记录。遇到阴雨天，停止观测，待极化电位稳定后再开始记录。

---

* 本文原载于《大地电磁测深》，刘国栋执笔，地震出版社，1981，89～95。

1 重测结果

凤河营地区大地电磁测深点的三次观测数据，均采用张量阻抗分析方法进行处理。表 1 列出了三次观测的计算结果。表中，ρ_{xy}和ρ_{yx}分别为纵向和横向视电阻率，单位为欧姆 · 米；$c\rho_{xy}$和$c\rho_{yx}$是ρ_{xy}和ρ_{yx}的全信息矢量相干度，它是测量误差的一种度量；上角标 1、2、3 代表各次的观测计算结果。图 1 是根据表 1 中的视电阻率值绘制的纵向（ρ_{xy}）和横向（ρ_{yx}）的视电阻率曲线，图上的不同符号分别代表三次观测的计算结果。

表 1 凤河营三次观测结果

周期（s）	ρ_{xy}^1	$c\rho_{xy}^1$	ρ_{xy}^2	$c\rho_{xy}^2$	ρ_{xy}^3	$c\rho_{xy}^3$	ρ_{yx}^1	$c\rho_{yx}^1$	ρ_{yx}^2	$c\rho_{yx}^2$	ρ_{yx}^3	$c\rho_{yx}^3$
10	6.5	0.81	27.5	0.16			26.9	0.25	21.9	0.13	43.0	0.17
12.5	5.9	0.83	9.8	0.36	73.0	0.18	6.5	0.75	6.7	0.67	6.2	0.74
16	6.5	0.78	6.6	0.81	6.2	0.72	7.0	0.75	9.9	0.45	7.2	0.85
20	6.8	0.78	7.2	0.95	6.2	0.87	8.5	0.87	8.8	0.41	6.5	0.79
25	6.4	0.90	6.6	0.84	6.6	0.88	8.7	0.84	5.1	0.74	6.8	0.94
32	8.1	0.90	7.8	0.84	8.1	0.93	8.4	0.77	4.6	0.88	6.3	0.95
40	9.3	0.91	7.2	0.87	7.8	0.98	7.2	0.88	4.3	0.92	6.3	0.96
50	9.8	0.89	7.8	0.89	8.5	0.97	5.9	0.94	4.5	0.93	5.3	0.97
65	10.6	0.90	8.3	0.81	9.0	0.96	5.9	0.90	3.9	0.93	5.6	0.94
80	12.3	0.91	11.0	0.77	9.8	0.80	5.7	0.92	3.6	0.93	5.1	0.87
100	10.8	0.80	12.4	0.86	11.5	0.86	5.6	0.92	3.4	0.90	4.6	0.93
125	13.9	0.80	8.9	0.86	10.3	0.78	6.4	0.86	3.7	0.95	5.3	0.87
160	11.1	0.88	7.7	0.79	8.8	0.76	4.9	0.89	3.7	0.93	5.2	0.72
200	8.9	0.85	10.8	0.83	22.9	0.51	4.3	0.72	3.0	0.90	8.7	0.31
250	5.3	0.63	8.6	0.77	21.6	0.49	5.8	0.85	3.0	0.97	5.7	0.86
320	7.2	0.87	7.1	0.71	13.2	0.36	4.2	0.94	4.2	0.97	12.0	0.36
400	7.3	0.87			6.5	0.79	5.1	0.89	5.5	0.81	4.7	0.86
500	9.3	0.31	23.4	0.40	6.0	0.85	2.8	0.66	5.5	0.95	3.6	0.13
650	6.1	0.79	5.7	0.86	5.9	0.74	5.9	0.89	7.6	0.74	3.6	0.59
800	4.4	0.87	12.7	0.43	5.9	0.82	8.0	0.92	10.0	0.87	6.7	0.91
1000	4.4	0.85	7.3	0.18	4.0	0.76	8.5	0.87	2.6	0.78	8.3	0.81

注：符号含义见正文。

由图 1 可见：①三次观测所得到的视电阻率曲线形态是一致的。②横向视电阻率值出现了规律性的变化，在小于 200 s 的周期范围内，第二次观测计算得到的视电阻率值比第一次的视电阻率值普遍降低，而第三次观测计算得到的视电阻率值与第一次观测所得到的视电阻率值比较接近。纵向视电阻率曲线在小于 200 s 周期范围内，也发生了类似于横向视电阻率值的变化，但幅值不大，基本上处于误差范围之内。然而从统计观点上看，这种变化仍具有一定的可信性。

我们计算了第二次和第三次所得到的视电阻率值结果与第一次的相对变化量及其相对变化百分比（见表 2），并将其绘制成图 2（图中的纵坐标表示相对变化百分比）。周期小于 12.5 s 的观测值由于误差很大（$c\rho$ 值偏低）没有统计，某些长周期上的观测值也由于误差偏大没有统计。从表 2 和图 2 可

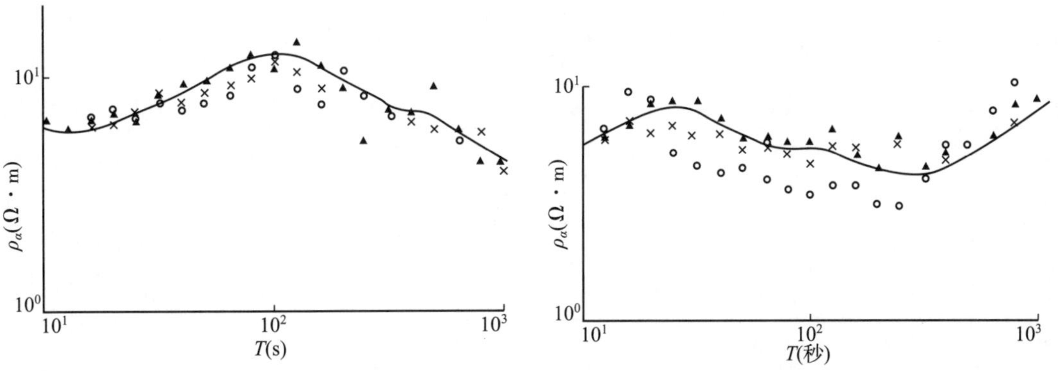

▲为 ρ^1_{xy}；○为 ρ^2_{xy}；×为 ρ^3_{xy}
(a)纵向视电阻率曲线

▲为 ρ^1_{xy}；○为 ρ^2_{xy}；×为 ρ^3_{xy}
(b)横向视电阻率曲线

图 1　根据表 1 中的视电阻率值绘制的视电阻率曲线

见，在周期小于 200 s 的范围内，横向视电阻率值的第二次观测结果比第一次降低了 30%～40%，而第三次观测结果则有明显恢复，只相差 10%～20%；纵向视电阻率值在 40～200 s 周期范围内，第二次观测结果比第一次降低了 20% 左右，而第三次观测结果则恢复到了 10%。

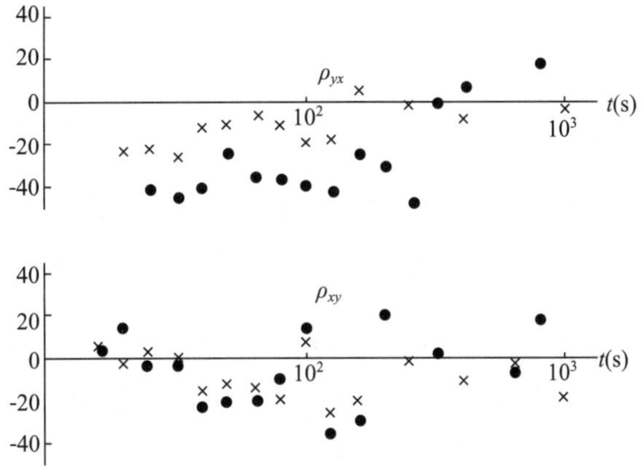

●. 第二次与第一次观测结果的相对变化；×. 第三次与第一次观测结果的相对变化

图 2　第二次、第三次观测得到的视电阻率值与第一次观测得到的视电阻率值之间的相对变化量及相对百分比

表 2　第二、三次相对于第一次的变化和百分比

周期（s）	$\rho^2_{xy}-\rho^1_{xy}$	$\frac{\rho^2_{xy}-\rho^1_{xy}}{\rho^1_{xy}}\times100$	$\rho^3_{xy}-\rho^1_{xy}$	$\frac{\rho^3_{xy}-\rho^1_{xy}}{\rho^1_{xy}}\times100$	$\rho^2_{yx}-\rho^1_{yx}$	$\frac{\rho^2_{yx}-\rho^1_{yx}}{\rho^1_{yx}}\times100$	$\rho^3_{yx}-\rho^1_{yx}$	$\frac{\rho^3_{yx}-\rho^1_{yx}}{\rho^1_{yx}}\times100$
16	+0. 1	+1. 5	+0. 3	+4. 6			+0. 2	+2. 6
20	+0. 4	+6. 7	−0. 1	−1. 5	+0. 3	+3. 5	−2. 0	−23. 5
25	−0. 2	−3. 0	+0. 2	+3. 1	−3. 6	−41. 7	−1. 9	−21. 8
32	−0. 3	−3. 7	0	0	−3. 8	−，15. 2	−2. 1	−25. 0
40	−2. 1	−22. 6	−1. 5	−16. 1	−2. 9	−40. 3	−0. 9	−12. 5
50	−2. 0	−20. 4	−1. 3	−13. 3	−1. 4	−23. 7	−0. 6	−10. 2

续表

周期（s）	$\rho_{xy}^2-\rho_{xy}^1$	$\frac{\rho_{xy}^2-\rho_{xy}^1}{\rho_{xy}^1}\times100$	$\rho_{xy}^3-\rho_{xy}^1$	$\frac{\rho_{xy}^3-\rho_{xy}^1}{\rho_{xy}^1}\times100$	$\rho_{yx}^2-\rho_{yx}^1$	$\frac{\rho_{yx}^2-\rho_{yx}^1}{\rho_{yx}^1}\times100$	$\rho_{yx}^3-\rho_{yx}^1$	$\frac{\rho_{yx}^3-\rho_{yx}^1}{\rho_{yx}^1}\times100$
65	-2.3	-21.7	-1.6	-15.1	-2.0	-33.9	-0.3	-5.1
80	-1.3	-10.6	-2.5	-20.0	-2.1	-36.8	-0.6	-10.5
100	+1.6	+14.8	+0.7	+6.5	-2.2	-39.3	-1.0	-17.9
125	-5.0	-35.9	-3.6	-25.8	-2.7	-42.2	-1.1	-17.2
160	-3.4	-30.6	-2.3	-20.7	-1.2	-24.5	+0.3	+6.1
200	+1.9	+21.3	-1.3	-30.2				
250					-2.8	-48.2	-0.1	-1.7
320	+0.1	+1.4			0	0		
400			-0.8	-10.9	+0.4	+7.8	-0.4	-7.8
500								
650	-0.4	-6.6	-0.3	-4.9	+1.7	+28.8		
800			1.5	34.1	+2.0	+32.1	-1.3	-1.6
1000			-0.4	-91			-0.2	-2.4

注：符号含义见正文。

2　精度的估计

在同一个测点，用大地电磁测深法进行多次重复观测，所获得的各次视电阻率值的精度决定于多种因素。首先，与各次观测中观测坐标系的方位精度、电极距精度和仪器常数稳定性有关。如果在各次重复观测中它们出现了变化，而又未经校正，则必然要使不同次观测中所计算的视电阻率值出现系统偏差。但如前所述，测量装置在三次观测中未变动，仪器常数是稳定的，所以这些误差不应出现。另外，由于电场信号放大器的输入阻抗为10^6 Ω，而电极的接地电阻却保持在100 Ω左右，因此，即使出现一些波动，也不会对电场的测量精度造成影响。其次，我们还必须考虑在张量阻抗计算过程中，因不满足数学计算要求而引进的误差，例如，因不符合采样定理而引进的“假频效应”，以及在富氏谱分析中因数据资料段的长度有限而引进的“截断效应”等。但由于我们所使用的大地电磁测深仪系统的频率响应比较低，高频截止频率为0.25周，陡度约30 dB，加之大地电磁场的高频信号非常弱，因而在模拟纸带记录图上基本见不到高于0.2周的电磁场脉动信号。正因为如此，我们在对模拟信号进行数字化时，采样频率设定为0.5周。一般来说，这样的采样间隔对该仪器系统是合适的，它避免了数字化过程中的假频效应。此外，在三次观测的数据处理中，所计算的电磁场谱的最低谐波皆为0.001周，而单个的数据资料长度又一般在6000～8000 s以上，而且在谱分析之前，加了“预白”和“窗口”校正等步骤，因而可以认为，在我们所考虑的频率范围内，“截断效应”对计算结果不会造成显著的影响。造成误差的第三个因素是电磁信号道的随机噪音，它包括仪器系统的噪音以及电力设施和人为污染的噪音。为了估算这种噪音对所计算的视电阻率值的影响，我们用全信息矢量相干度来度量[6]：

$$c\rho = 1 - \frac{D}{|R|},$$

$$R = \frac{1}{L}\sum_{l=1}^{L}(Z_{mn})_l,$$

$$D = \frac{1}{L}\sum_{l=1}^{L} |(Z_{mn})_l - R|$$

式中，$m \to x, y$；$n \to z, y$；$L=1, 2, 3, 4$ 代表张量阻抗的 4 种不同算法。由于电场和磁场信号道的随机噪音对张量阻抗 4 种算法的影响是不同的[7]，因而可认为上式中张量阻抗 4 种算法的平均值 R 受随机噪音影响最小。这样，$c\rho$ 值就意味着电、磁道的随机噪音对张量阻抗值的影响程度。$c\rho$ 值愈接近 1，所计算的张量阻抗值精度也就愈高。图 1 所标出的视电阻率值的全信息矢量相干度 $c\rho \geqslant 0.8$，即张量阻抗值的精度不低于 20%。前已述及，周期小于 12.5s 的信号，$c\rho$ 值很低，其主要原因是高频电磁场的信噪比低，另外也可能与数字化过程所引进的噪音有关。因为我们是在图形——数字转换仪上对模拟图形进行数字采样的，它需要人工手持码盘在模拟曲线上自动等间隔地连续取样读数，所以往往由于操作不熟练致使码盘抖动，从而引进了随机噪音。

3 成果讨论

根据前面所述，凤河营测点三次观测结果的精度是一致的。但在这三次观测中，视电阻率值却出现了规律性的变化，尤其是唐山大震前两个月的深部视电阻率值比震前 8 个月的深部视电阻率有明显降低，而震后两个月又趋于恢复。这一点是令人感兴趣的。

近几年来，在加拿大的魁北克地区[8]，在美国南加利福尼亚的洛杉矶盆地及周围地区[9]都开展了用大地电磁测深法监视地壳深部电阻率随时间的变化及其对预报地震可能性的研究。根据岩石导电性在应力作用下的实验研究和地电断面模型的理论计算，以及大地电磁测深法反映电阻率变化的能力和目前所具有的精度来综合考虑，认为用大地电磁测深法监视地壳内部的电阻率变化，从而进行地震预报是完全可能的。I. K. Reddy 等人根据扩容理论和实验结果认为，一个大地震发生之前在扩容区范围内，大地电磁测深的视电阻率值可以发生为 60%～70% 的变化。他们根据波速比的观测结果认为，美国的圣费尔南多 6.4 级地震的扩容区范围以震中区向外至少可扩展到 80 km 处的 RVR 台站以外，并认为一个 7 级地震的扩容区可达 190 km[10]。本藏义守曾报告了 1970 年 10 月 16 日日本的秋田地震（震级为 6.2 级）前用大地电磁测深法所观测到的地壳内部电导率变化，指出在震前阻抗值振幅 A 降低，主阻抗 Z_{xy} 与辅阻抗 Z_{xx} 的夹角 θ 反时针增加[11]。其中：

$$A = \sqrt{Z_{xx}^2 + Z_{yx}^2}$$

$$\theta = \text{arctg}\,\frac{Z_{yx}}{Z_{xx}}$$

由此分析，凤河营测点这一变化很可能与地震有关。

凤河营测点位于武清坳陷内，西邻大兴凸起。武清坳陷与大兴凸起之间以断裂相隔，区域构造方向为 NE-NNE 向。根据已有资料，武清坳陷是新生代以来的沉积盆地，凤河营测点位于这个盆地内的小型断块凸起上。凸起宽度仅 4 km，其上新生界的沉积厚度约 2～4 km，而小型断块凸起外围的新生界沉积厚度则大于 6～7 km。大兴凸起是中新生界以来的隆起，其上仅发育有第四纪沉积，在隆起顶部沉积厚度不超过百米（图 3）。武清坳陷和大兴凸起的基底为高阻的古生代地层，而新生界沉积为低阻层，电阻率仅几个欧姆 · 米。

从图 3 可见，这里的构造比较复杂，电磁场受到强烈畸变。由第一次观测结果所获得的纵向视电阻率曲线 ρ_{xy}（图 1（a））可见，曲线左边的上升支受沉积层以下的高阻基底控制，曲线右边的下降支在 200～320s 的周期范围内出现了一个明显的拐点，可能是壳内高导层的反映。在更长的周期范围内，曲线迅速下降是上地幔高导层的反映。根据第一次观测结果所获得的横向视电阻率曲线 ρ_{yx}（图 1（b）），发现它与纵向视电阻率曲线在形态上有本质的差异，说明它受到沉积盖层内侧向不均匀性的强

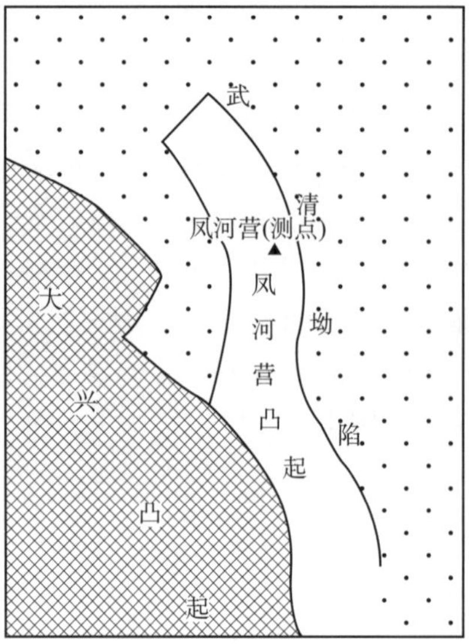

图 3　凤河营测点周围地区的构造示意图

烈影响。在 20s 周期以前，ρ_{yx}曲线的上升支反映了高阻基底的凸起构造。但随着周期的加长，低频电场趋向沿盆地轴向极化，横向电场减弱，使ρ_{yx}曲线受到强烈畸变，幅度显著下降。

我们对第一次观测所获得的ρ_{xy}和ρ_{yx}视电阻率曲线，用一维模型的自动拟合反演解释方法获得的地电断面参数如下：

纵向视电阻率曲线ρ_{xy}：

$$\rho_1=6.3,\ h_1=6.1;\ \rho_2=280,\ h_2=13;$$
$$\rho_3=0.9,\ h_3=9;\ \rho_4=10000,\ h_4=15;$$
$$\rho_5=0.1.$$

横向视电阻率曲线p_{yx}：

$$\rho_1=4,\ h_1=2.1;\ \rho_2=200,\ h_2=5.5;$$
$$\rho_3=0.4,\ h_3=1;\ \rho_4=10000,\ h_4=15;$$
$$\rho_5=0.1,\ h_5=1;\ \rho_6=\infty.$$

式中，电阻率ρ单位为欧姆 · 米，厚度h单位为公里。

可见，按ρ_{yx}曲线反演的高阻基底深度（2.1 km）与已知的深度比较吻合；而按ρ_{xy}曲线反演的高阻基底深度则明显偏深。但对地壳深部的电性结构，按ρ_{xy}曲线反演的结果显然要比P_{yx}曲线的反演结果更为合理。

ρ_{xy}曲线所反演的新生界沉积层之下的高阻基底厚达十几公里，电阻率值为 280 Ω · m。根据相应岩石的干燥标本在实验室内的测定结果，其电阻率值要比实际观测的大 2～3 个数量级。这说明，在地壳上部的高阻岩层内有自由水充填。由于唐山地震前两个月凤河营地区的视电阻率值与震前 8 个月相比出现下降，且主要出现在大地电磁测深曲线上小于 200 s 周期的频带内，因此可以根据该区的地电断面，估算这个周期范围内的电磁波穿透深度主要反映的是上地壳范围内的电性状况。另外，对水饱和的结晶岩石在高压下的实验研究表明，在岩石破裂之前电阻率将降低 10 倍[12]。那么，距唐山地震区 90～120 km 的凤河营，大震之前地壳内的电阻率是否会出现显著的变化？根据唐山地震前兆总结和震前应力场变化分析，凤河营地区正位于各种前兆现象广泛出现的范围之内。此外，根据扩容理论推算，膨胀区的延伸大致应为地震断层长度的两倍，唐山主震的断层长达 140 km，因而凤河营地区于唐山大震前在地壳上部出现明显的电阻率变化是可能的。大震前电阻率降低的原因，可能像通常所认为的那样，地壳上部的岩石受力后，出现了很多微小裂隙，在其破裂之前，出现非弹性的体积增大。与此同时，裂隙水溶液流入其中，并通过裂隙互相沟通。因而使岩石的电阻率发生明显降低。震后裂隙闭合，电阻率回升。根据唐山大震前在京、津、唐地区用直流四极对称剖面法所观测到的地壳浅层电阻率的变化，上述对大震前电阻率降低原因的分析是完全有可能的。1975 年 12 月，浅层电阻率在唐山地区相对下降，形成了负异常中心，强度为-2.9%；到了 1976 年 6 月，这个负异常又有明显发展，在唐山地区达到了-4.4%，凤河营地区的浅层电阻率值也相对降低了 3%。唐山大震发生以后，电阻率便逐渐趋于恢复。这种变化进程，与大地电磁测深法在凤河营地区所观测到的地壳中部电阻率变化进程是一致的。由于大地电磁测深法监视的是深部的电阻率变化情况，因而其变化幅度更为明显。

当然，目前把唐山大震前凤河营大地电磁测深点的电阻率变化，认定为地震前兆尚为时过早。因为，这仅仅是一个测点的结果，且无第二个震例检验，资料精度也不完全令人满意。但这件工作却给人启示，即用大地电磁测深法监视地壳的电阻率随时间的变化，作为地震预报的一种手段是有前途的。它在这方面的主要优点是穿透深度大、不受高阻层屏蔽、可以探测地壳和上地幔的电性特征。

参考文献

[1] Christopher H. Scholz, Lznn R. Sykes, Yash P. Aggarwal, 1973, Rock dilatancy and water diffusion may explain a large class of phenomena precursory to earthquakes, Science, Vol. 181, No. 4102.

[2] 山崎良雄，1973，岩石变形と比抵抗，地震，第 2 辑，Vol. 26。

[3] Y. Yamazaki, 1975, Precursory and coseismic resistivity changes, Pure and Applied Geophysics, Vol. 113, No. 1/2.

[4] A. Mazzella and H. F. Morrison, 1974, Electrical resistivity variations associated with earthquakes on the San Andreas Fault, Science, Vol. 185, No. 4154.

[5] A. T. Price, 1962, The theory of magnetotelluric method when the source field is considered. J. Geophys. Res, Vol. 67.

[6] D. R. Word, H. W. Smith, F. X. Bostick, Jr., 1970, An investigation of the maffnetotelluric tensor impedence method, Univ. Texas, E. R. G., Tech. Rep., No. 82.

[7] W. E. Sims and F. x. Bostick, Jr., 1969, Methods of magnetotelluric analysis, Univ. Texas, E. G. R. L., Tech. Rep, No. 58.

[8] Y. K. Honkura, R. D. Kurtz and E. R. Niblett, 1977, Geomagnetic deloth sounding and magnetotelluric results from a seismically active region northeast of Quebec City, Can. J. Earth sci., Vol. 14, No. 2.

[9] I. K. Reddy, R. J. Phillips, J. H. Whitcomb, D. M. Cole and R. A. Taylot, 1976, Monitoring of time dependent electrical resistJvity by magnetotelluricst, J. Geomagnetism and Geoelectricity, Vol. 28, No. 2.

[10] D. L. Anderson and J. H. Whitcomb, 1975, Time-dependent seismology, J. Geophys. Res., Vol. 80, No 11.

[11] 本藏義守，昭和 51 年 10 月，地壳内比抵抗異常による誘導電流の擾乱とその地震予知への応用，变動電磁界による地下導電率分布の研究，工業技術院地質调查所。

[12] W. F. Brace and A. S. Orange, 1968, Electrical resistivity changes in saturated rocks during fracture and frictional sliding, J. Geophys. Res., Vol. 73, No. 4.

SD-1 型数字大地电磁测深仪*

国家地震局地质研究所大地电磁测深组

20 世纪 50 年代提出了大地电磁测深法，但并未获得广泛应用，其原因之一是缺少能测定幅度变化极小的水平磁场的仪器。60 年代，由于有了光电负反馈静磁原理[1]和电子管线路感应原理的大地电磁测深仪[2]，因而促进了大地电磁测深工作的开展。60 年代末出现了数字大地电磁测深仪[3]；到 70 年代，由二进制形式发展为瞬时浮点形式[4]，大大地提高了工作效率，显著地改善了大地电磁测深的数据处理质量和解释精度。近年来，先进的数字大地电磁测深仪系统是由电子计算机控制的，并在野外现场对记录数据进行处理[5]。

中国科学院兰州地球物理研究所，1965 年开始研制光电负反馈静磁原理磁变仪，并在我国首次应用于大地电磁测深工作。国家地震局地质研究所 1970 年研制了晶体管线路感应原理的大地电磁测深仪，于 1971 年投入野外工作。1973 年国家地震局地质研究所和兰州地震大队以及国家地震局地球物理勘探大队一起试制了 LH-1 型大地电磁测深仪。后来地质所又做了些改进，曾小批量生产。1976 年，国家地震局地质研究所与石油部地球物理勘探局仪器厂协作共同研制数字大地电磁测深仪，在 1978 年进行了野外实验，取得了较好的大地电测深资料，并在石油部地球物理勘探局 1724 机上进行了张量阻抗处理。本文仅就这台仪器的原理和一般情况做一介绍。

1　场源、工作要求与仪器特点

设计和制作一台专用仪器必须认真考虑信号特点和工作要求。大地电磁测深法所利用的场源是变化的天然电磁场，它是随机变量，频率丰富又具结构特征，包括各种周期的“脉动”和长周期磁扰动等。按脉动形式和周期可分类如下，见表 1：

表 1　磁脉动类型和周期范围

脉动类型	周期（s）	示意波型
规则的脉动 P_{c1} P_{c2} P_{c3} P_{c4} P_{c5}	 0.2～5 5～10 10～50 50～150 150～600	圆滑 
不规则的脉动 P_{t1} P_{t2}	 1～40 40～150	圆滑 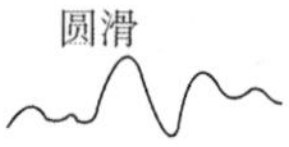

* 本文原载于《大地电磁测深》，刘国栋、张木生执笔，地震出版社，1981，115～133。

磁脉动功率密度随周期增加，并可用下式描述[6]：

$$\frac{\partial P_n}{\partial F}=K_n E^{-b} \tag{1}$$

式中，$\partial P_n/\partial F$ 是功率密度，F 是频率。不同著者给出的 b 和 K_n 数值如表 2 所示

表 2　K_n 和 b 的值

周期（s）	K_n（$dB\gamma^{-2}Hz^{-1}$）	b	著者
1～2000	-82	2.5	Santirocco（1963）
10～1000	-53	2.6	Davidson（1964）
100～10000	-35	2.7	Hoffman（1964）
10～10000	-50	2.4	Herron（1967）

磁脉动功率密度与周期的关系可归纳成图 1。

由式（1）和图 1 可见：①大地电磁测深所利用的磁场信号是非常微弱的，周期为 1～10s 的信号，其振幅值约为千分之几至 1%γ；②随着周期的增加，功率密度按指数 b 增加，b 值从2.5～3.0左右，大约每降低一个频程振幅值约增加 8～10 dB，或更大一些；③在通常的大地电磁测深法中所记录的信号频率上限为 1000 Hz，下限为 0.001～0.0001 Hz，按振幅谱度量，其动态范围约 80～100 dB。

大地电流场强度与测点附近地电断面密切相关。在上述频带范围内大致可认为，电场强度从 10μV/km 到几十毫伏/公里，总的趋势是每降低一个频程电场强度约增加 6 dB，所以大地电流场的动态范围小于磁场的动态范围；地下电阻率增加两个级次，电场强度约增加一个数量级。

图 2 是河北省博野地区周期为 5～1000s 的大地电磁场振幅谱。由图可见，磁场的振幅谱每降低一个频程约增加 11 dB，而电场的振幅谱约增加 6 dB。

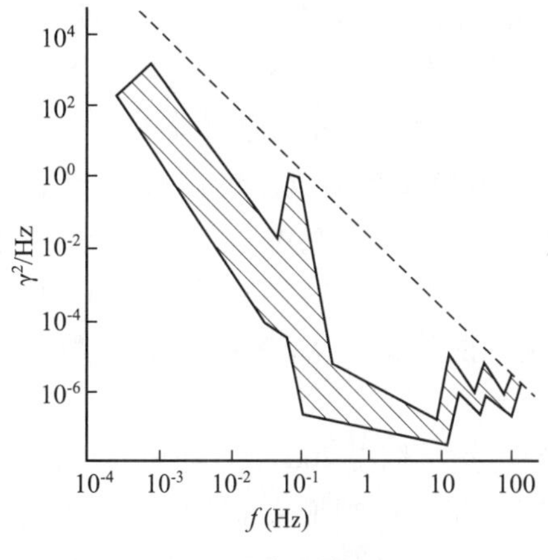

图 1　磁功率谱密度

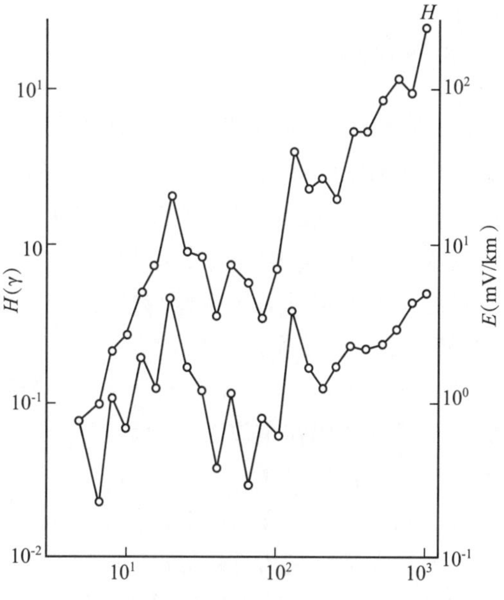

图 2　大地电磁场振幅谱（河北，博野）

上面提到的大地电磁场性质是指一般情况而言，在磁暴期间则变得很复杂，强度也显著增加。

大地电磁场的频带很宽，根据探测深度和工作目的，我们可以记录不同频带的信号。即便要求记录的信号频带很宽，也应分频段记录。这不仅可以节省磁带，而且还能减少数据处理时不必要的数据

个数。因为在数据处理时，要求每张数据段的记录时间为所要获得的最长信号周期的8～10倍以上，采样频率也至少为所要获得的信号最高频率的四倍。这时如果记录的频带很宽，就必然要用高采样率，长时间地记录低频信号。这既浪费磁带，又使低频信号的样品个数不必要地增多。为此，我们在仪器中分了3个频段。根据场源的最大可能动态范围，我们设定瞬时浮点放大器有5个增益台阶，每节增益为2^2。共60 dB的动态范围。为了避免数字记录中的“假频”效应，每个频段中的低通滤波器（去“假频”滤波器）陡度设为36 dB/频程，最高频率信号的采样点数接近4个，各频段的高通滤波器陡度为6 dB/频程（表3）。各频段之间有较宽的覆盖段，便于资料的互相连接和验证，保证记录的可靠性。

表3　不同频段滤波器陡度

频段	频带宽度	低通陡度	高通陡度	采样频率（近似值）
1	10～0.1 Hz	36 dB/频程	6 dB/频程	40 Hz
2	0.5～0.01 Hz	36 dB/频程	6 dB/频程	2 Hz
3	0.025～0.0025 Hz	36 dB/频程	6 dB/频程	0.1 Hz

由于在大地电磁测深的数据处理中，既要利用天然变化电磁场的幅度，又要利用其相位特点，因此，除要求滤波器有一定的陡度外，通常还要求滤波器在通带内比较平坦，相位特性比较简单。根据这个原则我们选用了巴特沃斯型滤波器。为了采用最合适的记录档来记录信噪比高的有用信号，在仪器中还设有外场信号的监视设备。

仪器有5个信号道E_x、E_y、H_x、H_y、H_z和一个标准道。标准道用于监视仪器的运行状态以及在标定时做相位参考。整机设有安全连锁、故障显示报警、标准小信号装置和各项指标的检测装置。磁带机使用9轨半英寸带，带速为2 m/s，记录格式为通用的B格式。

2　基本原理

图（3）是SD-1型数字大地电磁测深仪方框原理图。

由磁场接收器来的磁场信号H_x、H_y、H_z和电场信号E_x、E_y经过各自的输入耦合级、前置放大器、去假频滤波器和高通滤波器输给多路转换开关。滤波器输出的模拟信号经多路转换开关对各道顺序循环采样后变成离散子样。瞬间浮点放大器对这些子样放大，经比较器选择出合适的增益台阶。放大后的脉冲子样经二采加宽以后进行模/数转换。本机采用的模/数转换器是逐级比较式12位（包括符号位）模/数转换器，能转换正负8.192 V电压，每转换一个子样约30 μs。它由一个比较器、一个高精度稳压电源（参考电压）、一个T网开关和一个逻辑控制器组成。经模/数转换以后的脉冲子样全部转变成了数字化量（阶码在主放时已为数字量），再经内存写矩阵的编排，从数码寄存器中取出增益码就可直接写进磁芯存贮器。

本机分三档采样，而且采样率相差很远。第三档的采样率比第一档慢400倍。如果模/数转换以后直接记录，那么在记第三档时磁带机的带速必然很低，这给磁带机的研制带来很大困难。若三个档用同一带速记录，为了保证第一档的采样点数则带速不能太低，若相互迁就，记第三档时必然会造成磁带的浪费。为此，本机设置了一个缓冲存贮器——内存，即经过模/数转换以后先将数码存入内存，待内存的一个区记满以后再启动磁带机进行记录，这样采样率和带速的矛盾就不存在了。

磁芯存贮器由4096×18个磁芯组成。划分为两个存贮区，每个区写2046个字。在记录时，第一个区写满以后，在开始写第二个区的同时启动磁带机，将第一个区的信息通过磁带写矩阵写到磁带上。

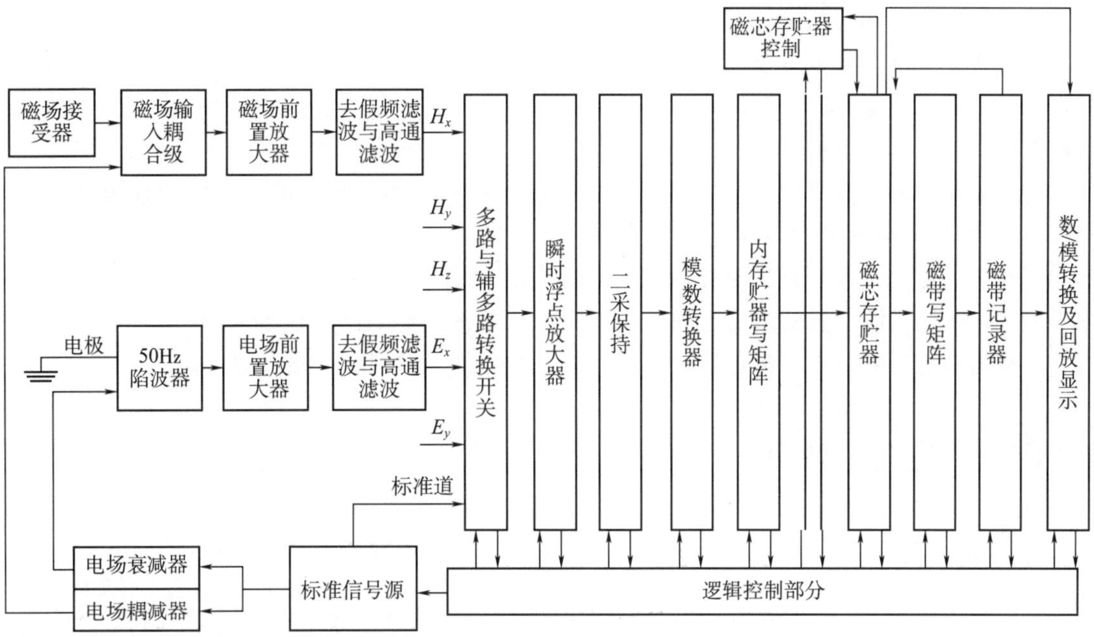

图 3　SD-1 型数字磁带大地电磁测深仪方框图

写完以后就停机。当到第二个区记满时，再启动磁带机将第二个区的信息写到磁带上。与此同时新的信息又开始写入第一个区。这样循环下去，直到写完一张记录的所有区数为止。因此，虽然磁带机时停时写，但记录的信息是完整的。如前所述，内存每个区写 2046 个字，其中包括两个区同步、292 个采样点号及 292×6 个字的资料。内存的另一个作用是在回放时将磁带上不连续记录的信息（有区间隙），通过内存变成连续信息，以便于观察。另外，每张记录开始时的起始地址是 2030，也就是说，记录头段可以用手动按钮写进 16 个数，内容包括：记录号、档位、区数、带盘号、年、月、日、测线号、测点号等等，以备将来查寻。

磁带机的功能就是将内存送来的信息按一定的格式进行记录，以便直接输入电子计算机进行处理。本机是按国际标准 *B* 格式进行记录的，适合于多种计算机的要求。每张记录开始时，先记头段，其次是数据段，最后是尾停区。每个区开始时，先写两个区同步，其次写采样点编号，接着按 H_x、H_y、H_z、E_x、E_y 和 S_t（标准道）的顺序记录。记完 292 个采样点以后便写 CRC 校验和 LRC 校验，最后是一段空白，即区间隙。每张记录结束时，要记一个全“1”区，即尾停区。我们采用的是半英寸 9 轨双摆杆磁带机。9 轨中的第四轨记 P 校验（奇偶校验）。由于每个字长是 16 位，因此每个字记两排，其中 11 位尾数、1 位符号、3 位阶码和 1 位空白。磁带机带速有两档，一档是 0. 5 m/s，另一档是2 m/s。当带速为 0. 5 m/s 时，起停时间为 20 ms；当带速为 2 m/s 时，起停时间为 5 ms。带盘为 8. 5 英寸，可以联机操作，亦可脱机操作。功能有：正转、反转、加载、卸载、允写、放带和快倒等，操作方便。

回放显示，是将数字信息还原成模拟信息，便于野外监视和粗选资料。回放有两种，一种是边录边放，另一种是查号回放。边录边放就是内存读数时，一路送给磁带机记录（通过磁带写矩阵），一路送给回放系统。当然这是分区的，不连续的。所谓查号回放就是通过查号找到欲查的记录，识别后便自动回放全张记录。回放时，磁带读出的数先存入内存，写满一区以后便开始回放，同时磁带机继续往内存的第二个区上写，写完以后就停机。第一区回放完毕后，紧接着回放第二区，与此同时，磁带机又启动，第一区继续写。如此下去，直到放完为止。从内存读出的数，经数/模转换器，使数字量变为模拟量，到反多路开关将串行变为并行，再经滤波器使离散点变成连续波形，用五线振子示波器显示。回放增益为 2^0～2^{10}，可视信号强弱分别选择电磁各道的回放增益档，可单道回放，亦可多道回放。回放全张记录后自动停机。

仪器本身带有标准信号源，能产生6个不同频率的信号。每个频段内有两种频率信号，另有一50周信号。在必要时可用这些信号对仪器的各项指标进行检测，也可在记录过程中通过对标准道信号的回放来监视仪器的工作状况。

逻辑控制是整机的指挥系统，由它发出各项指令，完成各项逻辑功能。本机的逻辑功能主要有：记录功能、写“1”功能和查号功能等。在实现记录功能时，只需写上头段，按一下总启始开关，仪器就自动工作。待记完头段写进的数据块（即区数）以后便自动停机。在实现写“1”功能时，有写“1”和分区写“1”两种，根据需要选择使用。查号功能有正转查号、反转查号和特殊查号三种。在查号时，将查号拨轮拨到待查号的位置，按一下总启始开关，识别以后便自动回放。

3 磁场、电场接收器

3.1 磁场接收器

目前，可用于接收磁场信号的接收器种类很多，例如，光电负反馈静磁原理磁变仪、光泵磁力仪、感应式磁力仪等等。这里只介绍我们所采用的接收器——感应式接收器，即以高导磁率坡膜合金做磁芯的长螺旋管。它的结构是：螺旋管长1m，半径为22 mm，分三段绕制，共绕4万匝，所用的线径为0.51～0.60 mm。磁芯长2 m，由40片叠成以减少涡流损失。磁芯的长径比为80，其组成材料中，镍占81%，钼占6%。为了充分利用导磁率，绕线的螺线管位于磁芯的中间部位。

这种接收器是一个感应线圈，它测量的是磁场强度的变化率。由于感应电动势的大小与外场变化幅度和频率成正比，因而弥补了由于高频磁场变化幅度小而难于接收的缺陷，而在低频段，由于磁场变化幅度大，因此也能产生一定电平的感应电动势。这样也就把天然磁场的幅度随周期而加大的趋势给予了一定程度的“预白”，从而降低了对仪器动态范围的要求。

设天然变化磁场的水平分量为：

$$H(t)=H_0\cos\omega t \tag{2}$$

当螺旋管轴线平行于外场方向时，感应电动势为：

$$\begin{aligned}\varepsilon_i&=\frac{-\mathrm{d}\phi}{\mathrm{d}t}=-c\frac{\mathrm{d}H(t)}{\mathrm{d}t}\\&=10^{-9}\cdot 2\pi fSN\cdot\mu_e H_0\sin(\omega t)\ (\mathrm{V})\end{aligned} \tag{3}$$

式中，f——磁场的变化频率（Hz）；

H_0——磁场的振幅（γ）；

S——螺旋管线圈的横截面积（m^2）；

N——螺旋管的匝数（匝）；

μ_e——有效导磁率。

负号表示感应电动势 ε_i 与磁通变化率 $\mathrm{d}\phi/\mathrm{d}t$ 方向相反。

目前我们所用接收器的灵敏度为220 μV/γ · s。其意义为：当周期为1 s的磁场变化幅度为1γ时，在螺旋管内感应出220 μV的电压。

我们知道，天然电磁场在高频时功率谱密度甚小，频率为1 Hz的磁场其变化幅度只有千分之几到1%γ。根据接收器的灵敏度，这时的感应电压仅0.5 μV左右。为此，要求放大器有足够小的噪音，并且接收器的制作工艺要特别讲究。例如，为减小接触电势，要尽可能避免线圈中间有接头，若有接头，则要用镉焊锡焊接。为减小热噪音，在一定体积和重量的范围内，尽量采用粗漆包线。因为线圈热噪音功率谱为：

$$\bar{e^2}=4RKT \tag{4}$$

式中，R 为线圈内阻。可见线越粗，热噪音越小。此外，为了防止潮湿和接触污染引起的噪音，接收器要严格密封。在实际测量时，为了防止震动和温度影响，把它埋入地下 30 cm 左右。

由于接收器是个大电感，距仪器车有几十米的距离，用长线传输，而接收的天然信号又十分微弱，为了使这一微弱信号真实地传至放大器，必须将接收器及引线进行严格的屏蔽。螺旋管外包有一层铜箔，铜箔之外再套一铝管。接收器引出线采用较粗的双芯屏蔽电缆。在实际测量时，根据情况，还需精心选择接地位置。

3.2 电场接收器

电场接收器接收的是大地电流场，它是通过插入地下的一对电极来接收的。电极距一般为 50～100 m。电极类型很多。过去经常采用的是铅电极，其优点是操作简便、接地电阻小；缺点是极化电位大、稳定慢，尤其在雨季不宜使用。饱和硫酸铜不极化电极用得也比较广泛，但渗透快，在做长时间的测量时，要经常加溶液。饱和氯化镉不极化电极目前被认为是最好的一种，它是把镉棒插入饱和氯化镉溶液中。其优点是渗透慢、稳定，可长时间使用，但镉溶液有剧毒，操作时要格外小心。

4 磁场、电场放大器

4.1 磁场放大器

前面已经提到，从磁接收器获得的最小感应电动势仅为 0.5 μV 左右。另外，为了取得完整可靠的资料又必须进行较长时间的连续记录，这就要求磁场放大器噪音低、漂移小、精度高。为此我们采用了斩波调制式直流放大器。由于磁接收器是一个高电感的并联谐振回路，要注意放大器和接收器的匹配问题。

4.1.1 工作原理

放大器由斩波输入、交流放大、解调器、直流放大和振荡器五部分组成。由磁接收器收到的感应电动势经过一个 50 周的双 T 陷波器加到斩波器上。超低频的信号被调制成 800 周的交流方波，然后经过 1∶15 的升压输入变压器加到交流放大器 A_1 上。A_l 由五级对称的差分对管组成，其增益高于 100 dB。被放大的交流信号被双边解调器还原成超低频信号，最后由 A_2 积分滤波把大部分高频噪音滤掉。A_2 的另一作用是把通带内的信号放大。A_2 的开环增益高于 100 dB。整个放大器通过反馈电阻 R_{f_1} 和 R_{f_2} 接成闭环，其闭环增益为 9000 倍（图 4）。

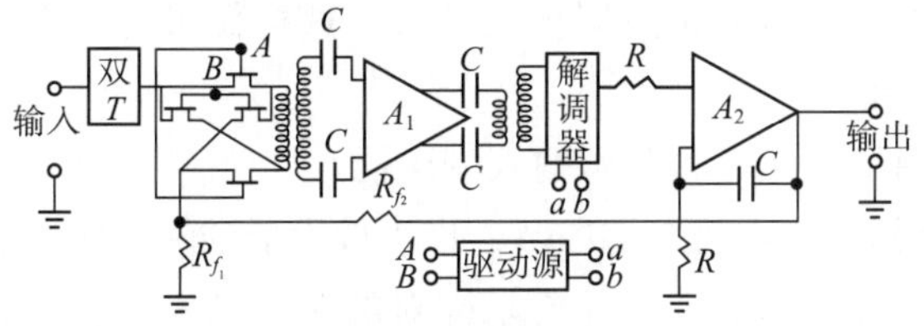

图 4 磁场放大器原理图

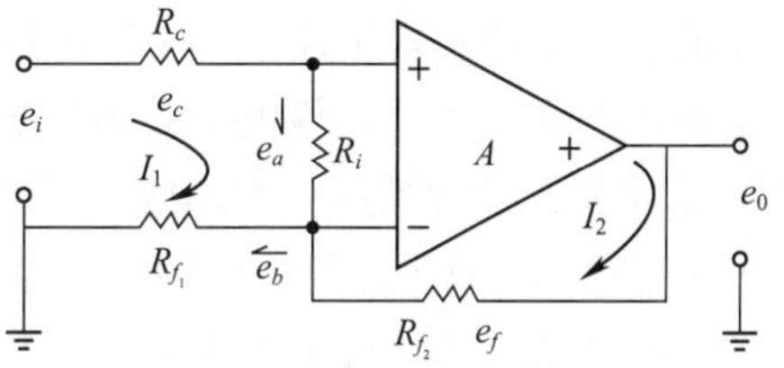

图 5 计算放大器的增益

4.1.2 增益

为了便于分析，我们把图 4 简化成图 5。

图 5 中 A 为开环增益，R_c 为信号源内阻，e_i 为输入信号电平，e_a、e_b、e_c 和 e_f 分别表示各箭头上

的电压降，I_1 和 I_2 分别为输入和输出回路电流。根据克希霍夫定律，由图 5 可得下面的方程组：

$$\begin{cases} e_i = e_a + e_b + e_c; \\ e_0 = e_a A; \\ \dfrac{e_c}{R_c} = \dfrac{e_a}{R_i}; \\ \dfrac{e_b}{R_{f_1}} = \dfrac{e_0 - e_b}{R_{f_2}} + \dfrac{e_a}{R_i} \end{cases} \tag{5}$$

解此方程组可得

$$A_f = \frac{e_0}{e_i} = \frac{A_0}{1 + \dfrac{1}{A}\left[\left(1 + \dfrac{R_c}{R_i}\right) A_0 + \dfrac{R_{f_2}}{R_i}\right]} \tag{6}$$

其中

$$A_0 = \frac{R_{f_1} + R_{f_2}}{R_{f_1}},$$

令

$$F = \frac{1}{\left(1 + \dfrac{R_c}{R_i}\right) A_0 + \dfrac{R_{f_2}}{R_i}},$$

可得

$$A_F = \frac{A_0}{1 + \dfrac{1}{AF}}. \tag{7}$$

当 A 足够大时，由于 $FA>1$，因此，我们可将式（7）展成台劳级数并忽略掉高次项，可得 $A_F - A_0 \doteq -1/AF$。当要求放大器的精度高于千分之一时，必须使 $A>1000/F$。在本放大器中，$R_c \doteq 0.6\ \text{k}\Omega$，$A_0 = 9000$，$R_i = 1\ \text{k}\Omega$，$R_{f_1} = 30\ \Omega$，$R_{f_2} = 270\ \text{k}\Omega$，经计算可知，必须使 $A>10^8$。由于本放大器的 $A_l \doteq 10^5$，$A_2 \doteq 10^5$，$A = A_l \cdot A_2 \doteq 10^{10}$，所以其开环增益满足了精度要求。

另外，从式（7）得

$$\frac{\Delta A_F}{A_F} = \frac{\Delta A}{\left(1 + \dfrac{1}{AF}\right) A^2 F} \tag{8}$$

设 $\Delta A/A = 10\%$（即开环增益的相对变化等于 10%），并将其代入式（8）进行计算，可得闭环增益的相对变化仅为百万分之一，这种变化对放大器的影响可忽略不计。因此，放大器的精度及增益稳定性完全由精密电阻 R_{f_1} 和 R_{f_2} 的精度及稳定性来决定。

4.1.3　为降低噪音和漂移以及改善放大器的其他特性所采取的措施

（1）用场效应管做斩波器。由于其结电容的存在，激励电压作为一种干扰以尖峰的形式被耦合到放大器的输入端，并且尖峰电平随着激励电平、信号电平以及环境温度的变化而变化，严重时，往往使放大器的后级不能正常工作。为了压低这种干扰，我们把斩波器接成桥式。这样做可使各个场效应管耦合到放大器输入端的尖峰电平有相互抵消的作用。

（2）为了提高放大器的入端信噪比，我们采用了 1∶15 的升压输入变压器。

（3）我们采用 3DJ7 做第一级的差分对管，设其工作电流为 10 μA，作为放大器的输入级，它对整个放大器的噪音水平影响较大，为此，要对管子进行认真筛选，并要求配对的两只场效应管的各项参数尽可能一致。

（4）驱动信号通过变压器加到斩波器栅极上。在场效应管和驱动变压器的次级之间不能串接二极管或电阻，否则干扰电压会在它们上面形成电压降，并通过场效应管的栅极污染信号。如果不用变压器做隔离驱动，也应该使振荡器的输出阻抗尽量低。

（5）由于采用了大环节负反馈，因此，可以把交流放大部分 A_1 的增益比例压低，从而使尖峰不能进入放大器的非线性区。这种反馈方式不仅扩展了频带，提高了增益精度和线性度，而且也降低了由尖峰造成的噪音。

（6）由于放大器的开环和闭环增益都很高，所以特别容易振荡，尤其当电源不稳或波纹较大时，易构成电压并联正反馈而使放大器振荡。为了消除这种并联正反馈，我们采用了差分对管做交流放大器，并加了交流共模电压负反馈。

（7）我们采用了双边解调器，用以提高解调效率并扩大输出动态范围。

（8）我们保留了印刷板元件面的铜皮做屏蔽膜，这样做加粗了地线，从而减小了由地线造成的电流串联正反馈。

4.1.4 讨论几个问题

（1）众所周知，场效应管不是理想开关元件，用它做斩波器时，导通半周内存在着导通电阻，而导通电阻的变化在一般的斩波放大器中又往往会影响放大器的增益。下面简单讨论一下这种变化对本放大器的影响。为便于分析，我们先对图 5 进行合理改造，从而得到图 6。图中 R_n 是导通电阻，约几百欧姆。显然，我们可以做类似于式（6）的推导，得到下式：

$$A_f=\frac{A_0}{1+\frac{1}{A}\left[\left(1+\frac{R_c+R_n}{R_i}\right)A_0+\frac{R_{f_2}}{R_i}\right]} \tag{9}$$

我们可以看到，式（9）与式（6）的差别在于式（9）多了个 R_n。显然，如果 R_n 很大，而 A 不足够大，则 R_n 的变化必然会影响闭环增益 A_F。但由于我们设置的开环增益 A 高达 10^{10}，从粗略估算可知，导通电阻的变化对放大器闭环增益的影响很小，因此，可以忽略不计。

（2）为了便于讨论线路的抗干扰能力和组件 BG 305 开环使用对放大器的影响，我们根据通常采用的方法把图 4 简化成图 7。

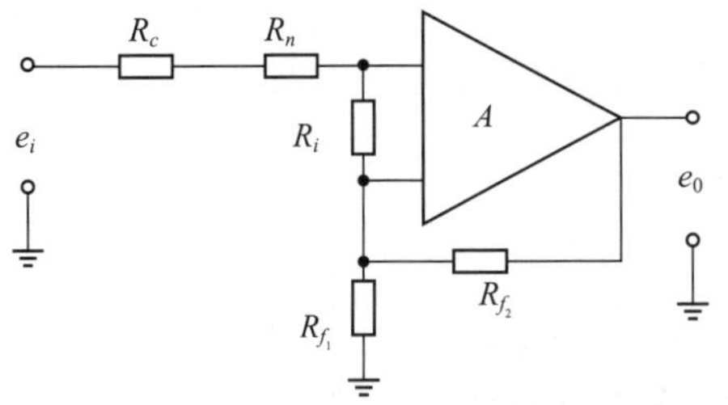

图 6 分析斩波器导通电阻对放大器增益的影响

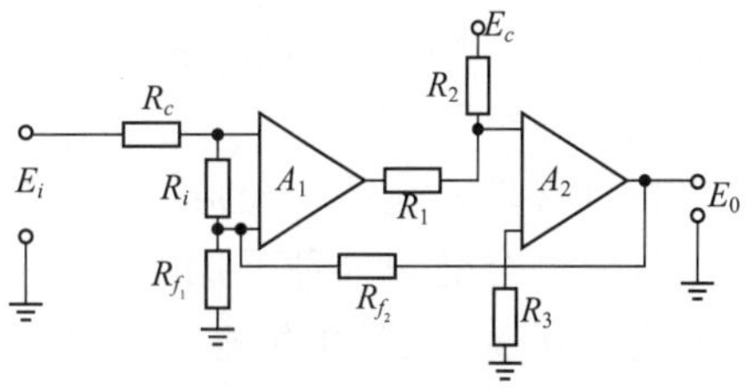

图 7 放大器的抗干扰原理图

图 7 中，R_1 为 A_1 的输出阻抗，R_2 为线路与干扰源之间的绝缘阻抗，E_c 为某一干扰电压。令输入电压 $E_i=0$，经简单推导可得下式：

$$E_0=\frac{E_cR_1}{FA_1\ (R_1+R_2)} \tag{10}$$

由式（10）可看出，要想提高放大器的抗干扰能力，除了采用较完善的屏蔽措施外，还必须提高线路板的绝缘阻抗。另外，我们还可看到，当 $R_2=0$ 时，则 $E_0=E_c/FA_1$。在这种情况下，E_c 可视为组件 BG 305 的入端噪音。当 $FA_1>10$ 时（由粗略估算可知本放大器满足这个条件），如果 BG 305 的入端有 1 mV的噪音，那么，折合到整个放大器输入端的噪音便小于 0.1 μV，因而我们可以得出这样的结论：尽管 BG 305 不是低噪音元件，但采用本线路的使用方式不会对放大器的噪音水平有所影响。

（3）对于小信号放大器，输入方式必须十分讲究。通过大量的实验和比较，我们认为，在测量弱电压时，输入和输出都相对于同一零线干扰较小。另外，本放大器所采取的防护屏蔽措施使屏蔽电流回路为图 8 中的①→④→②→③→①。这样，防止了干扰电流对入端的污染。

（4）由于磁接收器是一个电感量近1000 H的器件，其寄生参数比较复杂，两个磁接收器的各项参数也很难做得完全一致，所以放大器和磁接收器联接时存在着很复杂的匹配问题。磁接收器与放大器的入端电容构成并联谐振回路，其谐振频率大约为2～3周左右。在这种情况下，如果匹配不当，放大器极易产生振荡。为此，经过大量实验，我们选择了双 *T* 陷波器，将它加到放大器的输入端（图9）。

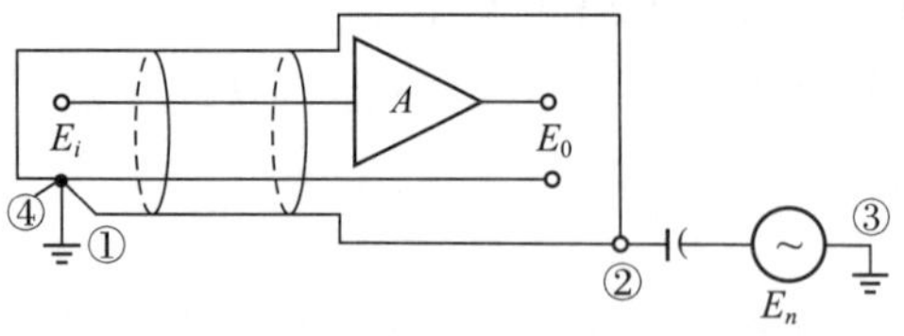

图8 放大器的屏蔽

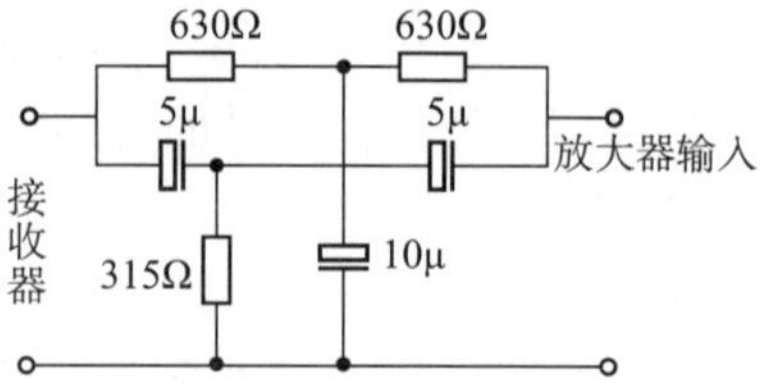

图9 50周陷波器

（5）磁场放大器的主要技术指标

噪音：≤0.2 μV（峰—峰）；

时漂：24小时小于0.3 μV；

温漂：从50～20 ℃降温时每度小于0.03 μV；

频带：10 Hz到直流；

动态范围：±8 V；

直流输入阻抗：>100 M；

闭环增益：79 dB；

开环增益：>200 dB。

4.2 电场放大器

电场放大器是用来放大从电极接收的电场信号的。该信号的特点是：动态范围大，干扰大，源内阻变化大（视接地条件不同）。

由于电极直接埋入地下，极距较大，传输线很长，电场信号会受到各种干扰，因此，电场放大器首先要有很强的抗干扰能力。

4.2.1 共模抑制

在野外测量时，信号源与记录系统地之间常有一共模干扰电压，其大小视测点周围地区的电力设施和用电情况而有所不同，因此，放大器必须采取有效的抗共模干扰措施，否则就无法正常工作。解决的办法是在线路中采用平衡差动输入，如图10所示。

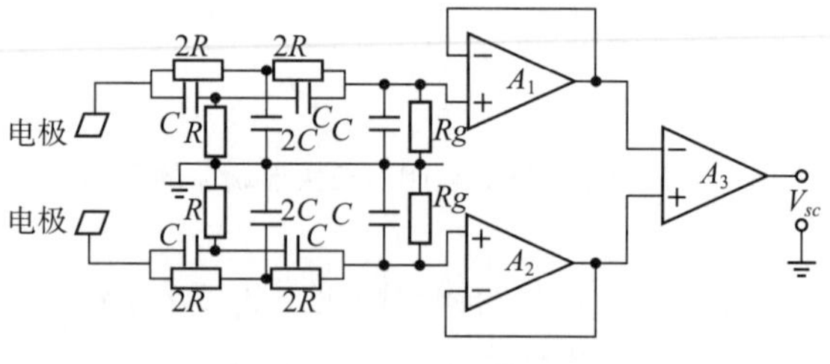

图10 电场放大器输入级

大家知道，差动放大器输出信号电压正比于两个输入端电压之差。当两个输入端电压的幅度相等，且相位相同时，输出应该为零，即理想差动放大器只放大差模信号，而使共模干扰电压得到完全的抑制。事实上，由于电路的某些不对称性，输出并不完全为零，通常人们用共模抑制比来衡量放大器的共模抑制能力。我们所研制的电场放大器的共模抑制比为80 dB。

4.2.2 抗差模干扰

电场放大器抗差模干扰的措施是在输入端加一个50 Hz的陷波器。此陷波器对50 Hz有40 dB的衰减，以避免由于50 Hz的差模干扰而使放大器饱和。因为我国工业用电（50 Hz）有一定频漂，故陷波器的传输特性曲线不宜调得太高，我们设定有±0.5周的带宽。另外，为了抑制高于10 Hz的干扰电压，我们在 50 Hz 陷波器后还加有一个简单的 RG 低通滤波器。

4.2.3 精度保证

由于信号源内阻随接地条件变化，因此放大器的输入阻抗要足够高，以适应源内阻的变化。一般情况下，源内阻可在几百欧姆到几千欧姆范围内变化。为保证信号精度不低于 0.1%，放大器的输入阻抗至少要大于几兆欧。为此，放大器的输入级以跟随器的形式接成平衡差动，信号自运算放大器的同相端输入。众所周知，当信号输入与运算放大器接成图 11 形式时，其输入阻抗为：

$$F_{输入}=R_3+（1+K_0F_c）r_{srD} \tag{11}$$

式中，K_0 为运算放大器的开环增益，F_c 为反馈系数，r_{srD}为运算放大器同相端与反相端之间的电阻。

当输入级运算放大器接成跟随器形式时，图 11 中的 $R_3=0$，$F_c=1$，$r_{srD}=50\ \text{k}\Omega$（在一般情况下），$K_0\geqslant5\times10^5$。把这几个参数代入式（11）中，结果表明输入阻抗足够高。

在实际测量过程中，信号源内阻除在沙漠地区或以干燥的沙地为接地条件外，一般都在几百欧姆内变化。此时，我们可在跟随器的输入级对地接一个 1MΩ 左右的电阻，即把输入阻抗降到 1MΩ 左右，以减小放大器的噪音。图 12 是电场放大器电路原理图。由图可见，整个放大器分三个放大节，每个都加有深度负反馈，以保证运算精度和稳定性。增益主要由第二级和第三级获得，第二级放大倍数为 20 倍，第三级为 25 倍，共计 500 倍。

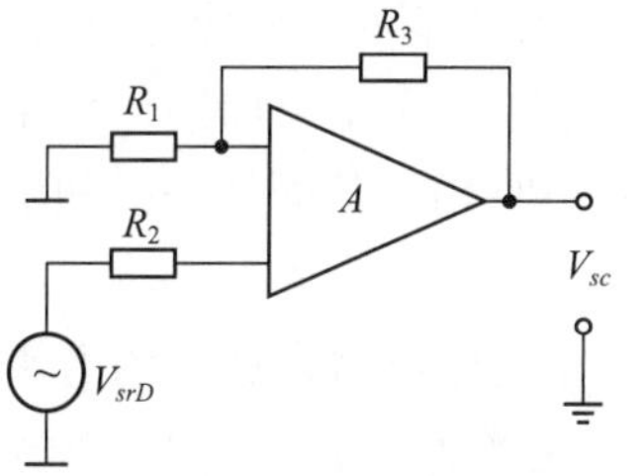

图 11 同相端输入的运算放大器

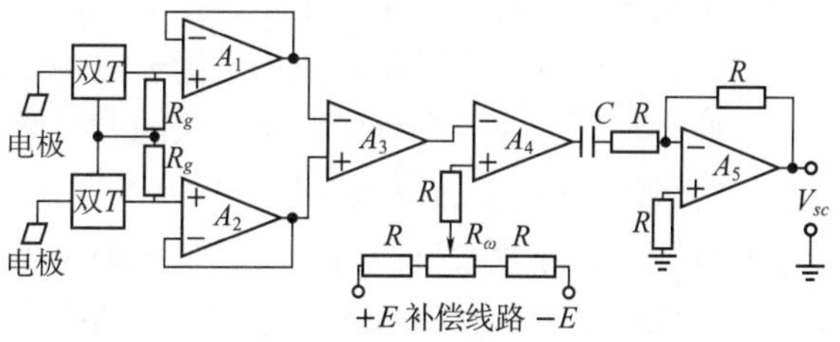

图 12 电场放大器电路原理图

信号源内的极化电位靠调节第三级运算放大器同相端的偏置电压来补偿。这样就避免了以往在输入级加一复杂的补偿线路和仪器面板上操作开关过多的缺点。

最后一级接成 1∶1 的形式，通过电容与前一级耦合。其作用是隔离前几级所造成的温漂，同时也便于与下级（滤波器）匹配。

4.2.4 电场放大器的主要技术指标

噪音：<6μV（峰—峰）；

温漂：≤1μV/度；

频带（周期）：0.1～600s；

输入阻抗：>1 MΩ；

输出阻抗：<1000 Ω；

线性范围：±10 V；

共模抑制比：>80 dB；

增益：54 dB。

5 去假频滤波器

设置本滤波器的目的是为了避免采样过程中产生的假频信号，以保证模拟子样的真实性。采样定理规定：

$$\Delta_s=\frac{1}{2f_M} \quad 或 \quad f_s=\frac{1}{\Delta_s}\geqslant 2f_M \tag{12}$$

式中，Δ_s 为采样间隔，f_M 为信号最高频率，f_s 为采样频率。在 f_M 确定的情况下，所选的采样频率至少要大于最高频率的两倍，即必须保证采样间隔 Δ_s 能在一个周期内至少采两个样，否则所产生的假频将落在信号频率范围之内而形成干扰。由于本仪器最高频率为 10 Hz，采样频率至少要大于 20 Hz，即采样间隔必须小于 50 ms。为了使子样能充分代表原来模拟信号，我们把采样间隔取为 24 ms，保证在信号最高频率上每个周期约采 4 个离散子样。

如果采样间隔大于采样定理所规定的时间，例如，$\Delta_s=75$ ms，则所采的样就不能代表频率为 f_M 的模拟信号了，如图 13 中虚线包络所示。显然，这是由于 Δ_s 选择不合适所造成的频率很低的假信号，即所谓“假频”。

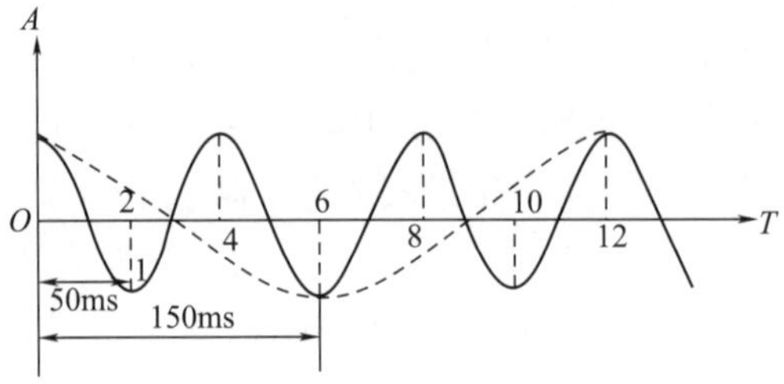

图 13　采样间隔不合适所出现的假频

消除假频的途径有两种：一是尽量减小 Δ_s，使低于 f_M 的频段内不出现假频，但这样会使子样的个数增多，进而要求逻辑电路具有很高的速度；二是在采样前设置一个大陡度的去假频滤波器。

由于大地电磁测深信号频带很宽，如果一律采用一个采样频率，势必会使长周期信号子样过多而增大数据量。为此，整机分为三个频段，各频段的最高频率依次相差 20 倍，从而使采样间隔也依次相差 20 倍，这样就保证了各频段的数据量基本相等。

本仪器中所设置的去假频滤波器为 6 阶巴特沃斯型低通滤波器。此滤波器在通带内有平坦的幅频特性，相移特性也比较简单，在阻带内能达到每倍频程衰减 36 dB。它的工作衰减函数可由下式得出

$$|H(f\omega)|^2=\frac{1}{1+\left|\frac{\omega}{\omega_0}\right|^{2n}} \tag{13}$$

式中，n 为极点数，ω_0 为截止频率，ω 为工作频率。和其他类型的滤波器比较，其通带内的幅值最平坦，阻带内衰减亦较快，既不像切比雪夫滤波器那样在通带内有起伏，也不像贝塞尔滤波器那样虽有最平坦的时间延时，但阻带内衰减较慢。图 14 是三种滤波器在阶数相同的情况下幅频和相位特性比较图，图 15 是不同阶数的巴特沃斯滤波器的幅频特性图。

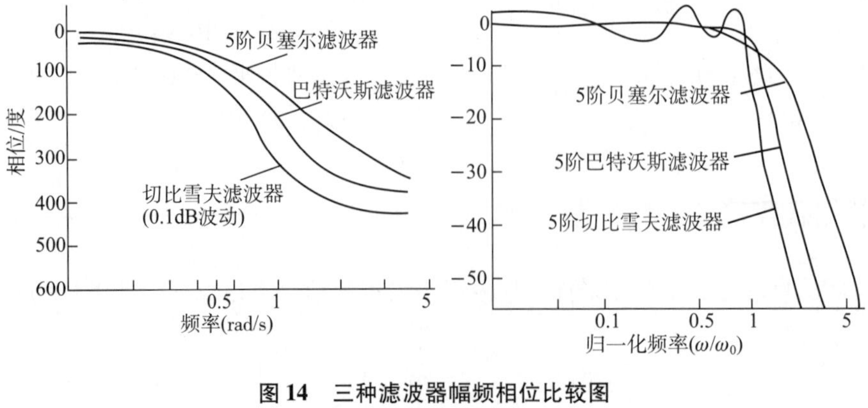

图 14　三种滤波器幅频相位比较图

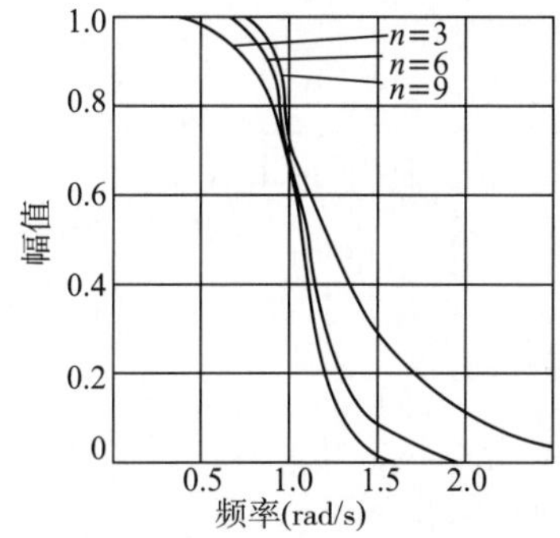

图 15 不同阶数的巴特沃斯滤波器的幅频特征

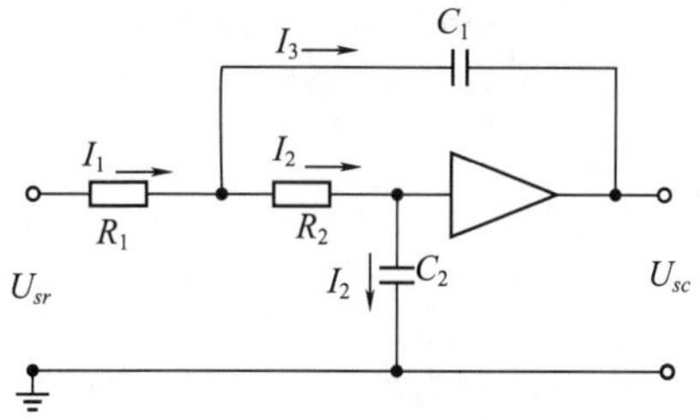

图 16 一个二阶滤波节的等效图

从图中可以看出，巴特沃斯滤波器不管有多少极点，在截止频率（$\omega=\omega_0$）时的输出比 $\omega_0=0$ 时的输出低了 3 dB。同时我们还可看到，当 $\omega_0=0$ 时，响应曲线斜率为零；当 $\omega=\omega_0$ 时，响应曲线斜率则为$-n/2$，即随着极点数的增加，衰减的速度也要增加，并且越来越接近理想低通；而当 $\omega>\omega_0$ 时，曲线便按大约每倍频程 6n dB 的常量衰减。根据仪器的设计，要求在两个倍频程内衰减 72 dB，我们把滤波器的阶数定为 6 阶，由三个级联的滤波节组成，每一级实现一个二阶函数，即把转移函数分解成三个二阶函数的乘积，然后使每一个滤波节对应一个二阶函数，即

$$
\begin{aligned}
H(jw) &= \frac{1}{S^6+3.864S^5+7.464S^4+9.142S^3+7.464S^2+3.864S+1} \\
&= \frac{1}{S^2+\sqrt{2}S+1}\cdot\frac{1}{S^2+1.932S+1}\cdot\frac{1}{S^2+0.518S+1}
\end{aligned}
\tag{14}
$$

式中，S^6，S^5，…，S 为极点。

图 16 是我们所采用的一个二阶滤波节等效图，图 17 是实际线路图，图 18 是整个滤波器的电路原理图。

在输入为简谐波的情况下，图 18 的电路方程式为：

$$
\begin{cases}
I_1B_1+I_2B_2=U_{sr}-U_{sc} \\
I_1R_1+I_3\dfrac{1}{SC_1}=U_{sr}-U_{sc} \\
I_2\dfrac{1}{SC_2}=U_{sc} \\
I_1=I_2+I_3
\end{cases}
\tag{15}
$$

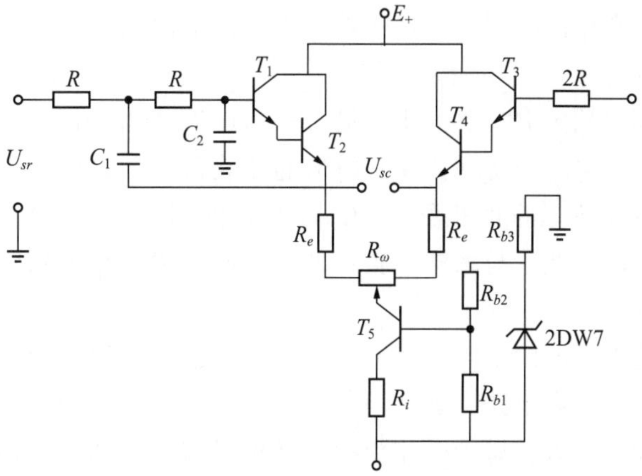

图 17 一个二阶滤波节的电路图

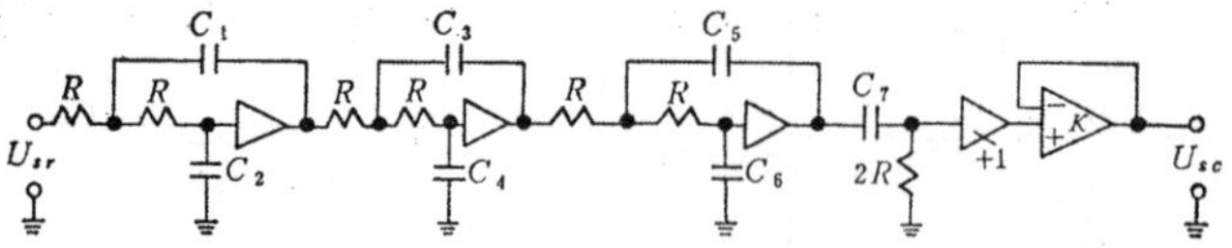

图 18　滤波器的电路原理图

解方程组得：

$$\frac{U_{sc}}{U_{sr}}=\frac{\dfrac{1}{R_1R_2C_1C_2}}{S^2+\dfrac{R_1+R_2}{R_1R_2C_1}S+\dfrac{1}{R_1R_2C_1C_2}}. \tag{16}$$

网络转移函数是由 U_{sc}/U_{sr} 所定义的，因而选择不同的网络元件参数便可以实现不同的转移函数。由于我们实现的是巴特沃斯转移函数，故需将其分别与 6 阶转移函数分解出来的 3 个二阶函数的系数进行比较，这样就可得出 3 个方程组。例如，由 6 阶转移函数分解出的第一个二阶转移函数去进行系数比较时，就有

$$\begin{cases}\dfrac{1}{R_1R_2C_1C_2}=1\\ \dfrac{R_1+R_2}{R_1R_2C_1}=\sqrt{2}\end{cases} \tag{17}$$

因方程组中未知数多于方程个数，故可设 $R_1=R_2=R$，由此可解出归一化电容值 $C_1=1.414\ R^{-1}$，$C_2=0.707\ R^{-1}$，同样，也可求出另外两个二阶转移函数对应的滤波节的归一化电容值，它们分别为 1.035，0.966 和 3.864，0.259。从归一化电容值求实用电容值要作频率变换，当用实际频率表示时，上述转移函数应为

$$H(S)=\frac{K_1}{B_2(S)}=\frac{1}{S^2+\sqrt{2}S+1}=\frac{1}{\left(\dfrac{j\omega}{\omega_0}\right)^2+\sqrt{2}\left(\dfrac{j\omega}{\omega_0}\right)+1}$$

$$=\frac{\omega_0^2}{(j\omega)^2+\sqrt{2}\omega_0(j\omega)+\omega_0^2} \tag{18}$$

这样相应导出的 C_1 和 C_2 的值应为：

$$C_1=1.414\frac{1}{R\omega_0},\quad C_2=0.707\frac{1}{R\omega_0}$$

其他两个二阶滤波节电容亦有相似的形式。这样就可以很快地由归一化电容值按实用的截止频率在网络中先确定合适的 R 值，然后求出实用的电容值。

本滤波器共分三档：第一档为 10～0.1 Hz；第二档为 0.5～0.01 Hz；第三档为 0.025～0.0025 Hz。各档均用手动控制，通过切换电容来实现。在 6 阶低通滤波器之后紧接一个单极点巴特沃斯高通滤波器，目的在于与信号系统的功率谱密度相配合和减小系统的温度漂移。最后，滤波器以跟随器输出。其优点在于能输出较大的电流，便于与采样开关相匹配；同时由于跟随器输出阻抗小，因而使采样开关导通时的脉冲上升沿变陡。

由于超低频滤波器着重考虑的两个问题是放大器的输入阻抗和温度漂移，所以在实际线路中我们采用了加有深度负反馈的差动平衡电路（图 17）。为了提高放大器的输入阻抗，线路中没有设置基极偏置电阻，而采用了复合管的形式。每一级滤波都是从射极输出，通过加恒流源来加大射极电阻。实验证明，在低频段，特别是在第三档时，用线性组件的温漂较大，故我们采用复合对管 2 *NV* 搭成。这

样，既保证了温度的稳定性，也满足了对输入阻抗的要求。图 19 是六阶巴特沃斯滤波器理论曲线。

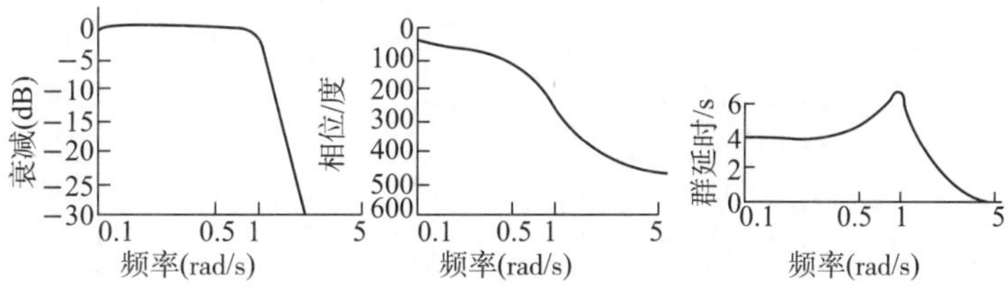

图 19　6 阶巴特沃斯滤波器理论曲线

滤波器的主要技术指标为：
传输系数：0.9；
陡度：低通 36 dB/信频程；高通 6 dB/信频程；
输入阻抗：约 150 MΩ；
输出阻抗：约 600 Ω（隔离级后接近零）；
动态范围：±5 V；
噪音：<300 μV（峰—峰）；
时漂：<300 μV/天；
温漂：<200 μV/度；
工作温度范围：0～50 ℃。

6　多路转换开关及主放大器

电磁信号通过前放滤波以后仍是模拟的，要满足直接输入计算机的要求，还必须按照一定格式在磁带上进行数字记录。为此，首先必须将 5 道电磁信号和一道标准信号按一定的时间顺序进行编排，把并联输入变为串联输出。其次，要把模拟信号离散化，即在一连续变化的信号上，按一定的时间间隔取出若干瞬时值（即脉冲子样），再将这些瞬时值进行模数转换，变成数字信息，记录在数字磁带上。但是，若将采样以后的信息立即进行模数转换还有许多困难，例如，这些信号强弱变化很大，模数转换时小信号转换精度很低。因此还须将采样后的信号进行瞬间浮点增益放大，也就是将不同大小的信号放大到几乎同一电平（模数转换器的满量程电平），这样才能同时满足大动态和高精度的要求。这些任务是由多路转换开关和主放大器来承担的。

6.1　多路转换开关

多路转换开关又叫采样开关，是由 MOS 型场效应管组成的电子开关。为了减小串音，实行双路采样（即对信号线和地线同时采样），6 道信号 12 个开关，再加上辅多路开关共 18 个开关。每个开关由一个场效应管的漏极和另一个管的漏极相接而成，这样，正负信号皆能夹断。要选择导通电阻小、结电容小、残余电势小以及反向击穿电压高的场效应管，否则就会使采样开关压降大、速度低、尖峰大、不稳定以及输出直流电位高。

6.2　主放——瞬间浮点增益放大器

瞬间浮点增益放大器是一种高精度、高速度增益控制的脉冲放大器。这种放大器的具体结构形式很多，我们采用的是未经保持的五级串联型，具体结构见图 20。

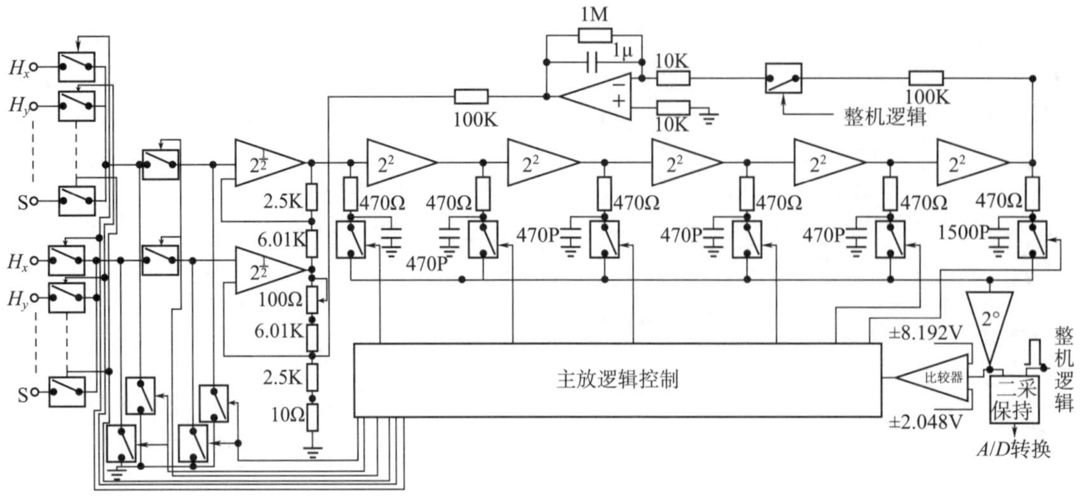

图 20　主放与主放逻辑控制框图

为了提高抗共模干扰的能力，入口处设置了一个增益为$\sqrt{2}$倍的差动输入放大器。其同相端与信号线相接，称为热端；反相端与地线相接，称为冷端。这种方式大大提高了主放大器的抗共模干扰能力，使 $CMRR_{f=0}$高于 110 dB。$\sqrt{2}$倍差动输入放大器的后面是 5 个串接的运算放大器，其增益皆为 12 dB。它们的输出线各通过一个场效应管开关和母线相接。为了提高主放的精度，在母线输出端设置了 1∶1 的电压跟随器，使在开关上和滤波电阻上的压降与输出电压相比可以忽略，同时也提高了负载能力。另外，由于这种放大器要求精度高、速度快、过载恢复能力强，故级间需采用直接耦合。这样，零点漂移问题便突出了，因此，我们又加上了积分倒相式自稳零电路。它采用全反馈方式把输出端的漂移电平经 40 dB 放大，并倒相后加在输入级的反相端——冷端，使输出为零。这种放大器的漂移可做到 0.1 μV/度，基本上不影响主放大器的精度。

按天然电磁场信号的变化幅度我们将主放的动态范围设计为 60 dB，主放的最高增益为 63 dB，最低增益为 3 dB。这样，对于采样以后的任何一个脉冲子样，不论是强信号，还是弱信号，主放皆能选择一个适当增益，使其输出达到模/数转换器所需要的电平。主放起始增益置于 36 dB。比较器的高参考电平选为±8. 192V，低参考电平选为±2. 048V。它们也就是模/数转换器的满量程电平和 1/4 量程电平。由于输入是未经保持的，因此比较器的输出有三种状态：00、01 和 11。00 表示增益需要减小，01 表示增益保持不变，11 表示增益需要增加。其过程是：当一个脉冲子样到来时，首先从 36 dB 档输出到母线，再经 1∶1 电压跟随器输出给比较器，然后根据这个电压的幅度及比较器输出相应的状态，经逻辑电路接通相应的开关进行增益调节。具体的增益调节步骤和主放每个子样内的时间分配关系见图 21和图 22。

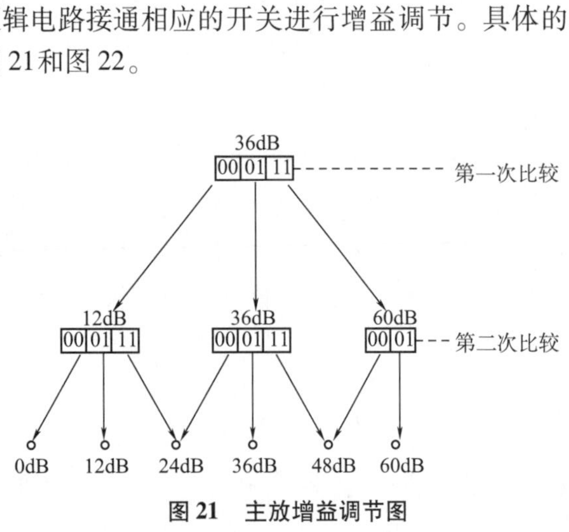

图 21　主放增益调节图

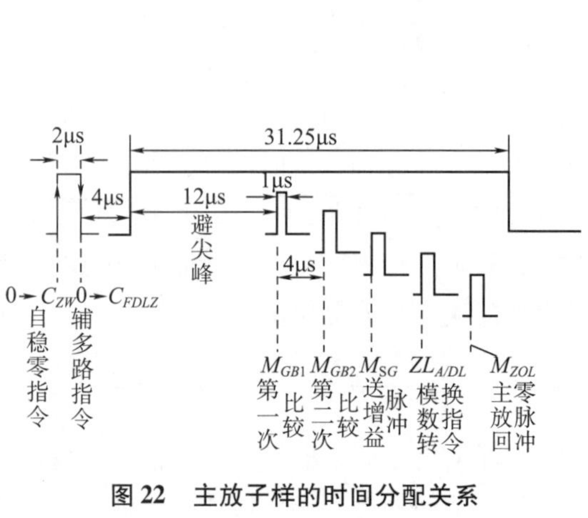

图 22　主放子样的时间分配关系

对于每一个脉冲子样都要反复进行二次比较，才能最后选定一个适当增益，使其尾数输出在±2.048V 和±8.192V 之间。增益确定后，送给二采保持，然后再送给模数转换器进行尾数转换。在送数的同时，也将最后选通的开关阶码作为增益码进行记录，最后，主放回零，即回到起始增益 36 dB 的位置上。

主放大器的性能如何主要决定于组成主放大器的各个放大节的性能。由于目前生产的一些线性组件还不能达到主放的要求，因此，我们用图 23 的线路自行搭配。

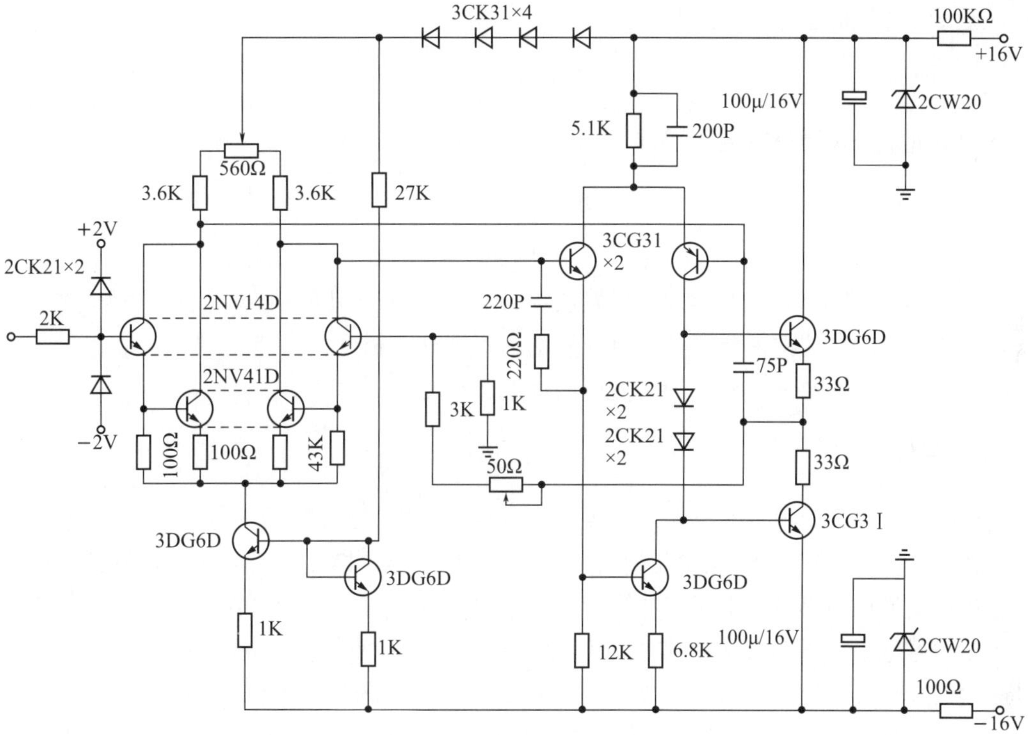

图 23　4 倍放大节电路

主放大器的主要技术指标为：

开环增益：≥90 dB；

输出电压幅度：≥20 V（峰—峰值）；

转换速度：$\frac{dV}{dt}$≥10V/μs（不倒相、闭环 12 dB）；

漂移：≤4 μV/度；

噪声：≤8 μV；

共模抑制比：≥90 dB；

开环输入阻抗：>0.1 MΩ；

失调电压，≤2 mV。

以上这些指标中最重要的是前三项，特别是第二和第三项。如果输出电压过低而达不到比较器的高参考电平 8.192 V，则增益控制就不能进行工作；同样，如果转换速度低、尖峰宽、在 12 μs 内电压还达不到实际值，则增益调节亦不能进行。

主放的尖峰是一个特别值得注意的问题。为此要选用结电容小的场效应管做采样开关，在按装过程中，要提高工艺水平，特别要注意“走线”和元件布局，以利于减小分布参数。另外，主放大器的反应速度要高，使放大以后的尖峰尽量窄，这样才能使主放大器正常工作。主放大器的其他指标，如漂移和噪声越低越好。由于主放大器在大信号输入时后级皆处于深度饱和状态，因此除了尽量提高运算放大器本身的过载能力以外，还要外加限幅器，使输入电平不小于-2.2 V，不大于+2.2 V。这样各级的输出电平就不会超出本级的动态范围，因而也就不会出现饱和。

主放大器的精度主要取决于放大节的精度。由于整个主放的精度是0.001，所以单级放大节的精度一定要高于0.001。运算放大器的精度主要取决于开环增益和反馈电阻的精度。另外，如输入阻抗，通带和共模抑制比等对其精度也有影响。本仪器放大节的精度计算值大于0.0005，实测精度皆大于0.0001。单级放大节的精度可由下式求出：

$$\varepsilon=\frac{1}{K_0\beta} \tag{19}$$

式中，K_0 为开环增益，β 为反馈系数，

$$\beta\doteq\frac{1}{1\dfrac{Z_f}{Z_r}}\doteq\frac{1}{4} \tag{20}$$

式中，Z_r 和 Z_f 便是反馈电阻，如果它们的精度较高，为十万分之几的精密电阻，则放大节的精度主要取决于开环增益。但现在的精密金属膜电阻一般都达不到这个精度，只能达到0.0005。为了解决这个问题，可在 Z_f 或 Z_r 中串接一个50Ω的可变电阻来调节精度。

6.3 二采保持

主放送出的信号是几微秒宽的窄脉冲，还不能直接送到模/数转换器上进行尾数转换。因为12位模/数转换器没有这样的速度，不能在几微秒内将12位数全部转换完。另外，子样在这几微秒内还是变化的，在进行高低位转换时也不能将其维持在同一电平上。二采保持的作用就是将主放送出的信号进行保持，使信号电平在模/数转换的全部过程中保持恒定，并使其精度高于0.001。二采保持由开关放大器、断续器和输出匹配级三部分构成。经二采保持以后，子样加宽到38 μs，且在此段时间内幅度恒定不变。此外，输出匹配级还为模/数转换器提供了一个小于0.5 Ω的输出阻抗，便于与低输入阻抗的模/数转换器相匹配。

模拟子样经两条保持加宽后送到模/数转换器上。模/数转换器的功能是将保持后的模拟子样尾数（电压值）转换为二进制的数字量，再经内存写矩阵的编排送入磁芯存贮器。最后，通过磁带写矩阵的编排从存贮器中取出这些数字量写入磁带。

以上着重叙述了数据采集部分的线路原理及其指标，有关逻辑控制部分、回放显示部分及磁带机部分本文第三部分已有说明，这里不再赘述。

经多次标定表明，本机工作稳定，磁道分辨率为0.002 γ · s，电场分辨率为10 μV/km。整机结构紧凑，适于野外工作。实验表明，由于数字大地电磁测深仪的采用，原始数据质量和野外工作效率均有显著提高，数据处理时间也随之大大缩短，因而必将促进我国大地电磁测深工作的发展。本机的研制是石油部地球物理勘探局仪器厂电法组、磁带机组和国家地震局地质所大地电磁测深组共同完成的。

参 考 文 献

[1] Н. В. Липская, С, В. Осинская, Г. В. Хересkо, В. Ф. Шелвтинг, Н. А. Денискин, Ю. М. Егоров, 1960, Высокчувствительный Магнитный трехкомпонентный Вариотетр ВЧВ. Междуведомственный комитетпо проведению МГГ. ВСЪ: Возмущения злектро магнитного поля земли, No. 2.

[2] G. Hopkins, 1965, Instrumentation for geofield measurements, EERL. univ. Texas REp., No. 138.

[3] A. E. Jepsen and R. L. 1969, Mopherren, Mobile geomagnetic observatory, IEEE Trans. on Geoscience Eletronics, Vol. 7, No. 1.

[4] D. F. Allsopp, M. D. Burke, D. Rankin and I. K. Reddy, 1974, A wide-band digital magnetotelluric recording systm, Geophysical prospecting , Vol. 22, No. 2.

[5] K. Vo zoff, D. Kerr, R. F. Moore, D. L. B. Jupp and R. J. G. Lewis, Murray basin magnetotelluric study, J. Geological society Australia, Vol. 22, part 3.

[6] George V. Keller, 1971, Natural-field and Controlled-source methods in eletromagnetic exploration, Geoexploration, Vol. 9, No. 2/3.

唐山地震及邻区地震地质背景*

刘国栋　虢顺民　刘昌铨

自1966年邢台地震以来，华北地区发生了一系列强烈地震。这期间唐山地震的强度与规模是最大的。这些成串强震的孕育和发生受统一的构造背景和应力场控制，因而研究这个地区浅部和深部地质构造，对探讨唐山地震的孕育及其形成条件是非常重要的。

唐山地震以后，国家地震局地球物理勘探大队、地质研究所、地球物理研究所、地震地质大队、分析预报中心、河北省地震局等很多单位在京津唐及其周围地区开展了大量的地质调查和深部物探工作。此外，石油、煤炭、地质等有关部门多年来在唐山及华北地区也进行了很多工作，提供了丰富的区域地质构造资料，为认识和研究唐山地震的地震地质背景创造了良好的条件。

本章共分5节，分别介绍区域地质构造特征、区域深部构造特征、强震发生的区域地质背景和孕育的深部环境，以及唐山地震的发震构造，最后对地震力源和应力场问题加以讨论。

1　区域地质构造特征

地震的发生受着区域构造的控制。为了更好地认识唐山地震的地质背景，需要先从华北断块区讨论起，然后缩小到与唐山地震关系更密切的京津唐渤地区。本节主要讨论华北断块区新生代的构造轮廓、京津唐渤地区地质构造演化及其新生代活动特征，找出唐山地震与活动构造的关系。

1.1　华北地区新生代区域断块构造概况

新生代以来的华北断块，是在前新生代背景上发展起来的。太古代和元古代形成的变质基底对构造的发育有着重要影响，其后的构造轮廓，基本上受这一古老基底构造控制。古生代时，构造变形和岩浆活动都比较微弱，为一相对稳定的阶段。进入中、新生代后，便转为强烈活动的发展阶段（张文佑等，1978）。

华北断块区的边界受深大断裂控制（图1），北界是赤峰—开原EW向断裂带，南界是秦岭北缘—肥中—响水河断裂带，西界是贺兰山—六盘山SN向断裂带，东界在海域内，其确切界线尚未划定（张步春等，1980）。断块区构造复杂，其中发育着很多次级断块隆起和坳陷，它们是：鄂尔多斯隆起带、山西隆起带、华北平原坳陷带、鲁西—皖北隆起带、胶辽隆起带、阴山—燕山隆起带。各次级断块之间也均以深大断裂为界。

鄂尔多斯隆起带：四周为一系列新生代地堑系围限，是一个内部变化很小的完整块体，地壳较厚。隆起上广泛发育中、新生代地层，第四纪晚期整体性抬升，形成现今鄂尔多斯高原。

山西隆起带：其东侧以断裂与平原坳陷带分开，西侧以地堑系与鄂尔多斯隆起带分开。隆起带北段，前震旦纪结晶基岩大片出露，在变质基底上发育中、新生代地层，新生代持续抬升，形成海拔为

* 本文原载于《一九七六年唐山大地震》，地震出版社，1982，71～130。

1500～2500 m 的山西高原。由于隆起带的不断上升，太行山区新生代发育了两级夷平面，即早第三纪的台北面和新近纪的唐县面。隆起带上，河流阶地发育，深切现象普遍。

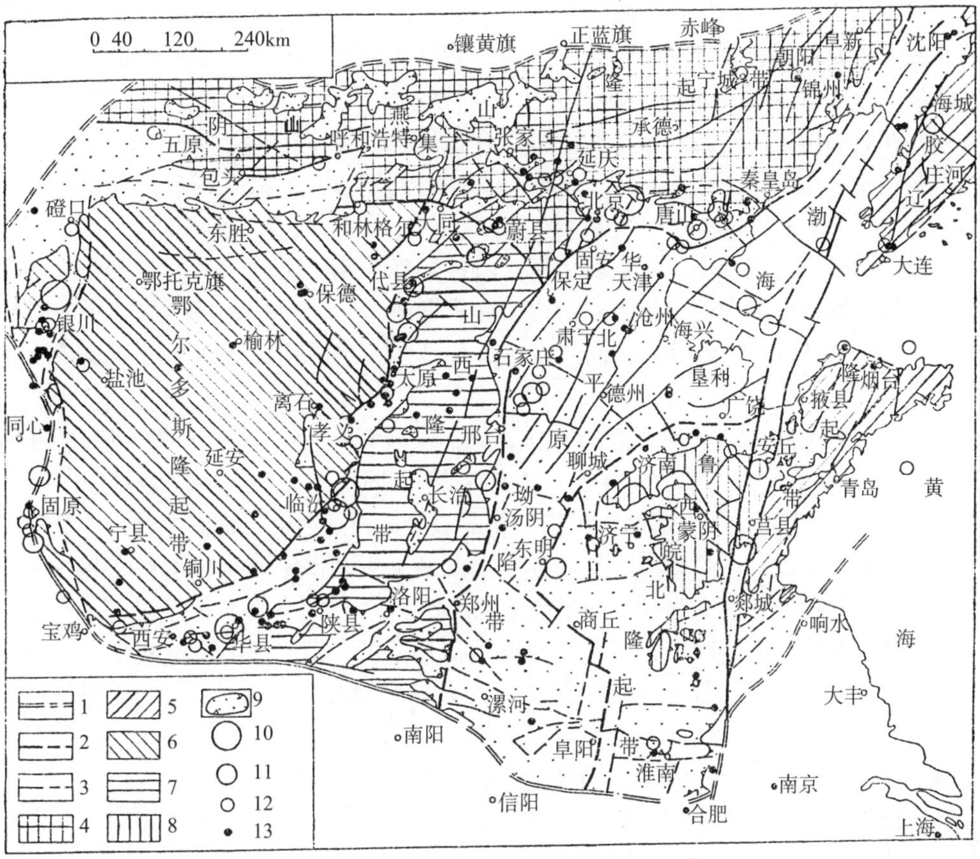

图 1 华北断块区新生代和现代活动性构造与震中分布图

1. 华北断块区边界断裂；2. 次级断块边界断裂；3. 重要的深大断裂；4. 阴山—燕山隆起带；5. 胶辽隆起带；6. 鄂尔多斯隆起带；7. 山西隆起带；8. 鲁西—皖北隆起带；9. 华北平原坳陷带以及其他新生代盆地；10～13. 地震震中：10. $M \geqslant 8.0$；11. $M=7.0 \sim 7.9$；12. $M=6.0 \sim 6.9$；13. $M=5.0 \sim 5.9$

华北平原坳陷带：范围包括下辽河平原、渤海、华北平原，四周被深大断裂围限，在前震旦系结晶基底之上，覆有震旦系、古生界、中生界。新生代以来，地壳强烈下沉，形成了 10000 m 厚的堆积物，并使全区地势降到海拔 100 m 以下。

鲁西—皖北隆起带：在结晶基底之上广泛分布古生界、中生界。早第三纪时隆起，形成了 NW 向断裂及由它所控制的断陷盆地。新近纪以后，北部继续隆起，南部逐渐下沉，形成新沉积物的堆积区。

胶辽隆起带：西界为郯庐断裂带，基底由前震旦系鞍山群和辽河群组成。由于长期隆起，结晶基底大片出露。古生代、中生代时，局部断陷，形成浅海相和陆相堆积。新生代时，渤海海峡下沉，其余仍继续隆起。隆起具间歇性特征，在辽东隆起带，河流阶地发育（可见三—四级阶地）；沿海一带海岸阶地普遍分布（辽东半岛西岸可见四级海岸阶地）。

阴山—燕山隆起带：呈 EW 向展布，主要由前震旦纪变质岩系组成，其上分布古生界及中生界。新生代除局部下沉，形成山间盆地外，全区仍以上升为主，形成内蒙高原。

1.2 华北地区新生代断裂带

华北断块区发育着不同方向、不同切割深度的新生代强烈活动断裂带。与地震活动有关的主要断裂带有：银川—固原断裂带、汾渭地堑式断裂带、太行山东缘断裂带、聊兰断裂带、郯城一庐江断裂带、阴山—燕山南缘断裂带等（图1）。现简述如下：

银川—固原断裂带：北端从腾格里沙漠起，向南经贺兰山南段、六盘山东侧，直达宝鸡一带。古生代、中生代以来，特别是在新生代，断裂活动十分强烈，构成了我国东西两部北段的地质构造分界线。断裂带北段，主要控制吉兰泰—银川断陷盆地及贺兰山隆起的形成。银川地堑受阶梯状正断层控制，地堑内第三系最大厚度达2500～3000 m，第四系厚度达1500～2000 m。断裂带构成右型排列地堑、地垒系列。在石嘴山市附近的红果子沟，NE向断裂切断了明代长城，为一现今活动强烈的右旋平移正断层，水平错距1.45 m，垂直错距0.95 m（邓起东等，1980）。沿断裂带有大量的强震和中强震分布。

汾渭地堑式断裂带：北起延庆，经山西太原、南延至陕西渭河盆地。断裂带控制了一系列第三纪、第四纪断陷盆地的发育。断陷带由多个断陷盆地斜列式排列，是一个右旋-剪切-拉张破裂带（邓起东等，1980；Tapponnier，1977）。繁峙、大同一带有近代基性岩浆的喷发活动。沿断裂带有大量的强震分布。

太行山东缘断裂：北起北京平原，经石家庄，到达新乡以南，由数条NNE和近SN向断裂组成。沿断裂有酸性、基性岩以及金伯利岩的分布（张步春等，1980）。断裂带是“纵贯中国东部一条新的巨型构造带”（刘行松，1979）的一部分。早第三纪断裂开始强烈活动，西侧上升形成高原，东侧下降形成平原坳陷。沿断裂带发育一系列凹陷和凸起，如北京地堑、保定凹陷、宁晋凸起、汤阴地堑、开封地堑等。沿断裂带北段和中段有强震、中强震活动。

聊兰断裂带：北起广饶，经聊城、兰考，断续延伸到阜阳一带，为平原坳陷带和鲁西—皖北隆起的分界。断裂带由东升西降的阶梯状正断层组成，在东明与菏泽之间它分开了东明凹陷和菏泽凸起。断裂带于早第三纪强烈活动，致使新生代时在西侧凹陷中形成了9000 m厚的沉积物，断裂两侧新生界落差达到8000 m左右（聂宗笙，1980）。沿断裂带有强震、中强震活动。

郯城—庐江断裂带：为一条规模巨大的NNE走向的深断裂带。中生代时由控制地堑地垒的四条以上的张性断裂组成，在山东和下辽河地区出现“两堑夹一垒”的构造格局。据徐嘉炜1979年资料，断裂具有大规模的左旋平移性质。新生代时，北段控制了下辽河坳陷和辽东隆起的形成，南段苏鲁地区断裂强烈活动，多处可见老地层逆冲于第四系地层之上，是一条右旋挤压型的断裂（张文佑等，1978；方仲景等，1976）。沿断裂带有强震分布。

阴山—燕山南缘断裂带：西起五原，经包头、呼和浩特、大同，然后可能在保定与太行山东缘断裂相接，再经固安、宁河、昌黎，最后延入下辽河平原西侧，为一条几经转折的EW方向的深大断裂，新生代强烈活动，成为北升南降块体的界线。据聂宗笙1979年提供的资料，西段在狼山—德令山断裂和乌拉山—大青山断裂控制下，形成了五原地堑和呼和浩特—包头地堑，其间堆积了厚达3000 m的新生代地层。断裂除具张性外，还兼有左旋扭动性质（张裕明等，1980）。东段在宝坻—宁河—昌黎断裂带的控制下，南侧形成平原坳陷带，北侧形成燕山山脉。沿断裂带有强震、中强震分布。

上述活动断裂带，与华北地区历史和现今的地震分布有着密切的联系。

1.3　华北地区新生代断陷盆地和岩浆活动

华北地区发育着许多新生代断陷盆地。它们的形成与活动断裂有密切关系。

西部鄂尔多斯断隆的四周发育有一系列线状断陷盆地。沿银川—固原断裂带，有吉兰泰一银川断陷带；沿阴山断隆南缘断裂带，有河套断陷带。它们形成于古近纪，新近纪、第四纪继续强烈下沉。沿汾渭断裂带发育有汾渭断陷带，它先由南端形成（古近纪），逐渐向北发展，新近纪与中段、北段连接成为完整的断陷带，盆地连接部位有的只有第四纪沉积，有的甚至尚未连通，为无沉积的分水岭。

东部的华北平原断陷带，是在新生代早期（古新世）隆起之后，由一些孤立的古近纪中期的小盆地演化而成，新近纪至现在形成统一的大盆地。断陷内发育多组断裂，并被断裂围限成一些大小块体，因此属于由许多凸起、凹陷组成的复式断陷盆地。沿新生代断陷盆地有大量的地震分布。

新生代时，随着构造运动的发展，华北地区有多次岩浆喷发活动。古近纪的岩浆活动遍及华北平原坳陷、下辽河坳陷、渤海坳陷，在山西繁峙和辽宁抚顺盆地也有分布（图2）。岩浆活动形成大量火山岩，其成分主要为偏碱性的玄武岩，在渤海地区还有安山岩和粗面岩。玄武岩主要夹于新近系不同层位中，层数多者可达43层。据地质部海洋地质调查局第二海洋地质调查队资料，累计厚度最大为781 m。

古近纪的岩浆活动主要分布于阴山—燕山隆起带、华北平原坳陷带、鲁西—皖北隆起带。这一时期的火山活动分布范围比古近纪的大。阴山—燕山断块隆起上的火山岩主要为玄武岩，其产状呈岩流状，覆于古近系及更老的地层之上，往往形成高平台或桌状地形。玄武岩中常常夹有多层砂砾岩、黏土、泥岩、煤层，其厚度变化较大，少则数米，多则数百米。张北汉诺坝玄武岩，厚达454 m。据沉积层及风化间断面判别，火山活动为10次左右。山东临朐、五图和苏皖六合、嘉山等地，亦有玄武岩的广泛分布，也显示了多次喷发的特点。在平原坳陷带内的下辽河、济阳、黄骅坳陷和北京凹陷，其活动强度虽比古近纪弱，但仍有多次玄武岩活动。新近纪玄武岩基本上属拉斑玄武岩，岩石化学特征介于碱性玄武岩和拉斑玄武岩系之间，在山区有些层位属碱性玄武岩（中国科学院地质研究所岩矿室，1977）。

第四纪的岩浆活动主要分布于阴山—燕山隆起带、山西隆起带、平原断陷带、胶辽隆起带等地区，其规模、强度比前期为小，喷发岩主要仍为玄武岩。其活动方式以中心式喷发为主，如井陉雪花山玄武岩、庙脑山玄武岩、昔阳凤凰山玄武岩、平定浮山玄武岩、左权黄洋关玄武岩、蓬莱玄武岩等。此外，在山西大同，河北尚义、武安、黄骅小山，辽宁宽甸、沈阳赵家沟，山东无棣等地也有基性火山岩的分布。一般有1～2层，常夹砂砾及砾石层，厚度大于35 m。平原坳陷区的火山岩，埋深200～300 m，层厚最大为23 m，主要为玄武岩、橄榄玄武岩等。

上述火山岩的分布及岩石化学特征表明，火山岩的活动受不同方向的深大断裂控制，并与深部构造密切相关。下辽河、渤中、苏北等地的玄武岩主要与郯城—庐江断裂有关，北京、井陉、涉县等地的玄武岩与太行山东缘断裂带有关，大同、尚义等地的火山岩与阴山—燕山南缘断裂带有关。华北平原坳陷内的玄武岩，有两个明显的条带，分别位于冀中坳陷和黄骅坳陷的中部，它们可能与隐伏的深部构造活动有关（图2）。玄武岩的岩石化学特征属于拉斑玄武岩系，说明华北平原坳陷带内地壳处于拉张应力状态，其成分属于钙碱性系列，推测岩浆源来自上地幔。华北地区地震活动与新生代火山岩的分布也有密切的关系。

1.4 京津唐渤地区地质构造与构造运动

本区位于阴山—燕山隆起带东段的燕山隆起和华北平原坳陷带北部的冀渤坳陷，这是一个地质构造十分复杂的地区，断裂活动起着重要作用。NNE、NE、NW和EW向四组断裂把本区切割成大小不等的块体，构成基本构造轮廓（图1、3）。

唐山震区位于冀渤坳陷与燕山隆起的结合部位，并偏燕山隆起一侧（或称过渡地带）。唐山地震的发生与上述两个构造块体的活动密切相关。这两个块体在新生代以前有着共同的发育历史，它们曾连在一起。根据它们的形成和变形过程，其演化史可大致分为三大阶段：

基底的形成和变形阶段：构成基底的岩系是太古代的桑干群（或迁西群）和下元古代的单塔子群，岩系变形强烈，变质较深，岩浆活动和断裂运动也十分强烈。

盖层形成和振荡运动阶段：以升降运动为主，形成以震旦纪、古生代地层组成的盖层，其中包含了多个侵蚀面。

断块破裂分异阶段：中生代中侏罗世开始的燕山运动，使本区地壳活动进入新的高潮期，并以断

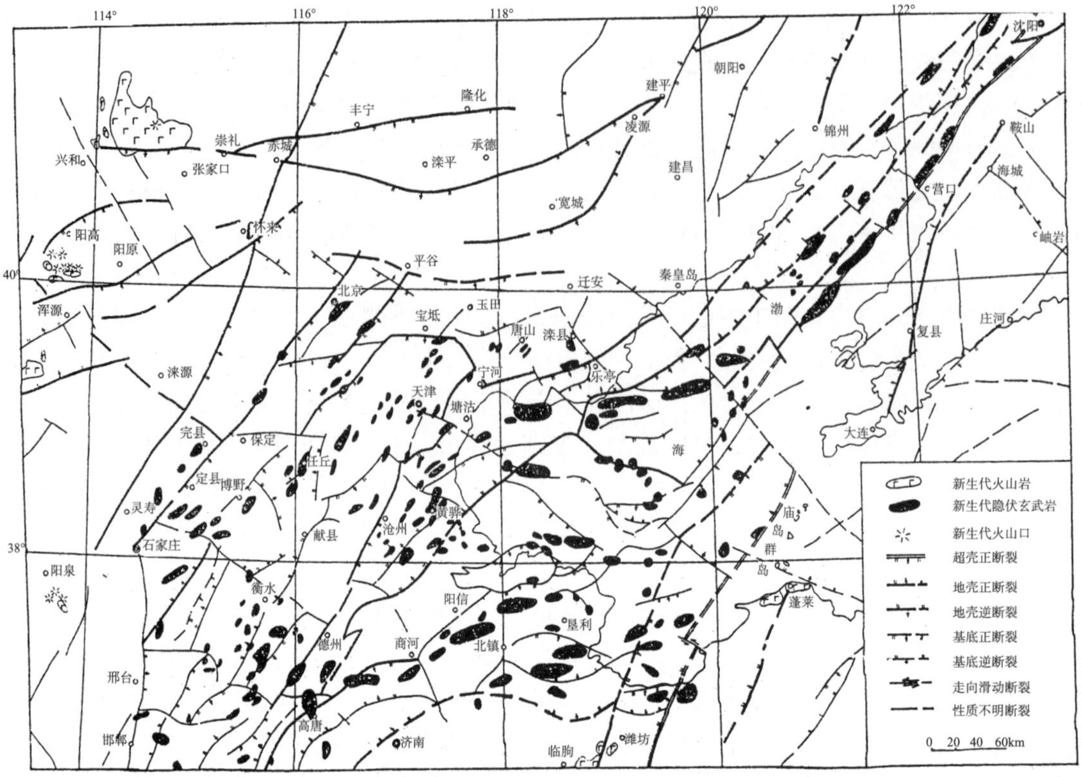

图 2　冀渤地区新生代玄武岩分布图

本图根据航空物探大队 1978 年资料、石油部地球物理勘探局研究院和海洋石油勘探局地测处 1980 年资料编制而成

裂活动和岩浆活动为主，有时伴有强烈的挤压褶皱。从新生代早期（始新世）开始，本区发生了强烈的断块分异运动，下辽河、渤海、河北平原强烈下沉形成坳陷，而燕山地区强烈上升形成隆起。隆起与下沉之间，若以山区台北期夷平面（约海拔 2000 m）和坳陷区古近系底界面（最深达万米）对比，其升降幅度差可达 12000 m，其差异之大可与当今世界屋脊——喜玛拉雅山的上升幅度相比。

在燕山隆起带主要发育了一系列近 EW 向断裂，如丰宁—隆化断裂、赤城—建平断裂、兴隆—喜峰口断裂、昌平—迁西隐伏断裂和宝坻断裂等。它们形成于前中生代，但新生代均有不同程度的活动，多为断面倾向南的正断裂。在 EW 向断裂控制下，燕山隆起带形成了许多不同高度的断块山，断块山北高南低呈阶梯式分布。此外，还有 NE 向和 NW 向活动断裂在隆起带内穿插。

在冀渤坳陷带内最少有三个方向的构造线：NNE、NW 和近 EW 向，其中以 NNE 向为主，构成坳陷带内的基本轮廓。区内差异运动十分醒目，并以不均匀下沉为特点。早第三纪形成了一些孤立盆地，并强烈下沉，如冀中、黄骅、渤中、济阳、临清等坳陷，最大沉降幅度达 6000 m。各坳陷周围是相对的隆起区，其上缺失古近系，如沧县隆起、埕宁隆起、渤中隆起等。从新第三纪开始，冀渤坳陷区全面下沉，早期形成的孤立盆地已完全连通，全部被新近系所覆盖。但其沉降仍具明显的继承性，沉降中心与古近纪时的一致。华北平原北部的第四系厚度显示了“二坳一隆”的特点，继承了第三系 NE 走向的基本形态特征（图 3，图 4，表 1）。第四纪的沉积物除有继承性外，还有新生性，如河北平原北部古近纪时的坳陷与隆起均成 NNE 走向，但在第四纪时却发育了一条 NWW 向昌平—顺义—渤海凹陷带，凹陷带内第四系厚度在顺义达 800 m，武清达 1000 m。此外，第四纪下沉的面积亦比第三纪的大，特别是在河北平原北部，有向北推进的趋势。如唐山以南的草泊地区、丰润以西的雅洪桥地区，都是新的第四纪凹陷区，它们缺失第三纪地层，而第四纪沉积物却厚 600～800 m 以上。上述新生代的隆起和坳陷，直接反映了各组断裂的活动性。

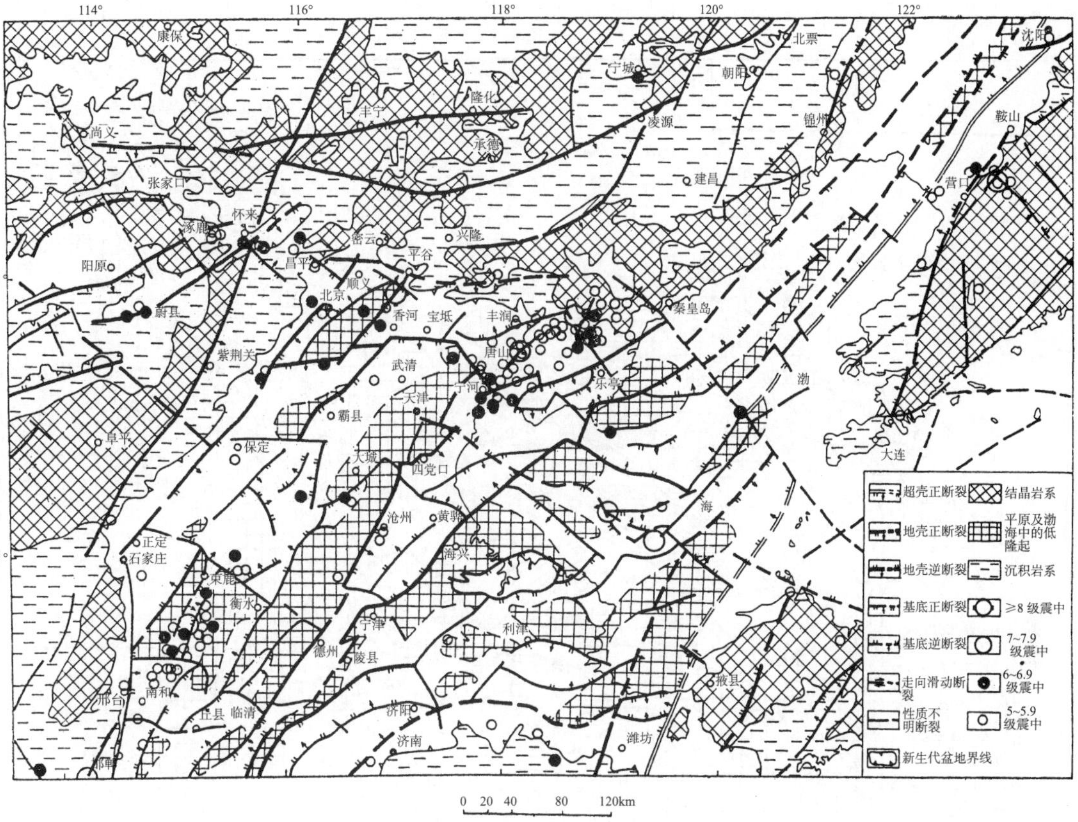

图 3　京津唐渤地区构造图

表 1　各坳陷区不同时期的沉积厚度（单位：m）

时代 / 地层厚度 / 坳陷	早第三纪	新近纪	第四纪
渤中坳陷	6000	3000	700
黄骅坳陷	4000	3000	600
冀中坳陷	5000	3000	1000
济阳坳陷	6000	2000	300
临清坳陷	4000	2000	500

冀渤坳陷内发育着一条重要的 NNE 向断裂带——沧东断裂带。它南起馆陶、临清一带，经德州、沧州到达四党口附近，然后分成两支：西支向东延伸后止于海河断裂的交会处；东支（主干部分）向北延伸被海河断裂横切错断后，再延伸到黄庄洼附近与蓟运河断裂相交（石油地球物理勘探局，1979）。断裂带由一系列正断层组成中、新生代强烈活动。新生代时断裂东侧大幅度下沉，地层沉积厚达 8000 m 左右（歧口地区）；西侧上升隆起，其上缺失早第三纪地层，新近纪地层不到千米，第四系仅 300～400 m。历史上沿这条断裂带曾发生过中强地震，它在唐山地震发生的区域构造条件中起着重要作用。

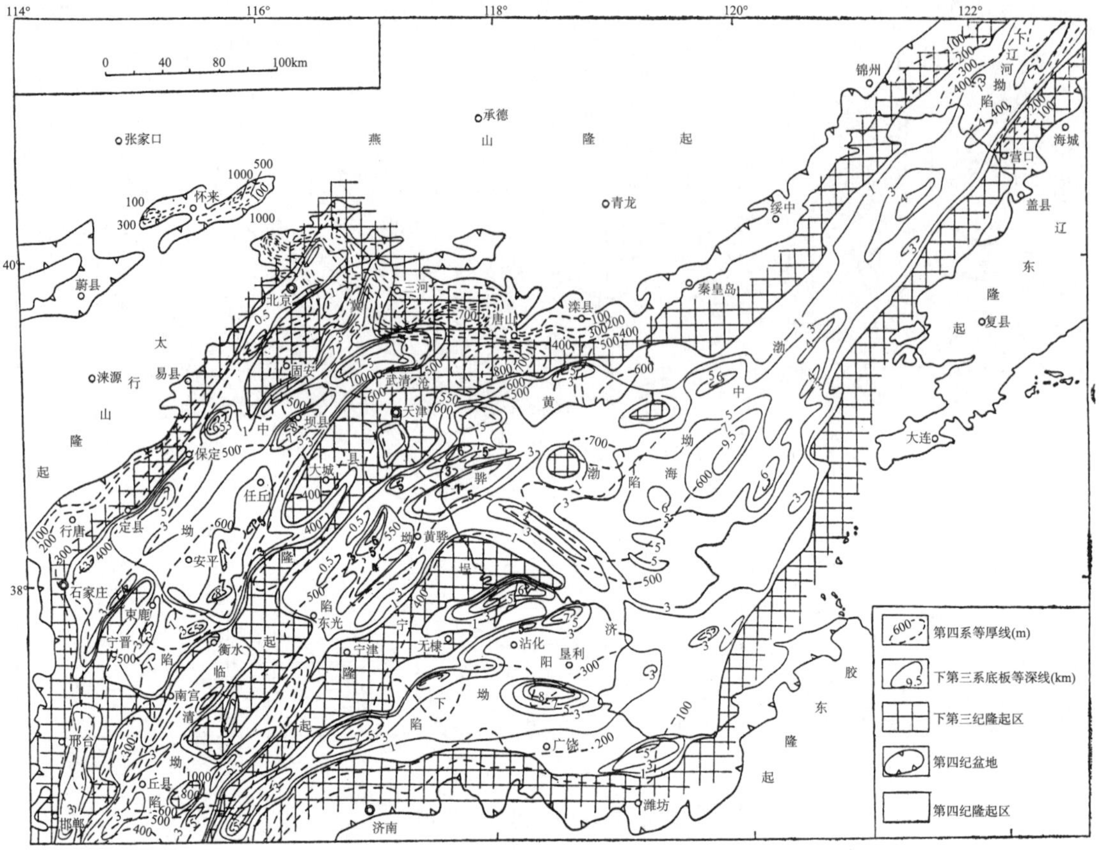

图 4　冀渤地区第四系厚度及古近系底板等深线图

本图中老第三系底板等深线主要根据石油部地球物理勘探局研究院资料，第四系底板等深线主要根据河北省地质局 116 地质队和李祥根、康来迅、张立人整理的资料编制而成

2　区域深部构造特征

本节主要根据人工地震测深、天然地震转换波测深、大地电磁测深、大地热流观测以及重、磁资料分析等多种地球物理数据，对京津唐渤及其周围地区的地壳上地幔构造和活动特征进行分析。

2.1　地壳、上地幔构造

从 1966～1979 年底，国家地震局地球物理勘探大队在京津唐张地区（大致为东经 115°24′～118°40′，北纬 37°55′～41°04′）使用 18～52 台 DCJ-1 型五道低频磁带记录仪，采用点测深方法（炮间距为 20～30 km，接收点距一般为 2～5 km），在距炮点 30～150 km 的范围内接收宽角度反射波，先后完成了 6 条人工地震测深剖面，剖面总长约为 2000 余公里（图 5）。根据这些剖面的解释结果，对本区的地壳构造简述如下：

2.1.1　地壳、上地幔速度结构

根据人工地震测深资料，用水平均匀层状介质地壳结构模式，应用阻尼最小二乘法反演了本区速度结构。本区从浅部至地壳基底可以划分为 4 个速度层（图 6）。它们是：

（1）地壳表层　从地表至沉积层基底为地壳表层。在平原区以中新生代沉积层为主，纵波速度为 3.9～4.4 km/s；在山区和平原过渡地带则多为中生代和古生代地层，纵波速度为 4.7～5.4 km/s。地

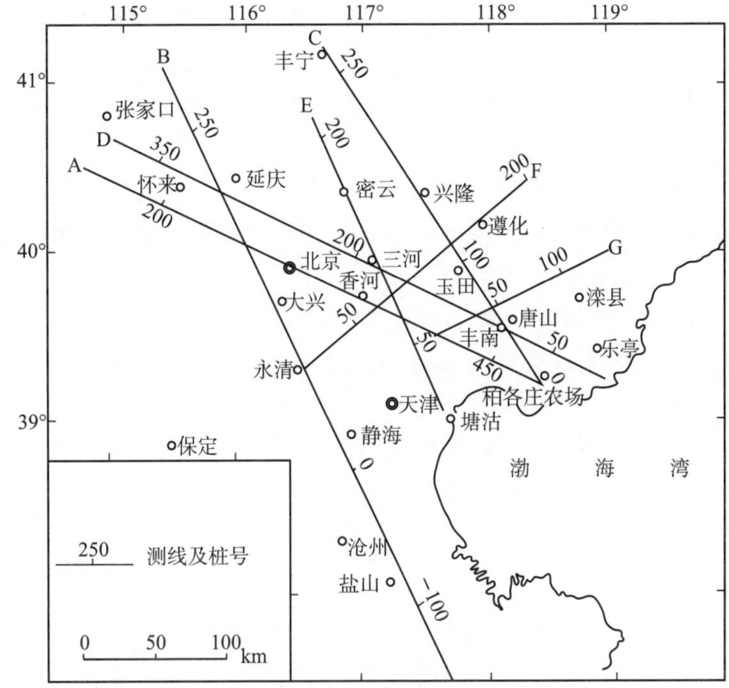

图5 京津唐地区人工地震测深测线位置图

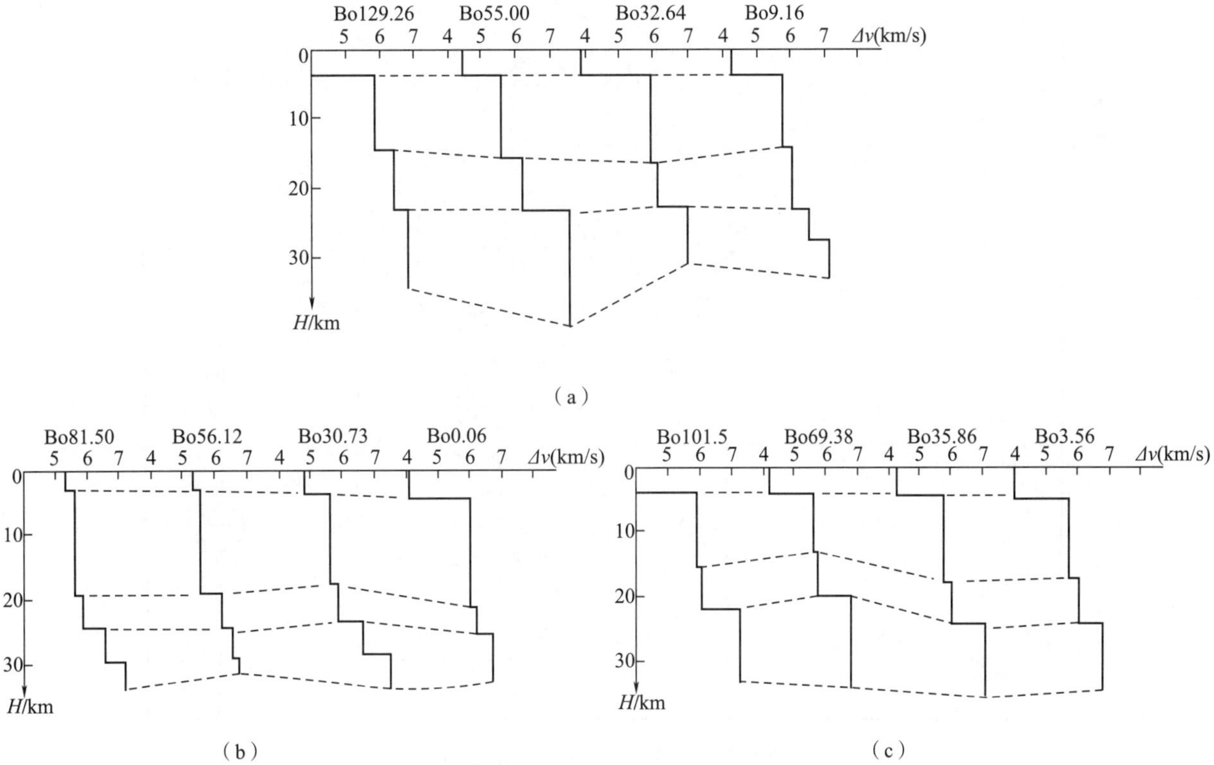

图6 京津唐地区地壳速度结构剖面图

(a) 乐亭—张家口 (b) 柏各庄—丰南—丰宁 (c) 塘沽—密云

壳表层厚度为 3. 0～4. 5 km。

（2）上层地壳　从沉积层基底至 P_{c1} 反射界面的介质为上层地壳，纵波速度为 5. 6～6. 0 km/s，厚度为 10～16 km，一般较为稳定。

（3）中层地壳　P_{c1} 与 P_{c2} 反射界面之间的介质为中层地壳，其纵波速度为 5. 8～6. 7 km/s，层厚度为 4. 2～8. 6 km。

（4）下层地壳　P_{c1} 与 P_m 反射界面之间的介质为下层地壳，纵波速度为 6. 5～7. 5 km/s，层厚度为 7. 0～16. 0 km。该层在纵波层速度和厚度上横向变化最为显著，整个地壳厚度在较大程度上受该层厚度变化的控制。

（5）上地幔　位于以上 4 个速度层以下。在山区，上地幔顶部的纵波（P_n）速度一般为 8. 0～8. 1 km/s；在平原区，由于尚未发现可靠的 P_n 震相，因而上地幔顶部的速度结构有待研究。

2. 1. 2　莫氏界面

本区莫氏界面是一个强反射界面。莫氏界面反射波 P_m 是一个非常清晰、振幅较大、易于追踪的震相。用解析法构制了该反射界面，并绘制了京津唐地区莫氏界面构造图（图 7）。该图反映了本区地壳厚度的变化和地壳基底断裂的分布情况。

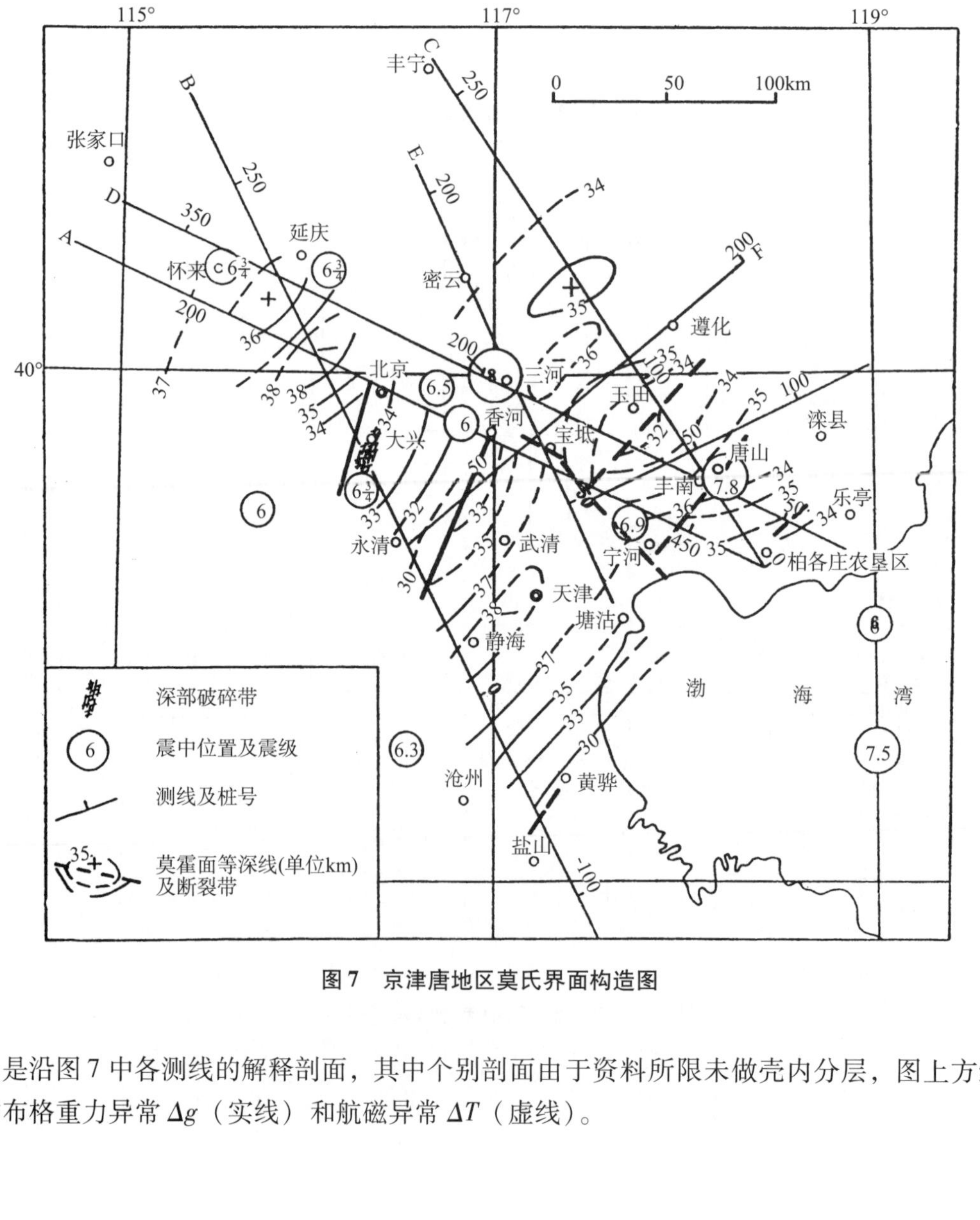

图 7　京津唐地区莫氏界面构造图

图 8 是沿图 7 中各测线的解释剖面，其中个别剖面由于资料所限未做壳内分层，图上方绘制了沿剖面线的布格重力异常 Δg（实线）和航磁异常 ΔT（虚线）。

根据图6～8，对本区的莫氏界面构造特征概述如下：

（1）延庆莫氏面隆起　分布范围大致与怀来—延庆断陷盆地相当，隆起顶部的莫氏面埋深约为36 km，莫氏面抬高约2～3 km。

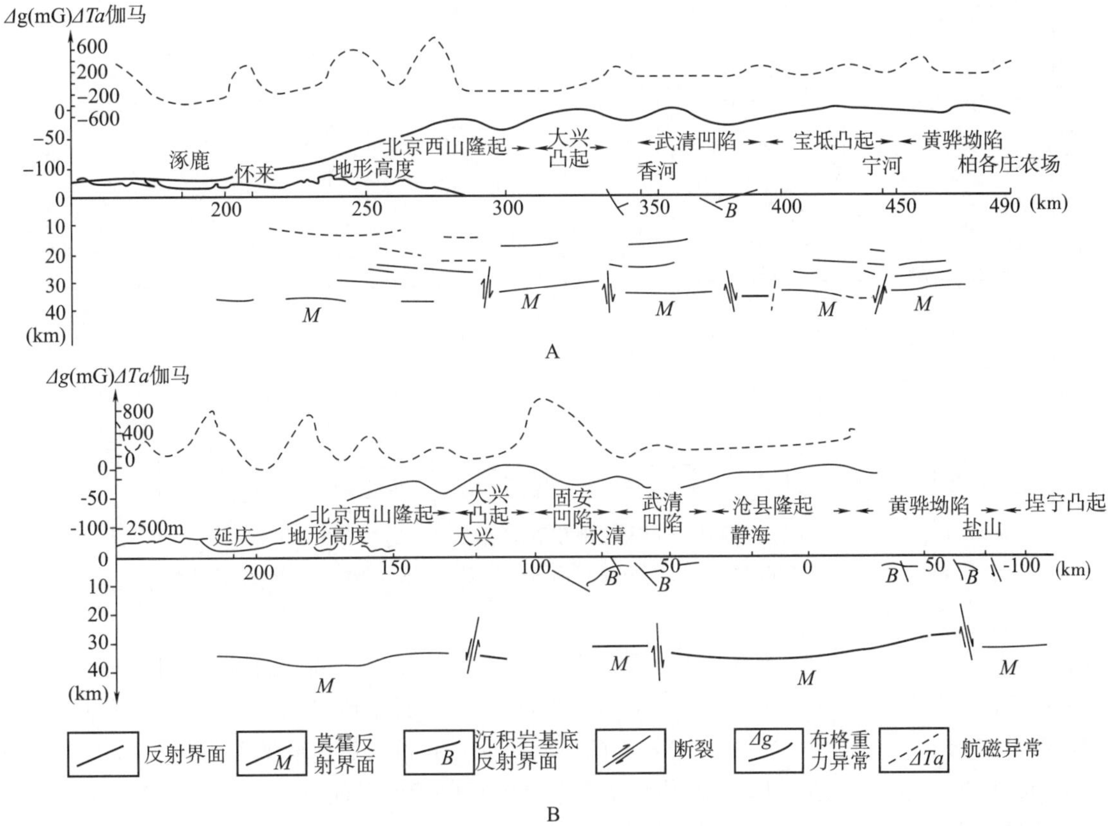

图8(a)　人工地震测深剖面图（一）

A. 宁河—涿鹿剖面；B. 盐山—大兴—延庆剖面

（2）北京西莫氏面坳陷带　位于北京西山地区，坳陷方向与山脉的延伸方向一致，莫氏面埋深约38～39 km，是本区内地壳厚度最大的区域之一。

（3）永清—武清—香河莫氏面隆起带　隆起部位与新生代冀中坳陷一致，隆起中心大致位于永清—霸县一带，莫氏面埋深约30 km。该莫氏面隆起带以34 km等深线沿北京平原向北部山区延伸，向南沿冀中盆地延展，但莫氏面埋深有可能逐渐加大至35～36 km。

（4）天津—静海莫氏面坳陷带　该坳陷与新生代的沧县隆起位置基本吻合，沿NNE方向纵贯华北平原中部，把平原区的地壳基底分成“一坳二隆”的格局。该坳陷内莫氏面的最大深度可达38～39 km，是平原区内地壳最厚的地方，也是本区地壳最厚的地区之一。该坳陷区向北被宝坻—宁河地壳基底断裂所阻，向南一直沿沧县隆起延伸。根据元氏—济南人工地震测深剖面，在沧县隆起的南缘武城一带莫氏面埋深为37～38 km（滕吉文等，1975）。

（5）下辽河—渤中—黄骅莫氏面隆起带　该隆起带位于新生代的黄骅坳陷部位上，莫氏面显著减薄至30 km左右。由于这里只有一条人工地震测深剖面通过，因而只根据地震测深资料难于圈定该莫氏面隆起带的延伸情况。根据柏各庄农场附近的人工地震测深剖面结果来看（图8（a）中A，（b）中

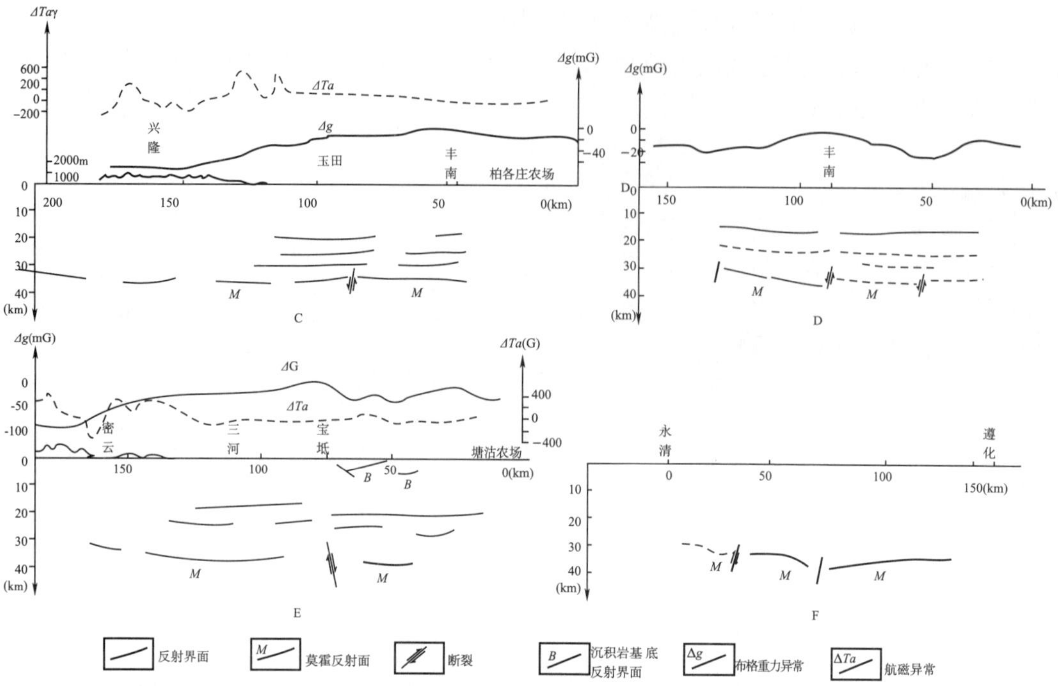

图8(b)　人工地震测深剖面图(二)

C. 柏各庄—丰南—丰宁剖面；D. 唐山—丰南剖面；E. 塘沽—密云剖面；F. 永清—遵化剖面

D)，从西往东向渤海方向莫氏面逐渐抬升。根据邵学钟等天然地震转换波测深资料①，在渤海西北岸北戴河一带莫氏面埋深约28～30 km。在下辽河及其与辽东半岛接壤地区，根据重力等资料反演结果（王谦身等，1976），表明这里存在一个NNE向的莫氏界面隆起带，莫氏面埋深为30～32 km。因而我们可以认为，新生代以来的黄骅坳陷、渤中坳陷和下辽河坳陷地区可能是一个巨大的NNE向的莫氏界面隆起带，隆起中心位于渤海内部，莫氏面最浅处小于30 km。这个隆起带也可能包括济阳坳陷，我们称为下辽河—渤中—黄骅莫氏面隆起带。

（6）宝坻—唐山—滦县莫氏面隆起　位于华北平原新生代断陷和燕山隆起的过渡地带，大致与宝坻—滦县重力高的分布范围相当。隆起的南缘为NW向的宝坻—宁河断裂，隆起内部被NE向的地壳基底断裂所切，在NWW向的背景上显示出强烈的NNE向的影响。从图6（a）可见，这里的下层地壳横向不均匀性十分明显，深部结构比较复杂。1976年唐山7.8级地震就发生在这个莫氏面隆起的东南侧。

北部山区由于缺少足够的资料，尚不能绘制莫氏界面的平面构造图，但根据一些穿入山区的地震测深剖面，仍可以看出大致轮廓。柏各庄—丰南—丰宁剖面和塘沽—密云剖面是两条大致平行的NNW向剖面，它们的北端均已穿入燕山地区（图8（b）中C、E），前一条剖面还基本上通过了燕山山脉，但莫氏界面并未显著加深，不超过36 km，向北甚至有逐渐抬高的趋势。燕山地区地壳基底构造比较简单、完整。

从北京向西进入西山地区，莫氏面从34 km逐渐加深至38～39 km，然而在怀来、延庆盆地下又抬升到36 km，正如宁河—涿鹿和盐山—大兴—延庆两条地震测深剖面所指出的那样（图8（a）中A、B）。从华北平原进入西部和北部山区，不仅莫氏界面的构造特点不同，在地震波动力学特征上也显示出明显的差别：在柏各庄—丰南—丰宁剖面上，通过燕山山前地带，莫氏面的P_m反射波和P_n首波震

① 本章中引用的天然地震转换波测深资料，如无注名者均引自邵学钟等的工作结果，以下略注。

相均十分清晰；而在宁河—涿鹿和盐山—大兴—延庆剖面上，通过北京西部山前地带时，P_m 波震相则有较大的变化，振幅明显衰减，失去优势波的特点，有时甚至追踪中断，在相同的激发条件下不能发现良好的 P_n 首波震相。

该区的地壳基底构造与新生代以来的构造活动性存在着较好的联系。从图 4 可见，在新生代沉积广泛发育的平原区，莫氏面深度与沉积厚度呈反向关系。例如渤海坳陷、冀中坳陷和黄骅坳陷都有 5000～6000 m 以上的新生界沉积（特别是前者，可能超过万米），同时又都是莫氏面隆起区，莫氏面顶点埋深为 30 km 或小于 30 km。沧县隆起仅有数百米至千米的新生代沉积，它对应着莫氏面坳陷带，莫氏面最大埋深可达 39 公里。值得指出，莫氏面隆起或坳陷的顶点不一定恰好对应新生界坳陷或隆起的中心。此外，在华北平原北部（包括渤海地区），莫氏面埋深变化从小于 30～39 km，幅差达 9 km 以上，而新生界沉积厚度等约为 10 km；在华北平原中部，沿元氏—济南地震测深剖面，莫氏面埋深从 33 km 变化至 38 km，幅差约 5 km，而新生界沉积厚度差约 4 km。上述事实表明，在平原区内部，新生代以来的构造发展明显地与上地幔活动有关。

2.1.3　地壳断裂

我们首先讨论地壳基底断裂，它指的是错断了莫氏界面的断裂。断裂的位置主要是以走时曲线的跃变、P_m 反射波振幅以及视速度的明显变化为依据。

测区范围内有 6 条地壳基底断裂，它们是北京—大兴断裂、香河—永清断裂、玉田断裂、唐山断裂、香河—宁河断裂以及黄骅断裂（图 7）。除香河—宁河断裂为 NW 向断裂外，其他 5 条均为 NNE-NE 向断裂。由于只有一条地震测深剖面通过黄骅断裂，所以该断裂的方向是推测的。

由地震测深剖面（图 8）可见，这些地壳基底断裂都是正断层。在近 5×10^4 km^2 的测区范围内，有 6 条地壳基底断裂存在，可见该区的地壳基底已遭受了强烈的破碎。当我们分析这些人工地震测深剖面和莫氏面构造图时，可以发现一些有趣的现象，即这些 NNE-NE 向的地壳基底断裂，往往都出现在莫氏界面隆起的轴部，也可以说在平原区范围内，主要出现在新生代以来沉积坳陷中心地区的下面。例如香河—永清断裂位于冀中坳陷的下面，黄骅断裂位于黄骅坳陷的下面。另外，断距的大小与新生代沉积盖层的厚度也似有一定的关系。例如，有巨厚新生代沉积的冀中坳陷下面的香河—永清断裂，以及黄骅坳陷下面的黄骅断裂，其断距可达 5 km 或更大些，而新生代盖层很薄的宝坻—唐山地区，其下地壳基底断裂的断距仅 1～2 km，最大不超过 3 km。

平原的地壳基底断裂与浅层的一些大断裂在上下关系上并非完全一一对应。例如，在通过沧县隆起的盐山—大兴—延庆剖面中（图 8（a）中 B），在地壳基底上并未发现与沧东断裂对应的地壳基底断裂，同样在沧县隆起西侧的盖层断裂下面，也未发现在地壳基底上有相应的断裂存在。图 9 是穿过沧东断裂的详细石油地震勘探剖面。由图可见，沧东断裂的倾角约 30°，因而它不可能延深很大。

由某些有壳内速度分层的人工地壳测深剖面可进一步看出，在有地壳基底断裂存在的地段，有的剖面中壳内各速度层并不都有明显的错距（图 8（a）中 B，（b）中 C、D）；而另一剖面中，壳内各速度层却有明显的断距存在（图 8（a）中 A，（b）中 E）。这说明不同地区地壳基底断裂向地壳上部的发育情况不尽相同。

根据石油地震勘探资料，华北平原地区在新生界沉积盖层和地壳上部存在着为数众多的正断层，其数目比地壳基底断裂多达百倍。随着深度的增加，这些盖层断裂的角度逐渐变缓，最后终止在地壳的上部。图 10 是穿过华北平原主要构造单元的石油地震勘探剖面。在长约 250 km 的范围内，盖层和地壳浅层就有 20 条正断层，其中一些规模较大者，在深部倾角显著变缓，按其趋势推测它们将终止在地壳上部。而且，在靠近断层下降盘的一侧，新生代沉积加厚，表明这类断层是在引张环境下形成的，断裂一边发展，一边接受沉积。

综上所述，我们认为从深、浅关系考虑，自新生代以来本区可能有三种类型的基底断裂：

（1）由于上地幔隆起，引起垂直运动，使地壳基底附近岩石发生破碎产生正断层。随着上地幔的

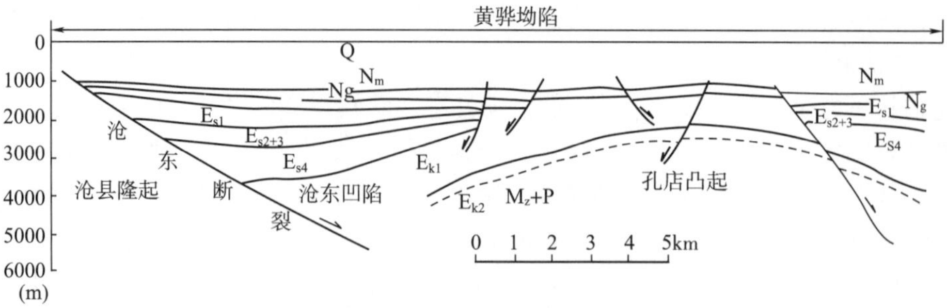

图 9　穿过沧东断裂的石油地震勘探剖面图（据石油工业部资料，1979）

Q. 第四系；N_m. 新近系明化镇组；N_g. 新近系馆陶组；E_d. 古近系东营组；

E_s. 古近系沙河街组；E_k. 古近系孔店组；M_z+P. 中生界+古生界二叠系

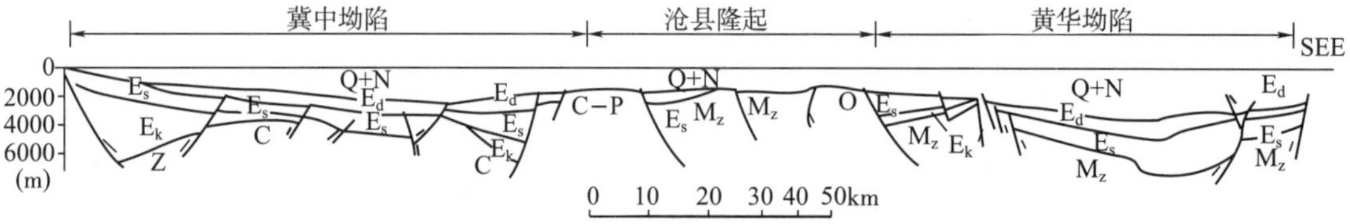

图 10　穿过华北平原主要构造单元的地质剖面图，断层倾角随深度变缓（据石油部勘探开发研究院资料，1978）

Q+N. 第四系+第三系；E_d. 古近系东营组；E_g. 古近系沙河街组；E_k. 古近系孔店组；M_z. 中生界；

C—P. 石炭二叠系；O. 奥陶系；Є. 寒武系；Z. 震旦系

不断上隆，这类断层可以继续向上发展。本区一些 NNE-NE 向的地壳基底正断层可能属于这一类。它们都是沿着上地幔隆起轴向发展的，其断距的大小与上地幔的隆起幅度有关（图 7）。

（2）由于上地幔隆起，岩浆侵入，上地壳侧向滑动，地表下沉，在浅部形成垂直于上地幔隆起方向的引张，从而形成一系列走向与引张方向相垂直的正断层。本区沉积盖层中大量发育的正断层属于这一类。它们绝大多数分布在与上地幔隆起相对应的新生代沉积坳陷内。断层走向以 NNE-NE 为主，与上地幔隆起方向一致。断层倾角随深度逐渐变缓，与新生界沉积的关系表现为边断边沉。这类断层延深不大，是从浅部发展起来的铲形正断层。

（3）由于上地幔上隆，做侧向滑动的上地壳在构造复杂处受阻，造成挤压应力的积累，当超过岩石强度时，便产生平移断裂或逆断层。据推测，这类断层主要应该发生在平原新生代坳陷区与山区的接壤地带，尤其是深部构造比较复杂的地段。本区很多地震断层可能属此类中的平移断层。

上述三类断层，虽然有不同的形成过程和表现形式，但它们都与上地幔的上隆有关，因而它们又是统一的。

2.1.4　壳内构造

这里所谓的壳内构造指的是莫氏面至沉积岩基底这一深度范围内的构造。由于在某些人工地震测深剖面或剖面段上，尚未获得壳内速度界面的反射波的连续追踪，因而还不能像莫氏界面那样绘制壳内速度界面的平面构造图。然而，从某些已划出了壳内速度分层的剖面段来看（图 8），壳内某些速度界面的起伏与莫氏面的起伏有一致性，但莫氏面的起伏明显地大于这些壳内速度界面的起伏。例如，在乐亭—张家口剖面的唐山—丰南段，莫氏面起伏达 5～6 km，而壳内 25 km 左右的速度界面（为下地壳的顶界）起伏只有 3 km；柏各庄—丰南—丰宁剖面的丰南—玉田段，莫氏面起伏 3 km，而 25 km 左右的速度界面起伏只有 1～2 km；宁河—涿鹿剖面的柏各庄—香河段，莫氏面起伏达 6 km，25 km 左右的速度界面起伏约 3 km。这表明，本区地壳厚度的变化，较大一部分是由于下地壳厚度的变化所引起。曾融生等的工作结果，以及转换波测深的工作都已得出了这一结论。

关于本区壳内是否存在低速层问题，由于观测技术和资料解释方法的限制，目前尚难定论。但在本区的某些地段内，如武清—香河—永清和宝坻—唐山—滦县的莫氏面隆起范围内，在莫氏面的反射波 P_m 之前，往往没有可识别的震相，记录异常平静，壳内 P_c 反射波组消失（图 11），说明壳内速度结构有明显变化。然而，是否有低速层存在，还有待进一步研究。曾融生的工作结果表明，在北京西山地区和宁河地区壳内 20 km 左右可能有低速层存在。

我们通过转换波测深工作，发现华北地区存在异常清晰的初至转换波震相，其能量强，非常易于识别。邵学钟等根据该震相的计算结果编制了京津唐地区（G 界面构造图（图 12）。

根据元氏—济南人工地震测深剖面上的对比，G 界面的速度值大致在 6.0～6.5 km/s，说明该界面不是上地壳的底界面，而是上地壳内部的一个界面。根据其埋深情况，并与其他资料对比，G 界面很可能是古老变质岩系内部的一个界面。我们推测，在古老的地质年代里，华北的古老变质岩系可能在深部某种合适的温压条件下，出现过大面积的重熔，并有深部物质组分加入其中，从而形成了比上覆地层密度为高的一个层位，然后随着地壳的隆起也逐渐抬升。

非常有趣的是，G 界面的起伏与新生代沉积厚度的变化基本吻合。在 G 界面隆起区，新生界缺失或很薄，如华北平原与北部山区的过渡地带以及沧县隆起附近；在 G 界面坳陷区，则为新生代的沉降区，如冀中坳陷和黄坳陷地区。在本区范围内，G 界面的变化幅度可达 8 km，约等于新生界沉积层的厚度差。如前所述，本区下地壳顶界埋深保持着与莫氏面相同的变化趋势，但变化幅度明显地小于莫氏面变化幅度。因此可以认为，随着上地壳的减薄，新生界沉积层逐渐加厚。但整个地壳厚度的变化，很大一部分仍决定于下地壳厚度的变化。在平原区内地壳各

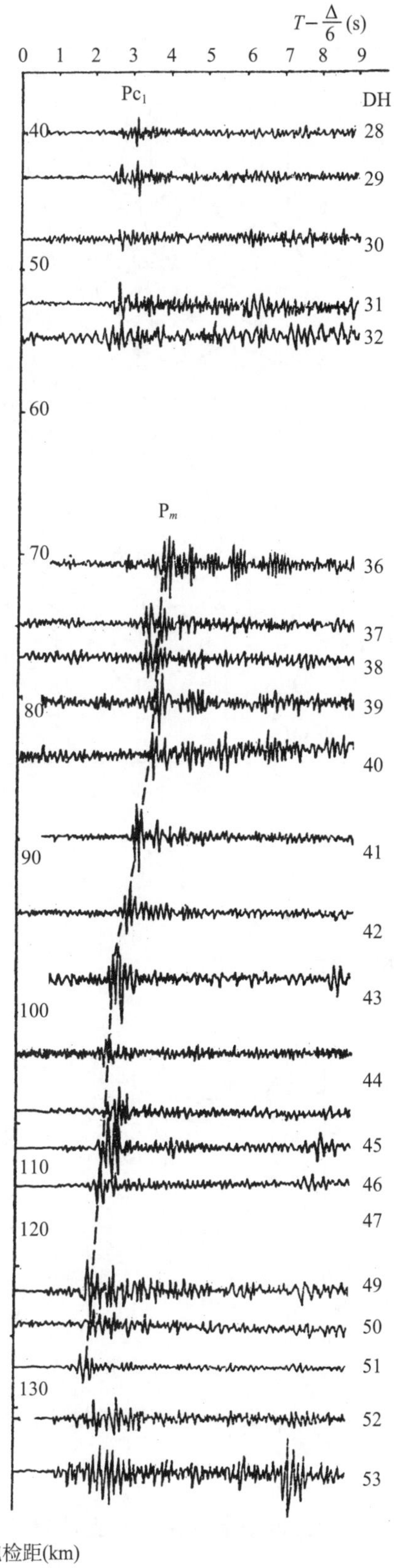

图 11 永清—宝坻—遵化剖面 100 号炮点记录截面图

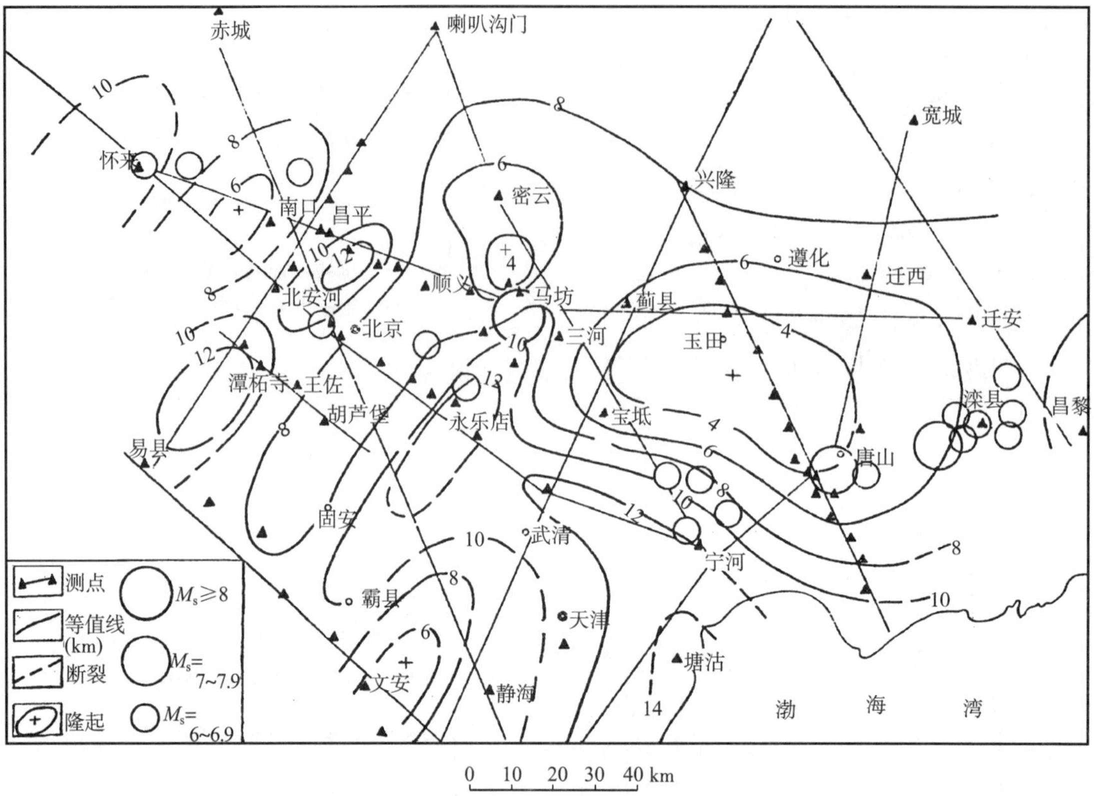

图 12　京津唐地区 G 界面构造图（据邵学钟等）

图中等值线为 G 界面埋深

层的厚度变化趋势示意于图 13。

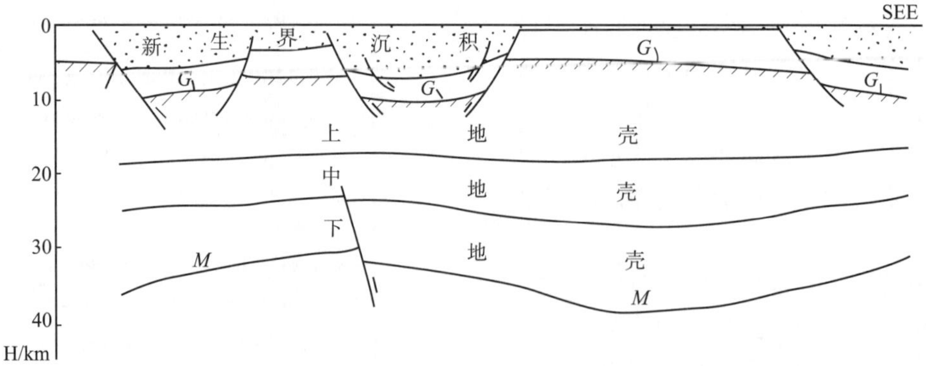

图 13　沿 SEE 向横切华北平原北部的壳内各层厚度变化趋势示意图

2.2　地壳和上地幔电性结构及上地幔高导层分布特征

近几年来，国家地震局地质研究所在京津唐地区共完成大地电磁测深点近 30 个。根据测点的分布情况，可编制 4 条地壳上地幔电性剖面，即：NNW 向的柏各庄—马兰峪剖面；近 EW 向的怀来—马兰峪剖面和丰台—武清剖面；NNE 向的宁晋—王辛庄剖面（图 14）。

我们根据张量阻抗分析方法，对大地电磁测深的野外观测数据进行处理，以获取各张量阻抗元素值，然后通过转角计算张量阻抗主轴方位以及纵向 $\rho_{\parallel}$（E 极化）和横向 $\rho_{\perp}$（H 极化）视电阻率曲线（国家地震局地质研究所大地电磁测深组等，1981 年）。由于在研究深部构造时，纵向视电阻率曲线受“畸变”较小，因而我们采用一维模型对其进行拟合反演，以获得地下的电性分层。

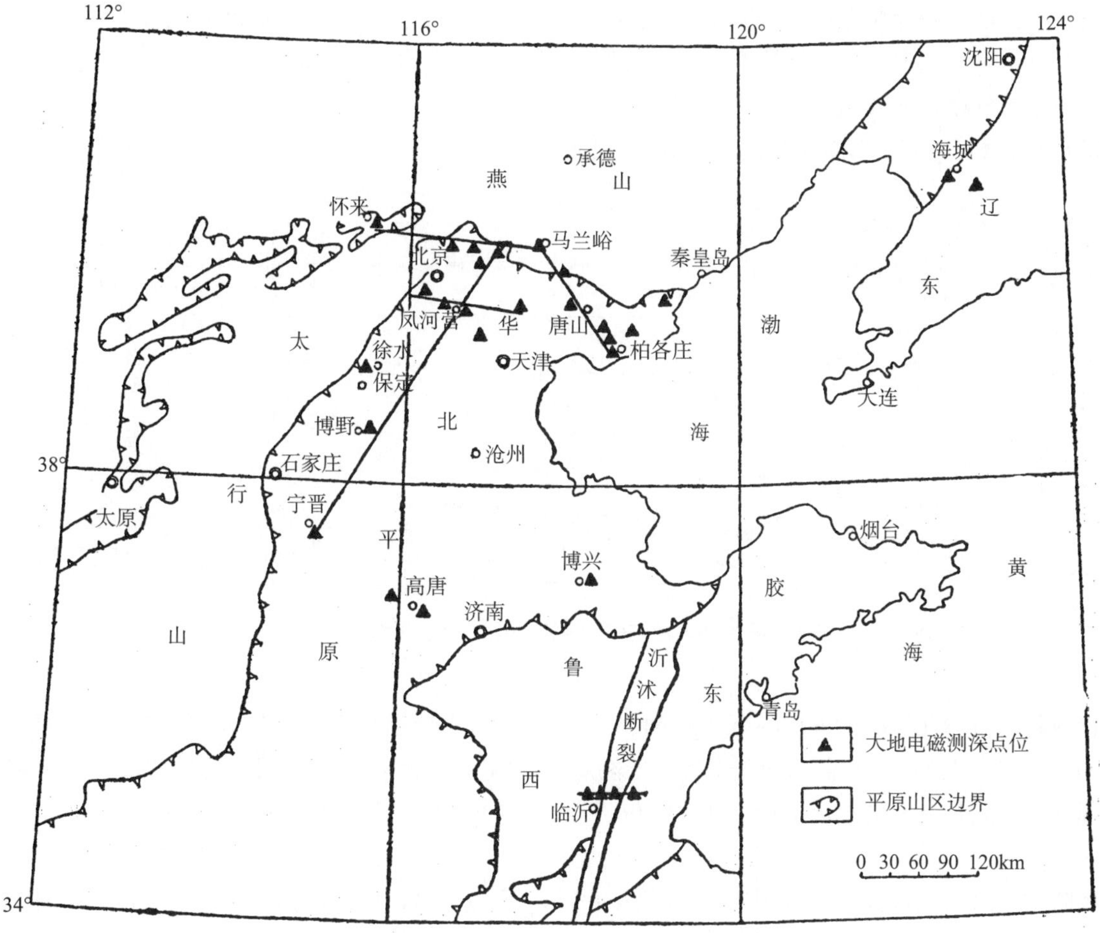

图 14 京津唐地区及邻区大地电磁测深点位图

2.2.1 地壳、上地幔电性分层

（1）地壳表层高导层 电阻率值从几欧姆米到几十欧姆米，主要出现在新生代沉积盆地广泛发育的平原地区。根据测井资料和直流电测深资料，该高导层与疏散的新生代沉积层一致，其厚度变化很大，在山区和山区边缘消失。

（2）地壳上部高阻层 直接覆于表层高导层之下，电阻率值一般为 $10^2 \sim 10^3\ \Omega \cdot m$，且愈接近山区电阻率值愈大。人工地震测深资料表明，该高阻层大致与上层地壳相当。根据实验室测定，干燥的花岗岩类标本电阻率值约 $10^4 \sim 10^6\ \Omega \cdot m$，比该区实测值大 2～3 个数量级。造成这个差别的原因可能是平原区下长期遭受构造破坏，上层地壳比较破碎，表层自由水沿裂隙下渗，使电阻率值明显降低。

（3）壳内高导层 在地壳上部高阻层之下，本区内广泛发育有壳内高导层，其电阻率值为几至十几欧姆米，厚一般为数公里，埋深大致在 20 km 左右，在平原坳陷区稍浅，接近山区略深。它是壳内的一个特殊导电层位。目前，对其成因有不同的看法，我们结合本区其他资料认为，它可能是壳内岩石部分熔融或脱水的产物。

（4）下部高阻层 位于壳内高导层之下，上地幔高导层之上，包括了下层地壳和上地幔高导层与莫氏面之间的硬盖部分，其电阻率值一般为 10^4～10^6 Ω · m。

（5）上地幔高导层　电阻率值很低，一般为 1 至几个欧姆米。在本区该层顶界埋深变化很大，从 50 km 左右到近百公里。

2. 2. 2　壳内和上地幔高导层的分布特征

壳内和上地幔高导层是两个特殊的导电层位，其分布特征往往与构造活动性有密切关系，因而，我们重点讨论它们在本区的分布情况。首先沿着一些主要剖面做一个简略叙述，然后讨论上地幔高导层在平面上的分布特征。

（1）柏各庄—马兰峪大地电磁测深剖面（图 15）。

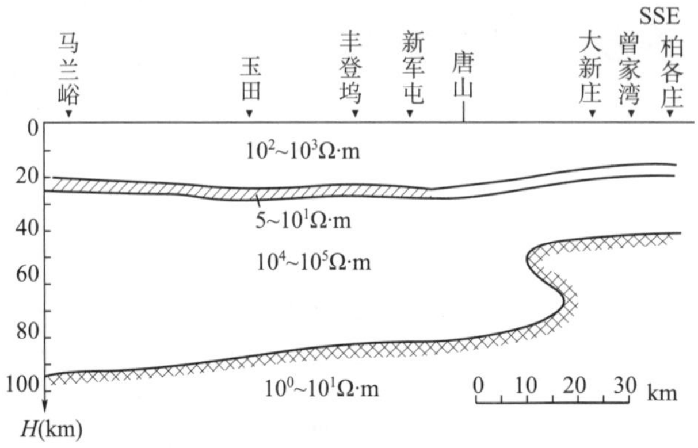

图 15　柏各庄—马兰峪大地电磁测深剖面图（据石樟松、史书林等，1980）

它南起渤海湾北岸的柏各庄附近，沿 NNW 方向切过唐山地震带，终止在燕山地区的马兰峪，全长 120 km，平均点距 17 km。剖面的东南端位于渤海坳陷内（陆地部分），中段位于华北新生代断陷盆地与北部燕山隆起带之间的过渡地带，西北端位于燕山隆起之上，此剖面穿过了本区的一些主要地质构造单元。

从图 15 可见，沿该剖面壳内普遍有高导层存在，厚几公里，电阻率值 5～10 Ω · m。在剖面的东南端靠近渤海地区，壳内高导层埋深约 15 km，向西北方向逐渐加深到 20 km 以上。沿该剖面，上地幔高导层埋深变化显著，从剖面东南端的近 50 km 左右，向西北方向下倾，在马兰峪一带埋深达90～100 km。

我们认为，在剖面东南端的渤海附近，上地幔高导层埋深很浅，可能与渤海内部上地幔高导层强烈上隆并向侧向侵位有关。根据钻孔资料，这一带新生代玄武岩特别发育，厚可达 600～700 m。

（2）怀来—马兰峪大地电磁测深剖面（图 16）。

它西起怀来—延庆断陷盆地，切过北京断陷北缘，东止马兰峪，全长 140 km，共 6 个测点，其中 4 个测点位于北京坳陷内。怀来测点是早期工作结果，数据质量较差，仅做参考，其壳内高导层埋深 27 km，上地幔高导层埋深 90 km。其他测点均在 20 km 左右发现了壳内高导层，并似有向西加深的趋势。

沿该剖面，上地幔高导层埋深有显著变化，在北京断陷北缘的文化营—王辛庄范围内埋深较浅，约 60～70 km，向东西两侧逐渐加深。北京断陷属于冀中坳陷的北缘，包括北京凹陷、大兴凸起和大厂凹陷，是本区新生代以来的强烈构造活动区之一，也是现代的地震活动区。

（3）宁晋—王辛庄大地电磁测深剖面图（图 17）。

该剖面沿冀中坳陷分布，南起 1966 年邢台地震区的宁晋地区，北至 1679 年三河、平谷地震区的王辛庄，全长 300 多公里。该剖面只有 6 个测点，点距很稀。从剖面可见，除壳内普遍存在高导层外，上地幔高导层埋深变化也不大，从剖面南端宁晋地区的 75 km，向北逐渐抬升至武清凹陷下的 50 km 左

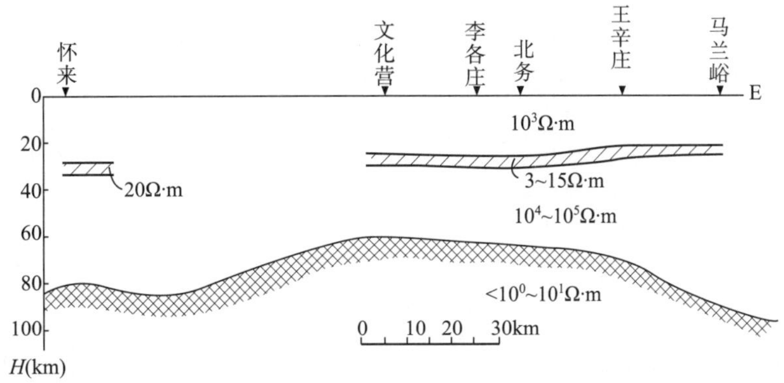

图 16 怀来—马兰峪大地电磁测深剖面图

图中数字代表电阻率值

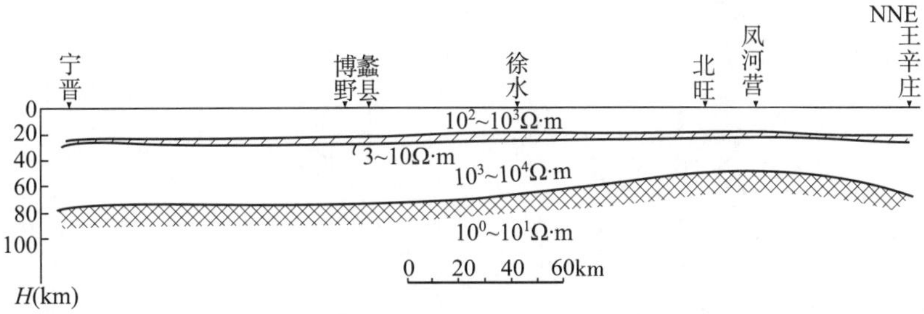

图 17 宁晋—王辛庄大地电磁测深剖面图

图中数字代表电阻率值

右，然后向北又逐渐加深。

丰台—武清大地电磁测深剖面和与其平行的怀来—马兰峪剖面的中段电性结构相似，因此不再赘述。

一般认为，上地幔高导层是上地幔中出现部分熔融的一个层位，与上地幔软流圈相当，其温度值大致在 1100～1200 ℃。由于地表的大地热流值主要来源于地壳范围内放射性元素产生的热，上地幔高温软流圈（高导层）提供的热，以及地壳内岩浆活动产生的热，因而上地幔高导层的埋藏深度应与地表大地热流值有关。

Adam 统计了很多地区平均大地热流值 q（单位：1 微卡/平方厘米 · 秒 = 1 HFU）与壳内和上地幔高导层埋深 h 之间的关系，发现它们之间服从指数形式（Adam，1978）：

$$h = h_0 q^{-a} \tag{1}$$

式中 q 的单位为 HFU，h、h_0 为 km。对于上地幔高导层来说，常数 $h_0 = 165$ km，$a = 1.46$。利用式（1）检验本区范围内平均大地热流值与上地幔高导层埋深之间的关系，发现本区 a 取 1.72 较合理，这表明两者之间的关系更为密切。例如，北京平原地区平均大地热流值（$q = 1.77$ HFU，按式（1）取$a = 1.72$ 计算的上地幔高导层埋深 $h = 60$ km，而大地电磁测深获得的上地幔高导层埋深为 50～70 km；唐山地区 $q = 1.53$ HFU，取 $a = 1.72$ 计算的 $h = 75$ km，与大地电磁测深实际观测结果也较为一致；渤海—下辽河一带 $q = 2.10$ HFU，取 $a = 1.72$ 计算的 $h = 45$ km，与渤海边上柏各庄实际观测结果较一致。因此，我们就可以把大地电磁测深的实际观测结果与大地热流值的计算结合起来，共同研究本区范围内上地幔高导层埋深的变化情况。按照这个想法我们编制了京津唐渤及其周围地区上地幔高导层顶界深度图（图 18）。由于大地电磁测深点和大地热流数据都不多，分布又不均匀，因此该图带有较大的推测性。但我们认为，它仍然可以粗略地反映本区范围内上地幔高导层深度（即上地幔软流圈深度）或岩石圈厚度的变化。

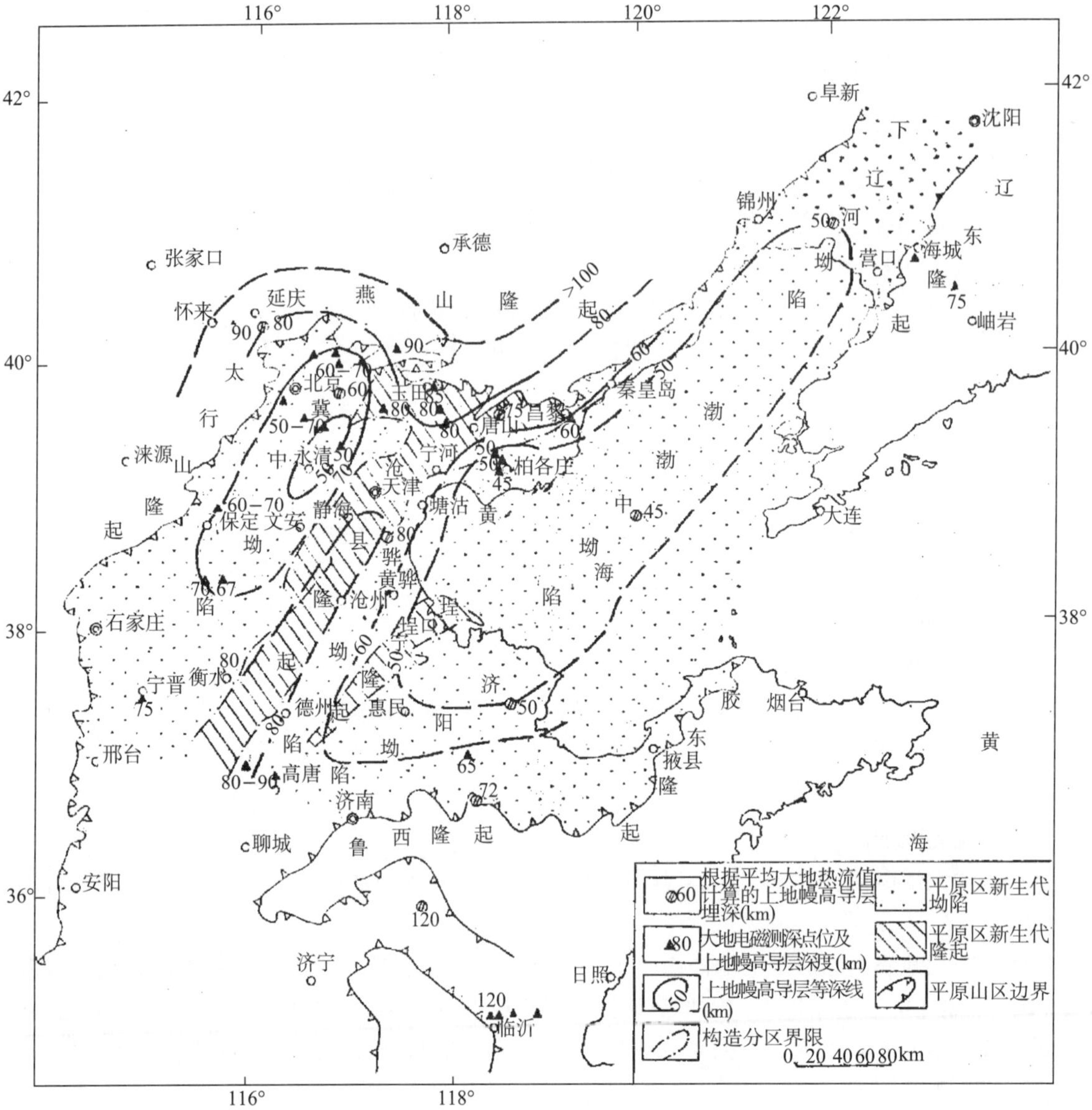

图 18　京津唐渤及其周围地区上地幔高导层埋深图

从图 18 可见，在新生代断陷的平原以及渤海—下辽河地区，上地幔高导层呈 NNE 向延伸，埋深在 50～80 km 左右，并存在着两个 NNE 向的上地幔高导层隆起带和一个坳陷带。以渤海为中心沿辽东湾和黄骅坳陷展布的隆起带，上地幔高导层埋深为 50 km，在渤海内部可能更浅些，根据祁贵仲等的地磁测深资料甚至认为只有 30 km；沿冀中坳陷展布的上地幔高导层隆起带规模较小，隆起中心在霸县—香河一线，埋深约为 50 km，该带沿北京平原向北延伸到山区；沿沧县隆起的上地幔高导层坳陷带，埋深约 80 km 左右。

在平原区，特别是新生代坳陷区，上地幔高导层偏浅，与第一节所述的在下辽河、渤海、华北平原等新生代坳陷内有多期的、大量的玄武岩活动是密切相关的。尤其在上地幔高导层局部隆起范围内新生代玄武岩的分布较为集中（图 2），更说明了上地幔高导层较浅的事实。

由于周围山区的大地电磁测深工作成果很少，因此很难判断上地幔高导层的埋深情况。但根据少量的大地热流数据，推测其上地幔高导层的埋深显然大于平原区。在本区西北集宁以北的赛汉塔拉地区，根据三个大地电磁测深点资料的初步分析，上地幔高导层的埋深可能在150～200 km。上述情况与山区新生代玄武岩的地球化学研究结果也是一致的。例如出露本区西北赤城一带的汉诺坝新近纪玄武岩，以及阳原地区的新近纪玄武岩，比值（Sr^{87}/Sr^{86}）$_{in}$为0.7042、0.7044、0.7048，属大陆碱性玄武岩，岩浆源深度可达150 km（周新华，1979）。

在山区与平原区的过渡地带，是上地幔高导层埋深变化比较大的地带。北部山区与华北平原新生代断陷盆地的过渡地带，上地幔高导层的变化情况较为复杂，似乎有平原区的上地幔高导层隆起沿NNE方向向北部山区发展的趋势。

2.3 地壳热结构

近年来国家地震局地质研究所在京津唐渤地区开展了大地热流、地温梯度以及根据航空磁测资料计算居里等温面深度等方面的研究工作。结合已发表的大地热流数据（中国科学院地质研究所地热组，1978；解政文等，1980），及张汝惠等最近完成的工作和石油勘探部门的工作成果，我们绘制了京津唐渤及其邻区的大地热流点值、点位图（图19）以及平均地温梯度分区图。

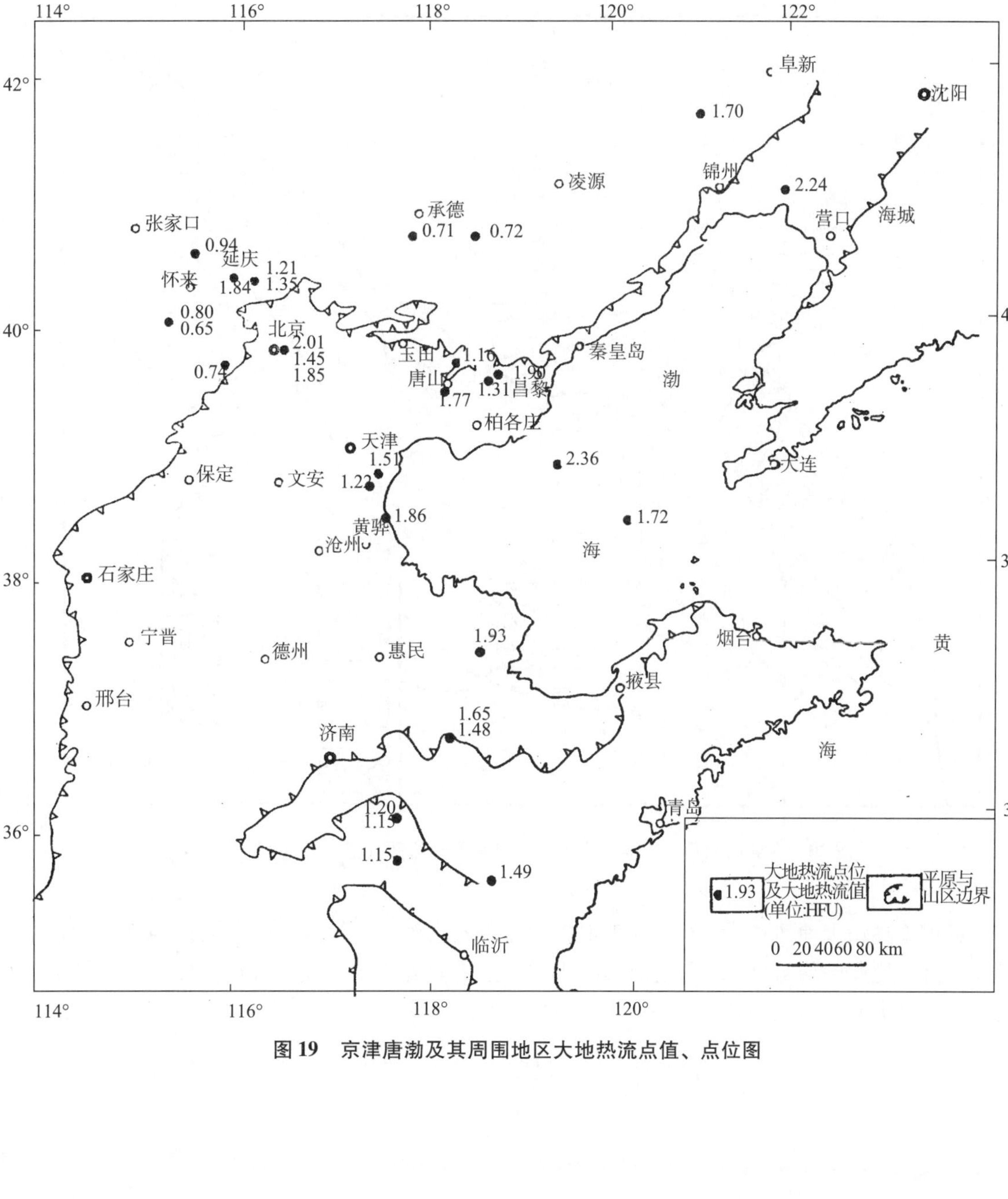

图19 京津唐渤及其周围地区大地热流点值、点位图

根据现有的大地热流数据，在京津唐地区的西部和北部山区，大地热流值为 0.65～0.84 HFU，与世界其他古老地盾上的大地热流值一致。在山间断陷盆地，如怀来—延庆盆地，大地热流值为 1.21～1.84 HFU，平均为 1.50 HFU。在北部山区与华北平原新生代断陷的过渡地带，如唐山—滦县一带，大地热流值为 1.16～1.90 HFU，平均 1.51 HFU。在华北平原与鲁西山地接壤地带，平均大地热流值为 1.56 HFU。在鲁西山地内部，大地热流值为 1.15～1.20 HFU，平均 1.17 HFU。

在华北平原新生代断陷内，大地热流值从 1.22 HFU（在沧县隆起附近）到 2.36 HFU（在渤海内部），平均值为 1.72 HFU，其中沿渤海—下辽河 NNE 方向一带平均值为 2.10 HFU，显著地高于其他地区。

据吴乾藩研究，平均地温梯度分区显示了与大地热流分布特征相同的特点（图 20）：北部山区的平均地温梯度为 1.29 ℃/100 m；怀来—延庆断陷盆地为 1.80 ℃/100 m；北部山区与平原区的过渡地带为 1.94 ℃/100 m；冀中坳陷为 3.08 ℃/100 m，但冀中坳陷南部较低，为 1.55 ℃/100 m；黄骅坳陷、济阳坳陷、下辽河坳陷分别为 3.37、3.78、3.18 ℃/100 m。

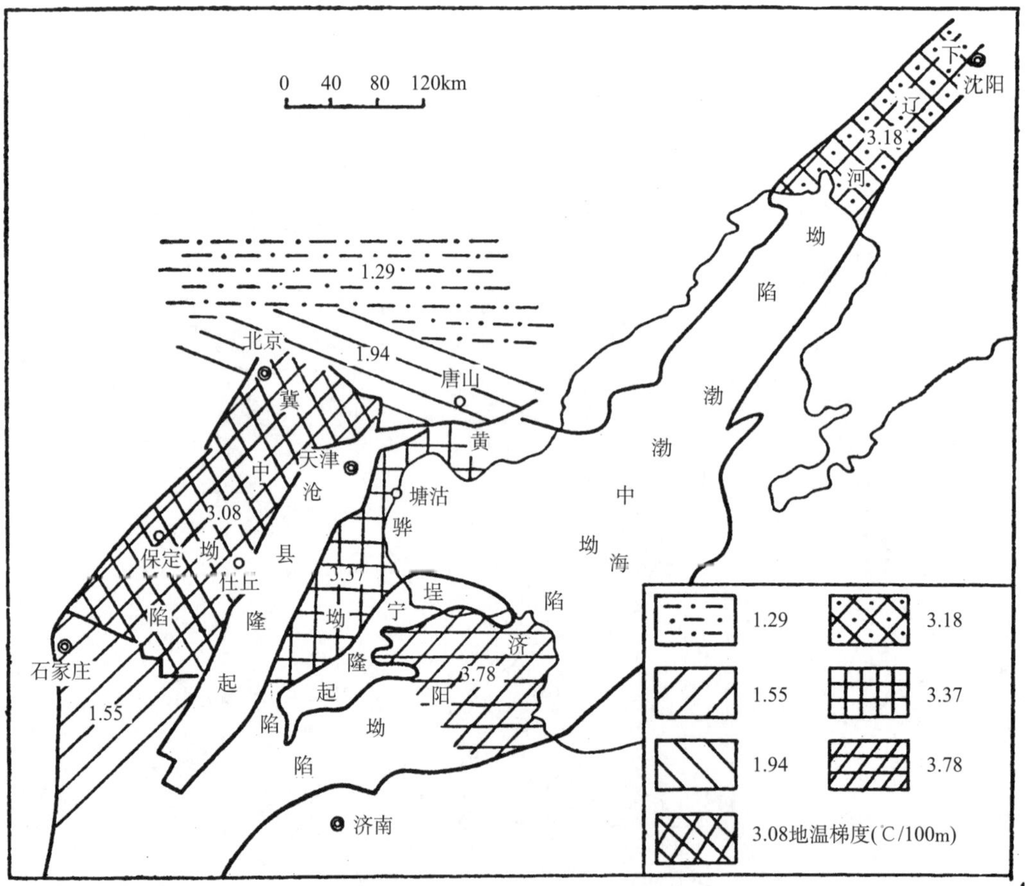

图 20　京津唐渤及其周围地区平均地温梯度分区图（据吴乾藩等，1980）

我们根据上述由大地热流值分布、人工地震测深以及石油地震勘探资料所获得的不同构造单元的地壳模型，并假定每一构造层具有稳定的热产生和恒定的热导率值，按一维热传导模型计算了几个地区的温度—深度分布。所用的公式为：

$$T_{i=1}=T_i+\frac{1}{K_i}\left(Q_i-\frac{1}{2}H_i\Delta D\right)\Delta D; \qquad (2)$$

$$Q_{i+1}=Q_i-H_i\Delta D. \tag{3}$$

式中，T_i 为第 i 层的上界面温度（℃），$i=1, 2, \cdots, n$；T_{i+1} 为第 i 层下界面或第 $i+1$ 层上界面的温度（℃）；Q_i 为通过第 i 层上界面的大地热流值（HFU）；K_i 为第 i 层的岩石热导率（微卡/cm·s·度）；H_i 为第 i 层的热产生率（卡/cm^3·s）；ΔD 为层厚度（cm）。所取的各层热参数和地壳模型见表 2、表 3。

表 2 地壳各层的平均热参数

热参数 / 层位	热导率 K_i（10^3 微卡/厘米·秒·度）	热产生 H_i（10^{13} 卡/厘米^3·秒）
沉积盖层	5. 5	3. 0
上地壳	6. 5	5. 5
中、下地壳	3. 5	1. 1

表 3 平均地壳模型（单位：km）

地区	沉积层厚度	上地壳厚度	中、下地壳厚度
渤海—下辽河	12	6	11
唐山—滦县	6	12	16
北京平原	8	11	15

取地表大地热流值为上述各地区的平均值：渤海—下辽河为 2. 10 HFU，唐山—滦县为 1. 51 HFU，北京平原为 1. 77 HFU，按式（2，3）计算的各层底界的温度和热流值见表 4。

表 4 地壳各层底界的温度值

地区	沉积层底界			上地壳底界			下地壳底界		
	深度（km）	温度（℃）	热流值（HFU）	深度（km）	温度（℃）	热流值（HFU）	深度（km）	温度（℃）	热流值（HFU）
渤海—下辽河	12	428	1. 69	18	569	1. 36	29	970	1. 23
唐山—滦县	6	175	1. 33	18	360	0. 67	34	626	0. 5
北京平原	8	261	1. 53	19	470	0. 93	34	834	0. 76

同时，我们还计算了上述三个地区 500 ℃温度面的深度，它们分别是 15、24 和 21 km，与这些地区壳内高导层的埋藏深度极为接近。计算结果表明，渤海—下辽河地区深部温度最高，冀中坳陷北缘的北京平原地区次之，北部山区与平原的过渡地带、唐山—滦县更次之，山区内部最冷。

此外，我们还通过对航空磁测异常 ΔT_a 的处理，包括“化极”、消除趋势面、褶积滤波，以及计算磁性体的质心、顶面和底面埋深等过程，求取了京津唐渤及其周围地区地壳磁性体的消磁深度，即居里等温面深度①。一般认为，在地壳范围内铁磁性物质变为顺磁性物质的居里点温度为 500 ℃左右，也有人认为随着磁性岩石埋深的增加，居里点会降低。

图 21 是京津唐渤及其周围地区的居里等温面分布图。由图可见，其分布有一定的规律性：以渤海

① 郝书俭等，京津唐渤地区居里等温面的研究及其与地震的关系，1980 年。

为中心的 NE-SW 一带是本区居里等温面埋深最浅的地带，其深度为 14～16 km；其次是冀中坳陷地带，居里等温面深度为 16～20 km，沿 NNE 向展布；沧县隆起一带是平原内居里等温面埋深较大的地带，深度为 20～24 km；在华北平原新生代断陷与北部山区的过渡地带居里等温面埋深情况最为复杂，深浅穿插，方向变化也较大，但在怀来—延庆断陷盆地较浅，为 18～22 km；山区内部最深，大于 24～26 km。

居里面深度与根据大地热流值所计算的温度为 500 ℃的深度，以及壳内高导层的埋藏深度从区域上看大致吻合。由此看来，本区壳内高导层的出现与温度也有密切关系。

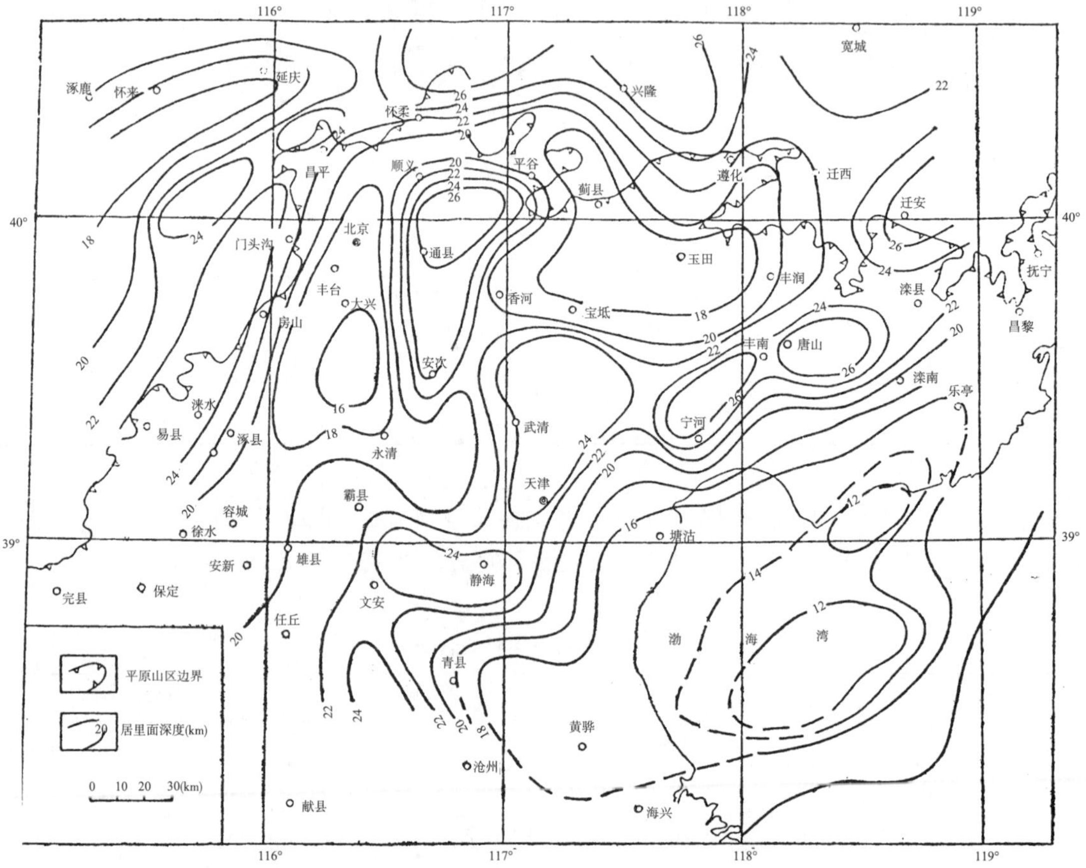

图 21　京津唐渤及其周围地区居里等温面深度图（据郝书俭等，1980）

我们从上述反映地壳上地幔热状态的大地热流值、壳内和上地幔高导层埋深以及居里等温面深度等数据，可得出如下的结论：平原地区为“热”区，周围山区为“冷”区（山间断陷盆地除外），过渡地带为梯度异常区，以渤海为中心的下辽河—渤中—黄骅 NNE 向一带为本区的“高热”区。这种地温场的分布特征与本区新生代以来的构造活动性有密切的关系，热区表现为广泛的下沉，“高热”区强烈坳陷，火山岩广布，上地幔软流圈大幅度上隆，地表浅层强烈引张，有中、小地震活动；“冷”区表现为整体抬升，基岩广泛出露，上地幔软流圈下沉，新生代火山岩极少，偶尔有些小震活动；过渡地区构造比较复杂，尤其进入第四纪以来，在某些地段表现为强烈下沉，是本区的强烈地震活动带，京津唐地区即属此列。因而我们认为，本区近代的构造发展过程是地球的热动力过程，其实质在于上地幔软流圈的不均匀活动。

2.4 重力异常与重力均衡

京津唐渤及其邻区的布格重力异常基本上可划分为三部分，即平原（包括渤海）的重力高值异常区、西部山区的重力低值异常区和北部山区的中等强度重力异常区。平原区的异常值在+10～-60 mG内变动，从东至西降低，局部异常突出，幅度变化大，基本上呈 NNE-NE 向展布。西部山区的异常值为-110～-150 mG，也是从东向西逐渐降低，它们与平原区之间以巨大的北北东向重力梯度带为界。北部山区的异常值为-60～-100 mG，从南向北逐渐降低，与华北平原坳陷区相间一个近 NE 向的宝坻—滦县重力高，异常值为0～-20 mG。山区的布格重力异常变化平缓，间有一些小规模的局部异常，这里古老的变质岩系广泛出露，新生代以来整体上升。

由于平原区新生代松散沉积物广泛发育，厚度变化剧烈，新生界与下伏基底的平均密度差约为0.4 g/cm^3，因此，若要利用重力资料研究深部构造，首先就必须消除新生界沉积物的重力效应。我们利用已知资料采用所谓“剥皮法”，以及采用三度体向上解析延拓的办法，来实现这一步骤。图 22（a）、（b）是沿沽源—唐山—渤海和张家口—北京—渤海两条北西向剖面，用“剥皮法”消除新生界沉积物重力效应后的“剩余”重力异常曲线（魏梦华等，1980 年），图 23 是上延 20 km 后的“剩余”重力异常图。

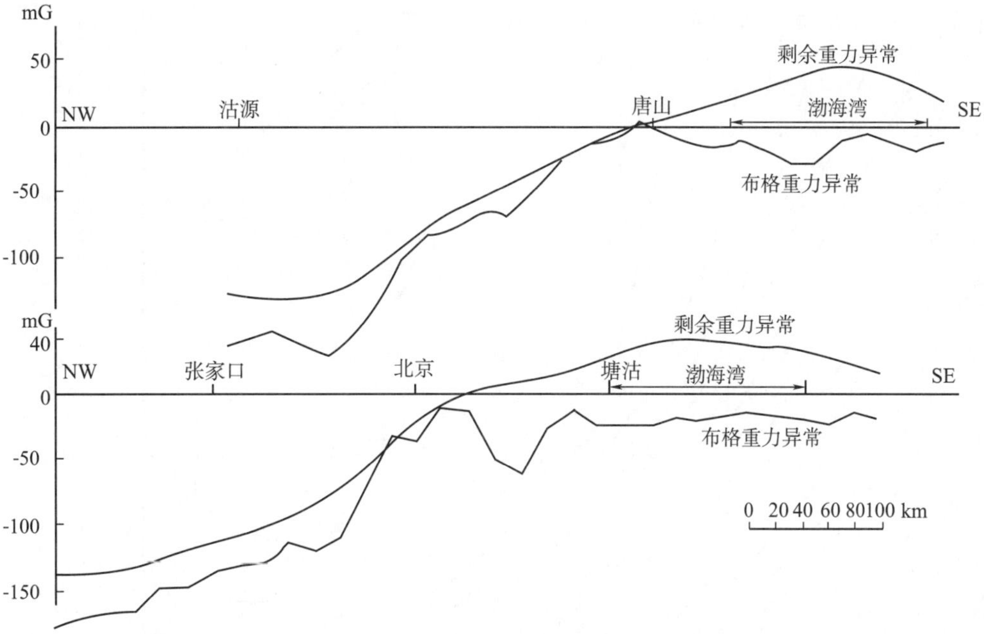

图 22 用“剥皮法”消除新生界沉积层重力效应后的“剩余”重力异常曲线（据史志宏等 年）

从图 22 和图 23 可见，“剩余”重力异常与莫氏面的起伏具有较好的对应关系。平原区莫氏面浅，“剩余”重力异常高，渤海内部“剩余”重力异常最高，莫氏面最浅；山区内部莫氏面深，“剩余”重力异常值低；平原、山区之间为“剩余”重力异常的梯度地带。当我们再进一步消除莫氏面的重力效应后，仍可发现平原区比山区有 30～40 mG 的重力高值存在。这可能与上地幔内部的密度不均匀性有关。由于平原区内部上地幔物质分异程度高，大量较轻组分的熔融的玄武岩物质向壳内上移，导致上地幔内高密度的物质集中和壳内密度相对为高的玄武岩组分的增加。

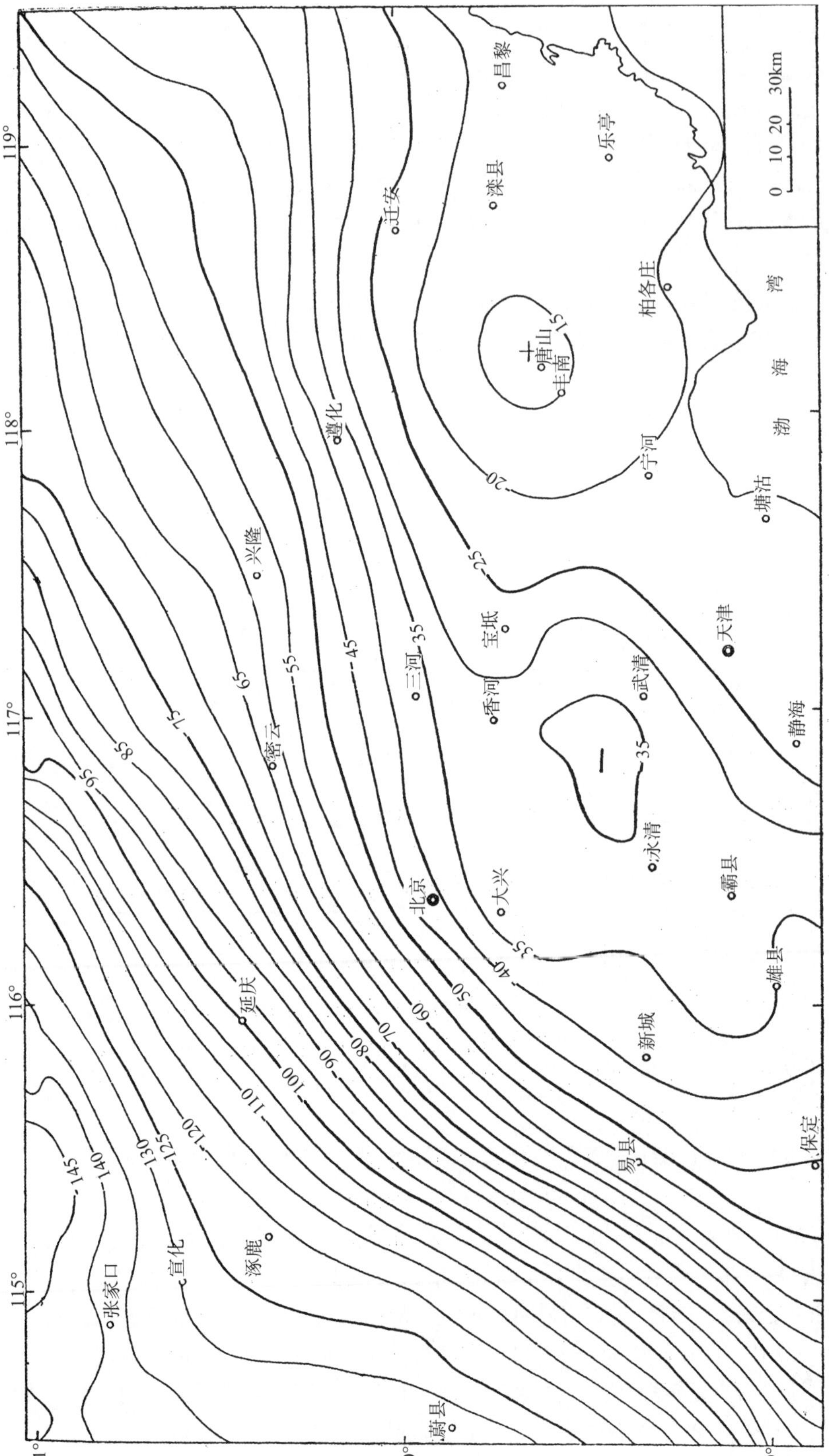

图 23　京津唐地区深部重力异常图

图中等值线表示深部重力异常，单位：mG

为了研究本区的重力均衡补偿情况，殷秀华等计算了京津唐渤及其邻区的重力均衡值。同时，为了消除局部因素的影响，又做了1°×1°的滑动平均，编制了1°×1°的均衡重力异常图（图24）。由图可见，本区的均衡重力异常幅度不大，平原区为15～25 mG，平原、山区过渡地带略有增加，且都为正异常。从均衡异常幅度看，本区大体上处于均衡补偿状态，构造活动和均衡补偿大体上是协调的。本区幅度不大的正均衡异常意味着随着平原的下沉，虽有大量轻的疏散沉积物充填其中，然而仍有某些质量剩余，表明深部物质上移所造成的质量过剩仍比地表下沉所形成的质量亏损占某种优势。

2.5 深浅部构造的关系

通过上述讨论，我们发现各种地球物理资科之间存在着密切的内在联系和很好的一致性，同时它们与浅部构造也有很好的对应关系。

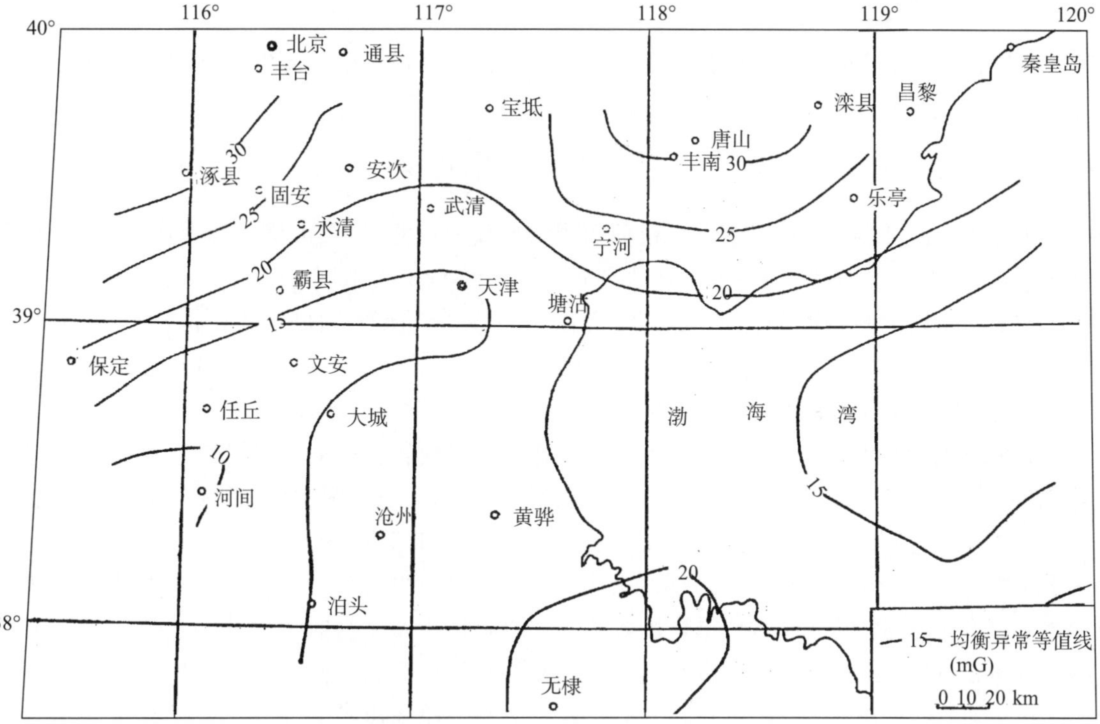

图24　京津唐渤地区1°×1°均衡重力异常图（据殷秀华等）

在平原区，软流圈（上地幔高导层）埋藏浅，地壳平均厚度薄，莫氏面埋深变化大；在平原内的新生代强烈坳陷区软流圈最浅，地壳厚度最薄；在平原内的新生代隆起区软流圈加深，地壳厚度最大。当然，这些仅是区域性的对应关系，不是局部的对应关系。

在平原区，从上地幔到新生代形成的浅部构造，均以NNE-NE向为主。那里存在着两个上地幔隆起，对应着两个新生代坳陷，它们是以渤海为中心的下辽河—渤中—黄骅地区（包括济阳）和以永清—霸县为中心的冀中地区。在这些地区，大地热流值高，居里等温面浅，壳内高导层也偏浅，新生代玄武岩发育。前一个地区尤其如此。

在平原区，地壳基底和浅层断裂主要以正断层为主。浅层断裂比地壳基底断裂在数量上大约多两个数量级，绝大多数浅层断裂的倾角随深度加大而变缓并逐渐消失。平原内部的某些浅层大断裂并不与地壳基底断裂相连，地壳基底断裂往往只出现在新生代坳陷的下方。华北平原断陷的四周可能以地壳基底断裂为界。

山区软流圈加深，地壳逐渐变厚，地壳基底构造比较简单、完整，古老基岩广泛出露，新生代以来整体持续上升，大地热流值低，居里等温面深。

平原与山区过渡地带的地壳上地幔构造不仅仅表现在软流圈埋深、地壳厚度、地壳及上地幔热结构等方面，具有平原与山区之间的过渡性特点，还表现为它们的变化是复杂的。例如平原与北部山区的过渡带，莫氏面起伏较大，虽然缺失第三纪沉积，只有第四纪沉积，但莫氏面平均埋深却仍较浅，下地壳在厚度和纵波层速度上侧向变化十分显著，深浅构造方向不完全一致。此外，上地幔软流圈的变化也比较复杂。

平原与北部山区的过渡带是一个主要的地震活动带，有历史记载以来这里曾发生多次6级以上的地震，1679年的三河、平谷8级大震和1976年的唐山7.8级大震都发生在这一地带。

3　强震孕育的地质构造背景

前两节我们介绍了区域地质构造和深部构造特征，这一节我们结合历史地震和唐山地震研究强震发生的区域地质背景和孕育的深部环境。

3.1　历史地震与区域地质背景

华北断块区是我国多震活动区之一，根据历史资料统计，自公元前70年至1976年内，共发生6级以上破坏性地震85次，其中8～8½级地震6次，$7 \leqslant M<8$级地震14次，$6 \leqslant M<7$级地震65次(图1)。1303年山西洪洞赵城8级地震，1556年陕西华县8级地震，1668年山东莒县、郯城8½级地震，1679年河北三河、平谷8级地震，1695年山西临汾、襄陵8级地震，1739年宁夏平罗、银川8级地震等，都是该区发生的最强烈的地震。

华北地区历史地震活动具有明显的成带性，主要有5个地震带：银川地震带、汾河-渭河地震带、华北平原地震带、郯庐地震带和阴山-燕山南缘地震带。它们分别与银川-固原断裂带、汾渭地堑式断裂带、华北平原坳陷带、郯庐断裂带、阴山-燕山南缘断裂带的活动密切相关。

华北断块区6～7级以上地震大都分布在断块边界带上，少数分布在次级断块边界带上。成明显对照的是完整块体的内部，特别是现代上隆块体的内部，则很少发生地震，尤其是6级以上的地震。华北地震的空间分布与新生代断陷盆地也相当一致，并与新生代岩浆活动有密切的关系。同时，很多地震的等震线长轴方向也与地堑盆地的长轴方向一致。华北平原地震带大部分6级以上的地震还与平原断陷带的新活动有关，唐山地震就发生在平原断陷带的北部边缘地区。

华北地区的地震具有明显的周期性，活跃期与平静期相互交替出现。在活跃期中，地震活动频繁，特别是6级以上地震不断发生；而在平静期中，不仅6级地震很少出现，5级左右的地震亦只是零星分布。从11世纪起，华北地区的地震活动一般可分为4个活跃期。前期由于资料不全，不同的做法取舍不一，因而分期稍有出入。国家地震局地球物理所等单位将1022～1068年划为第一活跃期，1209～1368年划为第二活跃期；而国家地震局地质研究所则将1011～1076年和1290～1368年分别划为第一、二活跃期。对后面两个活跃期的划分比较一致，1484～1730年为第三活跃期，1815年到现在为第四活跃期。

华北地区各活跃期地震的分布具有明显的迁移性。第一活跃期，强震主要分布在华北平原坳陷带上；第二活跃期，以山西断块隆起活动为主；第三活跃期，在华北各个活动构造带上均有活动；第四活跃期，强震主要分布在华北平原坳陷带和阴山-燕山南缘断裂带上。

此外，华北地区的地震多为浅源地震，在其深度分布上似有东深西浅的趋势。在鄂尔多斯断块周围的线状断陷带内，震源深度较小，一般为5～20 km，汾渭断陷带多为10 km以内，而在华北平原断陷带内则多为10～20 km，在郯庐带内可深达35 km。震源深度的差异，可能与断块深层作用的影响深度不同有关。岩浆活动是断块深层作用的一种反映，本区新生代岩浆活动就为东强西弱，它们与地震震源深度的东深西浅似有一定的对应关系。

华北地区强震活动还具有成组出现的特点。根据李钦祖等（1980）的划分，华北地区自有强震记载以来，存在16个强震活动组。从1966年的邢台地震到1976年的唐山地震是一组强震（第16组），它们由1966年邢台7.2级地震、1967年河间6.3级地震、1969年渤海7.4级地震、1975年海城7.3级地震、1976年唐山7.8级地震组成。在这11年中，它们成串地连续发生，使华北地震的第四活跃期达到高潮。其中4次$M \geqslant 7$级地震的迁移距离都为400 km左右，其震源机制的主压应力轴和主张应力轴的方向变化也都不大，说明它们有着共同的构造条件和受统一的应力场所控制。所以，唐山地震的发生不是孤立的，它是华北平原强震群中的一个重要成员。

3.2 大震孕育的深部环境

华北地区大震孕育的深部环境所涉及的内容比发震构造更广泛，比区域深部构造背景又具体，它要研究的是，在何种深部环境中容易发生大地震，这种环境给大震的应力积累提供了什么样的（可能或是必要的）条件，但对具体的发震部位，即应力在何处释放是不肯定的。孕震环境不仅包括深部构造和物性等因素，而且也包含有对力源方面的考虑。我们根据现有的深部资料，发现华北地区大震孕育的深部环境有下列几点值得研究：

3.2.1 深部构造

华北地区的强烈地震主要发生在上地幔高导层（软流圈）隆起的边缘地带，例如邢台、河间、唐山和海城地震均发生在以渤海为中心的下辽河—渤中—黄骅上地幔高导层隆起带的两侧，而在隆起带内部除渤海地区外几乎没有大震活动，小地震的频度也远远低于华北的其他地区。从地壳基底构造分析，华北的几个强烈地震活动区（带）的地壳平均厚度均比周围地区薄（邢台地震区的地壳厚度为34～36 km，较周围地区薄2～3 km；唐山地震区的地壳厚度约32～35 km，比周围地区薄2～3 km；海城地震区的地壳厚度约30～33 km，比周围地区薄2～4 km），但每次大震震中并非直接位于莫氏面隆起的上方，而往往是位于莫氏面隆起的斜坡上。根据前面所述，我们知道莫氏面隆起区的新生界沉积一般都较厚，但在上述地震活动区，虽然莫氏面相对较浅，可是新生代沉积并非很厚，有的甚至缺失，尤其是在华北断陷边缘地带的海城、唐山、三河—平谷等地震区。这可能意味着目前的华北断陷正在向外围山区扩展，因而使边缘地带的莫氏界面出现局部隆起，并可能对地壳产生一个局部的垂直力源。另外，现有的深部资料表明，汾渭地震活动带同样是一个地壳相对减薄的地带；怀来—延庆断陷盆地的莫氏面比周围地区浅2～3 km；临汾断陷也有类似的结果（中国科学院地球物理研究所，1974）。

地震活动区的壳内结构往往比较复杂，主要表现为某些层位或界面的横向变化比较显著。例如，根据元氏—济南人工地震测深剖面（滕吉文等，1975），在壳内20多公里深处发育有低速层，与大地电磁测深的壳内高导层一致，并沿着剖面从东南向西北方向加厚，在地震区达到的最大厚度约为5 km（图25）。根据张家茹等对天然地震转换波资料的研究结果，在唐山地震区下面也发现有壳内低速层，这个与大地电磁测深所确定的壳内高导层相一致的壳内低速层，在地震区下面厚度最大，然后在北部山区消失。

由邢台、海城和唐山地震区的深部探测结果发现，地震震源基本上位于壳内高导层或低速层的顶界面之上。这种壳内的特殊层位似乎成了地震活动深度的下界（图25，图26），表明壳内应力积聚的部位主要在壳内的低速层或高导层以上。这个特点可能与该层位的物理性质有关。

从横切唐山地震区的人工地震测深剖面可以看出，在地震区下，下层地壳的横向变化最为显著，如乐亭—张家口剖面唐山—丰南段的地壳速度结构，其下地壳厚度变化达6～7 km，纵波层速度从

6. 8 km/s变化到7. 5 km/s（图6（a））。

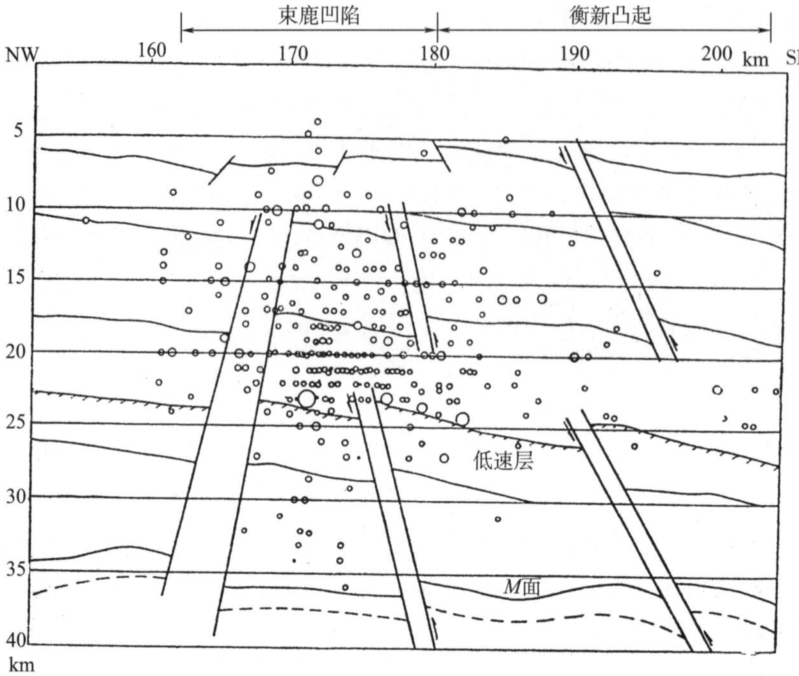

图25　邢台地震区壳内低速层及其与震源深度的关系（滕吉文，1975）

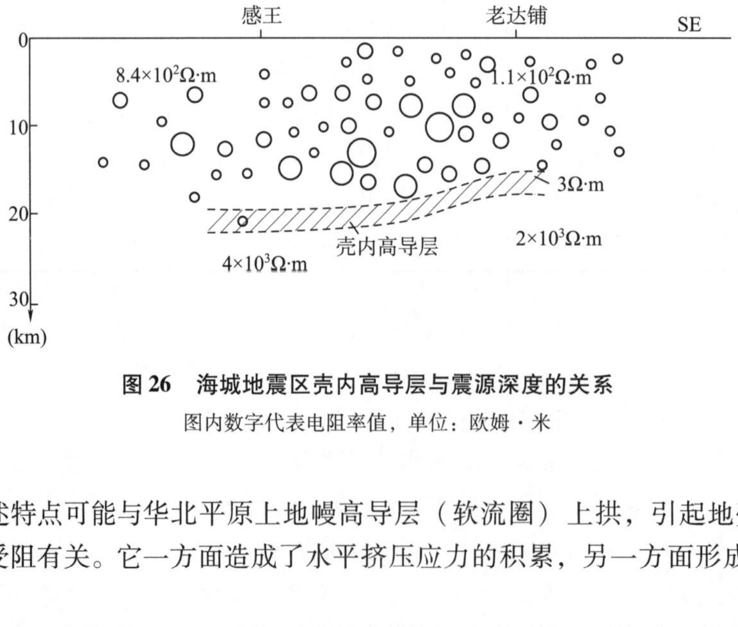

图26　海城地震区壳内高导层与震源深度的关系

图内数字代表电阻率值，单位：欧姆·米

我们认为，上述特点可能与华北平原上地幔高导层（软流圈）上拱，引起地壳侧向滑动或流变，并在山区边缘地带受阻有关。它一方面造成了水平挤压应力的积累，另一方面形成了壳内的上述构造特点。

邵学钟等根据天然地震转换波资料发现，大震多分布于上地壳内G界面隆起的边缘地带（图12）。由该图可见，京津唐地区有历史记录以来的6级以上地震主要发生在G界面隆起的边缘或者是陡坡带上。由于G界面是一个强转换界面，速度值较高，所以G界面的构造形态可能为应力积累提供了某种界面条件。

从更大范围来看，地震活动区往往与地壳基底到新生代沉积盖层的深断裂所围限的块体有关。例如，唐山地震区就位于香河—宁河的NW向深断裂和宁河—昌黎NEE向深断裂所围限的区域之内；邢台地区位于NNE向的太行山前深断裂和石家庄—衡水的NWW向深断裂所围限的区域之内。这些断裂目前已证明是从地壳基底断到新生界的深断裂。

3.2.2 地壳热结构

地震活动区往往位于从热区到冷区的过渡地带，因而它是深部温度横向变化最显著的地段。唐山地震区位于渤海热区和北部山区的冷区之间。估计在 20 km 左右的地下深处，渤海内部与北部山区之间的温差可达 200～300 ℃。这意味着该区在这个深度上大致有每公里 1～2 ℃的水平温度梯度。据现有资料估计，在整个京津唐地震活动区范围内都有较明显的水平温度梯度存在。怀来—延庆断陷盆地是一个地震活动区，其断陷内部比周围山区的大地热流值约高出 0.5 HFU，这里的强震活动主要发生在断陷盆地的边缘，即水平温度梯度显著的地带。

一般地说，水平温度梯度显著的地带往往是不同地质构造单元交接的地带，因而也是活动性较强的地区。同时，地壳内部水平温度梯度的存在，会产生热弹性应力，这对促使地震的发生可能也是一个不可忽视的因素。

4 唐山地震的发震构造

本节从深浅结合的构造观点出发，讨论唐山地震发生的有关地震地质条件，重点放在断裂展布与活动性的分析上，进而阐述唐山地震的具体发震构造。

如前所述，华北地区地震带和构造带的走向呈有规律的展布，优势方向有两组，即 NNE 向和近 EW 向。唐山地震发生在近 EW 向阴山—燕山南缘活动构造带与 NNE 向华北平原活动构造带的交会处（图 1），它与这两组地震构造带的活动均有关。此次地震前，唐山周围地区先后发生过 $M\geqslant4\frac{3}{4}$级的破坏性地震 15 次，其中包括 6 级以上地震 3 次（表 5）。

表 5 唐山地区破坏性历史地震

地震日期	北纬	东经	震中地区	震中烈度 I_0	震级 M_S
1485.5.27	40.2°	118.0°	遵化	Ⅵ	5
1527	39.8°	118.1°	丰润	Ⅶ	$5\frac{1}{2}$
1562.6	39.7°	118.7°	滦县	Ⅵ	5
1567	39.7°	119.2°	昌黎	Ⅵ	$4\frac{3}{4}$
1568.4.25	39.0°	119.0°	渤海湾		6
1564.4.17	39.7°	118.7°	滦县	Ⅷ	$6\frac{1}{4}$
1795.8.5	39.7°	118.7°	滦县	Ⅶ	$5\frac{1}{4}$
1805.8.5	39.7°	119.2°	昌黎	Ⅶ	$5\frac{1}{2}$
1880.9.30	39.7°	118.7°	滦县	Ⅵ	5
1934.10.27	39.9°	119.2°	抚宁	Ⅵ	5
1935.1.19	39.6°	118.3°	唐山	Ⅵ	$4\frac{3}{4}$

续表

地震日期	北纬	东经	震中地区	震中烈度 I_0	震级 M_S
1936. 2. 13	40. 4°	18. 3°	迁西喜峰口	Ⅵ	4¾
1945. 9. 23	39. 7°	118. 7°	滦县	Ⅷ	6¼
1974. 5. 7	39°30′	119°18′	昌黎东南	Ⅵ	4¾

但是，以往在唐山地震极震区附近尚未发现区域性的大断裂，历史上也未记载有大地震发生，因而过去把该区列为地震危险性较小的地区。这次在这里发生了7.8级地震，是很多地震地质工作者没有预料到的。震后的地表地质和深部探测工作所取得的一些信息，对回答唐山地震的发生提供了一定的依据。通过这些资料研究唐山地震的发震构造，对于预报未来可能发生的强震是有意义的。

唐山地震的发生有其具体的深浅部地震地质条件，除了前三节中列举的一些区域性地质和地震背景外，对京津唐地区来说，还应该强调构造的复杂性和强烈的差异活动性。本区基底破碎，由前震旦系组成，它被多组断裂切割，并一直控制和影响着盖层构造的形成和变形。多组断裂形成的复杂结点，使其易于形成多点源的应力集中。新生代以来，断块之间发生差异运动，其幅度高达10000 m以上，次级断块之间的差异运动多数也在5000～8000 m。此外，这一地区在深部构造上又处于几个界面变化梯度大的地带，强烈的差异运动提供了孕育强震的条件。

根据地表地质研究，北部燕山隆起与华北平原坳陷相接处存在一个唐山菱形块体，它的四周被断裂所围限，块体中央存在着一条NE走向的断裂带，唐山地震就发生在这个断裂带的深处。可见，深部构造与此也有明显的对应关系。下面着重对唐山及其周围地区的深浅部断裂展布、活动性以及发震构造进行讨论。

4.1　唐山地区的断裂及其新活动

假若我们剥掉新生代的地层，就可以清楚地看到，唐山地区主要发育有三组浅层活动性断裂（图27），即NE向的宁河-昌黎断裂、丰台-野鸡坨断裂、唐山断裂带，NW向的滦县-乐亭断裂、蓟运河断裂和EW向的丰台-丰南断裂。它们有的是前古生代形成的，有的是古生代形成的，但中、新生代普遍强烈活动。关于这些浅层断裂向深部的延伸情况，由于该区已完成的人工地震测深剖面的线距较稀，因此尚不能做详细的分析。就已取得的深部资料来看，深浅部的一些主要断裂一般符合较好。这里，我们以浅部断裂为主，一并加以分析。

4.1.1　宁河-昌黎断裂

断裂西起宁河，经昌黎后延入渤海。断裂产生于前震旦纪，中生代又有强烈活动。其东南盘下降，堆积了很厚的中生代碎屑岩系；西北盘上升，缺失中生代地层。新活动强烈，东盘在第三纪强烈下沉，形成厚达4000 m左右的堆积盆地，西北侧仍然上升，缺失第三纪的沉积。根据钻孔资料，第四纪时断裂东盘降、西盘升，落差可达400多米（图28）。在断裂带的北西盘上，有一平行该断裂的NEE向的河流纵比降转折带，与断裂的北西盘上升、南东盘下降一致（图29）。另外，自新石器时代开始，由北往南分布有5个时期的古海岸线，它们大致平行于断裂。新石器时代古海岸线分布在断裂带北侧，其余各时期海岸线均分布在南侧，这可能与宁河-昌黎断裂带活动有关。古海岸线由北往南逐渐推移，反映近期地壳有逐渐抬升的趋势。在昌黎县城北出露的燕山期花岗岩上还有两级海蚀平台，海拔高度为40 m和80 m（照片1（a），照片2），其上海蚀穴、海蚀洞、海蚀蘑菇石十分发育（照片1（b），照片3）。两级海蚀平台均位于宁河-昌黎断裂的北盘，而断裂南盘同时期的花岗岩却深埋于第四系松散层之下，其深度可达200～300 m。断裂两侧都有全新世中期的海相淤泥出露（据中国科学院地质所孢粉组孢粉分析结果），其高差达15 m以上，也是南盘降北盘升。从元朝以来700年间滦河的多次决口改道来看，决口地点也正好位于宁河-昌黎断裂附近的沙铺、史家口、钉流河等地。

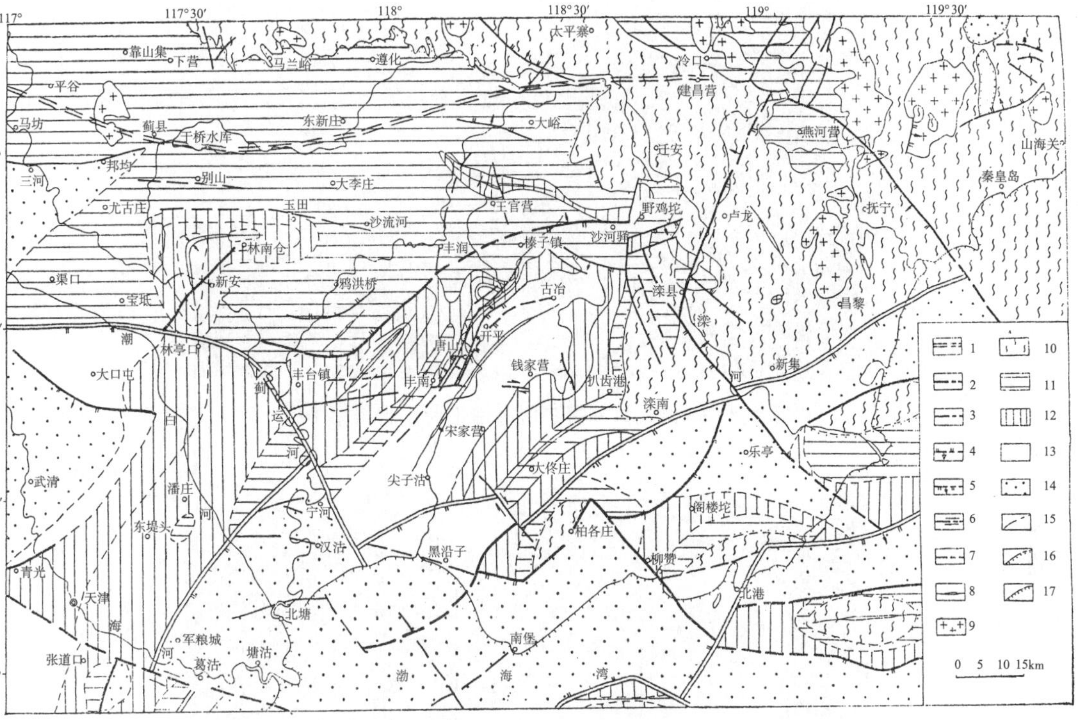

图 27 唐山地区前第三纪构造图

1. 地壳断裂；2. 基底断裂，3. 盖层断裂；4. 正断裂；5. 逆断裂；6. 水平剪切断裂；7. 性质不明断裂；
8. 褶皱轴（箭头向外者为背斜，向里者为向斜，弯曲者为倒转褶皱）；9. 燕山期花岗岩；10. 前震旦纪变质岩；
11. 震旦系；12. 寒武—奥陶系；13. 石炭—二叠系；14. 中生界；15. 地质界线；16. 不整合界线；17. 海陆界线

(a)

(b)

照片 1 昌黎县城北古海蚀地貌（据程绍平摄）

（a）第一级古海蚀平台；（b）古海蚀地貌全景

在人工地震测深剖面中有三条穿过宁河-昌黎断裂（图 8（a）中的 A、C、D），但其中两条剖面的解释长度没有达到该断裂的位置，因而很难判断其深部情况。据剖面 D 唐山—丰南段的解释结果（图 8（b）中的 D），在桩号 50 的位置上，仅于莫氏面上有断点存在，而壳内其他速度界面上没有发

照片 2　昌黎县城北第二级海蚀平台（据程绍平摄）

照片 3　昌黎县城北花岗岩上的海蚀穴（据程绍平摄）

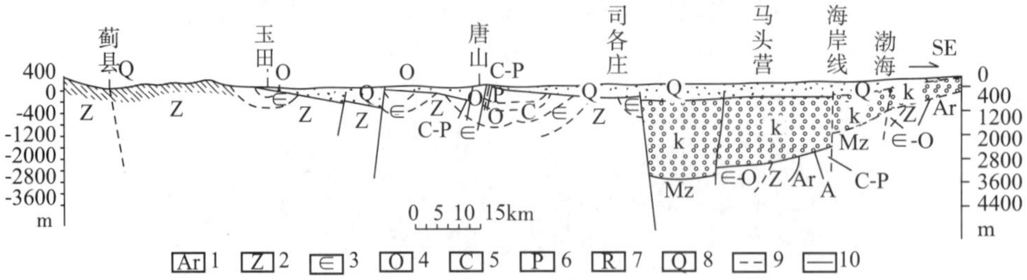

图 28　蓟县—唐山—马头营构造剖面

1. 太古界；2. 震旦系；3. 寒武系；4. 奥陶系；5. 石炭系；6. 二叠系；7. 第三系；8. 第四系；9. 深断裂及推测深断裂；10. 盖层断裂

现相应的断点，表明该断裂没有断到壳内。由于桩号 50 与宁河-昌黎断裂在地表的位置相距不远，因此我们推断上述断点有可能就是宁河-昌黎断裂在地壳基底的反映。

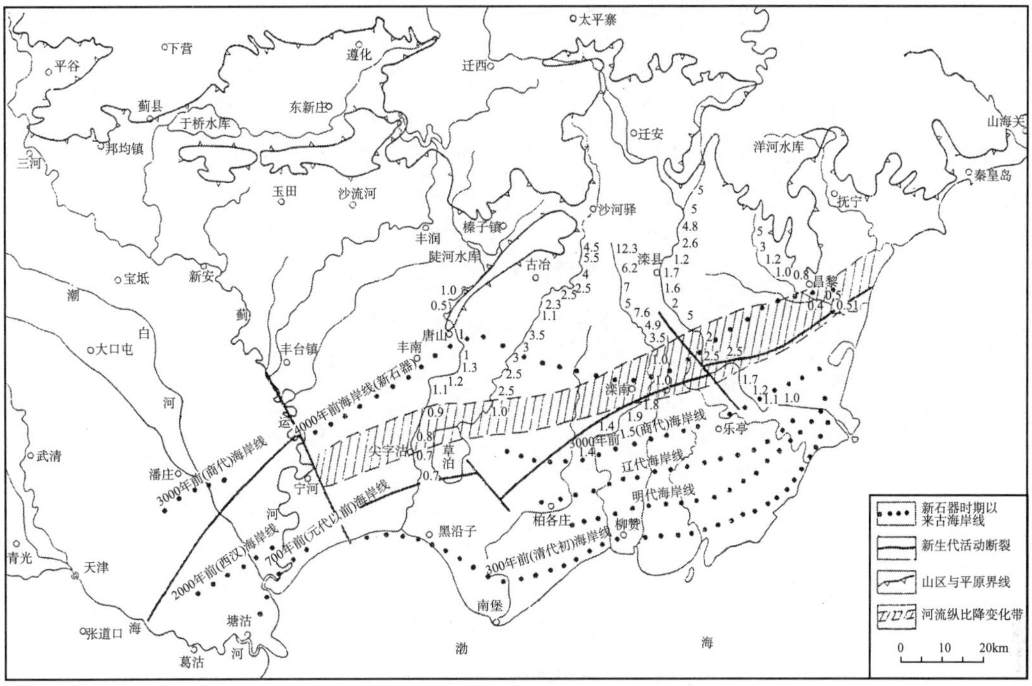

图 29 宁河-昌黎断裂带的新活动

海岸线变迁主要根据天津自然历史博物馆和河北省地理所等单位资料，河流纵比降根据李祥根 1976 年资料

4.1.2 丰台-野鸡坨断裂

该断裂为蓟县块隆和唐山块陷的分界线，它控制了古生代地层的发育。断裂以北为巨厚的震旦纪地层，以南主要为古生代地层。西段断面倾向 NW，东段倾向 SE，在榛子镇附近为断面转折的枢纽部位（图 27）。断裂带新构造活动明显，东段是山区与平原的分界线，西段断裂两侧第四系厚度之差达 500 m，北盘为第四纪的凹陷区（通称雅洪桥凹陷），南盘为隆起区，沿断裂为第四系厚度等值线的陡变带（图 30）。

在丰台-野鸡坨断裂以西 20 km 处，深部有一条玉田地壳基底断裂（图 7），它是一条 NE 向的断裂，有三条人工地震测深剖面穿过它，并分别在桩号 400（图 8（a）中的 A）、130（图 8（b）中的 D）和 90 附近（图 8（b）中的 C）发现于莫氏面上有断点存在，但断距均较小，东南盘上升，西北盘下降。这条地壳基底断裂南段的延伸方向，与地表的丰台-野鸡坨断裂方向基本一致，但它们在平面距离上相距较远，估计它们不是同一条断裂。根据图 8（b）中的 C 剖面判断，玉田地壳基底断裂仅在莫氏面上有断点，在壳内其他速度界面上没有发现断点存在，所以它不是断到地表的断裂。

4.1.3 滦县-乐亭断裂

该断裂控制了山海关块隆和唐山块陷的活动。长期以来，前者上升，后者下降。断面走向 NW、倾向 NE，为高角度逆冲断层。在马城与野鸡坨之间由 4 条平行的断层组成。该断裂形成于前古生代，新生代强烈活动，在滦县以西有一系列 NNW 走向的断层残山。断裂东侧发育上升海岸，出现高达 20～40 m 的砂丘以及海蚀穴、陆连岛；西侧发育下降海岸，出现三角洲、湿地。断裂两侧分布着三个历史时期的滦河冲积扇，它们是滦县-乐亭断裂新活动的结果。更新世晚期，断裂西侧下沉，滦河西迁，形成早期冲积扇；12000～3000 年前，断裂东侧下沉，滦河东迁，形成中期的冲积扇；3000 年前至今又变为东侧升、西侧降，滦河西迁，形成晚期的冲积扇。滦河的多次迁移，反映了断裂两侧的多次升降运动。现今，位于断裂西侧的乐亭县王滩公社海边两个小村子，因为海岸的不断下沉，不得不在 1959 年搬迁，村子的原址已被海水淹没，说明滦县-乐亭断裂的西侧仍处于下沉当中。

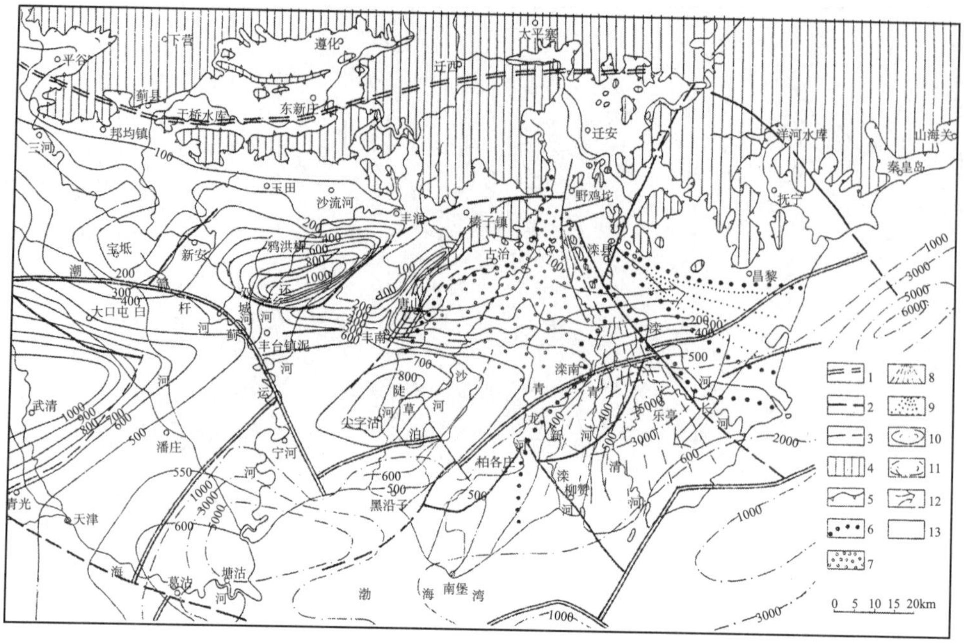

图 30　唐山地区新构造运动图

1. 活动性地壳断裂；2. 活动性基底断裂；3. 活动性盖层断裂；4. 新生代以来的隆起区；5. 山区与平原界线；6. 冲积扇界线；7. 更新世晚期滦河冲积扇（Q_3）；8. 历史早期滦河冲积扇（12000～3000 年前）；9. 3000 年前至今滦河冲积扇；10. 第四系等厚线；11. 新近系底板等深线；12. 冲积扇变迁方向；13. 第四纪以来的下沉区

由于没有人工地震测深剖面穿过这条断裂，因而它在深部的发育情况无法断定。这条断裂在重磁异常图上尚未见到明显反映。

4.1.4　蓟运河断裂

它为唐山块陷和沧县块隆的分界线，断裂向西北延伸后与香河-宝坻 EW 向断裂相连。断裂控制了古生代地层的发育和中生代盆地的分布，形成于前古生代，但在新生代仍有活动。第四纪时断裂东北盘抬升，西南盘下降，断裂两盘第四系底界落差大于 100 m。该断裂控制了蓟运河水系的流向，以断裂为界，两侧的水系流向截然不同。西侧流向东南，如海河、青龙河、潮白河等；东侧流向西南，如陡河、沙河、还乡河等。在卫星影像上沿断裂线性特征显示清楚。

在浅层的蓟运河断裂下方，有一宝坻-宁河地壳基底断裂，两者在平面位置上和延长方向上基本一致。这是一条较大的 NW 向地壳基底断裂，构成了新生代冀中坳陷和沧县隆起的北界。根据在宝坻附近穿过该断裂的塘沽-密云人工地震测深剖面（图 8（b）中的 E），该断裂从地壳基底一直断到地壳上部，断距 3～4 km，为正断层，西南盘下降，与浅层的蓟运河断裂产状一致。

4.1.5　唐山断裂带

断裂带主要由三条平行的断裂组成，此外还有一系列褶皱伴生，下面分别叙述（图 27）：

（1）唐山-古冶断裂。西南段走向 NE30°，东北段走向 NE50°。断裂南端被一条近 EW 向横断裂（丰南断裂）所切，全长约 30 km。唐山以南一段由两条平行的断层组成，被开滦煤矿命名为 4 号断层和 5 号断层。两断层间距约 500 m，断面倾向 NW，倾角 70°～80°，西边一条为正断层，东边一条为逆断层（图 28）。

（2）陡河断裂。东北段为倾向 NW 的正断层，西南段由两条平行的小断层组成，断面都倾向 NW，西边一条为正断层，东边一条为逆断层，全长约 50 km。

（3）唐山-巍山-长山南坡断裂。由一些断续出露的断层组成，走向 NE，倾向 NW，倾角很陡，近于

80°，以挤压逆冲性质为主，断面多沿地层层面分布。根据地层对比分析，估计断距不大。断层长约 20 km。

上述三条断裂向西南延伸后，在丰南附近合并成为一条，延伸到磨坊桥附近消失，全长约 40 km，通称为唐山断裂带。与唐山断裂带伴生的还有一系列褶皱。从图 27 看，褶皱由西往东有丰台背斜、车轴山向斜、卑子院背斜、开平向斜、大佟庄背斜。褶皱轴走向均为 NE，背斜窄，向斜宽，具隔挡式构造特点。其中开平向斜规模最大，变形最强烈，两翼不对称，东南翼平缓开阔，西北翼陡倾，以致倒转，唐山断裂带就发育在这个倒转翼上。倒转翼受断裂强烈切割，在断裂挟持的中部巍山—长山一带，形成 NE 向的狭长型地垒，地貌上表现为隆起的条形山脊。

唐山断裂带主要是根据地表地质方法和矿区钻探确定的。据目前得到的资料，证实断裂带发育在古生代地层当中（图 28），而一般的物探方法（如重、磁法）均没有发现明显的异常，说明断裂在较深部位（如结晶基底部分）表现不明显。

唐山断裂带及其伴生的褶皱与外围地区中生代的构造形迹和运动性质很类似，推测主要是燕山运动形成的。在新生代时，唐山断裂带活动也有表现。唐山-巍山-长山南坡断裂是高低两级剥蚀面的分界线，高剥蚀面海拔 200～250 m，大致沿大城山-巍山-长山呈 NE 向分布；低剥蚀面海拔 40～80 m，向南过渡到冲积平原。它们是断裂活动的结果，在断裂控制下，大城山-巍山-长山成为新的地垒式构造。陡河断裂紧靠地垒构造的西侧展布，断裂两侧地貌景观截然不同，以东为高剥蚀面，以西为山前倾斜平原。此外，断裂还控制了陡河水系的发育，沿断裂形成第四系等厚线的梯度带，断裂两侧第四系底界落差可达 350 m（图 28，图 30）。唐山-古冶断裂不但控制了石榴河河谷，而且是低夷平面和冲积平原的分界线。唐山周围的积水洼地呈 NE 向展布，洼地集中带与洼地稀少带相间出现，这种微地貌上的线状变形，也反映了 NE 向构造的新活动。

前面在图 8 中给出了 A、D 两条人工地震测深剖面，其东南段穿过了唐山地震区。为了便于讨论，现将这两段地壳结构重绘于图 31（a）、（b）中。

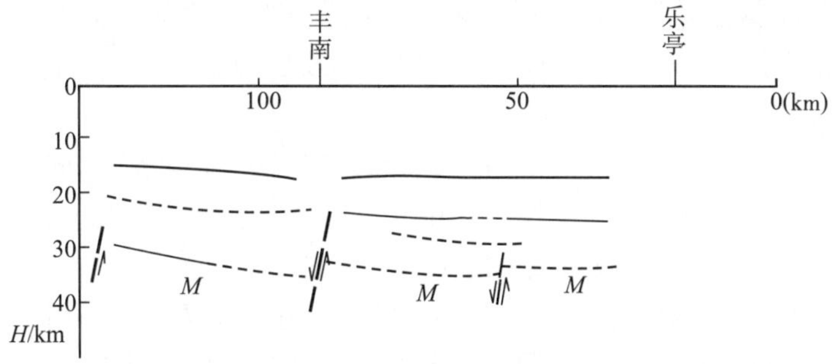

图 31（a）　唐山、丰南段人工地震测深剖面图

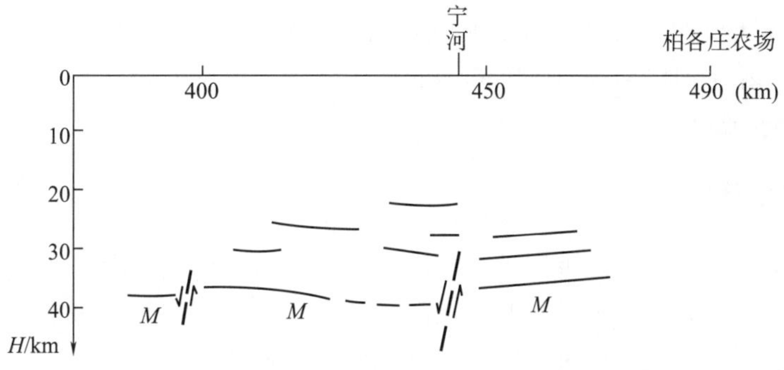

图 31（b）　宁河-柏各庄段人工地震测深剖面

这两条剖面相互平行，相距约 25 km，沿 NW-SE 方向横切极震区。在图 31（a）中有三条地壳基底断裂，从左而右是玉田断裂、唐山断裂和宁河-昌黎断裂；在图 31（b）中有两条地壳基底断裂，从左而右是玉田断裂和唐山断裂。对于这几条断裂前已做了分析，这里仅仅对极震区的唐山地壳基底断裂再做一些讨论。在平面上推断，该断裂沿宁河—丰南—唐山一带呈 NE 向展布，但向两端的延伸情况尚难确定。初步认为，该断裂向南可能被宝坻-宁河地壳基底断裂所阻，向北延伸也不会很远（图 7）。从图 31 可见，该断裂西北盘下降，东南盘上升，可能为正断层，断距 2～3 km。其下降盘方向的莫氏界面和壳内的其他速度界面均向西北方向逐渐抬升，莫氏界面在被玉田地壳基底断裂所切后又逐渐下降。根据壳内各速度界面上下错动的情况，似乎在壳内 20 多公里处，唐山地壳基底断裂就没有明显的垂直断距了，而且在该断裂的上方也未能获得完好的相位追踪。因而我们推测，如果作为垂直断层考虑，该断层的上断点可能就在 20 多公里处，其上可能有破碎带存在。由于该区的人工地震测深工作是在唐山大震后进行的，故上述结果表明，唐山大震的震源处并未出现能被目前的人工地震测深探测到的具有垂直断距的断层，进而表明了唐山地壳基底断裂在唐山地震以前就已存在。

4.1.6　丰台-丰南断裂

断裂从西往东呈不连续延伸。西部为平行的两条断层，规模较大；丰南及其东部断裂断续分布，隐伏于第四系之下。根据水系纵比降分析，蓟运河的一级支流在丰台镇、黄庄洼一带，陡河在稻地一带，沙河在钱家营一带（图 30），都突然出现了近 EW 向的转折。从新生代沉积物厚度变化看，从丰台镇经丰南至滦南一线，等厚线呈近 EW 向延伸。在丰南附近，北薄南厚，厚度差可达 300～500 m。唐汉军通过卫星影像解释，也发现有一条近 EW 向的影像色谱界面呈断续分布。林辉德根据 1978 年的工作结果认为，宝坻断裂可东延到唐山地区。

根据航空物探大队 904 队京津唐地区 1/20 万航测资料，在唐山以南存在一个 NWW 向左旋平移断层，称为丰南平移断层（图 32）。由图可见，丰南与稻地—西河两个 NNE 向磁力高带，异常的幅度、范围及特征极为相似，故它们原来应是统一的磁异常带，后来被 NWW 向的平移断层切成两段，使异常轴平移了 10 多公里。根据磁异常特征分析，该异常可能是燕山期侵入体的反映，因此这条 NWW 向平移断层很可能发生在新生代时期。这条 NWW 向的平移断层与上述 EW 向浅层断裂在丰南南部出露段的位置是一致的。

上述资料说明，在唐山以南可能有一条 EW 西向断裂穿过。马瑾等（1980）通过多种方案的有限元计算，得出唐山地区应力集中最高的方案，认为除了 NE 向的断裂以外，还存在一条 EW 向的断裂通过唐山南部。显然，这条断裂对于唐山地震的作用应予重视。

另外，唐山及外围还有一些断裂，它们对强余震的发生起着很重要的作用，如滦县-卢龙断裂、汉沽断裂等。滦县-卢龙断裂长约 40 km，在周王山庄、滦河江心岛上，断裂露头清楚，角砾岩、糜棱岩化强烈，挤压破碎带宽约 30 m；在桃园附近，寒武系与震旦系之间呈断层接触。据地层层位对比，断裂为反时针向扭动。新生代时该断裂控制了水系的发育，沿断裂形成河流谷地。在宁河以西有一 NE 走向的桐城断裂（可能为沧东断裂北延部分），其西部为潘庄隆起，东部为北塘凹陷，宁河就位于凹陷与隆起的转折带上。在宁河以南还有 NWW 向的岭头断裂、汉沽断裂。所有这些断裂使唐山这一地区形成构造上比较复杂的局面。

4.2　唐山地震的发震构造

在唐山地区开展地震地质工作的单位很多，许多人从各自的研究思路和方法出发，取得了必要的第一手资料和初步的分析结果。这里，我们在从深浅结合的构造观点讨论发震构造之前，有必要先简要介绍一下各家的主要看法，以使读者了解目前对这个问题的研究状况。

国家地震局地震地质大队孟宪梁等从大范围构造体系活动规律的分析出发，认为唐山地震的发生与较近地质时期及现今十分活跃的 NNE 向构造带和 EW 向构造带在唐山地区复合有关，并强调了沧东

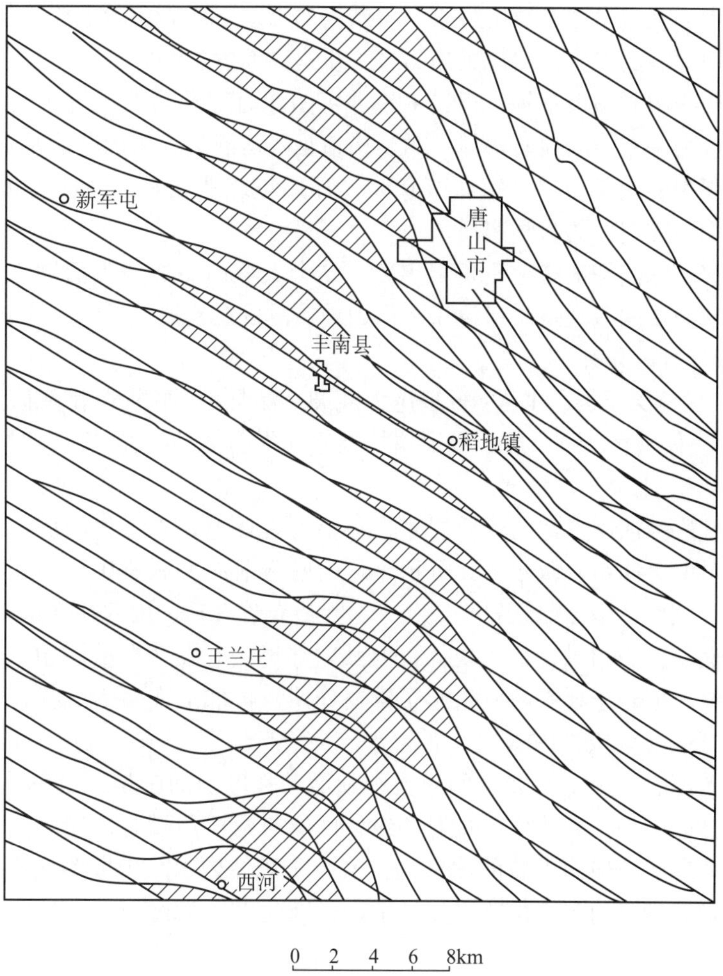

图 32 唐山地区航磁剖面（据航空物探大队 904 队，1978）

断裂在发生地震时的作用。根据人工地震测深、卫星影像的分析，以及其他地质、物探资料他们认为，NNE 向的唐山断裂带位于沧东断裂带的东北端，当区域应力场加强而破裂欲向外发展时，地震沿已存在的构造薄弱带发生最为有利。在这种发展过程中，由于强大的阴山纬向构造带的阻挡，破裂得到暂时的稳定，形成相对的闭锁区。闭锁区在近 EW 向的压应力作用下逐渐积累应变能，进而孕育成为大的震源体，直至应力超过岩石的抵抗强度后，突破闭锁而发生地震。

唐山地震工作队（1977）和杨理华等（1980）根据板块构造的观点，认为唐山地区位于两个陆地小板块构造边界带的交会处。一个是华北板块的北界阴山 EW 向构造带的南缘——燕山褶断带，另一个是冀中板块的东部边界带——沧东断裂。两者交会在唐山、滦县地区，构成唐山、滦县地区强震发生的地震地质背景。唐山地震区的发震构造与 NE 走向的宁河-唐山断裂和 NE 向的开平向斜在唐山地区交会有关。他们还认为，宁河-唐山断裂是沧东断裂带在唐山地区插入燕山 EW 向构造带之后的一个主要分支大断裂，NE 向的开平向斜则是燕山 EW 向构造带的一个组合部分。他们还根据地震活动、地质构造的差异，提出在此次唐山地震中，唐山、滦县、宁河是三个独立的发震区，亦即是三个不同的应力集中区。每个应力集中区有一个主震，并形成相对独立的余震活动区，三个应力集中区是由三组不同的构造带构成的。

国家地震局地质研究所马瑾等（1980），利用有限单元分析方法认为，唐山地震的发震模型是 NE

向断层与EW向断层交而不会。发震断层为NE向断层，而EW向断层对它起了阻隔、限制以至加强应力的作用，即唐山地震的发生是由于唐山外围一些断层的活动引起唐山附近应力集中的结果。而宁河、滦县地震则是由于唐山地震的发生，促使其应力进一步提高而发生的。

国家地震局分析预报中心强祖基等，通过卫星数字图像处理和第四纪沉积物沿断裂分布的厚度变化分析，认为唐山地区为一复杂的地质块体，孕震构造是陡河断裂、唐山断裂和NWW向昌平-丰南断裂所组成的多组活动断裂交会部位。马宗晋（1980）还用华北地壳多点（应力集中）应力场的观点，讨论了唐山地震序列中强震连发的力学实质。

下面从我们所掌握的深浅部地震地质资料出发，结合大震前后的地震活动性、地震裂缝、构造模拟实验等资料，着重从断块构造观点来讨论一下唐山地震的发震构造。

4.2.1 地表地质资料的分析

唐山地区受宁河-昌黎深断裂、丰台-野鸡坨大断裂、滦县-乐亭断裂和蓟运河断裂的切割，形成了一个NEE向的菱形块体（图27）。唐山菱形块体新生代强烈活动（图30），对本区的地震活动有着重要的影响。

唐山菱形块体的基底为前震旦纪的变质岩系，盖层为震旦纪和古生代的沉积岩系，中生代地层缺失，新生代沉积了大量的第四系松散层，其沉积厚度向南逐渐加大达800 m以上，显示了块体向南倾斜的特征。在地貌上，该块体呈山前倾斜平原，平原上散布着残丘，由北往南逐渐消失。

唐山菱形块体虽然是一个相对完整的块体，但其内部仍然有发育在盖层中的断裂带——唐山断裂带。虽然它的规模较小，但对于地震的发生起了重要作用，再加上丰南附近存在的EW向断裂，给块体内的结构增加了复杂性（马瑾，1980）。

从浅部地质构造角度看，唐山断裂带的规模和新活动强度与周围地区的深大断裂相比要小得多，而且被围限于菱形块体的中央，大致构成短对角线，两端与两对角没有连通。其活动受菱形块体的制约，因而形成了活动块体上易破而未破的闭锁区。又由于块体内EW向断裂的存在，使NE向的唐山断裂带受到限制或变形，发震的闭锁构造更加复杂化，因此也就为集中更高的应力提供了必要的条件（图33）。

菱形块体的东、西边界断裂不仅对7.8级地震的应力积累起了重要作用，而且对强余震的应力积累也起了重要作用（李志义等，1979），这一点也与力学分析和计算结果一致（丁文镜，1978）。

唐山地震极震区位置与唐山断裂的位置基本一致。Ⅺ度等震线沿唐山断裂带中的古冶-唐山断裂分布，其长轴走向与唐山断裂带的走向和位置一致（图33）。Ⅸ度和Ⅷ度线的长轴走向为NEE，其形态和分布与菱形块体的范围和方向也基本一致。上述各等烈度线的长、短轴之比为二比一，显示了NE向构造作用的优势。

地震后喷水冒砂区的分布也有一定的规律性。张步春通过对震后所摄航空影像的分析，画出了全区喷水冒砂的平面分布图（图34）。将它与构造线对比后，发现喷水冒砂受下述构造控制：①受菱形块体控制，喷水冒砂区在块体内分布面积最大。②受菱形块体的边界断裂控制。喷水冒砂区东、西两边的界线呈直线状延伸，分别与NW向的滦县-乐亭断裂和蓟运河断裂的分布一致。沿丰台-野鸡坨断裂也有分布，呈条带状延伸，其长轴走向与断裂平行。沿宁河-昌黎断裂的分界不明显，可能与靠近海边有关。③受NE向唐山断裂带控制，以断裂为界，西北侧喷水冒砂寥寥无几，东南侧则大片出露。④受EW向丰台-丰南断裂控制，喷水冒砂的分界线呈EW向延伸，北侧很少，南侧大片出露。可见，震后的喷水冒砂反映了菱形块体及其边界断裂，以及唐山断裂带的活动。

唐山地震的余震明显地呈NE向分布，与发震断裂的走向和位置一致。根据国家地震局地球物理研究所速报目录，从截止于1976年12月23日震级为4.5级以上的余震分布看（图35），余震分布区的长轴走向为NE45°（从后来更长时间的资料看，长轴走向已达50°～60°），其长度约140 km，短轴长度约45公里，长短轴之比约为三比一。6级以上的强余震集中分布在滦县、宁河两个区域内，它们

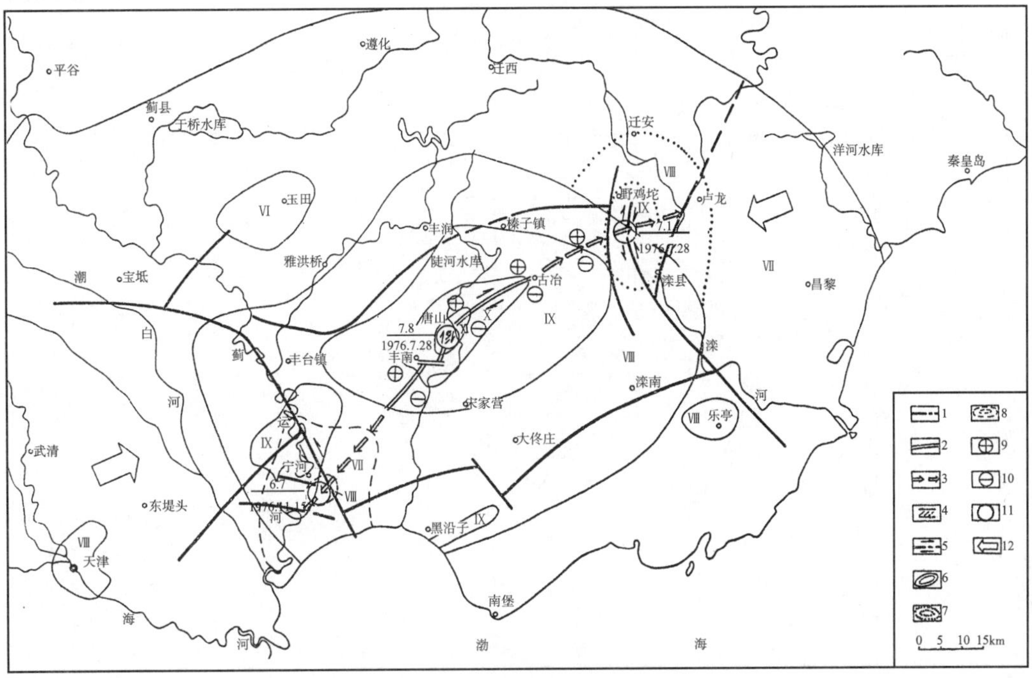

图 33 唐山地震发震构造分析图

1. 与发震构造有关的断裂；2. 发震断裂，3. 推测 7.8 级地震发生时的破裂发展方向；4. 地裂缝剪切带；5. 平移断层；6. 7.8 级地震烈度线；7. 7.1 级地震烈度线；8. 6.9 级地震烈度线（据天津地震局资料），9. 地震时地面上升区，10. 地震时地面下沉区，11. 地震震中；12. 区域应力场中主压应力方向

与菱形块体的东西边界断裂活动密切相关。

唐山 7.8 级地震及其一系列的强余震，在深度总体分布上是东北浅，西南深，中部唐山地区介于二者之间。这一特点与唐山菱形块体有一定的关系。唐山菱形块体在新生代以后是一个掀斜块体，西南下沉（第四系最厚），东北翘起（基岩出露地表），与余震深度的总体分布特征一致。

据国家地震局地震测量队资料，1975～1976 年（震后）唐山地区垂直形变有一定的规律性，其变化方向与菱形块体的长轴方向也一致。唐山断裂两侧的垂直形变是东南侧下降，西北侧上升，与地震块体的运动方式一致。唐山地震后，在滦县、宁河出现了两个强烈下沉区，其构造位置分别处于唐山断裂带两端的异侧，据此分析唐山断裂带两侧的两个三角形块体的运动方式呈右旋。滦县、宁河两地区，位于三角形块体运动方向的后侧，故该两处的下沉是走滑断块尾端效应的结果（图 36）。

唐山地震震源机制解中的第一节面走向与余震分布带的走向也相符，说明该节面是地震的断层面，它正好与唐山断裂带相对应。根据 7.8 级地震与余震的位置，可以判断破裂开始于唐山断裂的西南段，然后向北东及南西方向发展（邱群，1976；张之立等，1980），其总破裂长度大约 140 km。由此可见，测震学提供的资料与地质构造是符合的。

唐山地震发生后，沿唐山断裂带中的 5 号断层出现了一条地震裂缝带，它直观地说明了发震构造的性质和破裂方式。从裂缝的组合来分析，裂缝的形成是由于 NNE-SWW 向的水平挤压力和来自深部的垂直力共同作用的结果。

前已提及，根据余震分布范围推断唐山地震的总破裂长度大约 140 km，但唐山地震裂缝带与之相比则要小得多。其原因可能是：裂缝带发育在第四系松散层中，柔性介质不易出现刚性破裂；而且，深部发震断裂与地表断裂的连通性差，即深部断裂没有完全延伸到地表。因而，唐山 8 km 长的地裂缝并不是产生地震的断层，而只是深部断裂在地表上的一种直接反映。

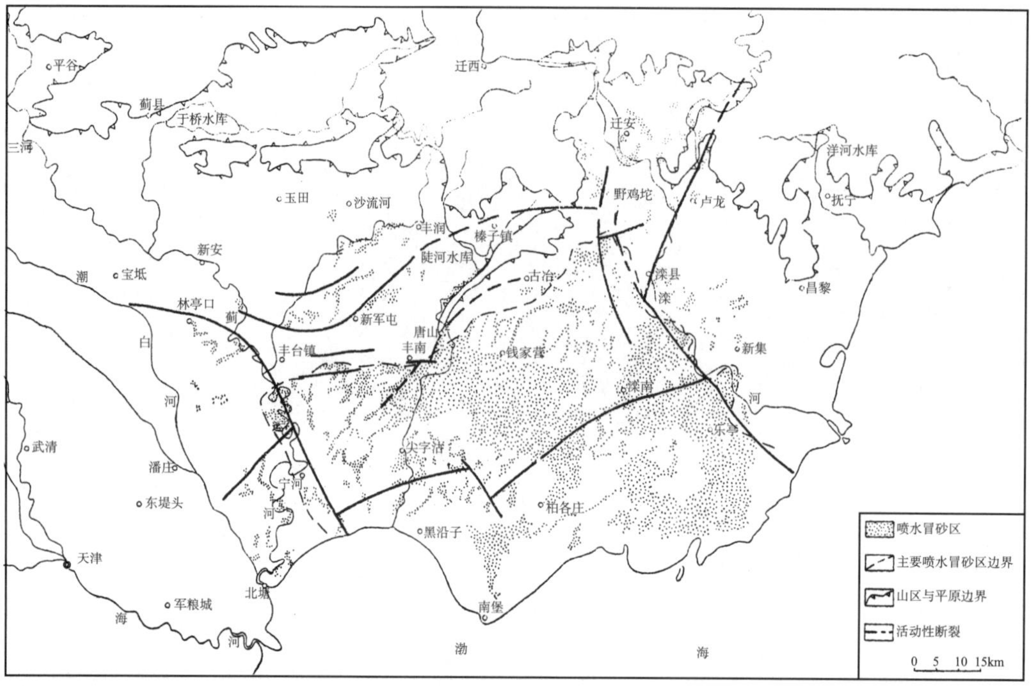

图 34 唐山地震喷水冒砂区及其与发震构造的关系

喷水冒砂资料据张步春

图 35 唐山地震和强余震震中分布及其与断裂构造的关系

唐山地震断裂带上主破裂——7.8 级地震发生后，在急剧的应力-应变调整中，在破裂端部附近受到横向断裂——滦县-乐亭断裂和蓟运河断裂的阻隔而形成两个新的应力集中区，进而也同时牵动 NW

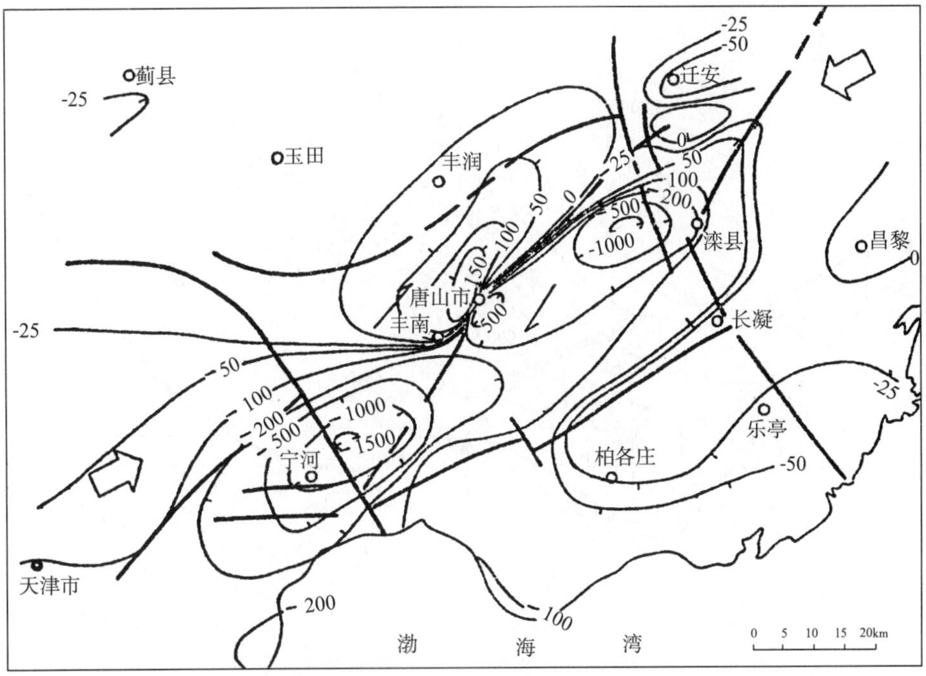

图 36 唐山地区垂直形变与构造运动关系图

向断裂的破裂。由于两组断裂的破裂，发生了 7.8 级地震两侧的若干次强余震，如在东北端发生的 7.1 级地震和西南侧发生的 6.9 级地震等。

对于唐山地震发震构造的这一分析，曾得到了模拟实验的证明（虢顺民等，1977）。

4.2.2 深部资料的分析

基于浅部地质资料对唐山地震发震构造所做的上述分析，也得到了深部资料的支持。唐山块体的边界断裂，大部在深处发育有地壳基底断裂，为储存巨大的应变能和多点应力集中提供了条件。前已述及，唐山地壳基底断裂对应着浅部的唐山断裂带。地表上的唐山断裂带是由一些伴随褶皱的逆断层组成，推测其延伸不会超过 5 km。显然，这就有可能存在一个在深、浅断层之间没有或没有完全断开的闭锁段，估计其深度范围大约在 5～20 多公里左右。如果是这样的话，我们认为这一范围是最容易发震的地段，因为它有利于应力的集中和断层的继续破裂与发展。根据 1/20 万航空磁测资料解释结果，有一条 NWW 向的丰南平移断裂通过唐山极震区（图 31（a））。这条左旋平移断裂大致在唐山、丰南之间与唐山断裂相交，断裂的这种交会点是应力最容易集中的部位。唐山地震的震中就位于该交会点附近，震源深度为 12 km。

除上述发震断层外，我们认为有些深部构造特征也可能与唐山地震的孕育与发生有关。现根据前面有关章节的讨论结果，我们把唐山地震区的上地幔高导层埋深、莫氏面构造形态和深度以及唐山地震的震中分布绘于图 37 中。

由图可见，唐山地震与地壳、上地幔结构有密切关系，主要有以下几点：

（1）7.8 级地震震中位于唐山 NE 向地壳基底断裂和丰南 NWW 向平移断裂的交会处附近。

（2）大量的余震震中密集分布区的长轴方向基本上与唐山 NE 向地壳基底断裂的展布方向吻合，余震分布范围大体上没有超过周围地壳基底断裂所限定的空间。

（3）唐山地震区分布在以渤海为中心的下辽河-渤中-黄骅上地幔高导层隆起的 50 km 等深线与北部山前地带 80 km 等深线之间的变化带上。根据大地热流和居里等温面研究结果，这一斜坡带正好是

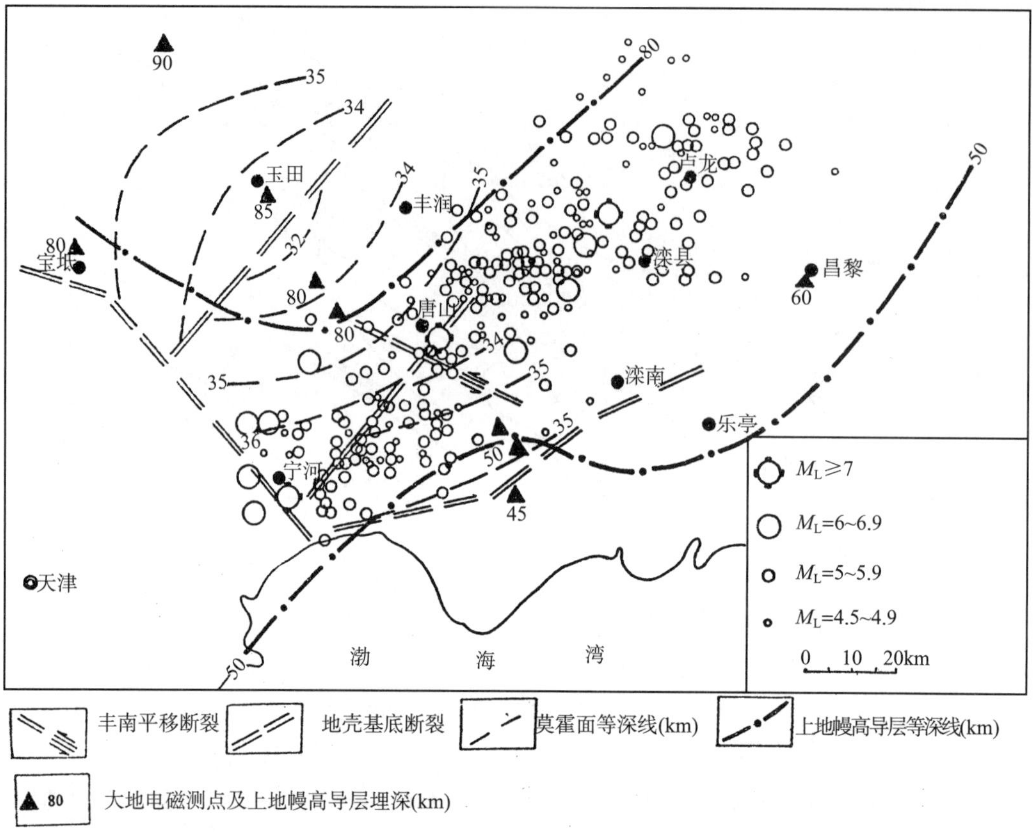

图 37　唐山地震与地壳、上地幔结构的关系

从渤海“高热”区到北部山区“冷”区的过渡地带。

（4）唐山地震区位于玉田东南莫氏面隆起的斜坡上。该莫氏面隆起与雅洪桥第四纪坳陷对应（图 4），其中第四纪沉积厚达 700～800 m，为华北第四纪沉积最厚的地区之一。这种对应关系表明，进入第四纪以来这一带深部存在着局部上隆，从而导致地表下沉。但上隆中心不在 7.8 级地震震中的下方，而是在其西北一侧。

（5）唐山地震区位于上地壳内 G 界面隆起的斜坡带上。

由于以渤海为中心的下辽河-渤中-黄骅上地幔高导层（软流圈）的上隆，导致了上地壳的侧向滑动，在壳内构造比较复杂的唐山地区上地壳滑动受到了阻碍，从而使上地壳处于侧向挤压应力场的作用之下。该挤压应力积累在上地幔软流圈隆起带的边缘以外，并被限定在唐山周围地区的断裂所围限的空间之内，其挤压应力的主要集中点是唐山地壳基底断裂和丰南平移断裂的交会处。该区西北部的上地幔局部上隆所形成的局部垂直应力，以及该区下部明显的水平温度梯度所形成的热弹性应力，对唐山大震的孕育和爆发也起着不可忽视的作用。其立体结构模式如图 38 所示。

综上所述，唐山菱形块体所围限的连通性不好的唐山断裂与隐伏深断裂之间复杂的构造闭锁区可能就是地震的发震构造，菱块短轴方向上的两钝角端，是构造的复杂交会区，是唐山断裂带端部破裂的扩展区和 NW 向构造的牵动区，所以发生了一系列强余震。深部构造环境为应力在这地区集中创造了必要条件。

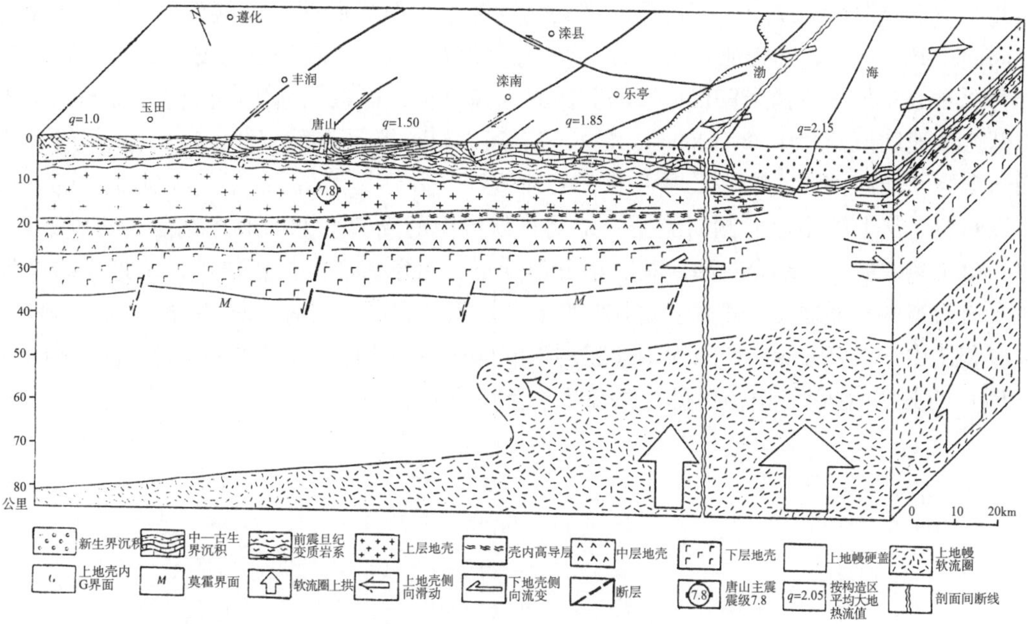

图 38　唐山地震区地壳、上地幔结构立体模型图

5　讨　论

华北地区处于大陆的内部，在古生代曾经是相当平静的地区，中生代中期构造运动开始加强，新生代以来该区经历了强烈的构造变动，平原强烈下沉，形成了一系列 NNE-NE 向的地堑、地垒构造，断裂发育，岩浆活动频繁，在历史上是我国的一个强烈地震活动区。鉴于很多单位在华北地区地震地质研究中已做了大量工作，现仅结合唐山地震所得到的资料和启发，对若干问题加以讨论。

5.1　关于唐山地震的发震构造

在第 4 节中我们对唐山地震的发震构造问题已做了介绍和分析，但需要指出，对发震构造等的认识目前尚不一致，问题很多，还有待于更深入的研究。尽管如此，目前所取得的资料和成果却已初步揭示了唐山地震发震构造的总体面貌，为认识唐山地震这个复杂地震序列的发生提供了地震地质依据。这项工作的继续深入研究对于认识华北地区强震产生的条件具有重要意义。

5.2　地壳的消减和增长以及上地壳扩张

如第 2 节中所述，永清-霸县和渤海内部地壳厚度最薄处为 30 km 或小于 30 km，沧县隆起的天津—静海一带地壳最厚处为 38～39 km，即平原区内部地壳最大厚度差达 9 km 以上。在莫氏面隆起所对应的新生代坳陷内的新生界最厚沉积达 8～10 km 以上，甚至还有资料表明，渤中坳陷新生代沉积最厚达 12 km。由此可见，仅在华北平原北部这样一个区域范围内，从莫氏面到新生界基底这段区间，最大厚度差就达 20 km。那么，这个厚度差是如何造成的，即平原区内地壳是如何减薄和加厚的，新生界基底是如何下沉接受沉积的？

前面曾经介绍过，本区下地壳顶界埋深变化不大，它虽然随着莫氏面而起伏，但变化幅度比莫氏面的变幅要小得多，大约为其 1/2～1/3。这说明地壳厚度的变化很大一部分是由于下地壳厚度的变化所致。那么，又是什么原因引起下地壳的厚度变化呢？我们认为有两种可能：①由于上地幔软流圈的物质上涌并与下地壳混杂，改变了下地壳底部的物质组成，形成所谓“壳幔混合物”，从而使下地壳减薄，莫氏面抬升。可是，作为地壳底界的“壳幔混合物”其波速值应是比较低的，一般为7.6～7.8 km/s。虽然目前在平原区内尚未获得可靠的莫氏界面速度值，但根据元氏—济南地震测深剖面，在华北平原中部这个速度值是8.0～8.2 km/s，显然与上述设想有较大矛盾。②由于上地幔软流圈上拱和大量物质涌入地壳，壳内增温，导致下地壳带有某种塑性（并不是熔融），于是在软流圈的上拱区，下地壳就可以较容易从上拱中心向侧向流变，结果在软流圈的隆起上方下地壳减薄，两侧下地壳加厚。可以设想，由于热效应，下地壳减薄处其层速度值变低，由于流变的挤压作用，下地壳增厚处其层速度值增高，这与本区的下地壳层速度值随其厚度的增厚而增大是一致的。图39是曾融生等根据对本区宁河—涿鹿和盐山—大兴—延庆两条人工地震测深剖面解释结果绘制的下地壳厚度（横坐标）与层速度（纵坐标）的关系曲线①。由图可见，两者几乎呈线性关系。

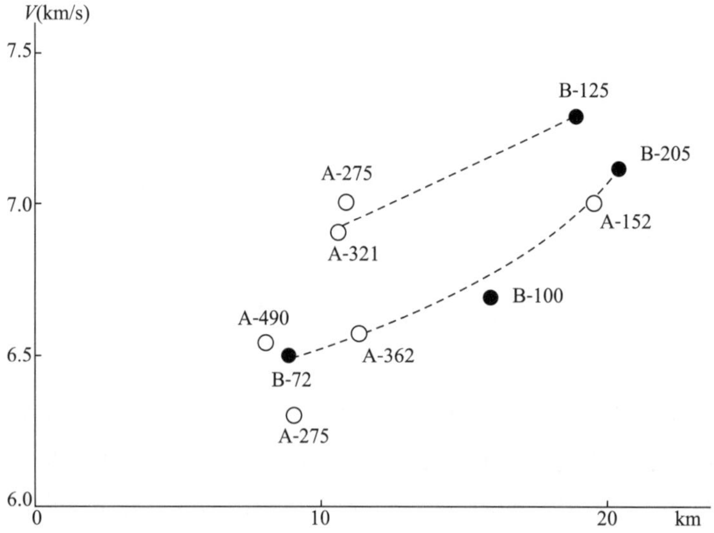

图39　北京地区下地壳厚度与其层速度值的关系（据曾融生等）

图中数码A-275等代表测线-炮点号

现在再来讨论本区新生界基底是如何下沉8～10 km，也即新生代坳陷是如何发展起来的？前面我们曾经谈过给新生界沉积空间让位主要发生在上地壳部分，这说明新生代以来本区仅上地壳就发生了8～10 km的减薄。我们认为有两种可能的减薄机制：①出于上地幔上隆，使地壳表层受到引张，以及由于软流圈物质向上地壳大量侵入所形成的“楔入”效应（Koide et al.，1975），导致上地壳从上地幔上隆的中心地带上方向侧向滑动、拉伸、减薄。本区在上地壳底部普遍有可能处于部分熔融状态的高导层存在，因此，这种侧向滑动更易在上地壳中发生。②本区内的壳内高导层可能处于部分熔融状态，是一个软层位，因而当上地幔上隆时，壳内高导层在上隆的中心地带就会向侧向流变并减薄，于是让出空间使上地壳下沉，下沉部分在所处的温压条件下又转化为部分熔融的高导层，依此不断进行，致使上地壳不断减薄，地表不断下沉，接受巨厚沉积。

值得指出，无论哪种过程都要出现浅层引张，上地壳或壳内高导层的侧向滑动或流变。本区新生代沉积盖层中有大量正断层，以及它们的倾角随深度变缓，就是这种引张作用的结果，因为根据模拟

① 曾融生等，北京地区地壳构造的初步研究，1979。

实验引张作用可使断层倾角随深度变缓（Cloos，E.，1968）。我们根据石油地震勘探资料计算了新生界沉积岩的扩张量，方法是沿着一条地震勘探剖面统计某一标志层沿断层的水平位移量。将剖面的位置和每百公里的扩张量示于图 40 中，可见新生界沉积盖层中的水平扩张量是显著的，一般在垂直盆地走向方向上每百公里长度上达 14～17 km 左右，而且这种扩张是伴随着正断层的发展而产生的。这些都说明在本区新生代坳陷发展的过程中伴随着上地壳的侧向滑动。

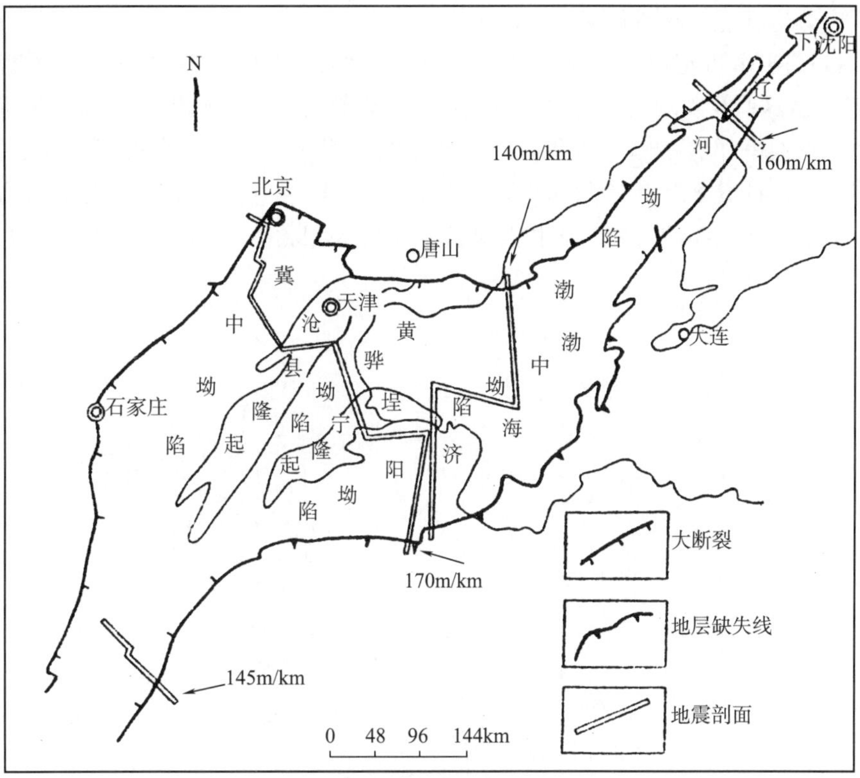

图 40　华北平原新生代沉积水平扩张量示意图

图中数字表示沿剖面方向每公里的水平扩张量

结合上述资料，我们设想本区晚中生代、新生代以来构造发展的地球动力学过程如下：软流圈在平原区大面积上隆，地壳整体抬升，地表引张。随之出现两个 NNE 向上地幔软流圈强烈上隆带，致使地壳基底沿其轴向进一步破裂，上地幔减压，软流圈进一步熔融，上地幔物质侵入，壳内增温，下地壳侧向流变，地壳减薄或增厚，壳内出现高导层，同时上地壳沿壳内高导层侧向滑动，地表下沉接受沉积，或者是壳内高导层不断在上地壳下产生，不断向侧向流动，以让出空间接受沉积。在上地壳拉伸和地表堆积过程中，沉积盆地浅层出现大量倾角随深度变缓的引张断裂，沉积盆地边缘承受挤压。

5.3　地震力源的探讨

华北地区的地震力源是一个引起普遍争论的问题。华北地区处于太平洋板块消灭带和印度洋板块与欧亚板块碰撞带之间的大陆内部。有不少研究者认为华北地区的地震力源是由于太平洋板块向西太平洋海沟俯冲消减过程中所形成的近 EW 向挤压应力向中国大陆内部传递的结果，或者是太平洋板块与印度板块联合作用的结果（邓起东等，1979；张裕明等，1979）。也有的研究者认为，由于印度板块与欧亚板块碰撞，不仅使喜马拉雅山增长，而且使雅鲁藏布江板块缝合线以北约 1000 km 的老造山带（天山）复活了，同时引起与缝合线斜交的重要走滑断层的活动，并使 2000 多公里远的贝加尔裂谷和山西地堑系破裂开来（Molnar，P. et al.，1975）。还有的研究者认为，华北地震是 NNW 向引张应力场造成的（高名修，1979）。要详细讨论这些问题是比较困难的，也不是本书的主要目的。我们只想提出一些问题，然后提出我们对华北地区地震应力场的一些其他设想，供讨论。

太平洋板块西缘距华北平原近 2000 km，中间夹以各种复杂地质构造，且有大面积“无震地区”，故难于设想板块边界上的挤压应力会大量地传递到华北地区的上地壳，形成如此众多的大地震。根据日本列岛的现代地壳形变测量、应力场分析，以及地震活动性和地壳上地幔结构特点，太平洋板块对日本岛弧的挤压应力是难于传递到我国华北地区的。

图 41 是日本列岛半个世纪以来的地面水平形变位移图，图 42 是日本东北地区地面垂直形变图（1900～1975 年）。从这些反映现代应力分布的地面形变资料可见：无论水平位移还是垂直形变主要都发生在日本列岛靠近太平洋的一侧；而在靠近日本海的一侧地形变量则小得多，水平位移方向紊乱，垂直形变近于零，仅在日本海沿岸有些小幅度的局部下沉。这说明太平洋板块对日本岛弧的挤压所形成的地壳形变，在接近日本海时就已经不很显著，或者说已经很小了，因此难于设想它会再传到 1500 km以外的我国华北地区。

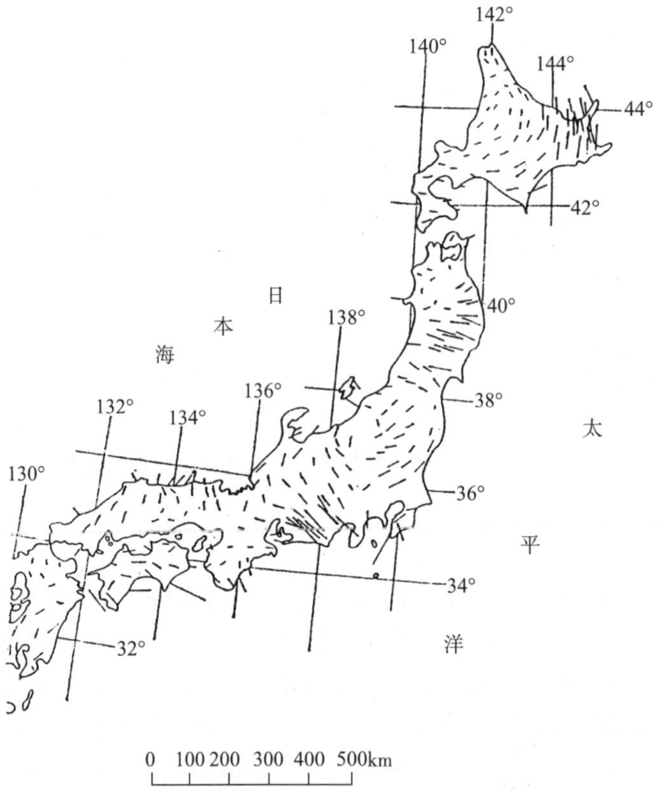

图 41　日本岛半个世纪以来水平形变位移图（据日本国土地理院资料）

里嘉千茂（1980）曾在其博士论文中，用有限元方法计算了从日本海沟起横切日本本州地区和日本海地区的主压应力分布。图 43 是他使用的位移边界条件模型，取时间 $T=100$ 年，采用黏-弹性解所计算的主压应力分布情况。由图可见，挤压应力主要集中在太平洋海沟和日本岛下，在日本海下已经是微乎其微了。由此表明，太平洋板块的挤压应力不可能传递到中国大陆。这与日本海下浅源地震很少，近 200 年来朝鲜半岛很少有地震活动也是一致的。

那么，是否可以通过上地幔向中国大陆传递太平洋板块消减过程中形成的挤压应力呢？从图 43 的

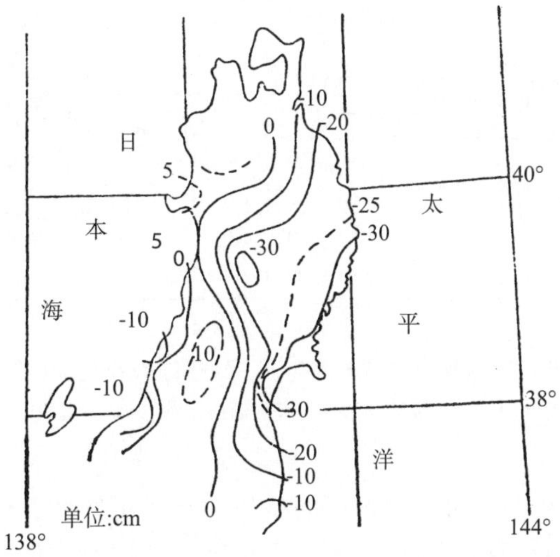

图 42　日本东北地区垂直形变图（1900～1975 年）（据 Kato，1979）

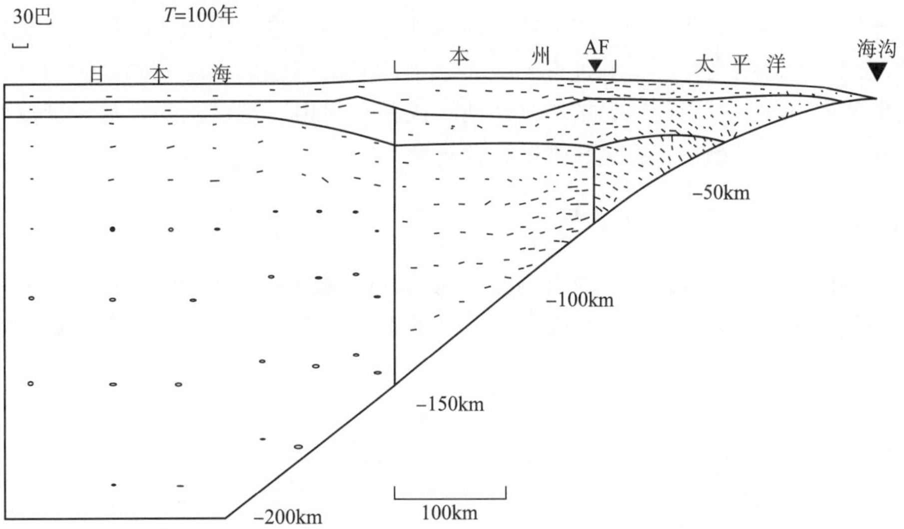

图 43　西太平洋-本州-日本海地区的主压应力分布（据里嘉千茂，1980）

AF 表示无震前缘

主压应力分布情况来看也是不可能的。根据日本的地震活动与地壳、上地幔结构的关系判断，这同样是困难的。图 44 是日本东北地区的地震活动性与地壳、上地幔结构的关系。由图可见，冷板块消减过程中所形成的地震在上地幔范围内，其震源机制为主压应力轴平行板块层面（上层）和主张应力轴平行层面（下层），即所谓“双层”模式。既然在上地幔内冷板块消减过程中的应力状态是平行层面的，当然就无所谓向中国大陆传递了。同时，由图还可看到，板块消减区外围是地震波的低速层，Q 值很低，难于传递应力。

日本地区的大震活动周期约 100 年左右，与中国华北地区的 300 年左右活动周期显然不同。上田诚也认为，如果太平洋海底平均以每年 5cm 速度下冲，并带动大陆上边的地壳下弯，当其达到破裂点时突然发生大震，然后下弯的地壳回跳，那么，若大震的静止期为 100 年，这种下弯就约 5 m。根据大震的地震波所计算的断层位移幅度恰与这种下弯幅度一致。我们认为，这表明太平洋板块俯冲对日本大陆一侧所产生的应变积累，主要都以当地的大震形式释放了。

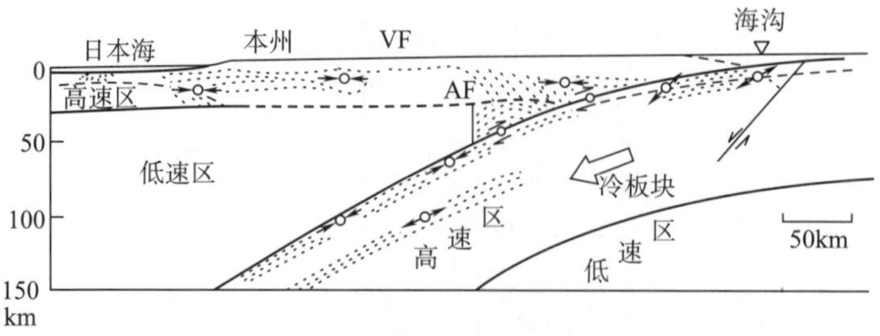

图 44　日本东北地区地震活动性与地壳、上地幔结构的关系（据 Yoshii，1977）

阴影区代表高地震活动性地区，小圆圈和箭头代表震源机制解，VF 为火山前缘，AF 为无震前缘

通过上地幔传递太平洋板块消减过程中形成的挤压力是不可能的，但太平洋板块的消减和印度板块的挤压却可能对华北上地幔的活动起控制作用。设想当上地幔对流体系遇到正在消减的太平洋冷板块时，它可能在弧后一个较宽的范围内形成一些上升的次级环流，而印度板块对欧亚板块的挤压则又可能在华北地区产生一个引张环境，这两者的联合作用有可能驱使华北地区的上地幔软流圈强烈上隆。从这个意义上说，华北地区的构造发展和演化受两大板块控制。我们把这种控制看作是远场力作用。

基于上述考虑以及本章第 2 节中所述的华北地区地壳、上地幔的强烈活动特点，我们认为本区的地震力源主要起因于上地幔高导层（软流圈）的不均匀活动所引起的上地壳侧向滑动。当上地壳从上地幔隆起中心向侧向滑动时，受到地壳构造复杂地区或者“封锁”地区的阻挡逐渐形成应力积累——一种水平的挤压应力，当其超过岩石破裂强度时就会发生地震。

5.4　主应力方向的确定和垂直应力场

关于上地壳侧向滑动所形成的挤压应力场方向问题，根据简单的推论应该是垂直于新生代坳陷扩张轴的方向，即接近于 NWW 方向。这与国家地震局地震地质大队所做的地应力绝对值测量结果是比较一致的（图 45）。

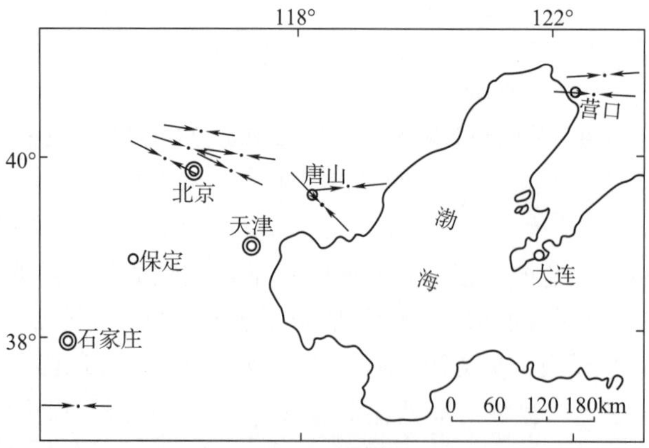

图 45　华北地区地应力绝对值测量结果（据国家地震局地震地质大队四队，1978）

图内箭头表示主压应力方向

根据大地电磁测深 600 s 周期电磁波所计算的张量阻抗主轴方向（构造走向方向），在京津唐地区多数指向 SN（图 46）。在本区沉积岩浅的地区 600 s 周期的电磁信号已穿入上地幔软流圈，表明软流圈走向指向 SN。根据基本上能反映上地幔物质分布的华北地区 3°×3° 自由空间重力异常判断（图 47），

该区上地幔软流圈的走向可能也近 SN。按此推断，目前上地壳应沿 EW 向滑动，故挤压应力场应近 EW 方向。

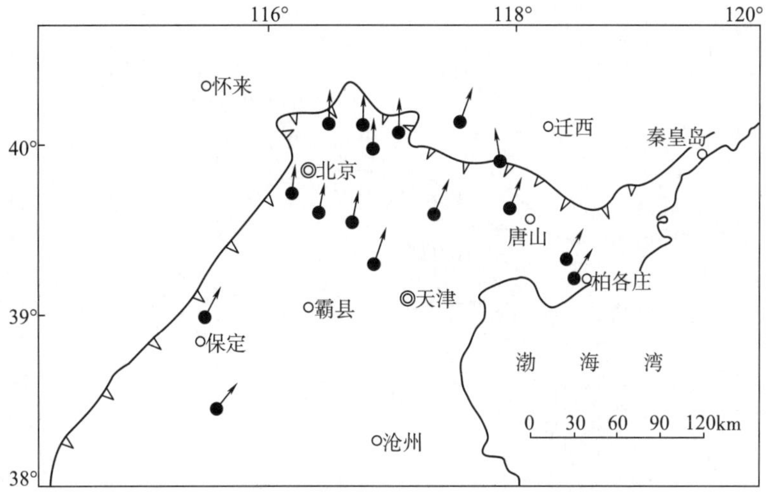

图 46 京津唐地区大地电磁张量阻抗主轴方位图

图中箭头表示主轴方位

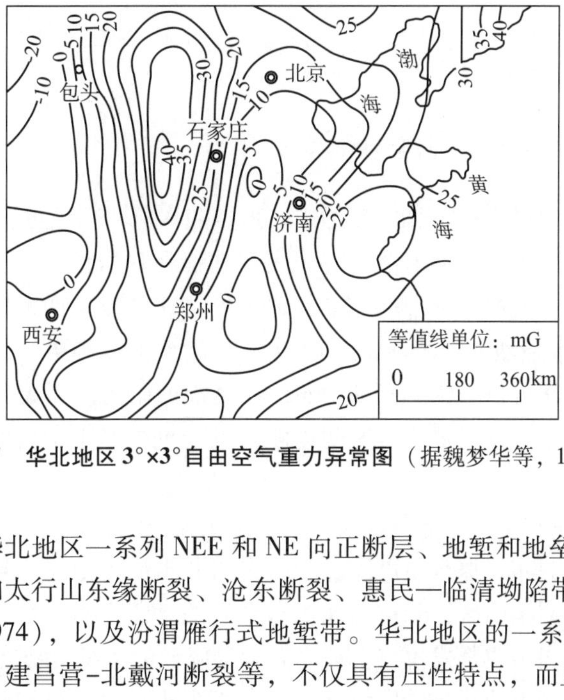

图 47 华北地区 3°×3°自由空气重力异常图（据魏梦华等，1980）

根据地质资料分析，华北地区一系列 NEE 和 NE 向正断层、地堑和地垒构造，不仅具有张性特点，而且具有右旋扭动性质，如太行山东缘断裂、沧东断裂、惠民—临清坳陷带（中国科学院地质研究所山东地震地质考察小组，1974），以及汾渭雁行式地堑带。华北地区的一系列 NW 向断裂，如孙河-南口断裂，二十里长山断裂、建昌营-北戴河断裂等，不仅具有压性特点，而且具有左旋扭动性质。根据这两组断裂的组合分析，构造应力场应是 NEE 至近 EW 向的挤压，唐山地区也应如此（图 48）。

另外，华北地区的强震震源机制解表明，主压应力方向是 NEE-SWW 向（李钦祖等，1981），唐山地震的主震机制也是如此。

值得强调的是，根据本章前面各节所述的深、浅构造和地震区下的深部构造特点以及对本区地球动力学过程的认识，垂直应力场对本区地震的孕育和发生也是一个重要因素。事实上，本区很多大地震的震源机制解都是兼有正断层分量的平推断层，同时出露地表的地震断层也都有明显的垂直位移存在，其量值大约是水平位移的三分之一。郭增建等据震源机制资料认为，垂直差异运动在震源面上产生的应力与挤压力源引起的水平剪切应力叠加，可以加大断层面上总剪切应力，有助于大震的孕育和

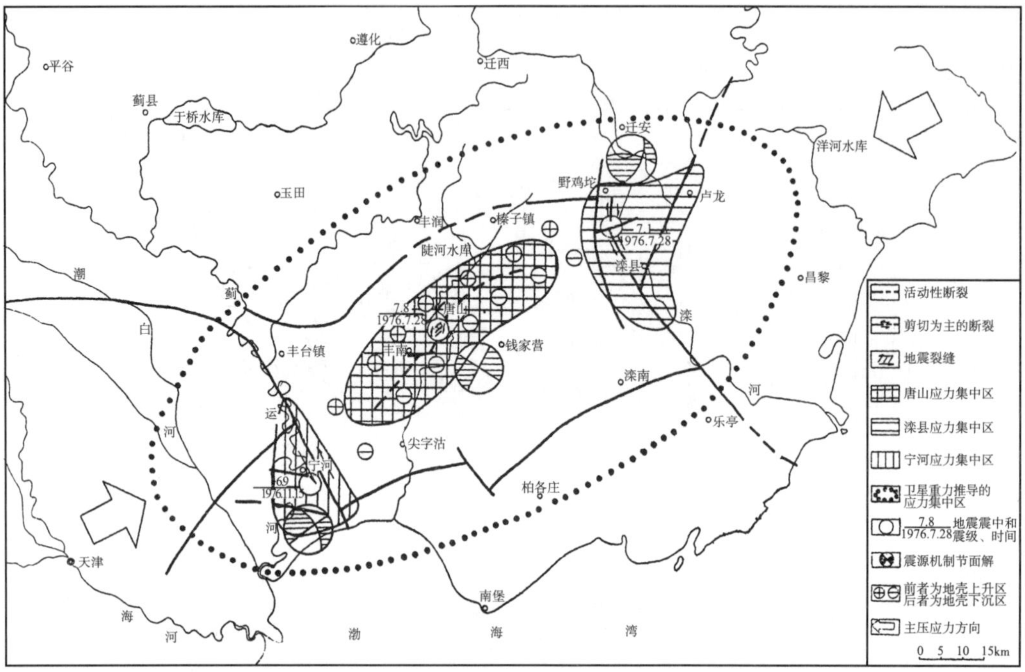

图 48　唐山地震构造应力场分析图

发生（郭增建等，1977）。

5.5　上地幔高导层（软流圈）上隆与地震分布

以渤海为中心的下辽河—渤中—黄骅一带是本区强烈的 NNE 向上地幔隆起带，根据渤海海岸线的变迁、现代水准测量、第四纪沉积和火山活动等，表明它仍在强烈地扩张，因而上地壳应在继续做侧向滑动。近十几年来，在该上地幔隆起带的边缘、地壳构造比较复杂的地区（如邢台宁晋、河间、海城和唐山等地），相继发生了强烈的地震活动。1969 年的渤海大震则更为靠近这个隆起地带。渤海地震不同于其他地震，其震源深度值较大，近 30 km，在莫氏面附近。考虑到余震活动，表明有两组方向的破裂，且延伸不明显，余震衰减很快。这些可能与其所处的在上地幔隆起附近的位置有关，需深入探讨。

如果我们分析一下自 1966 年邢台地震以来，到唐山 7.8 级地震以后（1976 年 8 月 31 日）华北北部地区 5 级以上的地震震中分布，那么便可以发现，在华北平原上地幔高导层隆起范围内几乎没有大于 5 级的地震发生，同时在周围山区，除汾渭地堑有个别的 5 级左右地震外，也几乎没有大于 5 级的地震，大量的地震，尤其是大地震都发生在上地幔高导层隆起的边缘地带（图 49）。

我们认为，平原内部位于上地幔高导层隆起之上的无强震地区，可能是由于该区上地壳正在以侧向滑动的方式运动，并未受到阻挡的结果；而山区内部的“无震”地区则是因为相对地震力源来说它处在强震活动区的后方，并且山区内部的深部构造也比较简单、完整，因而难于有较大的应力积累。

从图 18 和图 4 可见，相对周围山区华北平原是上地幔高导层上隆区，而以渤海为中心的下辽河—渤中—黄骅一带和以霸县—香河为中心的冀中坳陷一带则是两个上隆中心地带，它们对应着两个新生代坳陷。自新近纪以来，华北平原下的上地幔高导层普遍上隆，致使整个平原下陷，新近系和第四系覆盖其上，但两个上隆中心地带仍保持着相对的上隆优势，因而其上的新近纪和第四纪沉积也比较厚。同时，华北平原的上地幔高导层上隆还有明显地向北部山区推进的趋势，因而在华北平原断陷与北部

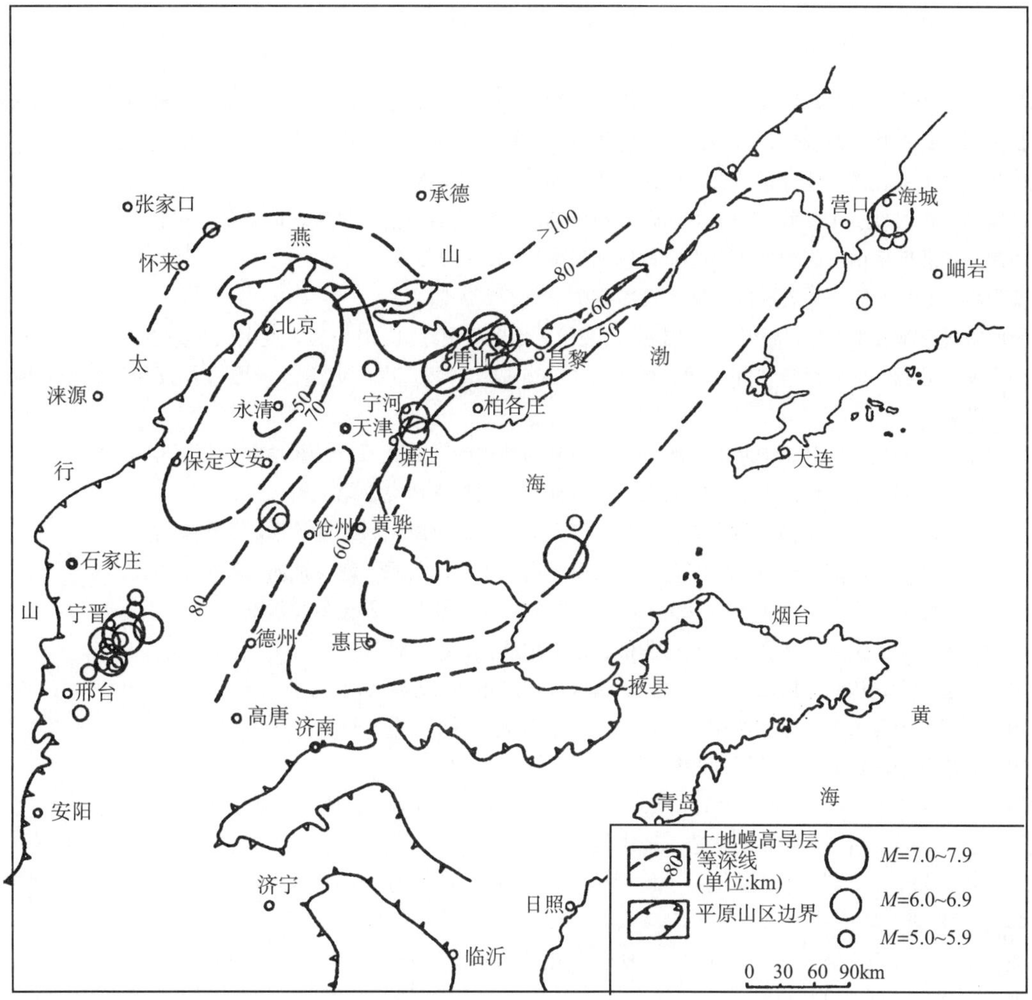

图49　华北北部地区上地幔高导层的起伏与震中分布图

山区的过渡地带出现了巨厚的第四纪沉积，而京津唐地震活动带就位于这个区域。

从新生代以来华北平原的沉积史可以设想，平原下的上地幔高导层普遍上隆和两个上隆中心地带的强烈上隆有可能会交替进行。如果是这样的话，则可以推测，当普遍上隆时它就会给周围更广泛的地区施加侧向挤压力，因而强震活动应该出现在华北平原的外围地区，如在1484～1730年的华北第三个地震活动期，强烈地震主要发生在华北平原两侧的山西地堑和东侧的郯庐带边缘，就可能与华北平原上地幔高导层普遍上隆有关。同时，山西地堑和郯庐带还是深部构造复杂和莫霍面局部上隆地区。

综上所述，在华北平原区上地幔高导层强烈上隆过程中，本区地壳发生了强烈变动，平原区地壳减薄，上地壳侧向滑动，地表下沉，山区地壳加厚，地表上隆。这种上地壳侧向滑动意味着垂直运动向水平运动的转化，当该滑动受到阻碍时，就会形成挤压应力积累，一旦超过岩石强度，便会发生地震。由于这种挤压力起源于垂直运动，所以华北地震都具有明显的垂直力作用是容易理解的。我们把这些力看作是近场力。因而可以认为，远场力决定大地构造的发展和演化，近场力控制地震的发生。近场力在何处集中积累，即何处发生地震，则主要决定于地壳内部的构造和物性条件，即所谓孕震环境和发震构造。

参 考 文 献

邓起东、范福田，1980，华北断块区新生代、现代地质构造特征，华北断块区的形成与发展，北京：科学出版社。

邓起东、张裕明、许桂林、范福田，1979，中国构造应力场特征及其与板块运动的关系，地震地质，1卷1期。

丁文镜，1978，唐山地震强余震分布特点和迁移规律，地质科学，1期。

方仲景、计风桔、向宏发、丁梦麟，1976，郯庐带中段第四纪断裂活动特征与地震地质条件述评，地质科学，4期。

高名修，1979，华北断块构造区的现代引张应力场，地震地质，1卷2期。

郭增建、秦保燕，1977，唐山大震成因初探，自然科学争鸣，第5期。

国家地震局地质研究所大地电磁测深组、兰州地震研究所大地电磁测深组，1981，大地电磁测深法，北京：地震出版社。

虢顺民、李志义、程绍平、陈献程、陈孝德、杨主恩、李如成，1977，唐山地震区域构造背景和发震模式的讨论，地质科学，4期。

李钦祖、靳雅敏、于新昌，1981，华北地区的应力场及其与地震活动的关系，西北地震学报，3卷1期。

李钦祖、于新昌，1980，华北地区大地震的成组活动特征，地震科学研究，第1辑。

李钦祖、张之立、靳雅敏、于新昌、李志勇，1980，唐山地震的震源机制，地震地质，2卷4期。

李志义、虢顺民，1979，从地震构造看宁河6.9级余震与唐山主震的关系，地震地质，2卷4期。

里嘉千茂，1980，東北日本弧のサイスモテクトニックスに関する研究，脩士學位論文。

刘行松，1979，纵贯中国东部一条新的巨型构造带，地震地质，1卷1期。

马瑾、张渤涛、袁淑荣，1980，唐山地震与地震危险区，地震地质，2卷2期。

马宗晋，1980，华北地壳的多（应力集中）点场与地震，地震地质，2卷1期。

聂宗笙，1980，华北地区新生代构造活动特征，地震科学研究，2辑。

邱群，1976，1976年7月28日河北唐山7.8级地震的发震背景及其活动性，地球物理学报，19卷4期。

唐山地震工作队，1977，唐山大震发震构造，地震战线，2期。

滕吉文、王国正、刘道洪、邢纪润、梁文斗、徐世林等，1975，华北平原中部地区深部构造背景及邢台地震（二），地球物理学报，18卷3期。

魏梦华、殷秀华、史志宏、刘占坡、解政文，1980，利用重力资料推断华北北部地壳构造的基本特征，华北断块区的形成与发展，北京：科学出版社。

解政文、吴乾藩、张汝惠、谢毅真，1980，渤海及其邻近地区热流值的初步分析，地震地质，2卷3期。

杨理华、李钦祖，1980，华北地区地壳应力场，北京：地震出版社。

张步春、蔡文伯，1980，华北断块构造单元的划分及其边界问题，华北断块的形成与发展，北京：科学出版社。

张文佑、叶洪、钟嘉猷，1978，断块与板块，中国科学，2期。

张裕明、汪良谋，1980，华北断块中、新生代构造特征及其动力学问题，华北区的断块形成与发展，北京：科学出版社。

张裕明、汪良谋、董瑞树，1979，华北东部新生代构造应力场变化之探讨，地震地质，1卷1期。

张之立、李钦祖、谷继成、靳雅敏、杨懋源、刘万琴，1980，唐山地震的破裂过程及其力学分析，地震学报，2卷2期。

中国科学院地质研究所地热组，1978，地热研究论文集，北京：科学出版社。

中国科学院地质研究所山东地震地质考察小组，1974，山东断块构造特征与地震带的初步划分，地质科学，4期。

中国科学院地质研究所岩矿室，1977，初谈渤海周边地区的岩浆活动，地质科学，4期。

中国科学院地球物理研究所，1974，晋中南地区地壳结构的初步研究，地球物理学报，17卷3期。

Cloos, E., 1968, Experimental analysis of Gulf coast fracture patterns, Am. Assoc, Petroleum Geologists. Bull., 52, 420-444.

Koide, H. and S. Bhattacharji, 1975, Mechanistic interpretation of rift valley formation, Science, 189 (4205).

Molnar, P. and Tapponnier, P., 1975, Cenozoic tectonics of Asia: effects of a continental collision, Science, 189 (4201).

Tapponnier, P., Molnar, P., 1977, Active faulting and tectonics in China, J. Geophys. Res., 82 (20).

华北北部地区地壳上地幔构造及其与新生代构造活动的关系*

刘国栋　刘昌铨

在河北平原、渤海、下辽河平原及其周围山区，曾做过详细的地面地质、石油钻探和石油地震勘探等工作，自1976年以来又进行了大量的人工地震测深、大地电磁测深、大地热流测量、地震转换波测深，以及重、磁资料分析，对地壳上地幔构造进行研究。本文试图在上述资料基础上探讨本区的新生代构造活动及其与地壳上地幔构造的关系。

1　新生代构造活动的基本特征

华北平原在晚白垩纪至古新世时期是一个广泛的隆起地带，自始新世开始发生了强烈的构造运动，形成了一系列NNE向坳陷和隆起。如下辽河、渤中、黄骅、济阳和冀中等坳陷，古近纪沉积厚达4000～6000 m，而沧县和埕宁等隆起则完全出露地表。周围山区整体抬升。太行山区的古近纪北台期夷平面目前的海拔高度达3000 m。在新近纪时期本区整体下沉，在上述的隆起上堆积了数十至数百米的沉积，但在坳陷区仍保持着相对快速下沉的趋势，堆积了2000～4000 m的沉积。此时，山区继续抬升，新近纪的唐县夷平面目前海拔高达100 m，并在西北山区出现了怀来-延庆断陷，它与山西高原的汾渭断陷统一组成了NNE向的汾渭地堑系。进入第四纪以来平原区继续下沉，但在早期的坳陷内第四纪堆积仍较厚，一般为500～800 m，而在隆起上堆积则较薄，一般为300～500 m，仍保持着早期的NNE向构造格局。河北平原第四纪时期的一个重要特点是沉积有从南向北加厚的趋势，同时在燕山山前的第三纪隆起区出现了一个近NWW向的第四纪坳陷区，最大沉积厚度达600～800 m，表明河北平原有向北推进的趋势（图1）。

始新世以来平原区（包括渤海）在强烈下沉中一直保持着明显的差异运动：例如在渤海内部新生代的最大沉积厚度大于10000 m，冀中坳陷大于8000 m，下辽河坳陷大于7000 m，而在沧县隆起上新生代沉积厚度一般不超过1000 m，在埕宁隆起上有的钻孔到几百米深处就钻到了古老变质岩系。如果从古近纪北台期夷平面算起，平原与山区之间的新生代基底的最大落差可达13000 m以上。古近纪的沉降速率约0.16 mm/a，新近纪的沉降速率为0.2 mm/a，第四纪的沉降速率为0.3 mm/a。根据现代的水准测量及对强烈而频繁的地震活动分析，本区的构造活动仍在进行，如下辽河坳陷埋深34 m的海浸层^{14}C年龄为9650年。1937～1980年的水准复测表明坳陷下沉了160 mm，沉降速率为3.4～4.0 mm/a①。

本区新生代坳陷内部发育有大量的NNE-NE向和某些NWW-NW向正断层，把坳陷切成了一系列小的块体（图1）。新生代沉积与断层的关系表现为边断边沉的特点，坳陷内部的断层多呈阶梯状向坳陷中部断落，且断层倾角随深度加大而变缓。根据详细的石油地震勘探剖面图经过计算表明，伴随正

* 本文原载于《中国科学》，1982，（12）：1132～1140。

① 赵文峰，东北大陆全新世应力场与地震断层，1981。

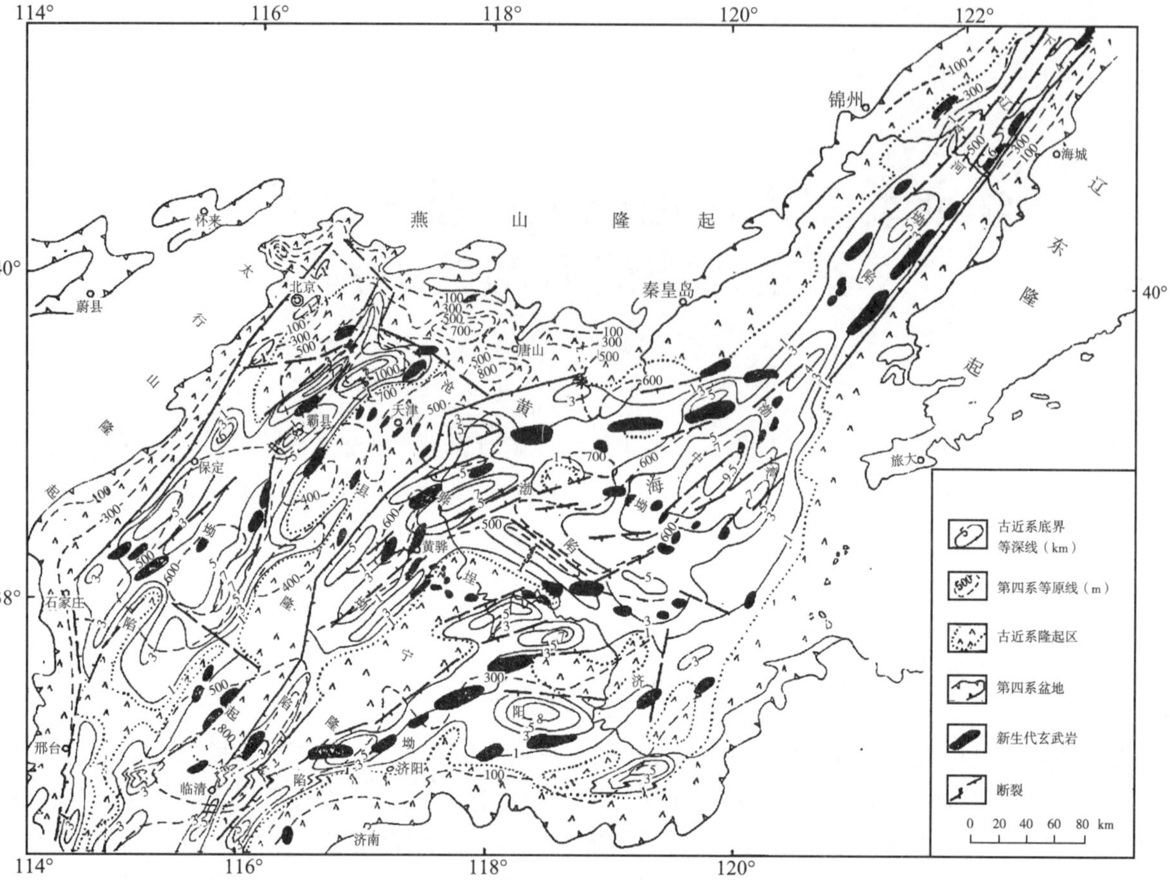

图1　华北北部地区新生代构造和玄武岩分布图

断层所产生的新生代时期的侧向扩张量，在平原区达 140～170 m/km[1]。

图1中的平原内新生代玄武岩分布，是根据钻孔和磁测资料解释结果编制的。大量的基性火山活动主要发生在古近纪，多分布在坳陷内部，据钻孔资料，有的地区火山岩多达40多层，累计厚度可达800～1000 m以上，下辽河有一钻孔钻入玄武岩1100多米尚未打穿①。根据对新生代玄武岩的地球化学研究，古近纪玄武岩属拉斑玄武岩，形成温度1050～1200 ℃。形成压力15 kbar，相当于50多公里深度；新近纪玄武岩多分布在平原内隆起和坳陷的交接部位及平原周边山区，碱性和非碱性共存，非碱性部分属大陆拉斑玄武岩，形成温度同上，形成压力大于15～20 kbar，相当于70～80 km；第四纪玄武岩主要零星分布在周围山区，为碱性和强碱性，形成温度同上，形成压力大于20～30 kbar，相当于100 km左右深度。这些玄武岩浆源于上地幔软流圈②。

2　地壳上地幔的速度、电性和热结构

根据人工地震测深资料，考虑速度随深度变化 $V=V(z)$ 的水平分层介质的地壳结构模式，应用理论地震图和射线追踪方法[2,3]，对柏各庄-丰南-丰宁地震测深剖面进行了详细解释，获得了从炮点桩号0～112.05 km段的地壳上地幔速度结构（图2），由于改进了解释方法，它不同于早期给出的速

---

① 顾志明，辽河裂谷的断块运动和油气聚集，1981。

② 从柏林、张儒瑗，华北断块区新生代玄武岩及其形成的大地构造环境，1981。

度结构剖面图[1]。

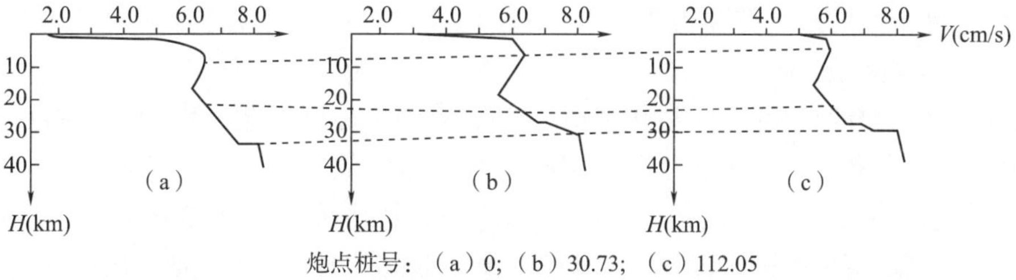

图 2　柏各庄–丰南–丰宁剖面的地壳上地幔速度结构

从图 2 可见：①地壳表层，层速度 1.6～4.0 km/s，厚 1～2 km，在平原内应大于 6 km，为中、新生代地层；②上层地壳，层速度一般为 4.7～6.2 km/s，厚 5～10 km，平原区速度值大，山区速度值小，本层下部为一明显的高速层；③中层地壳是一组低速层，厚 13～17 km，速度最低值为 5.4 km/s，埋深 16～20 km；④下层地壳是一组速度随深度明显增加的速度梯度层，层速度 6.0～7.6 km/s，厚 6～10 km。下层地壳的厚度在上地幔隆起区薄于坳陷区；⑤莫霍面下为一速度梯度过渡层，速度 8.1～8.3 km/s。

根据大地电磁测深资料，采用张量阻抗分析方法和对纵向视电阻率曲线做自动拟合反演，获得本区地壳上地幔电性分层（图 3）。图 3 与图 2 的剖面位置大致相同，在其他大地电磁测深剖面上也获得了同样的电性分层[1]，现综述如下：

①地壳表层，电阻率几至十几欧姆·米，为新生代地层，山区缺失；②上层高阻层，电阻率 10^2～10^3 Ω·m，厚 10～20 km 左右，平原区薄、电阻率低，山区厚、电阻率高；③壳内高导层，电阻率几至十几欧姆·米，厚数公里，其埋深大致处于壳内低速层的最小速度值出现的深度；④下层地壳–上地幔最上部高阻层，电阻率 10^4～10^5 Ω·m，厚度变化很大，平原薄、山区厚；⑤上地幔高导层，电阻率 1 至几欧姆·米，其埋深由平原向山区加大。

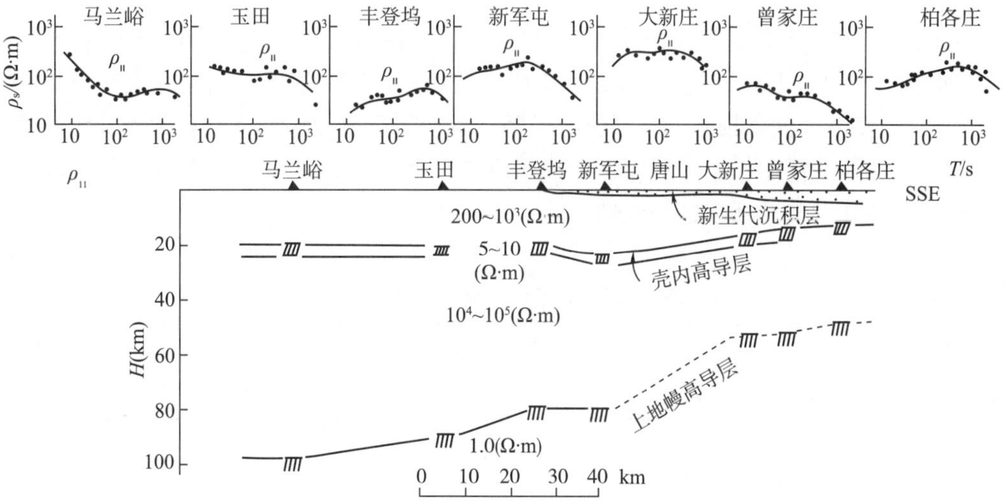

图 3　马兰峪–柏各庄大地电磁测深的地壳上地幔电性分层

$\rho_{\parallel}$. 纵向视电阻率曲线

地壳上地幔的速度结构和电性分层有很好的对应关系：①地壳表层为低速–高导层；②上层地壳的速度、电阻率以及厚度值均变化较大，说明它们遭受了强烈的构造变动；平原区速度值偏大可能与新生代大量玄武岩活动有关，而其电阻率值偏低可能与裂隙发育有自由水渗入有关；③低速的中层地壳虽然整体厚度大于壳内高导层，但最小速度值的深度与壳内高导层埋深相当，表明它们之间有共同的成因机制。有趣的是本区的地震震源几乎都位于这个深度之上；④速度梯度层的下地壳以及上地幔最上部在电性上表现为高阻层。

根据目前在本区获得的近 40 个大地热流值[4,5]①，表明平原区（包括渤海，下同）大地热流值在 1.22～2.53 HFU 范围内变动，平均值为 1.95 HFU；周围山区从 0.65～1.40 HFU，平均值 0.95 HFU，但怀来-延庆新生代断陷较高些，平均值 1.45 HFU；平原与山区的过渡地带从 1.10～1.90 HFU，平均值 1.50 HFU。可见：稳定抬升的山区平均大地热流值接近世界上一些古老地台区的平均值，但其中的新生代断陷较高些；平原区的平均大地热流值则于近代活动区的平均大地热流值相当；但在平原区内部沿 NNE 向的下辽河-渤中-黄骅坳陷又是大地热流的相对高值地带，平均值为 2.10 HFU；目前在平原内的隆起地区尚未获得较多的大地热流值，但沧县隆起（天津局部热异常区除外）的地温梯度为 2.0 ℃/100 m，明显地低于平原内坳陷区 3.10～3.80 ℃/100 m 的地温梯度值。

根据人工地震测深和部分重力资料反演所获得的地壳构造剖面图，以及上述的平均大地热流值数据，用二维有限元法沿 4 条剖面计算了本区地壳上地幔的温度-深度分布。这里仅列出一条从西部山区穿过河北平原和渤海湾到庙岛列岛的地壳上地幔温度-深度剖面图（图 4）。

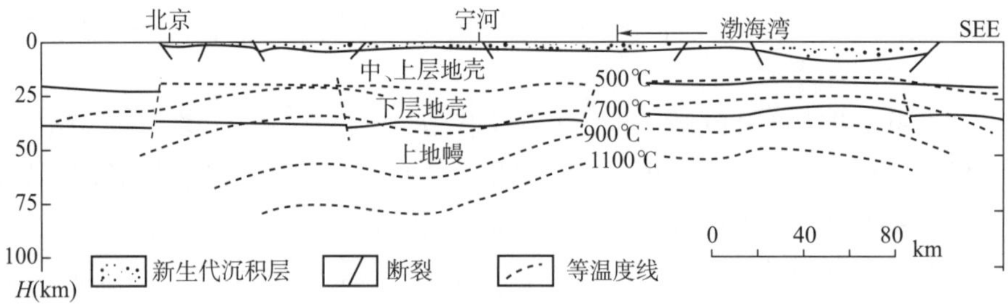

图 4　西部山区-庙岛温度-深度剖面

从图 4 可见 500 ℃等温面在渤海内部埋深约 16 km，在沧县隆起约 22 km，在冀中坳陷约 18～20 km，但在西部山区约为 35 km。这与根据航空磁测资料所计算的居里等温面（大约 500 ℃）深度基本一致（表 1）。但在山区偏离较大，这可能与居里点温度随深度加大而降低有关[6]。可见本区的温度分布与新生代以来的构造活动性有密切关系：强烈坳陷区和火山活动区为高温区，稳定隆起区为低温区，表明了近代构造活动与热活动的一致性。

表 1　华北北部地区居里等温面深度

地　区	渤海	沧县隆起	冀中坳陷	山区
居里面深度（km）	14～16	20～24	16～20	24～26

3　地壳上地幔构造及其与新生代构造活动的关系

根据 9 条人工地震测深剖面的解释结果，编制了本区莫霍面构造图（图 5）。

---

① 张汝惠等，唐山及邻区的地热条件与地震的关系，1981。

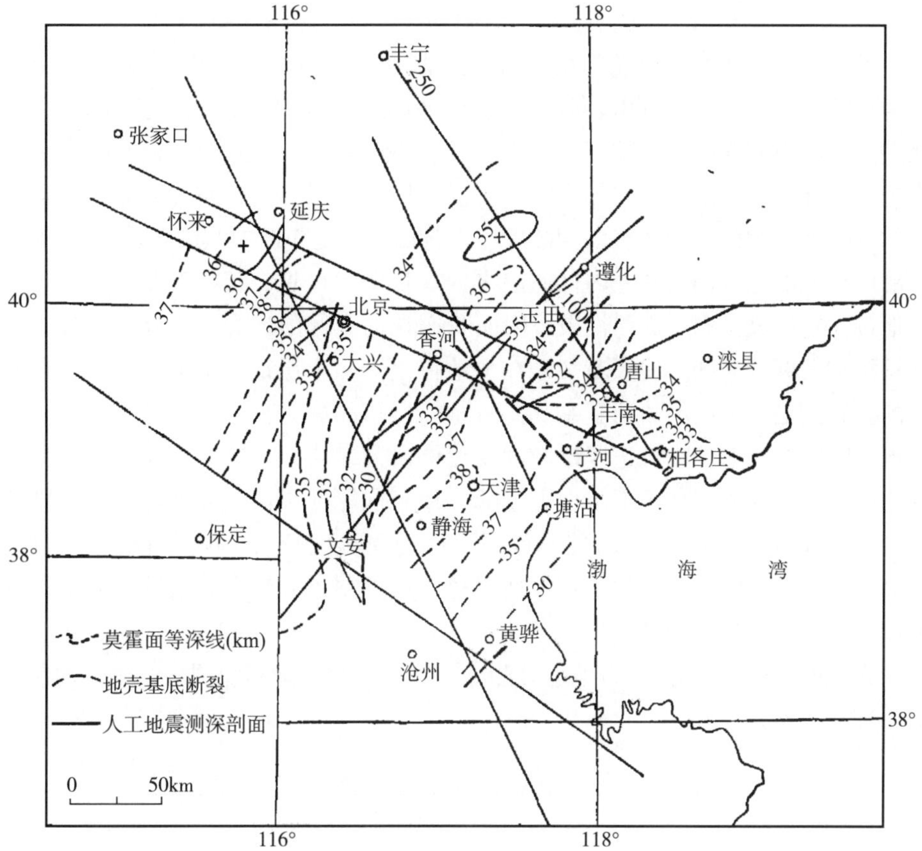

图 5　华北北部地区莫霍面构造图

本区莫霍面的主导构造方向为 NNE 向，与新生代以来的构造方向一致。在平原区有两个莫霍面隆起和一个坳陷。平原西部的莫霍面隆起与新生代的冀中坳陷对应，地壳平均厚度约 33 km，最薄处在香河—文安一线约 30 km。这个莫霍面隆起似乎经过北京平原继续沿 NNE 方向往北部山区延展。平原东部的莫霍面隆起与新生代的黄骅坳陷对应，在这里地壳厚度为 30～33 km，但这个隆起的范围由于缺乏渤海地区人工地震测深资料尚未圈定出来。根据渤海北岸北戴河地区的天然地震转换波工作结果，地壳厚 28 km[7]；根据下辽河平原人工地震测深的初步结果，地壳厚 30.8 km①；根据重力资料反演，渤海地区的地壳厚度为 29～30 km[8]。因而沿下辽河—渤中—黄骅的 NNE 向新生代坳陷区是一个统一的莫霍面隆起带，估计其地壳平均厚度约 30～31 km，地壳最薄处不大于 28 km。平原中部的莫霍面坳陷与新生代的沧县隆起对应，其地壳最大厚度为 38 km，地壳平均厚度约 36～37 km。平原区莫霍面的最大幅差可达 10 km。平原区“两隆一坳”的莫霍面构造格局恰与新生代“两坳一隆”的构造格局对应，它们之间呈反向关系。

从平原向西部山区莫霍面逐渐加深到 38 km，但在怀来—延庆新生代断陷下莫霍面又抬升到 36 km。在平原与北部山区之间，从唐山到三河 NWW 向一带莫霍面构造比较复杂：玉田以东有一个似椭圆形的局部的莫霍面隆起，顶点埋深仅 32km；三河以东有一个莫霍面局部坳陷，深 36 km。这里的地壳厚度相对较薄，莫霍面构造格局与平原区的“两隆一坳”和西部山区逐渐加深的格局有明显的不同，此外，在保持着 NNE-NE 向的延伸趋势中隐伏着近 NWW 向的构造影响。前已述之，这一 NWW

① 辽宁省地震队，东北地区地壳深部探测工作成果简介，1981 年。

带是第三纪隆起区，第四纪开始下沉，发育有几个小型的第四纪沉积坳陷，认为是左旋剪切活动的结果[8]。

图5中划出了切过莫霍界面的地壳基底断裂。除香河-宁河断裂为NW向外，其余均为NNE-NE向，初步判断为正断层。香河-宁河断裂向两端的延伸情况尚不清楚，但显然它构成了河北平原第三系沉积范围的北界。平原内部规模较大的三条NNE向地壳基底断裂，基本上都位于新生代坳陷的内部，而不像通常设想的那样位于坳陷和隆起的边缘，所以它们与浅层的大断裂如太行山前断裂和沧东断裂不是上下沟通的。根据详细的石油地震勘探结果，太行山前和沧东断裂其倾角均小于45°，并随深度而变缓，最后可能以很低的角度消失在壳内低速层之内。从图5可见，沿地壳基底断裂的一侧是地壳厚度明显减薄的地带，它们又具有正断层性质，因而我们认为本区的地壳基底断裂是在上地幔上隆过程中形成的，是从深部发展起来的。浅层断裂是在上地幔上隆、上层地壳侧向引张过程中形成的，是由浅部发展起来的。它们是一个起因、两套系统。

根据人工地震测深结果对壳内各速度层厚度变化的研究表明，本区地壳厚度的变化还明显的与下层地壳厚度变化有关，即地壳减薄区下层地壳变薄，地壳加厚区下层地壳变厚，同时随着下层地壳厚度的加大，其层速度成线性增加①。这可能与本区下层地壳温度较高，在上地幔上隆过程中下层地壳向两侧蠕变有关。下层地壳蠕变也导致了在上地幔隆起区下层地壳变薄、层速度减低，在上地幔坳陷区下层地壳加厚、受挤、层速度增加。

根据在本区完成的30多个测点的大地电磁测深资料并结合大地热流观测结果，编制了本区上地幔高导层深度图（图6）。

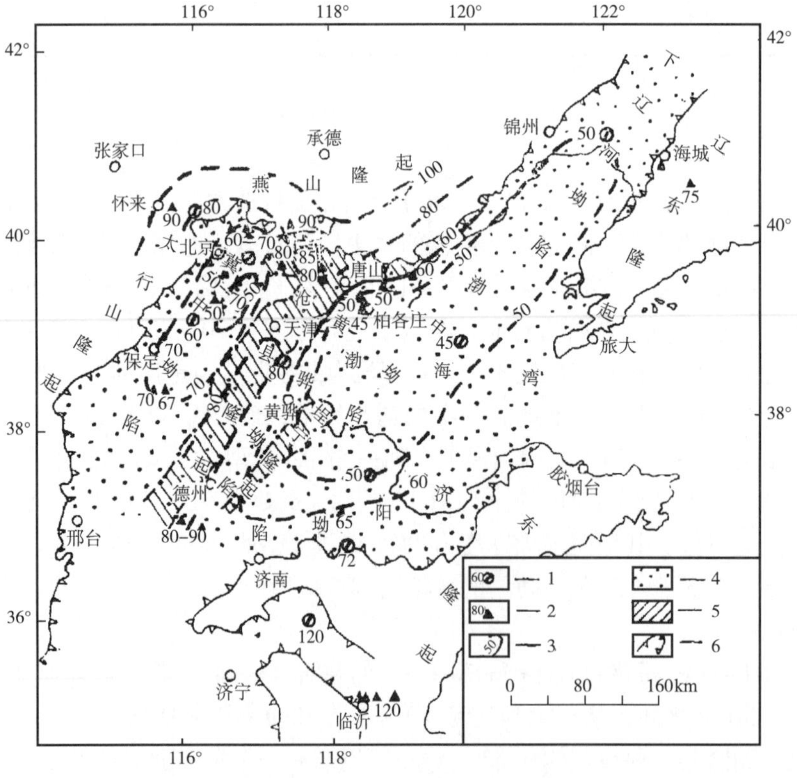

图6　华北北部地区上地幔高导层（软流圈）埋深图

1. 根据平均大地热流值计算的上地幔高导层埋深（km）；2. 根据大地电磁测深资料计算的上地幔高导层埋深（km）；3. 上地幔高导层等深线（km）；4. 第四系分布范围；5. 古近纪隆起；6. 平原山区边界

① 曾融生等，北京地区地壳构造的初步研究，1979。

平原区下的软流圈普遍偏浅，约 50～80 km，并有两个隆起带，即以渤海为中心的沿下辽河—渤中—黄骅（包括济阳）新生代坳陷区展布的 NNE 向隆起带，埋深 50 km；另一是沿冀中新生代坳陷展布的规模较小的 NNE 向隆起带，埋深 50～70 km。软流圈隆起与新生代坳陷对应。向山区内部软流圈迅速加深，估计可能大于 100～120 km。平原区的软流圈隆起有明显的向北部山区外侵的趋势，例如在北京和唐山附近的上地幔高导层隆起等深线明显的向山区方向伸展。这可能是导致这一地带的地壳厚度相对减薄和第四纪显著下沉的原因之一。平原与北部山区之间的 NWW 向构造带（图 1）恰好位于软流圈隆起宽度发生显著变化的地带，北窄、南宽（图 6）。由于软流圈上隆可以引起上覆地壳的侧向运动，故推测沿 NWW 带，其两侧的上覆地壳会发生左旋相对滑动。这可能使该带自新生代以来出现了左旋剪切以及现代地震活动较频繁而强烈。

上述分析表明，软流圈的不均匀活动是本区新生代以来构造活动的主要起因。由于晚白垩纪时期，库拉-太平洋洋脊向 NNW 向迁移并逐渐倾没于亚洲大陆的东部边缘之下[10]，华北平原下的上地幔变热，密度降低，为了补偿这种过程，地表上隆，形成高地。在地形荷载以及高温低密度软流圈上拱的作用下，自始新世开始沿 NNE 向的地表隆起地带，在其上部脆性地壳处发生裂谷。沿着目前的下辽河-渤中-黄骅（包括济阳）和冀中坳陷地区出现了两个 NNE 的软流圈强烈上拱地带，上覆地幔裂开，基性岩浆大量溢出，岩石圈继续加热，下地壳侧向蠕变，地壳厚度减薄，上部脆性地壳侧向滑动地表下沉接受沉积，产生一系列倾角随深度变缓的张性断层，将上部脆性地壳分割成很多块体，华北平原形成了盆-岭系构造。进入新近纪以来，由于印度板块与亚洲板块的碰撞，喜马拉雅山崛起，沿阿尔金—祁连山一带发生大规模的左旋滑动[11]，华北地区的岩石圈处于引张作用之下，在早期的构造背景下整个平原下的软流圈大面积上隆，平原整体下沉，新近系和第四系沉积覆盖了整个平原（图 7）。由于平原下的软流圈上隆宽度沿平原和北部山区之间的 NWW 地带有显著变化，以及软流圈隆起有向

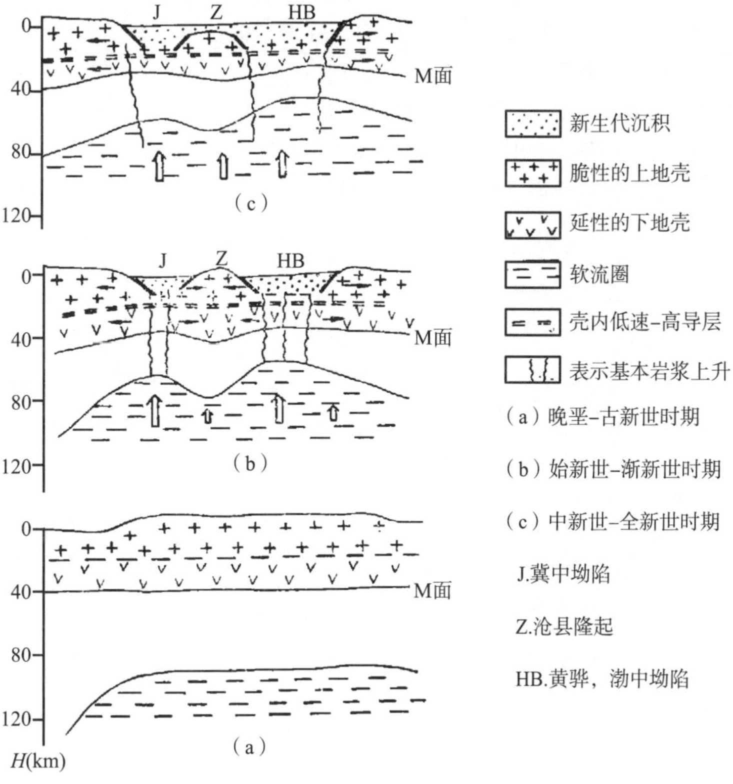

图 7　华北裂谷产生和演化示意图

北部山区外侵的趋势，因此沿这条 NWW 带出现左旋剪切，以及进入第四纪以来平原区的构造活动有向北加强的情况。

在软流圈上隆早期，由于其部分熔融和分异程度较高，因而古近纪以拉斑玄武岩喷发为主，随着大量易熔组分的溢出岩浆源逐渐转入更深的层位，因而新近纪和第四纪以碱性和强碱性的玄武岩喷发为主，且活动程度逐渐减弱，活动范围由平原向外围扩展。

本区壳内存在的低速高导层，顶界埋深 15～20 km 左右，厚数公里，最低速度值 5.4 km/s，电阻率值几至十几欧姆·米，该层的温度大致在 500 ℃多些。我们知道在这种温压条件下，含有极少量自由水的花岗岩类物质就可以出现部分熔融而变软。它为上部脆性地壳的侧向滑动提供了低摩擦界面。

本文所列的大量深部探测结果是国家地震局地球物理勘探大队和地质研究所三室全体同志的多年劳动成果。王明魁、杨健、李杆东、张汝惠、孙洁、郝书俭、洪汉净等很多人参加了本文的计算工作，所以本文是一篇集体成果。在成文过程中张文佑教授和马杏元教授给予了指导，从柏林给予了帮助，一并表示谢意。

参考文献

[1] 刘国栋、虢顺民、刘昌铨，1982，地震地质背景（1976 年唐山地震），北京：地震出版社。
[2] Cervcny, V.，1979，J. Geophys，46，135.
[3] Fuchs，K. & Muller G.，1971，Ccophys J. R. Astron. Soc.，23，417.
[4] 中国科学院地质研究所地热组，1978，地热研究论文集，北京：科学出版社。
[5] 解政文、吴乾蕃、张汝惠、谢奕贞，1980，地震地质，2，3：57～63。
[6] Баин，В. П.，Бродская，С. Ю.，Петров，Т. Н.，Печерский，Д. М.，1971，физка，Земли，5，57.
[7] 邵学钟、张家茹、章思亚、李振江，1982，地震地质，4，1：1～10。
[8] 刘元龙、王谦身、赵建华，地球物理学报，21（1978），1：9～17。
[9] 郑炳华、虢顺民、徐好民，1981，地震地质，3，2：31～40。
[10] Uyeda，S. & Miyashiro，A.，1974，Geol，Soe. Amer. Bull，85，1159.
[11] Molnar，P. & Tapponnier，P.，Science，189（1975），419.

京津唐渤和周围地区地壳上地幔电性结构及其与地震活动性的关系*

刘国栋　顾　群　史书林　孙　洁　石障松　刘金汉

1　引言及资料处理

京津唐渤及其周围地区是我国强烈的地震活动区之一，在地质上包括了一些典型的构造单元，有中国大陆最古老的地块和最新的坳陷。自新生代以来，本区出现了强烈的构造运动，平原张开、下沉，山区广泛上隆，平原和山区新生界基底最大落差达 13 km，在平原内部的落差也在 9 km 以上，垂直升降幅度超过了世界屋脊喜马拉雅山脉。为了探讨这些现象与地壳上地幔构造的关系，自 1976 年以来我们在该区开展了大地电磁测深工作，提供有关地壳上地幔电性结构方面的信息，至 1979 年共完成近 30 个测点（图 4）。

大地电磁测深是根据在地面上一点观测变化的天然磁场水平分量（H_x、H_y）和电场水平分量（E_x、E_y）来研究地球内部的电性特征。天然电磁场水平分量之间存在下列关系

$$E_x = Z_{xx}H_x + Z_{xy}H_y$$

$$E_y = Z_{yx}H_x + Z_{yy}H_y$$

式中，Z_{xy}、Z_{yx}、Z_{xx} 和 Z_{yy} 叫张量阻抗元素，它们是电磁场变化频率、测点下的地球介质电性和野外测量装置方位的函数。我们利用自制的 LH-2 型模拟大地电磁测深仪[1]，在各测点上记录随时间变化的天然电磁场的各分量信号，用图形-数字转换仪在室内将这些电磁场信号的示波图形以 2 s 钟的采样间隔数字化；然后根据自编计算大地电磁张量阻抗元素的程序对数字化的电磁场信号进行处理，最后获得沿两个主轴方位（纵向与横向）、不同周期的张量阻抗元素和视电阻率值，以及主轴方位角和二维判别系数等参数[2]。

为了提高估算张量阻抗元素的可靠程度，选用幅度大、干扰背景小的天然电磁场记录图形，选择高频信号丰富的资料段计算短周期的张量阻抗值，选择低频信号丰富的资料段计算长周期的张量阻抗值，同时每个频段上至少要有 4～6 份资料参加处理，取全信息矢量相关度（Phasor Coherence）大于 0.75 的阻抗张量值参加绘制视电阻率曲线图。

利用大地电磁测深视电阻率曲线自动拟合反演方法[3]，将各测点的视电阻率曲线对一维地球模型在计算机上进行自动拟合，以获取地下的电性分层，包括各电性层的厚度和电阻率值。由于横向视电阻率曲线 $\rho_\perp$ 易受表层地质构造的横向不均匀性影响，在研究深部构造时对其进行一维反演经常给出错误的结果，而这种表层的不均匀性对纵向视电阻率曲线 $\rho_\parallel$ 的影响较小，且能得到某种程度的圆滑，故本文利用纵向视电阻率曲线的一维反演结果。

* 本文原载于《地球物理学报》，1983，26（2）：149～157。

2　京津唐渤和周围地区地壳上地幔电性结构

2.1　地壳上地幔电性分层

根据各测点的纵向视电阻率曲线的反演结果，本区地壳上地幔的电性分层如下（图1～3）：

（1）地壳表层高导层　发育在平原地区，视电阻率曲线左支向高频方向的下降反映了此层的存在，但由于高频数据缺乏，未能获得此层所反映的全部视电阻率曲线形态。结合直流电测深的工作结果表明，此层的电阻率值从几欧姆·米到十几欧姆·米，但厚度变化很大，在山区和山区边缘缺失。根据钻孔资料，此层为疏散的新生界沉积，平原边缘的个别测点可能与中生界沉积有关。

（2）地壳上部高阻层　位于有表层高导层发育的平原内各测点的纵向视电阻率曲线，一律出现明显的左上升支和第一个极大值，位于缺乏表层高导层的山区和山区边缘各测点的纵向视电阻率曲线向高频方向上升。这些曲线形态反映了高阻层的存在。此层电阻率值在 10^2～10^3 Ω·m 范围内变化，愈接近山区电阻率值愈大。根据人工地震测深资料，此层大致与上层地壳相当[4]，它包括了古生界和前寒武纪的高阻基底以及所谓“花岗岩层”。根据实验[5]，在壳内温度下，干燥花岗岩类标本的电阻率值达 10^5 Ω·m 以上，比本区的实际观测值大2～3个数量级。这可能是平原区进入新生代以来，由于遭受了强烈的构造破坏，上层地壳十分破碎，张性裂隙广泛发育，表层自由水下渗，导致电阻率值显著下降；山区上层地壳相对比较完整，电阻率值略高。

（3）壳内高导层　本区所有测点的纵向视电阻率曲线普遍在中部有极小值出现，但位于山区或山区边缘的测点这个极小值要比位于平原内部的测点明显的多。这是因为平原内有较厚的低阻沉积层，它对下部高导层的电磁效应有某种屏蔽作用。由于在所有测点上，不论其所处的构造部位如何，在纵向视电阻率曲线上都有这个极小值存在，因而我们可以认为这个极小值不是表层不均匀性所引起的“畸变”效应，而是壳内高导层的反映。反演结果表明，该高导层的电阻率值为几至十几欧姆·米，厚数公里，埋深在十几到二十几公里，在平原内新生代坳陷区浅些，接近山区深些。该层与人工地震测深方法所确定的壳内低速层一致[4]。

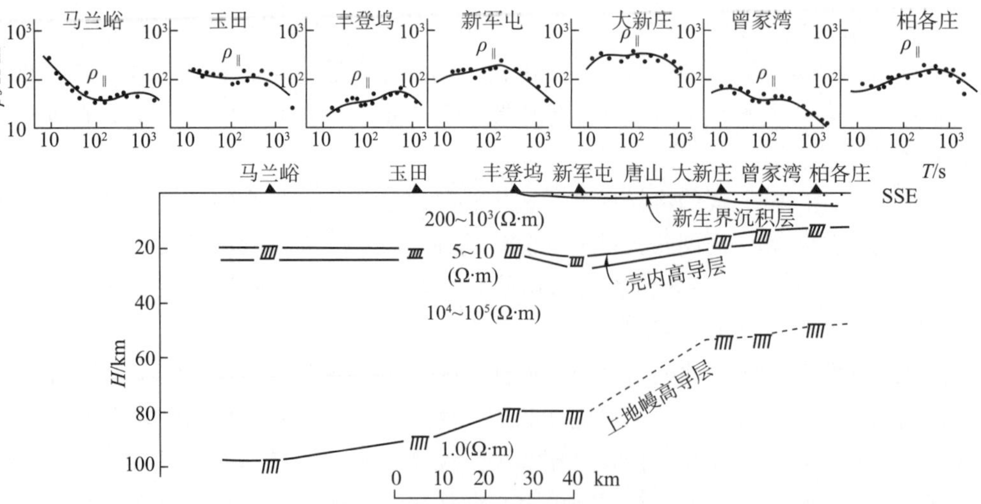

图1　柏各庄-马兰峪大地电磁测深剖面

（4）下部高阻层　纵向视电阻率曲线右支的极大值代表了这个高阻层的存在。该层电阻率值一般

为 10^4～10^5 Ω · m，但厚度变化很大，从近 30 km 到 60～70 km，平原薄、山区厚。

（5）上地幔高导层　本区所有测点的纵向视电阻率曲线的右支几乎都以 40°～45°角的渐近线趋势向长周期方向下降。这表明在深部存在较厚的高导层。反演表明，此高导层的电阻率值很低 1 到几欧姆 · 米，但埋深变化很大，从平原内最浅处 50 km 左右到山区的 100 多公里。一般认为上地幔高导层是出现了部分熔融的层位，与上地幔低速层或软流层相当。

2.2　壳内和上地幔高导层分布特征

本区近 30 个大地电磁测深点可组成 5 条剖面（图 4），它们是通过唐山地震区的柏各庄-马兰峪 NNW 向剖面，通过三河-平谷大震区的怀来-马兰峪近 EW 向剖面，通过邢台地震区的宁晋-马兰峪 NNE 向剖面和宁晋-高唐 NW 向剖面以及横切北京断陷区的堡上-凤河营 NWW 向剖面；此外在海城地震区还有两个测点以及其他地区的零散测点。个别测点，如宁晋、高唐、博兴、怀来等测点系早期工作结果，采用的是标量阻抗处理方法，但由于野外测量装置是按已知的地质构造方向布置，被解释的视电阻率曲线是电极沿构造方向布置的曲线，故也等效于纵向视电阻率曲线的解释结果。昌黎测点是前人工作结果[6]。现选择上述 5 条剖面中的前三条简述。剖面的上方绘制了各测点的纵向视电阻率曲线 $\rho_{\parallel}$，实点代表实测的视电阻率值，实线代表反演拟合的结果；剖面的下方绘制了解释的地电剖面（图 1～3）。

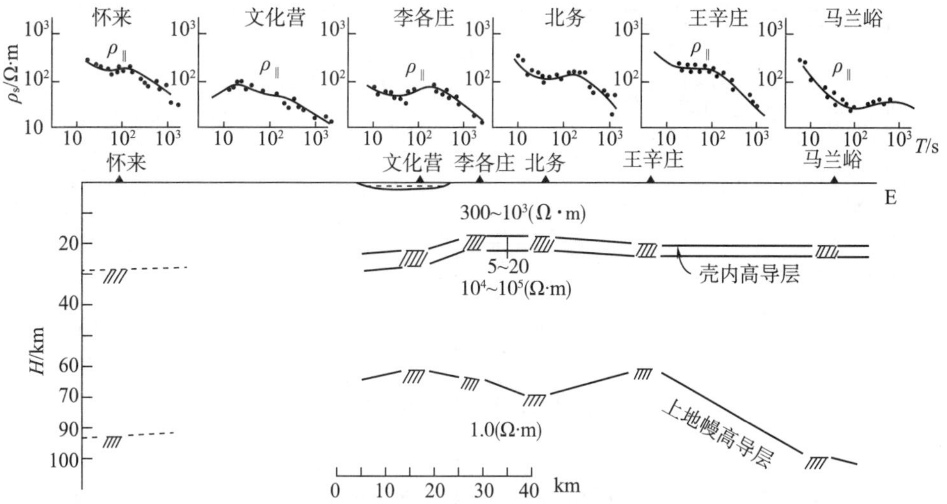

图 2　怀来-马兰峪大地电磁测深剖面

（1）柏各庄-马兰峪剖面（图 1）它南起渤海北岸的柏各庄附近，沿 NNW 向横切唐山地震带，终止在燕山南缘的马兰峪，全长 120 km。剖面东南端的三个测点位于渤海坳陷边缘，这里新生代低阻沉积厚达4000 m，电阻率值为6～15 Ω · m。剖面西北端马兰峪测点高阻的古老变质岩系直接出露，属新生代以来的燕山隆起区。剖面的中间地段处于华北新生代断陷盆地和燕山隆起之间的过渡地带，这里除发育有数百米的第四系低阻沉积外，部分地区还有较厚的中生代沉积。反演结果表明，沿此剖面在壳内有高导层存在，厚 3～5 km，电阻率值为几欧姆 · 米，与人工地震测深方法所确定的壳内低速层的最小速度值埋深一致[4]。在渤海边缘壳内高导层埋深大约 15 km，向 NNW 方向逐渐加深至 20 km 多。沿此剖面，上地幔高导层埋深变化很大，从渤海边缘的 50 km 左右向 NNW 向下倾，到山区边缘达 100 km 左右。唐山地震区位于上地幔高导层埋深的陡坡带上。

（2）怀来-马兰峪剖面（图 2）它西起新生代的怀来—延庆山间断陷盆地，穿过冀中新生代坳陷北缘终止在马兰峪古老背斜上，全长 140 km。沿此剖面也普遍有壳内高导层出现，厚3～5 km，电阻率值为几至十几欧姆·米，但其埋深在怀来测点达 28 km，其他测点约在 20 km 左右。上地幔高导层在冀中坳陷范围内约 60～70 km，向西侧显著加深，在西部的怀来测点和东部的马兰峪测点达 90～95 km。1679 年的三河–平谷 8 级大震大致位于上地幔高导层埋深显著变化的王辛庄和马兰峪测点之间。

（3）宁晋–马兰峪剖面（图 3）它南起 1966 年邢台地震区的宁晋，沿冀中坳陷一直延伸到马兰峪，全长 400 多公里。冀中坳陷新生代沉积平均厚度 5000～6000 m，在坳陷的中北部最厚处可达 8000～9000 m。反演结果表明，壳内高导层在中北部偏浅，约 13～15 km，在南部的宁晋埋深 23 km，与人工地震测深所确定的壳内低速层一致[7]，在北部的宝坻和马兰峪埋深也大于 20 km。上地幔高导层在冀中坳陷的中北部埋深 50～60 km，向南向北加深到 75～95 km。

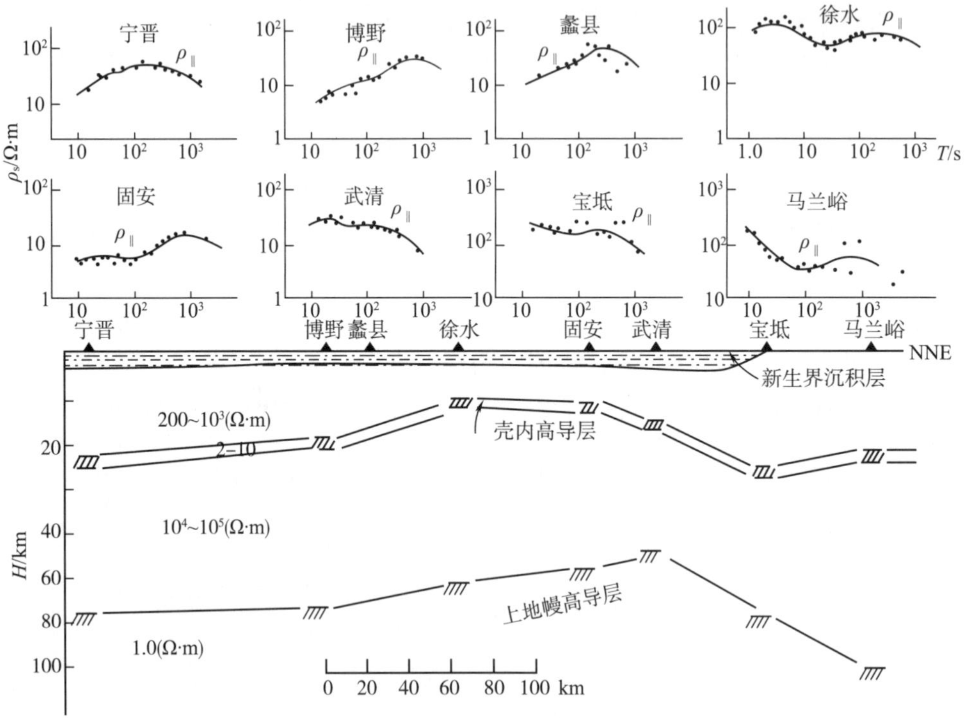

图 3　宁晋–马兰峪大地电磁测深剖面

由于一般认为上地幔高导层是部分熔融的高温层，故其埋深应与地表观测的大地热流值有一定联系。我们利用 Ádám 的经验公式[8]：

$$h = h_0 q^{-a}\ (\mathrm{km}),$$

式中，h 代表上地幔高导埋深，$h_0 = 155$（km），$a = 1.46$ 为统计值，q 为平均大地热流值（HFU），检验了本区范围内平均大地热流值与上地幔高导层埋深之间的关系，发现对本区来说取 $a = 1.77$ 更好些[9]。a 的加大表明上地幔高导层的埋深与大地热流值之间的关系更为密切。我们把本区内大地电磁测深实际观测的上地幔高导层埋深与根据大地热流值[10,11]，按上式计算的上地幔高导层埋深结合起来，研究本区范围内上地幔高导层的变化情况。由于按后者计算的埋深是间接的，其误差必然更大一些。根据这两类数据编制了京津唐渤及其邻区上地幔高导层顶面深度图[9]，见图 4。由于大地电磁测深点和大地热流数据都不是很多，分布又不均匀，故该图带有一定的推测成分。但我们认为，它能大致反映本区范围内上地幔高导层，即上地幔软流层深度或岩石层厚度的变化情况。

从图 4 可见，在新生代断陷的平原和渤海地区，上地幔高导层顶面呈 NNE 向展布，埋深在 50～80 km左右，存在两个 NNE 向隆起带和一个坳陷带。在以渤海为中心的沿下辽河坳陷和黄骅坳陷展布

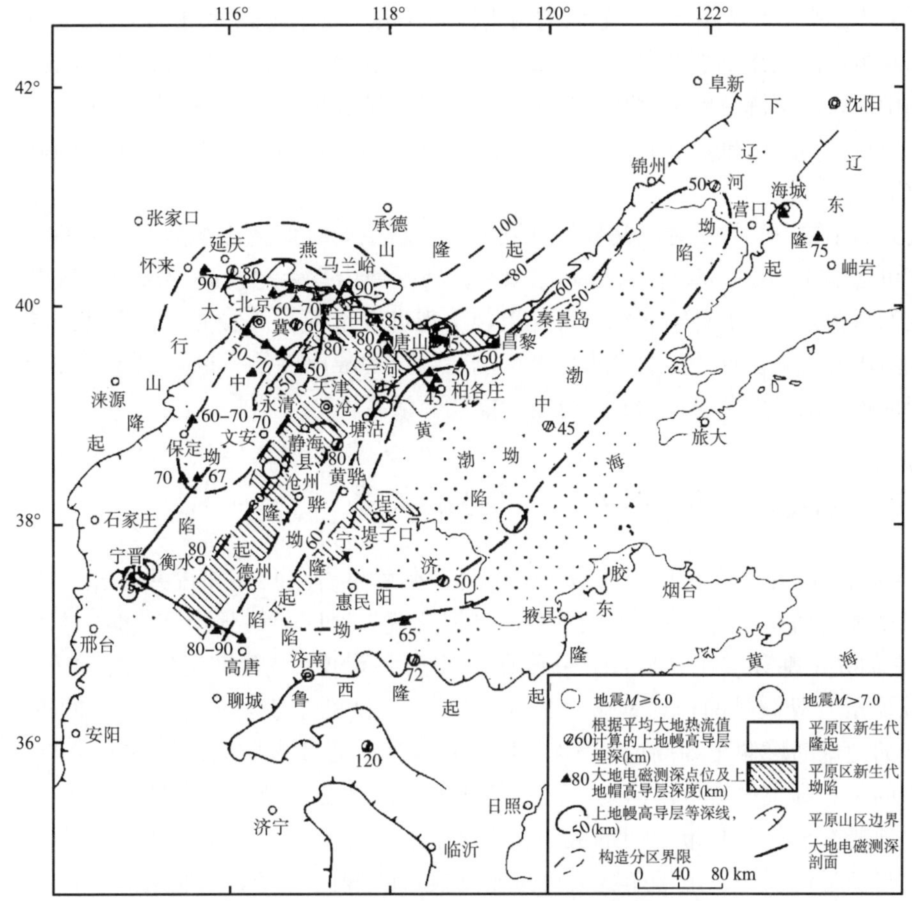

图 4 京津唐渤及邻区上地幔高导层深度图

震中表示 1966 年邢台地震以来 $M \geqslant 6$ 级的地震

的隆起带的上地幔高导层埋深约为 50 km，在渤海内部可能更浅一些，根据对地磁短周期变化异常的分析，认为只有 30～50 km[12]。沿冀中坳陷展布的上地幔高导层隆起规模较小，其中心在霸县—安次一线，埋深约 50 km，这个隆起沿北京平原向北延伸至山区附近。沿沧县隆起为上地幔高导层坳陷带，埋深约 80 km 左右。

由于山区内部的大地电磁测深资料很少，因此，很难判断上地幔高导层埋深的具体情况，但根据少量的大地热流数据，推测上地幔高导层埋深显著地大于平原地区。在本区范围外的西北方向，即集宁以北的赛汉塔拉地区，根据三个大地电磁测深点的初步分析，上地幔高导层埋深可能在 150～200 km左右。

上述的上地幔高导层埋深情况，得到了其他地球物理和地质资料的支持。例如，根据地震资料对地幔纵向速度结构的研究表明，华北地区的上地幔低速层深约 60 km[13]；根据面波频散资料的反演结果，在通过华北平原西部从北京到武汉的路径上，上地幔低速层埋深 70 多公里[14]；根据人工地震测深结果，华北平原邢台地区的上地幔低速层埋深为 80 多公里[15]。根据航空磁测资料计算的京津唐渤及周围山区的居里等温面（约相当于 500 ℃温度面）深度为：沿渤海北北东一带最浅为 14～16 km，沿冀中坳陷次之，为 16～20 km，沿沧县隆起为 20～24 km，山区内部大于 20～24 km（据郝书俭资料)。可见与高温的上地幔高导层埋深变化情况基本一致。根据对华北断块区新生代玄武岩系的地球化学研究①，古近纪玄武岩主要分布在平原区的新生代坳陷内，岩浆源深度约 50 km，新近纪玄武岩分布在新生代坳陷和隆起的交接部位及平原周边山区，岩浆源深度为 70～80 km，第四纪玄武岩主要是零星分布在周围山区，岩浆源深度为 100 多公里。它们的形成温度均在 1050～1200 ℃，玄武岩浆源于上地幔软流层。可见，本区新生代玄武岩的分布规律及其原始岩浆的形成深度与上地幔高导层的埋深变化情况是一致的。

第三纪玄武岩主要分布在上地幔高导层强烈上隆、新生代时期地表强烈下沉的新生代坳陷内，其最大累积厚度可达 800～1000 m，但自新四纪以来，在平原内，上地幔高导层隆起区尚未发现大量的火山活动。我们认为，这可能与第三纪时期这里曾出现过大量的玄武岩喷发，致使高导层上部易熔的组分多数已经溢出有关。但这并不会在本质上影响高导层的导电性能，因为只要有很少量的熔融组分存在，并能形成连续的导电薄膜，岩石的导电性能就会很高。

3 地壳上地幔高导层与地震活动性的关系

自 1966 年邢台地震到 1976 年唐山地震十年间，在京津唐渤及其邻近共有五个地区（邢台、河间、渤海、海城和唐山)，发生过强烈的地震活动。这五个地区包括强余震在内，$M \geqslant 6$ 级的地震共发生 16 次，它们几乎都分布在以渤海为中心的沿下辽河-渤中-黄骅新生代坳陷展布的 NNE 向上地幔高导层（软流层）隆起带的边缘地区（图 4)。五个地区的主震具有几乎一致的近 EW 向的挤压应力场、很陡的地震断层倾角和接近于 3 : 1 的水平形变和垂直形变比值。在上述的 NNE 向上地幔高导层隆起带的上方则很少有地震活动，而在其外围地区小震广泛分布。这种地震分布和其活动的特点及其与上地幔高导层隆起带之间的关系表明，它们之间不是孤立的，应具有某种内在的联系。我们曾指出过自新近纪以来，由于印度板块与亚洲板块的碰撞，使华北地区的岩石层处于引张作用之下，在早期的构造背景下华北平原下的软流层大面积上隆[4]。随着软流层的上隆必然引起上地壳的侧向滑动，当这种滑动在软流层隆起带边缘、地壳构造复杂地区受到阻挡时，就会在上地壳范围内逐渐形成挤压应力的积累，当其超过岩石的破裂强度时就以地震形式释放。此外，也有可能是软流层隆起带内的物质以岩墙形式侵入到地壳范围之内，从而对其侧向地区施以巨大的挤压作用，造成地震的发生。

本区的震源深度基本上位于壳内高导层之上，例如海城、邢台和唐山地震区都是如此（图 5、图 6)。同时，根据人工地震测深资料[6]，在邢台地震区，与壳内高导层相当的壳内低速层的厚度，有从上地幔高导层隆起带方向起向震中区加厚的趋势（图 6)。

根据航磁资料所计算的居里等温面深度大体上与壳内高导层埋深相当，根据大地热流值和人工地震测深给出的地壳模型所计算的壳内高导层深度上的温度也大致在 500 ℃左右。根据人工地震测深资料，壳内高导层基本上位于“花岗岩层”下部，或者是花岗岩层与玄武岩层的分界面附近。我们知道，当有自由水哪怕是少量自由水存在的情况下，花岗岩类物质在 550 ℃和 4～6 kbar 的压力条件下，就可出现部分熔融。根据最近 R. D. Meissner 的实验结果，当岩石温度达到部分熔融温度的 75% 时，岩石就会出现明显的蠕变活动而不能积累应力。我们认为，本区内的壳内高导层可能处于部分熔融或易于蠕变的状态之下，所以它成了震源深度的下限。当上地壳侧向滑动时，它是一个低摩擦界面，也可能随着上地壳的侧向滑动高导层内的物质被拖带，并促使其内部温度升高，而有助于部分熔融。当遇构造复杂地区上地壳侧向滑动受阻，壳内高导层或低速层也同时逐渐变厚。在受

① 从柏林、张儒瑗，华北断块新生代玄武岩系及其形成的大地构造环境，1981。

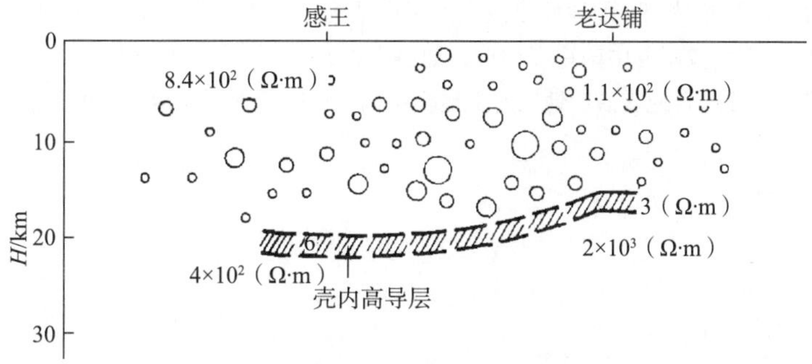

图 5　海城地震震源深度与壳内高导层的关系

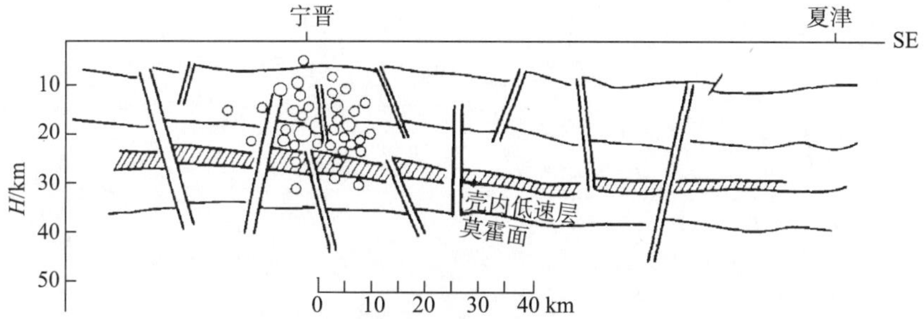

图 6　邢台地震震源深度与壳内低速层的关系

阻区，上地壳逐渐形成与大震有关的挤压应力聚累，变厚的壳内低速层给上地壳施加一个附加的垂直应力，从而促进大震的发生。唐山大震前重力场的升高和某些显著的蠕变活动可能与壳内低速层或高导层的震前活动有关。

张木生、晋光文、邓前辉、王宝钧、秦国卿、赵国泽等均参加了本文的资料收集和解释工作。

参 考 文 献

[1] 顾群等，1980，华北、西北一些地区地壳和上地幔高导层，地震地质，Vol. 2，No. 2，21～29。
[2] 国家地震局地质研究所大地电磁测深组等，1981，估算张量阻抗的大地电磁测深资料处理方法，大地电磁测深，北京：地震出版社。
[3] 武汉地质学院物探系石油电法组等，1981，大地电磁测深曲线的病态反演，大地电磁测深，北京：地震出版社。
[4] 刘国栋、刘昌栓，1982，华北北部地区地壳上地幔构造及其与新生代构造活动的关系，中国科学（B 辑），No. 12，1132～1140。
[5] КурсКеев，А. К.，1977，Геофизическая характеистика земной Коры Казахстана，Алма-Ата Наука Казахской ССР.
[6] 陈伯航，1974，渤海西岸的电导率异常，地球物理学报，Vol. 17，No. 3，169～172。
[7] 滕吉文等，1975，华北平原中部地区深部构造背景及邢台地震（二），地球物理学报，Vol. 18，No. 3，196～207。
[8] Ádám，A.，1978，Geothcrmal effects in the formation of electrically Conducting zones and temperature distribution in the earth，Physics of the Earth and planetary Interiors，Vol. 17，21-28.
[9] 刘国栋等，1982，地震地质背景，1976 年唐山大震，北京：地震出版社。
[10] 解政文、吴乾藩等，1980，渤海及其邻近地区热流值的初步分析，地震地质，Vol. 2，No. 3，57～63。
[11] 中国科学院地质研究所地热组，1978，地热研究论文集，北京：科学出版社。
[12] 祁贵仲等，1981，渤海地区地磁短周期变化异常、上地幔高导层的分布及其与唐山地震的关系，中国科学 No. 7，

869～879。
[13] 宋仲和等，1981，北京-萨哈林剖面的地幔纵波横向速度结构，地球物理学报，Vol. 24，No. 3，310～318。
[14] 冯锐等，1981，利用地震面波研究中国地壳构造，地震学报，Vol. 3，No. 4，335～350。
[15] 滕吉文等，1982，华北平原邢台地震活动地区的上地幔结构和地幔低速层，地球物理学报，Vol. 25，No. 1，58～64。

华北地区壳内高导层及其与地壳构造活动性的关系*

刘国栋　史书林　王宝钧

1　引　言

20世纪70年代以来发表的关于壳内高导层的报道显著增加了[1,2]。一般地说，该层埋深约15～25 km，厚数公里，电阻率值几至几十欧姆·米。在构造活动区和高大地热流区，壳内高导层和壳内低速层常常一致。尤其在新生代裂谷区几乎普遍有壳内高导层和壳内低速层存在。大陆地区的多数地震都发生在该层之上[3]。因此，很多地球学家对其很感兴趣并对它的成因及其在地壳动力学中的作用提出了各种见解。

大地电磁测深法有利于探测壳内高导层，因为该层有较高的电导率，它们强烈地吸收天然电磁波并能使波长变短。壳内高导层在大地电磁测深视电阻率曲线上的表现特征，是在中等周期范围内有极小值或拐点存在。然而，实验结果和理论计算表明，沉积层中的水平非均匀性也可以在视电阻率曲线上引起假极小或假拐点，它可能会被误认为是壳内高导层的反映[4]。因此，在确定壳内高导层时详细地研究大地电磁资料是非常重要的。本文在对华北地区大地电磁资料详细研究的基础上，讨论了该区壳内高导层的分布、特点以及它们与壳内低速层和地震活动性的关系，同时也讨论了该层的地球物理和地质学的含义。

2　华北地区壳内高导层的确定

华北平原是一新生代裂谷系古近纪形成，其中有大量的NE-NNE向的正断层和一些隆起与坳陷。一些大的断层把坳陷切割成一系列的凸起和凹陷。自新近纪以来，华北新生代裂谷系整体下沉。在某些凹陷内新生代堆积的最大厚度达8～10 km，某些隆起区仅有几百至一千米[5]。在某些地区，低阻的新生代沉积（3～9 Ω·m）下伏高阻的古生代地层，而在另些地区则下伏中等电阻率的中生代地层。在周围山区，自新生代以来地表一直抬升、高阻基底直接出露于地表。

1976年以来，在华北地区完成了40多个大地电磁测深点的观测，大部分大地电磁测深曲线的周期范围是10～2000 s（用模拟大地电磁仪）；少数是0.1～1000 s（用数字大地电磁测深仪记录）。多数大地电磁测点分布在平原及其周围地区，并位于不同的地质构造单元之上（图1）。

肉眼检测模拟记录并选择高质量记录段用于分析。用2 s的数字化间隔对所有的模拟记录进行数字化。为了降低截断误差用高通数字滤波器对数据进行预白并用汉宁窗口做褶积，再用傅氏变换把其转换成频率域的谱。然后，校正仪器的频率响应，在给定的频带内计算平均功率谱、张量阻抗元素、主

* 本文原载于《中国科学B辑》，1984，(9)：839～848。

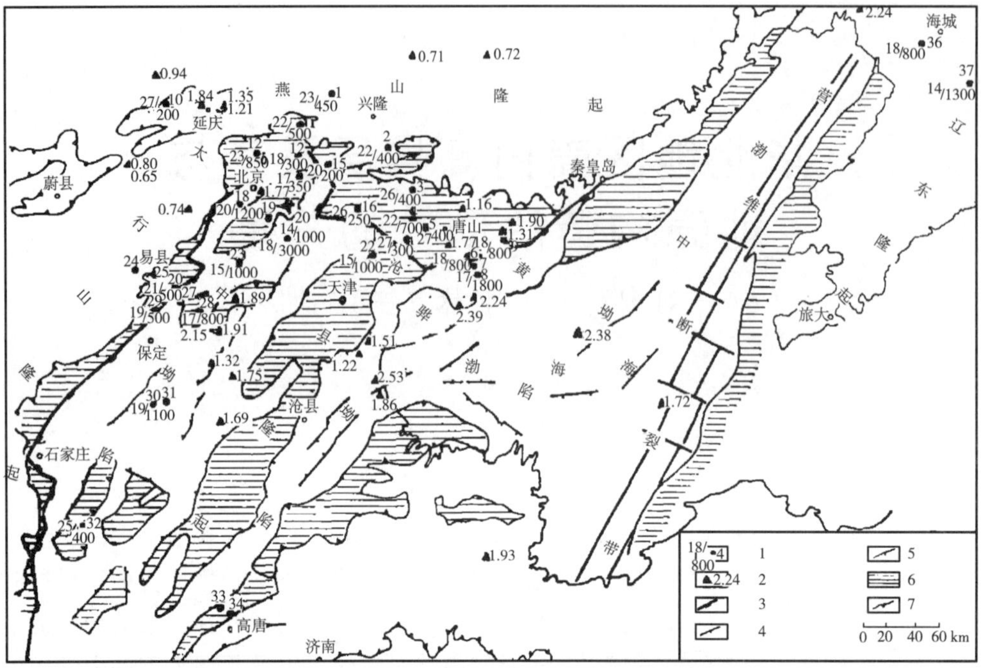

图1　大地电磁测深点位、点号及有关壳内高导层的参数

1. 大地电磁测深点位及编号，分子代表壳内高导层深度（km），分母代表壳内高导层纵向电导值（S）；
2. 大地热流值（HFU）；3. 边界大断裂；4. 浅部断裂；5. 古近纪沉积缺失线；
6. 古近纪隆起；7. 平原山区边界

轴方位、二维判别系数以及全信息矢量相干度等参数。最后，选择满足质量标准的数据用来计算纵向视电阻率曲线（$\rho_{\parallel}$）和横向视电阻率曲线（$\rho_{\perp}$）。为了估算张量阻抗元素，在某些时候也应用改进了的有限带宽大地电磁信号对的分析法以及互功率谱法[6,7]。现将部分大地电磁测深视电阻率曲线列于图2。

从图2可见，$\rho_{\perp}$上曲线的视电阻率值（虚线）往往低于$\rho_{\parallel}$曲线的视电阻率值（实线），并且两者之间的差别随着频率的降低而增加。此外，虽然大多数$\rho_{\perp}$曲线在中等周期范围内有极小值出现，但在不同的$\rho_{\perp}$曲线之间极小值出现的周期且有很大差别。这些特征表明，$\rho_{\perp}$曲线可能强烈地遭受了边缘效应和S效应畸变，因此不能用其解释深部的电性结构。然而，大多数$\rho_{\parallel}$曲线的形态是可信的。例如，位于高阻基底直接出露地表或者低阻沉积很薄处的各测点（如1，2，3，13，15，16等，见图2），$\rho_{\parallel}$曲线的形态是：左支上的高电阻率值随着周期的增加逐渐降低，并在60～80 s的周期范围上达到极小值，然后随着周期的增加电阻率值开始上升、直到极大值，最后电阻率值又迅速下降并在长周期范围内接近其右支渐近线。位于低阻沉积很厚的新生代坳陷内的各测点（如5，6，7，8，21，22…等，见图2），$\rho_{\parallel}$曲线的形态是：左支上的低电阻率值随着周期的增加逐渐上升、直到极大值，然后电阻率值开始逐渐下降并在100～120 s周期范上达到极小值，此后电阻率值再次上升到极值，最后迅速降低并在长周期范围内接近其右支渐近线。上述事实表明，在中等周期范围上的$\rho_{\parallel}$曲线的极小值不是假极小，应该是壳内高导层的反映。因此，当我们应用一维理论模型去拟合$\rho_{\parallel}$曲线时，可以期望获得关于壳内高导层的可信结果。一维反演结果表明，本区壳内高导层的深度为15～25 km，纵向电导值从几百变化到1000 S以上（图1）。

为了证实壳内高导层的存在，做一些定量分析是很重要的。正如前述，在某些情况下沉积盖层的水平非均匀性可以在$\rho_{\parallel}$曲线上引起假极小，如果应用一维理论模型对这样的$\rho_{\parallel}$曲线进行反演，将得到

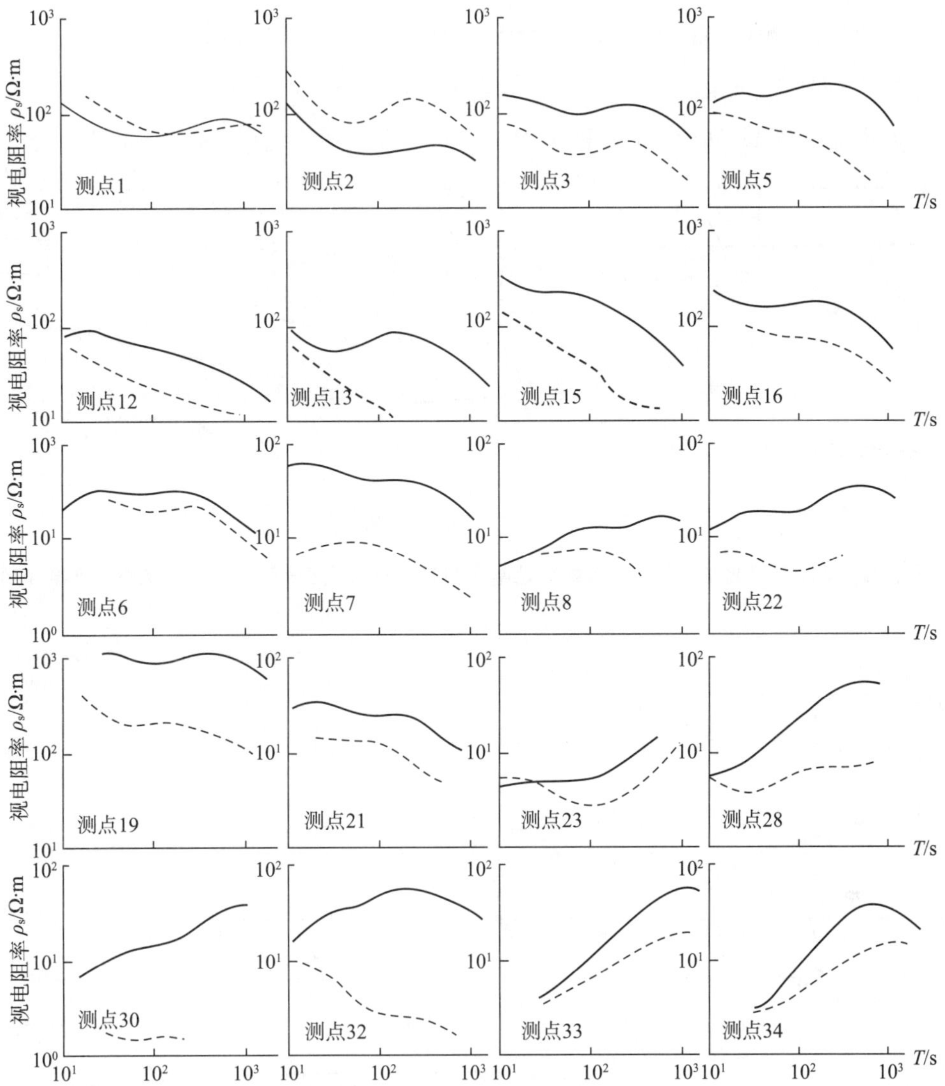

图2 华北地区的部分大地电磁测深曲线

假的导电层。在华北地区，沿倾斜方向新生代沉积变化很大，故而检验这种变化是否在$\rho_{\parallel}$曲线上引起了假极小是非常重要的。为此根据已知资料沿大地电磁测深剖面绘制了新生代沉积的分布，并应用有限元方法计算其二维电磁响应（$\rho_{\parallel}$曲线），然后分析其中是否有假极小存在。如果出现了假极小，再将其与实测的$\rho_{\parallel}$曲线上的极小做对比；如果这两类极小值的出现周期差别很大，则实测$\rho_{\parallel}$曲线上的极小值就可能不是新生代沉积的水平非均匀性所引起的畸变结果。在此，我们给出一个从渤海北岸到燕山隆起地区的、这种计算的大地电磁测深剖面的实例（图3）。从图3可见，在某些计算的$\rho_{\parallel}$曲线上（虚线）确有假极小存在，但假极小的出现周期远小于实测$\rho_{\parallel}$曲线上极小值的出期周期（实线），因此这种假极小不会与反映壳内高导层的极小值混淆。

为了检验壳内高导层，我们还对少数的大地电磁测深剖面做了二维解释。首先根据一维反演结果形成地电断面的初始模型，然后用有限元法计算该初始模型的二维电磁响应，再将这个响应与实测的大地电磁测深曲线对比以寻找两者之间的差异，最后再根据这种差异人工修改初始模型。不断重复上述过程，直到计算的曲线与实测曲线相接近为止。显然，这种方法要花费大量时间。在此，作为例子我们给出一个冀中坳陷北缘的大地电磁测深剖面的二维解释结果。

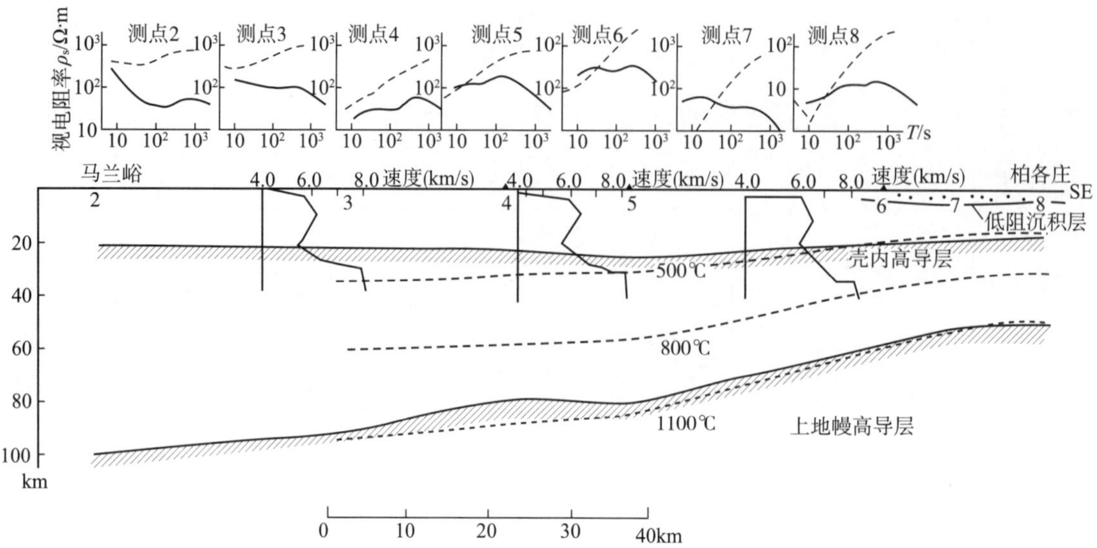

图 3　沿北西方向从渤海北岸到燕山隆起的大地电磁测深剖面以及地壳和上地幔的电性、速度和热结构

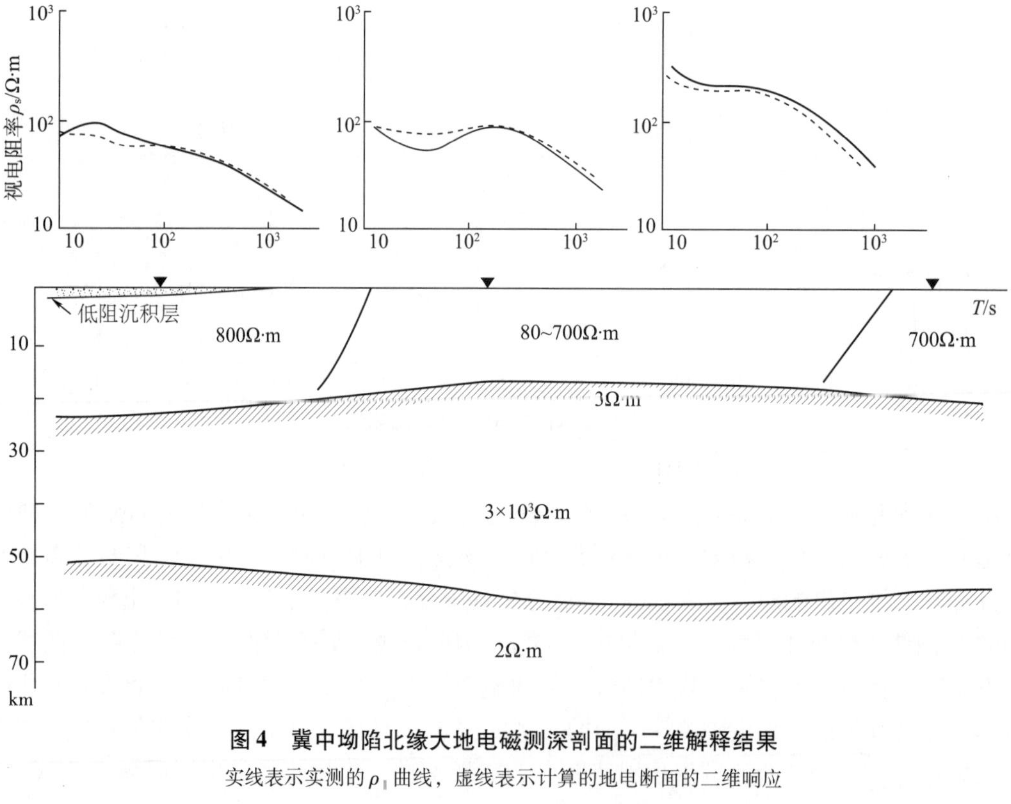

图 4　冀中坳陷北缘大地电磁测深剖面的二维解释结果

实线表示实测的$\rho_{\parallel}$曲线，虚线表示计算的地电断面的二维响应

从图 4 可见，实测的$\rho_{\parallel}$曲线和理论的$\rho_{\parallel}$曲线是比较接近的。此外，实测的和理论的$\rho_{\perp}$曲线也大体接近，但在图 4 中没有列入，这个例子说明，在二维构造意义上壳内高导层是存在的。

实验结果和理论分析表明，沉积盖层的水平不均匀性对$\rho_{\parallel}$曲线的影响是以感应形式表现出来的[8]。在低阻坳陷内的纵向电流增加，在高阻隆起上纵向电流减小，因此在隆起上的大地电磁测深结果必然包含有坳陷的影响，反之坳陷上的大地电磁测深结果必然包含有隆起的影响。感应效应的大小依赖于测点下低阻沉积盖层的纵向电导值 S 以及测点距导电沟的距离 L，因为电流分布受 S 和 L 影响。因此，可以应用 H 值（壳内高导层深度）和 S 值以及日值和 L 值之间的相关图来检验 $\rho_{\parallel}$ 曲线上的极小值是否遭受了感应畸变[9]。图 5（a）表示本区 H 和 S 之间的相关图，图 5（b）表示本区 H 和 L 之间的相关图。L 是渤海岸边到大地电磁测深点的距离。由于渤海下的新生代沉积是本区内最厚的，因此我们把渤海视为导电沟。从图 5（a）和图 5（b）可见，虽然 S 值从几十变化到 900 S，L 值从 20 变化到 200 km，但 H 值仅在 15～25 km 之间变动。这表明 H 和 S 以及 H 和 L 之间没有联系，因此根据 $\rho_{\parallel}$ 曲线的一维反演所获得的深度 H 基本上是可靠的。

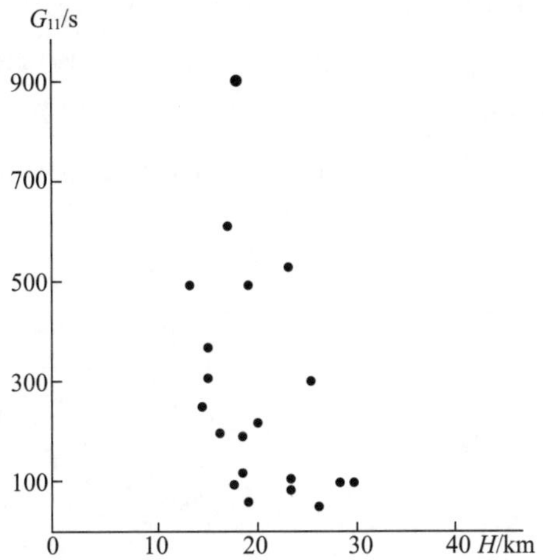

图5（a） 华北地区壳内高导层深度H与新生代沉积的纵向电导S之间的对比

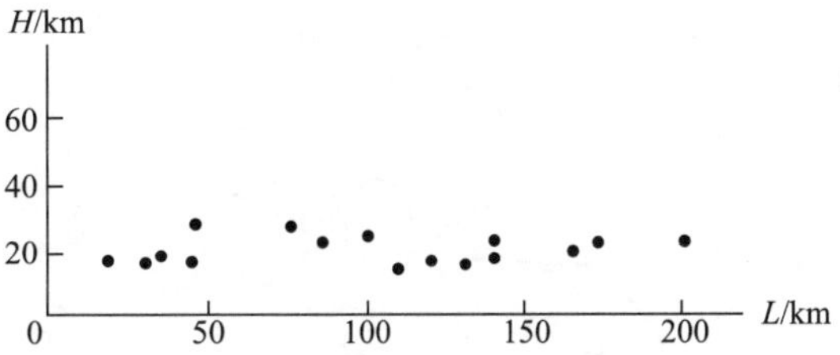

图5（b） 华北地区壳内高导层深度H与测点到渤海岸边的距离L的对比

3 华北地区壳内高导层的分布及其地质和地球物理含义

从图 1 可见，本区壳内高导层的深度为 15～25 km，但平原区较浅、山区较深。然而，在西部山区 24 和 25 号测点下，在高唐地区的 33 和 34 号测点下没有发现壳内高导层。

理论计算表明，高导层在大地电磁曲线中是按纵向电导 $S=h/\rho$ 等效的，其中 h 和 ρ 是壳内高导层的厚度和电阻率值。当 h 和 ρ 按相同比值同时变化时，大地电磁曲线的形状在等值范围内是不变化的。这意味着，虽然根据大地电磁资料可以解出壳内高导层的厚度和电阻率，但解不是唯一的。因此，通常可应用纵向电导 S 值描述壳内高导层的电性。本区的 S 值从 200 变化到 1000 S 以上，平原区的 S 值比周围地区要大。

壳内高导层的深度和纵向电导值的变化趋势，与本区新生代以来的构造活动性有很好的联系。自新生代以来，平原区经受了强烈构造活动，正断层大量发育，上地壳明显扩张，有巨厚的新生代沉积和强烈的火山活动；然而，周围山区则稳定地整体抬升[10]。我们把已发表的一些热流值列在图 1 中[11-13]，可见高热流地区往往具有比较浅的壳内高导层埋深和比较高的纵向电导值；相反，在低热流地区壳内高导层埋深加大，纵向电导值降低（表 1）。这些事实表明，壳内高导层与壳内的温度分布有密切关系。

表1　壳内高导层埋深与纵向电导值的关系

地　区	壳内高导层深度（km）	纵向电导值（S）	平均大地热流值（HFU）
渤海北岸	16～17	>1000	2. 30
冀中坳陷	15～19	>1000	1. 72
北京周围地区	17～23	200～1200	1. 77
唐山周围地区	22～25	200～700	1. 48

以大地电磁测深资料为基础，我们编制了冀中坳陷及其相邻地区的壳内高导层等深线图（图6）。从图可见，在坳陷区下壳内高导层的埋深约15 km，在坳陷区的边缘约20 km，向山区则加深到25 km左右。本区壳内高导层深度的变化与莫霍界面和软流圈顶面的深度变化一致。壳内高导层隆起恰好位于由人工地震测深和大地电磁测深所确定的莫霍面隆起和软流圈隆起之上[10]。这个事实表明，壳内高导层的产生可能与上地幔过程有关。

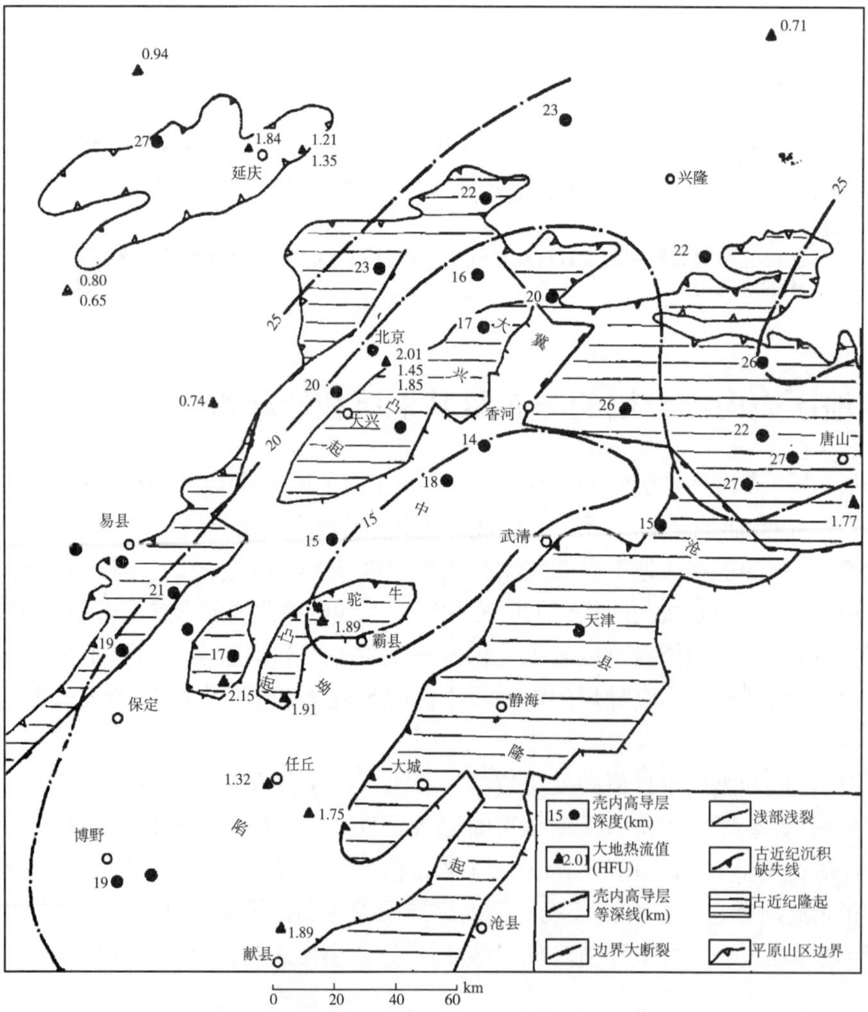

图6　冀中坳陷及其邻区的壳内高导层等深线图

自1976年以来，在华北地区做了很多条人工地震测深剖面。用理论地震图和射线追踪方法对人工地震测深资料进行了解释，发现本区有壳内低速层存在，其最小速度值为5. 4～6. 0 km/s，比直接上覆岩层的速度值低12%～18%，而最小速度值的埋深为16～27 km。与平原区相比，山区下的壳内低速层埋藏较深，厚度较薄并具有较高的速度值，似乎由高速和低速夹层所组成①。这些特点与壳内高导层的深度及其纵向电导值的变化相一致。在图3中我们列出了三条取自人工地震测深资料的速度-深度分布断面，可见最小速度层的深度与壳内高导层的深度非常接近。这表明，它们可能有类似的成因。有趣的是，本区的大多数震源深度都位于该层之上，这表明，壳内高导层可能是弹性应力积累和脆性破裂的下限。

根据平均大地热流值和人工地震测深给出的地壳结均，应用二维有限元法沿着从渤海北岸到燕山隆起的北西向剖面计算了岩石圈内的温度分布（图3中虚线）。在此计算中，各层的热参数假设如下：沉积层、上地壳、下地壳和上地幔的热导率分别为5.0×10^{-3}、6.0×10^{-3}、6.0×10^{-3}和8.0×10^{-3} cal/cm·s℃；而这些岩层的热产生率分别为3.0×10^{-13}、5.0×10^{-13}、1.0×10^{-13}和0.02×10^{-13} cal/cm³·s。从图3可见，在平原区壳内高导层的温度值大约为500～600 ℃，在其周围地区大约为400 ℃。根据该层埋深所估算的压力值，在平原区大致为3.5～4.5 kbar，在其周围地区大致为5.0～6.5 kbar。

4 壳内高导层的起因及其与构造活动性的关系

壳内高导层起因的假说。某些研究者认为，壳内高导层可能起因于花岗岩化过程中的脱水或者在一定温压条件下含结晶水矿物的脱水[14,15]。脱出的水储存于壳内并形成一个具有高电导率的潮湿层位，如果岩石中的水压p_{H_2O}小于岩石的全压P_S，那么在300～400 ℃的温度条件下，在地壳内部就可以发生某些矿物的脱水过程。如果岩石被部分熔融，且部分熔融组分围绕着固体部分形成了连续的导电薄膜，那么岩石的电导率的数量级可以提高[14]。对广泛出露于地表的花岗岩化的研究表明，花岗岩化是起因于壳内的部分熔融或深熔作用②，因此在某些地区的地壳内部存在着部分熔融地带是勿庸置疑的。混合岩和花岗岩的P-T曲线图表明，如果壳内有水存在并且$P_{H_2O}=P_s=3\sim4$ kbar、温度为550 ℃，那么长英质矿物将开始部分熔融（图7），因此，在高大地热流区壳内高导层可能起因于长英质矿物的部分熔融。

如果壳内存在含有自由水或部分熔融的层位，将会同时形成壳内高导层和壳内低速层。此外，热激发下的晶格缺陷和杂质以及导电矿物的存在也将引起岩石电导率的提高，但它们不会引起地震波速的降低。如果岩石中的孔隙压增高到岩石压力时[3]，地震波速将下降，但电导率没有很大的增加。因此，如果壳内高导层和低速层一致，则它们最可能的起因是壳内部分熔融或者是自由水的存在。

本区，壳内高导层和低速层是一致的，它们的埋深大约为15～25 km。在平原区与其周围地区相比，该层埋藏较浅、厚度较大、纵向电导值较高、速度值较低。在平原区下该层的温度和压力值分别为500～600 ℃和3.5～4.5 kbar，在周围地区分别为400 ℃和5.0～6.5 kbar。根据人工地震测深资料，本区地壳可分为三层[10]，高导-低速层位于中地壳内。我们认为中地壳是偏中性的并含有较多的长英质矿物。根据上面的讨论和事实，本区平原下的壳内高导-低速层可能起因于长英质矿物的部分熔融，平原外围地区下的壳内高导-低速层可能起因于含结晶水矿物的脱水作用。该层的形成过程可能：由于晚白垩纪时期，库拉-太平洋洋脊向北西西迁移并倾没于亚洲大陆的东部边缘之下[16]，使华北地区的上地幔受到扰动和加温，并引起壳内温度的升高，结果某些矿物发生了脱水作用，脱出的水储存于中地壳之内，自始新世开始，华北平原下的软流圈强烈上隆，基性岩浆大量溢出，地壳减薄，地表强烈下沉，上地壳侧向扩张[10]。由于热活动和侧向滑动使壳内迅速增温，加之自由水的存在，引起了华北

① 刘昌铨等，燕山与华北平原地壳结构特征的初步分析，1982年。

② 应思准、马杏垣，华北前寒武纪花岗岩化的岩石成因，1982年。

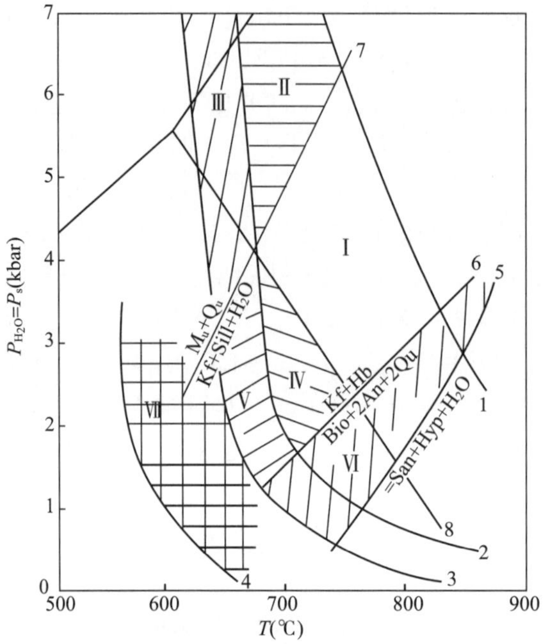

图7 混合岩和花岗岩的 P–T 曲线图（据应思准、马杏垣，1982 年）

Ⅰ. 混合岩；Ⅱ. 斜长花岗岩；Ⅲ. 白云母花岗岩；Ⅳ. 角闪石斜长片麻岩；Ⅴ. 微斜花岗岩；Ⅵ. 黑云母花岗岩；Ⅶ. 长英质注入岩

曲线据：1. Yoder，H. S 和 Yilley，C. E. 1962；2. Tuttle，O. F. 和 Bowen，N. L. 1958；3. 同 2 ；4. Janhs，R. H. 和 Barnbam，C. W. 5. Wones，D. R 和 Eugster，H. P. 1965；6. 由应思准计算，1982；7. Weill，D. F. 1966；8. Holdaway，M. J. 1971

平原新生代坳陷区的中地壳内出现了部分熔融。所以，新生代坳陷区与其周围地区相比，大地热流值较高、地壳较薄、壳内高导–低速层较浅、高导层的纵向电导值较高、低速层厚度较厚。

某些大陆地区的人工地震测深和大地电磁测深工作表明，壳内低速层和高导层不是构造活动区所特有的，在某些稳定的陆台区也发现了它们的存在。然而，这两个层位共存往往是构造活动的特点[3]，在这种地区壳内高导层的电导值经常大于 1000 S 以上。

本区，大多数震源深度均位于壳内高导–低速层之上，平原内新生代正断层的倾角随深度逐渐变小并以平坦的角度消失在该层之上。高导–低速层是比较软的层位，难于积累应变能、易于吸收上部脆性地壳中的破裂。当地壳受力时，该层容易蠕变，其中的应力将传递给上部脆性地壳，并在上地壳内集中。因此，壳内高导–低速层具有调整和转移壳内应力的作用[17]，地震易于在该层之上发生。在已详细做过人工地震测深的邢台和唐山地震区，发现壳内低速层向震中区加厚，这可能与上地壳沿壳内高导–低速层顶面做侧向滑动所引起的拖曳效应有关[18]。地壳内部的高导–低速层、地震活动性和动力学过程之间的关系，为世界上很多地球科学家们所注意，本文内观点仅是初步的。

顾群、张木生、孙洁、晋光文、邓前辉、秦国卿等很多同志参加了本文的野外资料收集和计算工作，在此一并表示感谢！

参 考 文 献

[1] Àdám，A.，1978，Phys. Earth Planet lnter.，17，21–28.

[2] Rotstein, 1981, Y. et al., Tectonophysics., 80, 147.
[3] Eaton, G. P., 1980, Continental Tectonics., Washington, D. C. 84–95.
[4] Бердичевский, M. H. и. др., 1973, физика землu, 80.
[5] 刘国栋等，1982，地震地质背景（1976 年唐山地震），北京：地震出版社，71～130。
[6] 晋光文等，1983，地球物理学报（增刊）。
[7] 邓前辉等，1982，石油地球物理勘探，4，57～64。
[8] Berdichevsky, M. N. &Dmitriev, V. I. 1976, Geoelectric and Geothermal studies., Budapest, 165–221.
[9] Kaufman, A. A. & Keller, G. V., 1981, The magnetotellurie sounding method., Ainsterdan – Oxford – New York, 552–559.
[10] 刘国栋、刘昌铨，1982，中国科学 B 辑，12：1132～1140。
[11] 中国科学院地质研究所地热组，地热论文集，北京：科学出版社，1978。
[12] 陈墨香等，1982，中国科学院地质研究所地质科研成果选集（第一集），北京：文物出版社，72～79。
[13] 张汝惠等，1982，地震地质，4，4：57～66。
[14] Бубнов, B. П. и Стратов, B. B., 1972, Приkлаə наяə еофпзпка., 65, 121.
[15] Mitchell, B. J. &Laadisman, M., 1971, Geophysics, 36, 71.
[16] Uyeda, S. &Miyashiro, A., 1974, Geol. Soc. Amer. Bull., 85. 1159.
[17] 罗焕炎、徐煜坚等，1982，地震地质，4，1：31～36。
[18] 刘国栋、顾群等，1983，地球物理学报，26，2：149～157。

地壳上地幔结构研究的某些新进展（一）*

刘国栋

1 引 言

自20世纪60年代开始的国际地壳上地幔计划、70年代开始的国际地球动力学计划和80年代正在执行国际岩石圈计划以来，很多国家对地壳上地幔结构进行了广泛的探测和研究，其成果引起了各国地球学家们的深切注意和浓厚兴趣。人们认为，对地壳上地幔结构及其动力学问题的研究，是近代地球科学发展的基础，它不仅具有深刻的理论意义，而且也具有重大的实际意义，它的研究成果正在用来指导矿产资源的寻找和自然灾害（地震和火山）的预测。

地壳上地幔结构的研究包含着非常广泛的内容，涉及众多的学科。目前关于地壳上地幔的信息主要来自五个方面：①超深钻探。目前除了已在大洋地区打了一些钻入海洋玄武岩层的钻孔外，苏联和美国已在大陆地区打了几口7～9 km的油井钻孔，我国也在四川盆地打了7000 m以上的深孔。但特别值得指出的是，苏联已经制定了超深钻的远景规划，选定了20个深度为7～12km的钻孔位置。超深钻使人们能从比较深的地方取出岩芯，对地壳的组成、结构和物性等问题进行直接研究，也可在深孔内进行各项地球物理参数的测定。显然这是研究大陆地壳结构和演化的有效的方法，但其深度仍然是有限的，耗费是非常惊人的。②深源包体。来自上地幔软流圈的岩浆在其运移的过程中，可以把上地幔和地壳中的固相物—矿物或岩石直接携带到地表附近。对深源包体的研究可使我们获得关于深部的物质组成、温压环境、应力状态和流变特性等有关信息。但这些都是在实验室条件下做出来的，其可靠程度尚与很多因素有关。③直接观察原来深埋壳内目前已出露地表的深部地壳。它可使人们直接研究地壳内部的组成、变质程度、结构和各层次之间的关系等问题。但这些已出露地表的深部地壳是否已遭受了后期的改造，即是否仍保持着原有的状况，仍是一大问题。④间接的地球物理方法。它是采用不同的地球物理手段，获得反映地壳上地幔内部的各种信息，通过反演解释出地壳上地幔的结构、构造、物性及其变化规律，与高温高压下的岩石实验以及地质研究相结合还可以得出关于地壳上地幔的组成和状态的估计。但限于资料的精细程度和反演结果的非唯一性，往往使一些地球物理的解释结果经受不住考验。⑤间接的实验岩石学方法。它是在实验室条件下形成地壳上地幔的温压环境，研究各种岩石、矿物的组合、转变和各项物性参数的变化等有关问题。

目前有关地壳上地幔结构的知识，仍主要来源于间接的地球物理探测结果，但不同学科都力求吸收其他学科的研究成果，以求自身的认识更趋客观和圆满。

---

* 本文原载于《地震学刊》，1984，(1)：29～36。

2 大陆地壳结构

Mohorovicic 在 1911 年发现了 Mohorovicic 界面，简称 M 面。M 面之上称为地壳，之下称为地幔。1923 年 Conrad 发现了 Conrad 界面，简称 C 面。这样，在大陆地区除地表的沉积盖层之外，地壳就以 C 面为界分为上下两部分。上地壳的平均速度值约为 6.1 km/s。下地壳的平均速度值约为 6.7 km/s。根据实验室对岩石波速的测定结果，尤其在地面上有大面积的花岗岩和类似于花岗岩组成的变质岩出露，以及广泛的玄武岩的喷出，人们认为上地壳是由花岗岩类物质组成的，下地壳是由玄武岩类物质组成的。但最近十几年来，大陆地壳结构与上述的概念相比有了极大的变化和发展。下面介绍某些研究成果。

1）苏联在科拉半岛打的第一口超深钻，1982 年 8 月已顺利地穿过了 11500 m，目前仍在钻进。

科拉半岛位于波罗的地盾，前寒武纪岩石直接出露地表，据估计自寒武纪以来，这里的上地壳已被剥蚀了 5～15 km 之厚。超深钻开始之前，在周围地区做了广泛的地质和地球物理研究，打了一些 1000～1500m 的浅钻。根据地球物理资料，下元古界的沉积—火山岩建造（约 20 亿年）厚约 4700 m，其下面是古老的“花岗岩”层，约在7000m 深处应遇到所谓“玄武岩”层。

超深钻结果表明，元古界地层为火山岩（辉绿岩、安山岩，粗面岩）和沉积岩（砂岩、泥岩）互层的变质岩，变质程度随深度增高，最高变质温度约 600 ℃，压力为 6～7 kbar。变质期间的地温梯度达 100 ℃/km，比正常地温梯度高 3 倍。到 6800 m 深处为下元古界的底面，在此深度之下为太古界地层，年龄为 25～27 亿年，是一套斜长片麻岩，花岗片麻岩和角闪岩。角闪岩夹层随深度加多，基性组分随深度加大，在 7 km 深处约占 10%，在 10 km 深处约占 30%。太古界岩石的纵波速度由上部的 6.1 km/s，增加到 10 km 深处的 6.5～6.6 km/s[1]。

超深钻在 7 km 深处没有遇到地球物理所推断的 C 面，直到 11500 m 深处也未见到“玄武岩”层的存在。显然，地球物理资料反映的应是破裂带，而不是主要岩石类型之间的过渡带。科拉超深钻虽然已经穿过了人工地震测深新确定的速度突变带，但实际上在深钻孔中并未记录到岩石密度和波速随深度的增加，也未记录到其他物理参数的变化[2]。

科拉超深钻地表附近的元古界地层倾角为 45°～60°，人工地震测深资料表明，这种倾角可以延到 4 km 深，再往下各界面变为水平。但钻孔资料表明，在近 11 km 深处的地层倾角仍和地表一样，为 40°～60°。这可能与平缓的裂隙带和破碎带有关，钻孔穿过了它们的局部部位[1]。

在整个科拉超深钻中，都遇到了气体和强烈的矿化水，它们通过一些广泛的形变带进行循环。这些水溶液中含有溴、碘和高于正常含量的重金属。在气体中发现有二氧化碳、氦、氢、氮、甲烷和其他碳氢化合物。这证明在大陆板块结晶岩内，在很深的地方仍然有活动着的气—水过程。

在科拉超深钻中，于 3000 m 深处所测量的地温梯度与所预期的结果一致，即 1℃/100 m，但在此深度之下，地温梯度就增加到了 2.5 ℃/100 m，在 10000 m 深处，地温值达到了 180 ℃，而不是所预期的 100 ℃，地温梯度值比预期的增加了很多。由钻孔穿过的岩石的放射性衰变所提供的热是不重要的，主要的热流是由地幔提供的[2]。

2）在南阿尔卑斯的 Ivrea—Verbane 地带出露有古老的变质岩系，它们原本深埋于地壳深处。后来由于阿尔卑斯造山运动，它们被抬升到地表。早在 20 世纪 60 年代末期，Berckhemer 就对这些古老变质岩系进行了详细的研究[3]，试图通过在地表的直接观察来确定地壳深处的物质组成及其结构特点。研究表明，地壳的大部分是由片麻岩和花岗岩组成，变质岩的原岩是砂岩、泥岩和某些碳酸岩。这些岩石在地壳深部是高度变质的、脱水的。在地壳下部有 5～10 km 厚的超变质片麻岩和超基性的混合带，而真正的辉长岩是非常薄的。研究表明，所谓花岗岩组成的上地壳和玄武岩组成的下地壳是不存在的，而 M 面更可能是由一些薄层所组成。作者认为，他的研究结果与该区的地球物理资料反演结果非常一致。

3）近10多年来深部地球物理探测，在技术上、数据处理和解释上都有了显著进展，因而据其所获得的有关地壳上地幔的信息要比过去丰富和深刻得多。一般地说，应用人工源的地震探测方法乃是研究地壳上地幔的主要方法。但电磁方法，特别是大地电磁测深法，在地壳上地幔的结构研究中，以及与大地热流测量相配合在地壳上地幔的热结构研究中也起到了很重要的作用。

下面简单介绍应用人工地震测深（DSS）方法，COCORP 方法，并结合其他地球物理资料，在中欧、苏联和美国一些地区所获得的关于地壳上地幔结构的某些成果。

（1）1977 年 Mueller 主要根据中欧地区的 DSS 资料提出了关于大陆地壳结构的新模型[4]（图 1）。

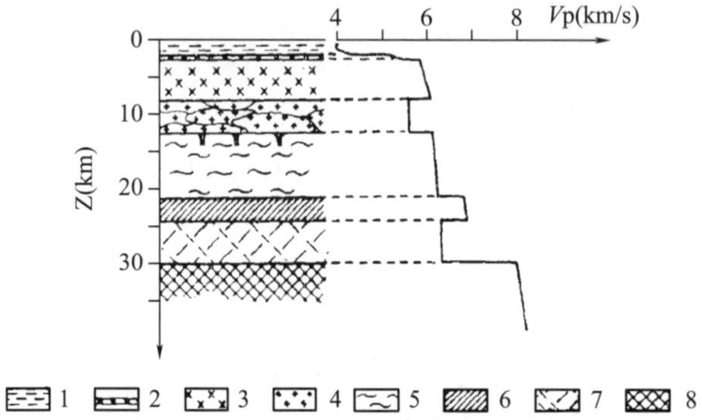

图 1　大陆地壳结构模型

1. 新生代沉积岩（近地表的低速层）；2. 中生代和古生代沉积岩；3. 变质岩组成的上部结晶基底（正速度梯度带）；4. 花岗侵入岩带（矽铝低速层）；5. 混合岩（中地壳）；6. 角闪岩（高速层）；7. 麻粒岩（下地壳）；8. 超镁铁质岩（上地幔）；右边的折线为速度-深度分布

Mueller 认为，沉积岩之下的变质岩基底其速度值随深度加大的原因可能与孔隙度随深度减小有关。该层之下的矽铝低速带（速度值为 5.5 km/s），深约 10 km 左右，可能与花岗岩侵入体有关。在适当的温压条件下，花岗岩可产生于 20 km 深左右，它们侵入到上地壳之内形成一个半连续的花岗岩带。与周围基岩相比，它们具有较低的速度，较低的密度和较高的衰减特性。矽铝低速层之下的中地壳，深度范围 10～25 km，可能是由不均匀的混合岩类所组成。它们起源于深变质过程，可能有过部分熔融阶段，其速度值为 6.0～6.3 km/s。该层之下为高速薄层，其组成可能是闪长岩类。高速薄层之下又出现一个速度逆转层，推测它们相当于麻粒岩相带，因为在下地壳条件下，在实验室内对岩石的波速测定结果表明，角闪质岩的压缩波和剪切波速平均地说高于麻粒岩。在这个模型中，壳幔过渡带的波速变化是比较尖锐的，认为上地幔的最上部可能是由高速和低速夹层所组成。

在此模型中有三个低速层，它们是近地表的沉积岩层，上地壳内的矽铝低速带和下地壳的速度逆转带。它们都是地壳内的软弱带，地壳物质可以沿着它们的界面发生剪切滑动。

（2）1979 年，Pavlenkova 总结了苏联自 20 世纪 60 年代以来在俄罗斯陆台，土兰板块和西西伯利亚陆台等地区所获得的人工地震测深结果[5]认为，不同陆台地区的地壳结构既有差别，也有共同之处。它们的共同点是：地壳厚度为 40～45 km，M 面的速度值为 8.0～8.2km/s，上地幔内的垂直速度梯度大致为 0.001 s^{-1}；在地壳内部可以划分出三个主要层位。每层厚度 10～15 km，各层具有不同的平均速度和速度梯度值，以及不同的其他地球物理特性。上层地壳的速度值随深度逐渐增加，在 10～15 km深处增加到 6.4～6.5 km/s，平均速度梯度为 0.02～0.06 s^{-1}；中层地壳的深度范围在 10～15 km 至25～30 km之间，速度的增加通常不超过 0.1～0.3 km/s，速度梯度为 0.0～0.01 s^{-1}；下层地壳厚度通常为 10～15 km，速度值从 6.8 km/s 增加到 7.2～7.5 km/s。作者在综合解释 DSS 资料，重力资料和大地热流数据的基础上，给出了苏联陆台地区地壳结构模型（图 2）。

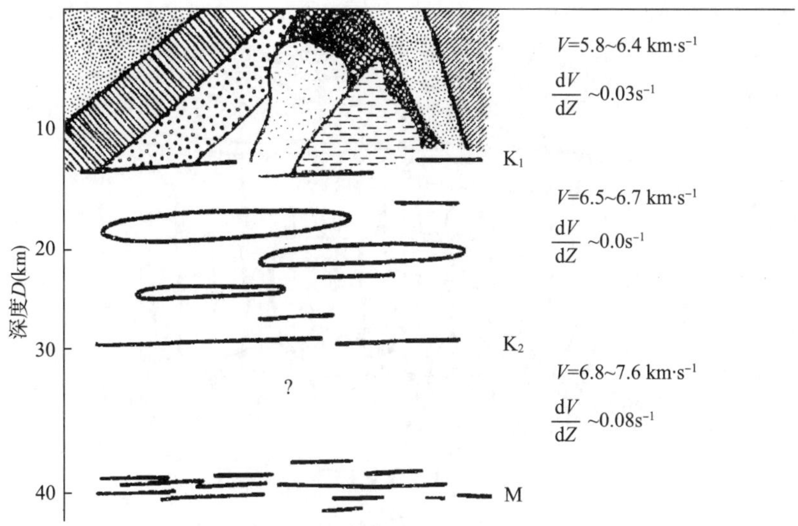

图 2　苏联陆台地区的地壳模型

V. 纵波速度值；$\frac{dV}{dZ}$. 垂直速度梯度；K. 壳内界向

上层地壳与中层地壳的差异不很明显，主要区别是垂直速度梯度不同，因此也可认为上、中层地壳具有类似的组成，以酸性岩类为主，只不过基性组分随深度逐渐增加。详细的人工地震测深资料表明，上地壳具有复杂的垂直分层性，但在 10～15 km 深度以下这种特性就消失了。在此深度之下，占统治地位的是亚平行性结构或者是水平层状结构，反射界面较多，但垂直速度梯度很小，并往往含有低速层。这些事实表明，中层地壳可能是一个有较大塑性的层位，并以塑性流动的方式使该层内的物质产生水平传递，因而层内的垂直不均匀性消失了。壳内低速层具有塑性的假设，也得到了震源分布的支持，例如波罗的地盾的震源深度都位于 10 km 以上。中地壳的这种性质有利于解释地壳的动力学特征及其发展历史。作者认为，下地壳完全不同于中、上层地壳，它的组成是基性和超基性的，可能相当于“玄武岩”层，但其速度值比从前所假设的“玄武岩”层的速度值要高，可能含有较多的超基性岩。

（3）1979 年 Eaton 主要根据地表地质、大地热流和天然地震分布等资料，构制了美国盆地山脉省、大陆新生代裂谷区的地壳结构模型[6]（图 3）。

该区地壳具有三层结构。上层地壳 L–1，厚 8～15 km，其中的岩石组成、年代和成因都是很不同的，在一些地方它们直接出露于地表。新生代沉积岩（用密点表示）和火山岩（用黑色表示）直接覆盖在老的沉积岩（用疏点表示）以及花岗岩和变质岩（用白色表示）之上。上地壳被很多正断层、断块旋转，大量的破裂以及滑落等所破碎，从而使上地壳具有很高的裂隙度和渗透性能，它们有利于由深部地壳的高热流以及局部的年轻侵入体所驱使的地下热水的对流循环。上地壳的下部相当于壳内高导层的上部，上地壳的底界一般是震源分布的下限。塑性的中层地层 L–2，厚 0～3 km，它是由经受剪切的糜棱岩化的或热动力变质的岩石所组成。由于薄层状的塑性流动，该层可以局部地或区域性地纹理化和伸展。该层是不透水的，它是在早期的地壳挤压阶段作为区域性的逆掩底界发展起来的。下层地壳 L–3，厚 10～20 km，其顶部是由火成岩以及类似于 L–1 层中的变质基岩所组成，但越往下古老的火成岩、混合岩、片麻岩、角闪岩以及镁铁质的麻粒岩所占的比例越大。由于来自软流圈的玄武岩墙以及固态对流可使 L–3 出现伸展。固态对流是指在热激发下晶格位错和晶体缺陷（如空穴、杂质等）的对流运动。但在较高的或中等应变率的情况下，该层显示为刚性。壳内低速层位于 L–2 层之

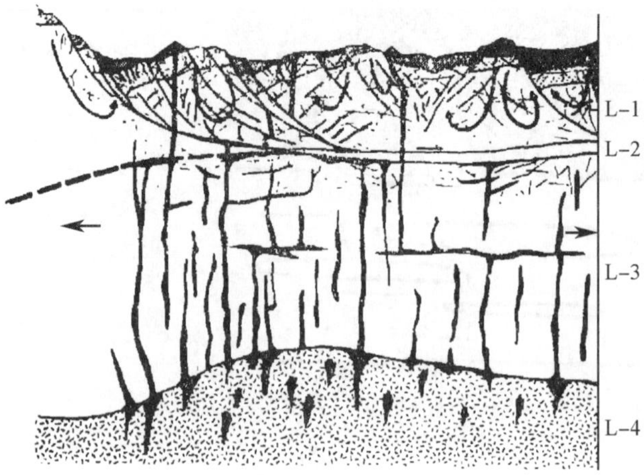

图 3　美国盆地山脉省地壳结构模型

下，L-3层的最上部。这是因为这里的岩石有异常高的孔隙压，这导致了波速降低。孔隙压的增高是由于L-3层本身的温度很高，而不透水的 L-2 层又覆盖其上所致。L-4 层叫岩石圈地幔，厚 25～35 km，由超基性岩组成，不含浸染性的熔融组分。该层与下地壳一样，也因岩墙侵入和固态对流而出现伸展。该层之下为软流圈地幔。

（4）1978 年 Smithson 在综合 COCORP，DSS，大地热流，深源包体以及 Ivrea 变质带研究结果的基础之上，提出了一个更为复杂的大陆地壳结构模型[7]（图 4）。

图 4　Smithson 的大陆地壳结构模型

上地壳由变质岩组成，褶皱得很陡。其中分散着花岗岩和混合岩穹隆，其平均组成相当于花岗闪长岩。波速值在 6. 0～6. 3 km/s。中地壳由混合岩、杂岩体和闪岩所组成。中地壳在大范围内是均匀的，小范围是不均匀的。中地壳偏酸性，是夹在较偏镁铁质的下地壳和较偏基性的上地壳之间的混合岩带，在中地壳内可以形成低速层[8]。中地壳的混合岩可以穿入上地壳形成混合岩穹隆。中地壳褶皱比较平缓，但在有上地幔底辟上隆的地方，其倾角可能变陡。对于中地壳倾角较平缓有两种解释：①在变质阶段的水平运动，②在地球引力场影响下的结晶过程。下地壳由火成岩和变质岩所组成，在平均成分上类似于闪长岩，波速值 6. 4～6. 8 km/s（在美国）。下地壳内有很多反射层存在，可能是花岗岩和辉长岩的互层。很多变质岩是在下地壳环境中形成的，然后由于构造运动或上隆使其抬升到地表。这表明大陆地壳的大部分是由沉积岩和火山岩转入地壳深部经过变质形成的。在这个地壳模型中认为深部地壳有水存在（沉积岩转入地下带进的），大地电磁测深资料证实了这个问题。

沉积岩是如何转入地壳深处而成为深部地壳的组成部分呢？南阿巴拉契亚的 COCORP 探测结果回答了这个问题[9]。阿巴拉契亚西部峡谷和山脉省的较年轻的沉积岩，已被埋在东部兰领和山麓省的较古老的结晶变质岩之下，甚至可能被埋在更东部的海岸平原省之下。这表明兰领和山麓省，甚至海岸平原省从东向西逆掩，将峡谷和山脉省的沉积岩捕入深地壳之内。北阿巴拉契亚的 COCORP 结果，以及奎北克和阿巴拉契亚各部分的石油探测资料也支持这种薄皮逆掩概念。由于阿巴拉契亚是一个典型的造山带，因而这种薄皮逆掩现象在地球的其他地区可能也是普遍的，在地壳的早期阶段也可能存在。

Brown 认为[10]，沉积岩"挤入"逆掩片之下，可能是变沉积岩加入到较下部地壳中去的重要机制。这种被捕入的沉积岩及其挥发性组分还可以解释较下部地壳中的高导层和低速层的成因。以这种机制被带入到深地壳中的水，对壳内部分熔融有重要影响，并可导致岩浆的形成。阿巴拉契亚的例子，是在水平构造力作用下碰撞造山带中大陆增生的一个典型事例。图 5 是在阿巴拉契亚的 COCORP 工作结果基础之上，构制的沉积岩加入地壳内部、大陆增生的一个假想模型。

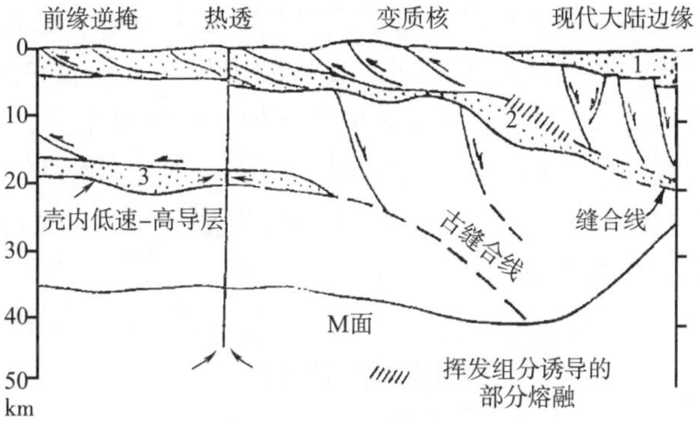

图 5　大陆增生假想模型

1. 被动大陆边缘上的现代沉积岩；2. 在较古老的碰撞、逆掩事件中，较老的陆棚区沉积岩加入到地壳之内；3. 被捕入到壳内的变沉积岩可以解释壳内高导层和低速层的成因

（5）最近几年来，国家地震局系统结合地震预报工作，在华北地区开展了大量的深部地球物理探测工作，其中包括人工地震测深，大地电磁测深，转换波测深，大地热流测量和重磁资料解释等。华北地区是一个古老的陆台区，周围山区前寒武纪变质基底广泛出露，平原内部的一些凸起上也有一些钻孔钻遇了变质基岩。燕山运动开始，华北地区经受了广泛的构造变动，曾有大量的酸性和中酸性火山和岩浆活动；新生代以来，平原强烈下沉，最厚处有万米左右的疏散沉积，平原坳陷内玄武岩活动强烈，最大累计厚度达千米以上。

人工地震测深结果表明[11]，本区地壳除疏散沉积外，可划分为三层：上层地壳，速度值一般为 5.4～6.4 km/s，随深度增加，平原区速度大于山区；中层地壳含有低速层，最小速度值约 5.5 km/s，平原区厚、偏浅；山区薄、偏深；下层地壳为一组速度随深度明显增加的梯度层，速度值 6.2～7.8 km/s，平原区速度大于山区。大地电磁测深结果表明，上地壳为高阻层，平原区的电阻率值低于山区；地壳中部有一高导层，厚数公里，电阻率值几至十几欧姆·米，平原浅、山区深，与中地壳的速度最小值埋深一致；下地壳为高阻层，电阻率值达 10^4 Ω·m 以上。本区震源深度基本位于壳内高导层之上。平原区的大地热流平均值在 1.9 HFU 左右，山区约 1.0 HFU 左右[12]。

我们认为，上地壳是由古老的变质岩系和不同时代的侵入体组成，根据速度值推测其平均组分接近于花岗—闪长岩，速度随深度的增加与孔隙度减少有关。在上地壳的底部常发现有一高速薄层，推测成因有两种可能：①在前寒武纪阶段，现今的上地壳曾深埋地下，经受了强烈的变质和部分熔融以及分异过程，基性组分下沉；②早侏罗纪时期本区地壳曾经受强烈挤压，可能在上地壳底部形成一个韧性剪切带，带内岩石强烈粉碎、压实、再变质，从而速度加大，它不具渗透性。上地壳构造复杂，纵向和横向不均匀性都十分强烈。与山区相比平原区的上地壳速度大、电阻率低，这可能与后期改造有关，因为新生代以来，平原区进一步活化，上地壳广泛破碎，大量玄武岩浆侵入其中，因而电阻率降低（因裂隙含水）、速度变大。中地壳内5.5 km/s的最低速度值和高导薄层的存在，意味着中地壳内有部分熔融层位（平原区）和含自由水层位（山区），震源深度位于该层之上也意味着它是一个较软的层位，不能积累弹性应变[13]。我们根据大地热流值推算，平原区壳内高导层处的温度约500～600 ℃，山区约400 ℃，在这个温压条件下，中地壳内出现部分熔融或脱水的话，其组成应当是略偏酸性或接近上地壳组成。下地壳根据其速度分布和高电阻率的特点，推测其上部偏中性、下部含有较多的超基性岩，并且是干燥的、不含水的。平原区，下地壳速度大于山区也可能与新生代时期平原下有上地幔超基性岩加入有关，它还导致了下地壳的增温、蠕变、减薄，上地壳侧向扩张、地表下沉、形成裂谷[12]。

综上所述，近10多年世界各国对地壳结构的研究表明，大陆地区的地壳结构与过去的传统概念相比已经有了根本的改变。虽然不同作者给出的地壳模型并不完全一致（这种不一致性可能反映了大陆地壳的横向不均匀性，也可能与不同作者所依据的资料精细程度和作者本人所强调的方面不同有关，但横向不均匀性肯定是存在的），但都反映出大陆地壳结构是非常复杂的，“花岗岩”层、C面、“玄武岩”的简单层状地壳模型是不存在的。但一般情况下，大陆地壳可分为三层，不同层次中的内部构造、物理性质、组成及其在构造应力场作用下所表现的行为是不同的。壳内的温度分布以及水的存在与否对现今地壳的物理性质和构造变动有很大影响。

参考文献

[1] Белоусов, В. В., 1982, Проярамма Изучения Глубоких Недр Советского Союза, Прпрода, No. 1.

[2] Kozlovsky, Y. A., 1982, Kola super-deep: Interim results and prospects, Episodes, Vol, 1982, No. 4.

[3] Berckhemer, H., 1969, Direct evidence for the Composition of the lower crust and MOHO, Tectonophysics, Vol. 8, No. 2.

[4] Mueller, S., 1977, A new model of the Continental Crust, in The Earth's Crust, Washington, D. C.

[5] Pavlenkova, N. I., 1979, Generalized geophysical model and dynamic properties of the continental crust, Tectonophysics, Vol. 59, No. 1-4.

[6] Eaton, G. P., 1980, Geophysical and geological Characteristics of the crust of the Basin and Range province, in Continental tectonics, Washington, D. C.

[7] Smithson, S. B., 1978, Modeling continental crust: structure and chemical constraints, Geophysical Reseach Letters, Vol. 5, No. 9.

[8] Smithson, S. B. and Shive, P. N., 1977, Seismic Velocity, reflections and Structure of the Crystalline crust, in The Earth's crust, Washington, D. C.

[9] Oliver, J., 1982, Probing the structure of the deep continental crust, Science, Vol. 216, No. 4547.

[10] Brown, L. D. et al., 1981, Deep crustal structure: implications for continental evolution, in Evolution of the Earth, Geodynamics series, Vol. 5.

[11] 刘昌铨等，1984，燕山与华北平原地壳结构特征的初步分析，地震，No. 2，20～25。

[12] 刘国栋、刘昌铨，1982，华北北部地区地壳上地幔构造及其与新生代构造活动性的关系，中国科学，B辑，No. 12，1132～1140。

[13] 刘国栋等，1984，华北地区壳内高导层及其与构造活动性的关系，中国科学，B辑，No. 9，839～848。

地壳上地幔结构研究的某些新进展（二）*

刘国栋

3 壳内低速层和壳内高导层

自20世纪70年代以来，有大量文献报道了关于大陆地壳内的低速层和高导层。壳内低速层具有较低的速度值，一般为5.5 km/s左右，比其直接上伏岩层速度值低达8%～12%，具有较高的泊松比和异常低的Q值，因而往往认为它们是壳内的一个较软层位。壳内低速层埋深一般在15～20 km，或10～15 km左右，厚约数公里。壳内高导层或低阻层具有很低的电阻率值，一般为几至十几欧姆·米，埋深多在10～25 km左右，个别地区深达30 km以上，厚约数公里[14,16]，往往与高大地热流区相伴生，也常认为是壳内的一个较软层位。由于壳内低速层和高导层的这种特殊物理性质，它一直引起地球物理学家和地质学家们的注意，对其成因和在地壳构造活动及演化过程中的作用提出了各种观点。

虽然在大陆上很多地区发现有壳内低速层存在，但其分布范围往往是有限的，例如它在贝加尔裂谷内部存在，但在裂谷以外稳定的西伯利亚陆台区就消失了[16]，在美国西部则主要存在于盆地山脉省之下，在美国中部则主要存在于里奥—格兰德裂谷之下，在欧洲则主要存在于阿尔卑斯构造带和来茵地堑之下，在我国的华北平原和西藏高原也都发现有壳内低速层，但在西藏高原下埋藏较深达30～45 km[17]。大陆上的新生代裂谷区几乎普遍发现有壳内低速层存在，甚至有人把壳内低速层视为大陆新生代裂谷的地壳结构特点之一。上述似乎表明，壳内低速层主要存在于现今的构造活动区，但事实并非如此，在某些稳定的陆台区、甚至古老地盾区也发现了壳内低速层的存在，例如俄罗斯陆台和乌克兰地盾的某些地区（Pavlen Kova，1979）以及加拿大地盾的格林威尔地区和前缘地带（Berry and Fuchs，1973）。

在大陆上的很多地区也发现了壳内高导层的存在。我们以两个文献为基础[14,15]，并加以归纳和补充，列出大陆地区壳内高导层的分布情况（表1）。可见大陆新生代裂谷区和构造活动区基本上都有壳内高导层存在，但在某些稳定的陆地区，如乌克兰地盾中部，西西伯利亚和西北俄罗斯陆台的某些地区也有壳内高导层存在，唯其埋藏较深。我国华北平原地区、南北地震带北段、西藏高原等近代活动区，均有壳内高导层分布[18,19]，但湖南的稳定地区和阿拉善地区则未发现有壳内高导层存在。

---

* 本文原载于《地震学刊》，1984，（2）：17～22。

表 1　世界大陆地区壳内高导层分布

地　区	壳内高导层顶界深度（km）	地　区	壳内高导层顶界深度（km）
潘兴尼亚盆地（捷克-匈牙利）	11～15	托利多（西班牙）	30
堪察加火山带（苏联）	12～18	莫塔奎、文代（法国）	15
贝加尔裂谷（苏联）	15	美国西部地区	20～25
喀尔巴阡异常	17	威斯康星（美国）	8～15
尼特斯卡-布拉特尼（捷克）	16	西得克萨斯（美国）	20
近贝加尔过渡带（苏联）	20	里奥-格兰德裂谷（美国中部）	17
库页岛（苏联）	15～30	死海裂谷（以色列）	12～23
雅库奇（苏联）	15～30	华北平原及燕山前缘（中国）	15～25
波希米地块（捷克）	15～23	南北地震带北段、中段（中国）	20～30
乌克兰地盾中部（苏联）	25～30	西藏高原（中国）	10～20
西伯利亚板块（苏联）	30～36	格雷戈里裂谷（肯尼亚）	8
西南和北东乌克兰（苏联）	30～40	肯尼亚裂谷（肯尼亚）	12
西北俄罗斯陆台（苏联）	20～50	阿法尔裂谷（埃塞俄比亚）	15
哥廷根（德国）	15	加拿大西部	10（?）

在某些地区壳内低速层与壳内高导层并存，特别是在大陆新生代裂谷区和大陆构造活动区，例如贝加尔裂谷，盆地山脉省、华北平原、西藏高原等地。两者共存是构造活动区的特点，但在某些地区两者的层位不一致。有人认为，在构造活动区壳内高导层的纵向电导值一般大于 1000 S（Vanyan，1982），这表明该层的电导率很高，或厚度较大。

关于壳内低速层和壳内高导层的成因问题，存在着几种不同的看法。有人认为与壳内的含水层位有关，水的来源包括随沉积岩带入壳内的水（Brown，et al.，1981），在一定温度条件下从矿物中脱出的水（Mitchell and Landisman 1971），以及花岗岩化过程中的脱水（Бердигевскии，1970）；有人认为与壳内的熔融组分有关，熔融组分的来源包括深部来的岩浆，壳内部分熔融或重熔过程；还有人认为与壳内的高温有关，但实验室条件下的测定结果表明，仅仅温度的增高不会导致岩石的波速和电阻率降低到野外条件下所观测到的那样低值（Fielitz，1976）。如果岩石中含有挥发组分也可使波速和电阻率下降。

此外，当岩石中的孔隙压很高时，也可导致波速的显著降低（Eaton，1980），岩石因破碎孔隙度加大或酸性组分增加也可使波速下降。当矿物晶格中含有杂质和空穴时在温度激发下电阻率可以降低；当岩石中含有较多铁分、金属组分或碳质成分，并且又能联结成导电通道时，电阻率可以显著下降。但很难设想在自然界条件下这种情况能够较大规模地存在。我们认为在壳内低速层和高导层的成因可能不是单一的，要视壳内的具体地质—地球物理环境而定。如果壳内低速层和高导层同时存在，并且层位相同，它们肯定具有共同的成因机制。

壳内低速层和高导层在地壳构造活动及其演化过程中起着很大作用。由于它们是壳内的软弱层位，因而难于积累应变能，并对发育在上部脆性地壳中的破裂具有吸收作用，所以大量的浅部破裂都终止于该层之上，或收敛于该层之中；在构造应力场的作用下，上部脆性地壳易于沿着这个低摩擦的软弱面滑动，或者在这个软层内部物质发生流变、伸展，导致上部脆性地壳破裂、下沉[20]。

1979 年 Feldman 曾提出过壳内高导层成因的动态模型[21]。他认为壳内高导层的存在反映了该区壳内正进行着活动过程，例如区域变质过程，花岗岩化或花岗岩浆熔融过程。他认为，根据壳内变质岩相带的热动力学条件，在有水存在的情况下，花岗岩熔融带与角闪岩相向麻粒岩相过渡带的温压环境是一致的，而壳内高导层出现的部位经常是符合这个温压环境的。因而该层的存在意味着这里正在进行着活动过程，当水被耗尽时活动过程也将结束，高导层将慢慢消失。

关于壳内低速层和壳内高导层与地震活动的关系是目前很多人关心的问题。世界大陆内部地震活动区的深部探测结果表明，大陆浅源地震几乎都发生在壳内低速层或高导层之上。这可能是这种壳内较软的层位不能积累应力。近代用有限元法计算壳内应力场分布表明，如果脆性上地壳的下部是一个塑性层，那么当这种体系受到力的作用时，上部脆性地壳的应力水平将得到加强。这是因为塑性层中的流变不消耗应力，并将其所受的力转移给上部的脆性地壳。这种应力增强作用与塑性层和脆性层的厚度比成正比关系，并且塑性层中的黏滞度越小，应力转移的时间越短[22]。

我们对华北地区的研究结果表明，在大震区壳内低速层有增厚的现象，我们曾认为这可能是随着上地壳的侧向滑动，壳内低速-高导层内的物质被拖带，并促使其内部温度升高；遇构造复杂地区上地壳的滑动受阻，壳内低速-高导层逐渐变厚。在受阻区，上地壳逐渐形成与大震有关的挤压应力积累，变厚的壳内低速-高导层给上地壳施加一个附加的垂直应力，从而促进大震的发生[23]。

最近我们在总结河北省文霸地区的深部发震构造背景时发现，华北平原区内的 NE-NNE 向断裂，几乎都是张性的，新生代以来都表现了较明显的活动性，可能其中的一部分现代仍在活动。这些断裂的倾角几乎一律随深度变缓，其中的大断裂以近于水平的角度收敛于 12～14 km 深度之上，即壳内低速-高导层之上[24]。同样本区的震源深度也大都位于这个层位之上。但华北地区的震源机制解给出的地震断层类型，多为陡倾角的走滑断层，震源分布也未显示出明显的水平层状特性，特别是在某些大震区（如海城、唐山）尚未发现地面有较大的断层存在。因而地震的孕育和发生究竟与地表活断层，壳内低速—高导层、孕育层内部存在着什么联系，尚需深入研究。

此外，近些年来由于认识到大陆地区的下地壳含有多种信息，其物理的、岩石学的和地球化学的性质之间存在着密切联系；同时下地壳又是壳-幔间相互影响的区域，具有强烈的各向异性，大陆板内现象，例如板内地震、高原隆起、地堑和盆地的产生都与下地壳性质有关，因此某些地球科学家强烈主张对下地壳的各个方面进行全面的研究。

4　壳-幔过渡带或 M 面

关于 M 面的成因问题，过去一直存在着两种对立的观点：一种观点认为，M 面是由辉长岩质的下地壳相转变为榴辉岩质的上地幔引起来的，是一个等化学的相转变界面；另一种观点认为，M 面是由中性—镁铁质的下地壳变为超镁铁质的上地幔所引起的，即 M 面是一个化学组成变化的界面。

M 面为相变面的假说具有很大的吸引力，因为辉长岩相变为榴辉岩，密度加大，体积变小，相应的伴随着地壳减薄，并导致地表下沉；如果是榴辉岩相变为辉长岩，将出现相反过程。可见这可以很好地解释某些事实。但随着对 M 面性质了解的深入以及实验工作的进一步开展，这种假说被否定了。林伍德在他的著作中列举了四点否定依据[25]：①辉长岩—榴辉岩的相变不可能解释在许多大陆地区观测到的 M 面处的速度梯度特征。②地热资料表明，在不同热流区的 40 km 深的 M 面处的温度差超过 200 ℃，这种温度差对 M 面的深度并未产生任何系统的影响。但根据相变实验结果，这样的温度变化应使地壳厚度发生显著的变化，这显然与实际情况不符。③根据相变实验，化学成分的微小变化将对相转变压力产生巨大影响，导致 M 面深度的很大波动。这就很难解释稳定的大陆地区地壳厚度比较一致的事实。④辉长岩成分的岩石在下地壳的温度—压力条件下是不稳定的。这就从根本上否定了相变说所依据的岩石组成条件。

近些年来，随着深部探测技术的不断提高和资料的逐渐积累，对 M 面的了解程度也越来越深入。在大陆地区 M 面埋深从 20～60 km（我国西藏地区达 75 km），M 面处速度值从 7.2～8.5 km/s[26]，M 面处温度值从 400～900 ℃左右。对这样广泛变化的范围，是很难用相变说加以解释的。根据目前的研究结果，M 面既不是相变面，也不仅仅是简单的化学组成界面，它的性质是比较复杂的，不能仅看作是一个单纯的一级速度界面。近些年来，很多人把地壳—地幔的这段区间称之为壳-幔过渡带。

1972 年 Davydova 总结了当时关于对壳-幔过渡带结构特点的几种看法，并给出了三种模型[27]（图 6）。

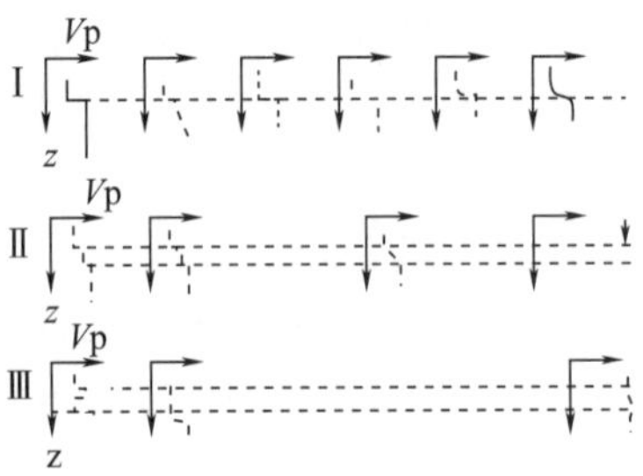

图 6　壳-幔过渡带的速度-深度函数

模型 1 中，壳-幔过渡带具有尖锐速度界面的特点，是一级速度间断面；模型 2 中，壳-幔过渡渡带相当于从下地壳到上地幔的一个连续变化带，或者是非连续的、阶变式的变化带；模型 3 中，表明壳-幔过渡带是由一些高速的和低速的薄层所组成。

近些年来，在美国大陆地区进行的 COCORP 探测也表明，壳-幔过渡带是很复杂的一个带，具有显著的横向不均匀性。基本上可以划分为如下三种类型[28]：①复杂的层状反射，具有大于 2 赫兹的波型。②比较简单的反射，具有 1～2 Hz 的波型。③没有反射，对于 8～32 Hz 的频率是透明的。

第一种反射类型可能相当于复杂的层状结构，就像在 IVREA 变质岩带地表所观测到的那样。认为在这种层状结构中既有固体层，也有部分熔融层，其中的部分熔融层是早期熔融事件的残留物，由于后期侧向滑动的结果它已成为水平状的夹层。美国的里奥—格兰德裂谷下就是这种过渡带。

第二种类型可能相当于简单的反射结构，仅由几个簿层组成了壳-幔过渡带。例如，安德列斯断层的东北边。

第三种类型是缺乏反射界面，这可能是因为在壳-幔过渡带速度是逐渐增加的，因而反射信号很小，处于噪声水平之下，所以得不到反射界面。

可见，壳-幔过渡带的结构是复杂的、非单一的，不同地区可能具有不同的壳-幔过渡带。下面我们例举一条欧洲地区的、从巴黎盆地到黑森盆地 600 km 长的、人工地震测深剖面的解释结果所显示的壳-幔过渡带变化情况（Mechie, et al., 1982）（图 7）。

从图 7 可见，在剖面西南端的巴黎盆地下面，壳-幔之间是一个尖锐的界面，埋深 32km。向北东，在剖面上的 100～250 km 范围内（在法国的阿登地区），壳-幔之间存在一个清晰的过渡带，上地幔速度值为 8.1 km/s，深 37 km 左右。继续向北东，在西德的艾弗尔地区，这里第四纪大山岩广泛出露，壳-幔分界面埋深约 29 km 左右；在此分界面下为厚约 1 km 的高速夹层；在此

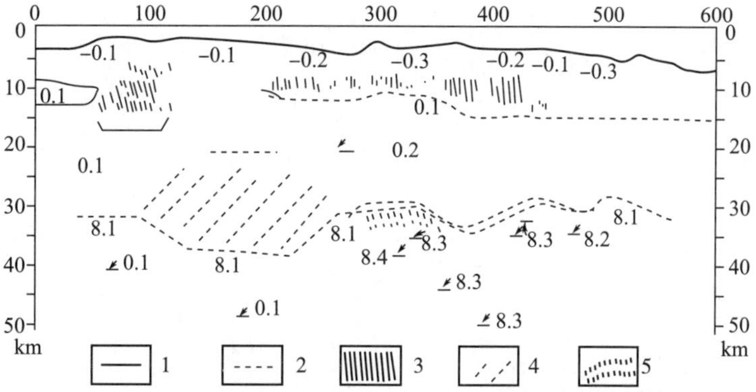

图7 巴黎盆地-黑森盆地的地壳-上地幔二维速度结构

1. 射线追踪法确定的模型；2. 一维速度-深度函数确定的模型；
3. 上地壳低速层（仅表示射线追踪法确定的模型）；4. 壳-幔过渡带；5. 上地幔过渡带

夹层之下为厚6 km的上地幔过渡带，在此过渡带内速度值从6.4 km/s增加到上地幔内的8.4 km/s。从上述可见，在此剖面范围内壳-幔边界显示了强烈的各向异性。

关于地壳结构与大地构造单元之间的关系，过去曾有过很多论述。1977年Prodch在总结北美和欧洲地区壳-幔结构时，归纳出了如下一些看法[20]：①不同的大地构造单元具有不同的地壳平均速度值，地盾区大（约6.5 km/s），稳定的大陆地区也大，但年轻的造山带和近代构造活动区小。例如，美国的盆地山脉省和大西洋岸边平原，地壳的平均速度值一般小于6.2km/s。②M面下的P_n速度值，在美国西部的构造活动区一般小于8.0 km/s，在西德也有类似情况，但在稳定的斯堪的纳维亚地盾区P_n值达到8.4～8.5 km/s。③地壳厚度与壳-幔过渡带厚度存在正比关系，地壳越薄、壳-幔边界越明显，地壳越厚，壳-幔过渡带也越厚。上述情况可以见表2。但是我们从表2中可以发现，地壳厚度与大地构造单元之间，既存在某种联系，但也有显著的例外。例如，地盾区和稳定的大陆区以及年轻的造山带，地壳厚度较大；地堑区（裂谷）和老的造山带地壳厚度较小；但有些年轻造山带地壳也很薄，如亚平宁，有些老的造山带地壳也很厚，如阿巴拉契亚。

壳-幔过渡带或M面不是一个“能动”的地带，一般情况下也不是均衡补偿界面，因此它对地壳的构造活动或地壳演化没有控制作用。近些年研究表明，大陆内部的地壳活动性及其演化，除与板块边界过程有关外，还强烈地受上地幔软流圈活动的影响，特别是在大陆内部广泛存在的裂谷构造，与软流圈活动有密切联系。

由于本人水平所限，文中的错误和不妥之处在所难免，请读者不吝指正。

表2 不同大地构造区的地壳结构特点

地 区	大地构造类型	最大速度梯度深度（km）	壳-幔过渡带厚度		P_n（km/s）	速度从约7 km/s增加到约8 km/s		地壳平均速度
			<2km	5～20 km		以上	以下	
加拿大，斯堪的纳维亚、波罗的，乌克兰	地盾	40～50		*	8.1～8.4	*		高
大平原	稳定大陆	40～50		*	8.1～8.4	*		高
科罗拉多高原	美国西部活动部分	40～50		*	7.7～7.8	*		高

续表

地　区	大地构造类型	最大速度梯度深度（km）	壳-幔过渡带厚度		P_n（km/s）	速度从约 7 km/s 增加到约 8 km/s		地壳平均速度
			<2km	5～20 km		以上	以下	
阿巴拉契亚山脉	老造山带	50		*	～8.0	*		高
内华达山，洛基山，阿尔卑斯山	年轻造山带	40～60		*	7.8～7.9 7.8～8.0 8.0～8.1	*		中 低 低
北英格兰，加里东	老造山带	30～35		*	～8.0	*		低
北苏格兰，加里东	老造山带	25～30	*		8.0	*		中
德国海西带，法国，葡萄牙	老造山带	30	*		8.0～8.4	*		低
盆地山脉省	美国西部活动部分	30			7.8～7.9	*		低
上莱茵地堑、利马涅、奥弗涅	地堑	20～25	*		8.0～8.1 7.6～8.4		* *	
犹他地堑	地堑	25～30	*		7.3～7.9			低
蛇河平原	地堑	20 40	*	 *		*	*	高
亚平宁	年轻造山带	20	*		7.3～8.0		*	低
加里福尼亚海岸平原	年轻造山带	20～25	*		8.0	*		低

参考文献

[14] Adam, A., 1978, Geothermal effects in formation of clectrically Conducting Zoncs and temperature distribution in the Earth, Physics of the Earth and planctary Interiors, Vol. 17.

[15] Rotstein, Y. and Goldberg. S., 1981, Magneto telluric profile across the Dcad Sea rift in northern Isrcal, Tecxtonophysics, Vol. 80, No. 1-4.

[16] I'nzirev, N. N. et al., 1979, New data from explosion scismology in the Baikalian rift Zone, Tectonophysics, Vol, 56, No. 1-2.

[17] 中国科学院地球物理研究所，1981，西藏高原当雄-亚东地带地壳与上地幔结构和速度分布的爆炸地震研究，地球物理学报，Vol. 24，No. 2。

[18] 毛桐恩、姚家榴，1982，中国南北地震带（北段、中段）的深部环境与地震关系的初步探讨，地震地质，Vol. 4，No. 2。

[19] 任爱华等，1982，西藏高原那曲至亚东测线地壳、上地幔的大地磁研究，地球物理学报，Vol. 25，No. 5。

[20] 刘国栋、虢顺民、刘昌铨，1982，地震地质背景（1976 年唐山地震），北京：地震出版社。

[21] Feldman, I. S., 1976, On the nature of Cooducticc layer in the Earth's crust and upper mantle in Geoelectric and Geothermal studies, Budapest.

[22] Bott, M. H. P., 1981, Crust doming and the mechanism of Cominental rifting, Tectonophysics, Vol. 73, No. 1-3.

[23] 刘国栋、顾群等，1983，京津唐渤和周围地区地壳上地幔电性结构及其地震活动性的关系，地球物理学报，Vol. 6，No. 2。

[24] 刘国栋，1983，冀中坳陷地区浅部和深部构造背景及孕震环境的分析，文霸地壳隆起的研究，石家庄：河北人民出版社。

[25] 林伍德，A. E. 1981，地幔的成分与岩石学，杨美娥等译，北京：地震出版社。
[26] Prodehl, C. , 1977, The Structure of the Crust—mantle boundary bcncath North America and Europc as derivcd from cxplosion seismology, in the Earth's cerust, Washington, D. C.
[27] Davydova, N. I. , 1972, Possibilities of DSS technique in studing properties of deep seated Selsmic intcrfaces, in Seismic properties of the M discontinuity.
[28] Schilt. S. et al. , 1979, The heterogeneity of the Continental crust: result from deed crustal seismic reflection profiling using the Vibroseis techuique, Revicws of Gcophysics and space physics Vol. 17, No. 2.

华北地区的壳内高导层和壳内低速层*

刘国栋　赵国泽

1　华北地区壳内高导层和壳内低速层的研究情况

1973 年我们在整理河北省宁晋地区的大地电磁测深资料时，发现该区纵向视电阻率曲线的左支在从短周期向长周期方向上升的过程中，于 100 s 周期左右出现了明显的极小。反演结果表明，该极小是壳内高导层的反映，其埋深在 20 多公里，厚 1.5 km，电阻率为 3 Ω · m①。1974 年滕吉文等对元氏——济南人工地震测深资料的解释中，表明在壳内 23 km 深处有一相对的低速薄层存在，厚数公里[1]。1975 年我们在解释海城地震区的大地电磁测深资料时，发现在主震区及震中区边缘附近的地壳内均有高导层发育，并且有趣的是，震源深度均位于壳内高导层之上②。1977 年我们在北京平原地区完成了两条大地电磁测深剖面，发现该区壳内普遍有高导层存在，深 17～20 km，厚数公里，电阻率值为几至十几欧姆 · 米③[1]。唐山地区的大地电磁测深结果也发现了类似情况。

1979 年曾融生等对北京地区的人工地震测深资料进行解释时，发现北京西部山区中层地壳的平均速度较低，约为 6.0～6.2km/s，而中层地壳的上界面 p_2 的视速度约 6.3～6.7 km/s，比整个中层地壳的平均速度大得多，因而认为中层地壳的下部存在一个低速层，其速度值可能为 5.7～6.1 km/s，埋深约在 17～22km④。

1982 年刘昌铨等用射线追踪和理论地震图方法对华北北部地区的人工地震测深资料进行分析时，确认该区有壳内低速层存在，其最小速度值为 5.5 km/s，埋深约 17～22km，在相应的测线上与大地电磁测深方法所获得的壳内高导层一致[2]。

2. 确定壳内高导层和低速层的依据及其分布特征

2.1　确定壳内高导层的依据

对大地电磁观测资料进行数学分析后，可获得两个相互垂直方向上的视电阻率曲线，即与构造走向垂直的横向视电阻率曲线（简称横向曲线）和沿构造走向的纵向视电阻率曲线（简称纵向曲线）。对这些曲线进行反演，可得到地下的电性结构。由于目前多采用一维反演，因此地壳上地幔结构的横向不均匀性会给解释结果带入畸变效应，特别是表层不均匀一性的影响较为突出。倘若能够辨别并分

---

* 本文原载于《第一次全国地壳上地幔物理学术讨论会论文集》，中国地球物理学会，1984，162～169。

① 中国科学院地质研究所大地电磁测深组，河北、宁晋，山东夏津，临沂地区大地电磁测深工作初步小结，1973 年。

② 中国科学院地质研究所，海城地区大地电磁测深工作总结，1975 年。

③ 中国科学院地质研究所大地电磁测深组，北京地层大地电磁测深工作结果及数据处理与解释方法，1977 年。

④ 曾触生等，北京地区地壳构造的初步研究，1979 年。

离畸变效应，一维反演结果也能令人满意。

横向曲线上所出现的畸变主要为 S 效应（属电流效应），它是由于表层具有不同的纵向电导值 S 而引起的。这种效应使深部高导层的深度与表层 S 值呈反比例关系分布，导致深处电性结构失真，但横向曲线的解释能给出表层电性结构的基本形态。其曲线模型反映了地电断面的组合。此外，在某些情况下，横向曲线上可出现严重的边缘效应，使得它不能反映任何的深部电性结构信息。

纵向曲线上畸变的主要特点是有假极小值出现，这导致解释中出现假的导电层，但纵向曲线右支渐近线却能给出较满意的深部信息。然而，假极小值存在与否是可以辨别的，故常采用纵向曲线的一维反演结果解释地壳内的导电层和上地幔的电性结构。

如果曲线中间的极小值仅出现在纵向曲线上，而横向曲线上不存在，则可认为有假导电层效应，否则可能是真实高导电层的反映[3]。从图 1 可见，华北地区的大部分测点，所得到的纵向和横向视电阻率曲线上都有中间极小值存在，表明壳内有高导电层位。

辨别假导电层效应的另一方法，是利用表层的纵向电导值 S 线。S 值的选取可以利用横向曲线左支的 S 线来近似，或者由其他电测方法得到的 S 值，也可以根据已知的表层结构进行近似计算。对地堑构造，如图 2，其计算式为

$$
\begin{aligned}
S(y) = S_1 - \frac{1}{2\pi}\sum_{m=2}\frac{1}{P_m}\Bigg\{ & \frac{y - y_2{}^{(m)}}{2}\ln\frac{(y - y_2(m)^2) + (Z_2(m))^2}{(y - y_2(m)^2 + (Z_2(m))^2} \\
& + y\frac{y - y_1(m)}{2}\ln\frac{(y - y_1(m))^2 + (Z_1(m)^2)}{(y - y_1(m))^2 + (Z_2(m))^2} + Z_2(m)\left[\arctan\frac{y - y_2(m)}{Z_2(m)} - \arctan\frac{y - y_1(m)}{Z_2(m)}\right] \\
& + Z_1(m)\left[\arctan\frac{y - y_1(m)}{Z_1(m)} - \arctan\frac{y - y_2(m)}{Z_1(m)}\right]
\end{aligned}
$$

其中，S_1 为最上层沉积的电导值，y 坐标轴横跨地堑方向，可任取一点为原点，Z 坐标轴垂直向下，以地表为原点。按上述各法得到的不同构造区的 S 值分别列于表 1。

将 S 线叠置在纵向视电阻率曲线上，若极小值出现在 S 线的左侧，则认为有假导电层效应，若极小值出现在 S 线的右侧，说明深部有导电层结构存在[3]。对本区各测点的曲线利用这种方法进行检验，结果示于图(3)。可以看出，各点曲线上的中间极小值都出现在 S 线的右侧。

表 1 是各构造单元的 S 值。

表 1　部分构造单元上（或测点）低阻沉积盖层的 *S* 值（单位：S）

构造单元	宁晋凸起	博野凸起	宝坻凸起	固安凹陷	凤河营凹陷	武清凹陷东缘	柏各庄凹陷	北京凹陷
观测值	300	600	50	800	500～600	400	500	
计算值	100	600	100	700	500	450	450	200

注：观测值根据石油工业部物采局电测资料位于相应 S 线（以 45°角的直线表示）的右侧。

另外，通过对具有表层不均匀性的二维剖面的二维模型计算，发现当地壳内有高导层存在和没有高导层存在两种情况下，它们的曲线之间有明显的差别，这进一步证明壳内高导层存在的真实性①。

2.2　关于壳内低速层的存在

近年来在京津唐及周围地区所进行的地震测深工作获得的地壳速度结构表明，本区地壳具三层结

① 刘国栋等，华北地区壳内高导层及其与地壳构造活动性的关系，1983 年。

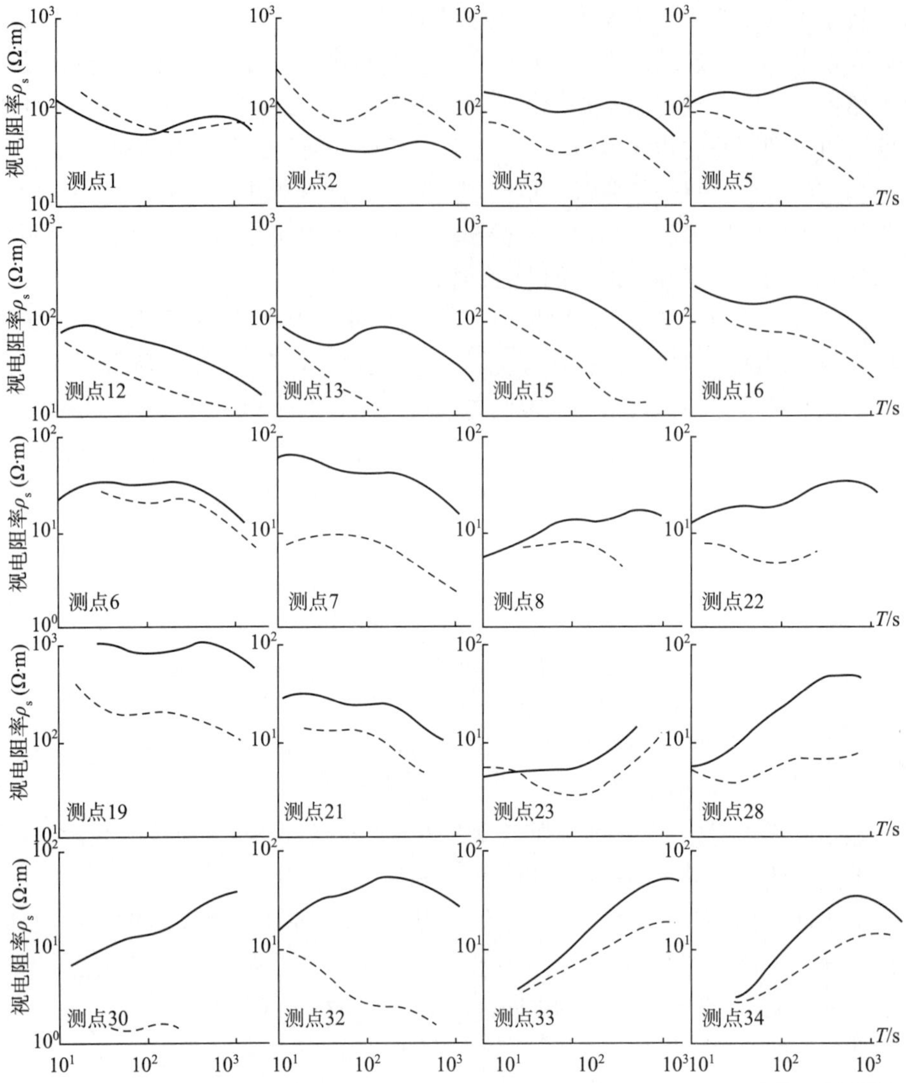

图 1　华北地区部分大地电磁测深曲线

实线．纵向曲线，虚线．横向曲线；测点所处构造部位：燕山隆起南缘．测点 1、2、3、5、15、16；冀中坳陷北缘．测点 12、13、19，冀中坳陷内部．测点 21、23、28、30、32；黄骅坳陷内部．测点 6、7、8、22；呈宁隆起南段．测点 33、34

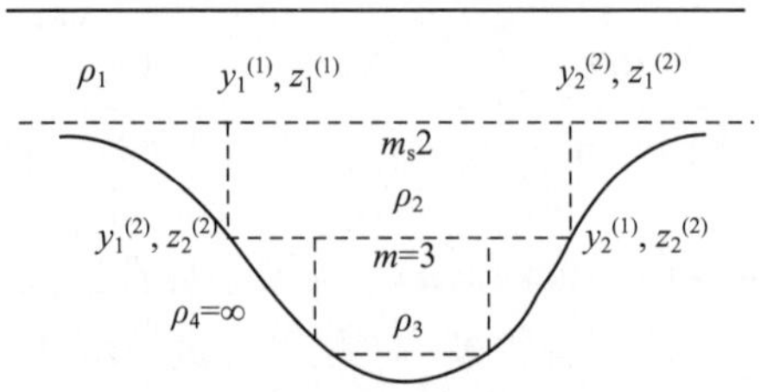

图 2　计算模型

构特征，即上层地壳、中层地壳和下层地壳。中层地壳显示低速带的特点，最小速度值为 5.5 km/s，

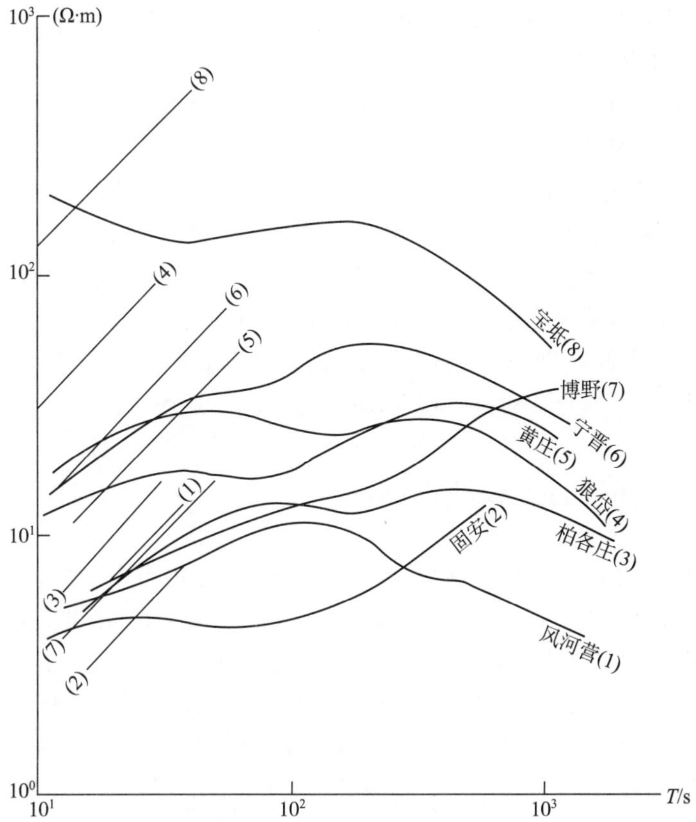

图 3　低阻沉积盖层纵向电导 S 与纵向曲线中间极小值的关系

深度为 17～20 多公里左右①。

根据刘昌铨、陈先康等人的研究结果[1]，壳内低速层的存在，可从震相图上判断。比如在任县—武清剖面所观测的 Pg 波（与上层地壳及结晶基底有关）震相在距炮点 70～80 km 处中断，而穿透到下地壳速度梯级带的潜波 P_M'在距炮点 150 km 处中断，Pg 和 P_M'的“影区”说明中层地壳具有较低的速度值。另外，P_M'波走时曲线向远离炮点方向的延长与 Pg 波走时曲线的延长之间存在明显的时间滞后，也是低速带存在的证据之一。由射线追踪和理论地震图计算表明，该剖面低速层的厚度在 11～13 km 之间，最低速度值为 5. 5 km/s，埋深约 17～19 km。通过速度结构和电性结构发现，华北地区壳内低速层的最小速度值深度往往与壳内高导层的深度相当。

2. 3　壳内高导层和低速层的分布特征

关于地壳结构的大量研究表明，在一些构造活动区和高热流区，普遍发现壳内有高导层和低速层分布。特别是在大陆新生代裂谷区，壳内低速层和高导层的存在已经成为裂谷的标志之一。

根据地质和深部地球物理研究，认为华北平原是一新生代裂谷系[2]。平原区新生代沉积广泛发育，厚达 8000～10000 多米，浅部发育一系列以 NNE-NE 向为主的张性铲状断层，及一些 NWW-NW 向断层，把平原区切割成很多 NNE-NE 的隆起和坳陷及次一级的凸起和凹陷。新生代时期，特别是始新世和渐新世时期，玄武岩活动十分强烈。另外，在坳陷区内，莫霍界面和上地幔软流圈很浅，大地热流值较高。而平原周围的山区，莫霍面和上地幔软流圈较深，热流值也较小，形成明显对照关系，且新生代以来山区一直稳定抬升。

① 张先康等，文安-霸县地区地壳结构的初步研究，国家地震局地球物理勘探大队，1982 年。

本区壳内高导层的分布与上述特点有一定的对应关系。平原坳陷区高导层埋深较浅，向外围地区逐渐加深，例如在冀中坳陷内部和渤海边缘地区埋深最浅，约 15 km 左右，呈 NNE 向展布（在冀中坳陷区），在坳陷边缘埋深约 20 km 左右，燕山地区可达 25 km 深度左右。壳内高导层的这种变化趋势与莫霍界面和上地幔高导层（软流圈）深度变化趋势基本一致。

纵贯本区冀中坳陷的近 NE 向的任县—武清和横跨本区的 NW 向海兴—阳原，以及柏各庄—丰宁等几个剖面的人工地震测深的解释结果表明，在冀中坳陷内部壳内低速层的速度极小值深度约 17 km 左右，向坳陷外围有加深的趋势，在北部山区出现双层低速层结构，深度和速度极小值也都显著变大[1]。这些现象说明，本区壳内高导层和壳内低速层并存，同时壳内低速层速度极小值的深度与高导层深度基本一致。在美国西部的犹他州、欧洲的莱茵地堑和苏联的贝加尔裂谷系等地区的研究结果也表现出这种特征，说明在一些地区壳内高导层和低速层有着成因上的联系。

3　壳内高导层和低速层成因的探讨

关于地壳内部高导电层的成因问题，在 20 世纪 60 年代末和 70 年代早期，曾提出当地壳内的岩石含有一定量铁、钠等金属氧化物时可使电导率明显升高，或者在含有高浓度的饱和溶液（如 5～10 g/L 的 NaCl 或其他盐类）时电导率也会升高[4]，但在厚几公里、宽约数十公里甚至数百公里范围的地壳内部是很难存在这种情况。此外，尚有人认为高导层的发育是由花岗岩化过程中的脱水作用引起的[5]。

而后在实验室内对岩石的高温、高压实验研究提供了有关高导层成因的有意义的资料。闪岩相岩石、花岗岩和片麻岩在地壳内相应的压力下，以及在一定的温度环境时可以发生相变脱水反应，在壳内形成潮湿的或含水层位，使电导率显著升高，我们通过在不同的压力条件下，对角闪岩的实验观测，也发现在温度——电导率曲线上 550～650 ℃之间都有一段电导率的正效应变化，而在差热曲线上相应的温度段观测到有吸热峰的存在[1]，说明在此温压条件下，可能有脱水反应发生，导致电导率明显升高。但一般认为脱水的温度范围比较宽，这取决于脱水岩石中的 $P_{H_2O}/P_{总}$ 的值。

实验还发现，某些矿物如花岗岩类矿物，当有很少量水存在时，可以使岩石的熔融温度大大降低，当满足压力 3～4 kbar，温度 550 ℃左右的条件时就可发生部分熔融，当这种熔融物质在岩石颗粒间形成连续的导电网膜时，电导率可显著升高。某些地区的壳内高导低速层也可能是由于岩浆体引起来的，例如冰岛地区出现的壳内高导层，认为是深部岩浆归入的结果，然而人们认为冰岛是大西洋脊穿过的地方，对于解释大陆内部的高导层成因不具一般意义。

考虑到构造活动区高导层和低速层共存的现象，从岩石的物质组成、物理变化和化学变化诸方面得出的关于成因的解释，应能同时说明电导率的升高和速度的降低。当干岩石由于外力作用，出现破裂或微裂隙时，导致弹性模量的减少，可使地震波速降低，但并不能使电导率明显升高。然而，当岩石发生破裂时伴有液态物质的渗流，沿颗粒边界分布，可使速度和电阻率同时降低。这需要有液态物质的来源，根据实验，在适当温压条件下发生脱水反应时，可提供这样一种条件。当然，若有部分熔融物质在岩石粒间存在时，可使弹性模量减小，导致速度的降低。

大陆内部各地区壳内高导低速层的发育环境可能有所不同，形成过程会有所差别，但脱水和部分熔融确实可以解释壳内高导层和低速层的存在，但温度因素是非常重要的。大量的观测资料已经证明，在有壳内高导低速层存在的地区，如贝加尔裂谷带、东非裂谷带、莱茵地型和美国盆地山脉省等地区确有高热流异常，我国华北地区也同样显示高热流异常。

高导低速层是在一定地区、一定深度范围发育的，在构造稳定地区一般没有发现壳内高导层的存在。有人认为壳内高导层有着发生、发展和演化过程[6]。在构造活动的初始阶段，可能从中地壳直至几乎整个下地壳都表现出高导电特性，即存在部分熔融物质，然后经历一个中间阶段，此时高导层逐渐向上迁移衰退，成为现在大多数构造活动区观测到的只在中地壳一定深度发育，而下地壳成为高度脱水的麻粒岩相带。到最后阶段，高导层完全衰退，像地盾区那样无高导层存在，此时，下地壳为已脱水的麻粒岩相岩石的遗迹，上部地壳成为混合花岗岩或变质岩带。这一现象说明了热作用由下而上的逐渐演化过程。我们通过计算模拟，认为用稳态的热作用过程，或者用地壳内放射性元素的分布都不能满意地解释热的发展演化，必须使用非稳态的热作用过程加以解释①。

往往在地壳内存在高导层的地区，上地幔的高导层（即部分熔融的层位）较浅，该层温度可达1100～1200°C 左右。而在无壳内高导层发育的稳定地区，上地幔高导层埋藏很深或根本没有发育，故在相应深度上的温度值比前者要低得多。故可以设想，当由于某种原因，上地幔内高温部分熔融的导电层位（软流圈）发生扰动向上归位时，应有热脉动向上传播，当峰值附近的高温传到紧靠莫霍面以下的上地幔顶部时，尽管引起温度的升高，但达不到熔融的温度，因为超镁铁质岩类的部分熔融温度很高，因此不会使电导率明显提高；而当高温的峰值到达地壳中部时，同样也引起温度的升高，并使得随深度分布的温度曲线在一定深度范围内与壳内岩石的相变和熔融曲线相交，这样闪岩相等岩类就会发生脱水甚至进一步出现熔融，从而引起这一范围内电导率的明显升高。可见地壳内高导层的发育应与上地幔高导层活动密切相关。按这一模式我们曾计算过华北平原几个地区的高导层深度，在北京周围地区其深度在 15～25 km 范围，邢台和唐山地区都在 20～25 km 深度范围内发育②。当然，壳内温度的升高除与上地幔高导层的热扰动有关外，在构造力作用下上地壳在侧向滑动中的剪切生热也是一个不可忽视的因素。

地壳内高导低速层作为低密度、低黏滞度的层位在构造上的作用是非常重要的，它可能是地壳运动过程中应力调整的地带，是地震活动分布的下限深度。根据三维有限元模型的计算，壳内高导低速层的存在，对唐山大震的孕育和发生起到了很重要的作用[7]。同时壳内高导低速层的存在对大陆裂谷的发生和发展以及地壳动力学过程都具有较重要的意义，值得进一步研究和探讨③。

参考文献

[1] 滕吉文等，1974，华北平原中部地区深部构造背景及邢台地震，地球物理学报，Vol. 17，No. 4。

[2] 刘国栋、刘昌铨，1982，华北北部地区地壳上地幔构造及其与新生代构造活动的关系，中国科学，B 辑，No. 12。

[3] Berdichevsky, M. N. et al, 1976, Basic principles of interpretation of maynetofellunc sounding Curves in<Geoelectric and Geothermal studies>Editor—in—chief: Ádám A AKADEMIAI KIADO, BUDAPEST.

[4] VolaroviCh, M. P. et al., 1976, Electral resistivity distribution in the Earth's crust and upper mantle from laboratory data on rocks, in<Geoelectric and Geothermal Studies>Ebitor-in-Chief: Ádám. A. AKADE—MIAI KIADO, BUDAPEST.

[5] Еубнов, В. П. Истратов, В. В., 1972, Геозлектригеская характеристика Эецной Коы И Верхней Мантии ВЮго—Западной Якукий ПО Данным МТЗ, Прнкладная Геофиэика, Вып. 65.

[6] Condie, K. C. 1982, Plate tectonics and crustal evolution, pergamon press.

[7] 宋惠珍等，1982，唐山地震震源应力场的数值模拟研究——三维有限元法在计算震源应力场中的应用，西北地震学报，Vol. 4，No. 3。

① 刘昌铨，燕山与华北平原地壳结构特征的初步分析，国家地震局地球物理勘探大队，1982 年。

② 郭才华，地壳中部低阻层的实验研究，国家地震局地质研究所，1981 年。

③ 赵国泽、赵永贵，地球内部的热事件与地壳上地幔结构的相关研究，1982。

华北及东北油区大陆岩石圈构造和动力学*

马杏垣　刘国栋　宿　俭

1　华北、东北中、新生代裂陷过程和伸展构造分布

中生代前华北、东北经历的复杂构造演化可溯源于前寒武纪。华北地台出露有35亿年前最古老的岩系，是中国最古老的克拉通化的地区，其基底最终固结于早元古宙末（18.5亿～17亿年前）（马杏垣等，1981）。东北属海西褶皱区。中生代以来中国东部构造格局发生了重要变化（朱夏，1982），早期近EW向构造格局被近NE向隆起—坳陷带所代替，分阶段发生了陆内裂陷作用。可分出两个裂陷旋回，各有若干阶段，造成多种伸展构造（马杏垣等，1983）。

第一裂陷旋回与中国东部构造环境变化有关。第一幕发生在晚侏罗世至早白垩世，并以酸性岩侵入和钙碱性火山岩大量喷发为重要标志。典型伸展构造以NE-NNE向切过老构造单元的东北地堑型煤盆群和华北的由火山岩及河—湖沉积填充的盆地为代表。稍晚的一幕是松辽盆地经历了受先存地堑系构造控制的区域性沉陷，盆地进入主发展期沉积范围最广，沉积速率和下降幅度最大。盆内白垩系厚约5500 m，只在晚白垩系经受了微弱构造变形。新生界厚仅数百米，也有中等变形，形成了微不整合和平缓褶皱（图1）（唐智，1981；杨继良，1983）。

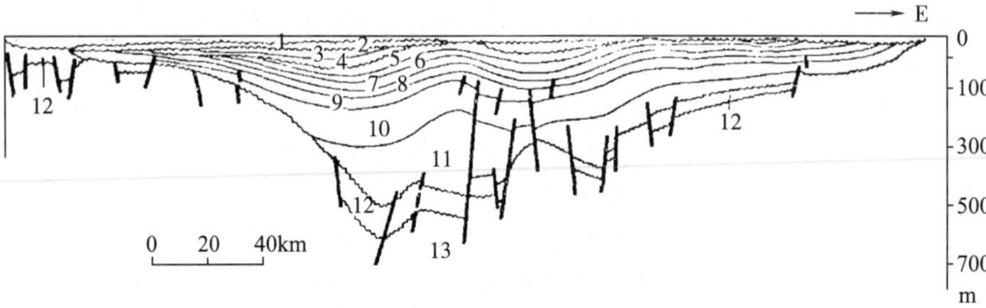

图1　松辽盆地剖面图

1. 第四系；2. 第三系；3～4. 上白垩系；5～11. 下白垩系；12. 侏罗系；13. 基底

第二裂陷旋回发生于新生代。继中生代晚期燕山构造作用造成隆起、剥蚀之后，中国东部特别是在华北，张性断裂造成了广泛的大陆裂陷区。此时在紫荆关-武陵山断裂带和郯庐断裂带之间，沿NNE-SSW向发生了裂陷，在长约650 km的晚白垩-古新世隆起轴部，相继形成了下辽河、渤海和华北平原大型地堑系（马杏垣、邓起东等，1982）。早第三纪有两个裂陷高潮，它们分别发生在始新世末至渐新世初和渐新世末期，造成沉积系列间的微不整合和大型坳陷及隆起的相间。在坳陷区古近纪沉积层可厚达4000～6000 m，而隆起区则遭受剥蚀（图2）。

地壳裂陷扩展时，地堑系为拉斑玄武岩活动的集中区，玄武岩层累积最大厚度可达2000 m。岩浆

* 本文原载于《石油实验地质》，1984，6（3）：180～191。

充填的破裂带形成了巨大的岩墙群和沿断裂排列的火山口。

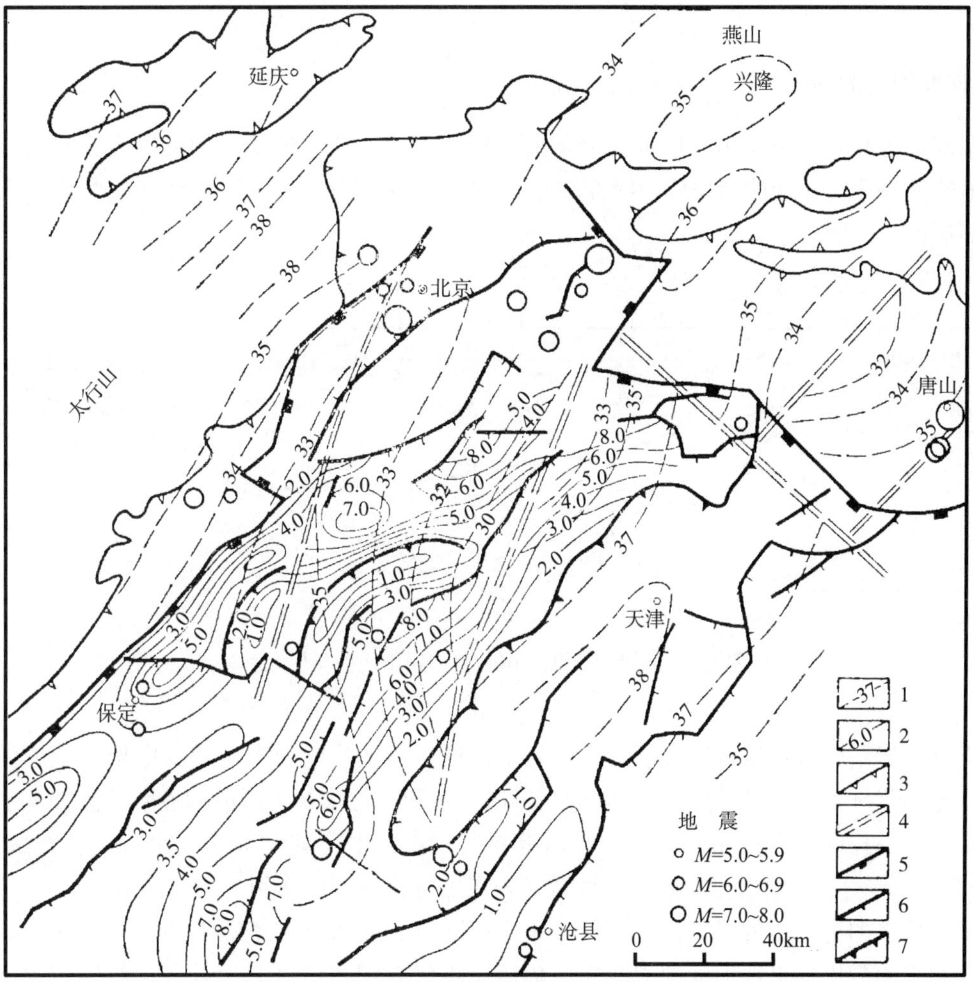

图 2　华北平原北部构造图

1. 地壳等厚线；2. 古近系基底等深线；3. 古近纪隆起边界；4. 深断裂；5. 盆缘断裂；6. 表壳断裂；7. 盆地边界

新近纪的裂陷格局以区域性沉降为特征，这期间形成了华北平原大型盆地。也就是从这时起中国东部现代地貌特征开始显露。

第四纪的裂陷作用基本继承了新近纪，以持续沉降和沉积、冲积物充填为主。而此时沿华北平原北缘有一条沉降量较大的 NWW 向排列的地堑带，第四系厚度可达 800 m。该带内的次级坳陷呈 NE 向斜列，指示左旋剪切。另一裂陷事件是更新世起现代渤海区内发生开裂和快速下陷，形成内陆海和多次海侵，造成华北平原的第四系沉积内的海相夹层。

新近纪和第四纪的火山作用以碱性、超碱性玄武岩流为主，主要沿 NNE 和 NW 向破裂带漫布于地堑之外。可划分出六幕喷发期，以中—晚中新生世最强。碱性玄武岩中含有大量超基性幔源包体，由此推测新生代玄武岩浆来源于地幔的局部熔融。

2　华北、东北中、新生代伸展的结构和运动学特征

2.1　伸展构造的特征

中国东部很少有两侧断层倾向相对、中间楔形断块下落的典型地堑。相反，多数是具有单边主干断层的半地堑（图3）在伸展断块体边缘往往是大型低角度正断层，包容着铲式、犁式、面状断层及其旋转式断层群。

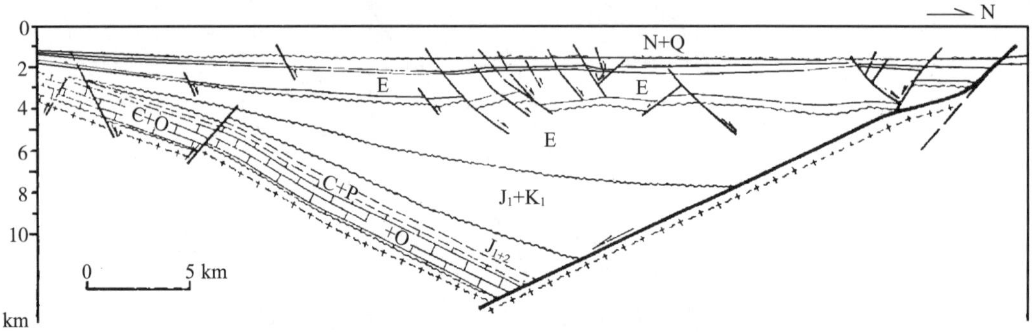

图3　济阳坳陷剖面（据胜利油田地质科学研究院）

断层上盘的岩层被大量次级铲式倾滑断层切割，掀斜断块沿断层同向或反向旋转，形成释放张性应变的表壳地堑（Stewart，1980）。晚侏罗世至早白垩世和古近纪伸展形成的地堑尤其如此。这些盆—岭构造包括以上结构的各种要素。单个地堑通常斜列排布，平均宽度 15 km 左右，垂直断距1～8km（李德生，1981）。主干正断层为右旋斜滑性质，表现出复合在扩展作用上的右旋剪切。

上述伸展构造的进一步发展往往经历整体大面积下沉，如松辽和华北平原，而后又经历不同形式的萎缩。华北平原与松辽平原形成的构造环境和地质年代不同，但总的来看有相似的演化序列和构造样式。依次经历了初始开裂—差异裂陷—区域沉降和萎缩四个阶段，构成一个裂陷旋回中完整的构造样式。

2.2　表层伸展

地壳伸展的地质证据广布于透入式正断层之中，断层倾角在地表多为高角度（60°～70°），随着深度的增加而趋于平缓（30°～40°）。多数断层并未达到深层次，而所谓切穿岩石圈的深断层属于另一类型。这种铲式或犁式正断层的一个突出特征是断层边活动、边沉积，同时层理旋转。华北平原新生代早期断块的掀斜格式可与伸展中从早期主破裂向外扩展的应力释放有关。地层的旋转掀斜、断层擦痕和拖曳褶皱之间的运动学关系表明，中国东部表壳构造迁移一般是 NNW 向或 SEE 向，而松辽盆地则为 EW 向。

重力作用在裂开阶段十分重要（马杏垣，1982）。它与区域应力场或叠加，或在谐调时加强区域应力场，促进地壳横向伸展或地堑纵向传导。重力失稳可发生在各个不同阶段，引起底辟作用、伸展性重力滑动重力扩展等。

2.3　差异伸展和横向构造

计算表明，整个华北平原新生代伸展量约为初始宽度的10%～30%。差异伸展区之间边界的几何

学特征对判定板内变形的运动学相当重要。在差异伸展中与正断层同时形成的走滑断层或平推断层有助于分析整个地堑系的运动学。

华北平原和松辽盆地掀斜伸展区的横向构造平行于伸展方向，其中华北平原最突出的横向构造是NWW向的走滑断裂带，它们隔开掀斜格局不同的地段，也标志着地壳扩展的相对方向。许多横断裂是在老断裂基础上发展的，但也有新生的。如华北平原北部NWW向北京-唐山-渤海大型左旋剪切带，它把伸展的华北平原与无伸展的燕山山脉截然分开（郑炳华等，1981），是一个重要的岩石圈构造。

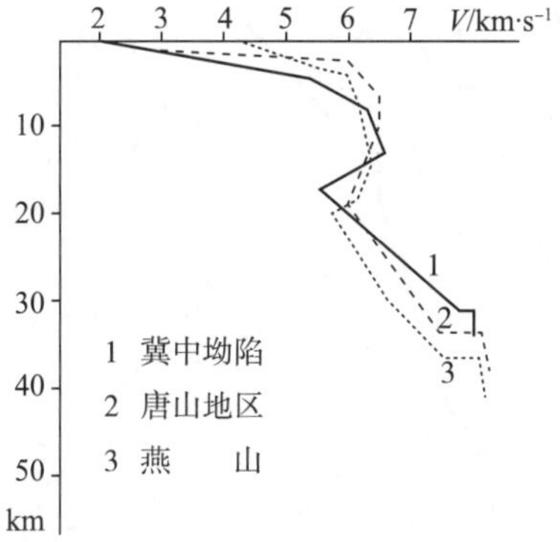

图4　华北平原三个地区的地震波速—深度曲线（据国家地震局，郑州物探大队）

3　区域地球物理

自1976年以来，国家地震局，地球物理勘探大队在华北平原做了16条人工地震测深剖面，全长6686 km。图4表示华北平原坳陷区、山区和过渡带的简要速度模型。其速度结构特征为：①地壳表层，为中、新生代沉积层，速度为1.6～5.3 km/s，厚1～6 km。②上地壳，速度一般为4.7～6.2 km/s，厚5～10 km，平原区速度大于山区，是一组正速度梯度层。③中地壳，为低速度，厚11～14 km，最低速度值5.5 km/s，埋深16～20 km。④下地壳，速度为6.0～7.7 km/s，速度随深度显著增加，沿NW向横向非均匀性强烈（图5），层厚6～10 km，M面坳陷区薄、隆起区厚。下地壳底界是一级不连续面——M面，在坳陷区下，地震波速在这个界面上从7.7 km/s，跃变至8.01 km/s。

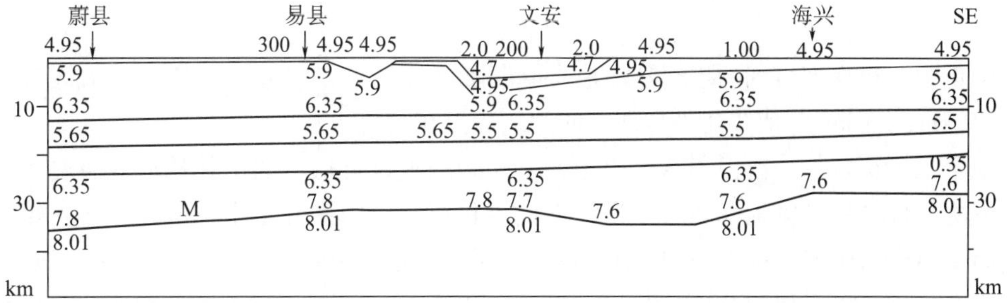

图5　华北平原北西向地壳速度结构剖面（据国家地震局，郑州物探大队）

华北平原各个地区的地壳厚度变化很大，M面等深线有很大起伏，图2为平原北部的M构造，显示为NNE向隆起和坳陷。西部隆起位于冀中新生代坳陷区，地壳平均厚度30～33 km。但从北京平原向燕山山脉以北的地区，地壳厚度逐渐增至40多公里。位于下辽河-渤中-黄骅新生代坳陷的M面隆起区地壳平均厚度约30 km，渤海湾最薄约28 km。M面坳陷位于平原中部沧县新生代隆起区，地壳厚

36～38 km。“两隆一坳”的 M 面构造背景恰与“两坳一隆”的新生代构造格局相对应，两者呈镜像关系。

从平原向西部山区 M 面逐渐加深到 38 km。平原与北部山区之间 NWW 向地带的 M 面构造比较复杂，横向变化大，明显的 NWW 向构造干扰了 NE-NNE 向构造方向。沿 NWW 向带地壳平均厚度相对较薄。

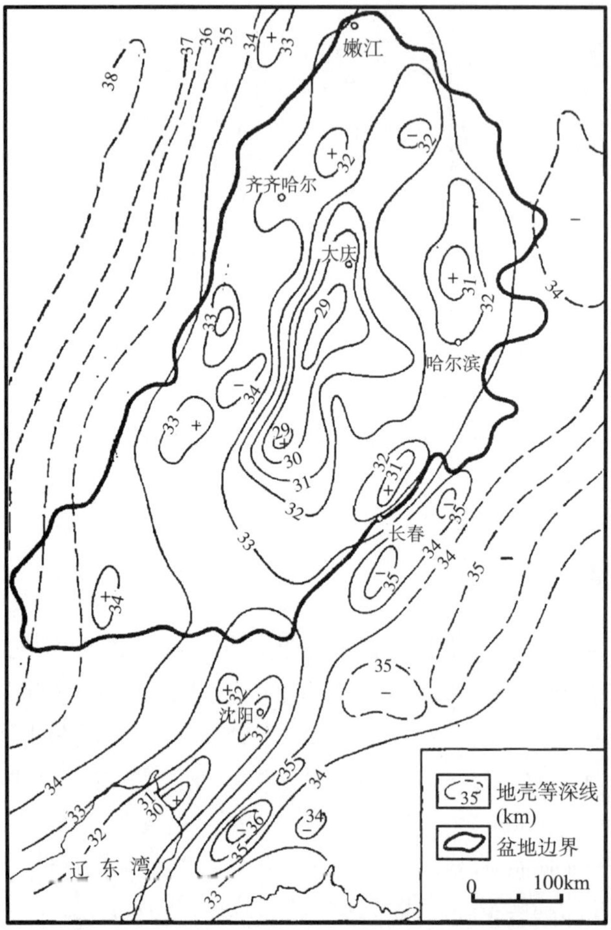

图 6　根据重力资料反演的松辽盆地地壳等深线图

图 6 是由重力资料反演得到的松辽盆地地壳厚度图（盛滨洲，1982）①。M 面等值线走向 NNE，地壳最薄处厚 29 km，33 km 等值线几乎与现今的盆地边界相吻合。

根据大地电磁测深资料，获得了本区地壳、上地幔的电性分层。图 7 是从河北省马兰峪到柏各庄地壳、上地幔的电性结构：①地壳表层，为新生代沉积层，电阻率几至十几欧姆 · 米。②上地壳，是高阻层，电阻率 10^2～10^3 Ω · m，厚 10～20 km，平原区的厚度和电阻率都小于山区。③壳内高导层，电阻率几至十几欧姆 · 米，厚几公里。深 15～20 多公里。④上地壳—岩石圈地幔层，电阻率高，10^4～10^5 Ω · m，山区厚，平原薄。⑤上地幔高导层，电阻率 1 至数欧姆 · 米，从平原向山区逐渐加深。

本区地壳-上地幔速度与电性结构有很好的对应关系：①地壳表层，为低速-高导层。②上地壳的速度、电阻率、厚度均变化较大，可能与新生代的强烈构造影响有关。平原区速度值偏大可能与巨厚

① 盛滨洲，松辽盆地莫霍面深度计算及其初步认识，（地壳与上地幔）会议文件，1982。

的新生代玄武岩有关，而电阻率值偏低可能与裂隙发育、自由水渗入有关。③虽然地壳内低速度层总厚大于高导层，但最低速度值的深度与高导层埋深相当，表明它们有着共同的成因机制。本区的地震震源深度大都位于该层之上。④下地壳—岩石圈地幔的上部为明显的正速度梯度层，为一高阻层。

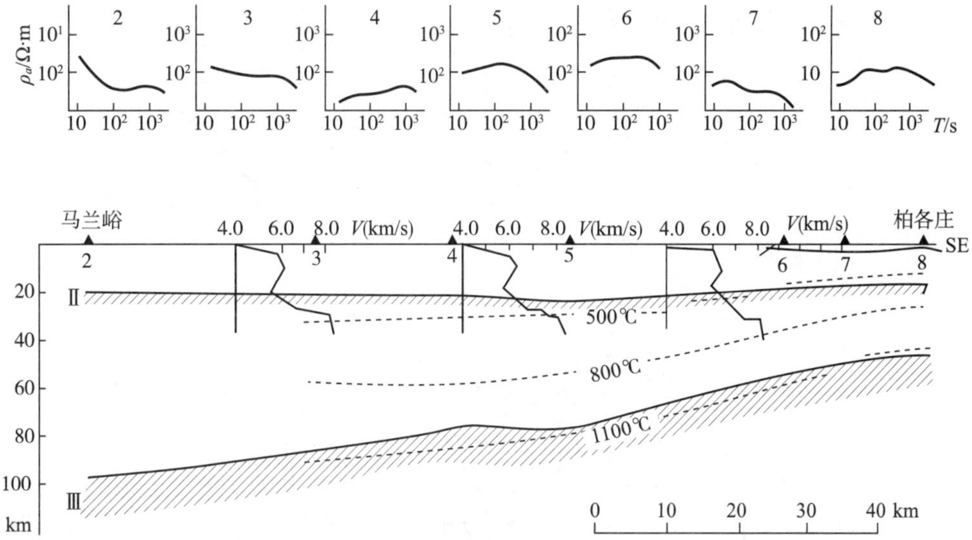

图 7　华北平原北缘 NW-SE 向大地电磁测深剖面中的地壳上地幔电性结构，速度结构与地下等温线

华北平原和邻近山区近 40 个大地热流测点（解政文等，1980；汪集旸等，1981；张汝惠等，1982）表明，盆地内热流值为 1.22～2.53 HFU，平均值为 1.95 HFU，其中下辽河-渤中-黄骅坳陷是一高热流值带，平均值达 2.10 HFU。山区从 0.65～1.40 HFU，平均值 0.95 HFU，约为活动性地堑系的二分之一，接近稳定的内陆克拉通地区的热流值。平原与山区之间过渡地带的热流值从 1.10～1.90 HFU，平均为 1.5 HFU，与怀来—延庆地堑热流值 1.45 HFU 相近（图 8）。地温梯度与热流值的变化一致。华北平原坳陷区平均地温梯度 3.50～4.00 ℃/100 m，燕山带只有 1.29 ℃/100 m，沧县隆起约为 2.00 ℃/100 m。

目前判断松辽盆地热体制只能依据少量的地热资料。全新世火山玄武岩活动和伸展以来的热滞后使地壳温度保持在中高水平。最近吴乾藩在松辽盆地测了 9 个热流值，其总的地温场状况为：在盆地中部无论是大地热流还是地温梯度或地层温度都显示为高值，并向边部逐渐变低，地温场具有中部高边部低，并大致呈环状分布的特征。

热流的分布，在中部 5 个热流值平均为 1.99 HFU，在其他地区 4 个热流值平均为 1.29 HFU，总平均为 1.64 HFU。

地温梯度的分布，在中部 28 个地温梯度平均为 42.2 ℃/km，在其他地区 36 个地温梯度平均为 35.2 ℃/km，总平均为 38.6 ℃/km。

地层温度的分布，800 m 深的地层温度，在中部平均为 40.4 ℃，在其他地区平均为 30.2 ℃，总平均为 35.3 ℃。

根据人工地震测深和重力资料反演得到的地壳构造剖面图以及平均大地热流值，用二维有限元法计算了华北地区温度-深度分布（刘国栋等，1983）。其中从北京西部山区经冀中平原向南东到渤海的一条剖面，500 ℃等温面在渤海湾埋深约 16 km，在沧县隆起约 22km，在冀中坳陷约 18～20 km，而在西部山区约 35 km。基本符合根据航磁资料计算的居里等温面（约 500 ℃）的深度（表 1）。可见本区温度分布与新生代构造作用密切相关。高温区为强烈坳陷和火山活动区，低温区为新生代稳定抬升区。近代构造活动与地热活动具有一致性。

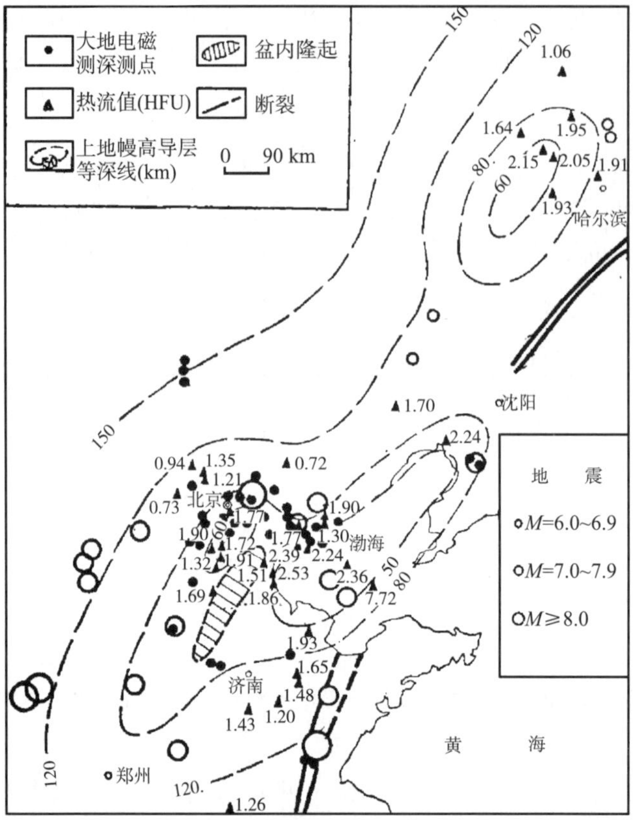

图 8　华北、东北软流圈等深线图（附热流值及地震分布）

表 1　华北平原居里等温面深度

地　区	渤海湾	沧县隆起	冀中坳陷	山　区
居里面深度	14～16 km	20～24 km	16～20 km	24～26 km

根据华北平原的近 50 个大地电磁测深点并结合热流值资料计算的上地幔高导层埋深（图 8）与地震法计算的上地幔低速层深度基本吻合。因此，可以设想在华北平原区上地幔高导层与低速层或软流圈同一层位。平原区软流圈普遍偏浅，并有两个隆起带，即沿下辽河-渤中-黄骅新生代坳陷展布的 NNE 向隆起带，埋深 50 km，和沿冀中新生代坳陷展布的规模较小的 NNE 向隆起带，埋深 60 km。向山区软流圈迅速加深至 100～120 km 以上。华北平原区软流圈隆起有向北部山区外延的趋势。平原与山区之间的 NWW 向构造带恰好位于软流圈隆起南北宽度明显变化地带，北窄、南宽。根据热流数据计算的松辽盆地软流圈深度约 60～90 km，这与地震所测得的上地幔低速层平均深度基本吻合（宋仲和等，1981）。

4　关于大型含油盆地构造与深部过程及岩石圈动力学联系的设想

上述地质构造演化和地球物理观测结果为建立大型盆地构造与深部过程的联系提供了框架。松辽和华北盆地的位置与范围可能大部取决于中生代岩浆活动使地壳预热变弱。虽然各个盆地的构造基础大不相同，但如华北、松辽盆地这样的大型裂陷盆地的形成必然与上地幔或软流圈的过程有着渊源。

上述事实清楚表明大陆伸展可能与地壳穹起相伴生。在弹性的上地壳和以塑性为主的下地壳中，隆起和弹性破裂相互联系。华北、东北的区域地球物理资料表明地堑系和大型盆地与地壳及岩石圈的减薄、增热和强烈破碎有关。然而厚达30多公里的地壳不可能仅因正断层而减薄。铲式正断层估计在5～17 km深度范围就会弯曲变平，该深度约为地壳厚度的1/3～1/2。因此除正断层以外，必需考虑深部地壳伸展的另外一些机制，例如岩墙侵入、下地壳和岩石圈地幔的伸展，以及其上中间层次的薄层韧性剪切流动或分散地滑脱。伸展可使较老的中生代压性逆断层重新活动，利用地壳里的近水平的位移面或韧性剪切带作为铲式正断层的底部滑移面。根据地球物理观测，华北平原浅层地壳于15～20 km深度电阻率和地震波速部显著降低，这可能是一个低刚性、软弱的塑性伸展层（壳内低速层），可与脆性—韧性变形过渡带相符合，其顶面是脆性破裂的底界。正断层引起的表层伸展收敛于该层。而浅震震中大部分集中于对表壳变形起调节作用的低刚性层之上。不同地区的下地壳厚度变化很大，在下地壳减薄、速度低的区域，整个地壳较薄；下地壳厚、速度高的区域，地壳厚度较大。地幔不均匀隆起过程中黏弹性下地壳的侧向蠕动可能是引起这一现象的原因。

华北和松辽的壳下岩石圈变薄、地堑形成，使岩石圈的埋深仅有50～90 km。岩石圈可分为两部分：下部是黏弹性层，上部是弹性层。弹性层适于积蓄应力或产生断裂，而黏弹性的下岩石圈在蠕变释放应力时厚度减薄，外力在挤压和伸展中转化为应力。地震主要发生在积蓄弹性应力、应变的上部弹性层内。在地壳和壳下岩石圈差异应力最大的区域恰位于地壳厚度陡变区。这一点清楚地反应为华北区的强震几乎都位于现今围绕地壳减薄区的岩石圈厚度变异带内，震源集中在壳内低速层之上（图9）（张嘉延，1981），这也是岩石圈最可能破裂的部位。岩石圈与软流圈的密度差使软流圈中的熔岩沿破裂上涌至地壳的各个层位。如果静压力差足够大，熔岩就会沿软弱带扩散开。

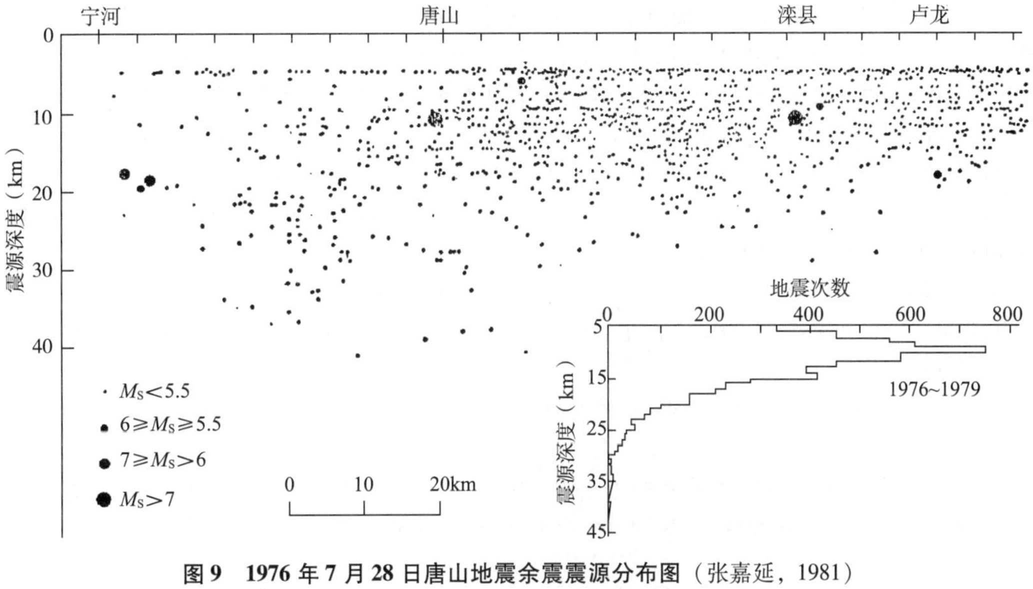

图9 1976年7月28日唐山地震余震震源分布图（张嘉延，1981）

上图是沿宁河-燕河营NE向剖面的余震震源分布；下图是测定的深度值的地震次数随深度的分布

陆内裂陷作用使地表保持长期下沉，形成水域，有利于水生生物的发育，以及良好的封闭盖层。由于控制裂陷发展的热软流圈的上涌以及相伴随的壳内热事件，使不断下沉的富含有机质水生生物遗骸的沉积物升温，当达到门限温度时向烃类转化，生成石油和天然气。由于伸展构造多半迁就地壳软弱地带发展，因而早期基底的破碎情况对伸展构造网络起着明显控制作用。

总之，华北、东北伸展构造动力学的地质及地球物理研究，都需要合理解释深部发生的过程。我们认为至少从晚中生代以来就间歇活动的软流圈上升对流是一基本控制因素。软流圈上隆增强了地壳和壳下岩石圈的重力不稳定性，在地壳破裂的同时，导致自发的层间脱节，引起有效地减薄伴以块断和差异下沉。随着热流向地表传导，岩石圈冷却加厚，这时断裂作用减弱，导致缓慢下沉，断裂活动减少。

使本区陆内开裂驱动机制的地幔上隆，可能与中-晚侏罗世（180 Ma～145 Ma）库拉-太平洋板块向日本岛的消减有关（Hilde，1977；张立敏、唐晓明，1983）。这一消减过程可能在中国东部地壳下地幔内诱发大规模的次级对流（Froidevaux，1981）。晚白垩世松辽盆地停止扩展可能与东部日本海的张开使之受到限制有关。而华北平原向东则面临着比较开放的环境，以及大陆内部的其他构造因素的作用，使之在新生代继续伸展裂陷。

参考文献

[1] 朱夏，中新生代油气盆地，1982，构造地质学进展，北京：科学出版社。

[2] 李德生，1981，渤海湾含油气盆地的地质特征，石油学报，Vol. 1，No. 1。

[3] 马杏垣等，1983，中国东部中、新生代裂陷作用和伸展构造，地质学报，Vol. 57，No. 1。

[4] 马杏垣，1982，重力构造概述，构造地质学进展，北京：科学出版社。

[5] 宋仲和等，1981，北京-萨哈林剖面的地幔纵向速度结构，地球物理学报，Vol. 24，No. 3。

[6] 滕吉文等，1982，华北平原邢台地震活动区的上地幔结构和地幔低速层，地球物理学报，Vol. 25，No. 1。

[7] 解政文等，1981，渤海及其邻近地区热流值的初步分析，地震地质，Vol. 2，No，3。

[8] 杨继良，1983，大庆油田的油藏特征和松辽盆地油气聚集规律，石油与天然气地质，Vol. 4，No. 2。

[9] 张嘉延，1981，唐山强余震前震源深度的变化，地震，No. 5 期。

[10] 张立敏、唐晓明，1983，西太平洋板块俯冲运动与中国东北深震带，地球物理学报，Vol. 26，No. 4。

[11] 张汝惠等，1982，唐山及其邻区热流值的分布，地震地质，Vol. 4，No. 4。

[12] 赵珠，1983，华北地区上地幔速度结构，地球物理学报，Vol. 26，No. 4。

[13] 郑炳华等，1981，燕山地区北西向和北西西向断裂构造基本特征初步探讨，地震地质，Vol. 3，No. 2。

[14] Froidevaux, C. and Nataf, H. C. , 1981, Continental drift: What driving mechanism? Geol. Rundchau, 70.

[15] Hilde, D. , 1977, The evolution of western Pacific plate and its margin. Tectonophysics, 38.

[16] Liu Guodong and Liu Changquan, 1983, Structures of crust and upper mantle and their relation to Cenozoic tectonisra in northern part of North China. Scientia Sinica (Series B) , XXVI.

[17] Ma Xingyuan and Wu Zhangwen, 1981, Early tectonic evolution of China. Precambr. Res. , 14.

[18] Ma Xingyuan, Deng Qidong and Wang Yipeng, 1982, Cenozoic gra-ben systems in north China. Z. Geomoph. N. F. Suppl. -Bd. 42.

[19] Stewart, John H. , 1980, Regional tilt patterns of late Cenozoic basinrange fault blocks, western United States. Geol. Soc. Am. Bull. , Part 1, 91.

[20] Tang Zhi, 1981, Tectonic features of oil and gas basins in eastern part of China. A. A. P. G. Bull. , 66.

[21] Wang Jiyang et al. , 1981, Geothermal studies in China. Journal Volcanology and Geothermal Res. , 9.

中国的强震活动与地球动力学过程关系的初析（综述）*

刘国栋　汪一鹏

摘　要

展示中国 $M \geqslant 6$ 级的强震震中分布图（东南和东北地区为 $M \geqslant 5$ 级），最醒目的一些特点是：华南地区除东南沿海有一条沿岸的NNE向强震活动带外，内部几乎没有强震，5～6级地震零散分布，东海海域和台湾海峡基本没有强震活动。青藏高原内部，强震活动性很高，但除喜马拉雅南缘有一条近EW向的强震带外，内部的地震呈带性不明显。新疆地区，广阔的塔木里盆地内部没有强震，但沿盆地周边强震带状展布。华北地台是一强震活动区，$M \geqslant 6$ 级地震清晰的呈带分布：北部东起渤海沿华北平原北缘经怀来断陷与鄂尔多斯北缘地震带共同组成一个近NWW向的强震活动带；南部东起郯城经菏泽与鄂尔多斯南缘地震带共同组成一个近EW向的强震活动带；西部是南北地震带北段，东部为郯庐地震带。华北地台内部的鄂尔多斯高原为一稳定地块，周边为强烈地震带所围绕，其东界是山西地震带。华北平原内部除磁县—邢台—河间—唐山的NNE向地震带以及隐约可见的潍坊—邢台的NWW向地震带外，在比较大型的坳陷内部几乎没有强震活动。东北地区（辽宁除外）的5级以上地震，大体上分布在松辽盆地边缘。在中国大陆内部最醒目的是纵贯大陆中部的南北地震带。

中国大陆地处西太洋板块消减带和喜马拉雅碰撞带之间。东海位于冲绳海槽之后，东海坳陷具有巨厚的新生代沉积可能与台湾海峡相连，地壳厚度从东部的19 km到西部沿岸地区的30 km左右，上地幔软流圈埋深约60多公里，是一个典型的引张盆地。它们的活动以及南海的扩张必然对华南地区形成侧向挤压。华南地区是中国东部地形起伏比较剧烈的地区，新生代以来一直上隆，但深部构造比较简单，地壳厚度从沿岸的30 km向西逐渐加厚到38 km左右，壳内分层清楚，没有壳内低速或高导层存在。在上地幔200多公里深度才发现有高导层，估计华南烈上隆的地区，大地电磁测深、地震资料反演、大地热流和新生代深源包体及玄武岩的地球化学研究结果都证实了这一点。本区的新生代构造活动与软流圈活动密切相关。沿下辽河-渤中-黄骅-濮阳新生代坳陷又是其中最强烈的NNE向软流圈上隆地带，埋深只有50～60 km，但宽度有所变化。据石油勘探结果，沿这一地带的某些新生代断层的上断点高度最浅，可能已达到地表附近，表明软流圈仍在活动。华北地区的强震活动和分带性与软流圈的顶面起伏具有较好的对应关系。强震一般都发生在软流圈隆起的边缘以及隆起宽度发生变化的地带，而在软流圈隆起的上方几乎没有强震活动。已经取得的比较丰富的深部探测结果，使得我们有可能探讨华北地区的地震活动性与深部活动过程之间的关系。看来本区的强震孕育与上地幔软流圈活动所引起的上部脆性地壳侧向扩张和壳内低速-高导层以及下地壳的侧向蠕变具有密切联系。而本区的上地幔软流圈活动可能导因于西太平洋板块消减过程中所引起的上升使内部可能没有软流圈。在地温

* 本文原载于《中国地震学会学术讨论会论文摘要集》，中国地震学会，1984，6～8。

分布上，除沿海地带有一高温梯度外，华南内部地温值很低。上述情况表明，华南地区的主压应力场可能起因于东海坳陷和南海的侧向伸展，而深部是没有力源活动的。沿岸的地震活动带可能耗掉了挤压应力的大部分，故而内部的地震活动很弱并呈零星分布。

青藏高原的地震强度和频度要比东南地区高得多，但正由前述两区的震中分布趋势似乎有些类似。这可能跟青藏高原南部存在一个强大的挤压边界与东海沿岸存在一个较弱的挤压边界相类似的情况一样。青藏高原地壳巨厚，软流圈较深，但壳内构造仍比较复杂，地面有强烈的热显示，因而推测本区的地震孕育与深部过程应有某种联系。塔里木盆地和准噶尔盆地周边的强烈地震活动应于盆地的形成和下沉过程密切相关，塔里木盆地内晚新生代以来的最厚沉积达6000～7000 m，但限于深部资料太少，尚难做出较合理的推断。

华北平原是中国大陆内部上地幔软流圈强导对流的结果。与华南地区形成明显对照的是，华北地势平坦、地表变形微弱，但深部构造且十分复杂。

东北地区强震活动很少，但第四纪以来的火山活动很强烈，它也是深部能量释放的一种方式。南北地震带是中国西部的 NWW 向构造和东部的 NNE 向构造交接的地带。沿此带深部构造复杂、上地幔软流圈相对变浅，地表有一系列新生代断陷发育。这里的强震活动可能受青藏高原挤压和深部活动过程的双重影响。

华北平原北部上地幔软流圈底辟构造的数学模拟*

宋惠珍　刘国栋

前　言

我国华北平原北部具有新生代大陆裂谷的典型特征，例如大地热流值比较高、地幔内存在低波速异常、地壳比较薄、壳内存在低速层和高导层等[1]，这些地球物理特征反映裂谷发育受地幔深处物质运动的控制。从地质特征方面来看，华北平原北部地区在晚白垩纪至古新世时期是一个广泛的隆起地带，自始新世开始才形成了一系列由NNE和NE向正断层控制的坳陷和隆起，如下辽河、渤中、黄骅、济阳和冀中等坳陷，古近纪沉积厚达4000～6000 m，且有基性岩浆沿断陷大量溢出，而沧县和埕宁等隆起在当时则出露地表。新近纪本区开始整体下沉，第四纪以来，平原区继续下沉。新生代沉积与断层的关系表现为边断边沉的特点，坳陷内的断层多呈阶梯状向坳陷中部断落，并且断层倾角随深度而变缓。总之，从华北平原北部的地质特征来看，本区也是一个新生代裂谷系[2]。

是什么样的一种深部机制控制华北平原北部地区新生代裂谷系的构造活动呢？本文借助盐丘机制概念，利用盐丘动力学理论公式，模拟了华北平原北部壳下软流圈层的初期底辟发育。从计算结果估计，华北平原北部地区新生代裂谷系很可能是底辟构造活动的结果。

1　华北平原北部新生代裂谷系形成的物理基础和几何模型

图1是华北平原北部地区的一个剖面图，它穿过冀中坳陷、沧县隆起和黄骅坳陷。图中的阴影条带表示壳内低速层，厚约3 km左右，埋深15～20 km，粗实线分别表示莫霍界面和软流圈的顶界面。从软流圈顶界面的起伏形状可以看出，位于华北平原北部地区软流圈强烈上隆，相对上升高度可达10～20 km。事实上，根据9条人工地震测深剖面的解释结果[3]，本区莫霍面的主导构造方向为NNE，与新生代以来的构造方向一致。在平原区，莫霍面有两个隆起和一个坳陷，平原西部的莫霍面隆起与冀中坳陷对应，平原东部的莫霍面隆起与黄骅和渤中坳陷对应，而平原中部的莫霍面坳陷则与沧县隆起对应。上述“两隆一坳”的莫霍面构造格局，与新生代平原区上部地壳“两坳一隆”的构造格局正好呈现反向关系。与此相应，华北平原北部地区壳下的软流圈也有两个隆起带和一个坳陷带，一个是以渤海为中心、沿下辽河-渤中-黄骅新生代坳陷区展布的NNE向隆起带（顶面埋深50 km），另一个是沿着冀中新生代坳陷展布的NNE向隆起带（埋深50～70 km），它们之间为一个坳陷带。

上述华北平原北部地区地壳上部新生代构造和莫霍面及软流圈顶界面起伏的几何对应关系不是偶然的，它们是在统一的深部构造活动控制下形成的。据现有研究成果[4]，上地幔主要由石榴石橄榄岩和尖晶石橄榄岩组成。当温度接近1100～1300 ℃时，上部岩石部分熔融形成液态玄武岩浆，它以液体

* 本文原载于《现代地壳运动Ⅰ，大陆裂谷与深部过程》，地震出版社1985，150～156。

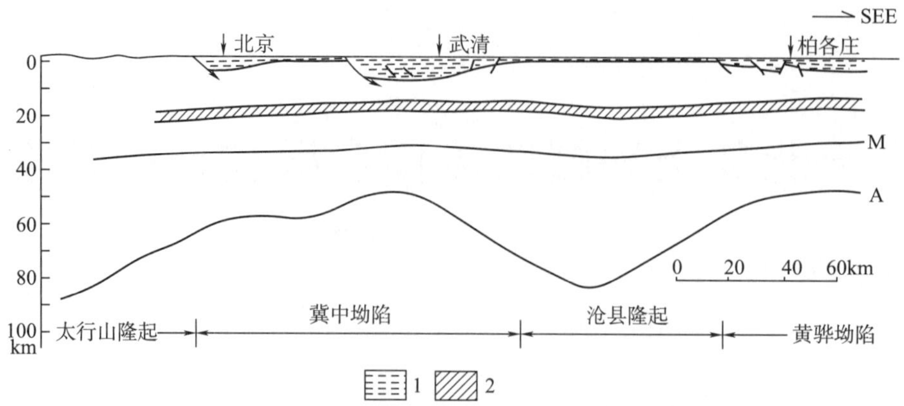

图1　华北平原北部地壳上地幔结构剖面图

1. 新生代裂谷沉积；2. 壳内低速-高导层。M. 莫霍面；A. 软流圈顶面

形式存在于软流圈内，流体含量可从微量到30%。这些流体的存在不仅降低了软流圈的黏度，而且也降低了它的平均密度。如果软流圈中流体的体积占15%，那么它的密度就会降低0.1 g/cm^3。，从而使软流圈顶面的物质密度低于上覆地层固态物质的密度，造成重力不稳定状态。这种不稳定层随时都有失去稳定性的可能，任何一个来自外部的初始挠动都会使它继续生长下去，直至达到新的重力平衡为止。

软流圈的应力状态、热流强度和软流圈发育程度之间有一定的关系，热流值愈高，密度降低愈大，逆密度层的不稳定性就越大，轻密度物质上浮的速度随之也增高。因此，软流圈的底辟构造运动在空间上的非均匀性与上地幔热状态不均匀性相对应。这正是重力位底辟作用的物理基础。软流圈顶面和岩石圈接触面上的底辟作用是在受激发的应力状态中发展的，由于接触面上的垂直应力分量随着重力位沿垂直方向的梯度和梯度的增加速率而增加，因此，可以把底辟作用或者说逆密度层不稳定性产生的构造作用视为地壳垂直运动的直接原因。而与底辟构造相对应的地表响应，不仅取决于软流圈的性质，而且还取决于岩石圈的性质。

根据盐丘机制概念，盐丘上涌的关键是浮力现象。由于软流圈是低速层、低密度和低黏度的岩层，其顶部上覆有高密度的壳下岩层，较轻物质从较重物质之下向上涌，这样，当它们处于同一重力位时，重力均衡就会遭到破坏，从而使软流圈与岩石圈的接触面处于流体静力学的不稳定状态。于是，对于任何一个初始接触面上的挠动往往会增长下去，直到新的平衡建立为止。这种现象称为底辟作用，它的物理机制与盐丘动力学问题是一样的。因此，我们这里利用盐丘动力学的理论公式来计算软流圈底辟作用的有关参数，并由此出发阐明华北平原北部地区新生代裂谷形成的原因——底辟构造运动。

2　华北平原北部地区裂谷形成初期阶段的定量研究

假设华北平原北部地区软流圈层和上覆岩石圈是常量密度、常量黏性和非弹性的，并假设在介质中的应力和变形率成正比，则运动方程和连续性条件一起可写成以下形式[5,6]：

$$\nabla^2 U=0, \tag{1}$$

$$\nabla^2 \varphi=0, \tag{2}$$

$$\nu \nabla^2 \psi=\frac{\partial \overrightarrow{\Psi}}{\partial t}, \tag{3}$$

$$\frac{\partial\varphi}{\partial t}=P/\rho+U. \tag{4}$$

式中，U 是重力位；φ 和 $\overrightarrow{\psi}$ 分别是标量位和矢量位；p 是压力；ν 和 ρ 分别是运动黏性系数和密度，对每种介质 ν 和 ρ 都是常量。速度矢量可由下式给出

$$\overrightarrow{V}=-\nabla\varphi+\nabla\overrightarrow{\psi}. \tag{5}$$

应力分量为

$$\left.\begin{aligned}P_{xz}&=\rho\nu\left(\frac{\partial V_z}{\partial x}+\frac{\partial V_x}{\partial z}\right),\\P_{yz}&=\rho\nu\left(\frac{\partial V_z}{\partial y}+\frac{\partial V_y}{\partial z}\right),\\P_{zz}&=-P+2\rho\nu\frac{\partial V_z}{\partial z}.\end{aligned}\right\} \tag{6}$$

求式（1）至式（4）的确定解，需要给出定解条件。边界条件和连接条件的选择可由以下要求出发：

（1）由于软流圈厚达几十公里，可以假设软流圈层底面被压紧在下层的层面上，速度的所有分量在底面水平面 $z=h_2$ 上消失，用零速度约束条件适宜。因为软流圈比较厚，在底辟生长的早期阶段，也就是软流圈物质上浮的初期，软流圈底部物质还未被挠动，用零速度约束是有效的。当然，在底辟作用的后期或非线性阶段，特别是在底辟翼部逼近垂直并且底辟体穿过地壳上升的阶段，该假设是不成立的。从以上假设出发，则有

$$V_x\mid_{z=h_2}=0, \tag{7}$$

$$V_z\mid_{z=h_2}=0. \tag{8}$$

（2）假设岩石圈底面与软流圈顶面两种介质是黏结在一起的，并且在边界上没有施加任何应力在介质上。这样，只要分析限制在底辟生长的早期，接触面的连接条件则满足

$$V_1=V_2; \tag{9}$$

$$P_{xz1}=P_{xz2},\ P_{yz1}=P_{yz2},\ P_{zz1}=P_{zz2}. \tag{10}$$

由于地表面是无应力表面，所以顶面边界条件是

$$P_{xz1}=P_{yz1}=P_{zz1}=0. \tag{11}$$

式（1）至式（4）稳定与否，决定于轻密度介质是否加速上浮进入重密度介质，只要外部加速度仅是来自重力，当下层密度比上层密度小时，式（1）至式（4）是不稳定的[7,8]。

对式（1）至式（4）的解法，需要根据所给的物理和几何参数而采用不同的坐标系。前面已经说明，华北平原北部新生代“两坳一隆”的主导构造方向为 NNE，与莫霍面和软流圈顶面的“两隆一坳”呈现反向的对应关系。这样，若取 z 轴的指向为 NNE，并且假设沿 z 轴方向延伸是无限的，则将图 1 的构造剖面取在 xoz 平面坐标系中，问题即可化为二维线性模型，属于一个盐脊问题。

取 z 轴指向朝上，x 轴指向朝 SEE（图 2）。对于高黏性材料，式（2）和式（3）分别采用分离变量法，可得到下面的通解形式：

$$\varphi=(A_\varphi e^{kz}+B_\varphi e^{-kz})\cos kx e^{\omega t}; \tag{12}$$

$$\overrightarrow{\psi}=\overrightarrow{j}z(A_\psi e^{kz}+B_\psi e^{-kz})\sin kx e^{\omega t}. \tag{13}$$

式(5) 在直角坐标系下可以写成下面形式：

$$V_x\overrightarrow{i}+V_y\overrightarrow{j}+V_z\overrightarrow{k}=\left(-\frac{\partial\varphi}{\partial x}+\frac{\partial\psi_z}{\partial y}-\frac{\partial\psi_y}{\partial z}\right)\overrightarrow{i}+\left(\frac{\partial\psi_z}{\partial x}-\frac{\partial\psi_x}{\partial z}\right)\overrightarrow{j}+\left(-\frac{\partial\varphi}{\partial z}+\frac{\partial\psi_y}{\partial x}-\frac{\partial\psi_x}{\partial y}\right)\overrightarrow{k}.$$

而在 xoz 平面坐标系中，$\frac{\partial\psi_z}{\partial y}=\frac{\partial\varphi_x}{\partial y}=0$，$V_y=0$，上式可以简化为：

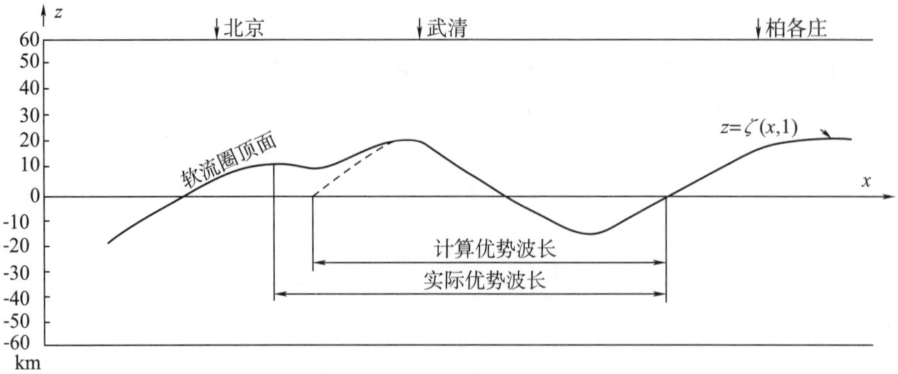

图 2　华北平原北部壳下软流圈顶界面的几何模型

$$V_x \overrightarrow{i} + V_z \overrightarrow{k} = \left(-\frac{\partial\varphi}{\partial x} - \frac{\partial\psi_y}{\partial z}\right)\overrightarrow{i} + \left(\frac{\partial\psi_y}{\partial x} - \frac{\partial\varphi}{\partial z}\right)\overrightarrow{k}. \tag{14}$$

由式(14) 可得到速度与标量位 φ 和矢量 $\overrightarrow{\psi}$ 之间的关系如下：

$$\left.\begin{aligned} V_x &= -\frac{\partial\varphi}{\partial x} - \frac{\partial\psi_y}{\partial z}; \\ V_z &= -\frac{\partial\varphi}{\partial z} + \frac{\partial\psi_y}{\partial x}. \end{aligned}\right\} \tag{15}$$

将式(12) 和(13) 代入式(15)，求得 V_x 及 V_y，再从式(6) 解出应力分量 P_{xz}，P_{yz} 及 P_{zz}，然后利用边界条件和连接条件式(7)～(11)，便可确定式(12) 和(13) 中的未知系数。假设在接触面上 $z=\zeta(x,\ t)$，则软流圈的轻密度介质沿 z 方向(即垂直方向) 上浮的速度为：

$$\frac{\mathrm{d}z}{\mathrm{d}t} = \frac{\partial\zeta}{\partial t} + \frac{\partial\zeta}{\partial x}\frac{\mathrm{d}x}{\mathrm{d}t}. \tag{16}$$

由于在底辟生长的初期翼部不很陡，$\frac{\partial\zeta}{\partial x}$ 很小，式(16) 中的 $\frac{\partial\zeta}{\partial x}\frac{\mathrm{d}x}{\mathrm{d}t}$ 项可以忽略，生长像可以建立为

$$V_z\big|_{z=\zeta(x,\ t)} = \frac{\partial\zeta}{\partial t},$$

或

$$\zeta(x,\ t) = \int_{-\infty}^{t} V_z \mathrm{d}t. \tag{17}$$

式 (17) 表示接触面上的 z 坐标在未知系数中是呈线性变化的。这个条件在接触面上计算正应力 P_{zz} 是需要的，也是保持生长像服从线性增长规律的充要条件。

综上所述，使用边界条件和连接条件式 (7) ～(11)，则可产生一组含有 8 个线性齐次方程的方程组。若使齐次方程组有非平凡解，必须使系数行列式等于零。这样一来，便导致了波数 κ 和圆频率 ω 间的关系，写成显式为[5,6]

$$\omega = \frac{g\ (\rho_1 - \rho_2)}{4\kappa}\frac{\Delta_1}{\Delta_2}. \tag{18}$$

式中，g 是重力加速度常数，ρ_1 和 ρ_2 分别代表岩石圈和软流圈的密度，κ 是波数，Δ_1 和 Δ_2 分别是两个 8 阶行列式，其表达式为

$$\Delta_1 = \begin{vmatrix} 0 & 0 & 0 & 0 & e^{-\kappa h_2} & -\kappa h_2 e^{-kh_2} & e^{kh_2} & -\kappa h_2 e^{kh_2} \\ 0 & 0 & 0 & 0 & e^{-kh_2} & (1-kh_2)\ e^{-kh_2} & -e^{kh_2} & (1+kh_2)\ e^{kh_2} \\ 1 & 0 & 1 & 0 & -1 & 0 & -1 & 0 \\ 1 & 1 & -1 & 1 & -1 & -1 & 1 & -1 \\ \rho_1\nu_1 & \rho_1\nu_1 & \rho_1\nu_1 & -\rho_1\nu_1 & -\rho_2\nu_2 & -\rho_2\nu_2 & -\rho_2\nu_2 & \rho_2\nu_2 \\ 1 & 0 & 1 & 0 & 1 & 0 & 1 & 0 \\ e^{kh_1} & kh_1 e^{kh_1} & e^{-kh_1} & kh_1 e^{-kh_1} & 0 & 0 & 0 & 0 \\ e^{kh_1} & (2+kh_1)\ e^{kh_1} & e^{-kh_1} & (-2+kh_1)\ e^{-kh_1} & 0 & 0 & 0 & 0 \end{vmatrix}$$

和

$$\Delta_2 = \begin{vmatrix} 0 & 0 & 0 & 0 & e^{-kh_2} & -kh_2 e^{-kh_2} & e^{kh_2} & -kh_2 e^{(kh_2)} \\ 0 & 0 & 0 & 0 & e^{-kh_2} & (1-kh_2)\ e^{-kh_2} & -e^{kh_2} & (1+kh_2)\ e^{kh_2} \\ 1 & 0 & 1 & 0 & -1 & 0 & -1 & 0 \\ 1 & 1 & -1 & 1 & -1 & -1 & 1 & -1 \\ \rho_1\nu_1 & \rho_1\nu_1 & \rho_1\nu_1 & -\rho_1\nu_1 & -\rho_2\nu_2 & -\rho_2\nu_2 & -\rho_2\nu_2 & \rho_2\nu_2 \\ \rho_2\nu_2 & -(\rho_1\nu_1+\rho_2\nu_2) & \rho_2\nu_2 & -(\rho_1\nu_1+\rho_2\nu_2) & \rho_1\nu_1 & (\rho_1\nu_1+\rho_2\nu_2) & -\rho_1\nu_1 & (\rho_1\rho_1+\rho_2\nu_2) \\ e^{kh_1} & kh_1 e^{kh_1} & e^{-kh_1} & kh_1 e^{-kh_1} & 0 & 0 & 0 & 0 \\ e^{kh_1} & (2+kh_1)\ e^{kh_1} & e^{-kh_1} & (-2+kh_1)\ e^{-kh_1} & 0 & 0 & 0 & 0 \end{vmatrix}$$

在式（18）中，当 $h_2 \geqslant h_1$ 时，kh_2 对圆频率 ω 的影响不大。而华北平原北部地区软流圈厚度大约有60km，地壳平均厚度为32km，加上上地幔顶部约有50～60 km，若设 $h_2 \to \infty$，并且使 $V|_{z=h_2}=0$，则式（18）可简化为

$$\omega=\frac{g\ (\rho_1-\rho_2)}{2k\ (\rho_1 v_1+\rho_2 v_2)}\times\left\{1-\frac{2\rho_2 v_2\ [\ (\rho_1 v_1+\rho_2 v_2)\ (1+2kh_2+2k^2h_2^2)\ -\ (\rho_1 v_1-\rho_2 v_2)\ e^{-2kh_2}\ ]}{[\ (\rho_1 v_1+\rho_2 v_2)\ e^{kh^2}-\ (\rho_1 v_1-\rho_2 v_2)\ e^{-kh^2}\ ]^2-4\ (\rho_1^2 v_1^2-\rho_2^2 v_2^2)\ k^2 h_2^2}\right\}. \tag{19}$$

式中大括号前的因子表示 $h_1=h_2=\infty$ 时圆频率 ω 和波数 k 之间的关系，括号内的第二项是软流圈有限厚度的影响。

由式（19）可以看出，在波数 $k=0$ 和 $k=\infty$ 两种情况下底辟生长速率不存在，而对有限的波数 k 则对应有限的增长率，最大增长率所对应的波数为 k_{max}。也就是说，当波数 $k\to 0$ 时，则 $\omega\to\infty$，这对地壳下的高黏性物质运动是不可能的，即使有深部岩浆喷发到地表，其挠动增长速率也是有限的；而当 $k\to\infty$ 时，则 $\omega\to 0$，说明在软流圈顶部界面没有底辟发育。假设初始挠动波包含从零到无限大的全部波数，并根据叠加原理认为挠动波是时间的连续函数，最快增长速率对应的波数 k_{max} 占优势分量，所以底辟构造的最后模型可由波数 k_{max} 确定。这样，对软流圈顶部所产生的侵入体，在其初期线性增长模型的最大不稳定性的阶数（k_{max}），可以从求解方程 $d\omega/dk=0$ 中得到。也就是说，对式（19）微分并使其等于零，再经过简化，即可得 k_{max} 的近似解为

$$k_{max}=\frac{2.5}{h_2}\left(\frac{\rho_2 v_2}{\rho_1 v_1}\right)^{1/8},$$
$$\omega_{max}=\frac{0.35g\ (\rho_1-\rho_2)}{k_{max}\ \rho_1 v_1+\rho_2 v_2}. \tag{20}$$

由上式可以看出，决定底辟生长的优势波数仅依赖于软流圈和岩石圈的厚度以及两者黏性 μ（$\mu=\rho v$）的比，而密度差则决定生长速度。由此可知，逆密度层的厚度越薄，上覆岩层黏性与软流圈黏性差越小，优势波数 k_{max} 越大。

利用式（20），对华北平原北部地区壳下软流圈底辟构造生长初期的线性模型进行计算。所给参

数为：软流圈未受挠动的厚度 $h_2=30$km，即扣除了挠动波优势波分量的最大幅高为30km；上覆岩石圈的平均密度 $\rho_1=2.9\mathrm{g/cm^3}$，黏性系数 $\nu_1=10^{21}$ Pas；软流圈的平均密度 $\rho_2=2.8\mathrm{g/cm^3}$，黏性系数 $\nu_2=10^{20}$ Pas。计算结果为：控制软流圈顶界面挠动波生长的优势波数 $k_{\max}=0.00003823\left(\frac{1}{m}\right)$，优势波长 $\lambda=164.4$ km，优势频率 $\omega_{\max}=2.8213873\times10^{-16}$（1/s）；生长模型所需的时间 $t_{\max}=0.3544355\times10^{16}$（s），即1亿1千万年；最大上升幅度约20km，平均年生长率为0.18mm/a。也就是说，假若华北平原北部地区软流圈的逆密度不稳定性所产生的上浮现象保持线性增长率的话，则以平均每年上升0.18 mm计算，软流圈顶界面优势波幅度值为20 km，挠动波生长模型达到图2的状态，初始挠动波需要1亿1千万年才能完成底辟构造的线性阶段模型。其优势波长为164.4 km，即相邻上隆体之间的优势距离为164.4 km，这个数值与华北平原北部软流圈顶界面“两隆”之间的距离是接近的。

根据始新世之后华北平原北部地表相应情况，即地壳变薄，地表强烈下沉，上地壳侧向扩张，大量岩浆溢出，表明在新生代时期软流圈轻密度物质上涌速度增高，很可能进入了非线性的生长阶段，即底辟构造运动达到了更强烈阶段——岩浆喷发。总之，在进入新生代之后，软流圈一直处在重力不稳定状态。从式（16）也可看出，当挠动波生长速度比较大时，$\frac{\partial\zeta}{\partial x}\frac{\mathrm{d}x}{\mathrm{d}t}$项就不能忽略，这时底辟生长已进入非线性阶段，造成深部岩浆大量溢出。直到进入第四纪以后，岩浆活动才基本消失，但地表继续下沉，继承新生代时期的构造运动，然而活动性显然没有始新世至渐新世时期强烈。此外，根据现代地壳形变资料，华北平原北部地区沉降速率不完全相同，平均年速率约在1 mm以上。如果说地表下沉速率与软流圈顶面上升速率是一致的话，那么在软流圈底辟发育的开始阶段，地表下沉速率可能是0.18 mm/a左右。这也就是说，当前华北平原北部壳下软流圈的底辟构造运动仍比挠动初期强烈，但比新生代初期弱得多。

3 对壳内低速-高导层有无底辟发育的探讨

华北平原北部地壳内普遍存在有低速-高导层的事实，已为很多地球科学工作者所接受，该层厚约3 km，顶界面埋深最浅15 km，最深20 km。若低速-高导层之上地壳平均密度 ρ 取2.7 g/cm³，黏性系数 ν，取 10^{22} Pas，层厚 h_1 取15 km，而低速-高导层的平均密度 ρ 取2.6 g/cm³，黏度系数 ν 取 10^{20} Pas，层厚 h_2 取3 km，则利用式（20）计算得，优势波数 $k_{\max}=0.000177291\left(\frac{1}{m}\right)$，优势波长 $\lambda=35.4$ km，形成这样一个优势波长分量所需的时间为44亿年。这说明壳内低速-高导层上浮的速度非常慢，而且顶面起伏很小。由此根据式（17）还可以预测，低速层不会产生非线性增长规律，说明壳内低速-高导层逆密度不稳定性产生的构造运动规模远远小于软流圈，这个结果与实际资料是比较一致的。但是，由于壳内低速-高导层存在有极缓慢的挠动波生长像，仍然发育着微弱的逆密度层上浮作用（也称为弱底辟构造），它使上覆岩层的垂直应力分量加强。这很可能就是华北平原北部地区强震震源区大都位于壳内低速-高导层之上的原因之一。在已详细做过人工地震测深的邢台和唐山地震区，发现壳内低速-高导层向震中区加厚[1]，从而也验证了本文结果是有意义的。

结　语

本文借助盐丘动力学的理论公式，对华北平原北部地区软流圈和壳内低速-高导层的底辟构造，即逆密度不稳定性所产生的挠动波模型进行了定量研究，结果与华北平原北部地区新生代裂谷活动特征及地壳内的强震活动是对应的。华北平原北部地区裂谷的成因很可能是软流圈底辟构造运动的结果。

根据本文的研究结果，可得出如下三点看法：

（1）盐丘动力学的理论公式推广到华北平原北部软流圈逆密度不稳定性中是有效的。

（2）华北平原北部地区新生代裂谷系很可能是底辟构造运动的结果。

（3）华北平原北部地区的壳内强震活动可能与壳内低速-高导层的逆密度不稳定性所产生的构造活动有关。

参 考 文 献

[1] 刘国栋等，1984，华北地区壳内高导层及其与地壳构造活动性的关系，中国科学：B 辑，No. 9。

[2] 刘国栋等，1983，京津唐渤和周围地区地壳上地幔电性结构及其与地震活动性的关系，地球物理学报，No. 2。

[3] 刘国栋等，1982，华北北部地区地壳上地幔构造及其与新生代构造活动的关系，中国科学，B 辑，No. 12。

[4] Martin H. P. Bott，1982，The interior of che Earth：Its structure，constitution and evolution. Edward Arnold（publishers）Limited，London.

[5] Z. F. Daneš，1964. Mathematical formulation of sait dome dynamics，Geophysics，Vol. 19，414-424.

[6] Hide Raymond 1955. The character of the equilibrium of an incompressible heavy viscous fluid of variable density：An approximate theory，proc. cambr. phil. Soc.，Vol. 51，179-701.

[7] F. Selig，1964，Variational principle for Rayleigh-Taylor instability. The physics of Fluids，Vol. 8，1114-1116.

[8] F. Selig. 1965. A theoretical prediction of salt-dome patterns，Geophysics，Vol. XXX，No. 4.

地壳上地幔构造*

刘国栋

地壳上地幔构造是地球科学家们感兴趣的问题，众多的地学理论问题无不涉及地壳上地幔构造，诸如矿产资源的寻找和预测，地震的孕育和发生等均与其有十分密切的关系。自20世纪60年代执行的国际地壳上地幔、70年代执行的国际地球动力学计划和目前正在进行的80年代国际岩石圈动力学和演化的计划以来，世界上很多国家都先后投入了很多人力和财力，对地壳上地幔构造进行广泛的探测和研究。尤其是最近10年以来，由于采用一些新的探测技术和对数据处理水平的提高，对其了解程度已较过去有了很大的深入，一些传统概念已被否定，但还有很多问题仍在争论当中。本文拟对地壳上地幔构造的某些现代认识情况做一介绍。

1 关于地球结构模型

1971年的国际大地测量和地球物理协会（IUGG）大会上决定成立一个工作组，负责建立地球内部结构的新模型。该工作组使用了丰富的观测数据，经过了长时间大量的工作以及在国际性学术会议上的若干次讨论，终于在1979年于堪培拉召开的IUGG全体大会上，由吉旺斯基和安德森提出了一份关于临时性地球参考模型的初步报告。在这个模型中把地球内部划分为以下几个主要区域：①海洋层；②地壳上部和下部；③低速层以上区域（LID）；④低速层；⑤低速层与400 km分界面之间的地区；⑥400 km和670 km分界面之间的过渡带；⑦下地幔，对这个区域还可细分为由二级间断面连续的三个部分；⑧外地核；⑨内地核。上地幔的下限为670 km，对上地幔的细微划分还存在不同看法，但上地幔内存在低速带的证据是明显的。发现地球上部构造是非各向同性的，尤其是从地面到几十公里范围内的横向不均匀性是异常强烈的。但为了给出一个地球结构的参数模型，作者给出了“等效”各向同性地球的有关结果。“等效”意味着这个模型与各向异性模型具有近似的容积模量和切变模型，并不意味着它是一个与观测数据相适应的满意模型。这个地球内部结构模型的主要参量列在表1中。表中的V_{PV}和V_{PH}为纵波的垂向速度和水平速度，V_{SV}和V_{SH}为横波的垂向速度和水平向速度，Q_{μ}和Q_{k}分别是切变模量和压缩模量值。

2 关于上地幔和软流圈

有关上地幔和软流圈的信息主要来源于地震学的研究，大地电磁测深和地磁测深结果补充了有关电性信息，大地热流测量提供了这一范围内的温度参数，来源于地幔的深源包体，为了解其物质组成和演变性提供了可贵的资料。

表1所列的上地幔结构模型中包括有670 km、400 km和200 km处的速度不连续界面670 km。有

* 本文原载于《中国地震年鉴》，地震出版社，1986，68～77。

人定为650 km 的界面显示出明显的速度突变，此不连续界面的厚度有人认为约4 km。根据该不连续界面的厚度及其波速的突变程度，认为这种深度处的不连续界面与目前已知的可能的相变特征不一致，因而认为它是地幔中的化学分界面，即在这种深度上存在化学成分上的不均匀。这个界面究竟是化学界面还是相变界面对阐明下行板块的最终结局和地幔对流深度都很重要。多年来地震学家一直认为在670 km 以下没有地震发生。

表 1　描述初步的地球参考模型的多项式系数*

分区	半径（km）	深度（km）	密度 （g/cm^3）	V_P （km/s）	V_S （km/s）	Q_μ	Q_k
内核	0～1221.5	6371～ 5149.5	13.0885 $-8.8381x^2$	11.2622 $-6.3640x^2$	3.6678 $-4.4475x^2$	84.6	1327.7
外核	1221.5～ 3480.0	5149.5～ 2891	12.5815 $-1.2638x$ $-3.6426x^2$ $-5.5281x^3$	11.0487 $-4.0362x$ $+4.8023x^2$ $-13.5732x^3$	0	0	57823
下地幔	3480.0～ 3630.0	2891～2741	7.9565 $-6.4761x$ $+5.5283x^2$ $-3.0807x^3$	15.3891− $5.3181x$ $+5.5242x^2$ $-2.5514x^3$	6.9254 $+1.4672x$ $-2.0834x^2$ $+0.9783x^3$	312	57823
	3630.0～ 5600.0	2741～771	7.9565 $-6.4761x$ $+5.5283x^2$ $-3.0807x^3$	24.9520 $-40.4673x$ $+51.4832x^2$ $-26.6419x^3$	11.1671 $-13.7818x$ $+17.4575x^2$ $-9.2777x^3$	312	57823
	5600.0～ 5701.0	771～670	7.9565 $-6.4761x$ $+5.5283x^2$ $-3.0807x^3$	29.2766 $-23.6027x$ $+5.5242x^2$ $-2.5514x^3$	22.2459 $-17.2473x$ $-2.0834x^2$ $+0.9783x^3$	312	57823
过渡区	5701.0～ 5771.0	670～600	5.3197 $-1.4836x$	19.0957 $-9.8672x$	9.9839 −4.9324	143	57823
	5771.0～ 5971.0	600～400	11.2494 $-8.0298x$	39.7027 $-32.6166x$	22.3512 $-18.5856x$	143	57823
	5971.0～ 6151.0	400～220	7.1089 −3.8045	20.3926 $-12.2569x$	8.9496 $-4.4597x$	143	57823
LVZ*	6151.0～ 6291.0	220～80	2.6910 $+0.6924x$	V_{PV} 0.8317 $+7.2180x$ V_{PH} 3.5908 $+4.6172x$	V_{SV} 5.8582 $-1.4678x$ V_{SH} −1.0839 $+5.7176x$	Q_μ 80 η 3.3687 $-2.4778x$	Q_k 57823

续表

分区	半径（km）	深度（km）	密度 （g/cm^3）	V_P （km/s）	V_S （km/s）	Q_μ	Q_k
LID*	6291.0～ 6346.6	80～24.4	2.6910 +0.6924x	V_{PV} 0.8317 +7.2180x V_{PH} 3.5908 +4.6172x	V_{SV} 5.8582 −1.4678x V_{SH} −1.0839 +5.7176x	Q_μ 600 η 3.3687 −2.4778x	Q_K 57823
地壳	6346.6～ 6356.0	24.4～15	2.900	6.800	3.900	Q_μ 600	Q_K 57823
	6356.0～ 6368.0	15～3	2.600	5.800	3.200	600	57823
海洋	6368.0～ 6371.0	3～0	1.020	1.450	0	0	57823

* 深度在24.4～220 km之间的区域，具有垂直轴对称的横向各向同性，在这个区间内，有效的各向同性速度可以近似地表示为：$T_p=4.1875+3.9382x$，$T_s=2.1519+2.3481x$。变数 x 为归一化半径：$x=r/a$，其中 $a=6371$ km。表中所列参数适用于参考周期为1s。

400 km处的不连续界面普遍认为是相变的结果。在这个深度的温压条件，可以发生橄榄石结构相变为尖晶石结构的过程。在这种相变过程中，由于出现了堆积更密集的晶格结构，从而导致波速的升高。此外，这种密集堆积的晶格，可使决定上地幔半导体导电机制中的激活能 E_0 突然降低，从而导致导电率的升高。因而400 km的间断面在深大地电磁测深资料和地磁测深资料中也有明显地反映。

220 km的不连续界面上覆着低速带。通常把低速带与上地幔软流圈同等看待。低速带至莫霍面这段区间叫作最上部地幔或岩石圈地幔。低速带或软流圈以上的刚性部分定义为岩石圈。但目前已有很多资料证实，岩石圈不是完全刚性的，至少其中的某些层位不是完全刚性的。但我们仍可把岩石圈和软流圈分别看作为力学上的强区和弱区，它们是板块构造模型的基本组成部分，强度大的岩石圈板块在塑性的软流圈上移动。岩石圈和软流圈的构造、组成、状态及其活动方式对了解岩石圈的演化及其动力学过程非常重要。

软流圈在力学性质上被认为是塑性的、对地震波是高度衰减的，在电学性质上被认为是高导、对电磁波强烈吸收的，在热学上被假定为高温的。关于软流圈的成因问题也有几种不同的观点。较普遍的看法认为软流圈是部分熔融的产物，或者是晶格位错的结果。前一种看法认为，随着深度的增加上地幔内的温度和压力同时增高，固相线也随着压力增高而抬升，但在某一深度范围温度上升效应较显著，地幔内温度值与固相线相交并越过其上，于是就出现了部分熔融。固相线的位置，也即部分熔融的温压条件，除与上地幔的组成有关外，还与是否含水或含挥发性组分有关。图1是橄榄岩的固相线实验曲线，地温曲线是根据海洋和大陆地区的不同大地热流值计算的。可见它们多数都可以与固相线相交而开始部分熔融，所以软流圈是一个热边界。部分熔融假说与冷却模型在本质上是一致的。在冷却模型中认为随着岩石圈年令的增加，热量不断散失，冷却固结的岩石圈逐渐加厚，下覆的部分熔融软流随之变深。低速带或软流圈主要是根据面波频散数据确定的，剪切波速度在此带内有明显的降底，近些年来对大洋地区地震学的研究证实，最上部地幔存在明显的各向异性，当考虑这种各向异性来拟合面波频散数据时，就不要求剪切波低速带要具有从前的极低波速值了，因而也就不再需要用部分熔融求解释软流圈了。为此，提出了晶格位错是造成低速带的原因。晶格位错将导致岩石的塑性增强、黏滞度降底和波速下降，同时在位错时晶格中的缺陷被加强，从而提高了岩石中的热缺陷导电能力，

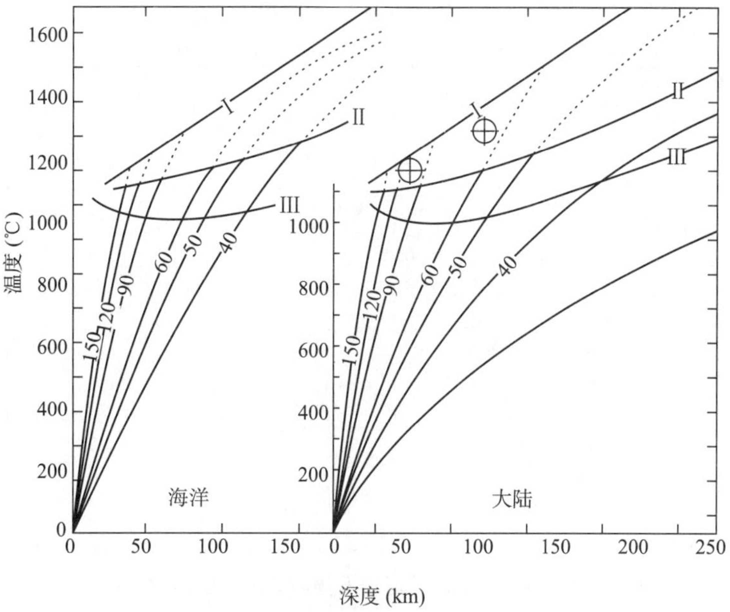

图1 橄榄岩的部分熔融曲线图

Ⅰ. 是干燥岩石固相线；Ⅱ. 是含挥发性组分岩石的固相线；

Ⅲ. 是含水的固相线。曲线族上数值表示大地热流值，单位 mW · m^{-2}HFU

使岩石的导电率提高。在上地幔条件，当温度达到岩石部分熔融温度的70%以上时，就可以出现晶格位错过程，也叫固体流动。部分熔融和晶格位错都可以解释所观测到的软流圈的地球物理参量。

关于软流圈的埋深或岩石圈的厚度问题，目前还没有一个统一的图像。基于不同的资料或者不同的假设前提，已经提出了几种岩石圈概念：①根据地表载荷或卸载调正来计算强性的或挠曲的岩石圈厚度。②热岩石圈，根据大地热流值计算岩石圈厚度，这种岩石圈在大洋区随其年龄而增厚。③地震波得出的岩石圈，这是由于有一个范围广泛的、但不一定是全球规模的低速带存在。这个带在年轻的大洋下深不到45 km，在大陆地质下深约150 km。④若地幔上部是分层的或大致不均一的，也可以推断岩石圈与软流圈之间的化学或矿物边界。⑤电性上的岩石圈。主要基于地幔内有一高导带认为是部分熔融的结果，因为当部分熔融组分在固相物周围形成连通的导电薄膜时，其导电率可提高2～3个数量级。国际地磁和高空物理协会（IAGA）在1977年的全体会议曾通过一项决议，建议集中力量对软流圈进行地磁测深和大地电磁测深研究，并与大地热流和地震测量结果进行对比。该决议叫《国际软流导电率计划》(ELAS)。

1980年阿达姆（Ádám，1980）综述了用地震方法和大地电磁测深方法确定的岩石圈厚度与大地热流值之间的关系（图2，图3)，两者间的关系是明显的，无论大陆地区还是大洋地区其曲线关系是一致的。这种相关性表明，热岩石圈、地震波岩石圈和电性岩石圈是一致的。分析了我国华北地区由大地电磁测深法和地震波法所确定的岩石圈厚度与大地热流值之间的关系，也发现了这种一致性。这些事实更偏重于支持软流圈的部分熔融机制。

根据地震法和大地热流的研究，大洋地区的岩石圈从洋中脊向消减带方向随着地壳年龄的增大逐渐加厚。太平洋地区的大地电磁测深结果表明，在地壳年龄为1 Ma的朱安德福卡脊处，上地幔高导层深70 km，在地壳年龄30 Ma的圣弗朗西科以西700 km处该层深120 km，在地壳年龄72 Ma处的太平洋中北部该层加深至180 km。根据震源深度的分布情况，认为大洋中脊处的岩石圈厚度仅有10 km，逐渐增加到海沟附近的100 km。

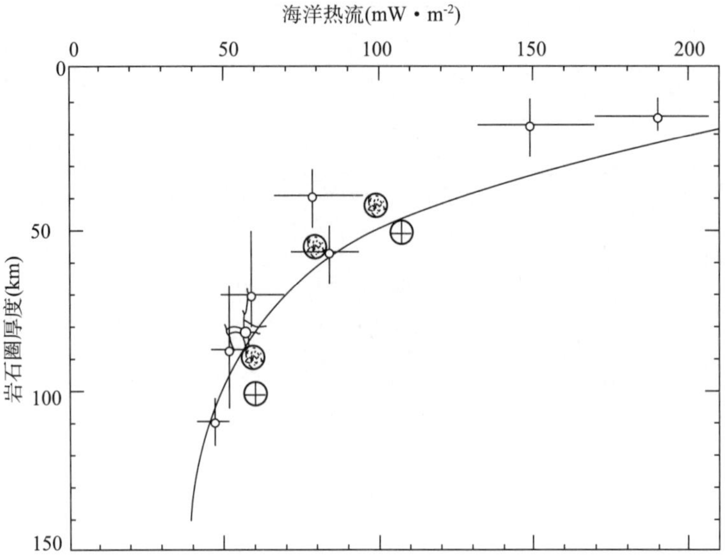

图 2　大洋地区和大陆地区岩石圈与大地热流值间的关系

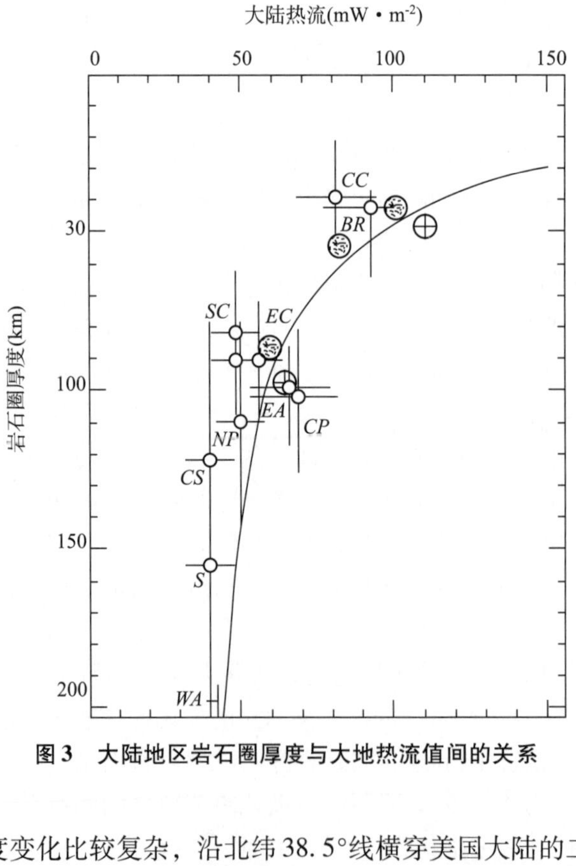

图 3　大陆地区岩石圈厚度与大地热流值间的关系

大陆地区的岩石圈厚度变化比较复杂，沿北纬 38. 5°线横穿美国大陆的二维电导模型表明，上地幔高导层埋深在东部大平原下为 160 km，在盆地山脉省为 45 km，而在盆地山脉省与克罗拉多高原之间的瓦萨奇断裂带下只有 27 km 深。这个深度与低速层的深度是一致的。一般都承认在大陆新生代裂谷区岩石圈是被强烈减薄的，软流圈埋深只有数十公里。由于软流圈的黏滞度较低，密度较其上覆地幔略小，温度较高，所以是地球动力学中一个最活跃的因素。在大陆裂谷的所谓主动成因机制中，认为软流圈的底辟上升或者局部上升是地表拱起和大陆裂开的主导因素，在所谓被动的成因机制中，认为软流圈的上移是地表的引张拉开诱导的。对亚利桑那州中西部的地震测深、大地热流测量和重力资料的综合研究结果表明，亚利桑那盆地和兰州南部的岩石圈厚度在过去的500万年里减薄了16 km。可见这里的上地幔活动是非常强烈的。

3 关于最上部地幔和莫霍界面

近年来，由于开展了一些极长剖面的地震折射观测，获得了部分地区的最上部地幔速度深度分布曲线。认为最上部地幔的速度结构是比较复杂，各向异性是很强烈的。

在太平洋盆地西北地区，曾做了几条长度在1000～1800 km之间的地震折射剖面，目的之一是测定最上部地幔的速度各向异性。试验结果表明，该区的最上部地幔基本是两层的简单层状结构：莫霍面之下有35 km厚，速度值为8.0～8.2km/s，岩层覆盖在速度值为8.6 km/s的岩层之上，这两个不同速度层的分界面大约在50～60 km深之间。可见，海洋岩石圈也不是一个由海洋地壳覆盖的单一层状结构。试验结果还发现，在上地幔的软浅部分就存在着速度各向异性，其程度随着深度而变，在离海底40～60 km深处，各向异性约为6%，在较深处可减为4%。上地幔各向异性至少延深到40～140 km处，即延续到海洋岩石圈的整个厚度。各向异性的最大速度值方向是150°～160°，与该区的磁力条带垂直，与太平洋板块的目前运动方向逆时针差30°左右。认为最大速度值方向是太平洋板块的古老运动方向，因而它是“练结”的各向异性。这种各向异性对目前的岩石圈动力学起着重要的抑制作用。

上地幔的这种速度各向异性，认为是由于橄榄石结晶方位优选定位的结果。实验表明，在受到应力而产生塑性变形的矿物中，其结晶方位往往都朝着所施的应力方向，这叫矿物结晶的优选方位。在这个方位上波速度值最大，与其垂直方向波速度值最小。

1682年福克斯等（Fuchs, et al., 1682）论述了由不同作者发表的，使用人工爆炸源长距离观测剖面而获得的世界不同地区最上部地幔速度-深度分布曲线。对老的陆台区典型的速度-深度分布特点是：在壳幔边界与50～60 km之间P波速度从8.0～8.2km/s升高到8.4～8.5 km/s，然后大约在80～100 km深处进入低速带。低速带厚约几十公里，其下的速度值大约是8.5 km/s或更大（不是所有老陆台均如此）。老陆台区的最上部地幔侧向不均匀性和在抬升的老陆台（地质）和下沉的老陆台之间的差异性是明显的。

关于莫霍面，根据详细的地震折射剖面和大陆地区进行的地震反射剖面（COCORP）的观测和解释结果，推测莫霍面相当于下列几种情况：①壳-幔连续性过渡带。速度值从下地壳到上地幔逐渐增加，没有一个明显的界线存在；②壳-幔阶跃式过渡带。速度值从下地壳到上地幔台阶式上升或者由一些高速和低速夹层组成；③“纹层状”结构。在莫霍面附近存在着很多断续的水平状的反射体。④明显的速度间断面。近年来还在大陆裂谷区下发现了莫霍面P_n速度值的各向异性，平行裂谷轴方向的P_n值明显大于垂直方向的P_n值。

4 关于地壳

近10年来，关于地壳结构和组成的概念发生了本质的变化，这主要是由于有了详细的地震反射剖面和详细的地壳折射剖面观测数据以及日益完善的数据处理方法，特别是一些深入的地质学和岩石学研究以及苏联在科拉半岛的超深钻结果。此外，大地电磁测深也提供了很多有价值的信息。

4.1 海洋地壳结构和组成

经过大量的海洋探测工作，发现大洋地壳比过去所认为的两层结构要复杂（表2）。

表 2　大洋地壳结构

层　位	速度（km/s）	厚度（km）
Ⅰ	1.7～2.0	0.5
$Ⅱ_A$	2.5～3.8	0.5～1.5
$Ⅱ_B$	4.0～6.0	0.5～1.5
$Ⅲ_A$	6.5～6.8	2.0～3.0
$Ⅲ_B$	7.0～7.7	2.0～2.5
地幔顶部		

（据 Christen Sen and Salisbury，1975）。

表中层Ⅰ是未固结的沉积岩，层Ⅱ为粒状玄武岩，其上层（$Ⅱ_A$）速度较低，变化较大。层Ⅲ是海洋地壳的主要层位，海洋地壳厚度随年龄而增加的原因，就是因为板块离开洋脊以后在地壳下部出现了厚度不断增加$Ⅲ_B$层。

1982 年哈斯（Hass，I. G.，1982）提出一个海洋地壳底生长模型，他认为洋脊轴部除沉积岩外（未表示）是枕状熔岩，它是从下部的岩浆囊中流到洋底上来的，枕状熔岩之下是席状岩墙，它是大洋中脊轴部侵入的，后来与扩张的海底一起向两侧移动，其中的每一条岩墙代表一次侵入。席状岩墙之下为层状的辉长岩和橄榄岩，辉长岩和橄榄岩之间的界面为莫霍面。岩浆囊物质来自上地幔软流圈。对有的年轻海洋的地壳速度结构研究表明，在 2.5 km 深处有一个速度明显增加的梯度层，在 5.5 km 深处有一个低速的梯度层以及 1 km 厚的壳-幔过渡带。

4.2　大陆地壳结构和组成

近代发展起来的地震反射剖面法对了解大陆地壳结构提供了有力的手段。由于它的分辨率较高并可以从地表的已知构造开始连续地向地壳内部追踪，因此能比较细致地查明地壳内部结构以及地表构造的延深和变化。美国已在 14 个不同构造地区做了地震反射剖面测量，结果证明大陆地壳结构是非常复杂的三维结构，是强烈各向异性的，在已进行过工作的 14 个地区几乎没有发现特征完全一致的地区。在地壳较深部位，经常出现很多的近于水平状的反射体，很难说某个反射体比另个反射体更重要，因此所谓康拉德界面是没有实际意义的。苏联科拉半岛深钻已钻过 11 km，但仍来见到有向玄武岩层过渡的证据，在原先预测为康拉德界面的部位，没有发现岩性有任何明显的变化。虽然地震反射剖面给出的地壳结构是强烈各向异性的，但奥里弗（Oliver，J.）在讨论同地震反射剖面法探测大陆地壳结构以及一些其他人讨论地震反射剖面结果的文章中，都偏重于认为斯密生（Smithson，S. B.）给出的模型（图 4），仍可作为一般化的大陆地壳结构模型。

图 4　斯密生的大陆地壳结构模型

在这个模型中除地表沉积岩外，上地壳是由褶皱很陡的变质岩组成，其中分散着花岗岩和混合岩穹隆，平均组分相当于花岗闪长岩，波速值在6.0～6.3 km/s。中地壳由混合岩、杂岩体和闪长岩组成。中地壳在大范围内是均匀的，小范围是不均匀的。中地壳偏酸性，是夹在较偏镁铁质的下地壳和偏中性的上地壳之间的混合岩带，在中地壳内可以形成低速层。中地壳褶皱比较平缓，但在有上地幔底辟上隆的地方，其倾向可能变陡。中地壳中的混合岩可以穿入上地壳形成混合岩穹隆。下地壳由火成岩和变质岩组成，平均成分类似于闪长岩，波速值6.4～6.8 km/s。下地壳内有很多反射体存在，可能是变沉积岩、花岗岩和辉长岩互层等。很多变质岩是在下地壳环境中形成的，然后由于构造运动或上隆使其抬升到地表。在这个地壳模型中认为，深部地壳有水存在，是沉积岩转入壳内带进的。

大陆地壳的浅部和深部在化学组成上似无本质上的差别。上地壳、包括沉积岩和水，可以被逆掩在推进的大陆边缓之下，最后被深深地卷入到大陆推覆体之内。这与经常观测到的中、下地壳范围内有高导体和低速层存在的事实相吻合，也与地壳深部存在着大量的、近于水平状的反射体相吻合。从岩石学角度分析，地表上的火山岩总是以流纹英安岩为主，这也是上、下地壳化学上相似性的最好证据。然而下地壳可能贮藏有大量的、来自上地幔的基性组分，特别是大陆裂谷地区的下地壳往往强烈地受到上地幔物质的侵入，使得壳-幔界线很不清楚，形成很厚的壳-幔过渡带，下地壳被包括在过渡带之内。从变质岩石学角度考虑，由于地壳不同深度上具有不同的温压条件，因而发育不同的变质岩相带。上地壳相当于绿片岩相，中地壳相当于角闪岩相，下地壳相当于粒变岩相。角闪岩相带的热动力学条件与有水存在情况下的花岗岩化或混合岩化的热动力学条件相同。

4.3 地壳厚度

大洋地壳生成于大洋中脊，随着岩石圈板块和年龄的增长而加厚，在消减带处可逐渐加厚至15～20 km。大陆地区的地壳厚度变化十分显著、复杂。在大陆裂谷的某些地区地壳厚度可减薄至20 km，而在某些大陆碰撞带处可增厚至70 km以上。在一些大的构造单元之间，地壳厚度变化十分剧烈，在某些地区，例如地中海造山带，有时在不长的距离上地壳厚度可以变化一倍以上。无论是地壳结构、组成，还是其厚度和变化，大陆地区都比海洋地区复杂得多。虽然大陆和海洋之间在上地幔结构上也有差异，但在地壳内的差异是明显的。下面根据地震折射剖面资料简述一下美国大陆地区地壳厚度变化的基本趋势。

美国大陆的地壳厚度从太平洋沿岸和大西洋沿岸向大陆中部增厚，但其间叠加了很多局部增厚和个别减薄的地段。从东而西：①太平洋沿岸地壳平均厚度15 km，向东在近SN向的年轻造山带下（横断山脉—内华达山脉和温哥华岛）地壳加厚到40～50 km；②于新生代裂谷区的盆地山脉省之下地壳厚度减薄至20～30 km，火山活动广泛、热流高、沿断裂发育，有证据表明这里的软流圈可能直接覆盖于莫露面之下；③科罗拉多高原，它是西部活动区和中部稳定的大平原之间的过渡地带，这里的地壳厚度35～45 km；④稳定的中部大平原区，地壳最厚达50 km；⑤中部低地和苏必利尔高原，地壳厚度又趋变薄，在35～45 km之间变化，但在其南部的密西西比裂谷下，地壳明显减薄；⑥阿巴拉契亚造山带，地壳厚度达40～55 km；⑦大西洋沿岸，地壳厚度仅有25～30 km。

莫霍面的 P_n 速度值变化趋势与地壳厚度变化有很好的对应关系。一般情况下，地壳厚，P_n 值大；地壳薄，P_n 值小。

4.4 关于深断裂

地表和浅层存在着大量断裂，在过去的年代里一些地球学家们常常根据地表断裂的长度和某些地质现象以及地球物理场特征固定出很多所谓“深大”断裂。近代深部探测结果表明，深断裂似乎没有那些多。张性断裂在裂谷区和降起地带广泛发育，但大量事实证明这种断裂不能延续很大的深度。盆地山脉省的张性断裂一般都收敛在8～10 km的深度上；我国很多新生代盆地边缘和内部的大型张断裂，一般的收敛深度也不超过15 km或更浅些；北美西部主要的最新断裂系延续深度不超过15～

20 km。很多张性断层都是铲型结构，当然也有铲型逆断层。这种断层特点是，断层面倾角随深度而变缓，最后成为水平的滑脱面。铲式正断层的断面力学性质也是随深度变化的，从上部的张性、张剪性、纯剪性直至下部的压剪性。这种断层可起因于深度因素、浅部因素和侧向因素。地幔物质上隆、壳内物质侧向蠕变都可在上部脆性地壳中形成铲式正断层；地表荷载产生的壳内偏应力以及引起的重力失稳也可形成铲式正断层；侧向水平挤压可产生铲式逆断层。

地震反射剖面确实追踪到地表的某些逆断层可以延续很大的深度。详细的地震折射剖面发现，一些大规模的逆掩断层可以从地壳穿入地幔。当然，板块边界、转换断层和缝合线处都是以深断裂为界的，但板内似无大量的深断裂存在。推测其原因：在地壳引张区大量存在的张性断裂，从上面的分析，不可能延续到很大深度；在地壳压缩区存在的断裂一旦被推覆到地壳深处就可能在长期的高温和重力作用下被改造，失掉了断裂的特征。如果地壳内部存在着塑性层，例如低速层或高导层，上下地壳在此解耦，上部脆性地壳中的断层很难向下发展。

特里福诺夫（ТРИФОНОВ，В. Г.）等最近研究表明，岩石圈的不同层位在变形和破坏之间存在着不协调性，在强烈的水平位移条件下沿着一些层位破坏和滑动，沿着壳内低黏滞度的低速层也可能发生位移和破裂，地壳上层的滑移相对于较深层位存在着不一致性，对震源带详细研究表明存在着各自独立的均一水平震源透镜体，等等。说明深部有上下不协调的水平滑动面或水平断层面。

如果深断裂是有限的，地表大量存在的火成岩的来源，除了一部分是沿深断裂侵入和喷发的以外，还可通过下列途径达到地表：①底辟作用。当深部的熔融岩浆体越来越大时，总的上浮力加大，于是岩浆向上移动，穿过地壳达到地表。②孔隙流动。岩浆沿深部一些孔隙流动，并聚集在一个地方形成岩浆库，然后又分成几个岩浆带停留在更浅的一些地方，最后经过曲折过程达到地表，形成火山。岩浆的上侵有助于提高上覆岩石的孔隙压力，因而有利于岩石破裂的发展，给岩浆进一步上移创造了条件。

5　大陆板内地震与地壳上地幔构造的关系

大陆板内地震多属浅源地震，多半发生在 10～20 km 的深度。因为地震发生在壳内，所以地震的孕育和发生与地壳构造具有直接关系。最简单的道理是，壳内构造包括断裂、界面起伏和各种不均匀性都能给应力的积累提出良好的几何条件。但地震的孕育还有一个力源问题，不能笼统地认为，远离板块边界的板内地震力源都是来源于板块边界作用力的直接传递。板内的深部物质活动和地壳上地幔结构的不均匀性也会产生力源，并且往往在量级上也是可观的：

（1）地幔物质上移（包括岩浆侵入）和地壳深部物质的侧向蠕变，将使地表裂开，脆性上地壳从裂开的轴部向两侧伸展位移。在裂开的轴部出现最大张应力和近于垂直的挤压应力，在两侧出现水平的侧向挤压应力。当熔融的地幔物质上移到一定深度后，其顶面还可以向外侧水平扩展，从而对其上覆岩层形成水平拖曳，出现水平剪切力。

（2）地幔物质沿平面的不均匀上隆，将会引起岩石圈不等速率伸展，在这种扩张速率变化地带将会出现强烈的剪切应力。

（3）如果部分熔融物质进入壳内，就会引起部分熔融或者周围岩石的相变。于是出现容积扩大并伴随压力增高。

（4）地幔物质的上移或进入壳内，都会使深部等温面抬升并引起热应力。在等温面抬升的上方出现最大的压应力，在等温面抬升的边缘出现最大的剪应力。如果等温面抬升呈圆形，温度变化达 100 ℃，则在温度抬升区的边缘将会产生 623Bar 的最大剪应力。

（5）如果壳内或者上地幔存在厚度不均一的低密度体（低速层或高导层），并且由于均衡补偿作用导致了地表上隆，那么这种地区的岩石圈内将会产生强大的附加力。若地表相对高出 2km、低密度体厚 30 km，这种附加力可达 5×10^9 Bar · cm。如果隆起区的岩石圈可以侧向移动或者隆起区可以向四周扩展，这种附加力是张性的，否则隆起区的岩石圈内就出现挤压。

（6）如果地壳厚度是均匀的，则壳内处于流体等静压力状态，没有应力差存在。如果地壳厚度是不等的，为便于计算假设上地幔是流质的，那么壳内将会出现可观的差应力，其大小与地壳厚度差有关并随深度而变。

（7）柔性的下地壳或较软的壳内低速层和高导层的存在，将显著改变壳内的应力分布。由于蠕变基本不消耗应力，所以上覆的脆性地壳内的应力水平将显著提高。

除上述以外，还会有其他一些内部力源，因此我们在探讨板内地震成因时应结合具体情况充分考虑这些力源的影响。

大地电磁测深*

刘国栋

在地面上一点或多点同时观测天然变化的、互为垂直的电磁场水平分量，用以探测地球内部的电性构造。此法分别由苏联的吉洪诺夫（A. H. TиXOHOB）和法国的卡尼亚尔（L. Cagniard）在 20 世纪 50 年代初期提出。

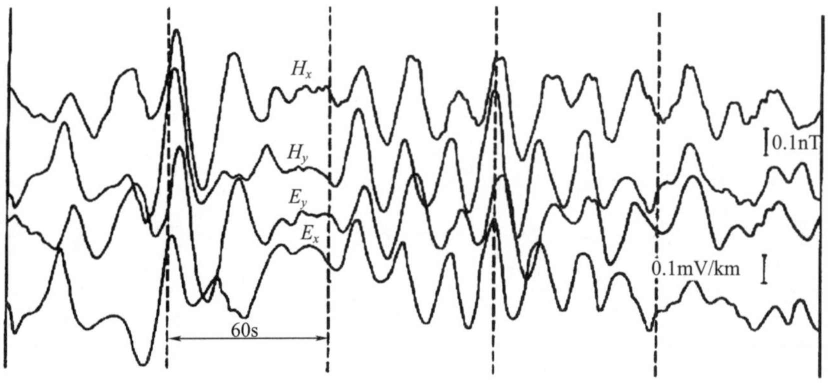

图 1　天然电磁场信号示波图

假设来自高空的电磁波（图 1）是垂直向地球入射的谐变的均匀平面波，地球是电性均匀介质，根据电磁感应定律，在地表上电磁场沿水平方向的变化率为零，垂直分量为零，所以水平电场 E_x 以及与其正交的水平磁场 H_y 的表达式为：

$$E_x = Ae^{-kz},$$

$$H_y = -k/i\mu\ Ae^{-kz},$$

式中，A 是由边界条件确定的积分常数。另一组相互正交的电磁场水平分量 E_y 和 H_x 也具同样形式。若定义电场和磁场水平分量之比 $Z = E/H$ 为地球的特征阻抗，则

$$Z = \frac{E_x}{H_y} = \frac{E_y}{H_x} = -i\frac{\omega}{k}$$

为一复数。式中，ω 是电磁场的圆频率（$\omega = 2\pi/T$，T 为周期，单位为 s），

$$\overline{K} = \sqrt{i\omega\mu/\rho}$$

为波数，ρ 为地球电阻率，μ 为磁导率，对一般岩石来说，$\mu = 1$。对 Z 取绝对值，将电场 E 和磁场 H 的单位分别取 mV/km 和 nT，则：

$$\rho = 0.2T\left|\frac{E_x}{H_y}\right|^2 = 0.2T\left|\frac{E_y}{H_x}\right|^2 \quad (\text{单位：}\Omega \cdot \text{m})$$

---

* 本文原载于《中国大百科全书》第一版，1986。

从 E_x 和 H_y 的表达式可见，随着深度 z 的增加，电磁场强度按指数衰减。若定义电磁波在深度 z 处的强度等于其在地表强度的 $\frac{1}{e}$ 时，其穿透深度为 p，则

$$p=\frac{1}{2\pi}\sqrt{10\sigma T}$$

一般可认为它是该电磁波的最大探测深度。可见电磁波的周期 T 愈长，地球的电阻率 ρ 愈高，穿透深度 p 就愈大，要想探测地球更深处的电性参数，就必须测量更长周期的电磁场数据。

地球实际上不是电性均匀介质。最简单的情况是地球由水平均匀层状介质所组成，此时电磁场表达式同前。但由于不同地层具有不同的电阻率 ρ，所以就有不同的波数 k，因而所求得的 ρ 不能代表某一确定地层的电阻率值，而是各电性层的综合反映，叫作视电阻率值 ρ_a，

$$\rho_a=0.2T\left|\frac{E_x}{H_y}\right|^2=0.2T\left|\frac{E_y}{H_x}\right|^2$$

这就是大地电磁测深法中的卡尼亚尔标量阻抗表达式。

例如，设一个有三层水平均匀层状的地球模型，各层的电阻率关系为 $\rho_1<\rho_2$，$\rho_2>\rho_3$。拟利用大地电磁测深法确定各层的厚度和电阻率值。为此在地表一点沿垂直坐标系用大地电磁测深仪测量天然变化的磁场水平分量 H_x、H_y 和电场水平分量 E_x、E_y，通常也观测磁场的垂直分量 H_z。然后对测量的电磁场数据进行谱分析，以获取不同周期的电磁场水平分量振幅和相位，再按视电阻率公式计算实测的视电阻率-周期曲线（图 2），有时也计算相位-周期曲线。当电磁场周期非常短时，由于其穿透深度很浅，$\rho_a\to\rho_1$；当电磁场周期很长时，由于其穿透深度很大，$\rho_a\to\rho_3$；在电磁波为中等周期时，除中间层外，浅层和深层电性对其也有影响，所以 ρ_a 显示为极大（因为中间层电阻率最高），但 $\rho_a<\rho_2$。为了确定每个地层的电阻率和厚度值，必须对实测的视电阻率曲线进行反演解释。反演过程是，首先根据实测的视电阻率曲线特征划分地下的电性层数目，初步估算各电性层的电阻率和厚度值，这叫初始模型。其次根据理论公式计算这个初始模型的理论视电阻率曲线，并将其与实测视电阻率曲线对比（两者经常是不一致的）。然后对初始模型不断地进行修改，每修改一次，进行一次对比，直到理论视电阻率曲线与实测视电阻率曲线达到预定的拟合精度为止，此时的理论模型就是我们要求的地下电性分层结果。上述过程是比较简单的一维地球构造情况下（电阻率仅沿深度 z 变化）的大地电磁测深法，但各项计算仍需在电子计算机上进行。

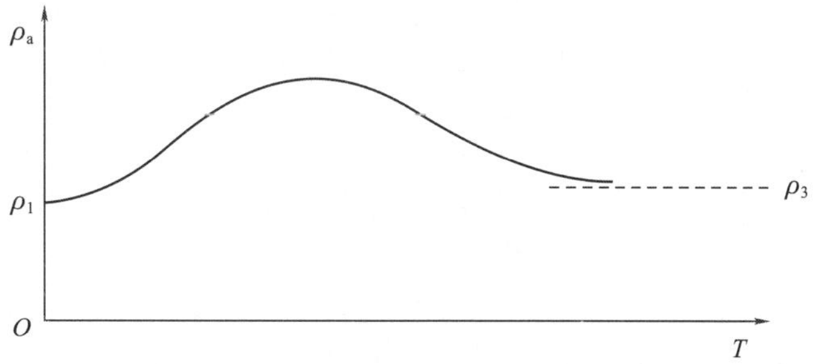

图 2 大地电磁测深视电阻率随周期变化曲线

实际上，一维地球构造是很少见的，多数是二维构造（电阻率沿深度和倾向变化）或三维构造（电阻率沿 3 个互相垂直的方向变化）。二维的电磁感应关系要比一维构造复杂得多，三维构造更加复杂。电磁场水平分量之间的关系也不那样简单，理论推导表明：

$$E_x=Z_{xx}H_x+Z_{xy}H_y$$
$$E_y=Z_{yx}H_x+Z_{yy}H_y$$

即电场水平分量 E_x 不仅与相垂直的磁场水平分量 H_y 有关，而且与同方向的磁场水平分量 H_x 有关，电场水平分量 E_y 也是这样。因为当地球电性存在侧向变化或有各向异性存在时，地球的电性阻抗已不再是标量而是张量，电磁场水平分量也不再正交。此时为了表征地球内某一点的电性，要用 4 个阻抗张量元素 Z_{xy}、Z_{yx}、Z_{xx} 和 Z_{yy}，它们不仅是电磁场周期的函数（表示阻抗张量随深度的变化），而且又是电磁场测量方位的函数（表示阻抗张量沿平面的变化）。

人们通常都是利用多组独立观测的电磁场数据，并根据最小二乘准则确定各阻抗张量元素的最佳估算值，然后再在平面上对其进行旋转。如果地球是二维构造，当旋转至构造走向方向时，Z_{xy} 和 Z_{yx} 之和为极大，$Z_{xx}=Z_{yy}=0$，但 $Z_{xy}\neq Z_{yx}$，该方向叫张量阻抗的主轴方向；如果地球是三维构造，无论在哪个方向上，Z_{xy}、Z_{yx}、Z_{xx} 和 Z_{yy} 都是不为零的有限值；如果地球是一维构造，不仅 $Z_{xx}=Z_{yy}=0$，而且 $Z_{xy}=Z_{yx}$，公式退化为最简单的形式。

为了获得二维构造的地球电性分层，需计算主轴方向上的视电阻率曲线，

$$\rho_{axy}=0.2T\left|\frac{E_x}{H_y}\right|^2 \text{ 和 } \rho_{ayx}=0.2T\left|\frac{E_y}{H_x}\right|^2$$

然后在一条有多个观测点的剖面上，对这两条视电阻率曲线进行整体反演解释。目前三维构造情况下的大地电磁测深理论仍在研究中。

北京–柏各庄剖面连续介质大地电磁反演解释*

赵国泽　刘国栋　王家映

引　言

对大地电磁（*MT*）观测资料的反演解释，通常遇到两方面的问题，一是横向非均匀的电性结构的影响，即二维或三维地电结构可能使大地电磁响应曲线发生的畸变，二是由于有限的观测资料及其包含的误差给反演结果带来的非唯一性问题。

关于二、三维 *MT* 问题的反演，目前尚未较好解决，但是二维模型使响应曲线畸变的规律已经比较清楚，在进行一维解释时，一般是可以识别和克服的[1,2]。因此，当前对大地电磁观测资料仍主要采用一维反演方法进行解释。

地球物理资料反演的不唯一性是普遍存在的[3]，但自从 Backus–Gilbert 理论中的分辨概念引入之后，使地球物理反演有了较大进展[4]。关于大地电磁一维反演，已有多种层状均匀模型反演方法，似乎没有必要再花很大精力进行研究。电阻率随深度连续变化的反演方法是由 Bostick（1977）较早提出的[5]，而 Oldenburg（1979）首先将 B–G 理论应用于大地电磁资料的反演当中[6]。在非线性反演问题中，不能期望精确地确定某一深度上的电阻率数值，但通过电阻率（或电导率）平均的概念，可确定某一深度范围有意义的结果，从理论上讲，这个解是唯一的。

基于 B–G 理论的连续介质反演方法，不仅能得到电性参数出现极大、极小的范围，而且可获知其连续变化的趋势，这或许很适于研究地壳深处和上地幔内的实际电性结构，因为这里有较高的温度，岩石电性主要受温度的影响，在这个深度范围内，可能已不存在电性或岩性上截然分开的界面。

在北京到渤海周边地区，已进行了大量的大地电磁研究，并获得了区域内层状模型电阻率的反演结果[2,7]。本文采用连续介质反演方法，反演得到一条横跨华北平原北部较完整的电性剖面，为这一地区深部结构和地震构造的研究提供了有意义的资料。

1　模型反演和评价方法

连续介质大地电磁反演方法包括模型构制和评价两个部分，其基本原理概述如下[6]。

设电磁波场源是含有不同频率成分(圆频率为 ω) 的平面电磁波，电导率模型是以深度 z 为自变量的任意函数 $\sigma(z)$。由麦克斯韦方程求得通常的 *MT* 波动方程为

$$\frac{\mathrm{d}^2 E_y(z,\ \omega)}{\mathrm{d}z^2} + i\omega\mu_0\sigma(z)E_y(z,\ \omega) = 0 \tag{1}$$

式中，μ_0 是自由空间和地球模型的磁导率，下标 y 表示电场沿任一水平方向 y 极化。定义与任一频率 ω_1 对应的函数

* 本文原载于《地震学报》，1986，8（2）：179～190。

$$R_j(z,\ \omega_j)=\frac{B_x(z,\ \omega_j)}{E_y(z,\ \omega_j)},\ j=1,\ 2,\ \cdots,\ N \tag{2}$$

当 $z=0$ 时，$R_i^0=R_j(0,\ \omega_j,\ )$ 即构制模型所需的响应函数。由于大地电磁响应函数是 Frechet 可微的[8]，用规范扰动技术可求出微分核满足的积分方程。将复数形式的响应函数写成 $R_j^0=|R_j(0,\ \omega_j)|e^{i\varphi_j(0)}$，经过复数运算分别求出振幅和相位的响应函数及它们满足的本构方程。不失一般性，省略下标 y，令 T_j 代表某一频率的振幅或相位响应，$m(z)$ 代表电阻率模型，且 $m(z)=\ln\rho(z)=\ln(\frac{1}{\sigma(z)})$，则本构方程可写成

$$\delta T_1=\int_0^\infty \mathscr{K}_j\delta m(z)\mathrm{d}z \tag{3}$$

式中，$\mathscr{K}_j$ 代表它们的微分核。振幅的响应函数为

$$T_j(0,\ \omega_j)=|R(0,\ \omega_j)|$$

微分核为

$$\mathscr{K}_j(z,\ \omega_j)=\mu_0\sigma(z)\omega_j|R_j(0,\ \omega_j)|I_m\left[\frac{E^2(z,\ \omega_j)}{E(0,\ \omega_j)\dfrac{\mathrm{d}E}{\mathrm{d}z}(0,\ \omega_j)}\right] \tag{4}$$

相位的响应函数为

$$T_j(0,\ \omega_j)=\varphi_j(0)$$

微分核为

$$\mathscr{K}_j(z,\ \omega_j)=-\mu_0\sigma(z)\omega_jR_e\left[\frac{E^2(z,\ \omega_j)}{E(0,\ \omega_j)\dfrac{\mathrm{d}E}{\mathrm{d}z}(0,\ \omega_j)}\right] \tag{5}$$

于是，构制模型的过程包括，对于给定的初始模型 $\sigma_0(x)$，由方程(1)解出各个深度 z 处及地表的与各频率相应的电场 $E(z,\ \omega_j)$，结合麦克斯韦方程求出振幅和相位的响应函数及微分核，计算观测响应 T_j^0 与理论响应 T_j 之差 δT，由方程(3)解出模型的扰动 $\delta m(z)$，用它对初始模型 $m_0(z)=\ln\frac{1}{\sigma_0(z)}$ 进行修正，得到新的更接近于真实模型的初模，即 $m_1(z)=m_0(z)+\delta m(z)$，重复上述过程，直至相对均方根误差

$$\varepsilon=\sqrt{\frac{1}{N}\sum_j^N(\delta T_j/T_j^0)^2}$$

小于某一规定的小常数，过程终止。

通常观测资料含有误差，设其具有独立的高斯分布特点，令与任一频率 ω_j 对应资料的标准偏差为 ν_j，则 $\delta T_j/\nu_j$ 也是具有高斯分布特点、且标准偏差数值接近于 1 的随机变量。这时，变量

$$\chi^2=\sum_{j=1}^N\left(\frac{\delta T_j}{\nu_j}\right)^2=\sum_{j=1}^N\left(\frac{T_j^0-T_i}{\nu_j}\right)^2 \tag{6}$$

可作为判断理论响应 T_j 和观测的 T_j^0 之间拟合程度的指标。χ^2 是具有 N 个自由度的 χ_2-分布，当 $N>4$ 时，期望值近似等于 N。所以，当把计算的响应代入方程（6），而满足 $\chi_2\simeq N$ 时，则认为构制模型的响应与资料的拟合达到可接受的程度。

对构制模型评价的基本内容包括[9]，计算在任一有意义深度 z_0 模型的平均 $<m>$，平均的标准偏差 ν（z_0）及其有关的平均函数 A（z，z_0），即

$$<m(z_0)>=\int_0^\infty m(z)A(z,\ z_0)\mathrm{d}z \tag{7}$$

$$A(z,\ z_0)=\sum_{j=1}^N a_j\mathscr{K}_j(z,\ \omega_j) \tag{8}$$

$$\nu(z_0)=\left(\sum_{j=1}^N a_j^2\nu_j^2\right) \tag{9}$$

式中，a_j 是一组常数。平均函数好像观察模型的“窗口”，并满足单模条件，由于误差的存在，一般它不等于 δ 函数，为判别其宽度，使用宽度标准，即分辨宽度 s[4]

$$s\ (z_0)\ =12\int_0^{\infty}\ (z-z_0)^2 A\ (z,\ z_0)\ \mathrm{d}z \tag{10}$$

s 越小，平均函数越窄，即该点分辨越好，信息越可靠。但实际上 s 与 ν 是一对矛盾的量，s 较小时，ν 较大，这时有较好的分辨，但误差较大，反之亦然。所以，我们在二者之间取一折中值，选择一个标准，以达到既有较好的分辨，又具有可以容许的偏差。在大地电磁问题中，分辨能力随深度增加而减小。所以，取 $s\ (z_0)\ =z_0$ 作为标准。当 $s\ (z_0)\ <z_0$ 时，说明在该深度有较好的分辨，模型信息可靠；当 $s\ (z_0)\ \gg z_0$ 时，在该深度上不存在适当窄的平均函数，分辨能力较低。

在计算时，对于各个频率求出电磁波衰减到接近于零时的深度，作为最大深度，它一般相当于趋肤深度的5、6倍以上。对于振幅和相位资料，既可联合使用，也可单独使用进行反演。若观测资料为视电阻率，先经简单代数运算，化为以 R 为响应的反演问题。

2 资料及反演结果

北京南郊狼垡至渤海北岸柏各庄剖面，穿越冀中坳陷、沧县隆起和黄骅坳陷等华北平原区内几个主要构造单元，构造走向与剖面近于直交（图1），MT 模型试验表明，对纵向视电阻率曲线进行一维

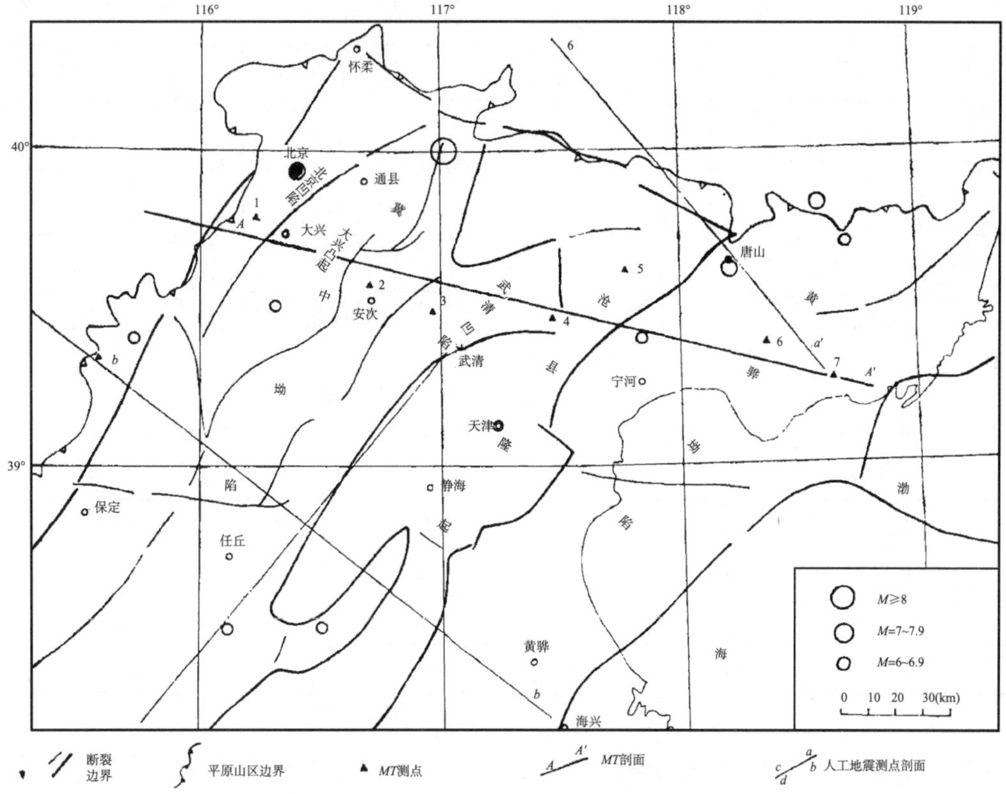

图1 大地电磁剖面及测点位置

a–a' 丰宁柏各庄地震剖面，b–b' 海兴阳原地震剖面

解释，有利于研究深部电性结构。以下介绍剖面上7个测点的观测资料及反演结果（图2），其中观测响应即纵向视电阻率曲线。

不同的初始模型可能导致不同的反演结果，我们对每个测点分别用差别较大的初模进行反演，在所得到的能与观测资料拟合的模型中，选用相对均方根误差 ε 最小的结果作为最佳结构或最小结构（图2）。各测点的 ε，χ^2 变量及资料点数 N 列于下表。

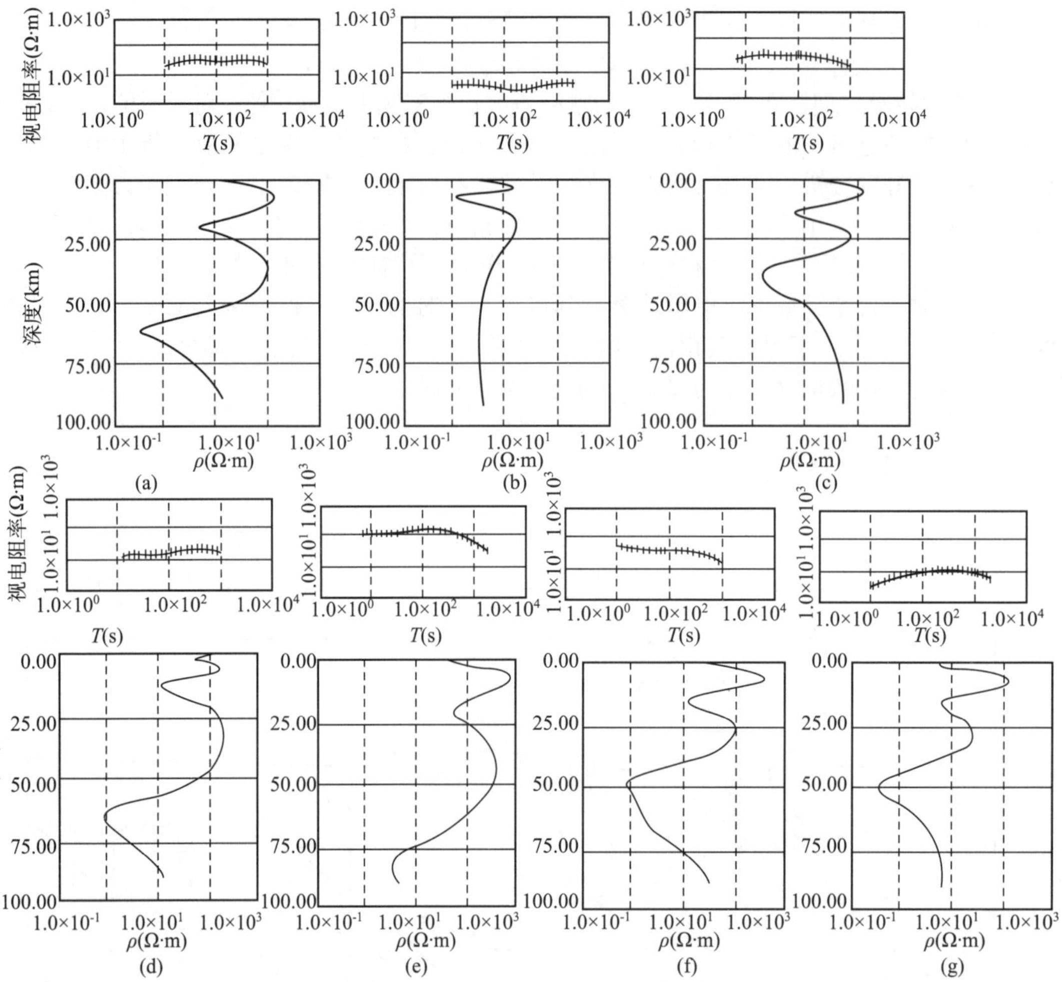

图 2　测点 1～7 的观测资料及构制的模型

上部框图曲线为构制模型的响应，短竖线为资料及误差范围，下部框图内曲线为构制的电阻率模型

	测点 1	测点 2	测点 3	测点 4	测点 5	测点 6	测点 7
ε	0. 045	0. 048	0. 036	0. 018	0. 057	0. 049	0. 034
χ^2	28. 0	20. 09	36. 7	23. 85	30. 0	28. 38	31. 7
N	21	24	23	21	26	21	24

图 2 中最小结构的响应曲线在资料误差范围内展布，上表中χ^2 变量与 N 之差除测点 3 较大外，其余测点均在 30% 以内，这表明所构制的模型（最小结构），能产生与观测拟合的响应函数，是可以接受的。

为了评价构制模型的唯一性，对每个测点可接受的模型，计算了各个深度上的模型平均和分辨宽度。根据 B–G 理论，所有线性逼近构制模型，并能重现观测资料者，都应具有相同的平均。当然，若地球模型与构制模型成线性关系，它也具有同一的平均。前已述及，模型的平均是有误差的，不能片面追求偏差的极小而不顾分辨能力。所以，我们选择可以容忍的偏差标准，对各测点绘制了平均及相应的分辨宽度曲线（图 3）。测点 1～7 平均的标准偏差分别为 0. 2，0. 2，0. 2，0. 3，0. 1，0. 3 和 0. 2。

由图 3 可见，模型平均的标准偏差一般都小于平均的 10%。如测点 1，平均曲线在 20 km 左右的

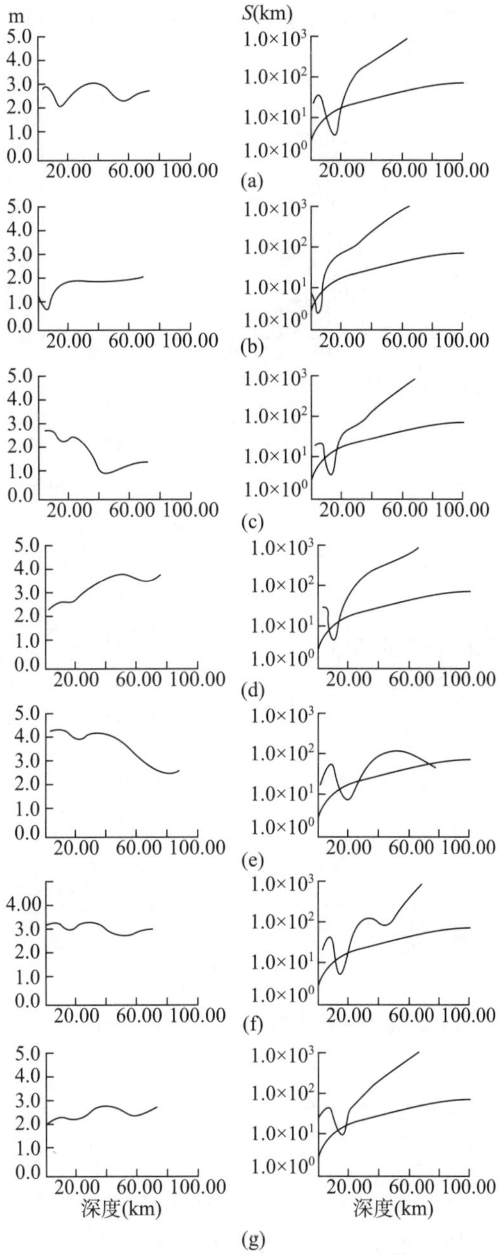

图3　对于测点1～7构制模型计算的平均（m）（左侧），分辨宽度S（右侧）

极小值深度附近，平均为2.5±0.2。在60 km左右，平均为2.2±0.2。此外，将图3的平均曲线与图2的最小结构曲线进行对比，它们分别具有相似的形态，一般说，二者的极小值深度是分别相当的，说明模型的平均反映了构制模型的信息，它代表所有可接受模型的共同特点。

通过观察分辨曲线s（图3），看出分辨能力具有如下特点：在各测点出现第一个电阻率极小值的深度范围内，分辨宽度s（z_0）的值都小于相应的深度数值z_0，说明这里有较好的分辨能力。此时，平均函数的中心也在z_0深度上，且宽度较窄（图4）。这就进一步证明，对这个深度范围内出现的低阻，是有着足够好的分辨能力的，所得到的模型平均的信息也是可靠的。在这个电阻率极小值深度以上（即高阻范围），$s>z$，说明它们的分辨较差，同时它们的平均函数的中心向着极小值深度z_0聚集（图4），这是因为在高阻范围内，电磁波衰减很小，导致分辨能力降低。在第一个电阻率极小值深度和第二个电阻率极小值深度之间，又有 $s>z$，且平均函数的中心向低阻区偏移，显然这也是由于同样的原因所致。然而，在这些深度上的平均函数曲线（图 4）向两个低阻范围的迁移，则恰好说明这里是高阻区。

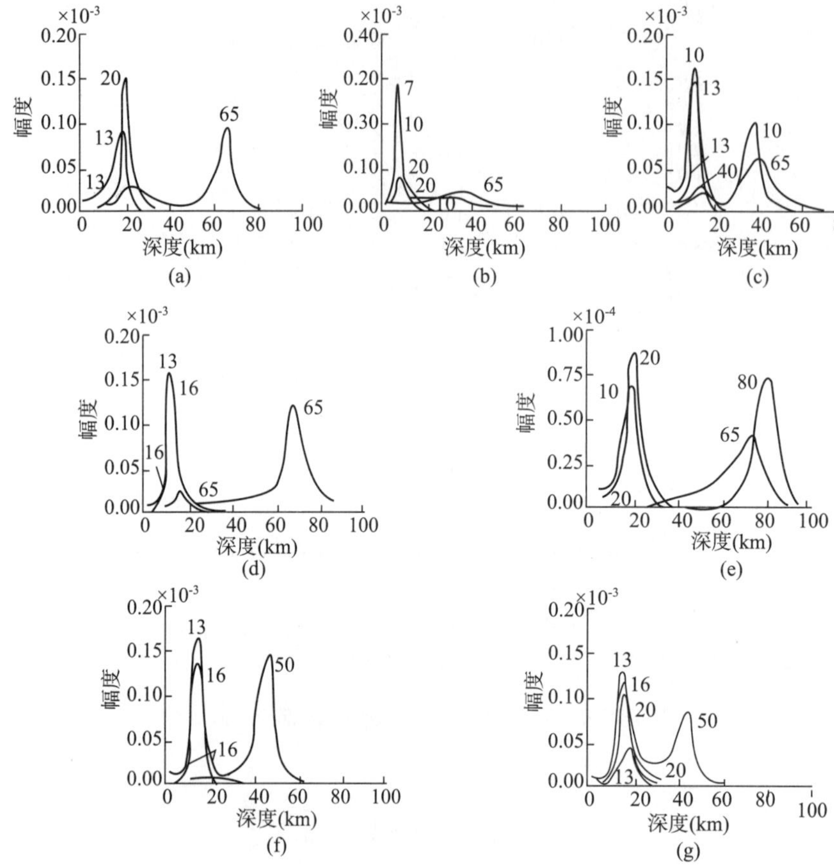

图 4　测点 1～7 对不同深度计算的平均函数曲线（曲线上的数字代表计算平均函数的深度）

至于第二个低阻区深度上（该低阻特点在极小结构和模型平均曲线上都有显示），尽管就所选取的标准偏差，大部分测点呈现 $s>z$，似不能得到该深度较好的分辨和平均信息，但平均函数曲线（图 4）向我们显示，这里有较窄的平均函数，且其他深度（高阻区）的平均函数也向这里聚集，说明这里与高阻区具有不同的性质，它是低阻引起的。而在测点 5 的这个深度上出现 $s<z$，可能是由于高阻区分布的深度间隔较大，电阻率又较高，使电磁波在低阻区的聚集和衰减更加突出，因而有更好的分辨。

为寻找各种可接受模型的共同特征，检验上述结果，把显示不同特点的 4 个测点由不同初模构制的曲线示于图 5。由图可见，对每个测点，虽然初模相差较大，但反演的结果却基本一致，低阻区深度较稳定。而且，对不同测点的资料，即使利用相同的初模，如测点 2 和 3 都使用 10 Ω · m，反演结果却迥然不同。这些结果向我们表明，构制的极小结构模型和模型的平均是可靠的，反映了真实地球模型。

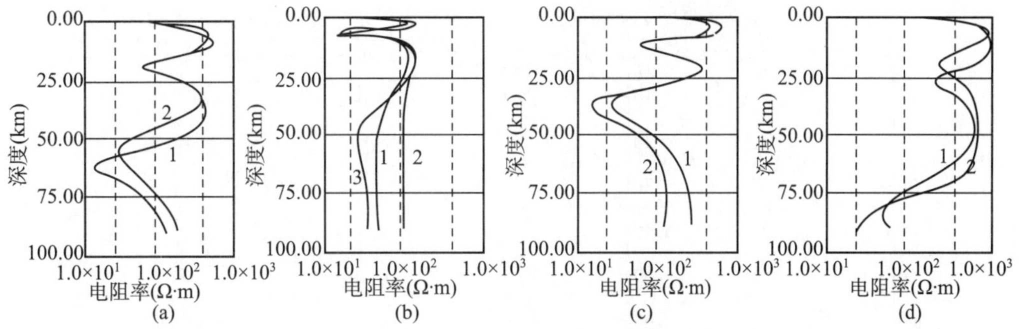

图5 测点1，2，3和几种可接受模型

（a）测点1，初模分别为$\rho(z)=13$和20 Ω·m；（b）测点2，初模为2，3，4和10 Ω·m；
（c）测点3，初模为10和40 Ω·m；（d）测点5，初模为50和80 Ω·m

3 连续变化的电性结构

基于上述分析，区内的电性结构模型可以由极小结构（图2）本身和模型的评价两个方面加以确定，其主要特征如下：①地壳浅部，随着深度的增加，普遍显示电阻率逐渐增大，由几欧姆·米到几十或几百欧姆·米之间变化，大约在5～10 km左右达到极大（第一个极大）。这反映了表层沉积岩系列到高阻基底或古老变质带的过渡。电阻率极大值深度与高阻基底或变质带对应。②电阻率出现极大以后开始减小，并于十几公里到20 km之间分别达到极小（第一个极小）。电阻率的极小值在几到几十欧姆·米范围内变化。在测点5（沧县隆起北端）极小值的深度最大（22km），电阻率值也最大（50 Ω·m左右）。该测点以西变化复杂，由测点3（武清凹陷）的12km左右到测点1（北京凹陷）的18 km左右。而测点2最浅，说明这一区域（冀中坳陷）上地壳有着复杂的构造环境。东侧的测点6和7电性特征一致，极小值深度在15 km左右，向东有电阻率变小深度变浅的势趋。③随深度增加，电阻率又逐渐增大，大约在30 km左右达到极大（第二个极大）。但对各测点，其深度有较大变化。这个电阻率极大值一般比第一个电阻率极大值小。这反映了下地壳及岩石圈的地幔部分的特点。④然后，随深度增加，电阻率大幅度减小，并达到第二个极小，电阻率减小约两三个数量级，比第一个极小值更小。该极小值深度对各测点有较大差别，测点5最深，测点3最浅。

以上结果与先前用层状模型反演结果[7]对比发现，第一个极小值深度与层状模型的壳内高导层相当，第二个极小值深度在层状模型上地幔高导层顶界附近。将它们与连续变化的波速剖面进行比较（图6），测点5和6分别与丰宁-柏各庄地震剖面内*sp*30和*sp*0反映的速度结构对应[10]，测点1与海兴—阳原地震剖面内西支的速度结构对应①。电阻率与速度变化不仅形态相同，而且它们的极小值深度也几乎一致，说明二者可能有共同的岩石学起因。

此外，第二个电阻率极小值深度位于上地幔内，说明这里有低阻带存在，这一结果与华北平原区60 km以下出现的地震波速度逆转现象相吻合[11,12]。

为全面观察地壳上地幔电性的横向变化，根据电阻率-深度连续曲线，绘制出整个剖面范围的电性连续变化结构（图7）。其中一个显著特点是，上地幔低阻区（由电阻率等值线表示）有明显的横向起伏，波动幅度由西向东变大，波峰与北京凹陷、武清凹陷和黄骅坳陷分别对应，波谷与大兴凸起和沧

① 张先康等，文安-霸县地壳结构的初步研究，1982。

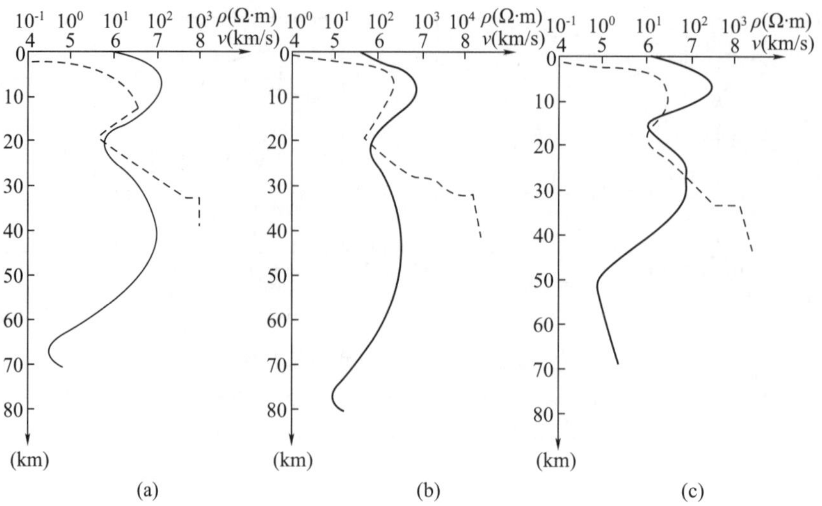

图 6　电阻率与波速结构对比（实线表示电阻率，虚线表示速度）

（a）冀中坳陷内测点 1；（b）测点 5；（c）测点 6

县隆起对应。在沧县隆起的下地壳上地幔内有较大范围的高阻圈闭。另一特点是地壳内出现低阻带，电阻率小于 25 Ω · m 的范围呈香肠状结构，坳陷区厚，隆起区薄。地壳表层的低阻分布范围与区内的新生代沉积发育状况基本一致。应该指出，测点 2 及其西侧处于复杂构造部位上，这里有近三维特征的大兴凸起（高阻），而测点 2 位于凸起侧翼的低阻凹陷内。对三维模型的研究指出[1]，低阻凹陷区的集流效应和 s 效应使顺低阻体长轴方向的视电阻率曲线向左移，即向高频方向移动，在进行一维解释时，可能使电性剖面内的低阻层变浅，电阻率变小。所以，测点 2 下面的电阻率值普遍比周围小，壳内低阻带比周围浅，图中这一部分的画法（如测点 1 和 2 之间，壳内低阻带没有连通），只是一种可能。另外，在剖面内上地幔某一深度（如 60 km），与各凹陷区对应的电阻率值由西而东逐渐变小。

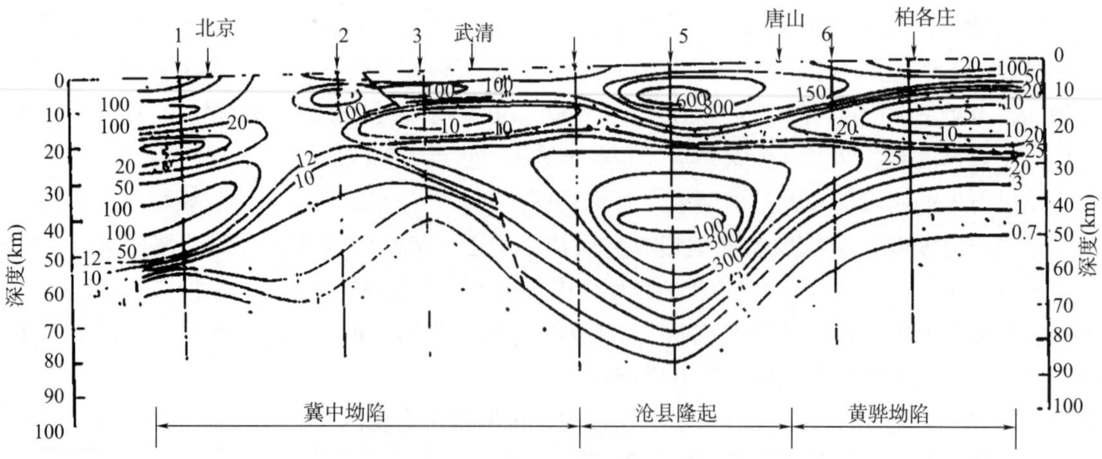

图 7　北京–柏各庄地壳上地幔电阻率结构剖面

图中曲线上数字代表电阻率等值数值，单位：Ω · m

4　讨　论

地壳上地幔矿物发生的各种物理化学变化，都可能导致电阻率的变化。对华北北部地区新生代玄武岩研究表明[13]，这里的岩浆活动主要分布在冀中和黄骅、渤中坳陷两个带内，它们属于性质不同的两类物质，但都起源于深部岩石的高温部分熔融。这两个带恰与上地幔高导电带的两个隆起对应，说明这里导电带的成因与上地幔岩石部分熔融引起电导率升高的假说是一致的。而沧县隆起区，新生代以来岩浆活动弱，这里深部温度较低，岩石电阻率也较高。

地壳上地幔电性结构与构造运动有着密切关系。新生代以来，华北盆地区高温软流圈的上涌，使岩浆沿破裂带喷发或上侵，热脉动的传播作用使壳内出现低阻、低速带，在地壳上隆和侧向伸展过程中，该带起着调整解耦作用[14,15]。热上隆的剧烈区与地壳浅层坳陷区对应，呈现高地热异常和低电阻率特性，加热后的地壳而后冷却收缩及重力调整作用促进了坳陷的发育①。由于坳陷区和隆起区明显地分别与上地幔上隆和坳陷存在对应关系，说明它们经历了不同的深部作用过程，地壳和岩石圈内也经历不均匀的侧向运动，使隆起和坳陷之间过渡区的壳内更容易集累应力，因此是地震较易发生的部位（图1）。

对大量地堑系盆地及其他地区的 *MT* 研究表明[16]，尽管 *MT* 方法不如地震测深方法给出的结果那样精细，但它在研究深部结构，特别是热场演化方面起着特殊重要的作用。随着方法的不断改进，观测资料精度的不断提高，它将为研究深部构造、地震预报研究和地热资源勘探等方面提供更有效的信息。

工作中用到加拿大大不列颠哥伦比亚大学 D. Oldenburg 博士的计算程序，使用了国家地震局地质研究所大地电磁测深组的观测资料，以及对于林金录同志等给予的帮助，一并表示感谢。

参 考 文 献

[1] Berdichevsky, M. N., I. V. Dmitriev, 1976, Basic principles of interpretation of MTS curves, Geoelectric and Geothermal Studies, 165-221, Akademiai Kiado Budapest.

[2] 刘国栋、赵国泽，1984，华北地区的壳内高导层和壳内低速层，第一次全国地壳与上地幔物理学术讨论会论文集，162～169，中国地球物理学会。

[3] 刘福田、李强、胡小幸，1982，走时反演及其应用，地球物理学报，25，增刊，696～710。

[4] Backus, G., and Gilbert, F., 1968, The resolving power of gross Earth data, Geophys. J. R. Astr. Soc., 16, 169-205.

[5] Bostick, F. X. Jr., 1977, Workshop on electrical methods in geothermai exploration, U. S. G. S., contract NO. 14-08-001-G-359.

[6] Oldenburg, D. W., 1979, One-dimensional inversion of natural source magnetotelluric observations, Geophysics, 44, 1218-1244.

[7] 刘国栋、顾群、史书林、孙洁、石障松、刘金汉，1983，京津唐渤和周围地区地壳上地幔电性结构及其与地震活动性的关系，地球物理学报，26，149～157。

[8] Parker, R. L., 1977, The Frechet derivaive for the one-dimensional electromagnetic induction problem, Geophys. J. R. Astr. Soc., 49, 543-547.

[9] Backus, G., and F. Gilbert, 1970, Uniqueness in the inversion of inaccurate gross Earth data, Trans. Phil. Roy. Soc., A266, 123-192.

[10] 刘国栋、刘昌铨，1982，华北北部地区地壳上地幔构造及其与新生代构造活动的关系，中国科学（B），12：1132～1140。

[11] 赵珠，1983，华北地区上地幔速度结构，地球物理学报，26，341～354。

[12] 宋仲和、朱介寿、安昌强、张丽娟，1981，北京－萨哈林剖面的地幔纵向速度结构，地球物理学报，24，

① 赵国泽、洪汉净，盆地的形成及地球物理模型，1983。

310～318。

[13] Xinhua Zhou and L. R. Armstrong, 1982, Cenozoic volcanic rocks of eastern China, Earth and Planetary. Science Letters, 58, 301-329.

[14] 赵国泽、赵永贵，1984，地壳上地幔结构和地球内部热事件的相关研究，地震地质，6，49～58。

[15] Ma Xingyuan, Deng Qidong, Wang Yipeng an Liu Hefu, 1982, Cenozoic graben systems in North China, Z. Gemorph. N. F. , suppl-Bd, 42, 99-116.

[16] Hermance. J. F. , 1982, Magnetotelluric and geomagnetic deep-sounding studies in rifts and adjacent areas: constraints on physical processes in the crust and upper mantle, Continental and Oceanic rifts, 169-192, AGU.

冀中坳陷地区的构造背景与孕震环境*

刘国栋

引　言

精密水准测量发现，河北省文安-霸县地区自1976年以来出现了异常性的地面上隆，引起了地震界的密切注视。文-霸地区在地质构造上位于新生代的冀中坳陷之内。为了从地质构造活动性上分析本区是否存在引起地面形变的因素，在冀中地区相继开展了各项深部探测和重磁资料分析等工作。本文拟根据这些工作成果和冀中地区的石油地质勘探结果，简述本区的浅部和深部构造特征，进而分析深浅构造关系和新生代以来的构造演化机制，并试图从中寻找本区是否存在引起地面形变的构造因素；最后结合地震活动性探讨一下本区的深部孕震环境问题。

1　冀中坳陷的浅部构造特征及新生代以来的构造演化

冀中坳陷属于新生代华北裂谷系的一部分[1]。古生代至中生代早期，华北地区处于稳定的陆台盖层发展阶段，自侏罗纪燕山运动始才进入了强烈的构造活动时期，形成了一系列断陷和隆起，在断陷内堆积了红色或杂色的粗粒碎屑岩夹煤层建造，其中火山岩和火山碎屑岩十分发育[2]。根据冀中地区前第三纪古地质图分析（图1），本区中生代时期的构造格局大体上是由沿NNE向展布的断陷和隆起所组成，它们是太行山前的断陷盆地，博野-高阳-固安古隆起、文安-武清向斜和沧县断块隆起。在负向构造单位内目前尚有中生代地层保留，但残留厚度不大；在正向构造单元的轴部，震旦纪—前震旦纪或下古生代地层广泛出露。与这些构造相平行的有一系列可能是中生代时期发生的或新生代时期发生的NNE向断裂，如太行山前断裂，大兴断裂，饶阳-任丘-霸县-廊坊断裂，献县-里坦断裂和沧东断裂。此外，还有一些NW-NWW向断裂，如冀中中部的安新断裂和北部的边缘断裂，其形成时代较早。

大量钻孔资料证实，本区晚白垩纪开始普遍升起，一直到古新世末均遭受剥蚀。当时冀中的大部分地区皆为高原隆起，最高地形在武清-文安一带，高达2000 m以上①。始新世起，本区在高原隆起的背景上发生裂陷，开始了大陆裂谷化过程。

始新世早期—渐新世早期，在本区西部和东部出现了两个NNE向的狭长裂陷，它们基本上沿着早期的地壳破裂地带发展（图2）。西部裂陷沿太行山前和大兴断裂展布，长达200多公里，宽15～30 km，有多个沉积中心，最大沉积厚度达5000 m多；东部裂陷沿饶阳-任丘-霸县断裂带发展，长约150 km，除个别地区外一般沉积厚度不超过1000～1500 m。在这两个裂陷之间是一NNE向的块断突起地

* 本文原载于《文安-霸县地壳隆起的研究》，地震出版社，1986，18～27。

① 刘前志等，冀中坳陷古近系地震相分布规律及其沉积环境解释——兼论油气远景的地震地层综合分析，1982。

带。由于此时地形高差大，湖盆分割显著，块断运动强烈，以快速沉积为主，某些地区的砾岩体堆积厚达 1500～2500 m①。沉积层位为沙四段—孔店组。

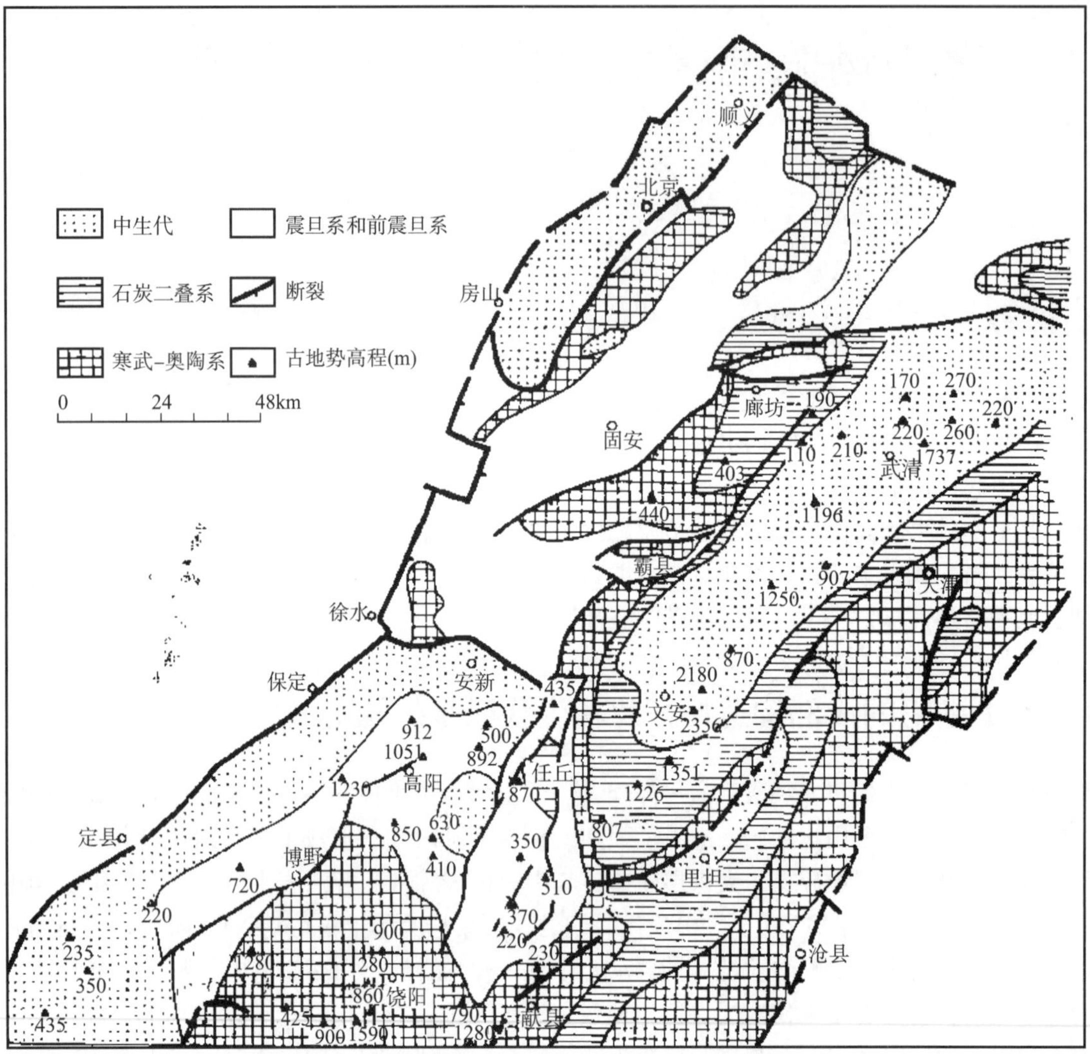

图 1　冀中地区前第三纪古地质图（据石油部物探局研究院，1982）

进入渐新世中期以后，上述两个裂陷均向两侧发展，沉积加厚，在某些地区还产生了新的裂陷，如武清和霸县凹陷，在个别地段的最厚沉积达 2500 m 以上。此时地形高差已进一步缩小，湖盆比较开阔，沉积层位为沙二—沙三段。

到渐新世晚期，裂陷范围又进一步扩大，此时除大兴、牛驼镇和容城个别凸起外，全区已均被沉积所覆盖，地势高差已变得很小，沉积中心也由始新世时期的西部裂陷带，转移到东部裂陷带。在东部裂陷带内此时的最厚沉积达 2300 m，沉积范围显著地向东超覆于文安斜坡之上，但沧县隆起仍未接受沉积（图 3）。沉积层位为东营组—沙一段。

在古近纪末期本区地壳曾一度上升遭受剥蚀，结束了裂陷运动。从中新世开始本区进入了全面下沉的坳陷时期，中—上新世的馆陶组和明化镇组覆盖了整个冀中坳陷，并进一步向东超覆于沧县隆起

① 石油地球物理勘探局研究院，华北盆地西部的隐蔽圈闭，1982。

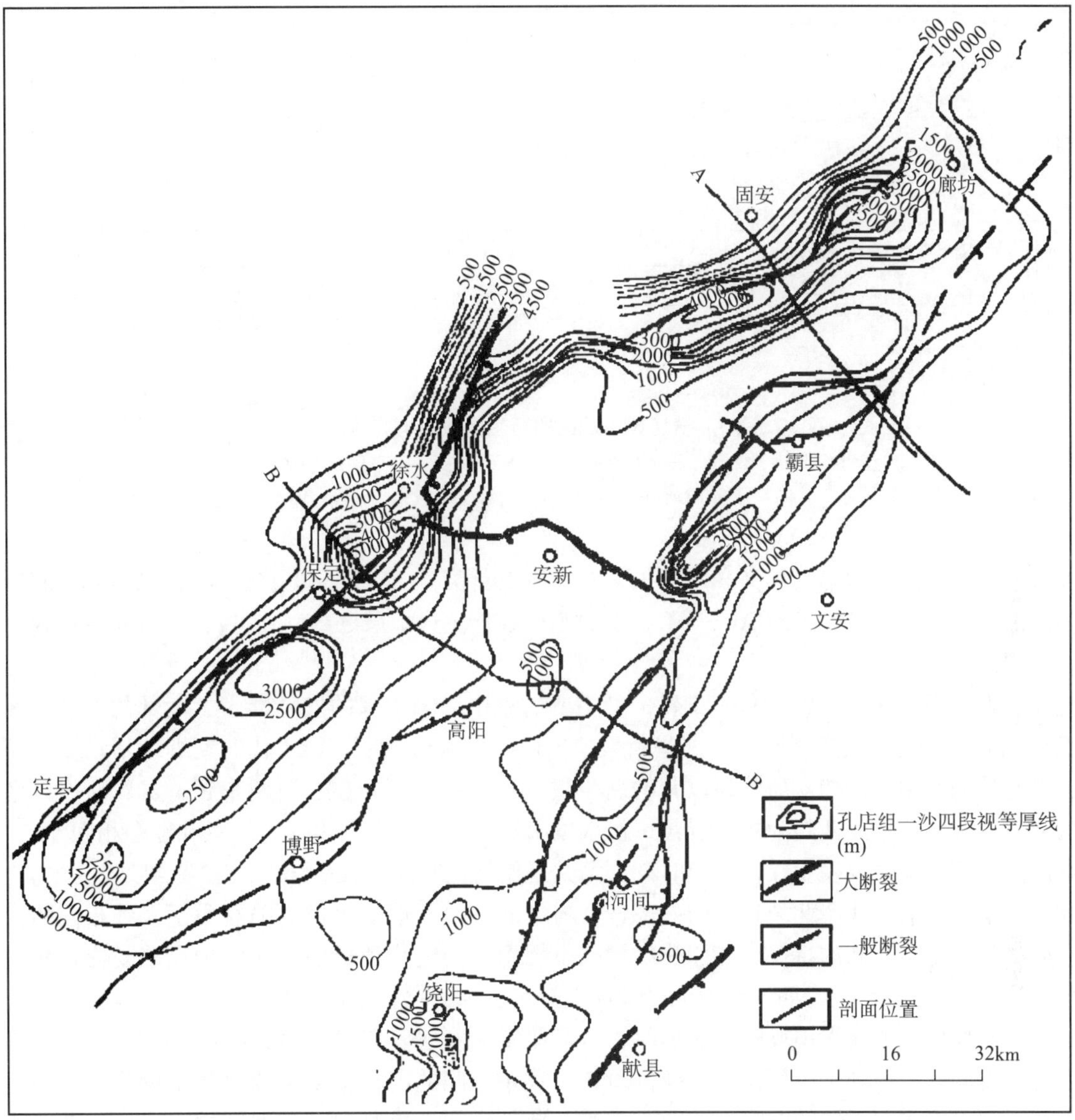

图 2　冀中地区始新世–渐新世时期的裂陷构造（据石油部物探局研究院资料编，1982）

之上。此时沉积中心位于冀中坳陷的东部，最大沉积厚度达 2000 m 以上，冀中坳陷西部仅接受了几百米厚的沉积，在全区性的下沉过程中显示了相对的上升趋势（图 3）。

进入第四纪以来，冀中坳陷仍保持 NNE 向的下沉趋势，接受了 400～500 m 厚的疏散沉积，但沉积中心明显地向北转移，武清凹陷内第四纪沉积厚达 1000 m。此外，在本区的北缘、第三纪隆起区雅洪桥—顺义 NWW 向一带，出现了一个第四纪沉降带，沉降的中心部位第四纪厚达 700～800 m（图 5）。从历史上的水系变迁等资料分析，冀中坳陷内部沿隆尧、宁晋、深县、河间一带，存在着一个近期的 NE 向新（微）隆起带[3]，表明本区已从早期的下沉转变为相对上隆。

本区新生代以来的构造发展与早期断裂的活动有密切关系。始新世发生的裂陷基本上沿着早期的 NNE 向断裂展布，断裂的进一步发展又引起裂陷的扩大，断裂控制了新生代的沉积厚度。这种断裂一般都延伸较长，为正断层，断面倾角不大。例如太行山前断裂倾角一般不大于 30°～40°，沧东断裂倾角不大于 45°，沧西断裂倾角不大于 40°，并且随着深度的加大断裂倾角逐渐变缓，估计在 8～14 km 的深度上可能变平。

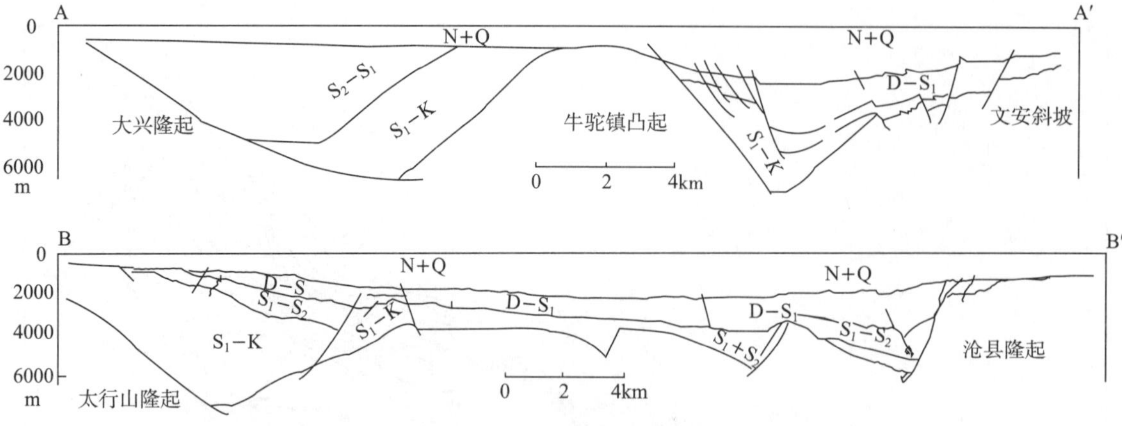

图 3　横切冀中地区的新生代地质构造剖面

N+Q. 新近系和第四系；D−S_1. 东营组沙一段；S_2−S_3. 沙二段−沙三段；S_4−K. 沙四段−孔店组 .

AA′. 横切北部地区剖面；BB′. 横切中部地区剖面，剖面位置见图 2（据石油部物探局研究院资料简化，1982）

进入渐新世以后，裂陷内部又产生了很多次一级正断层，一般情况下它们与裂陷边界大断裂平行，向裂陷内部倾斜，倾角较大，约 50°～70°，多数消失在新生代地层之内（图 8），对沉积厚度仅有一定的控制作用。

此外，本区尚有些 NWW−NW 向断裂，最主要的冀中坳陷中部的安新断裂、南部的晋县—衡水断裂（已出图幅）和北部的边界断裂。这些断裂中生代时期就已存在，新生代时期继续活动，它们对坳的发展也起控制作用。例如安新断裂以北的新生代构造，以单断为主，西断东超；安新断裂以南的新生代构造，以双断或东断西超为主，晋县—衡水以南的新生代构造则表现为地堑和地垒相间。

本区的岩浆活动主要发生在古近纪时期，尤其是始新世时期比较活跃，以玄武岩喷发为主。

冀中坳陷作为新生代华北裂谷系的一部分，与华北平原其他新生代坳陷经历了大致相同的发展过程，它们之间有很多共同的特征。然而冀中坳陷下保留的中生代地层厚度比渤中坳陷要薄得多，这可能意味着晚白垩纪−古新世时期，冀中地区地面上升和剥蚀都比较剧烈。相对照的是，始新世时期，冀中坳陷的沉积厚度，要比渤中坳陷明显加厚，这可能意味着地表荷载（地形高度）的大小与裂谷的发展速度有一定联系。但到了中新世—上新世时期，冀中坳陷的沉积厚度又要比渤中坳陷薄得多，反映了进入新近纪以来华北平原的沉降中心向东转移。此外，新生代时期渤海地区的玄武岩活动要比冀中强烈，直到上第三纪−全新世时期仍有玄武岩活动。根据石油地震勘探的结果，渤海地区新生代渐层的上断点深度要比冀中地区浅得多。上述情况表明，华北平原北部的地壳活动性，随着时间的推移明显地向渤海地区转移。

2　冀中坳陷深部构造特征及深浅构造关系

在冀中坳陷地区，已进行了多项深部地球探测和研究工作，包括人工地震测深，大地电磁测深，转换波测深，大地热流测量，重力均衡计算和居里等温面计算等。

根据人工地震测深结果①，冀中坳陷具有三层地壳结构的特点，即包括沉积盖层在内的上层地壳、中层地壳和下层地壳。上层地壳由一组速度梯度层组成；中层地壳为低速层，最小速度值 5. 5 km/s，埋深 16. 5～18 km；下层地壳为正速度梯度层，速度值向下逐渐增加到 7. 7～7. 8 km/s，在莫霍面处有

① 张先康等，文安−霸县地区地壳结构的初步研究，1982。

0.2～0.3 km/s 的速度跃变，莫霍面速度值为 8.0 km/s（图 4）。根据柏各庄-丰宁-正兰旗的人工地震测深剖面①，在缺失第三纪沉积，但有第四纪沉积发育的燕山与华北平原的过渡地带，例如唐山地震活动区，壳内低速层明显加厚，其最小速度值变大，莫霍面速度值为 8.1 km/s，该界面的上下速度差为 0.5 km/s。在新生代以来一直上隆的燕山地区，例如兴隆一带，壳内低速层变薄，其最小速度值加大，莫霍面速度值为 8.1 km/s，界面上下速度差 0.5 km/s，莫霍界面埋深显著加大（图 4）。

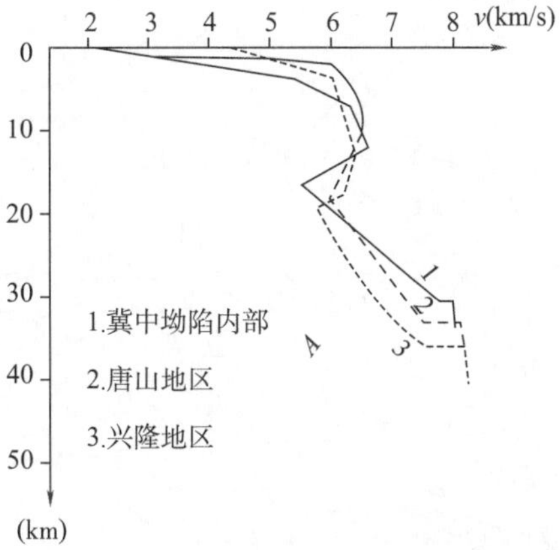

图 4　新生代三类不同活动区的地壳-上地幔速度结构（据国家地震局地球物理勘探大队资料编，1982）

从图 4 可见，上述的新生代三种不同的构造活动区的地壳-上地幔速度结构是有明显差别的。新生代强烈下沉的冀中坳陷地区，莫霍面最浅，下地壳厚度最薄，莫霍面上、下速度差最小，壳内低速层埋深最浅而最小速度值又最低；新生代以来一直上隆的兴隆地区，莫霍面最深，下地壳最厚，莫霍面上、下速度差最大，壳内低速层最薄面最小速度值最大；第三纪上隆、第四纪下沉的燕山与华北平原间的过渡地带，壳幔速度结构基本上处于上述两者之间，但壳内低速层显著加厚。上述情况表明，华北北部地区新生代以来的构造活动与地壳-上地幔结构有密切关系。

根据人工地震测深结果，我们曾编制了包括冀中坳陷在内的华北北部地区莫霍面构造图[1]，现把冀中坳陷部分绘于图 5 之中。可见冀中坳陷内部地壳较薄，平均约 32～33 km，沿 NNE 向展布，垂直于走向方向，地壳厚度变化较大。在冀中坳陷东部，沿廊坊—霸县—文安一带，有一 NNE 向的莫霍面隆起，隆起顶部断开，最大断距达 7～8 km。断裂以东，莫霍面向东南倾，地壳厚度从武清凹陷下的 33 km 向沧县隆起方向逐渐增厚到 37～38 km，断裂以西的莫霍面向西北倾，地壳厚度从廊坊-霸县凹陷下的 30 km 逐渐增厚到 35 km，这一莫霍面的斜坡隆起带大致沿 34 km 等深线通过北京平原向北延伸。在冀中坳陷西部大致沿北京—高阳一线，又有一条 NNE 向地壳基底断裂；断裂西盘的地壳厚度从北京-徐水-保定凹陷下的 33 km，向西部的太行山隆起方向逐渐增厚到 37～38 km。

在图 5 中我们还绘制了古近纪底板深度，即整个新生代的沉积厚度、新生代的主要断裂和第四纪厚度。根据此图并结合前节所述的内容可以看到，冀中坳陷内部，始新世时期发生的两条 NNE 向裂陷带，大体上与上述的两条莫霍面隆起带相对应；新生代沉积最厚、新近纪以来下沉幅度最大的武清—霸县凹陷地区，莫霍面最浅，根据图 4 和以前的研究[4]，下地壳在这里也可能是最薄的；本区浅部大断裂的倾斜方向与地壳厚度的减薄方向是一致的，但浅部断裂与地壳基底断裂是互不沟通的；浅部大断裂可能在 8～14 km 的范围内变平，不再向深部发展，终止在壳内低速-高导层之上。

根据大地电磁测深结果，我们曾编制了京津唐及其周围地区的上地幔高导层深度图，与地震资料

① 刘昌铨等，燕山与华北平原地壳结构特征的初步研究，1982。

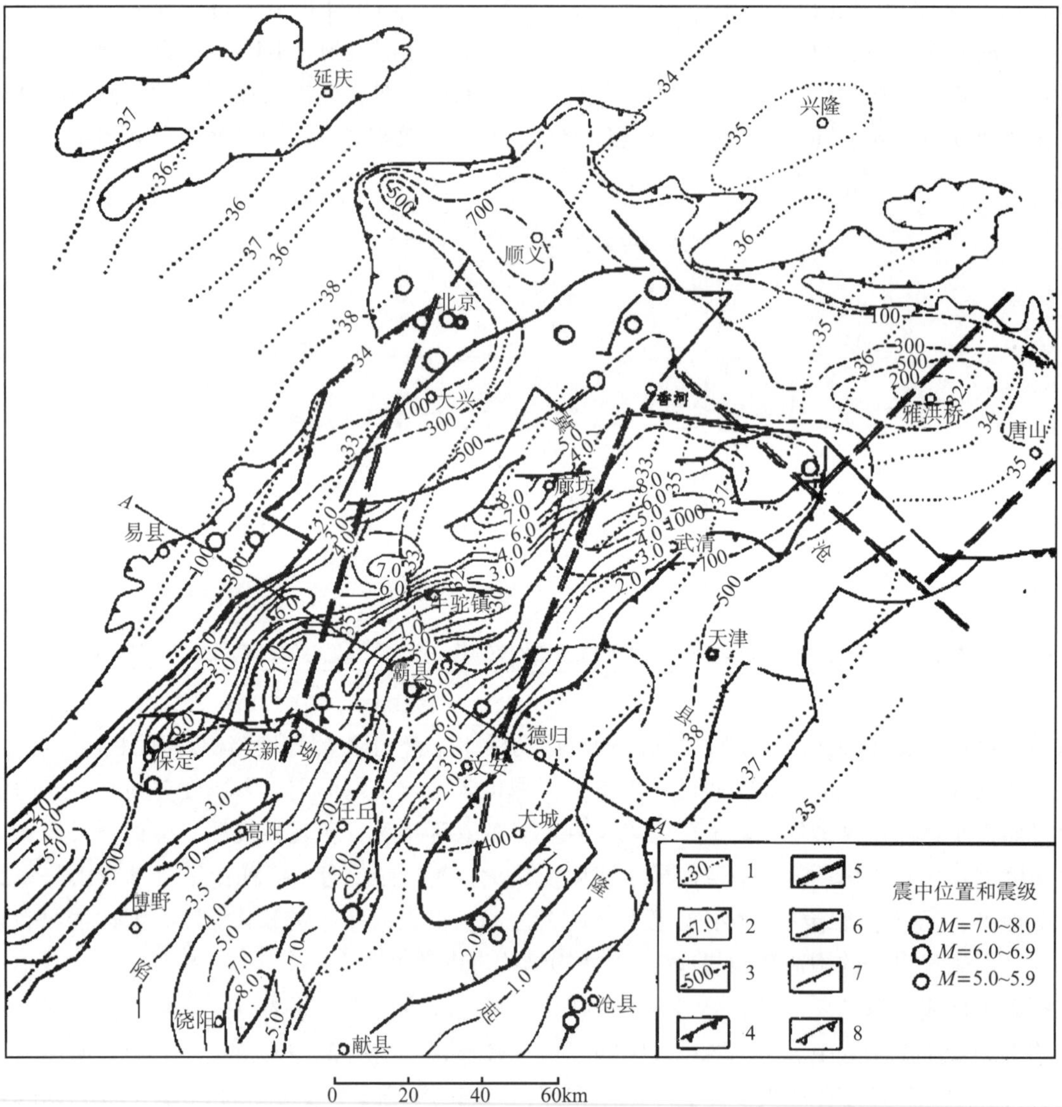

图 5　冀中坳陷及邻区莫霍面和新生代构造图以及 M≥5 级的地震震中分布

1. 莫霍面深度（km）；2. 古近纪底板深度（km）；3. 第四纪厚度（m）；4. 古近纪沉积缺失线；
5. 地壳基底断裂；6. 边界大断裂；7. 浅部断裂；8. 平原山区边界

对比表明该层相当于上地幔内的低速层[5]。冀中坳陷上地幔高导层平均埋深较浅，约 70 km 左右，呈 NNE 向展布，在永清一带埋深最浅，约 50 km。由于冀中坳陷内部新生代低阻层沉积较厚，而我们所使用的大地电磁测深仪的频带下限一般为 3000 s，所以无法取得上地幔高导层的厚度信息。1982 年我们在太行山下的易县地区完成了两个大地电磁测深点的观测工作，由于这里的高阻基岩几乎直接出露地表，故相同周期的电磁波可以向地下穿透更大的深度。根据该测点资料的初步解释，易县地区上地幔高导层埋深约为 70 km，该层的厚度在易县地区约为 10 km。看来此层可能是上地幔内的一个中间高导层，它与平原区下的上地幔高导层属于同一层位，由于这里已进入太行山区，故该层可能已显著减薄，但确切情况尚需进一步工作证实。

根据大地电磁测深和人工地震测深结果，冀中坳陷几乎普遍存在壳内低速-高导层。在坳陷内部壳内高导层埋深 15～20 km，向北部山区方向加深到 25 km（图 6），但易县地区的大地电磁测深结果没有发现壳内高导层存在。在坳陷内部壳内低速层的最小速度值埋深约 16.5～19 km，在北部山区为 27.5 km，与壳内高导层的埋深基本一致。在坳陷内部壳内高导层的纵向电导值约 1000 s，向北部山区方向降低到数百西门子。在坳陷内部壳内低速层的最小速度值为 5.5 km/s，在山区则较高。壳内高导层和壳内低速层并存表明它们有共同的成因机制。根据计算，在坳陷区壳内低速-高导层所处的温度值为 500～600 ℃，压力值为（3.5～4.5）$\times10^8$Pa，外围地区约 400 ℃和（5.0～6.5）$\times10^8$Pa。推测在坳陷区下它们起因于部分熔融，在外围地区起因于矿物的脱水，该层是力学性质较软的层位[6]。

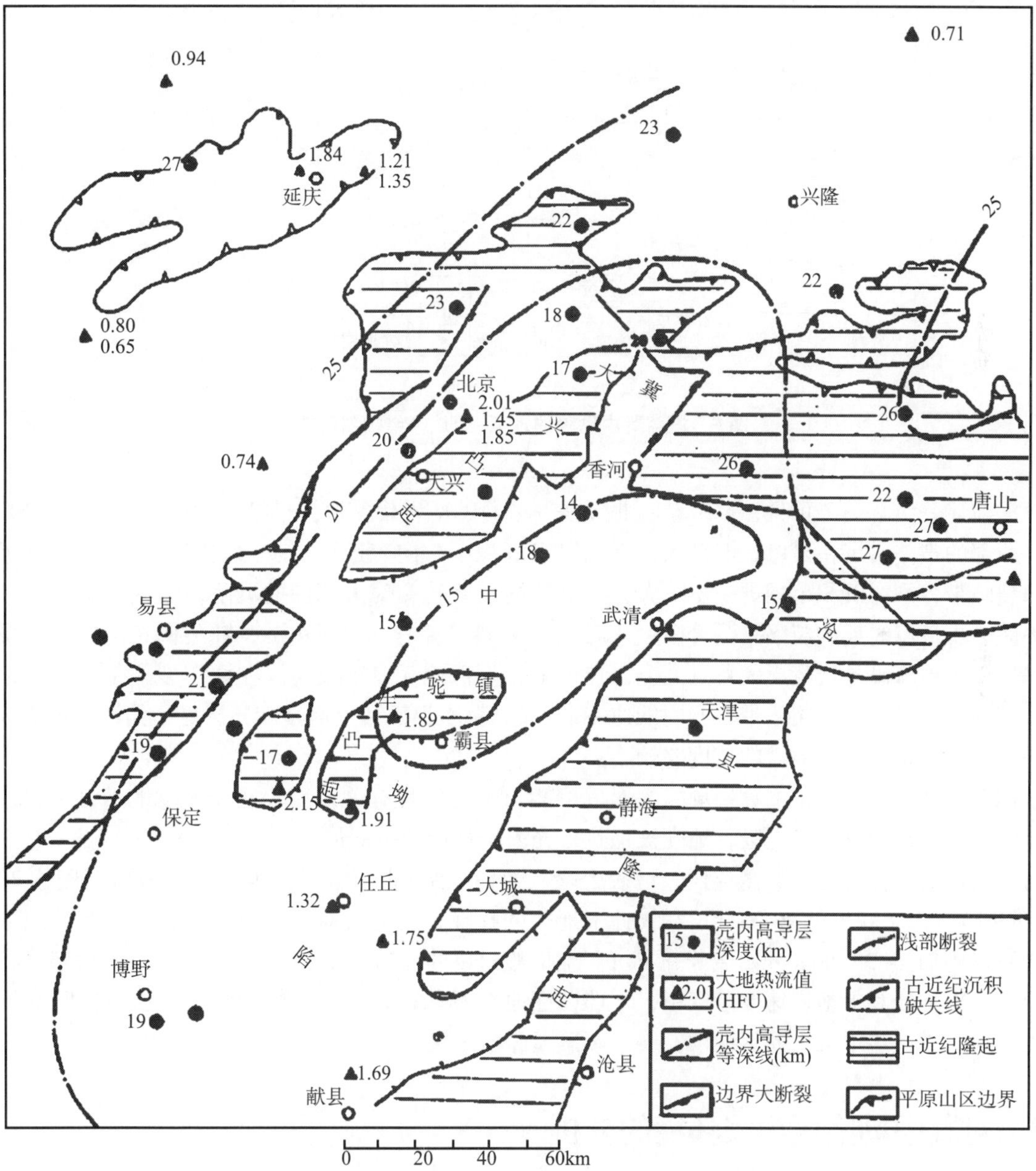

图6 冀中坳陷及其周围地区壳内高导层等深线图

在图6中，我们还标出了冀中坳陷及其邻近地区的大地热流观测结果[7,8]。冀中坳陷内有9个大地热流值，变化范围从 1.32～2.15 HFU，多数在 1.80 HFU 附近，平均值也是 1.80 HFU。周围山区有 8 个大地热流值，除位于怀来-延庆的三个热流值（1.21，1.35 和 1.84 HFU）外，其他均在 0.7～0.9 HFU 范围内变动，这 8 个大地热流值的平均值为 1.0 HFU。平原坳陷区的高大地热流值对应着比较浅的上地幔高导层深度，比较薄的地壳厚度，比较清楚的壳内低速-高导层位和比较巨厚的新生代沉积，以及十分发育的铲状正断层和比较强烈的新生代火山活动。这些情况表明冀中坳陷的形成与地壳上地幔的热动力学过程是分不开的。

我们沿 NWW 方向横穿冀中坳陷北部和文-霸地区剖切了一条从浅部至上地幔高导层的剖面图（图7）。剖面位置示于图 5 中。图 7 右侧的曲线图是冀中坳陷内部的速度结构图。

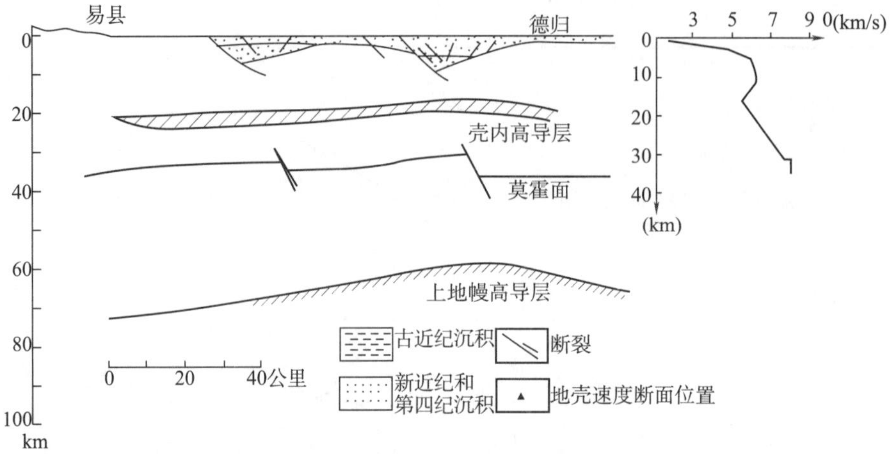

图 7　横穿冀中坳陷的地壳-上地幔结构剖面图

根据前述并结合图 7 可见，冀中坳陷北部是一单断的新生代盆地，早第三纪时期有两个 NNE 向裂陷带，西部的裂陷带沉积最厚，但进入古近纪以来沉积中心向东迁移，东部裂陷的沉积厚度远远超过了西部裂陷带，同时沉积范围进一步扩大，由早期的裂陷转变为大范围的坳陷，逐渐形成了统一的冀中坳陷区。古近纪时期的裂陷是沿着中生代时期的断裂发育的，边断边沉，断裂倾角随深度变缓。冀中坳陷处于上地幔高导层隆起的背景之上，在坳陷区下部地壳厚度较薄，在两个裂陷带下均有地壳基底断裂存在，尤其在东部裂陷带下壳内低速-高导层、莫霍界面和上地幔高导层更是偏浅。坳陷区下部下地壳变薄，下地壳和上地幔的速度差较小。

根据上述情况，我们推测冀中坳陷的形成可能与下述过程有关；沿着地壳破碎地带，中生代晚期高温低密度的上地幔软流圈上隆，地壳被加热，壳内出现低速-高导层，下地壳表现出韧性。它们导致了岩石圈密度的降低。为了均衡补偿，地表上隆，晚白垩纪-古新世时期本区最大地形高度达 2000 m 以上（图 1）。由于壳内低速-高导层和韧性下地壳的存在，在地表荷载的作用下，上部脆性地壳内的应力水平得到加强[9]，地表开始裂开并下沉。上地幔进一步上隆，岩浆活动加强，大量超基性物质混入下地壳，下地壳和上地幔速度差变小，下部韧性地壳侧向蠕变，上部脆性地壳沿壳内低速-高导层侧向滑动，地表进一步下沉，断裂继续发展，倾角随深度变缓[1]。

3　对冀中坳陷区孕震环境的分析

冀中坳陷及其邻近地区（不包括邢台和唐山地震区），自公元 991 年有地震记载以来至 1981 年共发生 $M \geqslant 5$ 级的地震 22 次，其中 8 级地震 1 次，6～6¾级地震 8 次，5～5.5 级地震 13 次，地震分布情况见图 5。冀中地区是一个地震活动区，但就冀中坳陷内部而言地震活动水平并不高，多数地震都发生在坳陷区的边缘地带，尤其是第四纪以来开始下沉的北部边缘的北西西地带，1679 年的三河—平谷 8 级大震和 1976 年的 7.8 级唐山大震均发生于这一带。我们曾指出过，华北地区的上地幔软流圈的上隆宽度在这一带发生了突然变化，北窄南宽。这导致了上部地壳侧向扩张量的差异，使这一地带具有

NWW 向左行剪切特征，因而这里的地震活动水平一直很高[1]。类似情况也出现在冀中坳陷南部，例如束鹿—德州—潍坊 NWW 向及其邻近一带，也是一个地震活动带，1966 年邢台地震就位于该带附近，上地幔软流圈的上隆宽度在这一带也发生了显著变化，南窄北宽。冀中坳陷南部的晋县—衡水断裂位于该 NWW 带内。

在冀中坳陷内部，$M \geqslant 5$ 级的震中平面分布并未显示出与该区浅部和深部构造之间有任何明显联系，太行山前断裂和牛东断裂均未显示出有较高的地震活动性，在平面上地震似乎是均匀散布的。关于本区地震沿深度方向的分布，由于缺少震源深度参数无法具体分析。但根据 1966 年邢台地震以来华北几个地震活动区的震源深度资料，绝大多数地震均发生在 15～20 km 以上，即位于壳内低速-高导层之上。我们认为冀中坳陷内这种地震分布趋势，与其所处的构造部位和地壳结构特点是一致的。

我们曾指出，以渤海为中心的下辽河-渤中-黄骅坳陷 NNE 向地带是上地幔软流圈的强烈隆起地带，1966 年邢台地震以来华北地区的强烈地震均发生在该带的两侧，这可能表明这一软流圈隆起带目前仍在活动[4]。软流圈的上隆可导致上地壳的侧向扩张或下地壳的侧向蠕变，地表下沉，并在外围地区引起地面的微弱隆起。冀中坳陷处于上述软流圈隆起带的西侧，因而应具有某种上隆趋势。1966～1981 年的多次水准测量结果表明，冀中坳陷的中、西部地区以 1～2 mm/a 的速率上升，而渤海周围和黄骅坳陷则表现为明显的下沉。冀中坳陷的这种趋势性缓慢上隆可能是构造活动的反映，但并不意味着地震的前兆。

在本文所讨论的冀中坳陷范围内，壳内低速-高导层埋深较浅，它的存在有利于提高上部脆性地壳的应力水平，但由于坳陷区内松散的新生代沉积比较巨厚，可以积累弹性应变能的上部脆性地壳厚度就不是很大了。此外，坳陷区在中新代时期又经历了强烈的构造变动，脆性基底比较破碎，断层倾角又较平缓，这些因素也不利于积累很大的弹性应变，所以冀中坳陷内部虽然有中、小地震活动，但尚未发生过大于 7 级的强烈地震。我们估计今后这种可能性也不会很大。至于容易发生地震的地段，还必须进一步搞清上部脆性地壳的内部结构及其不均匀性，以及浅部缓倾角断层、壳内低速-高导层和孕震层之间的关系。此外，上面提到的通过冀中坳陷北缘和南部的两条 NWW 向带上的地震危险性是不容忽视的。

参考文献

[1] 刘国栋、刘昌铨，1982，华北北部地区地壳-上地幔构造及其与新生代构造活动性的关系，中国科学 B 辑，No. 12。

[2] 叶连俊，1982，论华北地台沉积建造，岩石学研究，第一辑，1～10 页，北京：地质出版社。

[3] 李祥根，1982，京津及河北平原的最新活动构造带，中国活动断裂，44～50 页，北京：地震出版社。

[4]《一九七六年唐山地震》编辑组，1982，一九七六年唐山地震，71～130 页，北京：地震出版社。

[5] 刘国栋、顾群等，1983，京津唐渤和周围地区地壳上地幔电性结构及其与地震活动性的关系，地球物理学报，No. 2。

[6] 刘国栋、史书林等，1984，华北地区壳内高导层及其与地壳构造活动性的关系，中国科学 B 辑，No. 7。

[7] 中国科学院地质研究所地热组，1979，中国第一批大地热流数据，地震学报，No. 1。

[8] 陈墨香、黄歌山等，1982，华北平原北段地热资源分布的特点，中国科学院地质研究所地质科研成果选集（第一集）。

[9] Bott, M. H. P., 1981, Crust doming and mechanism of continental rifting, Tectonophysics, Vol. 73, No. 1-3: 1-8.

大地电磁测深资料反演中应注意的几个问题*

刘国栋

大地电磁测深资料反演是大地电磁测深工作中最关键也是最困难的一环。因为大地电磁测深工作的最终成果集中体现在反演结果上，一切地质结论都是从反演结果上引伸出来的；而大地电磁测深反演本身又存在着固有的多解性，任何疏忽都会导致反演结果的错误、甚至完全失败，使反演结果与客观实际大相径庭。

虽然一维地质构造在实际工作中是很少遇到的，但目前一维反演方法仍在大地电磁测深中应用。这是因为一维反演方法简单、快捷、比较成熟，如果运用得当仍能给出比较接近于客观实际的反演结果；而二维反演方法目前也不够完善，仍在研究和改进当中。

大地电磁测深的一维反演方法很多，固有的多解性是反演中共有的弊端。本文不拟探讨这些问题，而把主要精力集中在实际反演工作中应注意的几个问题。

1 如何区分纵向和横向视电阻率曲线

在每个大地电磁测深点上都可获得两条视电阻率曲线——纵向曲线和横向曲线。前者是电场沿走向方向极化的曲线，后者是电场沿倾向方向极化的曲线。如果地下构造是一维的，纵向和横向曲线完全重合，无论对哪条曲线做反演都会给出相同的结果。如果地下构造是非一维的，纵向曲线和横向曲线不重合，往往曲线类型都不一样，所以两者给出的一维反演结果差异很大。因此，如何区分纵向曲线和横向曲线以及选取哪条曲线的一维反演结果就显得非常重要了。但应注意，既不能把纵向曲线看作是测点下沿走向方向电性分层的反映，也不能把横向曲线看作为测点下沿倾向方向电性分层的反映。纵、横曲线之间的差异，主要是地下构造的侧向不均匀性造成的。

根据大地电磁张量阻抗表达式，我们有：

$$Z_{xx}(\theta)=\frac{Z_{xx}+Z_{yy}}{2}-\frac{Z_{yy}-Z_{xx}}{2}\cos 2\theta+\frac{Z_{xy}+Z_{yx}}{2}\sin 2\theta \tag{1}$$

$$Z_{yy}(\theta)=\frac{Z_{xx}+Z_{yy}}{2}+\frac{Z_{yy}-Z_{xx}}{2}\cos 2\theta-\frac{Z_{xy}+Z_{yx}}{2}\sin 2\theta \tag{2}$$

$$Z_{xy}(\theta)=\frac{Z_{xy}-Z_{yx}}{2}+\frac{Z_{yy}-Z_{xx}}{2}\sin 2\theta+\frac{Z_{xy}+Z_{yx}}{2}\cos 2\theta \tag{3}$$

$$Z_{yx}(\theta)=-\frac{Z_{xy}-Z_{yx}}{2}+\frac{Z_{yy}-Z_{xx}}{2}\sin 2\theta+\frac{Z_{xy}+Z_{yx}}{2}\cos 2\theta \tag{4}$$

式中，Z_{ij}是测量轴上的张量阻抗元素，Z_{ij}（θ）是测量轴在平面上旋转θ角后相应的张量阻抗元素。逐渐改变θ，当$\theta=\theta_0$时，有Z_{xx}（θ_0）$=Z_{yy}$（θ）$=0$存在，该θ_0角的方向就是张量阻抗主轴方向。从式

---

* 本文原载于《勘探地球物理专辑Ⅱ，电磁测深》，地质出版社，1987，76～83。

式中 $ij=x$、y。

(1)、式 (2) 可见，当 $\theta_0=\pm90°$时，也有 Z_{xx} ($\theta_0\pm90°$) $=Z_{yy}$ ($\theta_0\pm90°$) $=0$ 存在，所以有两个主轴方向，它们分别相当于构造的走向方向和倾向方向。但谁属走向、谁属倾向是不明确的，因而也就无法判断纵向视电阻率曲线和横向视电阻率曲线了。

解决这个问题有三种办法。

(1) 计算倾子走向：当地下构造为非一维时，三个磁场分量之间有下列关系：

$$H_z=AH_x+BH_y \tag{5}$$

式中的 A 和 B 称为倾子。

如果在平面上旋转测量坐标轴并从北向的 x 轴算起，当转至与构造走向方向一致时，会有 $AH_x=0$，$H_z=BH_y$ 出现。我们知道，只有在 x 测量轴与构造方向重合时，才会出现这种情况。因此，此时的转角 φ_0 就是构造走向方向，也叫倾子走向。如果主阻抗 Z_{xy} (θ_0) 的主轴方位 $\theta_0=\varphi_0$，那么 $\rho_{xy}=0.2|Z_{xy}(\theta_0)|^2$ 就是纵向视电阻率曲线；如果 $\theta_0=\varphi_0\pm90°$，那么 ρ_{xy}就是横向视电阻率曲线。

应用倾子判断纵向和横向视电阻率曲线时，应注意一些问题。例如，要注意倾子振幅的大小，如果振幅较小可能表明不是典型二维构造，没有明显走向；要注意 H_z 的信噪比，若信噪比太低，其结果不可靠；计算倾子利用的是磁场分量，而磁场分量主要受区域性构造影响，计算阻抗主轴方位利用的电磁场分量，而其中的电场分量容易受浅层电性不均匀的影响，所以往往会出现阻抗主轴方位在整个频带上比较一致，而倾子走向方位则随频率而变化。

(2) 根据已知资料判断：大地电磁测深工作的地区，往往都有一定的已知资料，例如重力图、磁力图和地质图等。这些资料都能清楚显示地下的构造方向。如果主阻抗 Z_{xy} (θ_0) 的主轴方位角 θ_0，接近于已知的构造方向，那么 ρ_{xy}就是纵向视电阻率曲线，而 ρ_{yx}是横向视电阻率曲线。

(3) 根据两条视电阻率曲线的相互关系判断：在非一维构造地区，纵、横视电阻率曲线差异很大。在有较厚低阻沉积盖层的平原区，横向视电阻率曲线往往处于纵向视电阻率曲线之下，特别是随着周期的加大横向曲线明显的下跌。这是因为在平原区横向曲线的边缘畸变效应常居主导地位。但在隆起构造上，横向曲线常在纵向曲线之上，这是横向曲线遭受 S 畸变的结果。

2 选取哪种视电阻率曲线的反演结果

在非一维构造地区，纵、横视电阻率曲线总是不重合的，其差异大小主要取决于低阻沉积盖层横向不均匀性的程度。此时，如果用一维反演方法，纵、横视电阻率曲线的反演结果会完全不同。究竟如何处理这个问题呢？理论研究表明[1]：无论在何种构造上，纵向视电阻率曲线总能给出比较真实的深部电性层深度，而横向视电阻率曲线总是不真实的反映深部构造；在地堑上方，纵向曲线的一维反演结果，使高阻基底深度偏浅，横向曲线也是这样；在地垒上方，横向曲线一维反演结果能比较真实地反映高阻基底深度，同样纵向曲线也是比较真实的。由此看来，纵向视电阻率曲线比横向视电阻率曲线优越。但应特别指出，在地堑外围或地垒上方的纵向曲线的 S 上升支，往往会有假极小或假拐点出现，这是感应畸变效应的结果，其反演结果是在地壳内部出现假的高导层。我们用图 1 和图 2 表示上述情况。

由于在纵向视电阻率曲线的 S 上升支可能会出现假极小，所以有人主张在反演浅部构造时用横向曲线的高频段，在反演深部构造时用纵向曲线的低频段，两者接合起来组成一个基本上不遭受畸变影响的、完整的大地电磁测深曲线。但很多实际结果表明，在高频段纵、横视电阻率曲线常常重合得很好，这意味着浅部构造比较平缓，但随着频率的降低，曲线开始畸变两者逐渐分离，因而在何处结合很难断定。所以在多数情况下人们仍偏向于采用纵向视电阻率曲线的一维反演结果。此时，重要的问题是如何判断纵向曲线 S 上升支极小值的真伪（如果存在这种极小值的话）。这个问题我们将在下面讨论。

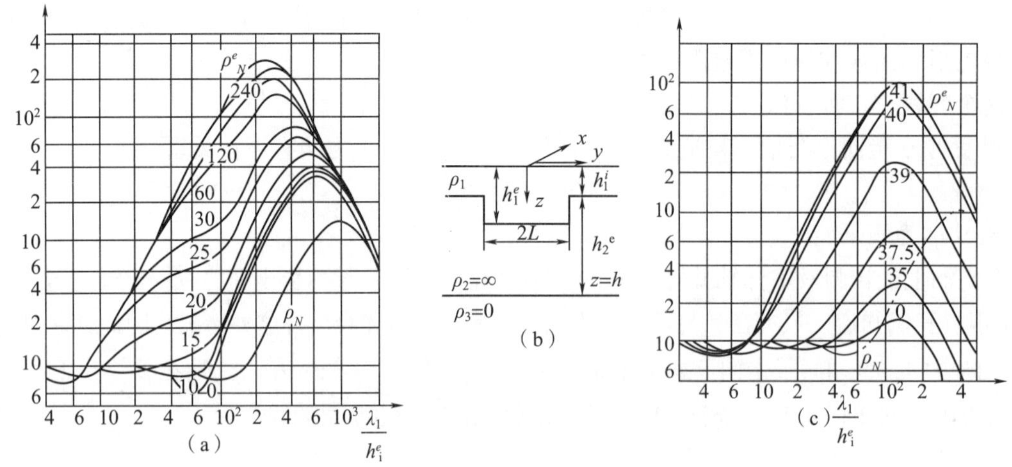

图 1　地堑区（b）的纵向（a）和横向（c）视电阻率曲线

（a）中的模型参数是 $\rho_2/\rho_1=\infty$，$\rho_3/\rho_1=0$，$h_1^i/h_1^e=20$，$h_2^e/h_1^e=600$，$L/h_1^e=20$；曲线上的数字表示 $|y|/h_1^e$，在地堑边界处 $L/h_1^e=20$。（c）中的模型参数是 $\rho_2/\rho_1=\infty$，$\rho_3/\rho_1=0$，$h_1^i/h_1^e=10$，$h_2^e/h_1^e=200$，$L/h_1^e=40$，在地堑边界处 $|y|/h_1^e=40$。ρ_N^e 为地堑外围地区的一维视电阻率曲线，p_N^1 为地堑之上的一维视电阻率曲线

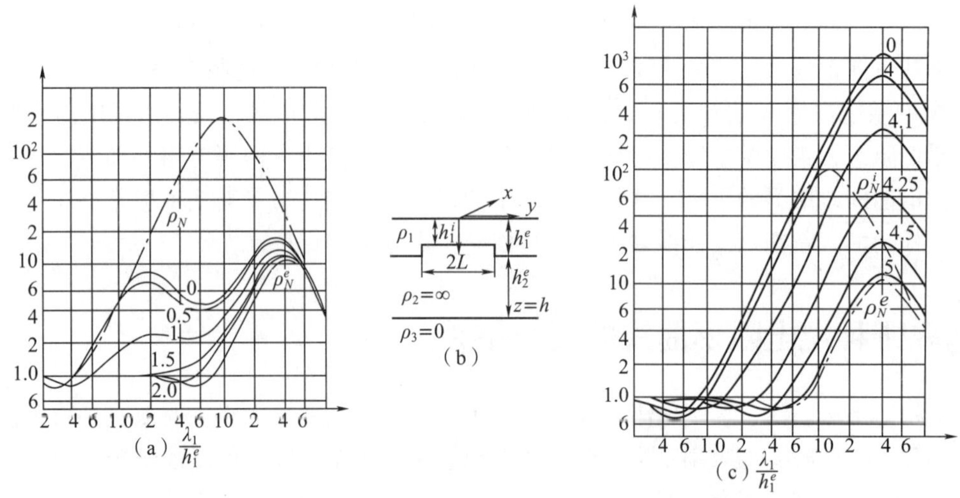

图 2　地垒区（b）的纵向（a）和横向（c）视电阻率曲线

（a）中的模型参数是 $\rho_2/\rho_1=\infty$，$\rho_3/\rho_1=0$，$h_1^i/h_1^e=0.05$，$h_2^e/h_1^e=20$，$L/h_1^e=1$，在地垒边界处 $|y|/h_1^e=1$。

（c）中的模型参数是 $\rho_2/\rho_1=\infty$，$\rho_3/\rho_1=0$，$h_1^i/h_1^e=0.1$，$h_2^e/h_1^e=20$，$L/h_1^e=4$，在地垒边界处 $|y|/h_1^e=4$

在有些大地电磁测深点上，纵、横视电阻率曲线形态一致，但两者的视电阻率值沿纵向坐标轴发生移动，这往往是浅部不均匀体引起的静位移，如果无法校正，可计算它们的等效视电阻率曲线，对其做一维反演也能得到略好的结果。等效视电阻率曲线按下式计算：

$$\rho_{\mathrm{eff}}=\sqrt{\rho_{xy}\rho_{yx}} \tag{6}$$

3　纵向视电阻率曲线 S 上升支极小值真伪的判断

（1）纵向曲线 S 上升支上的假极小值，是由于沿低阻坳陷走向方向流动的过剩电流所产生的感应

畸变效应。它们出现在低阻坳陷、地堑的边缘和外围地区以及隆起和地垒的上方，并随着远离坳陷该极小值的幅度变小、周期变长（图1（b）和图2（b））。如果在坳陷或地堑内部以及外围地区都是这种极小值出现，那么一般可认为这种极小值是真实的，不是畸变效应引起的。然而应注意，如果在低阻坳陷之下的确有壳内高导层存在，那么该层在视电阻曲线上的显示程度，随着沉积层的纵向电导值加大而变弱[2]（图3）。所以识别巨厚低阻沉积坳陷内的这种极小值时应特别仔细。此外，如果纵、横视电阻率曲线上都有这种极小值出现，这种极小值就是真实的。

（2）感应畸变效应的大小依赖于低阻沉积层的纵向电导值S以及距低阻导电通道的距离L。因此，可以应用H值（反演的壳内高导层深度）对S值，以及H值对L值的相关来检验壳内高导层的真伪[1]。如果它们之间存在着相关关系，表明壳内高导层是假的，不存在这种关系，一般情况下是真的。

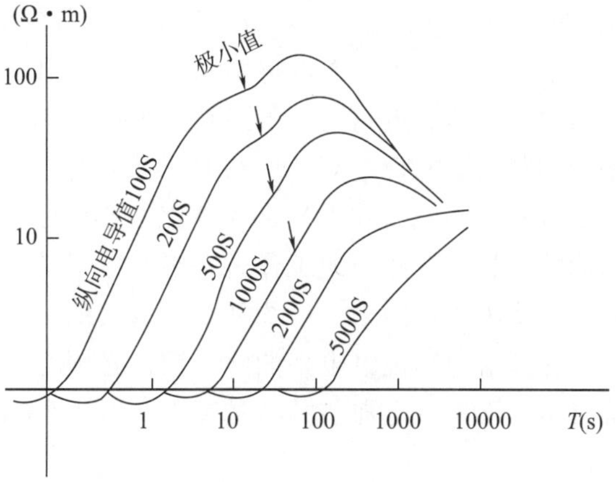

图3　多层地电断面情况下、在视电阻率曲线上中间高导层显示的极小值与浅部沉积层纵向电导值的关系

（3）利用表层的纵向电导值S线检验极小值的真伪。方法是把横向曲线左支的S值线或由其他电测方法得到的S值线，按相同坐标叠置在纵向视电阻率曲线上。若纵向曲线上升支的极小值出现在该S线的左侧，则该极小值是假的，若出现在右侧，则该极小值是真的[1,4]。

（4）利用$\frac{H_z}{H_y}$的比值关系：在坳陷或地堑边缘一带，由于沿走向x方向的电流密度J_x在垂直于走向的y方向发生变化，于是产生了垂直磁场分量H_z：

$$H_z=\frac{1}{i\omega\mu}\frac{\partial E_x}{\partial y} \tag{7}$$

同时，正是由于这种电流密度的变化产生的过剩电流，使纵向视电阻率曲线上升支出现了假极小。因此，如果这种极小对应着$\frac{|H_z|}{|H_y|}$曲线的上升段，一般说来它是假极小（在这里取H_y做图，是因为E_x由变化的H_y感生的）。但当壳内存在高导层时，由于它对穿透其中的电场E_x有强烈吸收作用，所以在相应频率上H_z明显减弱，因此$\frac{|H_z|}{|H_y|}$值下降。此时，纵向曲线上升支上的极小值对应着$\frac{|H_z|}{|H_y|}$曲线的下降段，这种极小值是真的[1]。

如果用上述方法判断出纵向视电阻率曲线上升支上的极小值是假的，那么在对其做一维反演之前就应该圆滑掉。

4　视电阻率曲线的圆滑处理

反演之前，一般要对双对数坐标纸上、不同频点上的离散视电阻率值进行平均处理，以便勾制出一条圆滑的视电阻率曲线。现场实时处理的大地电磁测深系统，往往都是对每个频点上的视电阻率值进行若干次叠加平均，尽量使平均后的视电阻率值位于设定的误差范围之内，最后再进行平滑、给出一条带有误差分布的视电阻率曲线。非现场实时处理系统，一般是对多张数据段进行张量阻抗处理，以使每个频点上能有多个视电阻率值。由于不可避免的各种偶然误差的影响，这些视电阻率值往往是不重合的。在此情况下，如何勾制一条圆滑的视电阻率曲线呢？有两种方法：①标出每个频点上相同视电阻率值的出现次数，然后通过出现次数最多的各点勾制一条圆滑的视电阻率曲线，也就是通过视电阻率值的最密集分布点勾制曲线（图4（a））。②对每个频点上的多个视电阻率值进行平均（有时是在数据处理过程中，对每个频点上多张数据段的谱进行平均，最后给出该频点上的一个视电阻率值），得出带有误差范围的平均视电阻率值，然后再勾制一条圆滑的视电阻率曲线（图4（b））。

无论采用哪种方法，在最后勾制圆滑的视电阻率曲线时，都要有一定成分的人为加工。在做这种加工时，应特别注意曲线特征点（如极小点、拐点）的位置以及小弯曲的取舍。前者强烈影响每层的反演参数，后者决定着地电断面的层数。有些反演工作者，愿意根据某些相邻频点上视电阻率值的小波动，在视电阻率曲线上勾制出一些小的弯曲来。这往往是不真实的，因为这些小弯曲经常是不能拟合的。为了减少人为加工因素，在圆滑勾制视电阻率曲线之前，必须对整个测区的所有大地电磁测深点上的视电阻率特征进行全面分析。首先肯定那些共有的特点，对于个别测点上的模棱两可现象要慎重对待，最好服从一般规律。

虽然在反演之前勾制出了圆滑的视电阻率曲线，并作为反演的依据，但落在视电阻率曲线分布误差范围之内的反演拟合结果，都应认为是可能的反演结果。

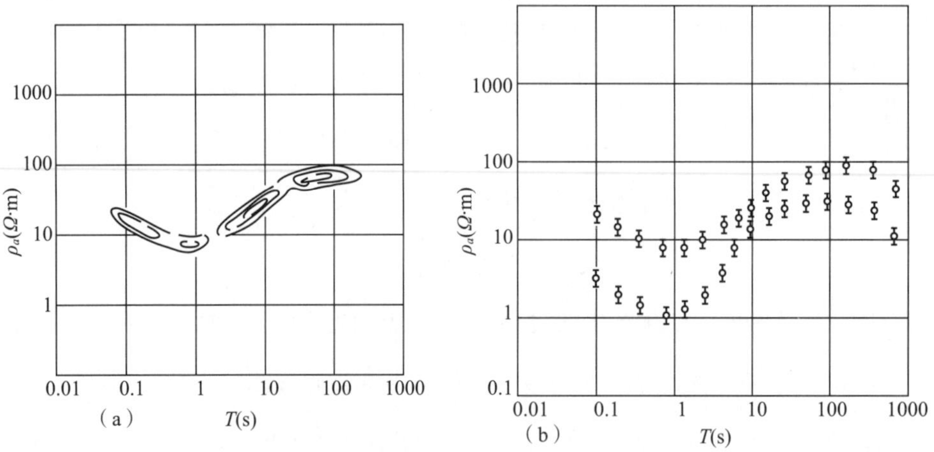

图4　视电阻率曲线的勾制（据 Kaufman et al.，1981）

5　初始反演模型的给定

大地电磁测深曲线反演的多解性与其本身的等值效应、误差分布和频点数有限等因素有关。有些地电断面中的电性层位在视电阻率曲线上反映很不敏感，例如 A 型断面和 Q 型断面中的中间电性层，以及高阻薄层等。高阻厚层情况下电阻率的变化，以及低阻层情况下层厚度与其电阻率值的同方向变化，在一定范围内也不会引起视电阻率曲线的改变。如果视电阻率曲线上某些频点的视电阻率值误差分布很大，那么反演拟合曲线可变动的范围就很宽，于是也就可以得出很多个反演解答来。

如何减少反演的多解性，使反演结果更趋于客观实际，这是当前大地电磁测深中面临的严峻问题。一些反演专家正试图从反演方法上解决这一问题，一些实际工作者则试图通过给定合理的反演初始模型来解决这一问题。所谓初始模型，包括电性分层和每层的厚度及其电阻率值。

为了形成合理的初始模型，必须广泛收集和深入分析已有的地质资料和其他地球物理资料，同时要求反演工作者要有较丰富的地质知识。根据实测的视电阻率曲线形态及其渐近线和一些特征参数，以及纵向视电阻率曲线和横向视电阻率曲线之间的差异特点，再结合已有的资料，经过反复分析、对比，一般情况下就可以初步确定出一个比较可信的初始模型，以供下一步定量反演用。

在确定初始模型中，首先遇到的问题是地电断面结构。虽然视电阻率曲线类型有助于我们判断地电断面结构，但正如前述某些地电断面中的个别电性层位，在视电阻率曲线上反映不敏感以及视电阻率曲线上也可能出现假的极小值等原因，会使地电断面结构的判断出现错误。解决前一类问题，主要靠已知资料，解决后一问题靠本文中所描述的方法（见前）。

在确定初始模型参数中，要充分利用视电阻率曲线上的一些特征参数和渐近线值。例如，纵向电导 S 值，左支最小电阻率值 $\rho_{\min}$ 及其相应的周期 $T_{\min}$，以及最大视电阻率值 $\rho_{\max}$ 及其相应的周期 $T_{\max}$ 和右支 H 线等。

对于 K 型曲线，第一层电阻率值可根据左支水平渐近线所切的视电阻率值给定，或者根据第一个极小值按关系式 $\rho_1=1.3\rho_{\min}$ 给定；第二层高阻层的电阻率值，可根据 S 上升支斜率判定，如果此斜率大于 40°，该层电阻率值应给定足够高，斜率小时电阻率值应给定的适中；第三层顶面深度 h，可用右支 H 渐近线给定，$h=356\sqrt{\rho_a T}$，或用极大值点对应的视电阻率值和周期值给定，$h=520\sqrt{\rho_{\max}T_{\max}}$。对于 H 型和 A 型曲线，第一层电阻率值也用左支水平渐近线给定；到第三层高阻基底顶面的深度 h，可利用 $h=S\rho_l$ 给定，其中 S 用左支渐进线确定，$\rho_l=C\rho_{\min}$（$C\approx0.82\sim1.31$）。如果视电阻率曲线属于多层地电断面类型，比如含有壳内高导层，则此高导层的深度可用对应的极小值段左支渐进线给定。当然，上述方法给定的初始参数很不充分，还必须根据视电阻率曲线特征给出更具推测性的、其余的初始参数值。做这种推测时，公式

$$S=\frac{\sum_{i=1}^{n}h_i}{\sum_{i=1}^{n}\rho_i}$$

往往是很有用的。如果工作区有其他资料，特别是电测井资料，对于确定反演的初始模型和整个大地电磁测深反演工作，都是非常有利的。这时，反演工作应从已知区和井傍的大地电磁测深点开始，逐渐外推。

目前有些反演方法，例如 Bostick 反演法和 Oldenburg 反演法不要求事先给出初始模型[5,6]。它们的反演结果是电阻率随深度变化的连续模型。这种电阻率分布可能与浅部地层的电性分布特征不符，但并不影响反演的电性分层效果。图 5 是用 Oldenburg 反演法获得的华北地区地壳上地幔电性分布与人工地震测深方法获得的同一地点的地壳上地幔速度分布之对比，可见两者是一致的[7]。

上述反演方法给出的高阻层的最大电阻率值往往明显低于层状反演模型给出的电阻率值。

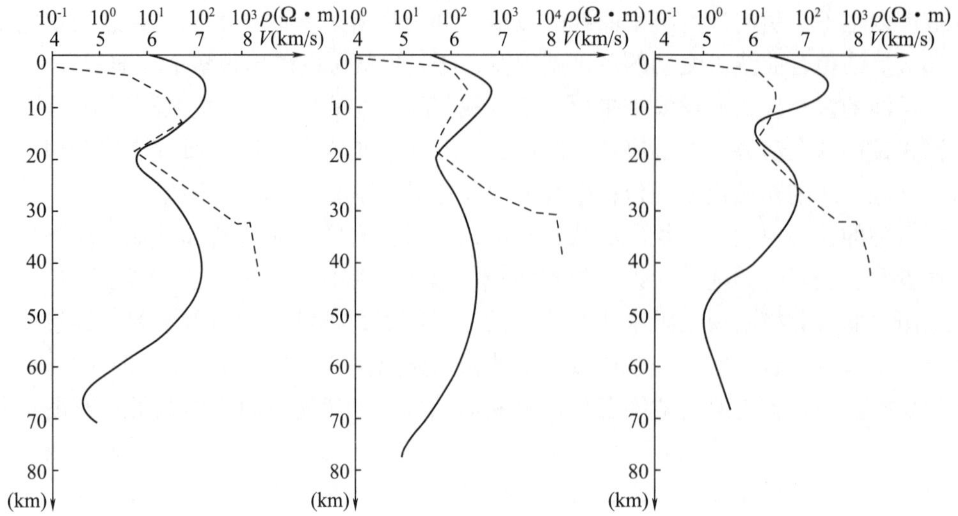

图5　华北地区地壳上地幔的电性结构（实线）和速度结构（虚线）

参 考 文 献

[1] Berdichevsky, M. N, et al. , 1976, Basic Principles of interpretation of magnetotelluric Sounding curves. in "Geoelectric and Geothermal Studies", Editor—in—Chief; Á, Ádam, Budapest.

[2] Keller, G. V. , 1971, Natural—field and Controiled—Source methods in electromagnetic exploration, Geoexploralion, Vol. 9, No. 2/3.

[3] 刘国栋、史书林、王宝钧，1984，华北地区壳内高导层及其与地壳构造活动性的关系，中国科学，B 辑，No. 9。

[4] 刘国栋、赵国泽，1984，华北地区的壳内高导层和壳内低速层，"第一次全国地壳上地幔物理学术讨论会论文集"，中国地球物理学会，中国科学院地球物理研究所。

[5] Bostick, F, X. , Jr. , 1977, Workshop on electrical methods in geothermal exploration: U. S. G. S. , contractno. 14—08—001—G—359.

[6] Oldenburg, D, W. , 1979, One—dimensional inversion of natural source magnetoteluric Observation, Geophysics, Vol. 44, P. 1218-1244.

[7] 刘国栋，1985，华北平原新生代裂谷系及其深部过程，"现代地壳运动研究"，北京：地震出版社。

华北平原盆地地壳上地幔电性结构及上地幔的部分熔融*

赵国泽　刘国栋　王宝钧

前　言

在有效的二维反演方法可利用之前，主要仍使用一维反演方法对大地电磁观测资料进行解释，相比较而言，这类方法较简单易行，能较快地获取测点下的电性结构信息。但是，反演解的不唯一性及二维构造引起的畸变效应乃是反演当中需要解决的问题。

为了获知华北平原盆地较可靠的深部电性结构，我们对平原内北京-柏各庄剖面大地电磁观测资料，使用两种方法分别进行了解释分析。一方面利用对电性结构具有评价功能的一维反演方法对资料进行反演，以提高结果的可信度；另一方面，使用二维模型有限单元计算方法，通过在计算机上修改模型参数，获得模型响应曲线能与观测资料相吻合的电性结构模型。结果表明，二者具有较好的一致性，与地震方法得到的速度结构的对比性也较好。

华北平原盆地是新生代以来形成的地堑系盆地，地壳上地幔电性结构具有构造活动区的一些共同特点，较突出的是上地幔浅部有电阻率很低的高导异常区。关于其高导电性的成因，一种较普遍的解释是固态橄榄岩和熔融的玄武岩的混合物所致。基于这种假设，我们对盆地区上地幔最上部的部分熔融含量和温度进行了估算，并对局部熔融岩石可能的演化过程进行了探讨。

1　地壳上地幔电性结构研究

关于华北平原及周围地区的地壳上地幔电性结构已进行较多的研究，并获得许多有意义的结果[1~6]。本文所选取的剖面位于平原北部，自北京西南方到渤海北岸，近 SEE 向展布，它西起太行山隆起东麓，穿越冀中坳陷、沧县隆起，东至黄骅坳陷。剖面与构造走向近于直交。

我们对剖面上的 8 个测点的观测资料使用一维连续介质反演方法进行反演，通过求模型的平均对各测点下的电性结构进行评价，求出既有较好的分辨，其误差又可以容许的电阻率随深度连续变化的模型，据此构制了连续变化的电性结构剖面。方法细节及结果[4,7]，此处不予赘述，仅列出具有不同构造特征的几个地区较典型的电阻率-深度曲线（图 1）。在平原内部（包括冀中坳陷、沧县隆起和黄骅坳陷）各曲线上都显示有三个低阻带存在，即反映沉积盖层性质的表层低阻带、壳内低阻带和上地幔低阻带，而在太行山东麓的测点无壳内低阻带显示。此外，四条曲线在横向上变化较大，如上地幔低阻带，在太行山隆起东麓最深，沧县隆起次之，黄骅坳陷最浅。对某一深度而言，如上地幔顶部 60 km 深度左右，各曲线对应不同的电阻率值，隆起区大，坳陷区小。

---

* 本文原载于《勘探地球物理专辑Ⅱ，电磁测深》，地质出版社，1987，115～122。

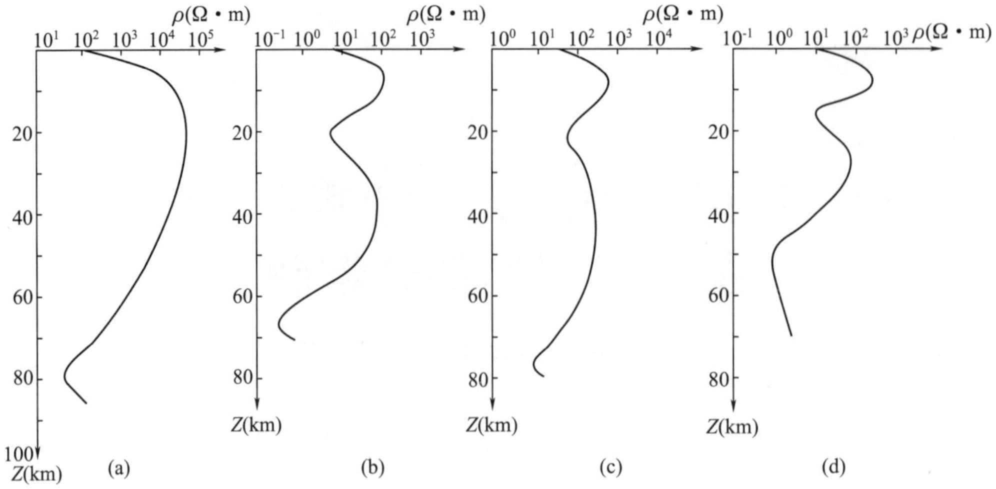

图 1　不同构造区的电阻率-深度曲线

（a）太行山隆起东缘；（b）冀中坳陷；（c）沧县隆起；（d）黄骅坳陷

与此同时，我们对该剖面使用有限单元数学模拟方法[6]，进行了二维模型计算。剖面西端起自北京凹陷。有效长度比一维方法解释的短，为了快速、准确地获得二维电性结构模型，在计算方法上进行了一些尝试。所用的视电阻率曲线是 E 极化条件下的曲线。

我们知道，二维模型的响应可能与一维模型的响应有所不同，因此在设定初始模型之前，应对观测的视电阻率曲线及一维形式化解释结果进行分析，确定曲线是否受到畸变影响。对 E 极化条件主要考虑是否有假导电层效应存在，如果出现假导电层，则设定初始模型时对它不予考虑。对本剖面上各测点资料分析以后证明，假导电层效应不明显，中间导电层的存在可能是真实的[8]。此外，由于浅层构造的横向变化对曲线的形态有较显著的影响，所以在分析一维反演结果的同时，也要综合分析其他地球物理探测结果，如已知的石油地震勘探剖面，电测深结果等，用以对浅层电性构造做初步限制。在此基础上，根据各测点的一维反演结果，初步形成离散的有限单元网络。为以后修正的方便，在垂向及侧向电性可能变化较大的区域及其附近，适当把网络分细。

然后，根据初始模型计算理论响应曲线。将它们与已知测点观测的视电阻率曲线进行比较，如果二者吻合较好，或剖面内某区段吻合较好，则对该部分只稍做修正，而重点修改差别较大的区段，再进行计算。如果二者有较大差别，则应根据相应已知测点所在剖面的位置，判断与其有关的构造的影响（如地堑、地垒）。对于 E 极化情况下，一维解释可能给出较深处相对准确的电性界面，但往往平滑了地堑、地垒边界，使设定的初模内浅部界面深度不真。这时，应根据地堑、地垒上曲线特点，综合考虑测点离开地堑、地垒中心的距离和各测点曲线的 S 渐近线特点，对初始模型进行修正。同样道理，对模型较深处的部分，用 H 渐近线性质进行相应的修正，并把它与 S 线形态相结合，确定出新的初始模型，再进行计算。重复进行上述过程，直到理论响应与观测资料拟合为止，这时的模型即为所求出的二维电性结构模型。

按这一过程，对本剖面进行计算，证明它是有效的，节省了计算机时间。剖面的地表有效长度约 240 km，有 6 个已知测点分布，整个剖面剖分为近 2300 个三角形单元，经过 6 次在计算机上修改和计算即得到其响应与观测曲线拟合较好的二维地电模型。图 2 为曲线拟合结果。

最后得到的二维电性剖面表明（图 3），地壳浅部低阻带对应的范围大致与已知的新生代沉积层分布形态相当，新生代沉积较厚的地方，低阻带也较厚。地壳内部普遍有低阻带存在，且在坳陷区比隆起区略厚。上地幔低阻带有较明显的横向起伏，坳陷区浅，隆起区深。整个剖面横向很不均匀，具有清楚的二维性质。把该剖面与文[1]中图 3 进行对比，它们有某些共同特点，尤以上地幔低阻带形态对

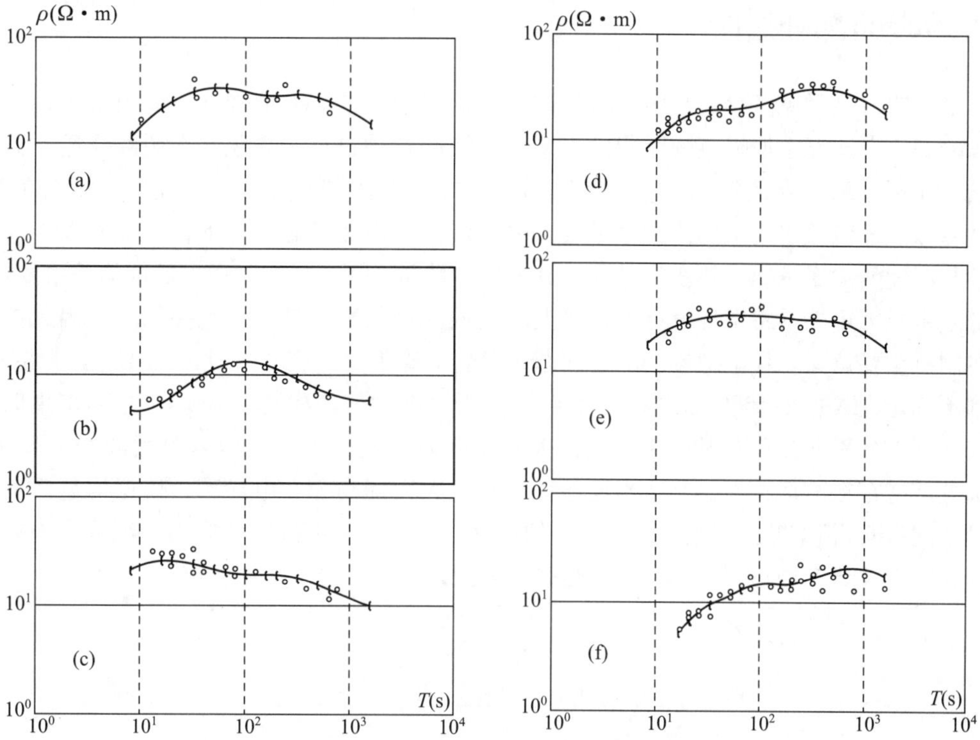

图 2　二维电性剖面上 6 个测点的资料及理论模型响应

圆圈代表观测的视电阻率资料，实线为二维模型的理论响应

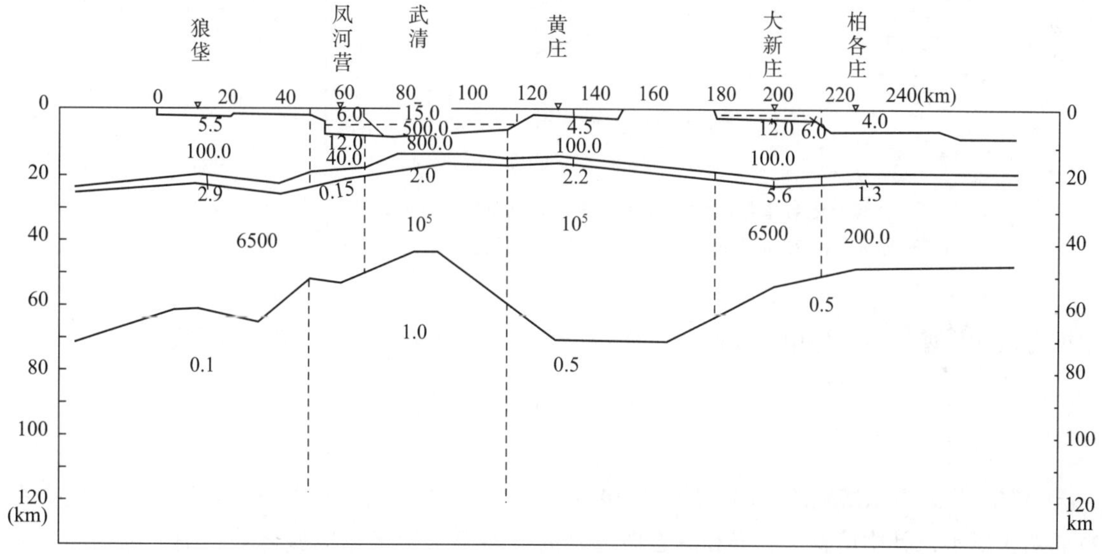

图 3　由二维计算方法得到的地电模型

图中的数字表示各小区域的电阻率值（Ω·m）

应性更好。由地震测深方法研究得知[1,9]，在华北平原地区地壳内 10～25 km 深度范围有低速层存在，与壳内低阻带深度范围相当。由远震资料分析得知，在华北平原区上地幔内 56～60 km 深度左右出现速度逆转界面[10]，与上地幔低阻带深度范围相当。

2　上地幔的部分熔融

上述结果表明，除平原区存在表层低阻带和壳内低阻带之外，上地幔都有低阻带出现，尽管其深度不同。实验证实，地壳上地幔范围可能发生矿物转换的各种过程，如脱水、脱碳作用、分解和置换反应、再结晶作用、部分或完全熔融等，物质的转化可以引起物性包括电性的变化。然而在低温范围，岩石的电性更强烈地依赖于空隙的体积含量及空隙内流体。而在高温条件下，除金属以外几乎所有矿物的导电性与温度的关系都属于热激化过程，具半导体性质。而电导率对压力的依赖关系要弱得多。

壳内低阻带成因可能与特定环境有关，但上地幔或深处的影响是一个重要因素。因此探讨上地幔高导电带机制有重要意义。在上地幔范围，固态橄榄岩电导率要达到0.2 S/m，温度至少要1800 ℃左右，考虑到不确定因素也要1580 ℃左右（图4）。这两个温度值在相当于100 km左右深度时，都处在于橄榄岩或含0.1%水的橄榄岩固相线以上，因此用固体橄榄岩解释上地幔电性异常就发生了矛盾。而如果有部分熔融存在的话，并具有适当连通性，则会大大提高岩石电导率。依据构造活动区上地幔存在高导异常的事实[11]，提出上地幔部分熔融的解释，即由于深部温度的升高，组成上地幔岩石的固相线向上迁移，在主要为橄榄岩的结构中有熔融的玄武岩存在。

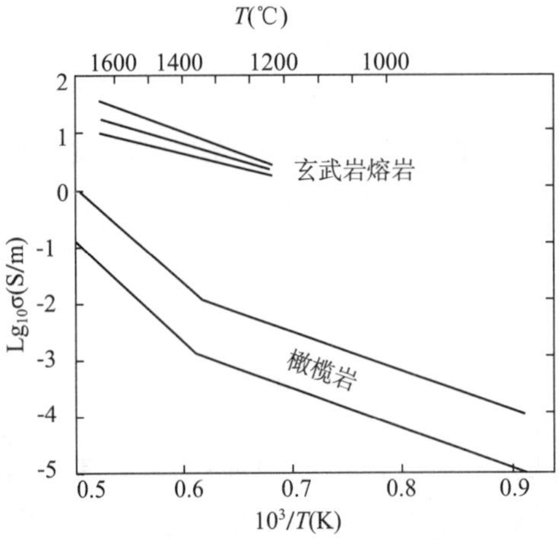

图4　岩石电导率与温度的关系（据Shankland, et al., 1977）

上部三条线代表熔融的玄武岩电导率，下部两条线代表固态橄榄岩电导率变化的上、下界

根据有效介质理论，可以用下式近似计算部分熔融岩石导电机制的有效电导率σ^*[12]

$$\sigma^*=\frac{\sigma_m+(\sigma_s-\sigma_m)\left(1-\frac{2}{3}f\right)}{\{1+(f/3)\left[\sigma_s/\sigma_m-1\right]\}} \tag{1}$$

式中，σ_m和σ_s分别表示熔融的和固态岩石的电导率，f表示熔融的体积含量。电导率与温度关系的试验资料如图4所示，其中熔融玄武岩和固态橄榄岩的电导率都给出相应变化的范围，例如固相橄榄岩电导率下限，代表结晶相岩石的电导率，其上限表示有其他不确定因素的影响。

对于实际资料，常常知道测量的电导率σ^*，则对于给定的温度和测定的电导率σ^*由式（1）反解出熔融体积含量的表示式

$$f=\frac{3\sigma_m(\sigma^*-\sigma_s)}{(\sigma^*+2\sigma_m)(\sigma_m-\sigma_s)} \tag{2}$$

利用此式，并依图4所示的电导率变化范围，可求得在不同温度情况下熔融含量f与有效电导率之间

的关系，如图 5 所示，并将可能的上幔岩（含 0. 1% 水和干的）电导率资料投影在 f-σ^* 曲线簇上。于是，由已知观测的电导率值可直接估算岩石部分熔融的含量和可能的温度范围。例如电导率为0. 2 S/m 的含 0. 1% 水的上幔岩，其熔融含量大约为百分之三、四左右，温度大约在 1300 ℃以上（图 5）。

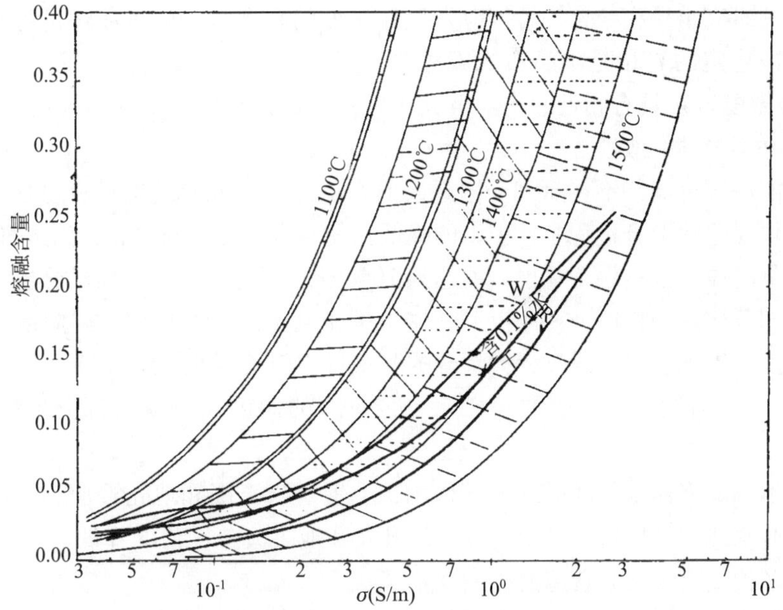

图 5　以温度为参量的熔融含量和电导率的关系（据 Shankland，et al.，1977）

每个温度范围对应的界限表示熔融含量可能的上、下限；标有 W 和 R 的曲线表示上幔岩的电导率

根据图 1 的电阻率曲线，并考虑到电阻率值误差，求出在 60 km 深度处，冀中坳陷和黄骅坳陷熔融含量为 15% 左右，温度达 1300 ℃左右，沧县隆起熔融含量为 1% 左右，温度为 1100 ℃左右，而在太行山隆起 60 km 深度几乎没有熔融，温度也较低。熔融程度和温度的横向变化如图 6 所示。

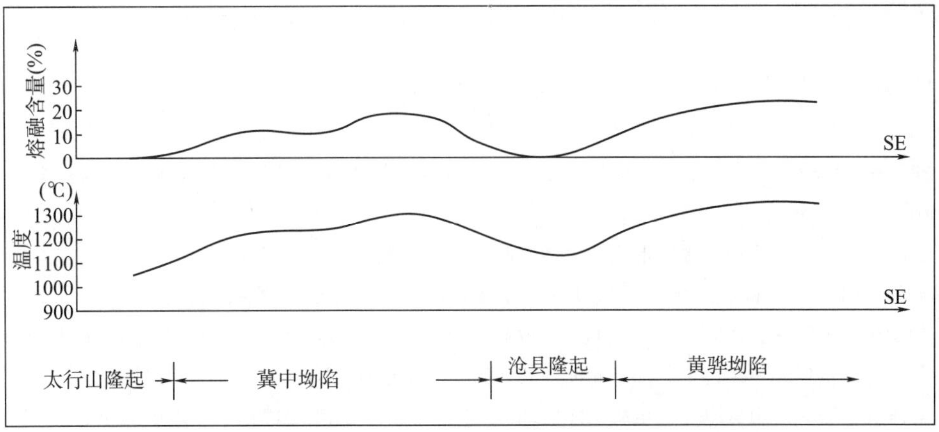

图 6　上地幔 60 km 深度处，部分熔融含量和温度的横向分布

通过实验发现，尖晶石二辉橄榄岩和石榴石橄榄岩的电导率随熔融程度的提高而增加，熔融含量增加 15%，电导率提高一个量级[13]。在 2. 8 gPa（兆帕）高压下，在橄榄岩固相线以上 70～115 ℃温度范围，部分熔融含量达 10% 的石榴石橄榄岩，相应的电导率增加 1. 4～1. 6 量级[14]。可见，在上地幔高导电带范围，有较高的熔融含量是很可能的。

3 讨 论

大地电磁方法不仅可以帮助我们了解地壳上地幔范围的电性分布特征，而且把它的结果与其他地球物理和地质方法的研究结果相结合，可以对发生在深处的物理过程的可能性进行有效的限制。一般认为，上地幔范围内稳定的岩相是尖晶石二辉橄榄岩或石榴石二辉橄榄岩，而二辉橄榄岩与上幔岩（含0.1%水的地幔橄榄岩）具有相近的化学组成和矿物组成，局部熔融的结果也类同①。因此，以上幔岩模型进行分析并不失其一般性。

岩石开始熔融的深度可能并不在60 km附近，而在更深处，此时熔融程度也很低（如1%左右）。发生部分熔融的岩块在绝热上升过程中，压力的降低，使熔融程度不断提高，到达50～60 km附近时，可能已接近岩浆分凝阶段，其熔融含量也可能达到10%以上。岩浆的性质和成分也主要取决于分凝阶段的深度和分凝时部分熔融的程度。在此以后，岩浆可能发生局部的集聚，或向地壳内侵入或喷出地表。因此，由深至浅可以把岩浆生成过程大致分成与底辟上升有关的低熔融带、岩浆分凝带和岩浆集聚带三个不同阶段[15]。当然，对不同的地区三个带对应的深度及分凝时部分熔融的程度并不完全相同。

由于深部部分熔融的岩体及伴随的热上升作用，上覆的岩石圈和地壳被加热。在地壳内适当条件下，岩石可能发生脱水或部分熔融，导致电导率的升高和地震波速度值的降低[16]。而在地表显示出高地热异常，这正是各构造活动区较普遍发生的现象。

目前关于上地幔高导电带的另一种解释可能是由于晶格位错的结果。即在上地幔条件下，当温度达到岩石部分熔融温度的70%以上时，就可出现晶格位错过程，也叫固体流动②。这时晶格中的导电缺陷被加强，热缺陷的导电能力提高，使岩石的电导率升高。可见，不论部分熔融或晶格位错机制，都需要在上地幔范围内存在比正常的地温更高的温度值，即存在高热异常。因而，它们从不同的角度解释了在各构造活动区所表现出的热异常特征，只是热活动程度可能不同。

总之，对上地幔范围出现的高导电带进行研究，有助于我们对各构造活动区发生的动力学过程更深入的了解，而大地电磁方法具有其特殊的重要性。以上只是我们的一点粗浅认识，尚需更多的实验和观测资料的证实。

参 考 文 献

[1] 刘国栋、刘昌铨，1982，华北北部地区地壳上地幔构造及其与新生代构造活动的关系，中国科学（B），No. 12，1132～1140。
[2] 顾群等，1980，华北、西北一些地区地壳和上地幔高导层地震地质 Vol. 2，No. 2。
[3] 国家地震局地质研究所大地电磁测深组等，1981，大地电磁测深，北京：地震出版社。
[4] 赵国泽、刘国栋、王家映，1985，北京-柏各庄剖面连续介质大地电磁反演解释地震学报，No. 2，179～190。
[5] 马杏垣、刘国栋、宿俭，1984，华北及东北油区大陆岩石圈构造和动力学，石油实验地质，No. 3。
[6] 王宝钧、高维安，1984，用有限元法正演京津唐地区二维构造的大地电磁测深资料地震地质，Vol. 6，No. 1。
[7] 赵国泽、赵永贵，1986，华北平原盆地演化中深部热、重力作用初探，地质学报，No. 1。
[8] 刘国栋、赵国泽，1984，华北地区的壳内高导层和壳内低速层，第一次全国地壳与上地幔物理学术讨论会论文集，162～168。

① 邓晋福，1980，岩石物理化学，武汉地院北京研究生部。
② 刘国栋，1985，软流圈和岩石圈结构。

[9] 刘昌铨等，1983，唐山地区柏各庄-丰南-丰宁地壳测深资料的新解释地球物理学报，Vol. 26，增刊。

[10] 曾融生、胡鸿翔、高世玉，1984，岩石圈下部的速度结构，地球物理学报，Vol. 27. No. 1。

[11] Shankland，T. J.，and Waff，H. S.，1977，Partial melting and electrical conductivity anomalies in the upper mactle，J. G. R. v. 82，No. 33.

[12] Waff，H. S.，1974，Theoreical consideration of electrical conductivity in a partially molten mantle and implication for geothermometry，J. G. R. v. 79，pp 4003-4010.

[13] Manghnani，M. H. and Rai，C. S.，1978，Bull. Volcanoligique Vol. 41，pp328.

[14] Sluckij，A. B.，et al.，1981，Properties of rock at high pressure and temperature for seismological application，Tashkent p. 136 (in Russian).

[15] Hermance，J. F.，1982，Magnetotelluric and geomagnetic deep-souning studies in rifts and adjacent，Continental and Oceanic Rifts，AGU，p 169-192.

[16] 刘国栋，1984，地壳上地幔结构研究的某些新进展，地震学刊，No. 1。

雪峰山及其两侧地区深部构造特征初探*

周雪清　刘国栋　张木生　刘　任　王天生
汪德琨　张先觉　程庆云　程振森

前　言

近二三十年来，深部地学研究取得了丰硕的成果。它启迪人们应当从更广更深的尺度去研究大陆地质问题，以求研究全球构造，探索地学基本理论问题和解决多方面的实践问题。

朱夏教授关于含油气盆地研究的指导思想指出，找油应当以含油气盆地为单元，从整体出发，研究含油气盆地的实体和形成机制的深部控制因素，从而预测油气资源的前景。

要研究这样一个系统的问题，从地球物理学的角度来说，其中重要的工作之一是，根据中国的深浅部构造特征，海域与陆上联片，部署全国性的综合地质、地球物理大剖面。为此，必须制订全国含油气盆地深部地质、地球物理综合探测计划。它所要研究的对象是含油气盆地的实体和它的深部控制因素。纵向上要研究分层性，即研究新生界、中生界、古生界、结晶基底、花岗岩层、玄武岩层，以至岩石圈和软流圈等的多重结构和构造的叠置关系；横向上要研究分块性，即研究地壳上地幔块体、大地构造单元和区域构造单元的大尺度的基本地质问题，主要是构造性质、构造关系、物质组成和结构等方面的问题。目的是在了解深部地质背景的基础上，探讨含油气盆地构造的形成，演化和控油机制，为预测盆地的含油气潜力提供基础性研究成果。力求从战略上指导全国的第二轮油气普查勘探工作。因此，综合探测计划的核心是要有一个以找油找气为主要目的的，并能反映当代科学技术水平的含油气选区评价综合勘探流程。

我国南方古生界海相碳酸盐岩分布广，厚度大，生储条件好，已知的含油气层系多，是全国第二轮油气普查的一个重要领域。但是，这是一个高难度的领域。就物探工作而言，10 多年来，在湘、黔、桂诸省的古生界海相碳酸盐岩分布区，开展了地震方法攻关。由于地形险峻，碳酸盐岩裸露，断裂和构造复杂，开展山地地震工作的难度很大。而我们在技术装备、野外工作方法、资料处理和解释等方面，都存在有较难解决的问题。因而，工作效率低，单位勘探费用高，地质效果差，对农、林、渔破坏大。到目前为止，虽然已投入大量的工作，但所得到的地质成果很少，仅仅在地形、地质条件相对简单的地段，获得少量能反映中浅层结构的地震剖面。看来要取得能反映古生界内部多层结构的区域性地震剖面和达到构造普、详查要求的地震剖面，还得做出很大努力。湖南是南方诸省中，古生界海相碳酸盐岩找油前景较为优越的地区之一，特别在雪峰山及其两侧地区，地质工作程度较高，油气显示较多。为在湖南地区进一步开展古生界海相碳酸盐岩的石油普查勘探工作，亟需在继续进行地质、钻探工作和地震方法攻关的同时，开展综合性的区域地球物理工作，各种方法互相配合，以研究深浅部的区域构造和沉积岩分布特征，探索控制油气分布的地质条件，指出有利的普查勘探区。

西起川西，经湘、赣、闽，东至东海边的地质、地球物理大剖面，是拟议中的全国性综合大剖面

* 本文原载于《勘探地球物理专辑Ⅱ，电磁测深》，地质出版社，1987，123～137。

之一。湖南大庸至资兴段的大地电磁测深试验剖面是综合勘探流程的组成部分，它的主要任务是，在雪峰山及其两侧地区进行该方法的地质效果试验，通过对深浅部地电剖面结构的分析，以探索下列三个问题：

（1）用大地电磁测深法在碳酸盐岩分布区，解决其内部构造和确定不同类型叠加盆地沉积岩厚度的可行性。

（2）了解扬子准地台和华南褶皱系之间的深部地质构造的异同，为研究含油气盆地的形成、演化和控油机制提供深部构造情况。

（3）为研究雪峰隆起的构造性质和成因机制提供若干基础资料。

剖面直线距离约500 km，大体上垂直区域构造走向。共取得九个点的观测资料，其分布如图1和表1。

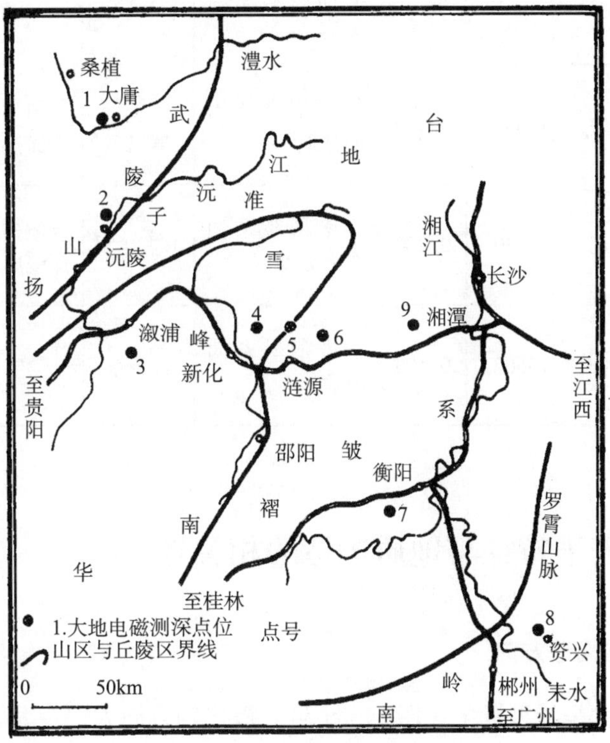

图1　大地电磁测深点位分布图

表1　大地电磁测深点位分布表

组　别	点　号	点　位				所处构造部位	出露地层	目　的	要　求
		地名	x	y	z				
Ⅰ	1	大庸朱家河	3223.1	19445.9	0.250	扬子准地台古丈复背斜	下古生界	1. 扬子准地台深部地电结构； 2. 下古生界内部电性分层	Ⅰ、Ⅱ、Ⅲ挡齐全
Ⅱ	2	沅陵冷水井	3146.2	19448.1	0.200	雪峰隆起西缘	白垩系 下古生界	雪峰隆起深浅部地电结构	
	3	溆浦王家园	3085.4	19459.2	0.213	雪峰隆起轴部	白垩系 元古界		

续表

组别	点号	点位				所处构造部位	出露地层	目的	要求
		地名	*x*	*y*	*z*				
Ⅲ	4	新化牛栏山	3091.6	19558.6	0.450	华南褶皱系涟源凹陷车田江向斜	三叠系	1. 华南褶皱复向斜部位深浅层地电结构； 2. 碳酸盐岩内部横向剖面	一个点Ⅰ、Ⅱ、Ⅲ挡；二个点Ⅰ、Ⅱ挡
	5	涟源桐庙	3076.7	19568.6	0.200	华南褶皱系涟源凹陷安平背斜	石炭系		
	6	涟源大塘				华南褶皱系涟源凹陷桥头河向斜	三叠系		
Ⅳ	7	衡阳黄土埔	2961.3	19632.8	0.150	华南褶皱系衡阳盆地	白垩—第三系	华南褶皱系中新生代盆地深浅层地电结构	Ⅰ、Ⅱ、Ⅲ挡齐全
Ⅴ	8	资兴旧市	2865.5	19739.7	0.200	华南褶皱系湘东南复背斜	下古生界	华南褶皱系复背斜部位深浅层地电结构	
Ⅵ	9	湘潭良湖	3083.8	19666.7	0.100	华南褶皱系湘潭盆地	二叠系	教学实习	

1　大地电磁场若干特征与地质构造的相关性

1.1　极化特征与区域构造方向

工区内大地电场强度都呈线型极化（图2，图3）。极化轴方向大都为北北东和北东向，个别为东西向。

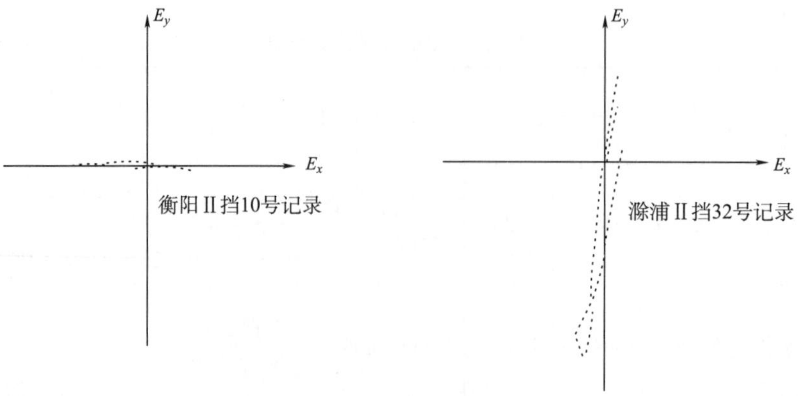

图2　大地电场强度极化图

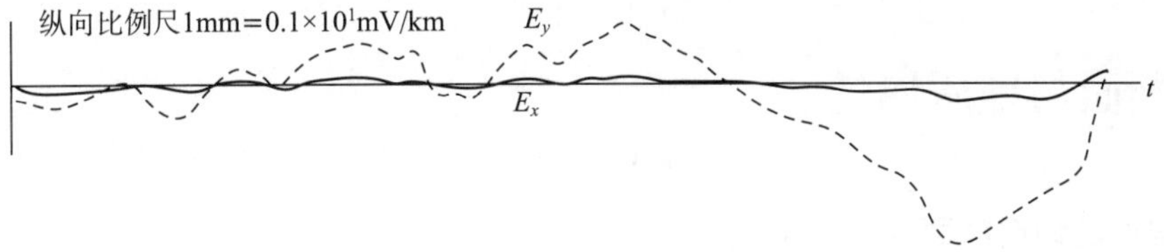

图 3　溆浦 II 挡原始记录 No. 32

大地电场强度极化轴的方向，与大地构造方向基本一致。溆浦的极化方向为北北东向，与雪峰山东缘的构造方向一致。衡阳的极化方向为东西向，与中新生代红层覆盖下的上古生界构造方向一致。

1.2　曲线类型与地电断面

由于剖面长达500 km，穿过各具特点的地质构造单元，地电断面颇有差别，因而各测点的测深曲线类型也颇有差别（表2）

表 2　各点曲线类型表

测　点	ρ_{xy}	ρ_{yx}
大庸	KHK	——HK
沅陵	KHAK	——AAK
溆浦	HKHAK	KHKHAK
新化		HKHK
涟源	——AAK	
衡阳	HAAK	AKHKHK
资兴	KHK	——QHK
湘潭	KQQ——	——KHK

虽然各测点的曲线类型不尽相同，但是有两个特点是明显的：第一，曲线的基本类型是HKHK或HKHAK型。第二，与三个稳定层次相对应的曲线类型是稳定的，可以进行全剖面对比，这三个层次是，反映下古生界海相碳酸盐岩的高电阻层，呈K型；反映浅变质岩系的低电阻标志层，呈H型；反映上地幔上部的高电阻层，在曲线右支呈K型或AK型。

各点两个方向的ρ（T）曲线在长周期具有显著的差异（图4），表示地电断面在深部具有强烈的各向异性。

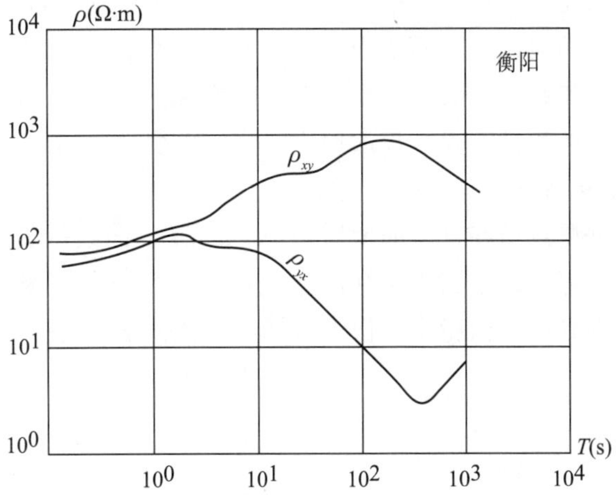

图 4　两个方向视电阻率曲线的差异

2　地电断面与地质属性

2.1　沉积岩层的地电断面

2.1.1　沉积岩层与电性层的对应关系

剖面跨越扬子准地台和华南褶皱系，各测点所在部位的地层组合、地层厚度、岩性、岩相和电性等频繁变化，几乎是一个测点一个样，似乎茫无头绪。但是，根据对钻井、区域地质和电性资料的分析，各测点之间在地电断面的结构上，是存在有若干共性的。将这些共性加以归纳，可以建立湖南地区沉积层与电性层的对应关系模型（表3）。

表3　沉积岩层与电性层的对应关系表

<table>
<tr><th rowspan="2">地　层</th><th rowspan="2">岩　性</th><th colspan="2">电阻率（Ω·m）</th><th rowspan="2" colspan="2">电性层序</th><th rowspan="2">特　征</th></tr>
<tr><th>变化值</th><th>一般值</th></tr>
<tr><td>E</td><td>河湖相红层、泥膏</td><td>10～60</td><td>20～30</td><td rowspan="3" colspan="2">ρ_1</td><td rowspan="3">低阻稳定层</td></tr>
<tr><td>K_2</td><td>红色砂泥岩</td><td>60～140</td><td>80～100</td></tr>
<tr><td>K_1</td><td>红色泥砾岩</td><td>80～200</td><td>100～140</td></tr>
<tr><td>J
T　P</td><td>煤系及碎屑岩</td><td>100～250</td><td>200</td><td colspan="2">ρ_2</td><td>中低阻稳定层</td></tr>
<tr><td rowspan="2">T　P
C
S　D
（O，∈）</td><td>碳酸盐岩为主</td><td>200～3000</td><td>≤500</td><td rowspan="2">ρ_3</td><td>ρ_3^1</td><td rowspan="2">中高阻变化层</td></tr>
<tr><td>海相碎屑岩为主</td><td>100～1000</td><td>>100
<600</td><td>ρ_3^2</td></tr>
<tr><td>Pz_1</td><td>海相碳酸盐岩</td><td>10^3～10^4</td><td></td><td colspan="2">ρ_4</td><td>高阻稳定层</td></tr>
<tr><td>Pz_1-Pt</td><td>泥质岩、浅变质岩</td><td>20～200</td><td>20～80</td><td colspan="2">ρ_5</td><td>低阻稳定层</td></tr>
</table>

中高阻变化层（ρ_3）有三个基本特点：一是厚度、岩性、电性的纵向和横向变化大。二是不管变化有多大，上部（ρ_3^1）以上古生界碳酸盐岩为主，下部（ρ_3^2）以下古生界浅海相碎屑岩为主。三是分界面的时代变化大。上部与上覆层（ρ_3^1与ρ_2）之间的分界面时代，有上、下三叠统；上二叠统与中石炭统；二叠系与下石炭统；白垩系与中石炭统，共四种情况。上部与下部（ρ_3^1与ρ_3^2）之间的分界面时代，有下石炭统和泥盆系；中石炭统与下石炭统；下石炭统内部，有三种情况。下部与下伏层（ρ_3^2与ρ_4）之间的分界面时代，有奥陶系与寒武系；泥盆系与寒武系；志留系与奥陶系；寒武与震旦系；共四种情况。顶界、底界和内部的岩性、电性界面地质时代的多变性是岩性、岩相纵横的多变性的反映。

2.1.2　反演的初始模型及结果

参照地电断面模型，根据测点所在部位的地质资料，ρ（T）曲线的类型及其粗略的数值解，建立每个测点的反演初始模型。用阻尼最小二乘法和广义逆矩阵法反复与实测曲线相拟合，反复修改模型参数。直至拟合较好，电阻率和厚度值稳定，作为最终解释值（表4）。

表 4　反演结果数据表

层次＼点号	1	2	3	4	5	6	7	8
ρ_{1-4}	28/0. 3 147/3. 9 $>10^4$/3. 15	414/0. 34 40/1. 2 49/2. 43	70/0. 96 35/1. 2 259/49	$10^3\sim10^4$/2. 25 28/2. 13 209/11	1683/6. 4 54/1. 4 10^3/1. 7	285/0. 5 46/0. 5 972/3. 5 52/0. 6 512/1. 5	65/0. 94 292/2. 5 110/1. 0 1002/2. 1	56/0. 1 438/1. 5 186/3. 2
ρ_5	40/7. 83	5/5. 3	9/8	34/13	7/7. 8	56/10～15	46/7	25～30/5
ρ_6	977/62	998/	10^4/160	969/40	/23		4737/70	1945/29. 7
ρ_7	5384/146			9×10^4/115	7×10^3/240		9800/118	/117
ρ_8	0. 3/		0. 44/	0. 9/	0. 98/	1. 0/	0. 51/	0. 5/

注：表中数字表示电阻率 Ω · m/厚度（km）。

2. 1. 3　地质推断的依据与结果

将反演结果（表 4）与已知地质情况进行对比，推断各层地质属性和岩性。推断的主要依据是：

（1）测点所在部位出露的地层和构造；

（2）区域性的相变规律和厚度参考值；

（3）电性参考值。

地质解释结果如图 5。

2. 2　低电阻标志层的存在及其地质属性

如图 6 所示，低电阻标志层的存在是确切的。

根据下列四点相关性，低电阻标志层（ρ_5），就整体而言，在扬子准地台相当于震旦系泥质岩和元古界浅变质岩；在华南褶皱系相当于下古生界至元古生界浅变质岩。

（1）从埋藏层位看。这套低电阻标志层埋藏在高电阻的下古生界海相碳酸盐岩之下。根据区域地质资料，下古生界海相碳酸盐岩之下，普遍有震旦系泥质岩和元古界浅变质岩，在雪峰山的溆浦和沅陵两测点附近，露头下可见到下古生界海相碳酸盐岩组成的向斜构造，被元古界浅变质岩所围绕。在剖面东端，在泥盆系碳酸盐岩之下，为奥陶系，寒武系和震旦系浅变质岩系。

（2）从厚度看。根据反演结果，低电阻标志层的视厚度为 5～13 km，一般为 7～8 km。根据区域地质资料，下古生界海相碳酸盐岩之下震旦系泥质岩和元古界浅变质岩的视厚度超过 5～10 km，一般为7 ～8 km。两者区域厚度是相当的。

（3）从电性看。根据反演结果，低电阻标志层的电阻率（ρ_5）为 7～56 Ω · m，反映为泥质岩型。根据物性测定，震旦系泥质岩和元古界浅变质岩的电阻率为 20～200 Ω · m，一般为 20～80 Ω · m（表 3）。两者是接近的。

（4）从分布范围看。根据图 5 和图 6，低电阻标志层在垂直构造走向的东西方向上，在 500 km 范围内都有分布，而且从其厚度变化趋势看，分布范围还要更广些。从区域地质资料看，也只有这套泥质岩和浅变质岩，才有如此广泛的分布范围。

由于单一方法的局限性，有两个问题难以做出判断。第一，剖面东端为湘东南地区，在奥陶系、寒武系和震旦系浅变质岩之下，是否有元古界？这是地学工作者颇为关心的问题。第二，华北的壳内低电阻层，埋深 20 km 左右，与低速层相当，被赋于高温层、能干层、发震层、塑性层等等许多名称，

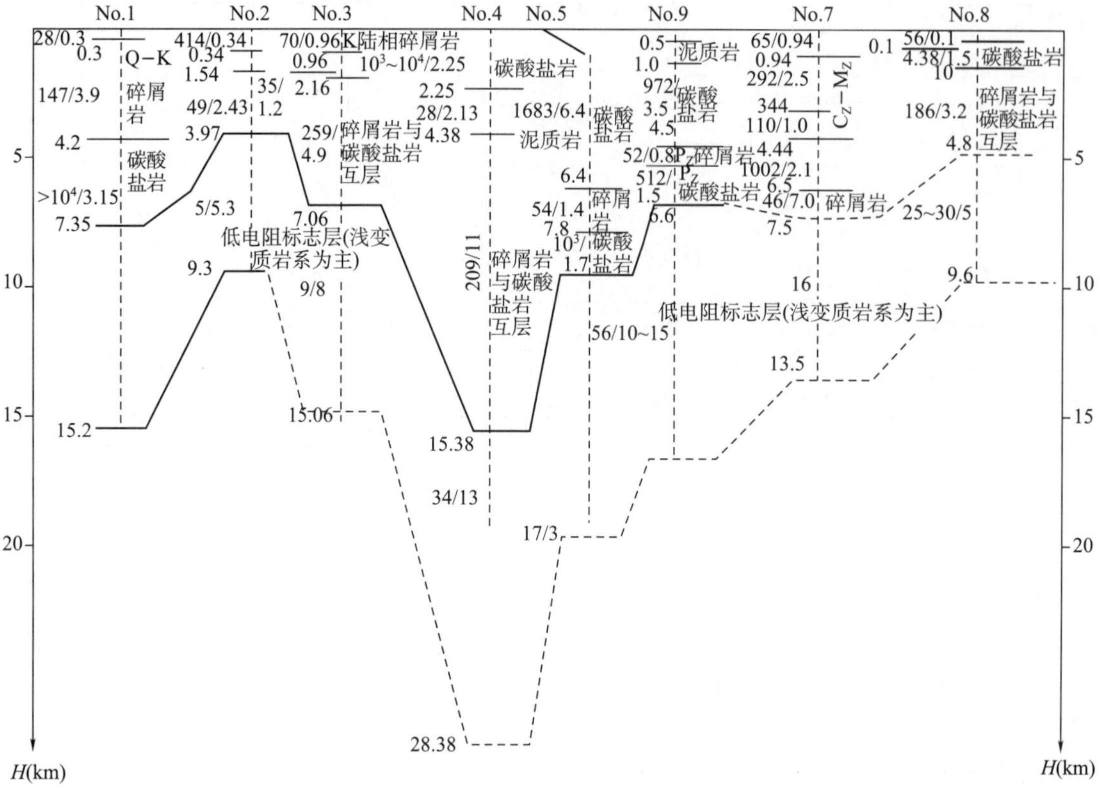

图 5　沉积岩与结晶基岩分层地质解释

数字 147/3.9 表示电阻率（Ω · m）/厚度（km）

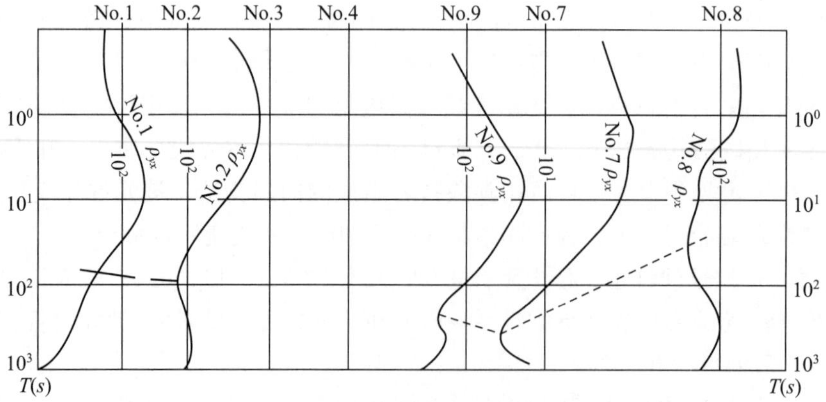

图 6　低电阻标志层曲线特征对比

认为与脱水花岗岩层有关。本区低电阻标志层（ρ_5）是否也有这种可能，或者部分地包含这种可能？要探讨这两个问题，尚需进一步的地质、地球物理工作。

2.3　深部地电断面

深部地电断面反映为两个高阻层和一个低阻层，在 ρ（T）曲线上反映为右支 AK 型，或合并成 K 型（图 7）。

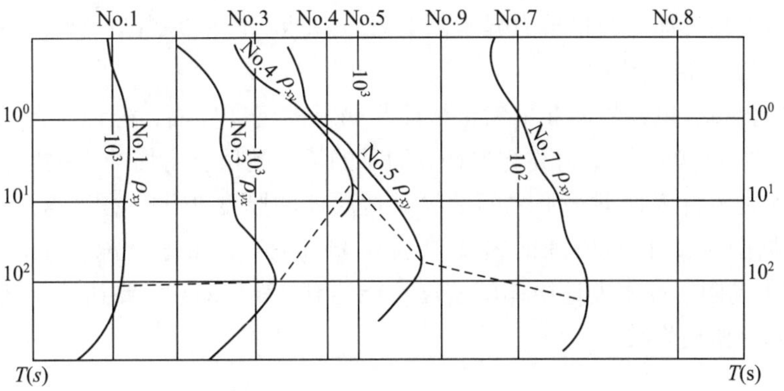

图 7 上地幔高电阻层曲线特征对比

$\rho_6 \approx 10^3\ \Omega \cdot m$，厚度为 25～60 km。$\rho_7 \approx 10^3 \sim 10^4\ \Omega \cdot m$，厚度为 110～140 km。两者为上地幔高阻层。

$\rho_8 \leqslant 1\ \Omega \cdot m$，顶面埋深为 150～280 km。可能为上地幔高导层，即软流层的反映。

3 地电剖面结构与布格重力异常的关系

阅图 12，将地电剖面结构与布格重力异常进行对比。可以看出，雪峰隆起与重力高相对应，华南褶皱系的湘中坳陷和衡阳盆地也与重力高相对应，显然两个重力高所反映的异常体的地质属性是不同的。

首先分析剖面西段电性界面与布格重力异常关系。从图 8 可以看出，该重力高与电性界面Ⅲ的起伏没有明显的相关性。

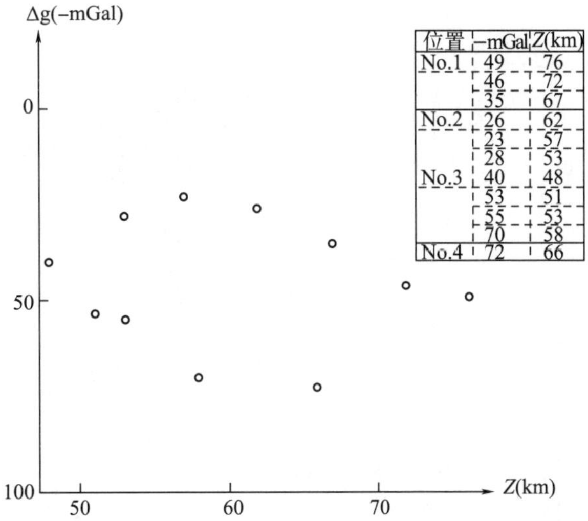

图 8 剖面西段（雪峰隆起）电性界面Ⅲ的起伏与布格重力异常的关系

从图 9 可以看出，该重力高与电性界面Ⅱ的起伏有密切的相关性。电性界面Ⅱ相当于元古界浅变质岩（密度为 2.6～2.7 g/cm³）与下伏高阻层（估计密度为 3.0～3.3 g/cm³）之间的分界面，两者之间有明显的密度差。电性界面Ⅱ的起伏大体上还与雪峰山的地形起伏相一致。因此，该重力高所反映的地质因素，主要是电性界面Ⅱ的起伏和雪峰山的地形起伏所产生的重力效应的总和。

再分析剖面东段电性界面与布格重力异常的关系。显然，该重力高与电性界面Ⅱ—Ⅲ之间的高阻层的厚度变化有密切的关系（图 10）。

参照剖面西段的分析。电性界面Ⅱ虽然也可能是明显的密度界面，但由于起伏平缓，不可能引起明显的重力异常。由图 11 知，该重力高与电性界面Ⅲ的负向起伏有密切的相关性。因此推断，引起该重力高主要地质因素是电性界面Ⅱ—Ⅲ之间的异常地质体的厚度变化。看来这个地质体具有高电阻、高密度的特性。根据图 11，它与周围的密度差达 0.33 g/cm^3。在这个深度上，围岩的密度大约为 3.0 g/cm^3。那么这个高阻、高密度地质体的密度可能达到 3.3 g/cm^3。要达这个密度值的地质体很可能是来自地幔的超基性橄榄岩类。

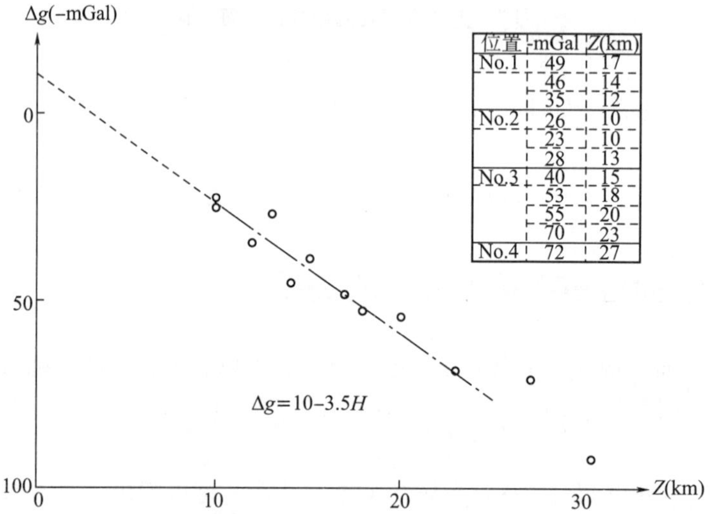

图 9　剖面西段（雪峰隆起）电性界面Ⅱ的起伏与布格重力异常的关系

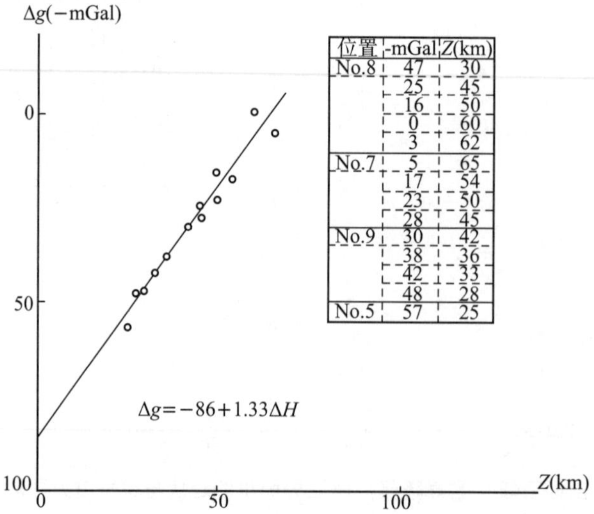

图 10　剖面东段（湘中坳陷—衡阳盆地）电性界面Ⅱ—Ⅲ之间的厚度变化与布格重力异常的关系

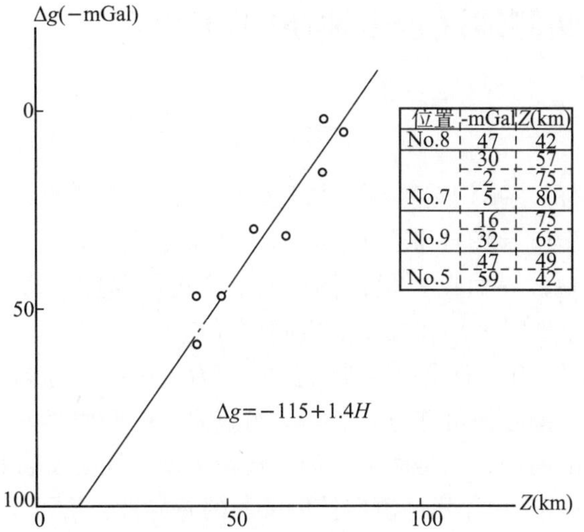

图 11　剖面东段（湘中坳陷—衡阳盆地）电性界面Ⅲ的起伏与布格重力异常的关系

综上所述，剖面西段和东段的两个重力高是由不同的地质因素引起的。西段是雪峰隆起的反映，东段是高阻、高密度地幔型物质的反映。这也反映了剖面东西两段，深部地质结构有差异的一个方面。

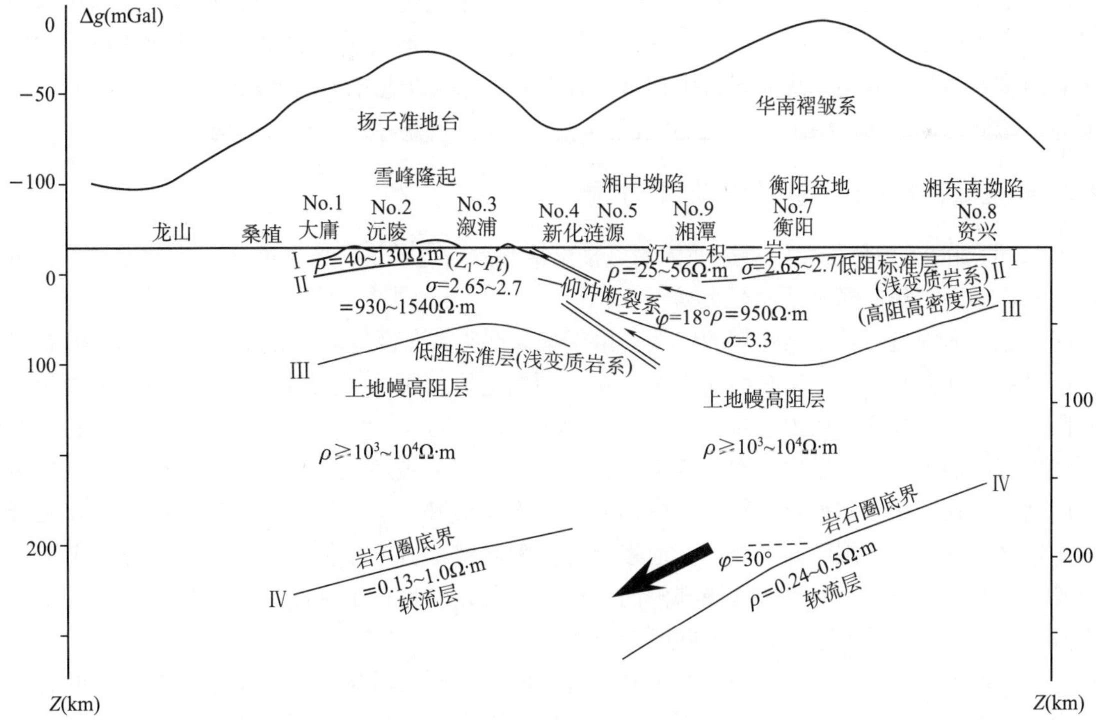

图 12　地质-地球物理综合解释剖面

电性界面的地质属性：Ⅰ. 沉积岩与浅变质岩的分界面；Ⅱ. 浅变质岩的底界面；Ⅲ. 上地幔上部的电性分界面；Ⅳ. 岩石圈与软流层的分界面

4　对雪峰山及其两侧地区若干地质问题初探

4.1　构造特征

图 12 展示了大庸到资兴的基本构造特征。从整体看，分东西两段，两个块体好像漂浮在软流层上。西段，上地幔上部、浅变质岩底面和顶面（电性界面Ⅲ、Ⅱ、Ⅰ），与雪峰山的现代地形相似，都呈正向上隆。岩石圈底面（电性界面Ⅳ）呈西倾单斜。岩石圈厚度，西端（大庸）为 217 km，东端（新化）为 180 km。东段，上地幔上部和浅变质岩底面（电性界面Ⅲ、Ⅱ）呈负向起伏。岩石圈底面（电性界面Ⅳ）呈西倾单斜，岩石圈厚度，西端（涟源）为 280 km，东端（资兴）为 156 km。

在西段与东段之间，岩石圈底面落差近百公里。形成岩石圈底面落差，即岩石圈厚度突变的原因，可能有两种，一是由东向西的俯冲，二是底流。而上地幔上部、浅变质岩和沉积岩（电性界面Ⅲ、Ⅱ、Ⅰ）则呈由东向西的仰冲关系。这种深浅部侧向接触关系的差异性，展示了扬子准地台与华南褶皱系之间的大地构造关系。

这种深浅部的侧向接触关系，在地质、地球物理资料上的反映是一致的。

根据地质露头，在剖面两侧的雪峰山区有基性、超基性岩带分布，并推断在雪峰山东缘存在岩石圈断裂，前面指出，根据电性界面起伏与布格重力异常的关系，推断在剖面的东段，有高阻、高密度的地幔型异常体分布。岩石圈底面落差与布格重力负异常相对应（图 12）。

根据新化测点的反演结果，确定下古生界（D-∈）碎屑岩与碳酸盐岩互层的视厚度达 11 km；涟源测点的反演结果，确定上古生界（C-P）碳酸盐岩的视厚度达 6.4 km。两者都远远超过区域地层厚度。其主要原因可能有两点：一是地层因逆冲叠掩重复；二是地层倒转或陡立。从而使反演的视厚度远大于真厚度。这与雪峰山东缘北段古生代地层存在有一系列北北东向逆掩断层是相对应的。

大地电磁测深成果所反映的，是上述深浅部侧向接触关系差异性的轮廓结构。

4.2　构造运动体制与雪峰隆起的成因、性质

从图 12 的剖面结构分析，构造运动体制是华南褶皱系为主动块，扬子准地台为被动块，在由东向西挤压力的作用下，华南褶皱系向西运动。

雪峰隆起的东缘是受挤压力作用的锋线。由于华南褶皱系向西运动，和雪峰隆起对它的阻挡作用，使华南褶皱系的地壳和上地幔呈东西向缩短。在不同的地段和不同的层位，具有不同的缩短量。在涟源至衡阳间，地壳下部的东西向缩短量至少有 60 km。在不同的层位上，横向缩短所产生的结果也不相同。在岩石圈的下部，形成岩石圈厚度突变，并有可能部分被消蚀；在上地幔上部，横向缩短导致纵向厚度增大；在沉积岩和地壳上部，形成仰冲、叠掩和褶皱。这就是使处于这条挤压力作用锋线后缘的湘中地区，具有岩石圈底面下插；上地幔上部呈喇叭状；古生界构造呈仰冲、叠掩和上陡下缓梳状褶皱等特征的基本原因。所以，深浅部侧向接触关系的差异性，是在统一的挤压力场作用下，由于岩体本身性状和它所经受的边界条件不同而形成的。

在这条线的前缘，在挤压力作用下，雪峰隆起下的岩石圈底部构造，因华南褶皱系下的岩石圈底部构造由东向西下插而抬升，从而导致上地幔上部以上直至现代地形呈正向上隆。震旦系至元古界浅变质岩在雪峰隆起轴部厚度增大（图 12），显然是由于东西向挤压缩短的结果。在大庸至新化间，震旦系至元古界浅变质岩顶面的东西向缩短量至少有 20 km。

看来，雪峰隆起的性质有两重性。一方面它是受岩石圈俯冲或底流所控制的隆起；另一方面，它的沉积岩层和浅变质岩层曾经历了滑移作用，可能是形成了相当规模的推覆构造。震旦系和元古界是一套具有可塑性泥质岩层，可能是形成推覆构造的主要折离层。

总之，雪峰是深部因素所控制的隆起，但沉积岩层曾经历了较大的滑移。滑移的规模，华南褶皱系比扬子准地台要大得多。

4.3 构造运动的时代

在扬子准地台和华南褶皱系，三叠系和古生界发育有强烈的褶皱和逆断层系。在雪峰隆起范围内，侏罗系也有部分被老地层所叠掩。因此，由东向西的挤压作用主要发生在印支—燕山期。

由此看来，扬子准地台与华南褶皱系，在印支期及其前后，构造运动的时代和方向，与西太平洋板块是一致的，同处于统一的构造运动体制之中。

4.4 岩石圈厚度与大地构造性质

1971 年，凯勒（Keller）根据大地电磁测深结果，分析了地壳和上地幔的电性资料，并将岩石圈的厚度与大地构造的活动性联系起来。他认为在火山活动区，岩石圈厚度小于 60 km，在构造活动区（活动地壳板块），岩石圈厚度为 60～150 km；在稳定的地台区，岩石圈厚度大于 200 km。

1981 年，都城秋穗（Aklhomlyshlro）指出，“准地槽以具有比正地槽更厚的岩石圈为其特征”。

两者都指出岩石圈厚度与大地构造性质的关系：稳定区具有比活动区更大的岩石圈厚度。

扬子准地台雪峰隆起至华南褶皱系，岩石圈厚度为 156～217 km，介于稳定区与活动区之间，因此，其构造活动的强度具有过渡性。

华南褶皱系的岩石圈厚度变化，比扬子准地台剧烈，所以前者比后者具有较强的活动性。而在湘东南地区，岩石圈厚度东薄西厚，构造的活动性，显然东面比西面要强。同样，在扬子准地台，岩石圈厚度由雪峰隆起向西增厚，显然雪峰隆起的活动性比四川盆地要强。

岩石圈的厚度与大地热场的相关性，是与构造活动的相关性出于同一原因的两个不同方面的表现形式。1982 年，刘国栋和刘昌铨指出，华北准地台岩石圈厚度为 60～100 km，由马兰峪向渤海方向减薄。与之相应，地温场由西向东增强，居里面亦由西向东变浅。扬子准地台和华南褶皱系的岩石圈比华北准地台要厚得多，因而预测区域地温场可能比华北要弱得多。

岩石圈厚度与构造的活动性以及地热场呈密切的正相关性。在探讨南方古生界海相地层的构造和油气演化时，这是一个值得重视的条件。

4.5 深部构造与新构造运动

西太平洋板块在由东向西继续推移。从图 12 的剖面结构看，东西两个地质块体还仍保持有相当的势能，表现出岩石圈底面将继续向西下插，沉积层将继续向西仰冲、叠掩的势态。因此，在新构造运动时期，华南褶皱系将继续由东向西推掩，雪峰山向上继续抬升。

5 结束语

这次试验，是石油地质普查系统第一次引用大地电磁测深法，用这种方法研究深部构造，国内已有 10 余年的历史，但工作量甚少。用这种方法，在山区、碳酸盐岩分布区进行油气普查勘探的方法效果试验，在国内是首次，在国外，实例也不多。

这次试验为石油地质普查系统发展大地电磁测深法走出了第一步。这一步主要做了三件事：一是通过实践证明，大地电磁测深法可以在山区、碳酸盐岩区开展野外工作，在海相地层内部有确切的电性分层，并且可以将盆地构造与深部构造结合起来进行研究；二是对雪峰山及其两侧的某些地质问题，指出了探讨性的见解；三是培养了一批技术人员。总的来说，这次试验取得了预期的效果。

1）从所取得地质成果，看大地电磁测深法在山区、碳酸盐岩分布区进行油气普查的地质效果。

（1）能对古生界海相碳酸盐岩碎屑岩及其两者的互层，进行了大套的划分，确定三者的顶、底起伏、厚度和电性。因此，用大地电磁测深法研究我国古生界海相地层分布区的某些区域地质问题是可行的。

（2）通过本文分析，认为在湖南地区，大地电磁测深具有低阻标志层，它的地质属性可能主要为元古界浅变质岩。这个问题虽然尚需进一步地探讨和验证，但确实是一个值得重视的问题。在中国南方，包括华北南部，结晶基底普遍都是弱磁性的浅变质岩系，航磁反映为微弱的平静弱磁场，很难进行定量解释。因而至今尚未找到合适的地球物理方法，定量地解决这类地区的基底构造问题。如果在特定的地质、地球物理条件下，“低阻标志层相当于泥质浅变质岩系”这个推断，大体上是成立的话，那么就可用大地电磁测深法确定它的顶、底面深度和厚度、电性四个参数，并与其他地球物理方法相综合，更为确切地研究中国南方浅变质岩分布区的基底结构和构造问题，从而也就更为确切地研究了含油气盆地实体的底部构造问题。如果这方面的地质成果有所突破，在矿产预测和地学基础理论研究方面，也将会出现新的面貌。

（3）到目前为止，大地电磁测深方法是唯一能将浅部构造和深部构造结合起来进行研究的地球物理方法。这次方法试验的结果得到了一个实例。这个实例展示了浅部构造和深部构造是在构造运动体制控制之下的统一体，因而在成因上有密切的相关性。这就是为什么研究矿产预测问题，特别是通过研究含油气盆地构造和油气演化，来预测含油气的潜力问题，要对深部地质进行研究的理由。

大地电磁测深解决地质问题的能力是多方面的。根据国外资料报道，它在普查局部构造，探明火山岩覆盖体下的沉积推覆构造，寻找地热源和地下水，研究地震机制等等方面，都取得了探索性的成果。其中有许多问题是地震勘探极难解决的。

任何地球物理方法都有局限性，大地电磁测深方法也不例外。大地电磁测深法的局限性主要表现在两个方面：一是它只能划分电性层；二是由于它是宏观的体积测量，其精确程度受到限制。因此，大地电磁测深法不可能取代其他地球物理方法，而只能作为综合地球物理方法之一，解决其所能解决的某些地质问题。

2）从方法技术看发展大地电磁测深法的可能性和必要性。

（1）大地电磁测深队用人少，装备比较简单，费用较低。随着装备和技术水平的不断提高，工作效率必将不断提高。

（2）大地电磁测深法虽然对测点的场地有一定的要求，但与其他地球物理方法相比较，选线、选点的自由度较大，它能适应山区、平原、沙漠、湖沼、浅滩以及岩石裸露区等复杂地区的工作。特别是它对生态环境没有破坏作用，这是不可忽视的优点。

（3）大地电磁测深的基础理论、野外工作方法、数学处理技术和地质解释等，与地震勘探方法相比较，是比较容易掌握的，技术人员比较易于培训，从发展勘探方法的角度考虑，技术力量是不难解决的。

（4）大地电磁测深法是电磁勘探方法系列中的一种方法。整个方法系列的内容比较丰富，而基础理论和处理技术有许多相似性。所以从发展大地电磁测深队入手，就可以比较顺利地发展综合电法队，使之既能解决构造问题，又能逐步解决直接找岩相带或油气问题。

（5）发展大地电磁测深队的困难在于野外仪器。看来，近期解决的办法有两条，一是引进成套仪器；二是进口关键部件，例如磁场传感器，国内配套。这是较快较省地发展综合电法的一个途径。

综上所述，在石油普查勘探部门，为加强第二轮石油普查勘探工作，亟需为各大探区配备若干电法队，以丰富地球物理勘探的综合内容，对开展地震工作极为困难而又首先需要解决选区评价问题的湖南、下扬子地区，以及西部大型盆地，尤宜优先考虑。

3）下步工作应该注意改进的问题。

（1）要改善仪器的高频性能和抗干扰能力，并能进行实时处理。

（2）要研制和完善软件。

参考文献

[1] 中国地质科学院，1976，中华人民共和国地质图（1：4000000）.

[2] 都城秋穗，1981，Tectonic and petrologic aspects of ASLA，Geological society of China，Memoir，No 4.

[3] Keller，G. V.，1971，Natural-field and Controiled-Source methods in eleclromagnetic exploration，Geoexploration，Vol. 9，No. 2/3.

[4] 刘国栋、刘昌铨，1982，华北北部地壳上地幔构造及其与新生代构造活动的关系，中国科学（B 辑），No. 12，1132～1140。

The Cenozoic Rift System of the North China Plain and the Deep Internal Process*

Liu Guodong

Abstract

The Cenozoic North China plain rift system generated on the site of a Mesozoic rift system is the largest rifted basin in East China. It trends NNE with a total length of about 1000 km, maximum width up to 400 km in its middle part and a width of 50–100 km at its south and north. The largest thickness of the Cenozoic deposits reaches 12, 000 m and the accumulated thickness of the Cenozoic basalts about 2000m. This rift system is a region of strong seismicity. It has quite considerable differential crust movement at the present day. The geophysical data indicate that the both thickness of the crust and lithosphere beneath the rift system are approximately 4–8 km and 40 km thinner than that of the surrounding mountains. This rift system has rather high heat flow values and residual gravity anomalies. So far, no low-velocity anomaly of P_n has been found in this region. We infer that the formation of this rift system is caused by upwelling of the asthenosphere, which is probably related to the convective roll induced by subduction of the Pacific plate underneath the Asiatic Continent and the disturbance of the upper mantle in this region during the Mesozoic.

Geological setting of the North China plain Cenozoic rift system

The North China plain Cenozoic rift system is situated in the eastern part of the North China platform, starting from north of Shenyang, terminating in the south around Kaifung, with a total length of about 1000 km, a maximum width up to 400 km in its middle part, a width of 50–100 km at its south and north extremities and a general NNE trend (Fig. 1). The terrain within the rift system is low-lying, covered by seawater in its most easterly and northeasterly parts and surrounded by various mountains with elevations of up to 2000–3000 m. The rift system consists of a series of uplifts and depressions containing numerous secondary uplifts and depressions. The North China Cenozoic rift system can be divided into three branches: the north branch includes the depressions of Lower Liaohe, Liaodong Bay, Bohai Gulf, Huanghua and Jiyan; the south branch includes the depressions of Linqing, Dongpu and Tangying; the west branch is the depression of Central Hebei. The thickness of Cenozoic deposits inside the depressions generally reaches more than 6000–7000 m, 12, 000 m in the depression of Central Bohai, but generally only 1000 m at the uplifts. The Cenozoic rift system of the North China plain originated at the beginning of the Eocene, after a period of non-deposition from late Cretaceous to Paleocene. During this period this area generally had an uplift movement and it might be inferred that the elevation of some areas might have been more than 2000 m (Liu and Sha, 1987), During the period of the Yenshan orogeny, before the late Cretaceous, this area experienced strong tectonic movements causing the growth of a series of faults mainly with a NNE direction and partly about a WNW direction. In the Eocene

* 本文原载于《Tectonophysics》, 1987, 133, 277-285。

period, a series of narrow band-shaped depres-sions appeared along the border and some internal areas of the rift system. They trend mainly in a NNE direction and particularly in near WNW, and their width is generally of 20-30 km. These depressions were mostly half-grabens with Eocene deposits (E_k) of thicknesses up to 3-6 km. The range of the depressions further expanded in the Oligocene, and a significant transfer of the sedimentation centers followed. For example, the central part of the Bohai Gulf, which was an area of uplift in the early period, turned a zone of strong subsidence and was filled with Oligocene deposits ($E_s + E_d$) of a thickness up to 6.5 km (Fig. 2a), while the Nanbao and Wuqing seeondary depressions also received Oligocene deposits of 3.0-4.0 km, all together forming a strongly sinking zone of WNW direction. Begining in the late Tertiary, the North China plain rift system generally sank and the early uplifts were gradually covered (Fig. 2b), but the thickness of sediment since the late Tertiary shows significant differences in different areas. For example, there exist sediments of only a few hundred meters thickness in the precdeing uplift areas, while in the central part of Bohai Gulf the sediments reach a thickness of up to 4.0 km. In the middle part of the rift system, the depositional rate during the late Tertiary was not less than that of the early Tertiary.

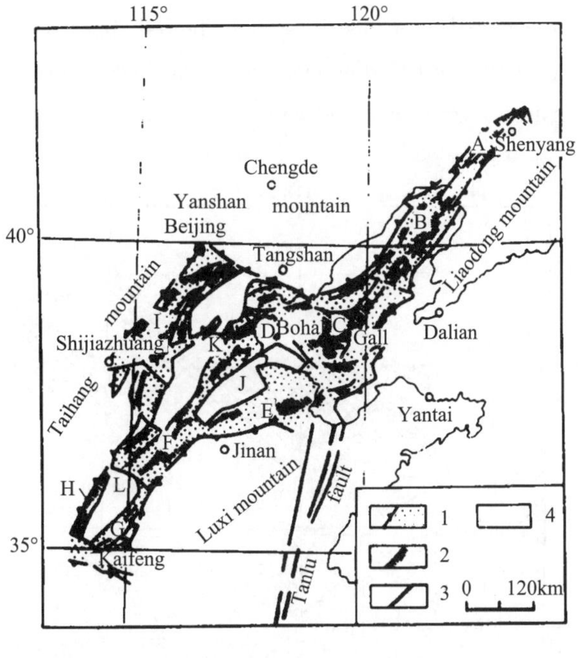

Fig. 1 Schematic structure of the Cenozoic rift system of North China. ***1*** **= Range of the rift system,** ***2*** **= zone of deep depression,** ***3*** **= main fault,** ***4*** **= uplift zone.** ***A*** **– Lower Liaohe depressaon,** ***B*** **– Liaodong Bay depression,** ***C*** **– Central Bohai depression,** ***D*** **– Huanghua depression,** ***E*** **– Jiyang depression,** ***F*** **– Linqing depression,** ***G*** **–Dongpu depression,** ***H*** **–Tanying depression,** ***I*** **–Central Hebei depression,** ***J*** **–Chengning uplift,** ***K*** **–Cangxian uplift,** ***L*** **–Neihuang uplift.**

In the Quaternary period, although the rift system was still generally sinking, yet the thickness of deposits were significantly different in different geological units, particularly in the north of the middle part of this rift system, where a WNW-trending depression appeared consisting of few small depressions with deposits up to 700-800m thick (Liu et al., 1983).

Data from repeated levelling show that the North China plain rift system still has strong differential movement (Fig. 3). Around the Bohai Gulf, probably with the Bohai Gulf as its center, there is a rapidly sinking zone; over the past 14 yrs, the average relative depression on the shore of the Bohai Gulf has reachod

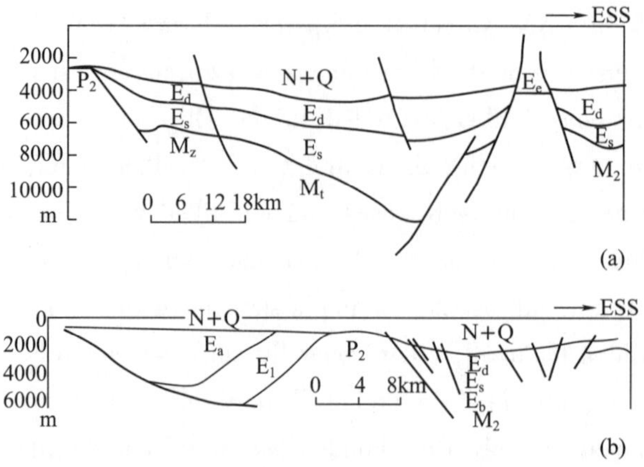

Fig. 2 a. Geological section of the Central Bohai depression. b. Geological section in the Central Hebei depression. E_k–Eocene deposits, E_s and E_d–early and later Oligocene deposits.

50–150 mm. The north and south branches of this rift system showed slight sinking; a slight uplift zone of NW direction lay across its centre, while the surrounding mountain areas had a strong uplift, with an average relative rise up to 20–60 mm over the past 14 yrs (Shen and Ying, 1986).

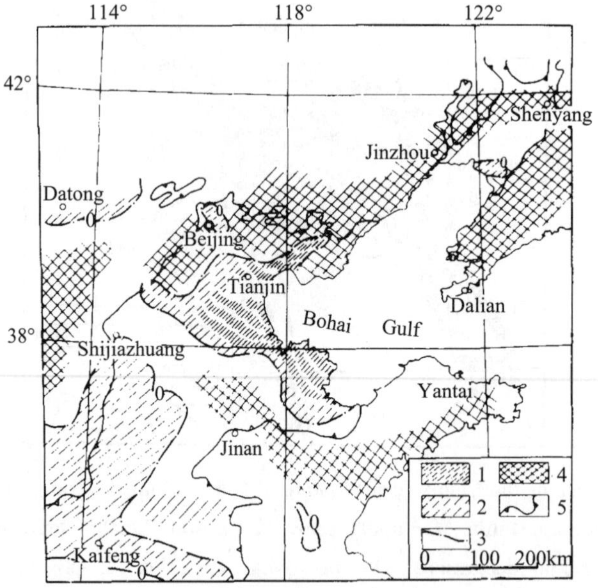

Fig. 3 Schematic diagram of the repeated levelling on the rift system of North China plain.
1 **=Strongly sinking area with an average relative depression of 4–10 mm/yr,**
2 **=slightly sinking area with an average relative depression 1–3 mm/yr,**
3 **=relative zone line,** ***4*** **=uplift area with an average relative uplift of 1.5–4.5 mm/yr,**
5 **=boundary between the plain and mountains.**

The North China plain rift system is a region of strong seismic activity in East China. Since the beginning of historical records in 777, 51 earthquaks with $M \geqslant 6$ magnitude have occurred. In only 10 yrs between the Xingtai earthquakes of 1966 and the Tangshan earthquakes of 1976, 15 earthquakes with $M \geqslant 6$ magnitude have occurred. Most of the strong earthquakes took place along the borders of the rift system. Particularly, there is a strongly active seismic zone of direction WNW called the Zhangjiankou-Bohai seismic zone, extending from the northern margin of the rift system to the center of Bohai Gulf (see Fig. 9).

The above-mentioned conditions show that the North China plain riftsystem is still active. However, after the strong sinking of the central part of Bohai Gulf dunng the Oligocene, an active zone of near WNW direction seems to appear in the middle part of this rift system; its amplitude of activity strengthened gradually while that of the structures with NNE trend weakened gradually.

The border of the North China plain rift system is defined by large-scale boundary faults. Numerous faults of different scale, mostly of the direction NNE-NE and partly of the directionWNW-NW developed within this rift system. Most of the faults are tensional; their dip angles gradually decrease with depth (Liu et al. , 1983). The faults developed during the strongly active period of the rift system in the Tertiary; some of the large-scale faults were still active in the late Tertiary. Numerous tensional faults have been discovered inside the sediment layers of late Tertiary and even Quaternary beneath the Bohai Gulf (Fig. 4). There was a Cenozoic fault zone of WNW direction up to 400 km long, with left-lateral shear characteristics between the northern margin of the rift system and the Yanshan mountain. The Zhangjiakou-Bohai seismic zone runs along this fault zone.

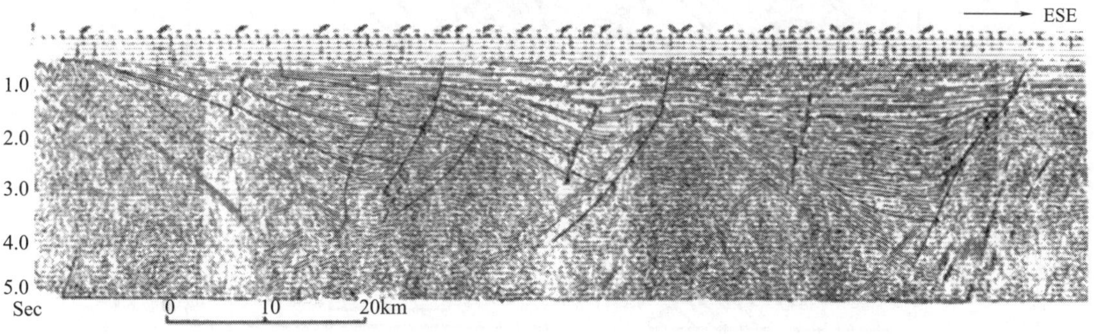

Fig. 4 Seismic profile across the Central Bohai Gulf.

The Cenozoic magmatic activity of the North China plain rift system started at the end of the Paleocene or in the early Eocene (56 m. y. ago), with its main activity in the Oligocene. The basalt-covered area underground in some regions reached 1000-2000 km^2, with an accumulated thickness up to 1000-2000 m. The basalt of early Tertiary age has two types: tholeiite (Beijing type) in the west region and olivine tholeiite (Bohai type) in the east region. The former has possibly originated from partial melting in the rather shallow lithospheric mantle, while the latter may possibly be derived from the mixture of partial melting in the deep lithospheric mantle and asthenospheric partial melting, but they were not contaminated by crustal material (Zhou and Liu, 1985). According to bore hole and seismic data, there is still some comparatively strong basaltic activity of late Tertiary and Quaternary age beneath the Bohai Gulf.

Comparatively thick Mesozoic strata still remained in some depressions inside the rift system of the North China plain. For example, there are possibly some 2000 - 5000 m thick middle - late Jurassic and early Cretaceous sediments with numerous volcanic rocks included. Basaltic activity was common in the middle-late Jurassic while andesitic activity was common in the early Cretaceous. According to the result of seismic prospecting, the thickness of Mesozoic sediments preserved in the central-south part of the North China plain is 0-7000 m (Fig. 5) (Zhou, 1978). Therefore it may be inferred that there may be a Mesozoic rift system hidden under the Cenozoic rift system in the North China plain: the latter may have developed on the former.

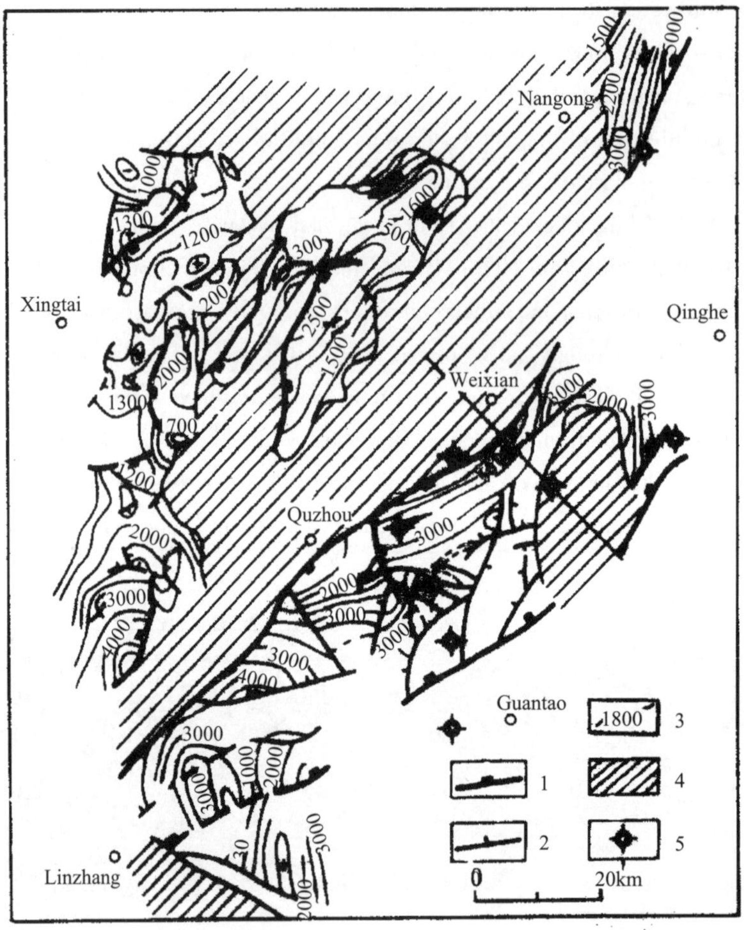

Fig. 5 Tectonic map of Mesozoic in the central-southern part of the North China plain (from Zhou. 1978). *1*, *2*=fault; *3*=thickness of Mesozoic sediment (m); *4*=denudation or lack of Mesozoic sediment; *5*=bore hole.

The structures of crust and upper mantle and features of geophysical fields in the rift system of North China plain

Geothermal field

Sixty measurements of heat flow in the rift system have been published (Chen et al., 1982; Zhang et al., 1982; Wu et al., 1985; Wang and Liu, 1987) and are shown in Fig. 6, which does not include another 40 heat-flow values ranging from1.2 to 2.0 HFU measured by Dr. Wang Jiyang in the Lower Liahe depression. Figure 6 indicates that the boundary between the rift system and the surrounding mountains is basically traced by the geothermal isoline of 1.6 HFU. The average heat flow is more than 1.6 HFU in the rift system; in particular, the Bohai Gulf and the coastal areas have the highest heat flow values, from 1.77 to 2.53 HFU. The thickness of the crust, the depth of the asthenosphere, the Cenozoic deposits and volcanic activities in the Bohai Gulf are obviously different from those of other areas in the rift system.

The distributions of temperature vs. depth, which are calculated by using the 2-dimensional finite element

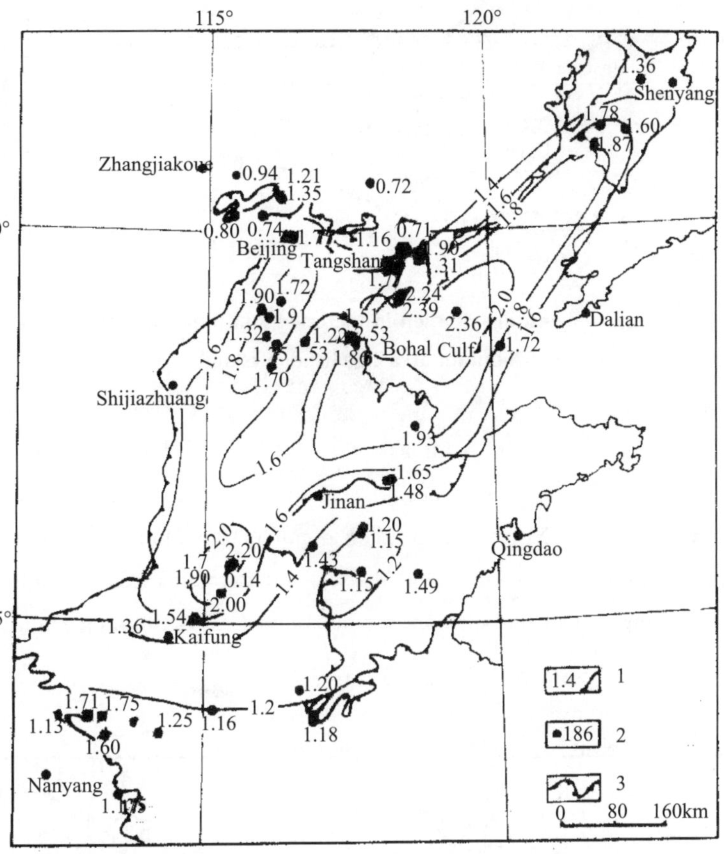

Fig. 6 Contour map of heat-flow values in the rift system of North China plain.
1 **= Geothermal isoline,** ***2*** **= heat flow value (HFU),** ***3*** **= boundary between the plain and mountains.**

method, along the different geological units in the rift system show that the depth of the 500 ℃ and 1100 ℃ isothermal lines are about 16 km and 50 km respectively beneath the Bohai Gulf, about 22 km and 80 km beneath the Cangxian uplift, about 18–20 km and 70 km beneath the Central Hebei depression and about 35 km and more than 100 km beneath the western mountain area (Fig. 7). The distributions of heat-flow values and temperature vs. depth in the studied region exhibit a close relationship with deep structures and tectonism during the Cenozoic. High heat-flow and high temperature areas coincide with thinning crust and lithosphere, in-tense subsidence and volcanically strongly active areas. The present strong earthquakes have usually taken place in the transitional zones from high heat flow to low heat flow areas.

Crust thickness

The thickness of crust in the studied region has been calculated using gravity data controlled by seven profiles of deep seismic sounding (Fig. 8) (Liu and Ye, 1987). From Fig. 8 we can see that the Cenozoic rift system of the North China plain has been generated where the Moho is uplifted. The main trend of the Moho rise is NNE and coincides with the regional tectonic trend of the rift system. There are two uplift zones and one depression on the Moho. The eastern uplift zone of the Moho consists of two secondary uplift centers. One of these lies beneath the Bohai Gulf and has the largest size and the shallowest depth of 28 km in the rift system, another, with a depth of 30 km, lies beneath the Dongpu depression. The western uplift zone of the Moho also consistof two secondary uplift centers, one of them with a depth of 32 km beneath the Central Hebei depression,

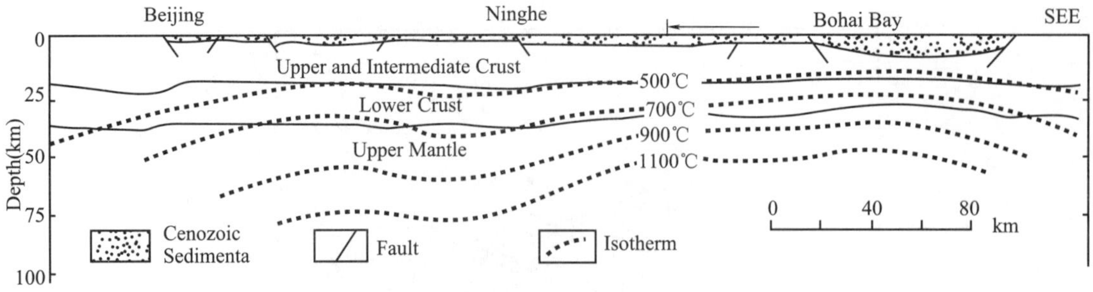

Fig. 7　Temperature-depth distribution in the crust and upper mantle from the Western Mountain area to Miaodao Islands.

another one beneath the Tangyin depression, with a depth of 33 km and the smallest size in the rift system. The Moho depression with a depth of 34–35 km is located beneath the Cangxian uplift and just passes through the central part of the rift system in a NNE direction. The depth of the Moho gradually deepens to 36 – 38 km beneath the surrounding mountains. It is estimated that the crustal thickness beneath the rift system may be thinned by about 4–8 km compared to the surrounding mountains. This thinning mainly appeared in the lower crust (Liuet al. , 1983).

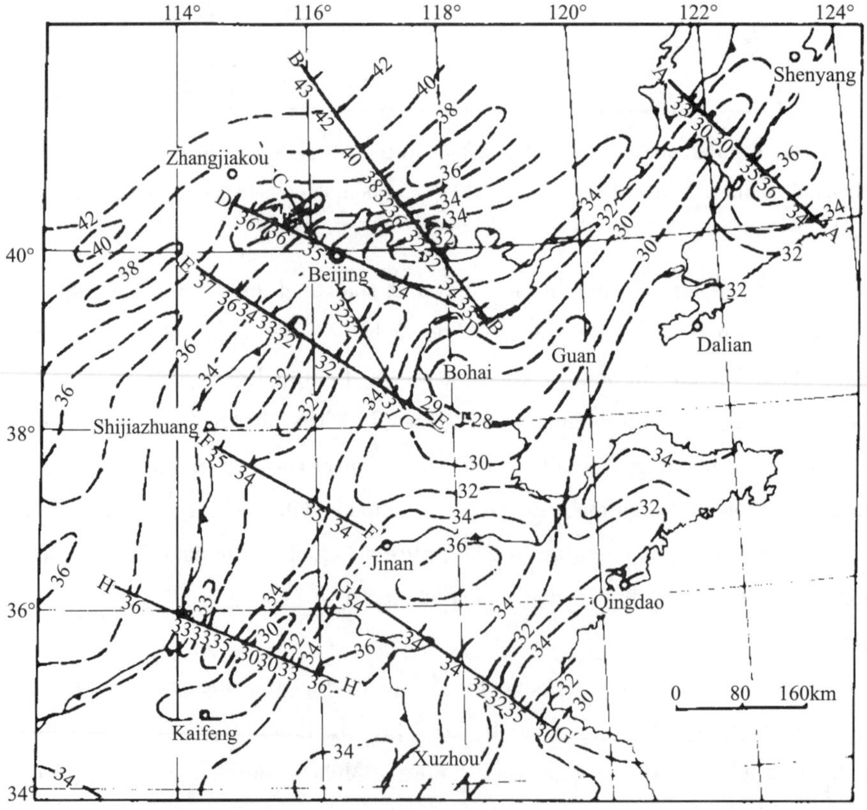

Fig. 8　Contour map of the Moho discontinuity in the rift system of North China plain. Straight lines show the profile of DSS and the numerals give the depth of Moho from DSS.

High conductive asthenosphere

The map of high conductive asthenosphere is compiled on the basis of MT data and heat-flow values (Fig. 9). The high conductive asthenosphere can be compared with the low velocity asthenosphere in the study area (Liu, 1987). The range of asthenosphere uplift in this region is larger than that of subsidence of the rift system during the Cenozoic period. This fact might mean that the Cenozoic rift system of the North China plain has been generated on the site of large-scale uplift of the asthenosphere, and the rift itself is just created above the intense uplift of the asthenosphere. The depth of the asthenosphere is less than 80 km beneath the rift system and only 50 km beneath the Bohai Gulf; however, it reaches depths of 120 km outside the rift system areas. This fact might mean that the lithosphere beneath the rift system has been thinned about 40 km, although not all of the thinning may have taken place during the Cenozoic. The Mesozoic rifting event could also be responsible to a degree for this thinning of the lithosphere. The lithospheric thinning beneath the rift system mainly happened in the lithospheric mantle.

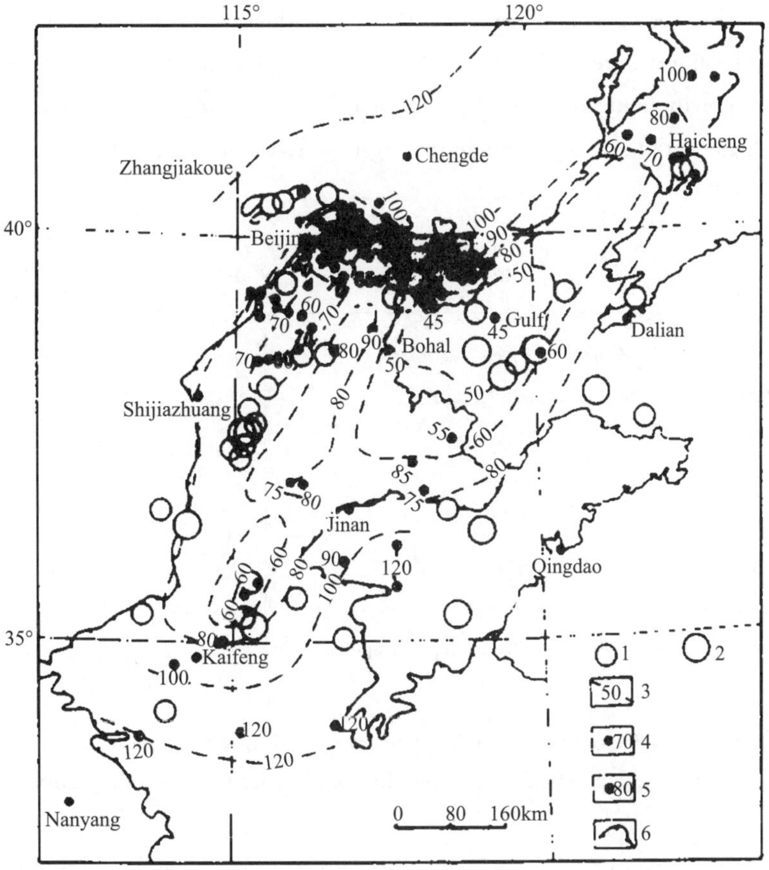

Fig. 9 Contour map of high conductive asthenosphere in the rift system of the North China plain.
1 **=epicentre with *M*6–7 magnitude; *2*=epicentre with *M*>7 magnitude; *3*=isobath of high conductive asthenosphere;**
4 **=depth of high conductive layer in the upper mantle, calculated from MT data;**
5 **=depth of high conductive layer in the upper mantle, calculated from heat-flow value;**
6 **= boundary between plainand mountain areas.**

From Fig. 9 we can see that the width of the asthenosphere uplift changes along the WNW zone between the northern margin of the middle part of this rift system and the Yanshan mountain; it is wide in the south and narrow in the north. There are many variations of the geological and geophysical features along this WNW zone; for example, the regional trend of the Moho rise changes from NNE in the south to ENE in the north, the heat-flow values also vary from higher in the south to lower in the north, the upward continued aeromagnetic field up to 10 km high appears to have a much lower amplitude along this WNW zone, the Quaternary subsidence zone above-mentioned is aligned with this WNW zone, and this WNW zone is also the strongest seismic zone in East China.

Crustal structure and gravity field

The results from the refraction profiles and MT data indicate that the velocity of the upper crust beneath the rift system is higher than that in the surrounding mountains; the intermediate crust is characterized by low velocity and low resistivity, and the lower crust by velocity obviously increasing with depth (Liu et al., 1983). The velocity in the uppermost mantle slowly increases with depth; we have not found any low-velocity anomaly of P_n in the studied region and there is a low resistivity zone in the upper mantle (Fig. 10).

The Bouguer gravity field in the nft system is generally higher by about 20-60 mGal than that in the surrounding mountains (Fig. 11). This is quite contrary to the thickening of the Cenozoic low density deposits and to the thinning of the lithosphere in the rift system. Although this fact can be explained by the uplifting of the Moho, the residual gravity field, in which the gravity effects of Cenozoic deposits and Moho have been removed, is still much higher in the rift system than that in the surrounding mountains. This situation is quite pronounced in the Bohai Gulf.

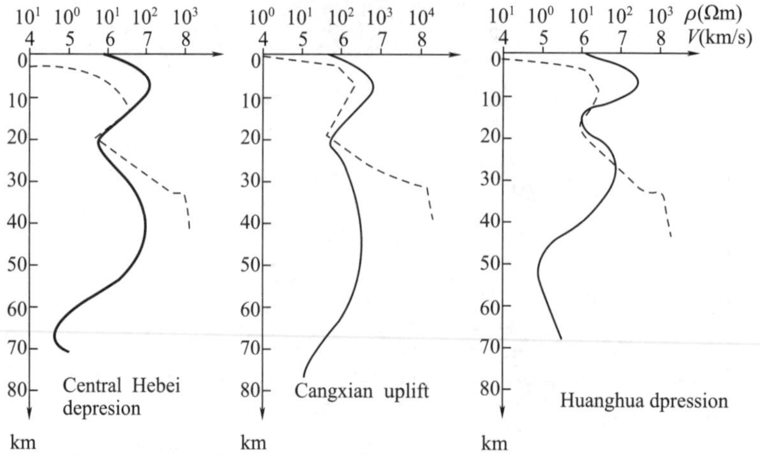

Fig. 10 Distributions of velocity and resistivity in the crust and upper mantle beneath the rift system of North Chinaplain. Dotted line—velocity curve, solid line—resistvity curve.

A reasonable explanation for the velocity and gravity distributions mentioned might be the following: The lithosphere of this rift system has been strongly mixed and intruded by dense material from deep layers. Although the high temperature of the lithosphere may cause a decrease of velocity value, yet beneath the rift system the increase of velocity with density exceeds the decrease of velocity with temperature. Figure 10 shows the distributions of velocity and resistivity in the crust and upper mantle beneath the rift system.

Deep-seated processes and evolution of the NorthChina plain rift system

Two models have been advanced to explain the relationship between rifting and deep internal processes (Ramberg and Morgan, 1984). The first one is called the active model. This model attributes the formation of the rift to the upwelling of the asthenosphere. The abnormally hot upper mantle is the direct cause of the rifting. The lithosphere is thinned, and the ground surface extends and subsides forming the rift valleys due to the upwelling of the asthenosphere. The other model is called the passive model. This model attributes the formation of the rift to the tensile stress caused by the relative displacement between two plates. The lithosphere is thinned and the ground surface subsides forming the rift valleys. The upwelling of the asthenosphere and the uppermantle's thermal anomaly are only responses to the forming of the rift. In the active model the doming of the earth's surface due to the upwelling of the asthenosphere is prior to the volcanism, rifting and surface subsidence. In the passive model the rifting comes first, followed by volcanism: it does not require a surface doming before hand. We think that these two models are probably both correct: different rifts are created in different ways.

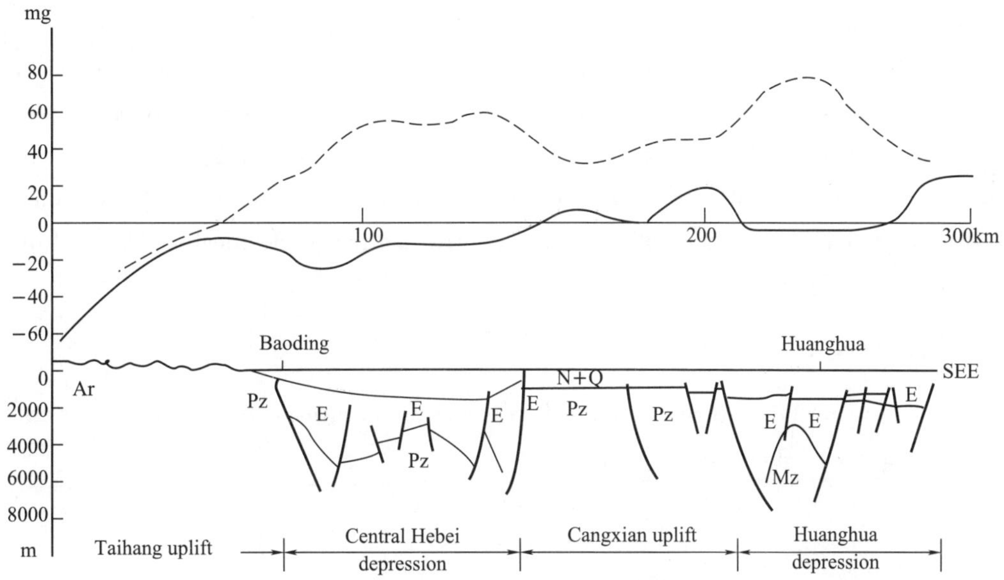

Fig. 11 Gravity profile crossing the rift system of North China plain. Solid line—Bouguer gravity anomaly, dotted line–residual gravity anomaly.

The dynamics of the Cenozoic rift system of North China plain have been discussed by some authors (Liu et al., 1983; Ma et al., 1984, Hong etal., 1985). They have emphasised that a fundamental control for this rift formation and evolution is the upward advection of the asthenosphere and its associated thermal processes. The author's suggestion here is the following:

The Cenozoic rift system in the North China plain was developed on the site of a Mesozoic rift system. The Kula plate was quickly moving NNW and was subducting beneath the Asiatic Continent during the late Jurassic–early Cretaceous period (Hilde et al., 1977), and led to a large-scale regional uplifting and wide spread magmatic activity in the eastern part of China followed by an intensive extension of the earth's surface (Wu et al., 1982). As a result, the North China Mesozoic rift formed, which thereafter continuously and slowly subsided. The Mesozoic rifting ended in the late Cretaceous and was followed by uplift.

In the late Cretaceous, the Kula plate apparently descended underneath the eastern margin of the Asiatic Continent, consequently, the Pacific plate started to subduct underneath the Asiatic Continent (Uyeda and Miyashiro, 1974). The temperature distribution was greatly disturbed by the WNW subduction of the Pacific cold slab. This created a convective roll of large horizontal dimension underneath a continental lithosphere according to the convection experiments (Froidevaux and Natal, 1981). It is likely that in the late Paleocene or early Eocene an upward flow of material has been generated by this convective roll underneath the North China plain where there had been a disturbance of the upper mantle during the Mesozoic. The lithosphere here could be heated and thus its density reduced. In response to this process, the earth's surface rose and formed a plateau. Under the action of both topographic loading and upwelling asthenosphere, the litho-spheric mantle and lower crust began to creep and thin, and the btittle crust, which was much fractured owing to the Mesozoic rifting movement, was rifted again. As a result of this, a series of normal faults with the dip angles decreasing with depth developed, the brittle upper crust slipped laterally and the earth's surface subsided and accepted deposits. Finally a Basin and Range system was formed in the North China plain. After the late Tertiary, due to the cessation of the strong volcanism in this rift system, the lithosphere began to cool and the rift system wholly subsided and the deposits of the late Tertiary and the Quaternary covered the whole plain. However, there is still quite considerable differential crustal movement. particularly in the Bohai Gulf area and its associated west-northwest Zhangjiakuo - Bohai seismiczone, intensive tectomc activity remains, Considering the above - mentioned geological and geophysical characteristics in this area, it is speculated that a mantle plume may be located in the Bohai Gul farea or there may be a transform fault along the Zhangjiakuo-Bohai seismic zone. Either induced convection or mantle plume may cause an upward flow of dense mantle material which can account for the high residual gravity anomalies and the velocity and the geoelectrical structures of the crust and upper mantle beneath the North China plain rift system.

Acknowledgements

The author is very grateful to Professor C. Froidevaux and two anonymous reviewers for their critical review of the manuscript and their helpful suggestions.

References

Chen, M., Huang Geshan and Zhang Wenyen, 1982, Distribution characteristics of the geothermal resources in the North China plain. Institute of Geology, Academia Sinica, Beijing; Research on Geology (1), pp. 72-89. (in Chinese).

Froidevaux, C. and Nataf, H. C., 1981, Continental drift: what driving mechanism? Geol. Rundsch., 70: 166-176.

Hilde, T. W. C., Uyeda, S. and Kroenke, L., 1977. Evolution of the Western Pacific and its margin. Tectonophysics, 38: 145-165.

Hong, Ye, Shedlock, K. M. Hellinger, S. J. and Sclater, J. G., 1985. The North C. hina basin: An example of a Cenozoic rifted intraplate basin. Tectonics, 4: 153-169.

Liu, G., 1987. MTS studies on the upper mantle conductivity in China. Pure Appl. Geophys., in press.

Liu, G. and Liu, C., 1983. Structures of crust and upper mantle and their relation to Cenozoic tectonism in northern part of North China. Sci. Sin. (Ser. B), 26: 550-560.

Liu, G. and Ye, H., 1987. On the crust and upper mantle structure in North China faulted block area. In: Zhang Wenyu (Editor), The Fault-block Theory and Its Application. Beijing: China Academic Publishers.

Liu, G., Gu, Q., Shi, S., Sun, J., Shi, Z. and Liu, j., 1983. The electrical structure of the crust and upper mantle and its relationship with seismicity in te Beijing-Tianjin-Tangshan region and adjacent area. Acta Geophys. Sin., 26: 149-157 (in Chinese).

Liu, Q. and Sha, X., 1987, Seismic phases and sedimentary environment in the Central Hebei depression during the early Tertiary. In press (in Chinese).

Ma, X. Liu, G. and Su, J., 1984, The structure and dynamics of the continental lithosphere in north-northeast China. Ann.

Geophys. , 2: 611–620.

Ramberg, H. and Morgan, H. , 1984, The physical features and tendency of evolution of continental rift. 27th Int. Geol. Congr. , Moscow, Tectonic Rep. 7 (in Russian).

Shen, Y. and Ying, S. , 1986, The features of vertical deformation field in North China region. In press (in Chinese).

Uyeda, S. and Miyashiro, A. , 1974, Plate tectonics and the Japanese Island: Asynthesis. Geol. Soc. Am. Bull. , 85: 1150–1170.

Wang, J. and Liu, G. , 1987, Terrestrial heat flow and deep geology in South and Southwest China. Acta Geophys. Sin. , in press (in Chinese).

Wu, L. , Qi, J. , Wang, T. , Chang, X. and Xu, Y. , 1982, Mesozoic volcanic rocks in the eastern part of China. Acta Geol. Sin. , 56: 223–232 (in Chinese).

Wu, Q. , Xie, Y. , Zu, X. and Wang, D. , 1985, Terrestrial heat flow and seismisity in North China. Research on Recent Crust Movement (1): Continental Rifts and Deep Internal Processes. Institute of Geology, State Seismological Bureau, Beijing, pp. 133–141 (in Chinese).

Zhang, R. , Xei, Z. , Wu. J. and Xei, Y. , 1982, The distribution of heat flow values in Tangshan and its surrounding. Seis mol. Geol. , 4: 57–68 (in Chinese).

Zhou, X. , 1978, The Mesozoic depressions of North China plain on the seismic prospecting profiles. In: The Monograph of Oil Geology. Beijing: Geological Press, pp. 89–102 (in Chinese).

Zhou, X. and Liu, R. , 1985, Isotope and trace element constraints on the geochemical evolution of subcontinental mantle beneath North China. Research on Recent Crust Movement (1): Continental Rifts and Deep Internal Processes. Institute of Geology, State Seismological Bureau, Beijing, pp. 142–149 (in Chinese).

MTS Studies on the Upper Mantle Conductivity in China*

Liu Guodong

Abstract Based on the data from more than 200 MTS sites distributed within different areas of the Chinese continent, general characteristics of upper mantle conductivity have been described. At least two conductive layers have been found in the upper mantle of some areas. The first is thin with a resistivity of a modicum to few tens Ωm; the second one is thicker with a resistivity of one to few Ωm. Nearly 300 heat-flow values indicate that there exists an exponential correspondent relationship between a depth of the upper mantle conductive layer with a thickness and an average value of heat flow. Based on the above results, the top depth map of this upper mantle conductive layer has been outlined for parts of the Chinese continent. This conductive layer is basically consistent with the low velocity zone in the upper mantle, and Cenozoic tectonism and current seismicity are significantly related to the variation of depth of the conductive layer in the upper mantle. The possible origins of the conductive layers in the uppe rmantle have been discussed here.

Key words: Magnetotelluric, heat-flow, upper mantle conductivity, Chinese continent.

1 General Neotectonics of the Chinese Continent

The Chinese continent located between the subduction zone of the west Pacific plate and the collision zone of the Himalayas can be divided into a western part and an eastern part in terms of geological and geophysical data. The boundary of the two parts, north-south geotectonic zone, adjoins an eastern longitude of 102° (South) to 107° (North).

In the western part there are the Tibetan Plateau; the Cenozoic basins of Talimu, Chaidamu, and Zhungeer; the ranges of Kunlun-Aerjin-Qilian; and Tianshan. The thickness of Cenozoic deposits in these basins generally reaches 6,000-7,000 m. The geological trend is mainly NWW direction and neotectonic movements are very strong. According to the relevelling data, the Tibetan plateau had a violent uplift with average rate of 2-10 mm per year from north to south, and the Talimu, Chaidamu, and Zhungeer basins sank with average rates of 1-3 mm, 2-4 mm, and 5-10 mm per year, respectively. Strong earthquakes have frequently taken place beneath the Tibetan plateau and the margins of the Cenozoic basins (Figure 1).

In the eastern part of the Chinese continent, even though the geological trends are mainly NNE, the features of neotectonics are very different in diverse regions, for example:

(1) South and southwest China have been slowly uplifting since the later Mesozoic period and the seismicity has been very weak, with the exception of the southeastern coast where the neotectonism and seismicity are strong.

---

* 本文原载于《PAGEOPH》，1987，125（2/3）：465-482。

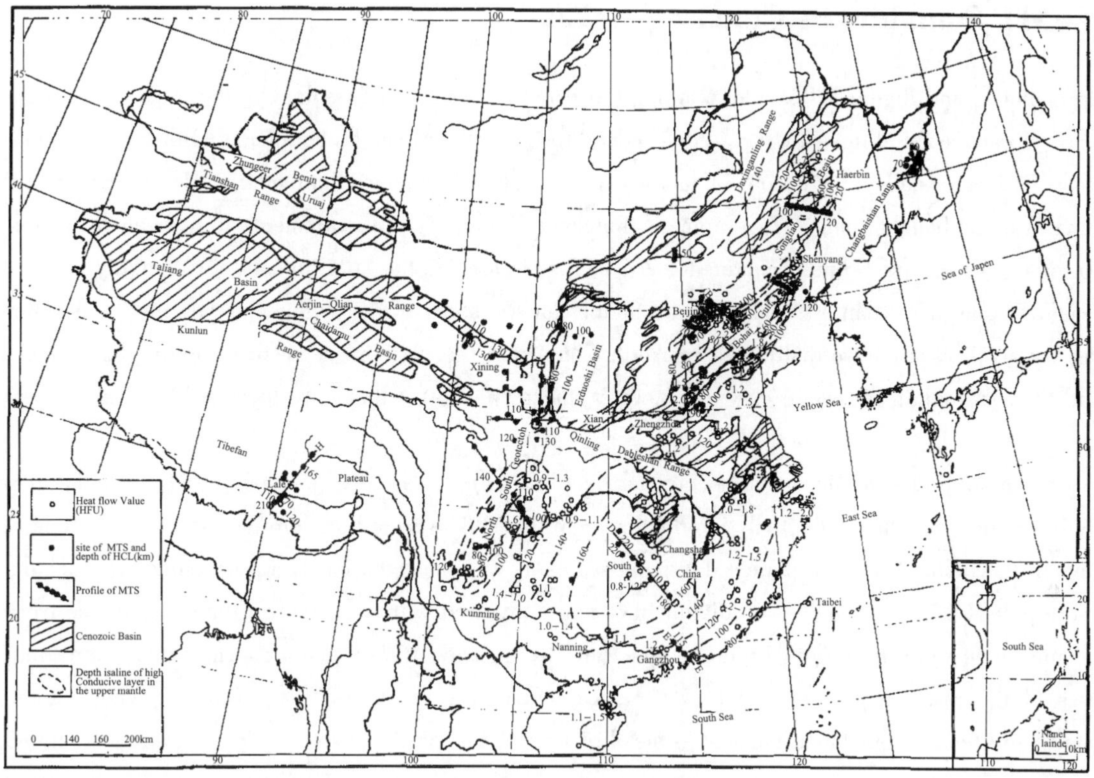

Fig. 1 Distribution of Cenozoic basin, MTS sites with the depth of upper mantle conductive layer in km heat flow sites with values in HFU. (In areas where the sites are too dense only representative sites are shown and depth isoline of upper mantle conductive layer.)

(2) The north China area called North China Platform has two different geologic regions. The Erduoshi basin in the western region wholly subsided during the Mesozoic period and has wholly uplifted since the Cenozoic period. Currently it has a slow uplift rate of 1 – 2 mm per year with no seismicity. However, the grabens were generated around the basin during the Cenozoic period and the thickness of Cenozoic deposits ranges from 2,000 to 8, 000 m in the grabens, the seismicity is very strong and sinking activity is outstanding along the surrounding grabens. The North China Plain and the surrounding mountains in the eastern region belong to the Cenozoic rift system (Liu Guodong, et al. , 1982). Strong earthquakes have frequently taken place around the area of the rift system and beneath the Bohai Gulf.

(3) The northeast China area includes the Songliao basin in the middle part, Daxinganling range in the western part, and Changbaishan range in the eastern part. The Songliao basin was a rift during the Mesozoic period and has Mesozoic sediments 5,000–6,000 m thick while the Cenozoic sediments are only 200–400 m thick. The Daxinganling and Changbaishan ranges were uplifting during the Cenozoic period.

The north – south geotectonic zone, the boundary between western and eastern parts of the Chinese continent, is the strongest seismic zone, in which a series of rift valleys grew at different times during the Cenozoic period.

2 MT Sounding in China

An analogue and digital MT system was developed by the Institute of Geology in the 1970's, the state seismological bureau cooperating with the Geophysical Prospecting Bureau of Petroleum Ministry. The magnetic sensors are inductive coils with a core of mumetal. The lower frequency limit of this MT system is 0. 00025 Hz. China also has bought some MT equipment from other countries. Measurements have been made for more than 500 MT sites on the Chinese continent, 200 MT sites are for the study on the conductivity of crust and upper mantle, and more than 300 MT sites are mainly for the study of the sedimentary basins. The majority of MT sites for deep research are distributed in North China and the northern segment of north–south geotectonic zone and their surroundings, while only a few were placed in South China, Northeast China, and Tibet areas (Figure 1).

The available period of MT signal spectra for deep sounding is usually less than 3,000 seconds, therefore we only have upper mantle conductivity information from them. The recording duration for one MT site is usually 3–5 days in the field. The high quality MT signal segments were selected for data processing. The MT data, at first, were processed with a high–pass digital filter and convolved with a Hanning window to reduce truncation errors, and then were transformed into a spectrum by Fourier transformation. Thereafter, the frequency responses of the instrument were corrected, the average power spectra in the given frequency bands were calculated; the tensor impedance elements, the direction of the principal axes, the 'skewness' rations, the E–predictions, and phasor coherences were estimated. Finally, the data satisfying the acceptance criteria were chosen to calculate the apparent resistivity curves in E–polarization ($\rho_{\parallel}$) and H–polarization ($\rho_{\perp}$) (sims et al. , 1971). Modified analysis of band limited MT signal pairs and the cross–power method were also used for estimating the tensor impedance elements in some cases (Jin Guangwen et al. , 1982; Goubau et al. , 1978).

There are differences between an apparent resistivity curve in E–polarization and an apparent resistivity in H–polarization in most of the MT sites. These differences are mainly caused by an inhomogeneous conductivity in the shallow layers. In this case the curves in E–polarization were customarily used to study the conductivity of upper mantle, because they have a minimum distortion on the long periods due to inhomogeneity of the shallow layers. Therefore, the curves in E–polarization were generally fitted to onedimensional models, while two–dimensional inversions for a few MT profiles have been done for the purpose of checking the validity of the onedimensional inversion.

Nearly 300 heat flow values in the Chinese continent have been published to date (Chen Moxiang *et al.* , 1982; Zhang Ruhai et al. , 1982; Wang Tiyang et al. , 1985; Wu Qlanfan et al. , 1985; Wang Jun and Liu Guodong, 1985), among them 120 measurements were distributed within the North China Plain and the surrounding mountings, 160 measurements within South and Southwest China, and some 20 measurements within other regions in China. The accuracy of most of the heat flow values in South and Southwest China is usually low, because the thermal conductivities of the rocks were presumed from rock cores recorded from the one bore hole in which the geothermal gradient had been measured (Wayg Jun and Liu Goudong, 1985).

Since there exists a close relationship between the upper mantle conductive layer depth and the heat flow, the heat flow values will be equated and discussed in this work. Nearly 200 MT sites, with a depth for the upper mantle conductive layer and 300 heat flow values, are shown in Figure 1.

3 The Upper Mantle Conductivities of Some Areas in China

3.1 The North China Plain and surrounding mountains

This area is situated in the eastern part of the North China platform. The North China Plain is a Cenozoic rift system which starts at Shenyang in the north and terminates in the south around Zhengzhou, with a total length of about 1000 km. The maximum width of the system is 400 km at the middle, with widths of 50–100 km at the south and north, and a trend of NNE. The terrain inside the rift system is low lying, covered by Bohai Gulf in its furthest east and northeast parts. This rift system consists of a series of depressions and uplifts. The thickness of Cenozoic deposits in the depressions may reach more than 6,000–7,000 m, the maximum thickness is 12, 000 m in the Bohai Gulf depression, and the accumulated thickness of Cenozoic basalts is about 1,000–2,000 m in the depressions. Relevelling data shows the North China Plain rift system still has strong differential movement. In the Bohai Gulf area, probably with Bohai Gulf as its center, there is a violent sinking zone; over the past 14 years, the average relative drop in the Bohai Gulf coast has reached 50–150 mm. The surrounding mountains of the North China Plain rift system have maximum elevations of 2, 000–3, 000 m and have been uplifting since the early Cenozoic, experiencing a violent uplift over the past 14 years with an average relative uplift of 20–60 mm. The North China Plain rift system is a region of strong seismic activity in the eastern part of the Chinese continent. In the years since historical records have been kept, 51 earthquakes of magnitude more than 6 have occurred. In the ten years between the Xingtai earthquakes of 1966 and the Tangshan earthquakes of 1976, 15 earthquakes of magnitude greater than 6 have occurred. More of the strong earthquakes occur along the border of the rift system. Particularty, there is a strong seismic zone with direction NWW called the ZhangjiakouBohai seismic zone, extending from the north margin of the rift system to the center of the Bohai Gulf (Liu Guodong, 1985).

Eighty MT sites for deep research have been measured in the North China Plain rift system and surrounding areas, with more than 30 of the sites distributed within the Lower Liaohe depression, which is in the northern branch of the rift system (Figure 1). The typical apparent resistivity curves are shown on Figures 2a and 2b. The results of the one-dimensional inversion for E-polarization curves indicate that there exists two conductive layers in the upper mantle. The first conductive layer has a depth of 35–40 km, a thickness of about 4–5 km, and resistivity of about 3–4 Ω · m. The depth of the Moho in the Lower Liaohe depression is 30–32 km, found by deep seismic sounding (Lu Zaoxun, 1985). Therefore, the first conductive layer of the upper mantle is a thin layer and occurs just under the Moho discontinuity. The second conductive layer has a depth of 80–90 km and a resistivity of 1–2 Ω · m, its thickness cannot be determined because the recorded periods of MT signals are not long enough, but we can reasonably suppose the second conductive layer of the upper mantle has thickness enough. The first conductive layer of the upper mantle seems to disappear beneath the marginal area of this depression, where there exists the intracrustal conductive layer with a depth of 20 km, a thickness of 4–5 km, and resistivity of about 3–4 Ω · m. The resistance layer between the two conductive layers of the upper mantle has a resistivity of 10^3 Ω · m found by inversion of one-dimensional layered models. Figure 3 is the geoelectrical structure in the crust and upper mantle crossing the Lower Liaohe depression and its marginal area along NWW direction.

Nearly fifty MT sites were distributed within the middle and southern branches and surrounding areas of the North China Plain rift system (Figure 1). The typical apparent resistivity curves are shown in Figure 4. The

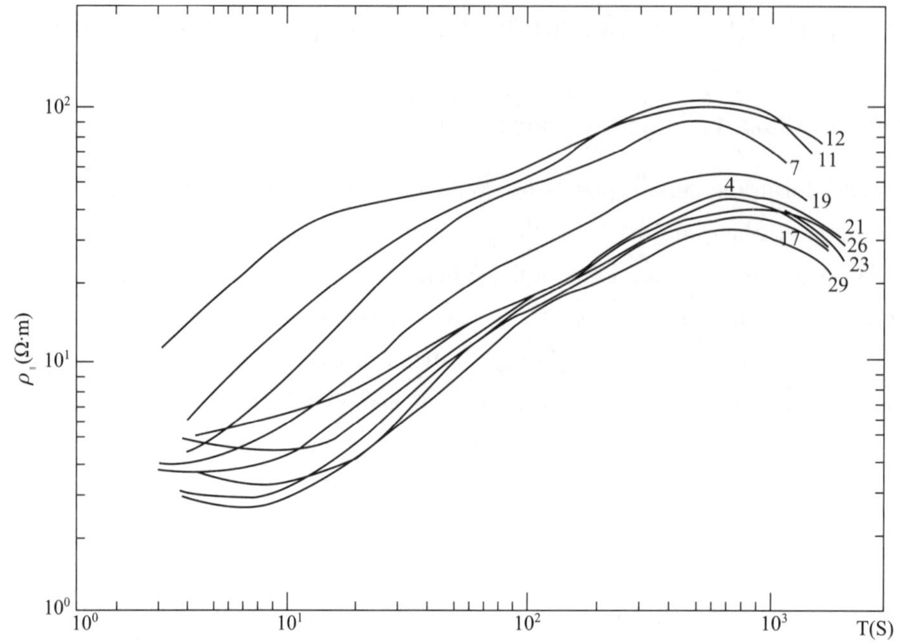

Fig. 2a Apparent resistivity Curve of *E*− polarization in the Lower Liaohe depression. Figure on curve shows a number of MT sites.

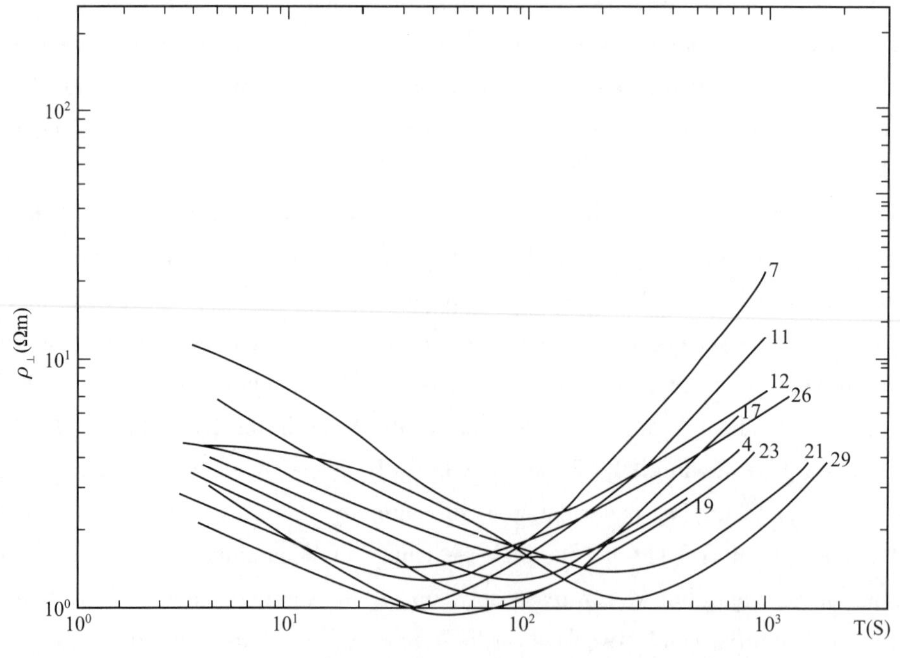

Fig. 2b Apparent resistivity curves of *H*− polarization in the Lower Laiohe depression. Figure on curve shows a number of MT sites.

result of the one−dimensional inversion for *E*−polarization curves indicate that the depth of the conductive layer with a resistivity of few Ω · m in the upper mantle ranges from 50−60 km around the Bohai Gulf to more than 100 km in the surrounding mountain areas (Figure 5) (Liu Guodong, 1983). According to the result of seismic data inversion, the low velocity zone with velocity value of 7. 8 km/s has been found at a depth of roughly 60−

70 km in the North China Plain (Song Zhonghe, 1985). Thus we can say that both the conductive layer and the low velocity zone in the upper mantle may coincide in this area. A conductive thin layer of the upper mantle does not exist in this area, however, the intracrustal conductive layer has been measured at depths from 15–20 km in the plain to 25 km in the mountain areas (Liu Guodong et al., 1984). Figure 6 shows the distribution of resistivity from MT data and velocity from seismic data versus depth in different geological units of this area.

120 measurements of heat flow values in the North China Plain and the surrounding mountains (Figure 1) showed, that the average heat flow exceeds 1.6 HFU inside the rift system. In particular, the heat flow values in the Bohai Gulf and its coastal areas range from 1.77 to 2.53 HFU, while the surrounding mountains average only 1.0 HFU (Liu Guodong, 1985).

3.2 Northeast region

In the Northeast region the magnetotelluric soundings have been done at 50 sites, among them are 18 sites completed by the Department of Geophysics, Geological College of Changchun, distributed within the Song–Liao basin while approximately 30 sites are within the Hulin basin (see Figure 1).

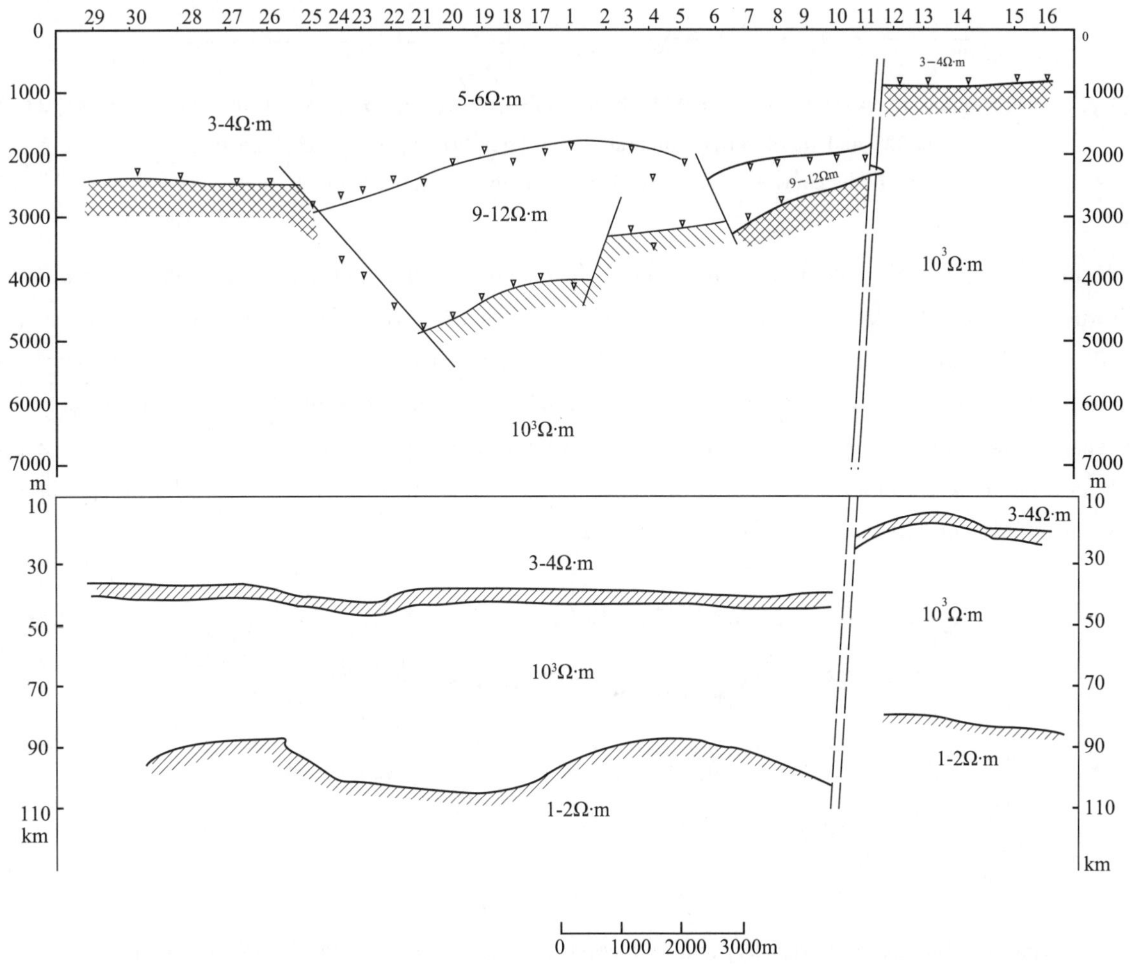

Fig. 3 The geoelectrical structure in the crust and upper mantle crossing the Lower Liaohe depression and its marginal area along NWW direction. (Profile A–A′on Figure 1)

The Song–Liao basin is a Mesozoic rift with a Jurasic–Cretaceous sediment of 5,000–6,000 m thickness and widely grown volcanic rocks. The rifting activity stopped at the beginning of the Cenozoic era, with Cenozoic deposits of only 200–400 m. Magnetotelluric sounding results show that the conductive layer of the upper mantle within the Song–Liao basin appears at a depth 80–90 km while around it is at depths reaching 120–140 km. The values of heat flow measured at 10 sites located in this basin and in the surrounding area showed that the average value of heat flow within the basin is approximately 1. 90 HFU while that in the surrounding area is approximately 1. 15 HFU. Obviously, there is a correspondent relationship between the depth of upper mantle conductive layer and the average value of heat flow.

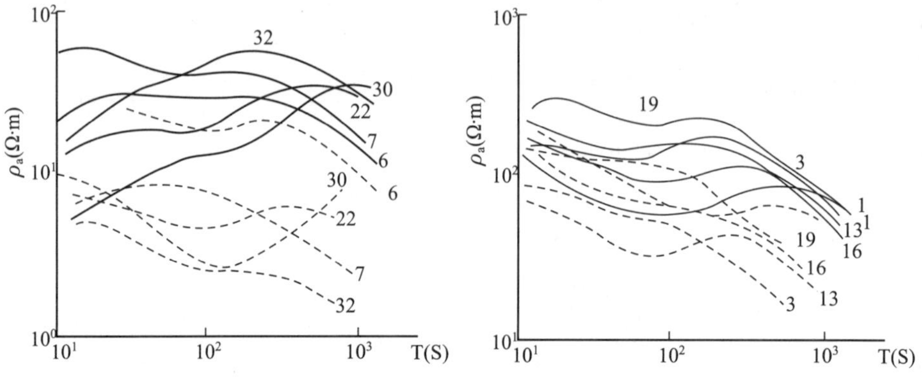

Fig. 4　Some apparent resistivity curves of MTS in the North China Plain rift system (numbers 6, 7, 22, 30, and 32) and surrounding mountain areas (numbers 1, 3, 13, 15, and 19). Solid line is the curve of *E*–polarization Dashed line is the curve of *E*–polarization.

Hulin basin is a small scale basin formed during the Cenozoic period and is located on the eastern border of the Northeast region, 250 km from the Sea of Japan. This basin has Cenozoic deposits with maximum depths more than 1000 m and a large amount of tertiary and quaternary basalt in the surrounding area. Figure 7 shows the typical apparent resistivity curves from magnetotelluric sounding in the Hulin basin. The result of one–dimensional inversion on the curve of E–polarization shows that the depth of the first conductive layer of upper mantle is about 70 km with a thickness of 15 km and resistivity of 20 Ω · m, while the depth of the second conductive layer is about 220 km with resistivity of few Ω · m.

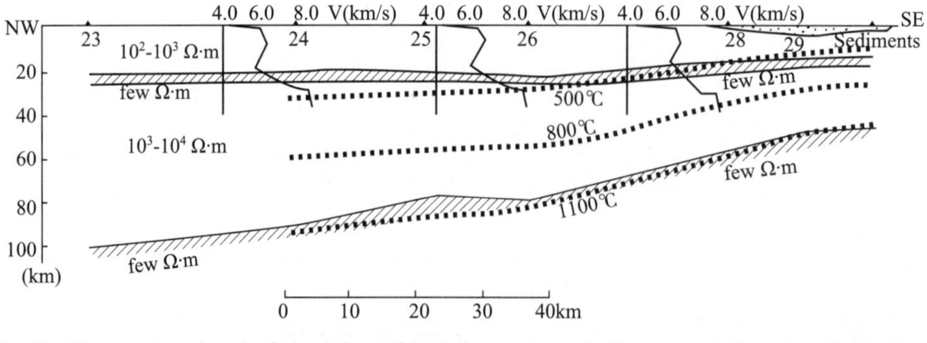

Fig. 5　The geoelectric velocity, and geothermal structures in the crust and upper mantle from the northern coast of the Bohai Gulf to the Yenshan mountain area along NW direction. (Profile B B′on Figure 1)

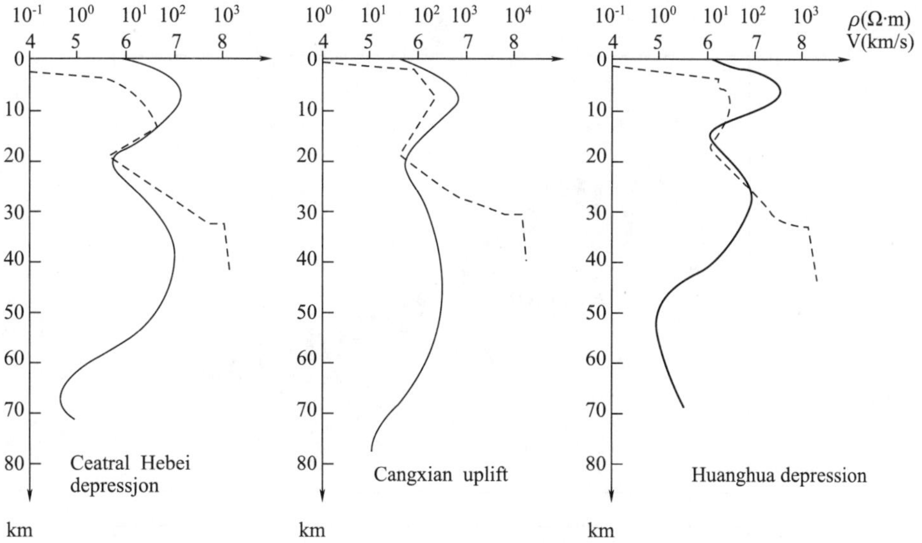

Fig. 6 The distribution of resistivity from MTS data and of velocity from seismic data versus depth in different geological units of North China Plain rift system. MT data is fitted to one-dimensional continuous models.

3.3 South China and Southwest region

South China and the Southwest region are the most stable areas of modern tectonic activity. There is no growth of large scale Cenozoic basins and very little Cenozoic magma activity, which is centered in the area of the southeast coast and Hainan island. The relevelling data show that the yearly uprising rate of this region is 1–2 mm/y and it has not experienced any strong earthquakes excepting in the southeast coast area.

There has been little data of upper mantle condutivity provided for this region, because MTS measurements have been completed at only 30 sites. These MTS sites are distributed along three profiles of NWW direction and one profile of NNE direction (see Figure 1). The regional geological tectonics trend for the most part in this region is NE–NNE. Figure 8a shows the geoelectrical structure of the crust and upper mantle along a NWW profile cutting laterally through the Mesozoic–Paieozoic Shichuan basin and the Precambrian Songpan block. Obviously, it can be seen that a conductive thin layer exists under the Shichuan basin at a depth around 100 km with a thickness of about 10 km and resistivity of ten to few tens Ω · m. After extending west through the north–south geological tectonic zone this layer deepens to 140 km under the Songpan block (Li Li and Jin Guoyoun, 1985). Figure 8b shows the geoelectrical structure of the crust and upper mantle along a NWW profilecutting laterally through the Hunan Jiangnan old continent and the Caledonian folding zone. A relatively conductive thin layer exists under some MTS sites along this profile at a depth of 50–60 km with a thickness of few km and resistivity of few tens Ω · m. Meanwhile, the conductive layer is usually found at depths of 190–220 km with a resistivity of few Ω · m. Figure 8c shows a MTS profile perpendicular to the southeast coast with a length of only 120 km and with only four MTS sites. A conductive layer exists along this profile at a depth of 90–115 km, with its depth increasing from east to west, a thickness of about 25 km and a resistivity of few Ω · m.

The distribution of heat flow values in South China and the Southwest region may be characterized by the following (see Figure 1): the heat flow values in the Shichuan basin and its surrounding area vary between 1.8 and 0.8 FHU with an average of 1.2 HFU; most of the heat flow values in the Hunan province vary within the range 0.8–1.2 HFU; the average heat flow value in the southeast coast area may possibly be larger than

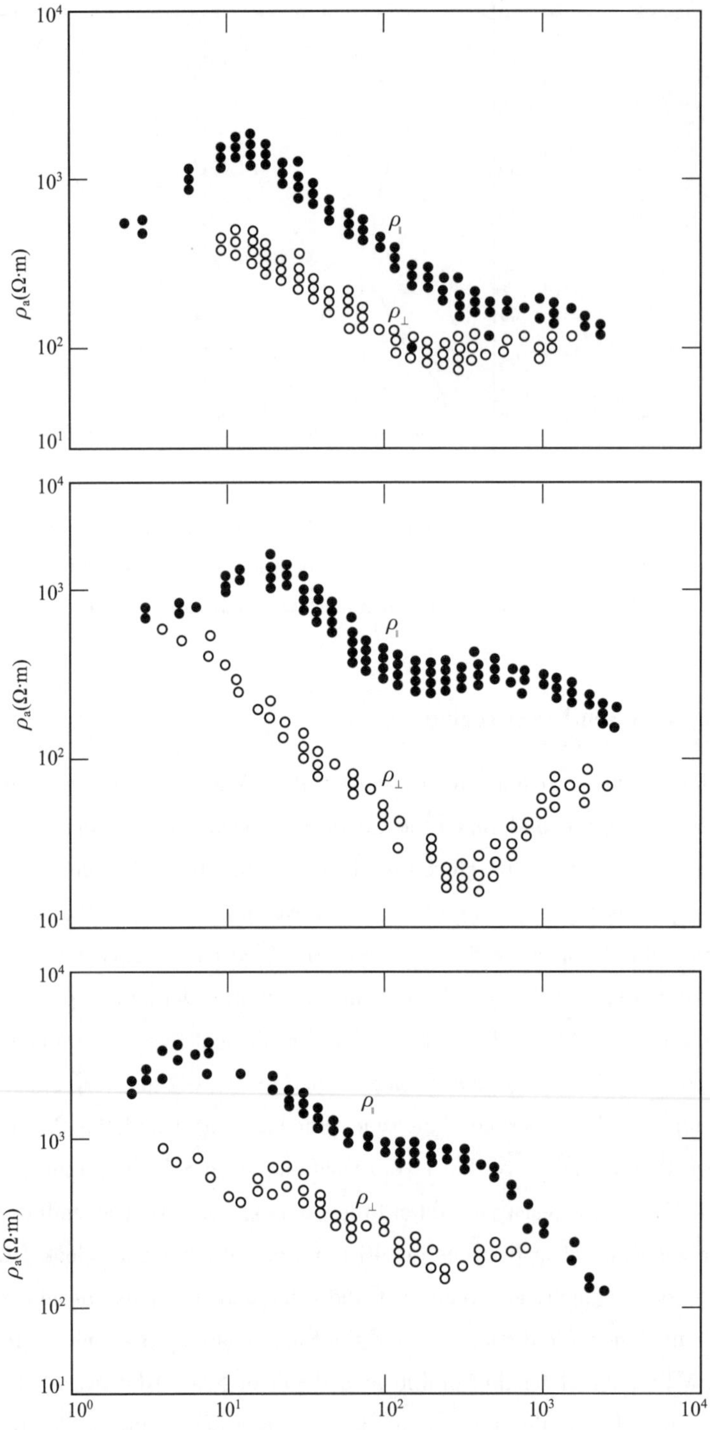

Fig. 7　Typical apparent resistivity curves from MTS in the Hulin basin.

1.5 HFU.

3.4　North–South geotectonic zone

The north–south geotectonic zone is the important boundary for the geological and geophysical field characteristics of the Chinese continent and is the zone of the strongest neotectonic activity as well. MTS measurements at more than 50 sites (see Figure 1) in the north segment of the north - south geotectonic zone have been completed, while in the south segment there has been only one MTS profile (Figure 8a). Since the beginning of historical records in 143, some 40 earthquakes of $M \geqslant 6$ have occurred in the north segment of the north–south geotectonic zone. The thickness of the Cenozoic deposits at some intervals in this segment reaches 7, 000 m. Figure 9a shows the geoelectrical structure profile cutting laterally through the north segment of the north–south geotectonic zone while Figure 9b shows the geoelectrical structure profile along the direction of this zone. It can be seen from Figures 8a and b that the conductive layer of the upper mantle uplifts under the north–south geotectonic zone with a top depth of only 80 km, then deepens to 100–160 km to both the east and west, more rapidly to the west. The resistivity of the conductive layer of the upper mantle gradually increases from about 1 Ωm under the north–south geotectonic zone to more than ten Ωm at both sides of the east and west. The upper mantle conductive layer in the south segment of the north–south geotectonic zone shows a depth close to 80 km under the zone, which rapidly increases to 140 km on the west side (Figure 8a). Therefore, the north–south geotectonic zone also has rapid changes in the depth of the upper mantle conductive layer (Guo Shounian et al., 1985; Li Li and Jin Guoyoun, 1985).

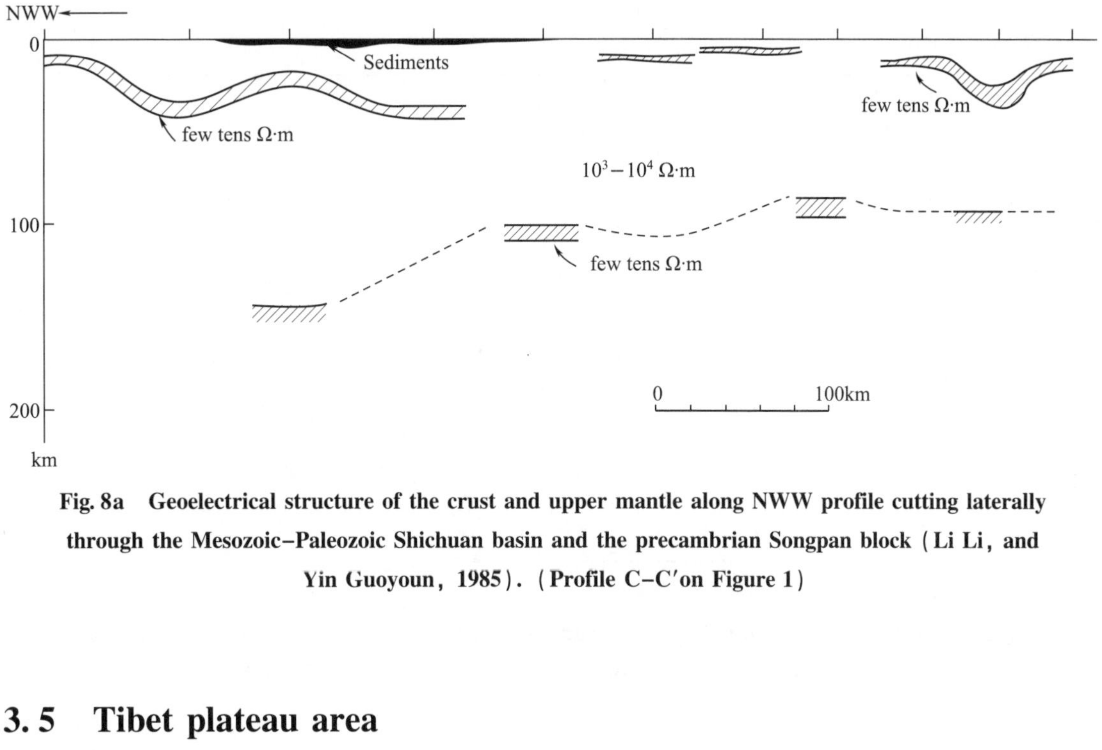

Fig. 8a Geoelectrical structure of the crust and upper mantle along NWW profile cutting laterally through the Mesozoic–Paleozoic Shichuan basin and the precambrian Songpan block (Li Li, and Yin Guoyoun, 1985). (Profile C–C′on Figure 1)

3.5 Tibet plateau area

The Tibet plateau is known as the roof of the world. It has an average height of more than 4,500 m with mountain Xiamalaya as high as 8,848 m, which is the youngest mountain uplifting since the Tertiary era. Geologists and geophysicists have been widely interested for many years by the particular structure of the Tibet plateau. In recent years various research on deep geophysics of the Tibet plateau area has been conducted, the Chinese–France joint team has measured 8 MTS sites along a NS profile in 1980, and the Ministry of Geology and Mineral Resources of China has continuously measured 5 other MTS sites on the same profile. This MTS profile cuts laterally through the Tibet plateau, 400 km long, with 13 measuring sites (Figure 1). Figure 10

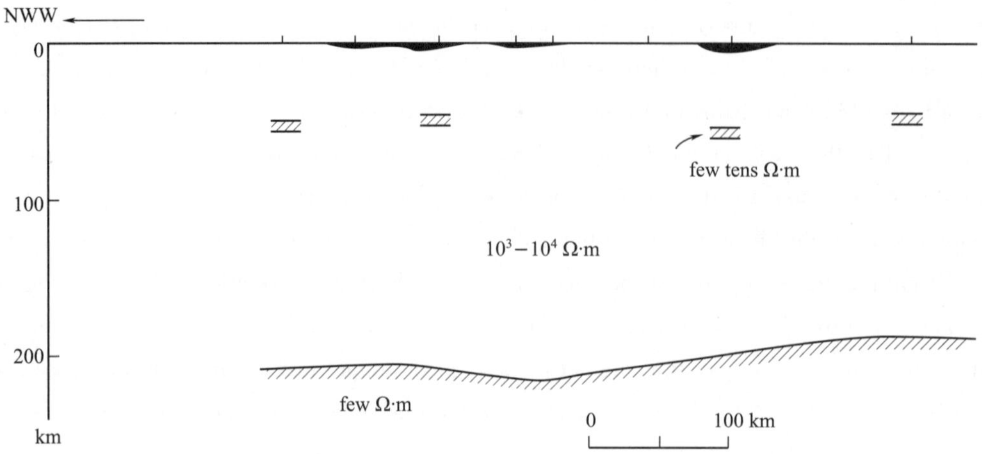

Fig. 8b　Geoelectrical structure of the crust and upper mantle along NWW profile cutting laterally through the Jiangnan old continent and the Caledonian folding zone of the Hunan province. (Profile D–D′on Figure 1)

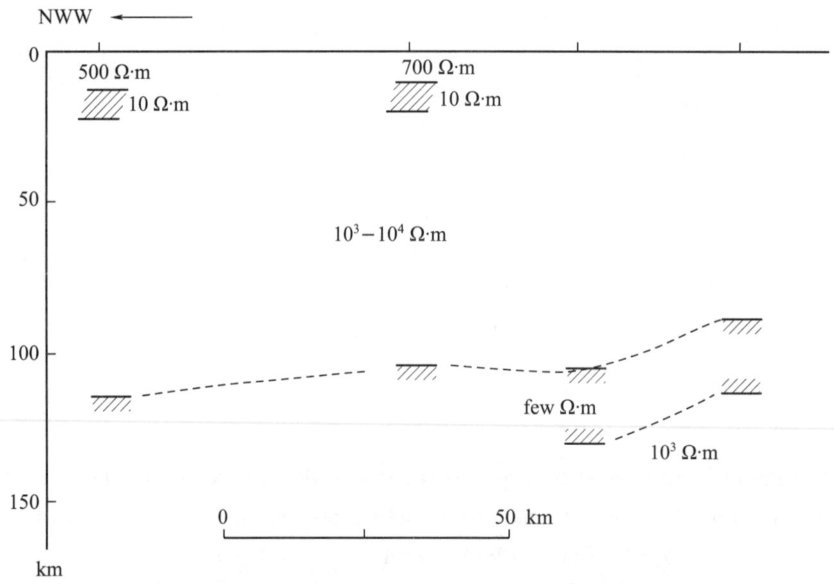

Fig. 8c　Geoelectrical structure of the crust and upper mantle along NWW profile perpendicular to the southeast coast in Guangdong. (Profile E–E′ on Figure 1)

shows the apparent resistivity curves of the MTS sites while Figure 11 shows the profile of resistivity distribution with depth calculated by the Bostick inversion method on the E-polarization curves (Li Li and Jin Guoyoun, 1985).

It can be seen from Figure 11 that the conductive layer commonly exists in the Tibet area crust. The upper mantle conductive layer near the south end of the profile is at the depth of about 120 km and uplifts to a depth of 70–80 km at the south of Yaluzangbu river. This layer significantly deepens to the north of Yaluzanbu river down to about 160 km under the C5 MTS sites. The results of deep seismic sounding show that there exists a low velocity layer in the crust at the Tibet plateau, with its top depth at 25–38 km and the crustal thickness about

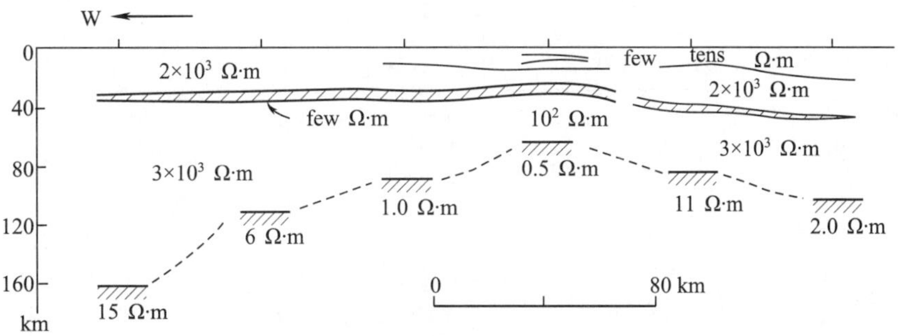

Fig. 9a Geoelectrical structure of the crust and upper mantle along W–E profile in the north segment of the north–south geotectonic zone (Guo Shounian, et al., 1985). (Profile F–F′on Figure 1)

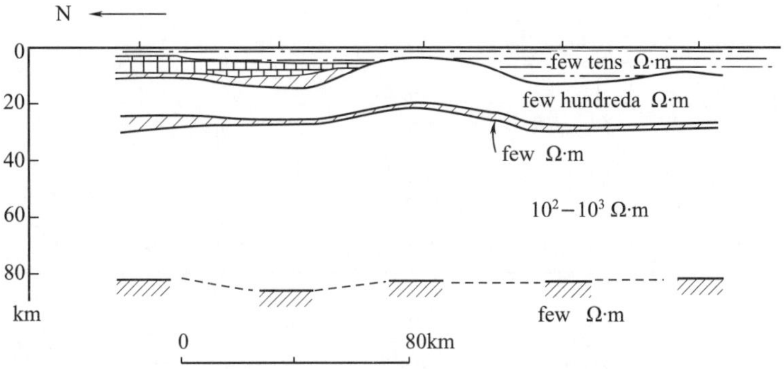

Fig. 9b Geoelectrical structure of the crust and upper mantle along N–S profile in the segment of the north–south geotectonic zone (Guo Shountan et al., 1985). (Profile G–G′on Figure 1)

70–75km. Compare this to the crustal thickness under the Himalaya mountains of only some 53–55 km (Teng jiwen, 1985). The measurements of heat flow at Pumoyon lake and Yanzhuoyon lake show that the average values of heat flow are 2.2 HFU and 3.5 HFU, respectively (Shen Xianjie et al., 1985). The locations with these two heat flow values are correspondent to the south section of the MTS profile (see Figure 1).

4 The Relationship Between Upper Mantle Conductive Layer and Heat Flow Value and Upper Mantle Low Velocity Zone

From the data of the upper mantle conductive layer depth and the heat flow given in Figure 1, the relation between them can be found on a statistical basis, and show exponential dependence (Figure 12) as following

$$h = h_0 q^{-a} \ (\text{km}) \tag{1}$$

$h_0 = 165$, q is average value of heat flow (HFU), $a = 1.35$; when $q \leqslant 1$ this relationship will not be valid. Such a result is basically consistent with the conclusion made by A Ádám (1978). The result of inversion of seismic data shows that the depth of the upper mantle low velocity zone in China varies greatly. Figure 13 shows the distribution curve of upper mantle longitude wave velocity with depth (Song Zhonghe, 1985). It can be seen that the depth of the upper mantle low velocity zone in the North China Plain, the Yellow and East China Sea areas, the north – south yeotectonic zone, and the Tibet plateau are 70 km, 60 km, 100 km, and 120 km, respectively; while no upper mantle low velocity zone has been found in the South China area. These results are basically consistent with those depths of upper mantle conductive layer given by MTS.

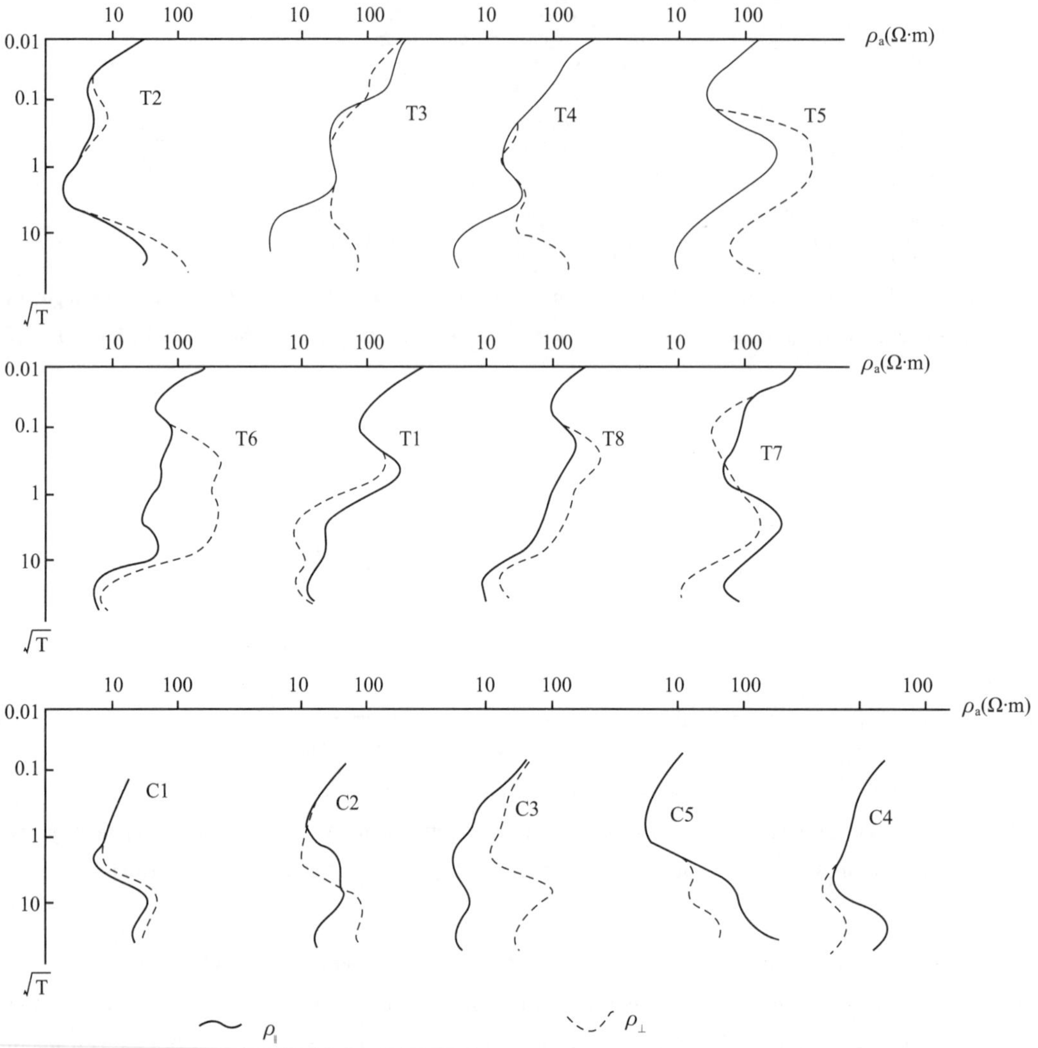

Fig. 10　Apparent resistivity curves of MTS along N–S profile in the Tibet plateau (Li Li and Jin Guoyoun, 1985).

According to the upper mantle conductive layer depths determined by MTS, and the upper mantle conductive layer depths estimated by means of average heat flow values using formula (1); we have made a compilation of the maps of upper mantle conductive layer top depths in some parts of the Chinese continent (Figure 1), and recognize the following:

(1) Based on the above-mentioned results of the exponential correspondent relationship between the depth of upper mantle conductive layer and the average values of heat flow, the resistivity of the conductive layer being only 1–few Ω · m, and the depth of conductive layer being basically consistent with the depth of low velocity zone, the possible origin of the upper mantle conductive layer in most areas within the Chinese continent may be partial melting. For the area within South China with an upper mantle conductive layer depth and high velocity zone of more than 200 km and with an average value of heat flow less than 1. 0 HFU, without the existence of low velocity zone, the possible origin of the upper mantle conductive layer is the phase change of mantle rocks (Ádám, 1978).

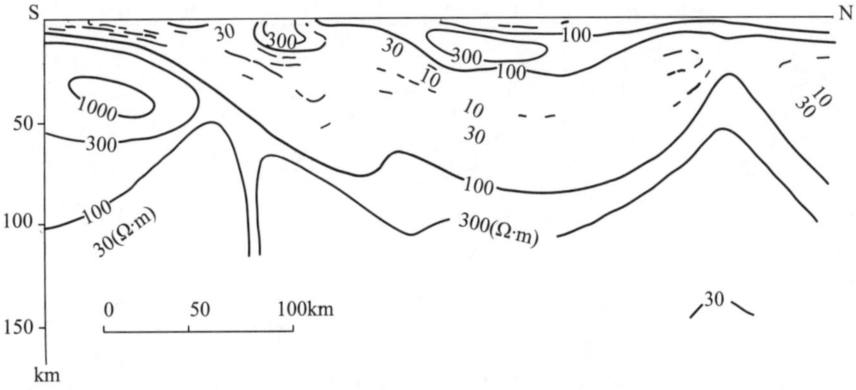

Fig. 11 Profile of resistivity distribution with depth along N–S direction in the Tibet plateau (Li Li and Jin Guoyoun, 1984). (Profile H–H′on Figure 1)

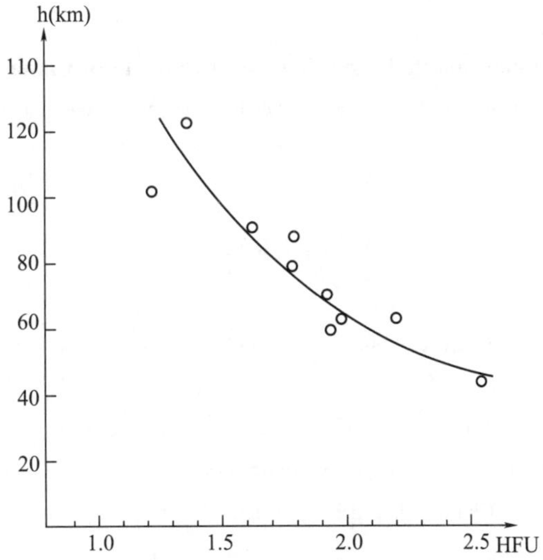

Fig. 12 Relation between heat flow value and depth of upper mantle conductive layer in the Chinese continent.

(2) The depth of the upper mantle conductive layer in the center of the Chinese continent varies greatly: from 50 km (at the Baohai Gulf) to more than 200 km (at the South China area). There has been a significant relationship between the top depth of this conductive layer and the tectonic activities since the Cenozoic period and the current seismicities. The conductive layer in the Cenozoic rift valley shows strong uplift. The strong seismicity zone either seems to be located at the zone where the depth of the conductive layer varies more or seems to be associated with the uplift of the conductive layer (except for the Tibet plateau).

(3) Two conductive layers have been found in the upper mantle of some areas, the first conductive layer is thin only a few km, with a resistivity of few to few tens Ω · m. It is surmised that this thin layer of high conductivity might be the remains of partial melting from geological history; it also might be the layer where crystal defect or conductive minerals have been comparatively concentrated if this thin layer has a middle conductivity.

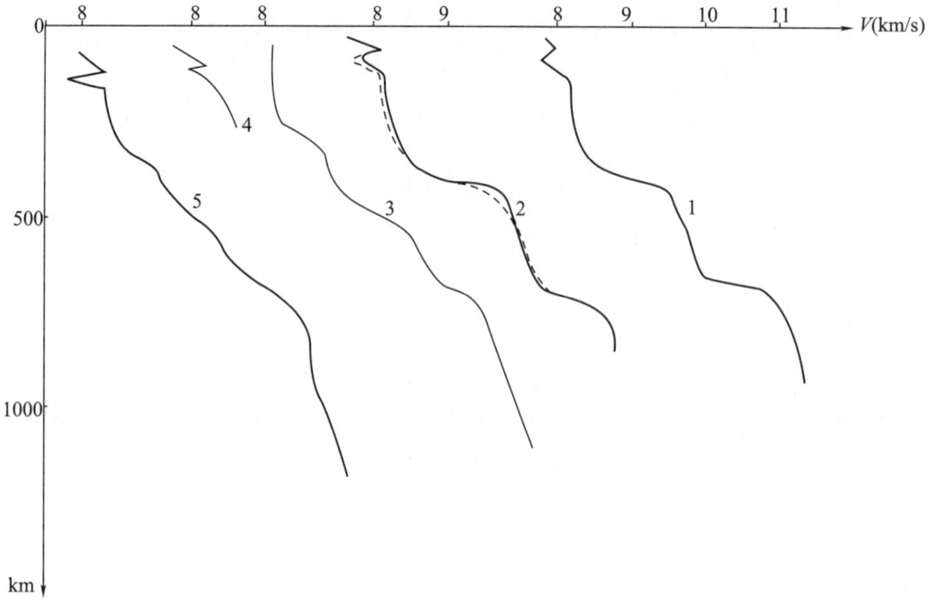

Fig. 13 Distribution of upper mantle longitude wave with depth in China (Song Zhonghe, 1985).

1—North China Plain, 2—Yellow Sea and East China Sea, 3—South China, 4—South-north geotectonic zone, 5—Tibet plateau.

REFERENCES

ADAM, A., 1978, Geothermal effects in the formation of electrically conducting zone and temperature distribution in the Earth, Phys. Earth Planet. Inter. 17, 21-28.

Chen Moxiang, Huang Geshan, and Zhang Wenven, 1982, Distribution characteristics of the geothermal resources in the northern area of the North China Plain, Institute of Geology, Academia Sinica, Research on Geology 1, 72-89.

Goubau, W. M., Gamble, T. D., and Clarke, J., 1978, Magnetotelluric data analysis: Removal of bias, Geophysics 43, 1157-1169.

Guo Shounian, Zhu Zuoquan, and Lin Changyou, 1985, Relationship between the crustal and upper mantle conductive layers and seismicities, (in press).

Jin Guangwen, Wang Jiayin, and Wang Tiansheng, 1982, A method for computing MT tensor impedance, Acta Geophysica Sinica 25, Supplement, 650-659.

Li Li and Jin Guoyoun, 1985, MTS report on the crustal and upper mantle conductivity in Pan-Xi an Longmenshan mountain areas, (in press).

Liu Guodong, 1985, Cenozoic rift system of North China Plain and the deep internal processes, Research on Recent Crustal Movement (1), Continental rifts and deep internal processes, Institute of Geology, State Seismological Bureau (Seismological Press, Beijing) pp. 17-25.

Liu Guodono, Gu Qun, Shi Sulin, Sun Jie, Shi Zhangsong, and Liu Jinhan, 1983, The electrical structure of the crust and upper mantle and its relationship with seismicity in the Beijing-Tianjin-Tangshan Region and adjacent area, Acta Geophysica Sinica, 26, 149-157.

Liu Guodong, and Liu Changquen, 1983, Structures of crust and upper mantle and their relation to Cenozoic tectonism in northern part of North China, Scientia Sinica, 26, 550-560.

Liu Goudong, Shi Shulin, and Wang Baojun, 1984, Conductive layer in the crust in North China and its relation to crustal tectonism, Scientia Sinica, 27, 1093-1104.

Lu Zaoxun , 1985, Progress of geophysical prospecting study on the deep structure of Haideng earthquake area, Earthquake Research in China, 1, No. 1, 56-65.

Shen Xianjie, Deng Xioyue, Kan Wenhua, 1985, Corrections to the heat flow values measured in SouthXizang (Tibet) and the results, Acta Geophysics Sinica, Vol. 28, Supplement (1), 80-92.

Sims, W. E. , Bostick, F. X. Jr. , and Smith, H. W, 1971, The estimation of magnetotelluric impedance tensor elements from measured data, Geophysics, 36, 938-942.

Song Zhonghe , 1985, P Wave velocity structure of the upper mantle in Chinese continent and its marginal areas, (in press).

Teng Jiwen , 1985, An introduction to geophysical study on the Tibetan plateau area, Acta Geophysica Sinica, 28, Supplement (1), 11-15.

Wang Tiyang, Wang Jian, 1985, Geothermal measurements in Liaohe basin, Kexue Tongbao, 30, 1008-1010.

Wang Jun, and Liu Guodong , 1985, Terrestrial heat flow and deep geology in South China, Acta Geophysica Sinica, (in press).

Wu Qianfan, Xie Yizhen, Zu Xinhua, and Wang Dou , 1985, Terrestrial heat flow and seismicity in North China, Research on Recent Crust Movement (1), Continental rifts and deep internal processes, Institute of Geology, State Seismological Bureau (Seismological Press, Beijing) pp. 133-141.

Zhang Ruhai, Xei Zhengwen, Wu Jixin, and Xei Yizeng, 1982, The distribution of heat flow values in Tangshan and its surrounding, Seismology and Geology, Vol. 4, (0), 57-68.

华北断块的地壳上地幔结构*

刘国栋　叶　洪

张文佑教授多年来一直主张地质学与地球物理学密切结合，深部研究与浅部研究密切结合。他的断块学说，就是在大量的地质和地球物理实际观测资料的基础上，运用地质力学和地质历史相结合的方法产生的。本文主要讨论华北断块区和其二级断块的地壳上地幔构造特征。研究结果表明地壳上地幔的结构、构造有明显的分区性，并与浅部构造具有密切关系。

1　华北断块区的地质发展简史

太古代末期华北断块形成了统一的结晶基底，元古代时期出现了很多断陷槽（刘国栋，1980），震旦纪时期断块南北两缘接受了巨厚的沉积。自古生代开始整个华北断块缓慢下沉，接受了一套海相沉积建造，中奥陶世后期断块整体抬升，至石炭-二叠纪时期又振荡式下沉，接受了广泛的陆相建造。在这段漫长的地质历史发展阶段，虽然华北断块的不同地域表现了不同的活动程度，但基本上属于稳定的地台型盖层发展阶段。自中生代燕山运动开始，华北断块进入了与前期本质上不同的新的构造发展时期，断陷或裂谷盆地广泛出现，以陆屑建造为主并夹有大量的火山岩和火山碎屑岩，花岗质类的岩浆活动比较强烈。此时期的最大沉积厚度可达万米以上，展布趋势也从中生代以前的 EW 向变为 NNE 向，并大致以太行山为界，其西为大幅度坳陷，其东为小型断陷盆地（叶连俊，1982）。晚白垩世-古新世时期，华北断块东部可能经历了一段短暂的迅速上隆时期，而后进入了强烈的大陆裂谷发展阶段，差异运动十分显著，铲状正断层广泛发育，玄武岩浆活动异常频繁，地势分割强烈，属盆-岭构造阶段（刘国栋，1984b）新近纪以来这一地区整体下沉，周围山区仍保持稳定抬升，但下沉幅度在不同地区有显著差异（叶洪等，1983）。第四纪时期除继续早期的下沉外，沿华北平原北界发育了多个整体呈 NWW 向分布的小型断陷盆地，第四系沉积最厚者近 800 m。新近纪以来的活动中心，从西向东转移，渤海地区的活动最为强烈，新生代以来的最大沉积厚度可达 12000 m（刘国栋等，1982a）。根据最近的石油地震勘探结果，渤海地区存在着很多“通天”断层，第四系内部仍有很多玄武岩体。华北断块西部的鄂尔多斯地区，新生代以来稳定上升，但周边地区相继强烈下沉，发育了一系列断陷带。最早出现的是南侧的渭河断陷带和西侧的银川-吉兰泰断陷带，渐新世时期北侧出现了河套断陷带，新近纪时期山西高原出现了山西地堑系，其中吉兰泰断陷第四系沉积厚达 2000 m 以上。鄂尔多斯周边的新生代断陷不像华北平原那样，很少或几乎没有火山活动。上述情况表明，华北断块自中生代活化以来，构造活动强烈，活动差异显著，新生代以来这种情况又有加强。

沉积建造，构造变形和岩浆活动等地质资料完好地记录了地质时期的发展历史。地球物理探测所观测到的地壳上地幔的各种物性结构和构造形态，是这一历史发展的结果。随着地质年代的进展，地壳上地幔内部也在变迁和演化，并且影响或控制着地壳上层的构造运动。一般可认为现实的深部构造

* 本文原载于《断块构造理论及其应用》，科学出版社，1988，143～149。

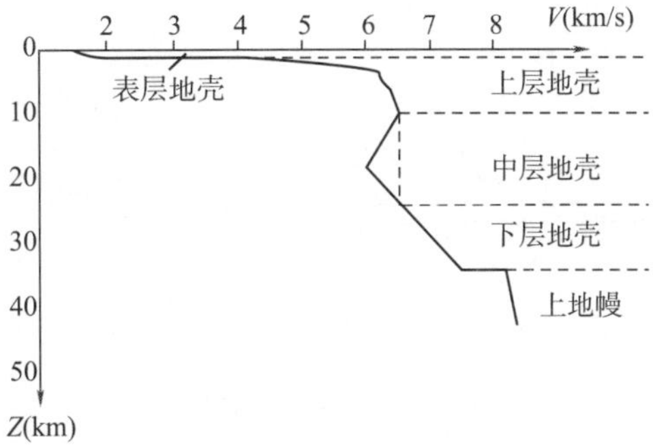

图 1　华北地区的地壳上地幔速度结构（据刘昌铨等，1984）

特征，主要与该地区最晚一期的强烈构造活动密切相关。

2　华北断块区的地壳上地幔结构

华北地区近些年来开展了大量的人工地震测深、天然地震波数据分析、大地电磁测深和大地热流测量以及重磁资料解释等工作来研究地壳上地幔的结构、构造特征。根据人工地震测深结果，华北地区除表层的低速沉积岩层外，地壳可分为三层速度结构（图 1）：①上层地壳，速度值一般为 4. 0～6. 4 km/s，平原区的速度值往往高于山区；②中层地壳为一组低速层，其埋深在平原区往往浅于山区，并且山区下部的中层地壳常表现为低速和高速的互层结构；③下层地壳是一组速度随深度明显增加的速度梯度层，速度值一般为 6. 0～7. 6 km/s；④上地幔内部，发现有低速层存在，认为相当于大地电磁测深法发现的上地幔高导层（刘昌铨等，1984）。地壳厚度在华北平原区显著减薄，周围山区明显加厚。

根据张少泉等最近完成的横穿渭河地堑和鄂尔多斯断块南部的人工地震测深工作的解释结果，在地堑下有一上地幔局部凸起，地壳厚约 34 km，向西地壳逐渐加厚。地壳仍为三层速度结构，但没有壳内低速层存在①。

根据大地电磁测深结果（刘国栋等，1982b），除表层的低阻沉积层外，上部地壳为高阻层、山区的电阻率值高于平原区，中部地壳为高导层，下部地壳和上地幔最上部为高阻层，上地幔内部存在一个明显的高导层（图 2）。在平原区，壳内高导层埋深 15～18 km，向山区方向逐渐增至 25 km 左右，反映导电性能的总纵向电导值也从平原内的 1000 S 左右，向山区方向降至 200～400 S（刘国栋等，1984a）。上地幔高导层从平原向山区逐渐加厚。

根据目前已经发表的大地热流测量结果（中国科学院地质所地热组，1978；解政文等，1980；陈墨香等，1982；张汝惠等，1982），华北平原为高热流区，渤海及其沿岸地区热流值最高在 1. 77 ～2. 53 HFU范围内变动，这与其他地球物理资料和地质资料反映的事实是吻合的。根据人工地震测深，转换波测深和重力资料反演，渤海及沿岸地区地壳厚度最薄，仅有 28～30 km（图 4）。根据大地电磁测深、天然地震资料的 P 波初动及部分续至震相的计算结果②，渤海及其沿岸地区的上地幔高导层和低速层最浅，仅有 50～60 km。而根据地磁测深的研究结果，该层在渤海内部仅有 30～50 km。根据石油地震勘探结果，渤海下的第四系沉积内仍有很多玄武岩体，其岸边的海兴一带就有全新世时

① 张少泉等，1984，中国西部陕甘宁青地区门源–平凉–渭南地震测深剖面的分析解释。

② 宋仲和等，1984，中国大陆和大陆的上地幔 P 波速度结构。

期的玄武岩出露。根据航磁资料计算的居里温度面深度最浅，仅 12～14 km。

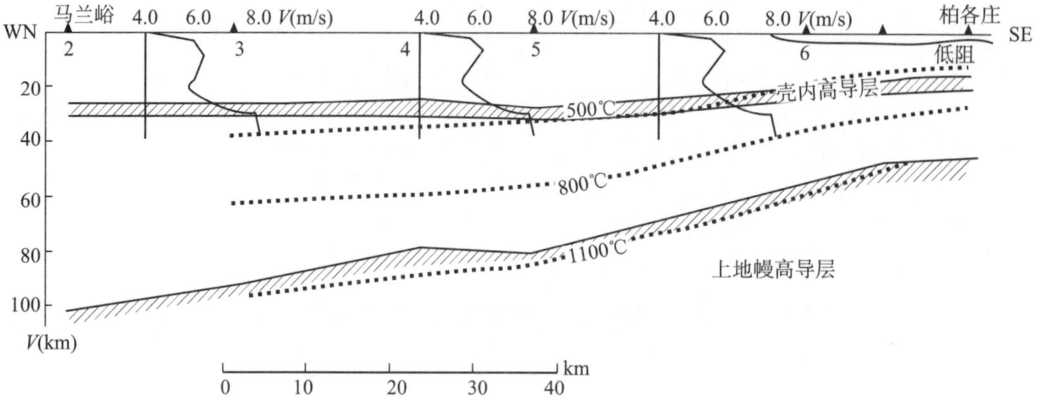

图 2　华北地区地壳上地幔电性结构

一维层状理论模型反演结果，柏各庄至马兰峪剖面

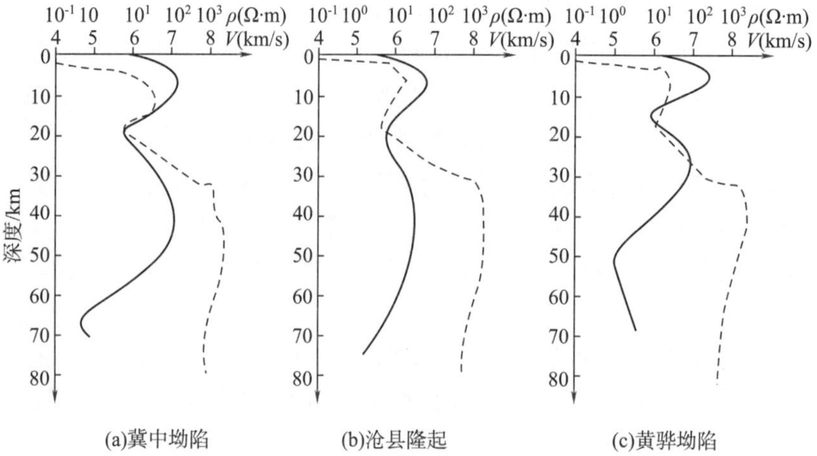

图 3　华北地区地壳上地幔速度和电性结构的对比

均采用一维连续介质理论模型反演结果，虚线为速度结构，实线为电性结构

周围山区热流值较低，大约近于 1 HFU，平原与山区之间是热流值变化的梯度地带。

华北断块区东部的地壳上地幔速度、电性和热结构三者之间，以及它们三者与新生代以来的构造活动性之间存在着密切的关系。从图 3 可见，地壳上地幔的速度和电性结构变化规律是完全一致的，但莫霍界面在电性结构上没有响应，这是因为莫霍面是一个化学组成界面，在电性上不存在可被大地电磁法觉察到的变化。

图 2 中除绘了地壳上地幔电性结构外，还绘制了速度结构和温度分布。可见，接近渤海地区的东南段剖面，壳内低速-高导层以及上地幔高导层埋深均显著变浅，它们所处的温度值分别为 500～600 和 1100 ℃，下地壳和地幔最上部明显减薄。近燕山地区的剖面西北段，壳内低速-高导层，尤其是上地幔高导层显著加深，它们所处的温度值分别为 400 和 1100 ℃。这种变化趋势与本区新生代以来的构造活动性非常一致：高温区新生代沉积巨厚、玄武岩活动强烈，低温区新生代以来稳定抬升，几乎没有岩浆活动。这种联系表明，本区新生代以来的构造活动与地壳上地幔的热动力学过程有关（刘国栋等，1982a；叶洪等，1980）。

3 华北断块区的莫霍面深度

很多人曾利用布格重力异常图，采用不同的计算方法对华北地区的莫霍面深度做过计算和研究（魏梦华等，1980；王谦身等，1982）。我们在这些工作的基础上，并以近些年来完成的人工地震测深剖面为控制，重新编制了华北断块区莫霍界面深度图（图4）。

近年来对莫霍界面的研究表明，不同地区莫霍面可能具有不同性质，某些地区可能是一级速度间断面，某些地区可能是一个速度过渡带，某些地区可能是由一些低速和高速薄层所组成（刘国栋，1984a）。这样，利用重力资料计算莫霍面深度就会遇到更大的困难，甚至失去了前提。但我们在工作中发现，对华北断块区来说，当较好的消除低密度的新生代沉积层的重力效应之后，剩余的深部重力异常起伏特征基本上与人工地震测深方法所获得的莫霍面变化趋势相一致。同时，人工地震测深结果表明，本区的莫霍面是一个明显的速度间断面，根据爱黎均衡假说计算的均衡重力异常仅在±30 mGal内变动（王懋基等，1982），故可把本区的莫霍界面看作为尖锐的速度界面，它承负着主要的均衡补偿作用。这些情况表明，在人工地震测深结果的控制下，利用布格重力异常资料仍可较客观地计算出本区莫霍界面的起伏变化。

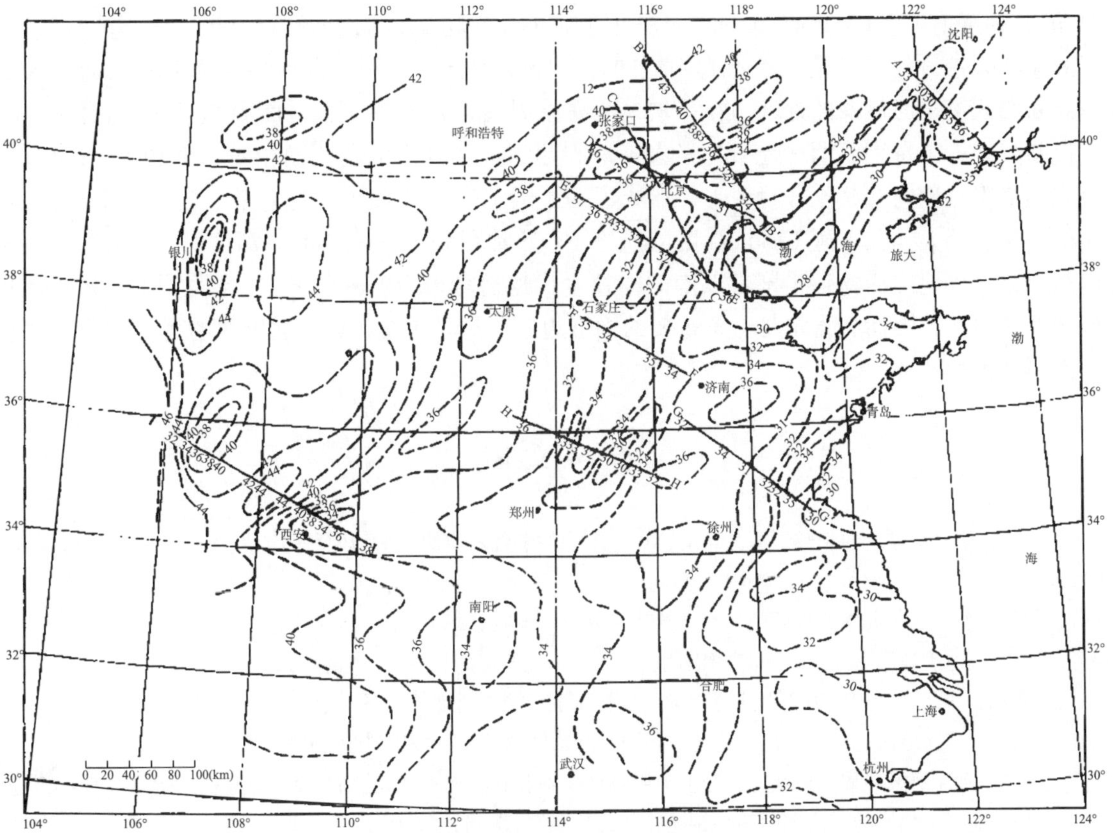

图4　华北断块区莫霍界面深度图

其中所用的人工地震测深剖面资料取自：A—A′，卢造勋等；1984；B—B′，刘昌铨等，1984；C—C′，D—D′，E—E′，孙武诚等，1982；F—F′，滕吉文等，1975；G—G′，刘昌铨等，1982；H—H′，孙武诚等，1983；I—I′，张少泉等，1984。图中测线下方的数字为莫霍面的深度值（km）

从图4可见，华北断块区莫霍面由东向西逐渐加厚，从渤海内部的28 km变化到鄂尔多斯高原下的44 km深。断块内莫霍面的区域构造方向以NNE向为主，与本区中新生代以来的区域构造方向一致。断块北缘乌拉山、大青山沿内蒙地轴一带，莫霍面近EW向展布，深40～42km；断块南缘沿秦岭一带莫霍面也近EW向，深38～42km；它们基本上都保留着古老的构造方向。

在华北断块内部以太行山为界，其东的华北地区莫霍面平均深度浅，构造复杂，变化剧烈。郯庐断裂带是一条NNE向的莫霍面埋深梯度带，为一条超壳断裂，沿该带在莱州湾以北莫霍面东深西浅，以南则东浅西深，莫霍面沿断裂带上隆，这可能与山东境内的沂沭断裂带曾是一条窄的裂谷带有关。华北平原，特别是几个较大的新生代坳陷下部，包括下辽河和渤海地区，莫霍面浅（渤海下最浅），并显得破碎，山区，莫霍面深而完整。华北地区莫霍面的主导构造方向为NNE向，但渤海内部有一NWW向莫霍面隆起，向南波及到鲁北平原，从该隆起至张家口方向的NWW条带上莫霍面方向由南而北发生了明显转折，这一带就是通常所谓的张家口-渤海NWW向地震带。沿该带发育有一系列小型的第四纪断陷盆地，在上延10 km高度的航磁ΔT异常图上，该带显示为相对低值的异常带①，它可能是一条具有明显剪切特性的深断裂带，我们曾认为它起因于华北平原下的上地幔软流圈的不均匀上隆，马杏垣教授曾称之为视转换断层（马杏垣等，1984）。上述的莫霍面构造基本特征与本区新生代以来的构造格局非常吻合，表明本区新生代时期的构造发展受上地幔活动控制。在太行山以西地区，莫霍面比较完整，埋深显著加大。沿山西高原中部发展的NNE向山西地堑系之下，莫霍面相对上隆，表明该地堑系的形成亦与深部因素有关。然而，沿太行山一带存在的NNE向的一条巨型重力梯级带（宽50～70 km，梯度值1.2～1.7 mGal/km），根据现有的人工地震测深剖面解释结果，尚不能证实它是一条大型的深断裂带，它可能是一条不太剧烈的地壳厚度变化带。鄂尔多斯高原之下莫霍面最为平缓，也是华北断块区莫霍面最深的地区。在鄂尔多斯高原周围存在着多个莫霍面局部隆起，它们大体上位于新生代断陷之下，特别是渭河地堑，经人工地震测深证实其下的莫霍面相对上隆约5～8 km。该莫霍面隆起经洛阳盆地向东延至开封一带，形成了一条近EW向的莫霍面构造带。该带以南莫霍面构造比较简单，深度偏大，在上延10 km高度的航磁ΔT异常图和上地幔软流圈深度图上②均有明显显示。该带也是一条近代地震活动带，该带以南的中新生代构造均以NWW向为主，新生代时期的活动强度明显低于以北地区，因而它肯定是一条重要的构造边界。这是否意味着华北断块的南界需要向北移动，是一个值得考虑的问题。

参考文献

陈墨香等，1982，华北平原北段地热资源分布的特点，中国科学院地质研究所地质科研成果选集（第一辑），北京：文物出版社。

刘昌铨等，1984，燕山与华北平原地壳结构特征的初步分析，地震，(2)。

刘国栋等，1982a，地震地质背景，1976年唐山地震，北京：地震出版社。

刘国栋等，1982b，华北北部地区地壳上地幔构造及其与新生代构造活动的关系，中国科学，B辑，(12)。

刘国栋等，1984a，华北地区壳内高导层及其与地壳构造活动性的关系，中国科学，B辑，(9)。

刘国栋等，1983，京津唐渤和周围地区地地壳上地幔电性结构及其与地震活动性的关系，地球物理学报，26 (2)。

刘国栋，1984a，地壳上地幔结构研究的某些新进展（二），地震学刊，(2)。

刘国栋，1980，华北断块区结晶基底的早期结构，华北断块区的形成与发展，北京：科学出版社。

刘国栋，1984，冀中坳陷地区浅部和深部构造背景及孕震环境的分析，文霸地壳隆起的研究，北京：地震出版社。

马杏垣等，1984，华北及东北油区大陆岩石圈构造和动力学，石油实验地质，6 (3)。

---

① 地质部航空物探大队，1981，地质部计算技术应用研究所，泛华北地区航磁资料数据处理综合研究结果报告。

② 刘国栋等，1984，中国东部的上地幔高导层（软流圈）分布特征。

王懋基等，1982，均衡异常与地壳结构，地质学报，56（1）。
王谦身等，1982，亚洲大陆地壳厚度分布轮廓及地壳构造特征的探讨，地震地质，4，(3)。
魏梦华等，1980，根据重力资料分析华北地区地壳结构的基本形态及其与地震的关系，地震地质，2（2）。
解政文等，1980，渤海及其邻近地区热流值的初步分析，地震地质，2（3）。
叶洪等，1980，初论华北板内地震断层特征及其与地壳上地幔动力学过程的关系，地震地质，2（1）。
叶洪等，1983，华北新生地壳运动的历史及变形力学机制，断块构造文集，北京：科学出版社。
叶连俊，1982，论华北地台沉积建造，岩石学研究第一辑，北京：地质出版社。
张汝惠等，1982，唐山及其邻区热流值的分布，地震地质，4（4）。
中国科学院地质研究所地热组，1978，地热研究论文集，北京：科学出版社。

大地电磁测深法在岩石圈研究中的应用及中国大陆地壳上地幔电性结构的基本特征*

刘国栋

序　言

大地电磁测深法是20世纪50年代初期由苏联人Тихонов和法国人Cagniard提出来的，用天然电磁波做场源，探测地球内部电性构造的一种地球物理方法。这种方法的特点是，勘探深度大，不受高阻层屏蔽，对高导层分辨率高，设备比较轻便，成本低廉。但早期，由于仪器的精度不够，某些基本理论问题没有解决，所以发展很慢。近些年来，随着仪器设备水平的提高，基本理论问题的完善以及资料处理和反演解释方法的不断改进，大地电磁测深法已成为地壳上地幔构造研究中的一项重要的地球物理勘探方法。它广泛应用于深部探测、能源勘探（石油、地热等）等领域中。目前世界上有相当多的国家都在从事这一方法的研究和应用，尤其在苏联和美国发展更快。

大地电磁测深法在岩石圈构造研究中的作用，主要是根据深部岩石的电性特征对岩石圈进行构造分层，研究岩石圈的横向不均匀性，研究岩石圈内部的物质组成、状态以及温度状况等。由于大地电磁测深法是近10年来才获得较多发展的方法，因而很多问题仍在完善和解决当中。

关于大地电磁测深法的一般原理在有关文献中已介绍，本文不再叙述。

1　大地电磁测深法在岩石圈研究中的应用

1.1　对软流圈状态和岩石圈厚度的研究

软流圈在力学性质上被认为是塑性的，对地震波高度衰减的，在电学性质上被认为是高导的，对电磁波强烈吸收的，在热学上被认为是高温的。因此，作为岩石圈下伏层位的软流圈，往往被等同于上地幔低速层（带）或上地幔高导层。

关于软流圈的成因问题目前有几种观点，较普遍的看法认为软流圈是部分熔融的产物，或者是固态流动的结果。前一种看法认为，随着深度的增加，上地幔内的温度和压力同时升高，而固相线也随着压力增高而抬升，但在某一深度范围内温度上升效应较显著，在此深度段上的地幔温度与固相线相交并越过其上，开始出现部分熔融。随着深度再增加，温度上升减慢，地温曲线再次落在固相线之下，部分熔融停止。于是在上地幔内部出现了部分熔融层位，即软流圈。关于固相线的位置，也即部分熔融的温压条件，除与上地幔的组成有关外，还与是否含水或含挥发性组分有关。图1是橄榄岩的固相线实验曲线，其中的地温曲线是根据海洋和大陆地区的不同大地热流值计算的。可见它们多数可以与

* 本文原载于《岩石圈论文集》，冶金工业出版社，1988，229～249。

固相线相交而出现部分熔融，只有大地热流值极低的地区除外，在这种地区可能没有部分熔融的软流圈。部分熔融假说与岩石圈的冷却模型在本质上是一致的。冷却模型认为，岩石圈产生于大洋中脊，来源于地幔的熔融物质在洋中脊处上涌并开始冷却，形成固结的岩石圈并向两侧移动。随着年龄的增加，固结的岩石圈逐渐远离洋中脊，在运动的过程中热量不断散失，岩石圈逐渐加厚，下伏的部分熔融软流圈随之变深。因此，软流圈的顶面也是一个热边界。

相当于软流圈的低速带，主要是根据面波频散数据确定的，剪切波速在此带内有明显的降低。近些年来对大陆地区地震学的研究证实，最上部地幔存在着明显的各向异性并可能延深到很大的深度。当考虑这种各向异性来拟合面波频散数据时，就不要求剪切波低速带要具有以前的极低波速值了，因而也就不再需要部分熔融来解释软流圈了。为此提出了固态流动（或晶格位错）是造成低速带的的原因。晶格位错将导致岩石的塑性增强，黏滞度降低和波速下降，同时在位错时晶格中的缺陷被加强，从而提高了岩石中的热缺陷导电能力，使岩石的导电率提高。在上地幔条件下，当温度达到岩石部分熔融温度的70%以上时，就可以出现晶格位错过程。也有人认为，如果把岩石圈和软流圈的分界面看作为一个化学界面，那么也可能出现地震波速和导电率的突变。

在部分熔融的软流圈中，当部分熔融组分在固相物质周围形成连通的导电膜时，其导电率可提高2～3个数量级。因此用大地电磁测深法很容易发现软流圈的存在及其埋深情况。

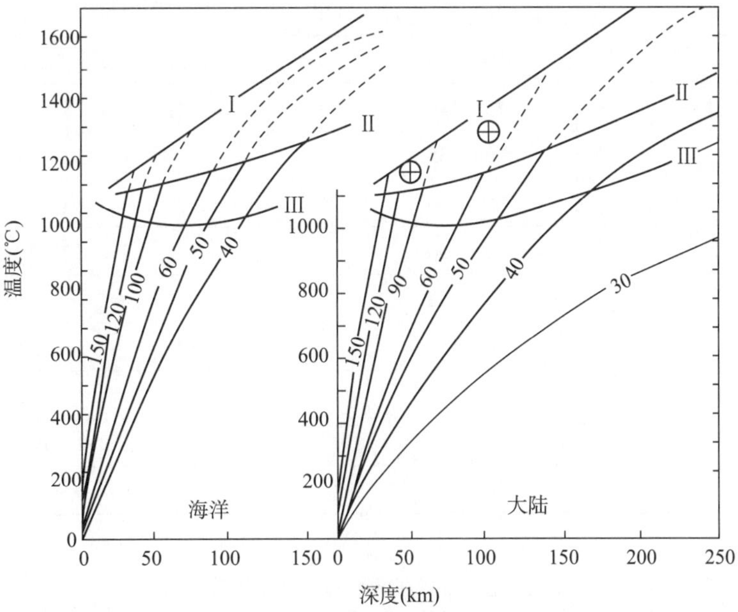

图1 橄榄岩的部分熔融曲线

Ⅰ. 干燥岩石固相线；Ⅱ. 含挥发性组分岩石的固相线；Ⅲ. 含水岩石的固相线。曲线上的数字表示大地热流值，单位：mWm^{-2}（42 mWm^{-2}约等于1 HFU）；左图为海洋区，右图为大陆区（据 Chapman 和 Pollach，1977）

Kaufman 与 Ádám 等总结了美国和苏联的一些大地电磁测深结果，发现上地幔高导层具有三种埋深情况：①埋深在200 km以下；②埋深在60～150 km之间；③埋深小于60 km，详细情况见表1。从表1中还可看到，上地幔高导层的埋深与大地热流值之间具有很好的对应关系，高导层埋深越大，大地热流值越低。如果把表1中的高导层埋深与大地热流值之间的关系用图来表示，就可发现它们之间呈指数分布（图2，图3），并可用下面的经验公式表达：

$$\text{Kaufman：} q = 8.00H^{-0.38} \tag{1}$$

$$\text{Ádám：} H = 155q^{-1.46}\ (\text{km}) \tag{2}$$

式中，q 是大地热流值（HFU），H 是上地幔高导层深度（km）。

式（2）与式（1）的形式是一致的，但式（1）所表达的 H 与 q 之间的依赖关系更为强烈。

很多作者都指出，从表 1 和表 2 也可以看出，在大陆地区上地幔高导层埋深与现今的地壳活动具有密切关系。高导层埋藏深的地区，地壳十分稳定；高导层埋藏中深的地区，地壳具中等活动性；高导层埋藏浅的地区，地壳具强烈活动性。我国情况也基本如此。

如果上地幔高导层相当于软流圈的话，那么上述情况表明，大陆地区，特别是大陆内部的岩石圈发展和演化，与软流圈的活动程度密切相关，也可能在很大程度上受软流圈的活动程度和方式所控制。

表 1　上地幔高导层深度和区域热流值（一）

地　区	上地幔高导层深度（km）	大地热流值（HFU）
波希未地块和内喀尔巴阡山	150～200	1.6
潘欧尼亚盆地（匈牙利）	45～85	2.1
白俄罗斯	400～650	0.7～1.2
西北俄罗斯	400～1000	0.85
中俄罗斯	200～600	1.3～1.6
高加索前缘	50～60 和 120～130	1.8～2.0
南里海盆地	60～100	1.7～2.2
西西伯利亚通古斯盆地	75～110	1.25～2.0
西伯利亚陆地	200～350	1.10
贝加尔裂谷带	60～100	2.80
威斯康星	350～500	0.8-1.10
中得克萨斯	150～250	1.2～2.5
犹　他	6～11	3.5～5.0
中得克萨斯兰诺隆起	70～110	1.1～1.2
新墨西哥里奥-格郎德裂谷	8～10	2.2～10
莱茵地堑	24～27	2.0～3.5

表 2　上地幔高导层深度和区域热流值（二）

区　域	高导层深度（km）		大地热流值（HFU）	
	范围	平均值	范围	平均值
斯诺巴罗瓦（多瑙河低地）		45		2.3
潘欧尼亚盆地（匈牙利）	40～80	60		2.2
加布西瓦克（多瑙河低地）	40～70	55		2.2
南里海低地	40～60	50		2.2
堪察加火山带	30～50	45		2.2
夫来贝尔（东德）		85		1.9

续表

区域	高导层深度（km）		大地热流值（HFU）	
	范围	平均值	范围	平均值
前高加索	50～60	55	1.8～2.0	1.9
纳克岑克平原（匈牙利）		75		1.5
萨哈林岛		100	1.2～1.6	1.4
乌拉尔过渡带	70～120	95	1.2～1.6	1.4
前乌拉尔		85	1.2～1.6	1.4
波希来亚和卡尔巴阡之间		85	1.3～1.5	1.4
贝加尔裂谷和近贝加尔及过渡带	60～100		1.4～2.4	
南贝加尔低地	68～80	74	2.2～3.4	2.8
吐什金斯卡亚低地		58		

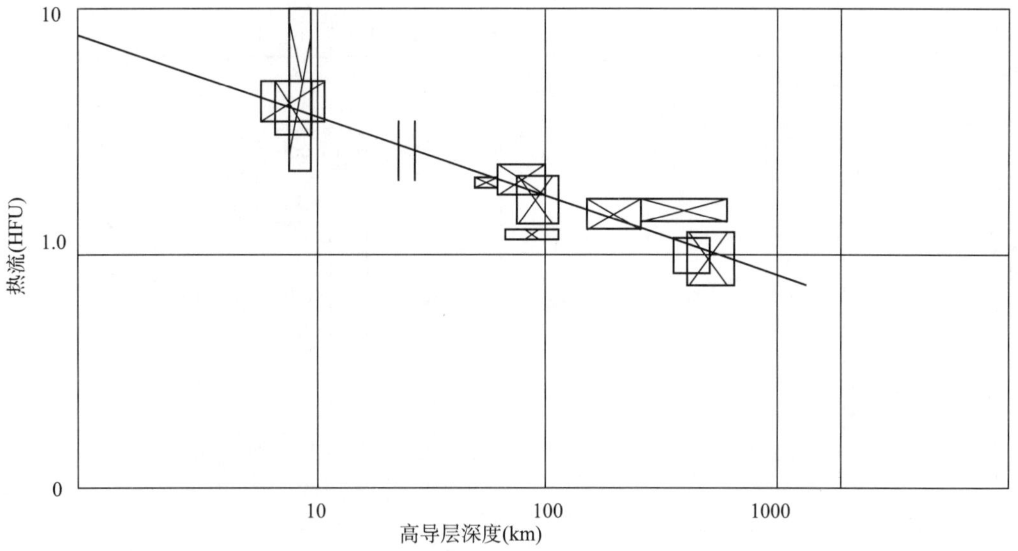

图 2　高导层埋深与区域热流值的关系（据 A. A. Kaufman et al.，1981）

根据 Ádám 的研究，认为区域大地热流值小于 1 HFU 的地区，上地幔内没有部分熔融的软流圈，这种地区的上地幔高导层往往深于 200 km，它们可能起因于岩石的相变。因为在这种深度的温压条件下，可以发生橄榄岩结构相变为尖晶岩结构的过程。在此相变过程中出现了堆积更密集的晶格结构，这种密集堆积可使决定上地幔半导体导电机制的激活能 E_0 突然降低，从而导致导电率的升高。

为数很少的海洋地区的大地电磁测深成果表明，大地电磁测深法也是研究大洋岩石圈结构的一种有效的地球物理手段。在冰岛地区横穿大西洋板块中脊的大地电磁测深剖面，清楚的绘制出了上地幔部分熔融的软流圈从洋中脊处的很浅深度向两侧逐渐下倾，随着岩石圈板块年龄的增加岩石圈厚度逐渐变大（图 4）。

太平洋地区的大地电磁测深结果表明：在地壳年龄为 1 Ma 的朱安德卡脊（JOF）处，上地幔内导电率最高的区域位于 60 km 深处；在地壳年龄为 30 Ma 的圣弗郎西科以西 700 km 处（CAL），上地幔内导电率最高的区域位于 120 多公里深处；在地壳年龄为 72 Ma 年处的太平洋中北处（NCP），最高导

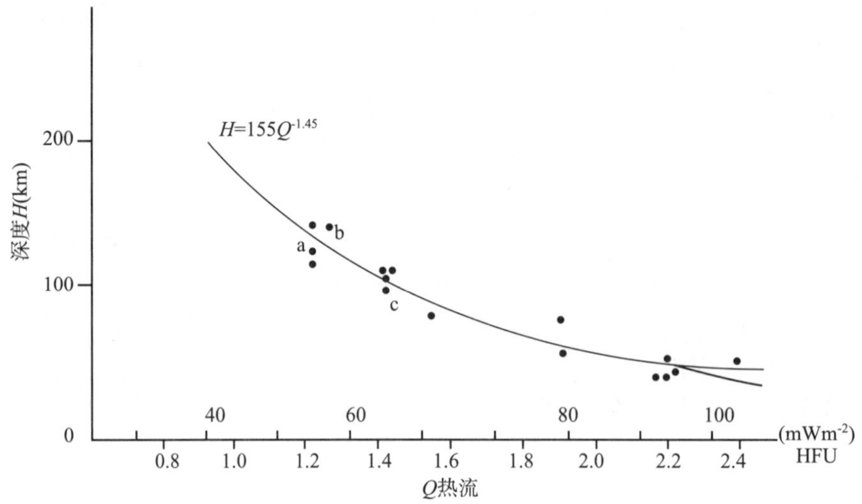

图 3　高导层埋深与区域热流值的关系（据 A. Adam，1978）

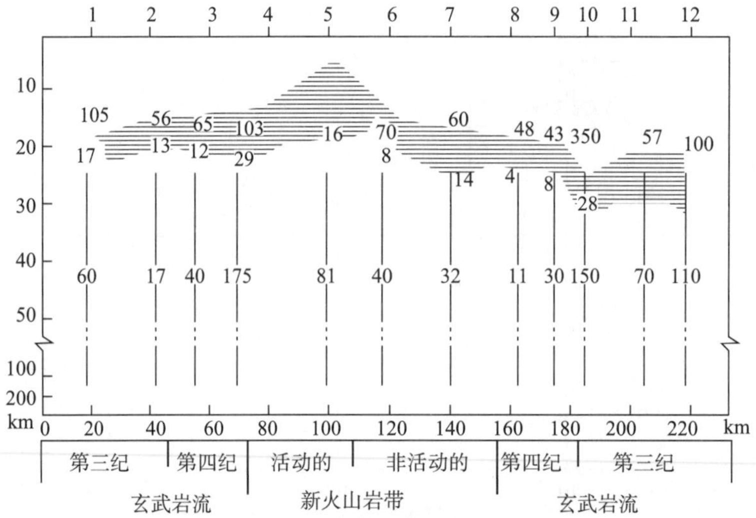

图 4　在冰岛地区横穿大西洋中脊的大地电磁测深剖面

电率区域位于 180 km 深处（图 5）。根据大洋岩石圈板块厚度 h（km）与岩石圈年龄 t（Ma）之间的关系 $h=10\sqrt{t}$，则上地幔内最高导电率区域不是位于岩石圈的下边界处，而是位于软流圈内部，但最高导电率区域的埋深则随着岩石圈年龄的增加而逐渐变深。

除上述的根据大地电磁测深资料可以确定上地幔高导层埋深及其厚度等参数之外，还可以用近似计算方法确定上地幔高导层内部的部分熔融物含量及其所处的大致温度状况。

部分熔融岩石导电机制的有效电导率 σ^*：

$$\sigma^*=\frac{\sigma_m+(\sigma_s-\sigma_m)\left(1-\frac{2}{3}f\right)}{\{1+(f/3)(\sigma_s/\sigma_m-1)\}} \tag{3}$$

式中，σ_m 和 σ_s 分别表示熔融的和固态的岩石电导率，f 表示熔融物的体积含量。据电导率与温度关系的实验资料，熔融的玄武岩和固态橄榄岩的电导率都给出了相应的变化范围，在上地幔条件下玄武岩

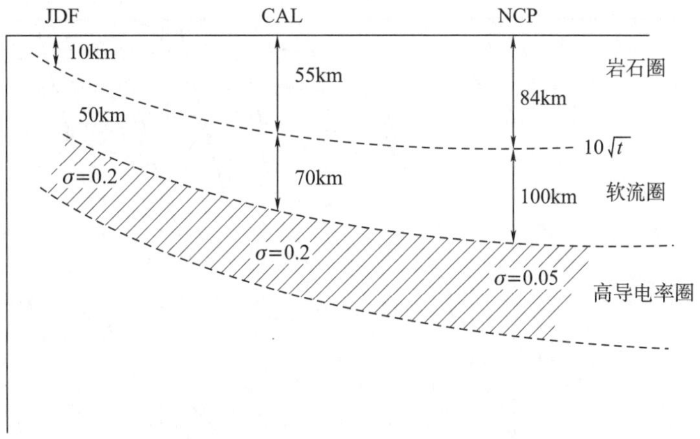

图5 太平洋地区的大地电磁测深剖面（据 D. Oldenburg，1984）

是首先开始熔融的。固态橄榄岩电导率的下限，代表结晶岩的电导率，其上限表示有其他不确定因素的影响。

根据式（3）可以反解出部分熔融体积含量表达式如下：

$$f=\frac{3\sigma_m\ (\sigma^*-\sigma_s)}{(\sigma^*+2\sigma_m)\ (\sigma_m-\sigma_s)} \tag{4}$$

式中，σ^*是由实际观测的大地电磁测深资料给定的，σ_m 和 σ_s 是未知量。但我们可以依据岩石电导率与温度的关系曲线，确定不同温度情况下的 σ_m 和 σ_s，再代入式（4），就可以计算部分熔融含量 f 与有效电导率 σ^*之间的关系（以温度 T 为参变量），获得 f-σ^* 曲线图（图6）。然后，再把对上地幔岩石（含0.1%水的和干的）的电导率实验曲线投影到 f-σ^* 曲线圈上 [用 W（含水）和 R（干的）曲线表示]。这样，利用图6就可由观测的电导率值 σ^* 来估算上地幔高导层的部分熔融含量了。例如，实测的 σ^* 为0.2 S/m，若假定上地幔高导层内原来含有0.1%的水，那么其部分熔融的体积含量为百分之三或四左右，温度值大约在1300 ℃以上。

1.2 对岩石圈地幔的研究

岩石圈地幔或最上部地幔指的是从软流圈顶面到莫霍界面这一区域。过去认为最上部地幔是比较均匀的、坚硬的，在结构上是比较简单的。但近些年来的研究表明，最上部地幔存在着强烈的各向异性，最上部地幔内往往含有低速或高速薄层。有人认为这里的低速薄层可能起因于地幔岩岩的脱水或者是部分熔融；也有人认为这里的高速薄层起因于橄榄岩的优选定位，而低速薄层起因于缺乏这种优选定位等等。

据世界上有些大地电磁测深结果报道，在上地幔高导层之上，莫霍面之下有高导薄层的存在。例如苏联的土库曼地区一个高导层在250～300 km 深处，另一个在60～70 km 深处；格鲁吉亚地区一个在50～60 km 深处，另一个在280～300 km 深处；捷克斯洛伐克沿第四号国际地壳上地幔研究剖面，发现在莫霍面之下有三个高导层存在，第一个在60～70 km 深处；第二个在100 km 深附近；第三个在150～200 km 深处（图7）。

横穿我国湖南省中部的大地电磁测深剖面，在多数测点上发现于50～60 km 深处有一高导薄层存在，其电阻率值几十至100 Ω · m，厚约数公里，在其下部于190～220 km 处普遍存在着第二个高导薄层。

我们还发现新生代下辽河坳陷区下35～40 km 深处有一高导薄层存在，电阻率值很低，约3～4 Ω · m，

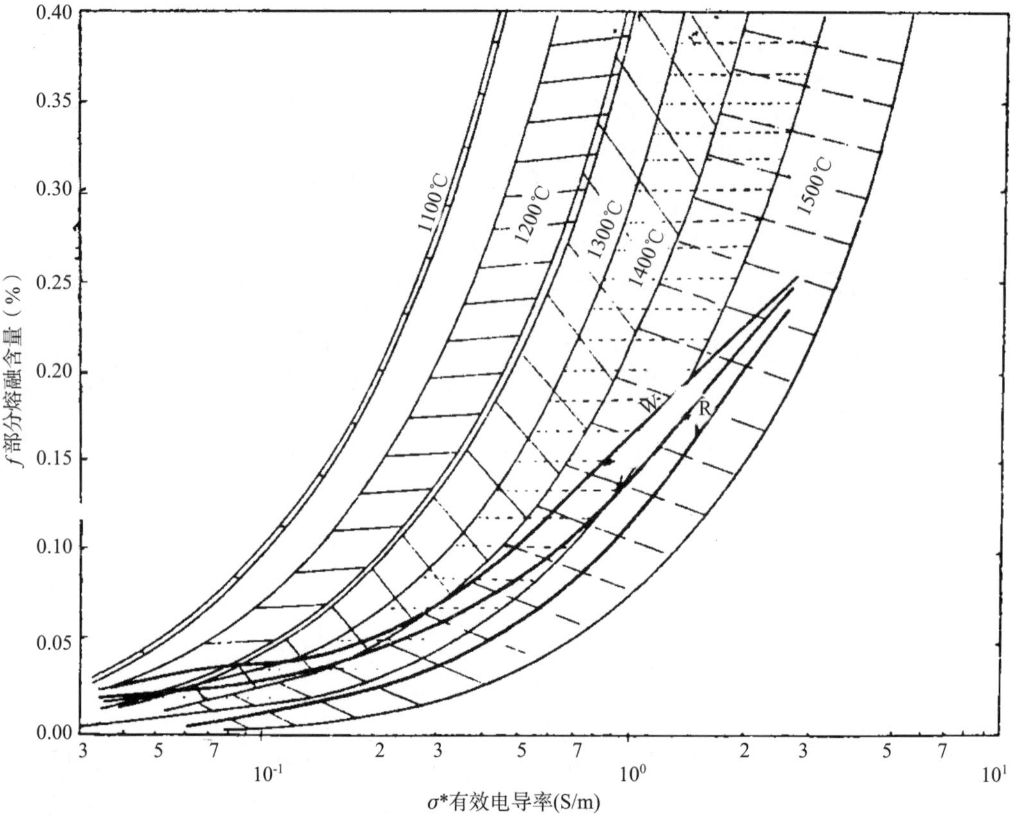

图 6　以温度为参变量的熔融含量与电导率的关系（据 Shank land，1977）

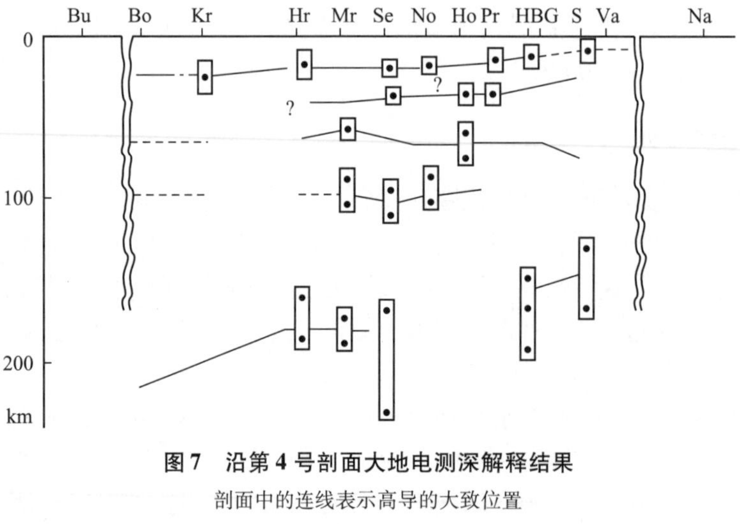

图 7　沿第 4 号剖面大地电测深解释结果

剖面中的连线表示高导的大致位置

厚 4～5 km 左右，该高导薄层仅在莫霍面下 5～7 km 处。这里上地幔内的第二个高导层深 80～100 km。我们推测第一个高导薄层有可能是部分熔融层，因为其电阻率值很低，并且下辽河坳陷新生代玄武岩活动强烈，大地热流值也比较高。

莫霍面一般情况下在大地电磁测深曲线上没有明显反映，这是因为莫霍界面一般认为是化学组成上的分界面（海洋地区尚有争论），其上下的岩石在电导率上差别不显著，不足以引起视电阻率曲线的变化。但近代研究结果表明，一些地区的莫霍界面可能是由高速薄层和低速薄层叠加而成的，其中低速薄层可能是部分熔融的残余物。如果是这样，在大地电磁测深曲线应该有清楚的显示。沿捷克境内的第4号大地电磁测深剖面（图7），在40 km深处有一个电阻率值非常低的高导薄层，其埋深与莫霍面非常接近。由于大地电磁测深方法的分辨率较低，对高阻薄层几乎没有反映，因而如果是高阻和低阻薄层的互层结构时，在大地电磁测深曲线上将只能以单纯的低阻层形式显示出来。

1.3 对地壳内部的研究

大地电磁测深法对壳内研究的主要贡献是关于壳内高导层的发现，由于壳内高导层的电导率值往往很高，所以在大地电磁测深视电阻率曲线上比较容易被显示出来，其特点是在中等周期附近有极小值出现，相位曲线对壳内高导层的反映往往比视电阻率曲线更敏感。

判断大地电磁测深曲线中等周期附近的极小值是否属于壳内高导层的反映，最关键的问题是对“畸变”效应的识别和分析。

目前在世界大陆上的很多地区发现有壳内高导层的存在，现根据文章报道中了解到的列入表3之中。可见，大陆新生代裂谷区和近代构造活动区基本上都有壳内高导层存在。但在一些个别的稳定陆台区，如乌克兰地盾中部、西西伯利亚陆台和西北俄罗斯陆台的一些地区也发现有壳内高导层的存在，但其埋深较大，往往达到30～40 km。我国华北平原新生代裂谷区、南北地震带北段、西藏高原等近代构造活动区，均有壳内高导层分布，但湖南稳定地区和阿拉善地块未发现有壳内高导层存在。

在某些地区壳内高导层和壳内低速层并存，特别是大陆新生代裂谷区和构造活动区，例如贝加尔裂谷、盆地山脉省、华北平原、莱茵地堑，青藏高原等地。壳内高导层和壳内低速层两者共存是构造活动区的深部特点之一，但在某些地区两者的层位并不一致。有人认为，构造活动区的壳内高导层的纵向电导率值一般都大于1000 S，这表明该层的电导率很高或厚度较大。有趣的是，在海洋地区尚未发现有壳内高导层存在。

由于壳内高导层具有很高的电导率值和可能具有较低的 Q 值，故常认为它是壳内的一个软层位。大陆地区浅源地震的震源深度一般都位于壳内高导层之上，例如我国的海城和唐山地震区（图8）。这可能是因为壳内高导层具有某种塑性，不易积累弹性应变能，但却可以把其中的能量传递给上部的脆性地壳。

表3 世界大陆地区壳内高导层分布

地　区	壳内高导层顶界深度（km）	地　区	壳内高导层顶界深度（km）
潘兴尼亚盆地（捷克-匈牙利）	11～15	莫塔奎、文代（法国）	15
勘察加火山带（苏联）	12～18	美国西部地区	20～25
贝加尔裂谷（苏联）	15	威斯康新（美国）	8～15
卡尔巴阡异常	17	西德克萨斯（美国）	20
尼特斯卡-布拉特尼（捷克）	16	加拿大西部	10（?）
近贝加尔过渡带（苏联）	20	死海裂谷（以色列）	12～23
库页岛	15～30	华北平原及燕山前缘（中国）	15～25
雅库奇（苏联）	15～30	南北地震带北段（中国）	20～30
波希米地块（捷克）	15～23	西藏高原（中国）	10～20

续表

地　区	壳内高导层顶界深度（km）	地　区	壳内高导层顶界深度（km）
乌克兰地盾中部（苏联）	25～30	格雷戈里裂谷（肯尼亚）	8
西伯利亚陆台（苏联）	20～36	肯尼亚裂谷（肯尼亚）	12
西南和北东乌克兰地盾（苏联）	30～40	阿法尔裂谷（埃塞俄比亚）	15
西北俄罗斯陆台（苏联）	20～50	莱茵地堑（西德）	24～27
高延根（德国）	15	里奥格郎德裂谷（美国）	8～10
托利多（西班牙）	30	南阿伯拉契亚（美国）	20

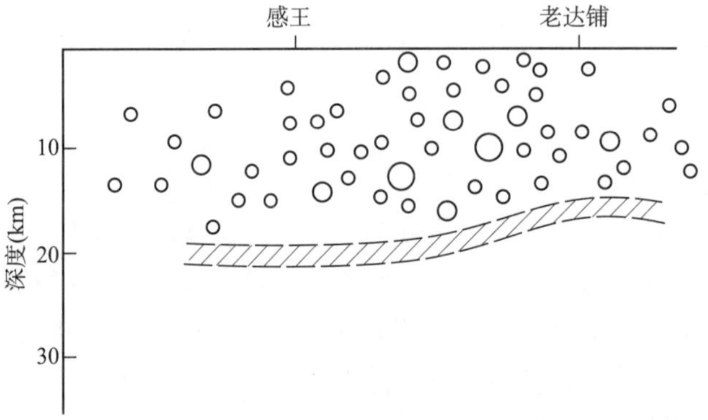

图 8（a）　海城地震震源深度与壳内高导层的关系

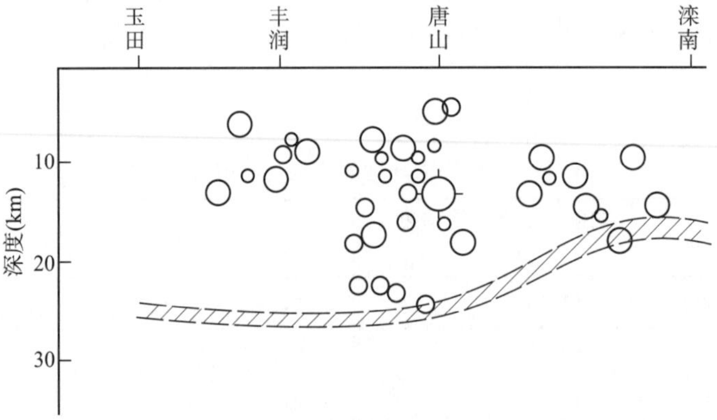

图 8（b）　唐山地震震源深度与壳内高导层的关系

在大陆裂谷区广泛发育的张性断裂，其倾角一般都是随深度加大而变小，最后以极小的角度收敛于壳内高导层之上。目前大量深部探测结果表明，大陆的上部地壳构造是相当复杂的，甚至可以和地表出露的构造之复杂性相比较；整个地壳构造是相当不均匀的，各向异性变化是非常强烈的；但就大陆地壳的内部结构而言，似乎从中部地壳开始其内部结构变得平缓了。有人提出，在很多地区地壳内部存在一个解耦层，它就是壳内的低速层或高导层，在该层上下似乎失掉了构造上的直接联系。

关于壳内高导层的成因问题，存在着不同看法。有人认为与壳内的含水层位有关，水的来源包括随沉积岩带入壳内的水，例如南阿伯拉契亚 20 km 深处的高导层就认为是在更古老的大陆碰撞或逆掩事件中被捕入于壳内的沉积岩系（图 9）。

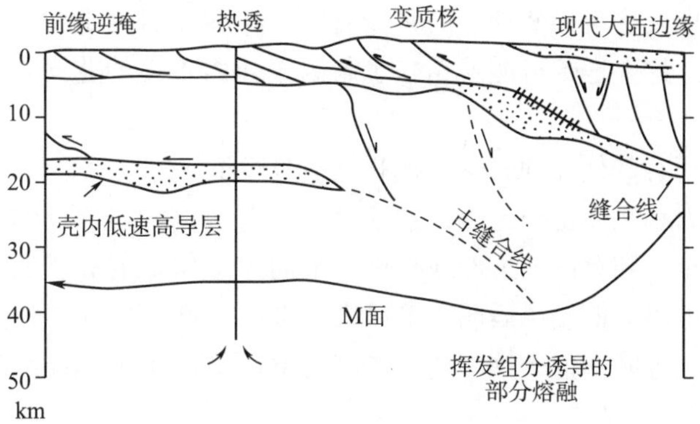

图 9　壳内高导层起因于被捕入壳内的沉积层（据 Brown，1981）

水的另一种来源认为是在一定温压条件下从含水矿物中脱出的水。例如组成壳内矿物中的角闪石、阳起石、绿泥石、蛇纹石等等都含有结晶水，但由于结晶水被束缚在矿物的晶格之内，所以对岩石的导电性能贡献很少。但在一定的热力条件下（主要是温度、围压及孔隙水压），结晶水将由晶格内脱离出来，形成孔隙水，由于地壳内部接近一封闭系统，析出的水有利于形成网膜状结构，从而形成一些导电通道，大大提高了壳内这一部分的电导率。下面的三个脱水反应都有可能在地壳中部进行：

白云石+石英$\rightleftharpoons$钾长石+铝硅酸盐+水

绿帘石+石英$\rightleftharpoons$钙长石+钙铝榴石+水

氯盐+K^{+1}+$Al^{3+}$$\rightleftharpoons$黑云母+付产物+水

通常增加温度，减少围压和孔隙水压将有利于脱水反应的正向进行。

有人认为壳内高导层与壳内的熔融组分有关。熔融组分可能来自于深部的岩浆活动，也可能来自于壳内的部分熔融或重熔过程。从实验岩石学曲线（图 10）可见，角闪岩相的热力学条件与有水存在

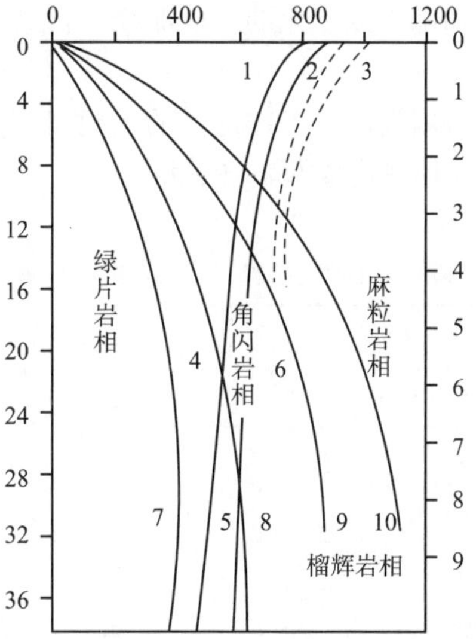

图 10　壳内的变质岩相和有水存在情况下接近花岗岩组分的熔融曲线（据 Feldman，1976）

1. 石英-钠长岩-钾长岩；2. 石英-钠长石；3. 钾长石-钠长石；4. 含水花岗石，5. 片岩；6. 花岗岩；7. 地盾和古陆台温度曲线；10. 优地槽、岛弧、裂谷区温度曲线

情况下花岗岩熔融的热力学条件相一致。从变质岩相角度分析，上地壳相当于绿片岩变质相，中地壳相当于角闪岩变质相，下地壳相当于麻粒岩变质相。当从角闪岩相变为麻粒岩相时，结晶水析出。从图 10 可见，在中地壳十几至 20 km 的这个大致范围内，如果有含水的花岗岩组分存在，当地温曲线相当于优地槽、岛弧、裂谷以及中生代活动区的典型温度分布曲线时（曲线 9 和 10），在中地壳范围内可以出现部分熔融的地带。这个地带可能就相当于起因于壳内重熔的花岗岩带。在近代地壳模型中很强调这个地带。

关于壳内高导层成因还有其他几种看法，在此就不赘述了。

上部地壳电阻率值的大小往往也与地壳构造活动性有关，例如对非洲的某些地区的地壳电阻率的观测结果表明，在古老稳定的陆台区的上部地壳中，电阻率值明显的高于较活动地区的上部地壳的电阻率值。华北地区的大地电磁测深结果表明，平原区下部的上部地壳（不包括沉积层）的电阻率明显的低于周围山区的上部地壳电阻率值，推测这可能与平原区下的上地壳在新生代裂谷时期遭受强烈破碎，地表水沿裂隙下渗有关。

1.4　对地表构造的研究

大地电磁测深法在探测浅部构造，尤其是沉积盆地内部构造和盆地基底构造方面，已经获得了广泛应用和极大的成功，并有大量文献报道，在此我们就不做介绍了。

1.5　对地壳上地幔热状态的研究

从原则上说，根据大地电磁测深资料获得的地壳上地幔的电导率分布来求取地壳上地幔的温度分布，是一个比较可行的方法。因为在地壳上地幔条件下，对于不含水的干岩石来说，决定其电导率值大小的主要受岩石所处的温度值控制。干燥岩石的电导率 σ 与其所处的温度关系可用下式表达：

$$\sigma=\sigma_0 ExP\ (-E_0/KT) \tag{5}$$

式中，σ_0 为指数前系数，E_0 为活化能，K 为玻尔兹曼常数，T 为绝对温度。一般地说，σ_0 和 E_0 都是温度和围压的函数，表 4 给出了由实验得到的几种火成岩的 E_0 和 σ_0 的平均值。

如果我们根据大地电磁测深资料反演出地壳上地幔的电导率值随深度的分布，并对不同深度段给出岩石的类型，那么根据表 4 中给出的 E_0 和 σ_0 的平均值，再依式（5）就可以解出温度的大致分布，当然也可以根据不同岩石的电导率值随温度变化的实验曲线，再结合观测结果来确定岩石所处的大致温度状况。

此外，如果根据大地电磁测深资料反演出工作地区的上地幔高导层埋深，那么根据统计的经验公式（1）和（2），也可给出该区的大地热流值的粗略估算。

表 4　几种火成岩 E_0 和 σ_0 的平均值

岩　　石	温度范围（℃）	E_0（eV）	σ_0^{-1}（Ω · m）
花岗岩	100～275	0.56	4×10^{-4}
	275～900	0.92	5×10^{-1}
	900～1200	4.0	5×10^{-11}
片麻岩	100～850	0.6	5×10^{1}
	850～1200	2.4	6×10^{9}

续表

岩石	温度范围（℃）	E_0（eV）	σ_0^{-1}（Ω·m）
玄武岩	50～550	0. 56	4×10^{-1}
	550～900	0. 9	5×10^{1}
	900～1200	2. 3	6×10^{5}
辉绿岩	50～450	0. 5	2×10^{-1}
	450～800	1. 12	1×10^{1}
	800～120	1. 7	9×10^{3}
辉长岩	150～900	0. 8	9×10^{-1}
	900～1200	3. 3	5×10^{9}
超基性岩	100～450	0. 79	1×10^{-1}
	450～850	1. 2	5×10^{1}
	850～1200	2. 3	6×10^{6}
纯橄榄岩	100～700	0. 7	9×10^{-2}
	700～1200	2. 0	5×10^{4}
碱性岩（产地一）	20～700	0. 62	7×10^{-2}
	700～1200	2. 8	1×10^{7}
碱性岩（产地二）	20～800	0. 45	5×10^{-1}
	800～1200	2. 3	5×10^{7}

2 中国大陆地壳上地幔电性结构的基本特征

2. 1 一些地区的地壳上地幔电性结构特点

2. 1. 1 华北地区

华北地区的大地电磁测深工作主要分布在华北平原及其周围地区。

华北地区的大地电磁测深结果表明，这里的地壳上地幔电性结构具有多层和变化复杂的特点：在张家口–渤海–蓬莱地震带以南的华北平原地区，在表层的低阻沉积盖层之下是一厚度不足 10 km 的地壳上部高阻层，其电阻率值为数百至 1000 Ω · m，向山区（其中包括北部的燕山地区）该层加厚至 20 km以上，电阻率值高达数千至 10000 Ω · m。地壳上部高阻层平原区薄以及电阻率值相对偏低的原因，可能与新生代裂谷发育时期地壳被强烈拉伸、裂隙比较发育、表层自由水下渗等有关。根据人工地震测深资料，地壳上部高阻层相当于按速度结构划分的上地壳。在地壳中部，本区似乎普遍有壳内高导层发育，其顶面埋深从十几至二十几公里，平原区浅向山区加深，但太行山区尚难肯定有壳内高导层存在。壳内高导层的纵向电导值在平原区可高达 1000 S 以上，在山区仅有 400～500 S，由于高导层是按纵向电导 $S=h/p$ 等效的，所以这意味着平原区下的壳内高导层电阻率值低或者是厚度较大，山区下的壳内高导层电阻率值相对较高或者是厚度较薄。人工地震测深结果表明，华北地层的中地壳是一组低速层，在山区表现的高、低速夹层结构。在壳内高导层之下是一比较巨厚的高阻层，电阻率值 10^3 ～10^4 Ω · m，厚度从平原下的 30～40 km 到山区下的 70～80 km，该高阻层包括了下地壳和岩石圈地幔部分。该高阻层之下是巨厚的上地幔高导层，该层顶面埋深从平原下的 50～80 km，向山区加深至120 km，电阻率值为1至几欧姆·米，其厚度目前尚不能确定。图11是从渤海北岸柏各庄至燕山地区马兰峪的综合地球物理剖面图。图中除绘有大地电磁测深资料反演的地壳上地幔电性分层外，还绘有人工地震测深资料反演的地壳速度结构（用直角坐标系内的实曲线表示）以及地壳上地幔的温度分布（用点线表示）。可见，壳内高导层与壳内低速层分布基本一致，其所处的温度值从550～600 ℃（平原区）到400 ℃（山区），而上地幔高导层所处的温度值为1100 ℃左右。

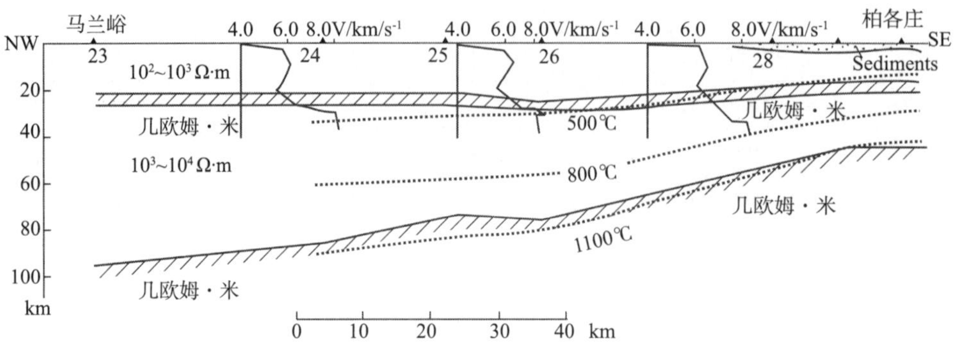

图11　华北地区柏各庄-马兰峪的综合地球物理剖面

画斜线部分代表高导层剖面位置见图18中的B-B′线

在张家口-渤海-蓬莱地震带以北的下辽河及辽东半岛地区的地壳上地幔电性分层情况，除与华北平原具有大致相同的特点外，在下辽河坳陷内部没有发现壳内高导层存在，但在莫霍面之下的岩石圈地幔部分，大约35～40 km深处有一高导薄层出现，电阻率值3～4 Ω·m，厚约4～5 km，这里的上地幔高导层埋深约90 km，略深于华北平原地区。但在下辽河坳陷东侧，越过郯庐断裂带以后岩石圈地幔内的高导薄层消失，壳内高导层复又出现。

2.1.2　东北地区

在松辽盆地，从通榆县以西-九台县横切盆地走向方向，由长春地质学院物探系完成了22个大地电磁测深点的观测和解释工作。大地电磁测深结果表明，松辽盆地内部上地幔高导层埋深70～80 km，在其外围地区加深到120～140 km以上。

在东北地区东北缘的虎林盆地共完成了32个大地电磁测深点的观测工作，发现这里有壳内高导层存在，并且在上地幔内部可能还有两个高导层存在。第一个上地幔高导层埋深约80 km、厚20 km，电阻率值5～10 Ω·m；第二个上地幔高导层埋深约200～250 km，电阻率值为几欧姆·米。虎林盆地是新生代以来形成的小型断陷盆地，新生代最大沉积厚度约1500～2000 m，但盆地周围地区有大量的第三纪和第四纪玄武岩出露。这里距日本海仅有250 km。强烈的新生代构造活动性以及这里有比较发育的壳内和上地幔的高导层位，这两者之间是比较协调的。

2.1.3　华南和西南地区

这一地区的地壳上地幔电性结构资料很少，仅有一条8个测点的NWW向的大地电磁测深剖面穿过湖南省，但点距很稀，另有一条4个测点的120 km的大地电磁测深剖面，垂直于东南沿海分布，穿过湖南省的大地电磁测深剖面结果表明，这里没有壳内高导层发育，但在上地幔顶部50～60 km深处，于某些大地电磁测深点下方发现有相对高导薄层存在，厚约数公里，电阻率几十至100 Ω·m。在大约190～220 km深度上普遍发现有上地幔高导层存在（图12）。垂直于东南沿海的，NWW向的大地电磁测深剖面（图13）结果表明，这里的上地幔高导层埋深为90～115 km，从西而东埋深逐渐变浅。该高导层厚约20～25 km，电阻率值为几欧姆·米。

这里在剖面西部的两个测点下发现有壳内高导层，东部的两个测点下没有发现该层的存在。

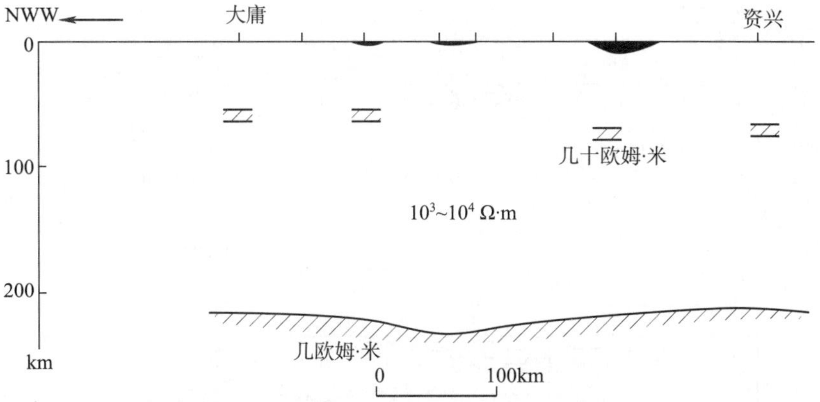

图 12 横穿湖南省的大地电磁测深剖面

西起大庸，东止资兴，画斜线部分代表高导层，剖面位置见图 18 中的 D–D′线

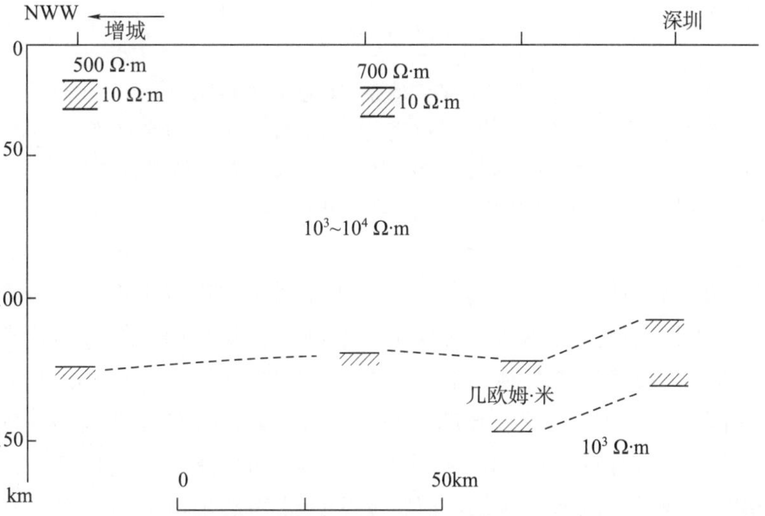

图 13 沿 NWW 向垂直于东南沿海的大地电磁测深剖面（据广东省地震局测量物探队资料，1985）

西起广东增城，东止深圳。剖面位置见图 18 中的 E–E′线

2.1.4 南北构造带

南北构造带是中国大陆内部十分重要的地质和地球物理分界线，它沿东经 102°（南端）～107°（北端）以近 SN 方向纵贯中国大陆内部。

国家地震局兰州地震研究所在南北构造带北段及其邻近地区完成了大量的大地电磁测深观测工作，我们这里引用其中两条大地电磁测深剖面的解释结果：图 14（a）是横切南北构造带北段的地壳上地幔电性结构剖面，图 14（b）是沿着该带走向方向的地壳上地幔电性结构剖面。从图 14（a）可见，上地幔高导层在南北构造带下方隆起，其顶面埋深仅有 80 km，而后向东西两侧分别加深至 110～160 km，向西加深较快。上地幔高导层的电阻率值从南北构造带下方的 0.5 Ω · m，向东西方向加大到几至十几欧姆 · 米。从图 14（b）可见，沿南北构造带方向，上地幔高导层埋深变化很小。此外，这里壳内尚有明显的高导层发育，其电阻率值的几欧姆 · 米，顶界深度在南北带下方约 20～25 km，向东西两侧加深至 30 km 以上，并有逐渐尖灭的趋势。

地质矿产部物探研究所大地电磁测深组在南北构造带南段完成了两条大地电磁测深剖面的观测工

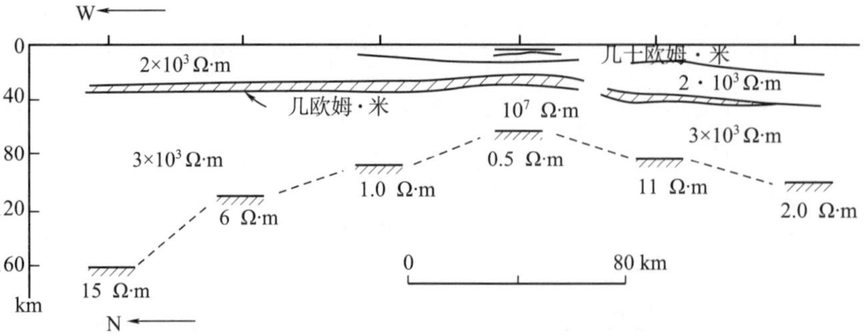

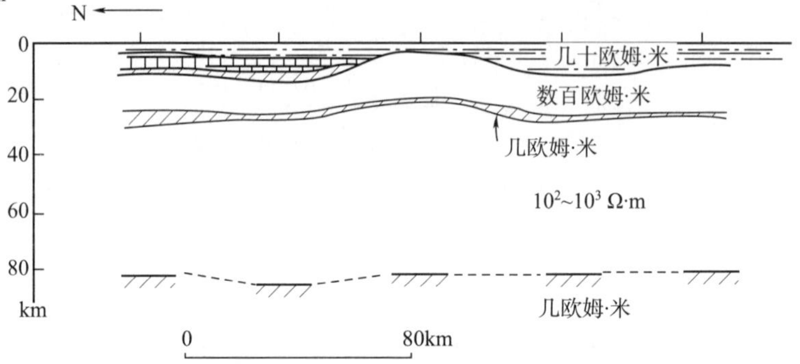

图 14　南北构造带地壳上地幔电性结构剖面

（据国家地震局兰州地震研究所大地电磁测深组资料，1985，画斜线部分为高导层）

（a）垂直南北构造带北段的地壳上地幔电性结构剖面，剖面位置见图 18 中的 F–F′线；

（b）沿南北构造带北段的地壳上地幔电性结构剖面（其他同上图），剖面位置见图 18 中的 G–G′线

作，中国科学院地球物理研究所完成了一条大地电磁测深剖面的观测工作。这两个研究单位获得了基本上一致的地壳上地幔电性结构的反演结果。现把西起阿坝，横切南北构造带南段，东止四川泸州的北西向大地电磁测深剖面的反演结果绘制如下（图 15）。从图 18 可见，在南北构造带南段，上地幔高导层也发生了明显的上隆，在构造带下方其埋深约 80 km，而后向东西两侧逐渐加深，但向西侧加深的比较明显，在刷经寺一带其埋深已达 140 km。这与图 14（a）所表示的横切南北构造带北段的上地幔高导层的变化趋势是一致的。因而，我们可以推测沿南北构造带可能有一条上地幔高导层相对上隆的地带，但这个高导层厚度不很大，约 10～20 km。

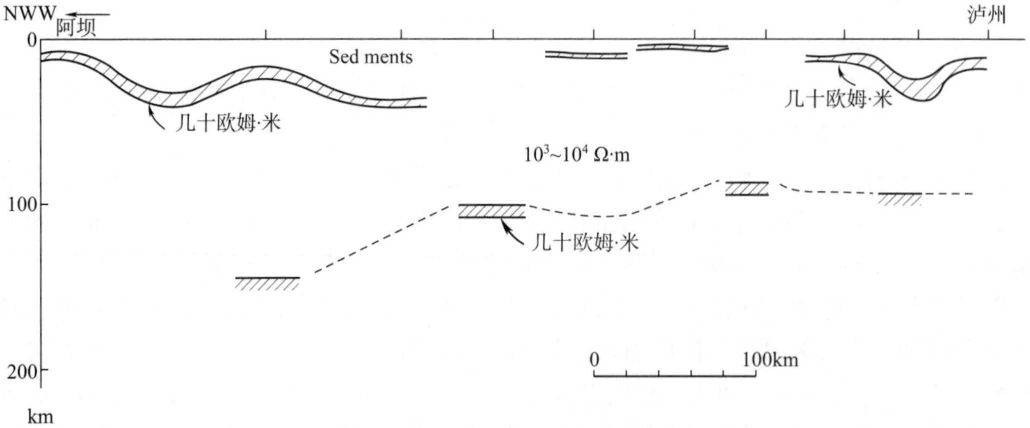

图 15　横切南北构造带南段的地壳上地幔电性结构剖面（据李立，1985）

画斜线部分为高导层

2.1.5 西藏地区

地质矿产部物探所与法国合作曾在西藏地区的洛扎-羊八井段完成了8个大地电磁点的观测工作，以后物探所又继续向NNE方向增加了5个测点，组成了一条全长400 km的大地电磁测深剖面，它南起洛扎，北止那曲，近SN向展布。图16是应用Bostic反演方法计算的沿该剖面的地壳上地幔电阻率分布曲线。可见，在西藏地区壳内普遍有高导层发育，其埋深在20～40 km内变化，厚度约10 km。这与人工地震测深所发现的西藏地区有壳内低速层存在的看法是一致的。在该剖面的一些测点下，同样发现了上地幔高导层，在剖面南端的洛扎和打隆其埋深为120 km，向北至雅鲁藏布江以南该高导层抬升至70～80 km，在雅鲁藏布江以北的桑雄地区下降到160 km左右。

作者认为，雅江以北地区的壳内高导层起因于花岗岩的部分熔融，因为该区地表有大片花岗岩出露，根据已有大地热流值推算，在壳内高导层的深度处温度值可达650 ℃，如果有微量自由水存在，在这种温压条件下花岗岩类物质就会发生部分熔融。雅江以南地区的壳内高导层可能构成了一个低摩擦的滑脱面，上地壳沿此滑脱面从南向北滑动，构成了一个缓倾角的大逆掩断层，在南部的洛扎附近该断层出露于地表。根据图16所提供的地壳上地幔电阻率分布模型，可以推测坚硬的印度岩石圈板块沿着塑性的上地幔高导层顶面向西藏高原下部插入。在插入过程中，上地幔高导层被强烈扰动，因而沿着雅鲁藏布江的比较破碎的缝合带底辟上升。

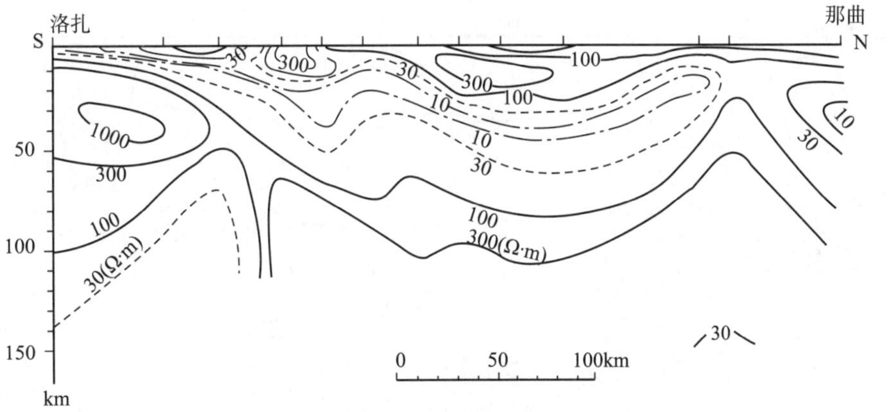

图16 西藏地区洛扎-那曲的地壳上地幔电阻率剖面图

剖面位置见图18中的H-H′线

2.2 上地幔高导层与大地热流值和上地幔低速带的关系

正如第二节所指出的那样，在中国境内上地幔高导层埋深与平均大地热流值之间也存在较好的对应关系。我们统计了上地幔高导层埋深与平均大地热流值之间的关系，发现两者之间呈指数相关（图17）。其关系式为：

$$H=155g^{-135}\ (\mathrm{km}) \tag{6}$$

可见，它与式（2）相同，只是指数略有差别。当平均大地热流值小于1 HFU时，这种关系就不成立了。

我们按上式所确定的上地幔高导层埋深，编制了中国大陆内部部分地区的上地幔高导层顶面深度图（图18）。

近些年来，不同作者利用天然地震数据对中国境内的上地幔速度分布做了研究，最近宋仲和等人利用中国的基准地震台、部分区域台网及世界台网中邻近中国的台站（共200多个台），所记录的500多个天然地震资料以及中国境内的几个大爆破记录资料，用P波初至及部分续至震相研究了中国境内

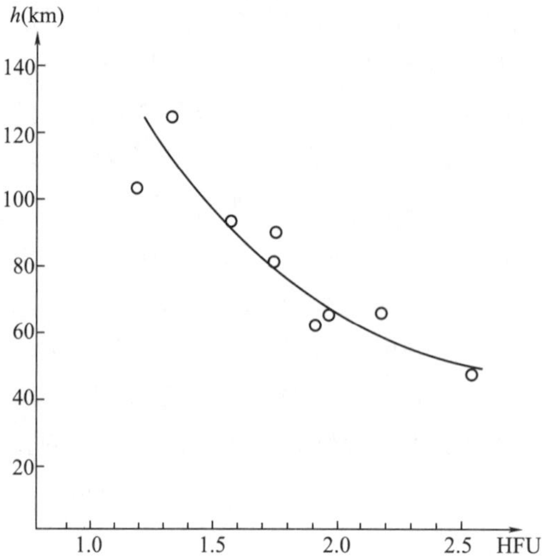

图 17　中国大陆内部上地幔高导层埋深与平均大地热流值之间的关系

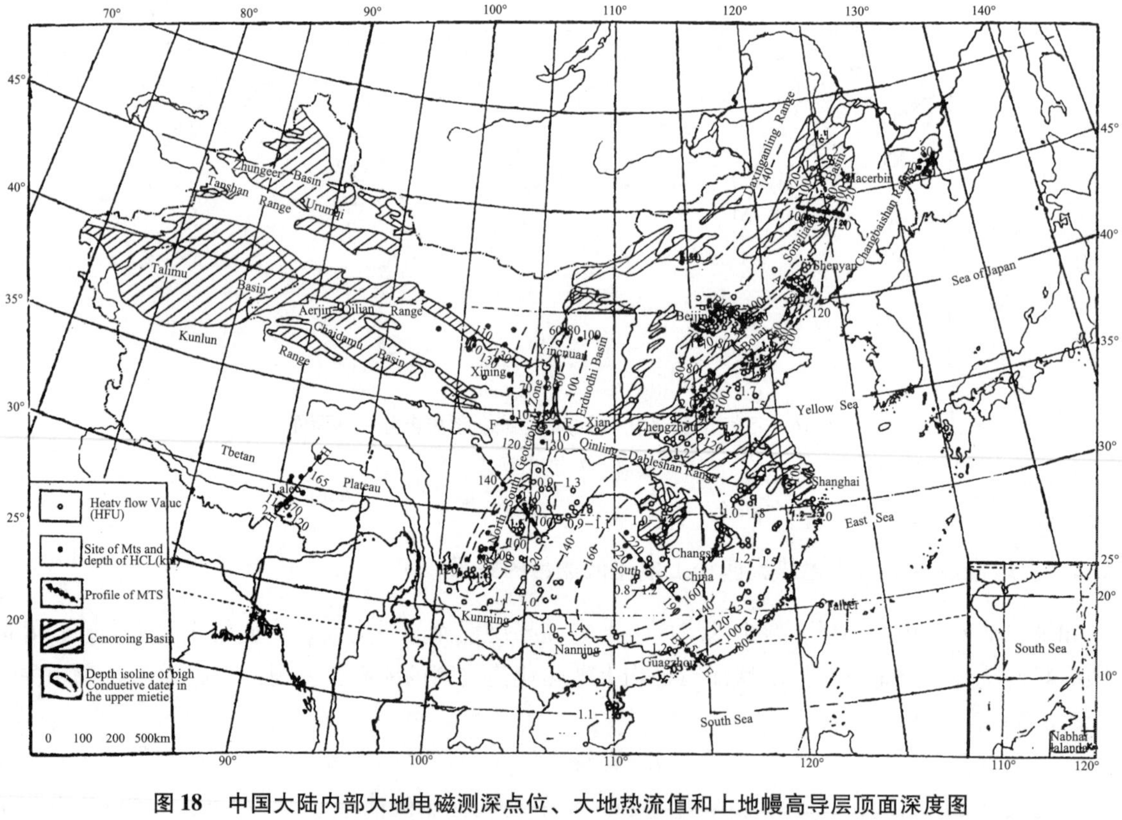

图 18　中国大陆内部大地电磁测深点位、大地热流值和上地幔高导层顶面深度图

在某些测点过密的地区仅列上了一些有代表性的点

6 个地区的上地幔速度结构，其结果如图 19 所示。

可见在很多地区上地幔内部有低速带存在，它们的深度是：华北地区 60～70 km；黄海和东海地区 60 km；南北构造带 90～100 km；西藏高原 120 km；而华北地区则没有发现上地幔低速带的存在。这些结果与图 18 所示的上地幔高导层埋深情况基本一致。

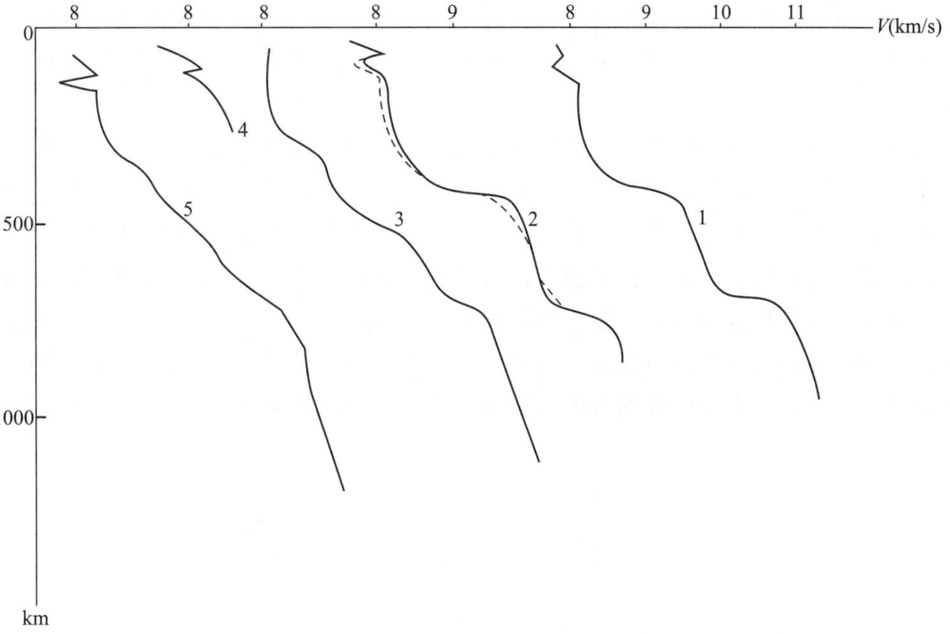

图 19　中国及邻近海域上地幔纵波速度分布（据宋仲和等，1984）

1. 华北平原；2. 黄海、东海地区；3. 华南地区；4. 南北构造带；5. 西藏高原

2.3　讨　论

综合上述结果，我们对中国大陆内部的上地幔高导层埋深及其他一些问题有如下一些认识：

（1）上地幔高导层埋深与平均大地热流值之间存在着指数对应关系（华南大陆内部除外），高导层电阻率值仅 1 至几欧姆·米，高导层与低速带埋深基本一致，这可能意味着中国大陆内部大部分地区的上地幔高导层起因于部分熔融，它应与通常人们惯用的软流圈概念一致。华南大陆内部上地幔高导层埋深大于 200 km，而又没有低速带存在，同时从图 19 的曲线 3 可见，在 200 多公里深处速度值明显增高，这一地区的平均大地热流值约等于 1 HFU。这些事实表明，华南大陆内部的上地幔高导层可能起因于相变。相变结果导致岩石密度增加、波速增高、激活能 E_0 下降、电阻率降低。

在某些地区发现上地幔内存在两个高导层：第一层高导层往往很薄，但电阻率值差别很大。有的地区其电阻率值仅有几欧姆·米，例如下辽河坳陷，推测它可能是岩石圈地幔内的部分熔融层位或者是脱水层位；有的地区其电阻率值较高达几十至 100 Ω·m，例如华南大陆内部，推测它可能是岩石圈地幔内的剪切滑动层位或者铁镁矿物比较集中的层位。

（2）中国大陆内部的上地幔高导层埋深变化巨大，从 50～60 km（渤海地区）到 200 km 以上（华南大陆内部）。高导层的顶界埋深与新生代以来的构造活动性和现今的地震活动性具有较为密切的联系。华北平原新生代裂谷系下方的上地幔高导层强烈上隆，张家口-渤海-蓬莱地震带两侧的高导层上隆范围显著不同，渤海地区是上地幔高导层上隆中心（图 18）等现象表明，华北新生代裂谷系的发生和发展受上地幔高导层活动的控制，现今地震活动和地表的强烈下沉仍与这一过程有关。本区高导层上隆的原因，可能与西太平洋板块消减过程中所引起的诱导对流有关，也可能在本区下方有地幔热柱存在，因为根据重力资料计算表明，本区尚有很强烈的地幔剩余重力异常，尤其是在渤海地区。因为地幔热柱导源于更深层地幔，具有更大的密度值和很高的电导率值。

从图 18 可见，中国大陆东部边缘，从东南沿海-华北平原-松辽盆地以及虎林盆地等 NNE 向地带是上地幔高导层普遍上隆的地带。自中生代以来这一地带就是岩浆强烈活动的地区，也是裂陷构造广泛发育的地带，看来它们与高导层上隆具有联系。

南北构造带是一条比较古老的地震分界线，这条巨大构造分界线的明确地质意义尚待探讨。有人主张它是中国大陆内部的现今板块开裂带。上地幔高导层沿该带上隆，看来与该带的现今构造性具有密切关系。

华南大陆内部上地幔高导层埋深大于200 km，并且没有低速带存在，这与这里的现今构造活动性十分稳定的特点是一致的。但如何解释呢？首先应当指出，在大陆内部200 km的上地幔高导层埋深并不算很深的地方，在世界一些地区其埋深有达到350 km以上的（表1）。我们认为，华南大陆内部上地幔高导层埋深大，可能与这一地区自加里东运动以来一直没有经受过很强烈的构造变动有关。

本文本节所讨论的区域范围很大，但实际资料尚不够充足，分布不均，有些数据质量也不令人满意，因此本文中所提出的一些看法难免谬误。本文所用的大地电磁测深资料（除注用外），是我所同事们多年辛勤劳动的结晶，文中所提的很多看法也是我们共同讨论的结果。

华北地区深部孕震环境的探讨*

刘国栋

本文所讨论的华北地区大体相当于华北地台，属典型板内地区。这里有很多强烈的地震活动带，也有大范围的无震区。近些年来，本区开展了一系列深部探测和反映深部的重磁资料分析以及深源岩石学等方面的研究工作。这对我们了解本区的地震活动与深部构造之间的关系、了解地震区与非震区之间深部构造上的差异，提供了宝贵资料。

就地震形成而言，不外乎地震力来源和应力积累条件。华北地区的地震绝大部分发生在10～20 km范围，属中、上地壳，基本上是一套在地质历史上曾遭受强烈变动的古老变质岩系。近代深部探测结果表明，中、上地壳结构十分复杂，强烈各向异性，物性变化很大[1,2]。无疑，这给应力积累提供了有利条件。

大陆地区的板内构造活动，虽与板块边界过程有关，但常有其强烈的深部根源。上地幔软流圈的侵位、岩浆活动、岩石圈某些部位的侧向蠕变、壳内的巨大温度差异、质量分布的不均匀和显著的地势高差以及可能存在的相变等等，都可能形成十分可观的力源[3]。本文所谓的深部孕震环境，就是对华北地区地震形成的深部构造条件和可能的地区性地震力源的探讨。

1　华北强震带及其地壳上地幔构造

图1是华北地区有历史记载以来的 $M \geqslant 6$ 级强震震中分布图。

可见本区强震有明显的分带性。从东而西有三条NNE向强震带，它们是郯庐强震带、磁县-邢台-唐山强震带和山西强震带；从北而南有两条强震带，即NWW向的蓬莱-渤海-张家口强震带，它向西与鄂尔多斯北缘地震带相连，以及近EW向的临沂-菏泽-西安地震带。这五条强震带与新生代裂陷盆地有密切联系。

图2是华北地区向上解析延拓10 km高度的航磁 ΔT 异常图。可粗略认为，在这一延拓高度上浅层局部磁性体的影响已经消失，结晶变质岩的上层地壳对磁异常特征起主导作用。故可认为，图2基本上反映了上地壳内部结构和组成上的大致变化。

从图2可见，郯庐地震带恰位于沿NNE向纵贯全区的区域磁异常梯度带上。该带西侧为变化剧烈的正磁异常区，东侧为变化平缓的负磁异常区，异常幅值相差100～200nT。表明这是一条巨大的深断裂带，断裂带两侧的上地壳组成很不相同。沿NWW向横穿海城震区的人工地震测深结果表明[4]，郯庐断裂带以西的地壳平均速度值明显大于以东的地壳平均速度值[5]。

NNE向的磁县-邢台-唐山强震带和山西强震带虽然在磁场图上没有显示出突出的差异，但强震带的展布方向与区域磁异常方向完全一致，说明强震带受上地壳的区域构造走向控制。

蓬莱-渤海-张家口强震带在磁场图上对应着横切NNE向区域磁场的NWW向线状磁异常窄带。该

* 本文原载于《近期强震危险性研究》，地震出版社，1988，13～20。

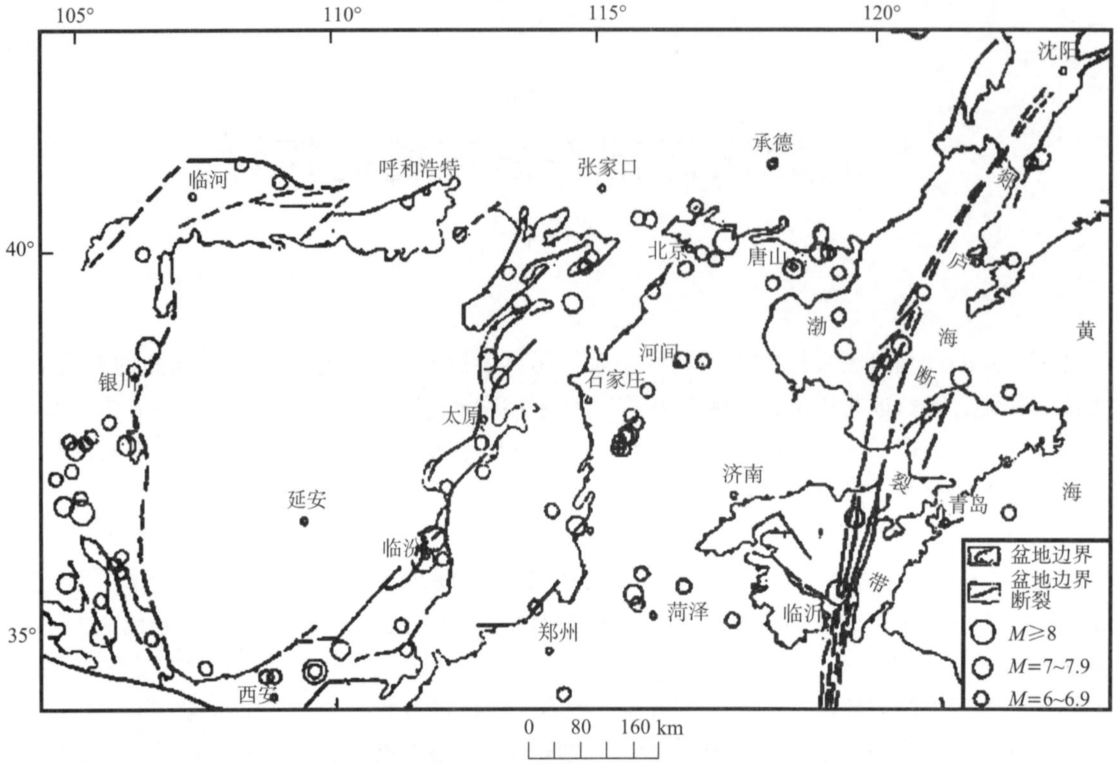

图 1　华北地区 $M\geqslant6$ 级强震震中分布图

窄带在张家口至唐山段为相对的低值异常带，其两侧的区域磁场特征差别很大，在大比例尺的航磁异常图上可见，唐山地区的 NNE 向正磁异常被此 NWW 向窄带错断，并发生左旋平移[4]。这表明该 NWW 向窄带是一条巨大的剪切破裂带。鄂尔多斯北缘地震带恰好沿着近 EW 向的线状正磁异常带和强烈的区域异常梯度带展布，该带的南北两侧区域磁场特征截然不同。表明地震带沿断裂带分布，断裂带两侧的上地壳组成或结构存在着明显差异。近 EW 向的临沂-菏泽-西安地震带以北地区，区域磁场为 NNE 向，以正磁异常为主，变化剧烈，以南地区区域磁场为 NWW-EW 向，以负磁异常为主，变化比较平缓。表明沿地震带是一条上地壳构造或组构上的分界线。

从图 2 还可见，本区东部的黄海、南部的豫南-汉中、西部的鄂尔多斯高原和北部的阴山以北地区，均是区域磁场变化平缓并以负磁异常为主的地区。可能表明这些地区的上地壳结构比较简单，组成比较均一。有趣的是，这些地区都是弱震区或无震区。

上述对比分析表明，强震带跟上延后的航磁异常图所反映的结晶上地壳的内部结构和组成有密切关系。强震带往往分布在上地壳结构或组成发生强烈的区域性变化的地带。因为这种地带对应力的积累提供了有利的结构或介质条件。

图 3 是以人工地震测深剖面为控制，根据布格重力异常图编制的华北地区莫霍界面深度图[6]，并绘上了 $M\geqslant6$ 级的强震震中。

从图 3 可见：①强震带往往与莫霍面区域构造方向发生变化或转折的地带有关。例如，沿张家口至渤海的 NWW 向强震带，莫霍面从该带以南的 NNE 向转折为该带以北的 NE-NEE 向；沿临沂-菏泽-西安的近 EW 向强震带，莫霍面从该带以北的 NNE 向转折为该带以南的近 NWW 向；沿鄂尔多斯北缘的地震带恰好是莫霍面区域构造方向突然相交的地带。②强震带往往与莫霍面埋深的梯度带或隆起带有关。例如，郯庐强震带是莫霍面梯度带、山西强震带和鄂尔多斯西缘地震带都是莫霍面的相对隆起

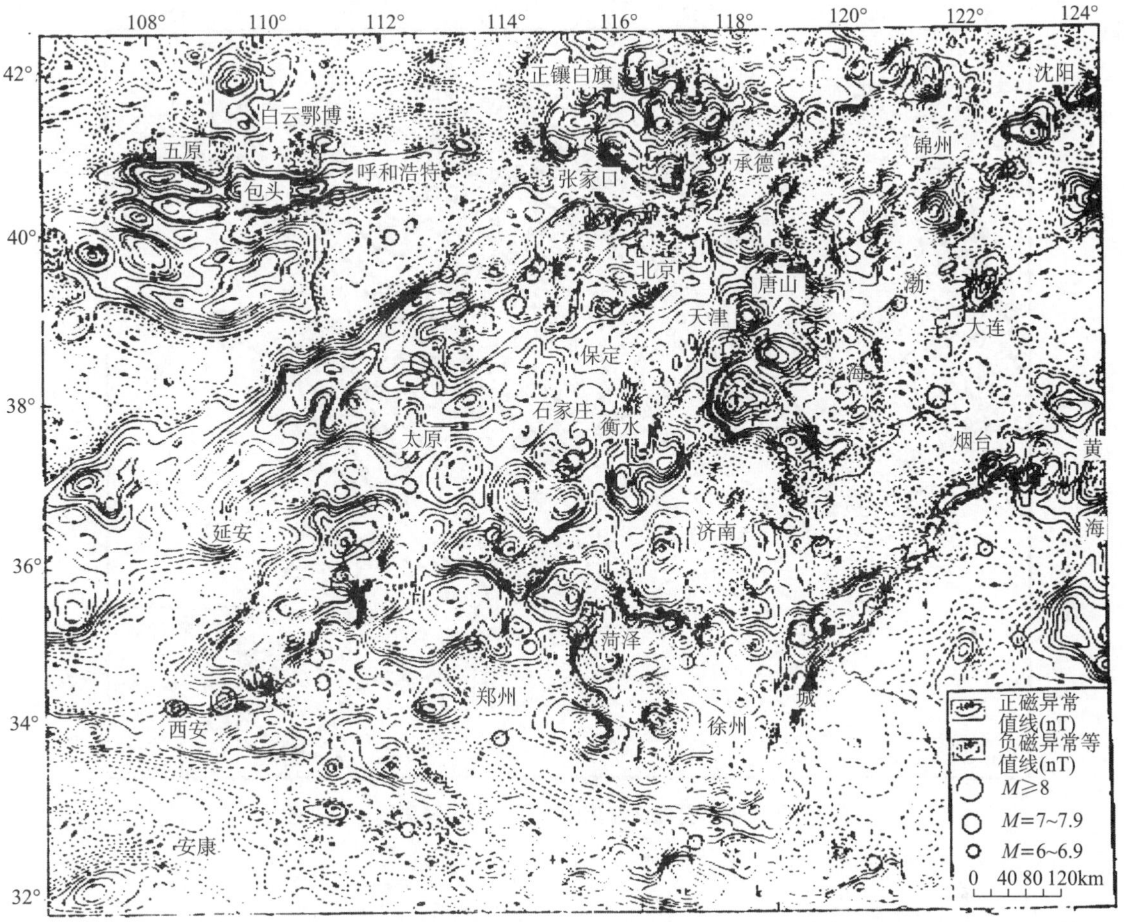

图 2　华北地区航磁异常等值线 $M \geqslant 6$ 级震中分布图（据地质矿产部航空物探大队资料简化）

带。③从广义上看，地震活动区的莫霍面构造比较复杂，埋深变化较大，例如地震活动性较高的华北平原和鄂尔多斯周边地区就是这样。莫霍面构造比较简单，变化比较平缓的鄂尔多斯高原和豫南等地区，往往是无震区或弱震区。

强震带与莫霍面的关系在某种程度上跟主要反映上地壳结构和组成的上延 10 km 高度的航磁异常之间的关系有些类似。这可能意味着上地壳的构造格架受莫霍面构造控制，或者说上地壳和莫霍面的主导构造方面具有某种一致性。另一方面，也可能表明华北地区的地震活动与上地幔的活动性有密切联系。

图 4 主要是根据大地电磁测深资料反演以及部分大地热流值换算的上地幔高导层深度值编制而成的上地幔高导顶面埋深图，它与地震法获得的上地幔低速层深度基本一致[7]。由于资料不足，图内有很大空白区。

从图 4 可见，本区的上地幔高导层埋深变化很大。强震活动主要分布在上地幔高导层隆起带的两侧（例如郯庐强震带和磁县–邢台–唐山强震带）和高导层隆起宽度发生突然变化的地带（例如张家口–渤海强震带）以及高导层构造方向发生转折的地带（例如临沂–菏泽–西安地震带）。有趣的是华北第三地震活动期（1484～1730 年）的 6 级以上强震，基本上分布在华北上地幔高导层隆起的外围地区，而第四地震活动期（1815 年至目前）的 6 级以上强震，则基本上分布在以渤海为中心的 NNE 向上地幔高导层隆起带的两侧。

华北地区的地震活动与新生代的断陷盆地分布具有很好的一致性，而新生代断陷盆地发育又受上

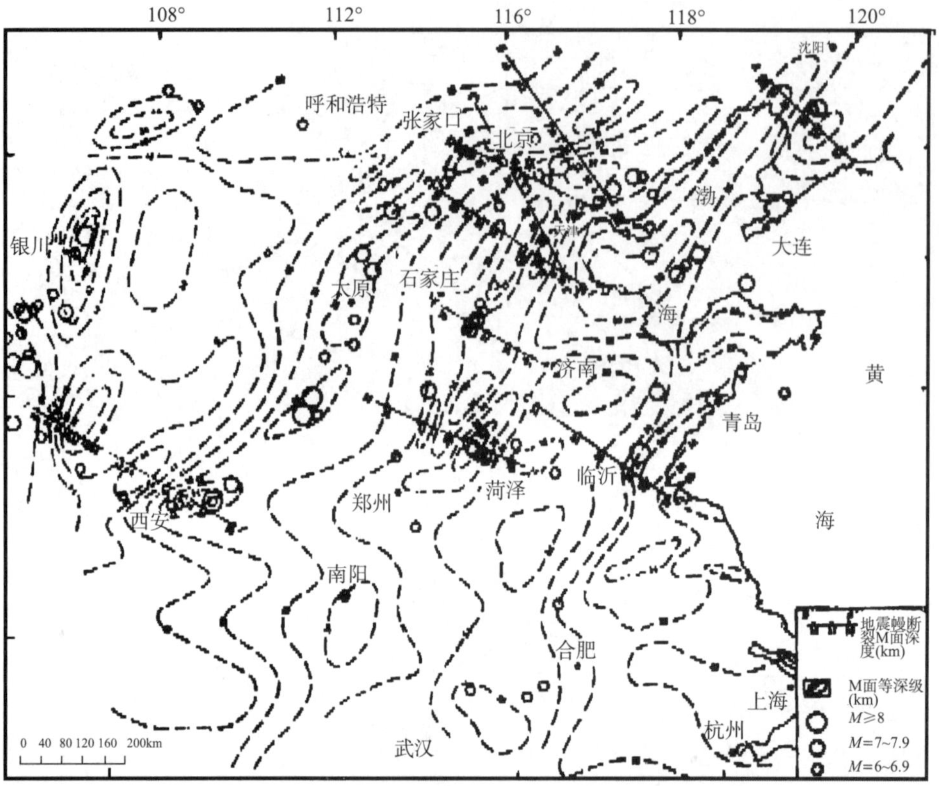

图 3　华北地区莫霍面深度图及 $M \geqslant 6$ 级强震震中分布图

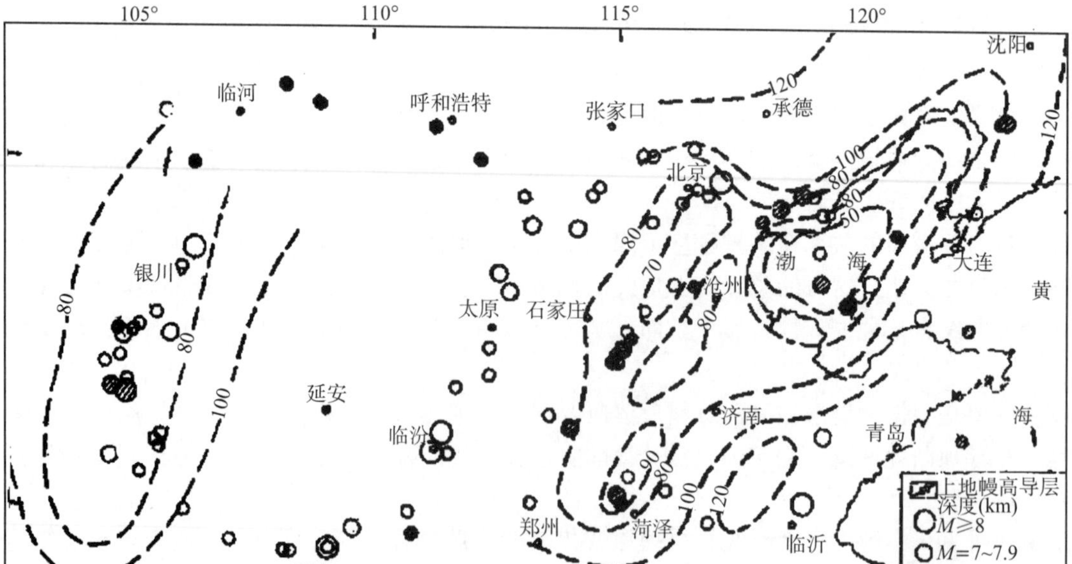

图 4　华北地区上地幔高导层深度图及 $M \geqslant 6$ 级震中分布图

南北带地区高导层深度根据兰州地震研究所大地电磁测深组资料

地幔高导层活动的控制[8]。本区的上地幔高导层具有较高的部分熔融含量[9]，是一个易活动的层位。高导软流圈活动既可以表现为以岩浆或火山喷发形式使部分熔融组分外溢，也可以表现为较大规模的底辟上移或对流上升。当软流圈上隆时，对应隆起顶部的脆性上地壳将强烈引张伸展，两侧受到很大挤压；当软流圈上隆宽度发生变化时，沿着变化带将引起岩石圈的剪切滑动。它们均会导致地震的产生。此外，高温软流圈强烈活动或埋深较浅的地区，岩石圈地幔或中、下地壳由于温度较高会产生侧向蠕变，遇纵向构造向断面（如断层）或介质组成变化带时，蠕变可能受阻，蠕变能将向上部脆性地壳传递，从而有助于地震的发生。

图5是根据我们收集到的已发表的大地热流值和居里点深度值编制的反映本区地壳上地幔温度状况的地温场分布圈。在此认为居里点深度处的温度值为530 ℃。

从图5可见，华北平原及其周围地区的强震带一般分布在大地热值从高值向低值过渡的地带，或者说大地热流等值线比较密集的地带，而鄂尔多斯周边地区的地震带往往与居里等温点深度较浅或变化较快的地带相一致。华北地区的地壳上地幔温度状况与新生代以来的构造活动性关系密切。高温区新生代沉积物厚，张性断裂发育、玄武岩活动强烈，一般说地震活动性较低，很少发生强震（渤海除外）；低温区是新生代以来的稳定上升区，一般为弱震区或无震区，例如鄂尔多斯高原等地区。

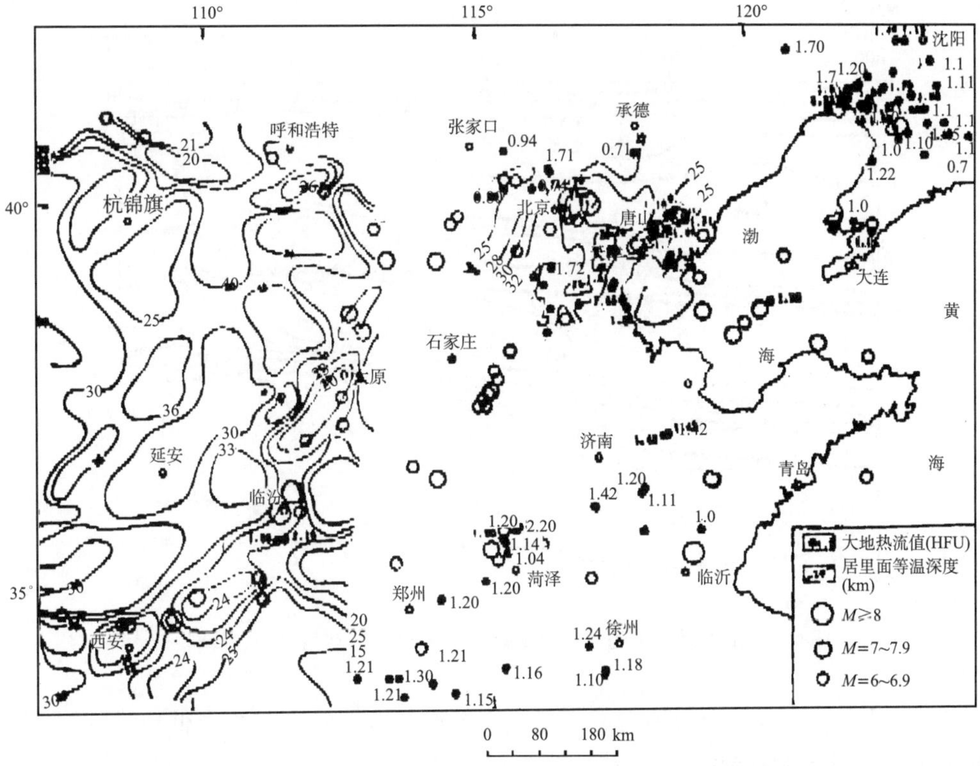

图5　华北地区大地热流值和居里点等温面以及 $M \geqslant 6$ 级震中分布图

本图的大地热流值取自：中国科学院地质研究所地热组，汪集旸等；汪辑安等；解政文等；张汝惠等；吴乾蕃等；王安东等发表的文章，居里点等温面取自：郝书俭等；安平的文章

本区的近代构造活动受上地幔软流圈活动控制，地壳上地幔温度状况又在很大程度上与高温软流圈的埋藏深度和活动强度有关。高温区对应软流圈埋深浅和上地壳的引张区。引张区岩石破裂强度低、大震活动少。低温区的软流圈埋深大、活动性低。高温-低温的过渡区是承受挤压的地带，也是温差剪切应力最大的地带[10]，故而强震活动带往往与其一致。

2　华北一些大震区下的地壳结构

上节我们论述了华北地区强震带的地壳上地幔构造和地温场的基本特征，并定性地分析了它们与强震活动的可能关系。但强震带上并不是处处都已经发生过了强震，也可能某些地方过去发生过，但没有记载，也可能将来会发生，但这都是推测。因此进一步判断强震带上的大震区下之地壳细结构是件非常有意义的工作。近些年来，一些单位在某些大震区开展了比较详细的深部探测工作，初步发现了某些有意义的现象。

刘昌铨等最近应用二维非均匀介质中理论地震图方法，对唐山地区的人工地震测深资料重新进行了解释，发现唐山大震区的地壳内部存在一个低速异常区（图6）。并认为这是由于在上地幔上隆过程中深部岩浆沿裂隙上升侵入到中、下地壳，从而使壳内物质产生部分熔融或重熔的结果。并认为下地壳同时发生侧向蠕变、减落，上地壳产生一系列张性断裂，导至唐山地震的孕育和发生①。

卢造勋等最近对海城地区的人工地震测深资料的解释结果也发现，海城地震区的壳内低速层速度值低至5.6～6.1 km/s，厚度3～5 km，但在震区以东和以西地区，壳内低速层不显著[5]。

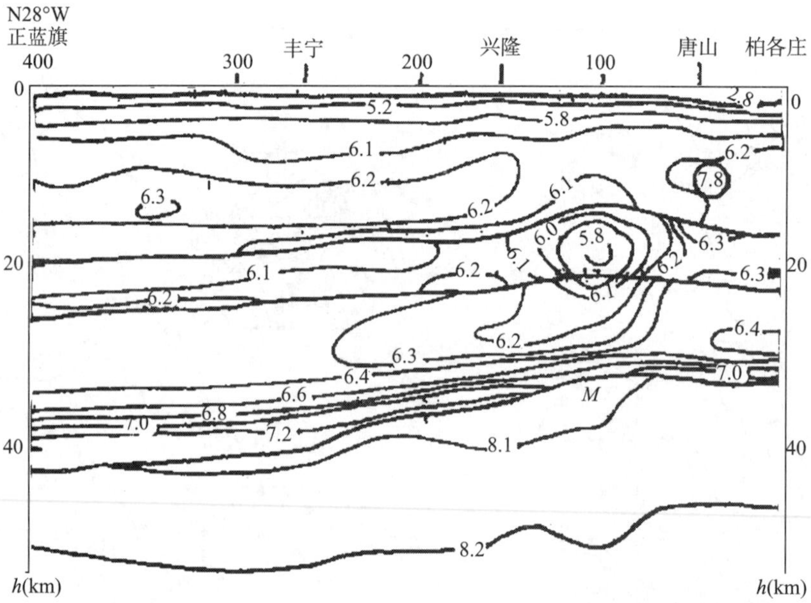

图6　唐山大震区下的地壳上地幔速度结构（据刘昌铨等，1984）

我们曾指出，邢台、海城、唐山等大震区壳内高导层发育，它们与壳内低速层的深度基本一致，震源深度绝大部分位于壳内高导层之上，壳内高导层的纵向电导值在大震区一带发生变化，并指出壳内低速层有向大震区下加厚的趋势[11,12]。图6和图7的最新结果也基本上反映了这一特征。我们曾认为，大震区下壳内低速层加厚与上地壳沿壳内低速-高导层顶面做侧向滑动时所引起的拖曳效应有关，也可能与该层发生了侧向蠕变并在大震区下受阻加厚有关。Q值较低的壳内低速-高导层是有调整和向上部脆性地壳转移应力的作用，从而导致上部脆性地壳应力水平的加强[7,12]关于大震区地壳速度偏低的问题，究竟是大震时期地壳遭受强烈破坏的结果，还是震前就存在，尚需做进一步研究。

由于目前我们尚未取得详细的地震反射剖面法的观测结果，因而尚难对大震区下的地壳细结构做

① 刘昌铨等，唐山地区地壳上地幔结构特征（二维非均匀介质中理论地震图计算和分析结果），1984年。

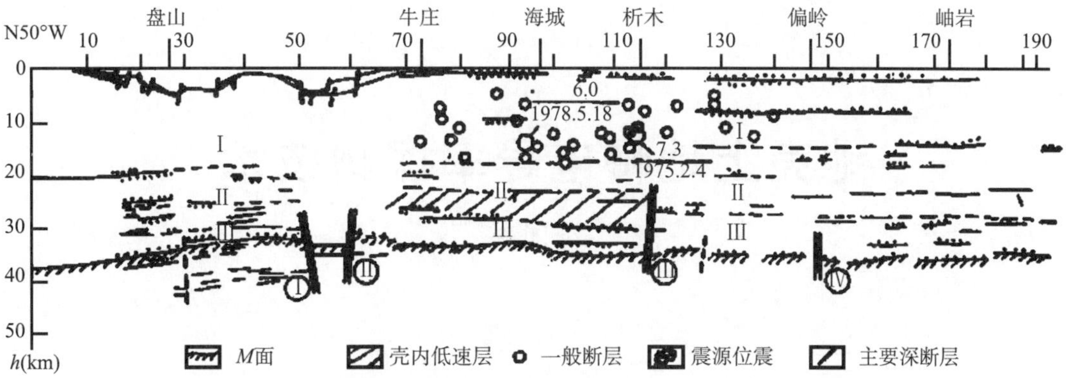

图 7　海城地震区下的地壳上地幔速度结构（据卢造勋等，1984）

出明确的判断。

本文所划分的强震带是根据已发生的强震震中分布图像圈定的，并且它们都有明显的深部构造和区域地球场特征。考虑到后面因素，综合对比图 2 至图 5，像菏泽-济南以及辽东湾两侧等地段，都有可能成为未来的强震带。

华北地处西太洋板块消减带和喜马拉雅碰撞带之间，但距两者均有 2000 km 之遥。已知资料表明，其间的地壳结构十分复杂，难于想象板块边界的消减或碰撞过程的巨大应力效应能通过复杂结构的地壳直接传递到华北地区。但消减或碰撞过程将导致上地幔软流圈的强烈扰动，甚至引起新的对流过程，它们可影响到板内的很远地区，并使板内的上地幔软流圈强烈地活动起来。这种活动可通过各种方式在上部脆性地壳内形成应力积累，导致地震的孕育和发生。

参 考 文 献

[1] 刘国栋，1984，地壳上地幔结构研究的某些新进展（一），地震学刊，第一期。

[2] 刘国栋，1984，地壳上地幔结构研究的某些新进展（二），地震学刊，第二期。

[3] 刘国栋，1985，地壳上地幔结构，中国地震年鉴（1984），北京：地震出版社。

[4] 国家地震局《一九七六年唐山地震》编辑组，1982，一九七六年唐山地震，北京：地震出版社。

[5] 卢造勋、强国臣等，1985，爆破地震研究辽南地区地壳与上地幔结构的初步结果，辽宁省海城地震预报十周年学术讨论会，《东北地震研究》编辑部。

[6] 刘国栋、叶洪，1988，华北断块的地壳上地幔构造，见：第一届断块学术会议论文选集，北京：科学出版社。

[7] 刘国栋、顾群等，1983，京津唐渤和周围地区地壳上地幔电性结构及其与地震活动的关系，地球物理学报，Vol. 20，No. 2。

[8] 刘国栋，华北平原新生代裂谷系及其深部过程，现代地壳运动研究，第 1 辑，北京：地震出版社，1985。

[9] 赵国泽、刘国栋、王家映，1986，北京-柏各庄剖面连续介质大地电磁反演解释，地震学报，Vol. 8，No. 2。

[10] 张之立，1985，唐山地震热力源的研究，地震学报，Vol. 7，No. 1。

[11] 刘国栋、刘昌铨，1982，华北北部地区地壳上地幔构造及其与新生代构造活动的关系，中国科学，B 辑，No. 12。

[12] 刘国栋、史书林、王宝钧，1984，华北地区壳内高导层及其与地壳构造活动性的关系，中国科学，B 辑，No. 9。

地壳上地幔电导率探测技术*

刘国栋

1 前 言

地球是一个导体，在地壳上地幔范围内电导率值变化达 5 个数量级以上，是地球物理参数中变化范围最大的一个。在地壳上地幔内部电导率的变化既反映了它们的组成、结构和状态，也在某种程度上反映了它们的发展、演化过程。因此，探测研究地壳上地幔电导率分布特征，对于认识岩石圈现状及其动力学问题，具有十分重要的意义。它已被列为国际岩石圈计划的课题之一。

地壳浅部岩石电导率值的大小，主要取决于孔隙度和裂隙的发育及其连通情况，及水的饱和程度。干燥的结晶岩石电导率值可低至 10^{-5} S/m 以下，而饱和水的松散沉积物和高孔隙度饱和水互相连通的沉积岩电导率值可高达十分之几至 1 S/m。

地壳内部岩石的电导率变化也十分显著。除广泛发育的高阻岩层的电导率值低于 10^{-3}S/m 外，在某些地区还往往发现有高导带的存在，其电导率值高至十分之几，甚至 1 S/m。这种高导带的埋藏深度，浅自上地壳下部，深至莫霍面附近。

壳内高导带的起因非常复杂，不同的构造环境和温压条件以及不同的地壳发展、演化进程均可形成壳内高导地带。例如，一定温压条件下壳内含水矿物的脱水和壳内岩石的部分熔融，以及构造活动地带壳内正在进行的重熔和变质过程等；也可能起因于深部的热活动和岩浆囊的存在，或者是过去的地质构造事件遗留下来的部分熔融残留体等；还可能起因于地质历史时期的逆掩事件，把低阻沉积岩层捕掳于地壳内部，或者是地壳侧向运动形成的并具有导电性的构造剪切带等等。可见，如果发现有壳内高导带的存在，可以帮助我们更深入地了解地壳内部发生的情况。

上地幔内部电导率变化也是很大的。影响这种变化的因素至少有五种：

（1）部分熔融的上地幔软流圈，不仅具有低的速度值而且具有高达十分之几 S/m 的电导率值。

（2）上地幔岩石导电机制为半导体机制，其电导率值随温度增加呈指数升高。由于地球温度一般是随深度增加的，因此地幔内的岩石电导率随深度而升高。

（3）在上地幔内的较大深度上，由于温度和压力的增高会引起矿物结构的重新调整，从而导致岩石电导率的改变。

（4）上地幔的物质组成被看成为硅酸化合体，在其上部富镁的橄榄岩占统治地位，但大约在 400 km 深度的温压条件下，橄榄岩可发生相变成为尖晶岩。相变结果导致矿物晶格堆积加密，影响半导体导电性能的激活能下降、电导率升高。

（5）上地幔内，在一定温压条件下岩石可能出现固态流动或叫晶格位错，在晶格位错过程中，晶格中的缺陷被加强，岩石的热缺陷导电能力增加，电导率值明显上升。

---

* 本文原载于《地球科学中的新技术》，地震出版社，1989，96～120。

上地幔电导率值的分布特征有助于了解其内部的温度分布状况，根据上地幔高导层的电导率值还可粗略地评估软流圈的部分熔融程度。

探测地壳浅部和沉积盆地的电性分布特征可直接服务于矿产和地下水及地热资源的寻找，以及油气田的普查勘探。探测研究地壳上地幔内部的电性分布特征，可以帮助我们了解岩石圈，解释岩石圈的演化进程以及寻找地震孕育和发生的原因。

2 方法介绍

近一二十年来，探测地壳上地幔电导率分布的地球物理方法有了很大发展，出现了多种电磁感应探测方法，其中得到广泛应用的有地磁测深法（GDS）、大地电磁测深法（MTS）和深部瞬变电磁测深法（LOTEM）。它们都是建立在求解 Maxwell 方程的理论基础之上的。

地磁测探法和大地电磁测深法应用的场源是天然电磁场。在地球表面随时都可以观测到随时间变化的天然电磁场，其频率范围约从 10^4～10^{-5}Hz。磁暴期间的天然电磁场活动能量可比磁平静日的活动能量高百倍。天然电磁场的高频部分（大于 1 Hz）起因于大气层的雷电活动，低频部分起因于太阳活动抛出的等离子体流与地球磁层间的复杂作用。来自高空的天然电磁场向地球垂直入射，其穿透深度 P 与电磁场变化周期 T 和穿透路径上的地球平均电阻率 ρ 有关，遵守电磁波趋肤深度公式：

$$P \approx 0.5\sqrt{\rho T} \ (\text{km}) \tag{1}$$

可见，穿透深度不受高阻层屏蔽，因而电磁方法可以探测很大的深度。

向地球内部入射的初始电磁波，又在地球内部感生出次生电磁场。次生电磁场的分布特征（包括能量和相位的时空变化）不仅与初始场活动有关，而且强烈地受地球内部的地层和岩石的电导率值、厚度及其横向变化所限制。因而，通过在地面上观测电磁场各分量、求解地球电磁响应随频率的分布，并对其进行反演，就可以获得地球内部电性参数随深度的变化。

深部瞬变电磁法是近 10 年来发展起来的人工场源的电磁测深方法。由于人工场源功率远远小于天然场源，因而其探测深度受到限制。应用深部瞬变电磁测深法在高阻基岩出露区探测深度可达十几公里，在盆地地区一般不超过 6～8 km。但是它对地球内部电性参数的分辨能力和精度明显高于天然场源的电磁方法，因而目前已成为石油天然气勘探中发展较快和最有成效的电磁勘探方法。

2.1 地磁测深法（GDS）

地磁测深法是在地面上观测磁场的两个水平分量即南北分量 H_x、和东西分量 H_y 以及垂直磁场分量 H_z。假设场源为均匀平面电磁波，当地球是一维电性结构时，地面上观测的三个磁场分量是初始外源场和此外源场在一维电导率结构中产生的感应场之和，统称为正常场 H_n；如果地球是非一维电性结构，那么在地面上观测的三个磁场分量，除了正常场之外，还包含有偏离一维结构部分所引起的异常场 $\mathrm{H_a}$，在这种情况下，异常场 H_a 与正常场 H_n 之间的关系，可用感应矩阵 W 联系起来：

$$H_a(T) = W(T)\ H_n(T), \tag{2}$$

式中，T 是地磁场变化周期，W 表示非一维电性结构参数称地磁传输函数。如果借助于磁场的三个分量表达，式（2）则有：

$$H_{xa} = W_{xx}H_{xn} + W_{yx}H_{yn} + W_{zx}H_{zn} \tag{3}$$

$$H_{ya} = W_{yx}H_{xn} + W_{yy}H_{yn} + W_{zy}H_{zn} \tag{4}$$

$$H_{za} = W_{zx}H_{xn} + W_{yz}H_{yn} + W_{zz}H_{zn} \tag{5}$$

显然，要根据式（3）～（5）解出矩阵 W，就必须观测到或计算出正常磁场分量，并进而从观测场中减去正常场分量以获得各异常场值。这就要求布置一个同时观测的地磁台阵，通过对观测结果的较复杂计算，把正常场和异常场分离开来；或者至少要在两个测点上同时进行观测，其中一个测点要位于严格的一维电性结构之上，因而这个测点的观测值中不含有异常场分量。当上述条件不能满足时，可进一步考虑如下三个假设：

（1）垂直磁场的正常部分 H_n 是很小的，所以 $H_{zn}+H_{-A}=H_{-a}$；

（2）H_{zn} 与 H_{xn} 和 H_{yn} 无关；

（3）水平磁场的异常部分很小，即 $H_{xa} \ll H_{xn}$，$H_{ya} \ll H_{yn}$。将这些假设代入式（5），则有：

$$H_{za}=W_{zx}H_{xn}+W_{zy}H_{yn} \tag{6}$$

通常这个关系可以写成：

$$Z=AX+BY_z \tag{7}$$

式中，A、B 称单台地磁传输函数。这样，就可以利用单台的、多组独立观测数据求取传输函数 A、B。

传输函数 A、B 与地球电性结构直接有关，它们是电磁场频率的函数，频率对应于深度。当地下电性结构为一维时，传输函数为零，当地下电性结构为非一维时，传输函数为非零的有限值，并在构造边界附近取极值，因而地磁测深法对横向不均匀性反映最敏感。如果沿着垂直于构造的剖面上布置若干个地磁测深点，根据各测点传输函数等参数随频率的分布，可以反演地下电性结构。

通常根据传输函数计算感应矢量。传输函数是复数，若用 A_r、B_r 和 A_i、B_i 表示其实况和虚部，则定义

$$G_r=（A_r^2+B_r^2）^{1/2} \tag{8}$$

为实感应矢量。定义

$$\theta_r=\arctan\frac{B_r}{A_r} \tag{9}$$

为实感应矢量方向。类似也可以计算虚感应矢量 G_i 及其方向 θ_i。把实感应矢量方向转动 180°，它就指向高导电率区，即电流集中地带。感应矢量大小，表示地下电导率在水平方向的变化程度。变化越剧烈，垂直异常磁场 H_{za} 越大，实感应矢量也就越大。通过计算不同频率的感应矢量方向和大小，可以定性地分析区域电性结构随深度的变化情况。它是地磁测深资料中应用最普遍的参数之一。

在地磁测深资料中，有时也计算垂直异常磁场与水平正常磁场的比值 $|Z_a/H_u|$。如果在垂直构造剖面的各测点上，计算该比值随周期的变化并绘制成图（横坐标为测点距离，纵坐标为周期 $\sqrt{T}$），就成为 $|Z_n/H_n|$ 的假断面图（图 1）。这种假断面图可作为电导率随深度和沿横向变化的定性标志。假断面上的 $|Z_a/H_n|$ 低值区（小于 0.05）可解释为地壳中的高导异常区。

在国外文献中已有大量地磁测深成果的报道，但国内这项工作开展的还很少。国家地震局地质研究所近两年在豫北—鲁西和山东临沂地区，用五台套有数字记录系统的磁通门磁力仪进行了地磁测深观测工作。临沂地区转动 180°后感应矢量分布图表明，在 80～125 s 和 200～250 s 的较短周期范围内，沂沭断裂带东西两侧感应矢量方向近于直交，说明其两侧的电性结构截然不同。西侧的感应矢量指向 NNE 向，恰好垂直于 NWW 向的中生代高电导盆地，东侧的感应矢量指向 NWW 向，恰好指向沂沭断裂带。在 500～800 s 和 1600～2500 s 周期范围内，西侧的感应矢量逐渐指向沂沭断裂带，东侧的感应矢量保持不变。这可能表明，西侧的中生代低阻沉积盆地的影响在此频段上已经消失，而沂沭断裂带的影响逐渐占主要地位，说明其延深很大。在大于 4000 s 的频段上，所有感应矢量都指向近 SN 向，这可能表明在测区以北地区在大的深度范围内有高导异常体出现。推测它可能与渤海地区的上地幔高导层隆起有关。

地磁测深方法对地球电性结构的横向变化很敏感，但对于电性结构的纵向分辨能力低；大地电磁测深法主要用于研究电性的纵向分层，但电性结构的横向变化给一维反演造成困难。

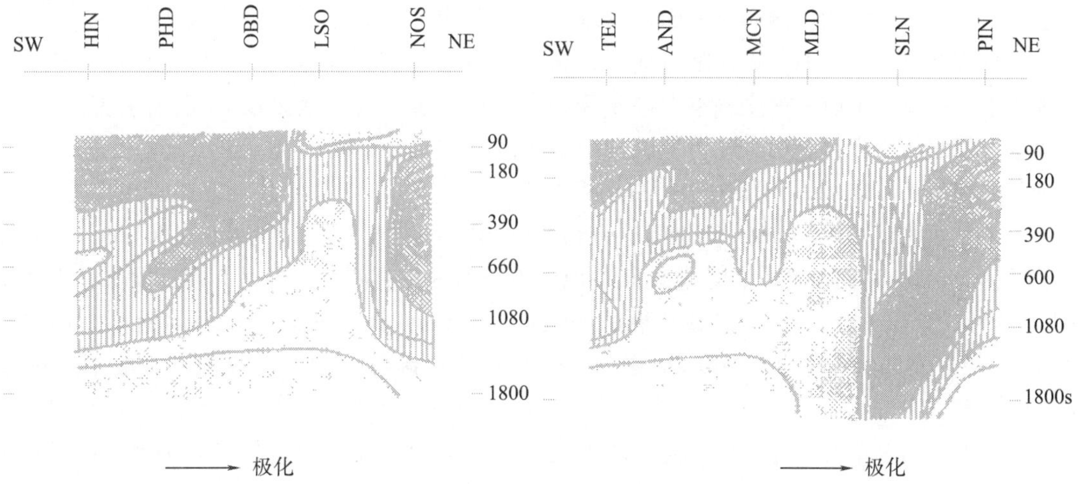

图 1　沿加拿大落基山山麓丘陵地热异常轴的两条横剖面的 Z_n/H_n 假断面

2.2　大地电磁测深法（MT）

大地电磁测深法是在地表上观测两个互为垂直的磁场水平分量 H_x、H_y 和两个电场水平分量 E_x、E_y，通常也观测垂直磁场分量 H_z。

根据 Maxwell 方程，互为垂直的水平电磁场分量之间有下列关系：

$$E_x = Z_{xx}H_x + Z_{xy}H_y,$$
$$E_y = Z_{yx}H_x + Z_{yy}H_y, \tag{10}$$

式中，Z_{xy}、Z_{yx}、Z_{xx} 和 Z_{yy} 叫大地电磁张量阻抗要素，它们与测点下的电性结构和测量装置方位有关。通过计算可把测量方位转到电性结构的主轴方向上，寻找出构造走向方向和倾向方向。在一维电性结构情况下，$Z_{xy}=Z_{yx}$，$Z_{xx}=Z_{yy}$；在二维情况下，沿主轴方位 $Z_{xx}=Z_{yy}=0$，但 $Z_{xy}\neq Z_{yx}$；在三维情况下，四个张量阻抗值均为不等于零的有限值。

计算出主轴方位以后，可按下式计算沿两个主轴方向的视电阻率随频率（或周期）的分布曲线（或相位曲线）：

$$\rho_{axy} = 0.2T|Z_{xy}|^2;\ \rho_{ayx} = 0.2T|Z_{yx}|^2 \tag{11}$$

沿走向方向（E 极化）的视电阻率曲线叫纵向曲线，沿倾向方向（H 极化）的视电阻率曲线叫横向曲线。对视电阻率曲线或相位曲线进行反演可获得测点下的电性分层情况。

大地电磁测深法是目前研究地壳上地幔电性结构的主要方法，在油气田构造普查、地热田如地下水勘探等方面也得到广泛应用。它的主要优点是，不要人工场源、设备比较轻便、所需人员很少、不受高阻层屏蔽、勘探深度很大。特别是近几年来发展的远参考道法和现场实时处理系统，使大地电磁张量阻抗要素的估算精度，除个别频段（1 Hz 左右）外，达到了令人满意的程度。

最近十几年来，大地电磁测深法在世界上获得了明显发展。自 20 世纪 70 年代以来，苏联一直保持着近 100 个大地电磁测深队伍；美国、加拿大、澳大利亚，联邦德国、法国等很多国家都有较多的大地电磁测深队伍和研究机构；亚洲很多国家也开展了大地电磁测深工作。我国 1960 年开始筹建大地电磁测深工作，最近几年发展的最为迅速，目前国家地震局系统、石油工业部、地质矿产部、中国科学院等系统都各有几支大地电磁测深队伍，很多高等院校也开展了大地电磁测探工作。到目前为止，据不完全统计，在地壳上地幔研究方面已观测了近 400 个大地电磁测深点，在石油普查勘探方面已完成了近千个大地电磁测深点。估计今后几年的工作会有更快的发展。此外，在大地电磁测深的方法、理论研究方面也取得了很大进展。

在地壳上地幔电性结构探测研究方面，发现中国大陆内部部分地区有壳内高导层存在，例如华北平原北部、西藏高原、南北地震带、临汾地堑、唐山和海城地震区等地区。某些地区的壳内高导层往往与壳内低速层一致，山震源深度基本上位于壳内高导层之上。有些地区没有壳内高导层存在，例如下辽河盆地、华北平原南部、山东临沂地区和湖南地区等。

大地电磁测深探测结果发现，中国大陆内部上地幔高导层埋深变化巨大。例如，渤海地区约50～60 km，临汾地堑70～80 km，南北构造带约80～100 km，松辽盆地约80～100 km，但在华南大陆内部则深达200 km左右。此外，还发现某些地区上地幔内部有两个高导区存在，例如华北平原南部第一高导层埋深约70～80 km，第二高导层埋深大于200 km，沂沭断裂带及其附近第一高导层埋深50～70 km，第二高导层埋深也在200 km以上。上地幔第一高导层的厚度较薄，一般不超过10 km，电阻率值10～30 Ω · m。

中国大陆内部的上地幔高导层埋深与平均大地热流值之间有较好的指数对应关系，高导层埋深浅的地区大地热流值显著升高。大部分地区的上地幔高导层埋深与用地震资料计算的低速带深度基本吻合。因而可以推测，上地幔高导层可能起因于部分熔融。但在华南大陆内部，200多公里深的上地幔高导层与用地震资料计算的高速带深度相当，推测这类高导层可能起因于地幔内岩石的相变。

新生代以来的裂谷区上地幔高导层普遍偏浅，大震活动带往往是上地幔高导层埋深变化较大或相对上隆的地带。例如，在华北地台区、西部的南北构造带、中部临汾地堑和华北平原、东部的沂沭断裂带，既是上地幔高导层相对上隆的地带，也是现代的强震活动带和新生代以来的裂谷带（沂沭带除外）。而华南大陆内部自中生代以来没有经受过强烈的构造变动，现代地震活动也很微弱，其上地幔高导层埋深也很大。因此，可初步认为大陆内部的上地幔高导层埋深变化情况与近代构造活动性有一定联系。

图2是下辽河盆地的大地电磁测深解释剖面。这里，由于新生代沉积层内含有多层高速的玄武岩夹层，对地震波形成强烈屏蔽，用地震方法很难探测高阻基底的起伏情况。但大地电磁测深法给出了很好的结果，它不仅探明了10^3 Ω · m高阻基底的起伏情况，而且还划分了沉积岩内部的电性界面和上地幔的电性结构特征，以及郯庐断裂带两侧的深、浅电性结构差异。

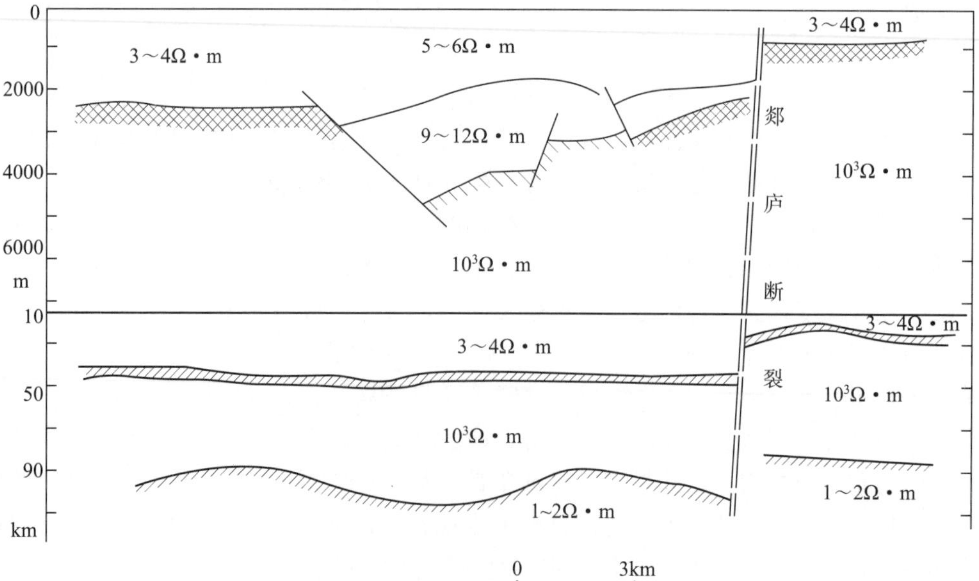

图2　下辽河地区大地电磁测深解释剖面

大地电磁测深法虽然在研究深、浅电性结构方面可以给出很多有价值的信息，但方法本身也还存在着很多困难。最突出的问题是所谓“畸变”效应。由于侧向电性不均匀性的影响，使得大地电流场严重偏离均匀分布的特点，导致实测的大地电磁测深曲线与一维模型曲线相比较发生严重偏离，甚至出现假极值。此时，如果仍采用一维反演方法，必然给出错误的反演结果。虽然可以采用二维，甚至三维模型对“畸变”大地电磁测深曲线进行反演，但在目前实现起来仍有较大困难。理论研究和实践表明，在较典型的二维构造情况下，采用一维模型对其纵向曲线进行反演，仍能给出较可靠的地下电性分层结果。但在实际工作中，会遇到三维构造，此时大地电磁测深资料的反演结果是很难令人相信的。最近发展起来的电磁列阵剖面法，简称 EMAP，解决了浅部三维不均匀体引起的静位移效应。

2.3 电磁列阵剖面法（EMAP）

对于在地表观测的天然电磁场的研究表明，磁场水平分量对于地下电导率变化很不敏感，而电场水平分量则强烈地受地下电导率变化的控制。在一维构造情况下，水平电场平行地表均匀流动；在二维构造情况下，水平电场沿构造走向方向（E 极化）是均匀分布的，但在垂直于构造方向（H 极化）上则强烈畸变；在三维构造情况下，水平电场在任何方向上都是不均匀的。前述的大地电磁测深曲线的“畸变”效应，很主要的原因是电性侧向不均匀所引起的电场水平分量的不均匀分布。

EMAP 方法是在用 Born 近似对一般的三维大地电磁测深问题进行研究的基础上提出来的。根据这项研究，下列线性关系式成立，并作为 EMAP 方法的理念基础：

$$E(\omega, \xi, \eta) = G(\omega, \xi, \eta, z)\ \Sigma(\xi, \eta, z), \tag{12}$$

式中，E 是地表电场水平分量积分表达式的空间傅氏变换，Σ 是偏离平均电导率 σ_η 的电性不均匀体的二维傅氏变换；G 是格林函数变换，它把 E 与 Σ 联系起来。式中 ω 为电磁波频率，ξ 为与走向平行的波数，η 为与走向垂直的波数，Z 为深度。上述中的格林函数相当于空间滤波器，对地表电场形成影响的电性不均匀体的波数成分通过该滤波器。对于不同电性结构，G 函数具有不同的性质。

对于一维情况：

$$G(\omega, o, o, z) = (\omega\mu_0\sigma_0/k)\ (1)\ e^{-i(\xi+k)^2}. \tag{13}$$

对于二维 E 极化：

$$G(\omega, o, \eta, z) = (\omega\mu_0\sigma_0/\xi)\ (r_1)\ e^{-i(\xi+k)^2}. \tag{14}$$

对于二维 H 极化：

$$G(\omega, \xi, o, z) = (\omega\mu_0\sigma_0/\xi)\ (1)\ e^{-i(\xi+k)^2} + (\xi^2/i\xi)\ e^{-i(\xi+k)^2}. \tag{15}$$

对于三维情况：

$$G(\omega, \xi, \eta, z) = (\omega\mu_0\sigma_0/\zeta)\ (r_2)\ e^{-i(\xi+k)^2} + (\xi/i\xi)\ e^{i(\xi+k)^2}. \tag{16}$$

式中

$$\zeta^2 = (k^2+\zeta^2-\eta^2), \tag{17}$$

$$k^2 = -i\omega\mu_0\sigma_0, \tag{18}$$

$$1/2 \leqslant |r_1| \leqslant 1, \qquad 1/2 \leqslant |r_2| \leqslant 1, \tag{19}$$

μ_0 为自由空间导磁率。从式（13）、（14）可见，一维和二维 E 极化情况下的格林函数变换是类似的。我们知道，在这两种情况下，应用一维的大地电磁反演方法可以给出正确的地下电性分层结果，因为没有电性不均匀对地表电场所引起的畸变效应。从式（15）和（16）可见，二维 H 极化和三维情况下的格林函数变换也是类似的，且式中的右边第一项还与一维和二维 E 极化情况下的格林函数变换类似，但增加了一个辅助项——右边第二项。该项代表二维 H 极化和二维情况下的畸变效应。格林函数变换表达式的性质表明，它对电性不均匀体有滤波作用。一维和二维 E 极化情况下，格林函数对地下导体的波数成分为一低通滤波器。这意味着，在地表电场中所含有的地下电导率信息被均匀化了。由于低通滤波器的性质，其波数谱随频率增加而下跌，因而降低了电场信号采样中的假频效应。

式（15）、（16）中的畸变效应项表明，在这种情况下格林函数对地下导体的波数成分具有高通性质，实际上它们是带通滤波器性质。对波数成分而言，格林函数的带宽加大了。此时，如果对电场信号采样不充分的话，那么对于地下导体的高波数成分将出现假频效应。

EMAP 方法的实质在于施加一个空间低通滤波器，以抵消二维 H 极化和三维情况下格林函数的高通特性，从而达到衰减畸变效应的目的。当然，还要对电场有足够的空间采样密度，以避免假频效应。这种低通滤波器的上截止波数，可以根据式（15）和（16）确定为 ξ：

$$\xi^2=\omega\mu_0\sigma_0. \tag{20}$$

此时，式（15）和（16）中的右边第一项及第二项在截止波数处的幅度值相等，但在 EMAP 方法的实际应用中，常用下式确定上截止波数：

$$\xi^2=\omega\mu_0/\rho_a, \tag{21}$$

式中，ρ_a 是根据经过空间滤波的电场测量所确定的视电阻率值。上式的右边项等于在 Bostick 伪反演中所应用的视穿透深度平方值的倒数。这样，该空间低通滤波器的上截止波数是频率的函数，又与视穿透深度成反比。

施加一个具有这样上截止波数的空间低通滤波器，就意味着具有大于该截止波数成分的电性非均匀体对地表电场所产生的畸变效应被滤掉了。通过不断地改变空间低通滤波器的上截止波数（频率），就可把不同尺寸的电性非均匀体所产生的这种畸变效应逐步滤掉，从而获得不受畸变效应影响的、不同频率点上的地表电场值。空间低通滤波器的作用，也相当于把地表电场中所含有的地下电导率信息沿垂直方向和水平方向做了圆滑。

在 EMAP 方法中如何实现上述过程呢？EMAP 方法的野外观测系统是沿观测路线布置一系列头尾相接的电场传感器（每个传感器包括两个电极），组成沿路线方向观测电场水平分量的列阵，并在研究区内的一个固定点上同时测量磁场的水平分量（图 3）。

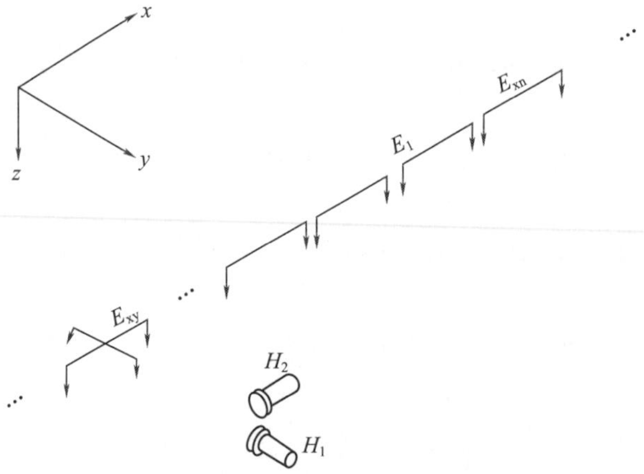

图 3　EMAP 方法的野外观测系统

我们知道，电场值就是电极距除以两个电极之间的的电位差。这种测量方法本身就意味着对电场做了空间低通滤波。这个滤波器具有宽度等于电极距的方波函数形式的有限脉冲响应，其波数响应为正弦函数形式。在 EMAP 方法中，当视穿透深度小于电极距时，电场传感器的空间低通滤波特性就可以衰减式（15）和（16）中的畸变效应项。因此，当视穿透深度大于电极距时，那么相邻电场传感器的输出就应以加权平均的形式组合起来，以形成一个适应于这种视穿透深度的、低通滤波的有限脉冲响应。输出值被加权平均的那些传感器就形成了一个传感器列阵，这个列阵的长度是频率的函数。于是，对于不同的频率（对应不同的视穿透深度）就是不同的列阵长度（对应不同的上截止波数）。在这个列阵内以加权平均形式组合起来的电场传感器输出，已明显地衰减了式（15）和（16）中的畸变效应项的影响。当视穿透深度很大时，就需要把大量的电场传感器输出组合起来，以获得足够低的空间低通滤波器的上截止波数值。但在大量电场传感器上同时记录电场信号往往是不实际的，因而可以按顺序或者分组记录电场传感器的输出。

求得相应于不同频率的列阵上电场水平分量之后，再结合相应频率上的磁场水平分量，根据频率域内的阻抗关系式，计算不同频率上的波阻抗值，对于列阵上的每个传感器位置都做这种计算。这个波阻抗值已不受畸变效应的影响，因而可用简单的一维模型对其进行反演。在构造很复杂的地区，用EMAP方法所获得的地下电性分层结果，仍与已知资料一致。这在通常的大地电磁测深方法中，几乎是不可能的。

EMAP方法与大地电磁测深方法有某些一致之处，例如都使用同样的天然电磁波场源和大致相同的工作频率范围以及把与频率域内的电场和磁场有关的阻抗函数作为基本的研究参数等。但它们之间在野外测量装置结构和数据处理上都存在着重要差别。

EMAP方法消除了大地电磁测深方法中所固有的电性侧向不均匀所引起的畸变效应，同时由于采用列阵电场传感器观测电场信号，因而避免了大地电磁测深方法中由于只用一对电极观测电场，致使空间采样过稀而引起的假频效应。与大地电磁测深方法相比，EMAP法需要增加很多观测电场的设备，因而有其不便之处。最近又提出一种所谓电导率参考勘探法，简称ECRE，该法的提出也是为了解决浅部横向不均匀所引起的畸变效应问题。

2.4 电导率参考勘探法（ECRE）

ECRE方法是把地磁测深的传输函数W［见式（2）］与大地电磁测深的张量阻抗Z［见式（10）］联合起来，解决浅部横向不均匀性所引起的“畸变”效应问题。方法原理大致如下：在野外同时布置两个或更多的观测点，其中的一个点位于一维电性构造上，并作为固定的参考点，另外的测点沿测线布置，并作为移动的观测点。由于在一维构造上的参考点处所记录的地磁场信号为正常磁场分量值，不包含异常场分量，且垂直分量$H_{zn}\approx 0$。如果用$H_x^R n$、$H_y^R n$和$H_z^R n$表示此正常场分量，则式（3）～(5）有下列形式：

$$\begin{vmatrix} H_x-H_{xn}^R \\ H_y-H_{yc}^R \\ H_z-H_{zn}^R \end{vmatrix} = \begin{vmatrix} W_{xx} & W_{xy} \\ W_{yx} & W_{yy} \\ W_{zx} & W_{zy} \end{vmatrix} \cdot \begin{vmatrix} H_{xn}^R \\ H_{yn}^R \end{vmatrix} \tag{22}$$

式中，H_x、H_y和H_z是在移动点上观测的磁场分量值。上式等号左边项代表移动点处的异常磁场分量，等号右边第一项代表移动点处的地磁传输函数。如果取多组的、互为独立的、在参考点和移动点上同时观测的三分量地磁场信号，就可以解出式（22）中的6个地磁传输函数值。在典型的二维构造情况下（y指向构造走向，x垂直构造走向），式（22）中除W_{xx}和W_{zx}外，其他各项均为零。根据前述可知，地磁传输函数对地壳电性的横向变化最敏感，而大地电磁张量阻抗对地壳电性的纵向变化敏感，横向变化则对其形成“畸变”效应。在ECRE方法中，首先根据固定参考点和各移动点处所记录的大地电磁场信号，采用大地电磁远参考道方法分别计算各移动点上的大地电磁测深曲线，然后用一维反演方法分别求取各移动点下面的地下电性分层，再将其联接起来组成电性结构剖面。显然，这是一通常意义下的大地电磁测深剖面，即受横向不均匀性“畸变”了的电性剖面，把它叫二维初始模型。为了校正这种“畸变”效应，先计算此初始模型的理论地磁传输函数，并将其与根据式（22）计算的实测地磁传输函数相比较，进而逐次修改初始模型结构，以达到较好的拟合。在ECRE方法中，既采用了远参考道大地电磁法以提高张量阻抗的估算精度，又吸取了对横向变化敏感的地磁传输函数，以校正“畸变”效应的影响。

此外，大地电磁法在人为干扰噪声严重的地区很难开展工作，在天然电磁场源活动水平最低的 1 Hz 左右地区很难获得高信噪比的资料，对高阻薄层根本不能分辨。最近几年发展起来的深部瞬变电磁法，在很大程度上弥补了大地电磁法的缺陷。

2.5　深部瞬变电磁法

瞬变电磁法是人工场源的一种电磁探测方法。其探测装置有：回线发射、回线接收，接收线圈可位于发射线圈中心或者外部；以及电偶极子发射，线圈接收磁场或电极接收电场（图 4）。本文介绍后一种探测方法。

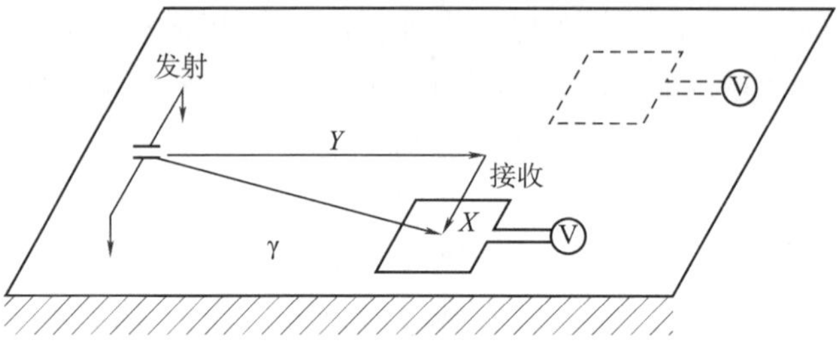

图 4　深部瞬变电磁法的探测装置

该方法的基本原理是，通入地下的稳定电流，将产生稳定磁场。当突然切断电流时，该磁场迅速衰减，根据 Lenz 定律此时将产生涡旋感应电流，这个电流又产生新的感应磁场，这个磁场又依次产生新的涡旋电流。结果就会形成一个随时间向下和向外扩散的涡流体系。这个涡流体系的分布情况，受地下电性结构控制。当遇到电性分界面时，它将被向上反射和向下透射。因此，在地面上观测此涡流电场或感应的磁场，即瞬变场，将会获得测点下的地层电性分布信息。在早期阶段，即供电电流突然断开的瞬间，瞬变场对表层和侧向不均匀敏感；在晚期阶段，瞬变场主要反映深部情况。

对于电阻率为 ρ 的均匀半空间，如果用线圈接收垂直磁场，则在该线圈中的感应电场，即瞬变场电压为：

$$V(t)=\frac{3\rho M_0AY}{2\pi r^5}\left[erf\left(\frac{u}{\sqrt{2}}\right)-\sqrt{\frac{2}{\pi}}u\left(1+\frac{u^2}{3}\right)e^{-\frac{u^2}{2}}\right], \tag{23}$$

式中，$u=2\pi r/\tau$；$\tau^2=8\pi^2\rho t/\mu_0$；$\mu_0$ 为下半空间的磁导率；ρ 为下半空间的电阻率；$M_0=IL$ 为发射的偶极子矩，I 为发射的电流强度，L 为偶极子距离；r 为接收距离，即接收线圈到偶极子的中心距离；A 为接收线圈面积；Y 为当接收线圈垂直于偶极子中心时的距离（图 4）。

对于早期阶段 $t\to0$，则可认为 $\tau\to0$，$u\to\infty$，于是式（23）可简化为：

$$\lim_{t\to0}V(t)=\frac{3\rho M_0AY}{2\pi r^5}. \tag{24}$$

对于晚期阶段，$t\to\propto$，则式（23）可简化为：

$$\lim_{t\to\propto}V(t)=\frac{M_0AY}{40\pi\sqrt{\pi}}\ \frac{\mu_0^{5/2}\sigma^{3/2}}{t^{5/2}} \tag{25}$$

式中，σ 是电导率，$\sigma=1/\rho$。

式（24）和（25）是在均匀半空间介质条件下，早期阶段的瞬变场和晚期阶段的瞬变场表达式。下面给出对于实际地球介质条件下，地球的视电阻率与实际观测的瞬变场之间的关系。

如果设 $V(t)_{\text{meas}}$ 代表实际观测的瞬变场，$V(\rho,t)_{un}^{ET}$ 代表电阻率为 ρ 的均匀半空间的早期瞬变场，如式（24），则下列关系成立：

$$\frac{\rho_a^{ET}}{\rho}=\frac{V(t)_{\text{meas}}}{V(\rho, t)_{un}^{ET}} \tag{26}$$

式中

$$\rho_a^{ET}=\frac{2\pi r^5}{3M_0AY}V(t)_{\text{meas}} \tag{27}$$

是实际观测的早期阶段瞬变场所给出的实际地球视电阻率值。

同样，下列关系也成立：

$$\frac{\rho_a^{LT}}{\rho}=\left[\frac{V(\rho, t)_{un}^{LT}}{V(t)_{\text{meas}}}\right]^{3/2} \tag{28}$$

式中，$V(\rho, t)_{un}^{LT}$。代表电阻率为ρ的均匀半空间的晚期瞬变场，如式（25）

$$\frac{\rho_a^{LT}}{\rho}=\left(\frac{M_0AY}{40\pi\sqrt{\pi}}\right)^{2/3}\left(\frac{\mu_0}{t}\right)^{5/3}\left[\frac{1}{V(t)_{\text{meas}}}\right]^{2/3} \tag{29}$$

是实际观测的晚期阶段瞬变场所给出的实际地球视电阻率值。

式（27）和（29）中的前项是已知的，代表探测装置的常数，后项是实际观测的瞬变场值。于是，根据接收线圈中测量的瞬变场就可以计算早期和晚期阶段的视电阻率曲线，对其进行反演就可获得测点下的电性分层情况。

深部瞬变电磁法的工作过程是，由功率大于 80 kW 的三相交流发电机经整流和换向开关后，通过电极对向地下注入不断换向的正极性和负极性方波电流，电流强度为 100 到数百安培。在接收距离 r（几公里到 20 km）处用接收线圈测量垂直磁场或用电极对测量涡旋电场，即瞬变场（图 4）。瞬变场是在切断供电电流后，即电流换向期间产生的。图 5 上方是通过电极对向地下供入的方波电流，图 5 下方是瞬变场的电压分布曲线，它包含着地下的电性结构信息。控制供电电流极性的换向开关是由同步钟控制的，同步钟的另一个作用是使发射机和接收机同步。为了提高观测质量，对每个接收点都要进行多次供电和接收，然后对它们做叠加处理。

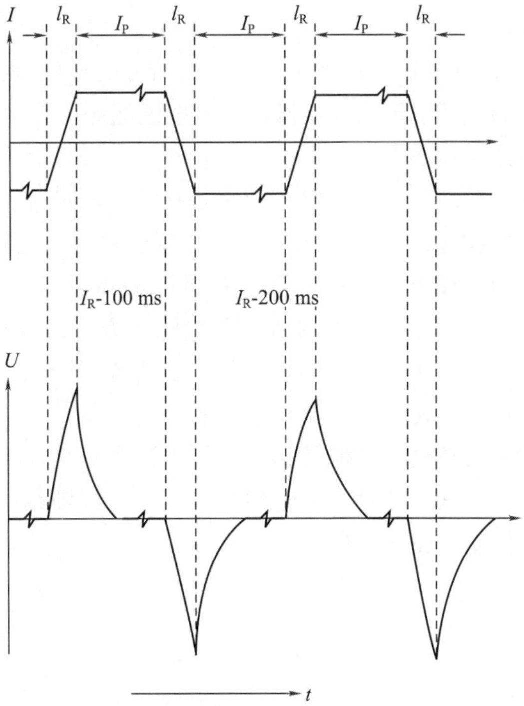

图 5 深部瞬变电磁法发射和接收的波形

深部瞬变电磁法的数据处理包括简单的现场实时数据处理和全面的现场基点站数据处理以及最后的室内数据处理。现场实时处理的主要内容是对个数不断增加的瞬变场曲线进行简单的平均叠加，通过在微机屏幕上随时监视叠加后的瞬变场曲线质量，来决定是否可以结束该测点的观测工作。所以实时处理的作用主要是对观测质量起监视作用。现场基点站数据处理是数据处理中的主要环节，其内容包括：对每条瞬变场曲线去倾，即去掉测量过程中的基线漂移；随后做谱分析，找出那些干扰很强的谱，例如 50 Hz 及其谐波，并设置数字陷波器滤去这些干扰成分；继之进行数字递归低通滤波，滤掉其他干扰成分；再加 Hanning 窗口，改善资料质量；然后对经过上述处理的每条瞬变场曲线进行绘图，并摒弃那些质量低劣者；最后对保留下来的各瞬变场曲线进行选择叠加和误差评估，以获得一条高质量的瞬变场曲线，并根据这条曲线上的瞬变场值计算早期和晚期视电阻率曲线。深部瞬变电磁法的反演过程是，根据已知资料和视电阻率曲线特点，选定初始地质模型并对其做正演计算，再与实测的视电阻率曲线进行比较；通过人机对话方式或自动拟合方式不断修改地质模型，使正演计算结果与实测的视电阻率曲线逐步达到最佳拟合，以获得最后的反演结果。在反演过程中要考虑观测系统的响应函数影响，因为实测的视电阻率曲线中包含有这些影响。最后的室内数据处理，主要内容是修改和完善现场基点站的反演结果，并形成最后工作报告。

深部瞬变电磁法的主要优点是：

（1）不受高阻层屏蔽，勘探深度较大，在沉积盆地地区可达 6 km，在基岩出露地区可达 12km。除了对低阻层特别敏感外，如果在野外观测瞬变电场分量，也可较好地确定高阻层参数。

（2）由于是在撤除原始激发场的情况下观测瞬变场的，即二次感应场，所以观测的瞬变信号与地下电阻率之间具有很强的耦合关系。对地下电阻率变化的敏感性明显高于大地电磁法。大地电磁场与地下电阻率的关系为 $E/H \propto \rho^{1/2}$，而瞬变电磁法的早期瞬变场与地下电阻率的关系为 $V(t) \propto \rho$（式(24)），晚期瞬变场与地下电导率的关系为 $V(t) \propto \sigma^{3/2}$（式(25)）。所以瞬变电磁法对地下的电性结构变化具有更高的分辨能力。

（3）与其他电磁法相比较，瞬变电磁法对于地下构造的侧向不均匀性反映不敏感。野外工作结果和模型计算结果均表明，可以用一维反演方法充分地确定二维构造特征，而对于更复杂的地质构造，瞬变场可显示出很明显的异常特征。

（4）由于在野外观测中采用了多次叠加处理技术，因而可明显压制混杂在瞬变场中的干扰噪声。所以，在有严重人为噪声干扰的地区也可以开展深部瞬时电磁测深工作。

（5）工作效率高，单个测点的成本较低。

最近几年，深部瞬变电磁法在国外发展很快，特别是在油气田勘探中得到日益广泛的应用。据了解苏联已有 80 个深部瞬变电磁测深队伍，准备在下一个五年计划期间发展到 300 个。西方国家最近几年也在大力发展这一方法。我国正在与联邦德国科隆大学和 metronix 公司合作，利用深部瞬变电磁法探测唐山地震区震源深度附近及其上部的地壳构造，并试验该方法在监视地壳电阻率随时时间变化、用以预报地震的可能性。同时，还要在河北唐海及江苏溧水地区探测地震方法无法解决的含油区地质构造问题。我们估计，该方法将会在我国很快地发展起来。

在世界上，深部瞬变电磁法已经获得了很多成功的例子。图 6 是在美国威拉米特谷地区观测的一条深部瞬变电磁法的解释剖面。可见，其对地下电性层的划分是很细致的。后来的两个钻孔验证结果表明，深部瞬变电磁法的解释误差，在此不超过 2%～3%。

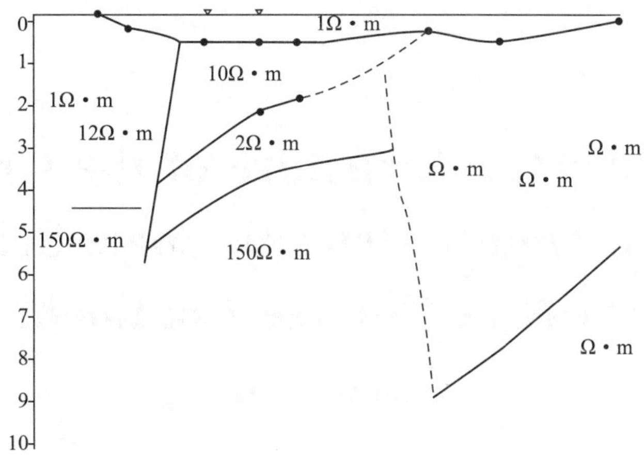

图 6 美国威拉米特谷地区深部瞬变电磁法解释剖面

参考文献

刘国栋、陈乐寿，1984，大地电磁研究，北京：地震出版社。

刘国栋，1987，大地电磁测深法在岩石圈研究中的应用以及中国大陆地壳上地幔电性结构的基本特征，见：岩石圈论文集，冶金工业出版社。

刘国栋，1986，地壳上地幔构造，中国地震年鉴（1984），北京：地震出版社。

刘国栋，1984，地壳上地幔结构研究的某些进展（二），地震学刊，No. 2。

刘金汉、秦国卿，1988，鲁南地区地磁测深结果分析，中国地震，Vol. 4，No. 3。

石英骏、刘国栋，1985，大地电磁测深教程，北京：地震出版社。

孙洁、徐常芳、江钊，1988，鲁南地区大地电磁研究成果，中国地震，Vol. 4，No. 3。

徐常芳、孙洁、史书林，1988，豫北鲁西南大地电磁探测，豫北鲁西南综合地球物理探测文集，北京：地震出版社。

Bostick E. X. , 1986, Electromagnetic array profiling (EMAP), 56th Annual SEG meeting, Houston.

Campbell, W. H. , 1987, Introduction of electrical properties of the earth's mantle, PAGEOPH, Vol, 125, No. 2/3.

Gougy, D. I. and Ingham, M. R. , 1983, Interpretation methods for magnetometer arrays, Reviews of Geophysics and Spuce Physics, Vol. 21, No. 4.

Liu Goudong, 1987, MTS studies on the upper mantle conductivity in China, PAGEOPH, Vol, 125, No. 2/3.

Liu Goudong, Shi shulin and Wang Baojun, 1984, Gonductive layer in the erustal tectonism, Scientia Sinica, Vol. 27, No. 10.

Stoyer, C. II. and Strack, K. M. , 1984, The deep transient electromagnetic sounding technigue. Preprint of paper 401 presented at the 46th EAEG meeting in Loudon, June 19-22.

Strack, K. M, Tasci, M. T. and Harthill, N. , 1984, Exploration with the deep time - domuin EM nounding method in the United State and Australia, Preprinl of paper 404 presented at the 46th EAEG meeting in London, June 19-22.

Wolfgram, P. and Scharberth, J. , 1986, Electrical conductivity reference exploration (ECRE). Geometra Ltd.

Word. D. R. , Gross, R. and Chambers, D. M. , 1986, An EMAP case study, 56th annual SEG meeting, Houston.

The Geoelectric Structure of the Crust and Upper Mantle Beneath Some Seismic Areas in Chinese Continent*

Liu Guodong

1 Distribution of Epecentre in China

The Chinese continent is the region with strong seismicity, Fig. 1 shows the distribution of epecentres with $M \geqslant 6$ in China. According to the geological and geophysical data the Chines continent can be divided into the western part and the eastern part. The boundary of the two parts, North-South geological zone adjoins the eastern longitude of 102° (south) to 107° (north) (Liu, Guodong, 1987). The seismicities in the western part, especially in the Tibetan plateau and its surrounding areas are much more frequent and stronger than in the eastern part. The epecentres in the western part generally distributed along NWW direction, but they were very scatter in the Tibetan plateau. Most of the epecentres in an eastern part distributed usually along NNE direction except for some along NWW direction. The North-South geological zone mediated between the western part and eastern part is the very strong seismic zone and also called the North–South seismic zone.

Since 1976, more than 300 deep MT measurements have been carried out by MT Group of Institute of Geology, State Seismological Bureau, to investigate the geoelectric structure of the crust and upper mantle on some seismic and aseismatic areas in the Chinese continent. Some of the results are hereby represented.

2 Processing and Interpretation of MT data

Most of the MT data in this work were recorded by digital MT system, MMS-02 and MMS-03, made in Metronix, West Germany. Frequency ranges are 1- 4096 Sec. for MMS-02 and 256 Hz- 4096 Sec. for MMS-03, respectively.

The available period of MT signal spectra for deep sounding is usually less than 3000 seconds, therefore we only have upper mantle conductivity information from them. The recording duration for one MT site is usually 3-5days in the field. The high quality MT signal segments were selected for data processing. The MT data, at first, were processed with a high-pass digital filter and convolved with the Hanning window to reduce truncation errors, and then were transformed into a spectrum by Fourier transformation. In this way, the fiequency responses of the instrument were corrected, the average power spectra in the given frequency bands were calculated; the tensor impedance elements, the direction of the principal axes, the Skewness'rations, the E–

* 本文原载于《Workshop HEFEST–1》, Erice, Italy, 1989, 1–9。

prediction and phasor coherences were estimated. Finally, the data satisfying the acceptance criteria were chosen to calculate the apparent resistivity curves in E-polarization and H-polarization (Sims et al., 1971). Modified analysis of band limited MT signal pairs and the cross-power methods were also used for estimating the tensor impedance elements in some cases (Jin Guangwen et al., 1982; Goubau ei al., 1978).

There are differences between an apparent resistivity curve in E-Polarization and an apparent resistivity curve in H-polarization in most of the MT sites. These differences are mainly caused by an inhomogeneous conductivity in the shallow layers. In this case the curves in E-polarization were customarily used to study the conductivity of the upper mantle, because they have a minimum distortion on the long periods due to inhomogeneity of the shallow layers. Therefore, the curves in E-polarization were generally fitted to one-dimensional models, while two-dimensional inversions for a few MT profiles have been done for the purpose of checking the validity of the one-dimensional inversion.

3 The Geoelectric Structure of the Crust and Upper Mantle Beneath Some Seismic Area

Example 1. The main shock with $M=7.3$ and focal depth of 12km took place in Haicheng, Liaoning province on February 4. 1975. The Haicheng earthquake area locates in the transition zone between the Lower Liaohe Cenozoic rift in the west and the Liaonan uplift in the east. The MT profile consists of 8 MT sites which passes through three geological unites mentioned above has been completed in 1985 along NW direction (profile A-A′on Fig. 1) and the gcoelectric structure of the crust and upper mantle from those MT data is shown on Fig 2. The Moho discontinuity and the low velocity anomaly in the crust on Fig. 2 is from the deep seismic sounding (Lu Zaoxun et al., 1988).

The relation between the focal depth of the earthquakes with $M\geqslant3$ and the crustal conductivity anomaly in this area is described on Fig. 3. From Fig. 2 and 3 we can see that the earthquakes in the Haicheng area occurred almost over both conductive and velocity anomalies and the main shock located at the corner of them and over the margin of uplift of the upper mantle conductive layer. However the Lower Liaohe Cenozoic rift and Liaonan uplift absented the conductive and velocity anomalies are no strong seismic areas.

Example 2. The main shock with $M=7.8$ and focal depth of 14 km happened in Tangshan area on July 28. 1976. The MT profile across three geological units, Huanghua Cenozoic rift in SE segment, transient zone, i. e., Tangshan earthquake area in the middle segment and Yanshan uplift in the NW segment, has been carried out in the NW direction in 1980 (profile B-B′ on Fig. 1). The geoelectric, velocity and geothermal structures along this profile are shown on Fig. 4 (Liu Guodong, et al., 1983). The correlation of the focal depth with the crustal conductive layer along the MT profile in Tangshan earthquake area is indicated on Fig. 5. Some interesting phenomenon can be found from Fig. 4 and Fig. 5: 1) There simultaneously exist a conductive layer and a low velocity layer in the middle crust and both of them locate in the same depth. 2) The earthquakes in Tangshan area occurred almost above the both layers and the main shock occurred over the margin of uplift of the upper mantle conductive layer. 3) The temperature withiin the crustal conductive layer varies from 600 ℃ in the SE segment to 400 ℃ in the NW segment of this profile and the temperature in the top upper mantle conductive layer is about 1100 ℃. 4) The Yanshan uplift is the aseismatic area where the depth of uplift of the upper mantle layer is invariable.

Example 3. The Yingxian and Fanzhi areas located the northern segment of the Shanxi Cenozoic rift system are the strong seismic areas. According to the historical record, the three strong earthquakes with $M=7.5$,

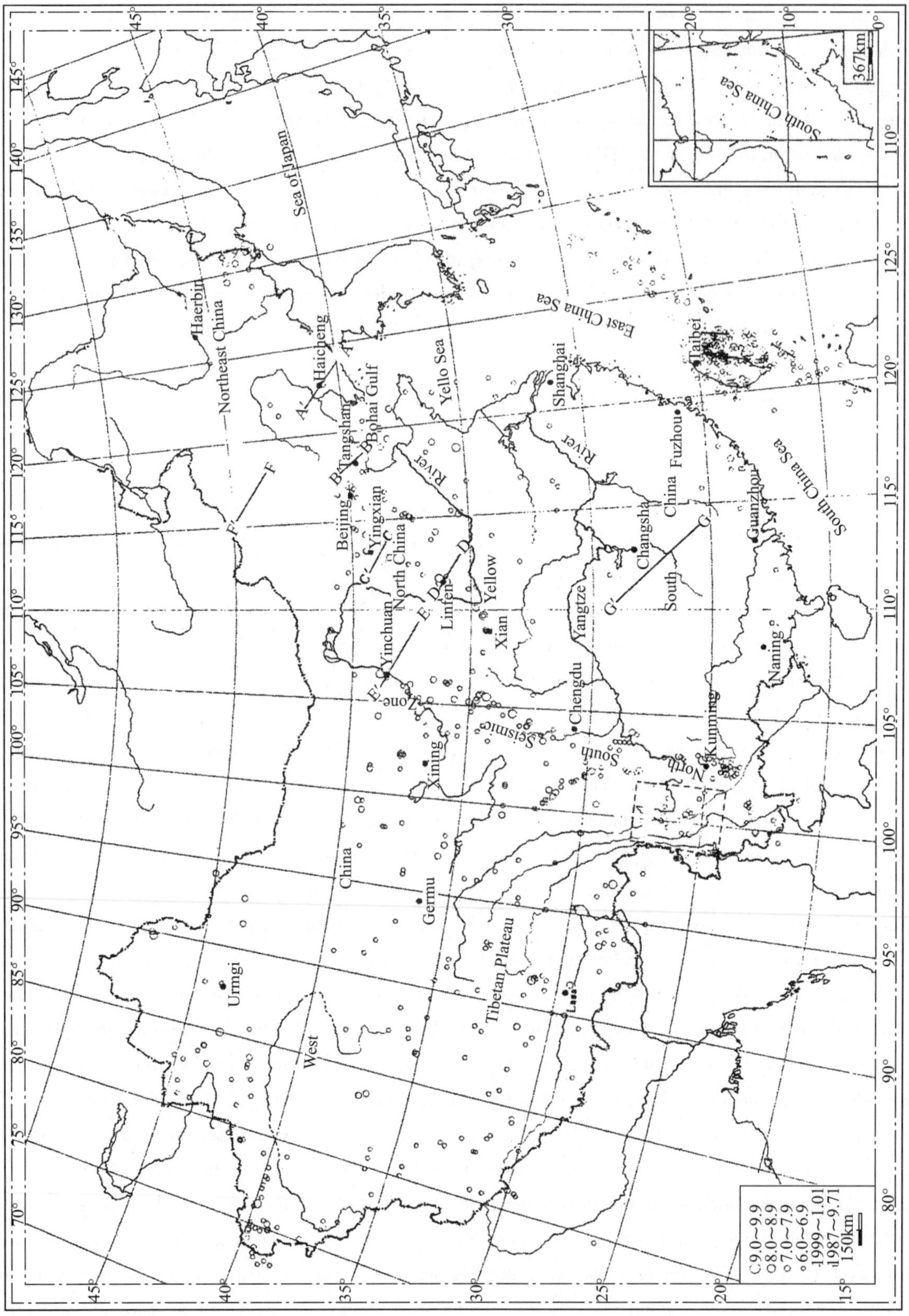

Fig.1 Distribution of Epecentres with $M \geq 6$ in China

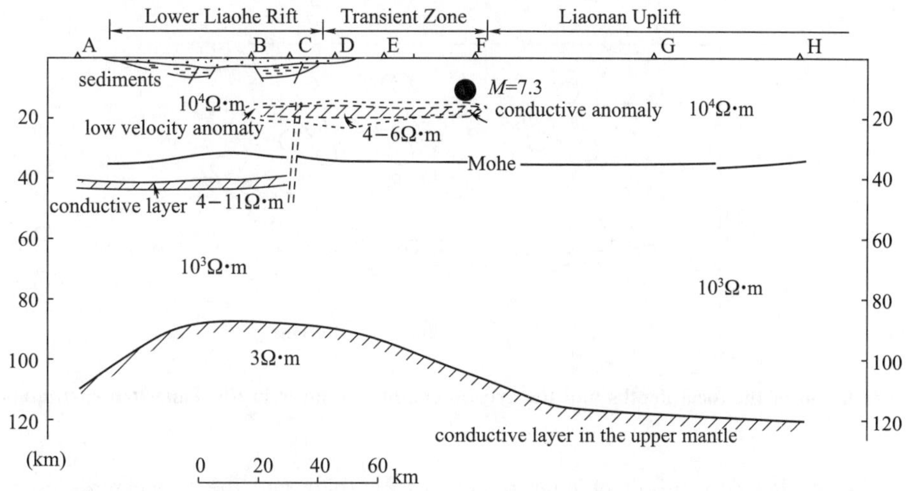

Fig. 2 The geolelectric structure in the crust and upper mantle along NW profile laterally across the Liaonan uplift, Haicheng earthquake area and Lower Liaohe rift (profile A–A′ on Fig. 1)

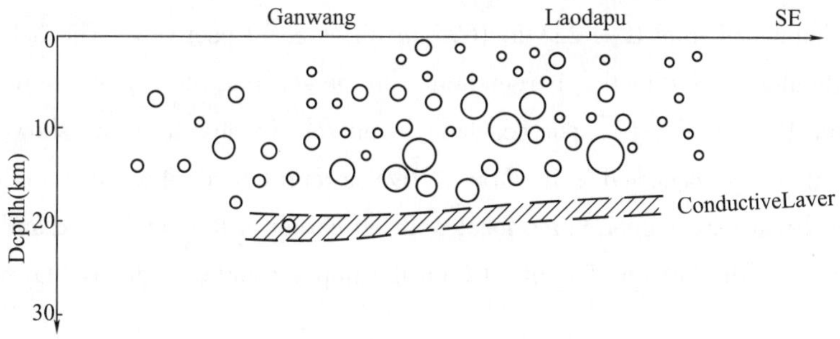

Fig. 3 Relation between the focal depths of the earthquakes and the crustal conductive anomaly in Haicheng area.

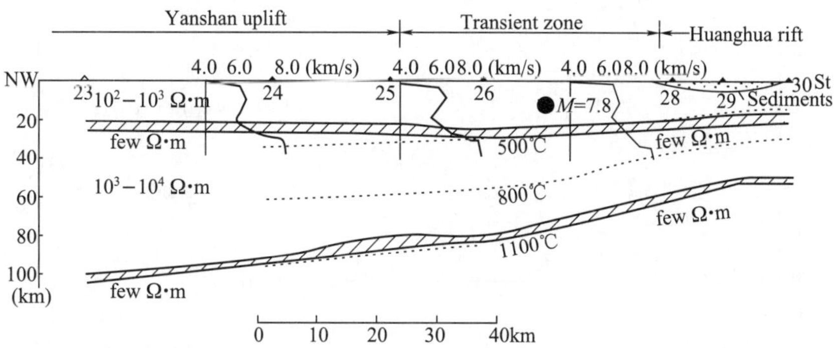

Fig. 4 The geoelectric, velocity and geothermal structures in the crust and upper mantle passing through Huanghua Cenozoic rift, Tangshan earthquake area and Yanshan uplift along NW direction

$M=6.5$ and $M=6.5$ took place in the two areas in the May, 512, April, 1022 and May, 1305 respectively. The MT profile along NW direction perpendicular to the strike of the rift system has been made in 1987 (Profile

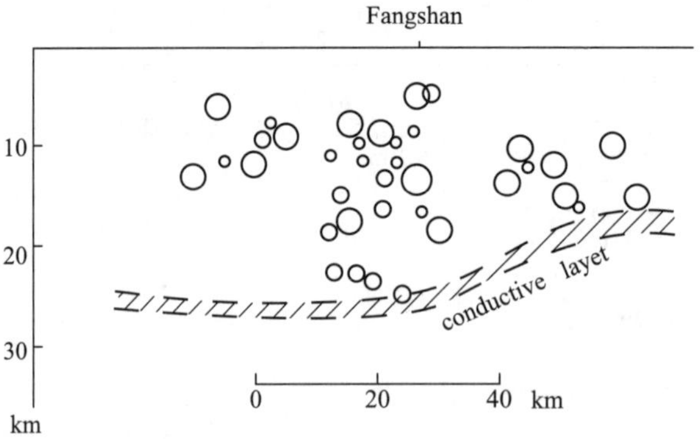

Fig. 5　Correlation of the focal depths and the crustal conductive layer in the Tangshan earthquake area.

C–C′on Fig. 1) Fig. 6 shows the result of interpreting this MT data and the hypocentres estimated form the historical record damages. The strong earthquakes in these areas occurred over the conductive layer in the middle crust ad both sides of the uplift of the upper mantle conductive layer.

Example 4. The Linfin area located in the Southern segment of the Shanxi Cenozoic rift system is the famous violent seismic area. According to the historical record, the five strong earthquakes with $M=8$ for two and $M=6.5$ for three happened from B. C 231 to 1695 in this area respectively. The MT profile and the deep seismic sounding profile along NW direction perpendicular to the strike of the rift system have been performed in 1986 and 1987 (proftile D–D′on Fig. 1). The geoelectric and velocity structures are shown on Fig. 7, in which only one earthquake with $M=8.$ occurred in the May, 1695 is represented. This diagram tells us that the hypocenters estimated from the historical information locates at left corner of the conductive and lower velocity layers in the middle crust and over the margin of uplift of both the upper mantle conductive layer.

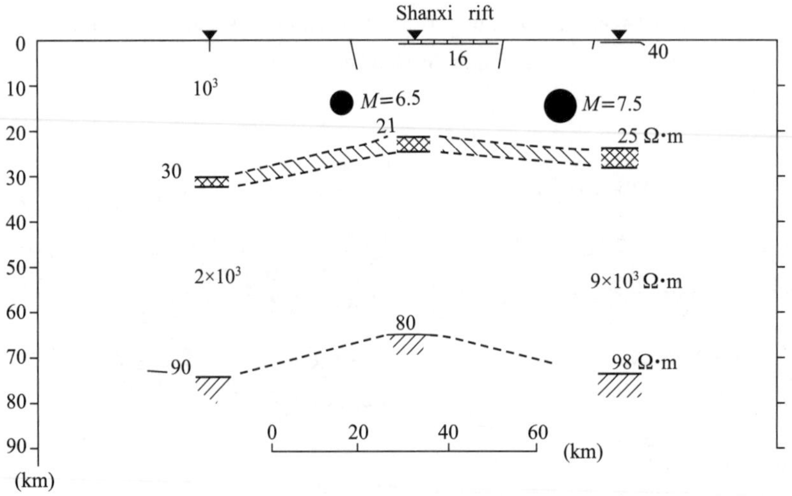

Fig. 6　Relation of geoelectric structure of the crust and upper mantle with the strong earthquakes in the Yingxian and Fanzhi earthquake areas (Profile C–C′on Fig. 1)

Example 5. The MT and deep seismic sounding along the same profile have been measured in 1987. This profile going laterally across the Ordos block and Yinchuan Cenozoic rift from SE to NW direction (profile E–E′ on Fig. 1). The Ordos block is very stable area without any seismic activity and the Yinchuan Cenozoic ritt is

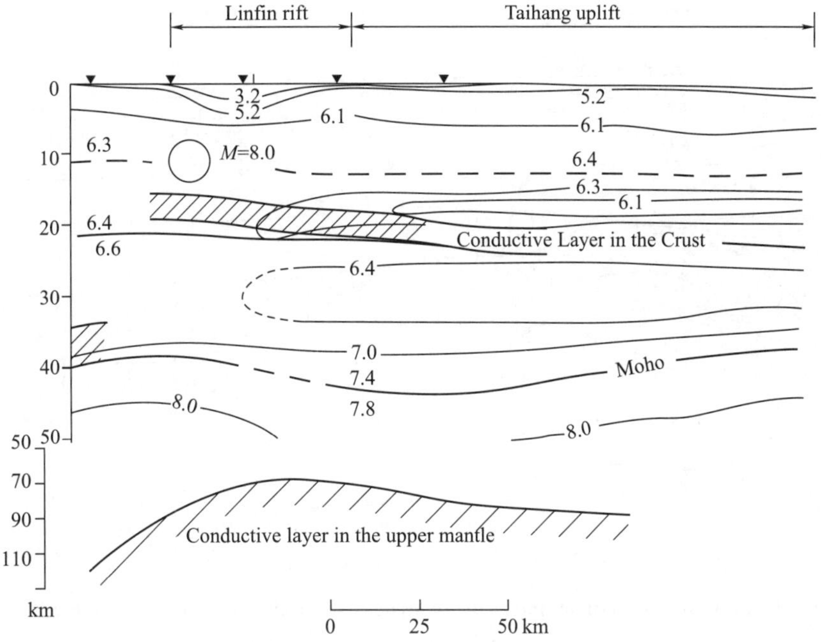

Fig. 7 Relation of geoelectric and velocity structure of the crust and upper mantle with strong earthquake in Linfin area (Profile D–D′on Fig. 1)

the strong seismic area that belongs to the northern segment of North–South seismic zone. The three strong earthquakes took place in the Yinchuan Cenozoic rift in the April, 1143, the May, 1477 and the January, 1739 respectively. The geoelectric and velocity structures along the profile E–E′ (Fig. 8) indicate some features as follows: (1) Beneath the Yinchuan Cenozoic rift there exist the low velocity anomaly which coincides with the conductive layer in the lower crust and the uplift of the upper mantle conductive layer. The strong earthquakes occurred over the crustal conductive layer and the margin of uplift of the upper mantle conductive layer. (2) Beneath the Ordos block characterized by aseismatic there exists only the conductive layer and absent of low velocity layer in the lower crust and the conductive layer in the upper mantle is very flat.

Example 6. The MT result in the western part of Yunnan province (dotted area on Fig. 1) demonstrates the strong earthquakes with $M>6$ were almost took place over the conductive layer with depth about 20 km and over the uplifts of the upper mantle conductive layer or their marginal areas (Sun Jin et al., 1989).

The following is some examples of geoelectric structure in the crust and upper mantle of aseismatic areas:

Example 7. Fig. 10 is the geoelectric and velocity structures in the crust and upper mantle along the NW profile cutting laterally through the Variscian and Caledonian fold belt in Inner Mongolia, China (profile F–F′ on Fig. 1). There is no strong earthquake on the historical records and the micro–earthquakes are also few since having instrument records. From Fig. 10 we can see that a top depth of the upper mantle conductive layer ranges from 90 km to 103 km without big variation. The conductive layer with ten to several tens Ω · m lies in the middle crust in the NW segment and the low velocity layer of 6.3 km/s lies in the lower crust in the SE segment of this profile. But the positions of the two layers are not coincident with each other. These features are obviously different from those in the earthquake areas mentioned above.

Example 8. Fig. 11 shows the geoelectric structure of the crust and upper mantle along the NW profile laterally across the Jiangnan old continent and the Caledonial fold belt in South China (profile G–G′on Fig. 1).

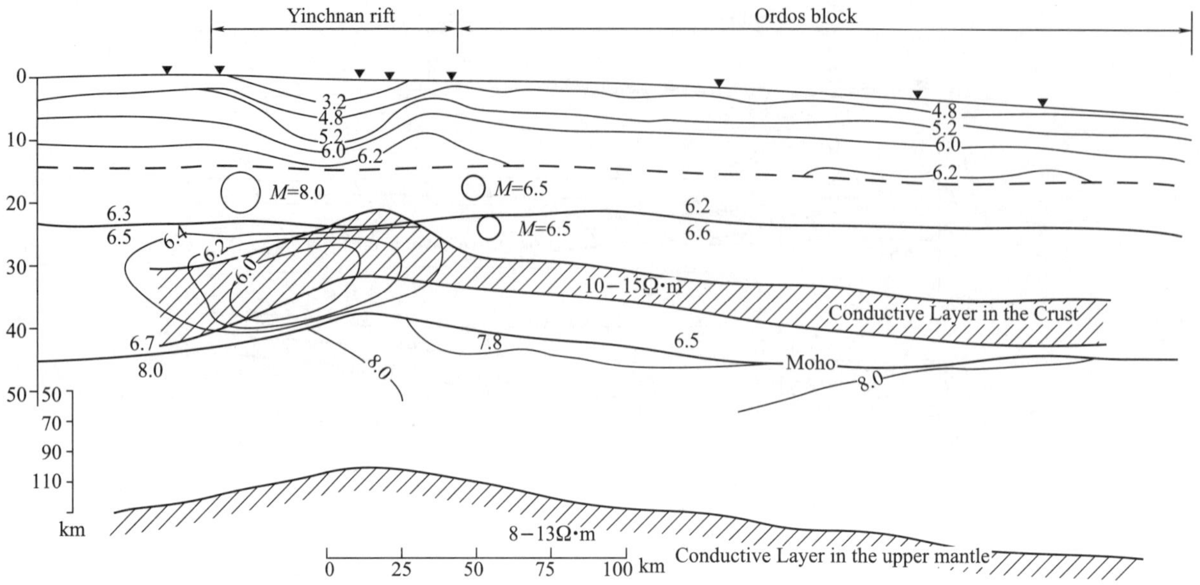

Fig. 8 Relation of Geoelectric and velocity structures of the crust and upper mantle with strong earth-quakes in Yinchuan area

A relatively conductive thin layer exists beneath some MT sites along this profile at a depth of 50–60 km with a thickness of few km and resistivity of few tens Ω · m. Meanwhile, the conductive layer is generally found at the depth of 190–220 km with a resistivity of few Ω · m (Liu Guodong, 1987), The area adjoining to this profile does not exist the conductive layer in the crust and the seismic activity has not been found in this area.

4 Summarization and discussion

According to the eight examples mentioned above, some summarizations and discussions can be drawn as follows:

(1) For strong seismic area

A. The conductive layer (or anomaly) and low velocity layer (or anomaly) simultaneously exist in the crust and both of the layers (or anomalies) coincides at the depth.

B. There obviously exists a uplift of conductive layer in the upper mantle.

C. A main shock or strong earthquake occurred over the conductive and low velocity layers and over the margin or top of uplift of conductive layer in the upper mantle.

(2) For aseismatic areas and micro-seismic area

A. A top depth of uplift of conductive layer in the upper mantle is gradually variational, or unvarying and or very deep.

B. The conductive and low velocity layes in the crust are not simultaneous present or absent.

(3) Many hypotheses about the origin of the conductive layer and low velocity layer in the crust have been suggested in the past years. If there is free water or partial melting material with mutual connection in the crust, the conductive-low velocity layer would be simultaneous formed in the crust. In this case, such asa layers should behave plastically, so that it would be difficult to accumulate strain energy and easy to transfer into a upper brittle layer. Perhaps, this is the reason why earthquakes usually occur over a conductive-low velocity

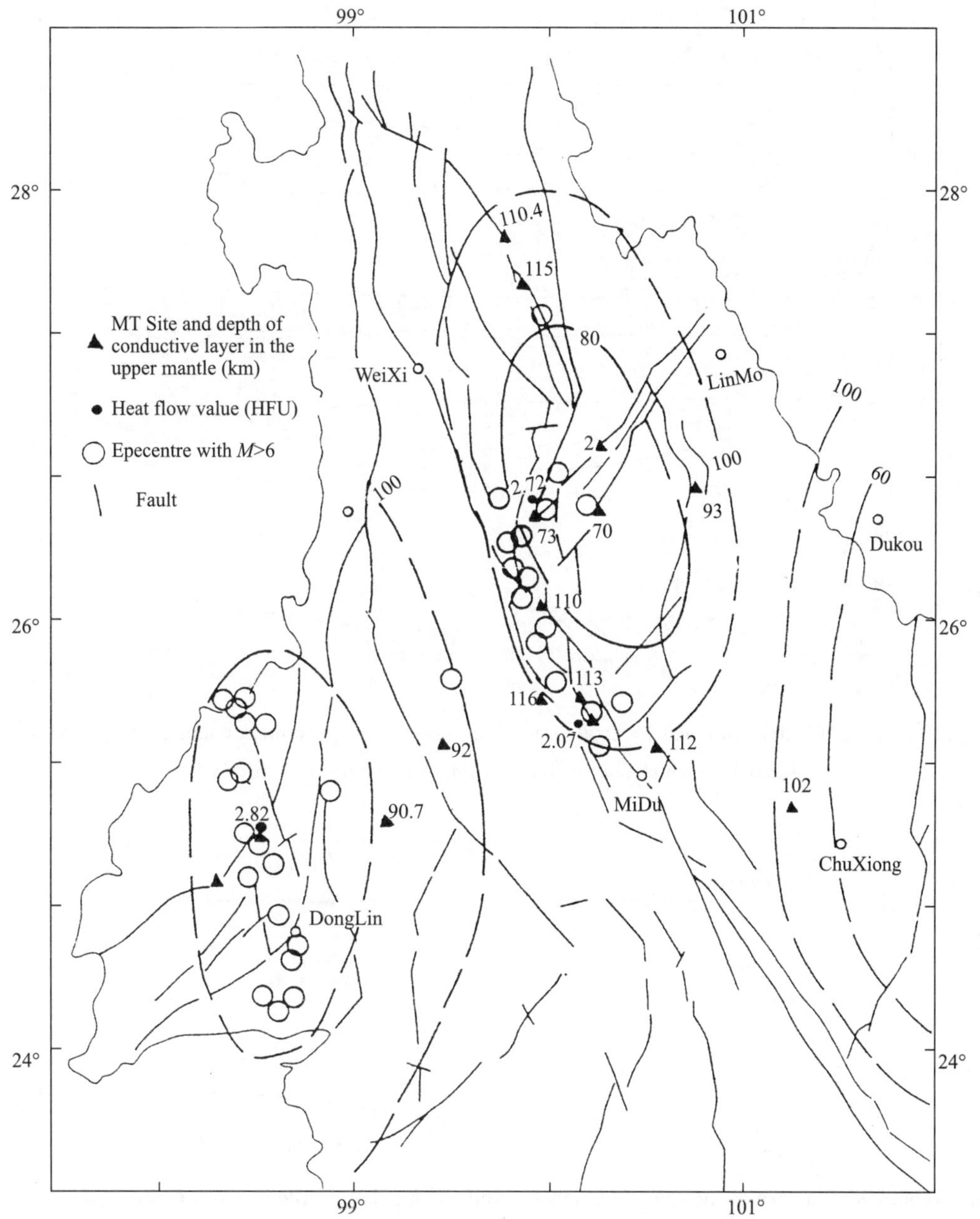

Fig. 9 Relationship between the depths of conductive layer in the upper mantle and the distribution of epecenter with $M \geqslant 6$ in the western part of Yunnan province.

layer in the crust. In addition, the graphite, thermally activated defects, impurities and existence of conductive minerals would be cause an increase of conductivity of rock, but they usually do not cause a reduction of velocity of rocks. However, if a fluid in the crust does not connected with each other or acidic component exists in the middle or lower crust, the velocity falls down, but the conductivity is not increased (Liu Guodong, et al., 1984).

(4) The Chinese continent locates between the subduction zone of the west Pacific plate and collision zone of the Himalayas and has been experiencing the action of regional stresses exerted by the two zones. Th seismic areas described in this paper stand generally at the margins or inside of the Cenozoic rift systems. Many

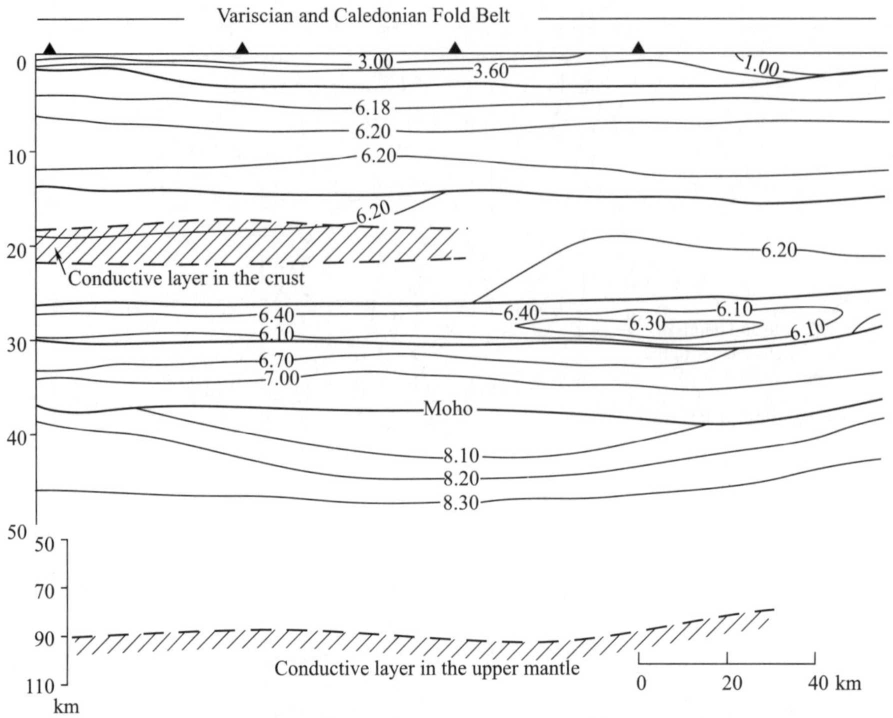

Fig. 10　The geoelectric and velocity structures in the crust and upper mantle along NW profile from Linxi to Bayinchagan in Inner Mongolia (Profile F–F′on Fig. 1)

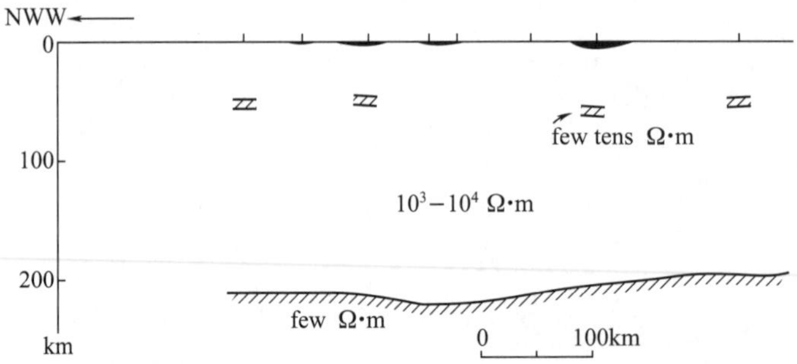

Fig. 11　The geoelectric st ucture of the crust and upper mantle along NW profile in south China (profile G–G′on Fing. 1)

evidences show that the rift systems are still active which is mainly due to the upwelling of the conductive asthenosphere in the upper mantle (Liu Guodong, 1987). An asthenospheric activity can give a vertical force to be borne in the lithosphere, and a horizontal regional stress mentioned above would combine with the vertical force and responsible for earthquakes. Perhaps, this is the reason why a main shock or strong earthquake usually occurred over a margin or top of conductive layer in the upper mantle. The aseismatic areas discussed in this paper wholly locates on the geologically stable units.

I am very grateful to Prof. Sun Wucheng and Prof Lu Zaoxun for providing the deep seismic sounding data.

REFERENCES

Goubau, W. M. , Gamble, T. D and Clarke, J. , 1978, Magnetotelluric data analysis: Removal of bias, Geophysices,

Vol. 43, 1157-1169.

Jin Guangwen, Wang Jiayin and Wang Tiansheng, 1982, A method for computing MT tensor impedance, Acta Geophysica Sinita, Vol. 25, Supplement, 650-659.

Liu Guodong, 1987, MTS studies on the upper mantle conductivity in China, PAGEOPH, . Vol. 125, 465-482.

Liu Guodong, 1987, The Cenozoic rift system of North China plain and deep inteal process, Tectonophysics, Vol. 133, 277-285.

Liu Guodong and Liu Changquan, 1983, Structures of crust and upper mantle and their relation to Cenozoic Tectonism in northern part of North China, Scientia Sinica, Vol. 26, 550-560.

Liu Guodong, Shi Shulin and Wang Baojun, 1984, Conductive layer in the crust in North China and its relation to crustal tectonism, Scientia Sinica, Vol. 27, 1093-1104.

Liu Zaoxun, Zhang Guochen. Li Jingzhi, Wang Lianzhong and Zhao Junmeng, 1988, An explosion-seismology study on the structure of crust and upper mantle in south Liaoning, In Developments in the research of deep structures of China's continent, Geological Publishing House, Beijing, China, 114-127.

Sims, W. E. , Bostick, F. X, Jr. , and Simth. H. W. , 1971, The estimation of magnetotelluric impedance tensor elements from measured data, Geophysics. Vol. 36, 938-942.

Sunjie, Xu Changfang, Jiang Zhao. Shi Shulin, Wang Jijun and he Ming. 1989, The electrical structure of the crust and upper mantle in the west part of Yunnan province and its relation to crustal tectonics, Seismology and Geology, Vol. 11, 35-45.

用反射法处理 MT 资料的一种尝试*

王关勇　刘国栋

引　言

本文讨论一种新的大地电磁测深资料处理和反演的方法。天然的电磁过程既可以用电磁场的脉动所感应的大地电流的感应现象来解释，也可以用电磁波在介质中的反射、折射过程来描述。Kunetz[1]推导出一种传输函数，在假定所有的层厚度都是某个最小厚度的乘数之后将这种传输函数展成级数 $1+2\sum_{m=1}^{\infty} q_m u^m$，其中 $u=2^{\lambda h}$，h 为最小层厚度。这意味着将地球介质划分为若干个微层，每一层的厚度与电阻率的比值为常数。这种微层划分的思想无疑是深刻的，它指出了间接利用电磁波在介质中的反射特点的可能性和途径。Oldenburg 等人将 $h/\sqrt{\rho}$ 看作某种"时间"尺度并以 $\tau_0=h_1/\sqrt{\rho_1}$ 将介质剖分为若干"等时层"，从而获得所谓"似时间"剖面[2]。他们用线性规划的算法来求解这个问题的思路给人留下了很深的印象。

作为一种尝试，本文从电磁场的基本方程入手，构造出电磁波与介质作用的反射函数并将其作为介质的特征响应，推导出反射函数满足的积分方程。在弱反射的假定下，建立介质中的电性参数与特征响应之间的泛函关系，即形成反问题。采用与信号频率相应的最小可分辨厚度来分层，将反问题变换为易于计算的形式并引入"最小反射结构"的概念及其数学表达式，使反问题正则化，然后用线性规划的算法来实现参数反演。文中还讨论了用动力学预测反褶积技术对观测资料进行处理，压制反射函数中的多次反射成分。

1　基本原理

1.1　反射方程及其物理诠解

考虑介电常数为 ε_0，磁导率为 μ_0，电导率为 σ 的一种均匀各向同性媒质，对于角频率为 ω 的谐变单色电磁波，$\boldsymbol{E}=\boldsymbol{E}_0 e^{-i\omega t}$，$\boldsymbol{H}=\boldsymbol{H}_0 e^{-iwt}$，当电场矢量垂直于入射面时，Maxwell 方程为

$$\frac{\partial H_x}{\partial z}-\frac{\partial H_z}{\partial x}+i\omega\varepsilon' E_y=0,$$

$$\frac{\partial H_z}{\partial_y}-\frac{\partial H_y}{\partial_z}=0,$$

$$\frac{\partial H_y}{\partial x}-\frac{\partial H_x}{\partial_y}=0,$$

* 本文原载于《地球物理学报》，1990，33（Supp Ⅱ）：313～323。地震科学联合基金资助的课题。

$$\frac{\partial E_y}{\partial z}+i\mu_0\omega H_x=0,$$
$$\frac{\partial E_y}{\partial x}-i\mu_0\omega H_z=0. \tag{1}$$

式中，H_x、H_z、E_y 是 x、z 的函数，$\varepsilon'=\varepsilon_0+i\dfrac{\sigma}{\omega}$。关于磁场矢量垂直于入射面的情形，将 Maxwell 方程中的 $\boldsymbol{E}$、$\boldsymbol{H}$、ε'和$-\mu_0$ 同时相互对调，则所有结果完全与电场矢量垂直入射面的情形相同。

对于由 $\varepsilon'(z)=\varepsilon_0+i\dfrac{\sigma(z)}{\omega}$表征的介质，设

$$E_y=(P(z)+R(z))\ e^{ik(z)x\sin\theta(z)},$$
$$H_x=(-P(z)+R(z))\sqrt{\frac{\varepsilon'(z)}{\mu_0}}\cos\theta(z)\ e^{ik(z)x\sin\theta(z)}, \tag{2}$$
$$H_z=(P(z)+R(z))\sqrt{\frac{\varepsilon'(z)}{\mu_0}}\sin\theta(z)\ e^{ik(z)x\sin\theta(z)},$$

式中，$P(z)$、$R(z)$ 分别表示电磁场在介质中的上行波和下行波的振幅，$\theta(z)$ 表示折射角。将式（2）代入式（1），整理后得

$$\frac{\mathrm{d}V(z)}{\mathrm{d}z}+2i\beta(z)V(z)-\delta(z)(1-V^2(z))=0, \tag{3}$$

式中，$V(z)=R(z)/P(z)$，$\delta(z)=\dfrac{1}{2}\dfrac{\mathrm{d}\beta(z)}{\mathrm{d}z}/\beta(z)$，对于 $\boldsymbol{H}$ 极化也导出式（3），只是其中 $\delta(z)$应理解为$\delta(z)=\dfrac{1}{2}\dfrac{\mathrm{d}}{\mathrm{d}z}\left(\dfrac{\beta(z)}{\varepsilon'(z)}\right)\Big/\left(\dfrac{\beta(z)}{\varepsilon'(z)}\right)$。

以上过程并未考虑因传播距离而导致的损失和相位移。令 $e^{2i\int_{z_0}^{z}\beta(z)\mathrm{d}z}$ 表示波从 z_0 到 z 所经历的衰减和相移的因子，然后用该因子遍乘式（3）并在边界条 $V(z)\mid z\to\infty=0$ 下，从 $z=z_0$ 到 $z=\infty$ 积分，得

$$V(z_0)=\int_{z_0}^{\infty}\delta(z)(1-V^2(z)e^{2i\int_{z_0}^{z}}\mathrm{d}i, \tag{4}$$

式(4) 更为全面地描写了介质中的电磁过程。

1.2 反射方程各阶迭代解的含义

式(4) 是一个非线性的积分方程，如果核函数 $\delta(z)e^{2i\int_{z_0}^{z}\beta(z)\mathrm{d}z}$ 在所有各点上都是连续的并且按其数量来说都是有限的，则式(4) 可用逐次逼近的方法来求解，求出的解是一致收敛的[3]，即

$$V_n(z_0)=-\int_{z_0}^{\infty}(h(z),\ V_{n-1}(z))\mathrm{d}z,$$
$$\{V_n(z_0)\}_{n\to\infty}\longrightarrow 0,$$

其中

$$h(z,\ V(z))=\delta(z)(1-V^2(z))e^{2i\int_{Z_0}^{Z}\beta(z)\mathrm{d}z}.$$

核函数$\delta(z)e^{2i\int_{Z_0}^{Z}\beta(z)\mathrm{d}z}$是由介质的电性结构参数决定的，而地球的电性结构参数当然是连续变化的，是有限的。这个物理事实可用Lipschitz条件来表述[3]，即$|h(z,V_n(z))-h(z,V(z))|\leqslant c|V_n(z)-V(z)|$，这里$c$是任意常数。基于物理上的考虑，设零阶反射函数$R_0=0$，可以证明用迭代法求出的解一致趋于原方程的解。

要加以说明的是，这里认为核函数是连续变化和有限的，意味着电性结构在介质中导致的反射是

弱反射。因此，电磁波的反射在这里应该理解为发生在介质的参数变化梯度较大的地方，这些梯度带表现为若干反射面组成的堆。电磁波在介质内部能够被反射和折射，而介质本身仍保持连续。这样的理解与电磁波同时具有传播和扩散两种特性是相吻合的。

式（4）的迭代解可写成如下形式

$$R_0(z_0)=0,$$

$$R_1(z_0)=-\int_{z_0}^{\infty}\delta(z)(1-R_0^2(z))e^{2i\int_{z_0}^{Z}\beta(z)\mathrm{d}z}\mathrm{d}z,$$

$$R_2(z_0)=-\int_{z_0}^{\infty}\delta(z)(1-R_1^2(z))e^{2i\int_{z_0}^{Z}\beta(z)\mathrm{d}z}\mathrm{d}z,$$

$$\vdots$$

$$R_n(z_0)=-\int_{z_0}^{\infty}\delta(z)(1-R_{n-1}^2(z))e^{2i\int_{z_0}^{Z}\beta(z)\mathrm{d}z}\mathrm{d}z.$$

以上各阶反射函数的形式表明，零阶反射函数 R_0（z_0）$=0$ 对应于无反射过程（所谓透明介质）；一阶反射函数 R_1（z_0）对应于一次反射过程，即电磁波到达反射层后，被直接反射回地面；而二阶和二阶以上的反射函数对应于各种类型的多次反射过程。频率较低时，反射波相应地就比较弱，对应的反射函数的迭代解的收敛速度就快，取较低阶数的迭代解就足够了。实际中采集到的天然电磁波的频率都是比较低的，符合前面弱反射的假定，用一阶反射函数来建立反问题就足够精确地描述所需要的参数了。有趣的是一阶反射函数正是反射函数式（4）的线性部分。可见将一个非线性泛函线性化在这里有着明确的含义。

考察核函数 $\delta(z)e^{2i\int_{z_0}^{Z}\beta(z)\mathrm{d}z}$ 在一薄层 Δz 内的积分 $\int_Z^{Z+\Delta Z}\delta(z)e^{2i\int_{z_0}^{Z}\beta(z)\mathrm{d}z}\mathrm{d}z$，由于 Δz 取得足够薄，因此 $e^{2i\int_{z_0}^{Z}\beta(z)\mathrm{d}z}$ 在其中的变化就很小，可以提出积分号，即 $\int_Z^{Z+\Delta Z}\delta(z)e^{2i\int_{z_0}^{Z}\beta(z)\mathrm{d}z}\mathrm{d}z=e^{2i\int_{z_0}^{Z}\beta(z)\mathrm{d}z}\int_Z^{Z+\Delta Z}\delta(z)\mathrm{d}z$，将 $\delta(z)=\frac{\mathrm{d}\beta(z)}{\mathrm{d}z}\Big/2\beta(z)$ 代入上式，并定义 $\int_z^{z+\Delta z}\frac{\mathrm{d}\beta(z)}{2\beta(z)}$ 为 z 与 Δ_z+z 之间的反射系数 $r(z)$，则

$$r(z)=\frac{1}{2}\ln\frac{\beta(z+\Delta z)}{\beta(z)},$$

这是介质连续变化的情形。对于不连续介质，由于在 Δz 的范围内 $\beta(z)$ 的变化很小，故 $2\beta(z)$ 可用 $\beta(z+\Delta z)+\beta(z)$ 来代替，于是

$$r(z)=\frac{\beta(z+\Delta_z)-\beta(z)}{\beta(z+\Delta_z)+\beta(z)},$$

而因子 $e^{2i\int_{z_0}^{Z}\beta(z)\mathrm{d}z}=e^{-A(z)+i\beta(z)}$ 表示电磁波从 z_0 传播到 z，又从 z 返回 z_0 这样一条路径所经历的衰减和相移。

值得强调的是，$\beta_n\neq\beta_{n+1}|_s$ 是很少有的，尤其是在薄层划分的情形。反射和折射是在某一范围内发生的，因而往往不是一个反射系数对应于一个间断面，更经常是若干个反射系数对应于一个反射层。

在低频近似下，电磁波在介质中除有反射、折射的习性外，扩散的特征也越来越显著。随着传播距离的增大，单位截面的射线密度是在变化的，因而波矢的方向变得不确定了，此时电磁能量的传播不能再简单地用射线来描述。但当介质分界面的起伏不是很大时，仍可沿用射线的概念，但认为电磁能是以某种射线束的形式传播的，相应的折射角理解为某一中心折射角(所谓优势方向)。

2 反问题的形成及其正则化

反问题的形式是至关重要的，因为这就决定了求解的唯一性，求出的解的稳定性和计算过程的复

杂性。下面讨论在低频近似下反射方程的形式及其正则化。

2.1 低频近似下的反射方程和变换

现将一次反射函数离散化，取 $z_0 = 0$ 重写如下

$$R(\omega) = -\sum_{n=1}^{N} r_{n,\ n+1} e^{2i\sum_{J=1}^{n}\beta_J \Delta Z_J} \tag{5}$$

式中的 $R(\omega)$ 可用观测资料经动力学预测反褶积处理后来代替，$r_{n,\ n+1}$ 是相邻反射层位的反射系数。

式(5) 中包含着多种未知参量，要同时求解这些参量是不方便甚至不可能的，为此需做一些特殊的处理和变换。

$\beta(z) = \omega\sqrt{\mu_0\varepsilon'(z)}\cos\theta(z)$ 可写成 $\beta(z) = \dot{\beta}(z) + i\dot{\dot{\beta}}(z)$，$\dot{\beta}(z)$ 是衰减因子，$\dot{\beta}(z)$ 是相位因子。在低频近似下，$\beta(z) \approx (1+i)\sqrt{\dfrac{\omega\mu_0\sigma(z)}{2}}$。定义 $V \equiv \omega/\beta$ 为传播速度。实际中，电磁波并不是单一频率的，但如果把 V 中的频率理解为扰动的中心频率，则 V 便为描述扰动的包络传播速度。

对于水平均匀的地球模型，随频率的降低，电磁场扰动逐渐摆脱浅层电性的影响而受深层电性的影响，则随深度的增加电磁场扰动按趋肤效应的规律衰减。因此，很自然地以趋肤深度为某种尺度来划分层厚度。式中的复指数的因子可写为

$$\sum_{J=1}^{n}\beta_J\Delta z_J = (1+i)\omega\sum_{J=1}^{n}\frac{\Delta z_J}{V_J} = (1+i)\omega\sum_{J=1}^{n}\Delta t_J, \tag{6}$$

而观测资料中两相邻周期的间隔为 $T_{J+1} - T_J = \dfrac{2\pi}{\omega_J + 1} - \dfrac{2\pi}{\omega_J}$，这里 V_J 是电磁波在第 J 层中的传播速度，Δz_J 是第 J 层的厚度。Δt_J 是电磁波通过第 J 层所经历的时间。考虑到介质中薄层的最小可分辨厚度为 $\lambda_b/8$，λ_b 为介质中的波长[4]，故取

$$\Delta t_J = (T_{J+1} - T_J)/8,$$

$$\Delta z_J = \Delta t_J \cdot V_J = \frac{\pi}{4}\sqrt{\frac{2}{\mu_0\sigma_J}}\left(\frac{\sqrt{\omega_J}}{\omega_J + 1} - \frac{\sqrt{\omega_J}}{\omega_J}\right) = c \cdot \sqrt{\frac{2}{\mu_0\omega_J\sigma_J}},$$

比例因子 c 与观测资料中频率点的分布有关。将 Δz_J 代入式(5)，得

$$\begin{aligned}
R(\omega_1) &= -\sum_{n=1}^{N} r_{n,\ n+1} e^{-(1-i)\frac{\pi}{2}\omega_1 A_n},\\
R(\omega_2) &= -\sum_{n=1}^{N} r_{n,\ n+1} e^{-(1-i)\frac{\pi}{2}\omega_2 A_n},\\
&\vdots\\
R(\omega_m) &= -\sum_{n=1}^{N} r_{n,\ n+1} e^{-(1-i)\frac{\pi}{2}\omega_m A_n},
\end{aligned} \tag{7}$$

其中

$$A_n = \sum_{J=1}^{n}\left(\frac{1}{\omega_{J+2}} - \frac{1}{\omega_J}\right).$$

式(7) 中，反射系数 $r_{n,\ n+1}$ 是唯一的未知参量。根据求出的反射系数的量值和极性，可相对地估计出相应的导电率的差异。

这里层厚度的划分是按照电磁过程本身在介质中的规律来划分的，保证了每一层中的导电率的变化是不大的，具有薄层划分的效果。划分的结构与相应的记录资料所反映的真实的结构应该是吻合的。层厚度的划分和层数的选取以及式(7) 中方程个数的选取，都是根据观测资料的信息，一方面能最大限度地达到观测资料所容许的分辨率，在不丢失信息的同时大大减少了变量和方程的数目；另一方面能够避免因随意划分层厚度而带来的不确定性。

2.2 反问题的正则化原则和唯一性评价

式(5) 经变换之后，一次反射函数作为观测数据成了模型参数的线性泛函。换句话说，如果仅考虑一次反射作用，则原来的非线性反问题被约简成为一个线性反问题 $R(\omega)=\int_0^\infty r(z)e^{f(z,\ \omega)}\mathrm{d}z$。其中 $r(z)$ 是待求的反射系数的分布函数，$e^{f(z,\ \omega)}$ 是核函数。下面考察求解式(7) 的唯一性问题。

电磁波的反射和折射通常发生在电导率的变化较为明显的过渡带中，即电导率是一个连续函数。故式(7) 中得的反射系数有无穷多个，而观测资料的频点数却是有限的，这就构成了一个欠定的方程组，形成的反问题是不适定的。对于这种不适定的数学问题，只能求其弱解(广义解)[5]。

为了限制反问题的多解性，要在原问题的解集中寻找一个具有某种限定的子集，而这个子集又保持足够宽泛，能容纳自然界中可能存在的电性结构或反射系数的分布。为此，我们引入“最小反射结构”的概念。所谓的最小反射结构就是所有可能的反射结构中最简单、最稳定的。也就是说，这种结构中仅保留那些反射系数的量值较大的强反射层，因而其反射层数是最少的。

令
$$M=\int_0^\infty c\mid r(z)\mid\mathrm{d}z \tag{8}$$

代表一簇反射结构，$\mid r(z)\mid$ 是各反射带的反射系数的量值，c 是任意常数。取 $\min\left\{\int_0^\infty c\mid r(z)\mid\mathrm{d}z\right\}$ 并与泛函 $R(\omega,\ 0)=-\int_0^\infty r(z)e^{if(\omega,\ z)}\mathrm{d}z$ 相拟合，这里 $f(\omega,\ z)=2\int_0^z\beta(z)\mathrm{d}z$。考虑到 $\mid r(z)\mid\leqslant 1$ 的约束，于是得如下数学问题

$$\left.\begin{aligned}&\min\left\{\int_0^\infty c\mid r(z)\mid\mathrm{d}z\right\},\\&R(\omega,\ 0)=-\int_0^\infty r(z)e^{if(\omega,\ z)}\mathrm{d}z,\\&\mid r(z)\mid\leqslant 1,\end{aligned}\right\} \tag{9}$$

这便是最小反射结构的数学表示。式(7) 的解集合是一个 N 维向量，是 R^N 空间中的一个线性流形，这个集合在 R^N 空间中是无界的。但式(9) 的解集合在 R^N 空间中却是有界的。最小反射结构是从这个有界集中挑选出的一个特殊的解。这个解是有界的、唯一的，并保留着 R^N 空间中所有其他的解都具有的那些共同特征，而这些共同的特征就是若干最基本的反射层或者强反射体。最小反射结构的意义就在于能够唯一地决定这些基本反射层。虽然这样求出的解并不是式(7) 原来意义下的解[6, 7]，但它却是对原解的一种定量描述，表征着原解的某种限界，即真实的地球介质至少应该有这样一些明显的反射层位。正是在这种正则化的意义下，我们限制了反问题的非唯一程度。

3 资料的表示方法和预处理

3.1 反射函数的形式和一些重要性质

地球表面的复阻抗定义为 $Z(\omega)=E(\omega,\ 0)/H(\omega,\ 0)$，式中 $E(\omega,\ 0)$、$H(\omega,\ 0)$ 分别为在地面接收的电场和磁场相互正交的分量。采集到的信号中介质所感应的信号与源场的信号总是混叠在一起的。但当场源本身沿水平方向的变化很缓慢或者呈线性变化并垂直入射时，阻抗可以认为是与源场的结构无关[8]，在上述条件下，导体中的每一点的电磁场都可表成垂直于分界面传播的平面波，而平面波的阻抗仅由介质的电导率和频率决定。

基于式（2）中关于上行波和下行波的假设，反射函数可用阻抗表示为

$$V(\omega)=\left(1+\frac{(1-i)}{2}\frac{|z(\omega)|}{z(\omega)}\right)\Big/\left(1-\frac{(1-i)}{2}\frac{|z(\omega)|}{z(\omega)}\right), \tag{10}$$

可见 $V(\omega)$ 是一无量纲的复数，它是归一化阻抗的多项式表示。这使得 $V(\omega)$ 具有两个重要的性质：①由于 $V(\omega)$ 是归一化阻抗的多项式表示，故场源的影响可以忽略。②反射函数是阻抗的多项式表示，决定了反射函数具有最小相位的性质[9]。

3.2 反射函数中多次反射成分的压制

当多次反射效应严重时，反射函数的迭代解的收敛就很慢，观测到的反射函数不能当作一次反射函数。因此有必要把这种多次反射产生的效应当作干扰来加以压制；再者由于介质的吸收和频散，电磁场高频成分损失得很厉害，大大降低了观测资料的分辨率，补偿这种大地滤波作用也是十分必要的。

在平面波的假设下，地球介质的特征阻抗及其构成的反射函数与场源是无关的，反射函数可理解为单位脉冲响应。与各个反射界面相关的多次反射，都可用某一共同的多次反射波列来代替。反射函数可表示为一次反射与多次反射波列的褶积[10]，可采用动力学预测反褶积技术，从已知的反射函数中分离出一次反射函数，而反射函数的最小相位性质保证了设计出的反褶积算子是收敛的。

3.3 关于数据点的选择

实际中所采集的记录都是很长、很分散的。将所有的资料点不加考虑地都用上会造成两方面的问题：①由于频率点取得过密，会使式（9）中系数阵的条件数很大，降低解的稳定性；②并不是所有的资料点都是等精度的，在某些点或段上，误差会超过真值若干倍，用这些点参加反演，很难想象会得出什么样的结果。再者，资料点增加，计算量会大大增加。

反射波的能量随频率的分布是不同的。定义反射函数的振幅或能量较强处所对应的那些频率为反射函数的主频。引入主频之后，对资料点的取舍就有了一个客观的标准。对于某一深度的反射层，在高于相应主频的频段上，电磁波的穿透深度达不到该反射层，而在低于相应的主频的频段上，穿透深度又太大，电磁波在介质中大部分是透过波。这两种情形都不利于反射波的产生。主频与电性结构的性质、规模、几何形态以及观测资料的频率成分有关，可以通过选取记录中的主频来选取资料点。

反射函数的自功率谱就是反射波的能谱。反射函数的自功率谱的极值点，正好对应反射波能量较强的地方，对应的频率可以作为反射函数的主频。计算中我们采用最大熵谱法来估计反射函数的功率谱[11]。

4 解的构造和解的稳定性

4.1 计算方法及稳定性分析

式（9）构成一个带有约束条件的线性泛函的最优化问题。采用线性规划的算法，要求所有的变量大于等于零。而式（9）中待定的反射系数却可正可负。不妨设 $r_{n,n+1}=r^1_{n,n+1}-r^2_{n,n+1}$，$r^1_{n,n+1}$，$r^2_{n,n+1}\geqslant 0$。显然，$r^1_{n,n+1}$ 和 $r^2_{n,n+1}$ 可以互为线性表示，故在单纯形的迭代过程中，解向量不可能同时包含 $r^1_{n,n+1}$，$r^2_{n,n+1}$。式（9）解出的反射系数构成一个反射层的地球模型。将式（9）中的目标函数的权系数分开写成 $\phi=\sum_{n=1}^{N}C^1_n r^1_{n,n+1}+C^2_N\cdot r^2_{n,n+1}$。如果 $C^1_n\neq 0$，$C^2_n=0$，则不会有负的反射系数出现；反之则不会有正的反射系数出现。这两种情况对应着反射结构的两种极端界限。

用线性规划的算法来构造反问题的优越之处，在于能方便地注入一些人们对待求参数的先验认识。比如来自深层的反射较弱，当深层出现量值很大的反射系数时是不合理的，可以通过适当地对目标函数加权来抑制。

当反射系数的量值等于1时，意味着理想反射层的存在，显然这在自然界中几乎不会出现，实际情况是反射系数的量值较小，数目较多。计算得出的反射系数有时较真值要大，因此数据的一个小扰动容易导致反射系数分布的一个很大的变化。计算结果表明，当约束条件的系数阵的条件数越大时，反演结果越不稳定，故在资料点的选择时，应尽量降低约束条件的系数阵的条件数，适当减少约束方程的个数，这可以通过选择反射函数的主频来解决。

4.2　合成数据、实测数据的反演算例

表1　模型数据

序号	1	2	3	4	5	6
反演值	0.48	0.26	−0.32	−0.21	0.05	−0.02
真值	0.52		−0.38			

由表1和图1可见，模型的界面表现为一个反射带，400 m与800 m处的两个界面与1，2和3，4两个反射系数群是相对应的。5，6两个反射系数可理解为多次反射效应。

图2（a）表示一个二维电导率结构模型。图2（b）是根据图2（a）的合成数据反演得到的反射系数，选用的周期为10^{-2}～10^{3}s，图中除了与模型相对应的反射外，还存在着多次反射。图2（c）是对合成数据进反褶积处理后反演的结果。可见其分布形态与模型是相一致的。

图3（a）是同阳-海城的视电阻率-周期剖面等值线图。图3（b）是对实测数据反演的反射系数。图3（c）是由反射系数转换的电阻率-深度剖面等值线图。图3（d）是同阳-海城-东沟地震波速度结构剖面。

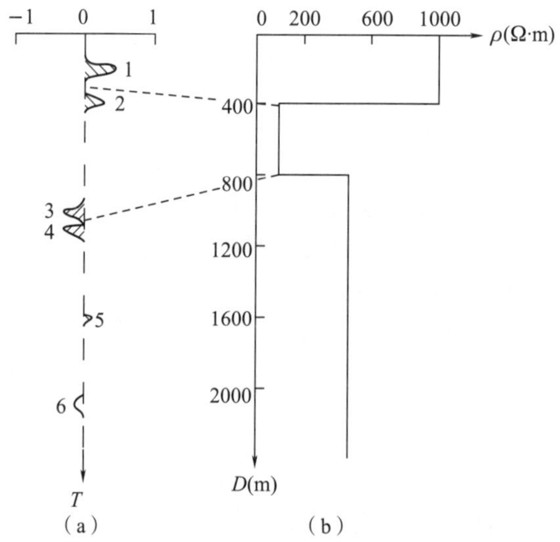

图1　一维电导率结构模型（a）和反射系数结果（b）

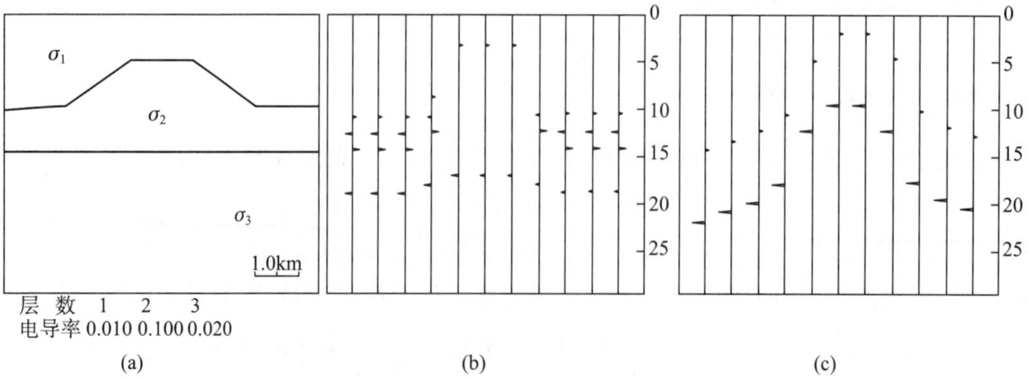

图2　二维电导率结构模型（a），反射系数剖面（b）和反褶积处理后反演剖面（c）

由以上的合成数据、实测数据的反演例子可以看出，反射系数的分布能较好地反映出模型的构造形态，但由反射系数的量值转换出的电导率与理论值相差比较大。

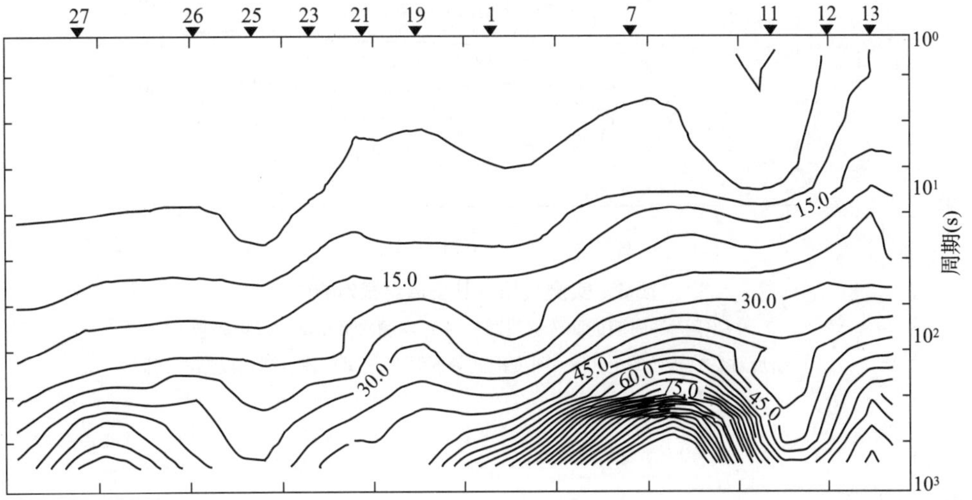

（a）

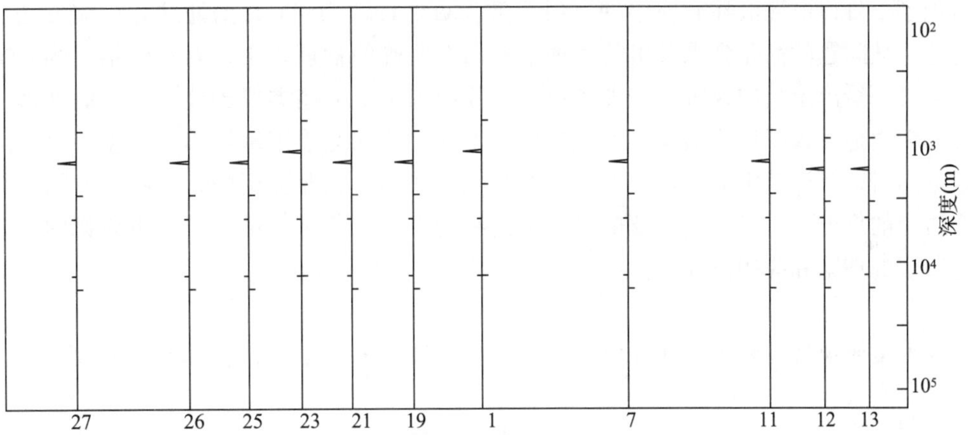

（b）

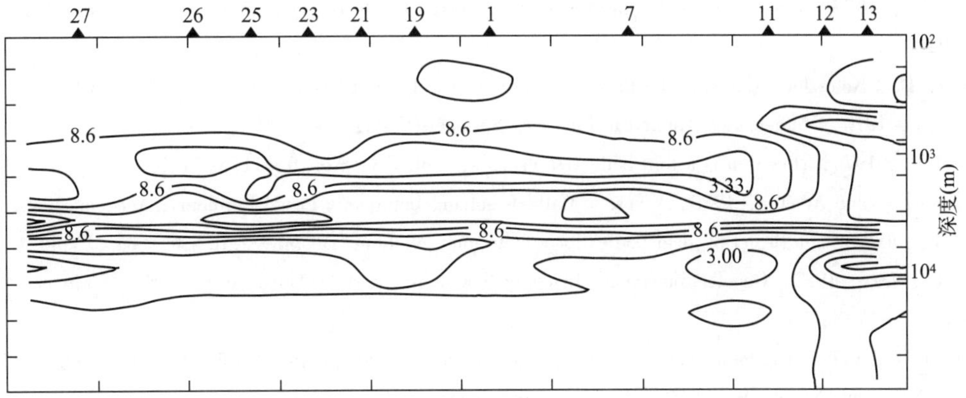

（c）

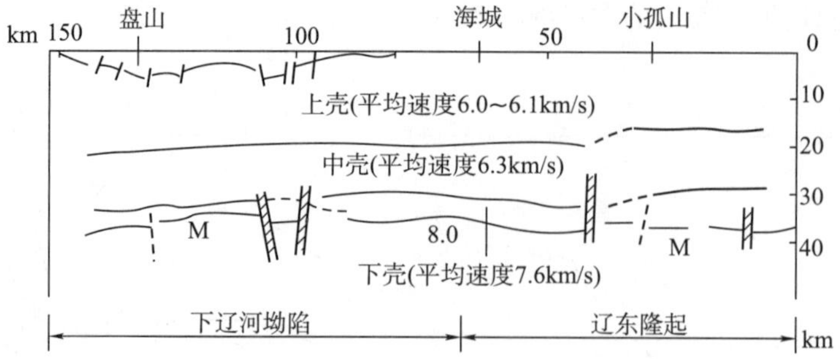

（d）

图3 实测数据及其反演结果对比

（a）视电阻率-周期剖面等值线图；（b）实测数据反演的反射系数；
（c）由反射系数转换的电阻率-深度剖面等值线图；（d）地震波速度结构剖面

5 结 语

以上讨论了一种以电磁波在介质中的反射系数为目标参数的MT数据处理和反演方法。其特点是物理图像清楚，从问题的简化到求解出的各种参数都有明确的物理含义；对反演结果的非唯一性能够在正则化的意义下给出定量的评价。对观测资料，我们采用了一些类似于地震资料的处理技术和方法来加以处理，大大地改善了反演结果。另一方面，形成的反问题连续地依赖于数据，再加上计算环节多，使得数据本身以及计算中的各种误差因素的影响比较明显。要强调的是，我们试图理解天然电磁波在地球介质中的反射、折射过程以及描述这个过程的方式，获得的结果是令人鼓舞的，证明值得在这方面做进一步的理论和应用研究。

致谢：在本文的编写过程中，作者曾与赵国泽、邓前辉进行过许多有益的讨论，在此表示感谢。

参 考 文 献

[1] Kunetz, G., 1972, Processing and interpretation of magnetotelluric soundings, Geophysics, Vol. 37, No. 6, 1005-1021.

[2] Oldenburg, D., Notes for a Course to be Presented at Wuhan College of Geology in fall of 1984, in Press.

[3] Roubine, E., 1970, Mathematics Applied to Physics, Springer-Verlag.

[4] Wides, M. B., 1973, How thin is a thin bed? Geophysiscs, Vol. 38, No. 6, 1176-1180.

[5] Tikhonov, A. N. and Arsenin, 1980, V. Ya., Mathods solving Jmproperly Posed Problems, Academic Press.

[6] Park, R. L., 1975, The theory of ideal bodies for gravity interpretation, Geophy. J. R. astr. Soc., Vol. 42, No. 2.

[7] Rokityansky, I. I., 1982, Geoelectromagnetic Invesitigation of the Earth's Crust And mantle, Springer-Verlag Berlin, Hecdellerg New York.

[8] Vladimir, I. D., 1979, The foundamental model of magnotelluric sounding, Pro. IEEE, Vol. 67, No. 7, 104-1044.

[9] Robinson, E. A. and Treitel, S., 1976, Net downgoing energy and the resulting minimum-phase property of downgoing waves, Geophysics, Vol. 41, No. 6, 1394-1396.

[10] Robinson, E. A., 1975, Dynamic predict deconvolution, Geophysiczl Prospecting, Vol. 23, No. 4, 736-747.

[11] Burg, J. P., 1972, The relationship between maxim entropy spectra and maxium likelihood spectra, Geophysics, Vol. 37, No. 2, 375-376.

用边界单元法计算地形起伏对大地电磁测深结果的影响*

张淑霞　刘国栋

目前，大地电磁测深观测资料的解释，一般仍假设地表是水平、地下为水平层状各向同性介质。但是，地表水平这个假设与实际遇到的不符（尤其在山区和地形起伏较大的丘陵地区），因此，研究地形起伏对大地电磁测深观测结果——视电阻率曲线的影响具有实用意义。

根据边界单元法能够灵活地处理各种形状的模型边界和无限域问题的特点，我们用该方法分析了几种地形起伏所对应的视电阻率分布特征。计算中，为了突出地形变化的影响，介质被认为是均匀的。并计算了 **H** 极化情况下地表起伏所产生的畸变效应。取 x 方向为地表起伏的走向。地表磁场分量 H_x，取为常数。本文分别计算了地表单向倾斜、地表上隆和地表下坳等几种地形所对应的视电阻率分布；讨论了地形畸变效应与观测周期、介质电阻率的关系及其物理机制。

1　边界单元法的基本原理[1]

H 极化时的电磁场分量是 H_x、E_y 和 E_z，它们满足下列关系

$$\frac{\partial E_z}{\partial y}-\frac{\partial E_y}{\partial z}=i\omega\mu H_x, \tag{1}$$

$$\frac{\partial H_x}{\partial z}=\sigma E_y, \tag{2}$$

$$\frac{\partial H_x}{\partial y}=-\sigma E_z. \tag{3}$$

将式(2)、(3) 代入式(1) 得

$$\frac{\partial^2 H_x}{\partial y^2}+\frac{\partial^2 H_x}{\partial z^2}-k^2 H_x=0, \tag{4}$$

式中，$k^2=i\omega\mu\sigma$。

边界单元在求解式(4) 时，首先是选取式(4) 的基本解。其数学形式为

$$\frac{\partial^2 W^*}{\partial y}+\frac{\partial^2 W^*}{\partial z}+K^2 W^*=\delta^1(r-r_l). \tag{5}$$

这里，W^* 即为式(4) 的基本解，δ^l 是定义在 l 点的 Dirac delta 函数。式(5) 的物理意义即点源作用在 l 点时场的分布。基本解 W^*[2] 的数学形式为

$$W^*=\frac{1}{4i}\sqrt{\frac{2}{k\pi r}}e^{i(kr-\pi/4)},$$

$$r=[(y-y_l)^2+(z-z_l)]\frac{1}{2},$$

* 本文原载于《地球物理学报》，1990，33（Supp Ⅱ）：324～331。

r 是域内(或边界上)任意一点到研究点 l 的距离。

取 W^* 为加权函数对式(4)在研究域 Ω 上加权积分，并利用面线积分转换公式，得

$$V^l = -\iint_{\Omega}\left(\frac{\partial^2 W^*}{\partial y^2} + \frac{\partial^2 W^*}{\partial z^2} + K^2 W^*\right) V\mathrm{d}\Omega$$

$$= \int_{\Gamma} W^* \frac{\partial V}{\partial n}\mathrm{d}\Gamma - \int_{\Gamma} \frac{\partial W^*}{\partial n} V\mathrm{d}\Gamma. \tag{6}$$

这里，Γ 为研究域的边界，V^l 表示 l 点处的 H_x，$\frac{\partial W^*}{\partial n}$ 和 $\frac{\partial V}{\partial n}$ 分别为 W^* 和 H_x 在边界 Γ 上的法向导数。式(6)即为边界元法求解亥姆霍兹(Helnholtz)方程的基本公式，其一般形式为

$$C^l V^l = \int_{\Gamma} W * \frac{\partial v}{\partial n}\mathrm{d}\Gamma - \int_{\Gamma} \frac{\partial W^*}{\partial n} V\mathrm{d}\Gamma. \tag{7}$$

这里

$$C^l\begin{cases}1，当\ l\ 点位于研究域\ \Omega\ 内部时；\\ \frac{1}{2}，当\ l\ 点位于研究域的光滑边界上时；\\ 0，当\ l\ 点位于研究域\ \Omega\ 的外部时。\end{cases}$$

为了进行数值计算，尚需要将研究域的边界进一步划分为小单元，在每个单元上将场值分片(分段)插值。在边界的离散过程中，单元的划分和边界场值的近似处理方式，边界单元法和有限单元法基本相同，只不过前者是在研究域的边界，而后者是在整个研究域上进行的。于是，经过离散处理的式(7)便可组成矩阵

$$\boldsymbol{HV} = \boldsymbol{G}\frac{\partial V}{\partial n}. \tag{8}$$

V 和 $\frac{\partial V}{\partial n}$ 分别为由边界上的 H_x 和 $\frac{\partial H_x}{\partial n}$ 的分布所组成的列向量。为了保证解的存在，边界的每个节点上至少要知道两者中的一个。$\boldsymbol{H}$ 和 $\boldsymbol{G}$ 称为刚度矩阵(或影响系数矩阵)[3]，它们取决于模型的几何形状和边界的离散方式。解式(8)，即可求出边界上场的分布。然后利用式(6)或者式(7)(取 $C^l=1$)，即可求出域内 H_x 的分布规律。

关于辅助场值 $E_y(E_y = \frac{1}{\sigma}\quad\frac{\partial H_x}{\partial z})$，可由下式直接求得：

$$E_y^l = \frac{1}{\sigma}\quad\frac{\partial V^l}{\partial z} = \frac{1}{\sigma}\left[{}_{\Gamma}\int \frac{\partial r^*}{\partial z}\cdot\frac{\partial V}{\partial n}\mathrm{d}\Gamma - \int_{\Gamma}\frac{\partial}{\partial Z}\left(\frac{\partial W^*}{\partial n}\right)V\mathrm{d}\Gamma.\right.$$

再利用公式

$$\rho_q = \frac{1}{\omega\mu}\left|\frac{E_y}{H_x}\right|^2,$$

便可确定视电阻率的分布。

在确定辅助场值这个问题上，边界单元法具有独特的优势。而有限差分和有限单元均是以差商代替微商，严重影响视电阻率的精度，乃至辅助场值的精度成为计算工作的一个重要课题[4,5]。

2　地形产生的畸变效应分析[6]

对于均匀半空间，当地表平直时，地表任一点处的视电阻率值与观测周期无关，等于介质电阻率值（图1），为了便于比较，图1中的视电阻率曲线称为正常曲线。地表起伏所对应的曲线为畸变曲线。

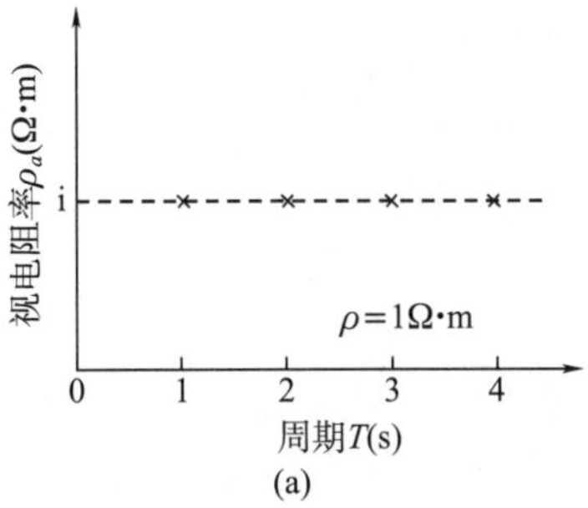

图 1（a） 地表平直时视电阻率与周期无关

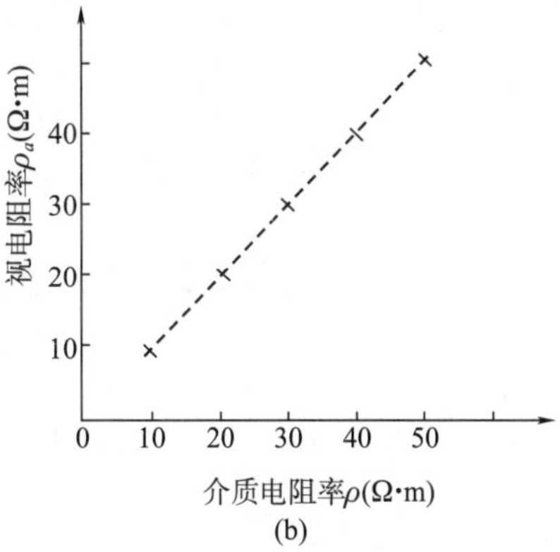

图 1（b） 地表平直时视电阻率等于介质电阻率

计算结果表明，地形起伏时，沿地表视电阻率的横向变化与地形变化呈反对应关系（观测周期一定）。图 2 是当地表形状为正弦曲线变化时，不同测点上视电阻率的变化。可以看出，当地形增高时，视电阻率较相邻点却降低；地形下坳时，视电阻率值增大。

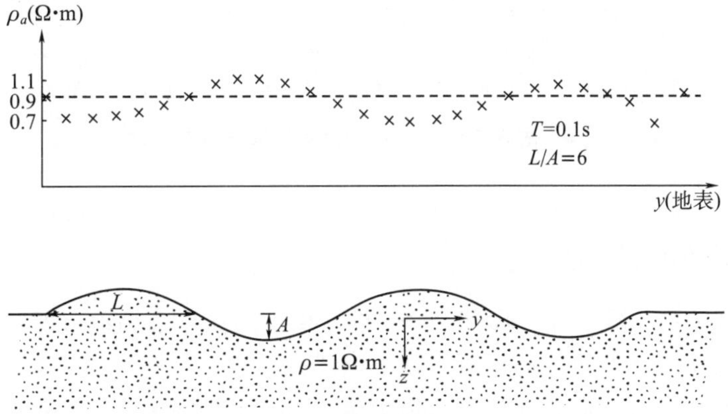

图 2 正弦状起伏地表形态所对应的视电阻率

虚线为正常曲线；×代表畸变曲线

下面分别讨论地面为单向倾斜、弧形上隆及下坳这三种模型所引起的地表上视电阻率变化及其周期响应。

2.1 单向倾斜地表的畸变效应

在周期一定（例如 T=0.66s）和地形倾角一定（例如 α=10°）的条件下，单向倾斜地形的畸变影响只限于坡面上及转折点附近的测点上的视电阻率值。从图 3 可以看出，当测点远离坡面时，视电阻率趋于正常值。地面下凹处测点上的视电阻率值变化最大（畸变量可达 60%），随着坡面上升，视电阻率值逐渐减小，向上凸处视电阻率值最小，低于正常曲线。

2.2 弧形上隆地形的畸变效应

在观测周期一定（T=0.1 s）和地表上隆幅度一定（L/A=4）的条件下，图 4 给出了该模型的畸变特点。在隆起的两个转折点处，视电阻率达到最大值（畸变量达 70%）；当测点向隆起中央靠近时，视电阻率值渐减小，在中心部位，视电阻率达最小值（低于正常曲线），离开隆起部位，视电阻率曲线逐渐趋于正常曲线。

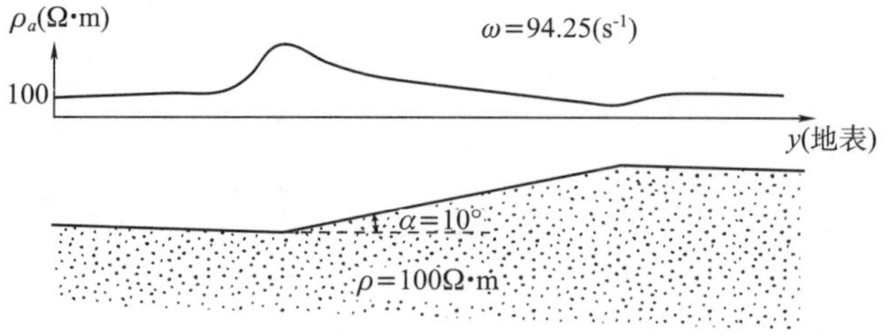

图 3　与地表倾斜相对应的视电阻率分布

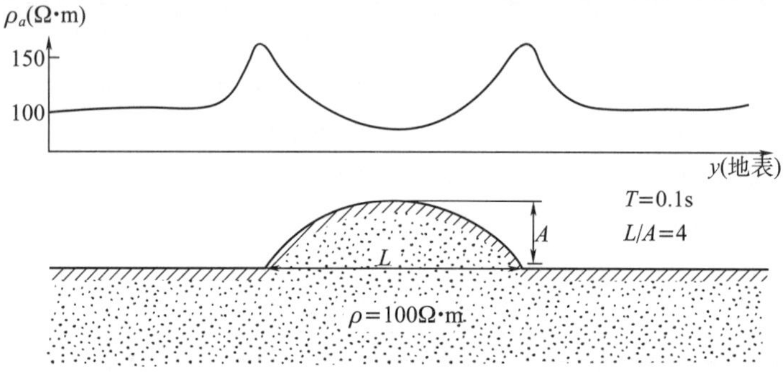

图 4　与弧形隆起地形相对应的视电阻率分布

2.3　弧形下坳地形的畸变特征

图 5 是在周期为 0.1 s，地形下坳幅度 $L/A=4$ 的条件下，弧形下坳地形所对应的视电阻率在不同测点上的分布。当测点位于下陷的转折点时，视电阻率达最小值（畸变可达 70%），随着测点向中央移动，视电阻率值逐渐增大。在中心部位，达最大值（高于正常曲线）。当测点离开下陷区时，视电阻率曲线又趋于正常曲线。

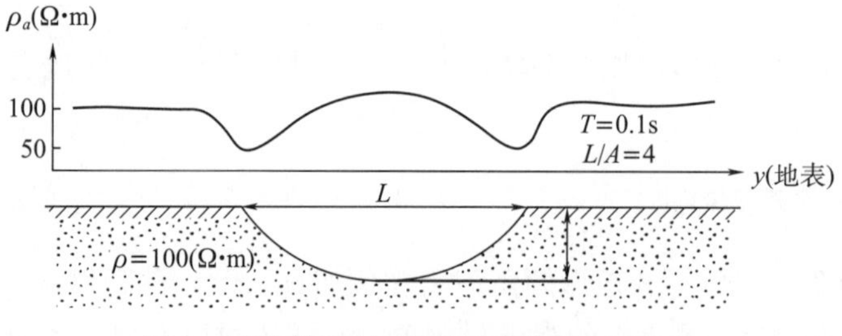

图 5　与弧形下陷地形相对应的视电阻分布

这里所分析的三种地形的畸变特征是最简单的，也是最基本的。尽管地貌特征变化多端，但大体上是它们的不同组合。需要说明的是，地形转折点是计算模型的拐点，因而用边界单元方法分析时，可能引起误差。但是它证明了地形转折点的畸变特征。在用大地电磁测深方法探测不同地貌单元接触部位的深部结构时，由于地形转折部位的畸变特征最大，故应对其加以校正，才能反映正确的深部结构。

总之，沿地表横向分布的不同测点上，视电阻率的变化和地形变化有着反对应关系，而拐点的存在使畸变作用增强。那么，沿纵向即随着观测周期增加，地形的畸变作用则取决于某一测点上的视电阻率曲线的周期响应。

地形的畸变效应主要反映在高频区的视电阻率曲线的变化。由于不同地形畸变作用的差异，其视电阻率曲线的周期响应也不一样。地表上隆时，高频区的视电阻率曲线低于正常曲线（图6），而地表下陷时，高于正常曲线（图7）。随着观测周期增加，视电阻率曲线逐渐趋于正常曲线。若不考虑地形的影响，就会造成浅部有一高阻（下坳）或低阻（隆起）的假像。

地形的影响是有一定深度范围的。由图6、7可见，在地形起伏程度小于25%（$L/A=4$）时，观测周期大于10 s，即可忽略一般地形的畸变效应。

图8是在介质电阻率为100 Ω · m，地形倾角分别为5°、10°、15°和20°时，视电阻率曲线的周期响应。可以看出，随着地形倾角增大，其所对应的视电阻率曲线与正常曲线（α=0°）重合点所对应的周期在逐渐增大，表明地形起伏越大，所影响的周期范围越长。

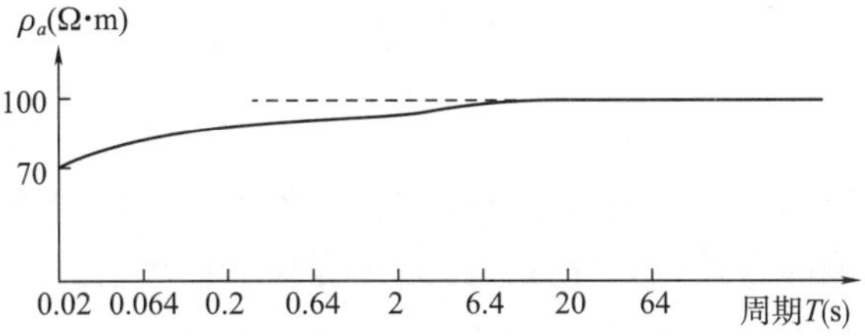

图6　隆起中心部位视电阻率随周期的变化（$L/A=4$）

虚线为正常曲线；实线为畸变曲线

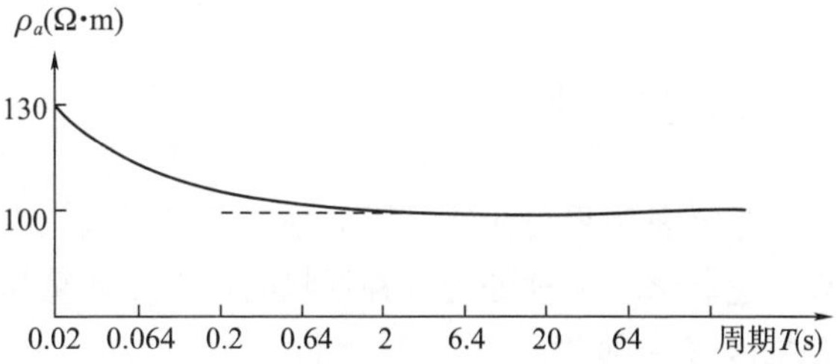

图7　地表下陷中心处视电阻率随周期的变化曲线（$L/A=4$）

此外，地形的畸变效应也与介质的导电性质有关。从图9可以看出，随着观测周期增大，测点上的视电阻率值与正常曲线的偏离程度越来越小。说明介质电阻率越大，地形影响消失的周期范围越小。

从图6至图9的分析可以看出，随着观测周期的增大，地形的畸变效应减小；随着介质的导电性增加，地形的畸变影响增强。或者说，在研究浅部构造时，地形的畸变作用不能忽视；在研究深部结构时，当观测周期大于一定值时，可以不考虑地形的影响。但在研究活动构造带的结构（这里介质导电性较强）时，应对解释结果加以校正。

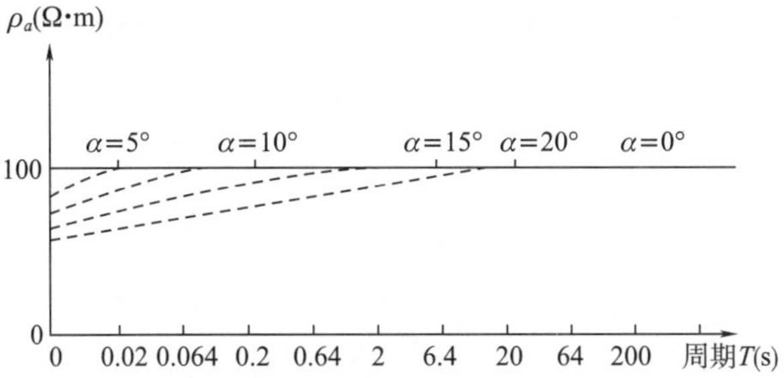

图8　地形倾角不同时的视电阻率周期响应曲线

实线为正常曲线；虚线为畸变曲线

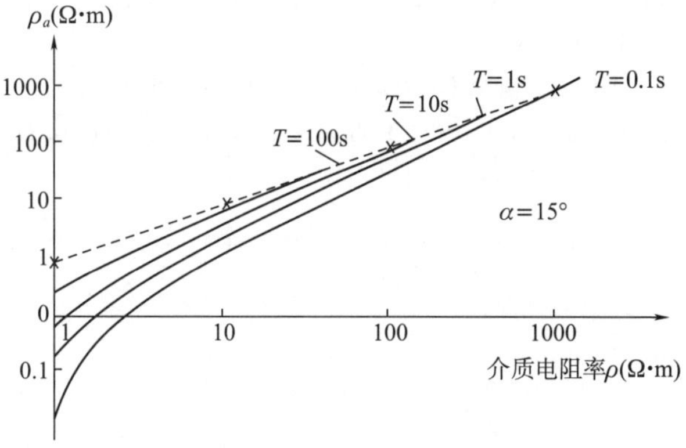

图9　不同观测周期视电阻率值与介质电阻率值的对应关系

虚线为正常曲线，正常曲线 $T=0.1$ s

3 地形畸变效应的物理机制

对于地表平直的层状均匀介质模型，由平面电磁波所激发的一次场，其结构很简单，即电流顺层流动，无电荷存在。这时所测得的视电阻率值与观测周期无关，且等于介质本身的电阻率值，在地形起伏地区，不同测点处的电流线密度不同，对于地表上隆区，中心部位电流线最稀疏，相应地该处的视电阻率值最小；而地表下坳区，随着测点向中央部位靠近，电流线密度加大，中心部位电流线最密，因而在下坳中心部位测到的视电阻率值最大。

根据集肤效应，随着观测周期的增加，即勘测深度的增大，电流线的分布趋于稳定而变得均匀，所以地形的影响限于高频区。当然，地形起伏越大，越向低频方向移动。

导电性不同的介质其地形影响的特征不同，原因在于，导电性好的介质的感性电流线密度要比导电性差的，故其地形影响显著。

4 讨 论

本文是边界单元法应用的一个具体实例。在分析地形的畸变效应这个问题中，它收到了良好的效果。它能够灵活地处理各种形状的边界，计算量小。它能够直接计算导数，这对于提高辅助场值的计算精度很有意义。

本文只讨论了 $\boldsymbol{H}$ 极化时，地形的畸变效应。对 $\boldsymbol{E}$ 极化，由于模型的上边界不能确定，必须引入空气域，因而单独应用边界单元法来处理 $\boldsymbol{E}$ 极化问题有困难。但是，由地形引起的感应畸变效应要比电流效应弱，所以地形起伏对 $\boldsymbol{E}$ 极化时观测结果的影响要比对 $\boldsymbol{H}$ 极化时的影响小。

参 考 文 献

[1] Brebbia, C. A. , 1979, Recent Advances in Boundary Element Methods, Pentech Press, London.

[2] Brebbia. C. A. , 1978, The Boundary Element Method for Engineers, Pentech Press. London, 1978.

[3] Brebbia. C. A. and Worbel, L. , 1980, Applicat ion of Boundary Element Methods In Water Resources, 3rd Int Conf on Finite Elements in water Resources.

[4] 王宝钧、高维安，1984，用有限单元法正演京津唐地区二维大地电磁测深资料，地震地质，Vol. 6，No. 1，69～80。

[5] 刘国栋、陈乐寿，1984，大地电磁测深研究，北京：地震出版社。

(6) George, R. J. 1982, Evaluation of topographic effects on Magnetotelluric using a modified Rayleigh technique, Geophysics, Vol. 47, No. 4, 434-442.

辽南地区地壳与上地幔介质温度结构特征与地震*

刘国栋　卢造勋

由于地球内部发生的各种地质作用如火山、地震、岩浆活动及地壳运动等，都直接与地幔内部的地球动力过程有关，而地热又是这些地质作用的巨大能源之一。因此根据辽南地区所获得的地壳与上地幔构造特征及该区大地热流资料，探讨与地球动力有关的地热学问题，开展辽南地区地壳与上地幔介质温度结构横向非均匀性与地震活动及其力源关系的研究具有重要的实际意义。

1　辽南地区的大地热流异常

自1980年曾报道在东北南部的下辽河平原有一个高热流值（93.4 mW/m^2，位于E121°52′4″，N41°8′30″）后[1]，近几年来，不同单位又在该区及其邻区进行了大量的热流值测定工作。中国科学院地质研究所在下辽河平原获得了43个大地热流值[2]，国家地震局地质研究所在下辽河平原东部及辽东半岛地区获得了17个热流值①。辽宁省地震局在海城及其邻近地区获得了23个大地热流值。综合上述共79个热流值成果（图1），反映本区大地热流分布的基本特征为：下辽河平原的大地热流值相对辽东半岛地区高，根据辽河平原43个实测大地热流值统计，该区平均值为64.6±9.17 mW/m^2，在平原的不同部位，热流值变化范围为43.4～83.0 mW/m^2，其最高值为83.0 mW/m^2 的点位于下辽河平原中西部凹陷的西缘。而辽东半岛的大地热流值根据国家地震局地质研究所工作结果，12个值的平均热流值为50.0 mW/m^2，与辽宁省地震局得到辽东半岛地区平均热流值为50.0 mW/m^2 的结果（去掉海城高热流异常区数值）一致。近年来，在下辽河平原的辽东半岛交界地区即主要在海城地震区取得的大地热流测量结果[3]，发现辽阳—熊岳NE向条带呈现高热流值，这一条带的平均热流值达83.4 mW/m^2，海城地震的宏观震中英落乡赵家堡测点，热流值高达104.3 mW/m^2，在仪器震中岔沟以南约15 km处的测点，热流值高达79.6 mW/m^2，它们的热流平均值为91.7 mW/m^2，这个值基本上反映了海城地震区的热流值。

上述热流情况表明，尽管在本区由不同单位分别进行的热流测量，但总体热流分布情况仍真实地反映了本区的地质条件和构造特点。辽东半岛是古老的隆起区，构造相对稳定，除了海城地震区热异常条带外，其平均热流值为50.0 mW/m^2，虽然比地质上古老而不活动的构造单元之热流平均值为41.7 mW/m^2 的结果为高，但不可忽视的是辽东半岛从构造上讲虽是古老而不活动的单元，但从整体而言始终处于抬升状态，其热流值略有偏高是不足为奇的。张汝惠等对本单位在辽东半岛所测的每个热流值分别与具体地质条件进行对比研究后得出了更确切的解释，他们认为，本区热流值分布与地质发展中构造热事件有密切关系，其表现为前震旦纪的热流值是37.5 mW/m^2，当有混合岩化作用及伟

---

* 本文原载于《东北地震研究》，1990，6（3）：5～13。

① 张汝惠、张晚霞、彭惠英、武冀新，辽宁南部的地热特征与地震活动的关系。1986年。

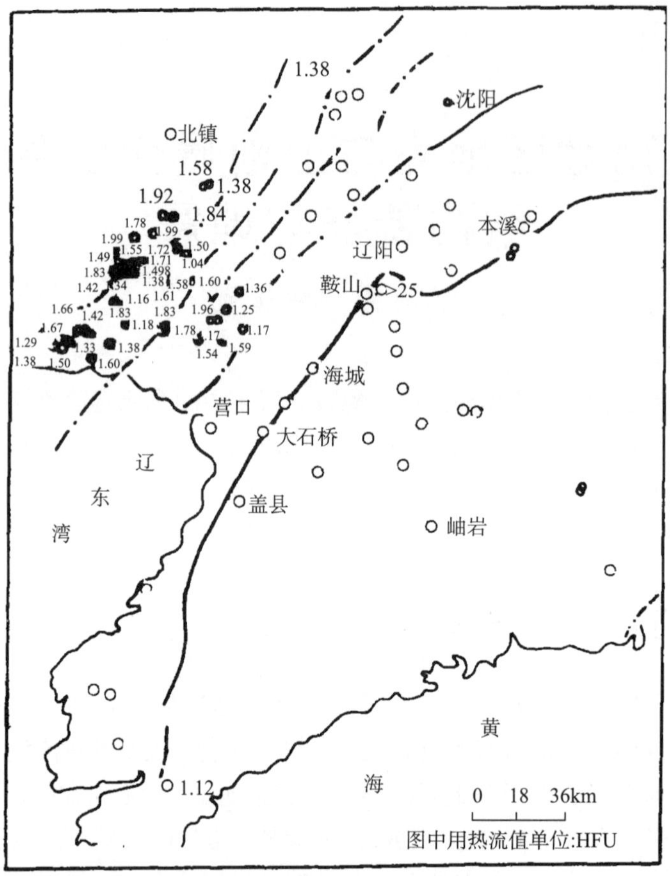

图 1　辽南大地热流分布图

晶岩脉侵入可升至 48.0 mW/m^2；晚期 EW 向构造带热流值为 55.5 mW/m^2，而与中新生代构造活动有关的热流值在 55.5～71.7 mW/m^2 范围，这个比较分散的热流值表明中新生代以来地壳的活动性比较强烈，致使辽东半岛中新生代岩浆先分布的地方和断裂带的地温场受到构造热事件的改造。

根据全球对大陆热流观测结果的统计，大陆平均热流值为 64.6 mW/m^2，所以辽河平原的热流值偏高于这一数值正说明辽河平原是中新生代构造盆地的特点。辽阳—海城—营口 NE 向条带恰好是下辽河平原与辽东半岛的交界地带，它的热状态与世界上构造活动区可类比，如美国的盆地山脉省，其平均热流值为 83.4 mW/m^2，与海城地区的热流值近似。一个地区在地表所观测到的热流总量即地表热流值，也可因各种环境因素的影响或干扰而变化很大，但来自深部的地幔热流一般比较稳定。1986 年汪集旸等对辽河裂陷进行了地幔热流的研究[4]，计算结果表明，辽河裂陷地幔热流值为 41 mW/m^2，占整个地表热流总量（65 mW/m^2）的 63%。可见，本区大部分热量来自地幔，辽河裂陷较高的地幔热流值与地壳热流之比，亦表明本区具有构造活动区的地热特点。为了深入研究地壳与上地幔介质热结构的横向非均匀性，根据深地震测深所获取的地壳与上地幔构造特征和上述热流资料进行了温度结构的计算与研究。

2　辽南地区地壳与上地幔温度结构

2.1　温度场计算的理论基础

根据热传递的傅里叶定律，一维热流 q 与$\frac{\mathrm{d}T}{\mathrm{d}Y}$有如下正比关系：

$$q=-k\frac{\mathrm{d}T}{\mathrm{d}Y} \tag{1}$$

式中，K 是热传导系数，Y 为温度变化方向上的坐标，坐标轴 Y 指向温度高的一端。

首先考虑能量守恒方程。如果热能在 X、Y 两个方向上传导，我们从图 2 所示的小体元的热平衡出发来考虑这个问题。在 X 方向，热流为 q_X，在 Y 方向，热流为 q_Y。热在 Y 方向流入面元的速度为 q_Y（Y）ΔXl，其中 l 为第三方向上的任意长度。假定第三方向上无任何变化。类似，热在 X 方向上以 q_X（X）ΔYl的速度流入这个小面元。同时，这个小面元向外的热流速度是 q_Y（$Y+\Delta Y$）ΔXl 和 q_X（$X+\Delta X$）ΔYl，小面元净向外的热流速度为：

$$\{q_X(X+\Delta X)-q_X(X)\}\Delta Yl+\{q_Y(Y+\Delta Y)-q_Y(Y)\}\Delta Xl=\frac{\partial q_X}{\partial_X}\Delta X\Delta Y+\frac{\partial q_Y}{\partial_Y}\Delta X\Delta Yl=\left(\frac{\partial q_X}{\partial_X}+\frac{\partial q_Y}{\partial_Y}\right)\Delta X\Delta Yl \tag{2}$$

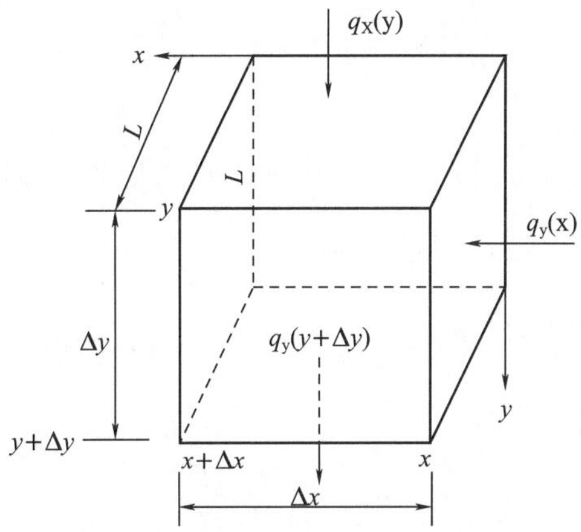

图 2　矩形面之向内和向外的热流示意图

在稳定状态，如果式（2）右边为非零值，则要求在矩形面元内部要有产热来源。在这个小面元内产热的速度为ρH（$\Delta X\Delta Yl$），使这个量与式（2）右边相等，则有：

$$\frac{\partial q_X}{\partial_X}+\frac{\partial q_Y}{\partial_Y}=\rho H=A \tag{3}$$

式中，ρ 为密度，H 为比热，A 为热产生率。

假设 X 方向和 Y 方向的热传导是各向同性的，即热导率相同，则按傅里叶定律有：

$$q_X=-k\frac{\partial T}{\partial X} \tag{4}$$

$$q_Y=-k\frac{\partial T}{\partial Y} \tag{5}$$

把式(4) 和(5) 代入式(3)，则有：

$$-k\left(\frac{\partial^2 T}{\partial X^2}+\frac{\partial^2 T}{\partial Y^2}\right)=\rho H \tag{6}$$

如果内部没有热产生，则有拉普拉斯方程：

$$\frac{\partial^2 T}{\partial X^2}+\frac{\partial^2 T}{\partial Y^2}=0 \tag{7}$$

2.2　稳定温度场的计算方法

场变量模型所用到的变分原理与固体力学中所用的不同，但两种有限元法公式系统之间仍极其类似。

通常采用如下的相伴泛函来建立稳定温度场的有限元公式[5]：

$$A=\iiint_{\bar{V}}\frac{1}{2}\left[K_X\left(\frac{\partial T}{\partial X}\right)^2+K_Y\left(\frac{\partial T}{\partial Y}\right)^2+K_Z\left(\frac{\partial T}{\partial Z}\right)^2-QT\right]\mathrm{d}v$$

式中，Q 是热源密度，Kx、Ky、Kz 分别是三个方向的热传导系数。对二维稳定温度场，则有

$$A=\iint\frac{1}{2}\left[k_z\left(\frac{\partial T}{\partial X}\right)^2+k_y\left(\frac{\partial T}{\partial Y}\right)^2-QT\right]\mathrm{d}\sigma \tag{8}$$

式(8) 的欧拉方程就是泊松方程：

$$\frac{\partial}{\partial X}\left(k_x\frac{\partial T}{\partial X}\right)+\frac{\partial}{\partial Y}\left(k_y\frac{\partial T}{\partial Y}\right)=Q \tag{9}$$

如果 $Q=0$，则是拉普拉斯方程：

$$\frac{\partial}{\partial X}\left(k_x\frac{\partial T}{\partial X}\right)+\frac{\partial}{\partial Y}\left(k_y\frac{\partial T}{\partial Y}\right)=0 \tag{10}$$

如果热传导是各向同性的，则式(9)、(10) 分别对应于式(6) 与式(7) 用矩阵记号将式(8) 写成：

$$A\iint_{\sigma}\left(\frac{1}{2}\{q\}^{\mathrm{T}}[R]\{q\}-\{T\}^{\mathrm{T}}\{Q\}\right)\mathrm{d}\sigma$$
$$+\int_{s2}\{T\}^{\mathrm{T}}\{q\}\mathrm{d}s+\int_{s3}\frac{1}{2}\partial(\{T\}-\{T_0\})^{\mathrm{T}}(\{T\}-\{T_0\})\mathrm{d}s \tag{11}$$

式中，$\{q\}$ 是温度场的梯度矢量：

$$\{q\}^{\mathrm{T}}=\left(\frac{\partial r}{\partial X}\,\frac{\partial T}{\partial Y}\right)$$

式中，$\{R\}$ 是材料性质矩阵，$\{q\}$ 是规定的热输入集度矩阵，∂ 是两种介质之间的热交换系数，$(T-T_0)$ 表示介质中的温度 T 与环境温度 T_0 之差。

通过寻求式(11) 的驻值条件，我们得到以下有限元方程：

$$[k]\{T_n\}=[f] \tag{12}$$

式中，

$$[k]=\iint_{\sigma}[B]^{\mathrm{T}}[R][B]\mathrm{d}\sigma-\int_{s3}\partial[N]^{\mathrm{T}}[N]\mathrm{d}s \tag{13}$$

$$[f]=\iint_{\sigma}[N]^{\mathrm{T}}\{Q\}\mathrm{d}\sigma-\int_{s2}[N]^{\mathrm{T}}$$
$$\{q\}\mathrm{d}s+\int_{s3}\partial[N]^{\mathrm{T}}\{T_0\}\mathrm{d}s \tag{14}$$

而$[N]$ 是场变量插值模型，$[B]$ 则是相应的场变量梯度模型，下标 n 表示节点值。

按直接刚度法集合各个元素的式(12) ～ (14) 所得到的集合方程是：

$$[K]\{T\}=\{F\} \tag{15}$$

温度的模型可以写成：

$$T = [N]^{\mathrm{T}}\{T_n\} \tag{16}$$

式中，T 是单元中任一点处的温度，$\{T_n\}$ 是节点温度，而 $\{N\}^{\mathrm{T}}$ 则是插值函数的矩阵。如果我们对三角形单元采用线性模型，则将有三个节点温度，因此 $\{T_n\}$ 将是 3×1 的。将式(16)的 T 对 X 坐标与 Y 坐标求导数，得到温度梯度矢量 $\{q\}$：

$$\left\{\begin{matrix} q \\ 2\times1 \end{matrix}\right\} = \left\{\begin{matrix} \dfrac{\partial T}{\partial X} \\ \dfrac{\partial T}{\partial Y} \end{matrix}\right\} = \frac{1}{2A}\begin{bmatrix} b_1 b_2 b_3 \\ a_1 a_2 a_3 \end{bmatrix} = \left\{\begin{matrix} T_1 \\ T_2 \\ T_3 \end{matrix}\right\}[B]\{T_n\} \tag{17}$$

式中，

$$\begin{aligned} a_1 &= x_3 - x_2 \qquad b_1 = Y_2 - Y_3 \\ a_2 &= x_1 - x_3 \qquad b_2 = Y_3 - Y_1 \\ a_3 &= x_2 - x_1 \qquad b_3 = Y_1 - Y_2 \end{aligned} \tag{18}$$

下标 1，2，3 表示三角形单元的节点，两三角形面积 A 由：$ZA = a_3b_2 - a_2b_3 = z_1b_3 - a_3b_1 = a_2b_1 - a_1b_2$ 给出。材料矩阵 $[R]$ 可以表示成：

$$[R] = \begin{bmatrix} K_x & 0 \\ 0 & K_y \end{bmatrix} \tag{19}$$

现在假设表面处的温度差为零，将式(17)与式(19)代入式(13)与式(14)，则得到以下单元性质矩阵及单元作用矢量：

$$[K] = \iint_\sigma [B]^{\mathrm{T}}[R][B]\mathrm{d}\sigma \tag{20}$$

$$\{f\} = \iint_\sigma \{N\}^{\mathrm{T}}\{Q\}d\sigma - \int_{s2}\{N\}^{\mathrm{T}}\{q\}\mathrm{d}s \tag{21}$$

式（15）的解给出作为基本量的节点温度值，当知道了这些节点温度，就可以算出温度梯度，进而计算出单元的热流量，即用傅里叶定律计算单元的热流值。

2.3 间阳–海城–东沟剖面温度场计算模型

间阳–海城–东沟剖面是一条综合地球物理剖面，各项深部地球物理探测和观测成果[6]，给我们计算间阳–海城–东沟剖面的温度场模型提供了主要依据。

在温度场计算中，取的计算深度是从地表到地下 200 km，这样在全长约 260 km 的计算剖面上，共形成总节点数 2585 个。在计算中假设无热源，这样式（8）的欧拉方程就成为拉普拉斯方程了。计算时的边界为：两侧的垂直边界是绝热的，即与两侧垂直边界的外部介质没有热交换；底部边界即在 200 km 深度的温度值给定为 1300 ℃，地表温度值给定为年平均温度 15 ℃。计算机程序①能自动划分网格，把所研究的区域分成若干异常层，不同异常区在速度或电性结构上具有某些差别，本剖面计算中共划分了 45 个异常区。

计算是采用逐步逼近法，首先给定每个异常区的热传导系数和热产生率，然后按上述计算方法算出每个结点处的大地热流值、温度值和温度梯度值。并要求计算的地表热流值与实际观测的地表平均热流值相符。计算的上地幔高导软流圈顶面温度接近 1200 ℃。当计算结果不满足上述两条要求时，再反复调整异常区的热传导系数和热产主率，直到计算的地表热流值与实际的地表平均热流值基本吻合以及高导软流圈顶界面温度大体接近 1200 ℃时为止。现将模型计算中的某些已知参数的给定原则叙述如下：

---

① 由张菊明编制。

前已述之，闾阳-海城-东沟剖面共穿过三个大地构造单元，在这些构造单元内已获得79个地表热流值。如果按不同构造评论这些热流值，我们发现它仍有很好的分布规律：在辽东隆起范围内，热流值变化范围29.6～75.5 mW/m^2，在下辽河裂陷范围内热流值变化范围为43.4～83.0 mW/m^2；在这两个构造单元之间的过渡区范围内热流值变化范围为47.1～104.2 mW/m^2。考虑到实测的地表热流值受多种浅层因素的影响，因而我们沿两侧各50 km宽的带状地带，按上述三个大地构造单元分别求取每个构造单元内的平均地表热流值。这样求取的结果是：辽东隆起为51.7 mW/m^2，下辽河裂陷为66.7 mW/m^2，其间的过渡地带为77.1 mW/m^2。这种平均热流值的大小与已知的地质和地球物理资料是一致的。即辽东隆起是一个古老的地质构造单元，前寒武纪变质基底广泛出露，因而具有较低的平均热流值是合理的；下辽河裂陷是新生代发育的裂陷，在古近纪时期呈有广泛的火山活动，所以具有较高的平均热流值也是合理的。其间的过渡地带紧靠郯庐断裂带，是现代的强烈活动构造带，1975年的海城7.3级地震就发生在该带之内，沿此带地表有多处高温温泉出露，这里有很高的平均热流值也是容易理解的。

沿闾阳-海城-东沟剖面有8个大地电磁测深数据，根据反演结果取得了粗略的上地幔高导软流圈的分布轮廓①，高导软流圈的电阻率值为1～5 Ω · m。我们推测它可能起因于部分熔融，因而假定该层顶面的温度值约为1200 ℃，并将其作为温度模型计算中的拟合标准之一。

关于热传导系数（热导率）k 和热产生率 A 的选定问题。前已述及，本计算方法是通过不断修正每个异常区的热导率 k 和热产生率 A，来达到模型计算结果与实际观测结果的最佳拟合。因而这个参数的给定就显得十分重要。但由于我们计算的是整个岩石圈内的温度场分布特征，因而某些浅部的实测岩石热导率值相对说来不占有重要意义。而计算结果又表明热导率值的少量改变并不明显地影响模型的热流值计算结果，因此我们按一般规律给出上地壳、中地壳、下地壳和上地幔的热导率值 k。但这里应指出，壳内低速-高导层和上地幔高导软流圈的热导率值给定的较低，这是因为我们假定这两个层位可能起因于部分熔融或者某种液态物质存在，因而它们的热传导性能较差。

关于本区的热产生率直到目前还没有实测数据，仅有华北平原新生代沉积盆地的平均热产生率为 1.22×10^{-12}J 的报道[4]。我们对下辽河裂陷盆地新生代沉积岩采用了这个数据。根据人工地震测深和大地电磁测深结果，本剖面内的上地壳和中地壳构造比较复杂。上地壳范围内速度等值线起伏很大，中地壳内含有低速层和高导层，而下地壳和上地幔速度等值线平行展布，起伏较小。因而我们在模型温度场的计算中，按一般规律给定下地壳和上地幔的热产生率为不变的稳定值，而主要是通过调整上地壳和中地壳的热产生率值来取得与实测热流值的较佳拟合。根据最后的拟合结果，我们得到辽东隆起地层上地壳的热产生率值为 1.05×10^{-12}J，下辽河裂陷和过渡区的上地壳热产生率值为 1.47×10^{-2} J，辽东隆起和下辽河裂陷的中地壳热产生率值为 0.20×10^{-12}J，而过渡区范围内的地壳中部同低速-高导层内的热产生率值为 3.39～4.60×10^{-12} J。它十分显著地高于其他层位。

2.4 结果讨论

我们把上述模型的计算结果，反映在图3、图4和图5中。分析这些成果可见：

（1）辽东隆起和下辽河裂陷的过渡区范围内（包括海城地震区）的低速-高导层（15～22km），具有较高的温度值（500～640 ℃），比两侧同一深度上的温度值高出130～200 ℃，再结合该层有较高的热产生率值，推测这里可能有部分熔融的残留体存在。

（2）过渡区范围内的岩石圈温度值最高，下辽河裂陷区次之，辽东隆起最低。郯庐断裂带下方的温度值又较周围地区的明显偏高，例如郯庐带下的莫霍面处温度值为720 ℃，下辽河裂陷处为670 ℃，

---

① 卢造勋、刘国栋等，辽南地区地壳上地幔介质的横向不均匀性及其与构造活动动力源关系的研究总结报告，1987年12月。

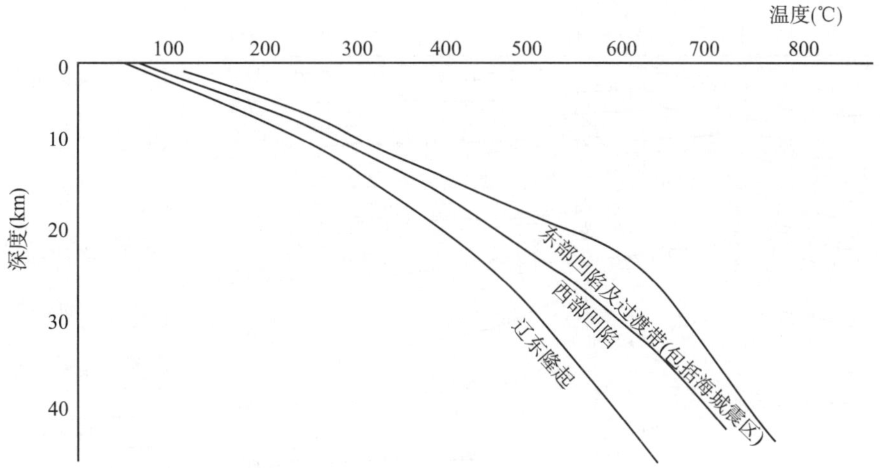

图 3　辽南地区岩石圈温度–深度分布图

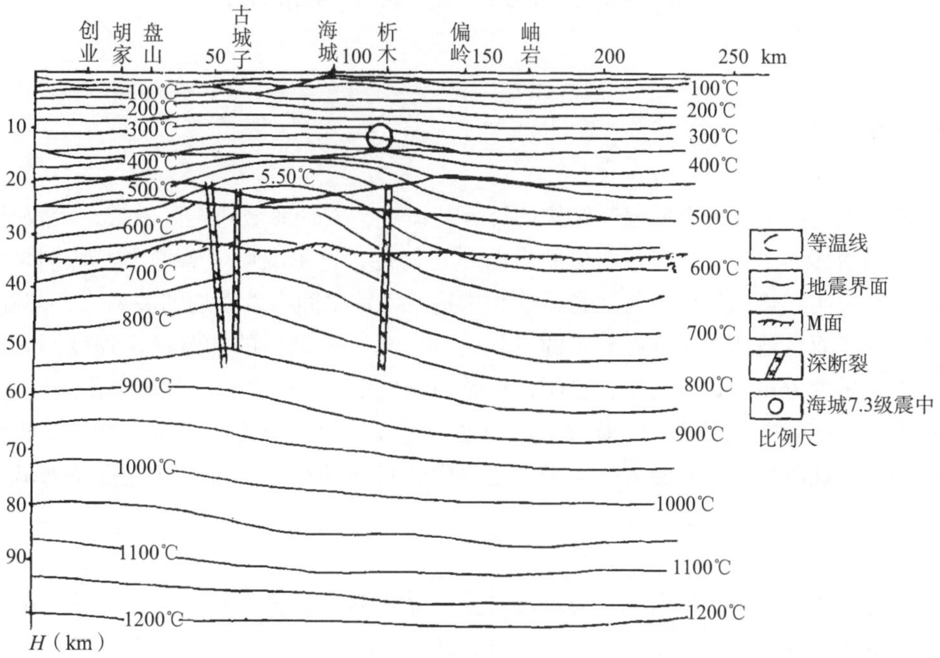

图 4　闾阳–海城–东沟剖面地壳与上地幔温度结构图

辽东隆起区为 600 ℃。这可能表明郯庐断裂带是一条深断裂，它对传递地幔温度起着某种通道作用。

（3）辽东隆起和下辽河裂陷的莫霍面处热流值分别为 29. 1 mW/m^2 和 37. 5 mW/m^2，说明地表热流值有 55% 是由上地幔提供的；而在过渡区范围内莫霍面处的热流值为 25 mW/m^2，与辽东隆起接近，但它仅占地表热流值的 30%，这说明过渡区的高热流值基本上是由壳内的低速–高导层提供的。

（4）根据最后拟合结果选定的热产生率值，在整个剖面上的地壳范围内热产生率值都不高。辽东隆起为 1.05×10^{-12}J，过渡区和下辽河裂陷为 1.47×10^{-12}J。它们明显地低于花岗岩的热产生率值，而接近和略高于沉积岩类的热产生率值。据此，我们是否可以大胆地推测，这里的上地壳的原岩建造主要是沉积岩类，尤其是辽东半岛地区。

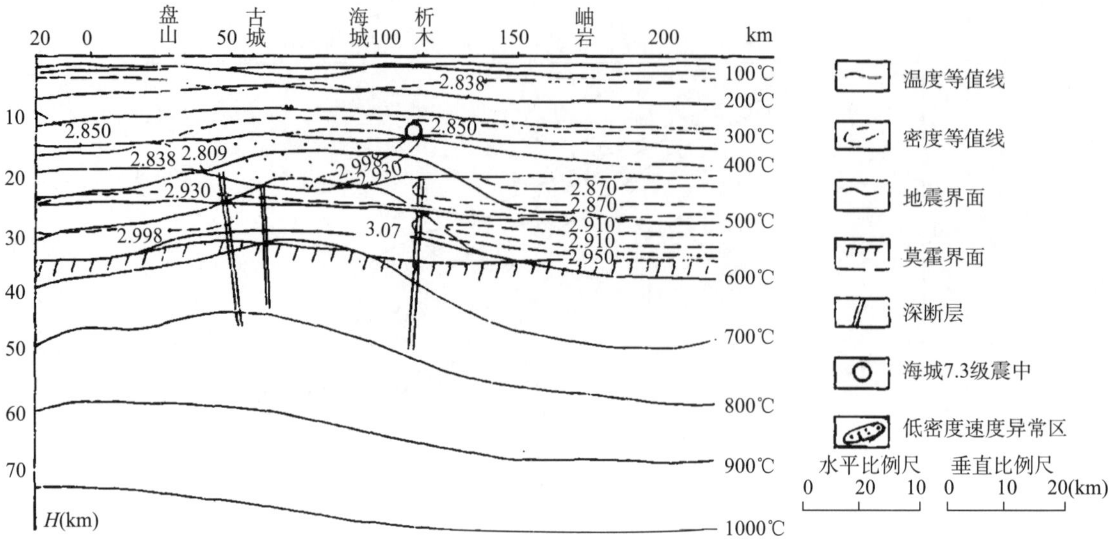

图 5 海城地震区地壳与上地幔介质温度和密度分布图

3 结 语

通过辽南地区地壳与上地幔介质温度结构的计算与研究，发现海城地震区一带，不仅地表热流高，而且地壳与上地幔顶部的温度结构存在明显的横向不均匀性，这里温度显著增高，特别是中层地壳内部。全球热流资料表明，热场的分布与地壳运动和构造活动性之间有着密切的关系[7]，热流高的地区，一般为地壳活动区。而且地球内部温度分布的不均匀性，对一个地区的构造稳定程度影响很大。海城地震区热流值高，温度分布的不均匀性，说明这里是地壳较活动、构造稳定性较差的地区。

研究资料表明，地壳中温度结构的横向不均匀性，可以导致热应力的产生，给地震提供力源。辽南地区地壳与上地幔地温横向差异最大的地带，正处于古城子至析木一带，这里正是海城地震震中区所在。

本文在计算过程中，得到了国家地震局地质研究所第七研究室宋惠珍同志及计算组同志们的支持与帮助，在此表示谢意。

参 考 文 献

[1] 解政文、吴千蕃、张汝惠、谢奕真，1980，渤海及其邻近地区热流值的初步分析，地震地质，Vol. 2，No. 3。

[2] 汪集旸、汪辑安、王永玲、张忠义，1986，下辽河盆地大地热流值，地质科学，No. 1。

[3] 王安东、任玉河、孙文福、于龙伟、梁镜铭、曹天青、顾浩鼎，1987，辽东地区和海城地震区的地热观测，地震学报，Vol. 9，No. 4。

[4] 汪集旸，1986，华北盆地地幔热流，科学通报，No. 23。

[5] C · S · 德赛、J · F · 阿欠尔，1987，有限元素法引论，北京：科学出版社。

[6] 卢造勋、刘国栋、魏梦华、孟朴在、赵俊猛，1989，中国辽南地区地壳与上地幔介质的横向不均匀性与海城 7.3 级地震，勘探地球物理北京（89）国际讨论会论文摘要，（地质信息技术）编辑部。

[7] 黄尚瑶、胡素敏、马兰，1986，火山温泉地热能，北京：地质出版社。

A New Inversion Scheme for Two–Dimensional Magnetotelluric Modelling*

Guoze Zhao and Guodong Liu

Based on the idea of electromagnetic skin depth, a two–dimensional magnetotelluric inversion scheme has been proposed in which the structure is determined step by step from a shallower to a deeper part. The inversion process begins at the shortest available period and then proceeds to longer periods successively. Forward calculation in the iteration process is carried out by using finite element technique. Construction of a starting model and modification of the model parameters during the iteration are accomplished automatically. Thus not only the resistivity, but also the geometry parameters of all blocks in the model can be determined. The Marquardt method is used in the inversion process. The results of application of the inversion technique to theoretical models and real field data show that the iteration process is so stable that convergence can be reached rapidly, which leads to significant reduction of computertime.

1 Introduction

Until recently, inversion of geoelectric data was limited to one–dimensional (1–D) models. However, in many applications 1–D models are not applicable. With the development of numerical methods and large computers, "trial and error" forward modelling has been used extensively to interpret data in terms of complex two–dimensional (2–D) earth models. However, the "trial and error" method is difficult and time consuming. Clearly, a practical 2–D inversion technique for interpreting resistivity data is needed.

Over the last decade, two–dimensional resistivity inversion methods have been proposed (WEIDELT, 1975; KU, 1976; JUPP and VOZUFF, 1977; PELTON et al., 1978; ORISTAGIO and WORTHINGTON, 1980; SMITH and VOZUFF, 1984; TRIPP et al., 1984; SUN et al., 1985). However, a geometry of the 2–D models has to be assumed a–priori before inversion iteration, or only a few parameters of the models can be automatically determined by inversion iteration in these methods.

This paper describes a 2–D magnetotelluric inversion scheme which is investigated for cases where the surface fields are not distorted by local inhomogeneities. This method can determine both geometry and resistivity parameter by inversion iteration with a reduction in the computer time.

Based on the skin depth concept of EM waves, longer periods are assumed to penetrate to greater depth. The earth model parameters at a certain depth principally influence the response function for a limited range of periods. FISCHER and SCHNEGG (1981) applied this idea and proposed an analytic 1–D inversion scheme for MT data. The data at a given period is used to determine the reflection coefficient at an interface and then to determine the layer thickness above the interface and the resistivity below that interface. Shifting periods from

* 本文原载于《J. Geomag. Geoeletr》，1990，42：1209–1220。

shortest to longest successively the thickness and resistivity of each corresponding layer of the model can be determined.

We have extended this idea to provide a basis for 2-D magnetotelluric inversion (Fig. 1). The inversion begins at the shortest period to determine resistivity ($\rho_1^{(1)}$, $\rho_1^{(2)}$, $\rho_1^{(3)}$, . .) at the top of a 2-D earth model. Then data at a longer period are used for determining the resistivities ($\rho_2^{(1)}$, $\rho_2^{(2)}$, $\rho_2^{(3)}$) immediately below the top layer, and the geometries of the top subblocks, i. e., the depths ($h_1^{(1)}$, $h_1^{(2)}$, $h_1^{(3)}$, . . .) to the interface between the top and the second layer. The data at the next longer period are used in determining the resistivity ($\rho_3^{(1)}$, $\rho_3^{(2)}$, $\rho_3^{(3)}$, ⋯) and the geometry ($h_2^{(1)}$, $h_2^{(2)}$, $h_2^{(3)}$, ⋯) of the next interface This procedure is repeated with increasing periods to determine the resistivities and the depths to the interface of the model layer from the top to the maximum depth. It is clear that at each step only a fraction of the parameters of a complex model is determined and only one period is involved, however all parameters of the model can be obtained through the inverslon for a series of periods.

A finite element technique with automatic mesh generation is used for calculating the response function for an arbitrary 2-D model. The construction and modification of the model during the iteration are accomplished by the computer automatically based on the current value of cell parameter.

2 Numerical Method

Up to now, many methods have been developed for modelling 2-D geoelectric structure. Among them, the finite element methods (COGGON, 1971; RODI, 1976; WANG and GAO, 1984; OGAWA et al., 1986; UTADA et al., 1986; ZHAO et al., 1987) are adopted more widely these days than the others, since it is more easily applicable to an arbitrarily shaped model in forward modelling and inversion. The automatic mesh generation technique (CHEUNG and YEO, 1979) is introduced to the finite element method (WANG and GAO, 1984; ZHAO et al., 1987) for decomposing the model into triangular elements in our inversion.

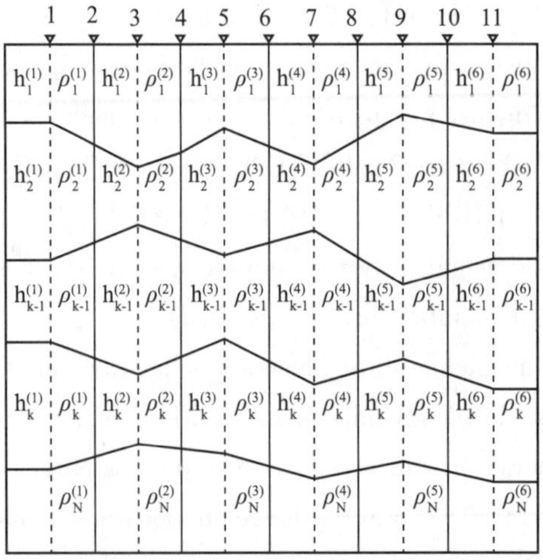

Fig. 1 Sketch for the inversion of arbitrary 2-D magnetotelluric model.

Marquardt method (MARQUARDT, 1970) is used for inversion. The normal equationcan be expressed as

$$\delta X = (J^T J+\alpha^2 I)^{-1} J^T \delta Y. \quad (1)$$

The earth model is defined by a parameter vector

$$X = (x_1, x_2, x_3 \cdots, x_N).$$

In our example, they are resistivities and geometric parameters of subblocks of the model. The measured data are apparent resistivity and impedance phase at a sequence of sites on earth surface for a given period. By introducing the weghting matrix, W, the normal equation is modified as

$$(P^T W^2 P+\alpha^2 I)\ \delta X = P^T W^2 \delta Y, \tag{2}$$

where δX represents the correction vector of the model parameter obtained by inversion iteration, δY is a difference vector between measured data and theoretical response. P is the Jacobian or partial derivatives matrix of the model response with respect to the model parameters. Weighting matrix, W, is a diagonal one, which is related to the measured data and the data error. I represents a unity matrix and α^2 is a damping coefficient.

In Marquardt method, first we compute square sum of deviations between theoretical response and measured data $\psi^n(\alpha^2)$ at n-th iteration for a given value of α^2, say $\alpha^2=0.1$. Let $p=10$. Next we compute $\psi^{n+1}(\alpha^2/p)$ and $\psi^{n+1}(\alpha^2)$, or $\psi^{n+1}(\alpha^2 p)$ depending upon the following conditions.

If $\psi^{n+1}(\alpha^2/p)\le\psi^n(\alpha^2)$, let $\alpha^2=\alpha^2/p$.

If $\psi^{n+1}(\alpha^2/p)>\psi^n(\alpha^2)$ but $\psi^{n+1}(\alpha^2)\le\psi^n(\alpha^2)$, let $\alpha^2=\alpha^2$.

If $\psi^{n+1}(\alpha^2/p)>\psi^n(\alpha^2)$ and $\psi^{n+1}(\alpha^2)>\psi^n(\alpha^2)$, increased α^2 by p until $\psi^{n+w}(\alpha^2 p^w)\le\psi^n(\alpha^2)$, then let $\alpha^2=\alpha^2 p^w$.

Thus, the value of α^2 controls the size and direction of the correction vector δX. In the above process, we continue searching for a new value of α^2 such that ψ will becomes smaller after each iteration. For each new value of α^2, Eq. (2) is solved to obtain a new correction vector δX which is then added to the previous parameter vector X.

In this investigation, the initial value of α^2 is set to 0.1 and the value of p to 10. Although the value of α^2 could be set to a large number to ensure the proper convergence, this is usually not necessary if a proper choice is made initially for the value of the parameters. In most of model considered in this study, the first condition is always met in the first few iterations. in cases when $\psi^{n+1}>\psi^n$ and α^2 is quite large but solved correction vector δX is very small, it is not necessary to increase α^2 any longer. A fraction of previously solved correction vector δX is adopted as correction vector and added to previous parameter vector X and then restart iteration.

In this study, what to be handled is a 2-D "plastic model" in which not only the parameters representing the physical properties but also its geometry can be modified and determined by inversion. For the inversion from the second period the geometry parameters will be determined in addition to resistivity (see previous section), therefore the geometry of the model should be changed during the inversion. With the k-th period as an example, the target parameters which will be ineverted at this period are resistivities ($\rho_k^{(1)}$, $\rho_k^{(2)}$, $\rho_k^{(3)}$, ...) of subblocks in k-th layer and the geometric parameters ($h_{(k-1)}^{(1)}$, $h_{(k-1)}^{(2)}$, $h_{(k-1)}^{(3)}$, ...) of $(k-1)$-th layer or the thickness of every subblocks in $(k-1)$-th layer (cf. Fig. 1). Since the coordinates of the upper interface of $(k-1)$-th layer have been already determined, the coordinates of the lower interface of $(k-1)$-th layer are obtained by using the starting geometric parameters. The starting parameters of resistivity are put on the related subblocks in k-th layer. Through iteration the correction vector of parameters ($\Delta h_{(k-1)}^{(1)}$, $\Delta h_{(k-1)}^{(2)}$, $\Delta h_{(k-1)}^{(3)}$, ⋯), is solved and added to the parameters obtained in previous step and a new starting model is obtained. To prevent that nodes of discrete mesh go outside the model area or the different subblocks of the model cross with each other, following two constraints on modified geometric parameters $\Delta h_{(k-1)}^{(i)}$ are applied.

(i) $\Delta h_{(k-1)}^{(i)}=s_i\Delta h_{(k-1)}^{(i)c}$,

(ii) $\Delta h_{(k-1)}^{(i)}>-h_{(k-1)}^{(i)}$,

where $\Delta h_{(k-1)}^{(i)}$ is the solved correction parameter and h $h_{k-1}^{(i)}$ is starting parameter and s_i (=0.6) is a constant.

The iteration of current period stops when the following estimation, ε, less than the convergence criterion. Then the inversion of the next longest period is started.

$$\varepsilon = \frac{\psi^{(n)} - \psi^{n+1}}{\psi^{(n)}}.$$

3 The Inversion on Theoretical Models

Some theoretical models resembling horst and graben structure for the H - polarization and E - polarization have been inverted. This kind of model has been investigated intensively (BERIDICHEVESKY and DMITRIEV, 1976; KAUFMAN and KELLER, 1981). Figure 2 shows calculated response function (apparent resistivity and phase data) of horst model in. two - layer medium and in three - layer medium, (i. e. , theoretical model In Fig. 3 and Fig. 5) for H-polarization by forward technique used in this study, which can be compared with results obtained by other authors.

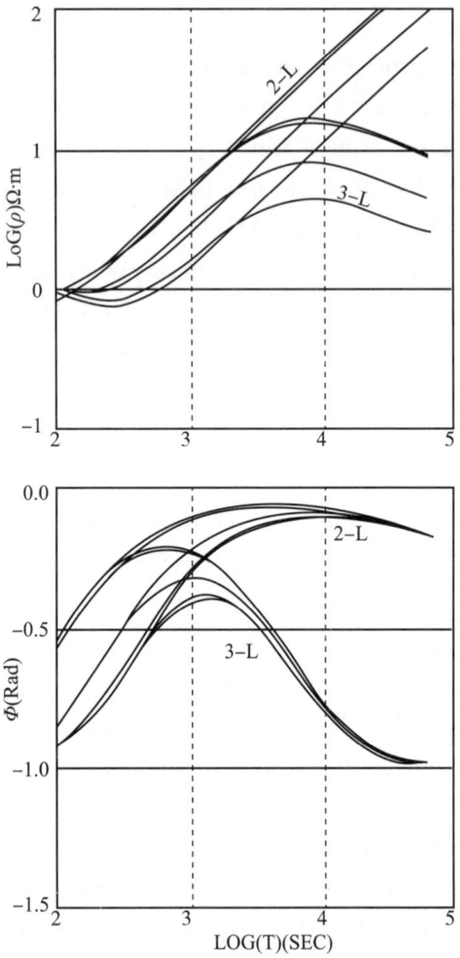

Fig. 2 Response function of horst model in two-layer medium (2-L) and in three-layer medium (3-L) obtained by this forward technique on the models in Fig. 3 and Fig. 5 respectively. Both sets of curves are corresponding to the sites from the center to the boundary of the model profile.

The period for inversion were selected to provide a close representation of the apparent resistivity curves and phase curves at each site along a 2-D profile. A period in high frequency asymptote of the resistivity curves is adopted to invert the top resistivities. Unfortunately, this procedure is not always possible and the resistivities of the top structure have to be assumed a-priori on the basis of other geological information. The strategy of periods selection from the second to the longest can also be seen in Fig. 2. For the two layer medium, the second period is selected within the period interval corresponding to S - zone (ascending branch) of resistivity curves and to the left ascending branch of phase curves. For the three layer medium the second period is selected in similar way to the two layer medium. The third is selected within the H-zone (descending branch) of resistivity curves and the right branch of the phase. For the model with more than three layers the same scheme can be used.

The inversion procedure for E-polarization is similar to that for H-polarization, except that it requires more calculating time due to some more elements of the air layer contained in the discrete mesh. The principle for period selection is still available.

Example 1. *The horst model in two-layer medium*

The inversion results for H-polarization are shown in Fig. 3. After five iterations the depth to the horst basement interface, i. e. , the interface between the top conductive layer and the underlying resistive layer has been obtained with an error less than one percent in comparison with the true model. The relative distribution of the lower and higher resistivity subblocks is same as that in the theoretical model, even though the resistivity value is not exactly same. Through only three iterations the modification of parameter is already much less than one percent (Table 1) and the square sum of residual error, ψ, is less than 0.1 percent and approximately equal to a constant (Fig. 3 (b)). The value of ε is approached to about one percent after five iterations. The data fitting is also shown in Fig. 3 (a) indicating that the result is acceptable. The period used in inversion is 250 second.

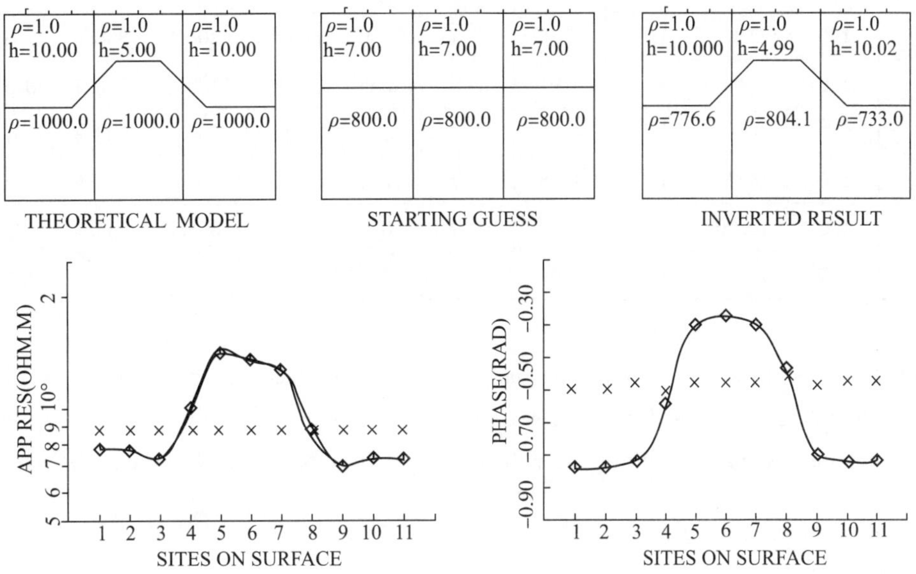

(a)

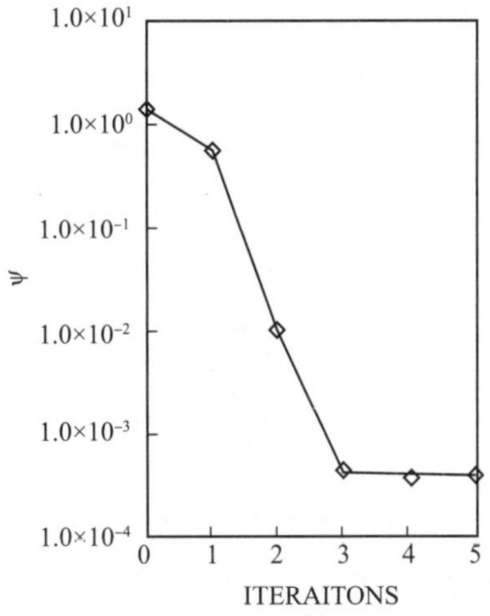

(b)

Fig. 3 (a) The inversion for horst model in two layer medium of *H*-polarization. The top diagrams represent the theoretical model, the starting model and the resulted model from left to right respectively, ρ: the value of resistivity (ohm-meter), h: the thickness for corresponding subregion (km). The coordinates of eleven sites are −80, −50, −30, −10, −5, 0, 5, 10, 30, 50, 80 (km) respectively. The bottom diagrams are the data-fitting. Apparent resistivity is on the left and phase on the right. Solid line represents response for the true model, ×: response for starting model, ◇: response for resulted model. (These symbols are used throughout similar figures in the paper.) Period for inversion is 250 second. Through 5 iterations. (b) The evolution of square sum of residual, ψ, during the inversion iteration.

Table 1 The value of the model parameters, ψ and ε during the inversion iteration for horst model in H-polarization (see Figs. 3 (a) and (b)).

	$\rho_1^{(1)}$	$h_1^{(1)}$	$\rho_1^{(2)}$	$h_1^{(2)}$	$\rho_1^{(3)}$	$h_1^{(3)}$	$\rho_2^{(1)}$	$\rho_2^{(2)}$	$\rho_2^{(3)}$	ψ	ε
Theo. model	1.0	10	1.0	5.0	1.0	10	1000.	1000.	1000.		
Start model	1.0	7.0	1.0	7.0	1.0	7.0	800.0	800.0	800.0	1.394	
Iter. No. 1	1.0	9.01	1.0	3.91	1.0	8.90	757.6	802.3	746.1	0.570	.618
lter. No. 2	1.0	9.83	1.0	4.82	1.0	9.81	756.7	803.0	738.8	.0107	.981
Iter. No. 3	1.0	9.99	1.0	4.98	1.0	10.01	770.2	805.8	733.9	.00041	.962
Iter. No. 4	1.0	10.00	1.0	4.99	1.0	10.02	772.0	803.8	733.0	.00037	.092
lter. No. 5	1.0	10.00	1.0	4.99	1.0	10.02	776.6	804.1	733.0	.00036	.0127

The results for E-polarization are shown in Fig. 4. The solution has converged through two iterations. The error in depth to the interface is less than 3 percent after four iterations. The value of ψ is less than 0.5 percent (Table 2). The calculating time is a little longer than that for H-polarization. The data at period of 800 second are used.

Table 2 The value of the model parameters, ψ and e during the inversion iteration for horst model in E-polarization (see Figs. 4 (a) and (b)).

	$\rho_1^{(1)}$	$h_1^{(1)}$	$\rho_1^{(2)}$	$h_1^{(2)}$	$\rho_1^{(3)}$	$h_1^{(3)}$	$\rho_2^{(1)}$	$\rho_2^{(2)}$	$\rho_2^{(3)}$	ψ	ε
Theo. model	1.0	10	1.0	5.0	1.0	10	1000.	1000.	1000.		
Start model	1.0	8.0	1.0	8.0	1.0	8.0	700.0	700.0	700.0	0.509	
Iter. No. 1	1.0	9.94	1.0	5.19	1.0	10.24	591.1	668.7	530.6	0.0257	.95
lter. No. 2	1.0	9.72	1.0	4.95	1.0	9.61	611.6	686.0	556.5	.00494	.80
Iter. No. 3	1.0	9.75	1.0	4.91	1.0	9.74	621.0	687.6	562.0	.00407	.18
Iter. No. 4	1.0	9.74	1.0	4.94	1.0	9.76	636.2	696.9	575.2	.00381	.062

Example 2. The horst model in three layer medium

For three layer medium the two periods are used to invert the two interfaces in model. The range for period selection is narrower than that for the two layer model. Figure 5 shows the results of inversion on three layer model for H-polarization, where the first interface presents a horst and the second interface is horizontal. In the starting model, the first interface is assumed as horizontal plane and the second interface as an undulating interface. The depth to the first interface in the final model has an error less than one percent in comparison with the true model. The error for the second interface is less than 4.9 percent. Through two or three iterations the process has converged.

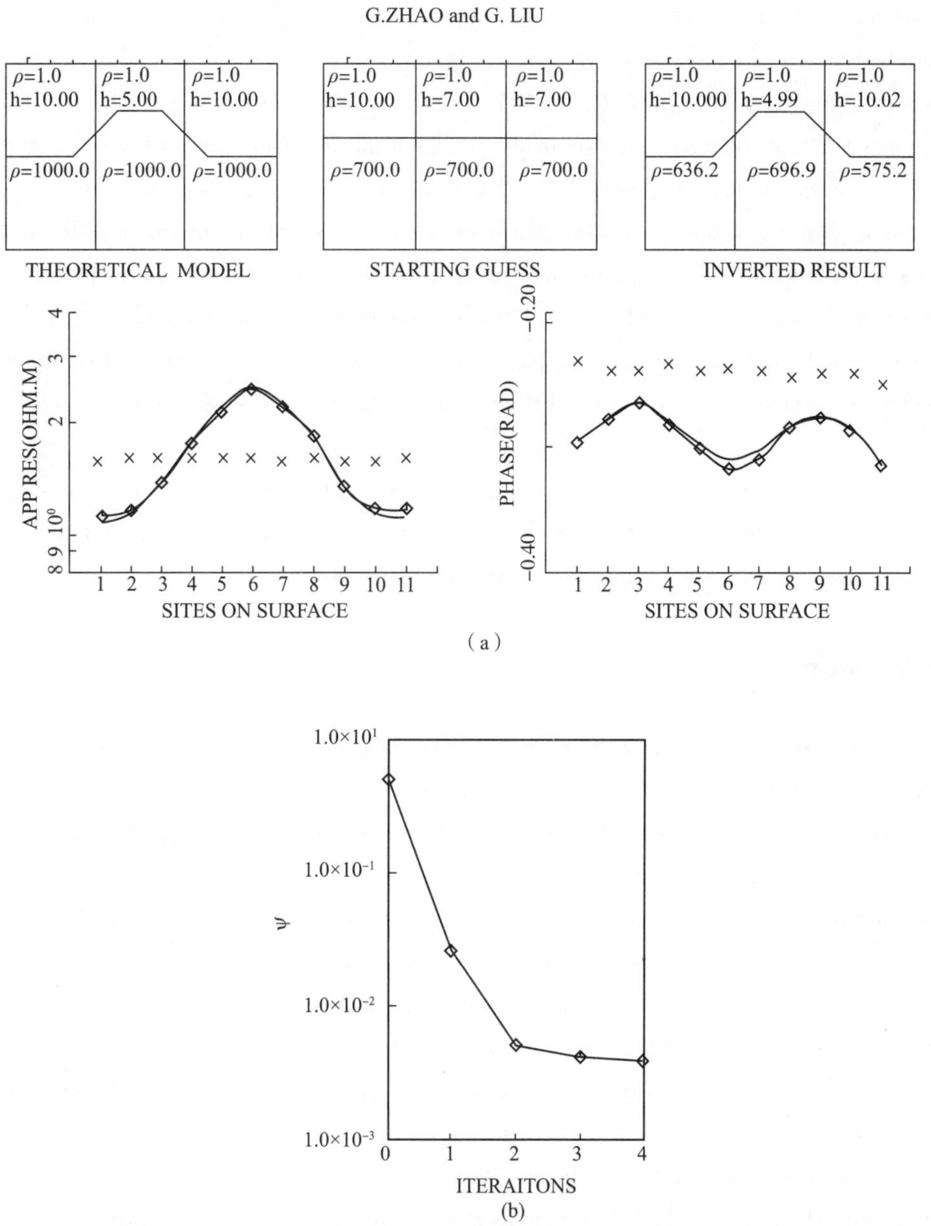

Fig. 4 (a) The inversion for horst model in two layer medium of E-polarization. Period: 800 second. After 4 iterations. The coordinates of the sites are −95, −65, −40, −20, −10, 0, 10, 20, 40, 65, 95 (km). (b) The evolution of ψ during the iterations

4 The Inversion of the Field Data

The method has been applied to actual field data which were collected in a graben basin in North China. The data set consists of apparent resistivity and impedance phase obtained along a transverse profile across the basin for the period range from 2.5 to 512 seconds. The skewness and other informations indicate that the geoelectric structure can be modeled by a 2-D structure. The data of E-polarization at eleven sites were adopted as the input data for inversion. In order to simulate the detailed structure by inversion, the profile was divided into six subregions in transverse direction, whereas in the theoretical model it divided into three. Thus, six resistivity parameters and six geometry parameters were determined at each step. Since the high frequency part of the resistivity curve does not show a tendency to converge to zero, the resistivity value in the first layer was given a-priori on the basis of the results from 1-D inversion.

A simple model was adopted as a starting model in which the interface was assumed as a horizontal plane, i. e. , the thickness of the top layer was assumed as 2 km for every subregion. The resistivity value of the second layer for every subregion was assumed as 1000 ohm-meters. The result of the inversion is shown in Fig. 6 (a) where the shape of the interface obtained after two, five, seven and eight iterations are presented. Figure 6 (b) and 6 (c) present the data fitting and the evolution of the residual error respectively. It is seen that the iteration process is stable and convergence is good, although it is slower than that for theoretical models. The model obtained after 7 iterations has approached to the final model and the residual error tends to become a constant.

The geoelectric structure obtained from inversion can be compared with that from seismic data (LIU, 1989). The interface in the profile corresponds to the basement of the Cenozoic sedimentary layer. The Cenozoic sediment has lower resistivity than the underlying resistivity layers.

5 Discussion

What is described in this paper is 2-D magnetotelluric modelling by inversion using a "plastic model". This scheme can be used to determine the geometry parameters in addition to resistivity. Owing to the use of an analytical inversion scheme, the computation time has been reduced greatly and the number of parameters determined by inversion increasea.

Since this method is an automatic inversion, there is not need to determine the model by "trial and error". This can decrease human bias and reduce the preparation time. As in 1-D inversion, the geometry parameters of the resulting model are closer to the true ones than the resistivity parameters, but the relative distribution of the higher and the lower resistivity is the same as that in the true model.

The data-fit naturally depends on the density of the mesh network. When then network is denser the data fit will be better and the resulted model will be closer to the true model, but it will need more computer time.

As the geometry parameters together with resistivities are determined by inversion, a resistivity at deeper layer of many layer model could not be so accurate as at shallower layer, when the starting guess is not adequate to the model suggested by selected periods. The study described here is preliminary, more complex models will be investigated in future work.

This study is funded by Science Foundation on Seismology, China. The authors are grateful to Prof. Ma Xingyuan for his interest and encouragement for this study, and to all members of magnetotelluric group of the Institute of Geology, SSB for their help and for measured data used in the paper. The authors are indebted to Prof. Chen, L. , Prof. Wang, G. , and Dr. Kao, D. W. for their valuable discussion during the study.

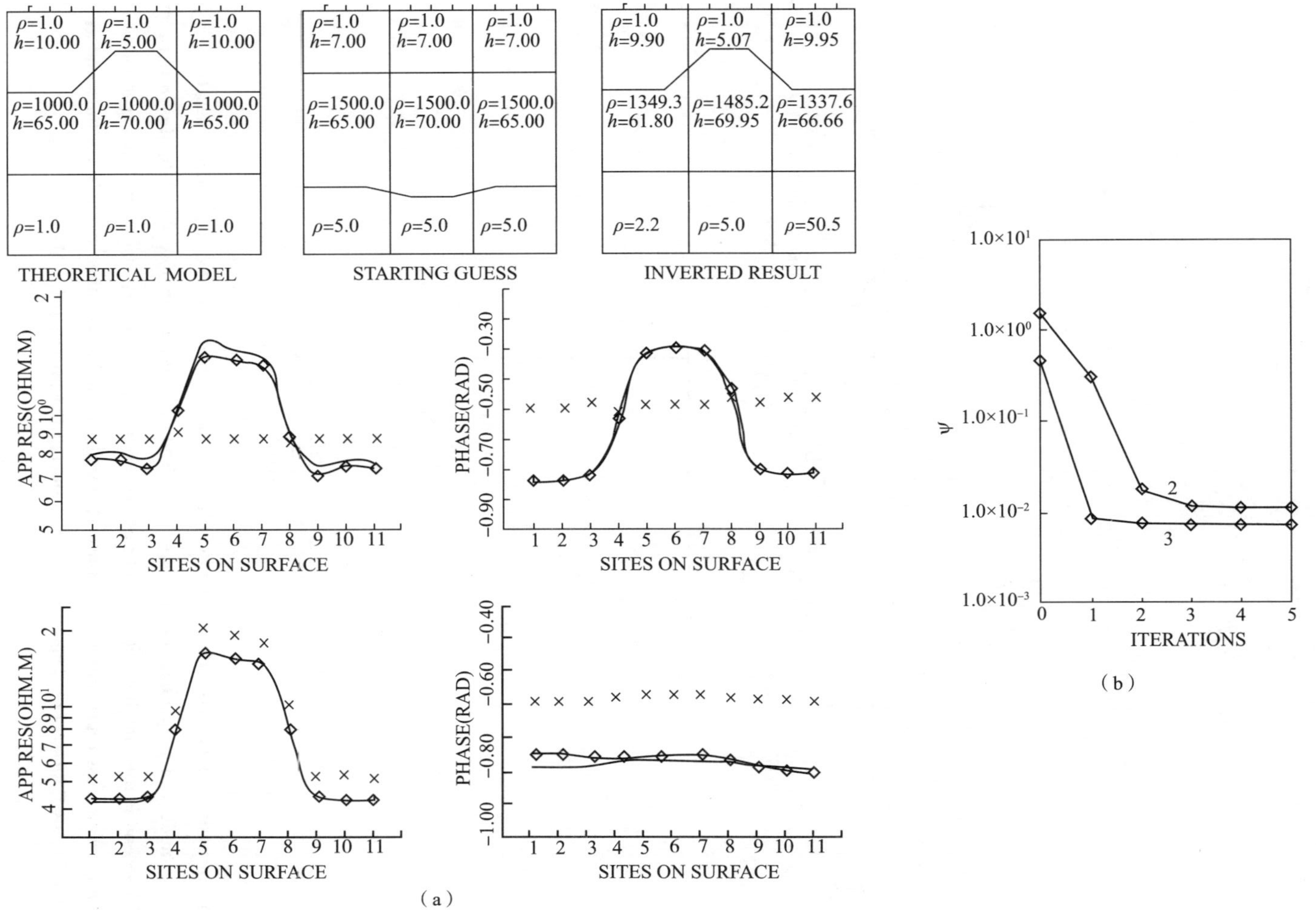

Fig. 5 (a) The inversion for the horst model in three layer medium for *H*–polarization. Data fitting for two periods, 250 sec and 10000 sec, are presented in the middle and in the bottom diagrams respectively. Through 5 iterations. The coordinates of sites are same as those in Fig. 3. (b) The evolution of ψ during the inversion. Number 2 corresponds to the period 250 sec, number 3 to 10000 sec.

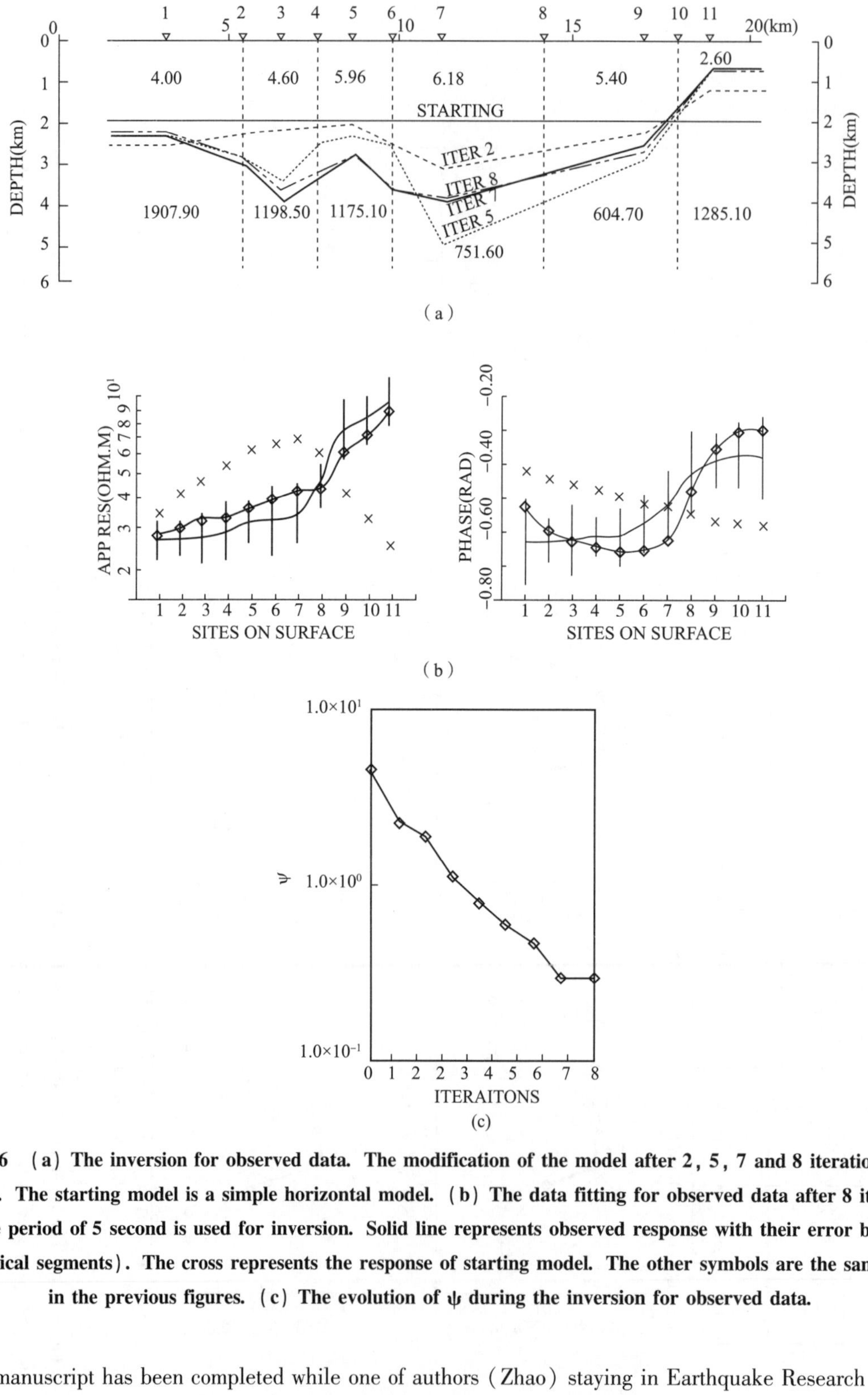

Fig. 6　(a) The inversion for observed data. The modification of the model after 2, 5, 7 and 8 iterations is presented. The starting model is a simple horizontal model. (b) The data fitting for observed data after 8 iterations. The period of 5 second is used for inversion. Solid line represents observed response with their error bars (vertical segments). The cross represents the response of starting model. The other symbols are the same as in the previous figures. (c) The evolution of ψ during the inversion for observed data.

The manuscript has been completed while one of authors (Zhao) staying in Earthquake Research Institute, Uniersity of Tokyo with research Fellowship of Japan Society for the Promotion of Science. The authors would like to express hearty thanks to Prof. T. Yukutake for his constant advice and encouragement during writing the manuscript. Appreciation is also expressed to Prof. Y. Hamano for his reading manuscript and helpful suggestion and to Mr. Y. Sasai, Mr. T. Yoshino and Miss Y. Yokoyama and all the members of the Division of Geomagnetism and Geoelectricity, ERI, University of Tokyo for their valuable help during preparing the paper and the figures.

REFERENCES

BERDICHEVSKY, M. N. and V. I. DMITRIEV, 1976, Basic principles of interpretation of magnetotelluric sounding curves, in Geoelectric and Geothermal Studies, edited by A. Adam, pp. 165-221, Akademiai Kiado, Budapest.

CHEUNG, Y. K. and M. F. YEO, 1979, A Practical Introduction to Finite Element Analysis, Pitman Publishing Limited.

COGGON, J. H., 1971, Electromagnetic and electrical modeling by finite element method, Geophysics, 36, 132-155.

FISCHER, G. and P. A. SCHNEGG, 1981, An analytic one-dimensional magnetotelluric inversion scheme, Geophys. J. R. astr. Soc., 67, 257-278.

JUPP, D. L. B. and K. VOZOFF, 1977, Two-dimensional magnetotelluric inversion, Geophys. J. R. astr. Soc., 50, 333-352.

KAUFMAN, A. A. and G. V. KELLER, 1981, The Magnetotelluric Sounding Method, Elsevier Scientific PublishingCompany.

KU, C. C., 1976, Numerical inverse magnetotelluric problems, Geophysics, 41, 276-286.

LIU, G., 1989, Investigation of conductivity in the crust and upper mantle, in New Techniques in Geophysics, pp. 96-120, Seismological Publication House, China.

MARQuARDT, D. W., 1970, Generalized inverses, Ridge regression, biased linear estimation, and nonlinear estimation, Technometrics, 12, 591-613.

OGAWA, Y., T. YUKuTAKE, and H. UTADA, 1986, Two dimensional modelling of resistvity structure beneath the Tohoku district, Northern Honshu of Japan, by a finite element method, J. Geomag. Geoelectr., 38, 45-79.

ORISTAGIO, M. L. and M. H. WORTHINGTON, 1980, Inversion of surface and borehole electromagnetic data for two-dimensional electrical conductivity models, Geophys. Prospect., 28, 633-657.

PELTON, W. H., L. RIJO, and C. M. SWIFT, Jr., 1978, Inversion of two-dimensional resistivity and induced-polarization data, Geophysics, 43, 788-803.

RODI, W. L., 1976, A technique for improving the accuracy of finite element solution for magnetotelluric data, Geophys. J. R. astr. Soc., 44, 483-506.

SMITH, N. C. and K. VOZOFF, 1984, Two-dimensional DC resistivity inversion for dipole-dipole data, IEEE Trans. Geosc., remote sensing, GE-22, 21-28.

SUN, B., L. Sh. CHEN, and G. WANG, 1985, Inversion of magnetotelluric sounding data, Acta Geophys. Sin., 28, 218-229.

TRIPP, A. C., G. W. HOHMANN, and C. M. SWIFT, 1984, Two-dimensional resistivity inversion, Geophysics, 49, 1708-1717.

UTADA, H., Y. HAMANO, and T. YUKuTAKE, 1986, A two-dimensional conductivity model across central Japan, J. Geomag. Geoelectr., 38, 447-473.

WANG, B. and W. GAO, 1984, Finite element approach to data of magnetotelluric sounding for the structure in the Beijing-Tianjin-Tangshan area, Seismol. Geol., 6, 69-80.

WEIDELT, P., 1975, Inversion of two-dimensional conductivity structure, Phys. Earth Planet. Inter., 10, 282-291.

ZHAO, G., G. LIU, and B. WANG, 1987, The electrical structure and the partial melt in the upper mantle beneath North China, Special Issue: First China Conference on the Electromagnetic Induction, pp. 115-122, Geological Press.

LOTEM Case Histories In Carbonate Exploration*

P. A. Wolfgram Liu Guodong K. -M. Strack
K. Vozoff Zhang Zhi Jie

ABSTRACT

In recent years, geophysical exploration has turned increasingly to exploration problems where conventional techniques have had difficulties. This includes the detection of facies changes within a geological unit as well as exploration underneath layers of high acoustic impedance or high scattering. Facies changes are often associated with a change in porosity which in turn is related to the electrical resistivity of the unit. A combination of structural data from seismics with high precision electromagnetic data can detect these changes within the carbonates. Among the electromagnetic techniques Long Offset Transient Electromagnetics (LOTEM) has been optimized for hydrocarbon exploration. Case histories from Australia and China are given here.

The first case history is from Australia, where excellent seismic data and electric well logs exist. The seismic information was used to fix the boundaries of geological units. Joint interpretation of LOTEM electric and magnetic field data then provided the electrical resistivities mapped onto the seismic structure. Normal relations between resistivity and sand-to-shale ratio allowed the conversion of the resistivity section into a section of sand-to-shale ratio. Resistivity variations were defined within and above the carbonates.

The second case history is from China. Triassic and Permian limestones are sandwiched between Cretaceous siltstones and pelitic layers of the Permian to Silurian, An integrated approach is demonstrated where the top part of the section is resolved with the LOTEM techique while the deeper part is in the resolution range of magnetotelluric soundings.

Finally, another exploration problem in China is evaluated and based on the above case histories a new integrated exploration strategy is outlined.

INTRODUCTION

Since the mid - 1960's electromagnetic (EM) methods have been used increasingly for hydrocarbon exploration when difficulties have been encountered obtaining good results with the seismic reflection method. In particular, in areas of basalt cover, crystalline overthrusting or surface carbonates (Berkman et al., 1983, Andrieux and Wightman 1984, Prieto et al., 1985, Stanley et al., 1985) electromagnetic methods have been successful because they respond to different physical properties than does the seismic reflection method. However,

* 本文原载于《SEG/SPG Carbonate Exploration Workshop》, 1990, 1-24。

since electromagnetic methods do not have the intrinsic resolution of reflection seismics, it is very important to utilize the available resolution of EM to the fullest. The passive EM methods such as magnetotellurics (MT), as well as controlled source methods such as transient EM have a track record in these specialized applications. The controlled source method has been applied to resolve shallow (Andrieux and Wightman 1984, Sternberg et al., 1988) and deep (Keller et al., 1984) conductive units in hydrocarbon exploration.

The long-offset transient EM (LOTEM) method is a special mode of the transient EM method. In it, the distance between transmitter and receiver is greater than or equal to the exploration depth. Either magnetic or electric transients, or both, can be measured. Eadie (1981) and Kaufman and Keller (1985) give the theoretical development which shows that resistive layers can be best resolved measuring the electric fields in transient electromagnetic soundings from a galvanic source. Electromagnetic methods which use an inductive source respond primarily to the conductive units of the geoelectric section (Verma and Mallik 1979). This is also the case with passive EM methods.

The LOTEM technique was specifically designed for the depth range usually encountered in oil exploration. The productivity has averaged three line-km per field day during the last few surveys despite the fact that these surveys were run with only two 1-channel receivers and with an untrained crew.

We demonstrate the application of LOTEM in two case histories and one synthetic example. The first case history is from Australia where the method was used together with seismic information to define porous regions in a carbonate within a sedimentary sequence. The second case is from China where LOTEM was targeted at a limestone unit underneath very conductive silts. In both cases interpretation was assisted by inversion using models incorporating prior information such as well logs, reflection seismic data and/or geology. The synthetic example shows an exploration strategy for resolving an electrically resistive carbonate unit embedded in conductive clastic sediments.

THE LOTEM METHOD

A typical LOTEM system setup, is shown in fig. 1. A grounded wire transmitter injects a square wave electric current into the ground. The current step induces both galvanic and eddy currents in the subsurface. The latter diffuse downwards and outwards with increasing time building a system of "smoke rings" (Nabighian 1979, Gunderson et al., 1986). The transmitter is kept fixed for part of the survey whereas the receiver is moved from station to station. Each current step induces a new system of currents and magnetic fields in the subsurface which causes transients in the magnetic fields and a step response in the electric fields to be seen at the receivers. Information on subsurface resistivity structure is deduced from the amplitude and shape of the electric and magnetic field signals. The electric field signal varies strongly with location relative to the transmitter (Eadie 1981).

To visualize the current flow in the subsurface fig. 2 shows contours of current densities for a conductive (left, 1 Ohm-m) and a resistive (right, 400 Ohm-m) layer in a half-space of intermediate resistivity (20 Ohm-m). The individual frames are snapshots in time starting with 0.01 seconds at the top to 1 second for the bottom frames. The difference between the left and right sides lies in the current density within the second layer. For the conductive case (left column) the currents remain relatively longer within the conductive layer. For the resistive case (right column) there are no induction currents visible in the resistive layer. A secondary contribution to the electric fields is due to a charge accumulation at the horizontal interfaces for the resistive layer resulting from vertical current flow. In the conductive layer case most of the energy is transmitted through the second layer by currents. For the resistive case the magnetic field carries the energy through the layer.

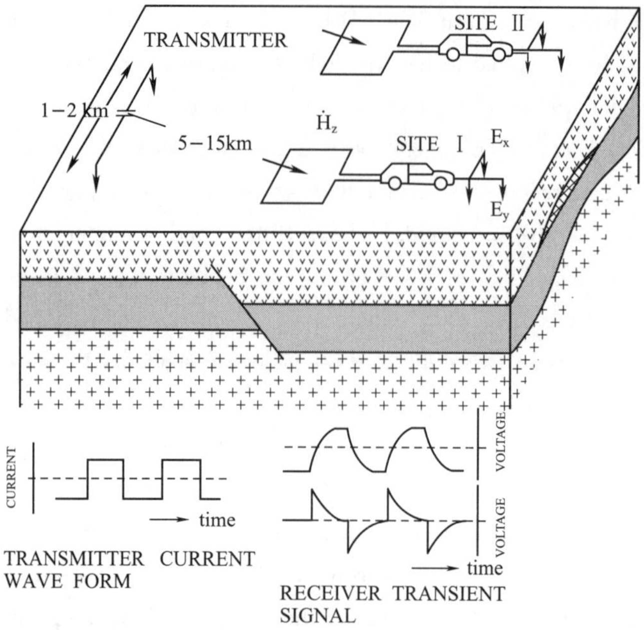

Fig. 1 Survey setup for a LOTEM field survey. The transmitter stays fixed at one location while the receiver moves from one station to the next (indicated by the dotted receiver II). Two components of the electric field and the time derivative of the magnetic field can be measured at each receiver site. The transmitted and received waveforms are indicated at the bottom of the figure.

All inductive electromagnetic sources–such as used in MT and with large loop EM methods–induce primary horizontal induction current flow in the subsurface (Nekut and Spies, 1989). The galvanic part of the grounded electrical dipole causes a vertical component of the electric field. This component generates electrical charges at the horizontal layer boundaries due to the requirement of continuity of the normal component of the current density.

Conductive targets can be found by measuring the effect of the induction currents and resistive targets by measuring the effect of the charges. In both cases, when the conductive or resistive layer becomes too thick or its resistivity too extreme, it will act as a screening layer masking the section below.

The theory of LOTEM is based on the quasi–stationary approximations to Maxwell's equations. Solutions of these equations for the electric and magnetic fields are given by Ward and Hohmann (1988) or Nekut and Spies (1989), for example.

DATA PROCESSING

The individual transients are processed prestack using a modular data processing package similar to those used by the seismic industry. Examples of the magnetic and electric field transients and their respective processing steps for a station with average data quality are shown on fig. 3.

The upper two frames show a raw transient for the magnetic (left) and the electric field (right). Below, their amplitude spectra are displayed. These spectra are used only for quality control and to define accurately the noise frequencies for each individual transient. These noise frequencies are then removed (third pair of

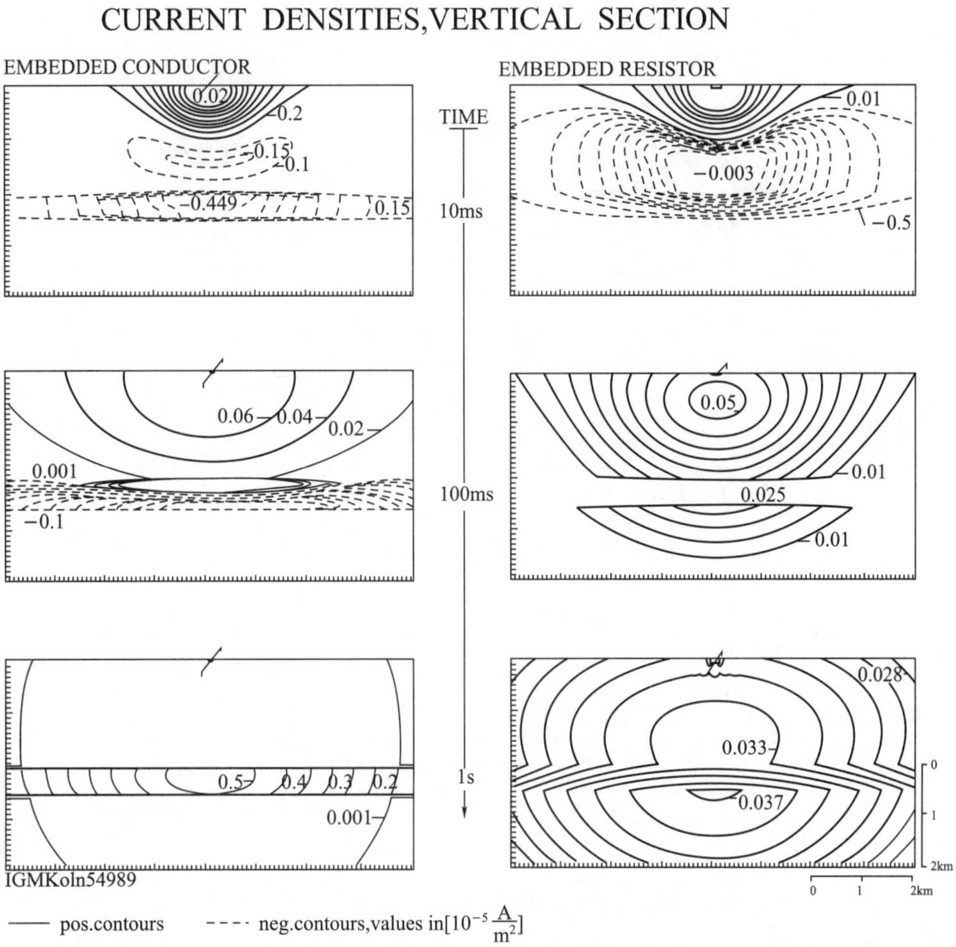

Fig. 2 Comparison of current flow patterns for a conductive layer (left, 1 Ohm-m, 500 m thick) and a resistive layer (right, 400 Ohm-m, 500 m thick) embedded at 2km depth in a half space of intermediate resistivity (20 Ohm-m). The colours represent areas of equal current density. The induction currents are flowing perpendicular to the plane of the figure. The dashed lines are the contours of the return currents with opposite sign. Time increases from top to bottom on both sides, from 0.01 s to 1 s. In both cases vertical and lateral moveout can be observed, but is faster for the resistive case on the right.

frames) using recursive filters which retain true amplitudes (Strack et al., 1989). Periodic noise is best removed before stack, because any periodic noise looses its spectral line character through stacking, thereby preventing its removal in post-stack filtering.

Sporadic noise is handled by a selective stacking algorithm which averages only a certain percentage of data around the median of the individual time samples (Naess and Brutan 1985, Strack 1984, Strack et al., 1989). The individual transients (routinely 50) are selectively stacked, The resulting stacked transients are shown at the bottom of fig 3. Post-stack smoothing may be done if necessary. We use a time variant Harming window as a smoothing operator.

After this processing the raw voltages are converted to true magnetic and electric fields. The magnetic fields are then corrected for first-order transmitter overprint (Zonge et al., 1986) using the fact that the vertical magnetic field approaches the static magnetic field at extremly late times and is independent of the subsurface resistivity of the horizontal layers. This is also known as a magnetometric resistivity (MMR) (Edwards and

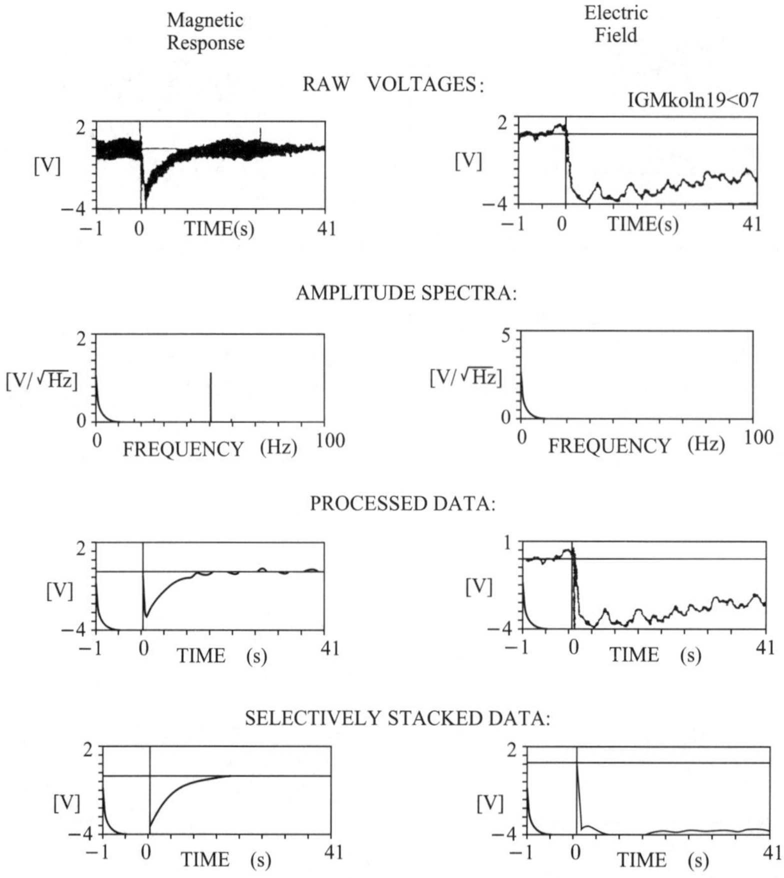

Fig. 3　Intermediate results from the data processing at a receiver station with average data quality. The magnetic response (time derivative of the magnetic field is shown on the left column and the electric field signal on the right.

Gornez-Trevino 1979) correction and compensates to first order for current channelling near the transmitter.

Deconvolution of the system response for the effect of analog filters is either performed poststack or is replaced by convolution of the model data with the system response during later inversion. The choice depends on the resistivities of the survey area and the transient length which, under unfavorable conditions, can cause numerical instabilities in the deconvolution process. The data is then converted to the logarithmic domain and resampled for data reduction. The reduced data are input into the inversion routines (Strack 1984).

The inversion compares the theoretical electromagnetic fields with the field data. At this stage we use a parametric inversion described by Jupp and Vozoff (1975), Vozoff and Jupp (1975) and Raiche et al., (1985), which also outputs error statistics and a detailed resolution analysis of the individual model parameters based on the singular value decomposition of the Jacobian (sensitivity) matrix.

FIELD SYSTEM

The two field surveys were done with different sets of hardware. In the People's Republic of China we used DEMS IV (Digital Electro-magnetic System, IVth generation) a system which has improved noise rejection features and was built for reliable operation under harsh environmental conditions. In Australia a Zonge GDP 12 receiver and GT25 transmitter (25 kVA), especially modified for the survey, were used. In both systems the magnetometers consisted of large multiturn loops with effective areas of the order of 200 000 square meters laid flat on the surface. Transmitter dipoles were wires 1-1.5 km long, grounded at each end. The electric fields were measured between grounded copper-copper sulphate nonpolarizing electrodes 100 m apart. In both systems, the transmitter injected commutated currents with periods of seconds to minutes.

In the Zonge equipment, a current of 30 amperes was maintained, and both E and H signals were recorded (with or without stacking) in the two-channel receiver. The incoming signal traces could be observed in real time on a portable oscilloscope. The DEMS IV also allows online quality control and storage of individual transients. The DEMS IV transmitter injects currents on the order of a hundred Amperes provided by a high power switch/rectifier which uses all three phases of an 80 kVA motor generator. Transmitter switching and receiver sampling in both systems were synchronized by precision quartz oscillator clocks. Preamplifiers/filters located near the sensor units sent signals in the millivolt-to-volt range to the main amplifier/filter units and from there to the digital data acquisition systems.

AUSTRAL IAN CASE HISTORY

In evaluating LOTEM in Australia, the capabilities of the method for resolving variations in resistive layers was of particular interest in the Canning Basin (fig. 4). In this, as in many other areas, the zone of interest was electrically resistive. On the basis of earlier suggestions by Eadie (1981), verified in Australia, electric field measurements were used in addition to the magnetic fields for better resolution of resistive features.

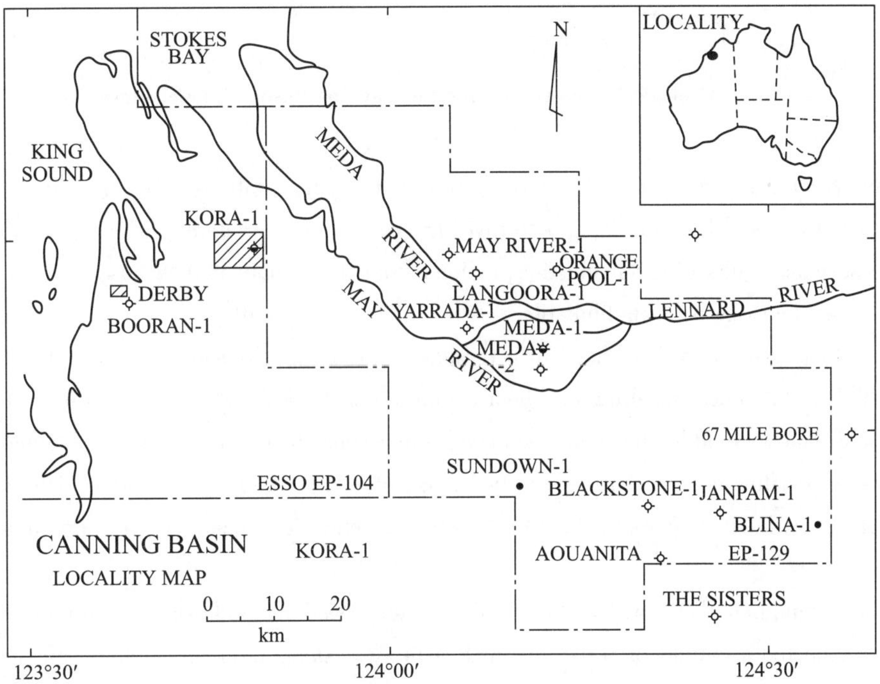

Fig. 4 Basemap of the Australian survey.

Minor production of hydrocarbons is obtained from porous zones within the very extensive Windjana/Nullara limestone of Devonian-Famenian age. The limestone is easily mapped by reflection seismic surveys, as is shown below. The major exploration difficulty has been in locating zones of adequate porosity.

For evaluation purposes a region was selected where high-quality seismic sections and good well logs were available. Kora-1 (figs. 4—9, 11) had already been completed and West Kora (fig. 6) was being drilled in mid-1985 when the LOTEM survey was undertaken. Both holes showed poor porosity. A geological section through Kora-1 is shown in fig. 5. As the well bottomed in the Napier formation, lithology and structure below drilling depth are conjectural.

Fig. 6 shows the LOTEM survey plan. LOTEM measurements were conducted using a current of 30 amperes through approximately 1.5 km long grounded wire transmitters. Both electric and magnetic field measurements were made on line 4 from transmittter 2. The area was electrically relatively quiet, which resulted in clean field data.

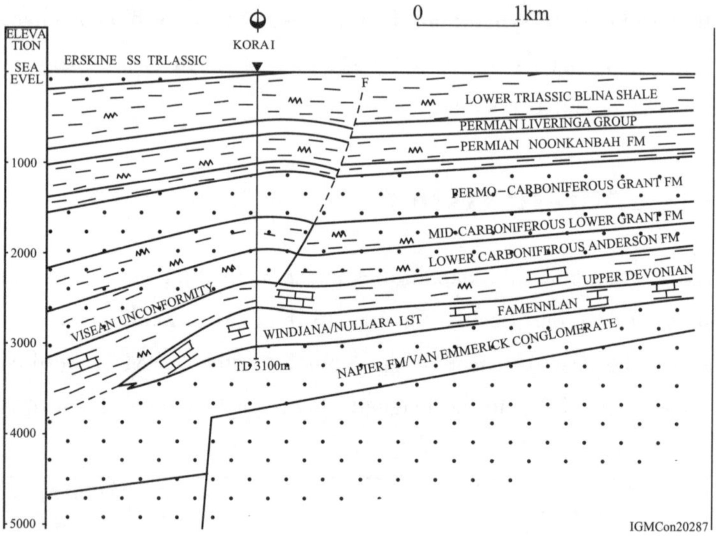

Fig. 5　Geological cross section for the Canning Basin LOTEM survey area.

Assuming that the seismic data accurately represented depth variations along the line, LOTEM data were inverted starting at the well Kora-1 (fig. 7) to investigate resistivity variations within the various units. The good quality of the seismic results (fig. 8) and the proximate well log, motivated the use of a 9 or 10 layer model, which would have otherwise been unthinkable.

The layer thicknesses were kept fixed in inversion on the basis of seismic mapping. The first inversion used the magnetic field data alone, resulting in a poor resolution of the resistive carbonate (unit i). However, when the electric field data were added for joint inversion, the results shown in fig. 9 were obtained. The resolution of the carbonates resistivities is such that a porosity change of +-5% would be detected. This was obtained using forward modelling with the equations for the electromagnetic fields and the resolution statistics from the inversion run.

Under the assumption that, within each unit, water resistivity and water saturation were constant, we calculated the expected variation of resistivity with sand-to-shale ratio for each elastic unit (Schlumberger 1987, chapter 2). Fig. 10 shows the relationship for unit e. Using similar calibration curves for each unit allowed us to transform resistivity variations to percent sandstone within elastic units. For the carbonates, unit i, it could be assumed that Archie's law (Archie 1942) relates resistivity variations to porosity variations (Schlumberger 1987, chapter 2). Fig. 11 shows the results of transforming the resistivity section of fig. 9 to percent sandstone ratios. The variations within unit i are seen to be small, indicating a uniformly low porosity.

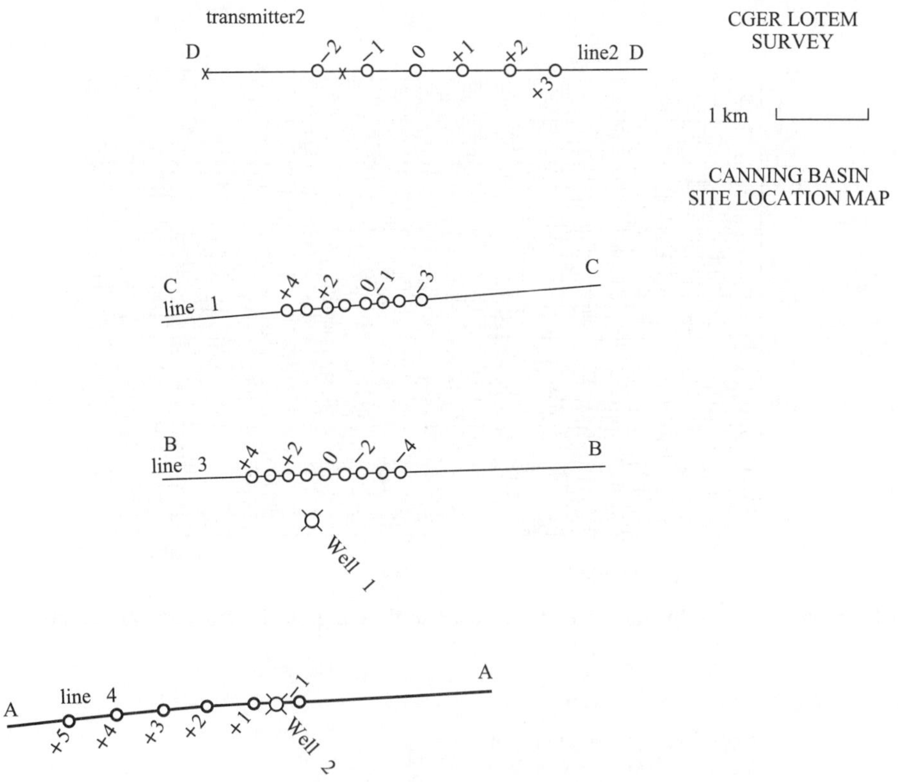

Fig. 6 Canning Basin LOTEM survey plan.

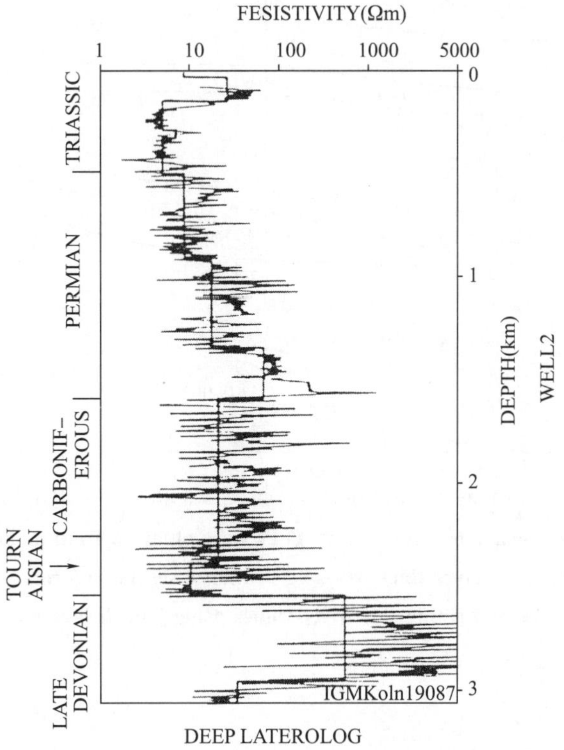

Fig. 7 Well log with blocked model (heavy line) for the well Kora-1.

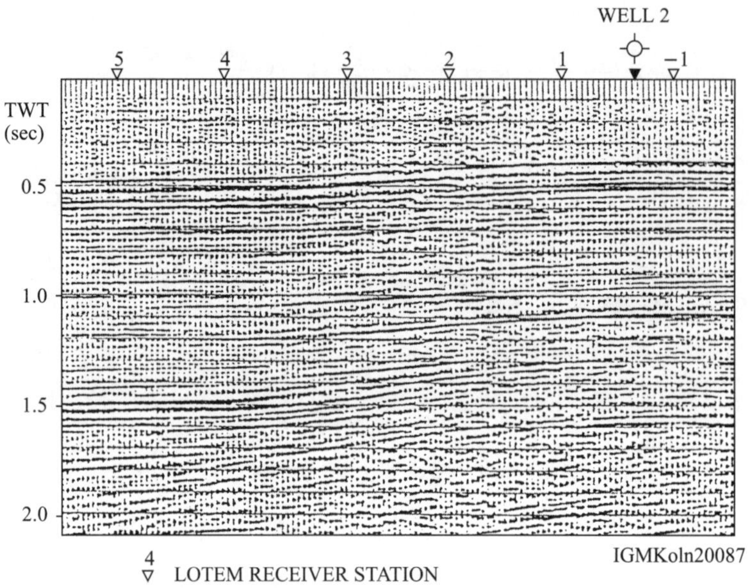

Fig. 8 Seismic section for line 4 which was used to fix the geologic structure for the inversion.

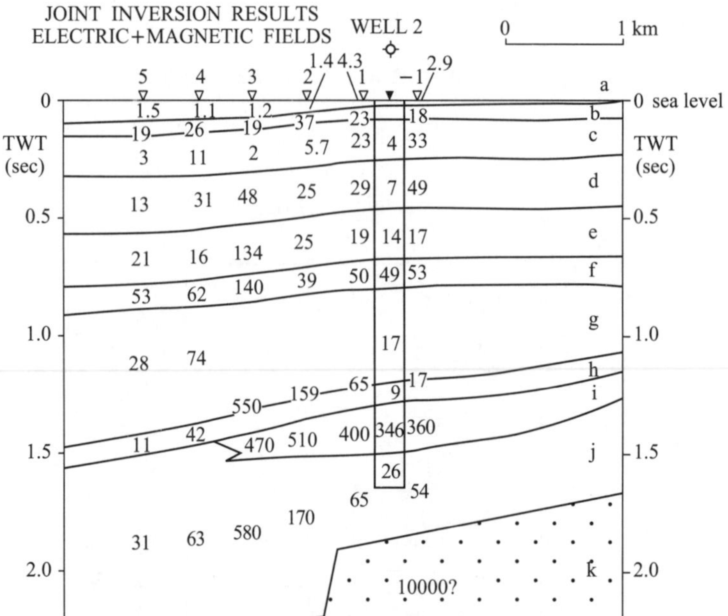

Fig. 9 Resistivity variations within units. They were obtained from magnetic and electric transient data by fixing all layer thicknesses according to seismic information and inverting for the best fitting resistivity values using joint inversion.

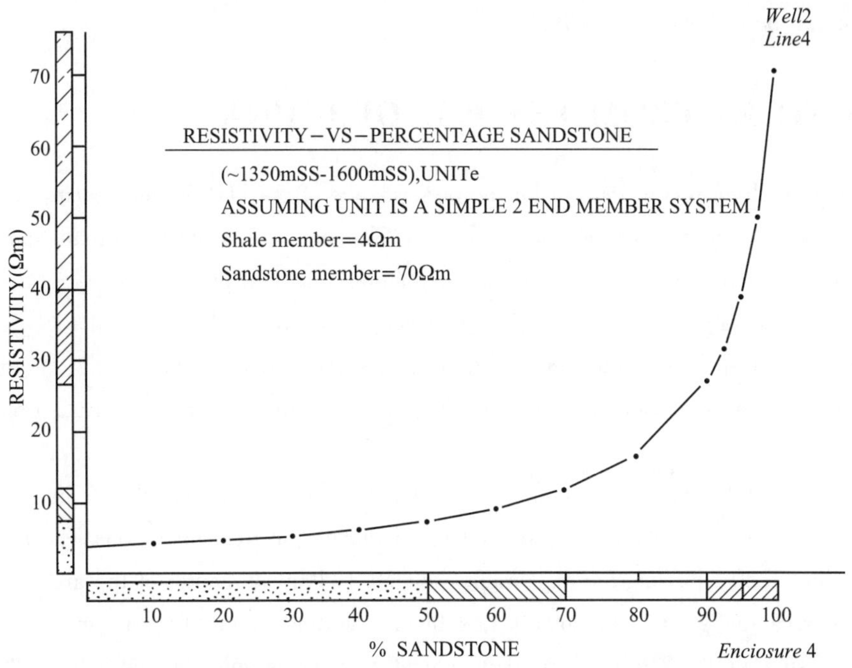

Fig. 10 Resistivity versus percentage sandstone for unit e. The relationship is derived from the well log and used to convert the interpreted resistivity values to sand-to-shale ratios.

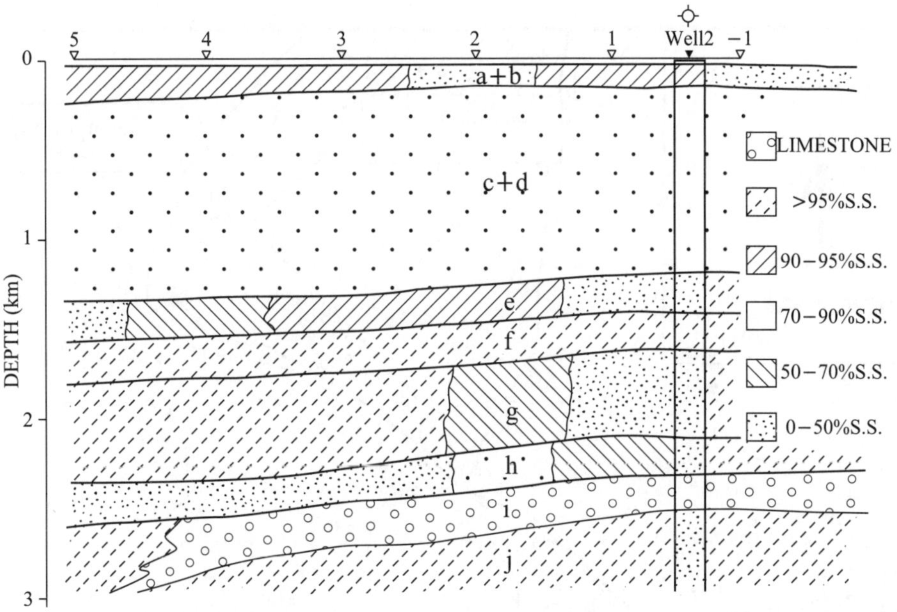

Fig. 11 Resistivity section in terms of sand-to-shale ratios, reflecting porosities under the assumption that salinity and water saturation do not vary laterally within a clastic unit. The percentage sandstone values were derived using the calibration curve and the resistivity section from the joint inversion.

In this example we demonstrate for the first time the benefits of jointly inverting electric and magnetic transients as well as the successful use of seismic data to achieve higher resolution in the EM data by keeping the layer boundaries fixed. It also shows that with high quality data and integrated interpretation, porosity in a tight resistive unit can be estimated to +−5%.

CASE HISTORY FROM THE P. R. OF CHINA

The field study in China was of interest for the performance of the LOTEM method in a complex geological environment and in the presence of strong power line noise. The survey was run in a production mode to evaluate the survey progress achievable with the present instrumentation and field procedures.

Early petroleum exploration revealed many oil and gas shows in the Tertiary and Pre−Tertiary formations north of the survey area. In the south, many oil seepages were discovered in the Permian and Triassic formations. The survey area is located over a large arc−shaped anticlinorum with strata from the Triassic to Cambrian period.

Fig. 12 shows the LOTEM survey location. Electromagnetic noise was expected from numerous powerlines in the area so that quality−control became an important factor during the field operations. The LOTEM survey was run along seismic line 3220, passing the exploratory well no. 174 in the centre of the area. The structural map and section for the area in fig. 13 show complicated block−faulting in the Triassic and older formations. The Triassic is even missing in the northwestern part indicating considerable vertical offsets. The borehole data indicate that the Triassic and Permian consist mainly of limestones with high to very high electrical resistivities (fig. 14).

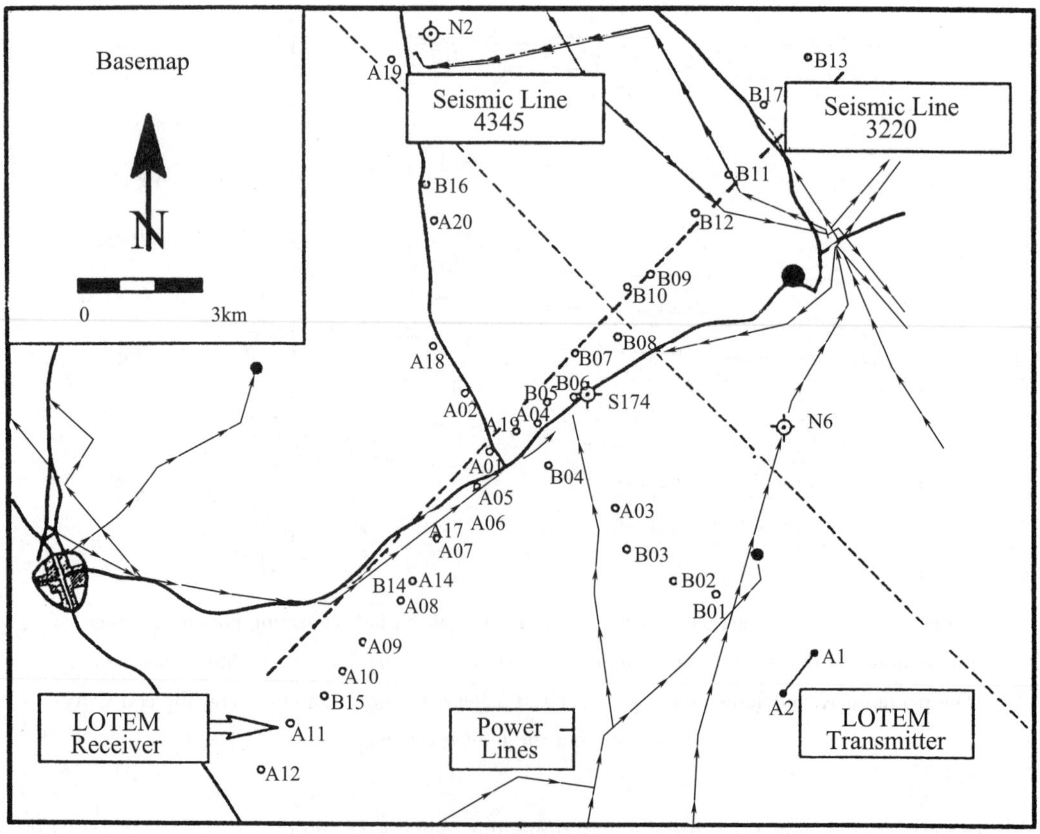

Fig. 12　Basemap for the survey in the People's Republic of China. LOTEM receiver stations are marked with small circles, the seismic lines are dashed.

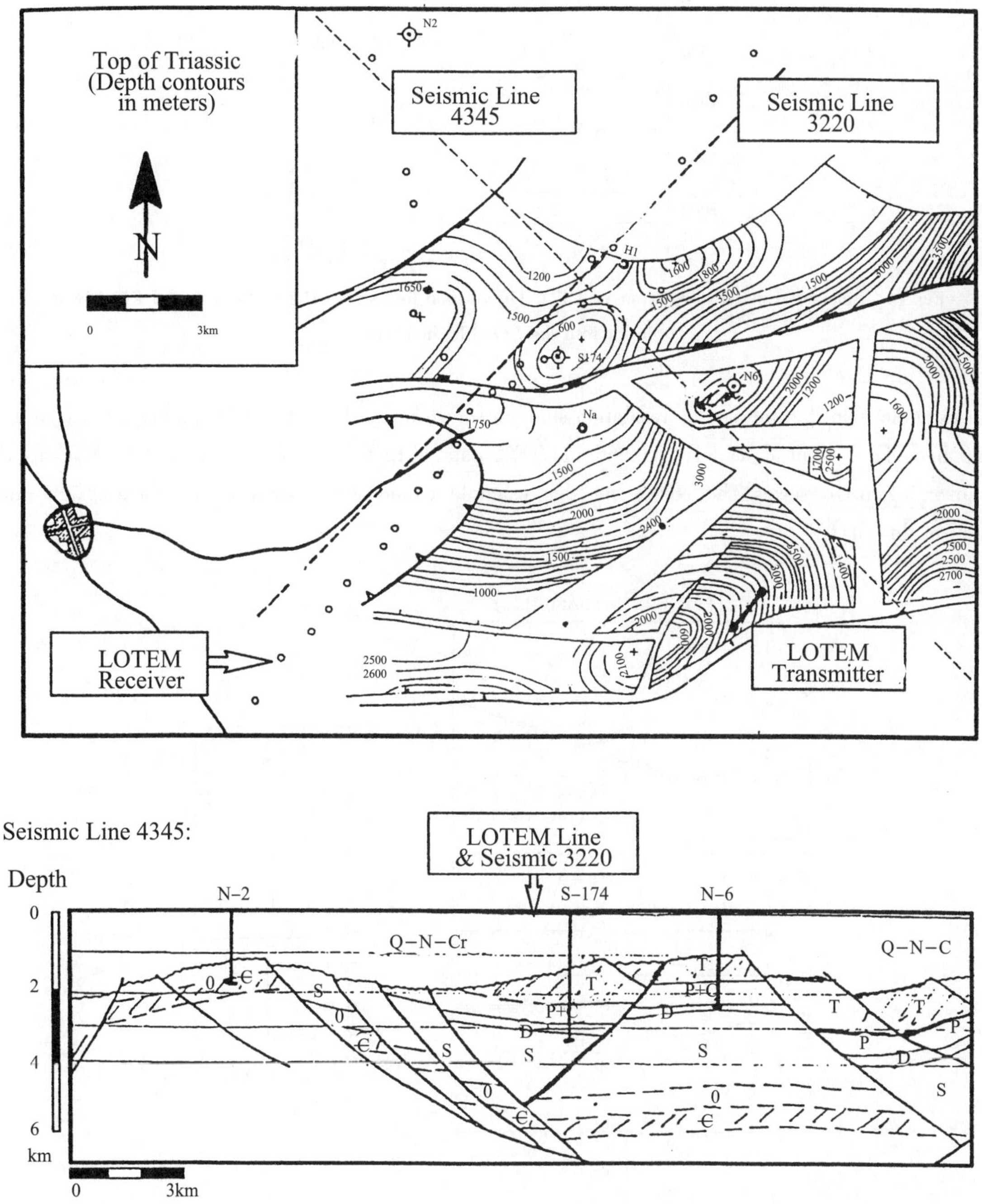

Fig. 13 Top: Depth to the top of the Triassic in the survey area, as interpreted from reflection seismics. Bottom: Structural interpretation of seismic line 4345 showing fault blocks below the Cretaceous.

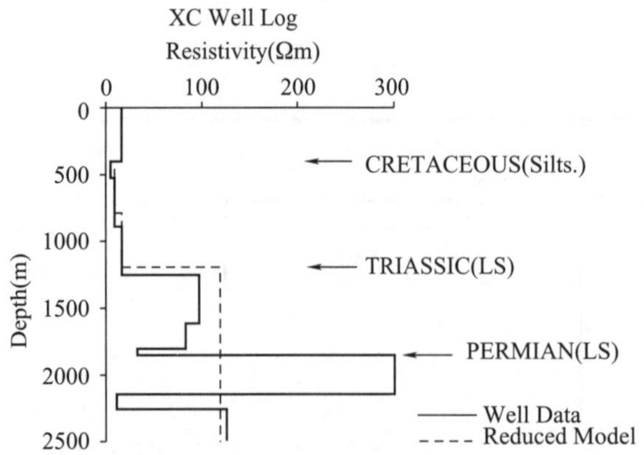

Fig. 14 Blocked resistivity log from well 174. The dashed line shows the reduced model which was input into the LOTEM inversion.

An example from the pre-survey resolution study is shown in fig. 15. After reducing the electric well log to a simple five-layer electric model, synthetic LOTEM data were calculated for different thicknesses of the Devonian and Silurian series. The curves for this example cannot be distinguished indicating the limit of resulution in this case.

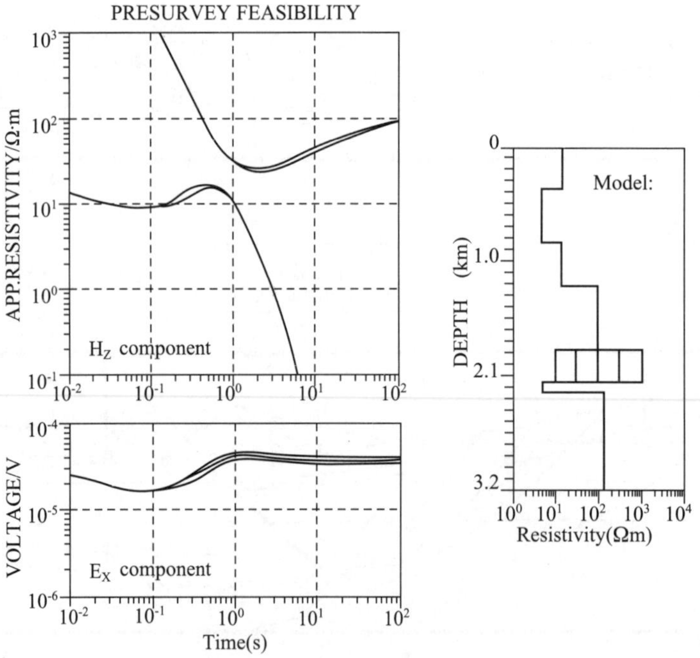

Fig. 15 Example for the forward calculation done before the survey in order to evaluate the resolution below the Permian. Top frame: synthetic magnetic field data, bottom frame: synthetic electric field data, right frame: the earth model used for these calculations.

The inversion of the LOTEM data in terms of a layered model at each receiver station (fig. 16) shows clearly the boundary between Quaternary and Cretaceous sediments. The top of the Triassic/Permian carbonates agrees with the seismic reflector. The prediction from the pre-survey feasibility study is confirmed: the part of the section above the Carbonates was well resolved. From the inversion we have also obtained values for the lower boundaries and the results are included in the figure. However, these have no statistical significance –exactly as predicted from the pre–survey feasibility study.

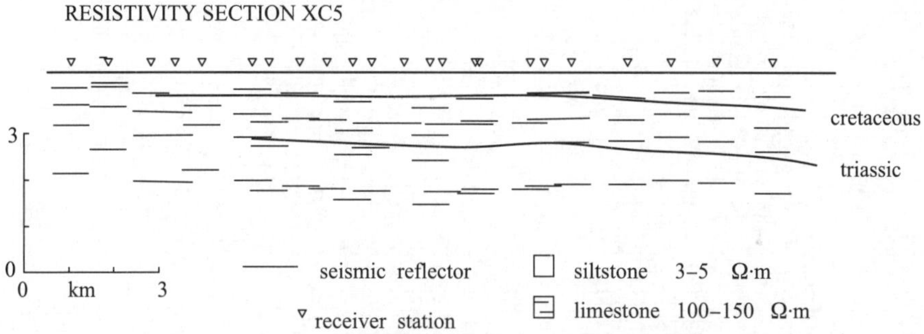

Fig. 16 Inverted electric section after using the reduced well log as starting model for the fitting procedure.

The field data do however contain more information than can be pressed into a simplified layered earth model. In order to investigate possible structures that might have been missed in the layered interpretation, we produced directly from the data, the LOTEM image section shown in fig. 17. The LOTEM image section can be obtained for quality control directly after the data acquisition and processing in the field. Although this is only an approximate representation of the electrical section and although the image also shows the noise components in the data, it is in fair agreement with the seismic section 3220 parallel to the LOTEM line (fig. 18).

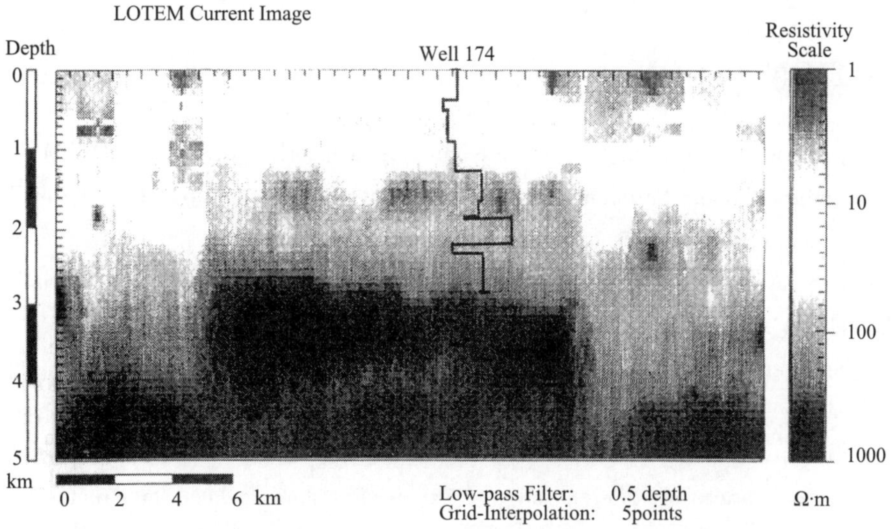

Fig. 17 Presentation of the LOTEM data as an image section.

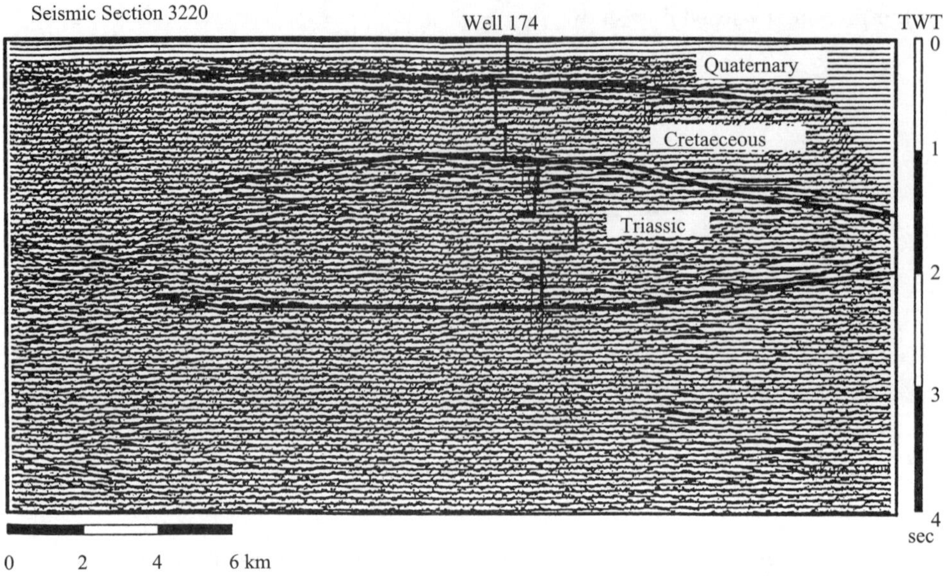

Fig. 18 Seismic section from line 3220 which runs parallel to the LOTEM line. The reflections from the top of the Cretaceous and from the top of the Triassic are marked.

The LOTEM survey in the P. R. of China provided the information that was predicted even in the presence of strong power line noise. Considering the complex geological conditions which make a simple interpretation difficult, the interpreted electrical section is in excellent agreement with previous geophysical results.

RESOLUTION STUDY

The two field cases were successful in resistive environments mainly because the LOTEM electric data were incorporated in the interpretation. The following example with synthetic data shows how the exploration strategy can be systematically adapted to the task of exploring a carbonate unit.

Within a resistive carbonate unit that is embedded in conductive clastic sediments, variations in electrical resistivity can be related to porosity variations by Archie's law. Fig. 19 shows an electrical section with three layers (including the basement) which has an additional layer embedded between 3 and 5 km depth. The section without the additional layer represents the overall structure of the Baxian depression according to Chen Leshou's et al. (1988) interpretation of magnetotelluric data (table 1). The Baxian depression is part of the Bohai Gulf Basin which has a great variety of different oil and gas pool systems related to structural and lithological parameters (figures 1. 1–12 and 1. 1–20 in Schlumberger, 1985). The additional layer in the model simulates the effect of a variable carbonate sequence in the conductive environment of the Baxian area. The variations in electrical resistivity (table 1) are indicated by the colour coding in the figure.

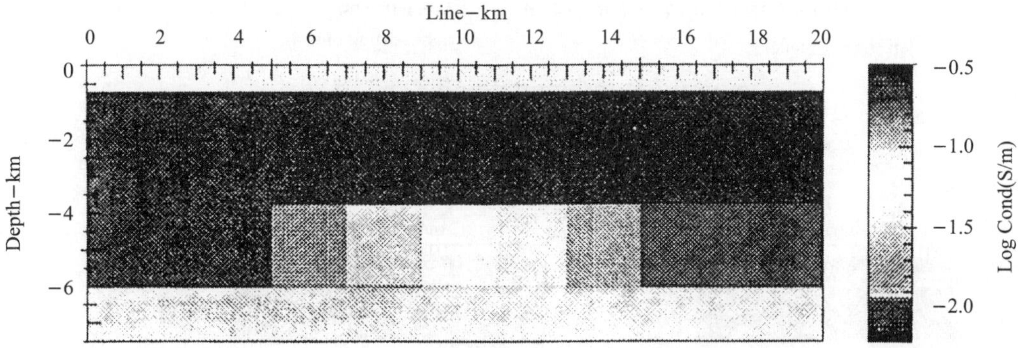

Fig. 19 Synthetic electrical model representing a resistive carbonate layer (blue) embedded in conductive clastic environment (red).

Table 1 Resistivity Models used for the Resolution Study

Layer No.	LEFT MODEL		3rd LAYER-VARIATIONS(Ω · m)	RIGHT MODEL	
	Resistivity(Ω · m)	Thickness (m)		Resistivity (Ω ·m)	Thickness (m)
1	21. 0	770	-	21. 0	770
2	4. 4	3000	-	4. 4	3000
3	4. 4	2350	10, 15, 25, 50	100. 0	2350
4	30. 0	-	-	30. 0	

Synthetic LOTEM data and synthetic magnetotelluric data were calculated for eleven receiver stations along a profile which crosses the region of resistivity variations of the simulated carbonate layer.

Artifical noise was added to the synthetic data in order to allow a realistic resolution study. The resulting synthetic data sets were then inverted in terms layered models at each receiver station and the results assembled into an interpreted electrical section. Ideally, the original section should be recovered after this procedure.

Fig. 20 shows the results of interpreting single synthetic data sets without imposing any constraints on the curve fitting process. The first frame is again the model section which was used to generate the synthetic data. The next frames show results of the procedure for LOTEM magnetic data, LOTEM electric data, and (in the bottom row) for magnetotelluric data. The curve fitting process for each of the three data types was initialized once with a model without the additional layer (left column) and once with a model with the additional layer (right column). The interpretations show a strong dependence on the initialization of the curve fitting: the left column is quite different from the right column. Also, the resistivity variations in the original model could not be recovered, instead they appear as structural variations. None of these effects would be acceptable in a real exploration task.

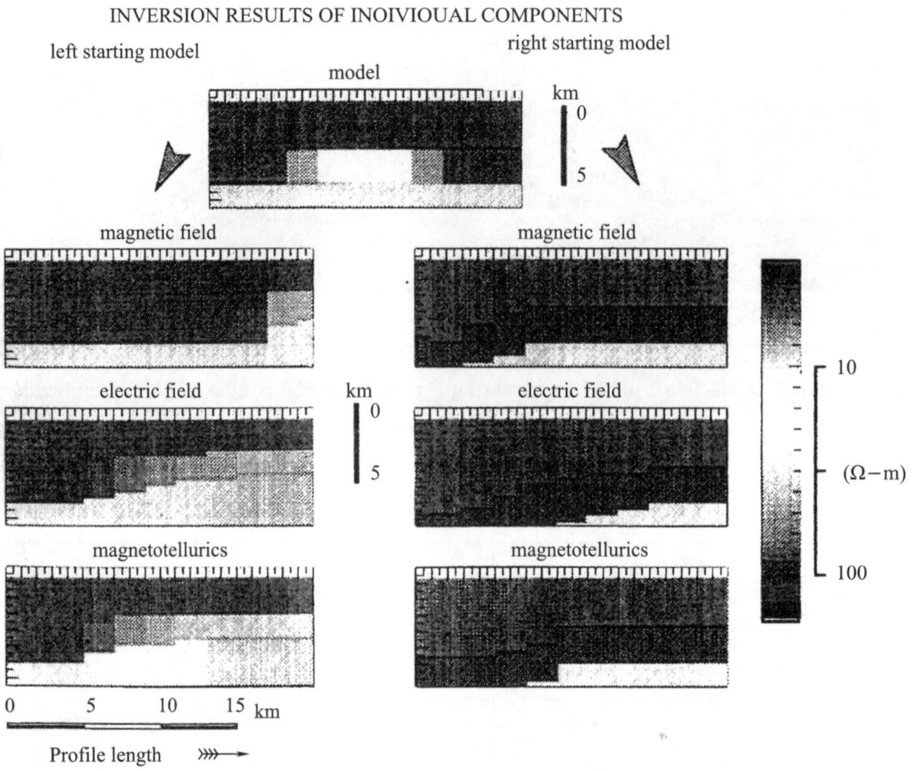

Fig. 20 Comparison of different inversions using single sets of the synthetic data. On the left column the fitting procedure was initialized without the resistive unit, on the right column the resistive unit was included from the beginning on. Both layer thickness and layer resistivity were allowed to vary during the fitting procedure.

The use of structural information such as an interpreted seismic section was simulated in fig. 21 by forcing the curve fitting process to leave the layer thicknesses fixed and vary only the resistivities of the units. Of the resulting interpretations the LOTEM electric fields and the magnetotelluric data can now reproduce the variations to some degree. However, the LOTEM electric fields do not give consistent information about the part of the section below the resistive unit. Also, all of the interpretations still depend on the initialization of the curve fitting.

Next, different data sets were combined using the joint inversion algorithm. The result is displayed in fig. 22. The first pair of frames shows the combination of LOTEM electric fields with LOTEM magnetic fields. The result has only marginally improved over the electric field interpretation in the previous figure. The centre frames show the combination of LOTEM magnetic fields with magnetotelluric data. Since both data sets are more adapted to resolution of conductive targets, they are not successful in resolving the resistive target in this example. The last row shows the combination of LOTEM electric field data with magnetotelluric data. The result is an acceptable resolution of the resistive unit. The interpreted resistivity variations within that unit do not depend on the initialization of the curve fitting, and the part of the section below the resistive unit has little distortion left in it.

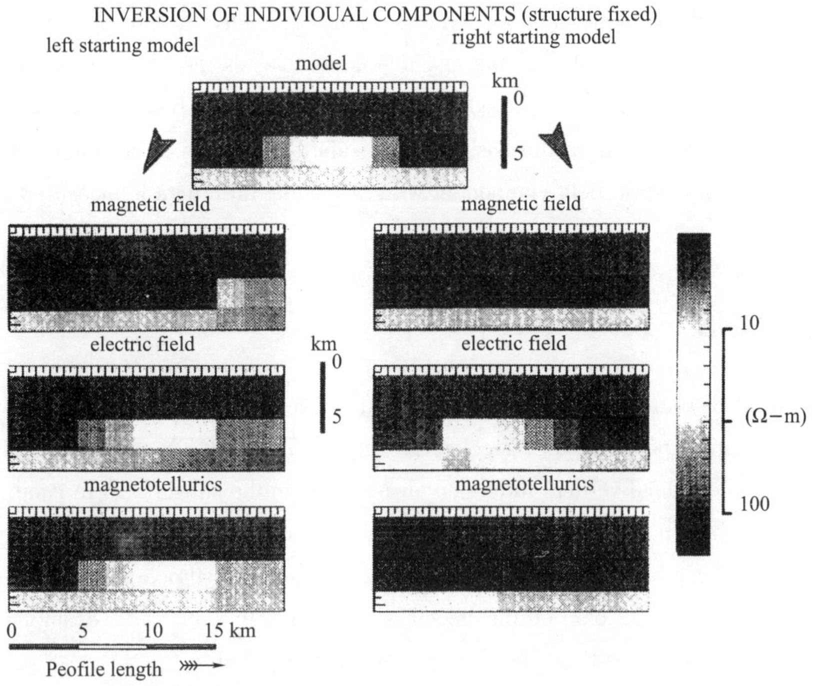

Fig. 21 Comparison of different inversions using single sets of the synthetic data. On the left column the fitting procedure was initialized without the resistive unit, on the right column the resistive unit was included from the beginning on. The layer resistivities were allowed to vary during the fitting procedure, while the layer thicknesses were forced to stay at the preset values.

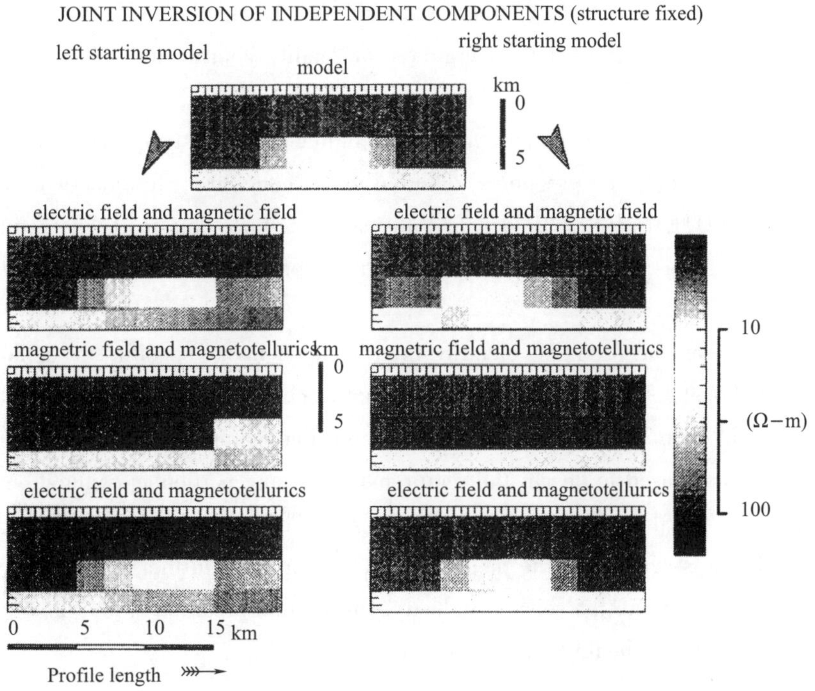

Fig. 22 Comparison of different inversions using combinations of the synthetic data sets for increased resolution. On the left column the fitting procedure was initialized without the resistive unit, on the right column the resistive unit was included from the beginning on. The layer resistivities were allowed to vary during the fitting procedure, while the layer thicknesses were forced to stay at the preset values.

The resolution study with synthetic data and synthetic noise indicates that for the given exploration task the exploration strategy can be designed such that the resistive target layer is resolved. In the example the a variable resistive unit simulates a carbonate layer in the conductive sediments of the Baxian depression. Its resistivity can be mapped when the structure is fixed on the basis of other information such as seismics, and when in addition a combination of the LOTEM electric field component with magnetotelluric data is measured and jointly interpreted.

CONCLUSIONS

Most ground controlled-source (inductive) and natural-source electromagnetic methods are strongly biased towards the more conductive parts of the geoelectric section. The LOTEM method uses a grounded wire transmitter and generates additional vertical induction current flow in the subsurface. In combination with electric field sensors information about the resistive parts of the section can be obtained.

We show that LOTEM can be successfully applied in exploration of hydrocarbon reservoirs where the task is to define variations in the resistive part of the geoelectric section. In both field examples LOTEM provided specific information for the section with an accuracy previously not possible.

In the first case history (Australia), good reflection seismic data helped to fix part of the parameters in the geoelelectric model. Then joint inversion of the magnetic and electric field components allowed us to obtain a porosity section of the subsurface.

In the second case history (China), the unbiased inversion showed good agreement with the seismic structure. The predicted resolution was confirmed by the field survey. LOTEM proved to be a highly productive technique even in the presence of strong electromagnetic noise and complicated geological structures. LOTEM image sections can be produced during field operations for quality control and to supply preliminary results before the end of the survey.

The third case study indicates the importance of combining different types of data. Fixing the structural features (e. g. using structural data from seismics) allowed to reproduce the variations within the resistive target layer. The combination of LOTEM electric field data with magnetotelluric data made the fitting procedure nearly independent of the initialization model. In the example, this improved the resolution underneath the resistive unit.

The resolution power of the LOTEM electric field component is specific to exploration in resistive environments such as carbonates. Exploration tasks in conductive environments may be solved more advantageous by using the magnetic field data. The resolution is predictable using forward modelling and studies with synthetic data. The same procedures are used to design the requirements for any particular exploration task including the choice of field components and the optimum parameters for a LOTEM survey.

When more experience is available, the method could be improved further using multichannel acquisition and processing systems as is done in the seismic industry. On the interpretation side, field-proven imaging and multi-dimensional interpretations should then be included.

ACKNOWLEDGEMENTS

This research was sponsored by the Bundesminister fuer Forschung und Technolgie (BMFT, West Germany, contracts 03E6360A and 0326550B), the European Community (contract TH/0159/85-DE) and the National Energy Research, Development and Demonstration Committee (NERDCC, Australia, project 683-833453). Esso Australia provided substantial assistance and encouragement in the Australian work. K. McAllister, D. Pridmore, J. L. Seara, J. Rossow, T. Speth, A. Stephan, Zhang Musheng, M. Zile and many unnamed scientists, graduate students and technical officers supported this work during preparation, data acquisition, data processing and interpretation phase. The field system used in China was provided by Geometra GmbH of Braunschweig. Zonge Engineering and Research Organization kindly supported the Australian field work with their field system.

The work was carried out under the University of Cologne-Macquarie University collaborative research agreement in geophysics.

REFERENCES

Andrieux, P., and Wightman, W. E. 1984, The so-called static corrections in magnetotelluric measurements, 54th Ann. Mtg., Soc. Expl. Geophys., Expanded Abstracts, 43-44.

Archie, G. E. 1942, The electrical resistivity log as an aid in determining some reservoir characteristics, Petroleum Technology 5.

Berkman, E., Orange, A., and Smith, R. D. 1983, Seismic and magnetotellurics combined: a case history of the South Clay Basin prospect, 53rd Ann. Mtg., Soc. Expl. Geophys., Expanded Abstracts, 65-67.

Chen Leshou, Cai Gang, Ma Tao, 1988, Two-dimensional inversion of magnetotelluric sounding data; in: An overview of exploration in China, SEG Geophysical References vol. 3, Tulsa.

Eadie, T. 1981, Detection of hydrocarbon accumulations by surface electrical methods: A feasibility study, Research in Applied Geophysics 15, University of Toronto.

Edwards, R. N., and Gomez-Trevino, E. 1979, Magnetometric resistivity (MMR) anomalies of two-dimensional structures, Geophysics 44, 947-958.

Gunderson, B. M., Newman, G. A., Hohmann, G. W. 1986, Three-dimensional transient electromagnetic responses for a grounded source, Geophysics 51, 2117-2130.

Jupp, D. L. B., and Vozoff, K. 1975, Stable iterative methods for the inversion of geophysical data, Geophys. J. Roy. Astr. Soc. 42, 957-976.

Kaufman, A. A., and Keller, G. V. 1983, Frequency and transient soundings: Amsterdam Elsevier.

Keller, G. V., Pritchard, J. I., Jacobson, J. J., and Harthill, N. 1984, Megasource time-domain electromagnetic sounding methods, Geophysics 49, 993-1009.

Nabighian, M. N. 1979, Quasi-static transient response of a conducting half-space -An approximate representation, Geophysics 44, 1700-1705.

Naess, O. E., and Brulan, L. 1985, Stacking methods other than simple summation, in Fitch, A. A. (ed), Developments in Geophysical Exploration Methods-6: London, Applied Science Publishers, 189-224.

Nekut, A. G., and Spies, B. R. 1989, Petroleum exploration using controlled-source electromagnetic methods, Proc. IEEE 77, 338-362.

Prieto, C., Perkins, C., and Berkman, E. 1985, Columbia River Basalt Plateau -An integrated approach to interpretation of basalt covered areas, Geophysics 50, 2709-2719.

Raiche, A. P., Jupp, D. L. B., Rutter, H., and Vozoff, K. 1985, The joint use of coincident loop transient electromagnetic and Schlumberger sounding to resolve layered structures, Geophysics 50, 1618-1627.

Schlumberger, 1985, Well evaluation conference China 1985, Schlumberger Documentation.

Schlumberger 1987, Log interpretation principles / applications, Schlumberger Educational Services.

Stanley, W. D., Saad, A. R., and Ohofugi, W. 1985, Regional magnetotelluric surveys in hydrocarbon exploration, Parana Basin, Brazil, Bull. Am. Assn. Petr. Geol. 69, 346-260.

Sternberg, B. , Washburne, J. C. , and Pellerin, L. 1988, Correction for the static shift in magnetotellurics using transient electromagnetic soundings, Geophysics 53, 1459-1468.

Strack, K. - M. 1984, The deep transient electromagnetic sounding technique: First field test in Australia, Exploration Geophysics 15, 451-459.

Strack, K. -M. , Hanstein, T. H. , and Eilenz, H. N. 1989 LOTEM data processing in areas with high cultural noise level, Physics of the Earth and Planetary Interior 53, 261-269.

Strack, K. -M. , T. Hanstein, K. LeBrocq, D. C. Moss, K. Vozoff, P. A. Wolfgram, 1989, Case histories of LOTEM surveys in hydrocarbon prospective areas, First Break 7, 467-477.

Verma, R. K. , and Mallik, K. 1979, Detectability of intermediate conductive and resistive layers by time domain electromagnetic sounding, Geophysics 44, 1862-1878.

Vozoff, K. , and Jupp, D. L. B. 1975, Joint inversion of geophysical data, Geophys. J. Roy. Astr. 42, 977-991.

Ward, S. H. , and Hohmann, G. W. 1988, Electromagnetic theory for geophysical applications, Vol I: Theory: in Nabighian, M. N. (ed.), Electromagnetic Methods in Applied Geophysics: Tulsa, Soc. Explor. Geophys. , 131-312.

Yang Zunyi, Cheng Yuqi, Wang Hongzhen, 1986, The geology of China, Oxford, Clarendon Press.

Zonge, K. L. , Ostrander, A. G. , and Emer, D. F. 1986, Controlled-source audio-frequency magnetotelluric measurements, in: Vozoff, K. (ed), Magnetotelluric methods, Tulsa, Soc. Expl. Geophys. , 749 -763.

江苏响水至内蒙古满都拉地学断面*

马杏垣　刘昌铨　刘国栋

响水至满都拉地学断面全长1200 km，由东南向西北斜跨中朝板块及其古大陆边缘，穿过苏北-胶南地体、鲁西块体、华北裂谷盆地、太行-五台块体、鄂尔多斯块体、呼和浩特-包头盆地、阴山块体和内蒙褶皱系等8个构造单元。

在综合研究现有地质、地球化学和地球物理资料的基础上，按照全球地学断面（GGT）编图指南的统一要求，进行研究并编成展示图。揭示了中朝板块克拉通化的过程及其与古大陆边缘过渡带的关系，以及后期遭受改造产生的板内构造和板内动力学特征。

绪　言

全球地学断面（GGT）计划是20世纪80年代国际岩石圈计划的前沿课题[1]，“断面”是指表示整个地壳的组成和构造的剖面，如有可能，将包括整个岩石圈，实际上就是地壳或岩石圈的垂向构造图。它综合全部现有的地质、地球化学和地球物理资料，按GGT编图指南的统一格式和要求，编成展示图版（图1），便于全球各断面的对比，并认识大陆岩石圈的形成与发展。目前世界各国已登记编制

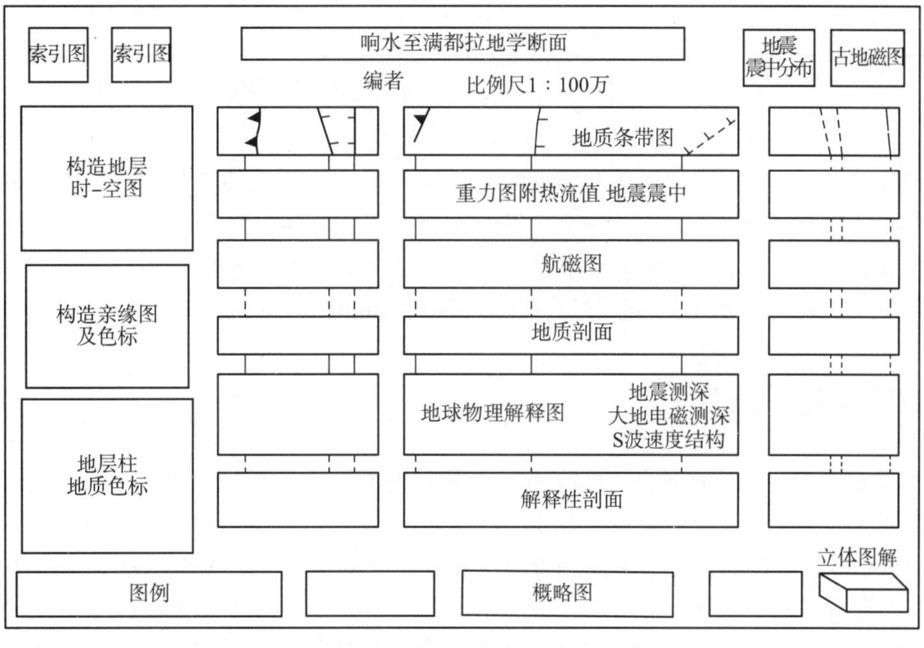

图1　响水至满都拉地学断面展示图（示意）

* 本文原载于《地质学报》，1991，(3)：199～215。

参加本项目的各项负责人还有林传勇、张彦波、冯锐、殷秀华、任熙宪、江钊、张汝惠、陈国英、白云虹和万朝珍。

的地学断面已达 170 余条，成为地学界共同努力综合探索大陆岩石圈的重要组成部分。

江苏响水至内蒙古满都拉地学断面是国家地震局系统参加编制的 6 条断面之一。它共分 3 段（江苏响水至山东泗水；山东淄博至山西应县西；内蒙古伊金霍洛旗至满都拉），从东南向西北斜跨中朝板块，全长1200 km，走廊带宽 100 km（图 2）。

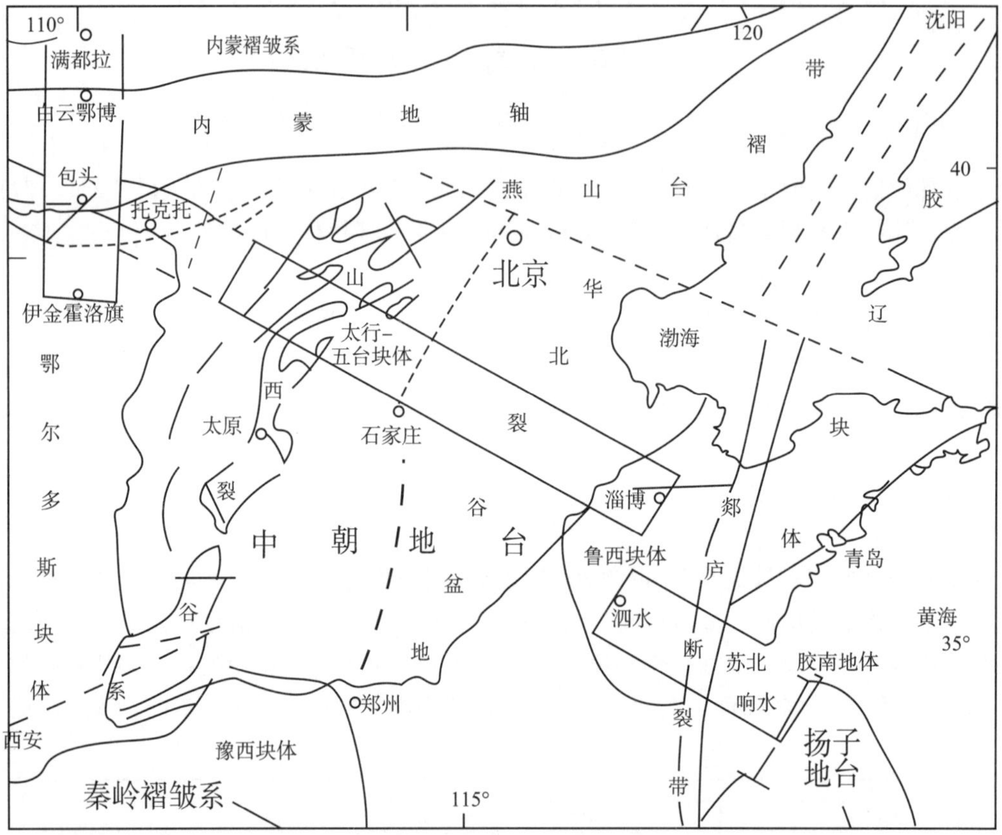

图 2　响水至满都拉地学断面的位置及其所穿越的构造单元

本断面的编制是为了研究中朝板块及其古大陆边缘的形成、演化及其与地震活动性的关系，为减轻地震灾害和寻找矿产资源服务。它是一个良好的选择，因为它包含从最古老到现今仍在活动着的构造域，穿过 5 条地震带。加上本区研究程度较高，通过综合研究，应能得到预期成果。

本项研究得到了国家自然科学基金委员会和国家地震局的共同资助，特此表示衷心的感谢。

1　编图的基础与思路

按 GGT 指南的要求，地学断面的编制是在已有资料的基础上进行的。为了提高质量，地球物理方面投入了一些新的工作量。在充分利用已有的区域地质调查研究成果的基础上，还在苏北-胶南、阴山块体及内蒙褶皱系等关键地区进行了野外调查研究和古地磁取样[2,3,4]，为编图打下了基础。

大陆地壳、岩石圈的组成和构造垂向与横向的不均匀性，在很大程度上取决于所处的构造环境和形成与改造过程，如构造增生与耗损、收缩与伸展及隆起与坳陷等。因此，关于地壳的上、中、下三层的性质问题，只能从构造观点加以处理，并在构造样式与构造过程的基础上，以不同的变形模型加以解释。

编图方法上，采用了两种符号与色标系统：地质类图件采用国际地质色标表示岩层的年代；另一种是构造亲缘符号与色标，表示岩石单位形成的构造环境，适用于构造地层时-空图解与解释性剖面等，它们是断面的核心。可以看出整个断面是突出构造的。

2 本断面的构造背景

本断面以中朝板块居中，古大陆边缘区位于南北两翼，自东南向西北穿越 8 个构造地层单元（图 2 及表 1）。它们记录了过去 2800 Ma 以来的大陆岩石圈的演化历史，包含着各种不同的构造过程和构造体制，概括起来就是它的克拉通化和以后遭受反复破坏和改造的过程。

表 1 响水-满都拉地学断面穿越的构造单元及其间的断裂带

扬子板块		
		嘉山-响水断裂带
	Ⅰ.苏北-胶南块体	
		郯庐断裂带
中朝板块	Ⅱ.鲁西块体	
		齐河-广饶断裂带
	Ⅲ.华北裂谷盆地	
		太行山山前断裂带
	Ⅳ.太行-五台块体	
		鹅毛口断裂带
	Ⅴ.鄂尔多斯块体	
		鄂尔多斯块体北缘断裂
	Ⅵ.呼-包盆地	
		大青山山前断裂带
	Ⅶ.阴山块体	
		乌兰宝力格断裂带
Ⅷ.内蒙褶皱系		

太古宙以微陆块的形成和聚合为特征，常成为被复杂变形的早元古代活动带分隔和环绕的陆核。本断面穿过的泰山杂岩、阜平杂岩、恒山杂岩和乌拉山杂岩体等均为古陆核。介于阜平和恒山杂岩体之间的早元古代五台群和滹沱群的构造配置，类似碰撞造山带，包括蛇绿杂岩带和岩浆弧及前陆盆地等[5]，表明板块构造体制至少在 2400 Ma 前已经开始。

早元古代末，约 1800～1700 Ma 前，中期板块基底基本固结[6]，中元古代起，开始了盖层沉积，同时古克拉通也开始遭受破坏和改造。由于大陆伸展和开裂，有大批基性岩墙群侵入和坳拉槽的形成。如燕山坳拉槽向西南延伸隐伏于冀中坳陷之下和内蒙的中元古代早期渣尔泰坳拉槽。渣尔泰坳拉槽活动性很强，沉积物经历了褶皱变质，成为固结较晚的基底部分[8,9]。中晚元古代的地壳伸展和裂陷还造成了中期克拉通北缘的被动大陆边缘和覆盖其上的沉降陆架及大陆坡沉积白云鄂博群。

显生宙以板块边缘过渡带的变形、板内伸展和挤压为特征。中朝板块北缘在早、晚古生代发生过俯冲和增生过程，有岛弧杂岩等拼合地体。板块南缘的构造复杂性在于它与扬子板块在三叠纪的陆-陆碰撞过程中，夹持的苏北-胶南地体发生高压变质作用和柯石英榴辉岩等一系列超高压岩石矿物的形成。

中、新生代的构造运动，强烈改造了中朝板块，形成新的构造体制，显示出板内动力学特征。首先构造走向由古生代的近 EW 向改为 NE-NNE 向，还发生了陆内挤压和伸展构造变形。前者如阴山块体内侏罗纪煤系的薄皮挤压构造变形，伴有广泛的钙碱性火山岩浆活动和花岗岩类的侵位。

白垩纪至新生代的伸展构造发育可分为 3 期：早白亚世发生的有沂沭裂谷带和内蒙的查干哈达裂谷盆地等；古近纪者有华北裂谷盆地；上新世至第四纪发育的有山西裂谷系北端的大同盆地等。它们不仅形成的时代不同，构造类型也是各异的。

3　地球物理场及地壳上地幔构造特征

断面条带范围内地球物理探测研究工作包括：地震折射剖面约 1200 km，分为 3 段如图 3，图 5，图 6。

地震反射剖面约 250 km，呈 WN-ES 向横穿冀中坳陷。大地电磁测深点 24 个、大地热流点 40 个、1 : 100 万重磁异常图和天然地震观测资料反演的 S 波速度结构等。由于本断面穿过的 8 个构造单元具有不同的形成环境和发展演化过程，因此地球物理场和深部构造特征差异很大，现仅就一般性特征简述如下：

3.1　地壳、上地幔速度、电性结构

（1）中新生代沉积盆地内的层速度值一般为 2.0～4.0 km/s，电阻率值为 5～20 Ω · m，其厚度在 1～6 km之间变化。盆地区下伏的上地壳以及古生界和变质基岩的出露层可进一步划分为上下两层。上层速度梯度大可能与裂隙随深度迅速闭合有关，下层为高速薄层。但在电性上均为高阻层，电阻率值一般为 10^3 Ω · m。

（2）新生代裂谷盆地之下，一般地说，中地壳速度相对偏低，厚度略薄，并往往与高导层对应，但中、上地壳之间没有明显的速度分界。基岩出露层或稳定块体之下，中地壳速度略高、厚度略增，中、上地壳之间有清楚的速度界面；电性一般为高阻。一般而言，中地壳是垂直速度梯度最小的层位，这可能表明中地壳具有明显的水平变形历程。

（3）下地壳是一组速度随深度而增加的正速度梯度层。新生代裂谷盆地之下，下地壳厚度明显减薄，速度相对偏低，并对应着莫霍面的显著上隆。这可能意味着，在上地幔隆升过程中，壳内增温，下地壳侧向蠕变。在中地壳有低速体发育的区段，其下伏的下地壳往往表现为相对低速和明显高导。这可能与部分熔融或岩浆物质渗入有关。在稳定的块体之下，下地壳厚度变化不大，结构简单，电性为高阻。

（4）裂谷区的下地壳下部存在一个强速度梯度层，它与莫霍面之间构成了壳-幔过渡带[7,8]。裂谷区地壳结构复杂，稳定块体则具有简单的似层状地壳结构特点。地壳厚度从本断面东南端的滨黄海地区 29～33 km，向西北方向逐渐加厚至鄂尔多斯块体下的 43～44 km，再向北至内蒙褶皱系加厚至 47～48 km，但在华北裂谷盆地之下，则减薄至 30～34 km。最明显的莫霍界面陡变带，位于华北裂谷盆地西侧的太行山之下。

上地幔高导软流圈在华北裂谷盆地上涌至 72km 深，在呼和浩特-包头盆地下为 98 km，郯庐断裂带下方存在一个埋深为 60 km 的上地幔高导薄层，其他地区上地幔高导软流圈一般为 100—130 km。沿本断面，上地幔高导软流圈与面波反演得到的 S 波层速度为 4.20 km/s，与上地幔低速带基本一致。

3.2　重、磁场

本断面所经过地区已有详细重，磁观测结果，前人曾做过很多分析研究[9,10]。区域重磁场特征（走向、形状和梯度）具有明显的可对比性。布格重力异常值从断面东南端的 30 mGal，降至西北端的 -150 mGal。华北裂谷西侧的 NNE 向太行山重力异常梯级带两侧之重力差值竟达 100 mGal，它对应着宽大的莫霍界面斜坡，并兼有西倾的深层断裂，布格重力场受莫霍面起伏控制[9]。苏北-胶南地体为

高重、磁异常区，从断面所经地区向 NNE 向延伸。郯庐断裂带是一狭长的 NNE 向磁异常带和宽缓的重力梯级带，其两侧重磁场形态有明显差异，反映它是曾伴随有深部物质上侵的巨大构造边界。鲁西块体重磁异常均呈 WNW 向展布，且变化平缓。华北裂谷盆地被巨型的 NN E 向宽缓的区域重磁异常所占据，这里虽然有巨厚的低密度的中新生代沉积，但区域布格重力场却高达-10～0 mGal，表明这里的莫霍界面明显上隆。基岩广泛出露的太行-五台块体区域，布格重力场呈 NNE 向展布并向 WNW 向单调下降。区域磁场虽然也呈 NNE 向展布，但幅值变化比较复杂，例如阜平一带为正磁异常区，但五台一带为负磁异常区，而恒山一带又为宽带状的正磁异常区。太行-五台块体与鄂尔多斯块体的边界，即鹅毛口断裂带表现为强烈的线状负磁异常带和宽缓的重力梯级带。鄂尔多斯块体本身则为平缓的重磁异常区。从鄂尔多斯块体北缘至内蒙褶皱带区域重磁异常走向截然改变，这里被一系列的近 EW 向重磁异常所占据，其间的一些线性磁异常和重力梯级带对应着大型断裂带。

3.3 大地热流

限于寻找适合于观测大地热流钻孔的困难，本断面所通过的个别构造单元没有大地热流数据，但本断面走廊带内 40 个热流数据（包括 3 个硅热流平均值）基本上反映了各主要构造单元的热结构特征。郯庐断裂带热流值在 53.9～81.6 mW/m^2 之间变动，平均值为 68.6 mW/m^2，表现为高热流特征，这与其长期活动性有关。鲁西块体热流值在 44.9～55.3 mW/m^2 之间，为变化平稳的低热流区，该块体长期稳定上隆，深部结构简单。本断面所通过的华北裂谷盆地区，共获得 13 个热流值，其变动范围为 61.7～80.0 mW/m^2，平均值为 68.4 mW/m^2，是本断面高热流值区。这与华北裂谷新生代时期的强烈活动、壳内低速-高导层的发育、较薄的地壳厚度（30～31 km）以及浅埋的上地幔低速带和高导软流圈（68 km）是一致的。说明裂谷区的深部活动在较大程度上控制了地表热流特征。同样，在山西裂谷系的大同盆地内也获得了较高的热流值。然而，本断面所通过的鄂尔多斯块体北缘的 10 个热流值，在 52.5～69.3 mW/m^2 变动，平均值为 56.3 mW/m^2，为变化平稳的低热流区。这里地壳结构简单，莫霍面深埋 40 km 以下，上地幔低速带和高导软流圈深于 100 km。在本断面北段的加里东褶皱带共获得 4 个热流值，变化范围为 56.4～64.9 mW/m^2，平均值为 62.4 mW/m^2。这里虽然地壳厚度最大（47～48 km），上地幔低速带和高导软流圈最深（125～130 km），但为中等热流区，看来与其褶皱成陆时代有关。总之，中朝地台中的稳定块体为低热流区，新生代裂谷和强烈活动区为高热区，而其边缘的褶皱带为中等热流区。

4 解释性剖面所反映的地壳演化

解释性剖面是在综合了地质、地球物理和地球化学资料的基础上编制的，尽量反映地壳和岩石圈的组成和构造及其演化的可能方式，体现不同构造单元和主要构造事件之间在时间与空间上的关系。而表壳地质构造向深处的延伸是由地球物理和地球化学等资料导引的。编图的思路是按照介质和变形随深度变化和横向不均一性的原则进行的。由于大陆地壳组成和构造上的非均匀性主要取决于所处的构造环境，所以有关地壳上、中、下三层的性质问题，将从构造观点加以处理，并在构造过程的基础上，用不同的构造模型加以表达，以下由东南向西北按构造单元加以解释（图 3，图 4）。

4.1 苏北-胶南地体

在苏北-胶南块体的角闪岩相为主的变质岩系（胶南群、东海群）中，广泛发育榴辉岩，可笼统地划归为 Coleman 等[11]分类中的 B 类。一般认为它们大都是由陆壳原岩形成的。近年来，张儒媛等[12]在东南沿海榴辉岩中，发现柯石英及其假象，还有其他高压矿物，阐明了它的形成至少需要 25×10^8Pa 的压力或 80 km 深的载荷，它的形成主要是由于增压作用而非增温。其形成条件应该考虑板块俯冲，

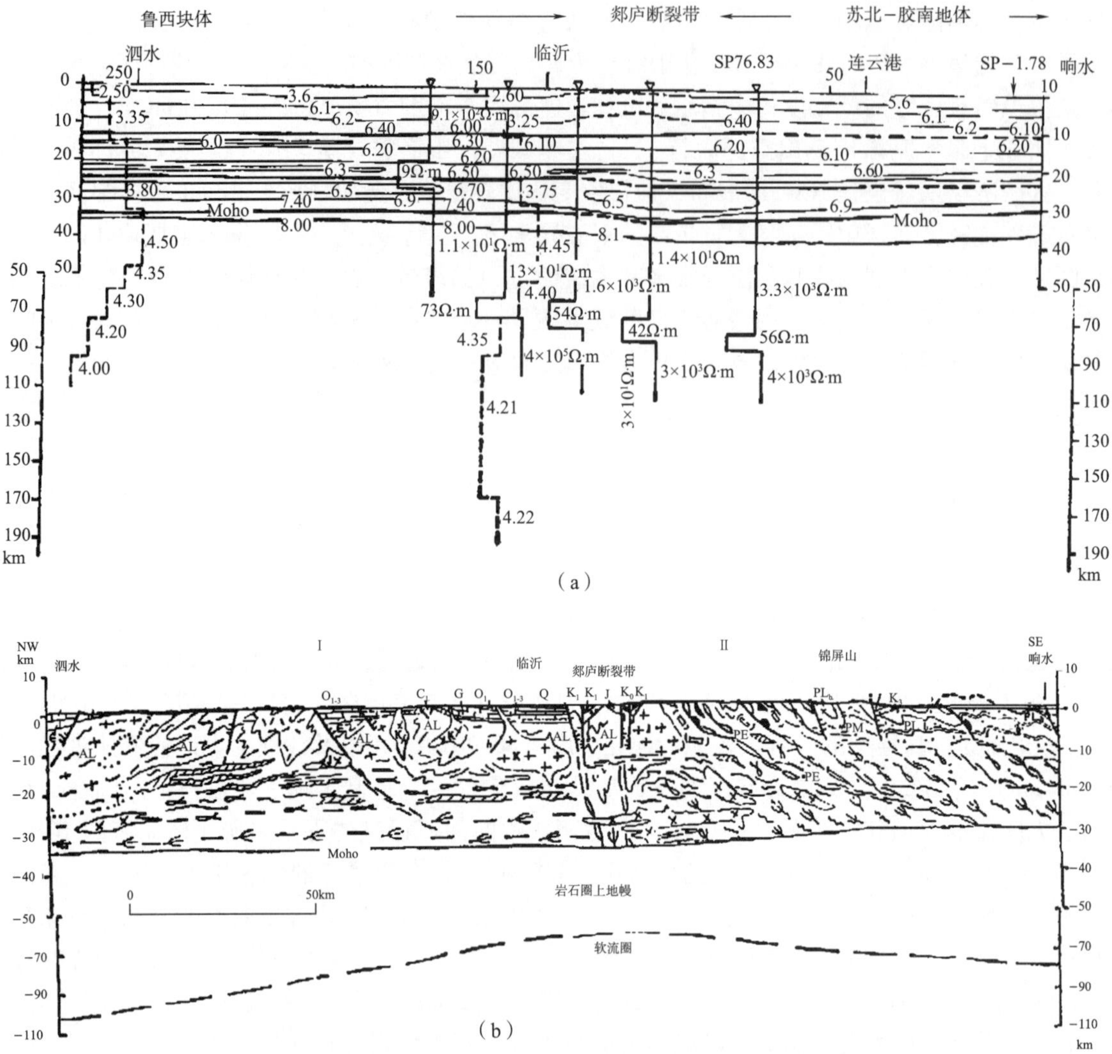

（a）
（b）

图 3　响水至泗水地球物理解释图（a）及解释性剖面（b）

（a）图中水平线为地震测深 P 波速度等值线（km/s）；垂向实线是大地电磁测深结果，凹槽处为高导层（Ω · m）；垂向虚线示 S 波速度（km/s）结构。（b）图的构造亲缘图例及色标限于条件暂缺

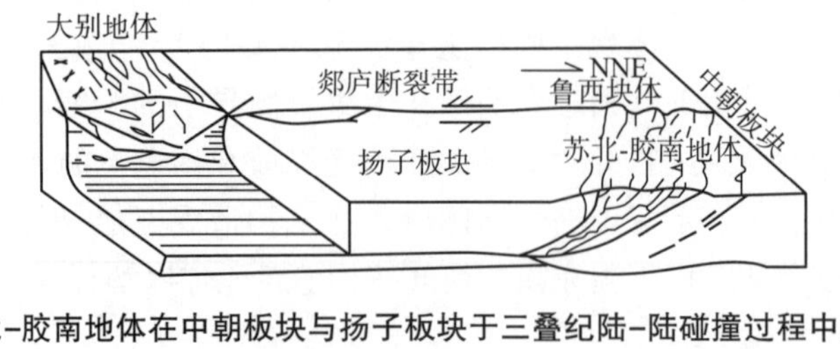

图 4　苏北–胶南地体在中朝板块与扬子板块于三叠纪陆–陆碰撞过程中夹持于其间

地体拼贴和陆–陆碰撞的过程[13,14]。两个大陆板块的碰撞过程中，一板块的前端可能瞬时地俯冲于另一板块之下，地壳通过岩片逆冲堆垒而不断加厚，柯石英榴辉岩块也通过这一过程，沿韧性剪切带或逆冲断裂携至地壳上层，如图 4 所示。

地壳测深提供的本区地壳速度结构如下：

上地壳	厚为 10～11 km	层速度为 2.7～6.3 km/s
中地壳	12.5～14 km	6.2～6.5 km/s
下地壳	6.5～8 km	6.7～7.4 km/s

上、中、下地壳总厚度为 29～33 km

这里壳内发育两组低速薄层，但没有高导层发育，推测前者可能为壳内滑脱界面。

在西侧郯庐断裂带下发育的中地壳低速层顶部埋深约 13 km，向东在本区深 18 km 左右。下地壳低速异常体也是在西端翘起向东倾斜，反映深部构造势态。本区中地壳结构也以倾斜的透镜状构造变形模式表示，下地壳则以透入性的变形为特征。

郯庐断裂带在这段可作为鲁西块体和苏北胶南的边界，但它并不垂直于陆-陆碰撞的方向，这次碰撞与它的左旋平移有关。它也并非简单地垂直下切至地幔，其间有沿地壳滑脱带的错动[15]和小型地壳块体被次级断裂分割。郯庐断裂带在航磁图上显示线性串珠状，这暗示着地幔上穹与岩浆贯入，这种附加的扰动可能是触发地震的一个动因[16]。郯庐断裂带现今活动的性质已改变为右旋压剪，东侧断层的逆冲表现十分清楚。

4.2 鲁西块体

鲁西块体是抬升的太古宙陆核，仅有较薄的晚元古代和显生宙盖层。后来经历了中新生代的掀斜块断运动和岩浆活动。但总的来看它仍属于稳定构造单元，地壳介质的分异程度较高，显示规则的层状速度结构，横向变化不大，其速度结构如下：

上地壳	厚 13 km	其层速度 2.9～6.4 km/s
中地壳	厚 10.5 km	6.2～6.5 km/s
下地壳	厚 10 km	6.7～7.4 km/s

总厚度为 33～34 km

据江博民[17]等研究，泰山杂岩的基底片麻岩和闪长岩类（2600～2700 Ma）的相对低的锶（$^{85}Sr/^{86}Sr$）初始比值和高而正的 ϵNd（T）值，为太陆通过加入最终从长期亏损的地幔中分离出来的原生物质而提供了证据。而后来侵入并遭受过第一期变形和变质的花岗岩（2400～2500 Ma）中的 Sr 和 Nd 同位素数据，则暗示着它们是在较浅层位中的基底片麻岩，通过深熔作用而形成的。他认为泰山杂岩的地壳演化支持大陆增生分异的超级事件的概念，在这种全球热构造事件期间，特别是在太古宙，上地幔的重要分异作用，曾通过输入原生物质使大陆地壳生长。

4.3 华北裂谷盆地

本断面从华北裂谷盆地拦腰穿过，从东南向西北依次有济阳坳陷、埕宁隆起，黄骅坳陷、沧县隆起和冀中坳陷等，其中还可划分出次级的凹陷和凸起。这是我国石油地质工作者研究较详的盆地。近 30 年来相继发生过邢台、河间等一系列破坏性地震，所以本区也为地震工作者所瞩目，并进行过一系列地震、地球物理观测和地震地质研究。这些资料有助于研究盆地结构、演化、强震及盆地形成的模式。本区地壳速度结构如下（图 5）。

上地壳	厚度为 12～15 km	层速度为 2.0～6.1 km/s
中地壳	7～10 km	6.1～6.3 km/s
下地壳	8～11 km	6.5～7.2 km/s

下地壳的底部为强速度梯度层（壳幔过渡层），厚度为 2～3 km，地壳总厚度 30～34 km。

华北裂谷盆地的演化经历了两个沉降阶段，如 D. McKenzie[18]给出的简单模型那样：古近纪开裂和

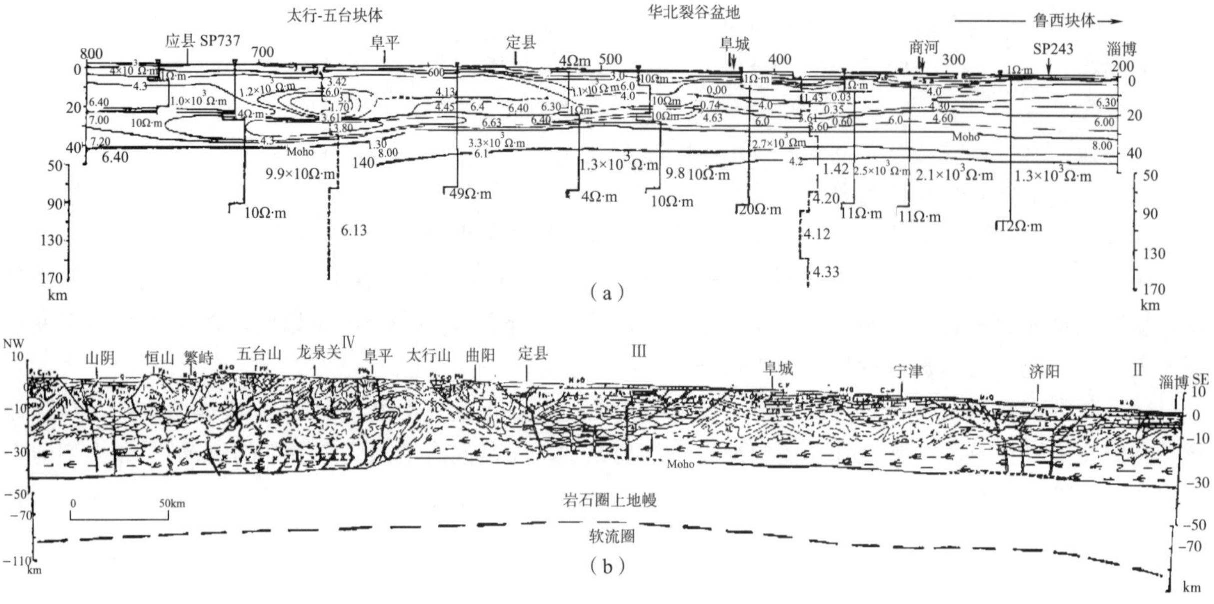

图5　淄博至应县西地球物理解释图（a）及解释性剖面（b）

（a）图中水平线为地震测深P波速度等值线（km/s）；垂向实线是大地电磁测深结果，凹槽处为高导层（Ω·m）；垂向虚线示S波速度（km/s）结构。（b）图的构造亲缘图例及色标限于条件暂缺

差异沉降，造成盆岭构造，新近纪以来是较均一的热下沉阶段。在结构上，古近纪的伸展构造包括一系列掀斜断块及其前缘的铲式正断层，构成半地堑[19]。这些断层，上陡下缓，向下断裂可能归并在新生代沉积底板或显生宙地层与前寒武纪基底之间的变缓的低角度滑脱面上。下边是任何时代和类型的中地壳岩石。它们的结构由于变形分解作用成为强应变带和透镜状弱应变域的规律性组合，一般呈由韧性剪切带环绕的透镜状。这些透镜体沿缓倾的糜棱岩带滑开时，就引起了地壳的伸展。

这些透镜体的顶面是起伏不平的滑脱断裂，它们的复合面积随时间发展增大。当深层次的透镜体从浅层透镜体之下滑开时，顶面以上的上地壳脆性块体就发生绕水平轴的转动，乃至拉开成为盆地并直接在滑脱面上堆积沉积物[20]。裂谷下方发育的壳内低速-高导层，可能起因于上述的一系列壳内滑脱断裂所导致的脱水甚致部分剪切溶融的结果。根据唐山地区的深反射地震剖面[21]和岩石力学性质的考虑，下地壳是由透入性的伸展扁平化作用而扩展的。

冀中坳陷下的壳内高导层深约22km位于中下地壳之间，而地幔高导层深72～80 km，与S波速4.20 km/s的低速带相当，可能暗示着软流圈的位置。这将意味着与软流圈扩展和基性岩浆上侵有关的地幔上拱。坳陷之下，壳幔过渡型莫霍面的发育和较高的下地壳波速，意味着下地壳在伸展过程中，有玄武岩浆垫托和有关的岩床与岩墙的侵入。

华北裂谷盆地中的强震活动是与盆地的形成和发展密切相关的，前人已有许多论述[22,23]。曾融生等（1990）提出上地幔热物质向地壳下部的入侵，产生横向与垂向上都不均匀的扰动应力场，并从而诱发地震。

4.4　太行-五台块体

介于太行山山前断裂带与鹅毛口断裂带之间的太行-五台块体也是一个隆升的克拉通块体。太古宙阜平杂岩与恒山杂岩两陆核之间五台群和滹沱群的沉积、构造、变质和岩浆作用用的不对称性以及它们所代表的增生及碰撞的一系列组分，展示了较完整的早前寒武纪构造发育的图景。吕梁运动（1800～1700 Ma前）使克拉通基底固结，以后由于本区一直处于隆升状态，中元古代至显生宙盖层很薄，许多地层缺失，显著的构造遗迹是中元古代的伸展开裂导致大量辉绿岩基性岩墙群的侵入，和新生代晚期的裂谷作用及有关的强震活动。

从华北裂谷盆地向太行-五台块体方向，地壳厚度迅速从 30 km 增至 42km（图 5）。其地壳速度结构如下：

上地壳	厚度为 15～17 km；	层速度为 3.5～6.1 km/s
中地壳	9～11 km；	6.3～6.4 km/s
下地壳	9～14 km；	6.4～7.3 km/s

总厚度为 32～42km

这一地壳加厚可分两个台阶。第一阶是从太行山前大断裂向西至阜平一段，它恰好对应着著名的太行山重力梯级带的主体部分，两侧地壳厚度的差异，主要是由于东侧新生代时地壳伸展作用而细颈化和西侧地壳的构造推垒与岩浆叠加作用的结果。更为突出的是地壳厚度陡变带是在阜平附近，那里下地壳呈现为西倾的陡坡，而且从太行山西部至五台山下的中、下地壳内有低速异常体的发育，可能意味着深熔体的存在和幔源岩浆与地壳源熔体的混合，反映中、下地壳内明显的质量亏损壳内可能有低密度体。据重力测量结果，在消除浅部因素和地形改正后仍呈现为局部重力负异常。

本块体西北部的 NNE 向的大同盆地和 NE-ENE 向的沿滹沱河上游的裂谷地及灵丘盆地等，是山西裂谷系的北段。前者是受 NNE 向右旋剪切正断层控制的剪张性盆地，后者是裂谷系的 ENE 向张性区，是由正断层控制的长条状掀斜断块造成的盆岭构造[24]。山西裂谷系与华北裂谷盆地不仅形成的时代不同（前者主要形成于上新世至第四纪），而且它们的构造样式与成因机制也是各异的，后者可以归之为主动式，而山西裂谷系的形成与鄂尔多斯块体周边的其他裂谷系，可以看作是被动式[25]。据林传勇等[26]所做繁峙玄武岩中幔源包体中辉石温度-压力曲线，即辉石地温线的研究，认为这里上地幔热状态与大洋下地温分布相同，与典型的克拉通地区相比，我国东部上地幔是“过热”的，而这种过热状态常常是地壳“活化”和裂陷的根本原因。

值得指出的是，沿大盆地西缘鹅毛口断裂带和沿滹沱河裂谷带东南缘五台山山前断裂带，均可见到上新世以来的正断层迁就利用中生代逆冲断层发育的关系，表明中生代构造至少部分地控制了新生代伸展构造的位置和力学性质。

4.5 鄂尔多斯块体

它是一个深埋的克拉通块体，故有人称之为盆地块体。早白垩世晚期以前一直持续稳定下沉，地层平缓仅有零星正断层发育。地震测深显示地壳介质分异性好，地壳速度成层分布，由浅到深逐渐递增，莫霍面没有明显的起伏变化，反映出典型的地台区速度结构（图 6）。

上地壳	厚度为 19 km；	层速度为 2.0～6.3 km/s
中地壳	10～11 km；	6.2～6.4 km/s
下地壳	14～15 km；	6.6～7.4 km/s

总厚度为 43～44 km

向北在接近呼-包盆地的附近，中、下地壳亦有相对弱的低速层分布。向南至块体内部就逐渐减弱并消失。

本断面穿过其北部边缘，有基底杂岩出露于乌兰格尔隆起，古生代及中生代地层向北变薄、尖灭和超覆。

4.6 呼-包盆地

它是鄂尔多斯块体北缘河套裂谷系的一段，断面跨越白银花和呼和浩特半地堑凹陷的一部分，两者之间隔着包头凸起。它是在前寒武纪结晶基底上发育起来的，从侏罗-白垩纪燕山运动的挤压隆起，

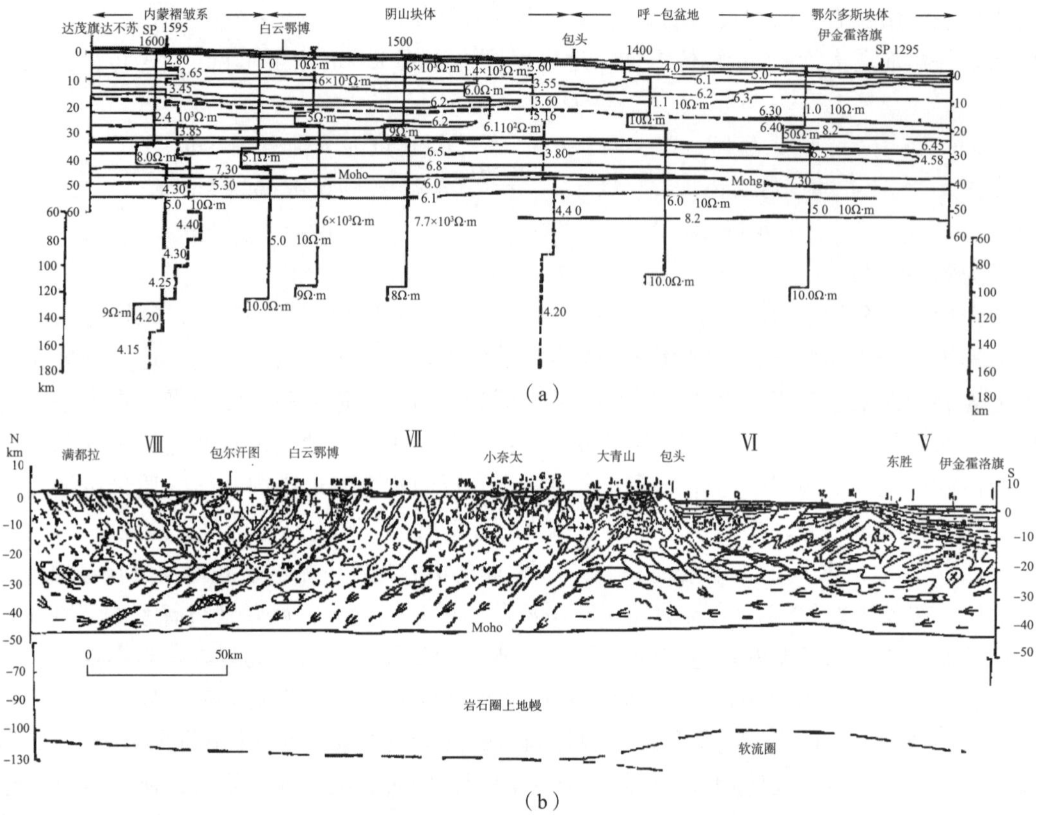

图 6　伊金霍洛旗至满都拉地球物理解释图（a）及解释性剖面（b）

（a）图中水平线为地震测深 P 波速度等值线（km/s）；垂向实线是大地电磁测深结果，凹槽处为高导层（Ω · m）；垂向虚线示 S 波速度（km/s）结构。（b）图的构造亲缘图例及色标限于条件暂缺

至古近纪晚期开始转化为伸展和裂陷，主要的快速沉降是在新近纪至第四纪。盆地北缘控制性正断层迁就利用阴山块体南缘的中生代向北逆冲的断层。其地壳速度结构如下：

上地壳	厚度为 20 km；	层速度为 2. 3～6. 3 km/s
中地壳	10 km；	6. 2～6. 4 km/s
下地壳	12km；	6. 5～73 km/s

总厚度为 42km

盆地内上地壳增厚，其层速度较南北两侧偏低，而中地壳速度又较南北两侧偏高。中、下地壳厚度减薄，中地壳内出现 5～10 Ω · m 的低阻层。地壳总厚度较南北两个块体减薄，莫霍面上拱了2 ～3 km。

4. 7　阴山块体

它是一个位于中朝地台北缘并遭受后期强烈改造的克拉通块体。首先它的北半部是中朝板块基底固结最晚的部分，渣尔泰群坳拉槽大约在 1500～1400 Ma 前的色尔腾运动中褶皱回返[2]。在被动大陆边缘大陆坡上堆积的中晚元古代白云鄂博群也遭受了褶皱变动。更突出的是它与北侧显生宙克拉通边缘过渡带的关系，伴随北缘古生代的俯冲增生和拼贴及对接事件，在块体内有大量加里东、华力西及印支期长英质侵入体的发育，形成了巨大的陆缘岩浆活动带。这些岩体散布在距古大陆边缘 100～200 km范围甚至更远的距离，显示了构造作用的远距离效应，反映了地壳通过岩浆的附加作用而增生。

本区地壳厚度由南往北加厚至47 km，岩石圈厚达115～120 km。其速度结构如下：

上地壳	厚度为 19～21 km；	层速度 2.9～6.3 km/s
中地壳	11 km；	6.3～6.4k m/s
下地壳	13～15 km；	6.5～7.3 km/s

总厚度为 43～47 km

地壳厚度由南向北逐渐加厚，地壳介质分异程度较好，速度随深度按一般规律递增，具有成层分布特点。中、下地壳虽有低速层显示，但横向变化不明显。在中地壳 21～32 km 深处有低阻层分布。

在中生代开始的隆起遭受剥蚀之后，早-中侏罗世有断陷煤盆地的形成，其后的燕山运动使之强烈变形，形成典型的薄皮挤压构造。基底岩系以缓倾角逆冲推覆于煤系之上[27]。同期还有花岗岩类的侵入。晚侏罗世至早白垩世盆地范围进一步扩大并有大量火山岩及碎屑岩的快速堆积。

4.8 内蒙褶皱系

在内蒙褶皱系中，早、晚古生代两个增生带与中朝板块之间，体现了板块俯冲、地体拼贴增置的关系。因之地壳厚度在断面区内是最大的，其速度结构如下：

上地壳	厚 19～21 km；	层速度 4.0～6.3 km/s
中地壳	厚 11～15 km；	6. 2～6.4 km/s
下地壳	厚 13～14 km；	6.5～7.3 km/s

总厚度为 47～48 km

上地壳下部和中地壳内有低速度异常显示，S 波速度结构在上地壳下部和中地壳上部有低速层分布。下地壳内有低阻层出现。本区有两条蛇绿岩带：早古生代者表明中朝板块曾被蒙古洋板块由北向南俯冲，经历有远洋沉积、岩浆弧等增生过程，遭受过强烈变形和变质事件，发育有显著的向南倒转的褶皱构造楔和逆冲推覆，如乌兰宝力格逆冲断裂带等（图 6）。原始的向南俯冲的构造已模糊不能辨认。

北部晚古生代的蛇绿岩带可能标志着中朝板块与蒙古陆块之间的会聚[28]，然而对于两者对接的时代以及最终缝合的位置却有不同的认识。

中朝板块北缘狭窄的加里东褶皱带里，早古生代布龙山-哈拉岩系中的奥陶-志留系与中朝板块上同时代的地层完全不同，不整合覆盖其上的上志留统西别河组所含的腕足类和珊瑚化石具有浓厚的北美、北亚、北欧色彩，而其上的石炭系则属稳定型沉积，说明本区向中朝板块增置是发生在志留纪以后，晚石炭世之前。下二叠统含有特提斯型的暖水生物群，而上二叠统则以华夏植物群为特征。在更北的晚古生代满都拉地区石炭-二叠系属活动型沉积建造，中石炭世开始出现滨海沉积，具多变的岩相和安加拉植物群。下二叠统哲斯组含有北方型冷水生物群，但向上混有暖水成分，并在上二叠统中含有安加拉植物化石，因此王鸿桢等[29]认为，中朝与西伯利亚-蒙古两古陆边缘，曾于早二叠世接近并于晚二叠世至早三叠世期间对接，中间海域消失。对接带两侧大量晚古生代至早三叠世花岗岩的发育，就是两古生代大陆板块碰撞造山的佐证。当然，蒙古洋盆的消亡、大陆闭合的缝合线是否通过索伦山，目前还有争议，有待进一步研究解决。

5 结 语

全球地学断面计划，显示出不同学科共同探索广阔的基础性问题以及解释大陆岩石圈构造演化的成功尝试。这种合作和取得的新资料及数据，使我们对一些问题的认识开扩了思路。

本断面所穿越的 8 个构造单元，代表了不同的构造体制，总起来反映了中朝板块克拉通化及其遭受后期改造的过程，诸如与古大陆边缘过渡带之间的关系和各种板内构造及板内动力学特征。研究中特别注意了各构造单元的特征性地球物理表现，因为后者对表壳地质构造的垂向延伸和区域展布范围以及它们变形的历史提供了必要和可能的数据。因限于篇幅就不一一列举了。

作者感谢国际岩石圈委员会地学断面协调委员台 J. W. H. Monger 和 H. J. Goeize 俩主席的热情指导和鼓励。在内蒙古、江苏、山东地质调查时，得到王楫、李双庆、周鸿祥和张志敏等同志的大力协助，均此致以衷心地谢意。

参 考 文 献

[1] Monger J. W. H. , 1986, The glohal geoscience transec project, Episode, Vol, 9, No. 4: 217-222.

[2] 马杏垣、王楫、李双庆等，1988，有关内蒙古地质构造的一线之见，地震地质，Vol. 10，No. 4：45～50。

[3] 马杏垣，1989，江苏响水至内蒙满都拉地学断面南北两段的地质观察，地球科学（中国地质大学学报），Vol. 14，No. 1：1～7。

[4] 周春平，1989，苏北-胶南地体构造初探。地震地质，Vol. 11，No. 1：60～64。

[5] 李继亮、王凯怡、王清晨等，1990，五台山早元古代碰撞造山带初步认识。地质科学，第 1 期，第 1～11 页。

[6] 马杏垣、张家声、白瑾、索书田，1986，中国前寒武纪历史过程中构造样式的变化，见：国际前寒武纪地壳演化讨论会论文集，第一集，第 1～29 页，北京：地质出版社。

[7] 刘昌铨、刘光夏、杜官恒，1987，从郯庐古裂谷中段的地壳结构特征探讨人工地震测深在矿产远景预测中的作用，物探与化探，Vol. 11，No. 4：257～265。

[8] 江钊、孙洁、徐常芳等，1990，江苏响水-内蒙古满都拉地壳上地幔电性结构初探，地震地质，Vol. 12，No. 3：193～206。

[9] 冯锐、郑书真、黄桂芳等，1989，华北地区重力场与沉积层构造，地球物理学报，Vol. 32，No. 4：385～398。

[10] 冯锐、张若水、郑书真等，1988，论华北地区均衡状态（二）——复合补偿和深部构造，地震学报，Vol. 10，385～395。

[11] [11] Coleman, R. G. , D. E. Lee, J. B. Beatty, W. W. Brannock, 1965, Eclogites and eclogites, their differences and similarities, Bull. Geol. Soc. Am. Vol. 76, 483-500.

[12] Zhang Ruyuan, Takao Hirajima, Shoher Banno et al. , 1990, Coesite-eclogite from Dongbaiarea, Jiangsu Providce, China. In: The 15th Geoeral Meeting of the International Mineralogical Association, Abstract, Vol. 2, 923-924.

[13] Hodges, K. V. Bartly. J. M. &Burchfiel, B. C. , 1982, Structural evolution of A-type suhduction zone, Lofoten-Rombak area, northern Scandinavian Caledonides, Tectonics, Vol. 1, 441-462

[14] Carswell, D. A. & Cuthbert, S. J. , 1986, Eclogite facies metamorphism in the lower continental crust, In Dawson, J. B. (eds), The nature of the lower contineatal crust. Geological Society Special Publication, No. 24: 193-209.

[15] 张碧秀、汤永安，1988，沂沭断裂带地壳结构特征，中国地震，Vol. 4，No. 3：16～22。

[16] 刘昌铨、祝治平等，1983，连云港-临沂-泗水测深剖面及临沂 8. 5 级地震深部构造背景，地震，No. 3：11～17。

[17] Jabn, B. M. , Auvray, B. , Sben, Q. H. et al. , 1988, Archean crustal evolution in China: The Taishan complex, and evidence for jusedile crustal addition from long-term depleted mantle, Precamhrian Research. Vol. 38: 381-403.

[18] McKenzie D. , 1978, Some remarkes on the development of sedimentary hasins, Earth and planet, Sei. Lett, Vol. 40, 25-36.

[19] 杨克绳，1990，冀中坳陷断层形成机理的探讨，第三届全国构造会议论文集，I.，57～64，北京：地质出版社。

[20] Hamilton, W. , 1987, Crustal extension in the Basin and Range Provioce, Southwestern United States, In Coward, M. P. et al. , (eds). 1987, Continental Extensional Tectoincs, Geological Society Special Publication, No. 28: 55-176.

[21] 曾融生、陆涵行、丁志峰，1988，从地震折射和反射剖面结果讨论唐山地震成因，地球物理学报，Vol. 31，No. 4：383～398。

[22] 胡小幸、林邦慧，1989，邢台地震空间分布随时间变化的立体图像与地震发生过程，地震学报，Vol. 11，No. 1：1～11。

[23] 徐杰、方仲景、杨瑾华，1988，1966 年邢台 7.2 级地震的构造背景和发震构造，地震地质，Vol. 10，No. 4：51～59。
[24] 徐锡伟、邓起东，1988，晋北张性区盆岭构造及其形成机制，中国地震，Vol. 4，No. 2：19～27。
[25] Ye HoDg. Zhang Botao & Mao Fungying，1987，The Cenozoic tectonic evolution of the great North China Two types of rifting and crustal necking in the grceat North China and their tectonic implications. Tectonophysics，Vol，133，217-227.
[26] 林传勇、史兰斌、何永年，1990，华北地区上地幔流变学特征初探，见：中国上地幔特征与动力学论文集：93～101。
[27] 王建平、杨玉东，1986，大青山及邻区推覆构造形成机制的讨论，构造地质论丛，No. 6：1～6，北京：地质出版社。
[28] 曾从周、田昌烈、杨芳林，1987，内蒙古索伦山-贺根山蛇纹岩带中席状岩墙群及其地质意义，中国北方板块论文集（2）：125～135，北京：地质出版社。
[29] 王鸿桢主编，1985，中国古地理图集，北京：地图出版社。

中国大陆岩石圈结构基本特征*

刘国栋

1 南北构造带

我国大陆中部——东经101°～106°间存在一条截然的分界线，这就是人们常说的南北构造带。

南北构造带是一条巨型的重力梯级带，平均宽约150 km，梯度值约0.7×10^{-5} m/s²/km。东部区域布格重力场以NE-NNE向为主，异常值由海域的300×10^{-5} m/s²降至南北构造带东侧的-150×10^{-5} m/s²。构造带以西，区域布格重力场以NWW和近EW向为主，异常值由北部阿尔泰地区的-100×10^{-5} m/s²降至南部西藏高原的-525×10^{-5} m/s²。这种大规模的区域布格重力场特征，基本上反映了中国境内莫霍面构造和地壳厚度的变化。根据深地震测深资料，我国东部沿海地带地壳厚度为29～32 km，向西起伏加厚，至南北构造带东侧增至42～50 km。南北构造带以东莫霍面总体构造方向为NNE-NE；西侧的西藏高原地壳厚度约70 km，向北至阿尔金附近可能减薄到40余公里，莫霍面总体构造方向为NWW-近EW向。

均衡重力异常也以南北构造带为界，显示出我国大陆东西两部分截然不同的特征。东部从沿海地区的（10～30）$\times10^{-5}$ m/s²，向西逐渐降至南北构造带附近的（-10～30）$\times10^{-5}$ m/s²，基本上处于均衡状态。西部地区除青藏高原处于均衡补偿状态外，周边和以北广大地区处于明显的不均衡过程中。高山区质量过剩，有高达（60～70）$\times10^{-5}$ m/s²的正均衡异常；盆地区显示出明显的质量亏损，有低达（-60～80）$\times10^{-5}$ m/s²的负均衡异常；构造带本身则为较弱的正均衡异常带。

南北构造带也是中国大陆内部区域磁异常的重要分界线。构造带以东，区域磁场特征比较复杂并具有明显的分区性。宏观上区域异常走向以NE-NNE为主；构造带以西区域磁异常走向以NWW-EW向占优势，并显示出明显的线性分布特征，构造带本身磁异常图像较复杂，不具统一的特征。这是由于区域磁异常特征主要受结晶基底组成、构造和后期岩浆活动所控制，因而推测南北构造带两侧的结晶基底是不同的，后期的岩浆活动也有明显差异。

南北构造带中段和北段有三条NW向深地震测深剖面。第一条剖面由四川块体的阆中到青藏高原的唐克，表明南北构造带以东的四川块体地壳厚约40 km，上地幔P_n速度为8.2 km/s，向下很快增至8.5～8.6 km/s，为一个刚性硬块；构造带以西地壳厚达51～53 km，P_n速度不超过7.5 km/s，下地壳速度偏低；南北构造带两侧的壳内速度结构存在明显差异（陈学波，1988）。第二条剖面由陕西的金堆城到青海的门源，在六盘山—西吉一带穿过南北构造带北段。结果表明，南北构造带以东的鄂尔多斯块体南缘地壳厚约43 km，P_n速度值约8.0 km/s；构造带下面，莫霍面略有抬升；构造带以西地壳厚达51～52 km，继续向西在永登—门源一带地壳增厚至59 km，P_n速度值为7.8 km/s，下地壳明显加厚，速度偏低。第三条剖面穿过鄂尔多斯块体中部和银川地堑并终止于阿拉善左旗。这条剖面的结果

---

* 本文原载于《中国岩石圈动力学概论》，地震出版社，1991，82～90。

表明，南北构造带以东的鄂尔多斯块体，地壳厚约 42 km，变化平缓，具稳定地块的特点；构造带下面，莫霍面明显上隆；构造带以西地壳迅速加厚至 46 km。从上述三条深地震测深剖面可见：南北构造带两侧的地壳-上地幔速度结构有明显差异，东侧的四川块体和鄂尔多斯块体具较简单的速度结构，西侧的青藏高原及其东北缘具有巨厚的地壳、异常低速的上地幔和较低速的下地壳；构造带下方莫霍面有所上隆等特点。

大地电磁测深结果表明，南北构造带是一条上地幔高导层隆起带。例如，在构造带南段的滇西地区，上地幔高导层埋深为 80～100 km（孙洁等，1989）；在构造带中段的灌县地区为 90 km，向西至阿坝地区加深到 140 km①；在构造带北段上地幔高导层埋深为 80 km，向西加深到 130 km 以上，并比东侧鄂尔多斯块体内的浅 20～30 km（兰州地震所大地电磁测深组，1987）。

由地震层析成像法得到的南北构造带三维速度图像表明，地壳和上地幔存在显著的横向不均匀性，450 km 深度以下这种不均匀性依然存在。在构造带及其周围的较大区域内，中地壳有低速层发育，最低速度值为 5.60 km/s；构造带内，上地幔顶部出现低速异常，速度值约为 7.49 km/s（刘建华等，1989）。

南北构造带最后之所以成为一条统一的构造带，可能与印度板块相对于欧亚板块的碰撞有关。由于中国大陆中部存在两个沿 SN 向排列的古老刚性地块（四川块体和鄂尔多斯块体），因而当青藏高原在印度板块作用下向 NE 方向运动时，这两个刚性地块在侧向形成阻挡，从而沿阻挡边界形成了一条挤压-滑动带，即南北构造带。与此同时，在印度板块的挤压碰撞下，青藏高原的上地幔遭受强烈扰动，导致软流层沿破裂的南北带上隆。

2 东部地区

在东部地区的布格重力异常中有三条明显的重力梯级带。第一条重力梯级带从琉球群岛西侧，经台湾岛东侧，再沿东沙、西沙和中沙群岛之间延至南沙群岛。该梯级带规模巨大，最大梯度值达 $1.75\times10^{-5}m/s^2/km$。梯级带以东为海洋性地壳，以西为大陆性地壳。南海是业已停止活动的洋盆，地壳厚度为 5～10 km，热流值高达 62～110 mW/m^2。第二条重力梯级带基本上沿东海和南海海岸地带延展，规模较小。在上述两条重力梯级带之间分布有东海和台湾海峡。东海是早新生代以来发展起来的裂谷盆地，地壳厚度 26～28 km，台湾海峡可能是晚新生代以来才出现的裂谷盆地，推测地壳厚度小于 28 km。它们均属于大陆型地壳。第三条重力梯级带北起大兴安岭，越燕山、经太行、穿秦岭，然后向武陵山一线延伸，呈 NNE 向展布，长 4000 km，宽 80～100 km，梯度值为（0.8～1.0）$\times10^{-5}m/s^2/km$，人们称其为南北重力梯级带。著名的 NNE 向郯庐断裂带虽在区域重力场上没有统一显示，但它是中国东部一条重要构造线和区域磁异常场的重要分界线。

中国东部地壳厚度变化总趋势是以东部沿海向大陆内部沿 NWW 方向加厚。沿海地区地壳厚度一般小于 30 km，靠近南北构造带地区时，一般大于 42 km。南北重力梯级带是地壳厚度陡变带；莫霍面总体构造线方向为 NE-NNE。中国东部地区的岩石圈厚度，从总体上说也是向大陆内部加厚，但在某些新生代裂谷区，和地壳厚度一样出现了明显的减薄现象（Liu Guodong，1987）。

中国东部区域重磁场以及岩石圈结构具明显的东西分带和南北分块现象。华南、华北和东北地区的区域重磁场特征及地壳-上地幔速度和电性结构都存在着重大异常。下面按照东西分带和南北分块的格局，对中国东部区域重磁场及岩石圈结构做些介绍。

---

① 李立、金国元，1985，攀西-龙门山地壳上地幔电性特征。

2.1　南北重力梯级带

南北重力梯级带沿山区展布，与我国东部地貌分界线吻合。目前已有五条 NW 向的深地震测深剖面穿过该重力梯级带。它们是丹东-东乌珠穆沁旗剖面、海兴-大同剖面、淄博-托克托剖面、郑州-银川剖面、随县-商县剖面，均位于南北重力梯级带的中段。已完成的解释结果（大部分尚未发表）表明，南北重力梯级带是一条地壳厚度陡变斜坡带，莫霍面由东向西加深 5～8 km，但随县-商县剖面仅加深 2～3 km。在该梯级带的莫霍面上可能有深断裂存在。沿上述深地震测深剖面的大地电磁测深结果表明，南北重力梯级带东侧上地幔高导层埋深一般浅于 90 km，而西侧多深于 110 km（山西裂谷系除外）。该重力梯级带在区域航磁图上没有统一显示，北段沿大兴安岭山区为正、负杂乱分布的线状磁异常带，是侏罗纪和白垩纪火山岩系的反映；其中段沿太行山脉的重力梯级带两侧，区域磁场特征是一致的；梯级带南段穿过桂西东侧的平静磁场区。南北重力梯级带在穿过燕山山脉和秦岭-大别山脉时，并未妨碍这里的 EW 向区域磁异常的自然延续。

从上述南北梯级带的重、磁场和深部构造特征看，南北重力梯级带是一条上地幔内部的构造变异带，而不是壳内的大地构造分界线。

对我国东部中生代火山岩的研究表明（吴利仁，1982），其中广泛发育的基、中、酸性陆相火山岩-侵入杂岩体主要为燕山运动早期（180～145 Ma）和燕山运动晚期（140～70 Ma）的产物。它们主要分布于大兴安岭—太行山—武陵山—苗岭—桂西山地以东，即南北重力梯级带以东地区，可分出南岩区、中岩区和北岩区。北岩区和中岩区火山岩及侵入岩的岩浆来自上地幔，而南岩区的岩浆有可能来自下地壳或上地幔的重熔物质。这表明，燕山运动时期南北重力梯度带以东的上地幔曾经历过强烈的热扰动。在中生代以前华北地台的沉积建造基本上是统一的，总体上呈 EW 向展布（叶连俊，1982），但自侏罗纪开始，以太行山为界东西两侧发生了根本性变化。西侧因受挤压而抬隆形成山西高原，大型的鄂尔多斯坳陷盆地逐步向西退缩，东侧出现一系列 NNE 向断陷盆地。这种构造分区的边界基本上与南北重力梯级带的中段相吻合。在南北重力梯级带的北段、大兴安岭的东侧，也于侏罗纪时发生裂陷，继而发展成为 NNE 向的松辽裂谷盆地。据此推测，南北重力梯级带可能是在燕山运动早期萌生的，并与古陆，早期大陆岩石圈受挤压，继而地幔强烈活动上隆有关。南北重力梯级带是作为这一影响范围西界而形成的。此外，南北重力梯级带在穿越燕山、秦岭、南岭等 EW 向巨型构造带时，均出现水平方向的弯曲，表明这些 EW 向构造带燕山运动以来曾发生过相对水平运动。

2.2　郯庐断裂带

郯庐断裂带是中国东部一条著名的深断裂带，南起九江，经郯城、莱州湾入渤海，沿下辽河平原东缘与依兰-伊通断裂相连。郯庐断裂带的南延问题目前仍有争论。

郯庐断裂带在航磁异常图上有明显显示，但不同地段有不同的磁异常特征，断裂带相邻两侧的区域磁场特征有明显差异。例如，庐江—临沂段，断裂带本身为线状正磁异常带，以东为在零值附近波动的平静磁场区，以西则为正负相间、NWW 向磁异常区；莱州湾-下辽河段，断裂带本身为线状磁场梯级带，以东为 NNE 向负磁异常区，以西基本上为正磁异常区；依兰-伊通段，断裂带本身为线状正磁异常窄带，两侧的区域磁场特征也没有明显不同。这些特点表明，郯庐断裂带本身在磁性结构上具有明显分段性，而其相邻两侧的磁性地壳结构在多数地段上截然不同。前者说明郯庐断裂带不同地段具有不同的性质和发展历史，后者可能反映了郯庐断裂带两侧的磁性地壳曾发生过显著的相对平移运动（刘国栋，1965）。

近些年来，南起嘉山北至辽河平原已有 8 条深地震测深剖面横穿郯庐断裂带，同时在山东境内还顺着郯庐断裂带布设了一条深地震测深剖面，安徽地区还有两条深地震反射剖面穿过郯庐断裂带。深地震测深剖面表明，郯庐断裂带在新沂以南，莫霍界面没有明显落差，但可能有破碎带存在，郯庐断裂带位于莫霍面稍有隆起的斜坡部位（张田维等，1988）。据宽线反射地震剖面结果推测①，郯庐断裂带为一地壳破碎带。它在新沂以北的山东境内，深部结构与地表类似，仍由四条断裂组成，并切过了莫霍界面，形成上宽下窄的斗形断裂带。地壳沿断裂带的破碎程度由北往南逐步减弱，新沂以南更弱（张碧秀等，1988）。在山东境内，郯庐断裂带的下地壳及莫霍面向下坳曲，坳曲程度以郯城-临沂段最为强烈。郯庐断裂带两侧的地壳速度结构也有差异，西侧鲁西地块为较简单的平行层状结构，中地壳和下地壳含有三个低速薄层；东侧的苏北—胶南块体地壳变形强烈，且迅速减薄，中、下地壳含有二低速薄层（刘昌铨等，1987）。在辽河段，郯庐断裂带强烈的破碎，并切过莫霍界面，两侧地壳速度结构存在明显的差异（卢建勋等，1988）。

穿过郯庐断裂带的五条大地电磁测深剖面表明，断裂带在山东境内和辽河段的上地幔高导层上隆，但中心略偏向于断裂带西侧（孙洁等，1988）。地震层析成像结果也证明，沿郯庐断裂带上地幔低速层相对上隆（刘福田等，1986）。

综上所述可以看出，郯庐断裂带是一条切穿地壳的、破碎的、某些地段为高度破碎的深断裂带，表明经历了多期强烈水平剪切运动。该带两侧地壳速度结构和磁性结构显著不同，可能是两侧地壳块体沿断裂带相对平移的结果。断裂带某些地段上地幔高导层和低速层相对上隆，导致断裂带引张、下沉和接受沉积并形成地堑或裂谷。如山东境内沿郯庐断裂带发育的中生代裂谷，以及在渤海、辽河和依兰-伊通段发育的新生代裂谷等。

2.3 华南块体

区域重力场总体上呈 NE 向展布，异常值从沿海地带的 5×10^{-5} m/s^2，向西逐渐降低到 -50×10^{-5} m/s^2 左右，次级椭圆状重力异常比较发育。航磁区域异常变化比较平缓，基本上在 0～100 nT 范围内波动，强度值由沿海向内陆方向减弱，异常走向为 NE。地壳厚度由沿海地区的 29 km 左右，向 NW 方向加厚至 35 km。东南沿海地带地壳结构较复杂，中地壳内有低速层发育，厚 3～4 km，层速度 5.50～5.90 km/s。低速层埋深愈浅，热泉出露愈多，温度也愈高，推测低速层可能与地壳熔融或部分熔融有关。下地壳纵、横向变化都较剧烈，下部存在 7.10 km/s（泉州以南）和 7.21 km/s（泉州以北）的高速薄层，沿岸地带的地壳厚度从南而北由 29 km 加厚至 30.5 km，主要由下地壳厚度所决定，推测上地幔顶部可能有速度逆转层存在（廖其林等，1988）。东南沿海地带是一条巨型的重力梯度带和地震活动带，除 NE 向活动断层外还存在一系列 NW 向活动断层，我们称其为东南沿海边缘活动构造带。据地质矿产部的泉州-黑水深地震测深剖面推测，边缘构造活动带的西界可能位于政和-大蒲断裂及其西南延伸线上。在该断裂附近莫霍面加深 2～3 km，断裂以西地壳为较简单的三层速度结构，莫霍面非常平缓地向西加深。

大地电磁测深资料表明，东南沿海地带于 12～13 km 深处有壳内高导层存在，电阻率为 10 Ω·m（Liu Guodong，1987）。与壳内低速层埋深大体一致。上地幔高导层埋深从沿岸地区的 80 km，向西逐渐加深，在块体内部的湖南地区深达 200 km 左右（刘国栋，1989）。天然地震资料反演结果表明，华南块体内部不存在上地幔低速层（宋仲和等，1986）。此外，东南沿海地带大地热流值较高，热泉密布，3000 m 深地温值为 100～120 ℃；块体内部热流值普遍偏低，一般在 37～54 mW/m^2 之间变动，3000 m 深地温值为 80～90 ℃（王钧，1989），这也和上面的结论一致。

华南块体是一岩石圈结构相对简单，地壳厚度正常且变化平缓，平均速度较高（约 6.3～6.4 km/s，比华北地区高 0.1～0.2km/s），岩石圈较厚，热流值低，现代活动水平很低的稳定块体。在其沿海地带存在一个岩石圈结构较复杂的边缘活动构造带。它的出现可能与东部海域新生代裂谷发生和发展过

① 地质矿产部华东石油局。

程中的上地幔活动有关。华南块体内部平均区域布格重力值很低，比具有大致相同平均地壳厚度的华北地区约低（30～40）$\times10^{-5}$ m/s^2，这可能与华南块体地面广泛出露、密度值略低的花岗岩有关。

2.4　四川块体

在重磁场特征上，为一闭合的、椭圆型的、巨大的相对重力高和磁力高区。平均布格重力异常值比外围地区高 50×10^{-5} m/s^2，磁异常值高出 300 nT 以上。深地震测深资料表明，四川块体具有较高的平均地壳速度和很高的上地幔速度，从莫霍面处的 8.2 km/s 向下很快增加到 8.5～8.6 km/s，并具有明显相对减薄的地壳厚度（陈学波，1988）。据此推测，四川块体的基底可能是古老地核，其中含大量的来自地幔的高密度、高磁性和高速度的镁铁物质，是一稳定的、坚硬的地块。

2.5　云贵高原块体

云贵高原地块的区域重力场基本上具自东而西单调下降的特征，区域磁场则为一片平静的、在零值附近波动的、没有明显走向的图像。3000 m 深地温值为 60～70 ℃，是中国大陆内部地温最低的区域之一。据上述推测，该区岩石圈结构比较简单。

2.6　胶东-苏北块体

包括胶东半岛、苏北平原和部分黄海海域。这里为±100 nT 范围内波动的弱磁场区，其中沿胶东半岛海岸展布的 NE 向正磁异常带将其分割为南北两部分。区域重力异常呈 NE 向展布，局部异常发育，异常值基本上在（10～30）$\times10^{-5}$ m/s^2 范围内变动。

该块体地壳为三层结构，在中地壳下部 20 km 深处存在一层比上覆层仅低 0.1 km/s 的速度逆转薄层。根据地矿部华东石油局完成的宽角反射剖面推测，它是一个连续的反射层。该薄层是壳内滑脱面，苏北地块曾沿该层向北滑动。本区的下地壳为一正速度梯度层，从顶部的 6.5 km/s 增加到底部的 7.3 km/s。莫霍面埋深为 32～34 km，变化平缓。根据宽角反射剖面分析，沿莫霍面存在两条相互平行的反射界面，其间距为 2 km。这可能意味着莫霍面附近存在较薄的物质分异带。胶南地区连云港-郯城的深地震测深剖面表明（刘昌铨等，1987），这里的中、上地壳之间没有很明显的速度间断，且中地壳显著增厚并有低速薄层存在，下地壳明显减薄，莫霍面向东南海域抬升，壳内速度等值线强烈变形等，表明本区地壳结构比较复杂。这一带是苏北地块北移与胶东地块拼合而形成苏北-胶南地体的接合地带。在胶东-苏北块体内，上地幔顶部有一高导薄层存在，埋深 50～80 km，它不同于通常所谓的上地幔高导软流圈。总之，胶东—苏北块体的重磁场特征和岩石圈结构与华北地区内其他两个块体显著不同。

2.7　河淮块体

包括华北平原及其周围山区。该区重磁异常呈 NE-NNE 向带状展布，磁异常正负相间排列，幅差较大，但在纬度 35°线以南和大别山之间为低幅度的 NWW 向磁场区。现代地壳垂直形变速率资料表明（应绍奋等，1988），35°线以北地壳形变图像复杂，且明显大于以南地区。该线以北 6 级以上强震很多，以南 6 级地震稀少，没有 7 级强震发生。此外，该线以北的莫霍面构造比以南复杂，且华北新生代裂谷系的南界就位于北纬 35°西安—开封—郯城一线（刘国栋，1985），是河淮块体内部一条重要构造边界（刘国栋等，1988）。

河淮块体是我国深部工作开展最多的地区。深地震测深剖面表明，河淮块体地壳结构比较复杂，一些地区在地壳中部有低速薄层或低速异常体存在，下地壳速度随深度明显增加，壳幔之间有一厚几公里的过渡带。华北平原内部地壳速度结构往往比山区复杂，在某些新生代坳陷区中、上地壳之间缺少明显的分界，壳内速度等值线明显变形，在山区壳内速度等值线往往呈平行层状展布。莫霍面总体构造方向为 NNE 向。平原地区地壳厚度平均为 32 km，渤海地区地壳最薄，不大于 28 km，东部鲁西隆起为 34 km，西部太行山隆起达 36～38 km，地壳厚度的变化主要由下地壳厚度所引起。上地幔高导层埋深平原区为 60～80 km，渤海地区最浅，周围山区大于 100 km；上地幔低速层埋深有类似变化趋势。华北平原的大地热流值较高，在 50～100 mW/m^2 范围内，平均值约 70 mW/m^2，周围山区约50 mW/m^2。

上述深部构造特点与本区中新生代以来的构造发展史是一致的。在中生代时期这里经历了强烈的燕山构造运动，有大量火山岩，但平原下仍残留有数公里厚的中生代沉积。始新世开始，华北平原强烈裂陷，新近纪以来普遍下沉，裂陷区一般有 6000～7000 m 厚的新生代沉积，渤海最厚可达 12000 m。这种裂陷主要导源于上地幔软流圈的上隆，周围山区稳定抬升。

2.8 鄂尔多斯块体

内部区域布格重力场近 SN 走向，其值单调地由东向西下降；区域磁场呈 NE 走向，正负相间，变化平缓。除块体东侧外，其他三边被重力梯级带和线性磁异常带围绕，表明块体内部与外围地区的基底结构不同。鄂尔多斯块体原为中生代大型坳陷盆地，白垩纪开始由东向西掀斜抬升，内部构造相当平缓。穿过它的四条深地震测深剖面表明，块体内部地壳结构简单，上、中、下地壳平行展布，地壳厚度从东部的 40 km，缓慢增加到西部的 43 km。上地幔高导层埋深 110 km 几乎没有地震活动。块体周边被一系列新生代地堑围绕，下方的莫霍面往往抬升 3～6 km，中地壳内发育有低速层和高导层，上地幔高导层隆升到 80～90 km。此外，周边地堑系的热流值较高，地震活动性强烈。上述特点说明，鄂尔多斯块体是一个十分稳定的地块，周边地堑系的产生和活动，可能与上地幔软流圈沿基底结构变化带上隆有关。

2.9 松辽块体

以松辽盆地为主体，区域重力异常场近 SN 向展布，以平缓的正异常为主，重力值向东西两侧降低。松辽盆地内部为一片弱磁场区，其中含有一个近 SN 向的弱正磁异常；周围山区磁场变化剧烈，以正磁异常背景为主。重力资料反演表明，松辽盆地内部地壳厚度约 30～32 km，近 SN 走向，向东西两侧加厚，在东部的长白山区为 36 km，西部的大兴安岭以西厚度超过 38 km。松辽盆地的地温梯度较高，平均每百米达 3.68 ℃，3000 米深地温值达 110～140 ℃，平均大地热流值约 79 mW/m^2，所以它是一个“热”的块体。松辽盆地是现代地壳垂直形变略显上升的地方，而周围大部分地区呈现负向地壳运动（应绍奋等，1988）。松辽块体是一个中等强度的地震区。

2.10 兴蒙块体

位于南北重力梯级带北段以西地区，也是一个强烈的正磁异常区，区域磁异常走向从内蒙高原西部的 EW 向向北逐渐转为 NNE 向。目前只有一条深地震测深剖面和大地电磁测深剖面沿林西-东乌珠穆沁旗北西一线穿过块体，表明本块体东界为莫霍面和上地幔高导层埋深的陡变带。块体内部地壳厚度 37～39 km，变化平缓，中地壳是 6.20 km/s 的等速度层，在中、下地壳之间有 6.4 km/s 的高速度薄层，下地壳是一个正速度梯度层。上地幔高导层埋深 100～110 km。兴蒙块体几乎没有地震活动。

长白块体因深部资料太少，留待后述。

3 西部地区

南北构造带以西地区由于深部资料甚少，因而不分别叙述。根据某些地球物理特征和深部资料，将其划分为若干块体并加以论述。

中国西部地区，区域重力场在总体上呈 NWW-近 EW 向展布，有几条明显的重力梯级带。它们包括南部沿喜马拉雅山走向展布、向南凸出的弧形重力梯级带；中部沿东昆仑和柴达木盆地南缘山脉展布的弧形重力梯度带以及沿西昆仑—阿尔金山和祁连山山脉展布的弧形重力梯度带；北部沿天山和阿尔泰山展布的两条规模较小的重力梯度带。这些重力梯度带把西部地区分割成西藏块体、甘青块体、塔里木块体、准噶尔块体等。西部地区的布格重力值总的趋势是从南而北波浪式的抬升，青藏高原最低，为-525×10^{-5} m/s^2，准噶尔地区最高达-100×10^{-5} m/s^2，每个块体内部重力场变化比较平缓。西部地区的均衡重力异常值总趋势是由南而北波浪式的降低，青藏高原内部接近均衡状态，喜马拉雅山为正均衡异常，南侧负均衡异常围绕；北部的柴达木、塔里木和准噶尔盆地均为负均衡异常区，异常值达（-70～100）$\times10^{-5}$ m/s^2，它们的周边由均衡异常梯级带围绕。在这些盆地内部均有巨厚的新生代沉积。

中国西部地区区域磁异常走向以 NWW-EW 为主，部分地区为 NW 和 NE 向。在中国航空磁力异常图上①，大致沿北纬 39°线存在一条近 EW 向线状正磁异常带，把塔里木块体分为南、北两部分，南部为 NE 向的正磁异常区，北部为 EW 向展布的负磁异常区，与区域布格重力异常分区很不一致。这是由于区域磁异常主要反映古老结晶基底的结构和组成，而区域重力异常则反映现今总体构造格局和密度分布的缘故。另一条近 EW 向的正磁异常带大致沿天山山脉展布，位于塔里木块体和准噶尔块体的分界线一带。准噶尔块体内部为正磁异常区，周围由负磁异常围绕，北部阿尔泰为 NW 向线性正负异常区。

中国西部地区的深部工作成果极少，从面波结果看，塔里木块体的地壳为多层速度结构（朱碚定等，1982），地壳平均速度高达 6. 4 km/s（马杏垣，1987）；大爆破资料表明，塔里木块体东北缘的地壳厚度为 50 km，上地幔顶部速度值为 7. 9 km/s（8301 工程协作组，1988）。根据重力资料反演，塔里木块体的地壳厚度为 46～50 km，中部薄，边缘厚；准噶尔块体的地壳厚度为 44～46 km，是中国西部地壳最薄的块体；甘青块体地壳厚 54～62 km，其中柴达木盆地地壳厚 52 km，上地幔最顶部速度值为 8. 1 km/s（曾融生等，1965），但甘青块体东缘接近南北构造带的上地幔顶部速度只有 7. 5 km/s（松辽-阿坝地区（陈学波，1988）为 7. 8 km/s），表现出明显的低速上地幔特征。

在西藏块体内部亚东—那曲一线和沿一些东西线曾开展了一些深部探测工作。探测结果表明，雅鲁藏布江以北地壳厚 70～75 km，喜马拉雅山一带地壳由 70 km 向南抬升到 50 km 左右。地壳内存在两低速层，第一低速层厚约 5～10 km，埋深为 20 km 左右，第二低速层在雅鲁藏布江以北为 40 km，以南为 30～40 km，并向南翘起。喜马拉雅山南北两麓为地壳结构突变带，雅鲁藏布江是一条深断裂带，其北莫霍面抬升约 6 km。地壳平均速度为 6. 23 km/s，是中国大陆地壳平均速度最低的块体；由天然地震波数据求得的地壳 Q 值均较低（滕吉文，1985），说明它比较破碎。上地幔最顶部的速度值为 7. 94 km/s，岩石圈的平均速度值为 8. 12 km/s，也略偏低，上地幔低速层埋深为 120 km（宋仲和等，1986）。大地电磁测深结果还表明，壳内高导层埋深 10～30 km，且由南至北加深，上地幔高导层在雅鲁藏布江以南约 120 km，在块体内部的那曲地区为 160 km②。

现今地壳垂直形变数据表明，西藏块体是全国大陆地壳上升速度最快的地区。雅鲁藏布江沿岸年上升速率达 10 mm/a 左右，藏北高原略低些，一般为 5～6 mm/a，但塔里木盆地、准噶尔盆地和柴达木盆地则均为下降区，年下降速率分别为 1～2 mm/a、3～4 mm/a 和 2～3 mm/a。根据 3000 m 深地温值，西藏块体大约为 100 ℃，塔里木块体 60～70 ℃，准噶尔块体 70～80 ℃。中国西部各块体之间的边界均为强震带，也是深断裂带，然而西藏块体和甘青块体内部也有大量 6 级以上强震呈弥散分布，

① 原地质部航空物探大队编，1988。

② 李立、金国元、朱建华、鹿刚，1984，西藏地区岩石圈电性结构。

但塔里木块体和准噶尔块体内部几乎没有地震活动。

总之，从北而南划分的四个块体具有地壳厚度由厚变薄、地壳平均速度由低而高、地势高度由高而低、均衡重力异常由零变负、壳内地温场由高而低、形变速率由快速上升到明显下降以及地震活动性由强而弱的特点。这些参数在各块体内部变化不大，但在各块体边界上均有明显突变。这是由岩石圈内多种因素，诸如结构、构造、物质组成、印度板块和欧亚板块活动性等所决定的。

对提高 MT 法能力的思考*

刘国栋

近几年来，国内 MT 法获得了迅速发展，据不完全统计目前的 MT 测点数在 6000～7000 之间，从事 MT 法的单位二十几个，从国外引进的仪器近 30 套，其中包括当今世界上最先进的宽频带、多道、多功能、现场实时处理的 GMS05 和 V5。国内 MT 法的迅速发展主要是受石油普查勘探任务的刺激，其次是地壳上地幔构造研究和地下水及热水资源探测的需求。当前如何提高国内 MT 法的能力是非常值得探讨的问题。

（1）要严格卡住野外观测数据质量关。当前的 MT 设备和观测方法，把 MT 曲线误差棒限制在 10% 以下是完全可能的；观测频段宽度一定要充分满足研究深度的要求。在人为噪声干扰地区，必须采用远参考道法，在干扰较严重地区采用可控源法。没有高质量的、频带满足任务要求的野外观测数据，MT 法的应用是无从谈起的。

（2）要正确地进行静校正。局部的不均匀体使视电阻率曲线产生静偏移，如果不进行合理的静校正，其反演结果将谬之千里。目前有多种静校正方法，但 EMAP 法是最好方法之一，同时 EMAP 的处理结果还使反演过程简化。虽然 EMAP 法野外施工量大，但非常值得开展。尽量加大电极距的长度，例如 500～1000 m，也很有助于消除小的不均匀体的静效应，但损失了浅层分辨率。

（3）加强对畸变曲线的研究。MT 曲线的畸变来自于地下构造对一维的偏离，它可能导致假极小、假拐点和 MT 曲线的严重变态。静偏移也是一种畸变。对畸变曲线的反演解释，将导致地电断面的严重错误。对二维构造引起的畸变，已经比较熟悉了，当前应对三维构造的畸变效应加强研究。反演前要结合地质资料对 MT 曲线进行分区（段），对每个区（段）的电性分层有深入认识、对 A 型曲线详细辨别情况下，再进行反演模型设计，钻井资料和地震剖面应作为反演的约束条件。

（4）发展完善的二维反演方法，研究哪种二维反演模式准确性更好。当前二维反演方法进展很快，有的二维反演还考虑对横向不均匀性构造最敏感的 Hz 分量。一维地质构造是极少见的，当今的 MT 反演都应是二维的。三维反演目前还无法实现。

（5）发展联合观测电磁法。从原则上说，MT 法是纵向测深法，电性层的横向变化只对 MT 曲线造成畸变；GDS 法对横向变化敏感，如果两者结合，可互为补充。ECRE 法就是基于这种原理，其反演结果明显优于 MT 反演。MT 法只对高导层敏感，对相对高阻薄层是透明的，因此不可能很好的研究高阻层变化，如果与 LOTEM 法的电场分量观测结合起来，则能增强对高阻层的分辨能力，因为电场分量对高阻层敏感。

（6）MT 与地震剖面联合解释。MT 反演模型由电性层几何形状和电阻率值两者构成，两者对 MT 曲线的贡献是等效的，因此反演模型有很宽的等效范围。如果有地震剖面、哪怕是少量的，可资借鉴，则 MT 反演结果的可靠性会显著提高。在石油勘探中，往往要求详细划分地电层位，而在很多 MT 曲线上又常常发现有 A 型段或 Q 型段出现，表明进一步分层是可能的。但没有已知资料参考，其分层结果

* 本文原载于《第二次全国大地电磁学术讨论会论文摘要汇编》，中国地球物理学会，1991，2～4。

是危险的。另一方面，某些地震剖面的反射层位不清晰或难于确定地质含义，如果与 MT 剖面结合，能显著提高对地下构造的判断能力。国内外有很多这样的实例。

（7）充分的与地质专家和地质资料结合。地质专家出于需要和期望，往往对 MT 法要求过高。应明确，MT 法应用的是波长很大的电磁场，电磁场是位场，这就决定了 MT 法的分辨率明显低于地震法。但 MT 法设备轻便，对施工条件（包括地形和地质条件）要求较低，对低阻层和构造单元边界敏感，能进行电性分层和勾画构造形态，探测深度大，MT 曲线可读性清晰，因此是石油普查阶段的有效手段，是详查阶段的重要辅助手段（需大密度测点），也是地水下和热水资源勘探中的重要方法，也将会成为矿产资料勘探中的有效方法。

有效的 MT 反演就是建立一个接近实际的地质模型，因此初始模型的建立、修改和最终模型的确立都应与熟悉该地区的地质专家保持密切合作，当然反演人员本身应尽量占有该地区的地质资料并具有较好的地学知识。

中国大陆地壳上地幔电导率结构的大地电磁法研究*

刘国栋

引 言

中国于20世纪60年代初，在顾功叙教授倡创下开始研究大地电磁法（MT）；第一批系统的MT研究成果以专著形式发表于1981年，其中包括大地电磁测深数据处理、反演、仪器和部分地区的地壳上地幔电导率研究等文章[1]。此前，曾有一些关于MT的文章发表[2~4]。1984年在广州召开了第一次地球电磁感应会议，主要交流了MT研究成果，会议收到论文59篇，其中21篇论文以会议文集形式于1987年出版[5]。至1984年，中国已完成了500多个MT测点，其中40%用于地壳上地幔电导率研究，50%用于油、气普查勘探，10%用于地热勘探和地震预报研究。这个时期的中国大地电磁方法理论研究，除了有关文献[6~11]外，主要集中在《大地电磁测深研究》一书之中[12]。

自1985年以来，中国的大地电磁测深工作有了很大发展，目前从事MT工作的研究单位及院校已有20多个，拥有MT仪器约30多台，主要来自西德、加拿大和美国。当前中国MT工作的主要目的是石油普查勘探和地壳上地幔构造研究以及少量的地热田勘探和地震预报探索。至1990年底，在中国大陆地区共完成MT测点数约6000～7000个，其中用于石油普查勘探的约占80%，其余主要用于地壳上地幔电导率研究。

本文主要阐述大地电磁测深法对中国大陆地区地壳上地幔电性结构研究的某些结果。

1 大地电磁测深法对地壳上地幔构造的研究

在中国地壳上地幔电导率研究中的某些成果已有报道[2,3,13~17]。基于分布在不同构造区的200多个MT测点的反演结果以及电导率与大地热流值之间的经验关系，勾画了中国大陆部分地区上地幔高导层的分布，并得出如下认识[18]：

（1）上地幔高导层埋深与平均大地热流值之间存在着指数关系并基本上与上地幔低速带埋深一致。这种上地幔高导层可能起因于地幔的部分熔融。中国华南大陆内部上地幔高导层埋深大于200 km，与上地幔高速带基本一致，该区缺失上地幔低速带、平均热流值小于1.0 HFU（1 HFU = 4.19 mW/m^2），这种上地幔高导层可能起因于地幔岩石的相变。

（2）上地幔高导层埋深在中国大陆内部变化很大，从60 km（渤海湾）到200 km以上。其埋深与新生代以来的构造活动和近代地震活动具有明显关系。新生代裂谷区高导层强烈上隆、构造稳定区显著下沉。强震活动带似乎位于上地幔高导层埋深明显变化地带的边缘或者位于高导层隆起带之上（青藏高原除外）。表明大陆板内的构造活动与上地幔活动相联系。

* 本文原载于《固体地球物理学论评1991》，地震出版社，1992，45～49。

(3) 在某些地区于上地幔上部发现两个高导层，第一个高导层厚仅数公里，电阻率值数十欧姆·米。这种上地幔高导薄层可能是地质历史构造事件所遗留的部分熔融残余物或者是晶格亏损和导电矿物比较集中的地带。

在大多数新生代裂谷区（如一些强震活动区）常常发现在中地壳范围内有高导层存在，此类高导层厚约数公里，电阻率值几至 20 Ω·m，并往往与壳内低速层一致。震源深度、特别是主震深度几乎均位于壳内高导层之上。根据大地热流值所计算的温度，壳内高导层处于 400～600 ℃之间。认为这类高导层可能起因于矿物脱水或部分熔融[19]。

对于中国东部一些地震区和非地震区的大地电磁测深结果分析表明[20]：

(1) 对于强震区，高导异常体和低速异常体同时存在地壳之内，且两者埋深一致；主震和大部分余震位于壳内高导-低速异常体的边缘或上方，地震带往往与上地幔高导层隆起带或其边缘相对应。

(2) 对于非震区和弱震区，上地幔高导层埋深是缓慢变化、不变化或很深的；壳内高导层和低速层不是同时存在的或两者均不存在，或两者同时存在但上地幔高导层埋深较大。

关于壳内高导层的成因假说很多，但如果壳内有流体存在且相互沟通，那么将导致高导和低速异常体的同时出现。这种异常体应具有某种塑性行为，因此它难于积累应变能，但易于将其所受的应力传递给上部脆性地壳[19]。此外，中国大陆处于印度板块与欧亚板块碰撞带和西太平洋板块、菲律宾板块消减带之间，承受着强烈的水平挤压应力场。如果这种应力场与来自上地幔高导软流圈活动的垂直应力场联合起来，那就易于引起地震活动。上述推测似乎可以解释中国东部强震区（带）的地壳上地幔电导率结构与地震活动性的关系。

自 1987 年以来，沿着中国大陆地区的 9 条地学断面开展了 MT 观测。这 9 条地学断面全长约 44900 km，穿过了中国的主要大地构造单元，所布设的 MT 点数约 350 个。根据全球地学断面指导书要求，沿地学断面做了走廊地质填图，重、磁走廊图，大地热流观测，深地震折射剖面以及地震活动性研究等。因此，沿地学断面的 MT 成果可以与其他地球物理和地质研究成果进行综合分析对比，并获得以下初步认识[18]：

(1) 上地幔高导层　中国华南地区从沿海到内陆，即从中生代褶皱带到元古代克拉通，上地幔高导层埋深从 100 km 逐渐增加至 200 km 以上[18,21]。在中国的华北地台，即中生代以来开始活化的太古代克拉通，上地幔高导层埋深从其内部的新生代裂谷区（华北平原新生代裂谷系）60～70 km 向周围山区和太行山以西的鄂尔多斯地块增至 130 km 以上，但沿鄂尔多斯周边的新生代裂谷带又有局部上隆[22]。在中国东北的下辽河裂谷，上地幔高导层埋深 90 km，向东西两侧山区增至 130 km，再进一步向西至华力西—加里东的兴蒙褶皱系其埋深为 110～120 km。沿中国大陆中部的南北构造带（南起 102°E，北止 107°E），上地幔高导层局部上隆至 80～100 km[18,23]。上述的南北构造带及其以东的中国东部大陆，上地幔高导层埋深与中新生代以来，特别是新生代以来所经历的构造事件以及大陆褶皱带的形成年代具有很好的对应关系。即该层在古克拉通内部的新生代裂谷区最浅，在经历中生代强烈活化（燕山运动）的地区次之，在元古代克拉通之下最深。同时上述地区上地幔高导层埋深与利用天然地震资料反演的上地幔低速带埋深[24]的总趋势基本一致，并与平均大地热流值之间具有指数对应关系：

$$H = 1620q^{-0.688}$$

式中，H 为上地幔高导层埋深（单位：km），q 为平均大地热流值（单位：mW/m^2）。然而，当平均大地热流值小于 42.0 mW/m^2 时，此关系不存在。这与 Adam 的结论是一致的[25]。上述情况可能表明，中国东部中生代以来的构造事件，可能与古库拉板块和现今西太平洋板块消减过程中在中国东部大陆之下所引起的上地幔高导软流圈活动有关。

在南北构造带以西的中国大陆西部地区，上地幔高导层埋深变化很大。例如沿亚东—格尔木 NNE 向地学断面的 MT 结果表明，在青藏高原中部上地幔高导层埋深为 210 km，向南和向北逐渐变浅至 130

km，在雅鲁藏布江缝合线附近局部上隆至100 km[26]；敦煌—阿尔泰的NNW向地学断面的MT结果表明，青藏高原以北从阿尔金山—北天山，上地幔高导层继续抬升至100 km左右，中间有局部起伏；北天山至准噶尔盆地该层埋深加至170～200 km；至最北部阿尔泰地区又抬升到70～90 km[27]。中国西部地区的上地幔高导层埋深与天然地震资料反演的上地幔低速带埋深的总趋热大体一致，但前者明显深于后者。中国大陆西部地区是现代构造运动强烈活动区。上地幔高导层埋深似乎也与现代构造运动有一定联系。

此外，在中国东部的某些地区，在上地幔最上部还发现有高导薄层存在，其厚度为数公里，电阻率值为几十至100 Ω · m[28,29]。但其埋深与平均大地热流值之间没有任何联系，这种高导薄层的可能起因前已述之。

（2）壳内高导层　在中国大陆内的一些地区发现有壳内高导层，但在另外一些地区则没有发现壳内高导层。与深地震折射剖面所获得的地壳速度结构对比，壳内高导层出现的位置是很不相同的。在中国东部某些地区，壳内高导层的埋深约25～30 km，相当于下地壳部位，其下地壳速度值约6.4～6.5 km/s，比正常值偏低，其温度值约400～500 ℃。推测这种高导层可能起因于代表原始下地壳的蛇纹岩化基性岩的脱水。在某些地区，壳内高导层或高导异常体出现在15～20 km的深度[19,22,30]，相当于中地壳部位，它常常与壳内低速层或低速异常体一致，其温度值约400～600 ℃。这种高导层在新生代裂谷区比较发育，推测它可能起因于部分熔融或矿物脱水。在青藏高原下部，在20 km左右深处即上地壳底部发现非常连续的高导-低速薄层[26]。考虑到这里广泛的新生代花岗岩分布、较高的热流值、类似水平层状的震源分布和强烈的新生代褶皱，高导层有可能起因于壳内的剪切熔融。在青藏高原的东缘、楚雄盆地之下，大约在10 km深处，即上地壳内部，发现了高导薄层。根据地质环境分析，这类高导层可能相当于壳内滑脱带。

2　MT资料反演

由于局部的和区域的电性结构非均匀性影响，用一维模型拟合MT资料往往会造成很大错误。然而理论研究表明，在研究深部构造时对E极化的视电阻率曲线和相位曲线进行一维反演仍能给出较真实的结果。此时关键问题是正确判断壳内高导层的存在，因为感应效应会在E极化曲线上引起假极值而误认为壳内高导层[31]。上述不同地区的地壳上地幔电导率模型，多数是根据E极化的MT视电阻率曲线和相位曲线的一维反演结果，少数是二维模型反演结果。在采用一维模型时，一般都对壳内高导层的真实性进行各种检验[19]。当然，由于静态效应使视电阻率曲线发生位移的话，要进行合理的静校正。

在二维反演算法中，由于模型参数大大增加，在反演迭代过程中导致计算量大幅度上升。针对这一问题，孙必俊和陈乐寿提出一种“快速反演法”。其过程是，先合理给定地电模型类型及其参数的变化区间，再把此区间均匀划分、组成一组变化的模型，预先计算出这些模型的响应函数并构成相应的数据组。在反演过程中，根据这些基本数据组，利用样条插值法求解迭代过程中修改后的模型参数所对应的响应函数及其导数，并形成方程组，再利用广义逆矩阵法求解[32]。可见，由于事先控制了模型参数变化范围并预先计算出基本数据组，因而大大减少了二维反演时间。赵国泽和刘国栋基于Fischer等人提出的并应用于MT一维反演中的电磁波趋肤深度概念[33]，提出了一种新的MT二维反演法。其原理是，认为在某一深度段处的二维构造只对某一频率范围内的响应函数有突出影响。而对更高和更低频率范围的影响很小，因此反演是从高频向低频逐步移动，每一步反演所确定的模型参数均作为已知量固定下来[34]。这样，每一频率反演中所需确定的模型参数量就大大减少了，从而显著地缩短了计算时间。吴广耀和胡建德提出了一种MT二维连续模型自动反演法。该法从二维介质的Maxwell方程出发，借助于Backus-Gilbert线性反演理论和连续模型反演方法，给出了一种与MT一维自动迭代反演相类似的 MT 二维连续模型自动迭代的反演方法。这种方法克服了目前一般的 MT 二维反演方法所面临的需要大量计算机内存和求参数太多的困难[35]。

参 考 文 献

[1] 国家地震局地质研究所大地电磁测深组、兰州地震研究所大地电磁测深组，1981，大地电磁测深，北京：地震出版社。

[2] 兰州地震研究所大地电磁测深组，中国南北地震带北段地壳上地幔的电性特征，1976，地球物理学报，Vol. 19，28～34。

[3] 顾群、孙洁、史书林等，1980，华北、西北一些地区地壳和上地幔内高导层，地震地质，Vol. 2，No. 2，21～29。

[4] 范文科、袁学诚，1980，羊八井至洛扎南北向剖面大地电磁测深初步成果，中法喜马拉雅考查成果，北京：地质出版社，413～419。

[5] 刘国栋、邓前辉主编，1987，勘探地球物理专揖，第二辑，电磁测深，北京：地质出版社。

[6] 邓前辉、白改先，1982，互功率谱法在大地电磁阻抗张量估算中的应用，石油地球物理勘探，4，57～64。

[7] 晋光文、王家映、王天生，1982，一种大地电磁张量阻抗的计算方法，地球物理学报，25，增刊。

[8] 陈明生、陈乐寿、王天生等，1983，用改进广义逆矩阵法解释大地电磁及电测深资料，地球物理学报，Vol. 26，No. 4。

[9] 王宝钧、高维安，1984，用有限元法正演京津唐地区二维构造的大地电磁资料，地震地质，Vol. 6，No. 1，69～80。

[10] 王家映，1985，大地电磁测深的拟地震解释法，石油地球物理勘探，No. 20，66～79。

[11] 赵国泽、刘国栋、王家映，1985，北京-柏各庄剖面连续介质大地电磁反演解释，地震学报，7，4。

[12] 刘国栋、陈乐寿主编，1984，大地电磁测深研究，北京：地震出版社。

[13] 林长佑、张云琳、梁恕信等，1983，内蒙、甘肃、宁夏某些地区地球上部电导率分布的横向变化特征，西北地震学报，5，1。

[14] 林长佑、张云琳、司玉兰等，1984，河西走廊东部地区的大地电磁测深研究，地球物理学报，27，2。

[15] 刘国栋、顾群、史书林等，1983，京津唐渤和周围地区地壳上地幔电性结构及其与地震活动性的关系，地球物理学报，26，149～157。

[16] 孔祥儒、刘士杰、窦秦川等，1987，攀西地区地壳和上地幔中的电性结构，地球物理学报，30，2。

[17] 孙洁、徐常芳、江钊，1988，鲁南地区大地电磁测深结果，中国地震，4，3。

[18] Liu Guodong，1987，MT studies on the upper mantle conductivity in China，PAGEOPH，125，2/3.

[19] Liu Guodong，Shi Shulin and Wang Baojun，1984，Conductive layer in the crust in North China and its relation to crustal tectonism，Scientia Sinca（Series，B），27，10.

[20] Liu Guodong，1989，The geoelectrical structure of the crust and upper mantle beneath some seismic areas in Chinese continent，Workshop HEFEST（Erice Italy，Feb 27-March 3）.

[21] 袁学诚等，1989，华南板块岩石圈构造与地球物理，地球物理学报编辑委员会：80 年代中国地球物理学进展，北京：学术书刊出版社，243～249。

[22] 江钊、孙洁、徐常芳等，1990，江苏响水-内蒙满都拉地壳上地幔电性结构初探——地学断面研究报道之三，地震地质，12，3。

[23] 孙洁、徐常芳、江钊等，1989，滇西地区地壳上地幔电性结构与地壳构造活动的关系，地震地质，11，1。

[24] 宋仲和等，1991，中国大陆及其海域地区地壳上地幔三维速度结构，中国科学。

[25] Adam，A.，1978，Geothermal effects in the formation of electrically conducting zone and temperature distribution in the Earth，Phys. Earth Planet. Inter，17，21-28.

[26] 张元丑、程庆云，1990，青藏高原亚东-格尔木地学断面岩石圈电性研究。

[27] Yuan Xuecheng et al.，1990，Geophysics constrain on the paleoasia domain mega suture，First International Symposium of IGCP 283，Ulan-Ude，USSR.

[28] 徐常芳、孙洁、史书林，1989，华北平原南部大地电磁测深，华北平原南部地区深部地球物理综合探测方法与成果，北京：海洋出版社，245～271。
[29] 邓前辉、刘国栋、刘金汉等，1990，湖北襄樊-福建罗沅的大地电磁测量与地壳上地幔电性特征研究，地震地质，12，2。
[30] 罗志琼，1990，开封-灵壁大地电磁研究，地球科学，大地电磁测深专辑，15（增刊）。
[31] Berdichevsky, M. N. and Dmitriev, V. I. , 1976, Basic principles of interpretation of magnetotelluric sounding curves, In geoelectric and geothermal studies, Budapest.
[32] 孙必俊、陈乐寿，1985，关于大地电磁测深资料反演问题，28，2。
[33] Fischer, G. and Schnegg, P. A, 1981, An analytic one - dimensional magnetotelluric inversion scheme, Geophys. J R. astr. Soc. , 67, 257-278.
[34] Guoze Zhao and Guodaong Liu, 1990, A new inversion scheme for two - dimensional magnetotelluric modelling, J. Geomag, Geoelectr. , 42, 1209-1220.
[35] 吴广耀、胡建德，1990，大地电磁资料的二维连续模型自动反演，地球科学，大地电磁测深专辑，15，23～36。

孕震层结构和物性*

刘国栋　宋惠珍

引　言

大陆地震多发生在二十几公里深度以内的事实，早为地震学家们所注意，有人将此层位称为“易震层”[1]。对于这个事实的解释，多数人归结为壳内岩石力学性质的改变，即壳内温度随深度增加，在某种深度之下，上部的脆性地壳逐渐转变为韧性地壳，其间有脆韧转换带。韧性地壳难于积累应变能，因此地震易发生。过去我们在研究华北地区的深部构造时，发现壳内存在低速-高导层。它可能起因于矿物脱水或部分熔融，具某种塑性，本身不能积累应变能但可以对上部脆性的应力状态起放大作用[2]。对海城和唐山地震区的地壳结构做深入解剖时，发现在震区范围内地壳内部有明显的低速-高导异常体存在，主震发生在异常体的边缘之上[3]。日本列岛下的大陆地震，几乎都发生在6.2km/s的速度界面之上。这个界面之下的下地壳具有高导特性，电导率值约0.01 S/m认为是含水的结果，并导致了力学性质的改变[4]。

近年来，我们根据国内在一些地震活动区的深部探测，并与震源深度分布及地壳深浅结构和大地构造环境进行对比研究，发现大陆浅源地震的孕育和发生，既与地壳的力学性质有关，又与地壳结构和动力学环境有关。下面我们列举一些实例并加以探讨。

1　孕震层结构和物理性质

我们认为所谓的孕震层不是单指震源分布层。从下述实例可见，孕震层既包括地震产生层位也包括与孕震过程有关的周围地壳层位。下述五个实例分别取自中国大陆现今不同的大地构造环境，并用双实线和阿拉伯数码标在“喜马拉雅期构造演化略图”之上（图1）。

1.1　青藏高原区

属于现今挤压活动构造区。根据地矿部岩石圈中心完成的横穿青藏高原的亚东—格尔木地学断面的人工地震测深和大地电磁测深结果①·②，青藏高原地壳在20多公里深处存在一个连续的低速薄层（图2），该层与大地电磁测深所确定的壳内高导层基本一致。青藏高原的震源深度分布表明，绝大部分地震都发生在30 km深度以上，并似乎有层状展布趋势（图3）。如果将图2与图3对比可发现，震源分布下界基本上与壳内低速-高导层下界吻合，或略在其下。考虑到青藏高原正承受着印度板块的向

* 本文原载于《大陆多震层研究——国际大陆多震层学术讨论会选集》，地震出版社，1992，100～109。

① 孟令顺、高锐，亚东—格尔木重力路线补点及岩石圈重力构造研究报告，1990。

② 张元丑、程庆云，亚东—格尔木地学断面岩石圈电性研究，1990。

北推挤，故而有可能引起壳内的大规模剪切滑动并形成破碎的滑动层，导致波速的降低；如果滑动过程中伴随矿物脱水或部分剪切熔融，则同时会使电导率大幅度上升，形成壳内低速-高导层。地壳的剪切滑动必然导致应力积累，从而在滑动面及其上部发生地震。

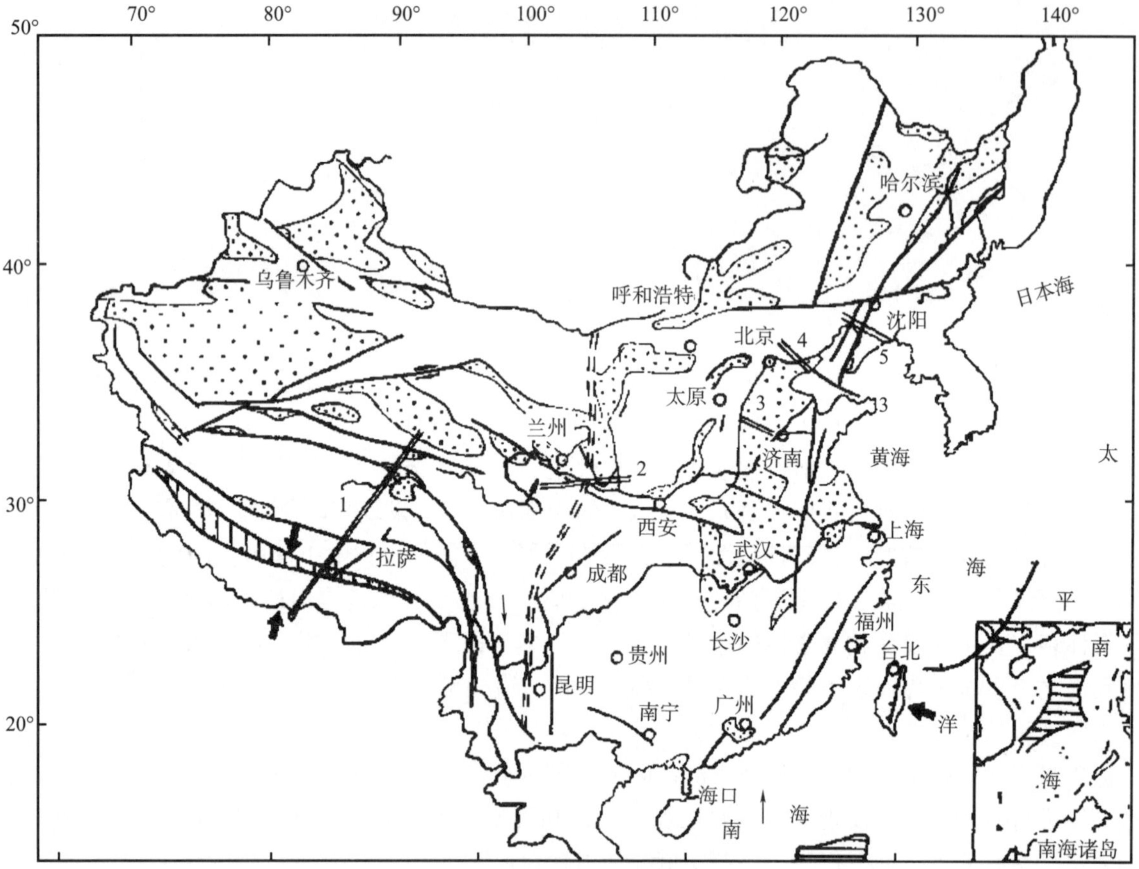

图1　五个实测剖面的位置分布

1. 青藏高原区；2. 昆仑秦岭褶皱区；3. 邢台地震区；4. 唐山地震区；5. 海城地震区

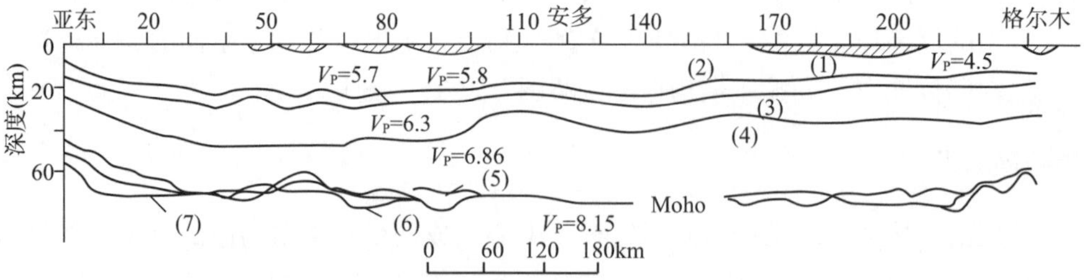

图2　沿亚东—格尔木地学断面的地壳结构（据孟令顺、高锐的研究报告，1990）

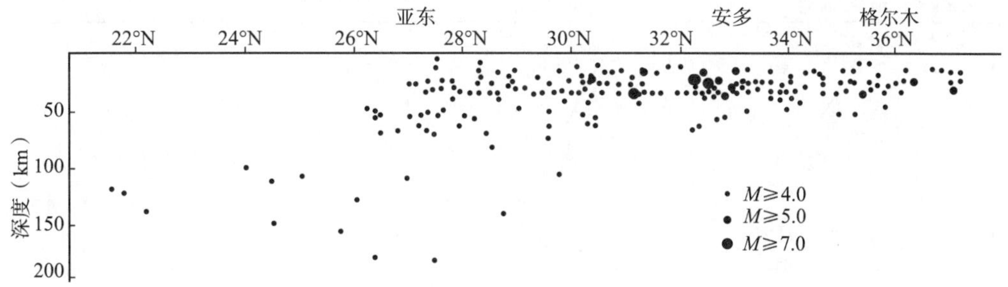

图3　青藏高原震源分布

1.2　昆仑秦岭褶皱区

位于青藏高原的东北缘，属于现今挤压走滑活动构造区。此区西起甘肃临潭斜切秦岭–祁连褶皱带，然后穿过南北地震带、东止于华北地台的鄂尔多斯盆地北缘的灵台，完成了一条 450 km 的人工地震测深剖面（图4）。图5是沿该剖面方向投影的震源深度分布，图6是地壳上地幔结构[5]。图中的断裂是作者依据地壳上地幔速度分布和各速度层的厚度及莫霍面埋深变化推断的。比较图6和图4可见，这些深断裂与地表出露的构造单元边界断层和主要地震活动带是吻合的；再比较图6和图5可见，地震是沿深断裂倾向分布的，但应注意图5中106°下方的一群地震是图6中天水和固原两个地区的地震

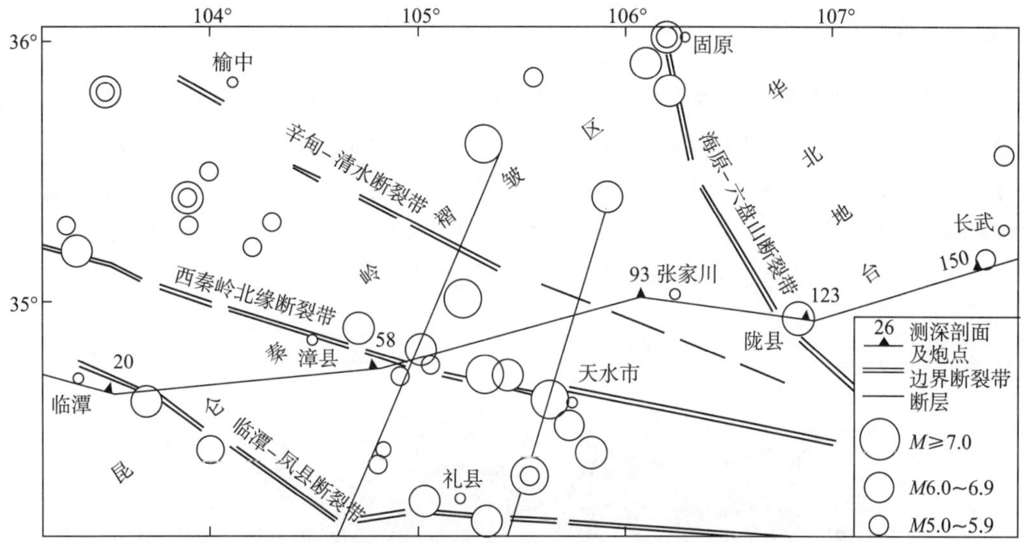

图4　斜穿秦岭–祁连褶皱系的人工地震测深剖面位置及震中分布

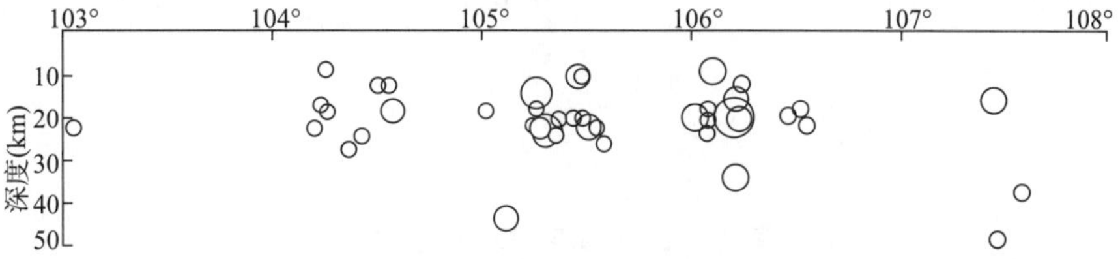

图5　沿地震测深剖面投影的 $M \geqslant 4$ 级地震的震源深度（据李清河等，1990）

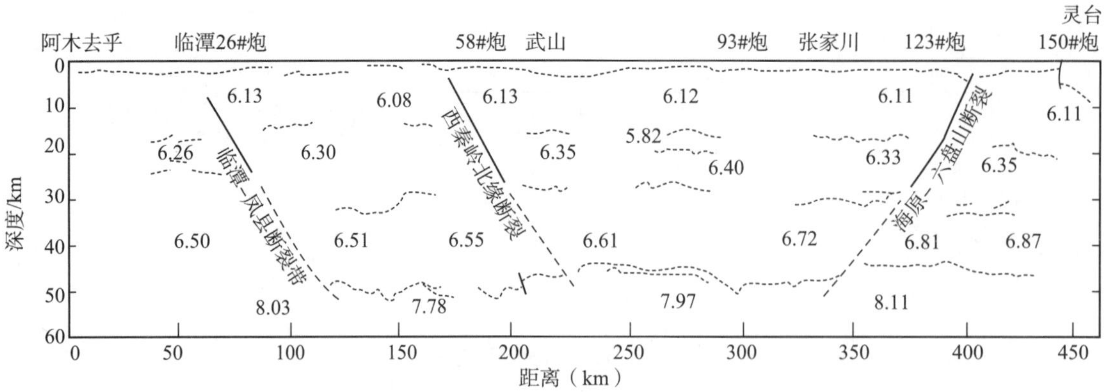

图 6　斜穿秦岭–祁连褶皱带的地壳上地幔结构（据李清河等，1991）

向人工地震测深剖面投影的结果。同时可见，震源深度下限一般不超过 25 km。从图 6 可知，地震区的下地壳速度在 6.51～6.72km/s 变化，明显低于鄂尔多斯盆地北缘的下地壳速度（6.81～6.87 km/s），故可认为地震区下地壳具有韧性，难于积累应力，但对上部的脆性地壳应力水平具有较大作用，所以地震主要发生在中、上地壳。

根据图 6 的地壳、上地幔结构，可以推测青藏块体的 NE 向边缘可能向秦岭–祁连褶皱系下方倾伏，导致应力沿原有的 NWW 向断裂积累，同时韧性的下地壳使上部的脆性地壳应力得到加强，产生地震，NWW 向断裂左向滑移。

1.3　邢台地震区

位于华北平原新生代裂谷系之内，属近代引张构造活动区。1966 年 3 月这里发生了 7.2 级强震，余震带沿 NNE 向的新生代束鹿坳陷展布，长约 90 km、宽约 30 km，主震震源深度 10 km，绝大部分余震深度位于 25 km 以上（图 7）。于 1968 年沿 NW 向并通过主震震中区完成了一条人工地震测深剖面，即元氏–济南剖面。在 1988 年对这条剖面穿过邢台地震区的地段又做了再解释，所获得的地壳结构如图 8 所示①。该图用实线标出的浅部速度界面是根据石油地震勘探资料。

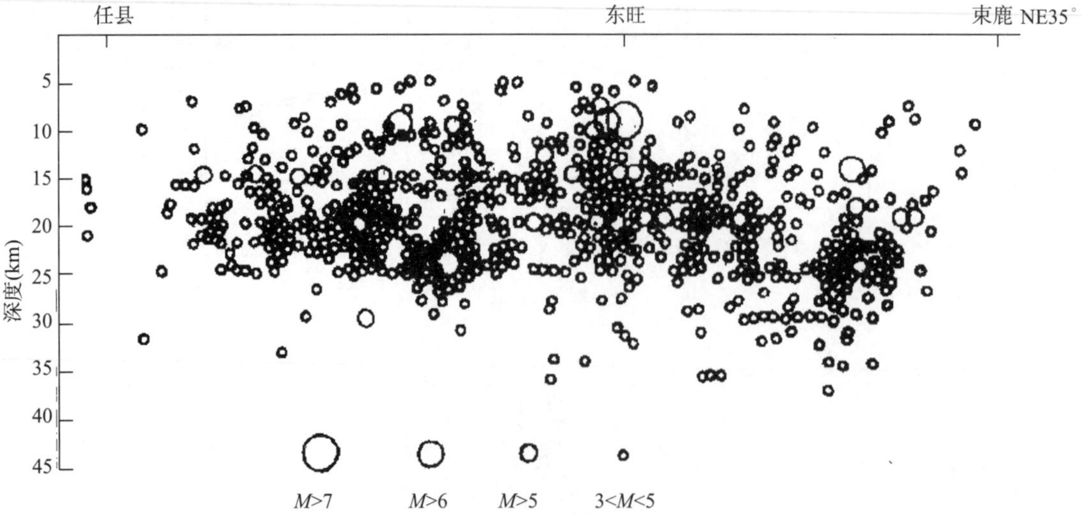

图 7　邢台地震区震源深度分布

① 林真明，元–济剖面邢台震中区地震测深资料再解释（硕士论文），1988。

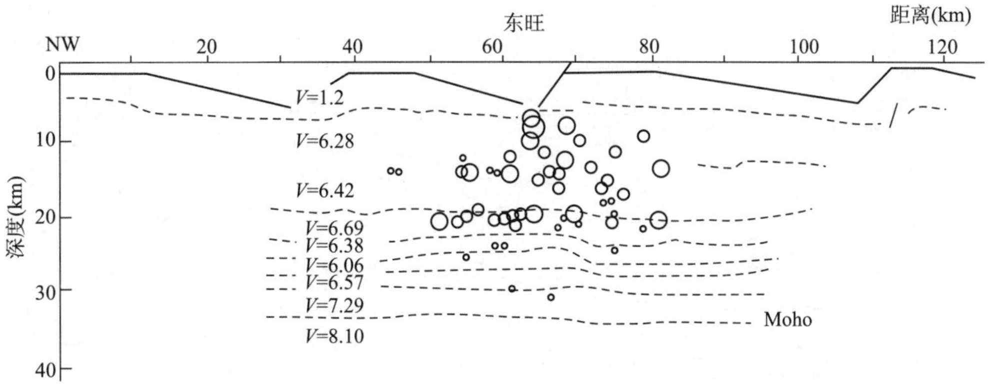

图 8　邢台地震区地壳结构（据林真明，1988）

从图 8 可见，大约在 25 km 深有一低速层，在剖面线 70 km 处下方地壳内部速度界面明显弯折、东南侧下跌，推测这里可能有深断裂存在。对比图 7 和图 8 可见，绝大多数余震都发生在壳内低速层之上，而 7.2 级主震震源正处在浅部的 NNE 向新河断裂（为张性断裂）与壳内高角度深断裂互相对应而又不连通的空间范围之内，同时地震活动区又位于莫霍面隆起的背景之上。

1.4　唐山地震区

位于华北平原新生代裂谷系的北缘。1976 年 7 月这里发生了 7.8 级强震，余震带沿 NNE 向展布，长约 140 km，宽约 30 km，主震震源深度 10 km 左右，绝大部分余震深度小于 20 km[8]（图 9）。该区曾进行过多种深部探测工作，包括人工地震测深、深地震反射剖而和深部瞬变电磁法。图 10 是沿 NW 向横切唐山主震震中区的人工地震测深所获得的地壳上地幔速度结构[7]，图中标出了 7.8 级主震震源位置。可见，紧邻地震区的西北侧在 15 km 深处壳内有一明显的低速异常体存在，其最低速度值为 5.8 km/s，且明显的向下地壳延伸。根据速度结构，可以推测该低速异常体的东南侧有一高角度深断裂存在。根据浅部地质资料和深部瞬变电磁法结果，在唐山震区附近存在一条 NNE 向断层，深度可达 5～6 km，倾向东南①。此断裂标在了图 10 中。根据图 10 和以上论述，可见唐山主震震源也是位于深、浅断裂互相对应而又不连通的空间范围之内，同时位于壳内低速异常体的边缘上方，而唐山地震区则处于莫霍面隆起边缘之上。

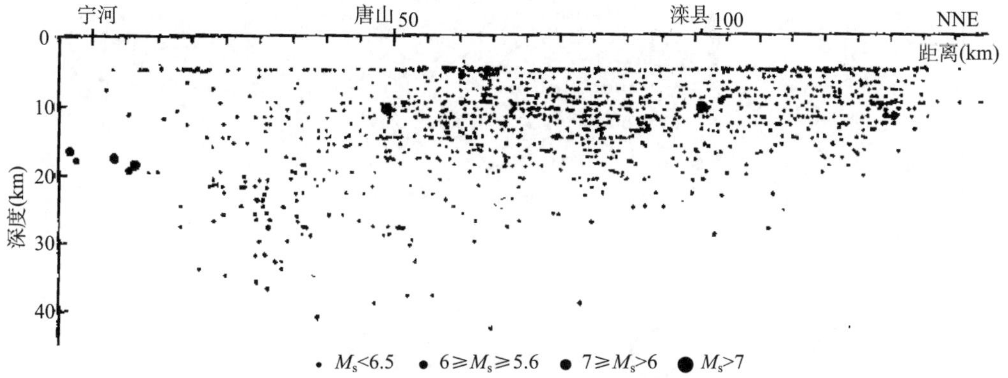

图 9　唐山地震震源深度分布（据梅世蓉等，1982）

① 刘国栋、张木生、邓前辉、汤吉，唐山地区深部瞬变电磁研究结果，1990 年。

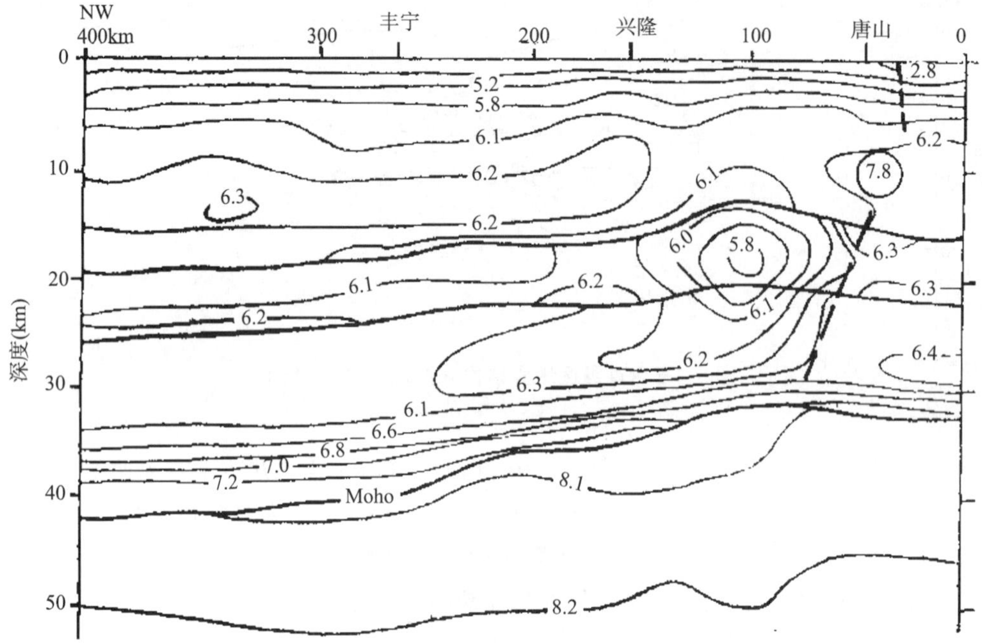

图 10　横切唐山主震震中区的地壳上地幔速度结构（据刘昌铨等）

1.5　海城地震区

位于下辽河裂谷以东的辽南隆起，属于近代上升区。1975 年这里发生了 7.3 级地震，余震带沿 NW 向展布，长约 90 km，宽约 30 km，主震震源深度 12km，余震几乎全部位于 15 km 深度以上（图 11）。该区曾进行过详细的人工地震测深和部分大地电磁测深工作。图 12 是根据沿 NW 向穿过主震震中区的人工地震测深和大地电磁测深结果获得的地壳上地幔速度结构和电性结构[8]。可见，在深 15～23 km 之间存在一个低速-高导异常体，它构成了震源分布的下限，在异常体两侧的下方有高角度

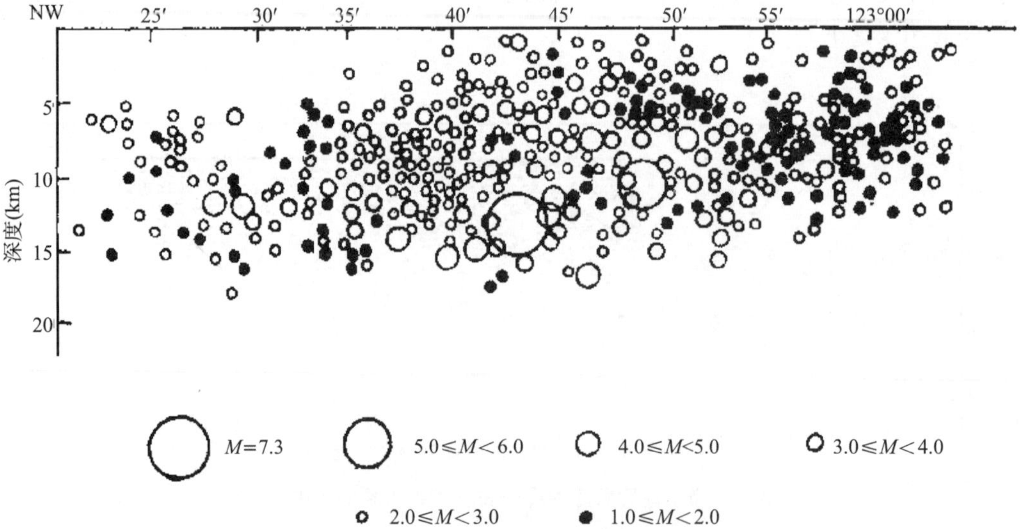

图 11　海城地震区震源深度分布

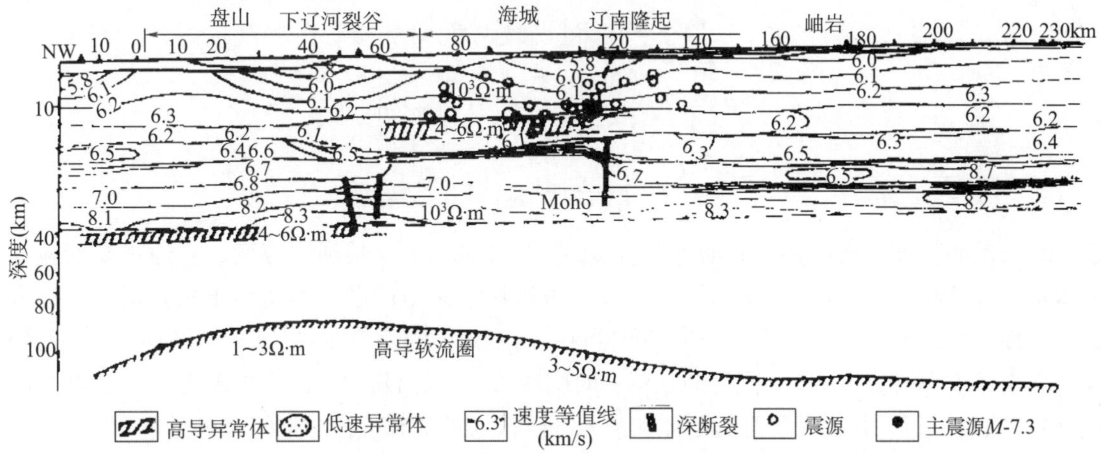

图 12　横切海城主震震中区的地壳上地幔速度结构和电性结构（据卢造勋等）

深断裂。西北侧深断裂是著名的郯庐断裂带向北延伸部分，东南侧深断裂正好位于海城主震震源的下方。从图 11 可见，海城主震发震的结构条件和物性条件与唐山主震类似，即主震震源位于深、浅断裂相互对应但又互不连通的空间范围之内，同时又处于壳内低速-高导异常体连缘的上方，而地震区位于莫霍面的隆起边缘之上。

2　数值模型与计算结果

从上述实例分析可以认为，壳内低速-高导异常体和深、浅断裂结构对地壳内应力场分布起重要控制作用，它们与构造驱动力结合起来构成地震孕育和发生的主导原因。本文采用含位错面的三维黏弹数值模型对这一认识做进一步分析（图 13）。图中的阴影条带表示低速-高导异常体，粗直线表示断层，实心圆表示设置在断层面上的劈结点，剖面深 52km，长 93 km。下面简述计算模型和计算结果：

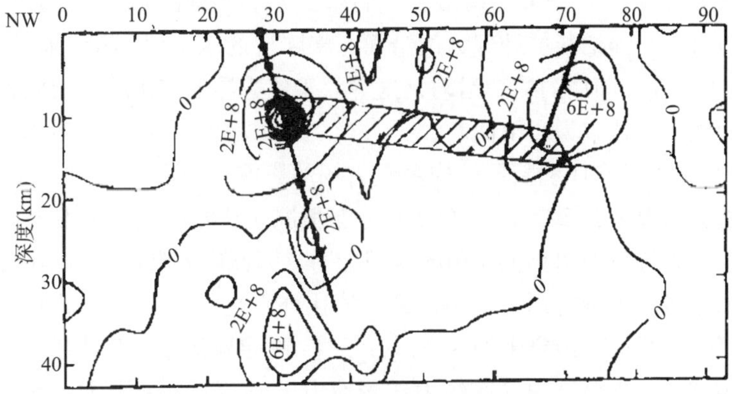

图 13　三维数值模型及计算结果

图中等值线表示应力值 τ_z

在缓慢构造运动过程中，地壳介质具黏弹塑性质。本文采用的黏弹模型可用以模拟地壳介质的这一性质。为简化推导过程，这里仅给出本构关系的标准矩阵方程：

$$[K]\{\delta\} \approx \{R\} \tag{1}$$

式中

$$[K] = \int_t [B]^{\tau} [D] [B] \mathrm{d}V \tag{2}$$

$$\{R\} = \{F\} + \int_r [B]^{\tau} [D] [\varepsilon]^{c} \mathrm{d}V \tag{3}$$

$$\{F\} = \int_V [N]^{\tau} [b] \mathrm{d}V + \int_S [N]^{\tau} [t] \mathrm{d}s \tag{4}$$

各个矩阵和矢量的物理意义可参考文献［9］。式（3）中的 $\{\varepsilon\}^{c}$ 是蠕变应变，它通过蠕变应变率和应力的本构方程并利用时间步长法获得。式（1）可以用于黏塑问题，本文用于黏弹问题。该方法的优点是用处理线性材料的方法处理非线性蠕变材料。需要指出的是，在式（1）中刚体［K］对每一时间步保持不变，仅力矢量 $\{R\}$ 不同，即在每一时间步 Δt 末求出新的 $\{\varepsilon\}^{\sigma}$ 代入式（3），再将式（3）代入式（1）直接进行回代，无需汇编刚体和消元，这极大地节省了存贮空间和机时。

根据岩石力学实验和地球物理数据综合分析，给定图 13 中各层的岩石参数如表 1：

表 1　岩石参数

岩石参数 / 层位	弹性模量 E（N/cm^2）	泊松比 γ	黏滞系数 μ（$N \cdot s/cm^2$）	密度 ρ（g/cm^3）
沉积层	1.0×10^{4}	0.25	1.0×10^{19}	2.5
上地壳	3.35×10^{5}	0.25	5.0×10^{19}	2.75
低速-高导层	4.77×10^{4}	0.33	5.0×10^{17}	2.70
下地壳	5.0×10^{4}	0.33	5.0×10^{18}	3.02
上地壳断层内	5.0×10^{4}	0.26	1.0×10^{19}	2.60
下地壳断层内	5.0×10^{5}	0.35	1.0×10^{19}	2.75

本模型的三维有限元计算包含了体力作用，并将区域应力场作用等效于断层的水平运动和垂直运动，断层面上用劈节点分割，即把断层处理为位错面，将断层的水平滑动量与倾向滑动量（其比值为 10：1）施加在劈节点上，模拟断层的蠕变运动，这等效于外边界上作用的区域应力。模型的底边界和四周边界均是法向刚性约束，地表为自由面。

为了讨论壳内低速-高导异常体和断层结构对应力场的影响，我们在图 13 中仅绘制了在上述模型参数和边界条件以及施力情况下，垂直应力场 τ_{zs} 的分布情况。从图可见：①由于设定左边断层为具有倾滑分量的走滑断层，用以等效外边界上作用的区域应力，因此应力沿该断层集中，但在低速-高导异常体边缘与断层接触的区域应力则特别集中，其最大值比外围高一个数量级以上。②右边断层是不活动断层，但在同样的区域也是应力最集中的地方。③低速-高导异常体的存在还对其上、下层位的应力状态起很大影响。按道理由于本模型中含有体力作用应力 τ_{zs} 应随深度面增加，但由于低速-高导层的存在情况发生了截然变化，该层之上应力得到了明显加强，该层之下应力几乎为零。这表明壳内低速-高导层对上部脆性地壳的应力状态放大作用。上述模型结果较圆满地解释了本文中所列举的实例 2.5 的震源结构及物性参数对主震孕育、发生和余震分布的控制作用。

3　结　论

（1）强震孕育和发生不仅受地壳断裂结构控制而且也受物性参数控制。

（2）在构造应力场作用下，壳内低速-高导异常体的存在有利于地震的孕育和发生，特别是在异常体的边缘部位。

（3）地壳内部的断裂结构对应力的积累起着重要作用，特别是与低速-高导异常体联合起来的时候。

（4）壳内低速-高导层的存在并不意味着就是地震危险区，因为在一些稳定区也发现有壳内低速层或高导层的存在[10]。既或在地震活动区它们对地震孕育和发生的贡献也要结合具体的地球动力学环境加以分析。

参考文献

[1] 马宗晋，1983，中国大陆地震深度分布与“易震层”初探，地震科学研究，No. 3，43～49。

[2] 刘国栋等，1984，华北地区壳内高导层及其与地壳构造活动性的关系，中国科学，B辑，No. 8，839～848。

[3] Liu Guodong and Lu Zaoxun，1989，The structure of the crust and upper mantle beneath the Haicheng and Tangshan earhquake areas，The international school of Solid Earth Geophysics 5th Course：Earthquake prediction，Erice，Italy.

[4] Yukutake，T，1986，Contribution on ELAS in Japan，Interim Report on ELAS，234-237.

[5] 李清河等，1991，中国天水地震区深部地壳结构，大陆多震层研究——国际大陆多震层学术讨论会论文选集，北京：地震出版社。

[6] 梅世蓉主编，1982，一九七六年唐山地震，北京：地震出版社。

[7] 刘昌铨、嘉世旭，1986，唐山地震区地壳上地幔结构特征，地震学报，8，341～353。

[8] 卢造勋等，1990，中国辽宁地区地壳与上地幔介质的横向不均匀性与海城7.3级地震，地震学报，12，367～378。

[9] Gudenhus，G.，1977，Finite elements in geomechanics，A WiIey-Interscience publication，London.

[10] 刘国栋，1984，关于地壳上地幔结构研究的某些进展（二），地震学刊，2，17～22。

The structure of the crust and upper mantle beneath the Haicheng and Tangshan earthquake areas*

G. D. Liu, Z. X. Lu

Abstract

The intraplate strong earthquakes with magnitudes of 7. 3 and 7. 8 took place in the Haicheng and Tangshan areas of China in 1975 and in 1976. To study the relation of the strong seismisities with the structures of the crust and upper mantle the six refration profiles, two reflection profiles, two magnetotelluric profiles and 98 heat flow measurements have been carried out in the Haicheng, Tangshan and their adjacent areas during past decade. The interpretive results show that the structures of the crust and upper mantle beneath the seismic areas are much more complicated than those beneath their surrounding regions. In the seismic areas, the upper crust is characterized by the structural complexity, profound anisotropy and strong deformation, the middel crust always appears a property of low velocity and high conductivity, and the Moho as well as conductive asthenosphere in the upper mantle have been uplifted. The main shocks happened at the upcorner of low velocity anomaly and over the margins of both Moho and upper mantle conductive asthenosphere uplift and most of the aftershocks occurred over the middle crust. An explanation for those phenomena has been suggested in, this paper.

The seismicity of North China

The Haicheng and Tangshan earthquake areas locate within the North China seismic region, before discussion of the Haicheng and Tangshan earthquake areas we describe in brief the seismicities of North China. Fig. 1 shows distribution of the epicentres with $M \geqslant 4\frac{3}{4}$ which took place in North China since BC. 780. The 373 earthquakes with $M \geqslant 4\frac{3}{4}$ (including the affershocks) have been recorded in this region a relationship between the magnitude and time and frequency for those earthquakes is as follows:

Magnitude	BC 780– Dec. 1969	1970– Dec. 1985
4. 75–4. 9	50	24
5. 0–5. 9	188	26
6. 0–6. 9	57	7
7. 0–7. 9	13	3
≥8. 0	5	
Amount	313	60

The earthquakes in the region belong to the typical intraplate's one having the characters of a great strenght and shallow hypocentre. The Seismicities in the region during past three thousand years indicate that the strong

* 本文原载于《Proceeding of the Internationd school of Solid earth geophysics, Earthquake Prediction》IL Cigno Galileo Galilei Edigioni DI ARTE Scienza, Roma, 1992, 111–139。

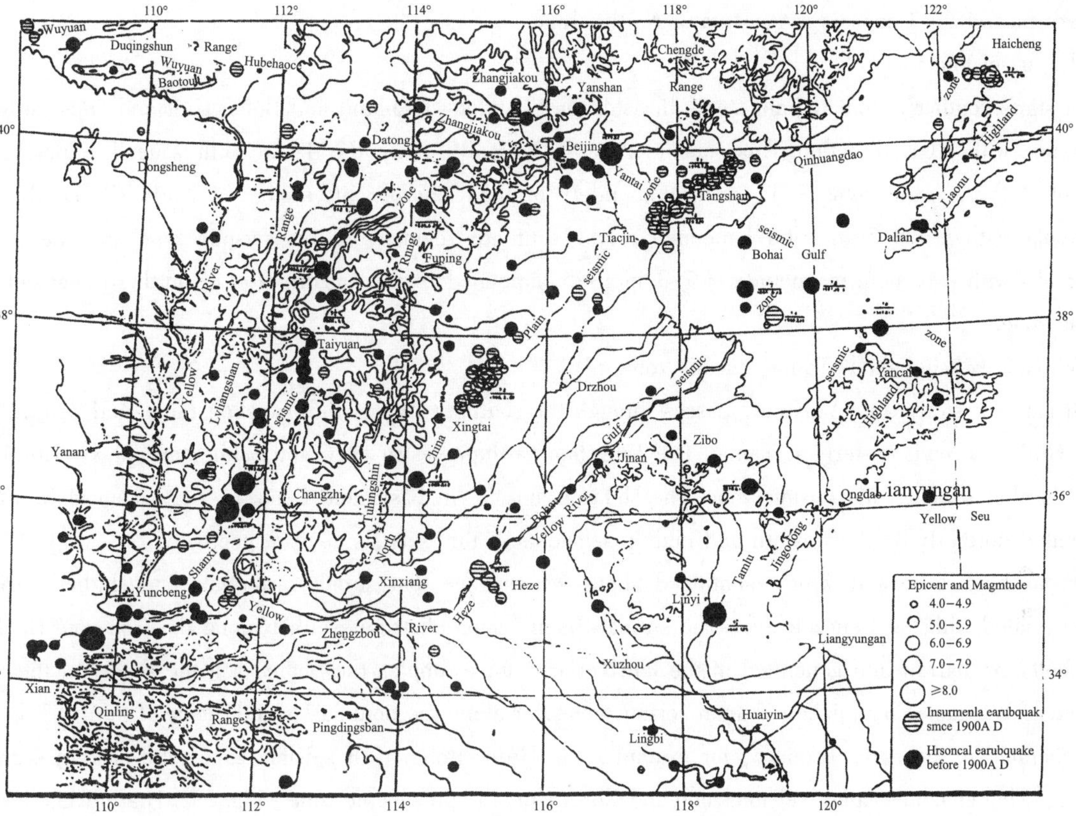

Fig. 1 Distribution of the epicenters with $M \geqslant 4\frac{3}{4}$ in North China.

earthquakes recurrence rate in a same area was extremely low and their recurrence interval was very long. The four active periods of earthquake can be identified in terms of the historic and recent earthquake records and their year arc: ? ～1507, 1209～1368, 1484～1730 and 1815 the present. The continue time for each active period was about 150～250 years. According to the distribution of epicentres the five strong seismic zones can be divided as follows (see Fig. 1):

Shanxi seismic zone

It starts southerly from Xian, passes through Taiyuan and ends notherly at Huailai, with NNE direction. This seismic zone spreads just out along the Shanxi Cenozoic rift zone in which filled up with the Cenozoic deposits of Neogone and Quaternary up to 2～3 km thick in the southern part, 0.5～1 km thick in the middle part and 0.5～2 km thick in the norhtern part. The three very strong earthquakes with M = 8.0 took place in the seismic zone in 1303, 1556 and 1695, respectively.

North China plain seismic zone

It starts southerly from Xinxiang and ends northerly at Tangshan, with NNE direction. This seismic zone of North China plain passes throuth inside of the Cenozoic rift system of North China and locates at the boundary between a relative subsidence and uplift of the Neogene. The Xingtai earthquakes with maximum magnitude of 7.2 in 1966 took place in the middle segment and the Tangshan earthquakes with maximum magnitude of 7.8 in 1976 occured in the northern segment of this seismic zone.

Heze–Bohai Gulf seismic zone

It starts southerly from southwest of Heze, runs along Yellow river and ends northerly at the center of Bohai

Gulf, with NNE direction. The middle segment of this seismic zone constitutes an eastern boundary of the southern part of the Cenozoic rift system of North China.

Tanlu seismic zone

It starts southerly from Lujiang, cuts through the Shandong highland and Bohai Gulf and ends northerly at Shenyang, with NNE direction. This seismic zone is basically along the Taulu fault zone. The northern half segment of the seismic zone is an eastern boundery of the Cenozoic rift system of North China. The largest earthquake with $M = 8.5$ in 1668 happened in the southern segment of this seismic zone and the Haicheng earthquaks with maximum magnetude of 7.3 in 1975 happened in the eastern side of northern segment of this seismic zone.

Wuyuan-Zhangjiakou-Yantai seismic zone

It starts westerly from Wuyuan, passes through the southern root of the Yanshan range and central part of Bohai Gulf, and ends easterly at Yantai. The Tangshan earthquakes in 1976 and Sanhe earthquake with $M = 8$ in 1679 distributed along this seismic zone. The Hetao Cenozoic rift basin and Cenozoic rift system of North China are limited northerly by the western and middle segments of this seismic zone respectively.

From the five seismic zones mentioned above we can see that strong earthquakes in studied region are closely related with the Cenozoic rifts. The strong seismic zones distribute either along the Cenozoic rift belts if these belts are narrow and generated in the late Teriary, for examples the Shanxi seismic zone and the western segment of Wuyuan-Zhangjiakou-Yantai seismic zone, or along the boundaries and inside of the rift if it is wide and generated in the early Terciary, for examples the Heze-Bohai Gulf seismic zone, the eastern segment of Wuyuan-Zhangjiakou-Yantai seismic zone and North China plain seismic zone (Fig. 2). That means the rifts of the studied region are still activity at present (Liu Guodong, et al., 1983, Liu Guodong, 1987).

Most of the strong earthquake focal depths in North China is less than 20 km, the recent main shocks, such as the Xingtai, Bohai, Haicheng and Tangshan earthquakes, have their focal depths of 10-15 km. The focal mechanisms for the recent earthquakes show that the main axis of compression stress pointed towards NEE direction and the ratio of a horizontal to vertical deformations of the earth surfare which were caused by the main shocks is usually about 1/2 (see table 1).

Table 1 Focal mechanisms for three strong main shocks in North China

	Paxis		Taxis		Baxis		Deformation		
Earthquake	Azimuth	Inclation	Azimuth	Inclation	Azimuth	Inclation	Horezontal	Vertical	
Xingtai (M = 7.2: 0.8, 03.2, 1966)	56	1	147	6	320	84	0.8-1.0 m	0.44 m	
Bohai Gulf (M=7.4: 18, 07, 1969)	246	4	155	18	349	71			Wei Guang xing, 1984
Haicheng (M = 7.3: 04, 02, 1975)	66	18	157	4	100	73	0.55 m	0.30 m	Gu Haoding 1976
Tangshan (M = 7.8: 28, 07, 1976)	75	0	345	0	210	90	2.5-2.6 m	1.2 m	Zhang Zhili 1980

The structure of the crust and upper mantle beneath the Haicheng and its adjacent areas

The Haicheng earthquake area locates at the eastern side of northern segment of Tanlu seismic zone and

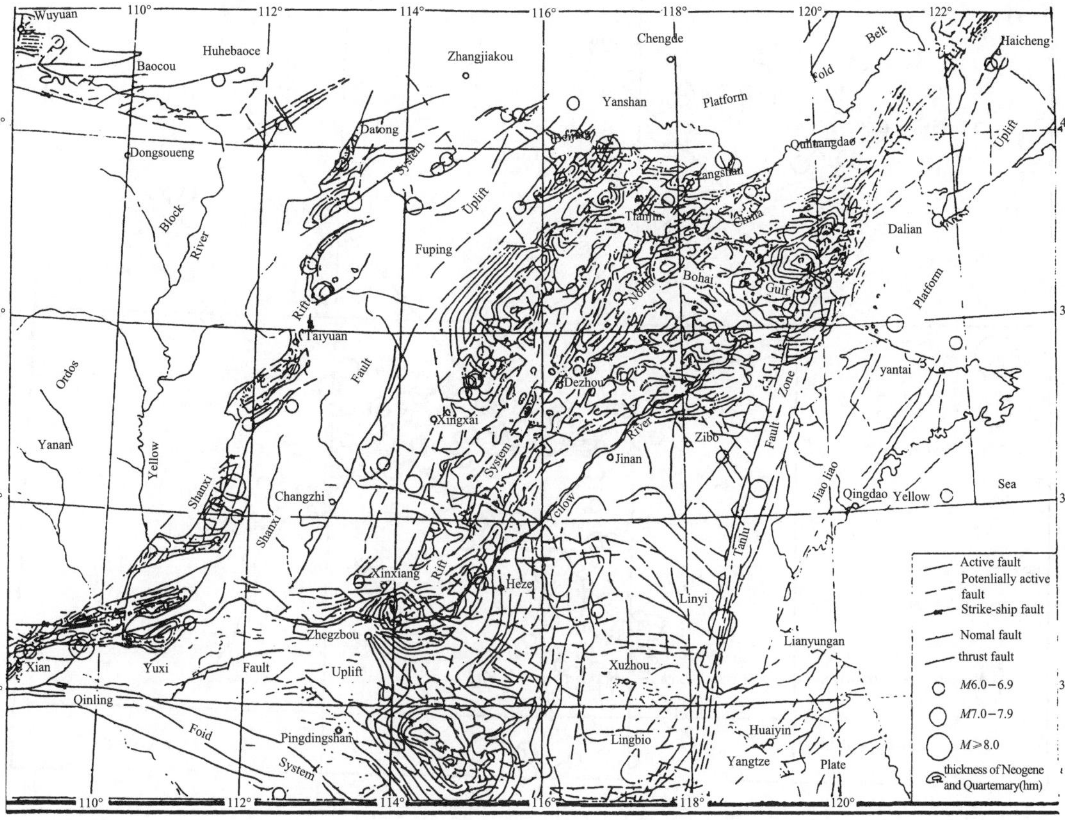

Fig. 2 Active tectonics in North China

also in the transient zone between the Lower Liaohe depression of the Cenozoic rift system of North China in the west and the Liaodong uplift in the east (see Fig. 1 and 2). The main shock with $M=7.3$ and focal depth of 12 km took place on February 4, 1975 in Haicheng area. The aftershocks in this area were mainly distributed along NWW direction, meanwhile, the aftershock swarm in Xiongyue area seems to constitute the NE micro-seismic zone together with the beforeshock swarm in Benxi area (fig. 3).

Since 1978, many kinds of geophysical measurements included four refraction profiles, 20 MTS sites, 86 heat flow values and gravity survey have been carried out for studying the deep structures beneath the Haicheng and its adjacent areas (Lu Zaoxun, et al., 1988; Wang Jiang, et al., 1986; Wang Andong, et al., 1987; Liu Guodong, et al., 1989). What shown in Fig. 5 is the integrative geophysical profile along the NWW seismic zone in Haicheng area, in which the structures of the crust and upper mantle from the refraction and MTS data and the hypocenters as well as the geophysical data (heat flow values, Bougure gravity and magnetic anomalies) and shallow geological section are shown down and up respectively.

An average interval of 40 km for the shot points and the interval of 1−2 km for receivers had been made along NWW refraction profile, the refraction data were interpreted using the 2-D ray tracing and synthetic seismogram methods. The MTS data were recorded by digital MT system with period ranges of 1−4096s and were processed and interpreted with the standard tensor impedance method and the generalized inverse method respectively.

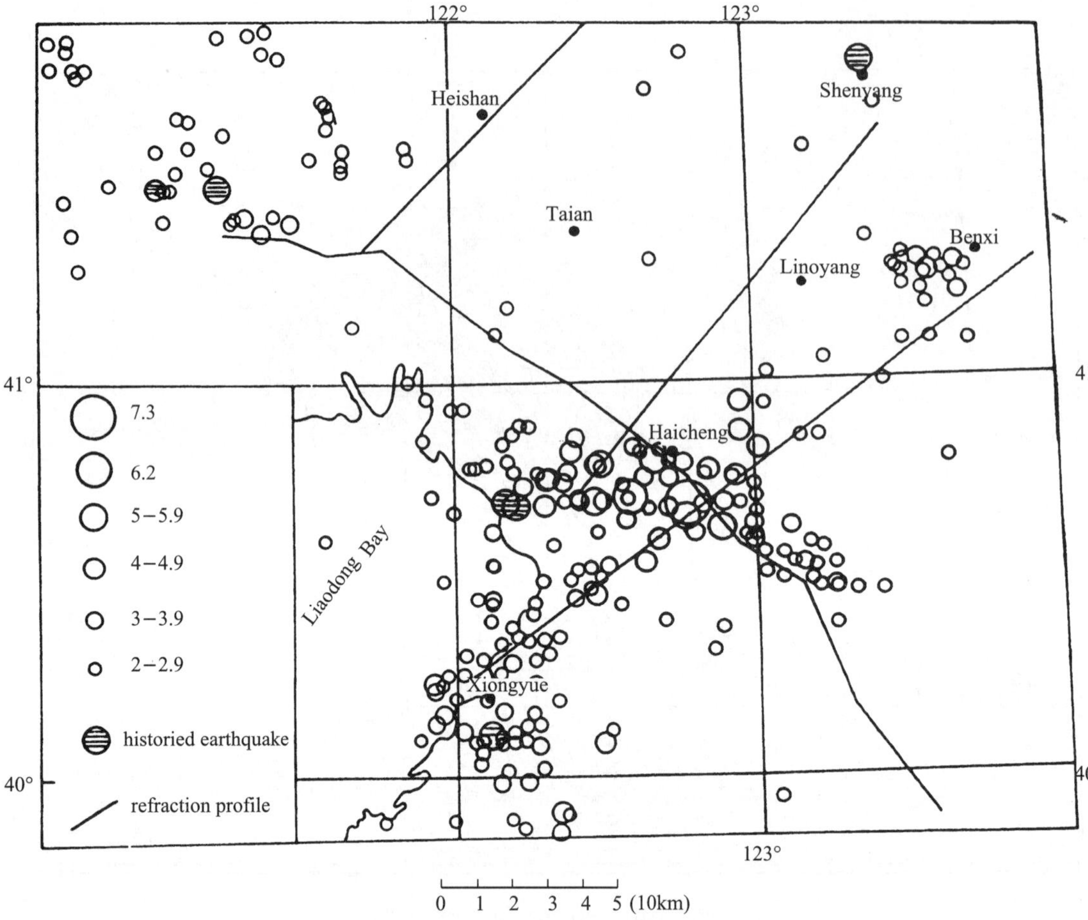

Fig. 3 Distribution of the epicenters in the Haicheng and its adjacent areas.

From Fig. 4, we can see that there exists an profound difference of the deep structures and geophysical fields on the Haicheng earthquake area from those on its surrounding areas. Beneath the earthquakes area there is both low velocity and conductive anomalies in the crust and the earthquakes occurred almost over the anomalies and the main shock located at the up–corner of the anomalies and over a margin of uplift of the upper mantle conductive asthenosphere. The deep faults appear at both sides of the earthquake area. The crustal structure beneath earthquake area is much more complicated than that beneath the eastern area, Liaodong uplift, and also complicated than that beneath the western area, Lower Liaohe depression. The Haicheng earthquake area stands just on a higher geothermal belt with an average heat flow value of 1. 8 HFU and on the Bougure gravity gradient zone with NNE direction.

The following describes in detail the relation of the Haicheng earthquakes with the structures of the crust and upper mantle:

Relation of velocity structure of the crust with the earthquakes

According to the data from the four refraction profiles in Haicheng area, the maps of an average velocity contour and the interface morphology for different layers in the crust have been made. We have found some relation between the seismicities and the crustal velocity structures in Haicheng area through comparison of these maps with the earthquake epicenters:

(1) The seismicities in the studied area are not related with an average velocity of the upper crust (see Fig. 5 and Fig. 3) and also did not find any biger fault which could be responsible for the Haicheng earthquakes

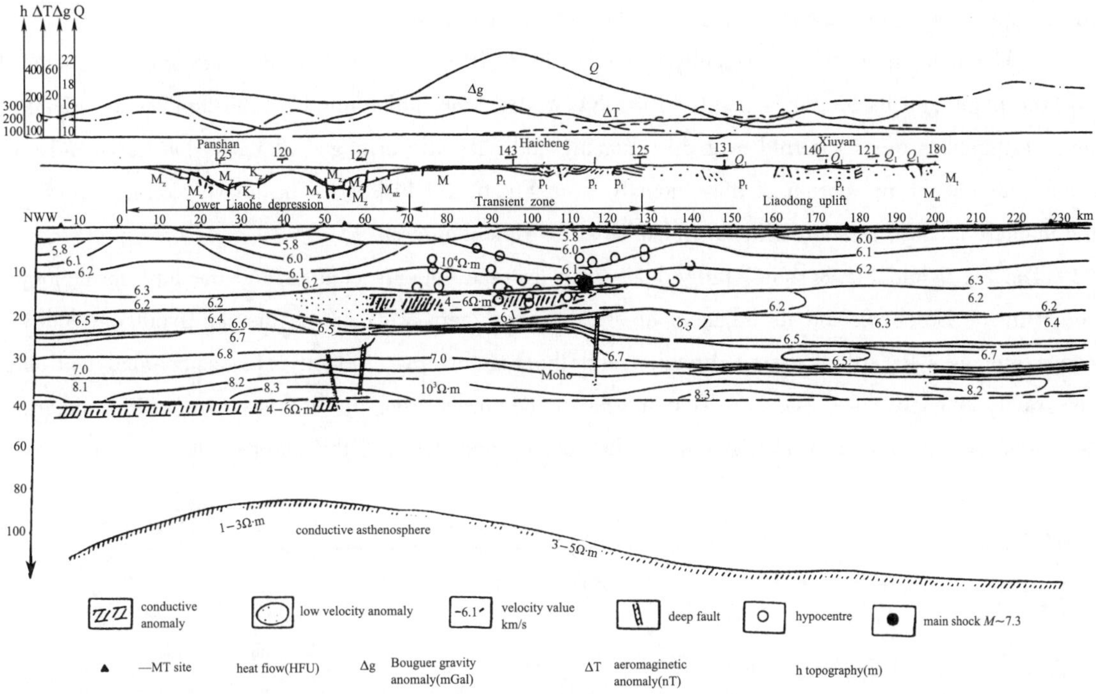

Fig. 4 Integrative geophysical profile crossing the Haicheng and its adjacent areas along NWW direction

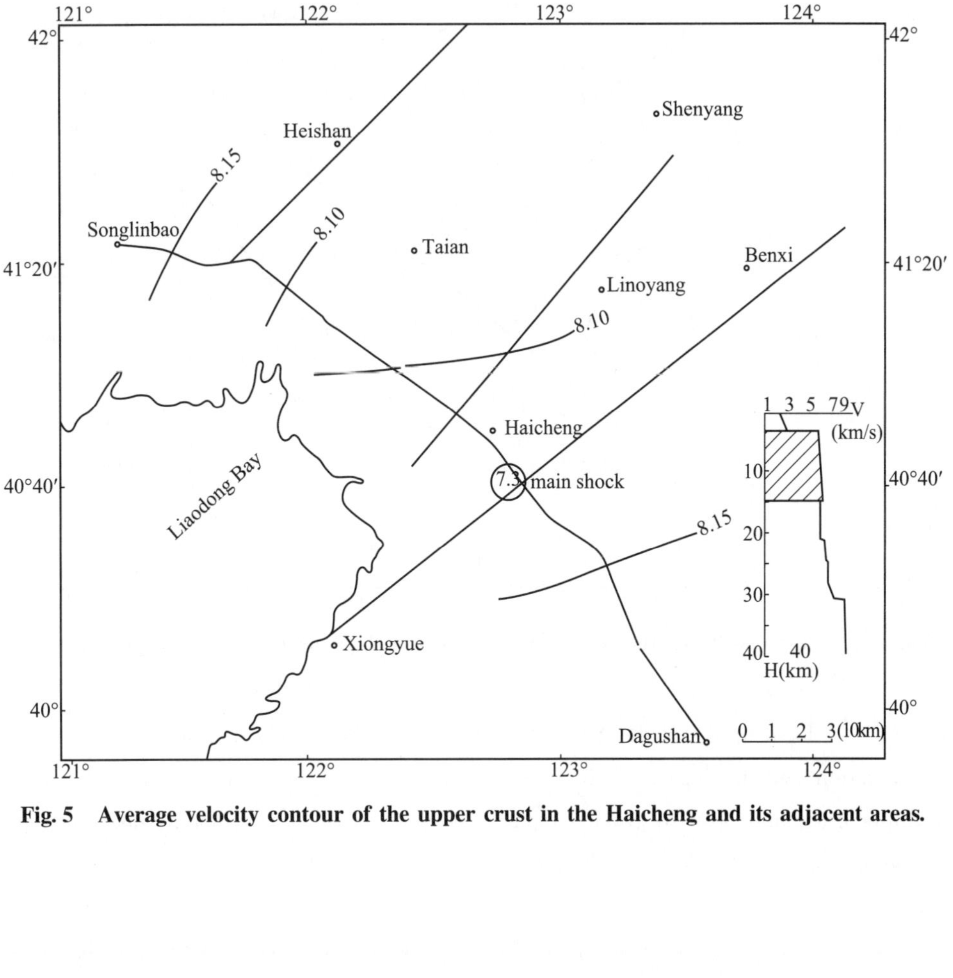

Fig. 5 Average velocity contour of the upper crust in the Haicheng and its adjacent areas.

in the upper crust in terms of the refraction data (see Fig, 4). The possible reason for this is either no biger fault in the upper crust, or a poor resolution of the refraction profile.

(2) In Haicheng area, the low velocity anomaly with 6. 10～6. 15 km/s in the middle crust has an elliptic shape on the plane and its long axis points to the NWW direction and limited by the faults (see Fig. 4). The Haicheng earthquakes were occurred over this anomaly and basically arranged along its long axis and the main shock took place at the up-corner of this anomaly (see Fig. 6 and Fig. 3). The above mention shows the low velocity anomaly is close relation with the seismisities in Haicheng area.

(3) The Fig. 7 and Fig. 8 show, individually, an average velocity contour and the top morphology of the lower crust in the Haicheng and its adjacent areas. From the maps we can see that an average velocity of the lower crust increases toward its rising direction and the high average velocity is accompanied with the high Bouguer gravity anomaly (see Fig. 4). That means in the lower crust there exists more dense materials. The main shock happened over the variation zone of the velocity and depth of the lower crust.

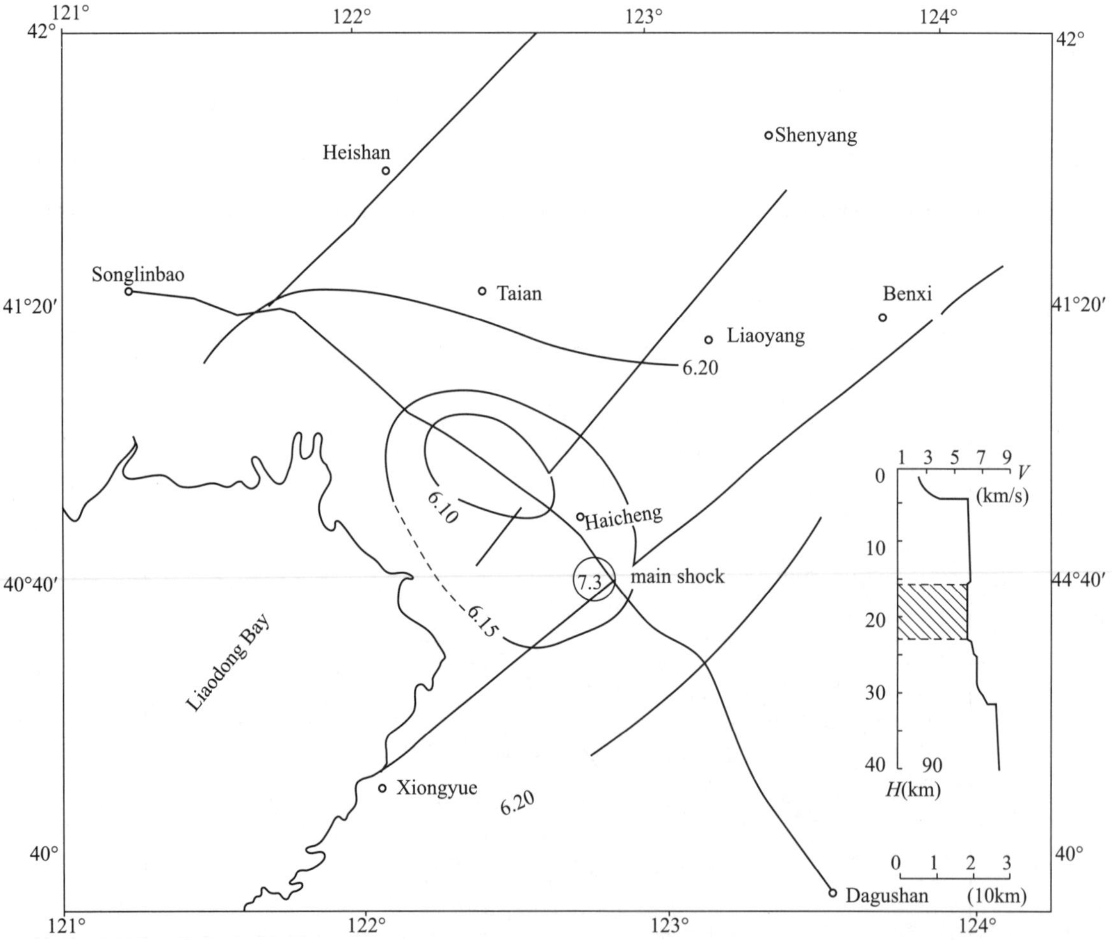

Fig. 6 Average velocity contour of the middle crust in the Haicheng and its adjacent areas.

(4) There are two local uplifts of the Moho discontinuity in the studied region. One is located beneath the Lower Liaohe depression and another beneath its eastern side. The latter is coincident with both high average velocity in the lower crust and positive gravity anomaly mentioned above. The main shock took place over the margin of last one of Mohe local uplift (see Fig. 9).

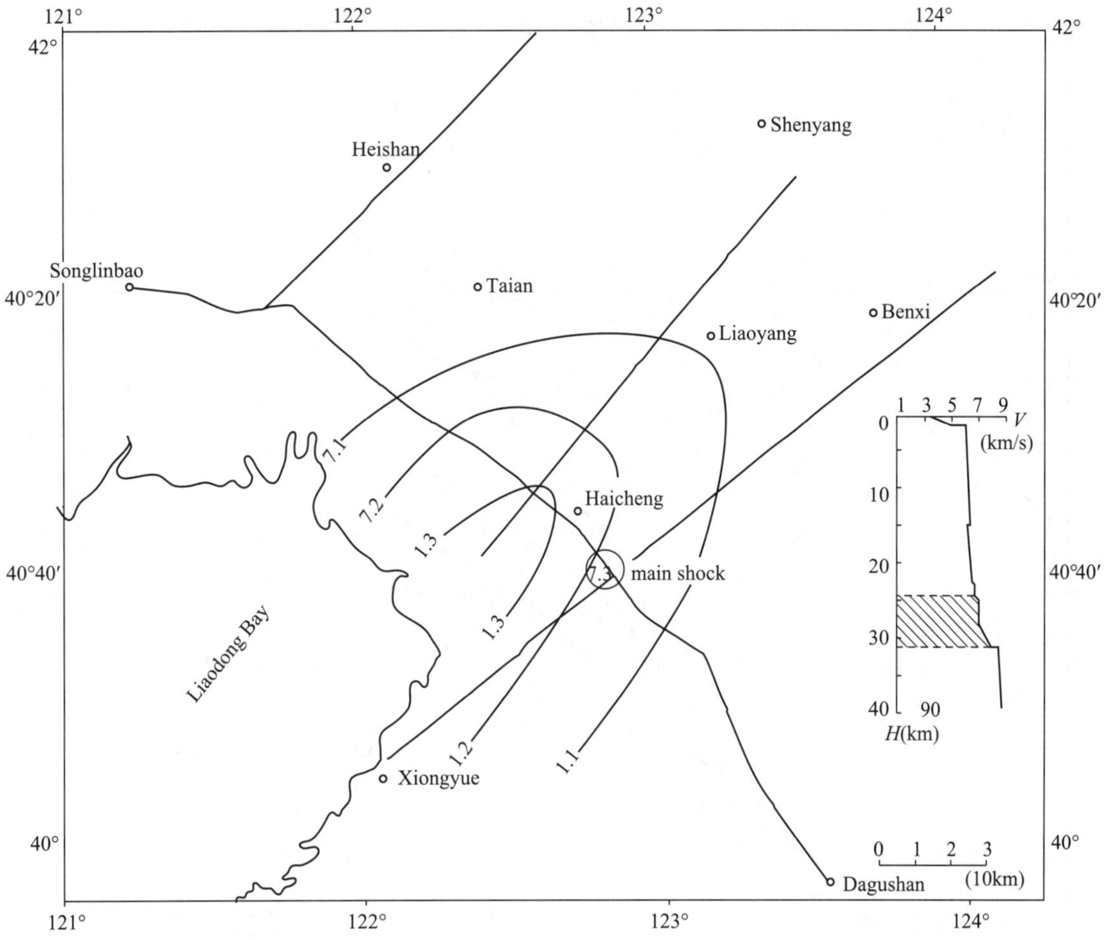

Fig. 7 Average velocity contour of the lower crust in the Haicheng and its adjacent areas.

Relation of conductivity structure in the crust and upper mantle with the earthquakes

The 20 MTS sites have been completed on the Haicheng and its adjacent areas, 8 MTS sites of them were aranged along the NWW refraction profile. The conductivity structure in the crust and upper mantle from inversion of MTS data was shown on Fig. 4. The resistivity of the upper crust is about 10^4 Ω · m, the lower crust is about 10^3 Ω · m, the conductive anomaly with resistitivy of 4–6 Ω · m appears in the middle crust and the conductive asthenosphere with resistivity of 1–3 Ω · m in the upper mantle ranges from 85 to 120 km of the depths. The Haicheng earthquakes occurred almost over the crustal conductive anomaly which is coincident with the low velocity anomaly. The main shock located at the up–corner of the anomaly and over the margin of uplift of the conductive asthenosphere (see Fig. 4).

Relation of density structure in the crust with the earthquakes

Since a density value is linear relation with a longitudinal wave velocity value, the two dimensional density distribution in the crust and upper mantle along the NWW refraction profile in Haicheng area has been calculated in terms of the velocity values from the refraction profile and the Bouguer gravity values. The experiential linear formulas between velocity and density were adopted as follows (Feng Rui, et al., 1986):

$$\rho=2.78+0.27\ (v-6.0) \qquad \text{if } v < 5.5$$

$$\rho=2.78+0.56\ (v-6.0) \qquad \text{if } 5.5 \leqslant v < 6.0$$

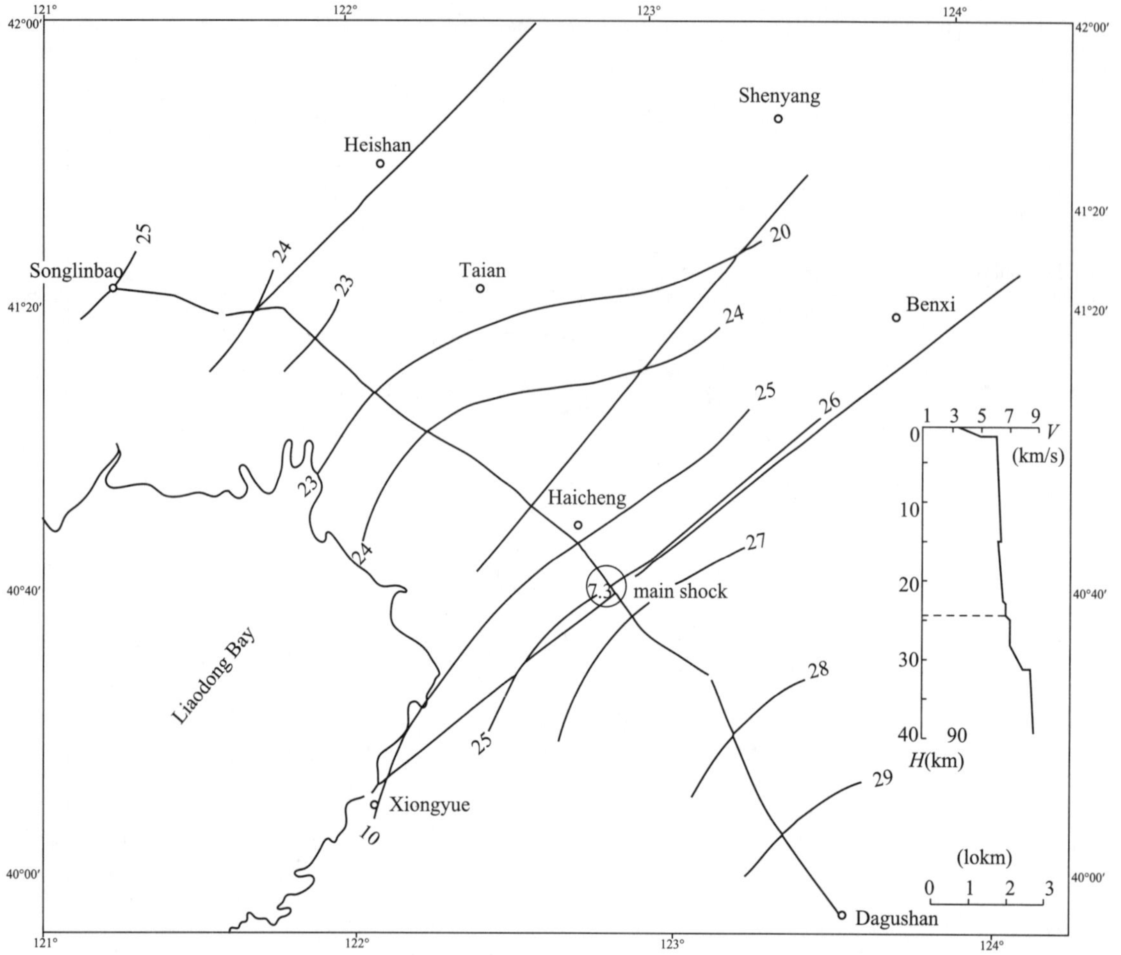

Fig. 8　Top morphology of the lower crust in the Haicheng and its adjacent areas.

$$\rho=3.07+0.29\ (v-7.0) \qquad \text{if } 6.0\leqslant v<7.5$$

$$\rho=3.22+0.20\ (v-7.5) \qquad \text{if } 7.5\leqslant v<8.5$$

where, ρ: density (g/cm^3), v: longitudinal wave value (km/s).

The calculated processes are: at first, given the initial density model of the crust and upper mantle in terms of their velocity values; then, two dimensional gravity response of the initial model was calculated and the comparison of the response with the measured gravity values along the profile to find the differences between them; finally, the initial density model was continually modified until the calculating response fits in the measured gravity values.

The density structure of the crust and upper mantle along the NWW refraction profile indicate that in the middle cruct of Haicheng earthquake area there exists the lower density anomaly which is consistent with the low velocity anomaly of this area, in the lower crust there exists the higher density anomaly and the main shock located at the up-corner of low density anomaly (see Fig. 10).

Relation of thermal structure of the crust and upper mantle with the earthquakes.

On the basis of the heat flow values and the deep structures from refraction and magnetotelluric profiles, the temperature distribution of the crust and upper mantle along NWW refraction profile in Haicheng area has been calculated with using two dimensional model (Zhang Juming, et al., 1986). The results show that the

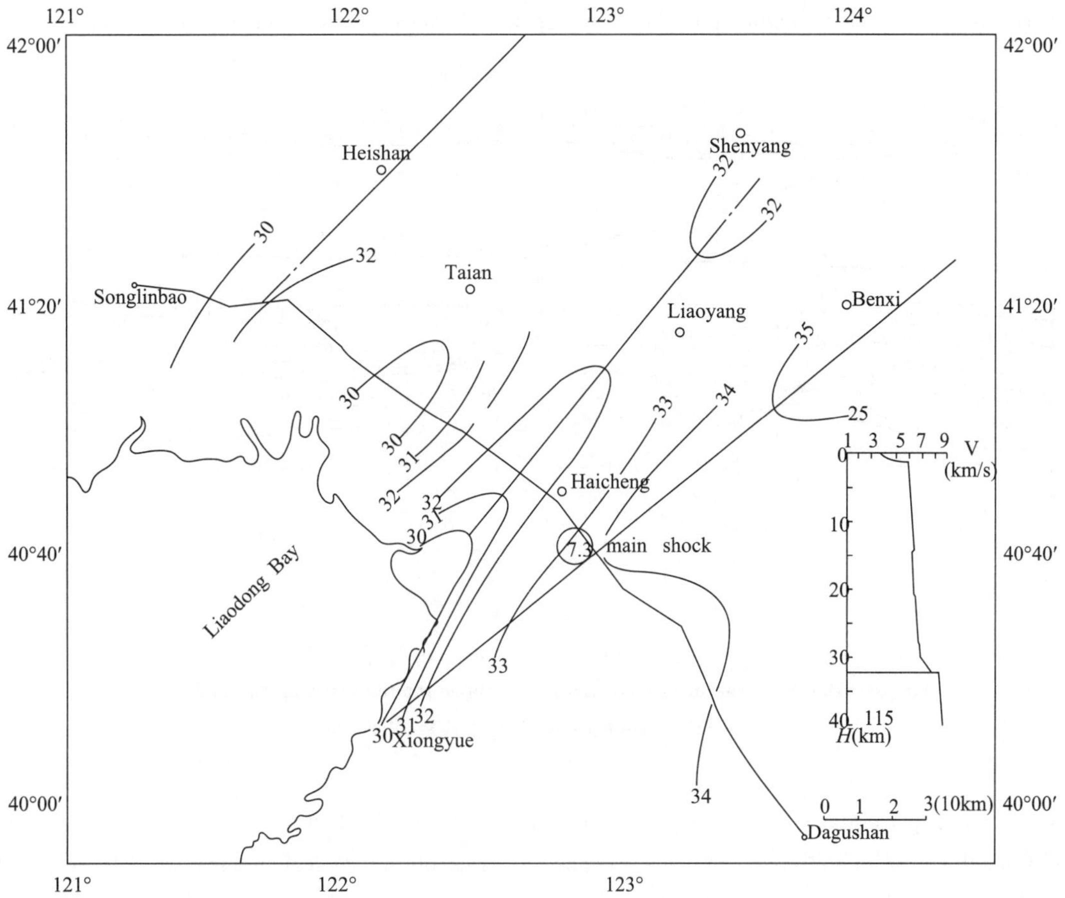

Fig. 9 Morphology of Moho in the Haicheng and its adjacent areas.

temperatures in the crust and upper mantle of Haicheng earthquake area are much high than those of the surrounding areas. For instances, the tempratures of the middle and lower crust in Haicheng earthquake area range, individually, from 450℃ to 650 ℃ and from 650 ℃ to 700 ℃, and are higher about 150 ℃ and 100 ℃ than those in the surrounding areas respectively. The temperature of the low velocity anomaly range between 450–600 ℃ (see Fig. 11). The Haicheng earthquakes occurred in the upper crust where the temperature is less than 450 ℃. The main shock located at the margin of higher temperature anomaly in the middle and lower crust.

According to the above mentioned results we infer that the lower crust having the higher density, higher velocity and higher temperature beneath Haicheng earthquake area might was strongly mixed and intruded by dense materials from deep layers. Although the high temperature in the lower crust may cause a decrease of its velocity value, yet the increase of velocity with density exceeds the decrease of velocity with temperature. We suppose that the dense materials were intruded into the lower crust along the Taulu fault zone of the western side long ago and were limited by the eastern fault in the lower crust (see Fig. 4 and 10). The hot and dense materials have heated the middle crust and caused it a dehydration, probably, some partial melting, and finally the middle crust in this area should has some plastical behaviour with a higher temperature, lower density, low velocity and higher conductivity. As we know, such a anomaly body in the crust would be difficult to accumulate strain energy and easy to transfer the energy into the upper brittle layer (Liu Guodong et al., 1984). Otherwise, a boundary between ductile and brittle layers, especially a boundary corner is very favorable to concentrate the earth stress. Perhaps, those are the reasons why all of the Haicheng earthquakes occurred over the low velocity and conductive anomalies and the main shock took place at the up-corner of the anomalies.

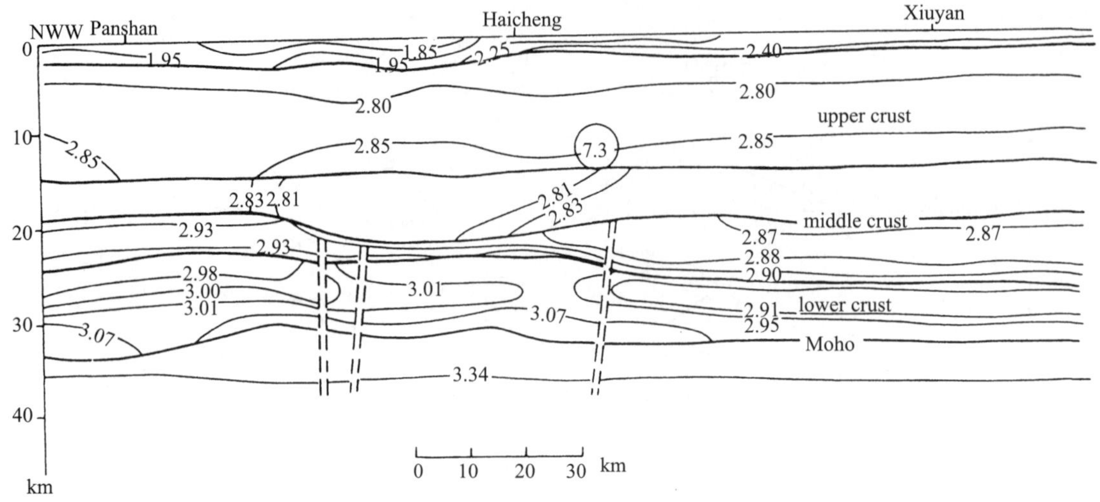

Fig. 10 Density structure of the crust and upper mantle crossing the Haicheng and its adjacent areas along NWW direction.

The Haicheng earthquake area is westerlly nearby the Cenozoic Lower Liaohe rift. This rift has been extended from the west to the east since the Eocene in terms of the geological message. The seismicities in Haicheng area, perhaps, are in some degree related with the rift easterlly developing caused by an asthenospheric upwelling. An asthenospheric activity can give a vertical force to be borne in the lithosphere, and a horizontal reginal stress from the Tibetan plateau or west Pacific plate would combine with the vertical force and responsible for the earthquakes in the studies area (Liu Guodong, 1989).

The structure of the crust and upper mantle beneath the Tangshan earthquake and its adjacent areas

The Tangshan earthquake area is located at the place where the North China Plain seismic zone meets with the Wuyuan-Zhangjiakou-Yantai seismic zone (see Fig. 1) and the northern margin of the Huanhua depression of Cenozoic rift system in North China (see Fig. 2). The main shock with magnitude of 7. 8 and focal depts of 10 km took place on July 28, 1976. The aftershocks in this area distributed along NNE-SSW directions and formed the seismic belt with total length of 150 km (Fig. 12).

The two refraction profiles, two reflection profiles, one MTS profile and 12 heat flow values had been accomplished in the Tangshan and adjacent areas in past decade (Liu Changquan, et al., 1986; Sun Wucheng, et al., 1988; Zeng Rongsheng, et al., 1988; Lu Hanxing, et al., 1988; Liu Guodong, et al., 1983; Zhang Ruhui, 1982).

Fig. 13 and Fig. 14 show the structure of the crust and upper mantle from the refraction profiles with the NNE and NNW direction (see Fig. 12). The body wave theoretical seismogram and 2-D inhomogeneous media analysis methods were adopted for interpretation of the two refraction profiles (Liu Changquan, et al., 1988).

The refraction profile with NNE direction is arranged along the tectonic and seismic beltrend and is of 500 km long. From this profile we can see that the crust can be divided into the three layers expepet for the shallow low velocity sediments. The upper crust has a thickness of 14-16 km and a velocity of 4. 5-6. 25 km/sec, the

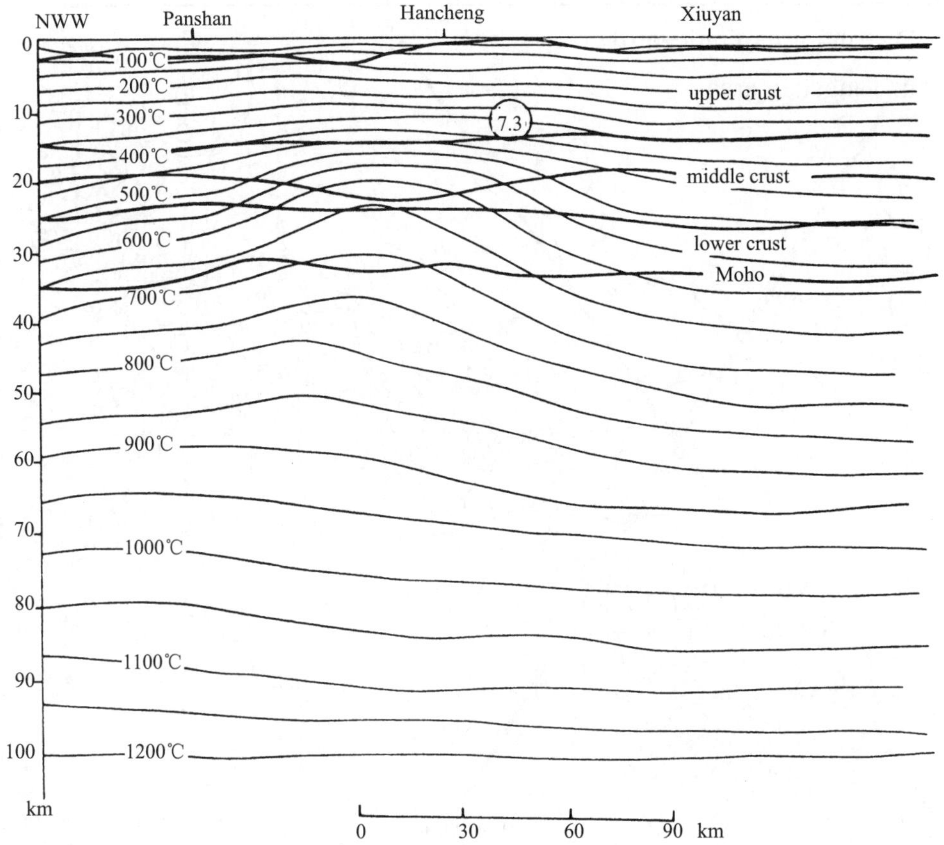

Fig. 11 Temperature distribution in the crust and upper mantle crossing the Haicheng and its adjacent areas along NWW direction.

middle crust has a thickness of 6–8 km and a velocity of 6.28–6.32 km/sec and contains the low velocity anomaly near Tangshan area, and the lower crust has a thickness of 9–11 km and velocity of 6.3–7.3 km/sec and appears some decrease of velocity in its middle part. The velocity in the upmost mantle increases slowly with depth and changes from 8.30 into 8.40 km/sec at the depth of 50 km.

The refraction profile with NNW direction is of 400 km long and laterally crosses the Tangshan seismic belt between 22 and 52 km (see Fig. 12 and14). This profile shows that the structures of the crust and upper mantle are much complicated in and near Tangshan seismic area than those in its adjacent areas. Beneath Tangshan area there exist a local uplift of the Moho discontinuity, the upper and lower crust are relatively thinned and the low velocity anomaly is contained in the middle crust and upper part of the lower crust. The main shock took place at the up-corner of crustal low velocity anomaly and over a margin of the Moho uplift. This situation is very similar to the Haicheng earthquake area mentioned above. Toward NNW direction from Tangshan area the refraction profile goes at point of 140 km into Yanshan mountain area where the crust thickened obviously, especially the upper and lower crust, the crustal velocity anomaly disappears, the structure of the crust and upper mantle looks very simple and no seismicity took place in this area.

The two reflection profiles, the name of TS–1 with length of 47 km and the name of TS–2 with length of 17 km, have been carried out in December of 1984 and published in 1988 (Zheng Rongsheng, et al., 1988; Lu Hanxing, et al., 1988). Here we quote TS–1 and combine with the refraction profiles to discuss the crustal structure of Tangshan earthquake area.

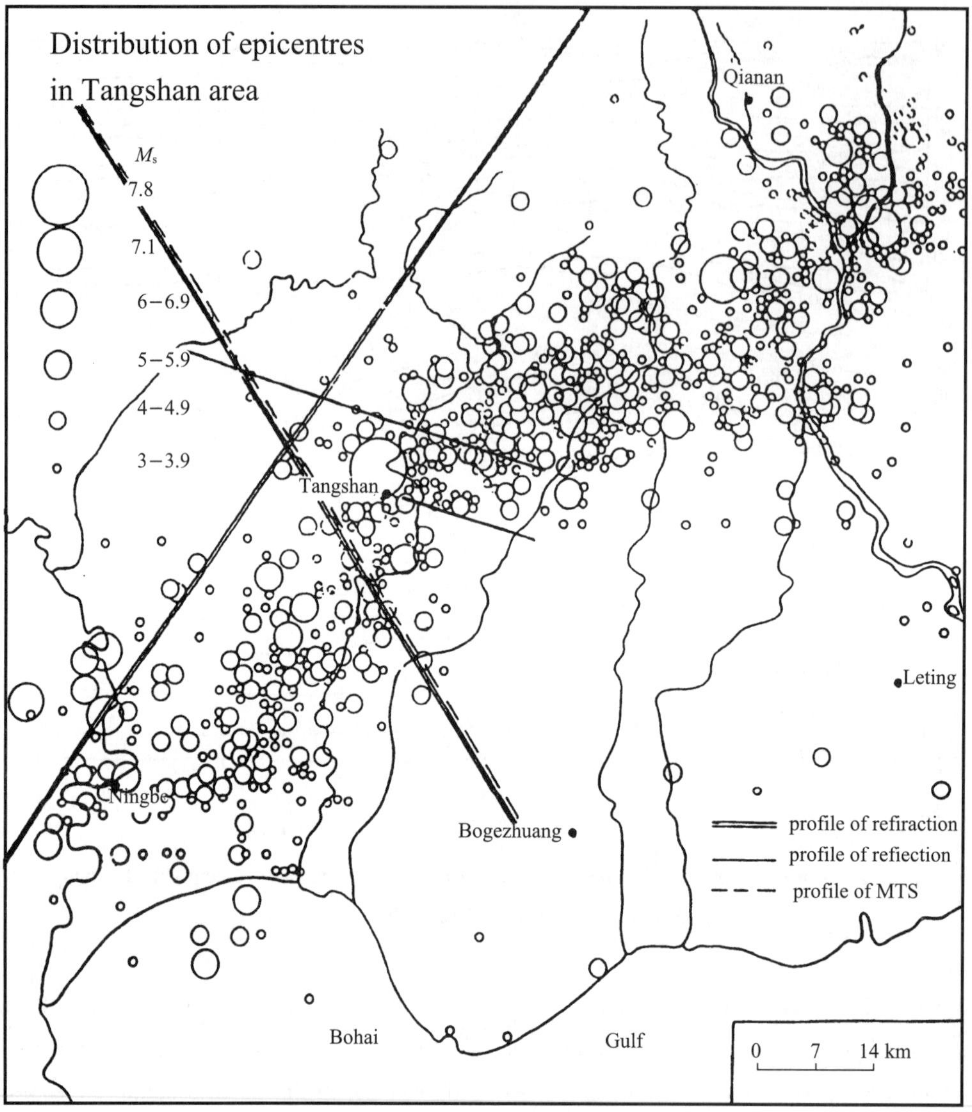

Fig. 12 Distribution of epicenters in Tangshan area.

The reflection profile of TS-1 locates the north of main shock epicentre, cuts through the seismic belt in common-depht-points (CDP) of 900-1900 and crosses over the NNE refraction profile at CDP of 900 and over the NNW refraction profile at CDP of 300 respectively (see Fig. 12 and 15). From Fig. 15 we can do some interpretations as follows:

The strong reflectors between 0.3-1.0 second of two-way time represent the interfaces of the Paleozoic sediments in terms of the geological data. Some faults can be recognized from this reflection profile between CDP of 600-700, at CDP of 800, 1000 and between CDP of 1300-1400. Those faults have a slow dip and disappear before 1.5 seconds, which mean that the faults are very shallow and could not responsible for the main shock with a mechanism solution of the high dip seismic fault and focal depth of 10 km. There exists the relatively continuous reflection at 4.5 seconds of two-way time and its depth is about 14 km. This reflection can be compared with the top of the middle crust from the refraction profiles. The upper crust over this reflection contains many dipping and disorder reflectors beneath the seismic belt between CDP of 600-1900, which shows the upper crust

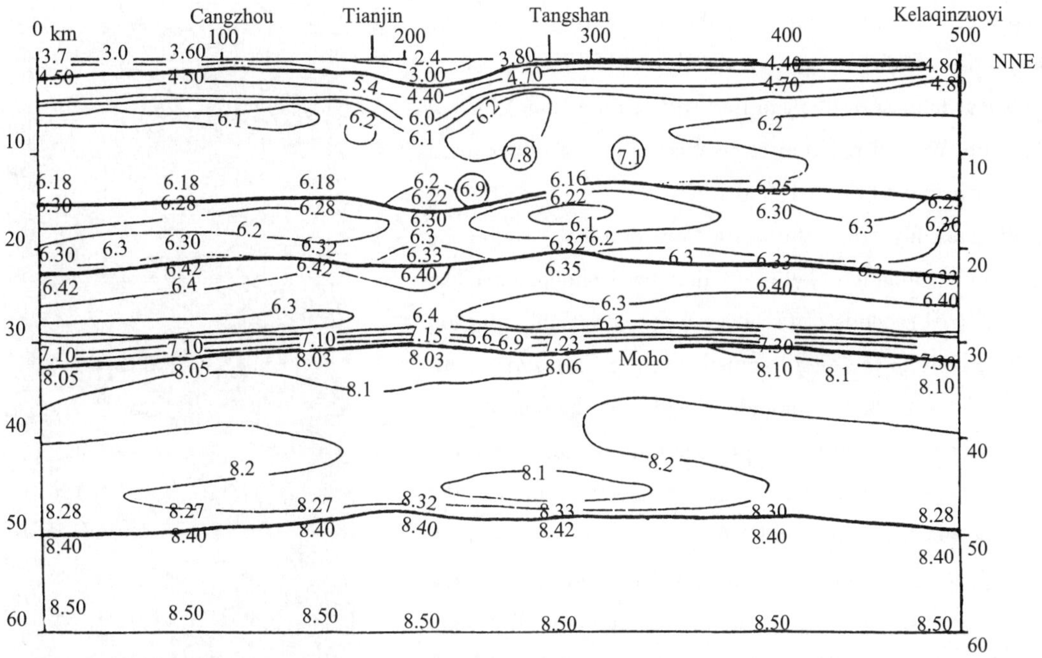

Fig. 13 Velocity structure of the crust and upper mantle along NNE profile expanding parallel with the Tangshan seismic belt (from Liu Changquan, et al., 1986).

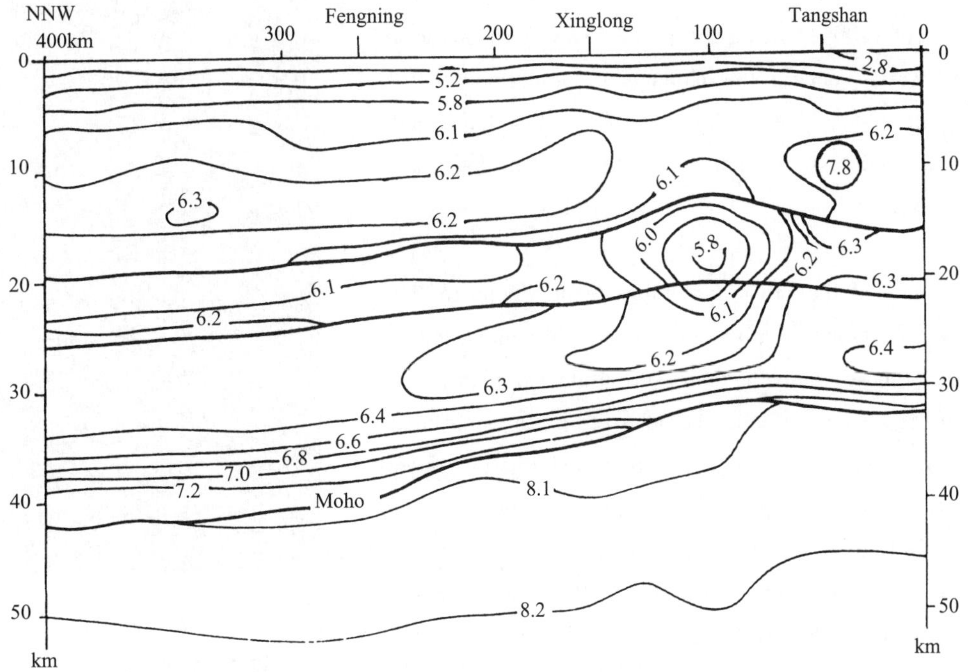

Fig. 14 Velocity structure of the crust and upper mantle along NNW profile perpendicularly crossing the Tangshan seismic belt (from Liu Changquan, et al., 1986).

is characterized by the structure complexity, profound anisotropy and strong deformation. According to the geological information, the upper crust here is composed by the Pre-cambrian metamorphic rocks. The main shock and most of the aftershocks occurred in this protion of the crust. However, no big fault can be recognized from the reflection profile in the upper crust unless a fault is a shear because a shear fault is difficult to find with a reflection profile if it is a high dip. We did not find any reflector in the upper crust in the westnorthern part of CDP 600 where just arises the crustal low velocity anomaly from the refraction profiles, There is, perhaps, some corelation between thc two phenomena. The reflection with 6. 0 seconds of two-way time corresponds the top of conducltive layer in the middle crust (see Fig. 15) and the reflection of 7. 5 seconds is coincident with the bottom of the middle crust from the refraction profiles. The structure in the middle crust is generally flatted, which means that the middle crust has some plastical horizontal creep.

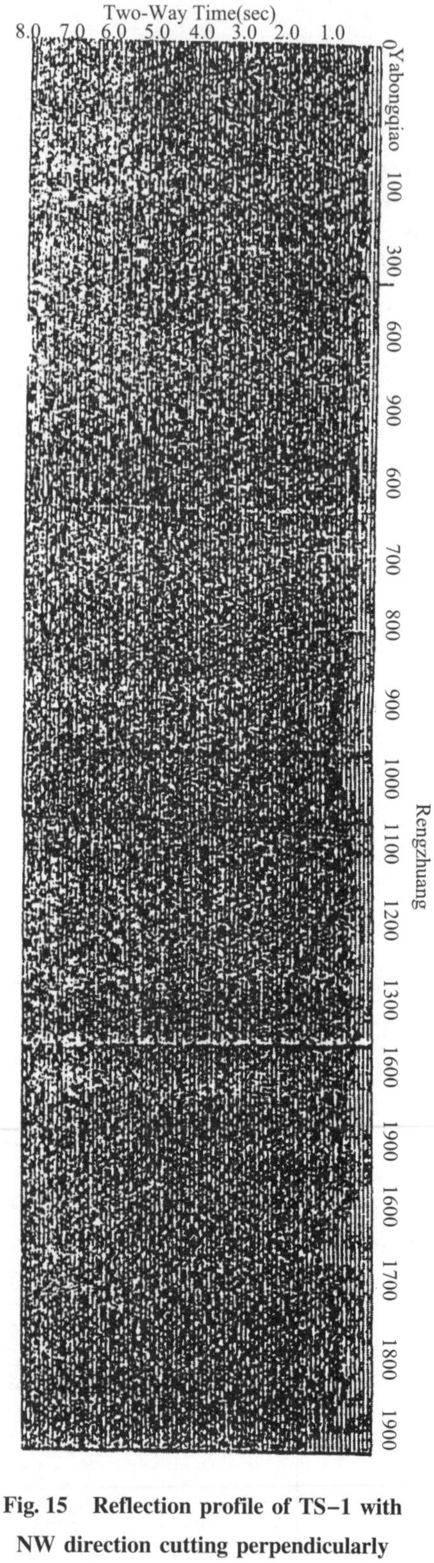

Fig. 15 Reflection profile of TS-1 with NW direction cutting perpendicularly through the Tangshan seismic belt (from Zeng Rongsheng, et al., 1988).

The Fig. 16 shows the geoelectric, velocity and geothermal structures in the crust and upper mantle beneath the Tangshan and its adjacent areas. The crustal conductive layer with resistivity of few Ω · m and thickness of 3-5 km ranges from 15 to 20 km of the depth and has the temperature of 500-550 ℃ around Tangshan area. The conductive asthenosphere in the upper mantle ranges from 55 km to 100 km of the depht and has the temperature of 1100 ℃ along the profile. The uplift of the a sthenosphere locates beneath the Huanghua depression of the North China rift system. The Tangshan earthquakes happened over the crustal conductive layer and over the margin of the asthenosphere uplift.

Discussion

The structures of the crust and upper mantle beneath the Haicheng and Tangshan earthquake areas are much more complicate than those beneath their surrounding regions. The upper crust of the seismic areas is characterized by the structural complexity, profound anisotropy and strong deformation. Such feature is easy for concentration of a earthquake energy in spite of absent big fault in it. Beneath the earthquake areas, there exists a low velocity-conductive anomaly in the middle crust, meanwhile, outside of the earthquake areas the middle crust appears usually a property of rather low velocity gradient. The main shocks in the studied areas took place at the up-corner of the low velocity anomalies. Many hypocenters about the origin of the low velocity and conductive anomaly in the crust have been suggested in the past years, for examples, free water, partial melting, magma chamber etc., which one can be chosen for us depends on the temperature, pressure and composition of the rocks in the place where the anomaly body is detected. In the Haicheng and Tangshan areas the temperature calculated with 2-D thermal conductive model is about 500-600 ℃ inside the anomaly body and the density calculated with 2-D model less 0.1 g/cm^3 inside the anomaly body than that outside it. In this case, we can infer that the anomaly body might be due to a dehydration or partial melting of the middle crust. As we know, such a anomaly body should behave plastically, so that it would be difficult to accumulate strain energy, but easy to transfer the stress into the brittle upper crust. Perhaps, this is the reason why the earthquakes usually occurred over the low velocityconductive anomaly and the earthquake is absent inside of it.

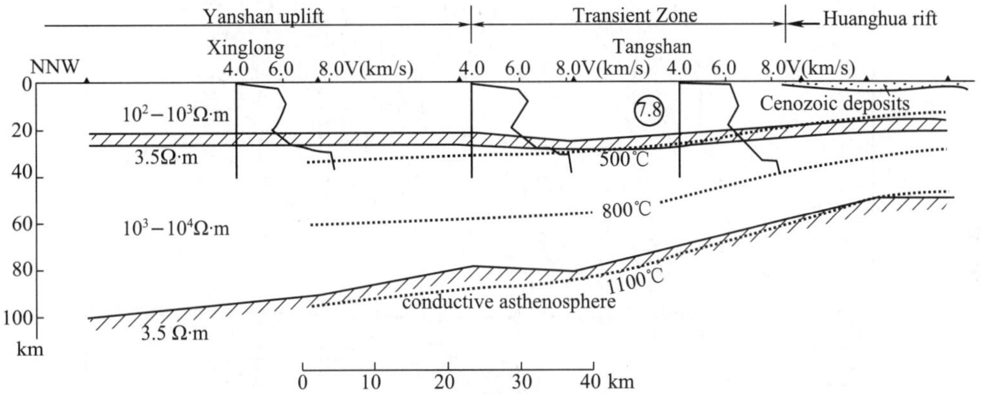

Fig. 16 The geoelectric, velocity and geothermal structures in the crust and upper mantle from the northern coast of the Bohai Gulf in the right side to the Yanshan mountain area in the left side along the NNW refraction profile.

The Haicheng and Tangshan regions locate in the eastern and northern margins of the Cenozoic rift system of North China Plain respectively. The rift system is still active and has expanding trend toward the periphery areas. The rift activity results mainly from an upwelling of the conductive asthenosphere in the upper mantle which is caused by either induced convection related to the subduction of west Pacific plate or a mantle plume located in the Bohai Gulf area (Liu Cuodng, et al., 1983; Liu Guodong, 1987). An asthenospheric activity can create a vertical and horizontal forces on the top and surroundings of upwelling area. A horizontal regional stress from collision between the Indian plate and Eurasia plate would be combined with the forces mentioned above and responsible together for the strong earthquakes in the studied region. Fig. 17 shows the relationship between the depth of conductive asthenosphere and the strong earthquakes with $M \geqslant 6$ in North China Plain. We can see that the strong earthquakes in this region happened generally over the margins of the asthenospheric upheavals or above them.

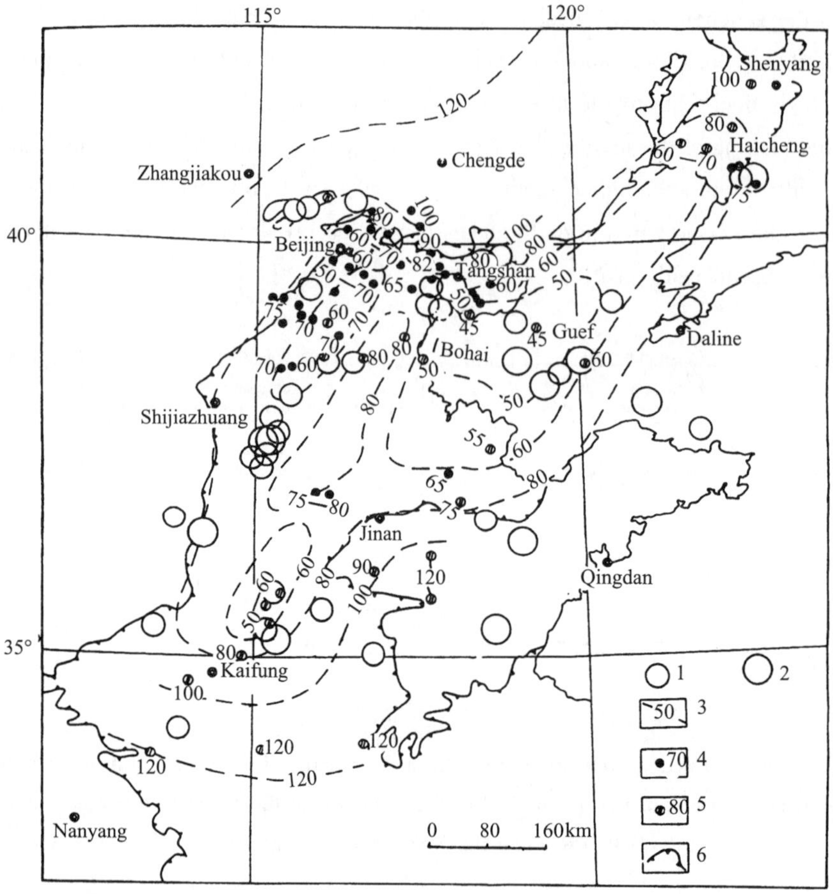

Fig. 17　Relationship between the depth of conductive asthenosphere and the strong eathquakes in North China plain. 1 epicentre with *M* 6–7 magnitude; 2 epicentre with *M*>7 magnitude; 3 isoboth of conductive asthenosphere; 4 depth of conductive layer in the upper mantle, calculated from MT data; 5 depth of conductive layer, calculated from heat flow value; 6 boundary between plain and mountain areas.

REFERENCES

Feng Rui, Yan Huifen and Zhang Ruoshui, 1986, The rapid inversion of 3–D potential field and program disign, Acta Geologica Sinica., Vol. 60, 390–403.

Gu Haoding, Chen Yunhai, Gao Xiang Lin, et al., 1976, Focal mechanism of Haicheng, Liaoning province, earthquake of February 4, 1975, Acta Geophysica Sinica., Vol. 24, 270–285.

Liu Changquan and Jia Shixu, 1986, Structural Property of the crust and upper mantle in Tangshan earthquakes region– A method of computing body wave theoretical seismogram and result of analysis of 2–D inhomogenous media, Acta Seismologica Sinica, Vol. 8, 1–22.

Liu Guodong, Gu Qun, Shi Shulin, et al., 1983, The electrical structure of the crust and upper mantle and its relationship with seismicity in the Beijing–Tianjing–Tangshan region and adjacent area, Acta Geophysica., Vol. 26, 157–166.

Liu Guodong, 1987, The Cenozoic rift system of North China plain and deep interal process, Tectonophysics, Vol. 133, 277–285.

Liu Guodong, 1989, The geoelectric structure of the crust and upper mantle beneath some seismic areas in Chinese continent, Proceeding of workshop HEFEST-1 in Erice, Italy (in press).

Liu Guodong and Liu Changquan, 1983, Structure of crust and upper mantle and their relation to Cenozoic tectonism in northern part of North China, Scientia Sinica (serie B), Vol. 26, 550-560.

Liu Guodong, Shi Shulin and Wang Baojun, 1984, Conductive layer in the crust in North China and its relation to crust tectonism, Scientia Sinica (Series B), Vol. 27, 1093-1104.

Lu Hanxing, Zeng Rongsheng, Guo Jienming et al., 1988, Results from deep seismic reflection profiling in Tangshan region, Acta Geophysica Sinica, Vol. 31, 36-40.

Lu Zaoxun, Zhang Guochen, Li Jiangzhi, et al., 1988, An Explosion-seismology study on the structure of crust and upper mantle in south Liaoning, Development in the research of deep structures of China continent, Geological publishing House, Beijing, China, 114-127.

Sun Wucheng, Zhu Zhiping, Zhang Li, et al., 1988, Exploration of the crust and upper mantle in North China, Development in the research of the deep structures of China continent, Geological Publishing House, Beijing, China, 19-37.

Wang Andong, Ren Yuhe, Sun Wenfu, et al., 1987, Geothermal observation in east Liaoning and the Haicheng seismic area, Acta Seismologica Sinica, Vol. 9, 405-415.

Wang Jiyang, Wang Jian, Wang Youngling, et al., 1986, Terrestrial heat flow in Lower Liaohe basin, North China, Scientia Geologica Siniea, No. 1: 16-29.

Wei Guangxiang, Ji Tongren and Li Bingfeng, 1984, Characteristcs of magnitude 7.4 earthqake sequence in the Bohai, Seismology and Geology, Vol. 6, 21-30.

Zeng Rongsheng, Liu Hanxing and Ding Zhifeng, 1988, Seismic refraction and reflection profiling across Tangshan epicentral region and their implication to seismogenic processes, Acta Geophysica Sinica, Vol. 31, 383-398.

Zhang Juming and Xiong Liangping, 1986, Application of finite element method for geothermal research, Science press., Beijing, China.

Zhang Ruhui, 1982, The distribution of heat flows in Tanshan and its surrounding, Seismology and Geology, Vol. 4, 57-68.

Zhang Zhili, Qin Zu, Gu Jicheng, Jin Yamin, et al., 1980, The fracture processes of the Tangshan earthquake and its mechanical analysis, Acta Seismological Sinica, Vol. 2, 111-129.

唐山大震区的深部瞬变电磁法勘探*

刘国栋 张木生 邓前辉 王关勇 汤 吉

引 言

早在 20 世纪 50 年代苏联人就提出了深部瞬变电磁法（Deed Transient Electromagnetic Method，DTEM）或称长偏移瞬变电磁法（Long Offset Transient Electromagnetic Method，LOTEM）的理论，并在 60 年代开始应用于油气勘探，定名为建场法。从 70 年代开始随着基本理论研究的日益深入，以及仪器设备和计算技术的飞速发展，这一方法显示出日益明显的吸引力，欧美一些国家的大学和研究机构开始重视对深部瞬变电磁法的研究和应用，从而加速了这一方法的发展，并在实际应用中不断取得明显的效果。时至今日，这一方法已在世界上获得广泛应用，尤其是在油气田勘探方面，在人工地震方法难以取得成效的地区，深部瞬变电磁法往往都能取得较好的工作效果（Wolfgram，et al.，1990）；在深部研究，尤其是对中、上地壳的电性结构探测研究方面，这一方法也显示出了极大的优越性。它比常用的大地电磁测深方法具有更高的分辨能力、更高的生产效率和更强的抗干扰能力。

德国科隆大学地球物理和大气研究所 K. M. Strack 博士领导的勘探地球物理研究组，在深部瞬变电磁方法的研究和实践中处于领先地位；由 R. Karmann 博士领导的德国 METRONIX 公司在电磁法仪器研制和生产以及野外工作方面具有较高的水平。1987 年 10 月，Strack 博士和 Karmann 博士访问国家地震局地质研究所，向我们主动提出由西德方面出设备、出技术、出专家、出资金，在中国开展深部瞬变电磁法的试验工作。

建议得到了国家地震局有关部门的大力支持，并得到了地矿部石油海洋局和石油工业部大港油田的积极响应。中德双方友好地签定了合作协议，并在 1988 年开始实施这一协作计划，直到 1991 年全部结束。

1 方法原理

1.1 深部瞬变电磁法的物理过程

深部瞬变电磁法是通过电偶极子向地下注入稳定电流（实际为方波电流，但可把方波电流的顶部视为稳定电流），此稳定电流将在地下介质中产生稳定磁场。当稳定电流被突然切断时，磁场迅速衰减。根据电磁感应定律，为了阻止这种衰减，在地下介质中将产生二次电磁场，即所谓瞬变电磁场。该瞬变电磁场随着时间的延长，向下传播和向周围扩散。其传播速度、扩散方式和强度依赖于地下介质的电性结构特征。如果在地面上某点观测该瞬变电磁场的传播过程，就可以获得一条瞬变电磁场曲

---

* 本文原载于《电磁方法研究与勘探》，地震出版社，1993，1～21。

线。对该曲线进行处理和反演，便可获得测点下的地下电性结构，包括地下介质的电性分层、层厚度和电阻率值等（刘国栋，1989）。

深部瞬变电磁法的野外工作原理如图 1 所示。

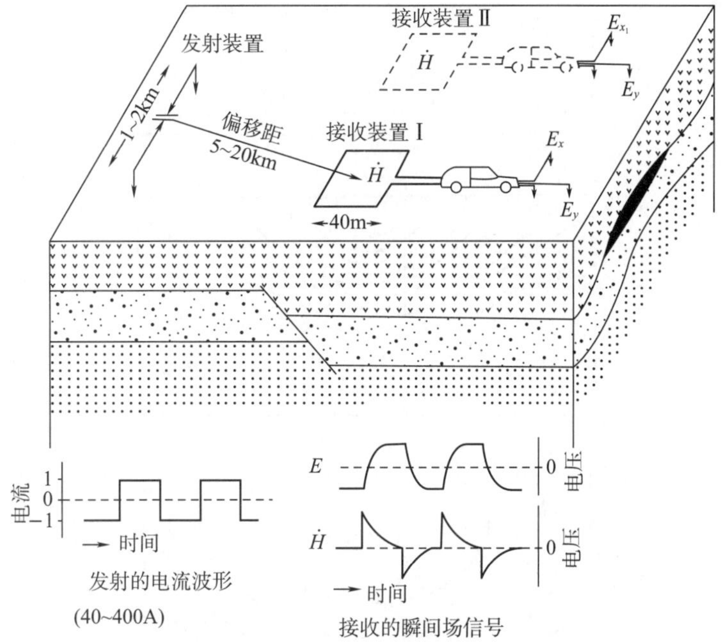

图 1　深部瞬变电磁法野外工作布置图（据 Rossow，1989）

图中发射装置保持不动，接收装置沿测线移动。图下半部的左方为发射的方波电流，右方为在发射电流关断时接收的瞬变电场信号 E 和瞬变磁场信号 H。瞬变场信号的衰减过程包含着测点下的电性结构信息，因此必须提高瞬变场的信噪比。

发射机电源由大于 100 kW 的交流发电机提供，然后通过整流器和同步换向开关转换为方波电源，并通过电偶极子向地下注入方波电流。交流发电机、整流器、同步转向开关和电偶极对组成了深部瞬变电磁法的发射装置。

当方波电流换向时（相当于突然切断供电电源），在地下介质中将产生瞬变电磁场。瞬变电磁场在地壳介质中的扩散过程可以用“烟圈”概念加以形象化。图 2 表示在电阻率为 200 Ω · m 的均匀半空间中，当通过电偶极子注入方波电流后产生的瞬变电磁场随时间的扩散过程。图中实线代表等效电场强度或等效电流密度线，虚线代表负电流。感应电流垂直图面流动。图 2 中的每个小图代表注入的方波电流切断后，在不同时间上（1、10 和 100 ms）的瞬变场情景。在早期，感应电流主要分布在发射偶极子附近，随着时间的增加，感应电流向下扩散，感应电流的这种移动方式，有时称之为“烟圈”。

如果我们引入层状地球模型，“烟圈”的扩散过程就要改变。图 3 为双层地球模型，在厚 3 km、电阻率值 200 Ω · m 的第一层下方，有一个电阻率值为 2000 Ω · m 的巨厚高阻层。当垂直图面流动的感应电流抵达层界面时，感应电流随着时间的增加开始向上扩散。这样，在观测点上就可以接收到来自界面处以及发射装置和接收装置之间的总体信息。随着时间的进一步延长，即在晚期，感应电流进一步向深部扩散，其分布趋于均匀。图 4 绘出了均匀的层状的地球模型在 10 ms 时感应电流扩散情景的对比。两者的差别是显而易见的。感应电流的扩散速度强烈地依赖于地下介质的电阻率差（Strack，1991）。

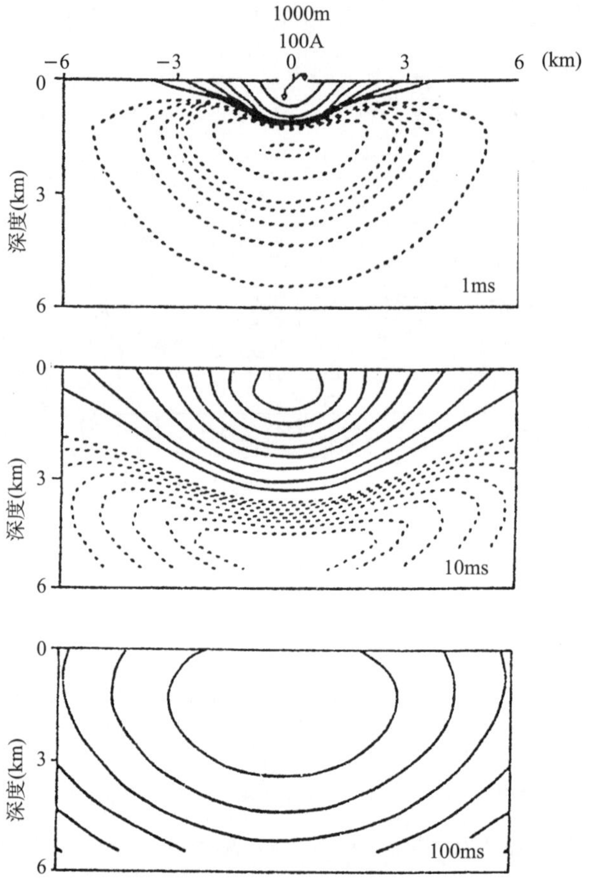

图 2　在 200 Ω · m 均匀半空间中注入方波电流切断后，瞬变场随时间类似于“烟圈”的扩散形式

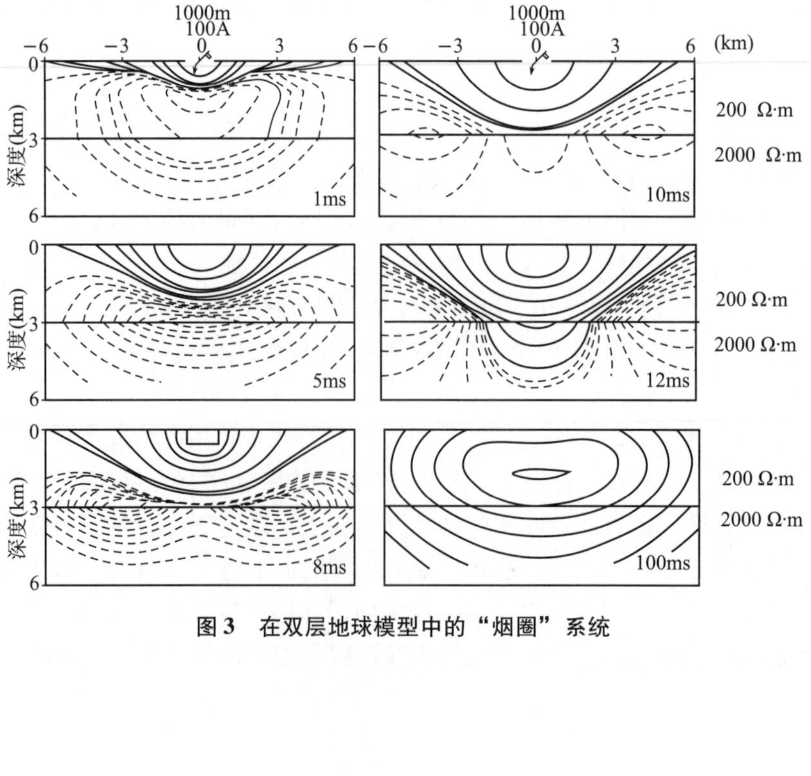

图 3　在双层地球模型中的“烟圈”系统

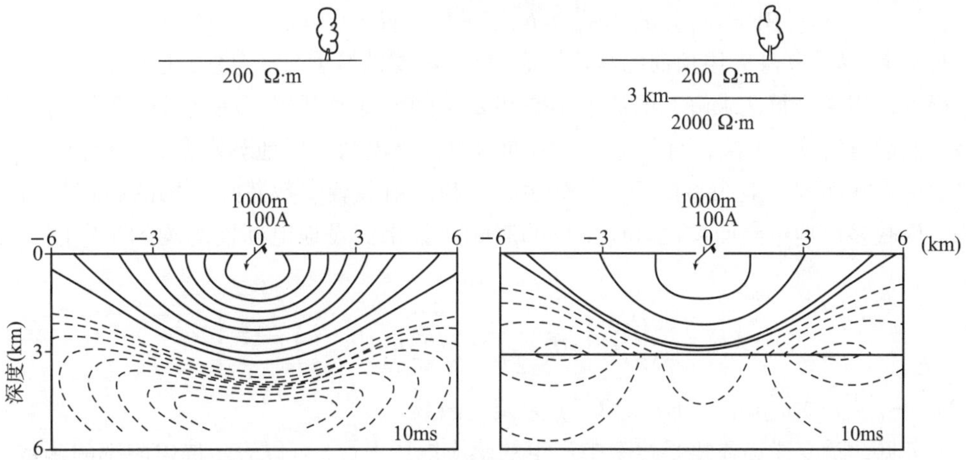

图 4　两种不同地球模型，注入方波电流切断 10ms 之后，感应电流扩散过程对比图

1.2　基本方程的建立

对于水平层状的地球模型，在以水平电偶极子注入的方波电流的激励下，在地表某一接收点处所产生的瞬变磁场（即变化的垂直磁场分量在接收线圈中产生的感应电压），可以从似稳条件下的麦克斯威尔方程出发，并引入矢量位概念，其解为（Strack，1991）：

$$V_z(r,\ t)=\frac{-1}{2\pi}\int_{-\infty}^{\infty}\mu_0 A e^{i\omega t}\frac{D_0\cos\varphi}{4\pi}\int_0^{\infty}\frac{B_{E_1}(K,\ \omega)-K}{B_{E_1}(K,\ \omega)+K}KJ_1(Kr)\mathrm{d}K\mathrm{d}\omega \tag{1}$$

同样，在某一接收点处所产生的瞬变水平电场分量，即两个测量电极之间的电位差为

$$\begin{aligned}E_x(r,\ t)=&\frac{-1}{2\pi i}\int_{-\infty}^{\infty}\frac{e^{i\omega t}}{\omega}\cdot\frac{-i\omega\mu_0 D_0}{4\pi}\int_0^{\infty}\left\{\left[\frac{B_{H_1}(K,\ \omega)-K}{\alpha_1^2}-\frac{1}{B_{E_1}(K,\ \omega)+K}\right]\right.\\&\cdot\left[\frac{2}{r}J_1(Kr)\cdot(2\cos^2\varphi-1)-2KJ_0(Kr)\cos^2\varphi\right]\\&\left.+\frac{B_{E_1}(K,\ \omega)-K}{B_{E_1}(K,\ \omega)+K}KJ_0(Kr)\right\}\mathrm{d}K\mathrm{d}\omega+\frac{\rho_1 D_0}{2\pi r^3}(2-3\sin^2\varphi)\end{aligned} \tag{2}$$

$$\begin{aligned}E_y(r,\ t)=&\frac{-1}{2\pi i}\int_{-\infty}^{\infty}\frac{e^{i\omega t}}{\omega}\cdot\frac{-i\omega u_0 D_0\cos\varphi\sin\varphi}{4\pi}\int_0^{\infty}\left\{\left[\frac{B_{H_1}(K,\ \omega)-K}{\alpha_1^2}-\frac{1}{B_{E_1}(K,\ \omega)+K}\right]\right.\\&\left.\cdot\left[\frac{4}{r}J_1(Kr)-2KJ_0(Kr)\right]\mathrm{d}K\mathrm{d}\omega-\frac{3\rho_1 D_0\cos\varphi\sin\varphi}{2\pi r^3}\right.\end{aligned} \tag{3}$$

式中，x 为平行发射电偶极子的坐标，y 为垂直发射电偶极子的坐标，z 垂直向下，$J_0(Kr)$ 和 $J_1(Kr)$ 为贝塞尔函数，D_0 为电偶极子矩（它等于电流 I 与偶极子长度 L 的乘积），A 为接收线圈的有效面积，r 为偏移距（发射偶极子中心与接收点的距离），φ 为偶极子方向 x 与偏移距 r 之间的夹角，ω 为角频率，K 为波数，ρ 为电阻率和 μ_0 为磁导率。

式(1)～(3) 是由富氏变换和汉克尔变换两个函数的积分方程所组成。式中的 B_{H_1} 和 B_{E_1}. 定义如下：

$$B_{E_n},\ H_n=\alpha_n,\quad \alpha_m^2=K^2+i\omega\mu_0\sigma_m$$

$$B_{E_m}=\alpha_m\frac{B_{E_{m+1}}+\alpha_m\tanh(\alpha_m d_m)}{d_m+B_{E_{m+1}}\tanh(\alpha_m d_m)}$$

$$B_{H_m}=\alpha_m\frac{B_{H_{m+1}}+\alpha_m\beta_m\tanh(\alpha_m d_m)}{d_m\beta_m+B_{H_{m+1}}\tanh(\alpha_m d_m)}$$

$$\beta_m = \sigma_{m+1}/\sigma_m,\ d_m = h_{m+1} - h_m,\ m = n-1,\ \cdots,\ 1$$

式中，σ 为电导率，h_m 为到 m 层顶面的深度，d_m 为第 m 层的厚度，n 为总的层数。

上述方程可以用递推算法求解，即从下半空间 n 层的最低部开始，在这里瞬变场消失为零，因此可以获得解。然后再解 $n-1$ 层，直至地表，从而求得水平层状 n 层地球模型的电压值。

由式(1) ～ (3) 可见，其中富氏积分部分主要反映发射装置参数对瞬变场的影响，而汉克尔变换积分部分主要反映多层地电断面参数对瞬变场的影响。如果假设地电断面为均匀半空间，则式(1) 有下列形式

$$V_z(t) = \frac{3\rho D_0 A_y}{3\pi r^5}\left[erf\left(\frac{u}{\sqrt{2}}\right) - \sqrt{\frac{2}{\pi}}u\left(1 + \frac{u^2}{3}\right)e^{-\left(\frac{u^2}{2}\right)}\right] \tag{4}$$

式中，$\mu = 2\pi r/\tau$，$\tau^2 = 8\pi^2\rho t/\mu_0$。$erf(u/2^{1/2})$ 为误差函数。

从式(4) 可见，瞬变磁场在接受线圈中产生的感应电压 $V_z(t)$ 可以表示成电阻率的函数，但电阻率不能写成瞬变场电压的函数，而这又正是我们根据实测的瞬变场电压值计算电阻率分布所需要的。为了解决这一问题，我们分别计算式(4) 的早期($t \to 0$) 和晚期($t \to \infty$) 的渐近公式。

对于早期 $t \to 0$ 时，则 $\tau \to 0$，$u \to \infty$，于是误差函数为 $\lim\limits_{\mu\to\infty} erf\left(\frac{\mu}{2}\right) = 1$。此时式(4) 可简化为

$$\lim V_z(t) = \frac{3\rho D_0 A_y}{2\pi r^5}，以\ V_z(\rho,\ t)_{un}^{ET}\ 表示 \tag{5}$$

对于晚期 $t \to \infty$ 时，则式(4) 可简化为：

$$\lim V_z(t) = \frac{D_0 A_y}{40\pi\sqrt{\pi}}\frac{\mu_0^{5/2}}{\rho^{3/2}t^{5/2}}，以\ V_z(\rho,\ t)_{un}^{LT}\ 表示 \tag{6}$$

式中，y 为接收线圈的中心距发射电偶极子中心的垂直距离。

式(5) 和(6) 是在电阻率值为 ρ 的均匀半空间介质情况下，早期阶段和晚期阶段的瞬变磁场在接收线圈中感生的电压值公式。下面给出对于实际地球介质条件下，地球的视电阻率值与实测的瞬变磁场所产生的感应电压值之间的关系。

我们用 $V_z(t)_{\text{meas}}$ 代表实际地球介质条件下观测的瞬变磁场感生的电压值，$V_z(\rho,\ t)_{un}^{ET}$ 代表电阻率为 ρ 的均匀半空间介质条件下的早期瞬变磁场感生的电压值。如果实际地球介质的视电阻率值为 ρ_a，则根据视电阻率值的定义，下列关系式成立：

$$\rho_a^{ET}/\rho = V_z(t)_{\text{meas}}/V_z(\rho,\ t)_{un}^{ET} \tag{7}$$

同样，考虑到 $V_z(\rho,\ t)_{un}^{LT}$ 代表电阻率为 ρ 的均匀半空间介质条件下的晚期瞬变磁场感生的电压值，则下列关系式成立：

$$\frac{\rho_a^{LT}}{\rho} = \frac{V_z(\rho,\ t)_{un}^{LT}}{V_z(t)_{\text{meas}}} \tag{8}$$

把式(5) 代入式(7) 便可得到具有视电阻率值为 ρ_a 的实际地球模型条件下，早期阶段的瞬变磁场在接收线圈中感生的电压值 $V_z(t)_{\text{meas}}$ 与视电阻率值之间的关系式

$$\rho_a^{ET} = \frac{2\pi r^5}{3D_0 A_y}V_z(t)_{\text{meas}} \tag{9}$$

把式(6) 代入式(8)，便可得到晚期阶段两者的关系：

$$\rho_a^{LT} = \left[\frac{D_0 A_y}{40\pi\sqrt{\pi}}\right]^{2/3}\left[\frac{\mu_0}{t}\right]^{5/3}\left[\frac{1}{V_z(t)_{\text{meas}}}\right]^{2/3} \tag{10}$$

式(9) 和(10) 中右边的前项代表发射装置的参数，是已知的，后项是实测的瞬变磁场感生的电压值。于是，根据接收线圈所测量的瞬变磁场所感生的电压值曲线，便可计算出早期和晚期的视电阻率曲线。对其进行反演就可以解出测点下的地球电性分层 情况。早期视电阻率曲线的前支渐近线约等于第

一层的电阻率值，晚期视电阻率曲线的后支渐近线约等于最下层的电阻率值(图5)。

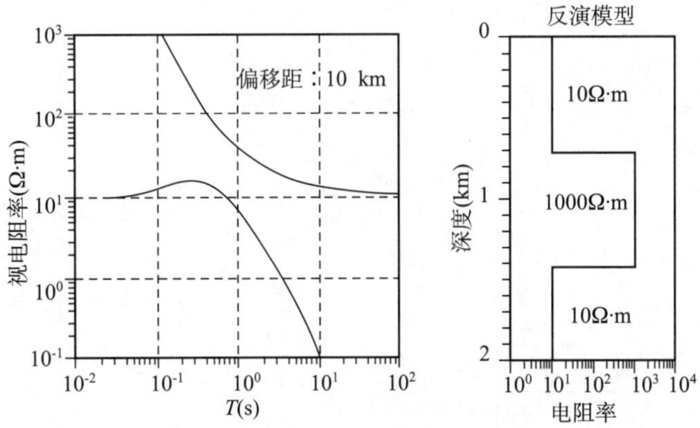

图5　对于一个三层地球模型早期和晚期视电阻率曲线示例

按上述过程，也可以推导出瞬变电场 E_x(平行于发射电偶极子轴）和 E_y(垂直于发射电偶极子轴）的早期和晚期的视电阻率表达式。对于 E_x 有

$$\rho_a^{ET} = \frac{4\pi r^3 E_x}{3D_0\sin^2\varphi}(\text{早期}) \tag{11}$$

$$\rho_a^{LT} = \frac{-2\pi r^3 E_x}{D_0\left(1-\frac{3}{2}\sin\varphi\right)}(\text{晚期}) \tag{12}$$

对于 E_y 有

$$\rho_a^{ET} = \frac{-4\pi r^3 E_y}{3D_0\cos\varphi\sin\varphi}(\text{早期}) \tag{13}$$

$$\rho_a^{LT} = \frac{-4\pi r^3 E_y}{3D_0\cos\varphi\sin^2\varphi}(\text{晚期}) \tag{14}$$

瞬变磁场对于低阻层敏感，瞬变电场对于高阻层敏感。因此，探测目标为低阻层时，往往观测瞬变磁场曲线，探测目标为高阻层时，往往观测瞬变电场曲线。

2　唐山地区深部瞬变电磁法的野外工作及资料处理

2.1　野外工作

唐山地区深部瞬变电磁法探测的目的是确定唐山地震断层的分布情况，揭示地震断层附近的上地壳结构和探讨用深部瞬变电磁法监测地壳电阻率随时间变化来进行地震预报的可能性。

为获得预期结果，测区选在丰南县西南郊，距唐山市中心约15 km。共布置四条测线，其中三条穿过1976年唐山地震断层，即剖面F8801、F8802和F8803，另一条剖面F8804沿垂直方向展布。四条剖面总长为73.4 km，测点总数为80个，其中分布在剖面线上的共74个测点（图6)。由图可见，剖面从西向东经过了碑子院背斜、唐山断裂和开平向斜等构造单元。

由于测区靠近唐山市，周围又有大量煤矿在开采，因此工业噪声非常严重。为了提高野外观测数据的质量，除了增加叠加次数外（一般为100～200次，个别点近千次)，还采用了局部噪声补偿技术，并把偏移距缩短在20 km以内。在野外观测期间使用了两套观测系统，即A系统和B系统。所有四条

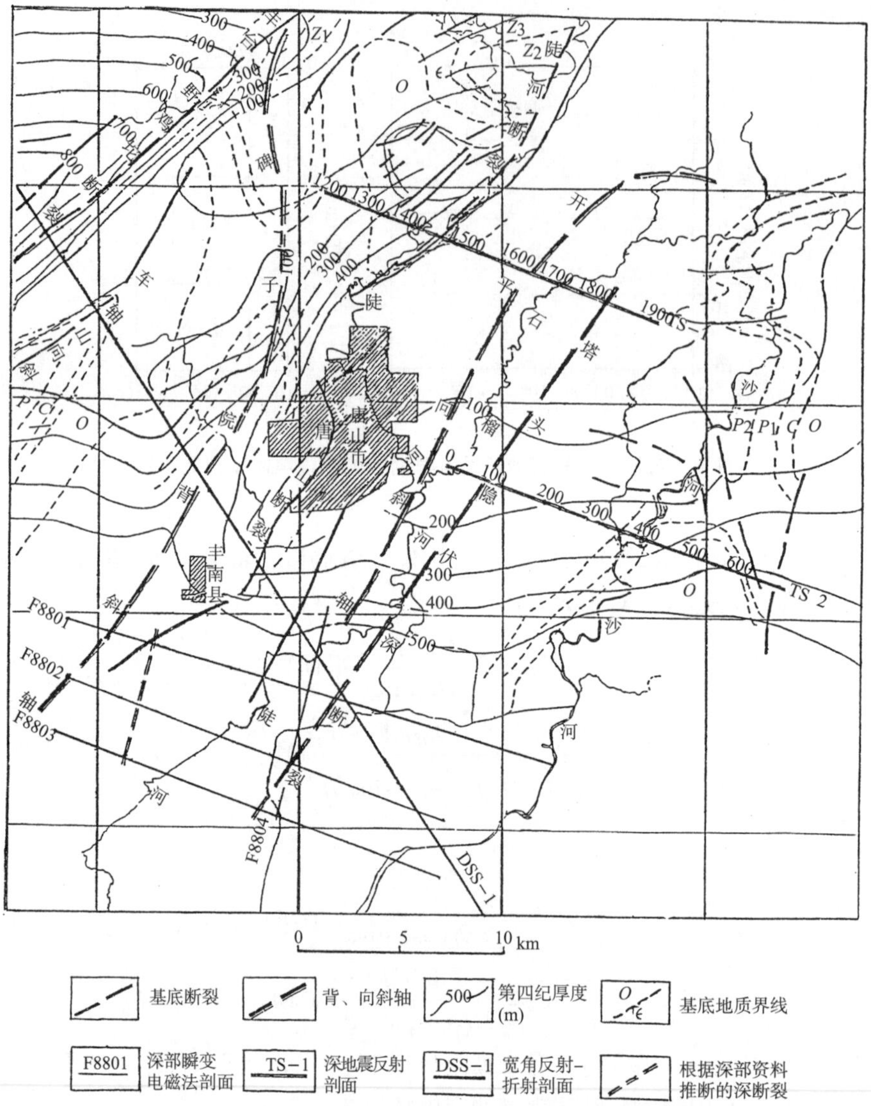

图 6　唐山地区地质构造图及 LOTEM 探测剖面布置图

剖面都观测了瞬变磁场分量，在剖面 F8801 和 F8802 上还观测了瞬变电场分量。对于电场既记录 E_x 分量（平行发射电偶极子），也记录 E_y 分量（垂直发射电偶极子）。一般地说，测区内北东方向测点的数据质量要比西南方向的差一些。因为北东方向更接近于唐山市和煤矿工业区。

2.2　资料处理

深部瞬变电磁法的数据处理，包括简单的现场实时数据处理和全面的现场基点站数据处理以及最后的室内再处理和反演等过程。现场实时处理的主要内容是对接收的时间域的瞬变场曲线进行简单叠加，通过在微机屏幕上随时监视叠加后的瞬变场质量，决定是否可以结束该点的观测工作。现场基点站数据处理是数据处理中的主要环节，其主要内容包括：对瞬变场曲线做谱分析，找出周期性的干扰噪声频率，并用数字滤波器滤掉这些干扰成分，用递归低通滤波去除高频噪声；在每次滤波后，要对瞬变曲线的直流分量加以调整，将瞬变曲线置于适当位置上；对所有的瞬变曲线进行选择叠加，以获得一条高信噪比的、圆滑的、完整的瞬变场曲线；如果需要的话再做叠加后圆滑处理；处理时用时域的 Hanning 窗口做圆滑算子；将叠加后的瞬变曲线对观测系统响应函数做反褶积，以校正观测系统中模拟线路的系统响应，但这种反褶积往往会引起不稳定过程，所以常在反演过程中做系统响应校正；如果需要，可再做一次数字滤波；最后是对瞬变曲线进行误差评估并将其转换为早期和晚期的视电阻率曲线（对于磁场）或电压曲线（对于电场）。

在野外工作中，处理基点站有两台 Mirco-VAX-2 计算机同时处理野外数据。当天的野外记录数据必须在当天晚上处理完毕，以指导明天的野外施工。图 7 至图 11 是测点 FB36AA 的 10 条瞬变磁场曲线处理过程中的结果显示。图 7 是 10 条原始的瞬变磁场曲线。图 8 显示原始瞬变磁场强度谱分析后的

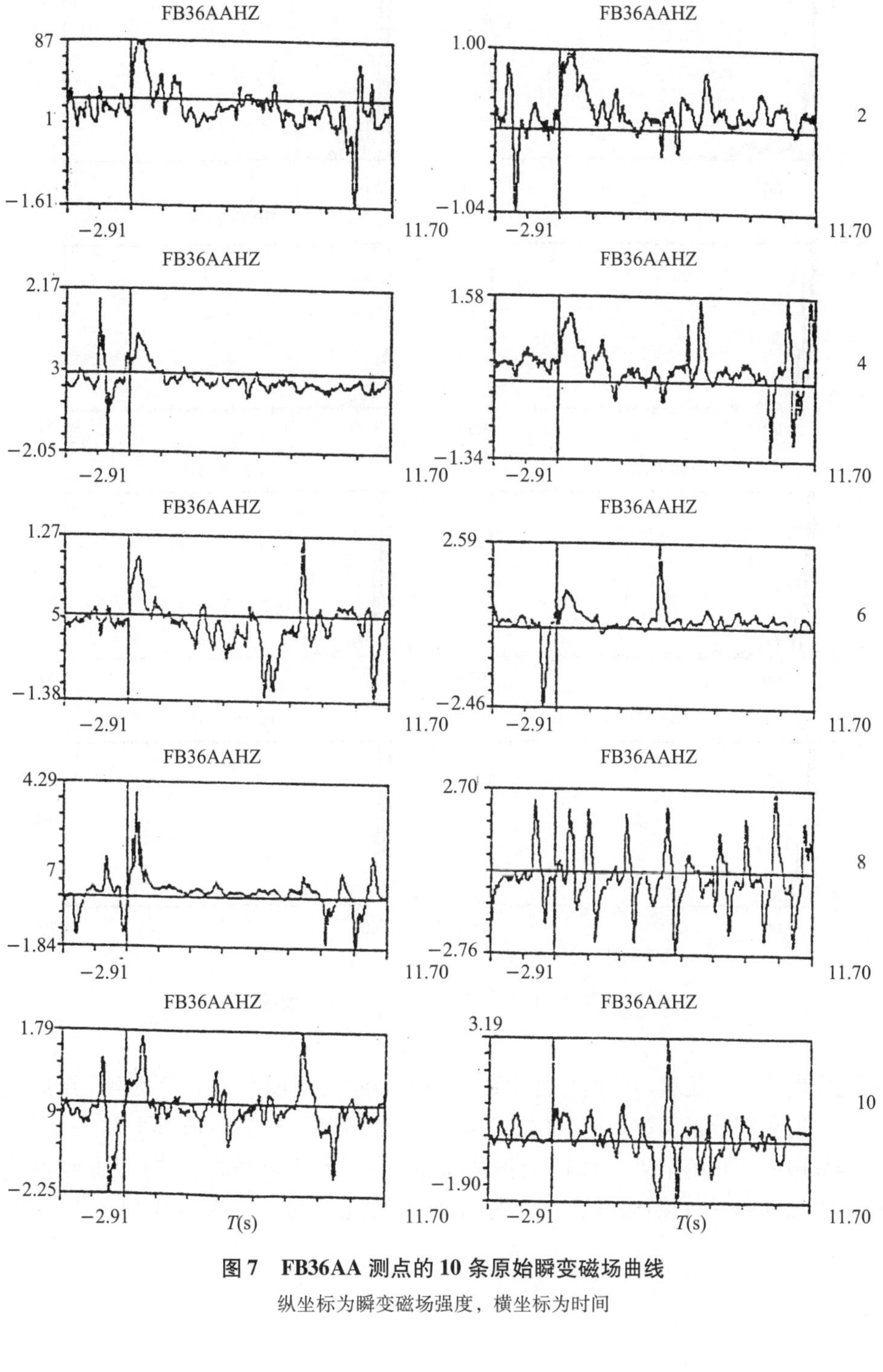

图 7 FB36AA 测点的 10 条原始瞬变磁场曲线

纵坐标为瞬变磁场强度，横坐标为时间

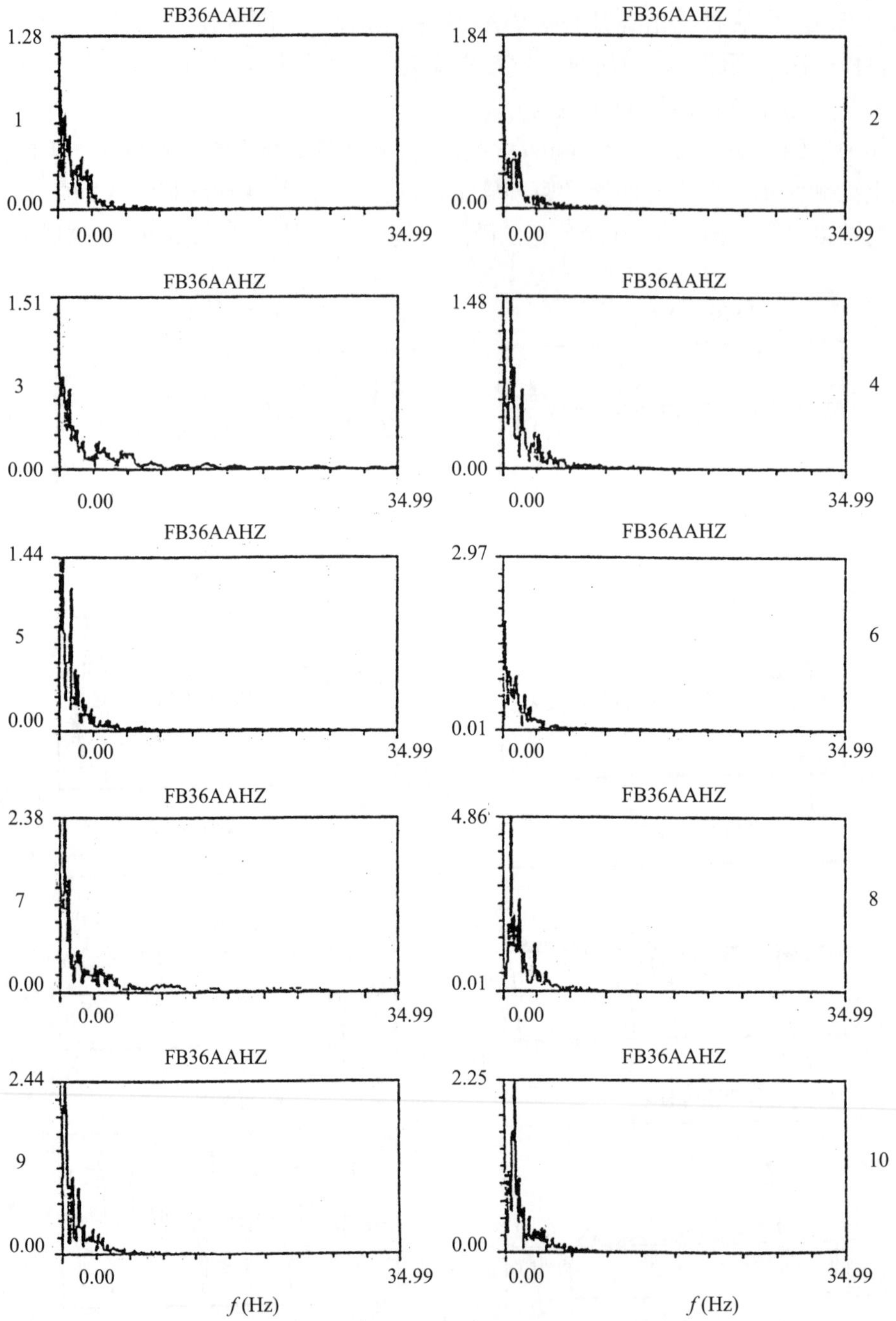

图 8　FB36AA 测点的瞬变磁场曲线的频谱响应

结果，以识别出周期性的干扰噪声。图 9 是用数字滤波器除去周期性的干扰噪声、用递归低通滤波器除去高频噪声，并把直流分量调整到适当位置的结果。图 10 展示瞬变磁场曲线进行选择叠加，但未对观测系统响应函数做反褶积的结果。图 11 是把选择叠加后的瞬变磁场曲线转换为早期和晚期的视电阻曲线图。图中下半部曲线为早期曲线，上半部分曲线为晚期曲线；多重线代表误差范围，可信度达 95%。

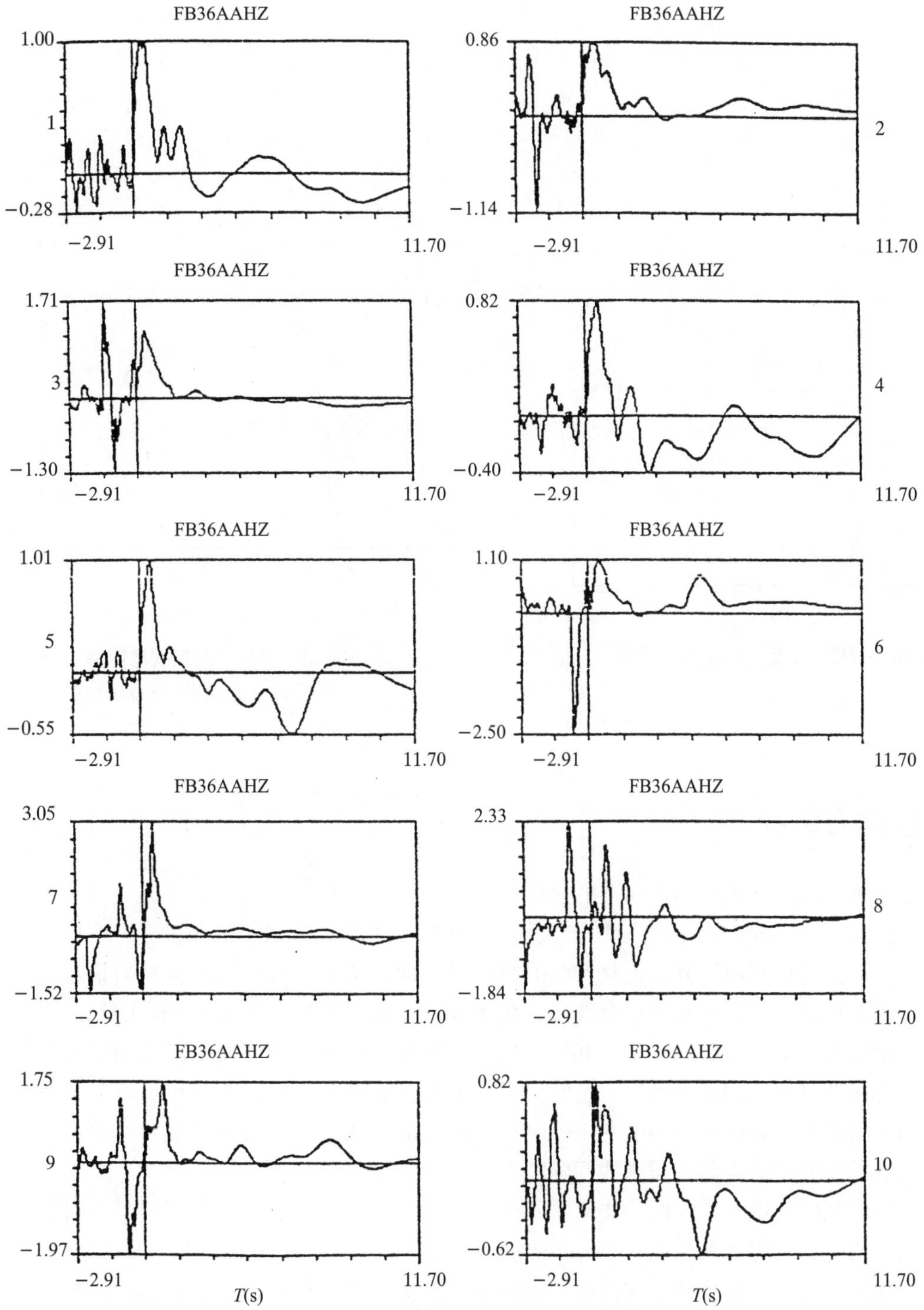

图 9　滤除噪声后基线已做调整的时间域瞬变磁场曲线

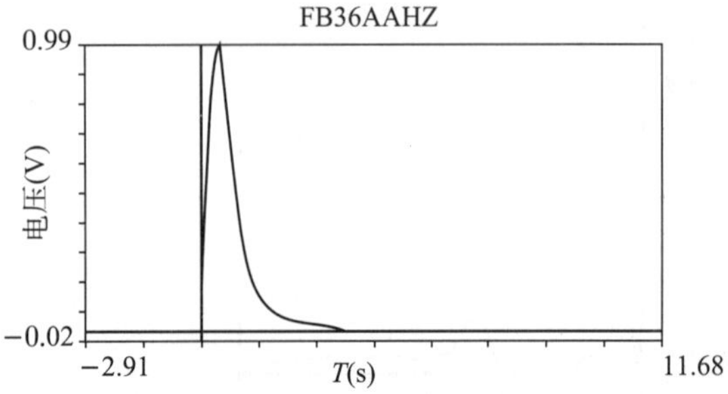

图 10　选择叠加后的瞬变磁场曲线

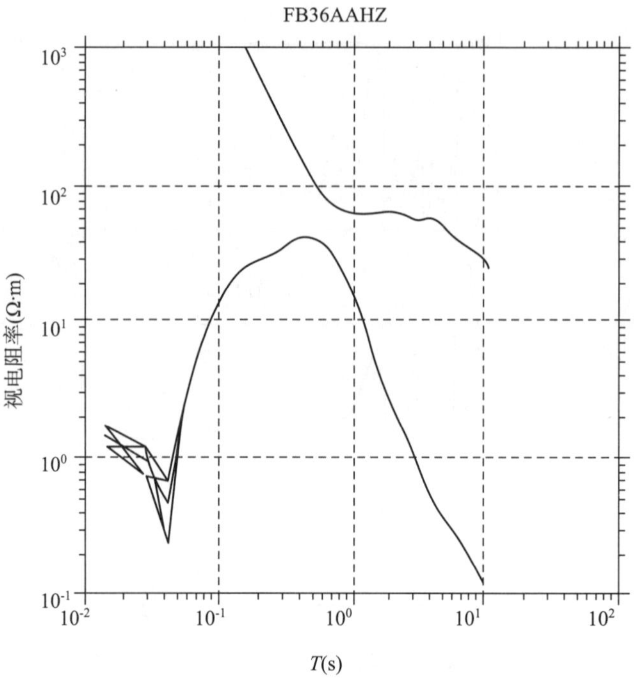

图 11　早期和晚期视电阻率曲线

纵坐标为视电阻率，横坐标为时间

3　反演与解释

反演是一种寻找地球电性结构模型的过程，该模型的理论响应曲线应该在误差范围内与实际观测的视电阻率曲线拟合。深部瞬变电磁法资料反演是根据测区内的已知资料和视电阻率曲线特点选定初始地质模型并对其进行正演计算，再与实测的视电阻率曲线进行比较，通过人机对话或自动拟合反演方法不断修改初始模型，以达最佳拟合效果，获得最终结果。如果是在反演过程中校正系统响应函数，那么该函数就要加到地质模型上，并对其进行褶积（Rossow et a1.，1989）。其反演结果示例见图 12。

对于深部瞬变电磁法的反演模型，通常要考虑下述三方面的问题：初始模型能否导致实测曲线与理论响应曲线的拟合；在整条剖面上利用一个初始模型能否给出相互协调的反演结果；为了在整条剖面上取得协调的反演结果需要考虑哪些问题。

在本研究区范围内第一个问题是非常重要的，因为在测区内没有深钻孔资料以及可参考的其他地球物理资料。因此，首先需要给定一个最小层数的初始模型，但该模型必须能很好地拟合观测数据。经过若干次试验之后，我们找到了这样的初始模型，该模型能够较好地应用于大多数测点的反演结果。这个最小层数的初始模型为三层结构。第一层为低阻层，第二层为几百欧姆 · 米的高阻厚层，第三层为高导的半空间。如果采用四层结构的初始模型，即在高导半空间之上加一个中等电阻率的过渡层，虽然也能拟合实测数据，但不能很好地分辨第二层高阻层和第三层过渡层的电阻率值，同时在某些情况下也不易分辨过渡层的深度。但采用三层结构的初始模型，几乎所有参数均可分辨。因此，我们在整个测区的反演过程中，采用了三层结构的初始模型，即把四层结构模型中的第二层高阻层和第三层过渡层合并为一个高阻层。最后对测区内所有测点的反演结果表明，三层初始模型对本测区而言是最好的初始模型。

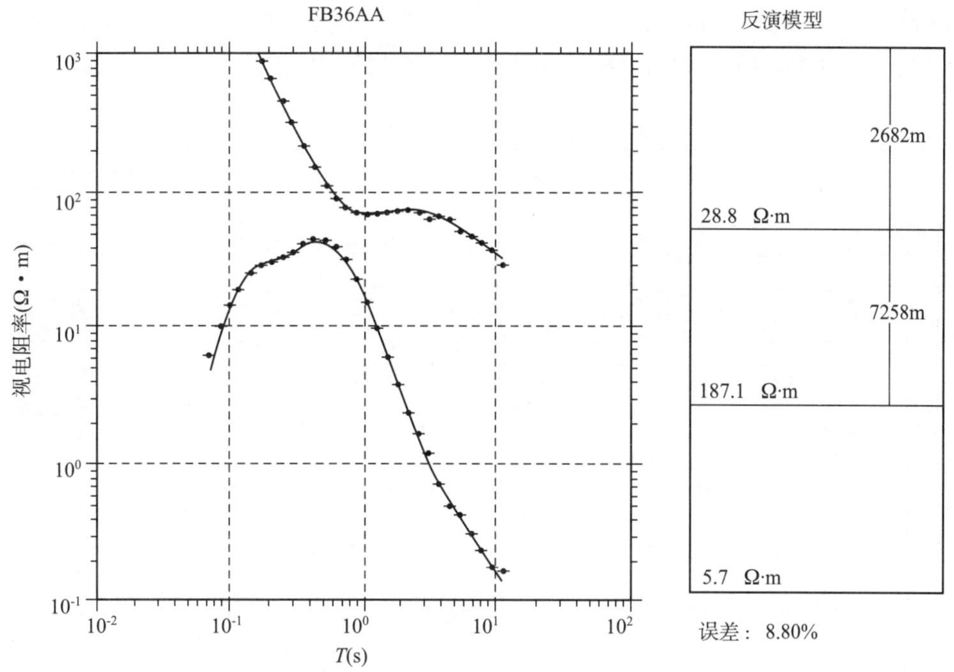

图 12 测点 FB36AA 瞬变磁场曲线的反演结果

单独利用瞬变磁场资料往往不能很好地分辨高阻薄层，因为高阻薄层对瞬变磁场是透明的；单独利用瞬变电场资料往往分辨不出厚的高阻层之下的高导层，因为厚的高阻层对电场起屏蔽作用。利用瞬变电场与瞬变磁场的联合反演，大多数情况下能克服上述问题。由于深部瞬变电磁法的发射功率和偏移距有限，因此勘探深度无法与大地电磁测深法的勘探深度相比拟。特别是在本测区范围内于数公里深度处遇到了高导层，使电磁波难于继续向下传播，故而无法确定该高导层的下界深度。

下面我们依次介绍本测区内四条剖面的瞬变场数据反演结果以及其中两条剖面（F8801 和 F8802）的瞬变磁场和瞬变电场数据的联合反演结果和一个测点的重复观测结果。各条剖面线上的倒三角符号代表测点位置并给以编号，剖面中的横线代表电性层边界，竖短线代表反演的深度误差范围，剖面中的数字代表各电性层的电阻率值。四条剖面的位置见图 6。在构造部位上四条剖面基本上位于开平向斜之内，但三条 NWW 向剖面的北端已进入碑子院背斜。

3.1 F8801 剖面的反演解释

剖面 F8801 是三条 NWW 向剖面中最北的一条，长 24.2km。沿剖面共观测了 25 个测点的瞬变磁场数据，其反演结果见图 13。此外，还有 7 个测点上观测了瞬变电场数据，电、磁场数据联合反演结果见图 14。由图可见，两类数据的反演结果是一致的，但瞬变磁场的电性界面深度反演误差范围较大。剖面中第一电性层为低阻层，电阻率值 16～17 Ω · m，厚度 1.2～1.8 km，该层在开平向斜较厚，向两侧逐渐减薄；第二电性层为高阻层，电阻率值在 100～200 Ω · m 之间变动，该层总的趋势是从 NWW 向 SEE 方向加厚，然后又逐渐减薄，最厚处达 6 km；第三层为高导层，电阻率值仅几个欧姆 · 米，该层在剖面的 NWW 向段埋深为 4.5～5.5 km，在剖面中段突然加深至 8～9 km，然后再抬升至 6～7 km。由于瞬变电磁法的发射功率有限，以及高导层对瞬变电磁场的屏蔽作用，因此无法探测到该层的厚度。仔细分析各电性层的埋深变化可见：

在剖面 NWW 向段的 FB07AA—FB08AA 测点之间（图 13），也即 FB07AA—FA09BA 测点之间（图 14）有一断层存在。沿该断层第一电性层底界埋深变化约 200 m，第二电性层的底界埋深变化约

1. 0 km 左右，西盘上升。此外，在剖面中段的 FA07AA—FB36AA 测点之间有隐伏断层存在（图 13，图 14），沿此断层第一电性层底界被错断约 300 m，第二电性层底界被错断达 2. 5 km，西盘上升。上述两条断层在其余三条剖面，即 F8802，F8803 和 F8804 之中也有明确的反映。

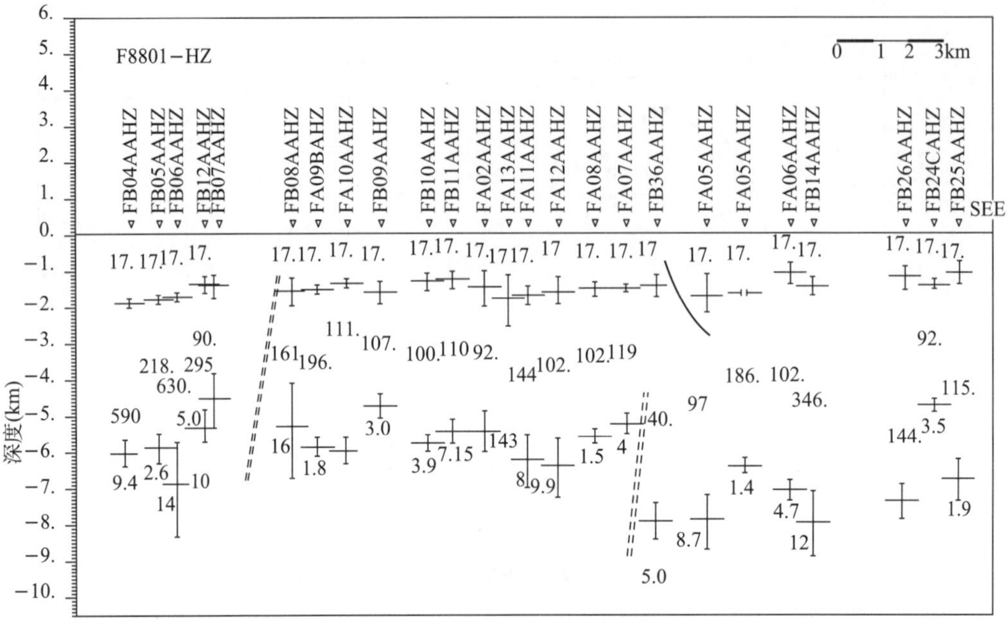

图 13　F8801 剖面瞬变磁场反演结果

垂直比例尺与水平比例尺相同图中数据为电阻率值（Ω · m）

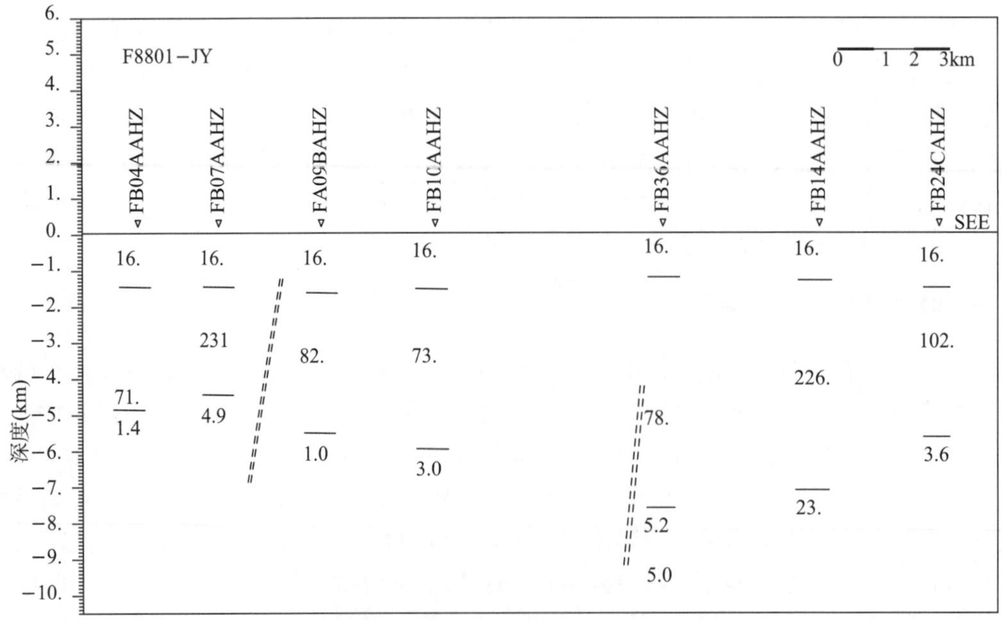

图 14　F8801 剖面瞬变磁场与瞬变电场联合反演结果

垂直比例尺与水平比例尺相同图中数据为电阻率值（Ω · m）

3.2 F8802 剖面的反演解释

该剖面位于 F8801 剖面以南，两者相距约 3.5 km，剖面长 19.2km。沿剖面在 17 个测点上观测记录了瞬变磁场数据，其反演结果见图 15。另外，还在 7 个测点上观测记录了瞬变电场数据，电、磁场数据联合反演结果见图 16。本剖面的电性分层情况与剖面 F8801 完全一致，因此就不重述了。从图 15 和图 16 可见，在测点 FA18AA—FA20AA 之间有一断层存在，该断层明显地错断了第二电性层底界达 1.0 km，错断第一电性层底界约 300 m。该断层与剖面 F8801 的 NWW 段断层一致。此外，该剖面中段的测点 FA25AA—FA26AA 之间（图 15）即测点 FA26AA 以西（图 16），有隐伏断裂存在，它错断第二电性层底界达 2.0 km。该断裂与剖面 F8801 中段的隐伏断裂一致。

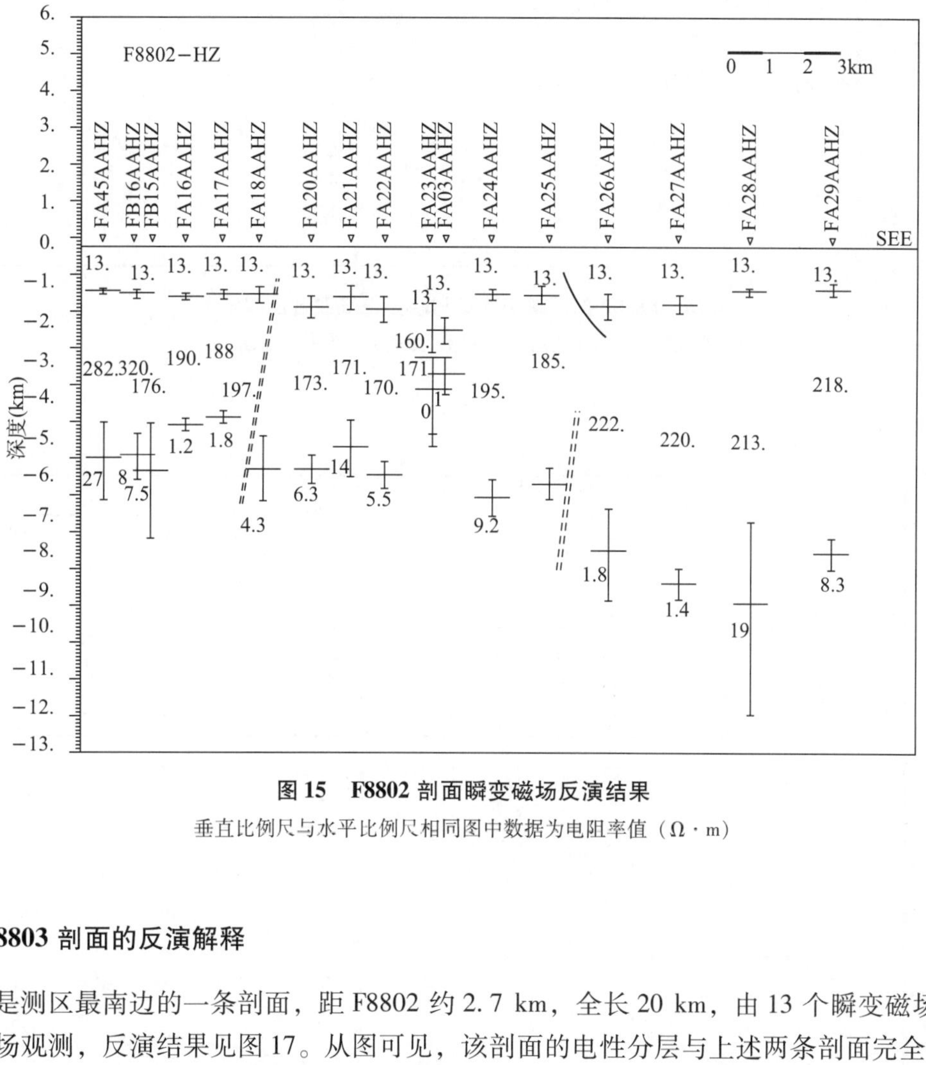

图 15 F8802 剖面瞬变磁场反演结果

垂直比例尺与水平比例尺相同图中数据为电阻率值（Ω · m）

3.3 F8803 剖面的反演解释

该剖面是测区最南边的一条剖面，距 F8802 约 2.7 km，全长 20 km，由 13 个瞬变磁场测点组成，未做瞬变电场观测，反演结果见图 17。从图可见，该剖面的电性分层与上述两条剖面完全一致。但应指出的是，在该剖面 FA38AA、FA39AA 和 FA40AA 三个测点上的第一电性层和第二电性层的底界深度与其他测点显著不协调，这三个测点的瞬变磁场曲线存在着明显的过冲现象，它是浅层三维不均匀体影响的结果。从图 17 可见，在测点 FA47AA 以东和测点 FA36AA 以西分别有断裂存在，它们与上述两条剖面上的断裂相互呼应。但由于在 FA38AA—FA40AA 三个测点上浅部三维不均匀体影响的结果，导致这些测点的电性层埋深很不准确，因此无法给出这些断裂的错距。

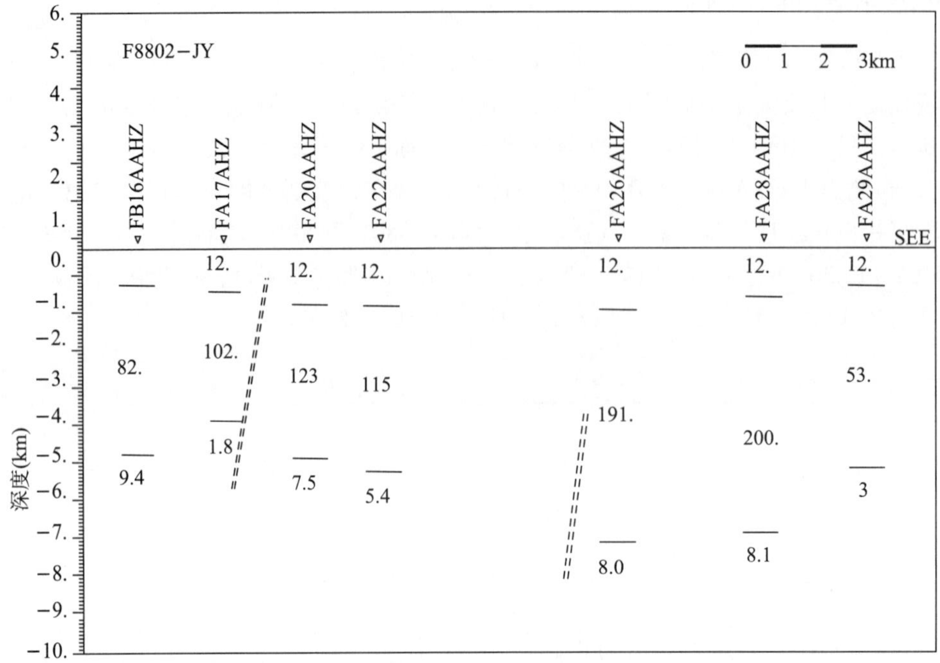

图 16　F8802 剖面瞬变磁场与瞬变电场联合反演结果

垂直比例尺与水平比例尺相同图中数据为电阻率值（Ω · m）

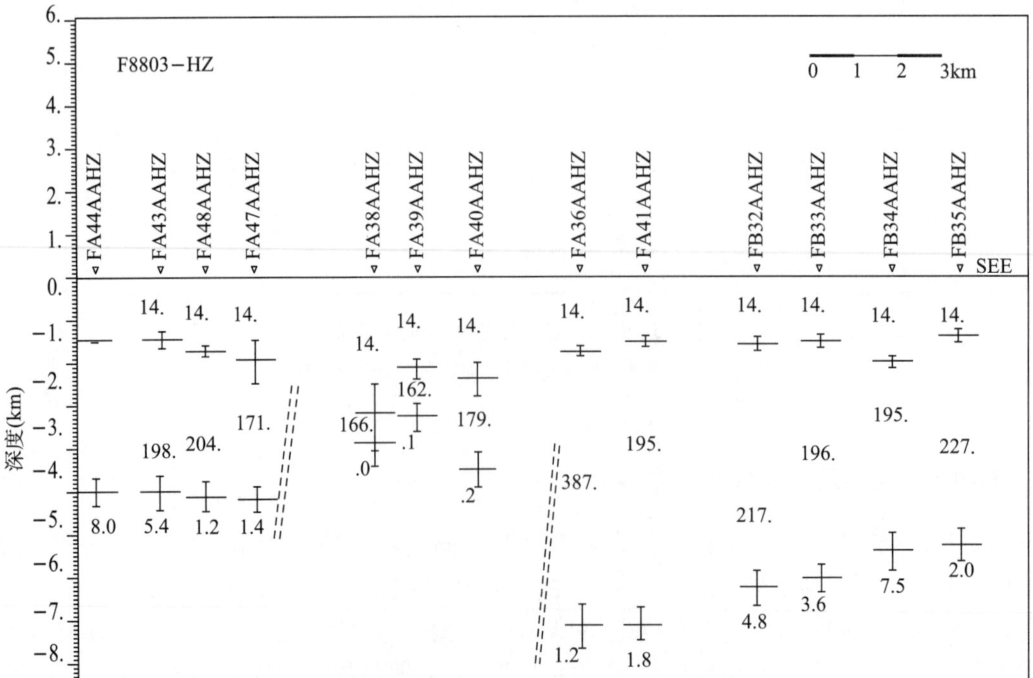

图 17　F8803 剖面瞬变磁场反演结果

垂直比例尺与水平比例尺相同图中数据为电阻率值（Ω · m）

3.4 F8804 剖面的反演解释

F8804 剖面与上述三条剖面近于垂直，接近 SN 向展布，全长 10 km，由 8 个瞬变磁场测点组成，没有观测瞬变电场值。该剖面的瞬变磁场反演结果见图 18。由图可见，本剖面的电性分层情况与上述三条剖面一致。从南而北在测点 FA34AA 附近，第二电性层底界突然上升，由剖面南段的 8.0 km 埋深抬升至 6.3 km 左右，显然这里有断裂存在，然后向北逐渐抬升至 5.0 km 左右。这条断裂与上述三条 NWW 向剖面中段的隐伏断裂位置一致。

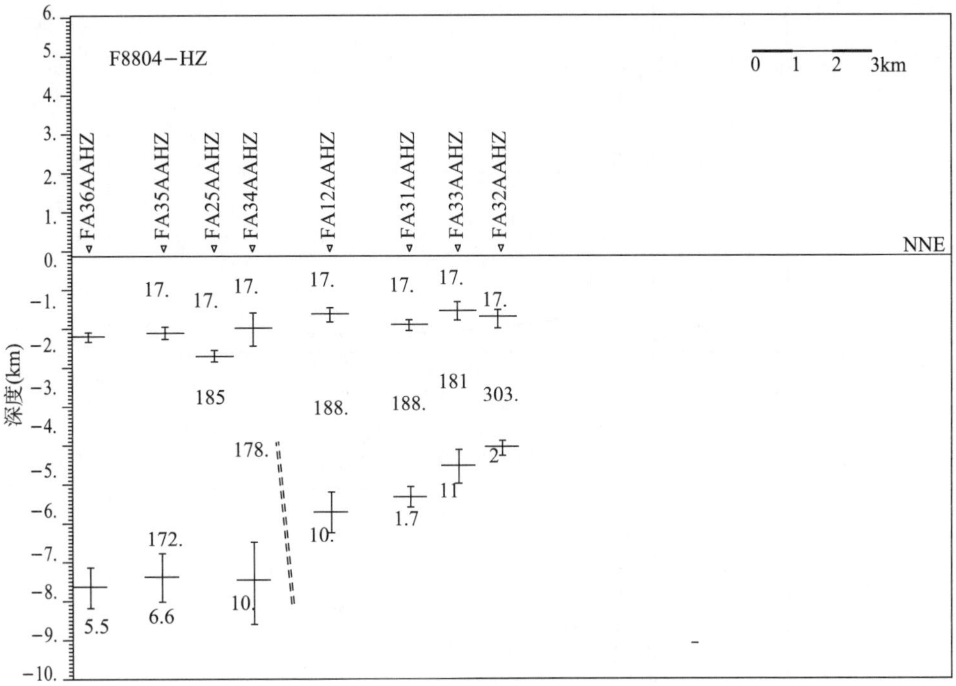

图 18 F8804 剖面瞬变磁场反演结果

垂直比例尺与水平比例尺相同图中数据为电阻率值（Ω·m）

下面我们对上述断裂的平面展布及其性质做一分析。当我们把各条剖面上的断点位置展布在平面图（图6）上，可以清楚地发现，这两条断裂分别沿 NE15°和 NE30°延伸。沿 NE15°延伸的断裂分布在测区的西部，它似乎与陡河及唐山断裂处于同一断裂带内，但走向偏西。这条断裂延长达 6 km 以上，倾角很陡，因此推测为走滑断层。如果假定该断层向西倾，那么它就是逆冲走滑断层；如果假定向东侧倾，那么它就是兼有正断分量的走滑断层。目前我们趋向于第一种推断。沿 NE30°展布的隐伏断裂分布在开平向斜内部。

测区处于开平向斜内部，而开平向斜是石炭-二叠纪含煤盆地，上覆 700～800 m 厚的第四纪疏散沉积，下伏巨厚的寒武-奥陶和上元古界高阻岩系（刘国栋等，1992）。根据深部瞬变电磁法所确定的各电性层的电阻率值大小及其厚度变化情况，我们推测第一电性层为第四纪疏散沉积和上古生界的低阻碎屑沉积；第二电性层主要反映的是寒武-奥陶和上元古界的高阻岩系；高导的第三电性层（厚度不详）可能是上元古界内部的低阻层或古老变质基底顶面的含水风化壳，估计其厚度不大。

3.5 重复观测解释结果

在同一测点在不同时间进行重复观测，以验证瞬变电磁法用于地震前兆观测的可能性。为此，我们选择了 FA04 和 FB03 两个测点，分别用测量系统 A 和 B 进行重复观测。第一次观测是 1988 年 10 月 19 日进行的，重复观测是在 11 月 3 日进行的，两次观测间隔 15 天。不幸的是，由于野外小队测点定位上的错误，使 FA04 测点的两次观测未能在同一位置上进行，因此，该测点的两次重复观测数据不能用于相互对比研究。图 19 是 FB03 测点两次不同时间观测的瞬变磁场曲线，它们均经过了选择叠加处理。由图可见，瞬变曲线的形态和幅值是非常一致的。为了便于区别，我们把第一次观测的测点号定为 FB03AA，第二次观测的定为 FB36AA。

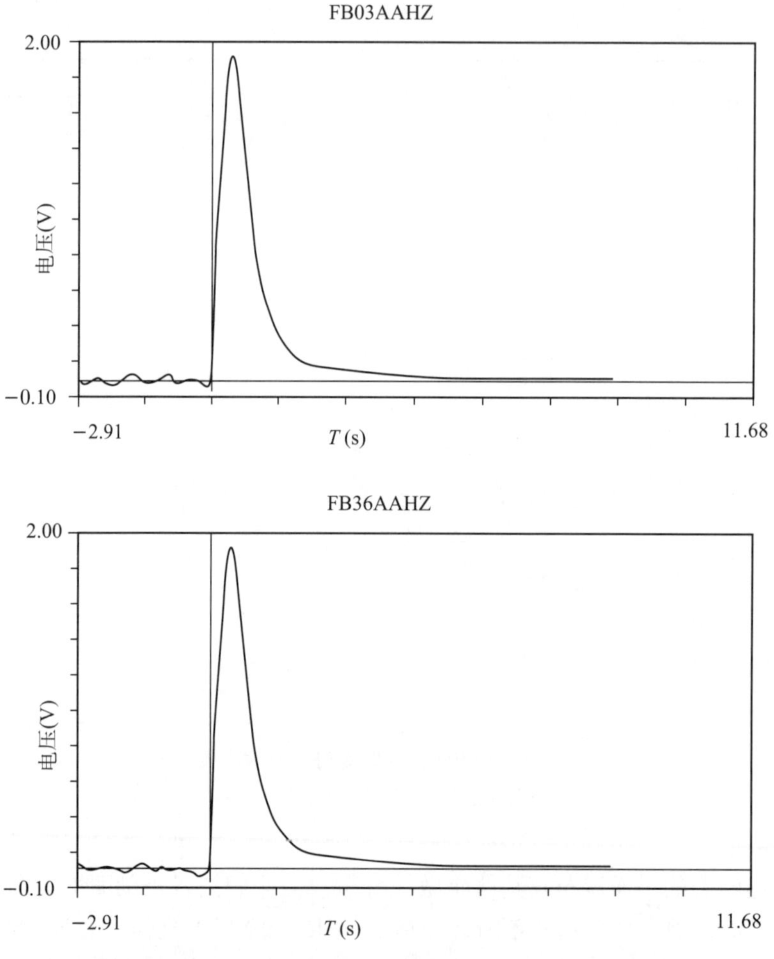

图 19　在同一测点上两次不同时间（间隔 15 天）重复观测的瞬变磁场曲线

上部曲线是 454 条瞬变曲线选择叠加结果（10 月 19 日观测）；

下部曲线是 587 条瞬变曲线选择叠加结果（11 月 3 日观测）

在重复观测点上除了观测瞬变磁场外，还观测了瞬变电场 E_x 和 E_y 分量。除了对这三个分量进行独立反演之外，还对电、磁场分量做了联合反演，即 H_zE_x 之间以及 H_zE_y 之间的联合反演。反演结果见图 20 和表 1。

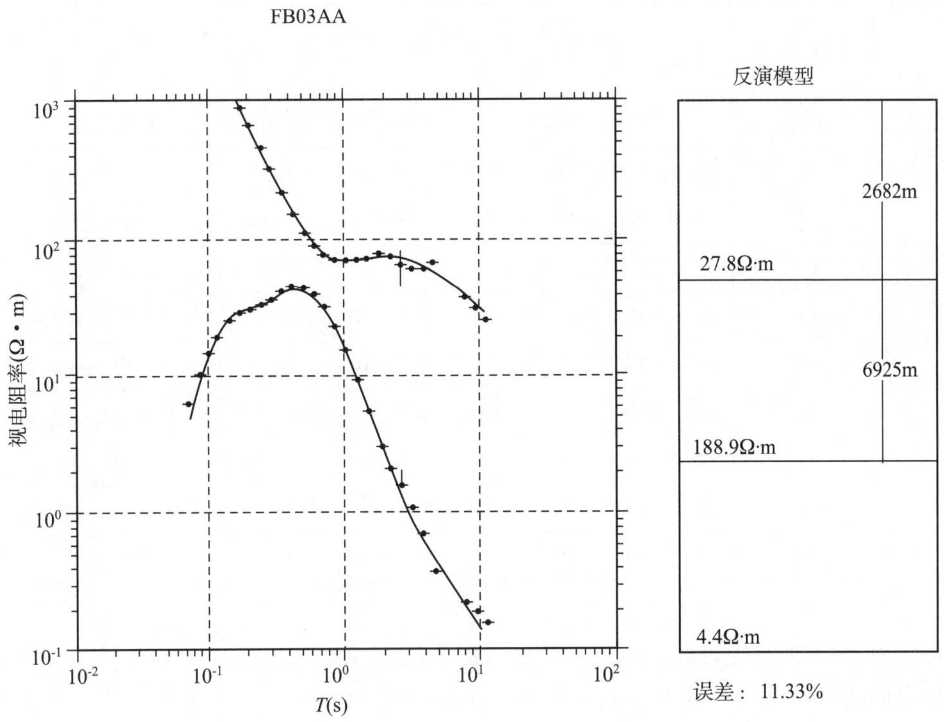

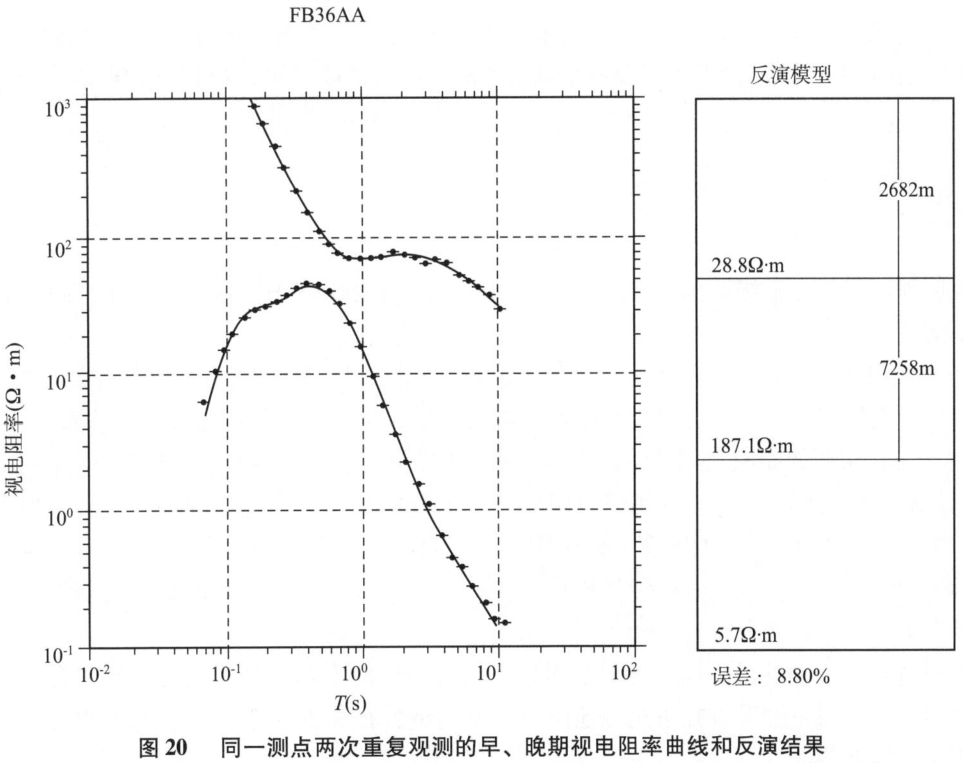

图 20　同一测点两次重复观测的早、晚期视电阻率曲线和反演结果

上部曲线是 10 月 9 日观测及其反演结果；下部曲线是 11 月 3 日观测及其反演结果

表 1　重复观测点瞬变磁场和瞬变电、磁场反演结果

	反演模型	电阻率（Ω · m）			层厚度（m）		误差（%）
		1	2	3	1	2	
FB03	H_z	27.8（10）	188.9（2）	4.4（10）	2563（10）	6925（10）	11.00
	E_x	16.6（10）	305.3（10）	8.5（0）	1658（10）	10130（4）	10.73
	E_x	39.7（9）	173.3（5）	7.9（0）	2684（9）	5865（5）	17.67
	H_zE_x	25.6（10）	6610.3（0）	4.9（10）	2529（10）	6643（10）	10.59
	H_zE_y	28.5（10）	98.8（10）	4.5（10）	2268（10）	7227（10）	9.96
FB36	H_z	28.8（10）	187.1（2）	5.7（10）	2682（10）	7258（10）	8.71
	E_x	16.7（10）	327.2（10）	8.5（0）	1715（10）	10301（4）	10.37
	E_y	42.4（9）	162.1（5）	7.9（0）	2820（9）	5616（5）	17.84
	H_zE_x	26.2（10）	7844.8（0）	5.6（10）	2587（10）	6971（10）	9.06
	H_zE_y	29.3（10）	78.9（10）	5.2（10）	2065（10）	8166（10）	8.43

表中测点 FB03 和 FB36 代表同一测点的两次观测，反演模型一栏代表观测分量的独立反演和联合反演，表中括号内的数字表示反演参数的分辨率，最高分辨为 10，0 表示不能分辨。从表可见，虽然不同观测分量的反演结果（层电阻率和层厚度值）有所不同，但两次重复测量数据的反演结果是很一致的，总体误差不超过 5%。如果每次观测时间再长一些，重复观测精度还可以提高。

在两次重复观测时间间隔内，唐山地区未发生有感地震。考虑到瞬变电磁法的探测深度可达到 10 km，等于或接近主震震源深度，因此我们认为 5% 的观测精度是可以捕捉到大震前的电阻率变化信息的。

结　语

唐山地区深部瞬变电磁法勘探基本达到了预期的目的和勘探效果。通过实际工作过程我们认为该方法有如下的特点：

（1）不受高阻屏蔽，勘探深度较大，一般在沉积盆地地区可达 6 km，在基岩出露地区可达 12km。除了对低阻层特别敏感外，如果在野外观测瞬变电场分量，也可较好地确定高阻层参数。

（2）由于是在切断原始激发场的情况下观测瞬变场，即二次感应场，所以观测的瞬变信号与地下电阻率之间具有很强的耦合关系。对地下电阻率变化的敏感性明显高于大地电磁法。大地电磁场与地下电阻率的关系为 $E/H \propto \rho^{1/2}$，而瞬变电磁法的早期瞬变场与地下电阻率的关系为 $V(t) \propto \rho$（见（5）式），晚期瞬变场与地下电导率的关系为 $V(t) \propto \sigma^{3/2}$（见（6）式）。所以瞬变电磁法对地下的电性结构变化具有更高的分辨能力。

（3）与其他电磁法相比较，瞬变电磁法对地下构造的侧向不均匀性反应不敏感。野外工作结果和模型计算表明，可以用一维反演方法充分地确定二维构造特征，而对于更复杂的地质构造，瞬变场可显示出很明显的异常特征。

（4）由于野外观测中采用了多次叠加处理技术，因而可明显压制混杂于瞬变场中的干扰噪声。所以，在有严重人为噪声干扰的地区可以开展深部瞬变电磁测深工作。

（5）工作效率高，每天可观测 10 个测点，因而单个测点的工作成本较低。但深部瞬变电磁法的勘探深度是有限的，它主要决定于发射功率和勘探区的地层电阻率之大小（刘国栋，1989）。另外发射系统较庞大和笨重。

西德在中国参加此项野外工作的专家共 5 人，他们是：T. Speth，S. Rossow，U. Matzandez，A. Stephan 和 Guxiaogang。参加数据处理和解释的共 3 人，他们是：J. Rossow，K. M. Strack 和 P. A. Wolfgram。

参考文献

刘国栋、虢顺民、刘昌铨，1982，地震地质背景，一九七六年唐山地震，北京：地震出版社。

刘国栋，1989，地壳上地幔电导率探测，地球科学中的新技术，北京：地震出版社。

Rossow, J., Strack, K. M. and Wolfgram, P. A., 1989, Long offset transient electromagnetic depth soundings in the area of Fengnan, China, Report on the field measurements, University of Cologne.

Strack, K. M., 1991, A practical introduction to explorotion with deep transient eletromagnetic, in press.

Wolfgram, P. A., Liu Guodong., Strack, K. M., Vozoff, K. and Zhang, Zhijie., 1990, LOTEM case histories in carbonate exploration, SEG/SPG Carbonate Exploration Workshop, in Chengdu, China.

Robust 估计及其在大地电磁资料处理中的初步应用*

江　钊　刘国栋　孙　洁　晋光文　陈九辉

引　言

在大地电磁（MT）观测中，由于各种噪声的存在，使大地电磁响应函数的估算不可避免地产生误差。一般认为存在两种类型的误差：统计误差和偏离误差。如果各数据道的噪声是不相关的，而且服从正态分布，一般可以通过在相同条件下的重复观测来减小或消除误差。以往在大地电磁资料处理中用于估算响应函数的各种数值方法大都基于传统的谱分析及最小二乘回归，即建立在高斯模型的基础之上。其主要优点是运算简单、快捷，在满足模型条件的前提下，最小二乘过程在统计上最优。

但是，许多作者关于大地电磁资料误差分布的研究表明[3,5,8]，各数据道的误差之间并不是相互独立的，也不完全遵从某一统计分布。例如 Egbert 和 Booker 等人用 q-q 做图法（正态概率做图法）检验了高斯误差分布的有效性，表明在磁暴初期的长周期数据以及地磁平静期的中、短周期数据两种情况下，其误差分布都偏离了正态特性，表现出明显的重尾分布现象。前者的误差主要来自场源效应的影响，后者的误差主要来自人文噪声的干扰，这两种情况都违背了高斯误差分布的假设。在大地电磁实际观测中，大多数数据都含有少量的异常数据或“飞点”，叠加在具有正常高斯分布的背景之上。一般来说，当功率谱含有强振幅、窄带或较低频信号时，“飞点”的影响并不十分明显，而当谱具有宽频带、大动态范围或弱振幅（低信噪比）时，“飞点”对响应函数估算结果的影响是很敏感的。同时，由于大地电磁数据所涉及的是多道时间序列以及谱的比值，使频率域的响应函数估算对“飞点”的存在更加敏感。在这种情况下，若仍采用常规最小二乘法进行处理，必将导致观测结果的严重分散或偏离，甚至可能使整个阻抗特征产生强烈的畸变，给大地电磁解释工作带来很大困难。

为了解决上述问题，国内外专家已经发展了许多新的技术，包括根据相干度对不同数据段进行加权及选择，或者对响应函数进行迭代改进等。其中最常用并认为最有成效的是远参考道技术，它可以大大减小不同时间序列上的不相关噪声，消除偏离效应[6]。但是远参考道方法也有一定的局限性，一是该方法需要特殊的 MT 装备，增加了野外工作量，因而不如单点大地电磁测深效率高；二是它不能消除测量站与参考站之间的相关噪声，故仍有可能产生偏离误差。

Robust 统计学（或称稳健统计学）在过去 20 多年内受到人们注目并得到了迅速发展。它是研究在实际情况与理想模型有微小偏离，或当实际分布与理想分布在形状上略有偏离时，对这种偏离不敏感或相当不敏感的统计学方法。近年来，Chave（1987）、Egbert 和 Booker（1986），以及 Sutarno 和 Vozoff（1989）等人将 Robust 过程应用于电磁感应研究。该方法根据观测误差的剩余功率谱的大小对数据进行加权，注重未受干扰的数据（假定其为正态分布），降低“飞点”的权，使之对大地电磁阻抗函数

---

* 本文原载于《电磁方法研究与勘探》，地震出版社，1993，60～69。
此成果为地震科学联合基金资助项目。

的估算影响最小。该过程在单点大地电磁观测的情况下具有抗拒“飞点”的作用，从而改善了阻抗估算的特性。本文对前人的 Robust 程序[3]做了若干修改和补充，在此基础上对不同类型仪器所获得的大地电磁实际资料进行了处理和分析。

1 Robust 估计的基本原理

Robust 估计有各种不同类型，例如基于序列统计线性组合的 L-估计以及利用改进的最大似然原理的 M-估计。据国外有关文献，目前比较常用的是回归的 M-估计。

一般线性回归问题的模型形式为：

$$\boldsymbol{X}=\boldsymbol{U\beta}+\boldsymbol{e} \tag{1}$$

其中，$\boldsymbol{U}$ 是 $n\times p$ 阶矩阵，在大地电磁问题中，$\boldsymbol{U}$ 为输入变量，表示一对水平磁场分量 H_x、H_y 的 n 次观测值；向量 X 为输出变量，表示水平电场分量 E_x、E_y 的 n 次观测值；β 的元素为待求的张量阻抗元素 z_{xx}、z_{xy}、z_{yx}、z_{yy}；$\boldsymbol{e}$ 为未知的误差。

解的标准最小二乘形式为：

$$\sum_{i=1}^{n}\left(x_i-\sum_{j=1}^{\rho}u_{ij}\beta_j\right)^2=\text{极小} \tag{2}$$

即求解上式使误差的方差最小。

在使预测值和观测值之间的差最小这一点上，回归的 M-估计类似于最小二乘算法。所不同的是，回归 M-估计不允许少数异常数据（“飞点”）在阻抗函数的估算中起控制作用，并以此来定义预测值与观测值之间的不吻合，即求张量阻抗 β 使得下式极小：

$$\sum_{i=1}^{n}\rho(r_i)=\sum_{i=1}^{n}\rho\left(\frac{\sum_{j=1}^{n}u_{ij}\beta_j}{\sigma}\right)=\text{极小} \tag{3}$$

这里 $\rho(r)$ 为一适当的涵数，称为损失函数，σ 为尺度估计参数。根据 Huber(1981) 的定义，

$$\rho(r)\begin{cases}r^2/2 & |r|<r_0\\ r_0|r|-r_0^2/2 & |r|\geqslant r_0\end{cases} \tag{4}$$

式中，r_0 是调整常量，一般取 $r_0=1.5$。

对式（3）求解等价于求解它的一阶导数为零的方程，即：

$$\sum_{i=1}^{n}\psi\left(\frac{x_i-\sum_{j=1}^{p}u_{ij}\beta_j}{\sigma}\right)u_{ij}=0 \tag{5}$$

或

$$\psi(r)=\rho(r)=0 \tag{6}$$

式中，$\psi(r)$ 也称作影响函数。

对式(5) 可以有各种数值解法，最简单的是将其表示为加权最小二乘形式，并使之线性化做迭代求解。定义权为：

$$W(r)=\psi(r)/r \tag{7}$$

应当注意的是，上述问题不同于一般的加权最小二乘法。这里的权 W 既不相等也不是由 U 确定的，而是取决于一个归一化的剩余值 r，它是变化的，是自适应数据的。

利用回归的 M - 估计求取大地电磁阻抗函数的步骤如下：

首先利用常规最小二乘法得到一个初始解，计算出剩余值和尺度估计的初始值，然后计算出影响函数 $\psi(r)$ 及权函数 $W(r)$，并得出式(5) 的解。每次迭代都用上一次迭代的剩余值和尺度估计，并用修改了的观测值 $\tilde{x}^{(m)}$ 代替原来的观测值 x_i，

$$\tilde{x}_i^{(m)} = u_{ij}\hat{\beta}_j^{(m)} + \tilde{e}_i^{(m)},$$

重复上述步骤，直至收敛。因为权函数是自适应数据的，那些剩余值大的数据(即“飞点”）的权被降低了，因而使之对阻抗函数估算的影响最小。

当ρ由式(4) 定义时，主要采用了 Huber 权函数（图 1）：

$$W(r)\begin{cases}1 & |r| \leqslant r_0 \\ r_0/|r| & |r| \geqslant r_0\end{cases} \tag{8}$$

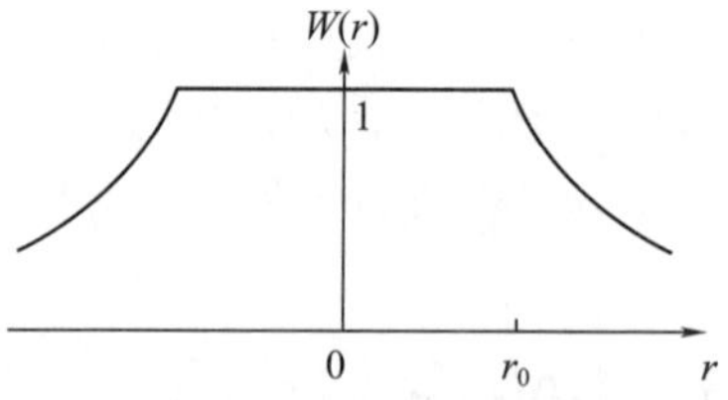

图 1　Huber 权函数

2　程序的思路、框图及有关技术问题

本文所采用的是扩展的 M–估计，其特点是比较灵活，计算有效，易于实现。应用该程序估算大地电磁响应函数的过程可分为三步：

第一步：数据预处理，采用了中值绝对偏差 7 点滤波器消除时间序列上孤立的“飞点”；

第二步：完成由时间域向频率域的数据转换，包括数据窗口及快速富氏变换等；

第三步：大地电磁响应函数的 Robust M–估计。

简化后的程序框图见图 2。

以上第三步中 Robust 处理是本程序的核心部分，其流程图见图 3。

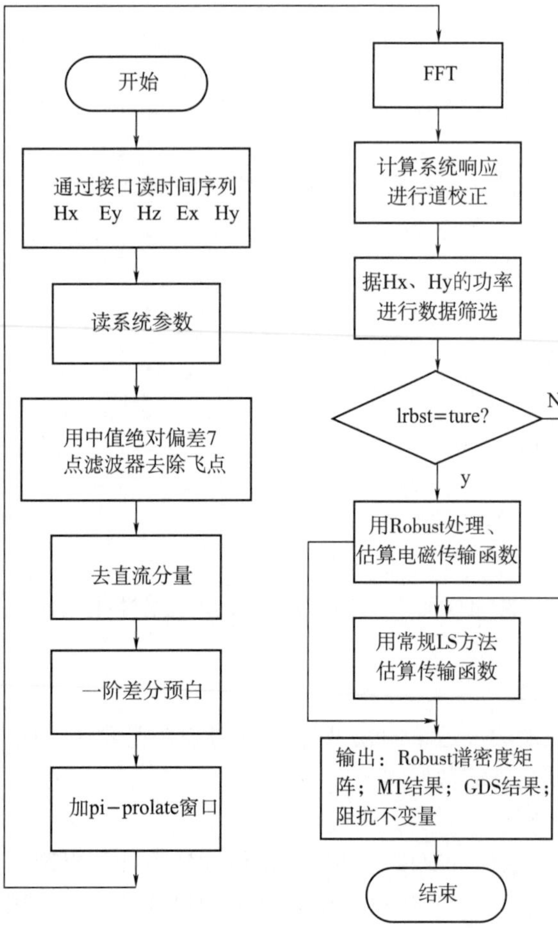

图 2　简化后的程序框图

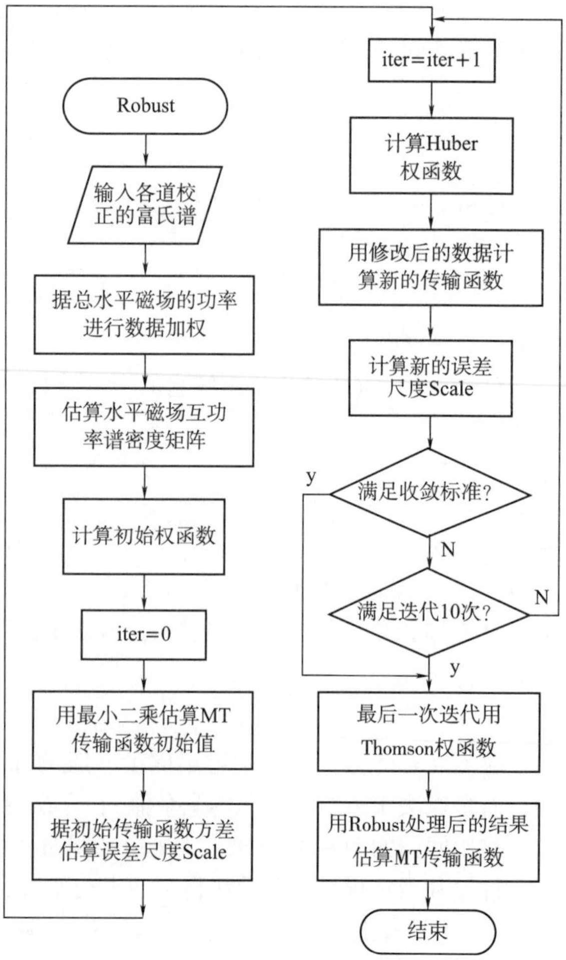

图 3　Robust 处理流程图

如前所述，Robust 处理的关键是如何有效地确定权函数，本程序中主要采用了三种加权过程：

首先考虑到在长周期大地电磁测深或地磁测深（GDS）数据（例如磁通门磁力仪，采样率为 16 s 或 32 s）情况下，磁暴初期的强信号已不满足场源为均匀平面波的假设条件，这意味着高斯误差分布的假设失效。因此在 Robust 处理流程中首先设置了根据总水平磁场功率进行数据加权，以减小场源效应的影响。

在 Robust 迭代过程中，主要采用由式（4）定义的 Huber ρ 函数以及由式（8）定义的权函数。这是一种标准的混合网络，它基于一种具有高斯中心、拉普拉斯拖尾的概率密度函数，使得 M-估计对那些具有“最小信息”分布的数据具有稳健性（Robustness）。

最后，由式（3）、式（4）可知，$\psi(r)=\rho'(r)=0$，上述算法收敛的条件是 $\rho(r)$ 是凸函数，即 $\rho''>0$，这就要求 ψ 函数是一个非递减函数。同时，在理想情况下希望能够彻底消除“飞点”，这又要求对于大的剩余值 r，$\psi(r)\approx 0$，即 ψ 函数是一个非单调函数。为了对特别大的剩余值提供足够的保护，在用 Huber 权函数达到收敛之后，最后一次迭代采用非单调的 ψ 函数，即采用 Thomson 权函数：

$$W(r)=\exp\left\{-e^{r_0(|r|-r_0)}\right\} \tag{9}$$

式中，$r_0=2.8$。

本文对原程序做了修改和补充，将原来主要用于处理地磁测深（GDS）低频数据扩展为可处理 256 Hz—4096 s 的宽频带大地电磁测深数据，向高频扩展了近三个数量级，并将该程序应用于三种不同类型、不同频带仪器的 MT 数据处理。三种仪器分别是：德国 MMS03E 数字大地电磁测深仪（KIM877 感应式磁力仪），分四档记录，各档的采样率为 1024 Hz、32 Hz、1 s 及 32 s；德国 KIM7802 感应式磁力仪，采样率为 0.5 s；加拿大 FM-100B 磁通门磁力仪，采样率为 16s 或 32 s。完成了上述各仪器的数据接口以及仪器传输函数校正，其中按 MMS03E 仪器计算出的频率响应函数与德国 Metronix 公司提供的频响曲线完全一致。同时，根据各种仪器不同的采样率和硬件结构特点等，在程序中分别采用了标准快速富氏变换（FFT）或者级联分样（Cascate Decimation）与 FFT 相结合的富氏变换流程。

用上述 Robust 程序及德国软件对同一测点的 MMS03E 数据进行了处理对比（图 4），曲线的形态及数值基本一致，表明该程序是正确有效的。

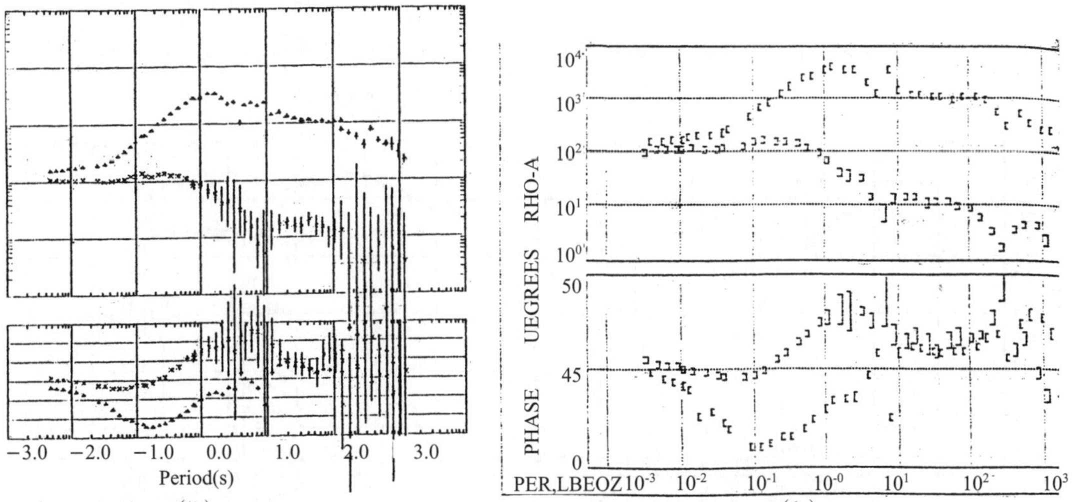

（a） （b）

图 4 同一测点上 Robust 程序与德国软件处理结果对比

（a）Robust 结果；（b）德国软件结果

3　应用实例与讨论

应用 Robust 回归 M-估计对近年来用不同仪器在不同干扰地区获得的部分单点大地电磁实测数据进行了处理，并就不同程度（轻微、中等、严重）干扰情况下的 Robust 估计与常规最小二乘处理结果、Robust 估计与有经验的人工资料筛选、Robust 估计时间窗口的选择等问题做了一些分析研究。

图 5 至图 10 所示均为用 MMS03E 仪器在福建某地采集的数据。Robust 处理的窗口长度基本采用了 128 个数据点。图 5 为受噪声干扰较小的情况。原始时间序列表明，各分量信号的信噪比较高，相关性较好。记录长度为 6h。图5(a)与图5(b)分别为常规处理与 Robust 处理结果。可以看出，经 Robust 处理后的视电阻率与相位曲线略有改进。但总的来说，两种处理结果变化不大，表明在数据质量较好的情况下两种方法均能取得较可靠的结果。图6(a)与图6(b)是中等干扰情况下常规与 Robust 处理结

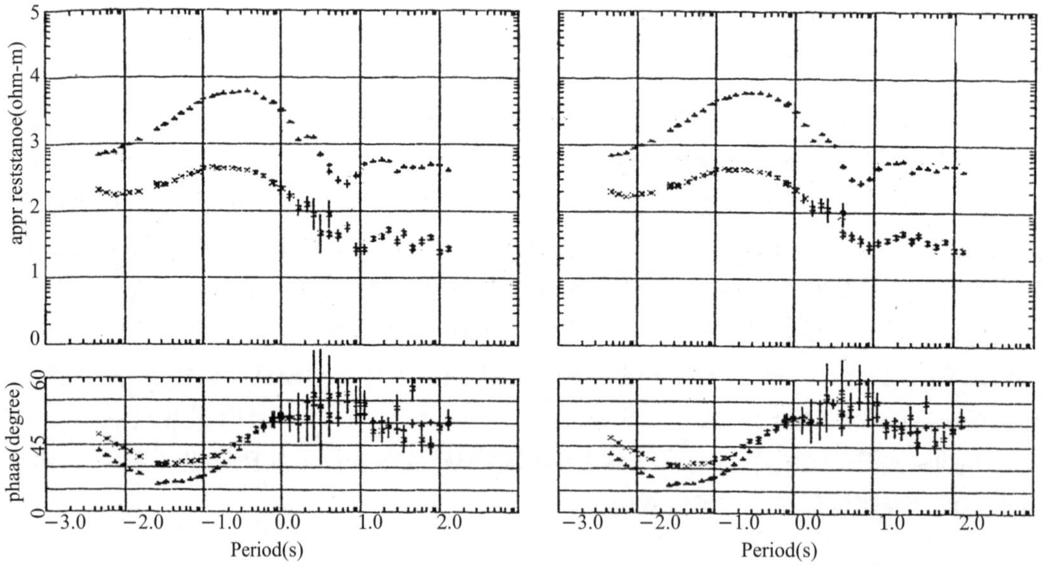

(a)常规处理　　　　(b)Robust处理

图 5　MMS03E 数据、Robust 与常规处理结果对比（干扰较小情况）

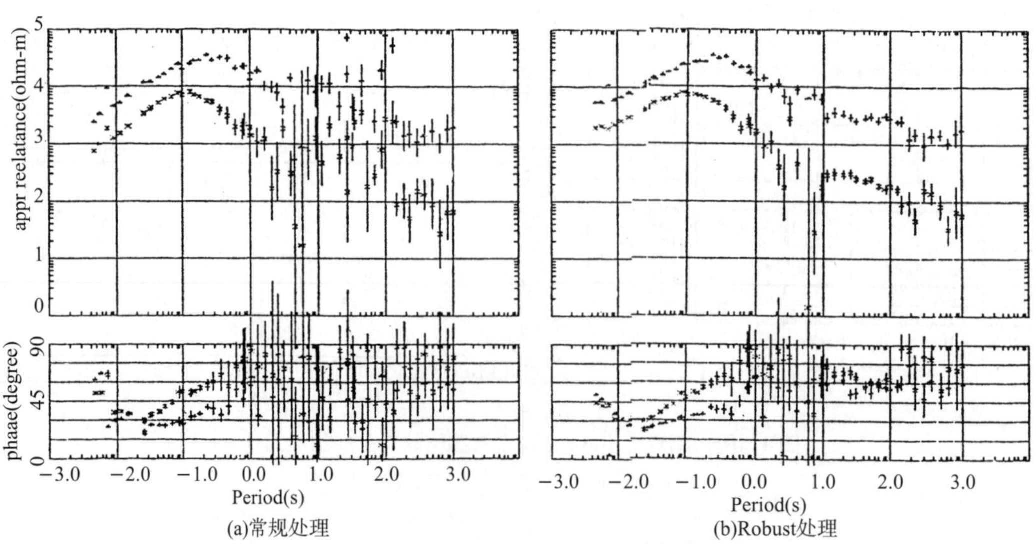

(a)常规处理　　　　(b)Robust处理

图 6　中等干扰情况处理结果（同图 5）

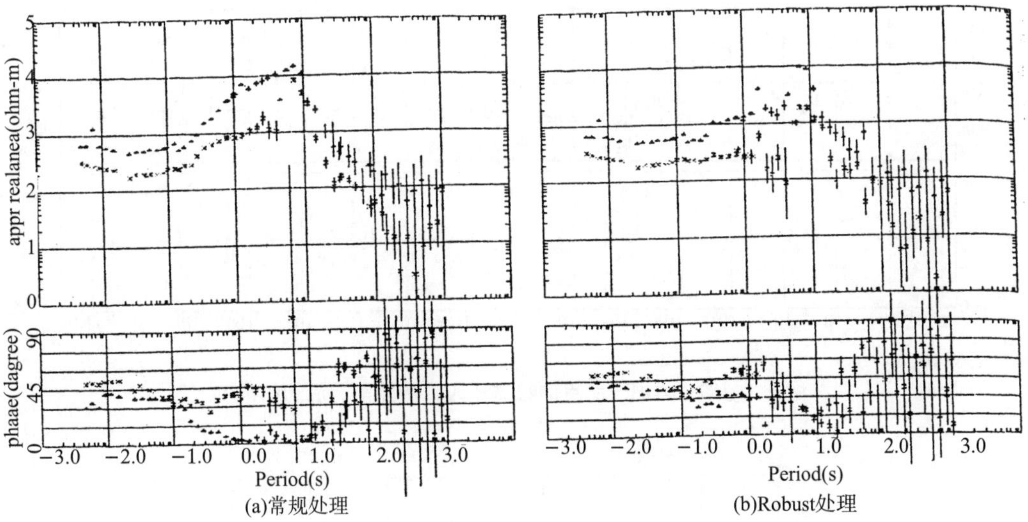

图 7 严重干扰情况处理结果（同图 5）

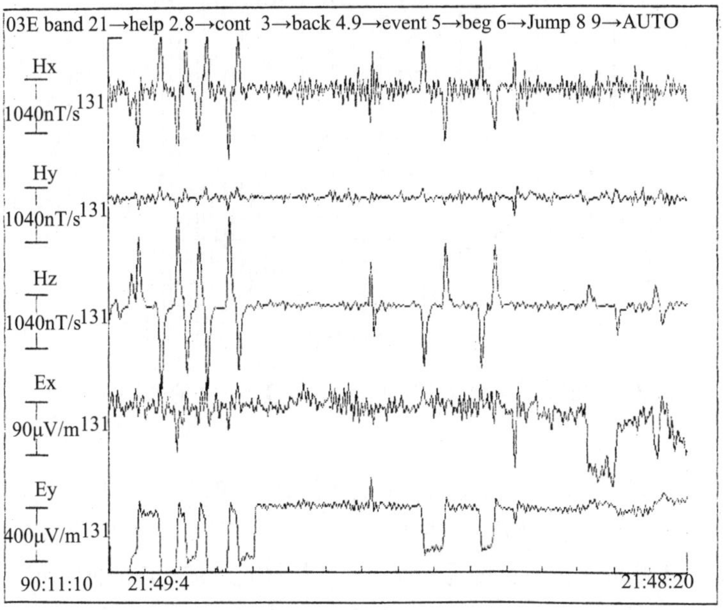

图 8 受噪声严重污染的原始时间序列

果，记录长度为 10.5h。由图可见，无论由曲线的形态或误差棒的长短来衡量，Robust 结果都比常规处理结果有明显的改善。其中 1～10 s 之间数据比较分散，分析是由于该频段内天然电磁场信号弱，信噪比低引起的。图 7 为一个受噪声严重污染的例子，该测点距离电气化铁路仅 1 km 多。由原始时间序列（图 8）可见，电噪声脉冲为正常信号的十几至几十倍，噪声控制了相当一部分数据段，甚至很难选出一张完整的由 512 个数据点构成的正常记录。这是我们近年来在实际工作中常遇到的强干扰现象之一——近场干扰。当测点附近存在很强的干扰源，其偶极子场的强度远远超过了天然场源时，大地电磁测深中均匀平面波的场源条件不再满足。这种近场干扰在曲线上的特点是，中频段的视电阻率曲线以近 45°的角度陡然上升，可高出正常曲线的 1～2 个数量级，相位曲线异常偏低，趋近于零。由

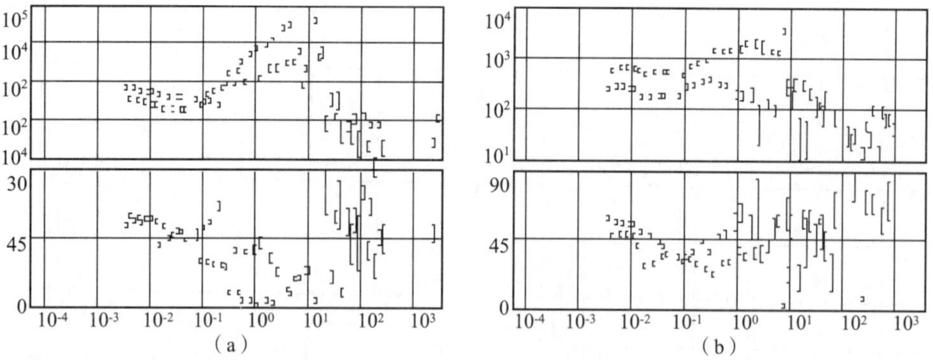

图 9　与图 7 为同一测点的数据，人工选图前、后的结果

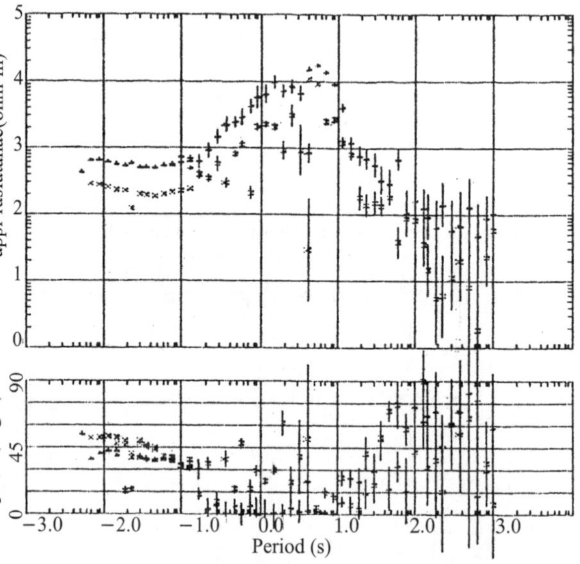

图 10　与图 7 同一测点的数据，时窗长度为 512 的 Robust 结果

图7(a)中的常规处理结果可以看出，在零点几秒的周期以后，视电阻率曲线非正常地向上偏离，数值达 10^4（相位曲线向下偏离），使阻抗特征产生了强烈的畸变。若用这种曲线解释，必将导致完全错误的结果。图7(b)为 Robust 结果，记录长度为 9.5h。可以看出，图7(b)的曲线得到了比较明显的改善。尽管在 1～10 s 范围内个别频点上的“飞点”未能完全消除（分析可能是由于这些频点上噪声含量过高，甚至“飞点”的含量超过了正常数据），尽管经 Robust 处理后的曲线在光滑程度与误差棒长短方面可能不及原干扰曲线，但是与图7(a)中严重失真的曲线相比，Robust 处理后的曲线基本上反映了曲线真实的变化规律，因而曲线是可用于解释的。

对于上述受噪声严重干扰的例子，我们在近年来大量的实际工作中，在识别和压制干扰方面积累了一定的经验。图 9 是与图 7 同一测点的数据，是利用德国软件根据各场分量之间的相关性对原始时间序列进行反复筛选、剔除干扰信号后得到的常规最小二乘结果，图9(a)与图9(b)分别为人工选图前后的结果。可以看出，图7(b)的 Robust 结果与图9(b)的人工选图结果具有可对比性，表明在某些情况下 Robust 估计可能达到与人工选图类似的效果。

同时，我们还就不同数据长度条件下 Robust 的应用效果做了初步分析和对比。图 10 也是与图 7 同一测点的 Robust 结果，但所取的时窗长度为 512 个数据，与图7(b)中时窗长度为 128 个数据的结果相比，图 10 的处理效果不甚明显，表明当数据含有较强的噪声干扰时，最好将时间序列分割为较短的数据段进行处理。

图 11 与图 12 分别为用 FM-100B 磁通门磁力仪与 KIM7802 感应式磁力仪在西北某测点对低频大地电磁测深数据的应用实例。由图可见，Robust 结果与常规最小二乘结果相比，均有了程度不同的改善。

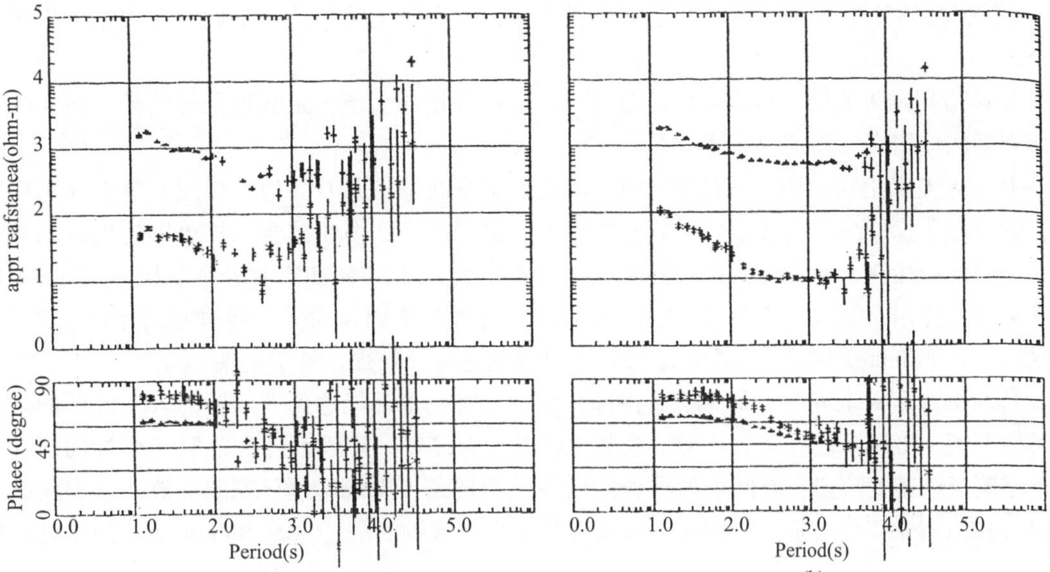

图 11　FM-100 磁通门磁力仪数据，Robust（b）与常规处理（a）结果对比

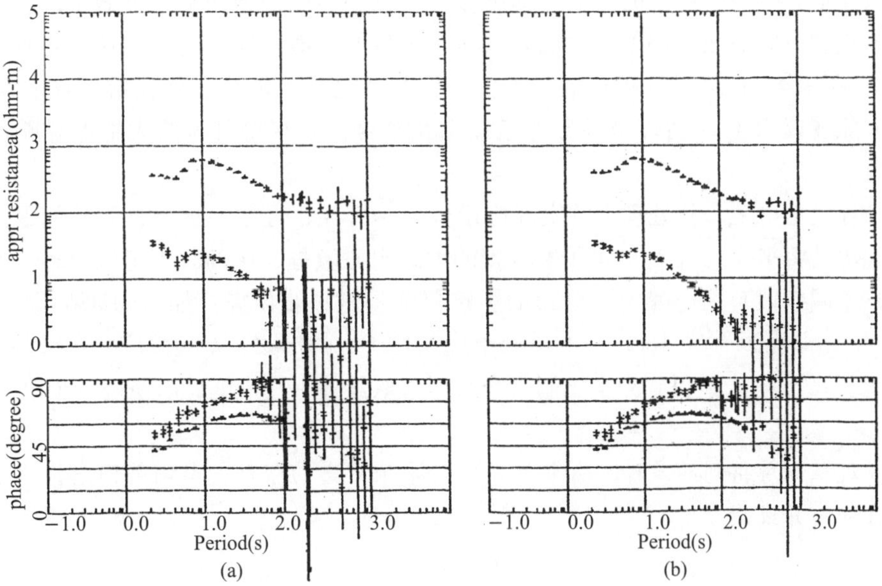

图 12　KIM7802 数据，Robust（b）与常规处理（a）结果对比

4 几点认识

通过对 Robust 估计方法的研究以及在单点大地电磁资料处理中的实际应用，可得出以下几点初步认识：

（1）回归 M-估计是 Robust 估计的基本类型之一，具有坚定的统计学基础，在理论上得到了严格的证明。

（2）实际应用结果表明，Robust 估计对有一定噪声含量的大地电磁数据是有效的，前人的结果及本文中所列举的应用实例均证明了这一点。

（3）从一定意义上讲，Robust 估计与时间域的人工资料筛选具有类似的作用。笔者在工作实践中体会到，在有些干扰情况下，常规最小二乘法与有经验的人工选图相结合同样可以达到好的效果，但 Robust 估计的优越性在于：①在某些不具备人工选图的情况下（例如实时处理系统），Robust 估计能够发挥其独特的作用；②人工选图有一定的人为性，选图效果因人而异，同时时间序列上的“飞点”有时不易识别；③Robust 估计是一个自动过程，对数据适应性较强，易于实现。

（4）Robust 过程并非对所有的干扰数据都有效，有时也不都能达到有经验的人工选图的效果。在下列两种情况下，Robust 过程无效：①当数据的噪声含量过高，甚至达到 50% 时（例如前面提到的在电气化铁路附近的某些测点，时间序列出现持续的干扰现象，Robust 过程未能奏效；②当原始记录长度不够时（该过程基于统计原理，因而要求足够长的野外观测时间，这是 Robust 估计的重要应用条件之一）。

（5）Robust 估计一般在短时窗的情况下应用效果较好，否则一个具有“飞点”的事件可能影响相邻的几个频点，不同质量数据的平均使加权的意义丧失。在选择时窗长度时，还应同时兼顾频率域的分辨率。

总之，Robust 估计是一个新型的数学处理过程，它在原高斯模型的基础上做了改进，以解决当实际的误差分布与理想分布有较小偏差时大地电磁响应函数的分散与偏离问题，在一定程度上压制了输出端（E_x，E_y）的噪声，因而是一种有效的方法。但是，它并未能解决输入端（H_x，H_y）的噪声问题，因而一些专家建议 Robust 估计与远参考道技术相结合，是获得可靠的大地电磁响应函数的最好办法。

Robust 估计在大地电磁资料处理中的实际应用仅仅是开始，还很不成熟，一些问题尚需进一步研究和探讨。例如本文将 Robust 估计应用于宽频带的大地电磁数据，谱的频率范围覆盖了 6 个数量级之多，在此情况下不同频段范围内噪声源分布的影响仍值得进一步研究。如对 MMS03E1 档的高频数据（256—4 Hz），主要干扰源为 50 Hz 左右的电网干扰及其产生的倍频、差频效应。在有些例子中由于强电网干扰引起的“飞点”未能得到完全压制。今后拟采取其他一些措施，以便进一步改进应用效果。

本文在完成过程中曾得到邓前辉、徐常芳、赵国泽等同志的帮助，秦国卿同志提供了部分大地电磁测深数据，在此一并致谢。

参考文献

[1] Huber，P. J.，1981，Robust statistics，Wiley，New York.

[2] Chave，A. D.，Thomson，D. J. and Ander，M. E.，1987，On the robust estimation of power spectra，Coherences，and transfer functions，J. Geophys. Res.，Vol. 92，633-648.

[3] Egbert，G. D. and Booker，J. R.，1986，Robust estimation of geomagnetic transfer functions，Geophys. J. Roy. Astr. Soc.，

Vol. 87, 175-194.

[4] Jones, A. G., Chave, A. D., Egbert, G. D., et al., 1989, A comparison of techniques for magnetotelluric response estimation, J. Geophys. Res., Vol. 94, 14201-14213.

[5] Sutarno, D. and Vozoff, K., 1989, Robust M-estimation of Magnetotelluric impedance tensors, Expl. Geophys., Vol. 20, 383-398.

[6] Gamble, T. D., Goubau, W. M. and Clarke, J., 1979, Magnetotellurics with a remote refcrcnce, Geophysics, Vol. 44, 53-68.

[7] Thomson, D. J., 1982, Spectrum estimation and harmonic analysis, Proc, IEEE, Vol. 70, 1055-1095.

[8] 林长佑等，1988，大地电磁响应函数的除偏估算和误差的研究，西北地震学报，Vol. 10，No. 3。

大陆地壳及其动力学*

刘国栋

1 大陆地壳模型

自1911年Mohorovičič发现莫霍界面（M面）和1923年Conrad发现康氏面（C面）以来，在很长时间内人们认为大陆地壳为双层结构，即除地表沉积盖层外，以C面为界大陆地壳分为上、下两层。上地壳平均波速为6.1 km/s，称为花岗岩层；下地壳平均波速6.7 km/s，称为玄武岩层。M面为简单的、尖锐的速度间断面，把地壳与地幔分开。随着对大陆地壳研究的深化，特别是先进的深部地球物理探测技术的发展和应用，超深钻成果以及地质学、岩石学和高温高压实验研究的进展和成就，对大陆地壳的识认正逐步深化。作者曾在1984年和1986年对大陆地壳上地幔的研究进展，做过一些回顾[1~3]，本文试图根据近年研究成果，特别是深地震反射成果，对此问题再做一简单回顾。

前苏联在科拉半岛完成了世界上第一个超深钻。1970年开钻，1985年钻至12300 m。根据深地震广角反射/折射（简称折射法）资料，曾推断“沉积-火山岩成因层”大于4700 m，花岗岩层7000 m，玄武岩层大于7000 m。但钻探结果是0～6842 m为元古代地层，6842～11662 m为太古代地层，既未发现C面，也未发现玄武岩层[4]。

在南阿尔卑斯的伊夫雷亚地带出露的古老变质岩系原本深埋地壳深处，后因阿尔卑斯造山运动被抬至地表。自20世纪60年代末期以来，一直对其进行详细研究，认为变质岩的原岩为砂岩、泥岩，如某些碳酸岩，它们在地壳深处高度变质、脱水。所谓的花岗岩组成的上地壳和玄武岩组成的下地壳是不存在的，而M面更可能是由一些薄层所组成[5]。根据D. M. 方丹等对五个出露在地表的大陆M面过渡带露头（意大利北部的伊夫雷亚；澳大利亚西部的费露绎山脉，中部的马斯格雷夫山脉；加拿大中部皮奎托内和克罗斯莱克西亚及西非卡西群）的研究，认为最下部地壳是由麻粒岩相岩石组成，其成分由硅质到铁镁质，无规律可循；M面是一个渐变的过渡带，由互层的铁镁质麻粒岩和超铁镁质岩组成。下地壳和M面过渡带都可能经历了复杂的演化过程。这个过渡带至少有深熔作用，多次变形作用，多期变质作用以及物质的改造作用[6]。

1977年Mueller主要根据中欧地区的折射剖面资料，提出大陆地壳模型[7]（图1）：浅部的沉积层和变质基底之下的硅铝低速带（速度为5.5 km/s）可能与花岗岩侵入体有关，顶深约10 km。其下为中地壳，深度范围10～25 km，可能是由不均匀的混合岩类所组成，起因于深变质过程，可以有过部分熔融阶段，速度为6.0～6.3 km/s。该层之下的高速薄层，可能为闪长岩类。再下又出现一个速度逆转层，推测为麻粒岩相带，因为在下地壳温压条件下实验室的岩石波速测定表明，角闪岩类的纵波和横波速度值平均而言高于麻粒岩。壳幔过渡带波速变化尖锐，认为是由高速和低速夹层所组成。此模型有三个低带层，它们是浅部沉积层、上地壳硅铝低速带如下地壳的麻粒岩速度逆转带。它们都是壳

* 本文原载于《现今地球动力学问题讨论会论文集》，地震出版社，1993，1～24。

内的软弱带，地壳物质可沿这种界面发生剪切滑动。

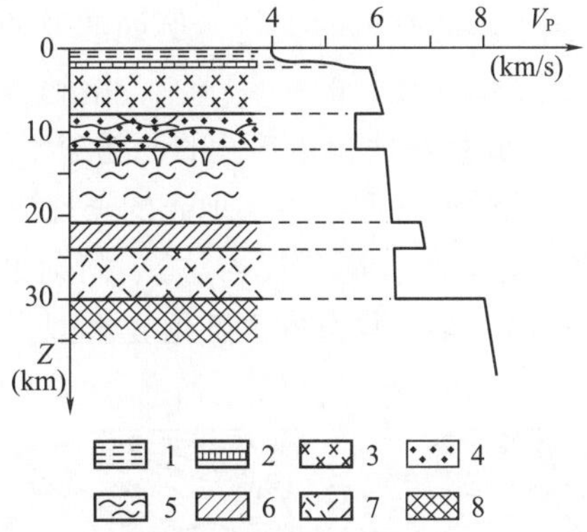

图1 大陆地壳模型

1. 新生代沉积岩（近地表的低速层）；2. 中生代和古生代沉积岩；3. 变质岩组成的上部结晶基底（正速度梯度带）；4. 花岗侵入岩带（矽铝低速层）；5. 混合岩（中地壳）；6. 角闪岩（高速层）；7. 麻粒岩（下地壳）；8. 超镁铁质岩（上地幔）。右边的折线为速度-深度分布

1979 年，Pavlenkova 总结了苏联自 20 世纪 60 年代以来在俄罗斯地台、土兰板块和西西伯利亚陆台等地区的折射剖面资料。认为[8]不同陆台地区的地壳结构既有差异，也有共同之处（图 2）。其共同

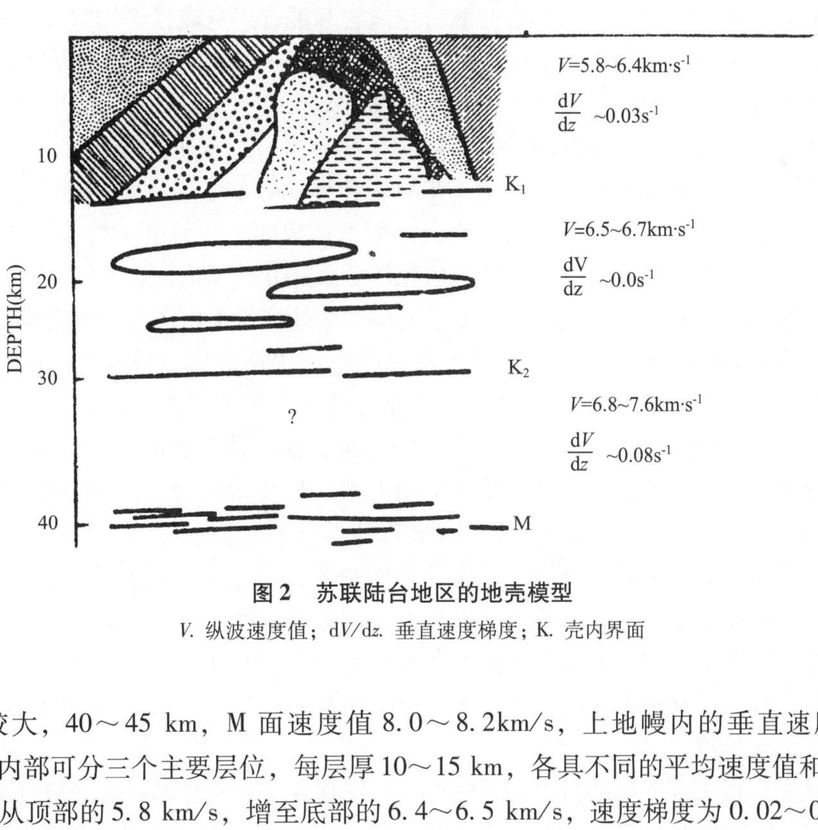

图2 苏联陆台地区的地壳模型

V. 纵波速度值；d*V*/d*z*. 垂直速度梯度；K. 壳内界面

处是地壳厚度较大，40～45 km，M 面速度值 8.0～8.2km/s，上地幔内的垂直速度梯度很小，约 0.001 s^{-1}；地壳内部可分三个主要层位，每层厚 10～15 km，各具不同的平均速度值和速度梯度值。上层地壳的速度值从顶部的 5.8 km/s，增至底部的 6.4～6.5 km/s，速度梯度为 0.02～0.06 s^{-1}。这主要是随着深度的增加裂隙逐渐闭合的结果。此外，由于构造变形原因，上地壳具有复杂的垂直分层性。中地壳速度值与上层地壳低部速度值相比，增加的很少，不超过 0.1～0.3 km/s，特别是中地壳的速率梯度值很小，仅为 0.0～0.01 s^{-1}，也就是说，中地壳与上地壳的主要差异是垂直速度梯度不同。因此认为，上、中层地壳具有类似的组成，均以酸性岩类为主，只不过在中地壳内随深度增加基性组分有

所加大。然而，中地壳很小的速度梯度值表明，在该层区占统治地位的是亚平行性结构或水平层状结构，并往往含有低速层。这表明，中地壳具有塑性流动特征，因而原有的层内垂直不均匀性被消除了。这种中层地壳具塑性的假设，也得到了震源分布的支持，例如波罗的地盾的震源深度均位于10 km以上。下地壳完全不同于中地壳，其速率值从顶部的6.8 km/s，增到底部的7.2～7.6 km/s，平均速度梯度很大，为0.08 s^{-1}。认为下地壳的组成是基性和超基性的，随深度的增加超基性组分加大，这主要是上地幔物质向下层地壳侵入的结果。该模型强调了中层地壳的塑性流动在地壳动力学中的主导作用。

1978年Smithson在综合深地震反射剖面（简称反射法）、折射剖面、大地热流、深源包体以及伊夫雷亚变质带研究成果的基础上，提出一个较复杂的大陆地壳模型[9]（图3）。

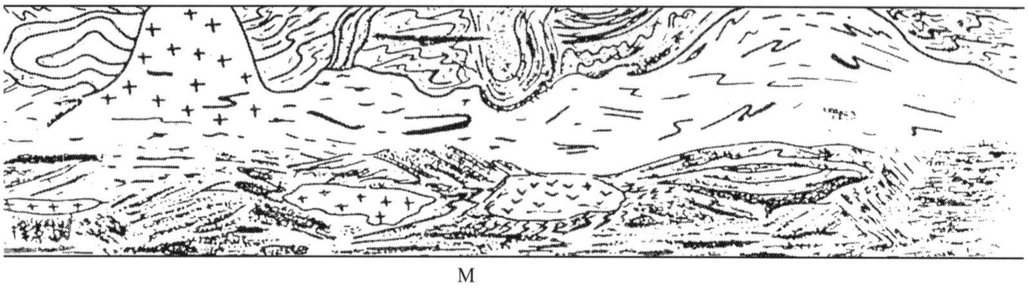

图3　Smithson大陆地壳模型

上地壳由变质岩组成，褶皱很陡，其中分散着花岗岩和混合岩穹隆，平均组分相当于花岗闪长岩，波速值为6.0～6.3 km/s。中地壳在大范围内是均匀的，小范围内是不均匀的，可形成低速层。中地壳的混合岩可以穿入上地壳形成混合岩穹隆。中地壳褶皱比较平缓，但在有上地幔底辟上隆的地方，其倾角可能变陡。中地壳倾角平缓可能有两种解释：①在变质阶段的水平运动；②在地球引力场作用下的结晶过程。下地壳内有很多反射层，它可能是花岗岩和辉长岩的互层；其波速值为6.4～6.8 km/s，平均成分类似于闪长岩类；很多变质岩是在下地壳环境下形成的，然后由于构造运动或上隆被抬升到地壳。大陆地壳的大部分是沉积岩和火山岩转入地壳深处经过变质形成的。

1979年Eaton根据地质和地球物理资料提出了大陆引张地区盆地山脉省的地壳模型[10]（图4）。认为上地壳L-1被大量正断层、断块旋转、广泛破裂以及滑落等所破碎，具有很高的裂隙度和渗透性，有助于地下热水的对流循环；其下部由于自由水的连通性好，形成了高导层。中地壳L-2，厚0～3 km，它是由经受剪切的糜棱岩或热动力变质的岩石所组成；由于薄层状的塑性流动，该层可以局部地或区域性地纹理化和伸展，是不透水层，它是在早期的地壳挤压阶段作为区域性的逆掩底界发展起来的。下层地壳L-3，厚10～20 km，其顶部是由火成岩和类似于上层地壳中的变质岩所组成，但越往下火成岩、混合岩、片麻岩、角闪岩和麻拉岩所占的比例越大。由于来自软流圈的玄武岩墙和固态对流可使下地壳伸展，但在高和中等应变率的情况下，该层显示为刚性。壳内低速层位于L-2层之下、L-3层的最上部，这是因为L-3层的温度很高而不透水的L-2层又位于其上，所以L-3层最上部的岩石具有最高的孔隙压，导致了波速降底。L-4层为岩石圈地幔，厚25～35 km，由超基性组成，也因岩墙侵入和固体对流而出现伸展。

沃里沃夫斯基在分析大陆地区的折射剖面资料时，发现几乎在所有剖面上除来自基底界面的P_g震相和来自M面的P_M震相外，在其间还有两个震相。每个震相却不能平滑地连续追踪。而是以折线形式相加长或其间出现不同长度的缺失段。这种特点表明，地壳具有四个速度界面（K_0、K_1、K_2和M），但每个界面都不是连续的。据此在1988年他给出如下的大陆地壳演化模型[11]（图5）。

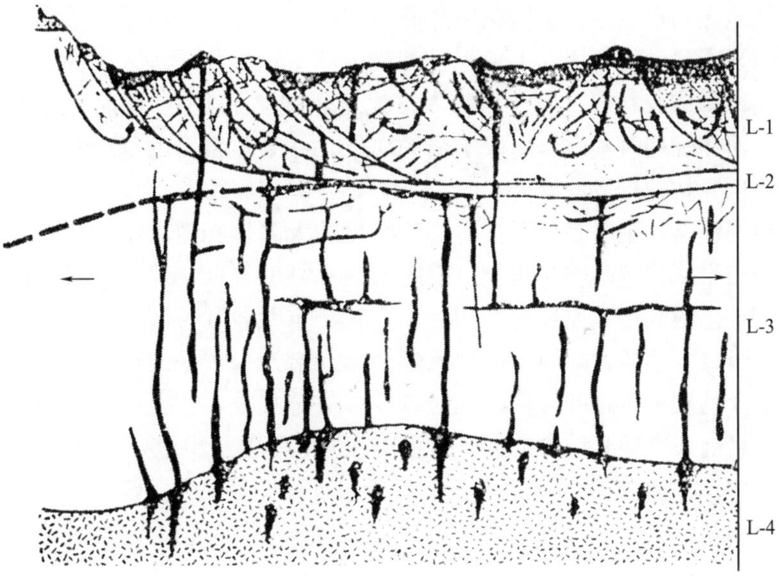

图 4　美国盆地山脉省地壳模型

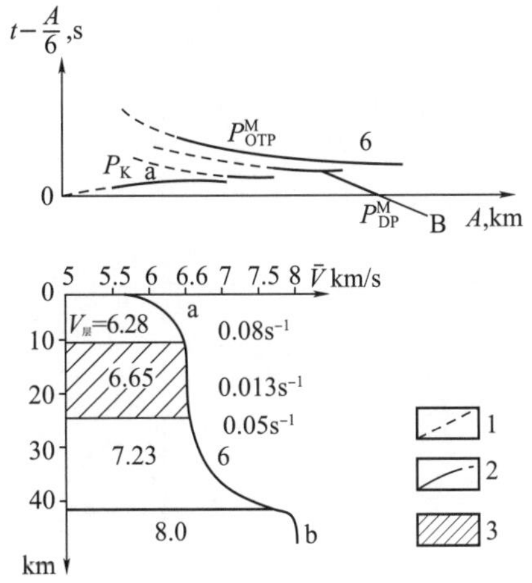

图 5（a）　大陆地壳走时曲线和地壳平均速度

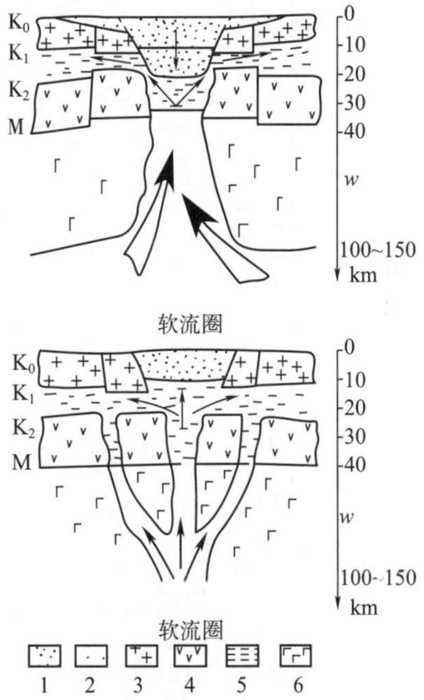

图 5（b）　大陆地壳演化模型

1. 沉积岩；2. 裂谷型沉积火山岩；3. 花岗片麻岩套；4. 麻粒岩套；5. 蛇纹岩化橄榄岩；6. 上地幔

上层和下层地壳的波速值分别为 5.8～6.3 km/s 和 6.9～7.2km/s，具有正的速率梯度值（0.03～0.05 s^{-1}）；中层地壳波速为 6.5～6.8 km/s，速度梯度值很小（0.01～0.02 s^{-1}），且常为负梯度，特别是厚度值基本稳定在 8～12 km 之间（图 5（a））。这表明大陆地壳的增厚和减薄均发生在上、下地壳之内。在巨厚的沉积盆地地区上地壳可能完全消失。该模型认为（图 5（b）），上地壳为深变质的花岗片麻岩套，下地壳为麻粒岩和榴辉岩相，中地壳称之为胶结层。胶结层是上地幔物质沿通道渗入壳内而形成，但其速度值要比上地幔速度值低 1.5 km/s，因此认为该层是蛇纹岩化的橄榄岩层。该模型认为在太古代时期大陆地壳为双层结构，即花岗片麻岩套的上地壳和麻粒岩与榴辉岩相的下地壳；在元古代时期由于地幔的强烈热动力作用，下地壳被冲破，原生地幔物质进入壳内，并在固结的上、下地壳之间的软弱界面上堆积成胶结层，使原始的太古代地壳增厚了1/3。同时，原始的上地壳也保持不住完整的层状结构，而在晚些时候被分离成单个的块体，并导致自身的垂向和水平向位移，成为大陆地壳的构造力源和上地壳构造形成的原因。

上述几种大陆地壳模型，主要是根据折射法所给出的大陆地壳速度结构归纳出来的，虽然有些模型也考虑了反射法的结果，如Smithson模型。折射法的源频率较低，地震射线路径是以宽反射或沿界面滑行后的折射波形式出射到地面而被观测到的，且观测点距较稀，所以分辨率低，在一定程度上是被平均化了的结果。所以上述的大陆地壳模型比较简单，给人一种一般化的感觉。深地震反射法采用了较高的源频率、密紧的观测点距和近垂直反射以及多次叠加技术，所以分辨率高，能给出壳内细结构的直观图像，成为目前研究地壳结构的最有效手段，但它不能给出地壳介质的速度参数。

1991年Nelson根据大陆地区深地震反射剖面和折射剖面所得出的关键结果，并考虑到大量地质证据，从大陆地壳演化的观点给出了大陆地壳不同发展阶段的五种地壳模型[12]（图6）。

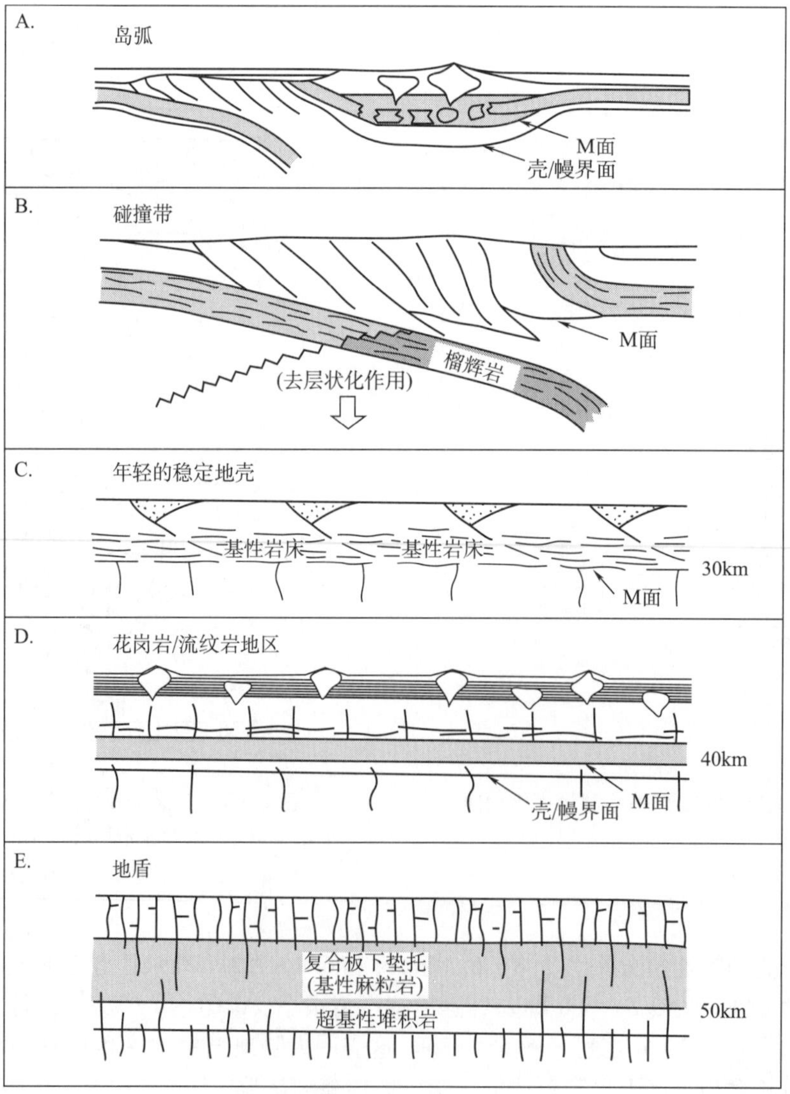

（a）

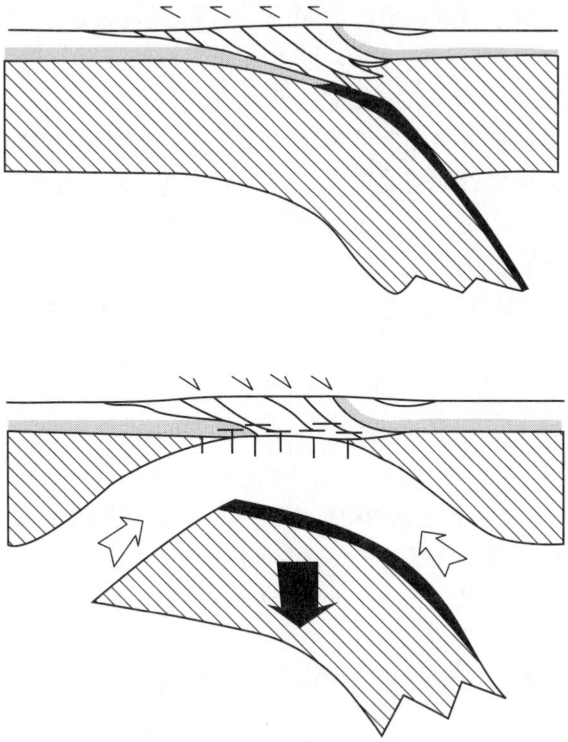

(b)

图 6　Nelson 的大陆地壳演化模型

(1) 幼年期的大陆地壳是在岛弧区产出，像马里亚纳弧和略微扩展的海洋高原，像冰岛/法罗群岛。这种地壳的形成过程类似于在洋中背环境下形成的“正常”海洋地壳，可近似地视为异常厚的海洋地壳（图 6（a）A），其总体组成为玄武岩质。

(2) 通过碰撞，岛弧和海洋高原合拼为大陆。有证据表明，在“硬”碰撞期间位于俯冲板块上的基性下地壳要与上地壳拆离，并与地幔岩石圈一起被消减而返回地幔之中（这本质上是一个去层化作用过程）（图 6（a）B）。这样，基性的幼年期地壳开始向偏酸性的地壳演化。下地壳向地幔消减的证据已被阿尔卑斯地区的反射剖面所证实（见下节图 10 和图 11）。当消减的基性下地壳达到适当深度时（大约 50 km）便转化为基性榴辉岩。由于其密度较周围的上地幔大，所以产生负浮力，岩石圈地幔下沉、软流圈物质上升（图 6（b）），上覆的造山带快速热隆，导致上地壳引张、下地壳熔融（碰撞发生发展），原造山带在其自身重量下崩落。当这一过程完成后，转化为年轻的稳定地壳区，地表发育引张构造（图 6（a）C）。这类地壳的平均组成为中性，典型的地壳厚度为 30 km，在反射剖面上其下地壳为薄层状结构，M 面近水平状。实例包括北欧及相邻的大陆坡（地壳是加里东和海西期固结的），北美的阿伯拉契亚山前地带和海岸平原以及盆地山脉省等。

(3) 根据对世界大陆不同构造区折射剖面结果的对比，前寒武纪地盾和陆台区的地壳厚度和波速值，平均而言比晚古生代和现今固结的地壳厚 40% 和高出 6%。最可能的原因，是前者在长期发展过程中，上地幔物质加入其中的结果。实际上，所有暴露于地表的地盾都被造山期以后的玄武岩墙所充填，个别地区岩墙群面积可达数千平方公里，其年龄从几千万年到几亿年。玄武岩墙是大陆板下垫托事件的地表显示。相类似，在元古代时期固结的地壳，都发育有很大面积的非造山期花岗岩和流纹岩，它们是地壳深融作用的产物。可以说，古老的大陆地壳都曾遭受过幕式的、以玄武岩浆侵入为主的板下垫托作用。这种板下作用还引起大致为中性组成的下地壳的广泛熔融，于是较轻的硅铝质组分上移，形成非造山期的花岗岩、流纹岩等。这种硅铝质熔融物的体积近似等于侵入壳内的玄武质熔融物的体积。由于玄武岩质的侵入，形成了新的、更深的 M 面，壳幔过渡带也下移（图 6（a）D）；由于硅铝质组分向上地壳的侵入，破坏了原有的岩性层，使上地壳成与地震反射透明区。

（4）随着板下垫托过程的继续，基性岩更进一步地注入壳内，幕式地形成更深的 M 面和壳幔过渡带。但由于轻的熔融组分在早期板下垫托事件中已从下地壳内移出了，所以后续的板下垫托过程就不会产生明显的深熔作用。然而，随着地壳的增厚，地表要均衡上隆，于是花岗岩、流纹岩被逐渐剥蚀，其净结果是地壳向更致密的基性组分转化，最后成为更厚的、更基性的地盾型地壳（图 6（a）E）。地盾区地壳的反射特点在很大程度上受造山期后的深成岩体，基性岩墙（产生绕射），基性岩席（高幅度的面状反射）和中-酸性岩基（反射透明区）等的分布所控制。地盾区的深地震反射剖面显示了这些特点。

2　大陆地壳内部结构

过去 15 年来，在全球大陆地区已完成 40000 多公里的深地震反射剖面，虽然其中一半位于大陆斜坡区，但在大陆内部的不同构造类型区都有或多或少的反射剖面分布。最近 Mooney 和 Meissner 对其中部分结果做了较系统的归纳和分析[13]，Sadowiak 和 Meissner 对欧洲的反射剖面做了概括性总结[14]，翁世劼也归纳了一些反射剖面的实例①。

下面我们给出一些根据反射剖面解释的大陆内部某些构造区的地壳结构特点及其所反映的地壳动力过程。

1）前寒武纪地盾区。

图 7 是元古代波罗的地盾的反射剖面，在剖面上 50 km 处两侧的 M 面和壳内反射体的倾向及反射

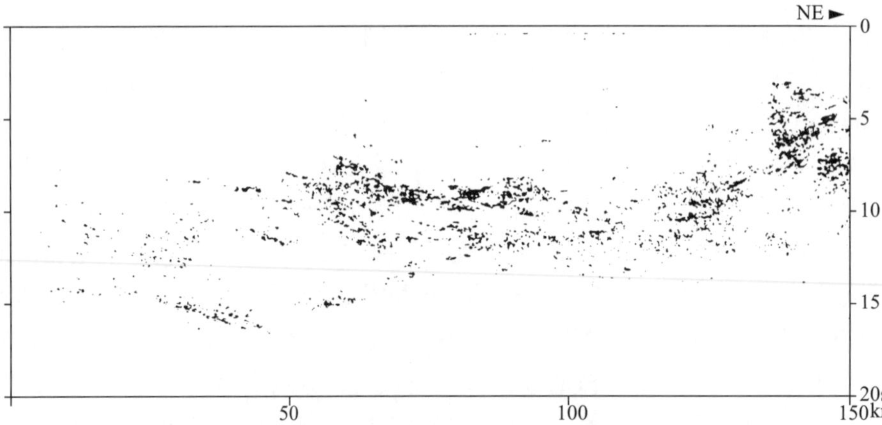

图 7　元古代波罗的地盾区深地震反射剖面

特征截然不同。以左的 M 面显著下倾并形成“山根”，以右的 M 面明显偏浅，且平坦，故认为 50 km 处附近是元古代时期的缝合线。缝合线以左的下地壳为薄层状反射结构，推测主要是由火成岩侵入体（岩席）组成；以右的下地壳也为薄层状反射，但含有较连续的强反射带，推测后者是与造山期有关的壳内剪切带。中地壳内发育的、近于平行的反射体，认为与岩性或变质分层有关。上地壳基本是透明的，上地幔内也无反射存在。在其他一些前寒武纪地壳也获得了相近似的反射图像。这表明，类似于现今的板块过程，在前寒武纪，至少在早元古代时期就已经出现了；此外，还表明在构造稳定和热稳定的前寒武纪地盾区的原有地壳结构特征至少可以保留 20 亿年[13]。

① 翁世劼，1992，地球物理调查对造山带和盆地的新认识，地矿部石油地质研究所情报室。

2）古生代造山带。

图 8 是位于德国境内海面褶皱带的两条反射剖面[15]。其中图 8（a）中的剖面西北端起于 London-Drabant 地块、穿过北华力西变形前缘（NVDF），终止于莱茵海西带之内。图 8（b）剖面位于图 8（a）的东北方向，剖面西北端起于华力西前陆、终止于莱茵海西带之内。从图 8a 可见，向 NW 方向抬升的强反射带向地表追踪可与 Aachen 逆断层带相接，所以该反射带是 Aachen 逆断层的壳内拆离带。该拆离带向 SE 方向加深、变平并消失于地壳中部。在拆离带之上出现一系列向 NW 抬升的短反射，它们可与地表出露的逆断层相连。上述特点就是所谓“薄皮构造”的很好例证。在这两条剖面中，在下部地壳内存在一些反射透明的“扁豆状”体，周边被一些密集的反射所围绕，Meissner 称之为“鳄鱼结构”，认为它代表造山带壳内结构的特点。一些学者认为，在下地壳温压条件下以韧性变形为主，无论是挤压或拉张，在韧性层内均要出现 X 剪切面，并沿着这些剪切面发现韧性变形，形成反射。

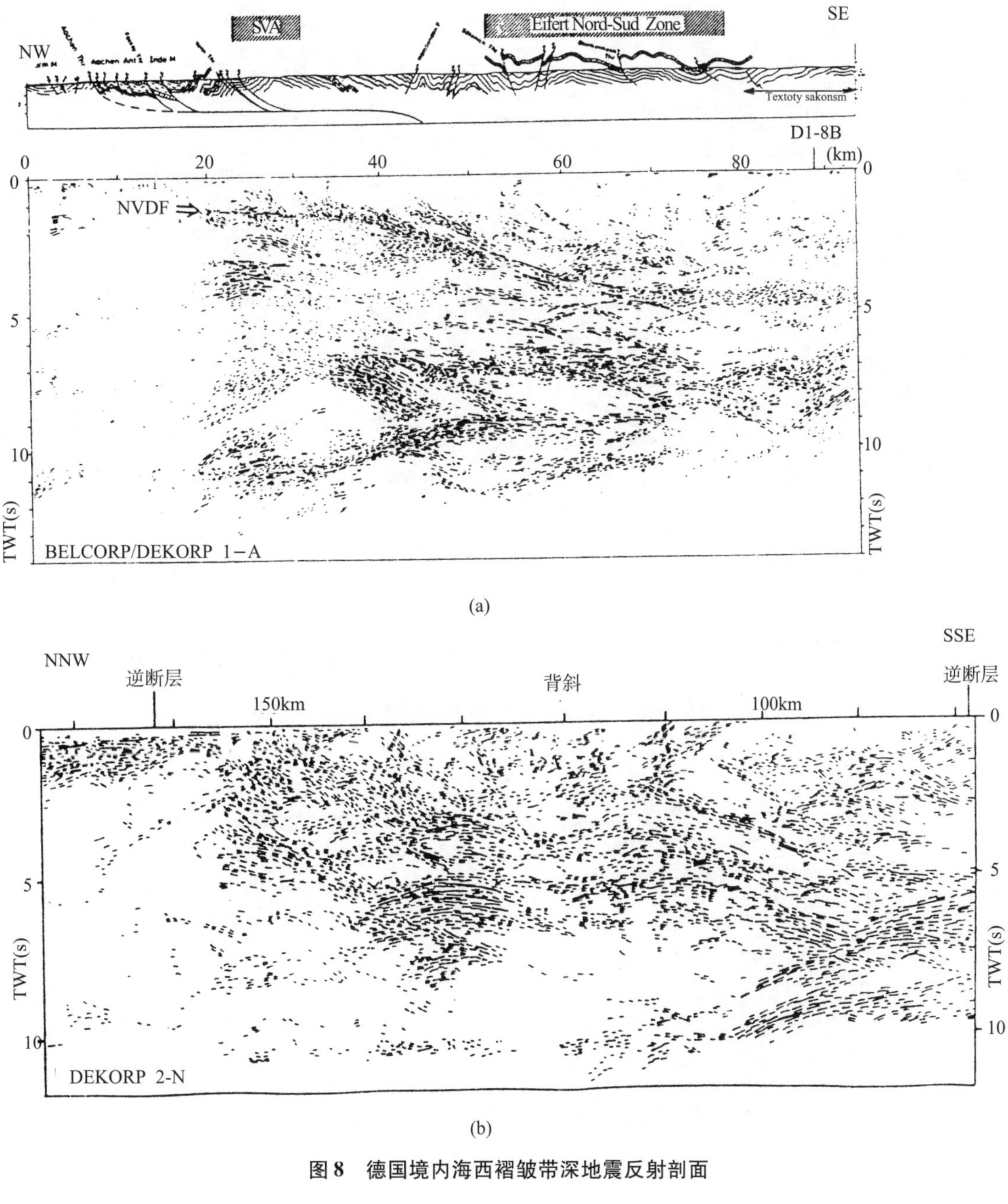

图 8　德国境内海西褶皱带深地震反射剖面

从图 8 可见，整个地壳的反射结构很复杂，包括楔状夹层和嵌入结构等，表明造山带内部构造的复杂性。但两条剖面的反射特点并不完全一致，这表明上述两个地区的构造发展和热演化是不同的。但有两点又是一致的，即反射剖面最下部的反射带所代表的 M 面是近似水平或亚水平的，表明没有“山根”存在，以及剖面 NW 端地壳内部基本上是无反射的。前者是因为海西造山后期本区地壳遭受了强烈引张，导致 M 面变平并消除了造山期间形成的“山根”；后者是因为华力西前陆、特别是 London-Draant 地块在加里东造山期经受了强烈变形和破坏[15]。

3）新生代造山带。

图 9 是瑞士境内阿尔卑斯山系中段的深地震反射东部剖面。图 10 是其综合地质解释断面图。阿尔卑斯山系是晚白垩世—第三纪时期的欧洲板块与非洲板块之间的碰撞造山带。从图 9 和图 10 可见[16]：

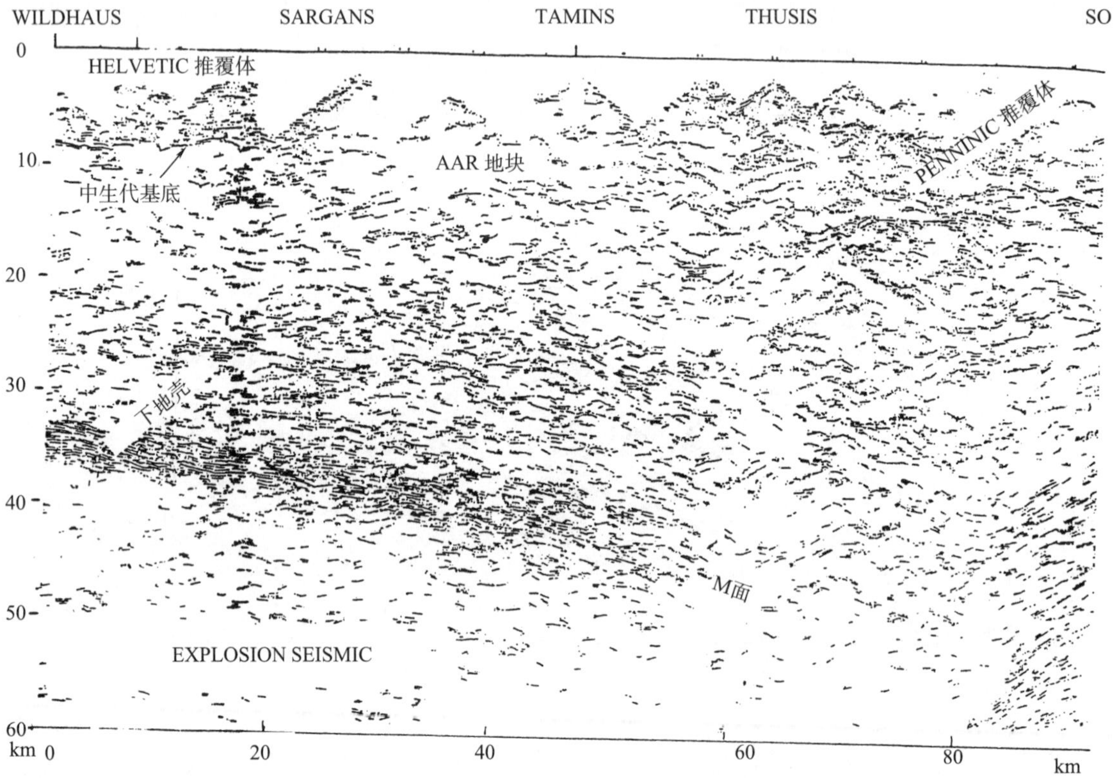

图 9　瑞士境内阿尔卑斯中段深地震反射剖面

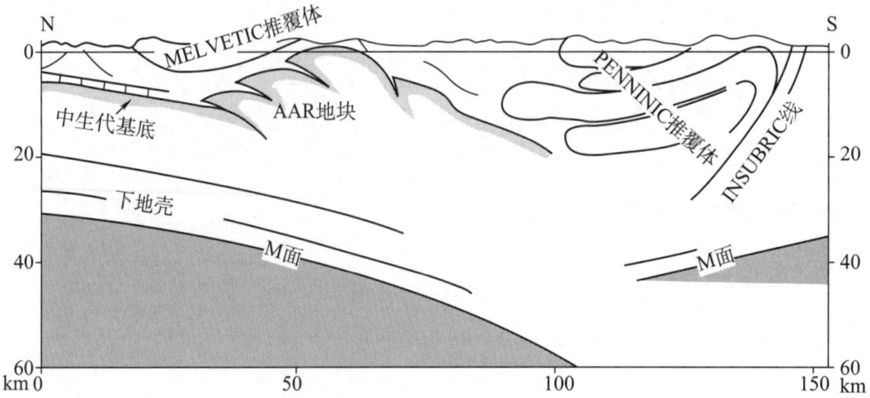

图 10　综合地质解释断面

地壳浅部有一些明显南倾和北倾的反射窄带，它们与三个主要推覆体一致，但这些推覆体并非浅表构造。其中 Helvetic 推覆体与因受挤压而向北逆掩的深部 Aar 地块有关，相对较浅的 Penninic 推覆体由特提斯沉积物组成，在欧洲板块与非洲板块接近并最后碰撞过程中，于地壳浅部形成多次重叠的叠瓦体。Insubric 推覆体向下延伸很大，它是欧洲板块与非洲板块的实际缝合线，同时也是“嵌入”的非洲板块的北界。①从深部反射特征可见，在山系的中段非洲板块向北突进、强行“嵌入”欧洲板块的上、下地壳之间（所谓厚皮构造），导致地壳大幅度缩短，在山系下方出现双地壳、双 M 面，山系下面有明显的“山根”存在。②在欧洲板块与非洲板块碰撞期间，位于欧洲俯冲板块之上的、具有薄层反射结构的下地壳与其上部地壳拆离，并与地幔岩石圈一起被消减而返回地幔。

图 11 是阿尔卑斯山脉东段的比利牛斯山深地震反射剖面。它的结构与上述的不同，在这里是非洲板块（伊比利亚板块）向北俯冲，欧洲板块“嵌入”非洲板块的地壳之内。但同样在山脉下方为双层地壳和双层 M 面，并有显著的“山根”存在；非洲板块的下地壳随同地幔岩石圈一起向欧洲板块下方的地幔中消减[17]。

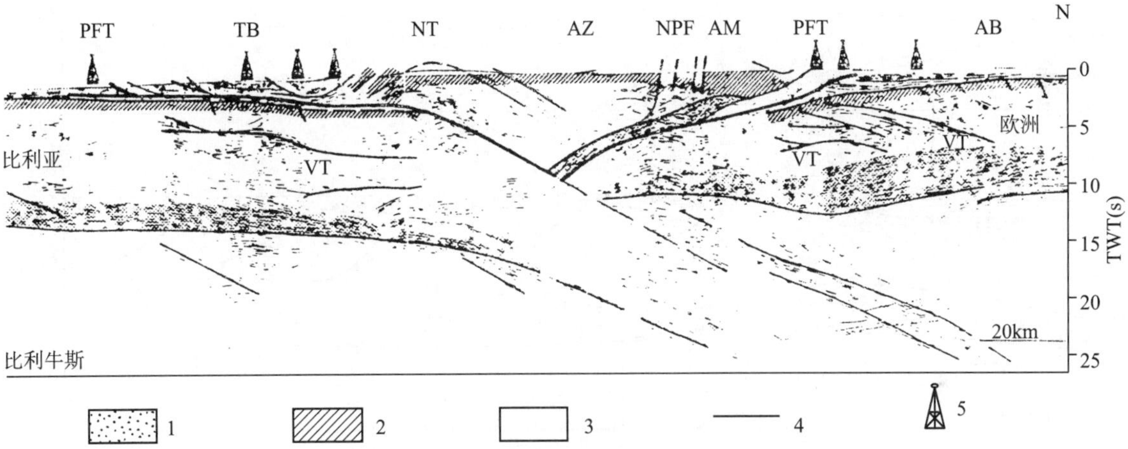

图 11　比利牛斯山深地震反射剖面

1. 分层的下地壳；2. 古生代盆地上部；3. 晚白垩纪和第三纪盆地；4. 主断层；5. 钻孔；6. AB—轴带；EB—Ebro 盆地；NPF—北比利牛斯断层；NT—Nogueras 逆断层；PFT—比利牛斯前缘逆断层；TB—Tremp 拆离盆地

4）大陆引张地壳区。

（1）在英国周围海域做了多条深地震反射剖面，图 12（a）是其中一条，因其具有代表性，命名为 DRUM 剖面。该剖面东起加里东期形成的 Shetland 陆台，向西通过加里东期变形带前缘之后，进入二叠-中生代时期的裂谷盆地[18]。

从图 12（a）可见，上地壳浅部发育一系列向西掀斜的沉积盆地，其间被东倾的引张断层所隔。根据上地壳内的反射特征，这些引张断层均以很低的角度收敛于亚水平状、高反射的下地壳之顶部。M 面除在剖面中部偏西略有上隆外，在整个剖面上基本是水平的。最引人注目的是在剖面西段的上地幔内存在一条同东倾的反射带，它向西以很低的角度收敛于下地壳的底部。可见，下地壳是上地壳和上地幔之间的解耦带。这与岩石圈流变学研究，特别是强度随深度而变化的研究结果相一致，即下地壳在大陆岩石圈内部是弱联接层[19]。上地幔反射带曾被解释为加里东的逆断层或消减带，也有人解释为部分熔融带或含水带，但综合其他资料它应是上地幔内的局部剪切带或断层。

Reston 认为[18]，由于剖面东端的 Shetland 陆台在二叠-中生代期间是稳定的，所以在解释裂谷的形成过程中可以认为剖面东端的地壳和地幔是不动的，类似于有一根钉子把它们钉在一起。在岩石圈引张过程中（图 10（b）、（c）），上地壳的正断层活动导致断层上盘掀斜下沉，下盘隆起和西向拉张；

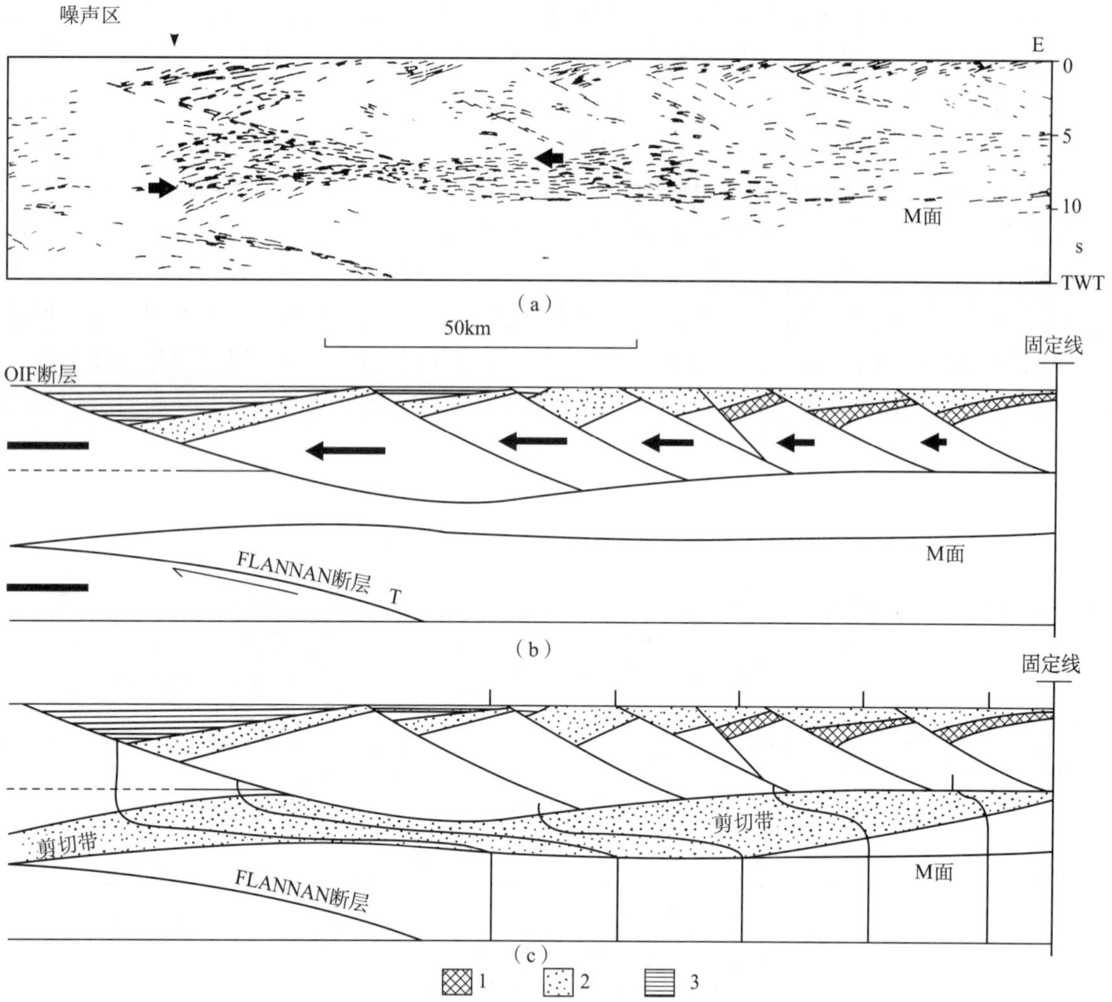

图 12　DRUM 深地震反射剖面（a）及岩石圈引张模型（b）、（c）

1. 泥盆纪；2. 二叠–三叠纪；3. 侏罗纪

岩石圈地幔变形则由上地幔断层活动所调整。上地幔断层下盘向西拉张。由于上地壳断层和上地幔断层分别在下地壳顶部和底部拆离，所以作为解耦层的下地壳在岩石圈引张过程中发生剪切伸展变形、形成亚水平状的高反射带。这种下地壳变形可以传至很远的距离。此外，在上地壳断层的下部端点和上地幔断层的上部端点之间的下地壳区域，由于其上、下部断层的运动而形成共轭变形带（图 12（c）中的隐影带），导致下地壳局部收缩、减弱。下地壳剪切方向和分布完全依赖于上地壳断层和上地幔断层与下地壳之间的空间排列关系。图 12（c）中的细标志线代表下地壳剪切变形轨迹。这种岩石圈引张模型可以圆满的解释 DRUM 剖面的反射特征。在过去很少观测到上地幔内的反射，但现代在引张区完成的、高质量的反射剖面都记录到了这种上地幔内的反射带，例如加拿大浅海地区和 Keeweenawan 裂谷区的反射剖面。

（2）美国盆地山脉省的地壳在中生代是挤压缩短的，新生代时期遭受引张和减薄。图 13 是通过东盆地山脉省的深地震反射剖面。

从图 13 可见，上地壳内部发育一系列铲式正断层和拆离带，一般而言，它们的深度没有超过 10～15 km：在下地壳范围内不连续的亚水平反射占主导地位；M 面非常平坦，与地表地貌和构造单位没有联系，所以可认为 M 面是在地壳引张期间形成的年轻界面。根据测定和计算，沿剖面的上地壳伸展率

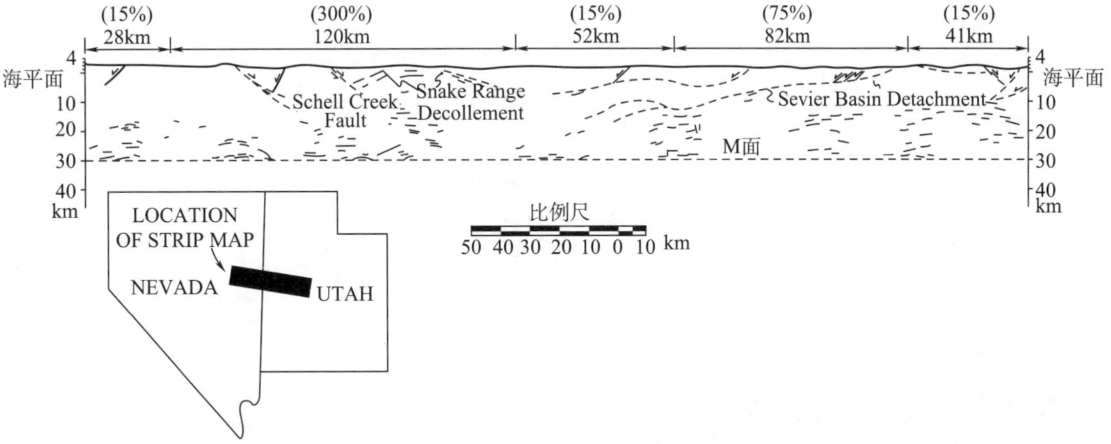

图 13 美国盆地山脉省东部深地震反射剖面

从 15% 变化到 300% （见剖面上方数据），所以上地壳的脆性变形是非常不均匀的，但根据 M 面缺乏起伏、地壳厚度均匀以及下地壳发育一系列亚水平状反射的特点，可认为中、下地壳是均匀伸展的。据此，Gans 提出了“开放系统，双层伸展”的地壳模型[20]。该模型的关键点是：脆性上地壳的应变是不均匀的，韧性下地壳的应变是均匀的，两者以拆离带或脆-韧转变带为界；同时有大量地幔物质侵入于壳内。拆离带有一定的厚度，可从较薄的糜棱岩带到几公里厚的剪切带；拆离带可从地震反射特性中识别出来，一般为缓倾角到近水平的反射带。脆-韧转换带的深度可在很大范围内变动，这取决于地壳的热状态和岩石组成，并随着岩浆的侵入、地壳上隆或减薄等过程而变动，所以它是一个高活动性的动力界面。

假设脆-韧转换带存在于壳内的某一深度内，当地壳遭受引张而减薄时，该带随之上升、地幔物质侵入壳内并向上地壳的最大应变区之下集中。新的物质加入对地壳减薄起补偿作用，从而保持 M 面的平坦。进入壳内的物质也可能是均匀地分布在地壳基底附近，而仅在强烈引张区才达到地表。由于下地壳是韧性的，所以在地壳引张过程中以韧性伸展变形为主，并形成亚水平状不连续反射。

近来，特别强调壳内拆离系统在大陆岩石圈引张过程中的作用，认为大陆岩石圈的引张应变是由壳内拆离系统所调整的。这种拆离系统把相对未变形的地壳块体与上壳内部的正断层系分离开来。大陆岩石圈引张的结果是中地壳被亚水平状的拆离面所镶盖[21]（图 14）。这种拆离面调整着区域性引张的上地壳之运动。

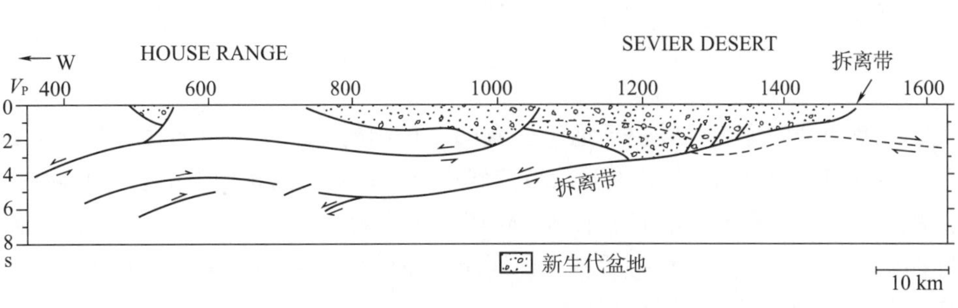

图 14 美国盆地山脉省地壳拆离模型

（3）德国境内的上莱茵地堑长 300 km，宽 40 km，是渐新世时期岩石圈沿 EW 向引张而成。其南部充填 1500 m 的沉积物，中新世停止下沉，裂谷肩部最大上隆高度达 1500 m。北部充填 3000 m 厚的第三纪沉积。碱性火山岩从晚白垩纪一直活动到中新世。图 15 上部是穿过上莱茵地堑北部的深地震反射剖面，下部是穿过上莱茵地堑南部的深地震反射剖面[17]。

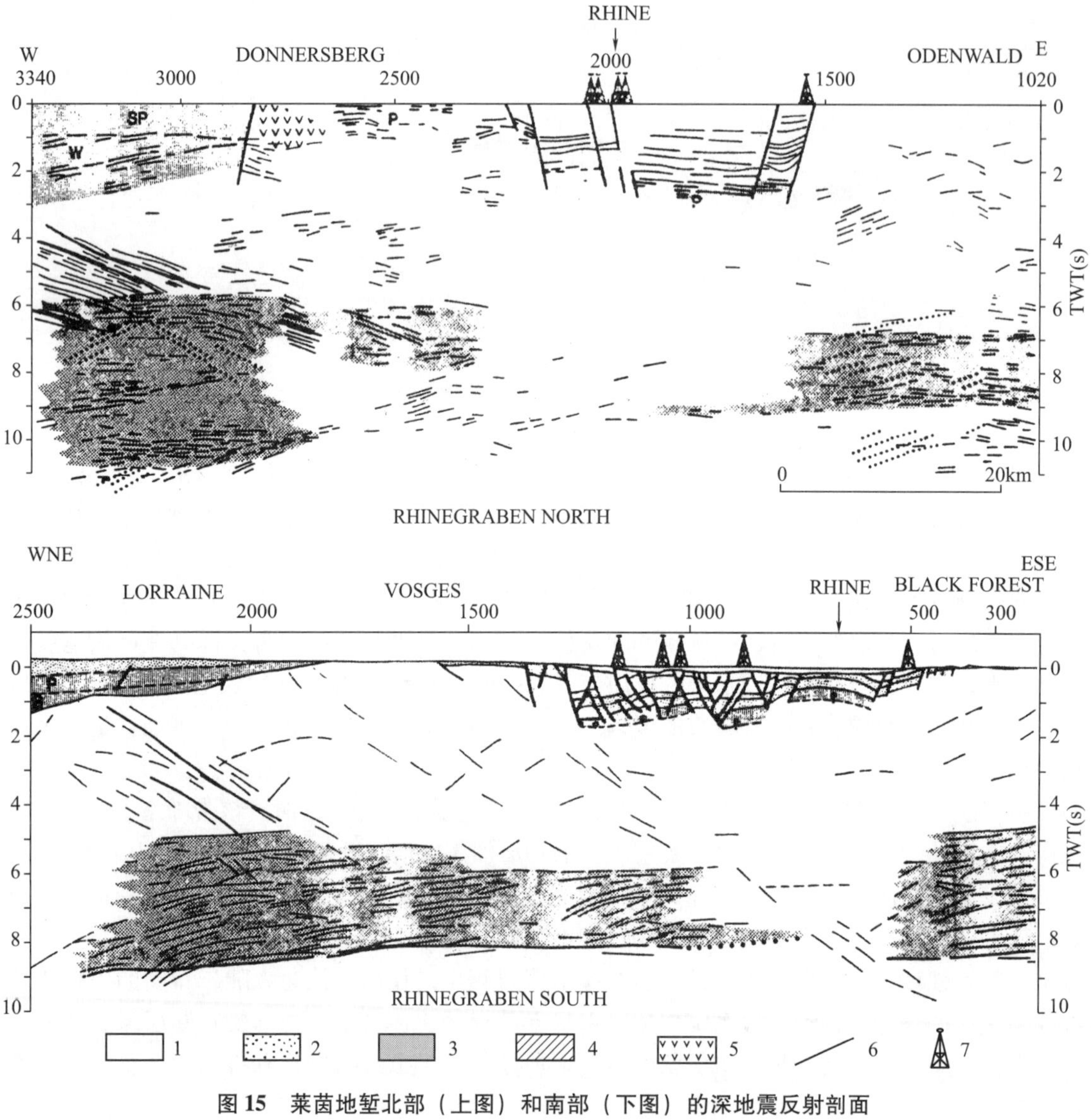

图 15 莱茵地堑北部（上图）和南部（下图）的深地震反射剖面

1. 第三纪；2. 中生代；3. 石炭和二叠纪；4. 分层的下地壳；5. 二叠纪火山岩；6. 主断层；7. 钻孔

从图可见，地堑南部的主边界是位于地堑西侧的、东倾的正断层以及向西倾的掀斜地块；相反，地堑北部的主边界则位于地堑的东侧，并且没有掀斜构造。在上述两条剖面上裂谷的伸展是 4～5 km，与新生代的沉积厚度无关。在地堑南部之东侧，M 面似乎有落差，壳内存在向东倾的反射带；在地堑北部，似乎在西侧有 M 面落差，壳内似乎存在向西倾的反射带。按此特点，可认为简单剪切可能是莱茵裂谷的形成机制（被动机制）。但是，裂谷下方的下地壳几乎是反射空白区，虽然在地堑南剖面观测到了某些薄层状反射；然而，裂谷两侧的下地壳均存在清晰可见的薄层状反射结构。根据折射剖面，裂谷处在宽 150 km 的 M 面隆起的背景之上，在裂谷下方 M 面变浅，地壳基底的 P 波速度值高达 7.2～7.8 km/s，重力资料反演和热流模型均显示，裂谷下方存在着软流圈上流。这些特点又表明，纯剪可能是莱茵地堑的形成机制（主动机制）。Bois 等认为[17]，莱茵裂谷的起始阶段是受简单剪切所控制，即以被动机制开始；但在其后期演化阶段则受软流圈上流和 M 面抬升所控制，即以主动机制发展演化。

3 M面

M 面是一个地震波速间断面。过去人们认为 M 面是在地球形成演化过程中形成的，是一成不变的古老界面。20 世纪 60 年代左右对 M 面的起因曾有两种意见。一种观点认为 M 面是化学组成变化的分界面，即玄武岩组成的下地壳与橄榄岩组成的上地幔之间的分界面；另一种观点认为 M 面是相变面，即榴辉岩相的下地壳与橄榄岩相的上地幔之间的相变化界面。这两种观点均可解释在 M 面上所观测到的波速变化。随着资料的积累和研究的深入，在 20 世纪 70 年代一般都认为 M 面是化学组成变化界面。相继又提出 M 面不是单一的速度界面，而是一个过渡带，称之为壳-幔过渡带。并提出三种可能的过渡模型，即逐渐过渡、阶段式过渡和高-低速夹层式过渡[2]。

过去 15 年来开展的大量深地震反射剖面观测的主要成果之一，是对 M 面性质提出了新的看法。首先，由于 M 面是一个最大的速度间断面（速度差为 0.5～1.5 km/s），因此曾期望它必然是一个最强的垂直反射界面，但反射剖面观测结果表明，M 面的反射特征是高度可变的，有令人难以理解的特点。M 面往往不是高反射界面，而是作为一个地壳反射性消失的底界面被定义出来；即或是反射的 M 面，一般说来也是 1～2 s 宽的反射带，在侧向上只能分段追踪。其次，根据折射剖面和重力资料反演，M 面在通过重要地貌和构造单元时都有明显起伏，虽然某些反射剖面也能确认这种起伏，但更多的反射剖面则表明 M 面在很长的距离上都近似于水平的，而不管是否存在地貌上或构造上的明显不同。对上述这些事实的解释是：①M 面是由 3～5 km 厚的、高-低速薄层随机分布的过渡带所组成。这些薄层是相互咬合，而非水平连续，其组成和破坏之间又相互干扰，结果是反射强度可以增加又可显著减弱，从而导致 M 面反射性高度可变。②M 面受到了后期的板下垫托作用（火成岩侵入），下地壳的韧性伸展作用或变质作用等的强烈改造，在此过程中可以形成新的 M 面，因此可与地貌和原存的构造单元无关[13]。

在大陆现代引张区或古造山带造山后期经历过强烈引张的地区，M 面一般是近水平状的，原有的“山根”被后期的引张过程所削平。这是因为引张过程伴随着下地壳的强烈韧性剪切伸展，并形成新的 M 面；地幔物质侵入的板下垫托作用也可形成新的 M 面；在有的缝合带内，面状的逆断层面被反射的 M 面所截断，这表明 M 面是与老的挤压物造无关的、是年轻的界面[23]。年轻的造山带或古老造山带在造山期后没有遭受强烈构造变动和热变动的地区，仍保留有“山根”的存在，其 M 面是与造山带同期的界面。

由于大陆地区 M 面之上的下地壳一般是韧性的，上地幔顶部又表现为脆性，所以 M 面又是一个力学界面。壳内的拆离带或韧性剪切带有时可收敛于 M 面之上，因此 M 面也可成为拆离面，所以有人认为来自 M 面的反射是与壳-幔之间的拆离构造有关[6]。

M 面变深，即地壳加厚一般与挤压作用的地壳缩短有关。地壳缩短可以“薄皮构造”（图 8）或“厚皮构造”（图 10）完成，但板下垫托作用也是 M 变深、地壳加厚的一个主要机制（图 6（a）C）。M 面变浅，即地壳减薄，一般是地壳引张的结果。地壳引张可发生在地壳的不同层位，例如脆性上地壳的侧向拉张，韧性下地壳的剪切伸展。此外，壳幔交互作用也可导致 M 面上升，地壳减薄。在碰撞造山带下方发现的双层地壳、双 M 面，是两个板块碰撞“嵌入”的结果（图 10，图 11）。

可见，现今对 M 面的认识已与过去大不相同。M 面是一个高度可变的界面，一个活动的、不断更新的界面。

4　壳内断层

不同构造区的地表或浅层往往有很多断层，但能追踪至地壳深部的断层很少。根据反射剖面结果，挤压构造区表层的一些重要逆断层往往可以追踪到地壳内部，但随着深度的加大，断层倾角变平而成为壳内的挤压剪切折离带；在引张构造区，盆地边界正断层也随着深度的加大、倾角逐渐变平，最后收敛于壳内拆离面或韧性的解耦层之中。因此，有人认为大陆地壳内部可能没有高角度断层。这种观点可能过于简化了。因为有些反射剖面已证实壳内高角度断层的存在；另外根据发生大陆地壳内部地震的震源机制解，表明很多地震断层是高角度走滑断层；再者，即或高角度断层能成为控制反射特征的因素，但因其倾角陡也不能被地震反射法直接识别出来。在反射剖面上往往利用一些间接标志来识别高角度断层，例如高角度的反射空白窄带、绕射带和地壳反射性突然变化的高倾角带。

我们上面所引的一些反射剖面实例中，已经证明壳内较陡倾角破裂带的存在，例如古缝合带和板块碰撞带等。下面的实例更为典型：

图 16 是位于德国海面褶皱带和 Saar-Nahe 盆地（SNB）的反射剖面。上图位于下图以北 13 km，

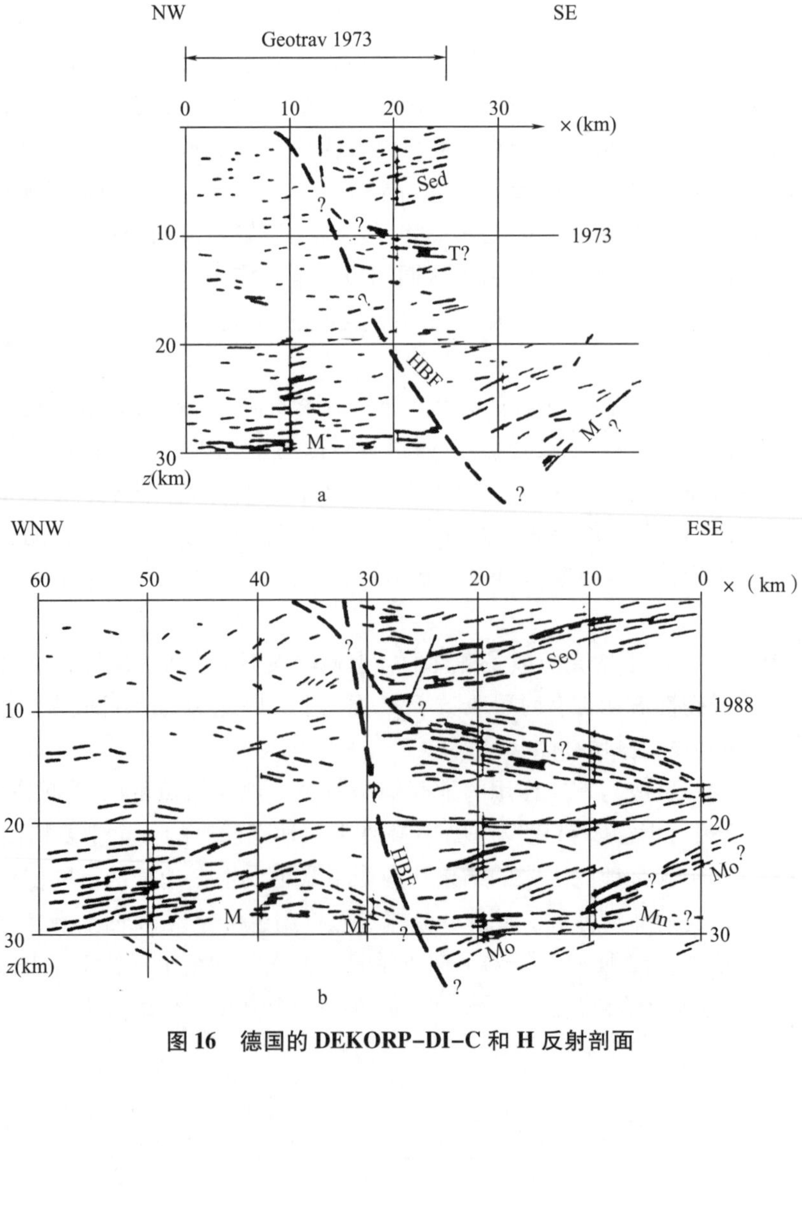

图 16　德国的 DEKORP-DI-C 和 H 反射剖面

是1973年完成的，质量较差[22]。两条剖面切过地表出露的Hunsrück边界断层（HBF）。从图可见，HBF两侧的地壳反射特征截然不同：在地壳内HBF以东发育一套西倾的反射，它们是二叠纪盆地（SNB）的反映，但HBF以西上地壳几乎是透明的；在中地壳内HBF以东存在一组东倾的反射，而以西是透明的；HBF两侧的下地壳似乎在反射性上有些类似，均以薄层状反射为主，一般说来这种下地壳是韧性的。特别值得注意的是来自M面的反射：HBF以东似乎存在两个M面，一个是由西倾的反射带所确定的Mo，另一个是由近水平的反射带所确定的Mn（在HBF以西Mn向东倾），并且Mn切过Mo，所以可认为Mo是老的，Mn是新的。从这些反射特征可见，HBF断层是以很陡的角度切过了整个地壳。DEKORP研究组认为[22]，HBF断层在华力西造山期可能为逆断层，在造山后期发展的陡倾角的走滑断层，最后又沿水平轴旋转而成为中等角度的正断层并控制二叠纪盆地的发展，同时下地壳和老的Mo面一起旋转到目前的位置上。

5 地震反射性起因

前面给出的一些不同时代和不同构造区的深地震反射剖面实例，说明地壳的反射特性是多种多样的。那么有哪些因素对地壳的反射性起控制作用呢？

根据直接证据表明[13]：①上地壳内的席状火成岩侵入体能引起反射，例如通过瑞典陨石撞出构造区的反射剖面，在上地壳内有一系列不连续的近水平状反射，经钻孔证实这些反射是花岗围岩（V_p=6.0 km/s）内的辉绿岩岩席（V_p=6.6 km/s）所引起，其个体岩席厚4～60 m。②上地壳的正断层，逆掩界面，剪切带，拆离带，糜棱岩带等构造因素可引起反射。这些反射往往可与浅层或地面出露的相应构造相追踪。这些反射是由于构造界面上、下岩性不一致，或者是由于这些构造带内部的岩石物性因构造运动而发生变化（例如，矿物的定向排列，内部结构和岩性层的相互作用，以及含水等）所引起。在后一种情况下，反射不是来自构造带的顶部和底部，而是来自于构造带内部。③沉积岩层的岩性界面。④上地壳内的不同变质薄层也可引起很强的反射，例如，美国南阿伯拉契亚高变质地体内的反射带。这些能控制上地壳反射的因素，当然也能控制地壳深部的反射，如果这些因素在地壳深部存在的话。此外，根据实验研究和计算，下列因素对地壳深部的反射也起控制作用：

（1）流体。大地电磁资料等支持地壳深部有流体存在[23]，流体包括在地壳深部的温压条件下含水矿物的脱水，岩浆侵入过程中引起的围岩脱水和凝固过程中析出的水以及部分熔融物。含流体的层位具有高的电导和低的波速，可形成高的反射带。

（2）孔隙度反差。地壳深部的孔隙度反差分层能形成高速层和低速层，控制着反射特性。

但一些研究者认为，地壳深层流体和孔隙度反差很难在壳内保存很长时间，因此对其持反对观点。

（3）下地壳的韧性剪切或流变。在这种剪切或流变过程中，使下地壳的矿物发生定向排列、变质作用和重新分层，最终形成亚水平状的几何体，导致了下地壳的高反射性。

（4）侵入地壳深部的岩席和侵入体。这些侵入体在地球应力场的作用下发生有序的定向排列，导致反射的形成。

（5）低黏滞度引起反射。低黏滞度下的蠕变对任何不均匀性的介质都可产生亚水平的圆滑作用，同时出现薄层状反射结构。这种低黏滞度既可在上地壳底部出现，也可在下地壳偏基性组成中出现[15]。

参考文献

[1] 刘国栋，1984，地壳上地幔结构研究的某些新进展（一），地震学刊，No. 1：29～36。
[2] 刘国栋，1984，地壳上地幔结构研究的某些新进展（二），地震学刊，No. 2：32～39。

[3] 刘国栋，1986，地壳上地幔构造，中国地震年鉴（1984），86～77。

[4] 刘广志，1992，世界科学深钻最新成果综述，国外地质勘探技术，No. 2。

[5] Berckhemer, H., 1969, Direct evidence for the composition of the lower crest and MOHO, Tectonophysics, Vol. 8, No. 2.

[6] 肖庆辉，1993，大陆岩石圈结构和动力学，《当代地球科学前沿》，北京：中国地质大学出版社，7～16。

[7] Mueller, S., 1977, A new model of the Continental crust, in the Earth'S Crest, Washington, D. C.

[8] Pavlenkova, N. I., 1979, Generalized geophyrsical model and dynamic propeties of the continental crest, Tectonophysics, Vol. 59, N. 1-4.

[9] Smithson, S. B., 1978, Modeling Continental crust: structure and chemical constrains, Geophysical Research Letters, Vol. 5, No. 9.

[10] Eaton, G. P. 1980, Geophysical and geological characteristics of the crust of the Basin and Range province, in Continental Tectonics, Washington, D. C.

[11] G. C. 沃里沃夫斯基，N. C. 沃里沃夫斯基，1988，世界最大含油气盆地-无“花岗岩”型盆地的结构和地球物理参数，任俞译，北京：石油工业出版社，1991。

[12] Nelson, K. D., 1991, Deep seismic profiling and continental evolution, in Continental Lithosphere: Deep Seismic Reflections, Geodynemics Series, Vol. 22, 377-382.

[13] Mooney, W. D. and Meissner, R., 1992, Multi-genetic origin of crustal reflectivity: a review of seismic reflection profiling of the continental lower crust and MOHO, in Continental Lower Crest, Developments in Geotectonics, Vol. 23, 45-79.

[14] Sadowiak, P. and Meissner, R., 1992, Correlation of deep seismic reflectiveity patterns with tectonic units in western and central Europe, Physics of the Earth and planetary Interiors Vol. 69, 246-251.

[15] Meissner and the DEKORP Research Group, 1991, The DEKORP surveys: Major results in tectonic and reflective styles, in Continent Lithosphere: Deep Seismic Reflections, Geodynamics Series Vol. 22, 69-76.

[16] Heitzmann, P. Frei, W. Lehner, P. and Valasek P., 1991, crustal indentation in the/Alps an overview of reflection seismic profiling in Switzerland, in Continent Lithosphere: Deep Seismic Reflections, Geodynamics Series, Vol. 22, 161-175.

[17] Bois, C. and ECORS Scientific parties., 1991, Post-orogenic evolution of the European crust studie from ECORS deep seismic profiles, in Continent Lithosphere: Deep Seismic Reflections, Geodynamics Series, Vol. 22, 59-68.

[18] Reston, T. J., 1990, The lower crust and extension of the continental lithosphere: Kinimatic analysis of BIRPS deep seismic data, Tectonics, Vol. 9, 1235-1248.

[19] Meissner, R and kusznir, N., 1987, Crustal viscosity and the reflectivity of the lower crust, Ann. Geophys., 5B, 365-373.

[20] Gans, P. B., 1987, An open-system, two-layer crustal stretching model for the eastem Great Basin, Tectonics, Vol. 6, No. 1: 1-12.

[21] National Research Council of America., 1993, Solid-Earth Sciences and Society, National Academy press, Washington, D. C. 31-32.

[22] DEKORP Research Group., 1991, Results of the DEKORP 1 (BELCORP-DEKORP) deep seismic reflection studies in the western pan of the Rhenish Massif, Geophys. J. Int. Vol. 106, 203-227.

[23] Jones, A. G., 1992, Electrical conductivity of the Continental lower Crust, In Continental lower Crust, Developments in Geotectonics Vol. 23, 81-143.

临汾大震区震源结构及其动力学过程研究*

——兼论山西高原及邻区地球物理场，深、浅构造及其与山西断陷带和地震活动性的关系

刘国栋

引　言

新生代形成的山西断陷带由运城、临汾、太原、忻定和大同五个断陷盆地组成，属典型的板内裂谷带，其中临汾盆地位于山西断陷带的中南部。自公元前231年开始有地震记录以来，在山西断陷带共记录到$M \geqslant 5.0$级地震71次。其中临汾盆地发生8.0级地震一次、7½级地震一次，6½级地震三次；忻定盆地发生7½地震两次，7¼级地震一次；运城、太原和大同盆地尚未发生过$M \geqslant 7.0$级的强震。地震活动和现代新构造活动表明，山西断陷带是现在仍在强烈活动的板内裂谷带。

根据国内外现有研究结果，板内强震的孕育和发生，主要取决于地壳介质的结构条件和物性参数并与深部活动有密切关系。因此，探测研究大震区的地壳结构及其物性和深部活动特征，以及它们与地震活动和浅层构造的关系，对于探讨板内地震成因及其动力学过程以及预测未来的大震活动趋势，均具有重要意义。本课题的目的在于利用不同的地球物理手段，探测临汾地区的地壳上地幔构造和物性参数及深部活动特点，进而并研究它们与断陷盆地形成、发展和现代地震活动的关系。从而阐明临汾盆地历史上两个大震的形成机制和动力学问题。

临汾盆地是山西断陷带的一个组成部分，临汾地区的地震活动与山西地震带的整体地震活动密不可分，研究整个山西地震带的深部构造背景，对于我们认识临汾地区的地震活动特点具有重要意义。因此，本课题的工作布置是在研究山西高原区域深部构造背景的基础上，对临汾地区的地壳上地幔构造及其动力学过程进行深入的解剖。

当今世界上，关于地壳上地幔的信息仍主要来源于各种地球物理方法的探测。由于组成地壳上地幔的介质在长期的地质历史演化过程中，形成了不同的组成、结构和状态，因此就构成了具有不同物性参数的界面和几何体，即所谓构造。这些界面和几何体形成了不同的物理场（例如重力场、磁场），或者是控制着物理场的分布（例如速度场和电磁场），因此采用不同的地球物理方法对这些物理场进行观测和反演，就可以从不同侧面了解地壳上地幔构造和组成。由于同一介质具有各种物性参数，而它们之间又有密切联系，因此采用不同的地球物理方法，即所谓综合地球物理探测，就可以更客观地和全面地了解地壳上地幔的组成、构造和状态。在本课题中，依据上述想法，在预算经费范围内，我们在临汾地区开展了多种深部地球物理探测，其中包括以研究地壳上地幔速度结构为主的人工地震测深、地震层析成像（CT）和天然地震转换波测深，以研究地壳上地幔电性结构为主的大地电磁测深，以研究地壳上地幔热结构为主的大地热流观测以及以研究地壳密度结构和磁性结构为主的重、磁资料反演等。同时，在研究整个山西高原的区域深部构造背景中，除重、磁资料外，也尽量吸收其他深部

* 本文原载于国家地震局地质研究所《成果文献》，1991，(26)。

地球物理探测结果。图 1 是本课题中深部探测工作布置图。

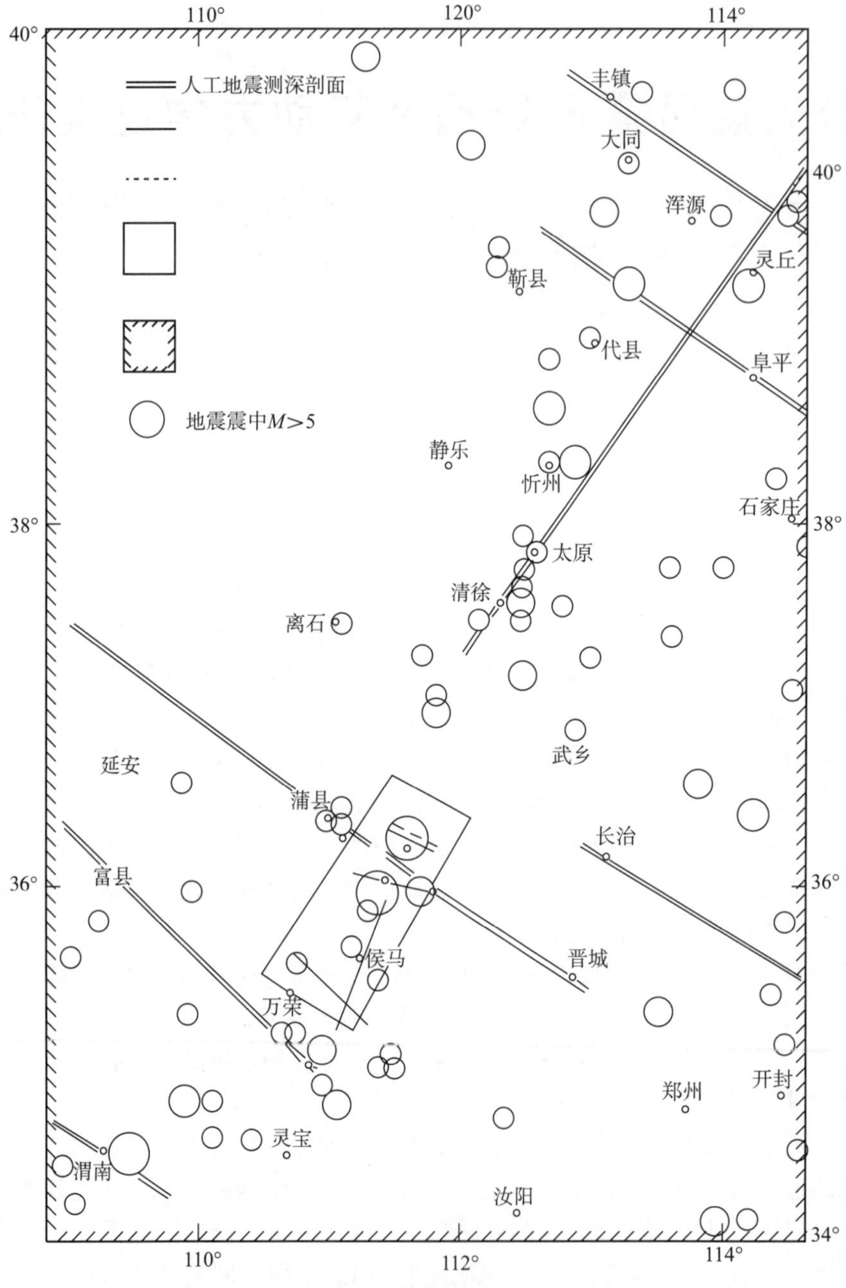

图 1　临汾地区及山西高原深部探测工作布置图

本课题由 8 个专题（三级课题）组成，它们是：

（1）山西断陷带新生代基底构造及内部构造研究。该专题主要是根据过去有关单位在山西断陷带地区完成的浅部地震反射剖面和钻孔资料，编制断陷带的新生代和第四纪厚度图以及代表各断陷盆地内部构造的一些典型地质断面。目的在于了解断陷带内部的新生代及基底的构造特征和演化过程。以便与深部构造进行综合对比分析，研究深、浅构造关系，进而深化认识现今裂谷活动与深部构造活动之间的联系。

（2）山西高原及临汾盆地航磁资料处理及地壳磁性结构分析。该专题主要是根据现有的 1/100 万航磁图数据，采用现代的分析处理方法，对其进行空间滤波、图像处理和磁化率填图以及磁性界面三维反演计算等，以获得研究区范围内的地壳磁性结构和磁性结晶基底构造的明确图像，进而并研究它们与山西断陷带的产生和现今地震活动的关系。

（3）山西高原和临汾盆地的重力场及深部构造研究。本专题主要是根据 1/100 万重力观测数据，在严格进行地形改正的基础上，以现有的 7 条人工地震测深剖面资料为控制，计算工作区范围内的莫霍界面深度以及沿地震测深剖面的地壳上地幔密度分布；并对浅部密度界面进行三维反演计算、编制密度界面构造图以及计算地壳均衡重力异常等。上述以重力资料为基础的各项计算和反演结果，能比较全面地反映研究区范围内的地壳上地幔密度结构，这是研究深部构造、组成以及现今地壳均衡状况的重要参数，它们对探讨山西断陷带的成因和现今地震活动性具有重要意义。

（4）临汾盆地大地热流场和地壳上地幔热结构研究。本专题主要是对临汾盆地及其周围地区进行大地热流观测和岩芯标本的热参数测定，并计算地壳上地幔的温度分布，对山西高原的地壳热状态进行分析。地壳上地幔热状态是反映现今深部活动情况的一个重要参数，同时也是解释其他地球物理参数（例如速度、电导率等）异常的重要依据之一。因此，它对于本课题的研究内容具有重要意义。

（5）地壳上地幔速度结构研究。本专题对横穿临汾盆地以及顺切太原—忻定盆地的两条人工地震测深剖面的野外观测数据，采用现代的分析处理方法进行了反演和解释，同时吸收已有的穿过山西高原及邻区的其他五条人工地震测深剖面结果，对本研究区的地壳上地幔构造进行分析研究。人工地震测深方法是当今研究地壳上地幔构造的一项重要手段，它通过探测介质的速度分布一最重要的，也是最本质的参数，来了解地壳上地幔的构造样式，同时速度参数本身还包含着其他重要信息，特别是介质的力学性质和物质组成等。人工地震测深法也是一个比较精确的深部地球物理勘探方法，是本课题研究内容的重要依据之一。

（6）地壳上地幔电性结构探测研究。本专题是采用大地电磁法对临汾盆地和运城盆地的地壳上地幔的电性结构，即地壳上地幔介质的电导率分布特征进行探测研究。介质的电导率参数对于了解深部构造，特别是介质状态、温度状况和含水性等方面具有重要意义，因为它们强烈地影响着介质电导率值的大小。大地电磁测深法的优点是对高导介质非常敏感和具有很大的探测深度。存在于地壳内部的高导异常体和上地幔内的高导层变化情况，对于研究板内地震的孕育和发生以及深部物质活动具有重要意义。

（7）临汾盆地地震层析成像及现今微震活动三维定位研究。本专题是利用临汾地区的地震遥测台网所记录的地方地震数据，采用现代的地震层析成像技术（CT），反演临汾地区的地壳三维速度结构，同时对这些地方微震进行重新定位。由于临汾地区是现代微震活动非常频繁的地区，而地方遥测台网又具有较合适的观测孔径，因此给本专题研究提供了较好的数据基础。地震层析成像结果很好地揭示了临汾盆地及其邻近地区的地壳三维速度结构；现代微震活动的震源定位揭示了现今临汾地区地壳微破裂的空间分布图像。因此，本专题研究结果对于探讨临汾地区两个大震的发震构造和临汾断陷盆地的形成机制及现今活动特征具有重要意义。

（8）霍县断裂深部延伸情况和洪洞凹陷深部构造的转换波法探测研究。地震地质研究表明，霍县断裂是 1303 年 8 级大震的发震断层，地表有明显的右旋剪切证据，但浅部地震勘探结果表明，该断裂是西倾的铲式断层。因此，了解霍县断裂的深部发育情况以及洪洞凹陷的深部构造，对于认识霍县 8 级大震的发震构造具有重要意义，本专题是专为此目的而安排的。

从上述 8 个专题的研究内容和工作区范围可见，我们在临汾地区几乎采用了当今世界上探测研究地壳上地幔构造的所有地球物理方法，除了深地震近垂直反射法外。因为后者的工作成本过于昂贵，即或布署一条 30 km 长的短剖面，就要花费 30 万元，因此是无法进行的。由于我们有了多项的深部地球物理探测结果和较详细的浅部构造资料，因此我们就可以对临汾地区的地壳上地幔构造，大震的孕震环境和发震结构，深、浅构造关系，断陷盆地的成因及动力学等问题，进行较为全面的研究和探讨。

正如前面所言，临汾断陷盆地是山西断陷带的一个组成部分，对于了解山西高原其他断陷盆地，特别是相邻的运城盆地的深部构造背景，对于深入认识临汾断陷盆地本身也是非常重要的。所以本课题还以重、磁资料分析和反演为基础并结合现有的人工地震测深剖面结果，探讨了山西断陷带的区域深部构造背景。

参加本课题的除了国家地震局地质研究所而外，还有国家地震局地球物理勘探大队和中国地质大学（北京）物探系以及国家地震局分析预报中心等有关人员。本文充分考虑了上述各项专题研究成果。专题研究成果请阅有关专题研究报告。

1 山西高原地壳磁性结构及其地质含义以及与地震活动性的关系

1.1 航磁数据处理方法

众所周知，航磁异常主要是地壳内部的磁性层和磁性体的综合反映。航磁异常起因可归纳为①地壳上层的含铁磁性物质的地层和火成岩体，②含铁磁性物质的古老变质基底，③含有磁性组成的中、下地壳及贯入其中的岩浆岩体。由于磁场是位场，在地表或空中观测的磁异常是各种磁性层和磁性体所形成的磁异常相互叠加的结果。目前还没有一个有效的、成熟的计算方法，能把不同磁性层和磁性体所形成的磁异常完全孤立出来。不过，由于不同规模的磁性体所形成的磁异常尺寸（波长）不同，采用滤波方法可以将它们大致的加以分离。在本课题中我们应用矩形窗口空间频率域滤波技术，对山西高原及其邻近地区的1/100万航磁数据进行了三个频段的滤波处理，即短波段、中波段和长波段。它们反映了不同尺寸磁性体的分布特征和相互关系。

以往对航磁资料的定性解释主要建立在对航磁异常等值线图的分析、对比；正如前述，由于它是所有磁性层和磁性体的综合反映，所以某些有用信息可能被掩盖或歪曲。在本课题中，我们采用了数字图像处理技术对研究区内的航磁数据进行了全面处理，其中包括磁场立体阴影处理和灰阶图。前者是一种图像增强技术，其基本原理是把航磁异常看成类似于地形的起伏高程，用一假设光源照射磁异常面，则磁异常面上每一点的反射值，取决于该点的法线方向与光源方向的夹角，向阳面变亮、背阴面变暗，这种处理可增强与光源照射方向相垂直方向上的线性构造特征；后者是把航磁数据离散成0～255灰阶值，然后以灰阶图形式显示出来。由于航磁等值图的绘制是用圆滑曲线处理，往往会丢失信息细节，而灰阶图则克服了这一弱点，故对于识别构造线很有帮助[1]。

上述两项处理结果，主要反映不同磁性体的平面分布特征，当然，不同波长的滤波结果也包含着磁性体的埋深含义。然而，垂向磁化率强度填图，更能反映地壳不同深度的磁性层特征。其原理认为，在地面上观测的磁异常值是由地壳内部不同的磁性簿层所引起，在资料处理过程中首先把实测的磁异常数据上延多个不同高度（上延高度的1/2等效于磁源层深度，例如上延20 km高度后的磁异常值，等效于10 km深的磁源层异常），然后计算各相邻高度的上延异常的差值，再据此差值反演各磁源层的视磁化强度值。该值就相当于等效深度上的磁源层的磁化率值[2]。我们沿穿过山西高原的五条人工地震测深剖面做了垂向磁化率强度填图，以研究磁性层沿深度的分布特征。

磁性体顶界埋深的计算是研究地壳磁性结构中的一项重要内容，它反映了古老的磁性变质结晶基底的起伏和错断情况以及后期岩浆岩的分布和埋深。过去对于大面积区域的磁性体埋深计算，一般都采用简单而快速的切线法。在本课题中为了提高计算精度，在Paker—Oldenburg位场反演方法的基础上，加以改进和提高，增强其反演的稳定性和改善其不适于定性等向题，发展了一种新的三维位场异常的快速正反演方法①。该方法所采用的稳定因子较好地解决了参数选择。经模型验证和实际测区的已知资料检验，该方法可适用于复杂的重磁界面反演，且稳定性较好，精度较高。我们利用该方法反演了山西高原及邻区的磁性体顶界埋深。

上述可见，我们对航磁资料所采用的数据处理和反演方法是比较全面的，在当今世界上也是比较先进的。但必须再次强调，①航磁异常是位场，是各磁性层和多种磁性体的叠加结果，②无论何种地球物理反演方法都有其假设前提和适应条件，③很多地质现象不伴随有磁异常效应或者很弱；因此无论何种数据处理和反演结果其地质含义都是多解的。不过，好的、先进的数据处理和反演方法能够提高解的分辨率，减少解的多解范围。

1.2 地壳磁性结构、地质含义及其与地震活动性关系

过去很多学者，如朱英（1986）、马杏垣（1979）、刘国栋（1980）、余钦范（1989）等，在对华北地区的航磁资料进行研究、解释中，都曾对山西高原及其邻区的航磁异常及其地质含义做过详细的分析[1,3,4,5]，邢集善（1991）等还对山西省的航磁资料做过综合解释[6]。他们都提出了很多深入的见解和十分有价值的看法。

我们根据上述方法对1/100万航磁数据的处理结果编制了山西高原及其邻区1/100万短波段（波长小于30 km）、中波段（波长30～300 km）航磁异常图和磁性体顶界面埋深图，以及灰阶图、假彩色图、磁场立体阴影图和沿五条地震测深剖面的垂直磁化率强度图。下面我们依据这些图件和1/100万航磁 ΔT 化极原平面异常等值线图②对本区的地壳磁性结构及其地质含义以及与地震活动的关系做初步探讨。

1.2.1 *区域构造及岩石磁性*

在分析山西及其邻区的航磁资料之前，对该区的区域构造及其发展历程和主要出露岩石的磁性与密度特征做一简单描述，这对于我们解释航磁和重力资料以及其他深部地球物理探测结果都是必要的。

山西处于中朝板块中部，北与EW向的内蒙地轴相接，南与EW向的秦岭构造带相邻，其主体部分相对东部的华北平原和西部的鄂尔多斯高原呈现为整体上隆，形成了NNE向的山西断块区[7]。

山西的地壳构造运动，山西省区域地质志认为，可将其划分为地槽发展阶段的阜平、五台和吕梁运动，准地台发展阶段的晋宁、加里东和海西运动，以及大陆边缘活动发展阶段的印支、燕山和喜山运动。

前五台运动期，处于壳幔分异、地壳发展的早期阶段，其构造特征以平缓、开阔背斜和紧闭向斜为主，形成旋转扭动及东西向构造，地层区域变质、混合岩化。晚太古五台运动期，在已经基本固化的原始地壳上形成巨大的裂陷海槽，并有大量海底火山喷发，沉积了巨大的五台绿岩系。早元古吕梁运动期，在裂陷槽侧部形成了褶皱带。吕梁运动结束后，褶皱的结晶基底最终形成，并进一步区域变质、克拉通化，从而结束了地槽发展阶段。

准地台发展阶段，地壳构造运动相对稳定。中晚元古晋宁期，在山西南部中条至太行一带形成三叉裂陷，沉积了一套碎屑—碳酸盐岩，但皆未区域变质。该时期山西总体表现为抬升，经过约10亿年的剥蚀夷平后进入加里东构造期。加里东运动，使地壳整体下沉，沉积碳酸盐岩，至奥陶纪晚期又整体抬升。海西期的中石炭世，地壳又下沉，形成海陆交互相至大型河湖相沉积。此时期仍显示出EW向构造的特色。

印支运动开始打破古构造格局，形成东西分异、东隆西坳的新格局。山西高原缺失三叠系顶部及

---

① 李燕，1991，三维位场异常的快速反演方法及其在山西地区构造解释中的应用（硕士论文）。

② 山西省地矿局物理探矿队编，1990。

侏罗纪下统，白垩系也仅局部存在；但西邻的鄂尔多斯断块三叠系、侏罗系至白垩系都有巨厚的沉积。

燕山运动期，本区地壳开始强烈活动，在 NW-SE 向挤压应力场作用下，形成一系列宽缓的大型 NNE-NE 向复式背、向斜以及一些逆冲和挤压断裂带，并伴有岩浆岩侵入。燕山运动对本区影响剧烈，是形成山西目前构造形态的主导因素之一。

喜山运动自渐新世—中新世开始，在早期挤压褶皱、隆起的背景上，在山西高原中部形成一条由一系列断陷盆地组成的、总体呈 NNE 向展布的、右行雁行排列的新生代断陷裂谷带。断陷盆地内沉积数百至数千米不等的河湖相沉积。新生代火山活动主要出现在断陷裂谷带的北部大同、右玉、山阴、阳高、繁峙一带，以及山西断隆带东部的井陉、平定、昔阳等地。

表 1 列出了山西地区主要出露岩石的磁化率值和密度值。可见沉积盖层（古生界—新生代）磁性很弱，可视为无磁性。前寒武纪结晶基底具有磁性，但不同时代的变质岩系之间又有明显的磁性差异：下元古界和上太古界的浅变质岩系磁性很弱，磁化率一般为（30～90）$\times 10^{-6}$CGSM，例如分布于五台山区的五台群，中条山区的绛县群、中条群和滹沱群，但吕梁群磁化率较高，为 140×10^{-6}CGSM；中太古界和中下太古界属深变质岩系，其磁化率最高，达（300～600）$\times 10^{-6}$ CGSM。如分布在阳高、天镇一带的集宁群；岚县、兴县一带的界河口群；灵石、洪洞一带的霍县群、太岳群；灵丘、繁峙、孟县一带的阜平群。它们应该是控制本区区域航磁异常的主要因素，本区磁性体顶界面埋深也应是主要反映中太古界岩系的现今起伏，除了个别局部的后期侵入体之外①。后者一般可形成局部的正磁异常。

表 1　主要地层密度、磁性统计表

地层				物性特征		构造运动
界	系	代号	岩性	密度（g/cm^3）	磁性（$\times 10^{-6}$CGSM）	
新生界	第三系 第四系	Q+N	黄土、红土、松散沉积物	2.0	基本无磁性	喜山 燕山 印支
中生界	三叠系	T	紫红色砂泥岩	2.45		
上古生界	二叠系	P_2sh	泥岩、砂岩	2.4～2.6		
		P_2S	泥岩、砂岩			
		P_1X	页岩、砂岩			
	石炭系	C_3S	泥岩、砂岩	2.4～2.6		海西
		C_3t	灰岩、煤互层			
		C_2b	灰岩、煤互层			
下古生界	奥陶系	O_2	灰岩	2.62		加里东
		O_1	白云质灰岩 白云岩	2.7		
	寒武系	∈				吕梁
下元古界		Pt_1	浅变质岩	2.7	30～90	
上太古界		Ar_3				五台
中太古界		Ar_2	深变质岩	2.7	300～600	

为了叙述方便，我们将各种航磁图件做如下编号：

① 余钦范等，1991，山西高原及临汾盆地航磁资料处理与深部构造，本课题专题研究成果。

1.2.2 中波长区域航磁异常特征及地质含义推断

从图2可见，本区中波段航磁异常主要由NE-NNE向以及EW向两组正、负磁异常带所组成，此

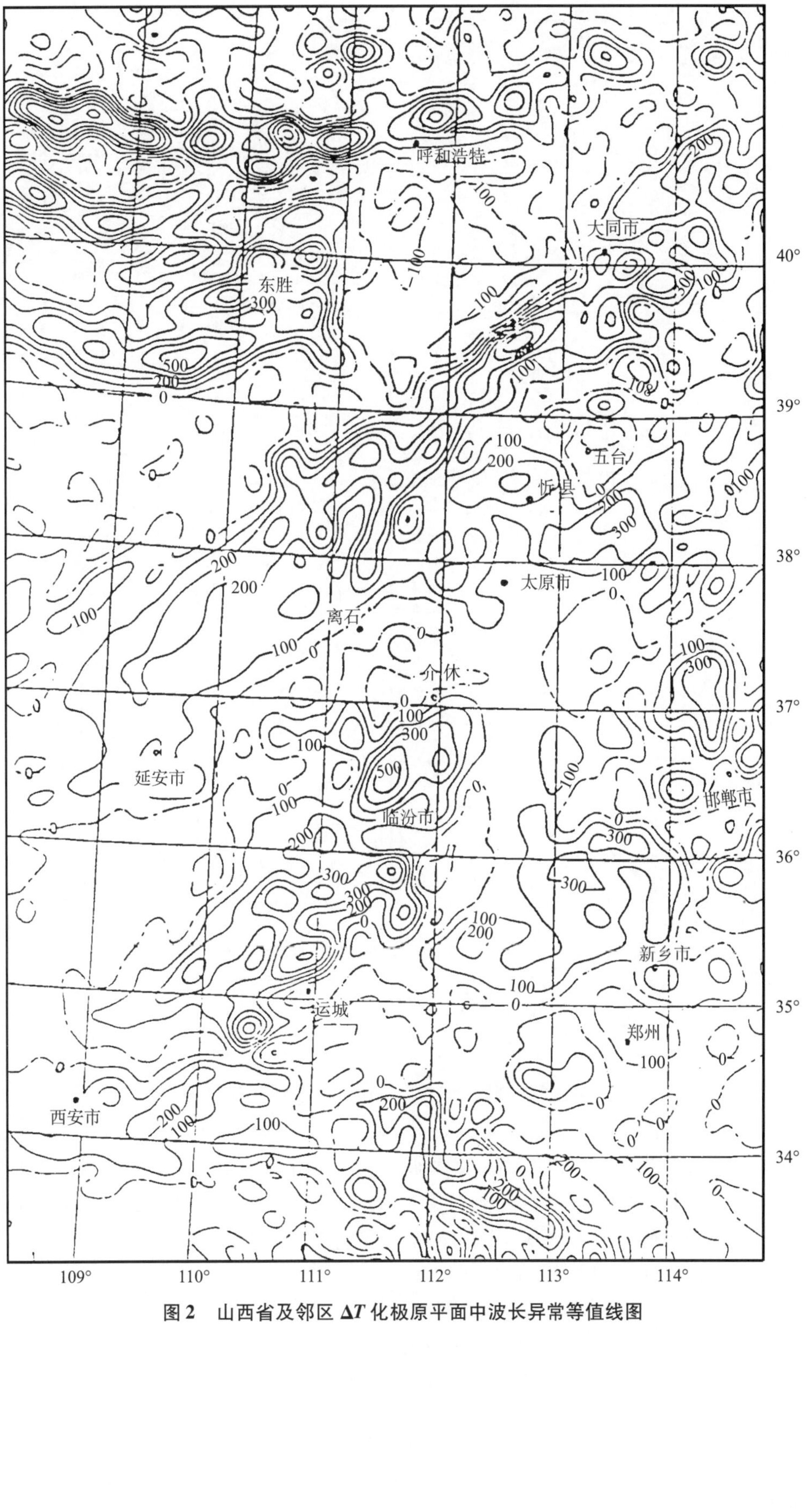

图2 山西省及邻区 ΔT 化极原平面中波长异常等值线图

外还有一些等轴状和椭圆状的局部异常。由于中波段异常基本上受结晶基底控制，因此图 3 能更好地反映上地壳的组成和结构。现分析如下：

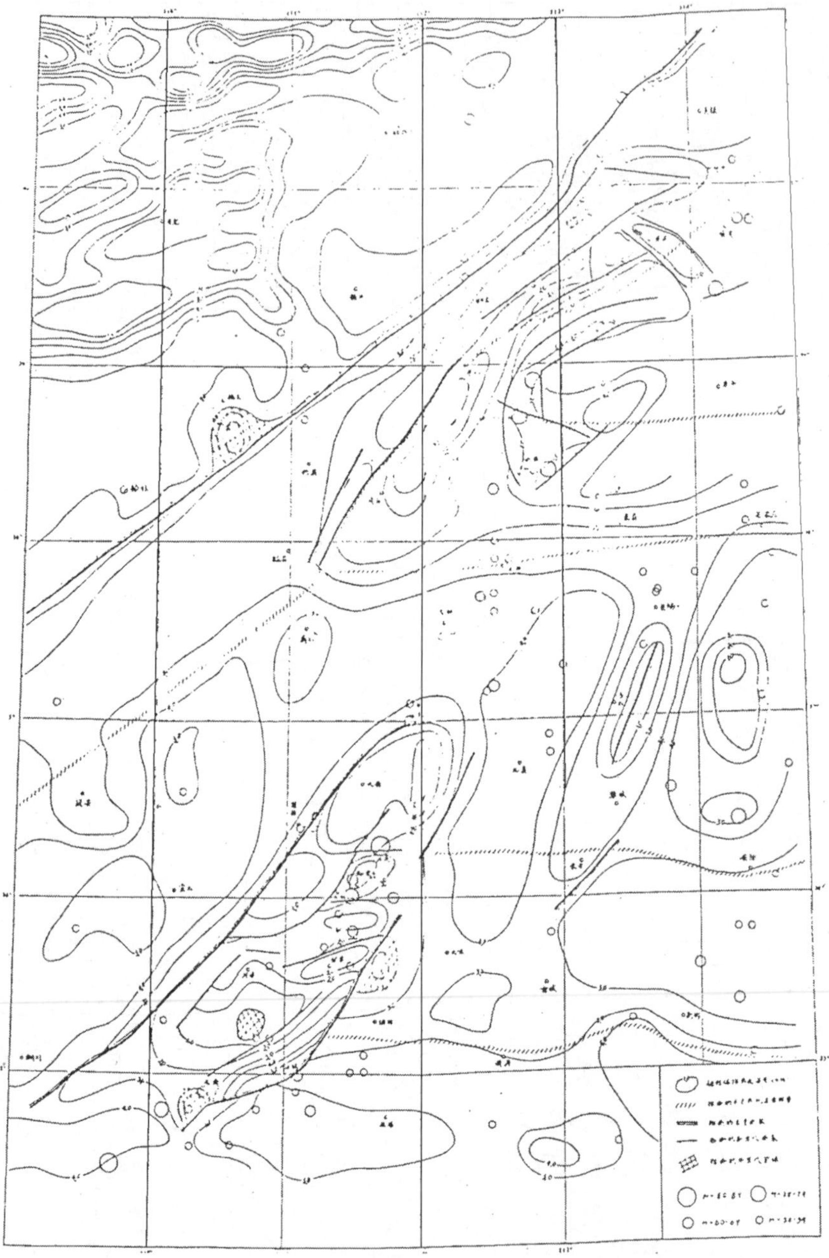

图 3　山西省及邻区磁性地壳结构和磁性体顶界面深度图

（1）本区存在两条 NE-NNE 向的区域正磁异常带。一条北起山西断隆带的天镇以北，南至鄂尔多斯断块内部的志丹，全长近 800 km，宽几十至 100 km，异常强度 100～300nT，具有极好的延伸性和完整性，特别是其西北边界蜿如一条直线，从山西断隆带直接穿入鄂尔多斯块体。根据山西省地质图，该区域异常带所经过的东北部和中部地区有集宁群、恒山杂岩和赤坚岭杂岩等中下太古界深变质岩出露，因此我们推断该异常带应该是前五台运动时期所形成的构造带的反映。

另一条 NE-NNE 向的区域正磁异常带，北起山西断隆带的介休，南至鄂尔多斯块体南部的铜川，全长近 400 km，宽约 80 km，异常强度 100～400nT。该异常带虽然也具有很好的延伸性，但在其中北段的洪洞—临汾地区被一近 EW 向局部负磁异常所干扰，破坏了该区域正磁异常内部的完整性，其含义将在以后讨论。根据山西省地质图，该正磁异常带北部地区有中下太古界的霍县群广泛出露，而中条山地区广泛出露的涑水群则位于本正磁异常以西的负磁异常区。因此，我们推测该区域正磁异常带也应是前五台运动时期所形成的构造带的反映。

根据上述推断，可以认为：①在前五台运动期，本区地壳已具有较好的固化强度，同时发生过强烈的以 NE-NNE 向为主的构造运动；②山西断隆带与鄂尔多斯断块具有统一的结晶基底；③该构造带形成后虽经 20 亿年的沧桑变动，但其完整性未遭受本质性破坏；④天镇—志丹区域正磁异常体的西北边界婉如一条直线从山西断隆带直入鄂尔多斯块体内部这一特征表明，鄂尔多斯断块不曾相对山西断隆带发生过逆时针转动。见图 3。

（2）从图 2 可见，本区存在着明显的近 EW 向区域磁异常带，其中包括图幅西北端的鄂尔多斯块体北缘的阴山—大青山正负条带状 EW 向区域异常带，图幅南缘的秦岭—伏牛山 EW-NWW 向区域磁异常带，以及山西断隆带内部的两条 EW 向正磁异常带。由于前两者超出了本课题的研究范围，在此不予讨论，对后两者我们分析如下：

在晋中地区横亘一条 EW 向的区域正磁异常带，其南界沿太原东西一线，北界沿平原东西一线。该正磁异常带宽约百公里，由一系列以 EW 向为主的椭圆状局部正磁异常所组成，强度值为100 ～200nT。

在晋南地区也存在一条近 EW 向的正磁异常带，其南界位于济源东西一线，北界不很规则沿长治东西一线。宽约百公里，异常值 100nT 左右。

在磁异常立体阴影图上（图 4），上述的 EW 向磁异常显示的非常明显，它们是由一系列近 EW 向局部异常所组成，并有被 NE-NNE 向异常叠加的特点。从磁异常灰阶图（图 5）可见，山西断隆区磁性基底内部的近 EW 向构造非常发育，只是延伸性较差，比较破碎、零散。

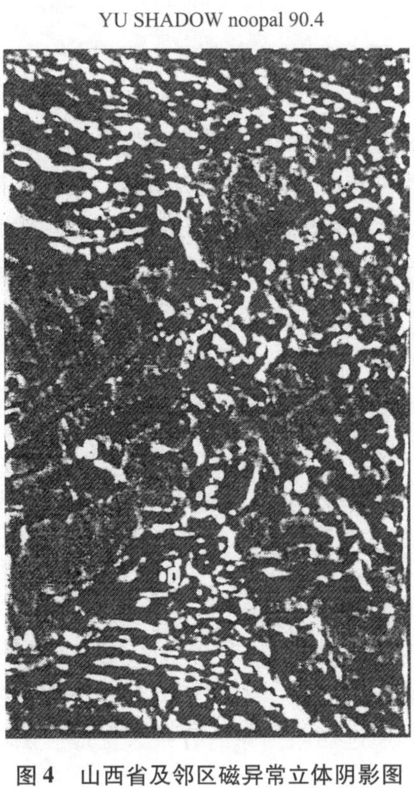

图 4　山西省及邻区磁异常立体阴影图

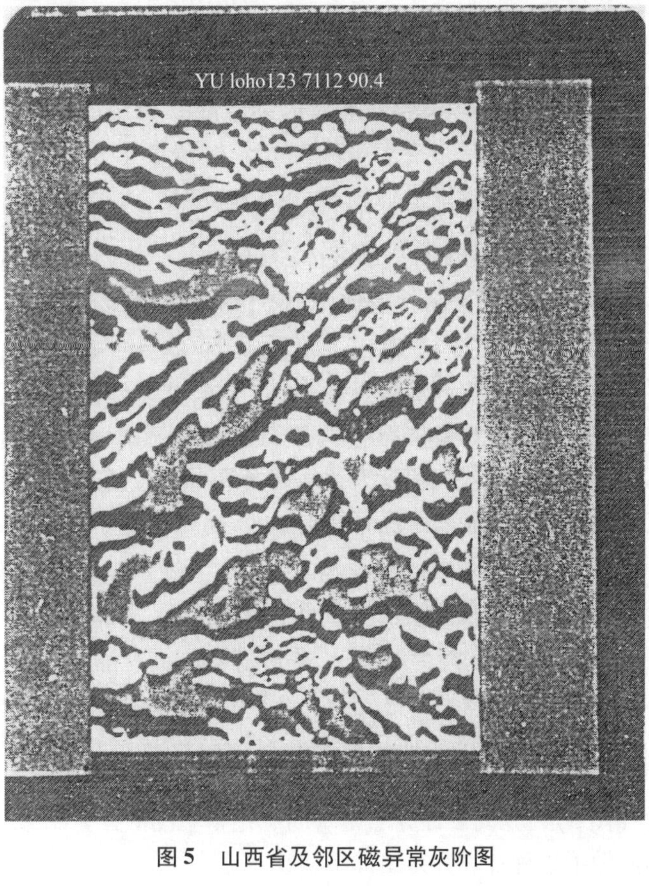

图 5　山西省及邻区磁异常灰阶图

根据山西省地质图，上述 EW 向磁异常区基本上被非磁性的沉积盖层所覆盖。根据磁性体埋深（图3），晋中地区的 EW 向磁性体埋深一般为 1～2 km，晋南地区一般为 3～4 km。因此没有可能与地表出露的古老岩系进行直接对比。根据上述特点。我们对 EW 向区域正磁异常做如下推断解释：EW 向异常的形成年代早于 NE-NNE 的磁异常带，由于前者受后者的强烈改造，因此 EW 向异常显得不完整和被叠加的特点；EW 向区域磁异常代表本区最古老的地壳部分，其主体目前仍深埋地下，其不完整性也可能与当时的地壳处于初期固结阶段有关[5]。

（3）从图2和图4可见，在晋中的 EW 向区域正磁异常带以南和前述的两条 NE-NNE 向区域正磁异常带之间，夹持着一条由 EW 向转为 NE 向的区域负磁异常带。该负磁异常带从汾阳向东以 EW 方向延至图幅之外的华北平原，从汾阳向南以 SW 方向延至鄂尔多斯断块南缘。

根据地质图，该负磁异常带几乎均被非磁性的沉积盖层所覆，仅在中阳一带有零星的变质岩出露。由于这一带的沉积层厚度有限，且展布方向与负磁异常带方向又明显不同，因此不可能形成这种负磁异常带，所以我们推测该负磁异常带受非磁性的晚太古界或下元古界基底所控制。

1.2.3 基底岩相带结构对后期构造运动的影响

前面通过对本区区域磁异常的推断解释表明，山西地区的磁性基底基本上被 EW 向和 NE-NNE 向两组占统治地位的结构所控制。从本区地壳完全固结、进入盖层发展阶段以来，这两组结构或强或弱地影响着本区的构造发展。古生代时期，本区处于稳定的盖层发展阶段，地壳呈缓慢升降运动，但横卧于晋中地区的 EW 向古构造带明显地控制着寒武-奥陶系海相碳酸盐岩的沉积厚度，北部略厚、南部略薄。进入中生代燕山运动时期，本区强烈活化，形成一系列 NE-NNE 向的复背斜和复向斜，它们追随着磁性地壳的古结构方向。但近 EW 向的古构造带仍起某种作用，使中生代的复背、向斜构造，沿 EW 方向发生左旋错动（图4）。特别是晋中 EW 向古构造带将山西地区分割为南北两大部分：北部以 NE 向的大型五台背斜为主体，一直表现为隆升活动，其上覆的沉积盖层几乎剥蚀殆尽；南部以 NNE 向的沁水复向斜为主体，其内部的沉积岩系保存完整[7]。

进入新生代以来，在燕山期 NW-SE 向挤压应力场作用下所形成的一系列 NE-NNE 向复背、向斜挤压构造的背景下，地壳沿山西隆起带的中部拉开，形成了著名的 NNE 向山西裂谷带。该裂谷带由北而南由大同、忻州、太原、临汾和运城等五个断陷盆地组成。其中除中部的太原盆地为 NE 向外，其余均呈 NNE 向展布。

如果我们把上述的新生代各断陷盆地的分布范围与磁性基底埋深图（图3）及反映磁性地壳结构的 ΔT 航磁异常图进行对比分析，则可见：①除太原盆地外，其余四个断陷盆地的主边界，基本上都沿着 NE-NNE 区域磁异常带的边界展布；②断陷盆地向正磁异常带内部扩展并分布在磁性基底隆起带；③断陷盆地的主体范围对应着区域正磁异常带内的局部负磁异常区。上述特点表明：①新生代裂谷是沿着磁性地壳构造边界裂开的，因为这里是构造薄弱部位，易于拉开；②负向构造的新生代裂谷带发生在以正磁异常带为特征的、以磁性基底隆起带为背景的、正向构造单元上；③断陷盆地内的巨厚的非磁性新生代沉积，导致了磁场值明显降底，从而形成了与断陷盆地范围一致的局部负磁异常区，定量计算结果也说明了这一结论。

这里应强调指出，山西裂谷带中的太原盆地与磁性地壳结构和航磁异常特征之间没有任何联系。太原盆地发育在近 EW 向的弱磁异常区内。

1.2.4 地壳磁性结构与地震活动

这里所指的地壳磁性结构包括磁性基底界面起伏、基底断裂和壳内磁性层分布。

正如前述，磁性基底界面起伏图是根据对磁异常三维反演所获得的磁性体顶界面深度值编制的（图3）；基底断裂是根据磁性基底界面埋深变化和航磁 ΔT 等值线图分布特征并结合已知地质资料推断的（图3）；壳内磁性分层是垂向磁化率填图的计算结果，我们沿着通过山西高原的五条人工地震测深剖面做了这种计算并得出如下认识：

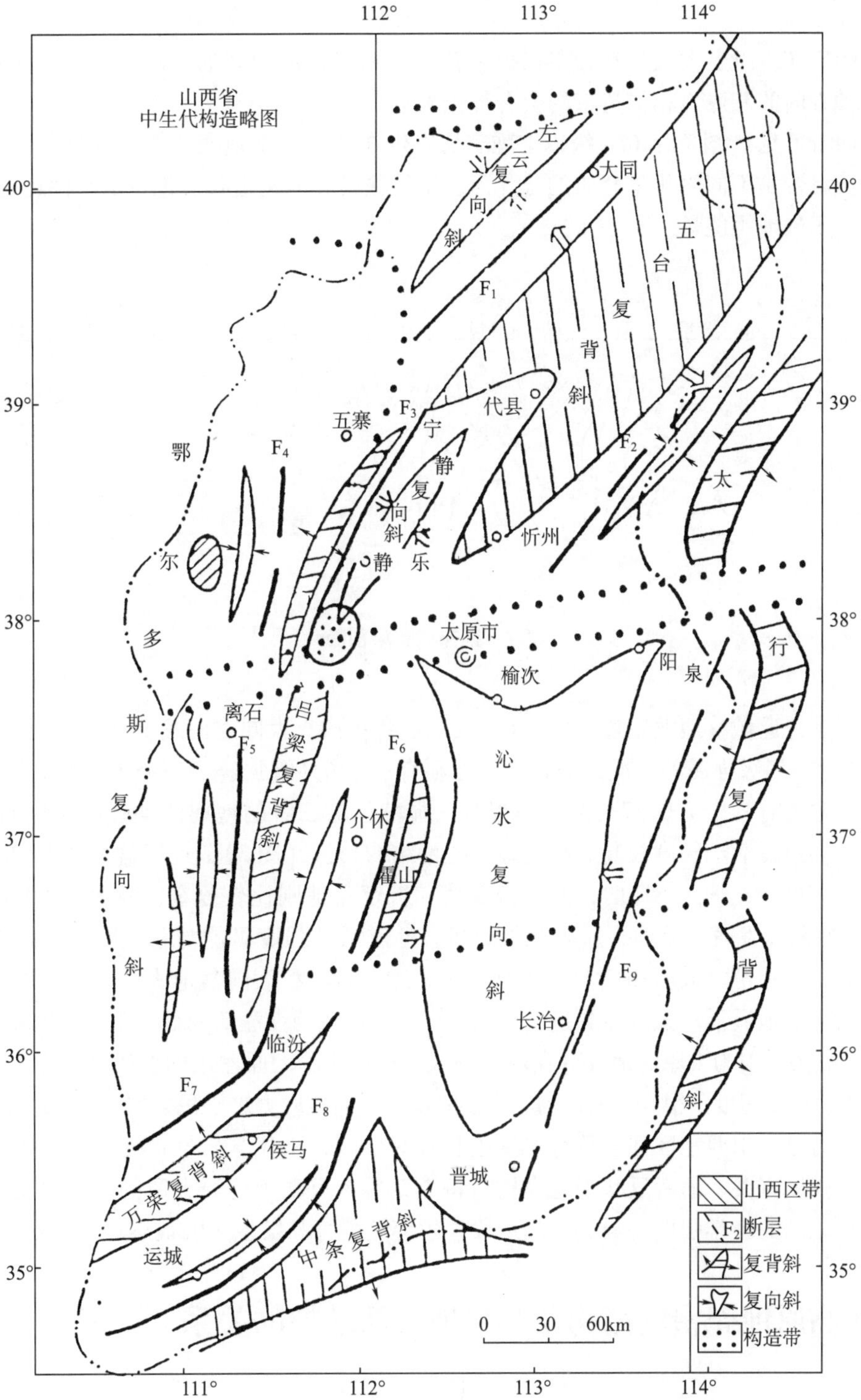

断层

F_1	口泉逆断裂	F_4F_5	离石断裂	F_8	中条断裂
F_2	系舟山逆断裂	F_6	霍山逆断裂	F_9	晋获逆断裂
F_3	西马房逆断裂	F_7	罗云山-龙门山逆断裂		

图6 山西省中生代构造略图（邢集善，1990）

从平面分布看：

山西高原的6.0～6.9级强震基本分布在基底隆起带上发育起来的、新生代断陷盆地的边缘断裂带附近。

山西高原的7.0级以上大震基本分布在控制新生代断陷盆地发展的、两组不同方向基底断裂的交会地区以及两种方向的基底岩相构造带的会合部位附近。

从垂向方向看可见（图7）：6.0级以上强震均发生在高磁化率地壳块体与低磁化率地壳块体的接触带上。这种接触带是不同磁化率介质的分界面，也往往是壳内构造带。无论从物性还是从构造考虑，这种地带均易于积累地震能量。

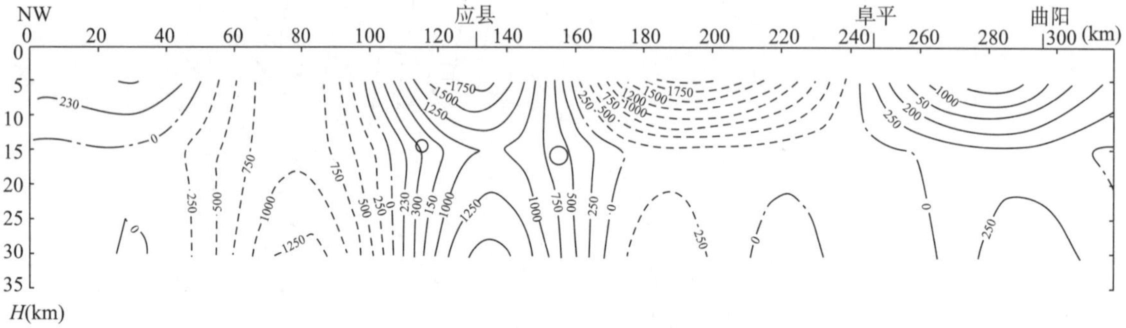

图7　地壳磁化率剖面

根据历史记载，运城盆地发生过6.0和6¾级强震各一次。大同盆地发生过6½级强震两次，太原盆地发生过6.0和6½级强震各一次，但临汾盆地则有三个6½级强震，一个7½级大震和一个8.0级大震发生，忻定盆地有三个7.0～7½级大震发生。显然，前三者的地震活动强度明显的弱于后两者，但前三者的中、弱地震活动频度较高。根据地壳磁性结构分析（图3），运城盆地和大同盆地的新生代基底断裂结构比较单一，均为NE向，而临汾盆地和忻定盆地则比较复杂，除NE向外尚有EW向和NW向的结晶基底断裂发育。因而，从表观上分析，地震活动强度可能与基底断裂结构的复杂程度有关。有的研究者，以临汾、太原和忻定盆地为剪张盆地，运城和大同盆地为剪切末端的拉分盆地的观点，对上述各盆地的地震活动强度差异进行解释①。太原盆地的强震活动低，中、弱地震频度高，可能与地壳介质物性有关。因为太原盆地发育在弱磁场区，这意味着太原盆地的变质基底磁化率低，原岩以沉积岩建造为主、变质程度不很高，所以力学强度略低，因而地应力难于积累到形成大地震的水平。

从上述分析可见，山西地区强震孕育、发生和震级上限，不仅与磁性地壳结构有关，而且还与地壳介质的磁化率强度有关。前者反映了地壳构造特点，后者反映了地壳介质的力学强度。地壳结构愈复杂，地壳介质之间的力学强度差异愈大的地段，越容易孕育和发生大的地震。

2　山西高原地壳密度结构及其与地震活动性的关系

2.1　浅部密度界面构造

经过地形校正的布格重力异常受地壳和上地幔的密度结构控制（包括构造的几何形态和密度差），对布格重力异常进行反演可以获得地壳上地幔密度分布的信息。重力场是位场，它既受各密度层和密度异常体之间密度差大小的影响，也受它们几何形态和埋深的影响。为了利用重力资料反演地壳上地

① 徐锡伟，1989，山西地堑系的新构造活动特征及其形成机制。

幔构造，首先要了解研究区内的岩石密度，然后要设法分离不同密度界面所形成的重力效应。根据表1可见，山西地区的新生代松散沉积与上古生界地层之间存在一个明显的密度界面，其密度差达0.4～0.5 g/cm^3；上古生界与下覆的地层之间有大约0.15 g/cm^3 的密度差，根据地震测深资料，本区的莫霍面是一个明显的速度间断面，因而像世界其他地区一样，莫霍面也应是明显的密度界面。

由于本区新生界地层埋深浅、厚度较大与下覆地层之间密度差显著，因而是控制本区局部重力异常的主导因素，上古生界与下覆地层之间的密度界面占次要地位。根据地震测深资料，在研究区范围内莫霍面埋深变化达7～8 km，它们是形成本区区域重力异常的主导因素。可见，当利用布格重力异常反演本区浅部构造时，首先要消除由于莫霍面起伏所形成的区域背景重力场；当研究深部构造时，要首先消除新生界沉积所形成的局部重力异常。

我们对实测的并经过地形校正的布格重力异常（根据山西省地矿局物探队资料）进行五次趋势面分析，以获得区域重力背景场分布；然后再与前者相减，以获得主要反映浅部构造的剩余布格重力异常（图8）；再采用三维位场反演方法对其进行反演，以最后获得山西省及其邻区的浅层密度界面深度图（图9）。

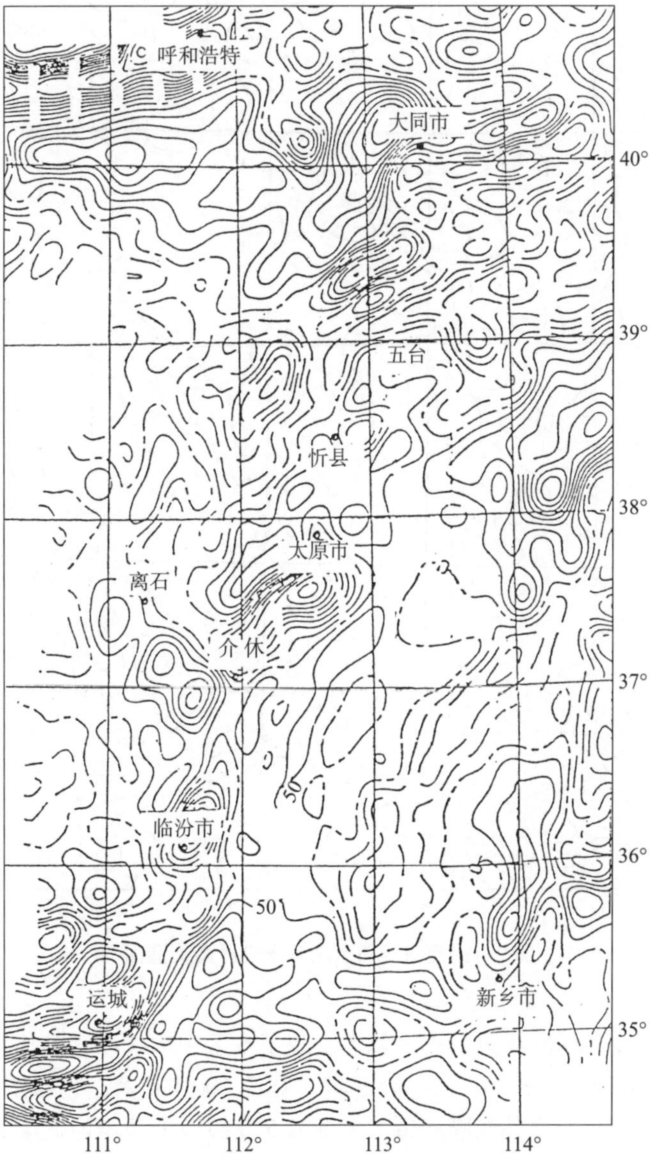

图8 山西省及邻区剩余布格重力异常图

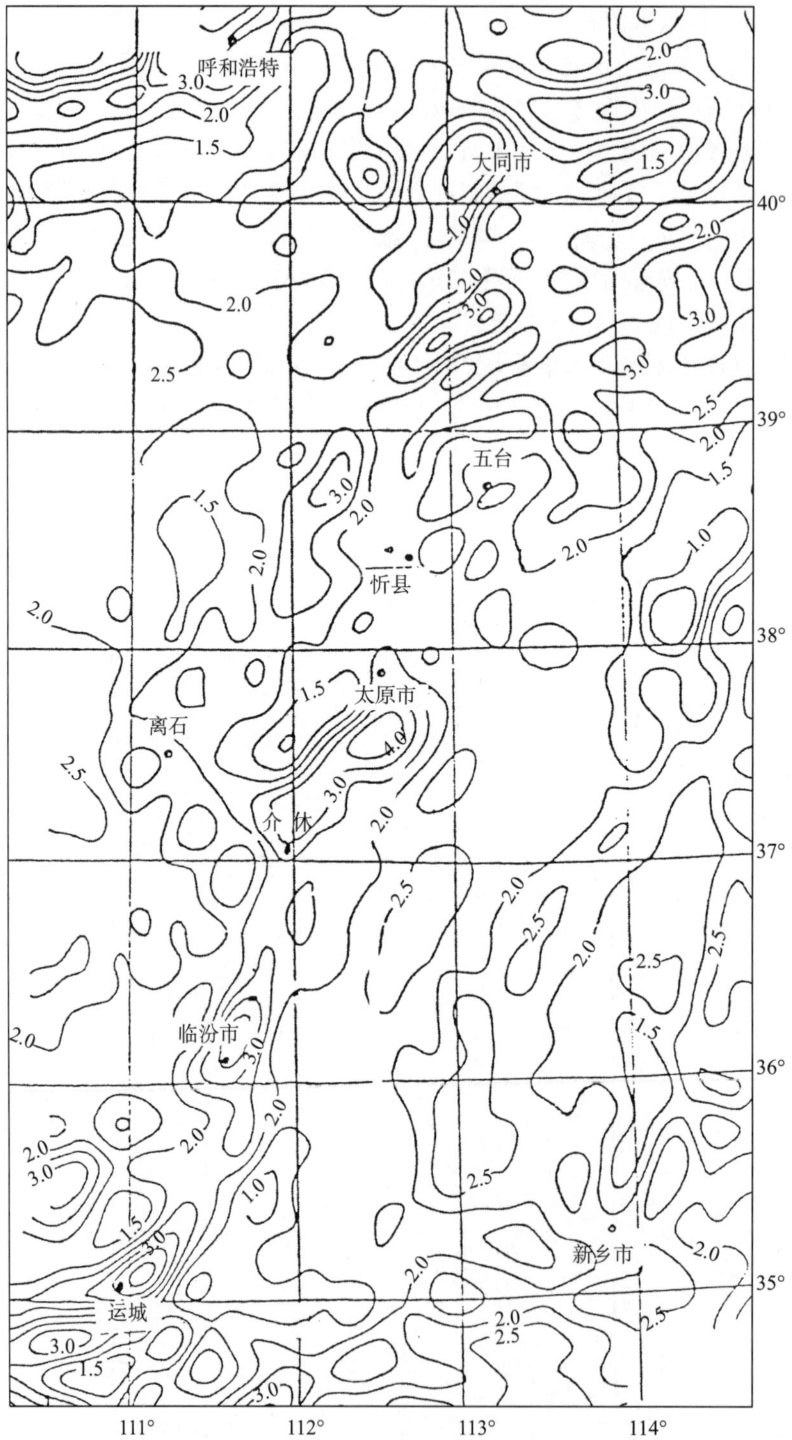

图 9　山西省及邻区浅部密度界面构造图

从图 9 可见，浅层密度界面的构造形态，基本反映了本区中生代以来的构造格架：

（1）在山西高原中部存在一条 NNE 向的隆起带，宽约 100 km 多，它与图 3 中的磁性基底隆起带基本吻合，因而推测它可能是变质基底隆起带。大部分 5.0 级以上地震沿此隆起带分布。

（2）在上述 NNE 向基底隆起带背景上，发育一系列呈右行雁行状排列的 NE-NNE 向的窄带状局部断陷，其分布范围与山西新生代断陷盆地一致。这表明山西裂谷带是在 NNE 向的基底隆起带上形成的，这与航磁资料的分析结果一致。6.0 级以上强震基本分布在窄带状局部断陷的边缘。如果我们把图 9 与根据浅层地震勘探资料编制的新生代厚度图相比可见，临汾盆地和太原盆的基底深度大于该两盆地的新生代厚度。这是因为在这两个盆地内尚保存有密度值略低的三叠系和上古生界地层。

（3）在晋中和晋南地区仍可辨别出各存在一个近 EW 向的隆起带，它们与航磁资料反演的变质基底隆起带是一致的。在高密度变质基岩广泛出露的晋北五台—灵丘地区，出现的 2.0～3.0 km 深的坳陷区，令人费解。这是否与这一地区的变质岩遭受的大面积混合岩化、酸性组分增加形成了低密度区有关，尚需进一步研究。

2.2 深部密度界面构造

正如前述，利用重力资料研究本区深部构造时必须消除新生界与下覆地层之间密度界面起伏变化所引起的局部重力效应。由于本区新生界地层厚度已由浅层地震勘探资料精确地确定了，因此我们采用重力剥皮法，从实测的布格重力值中消去它的重力效应，以获得剩余布格重力异常，然后再对其向上解析延拓，以获得深部重力异常。由于这种深部重力异常与莫霍面深度之间在全球范围内存在着定量关系，尤其是在广阔的地台区和低山区二者关系最为密切。在地壳均衡条件下，深部重力异常与莫霍面埋深之间存在线性关系：$H=A+B\Delta g$，式中 H 为莫霍面深度，Δg 是该点的深部重力异常值，A 和 B 是待定系数。

本区的区域均衡异常大都在-10～+30 mGal 之间，表明本区基本均衡。有 7 条人工地震测深剖面通过本研究区，沿这些剖面的莫霍面深度已被确定。我们沿这些剖面的不同点位取 123 个莫霍面深度值 H 和相应点位的深部重力异常值 Δg，对两者之间进行相关分析，求得其相关系数为 0.90，其线性回归公式为：

$$H=32.2-0.084\Delta g$$

据此公式计算了本区的莫霍面深度图。将其与区内地震测深剖面上的莫霍面深度对比，偏差一般不超过 2 km，偏差均方根值为±15 km①。

从（略）可见，在研究区东侧存在一条十分显著的 NNE 向莫霍面斜坡带，该带沿太行山展布，它是著名的大兴安岭-太行山-武陵山重力梯级带的一部分。该莫霍面斜坡带在本研究区内宽约 100 km，其东界沿华北平原的西边界伸展，带内莫霍面深度从华北平原的 32 km，向西加深至 39 km；但在南华北平原的郑州-洛阳一带由于受西侧的近 EW 向莫霍面构造的影响，该斜坡带发生变形。根据沿 NW 向横穿华北平原和山西高原的三条人工地震测深剖面（沾化-易县-丰镇，益都-阜平-应县，菏泽-长治），在该莫霍面斜坡带上未发现巨大的莫霍面断层。根据沿 36°纬线的地震 CT 研究结果[8]，该斜坡带下方存在一个巨大的、向西倾的上地幔低速层斜坡带。根据沿益都-阜平-应县的大地电磁测深观测结果，该斜坡带下方存在一个西倾的上地幔高导层斜坡带[9]。因此可以认为，该斜坡带是中国大陆东部的一条重要的深部构造带。结合该带及其两侧的地质、地貌和地球物理资料分析，该带可能形成于燕山构造运动时期，它可能起源于该带以东的软流圈向 NWW 方向倾伏或起源于该带以东的软流圈大面积抬升、上涌[10]。但无论哪种机制，该带以西的山西高原都要经受 NWW 向的挤压作用。推测山西高原中生代时期形成的 NE-NNE 向复背、向斜（图6），可能起因于这种挤压作用。山西高原上的新生代裂谷带，沿着上述 NNE 向莫霍面斜坡带的西边缘展布。从力学观点考虑，在挤压作用停止后，这种边缘部位的上方地壳由于松驰作用而易于拉张，因而是形成后期引张盆地的有利部位。

从（略）可见，在上述的 NNE 向莫霍面斜坡带以西，出现两种截然不同的莫霍面构造区：

（1）南部地区，莫霍面走向为 EW-NEE 向。其中商县-栾川存在一莫霍面坳陷带，它对应秦岭褶

---

① 刘占坡、殷秀华、刘铁胜，1991，临汾及其周围地区均衡重力异常特征与地壳上地幔结构研究报告，本课题专题研究成果。

皱系，这里由于古生代-中生代早期的南北向挤压造山作用，导致地壳沿 EW 向隆升、加厚。在此坳陷带以北，发育一条 NEE 向的莫霍面隆起带，它对应新生代形成的渭河和运城断陷盆地。西安-三门峡以西的 NEE 向莫霍面埋深陡变带，介于上述莫霍面坳陷和隆起带之间，它可能是一条深断裂带，沿此带曾有一系列强震发生。

（2）北部地区，莫霍面为 NNE 向。莫霍面构造简单，非常平缓地向 NNW 方向，即鄂尔多斯块体内部加深，这里基本上是无震区。

（3）临汾地区处于上述南部的 EW-NEE 向莫霍面复杂构造区与北部的 NNE 向莫霍面简单构造区的转折部位。莫霍面走向在临汾地区由 NEE 向突然转为 NNE 向，同时在临汾地区还存在一个向西北方向伸出的莫霍面鼻状凸起。显然，临汾地区的莫霍面构造比较复杂。此外，在太原盆地下方存在一个莫霍面局部隆起，幅度较小，只有 1 km。但人工地震测深结果发现临汾盆地和太原盆地的莫霍面分别上隆 2.5 km 和 2 km，大于重力反演的数值。这是因为这两个盆地下方保存有密度值略低的三叠-上古生界地层，在我们的浅层重力效应校正中没有消除它们影响的缘故。

2.3　均衡重力异常与地震活动

均衡重力异常是岩石圈静力与动力学过程的综合反映，它既包含了构造运动造成的岩石圈相对于静力学平衡的偏离，也包含了岩石圈构造形态和密度分布相对于岩石圈均衡模型的偏离。因此，研究均衡异常分布特征及其与浅层构造和地震活动之间的关系，能为探讨本区地震孕育和发生的动力学过程提供重要信息。

根据平面和剖面上对不同地壳均衡模型的系列试验结果[11]，所有合理的均衡模型产生的均衡效应几乎是一样的。地壳均衡模型和模型参数的变化，仅使均衡改正值在长波长上发生很小的变化，而对局部均衡异常影响不大。因此，选择简单易行的均衡模型为好。对本区计算均衡异常时，采用了 Airy-Heiskenen 地壳均衡模型，按 5 km×5 km 网格取数，共取得约 1.5 万数据。在 166.7 km 以内的地形—均衡校正值，用 Parker 方法进行计算，在 166.7 km 以外到 180°距离上的地形—均衡校正值，直接从 karki 的地形—均衡校正图上读取。（略）是计算的山西及周围地区均衡异常图。

从（略）可见，从均衡异常走向和复杂程度上，本研究区可分为南北两部分。南部：局部均衡异常发育，这些具有 NEE 向、EW 向和 NWW 向三组不同方向的局部异常共同组成了一个近 EW 向的均衡异常区，均衡异常值在-25～+40 mGal 波动。该异常区西北边界为一条 NEE 向的异常梯级带，沿乾县—富平—翼城一线展布，东北边界为一条断续的 NWW 梯级带，沿翼城—焦作—郑州一线展布。这两条不同方向的边界梯级带在临汾盆地附近的翼城一带相交和转向。北部均衡异常变化平缓，形态比较简单，它又以山西断陷带为界分为东、西两部分。东部为 NNE 走向的正均衡线状异常区，异常值在 20 mGal 左右波动，仅获鹿地区达 40～60 mGal；西部以椭圆状局部异常为主，为总体走向近 SN 的正均衡异常区，异常值在 20 mGal 左右波动。作为东、西两个异常区的分界带，为一显著的 NE-NNE 向负均衡异常带，异常值低达-20～30 mGal，它与汾渭断陷带一致。

上述均衡异常分区特征与根据现今大地水准重复观测结果所编制的现代地壳形变速度图的分区特征[12]有很好的相似性（图 10）。这说明，现今地面形变与地壳均衡异常之间有某种联系。根据均衡原理，负均衡异常区（带）意味着地壳质量亏损，为了达到均衡地面应该上升；相反，正均衡异常区（带），地面应该下沉。但有趣的是，在本研究区正好是反关系，例如负均衡异常的汾渭断陷带，现今地面不是上升，而是以每年 2～4 mm 的速率下沉；其两侧的正均衡异常区，现今地面不是下沉，而是以每年 1～2 mm 的速率上升[12]。

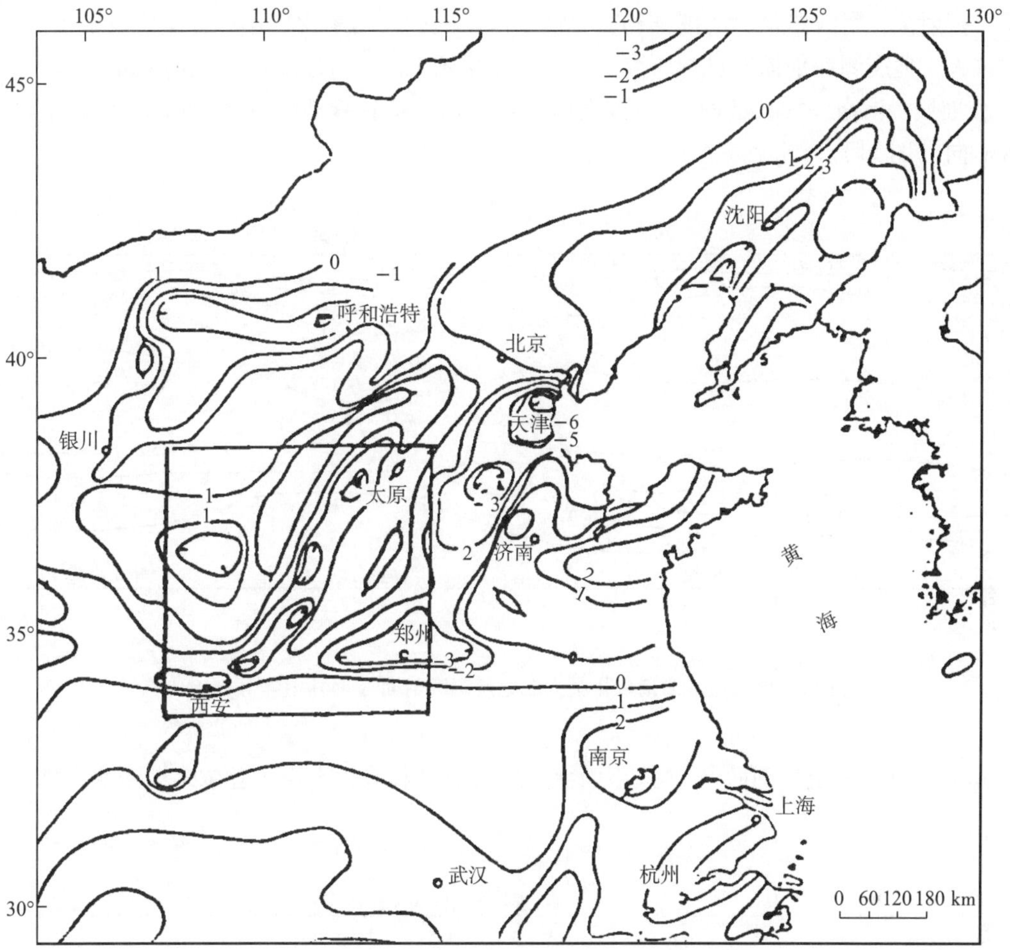

图 10　华北断块区现代地壳形变速度图

图中等值线数值为 mm，方框为本研究区范围

本区这种普遍存在的反均衡现象以及均衡异常分区与地壳形变分区的相似性，不仅说明了导致现今地壳均衡失调的构造力仍大于均衡调整力，而且也说明了现今构造运动具有继承性。

从（略）可见，不同均衡异常区的边界地带也是现今地震活动带。例如，沿汾渭断陷带展布的NE-NNE向负均衡异常带是一条强震活动带，其中大于 6 级的强震基本分布在局部负均衡异常的梯级带上；上述南部均衡异常区的北边界也是一条地震活动带；在各异常区内部，地震活动性弱，基本没有强震活动；强震活动性高的临汾盆地，既位于局部负异常带内，又是两条不同方向均衡异常梯级带的交会地区。可见强震活动与不同均衡异常区的边界有密切关系。

3　山西高原地壳上地幔速度结构及其与地震活动的关系

3.1　人工地震测深剖面的分布

地壳上地幔速度结构指的是组成地壳上地幔岩石的速度值及其沿纵向和横向的变化。速度值是反映岩石组成和地壳上地幔构造最敏感的参数。可以采用不同的地震学方法获得地壳上地幔的速度结构，但人工地震方法，也叫宽角反射折射法，是其中的重要方法之一。因为它利用的是人工爆炸源，源的位置和起爆时间是精确已知的，并可以根据任务精心设计野外观测系统，以达到预期目的。但由于它是宽角反、折射法，射线路径上的细结构变化被圆滑，因此其精细程度不如深地震反射法。

有 7 条人工地震测深剖面通过本研究区，其分布见图 1。它们分别是（从南而北）：

（1）金堆城—渭南—彬县剖面[13]。该剖面穿过本研究区南缘的渭河断陷盆地和鄂尔多斯断块南缘，为 NW 向（图 11）。

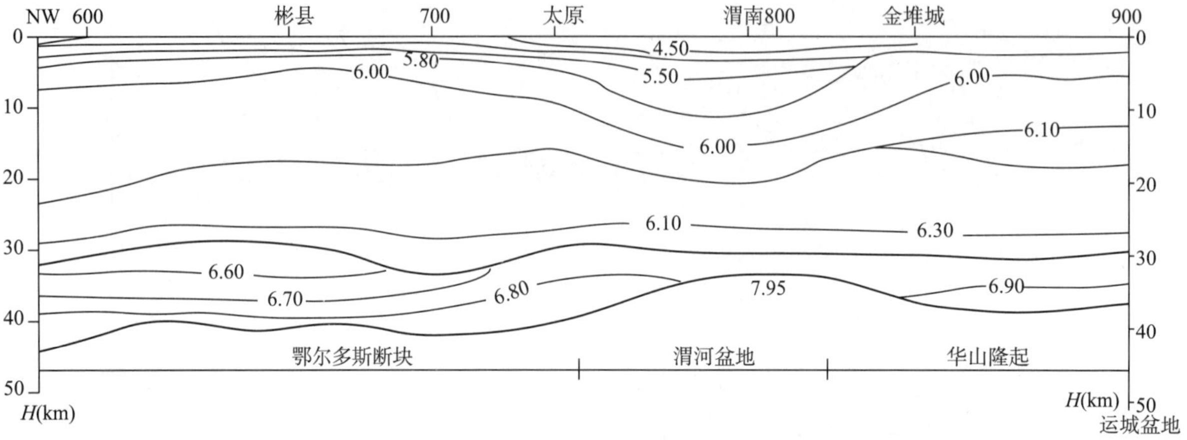

图 11　金堆城—渭南—彬县人工地震测深剖面（据林中洋等，1991）

（2）运城—甘泉—定边剖面[14]。该剖面穿过运城断陷盆地并终止于鄂尔多斯断块内部，为 NW 向（图 12）。

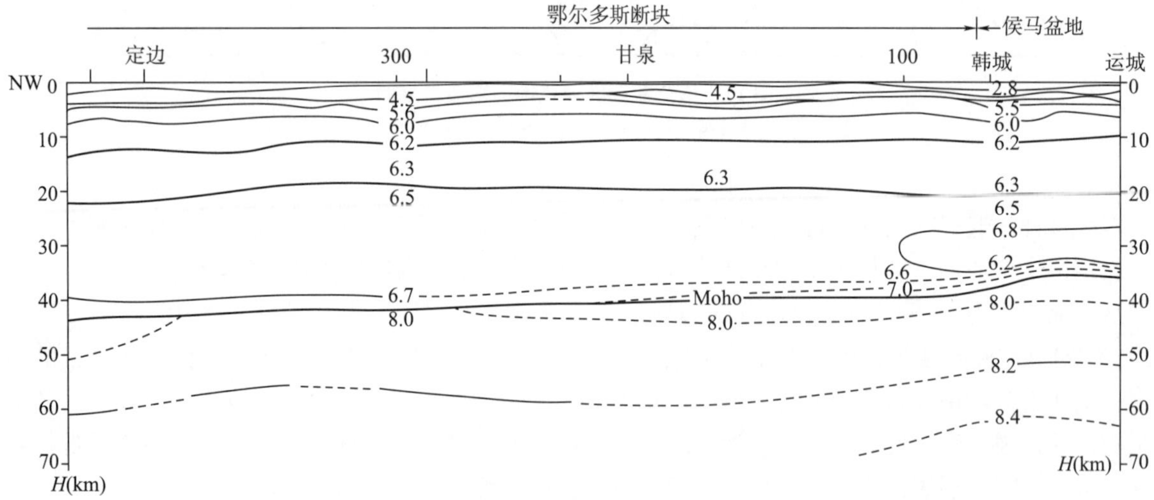

图 12　运城—甘泉—定边人工地震测深剖面（据孙武城等，1990）

（3）晋城—临汾—子长剖面。该剖面穿过太行山断隆带和临汾断陷盆地，终止于鄂尔多斯断块内部，为 NW 向（图 13）。

（4）菏泽—长治剖面[15]。该剖面经过华北平原断块南部，终止于南太行山断隆带内部为 NW 向（图 14）。

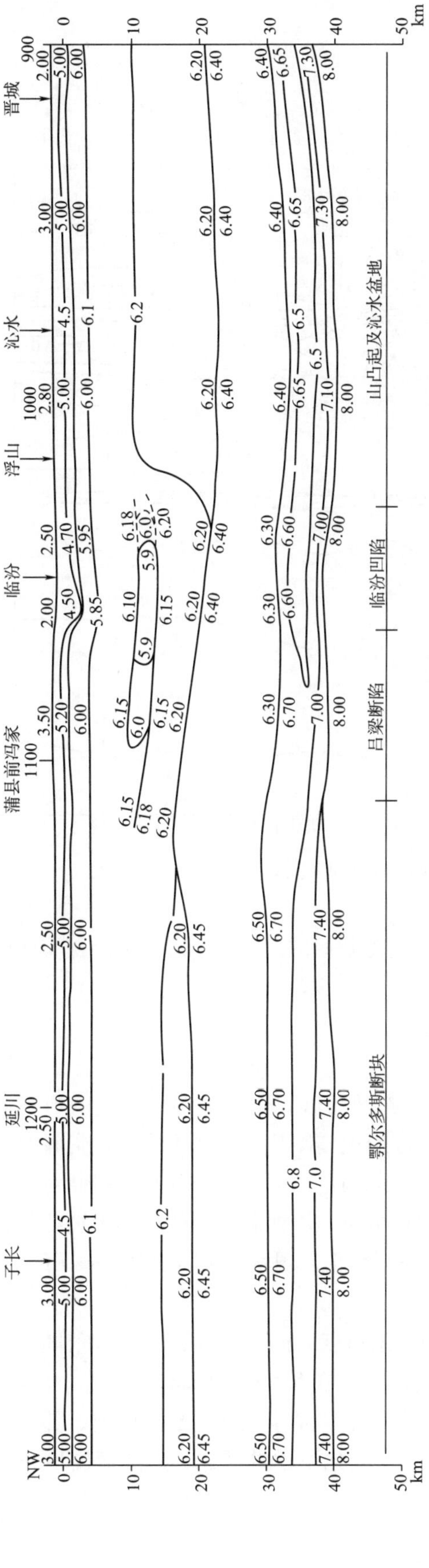

图 13 晋城—临汾—子长人工地震测深剖面

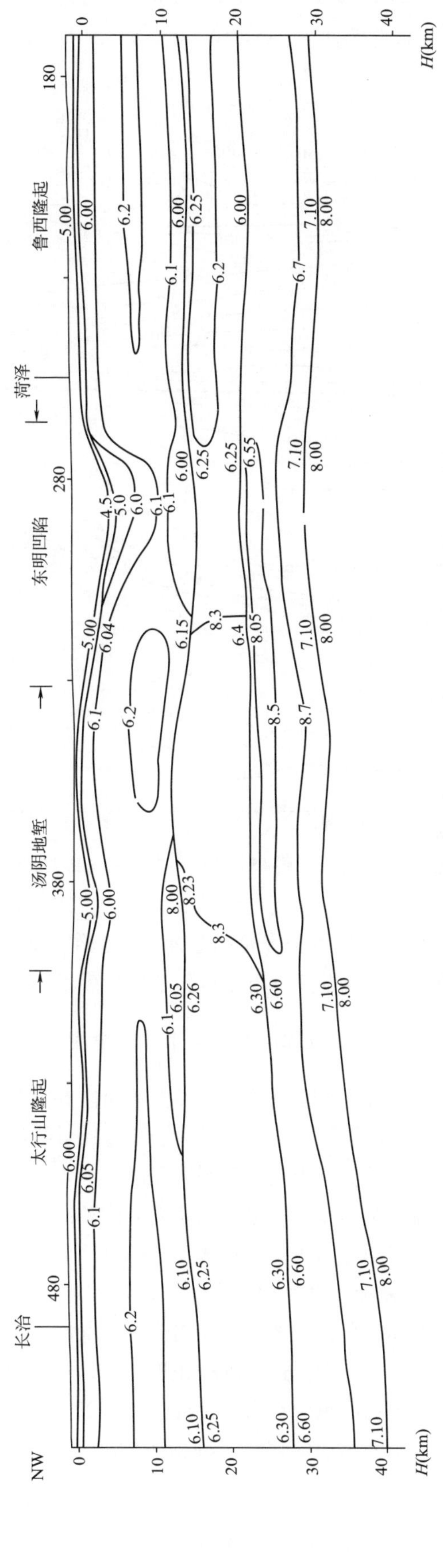

图 14 菏泽—长治人工地震测深剖面（据嘉世旭等，1991）

（5）沾化—易县—丰镇剖面。该剖面穿过华北平原断块，北太行山断隆带，终止于鄂尔多斯断块东北缘，为 NW 向[17]（图 15）。

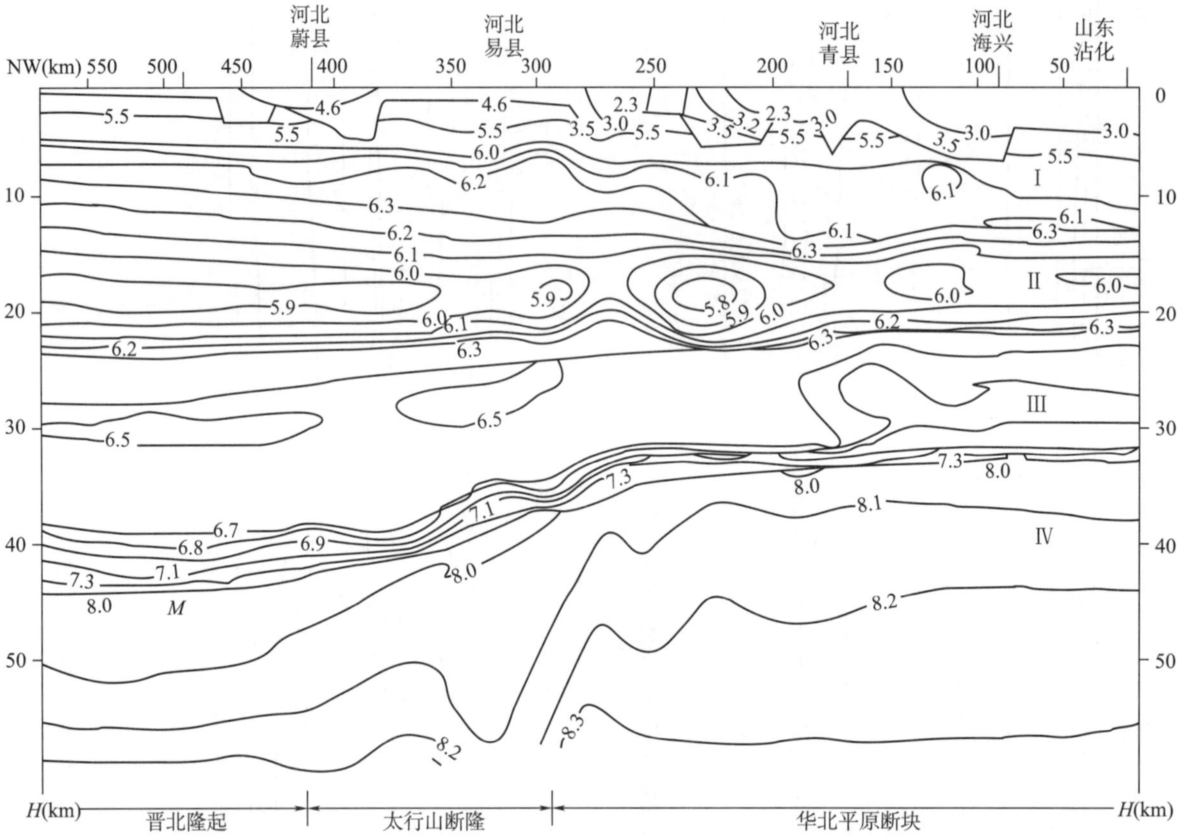

图 15 沾化—易县—丰镇人工地震测深剖面（据孙武城等，1988）

其中 1、2、4、5 五条剖面是前人的工作结果，第 3 剖面是根据国家地震局地球物理勘探大队的野外观测数据，本课题又进行了重新处理和反演①。

3.2 山西高原及邻区的地壳上地幔速度结构

上述 5 条人工地震测深剖面是由不同作者完成反演解释的，他们对震相的识别和处理具有不同的观点和方法，但均采用了目前世界上流行的射线追踪和综合理论地震图技术，并根据已知资料对浅层低速带做了校正。由于这 5 条剖面穿过了本研究区及邻区的不同构造并大体均匀分布，因此对于我们了解山西高原及其邻区的地壳上地幔构造和组成，深、浅构造关系，山西断陷带的深部构造特征，以及地震活动与深部构造的关系和地球动力学等问题，都具有重要价值。现就有关问题探讨如下：

3.2.1 地壳速度结构与岩石组成

综观上述 5 条人工地震测深剖面，可将本区地壳划分为三层速度结构[18]。上地壳速度值随深度逐渐增加，如果不考虑低速的沉积盖层，上地壳速度值变化范围大致在 5.5～6.2 km/s 之间。上地壳厚度值，如果包括沉积层在内，大致在 16～22 km 之间变化，总体趋势是华北平原断块区薄、鄂尔多斯断块区厚、山西断块区居中，即由东向西加厚。中地壳是速度变化不大的层位，其层速度值一般为

① 刘昌铨等，1991，山西高原及临汾盆地地壳上地幔速度结构，本课题专题研究成果。

6. 4±0. 1 km/s，厚度大约 8～12km。下地壳是一个正速度梯度层，速度值一般从下地壳顶部的 6. 6～6. 7 km/s，增至下地壳底部的 7. 1～7. 2 km/s；下地壳厚度变化明显，从华北平原断块区向西加厚。除上述的地壳速度值正常分布外，在地壳内部还有低速异常分布。

根据变质岩石学研究，大陆地壳是由上部的绿片岩相、中部的角闪岩相和下部的麻粒岩相所构成。冀东地区这三种变质岩相均有出露。根据吴宗絮对该区的地壳岩石学组成模型研究表明[19]：上地壳主要为绿片岩和部分低角闪岩相的千枚岩、片岩、变粒岩以及花岗岩组成，在相应的温压条件下实验室测定的波速值为 5. 94～6. 01 km/s，与上述的上地壳速度值大致相当；中地壳主要由高角闪岩相的中性—中酸性成分的片麻岩、片岩构成，并广泛发育英云闪长岩和花岗闪长岩，在相应温压条件下实验室测定的波速值为 6. 53～6. 61 km/s，略高于上述的中地壳波速度（6. 4±0. 1 km/s），如果根据 Kem 对角闪岩相片麻岩波速的实验结果（平均值6. 45 km/s）[20]，则与本研究区的中地壳速度值相当；下地壳上部为角闪石麻粒岩亚相的中性成分麻粒岩，下部为辉石麻粒岩亚相的基性成分麻粒岩亚相，后者在相应温压条件下实验室测定的波速值为 7. 20～7. 40 km/s，与本研究区实际观测的波速值一致。因此，根据人工地震测深结果划分的地壳三层速度结构和其相应的纵波速度值，以及根据野外地质研究和采自三种不同变质岩相带的岩石标本的波速实验结果，相互之间基本吻合这一事实，可以认为本研究区的地壳是由上部的绿片岩相和部分低角闪岩相，中部的角闪岩相以及下部的角闪石麻粒岩亚相和辉石麻粒岩亚相所构成。

根据在冀东地区分别采自上、中、下地壳的岩石样品的化学组成分析结果（表 2），表明上地壳、中地壳和下地壳最上部的化学组成差异不大，因此可以认为与温压有关的不同变质岩相的岩石内部结构和密致程度导致了波速随深度的增加；但下地壳下部的酸性组分（SiO_2）明显降低，基性组分（FeO、CaO、MgO）明显增加，这可能与上地幔基性物质渗入有关，它对该层速度值的增加起到了重要作用。

3. 2. 2 地壳速度结构与力学性质

根据前节所述，本研究区在中地壳顶部存在一个稳定的速度界面，其速度值为 6. 4±0. 1 km/s。在该速度界面之下存在一个垂直速度梯度近于零或者是非常小的层位，即中地壳，然后进入垂直速度梯度呈正向增加的下地壳。虽然中地壳的平均物质组成与上地壳基本一致，但其速度值不随深度而增加这一事实，却显然的不同于上地壳。

从图 11 至图 15 可见：上地壳的速度等值线分布比较复杂，沿纵、横方向变化明显，表明上地壳内部构造差异性很大。中地壳除个别异常地段外，速度等值线平行展布，没有速度梯度，表明中地壳结构均一，没有明显的各向异性存在。

中地壳顶界面在华北平原断块区深约 16～18 km（图 14），在太行山断隆和鄂尔多斯断块区深约 20～22 km（图 11、12、13、14）。该界面在新生代裂谷区，即热区变浅，在构造稳定区，即冷区变深，表明该界面埋深受温度影响。震源深度分布表明，绝大多数地震均发生在这个速度界面之上，其下仅有少量微震分布[23]。

综合上述特征，我们认为该界面是一个力学结构面，或称之为脆韧转换界面，实际上它是一个脆韧转换带。在这个界面之上，地壳以脆性变形为主，它保留着地质历史发展过程中的遗迹，因此速度结构复杂、横向变化大、断裂发育，在构造应力场作用下易于积累应力，发生地震。在这个界面之下，由于温度的增加，地壳由脆性转为韧性[24]，在上部地壳的长期重力作用和较高温度下，地壳以水平韧性变形为主，因此地质上的构造差异被平滑。然后，进入下地壳基性组分随之增多，下地壳速度值随深度增加而增加。

表 2　冀东陆壳主要岩石的化学组成

陆壳分层	样号	岩　石	SiO_2	TiO_2	Al_2O_3	Fe_2O_3	FeO	MnO	CaO	MgO	K_2O	Na_2O	P_2O_5	H_2O^+	H_2O^-	挥发分	总计
上地壳	P-0	变粒岩	67. 01	0. 55	10. 10	0. 48	4. 20	0. 06	2. 37	1. 80	2. 85	2. 80	0. 11	0. 00	0. 42	0. 60	100. 22
	P11-2	变粒岩	60. 00	0. 45	15. 10	1. 13	4. 25	0. 00	1. 56	2. 75	1. 75	4. 30	0. 11	0. 03	0. 28	003	100. 32
	P36-1	变粒岩	65. 01	0. 43	15. 45	1. 04	3. 25	0. 08	3. 00	2. 00	1. 40	4. 80	0. 28	1. 21	0. 30	1. 24	100. 21
中地壳	CL7-2	黑云母片麻岩	65. 30	0. 38	15. 40	1. 18	2. 58	0. 06	5. 23	3. 04	1. 20	3. 40	0. 13	0. 46	0. 66	1. 48	100. 50
	P20-3	斜长角闪岩	58. 67	0. 50	14. 20	2. 12	5. 02	0. 14	5. 82	5. 74	1. 72	3. 40	0. 21	0. 26	0. 12	1. 02	99. 60
下地壳	CL18-2	黑云母麻粒岩	64. 00	0. 47	15. 08	1. 40	4. 63	0. 00	3. 21	2. 84	1. 90	4. 20	0. 13	0. 57	0. 04	0. 67	100. 58
	CL17-2	角闪石-单斜辉石麻粒岩	53. 17	0. 00	15. 42	2. 30	7. 30	0. 16	7. 84	0. 24	1. 25	3. 30	0. 26	1. 20	0. 11	0. 31	99. 94
	CL27-3	浅色麻粒岩	62. 50	0. 52	14. 07	1. 00	4. 80	0. 10	6. 37	3. 57	0. 70	4. 50	0. 05	0. 23	0. 23	0. 41	100. 07
	CL27-4	暗色麻粒岩	50. 39	1. 30	15. 65	3. 87	0. 21	0. 23	9. 79	2. 57	0. 95	3. 30	0. 070	0. 79	0. 14	1. 33	99. 59
	CL20-3	暗色麻粒岩	49. 88	1. 42	20. 56	1. 36	9. 61	0. 10	3. 80	6. 38	2. 10	3. 05	0. 22	1. 16	0. 15	0. 34	100. 13
	CL28	蛇纹石化橄榄岩	44. 35	0. 58	8. 80	3. 77	5. 20	0. 17	9. 00	22. 79	0. 20	1. 00	0. 093	2. 90	0. 10	1. 32	100. 56

注：化学分析由国家地震局地质研究所化学分析室刘桂芬完成。

3.2.3 不同大地构造单元的深部构造特征

上述5条人工地震测深剖面穿过了华北平原断块区、太行山断隆带、山西和渭河断陷带以及鄂尔多斯断块区。自中生代以来上述大地构造单位经历了不同的地质发展进程，具有明显不同的深部构造特征。

1）华北平原断块区。它位于本研究以东，为新生代裂谷区。从图14、15可见，在裂谷区下面的上地壳速度结构比周围复杂，莫霍面强烈上隆，下地壳明显减薄，并往往有速度值6.4～6.5 km/s的低速带在下地壳中发育，其成因问题以后讨论。

2）太行山断隆带。位于本研究区东缘，华北新生代裂谷区西侧，在深部构造上位于莫霍面斜坡带之上。地壳厚度从华北平原断块的西缘，即太行山断隆带东缘的33 km，向西在100 km宽的范围内增加到42 km。地壳厚度的增加主要发生在20 km左右深，即脆韧转换界面之下。

3）山西断陷带。山西断陷带是新生代裂谷带，发生在山西高原中部，把山西高原沿NNE向分为东西两部分，是一个强烈的地震活动带，是本课题的重点研究地区。

上述5条人工地震测深剖面，除菏泽—长治剖面（图14）之外，其余4条中有3条穿过了山西断陷带，一条穿过了渭河断陷盆地。因此，我们可以根据这些地震测深剖面，探讨山西断陷带的深部构造特征。

（1）从图11可见，渭河断陷盆地下方莫霍面埋深32.5 km，比盆地两侧上隆5 km，如果去掉莫霍面沿剖面方向的趋势性加深外。但十分有趣的是莫霍面和壳内速度界面的上隆中心不是正对应着渭河盆地的下方，而是依次地向盆地的东南侧偏移，此外盆地下方和其西北侧的下地壳速度值略有降低。渭河盆地下方6.0 km/s的速度等值线位于15 km深处，比两侧的6.0 km/s的速度等值线埋深大10 km，这意味着渭河盆地下方有壳内低速体存在。这里1556年曾发生过8.0级大震。

（2）从图12可见，运城断陷盆地下方莫霍面埋深36 km，比盆地西北侧抬升约4 km，在25 km处有壳内低速异常发育。由于该地震测深剖面终止于运城盆地的东南边界，因此难于全面了解该盆地下方及其东南侧的深部构造特征。

（3）从图13可见，临汾断陷盆地下方莫霍面埋深37.5 km，比盆地两侧浅2.5 km，壳内10～12 km处发育有低速异常体。同样有趣的是，莫霍界面和壳内速度界面的上隆中心，不是正对应着临汾盆地的下方，而是依次地向盆地的西北侧偏移，同时盆地东南侧的下地壳发育有速度值为6.5 km/s的低速带。上述特点与渭河断陷盆地完全一致。

（4）该在交城—太原—宣化剖面上（图16），在北台顶一带有清楚的低速体存在。在该低速异常体周围地区曾在512年发生过代县地区的7½地震，1626年发生过灵丘地区的7.0级地震。

（5）沾化—易县—丰镇剖面（图15）的西北段从大同断陷盆地以北穿过，在这里未发现莫霍面有上隆现象。

从上述可见：①沿着渭河和山西断陷带，从南而北莫霍面相对上隆幅度逐渐降低，例如渭河盆地莫霍面相对上隆最高，达5 km，运城盆地达4 km，临汾盆地为2.5 km，太原盆地为2 km，大同盆地1.5 km。莫霍面上隆幅度小于断陷盆地新生代的最大沉积厚度。运城盆地新生代最大沉积厚度为5.0 km，临汾盆地为2.0 km，太原盆地为3.6 km，大同盆地为3.5 km。根据资料，渭河盆地早第三纪沉积厚度为3000 m，新近纪为3839 m，第四纪为1697 m[25]。②莫霍面和壳内速度界面的上隆中心不是正对应着断陷盆地的下方，而是明显的向断陷盆地一侧依次地偏移。③在断陷盆地一侧的下地壳中，普遍存在比下地壳正常速度值偏低的、延伸较长的低速异常窄带。④壳内有局部低速异常体发育的断陷盆地，在历史记录上均有 $M \geqslant 7.0$ 级的地震发生。我们将在下面一章探讨临汾断陷盆地的成因机制和动力学过程时，讨论上述这些问题。

4）鄂尔多斯断块区。鄂尔多斯断块位于本研究区的西侧，它是中生代时期缓慢下沉，沉积中心逐渐西移的大型坳陷盆地，新生代以来缓慢隆升。金堆城—渭南—彬县人工地震测深剖面（图11）的西北段，穿过鄂尔多斯断块的南缘；运城—甘泉—定边人工地震测深剖面（图12）的大部分穿过鄂尔多斯断块的中南部；晋城—临汾—子长人工地震测深剖面（图13）的西北段穿过鄂尔多斯断块的中北部；沾化—易县—丰镇人工地震测深剖面（图15）的西北端，穿过鄂尔多斯断块的东北缘。从上述4条剖面可见，鄂尔多斯断块内部的深部构造非常简单，壳内各速度层近于平行层状展布，地壳和岩石圈从东而西慢慢加厚。可以说，鄂尔多斯断块在深部构造上是一个简单的、近于平行层状展布的、完整的块体，只是从东而西缓慢倾伏，倾伏方向与中生代沉积迁移方向一致。因此我们推测，中生代形成的鄂尔多斯盆地是来自东部山西高原的挤压作用导致岩石圈由东而西倾伏、地表跟随下沉的结果。鄂尔多斯西缘的新生代断陷盆地，可能与这种挤压作用停止后，承力区边界地壳强烈反弹、引张，随之地幔上隆等后续过程有关。鄂尔多斯块体目前很稳定，内部几乎没有地震活动。

4 临汾地区地壳上地幔构造及其动力学研究

临汾断陷盆地是山西断陷带中地震活动性最强烈的断陷盆地。据历史记载于1303年在洪洞附近发生一次8.0级大震，1695年在临汾附近发生过一次7½级大震，此外在临汾盆地还发生三次6⅓级强震。与临汾断陷盆地毗邻的是运城断陷盆地，如不考虑运城盆地外侧平陆地区1815年发生的6¾级强震，运城盆地在历史记载上仅于1642年发生一次6.0级强震。当然，5.0级左右地震两个盆地均发生过很多次。显然，运城断陷盆地的地震活动强度明显地低于临汾断陷盆地。深入了解临汾断陷盆地强烈地震活动性的起因，以及探讨临汾断陷盆地与运城断陷盆地地震活动强度上的差异原因，对于做好临汾地区的地震区划与防震减灾对策具有十分重要意义。

地震发生在地壳内部。在构造应力场作用下，强震的孕育，也即地震能量的积累，决定于地壳内部的结构和构造条件，以及地壳介质的物性特征和差异[26]。因此，了解临汾断陷盆地的强震起因及其与运城断陷盆地的地震强度上差异，必须首先探测它们的地壳结构、构造和介质参数。临汾盆地和运城盆地都属于典型的大陆裂谷盆地，据其现今的强烈新构造运动和地震活动性而言，它们是仍在活动的裂谷盆地。因此，研究这两个盆地的形成机制及其演化和动力学过程，对于阐明现今地震活动特点和认识强震孕育过程具有十分重要意义。为此。我们在临汾断陷盆地及其周围地区和运城断陷盆地，开展了人工地震测深、大地电磁测深、地震层析成像、大地热流观测和转换波测深等深部探测工作。工作部署见图16。此外，还对浅部地震勘探资料和重、磁数据进行了分析处理，对现今微震活动重新进行了空间定位。

4.1 临汾和运城断陷盆地的新生代构造特征

本文前面所指的运城断陷盆地是一种泛指，它包括运城盆地、峨嵋台地、侯马盆地和襄汾凸起四个次级构造单元。其中运城盆地是向西北倾的单断盆地，走向NEE，其东南边界为西北倾的中条山铲式正断裂，西北边界为东南倾的临猗-闻喜铲式正断裂，盆地内部发育有多条西北倾的铲式断层和一些NW向正断层。新生界沉积中心靠近东南侧的中条山断裂，最大沉积厚度达5000 m，在西北侧的临猗-闻喜断裂带附近新生界沉积厚度减薄至600～1400 m。根据山西省地矿局物探队资料[27]，运城盆地发育于早第三纪渐新世，盆地下部有渐新统沉积，早于侯马盆地和临汾盆地，后两者形成于新近纪的上新世。根据《鄂尔多斯周缘活动断裂系》一书的作者意见，运城盆地属于渭河断陷带，而不属于山西断陷带[25]。如果考虑到运城盆地发育有渐新统沉积，那么它属于渭河断陷带的理由就更充分了，因为渭河盆地也开始发育于早第三纪。

峨嵋台地位于运城盆地西北，它以临猗-闻喜断裂带与运城盆地相隔。台地最大宽度为32 km，为运城盆地宽的1.5倍。台地中间寒武-奥陶系和古老变质岩系广为出露，仅在边缘地区有200～300 m的第四纪沉积，远薄于运城盆地东南侧厚达1600 m的第四纪沉积厚度。

侯马盆城位于峨嵋台地西北，为东南倾的单断盆地，罗云山铲式正断裂构成该盆地的西北边界。侯马盆地形成于新近纪上新世，新生界最大沉积厚度1400 m，沉积中心位于罗云山断裂一侧，沉积厚度向东南方向逐渐减薄，在其东南侧的峨嵋台地北缘断裂附近减至200 m。

根据上述新生界沉积发育情况和结构特点，可以认为峨嵋台地和侯马盆地应属于山西断陷带，因为山西断裂带开始形成于上新世①，而运城盆地开始形成于渐新世。

临汾断陷盆地是由临汾和洪洞两个凹陷所组成，与侯马盆地一样，也是形成于上新世、罗云山断裂构成其西北边界。临汾凹陷上新世以来的沉积厚达2000 m，向东南方向单断；洪洞凹陷上新世以来的沉积厚度达1400 m，但沉积中心偏向于凹陷的东南侧。临汾凹陷与洪洞凹陷之间以近EW向的苏堡断裂为界。苏堡断裂具有明显的左旋走滑特点，左旋错断罗云山山前断裂达6 km，上新世至晚更新世初都有活动②。洪洞凹陷沉积中心偏向东南一侧，可能与苏堡断裂左旋走滑导致洪洞凹陷一侧相对于临汾凹陷向北西西方向拉伸有关。

4.2 临汾和运城断陷盆地的地壳上地幔电性结构

地壳上地幔电导率分布及其沿纵、横方向上的变化，与其他深部地球物理参数一样，反映了地壳上地幔构造特征；如果壳内有高导异常体存在，它还具有特殊的地质或构造意义[28]。

为了探测临汾和运城断陷盆地的地壳上地幔电性结构，我们在盆地及其外围地区布置了23个大地电磁测深点，组成了4条观测剖面，其中3条分别垂直洪洞凹陷（剖面A—A′，由4个测点组成）、临汾凹陷（剖面B—B′，由7个测点组成）和运城-侯马盆地（剖面C—C，由6个测点组成），另一条剖面D—D′顺盆地走向分布，由9个测点组成，见图16。

在本项研究中，我们采用了由西德产MMS-02型数字大地电磁测深仪。为了保证观测质量和获得足够长的有效信号周期，每个测点的野外记录时间均不少于45小时。这样就可以有足够的信息量取得8段以上2000～3000 s周期的电磁场信号，从而保证了电磁波能有效地穿透到上地幔高导层内部，为探测本区软流圈，即上地幔高导层的埋深变化提供了充分信息。

由于本区浅部构造变化比较急剧，表层横向不均匀性严重，导致了纵向和横向两条视电阻率曲线的偏离，因而在定量解释之前对视电阻率曲线进行了必要的静校正。本区的地质构造特征和大地电磁的二维判别指数表明，本研究区构造基本具二维特点，因而我们采用了纵向视电阻率曲线的一维反演结果，以避免电流畸变效应对深部构造研究的影响②。

有多种大地电磁测深成果图件可以反映地壳上地幔的电性结构特征，例如曲线类型图、视电阻率及阻抗相位—周期等值线图、电阻率—深度等值线图、电性分层剖面图、不同电性层深度平面图，等等。为了减少篇幅和直观，我们主要讨论电性分层剖面，即地壳上地幔电性结构剖面图和壳内高导层及上地幔高导层埋深平面图。

图17、图18、图19和图20分别表示横切洪洞凹陷，临汾凹陷，侯马-运城盆城以及沿断陷盆地走向方向的地壳上地幔电性结构剖面。

---

① 徐锡伟，1989，山西地堑系的新构造活动特征及其形成机制。

② 孙洁等，1991，山西临汾盆地及外围地区大地电磁测深研究成果报告，本课题专题研究成果。

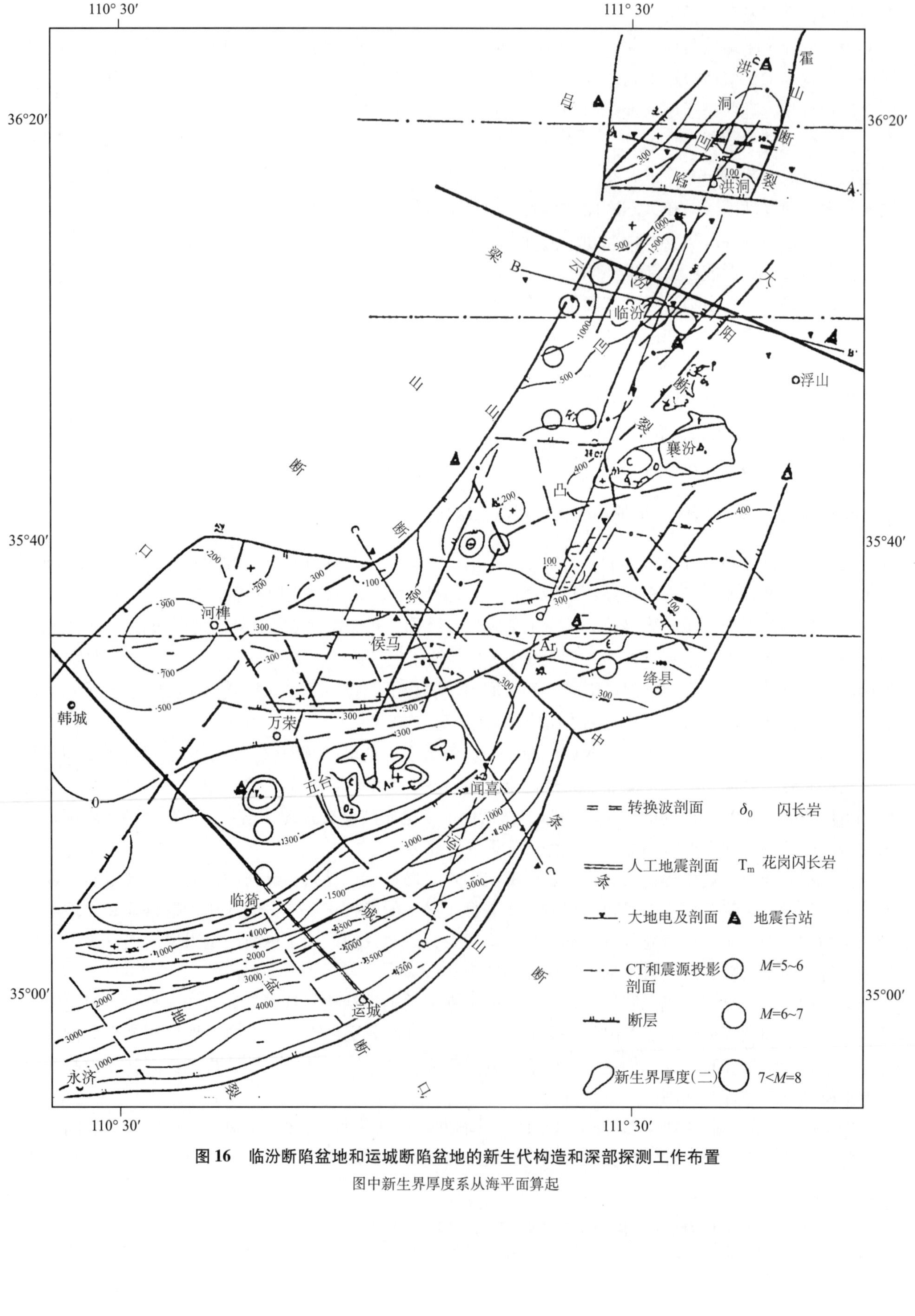

图 16　临汾断陷盆地和运城断陷盆地的新生代构造和深部探测工作布置

图中新生界厚度系从海平面算起

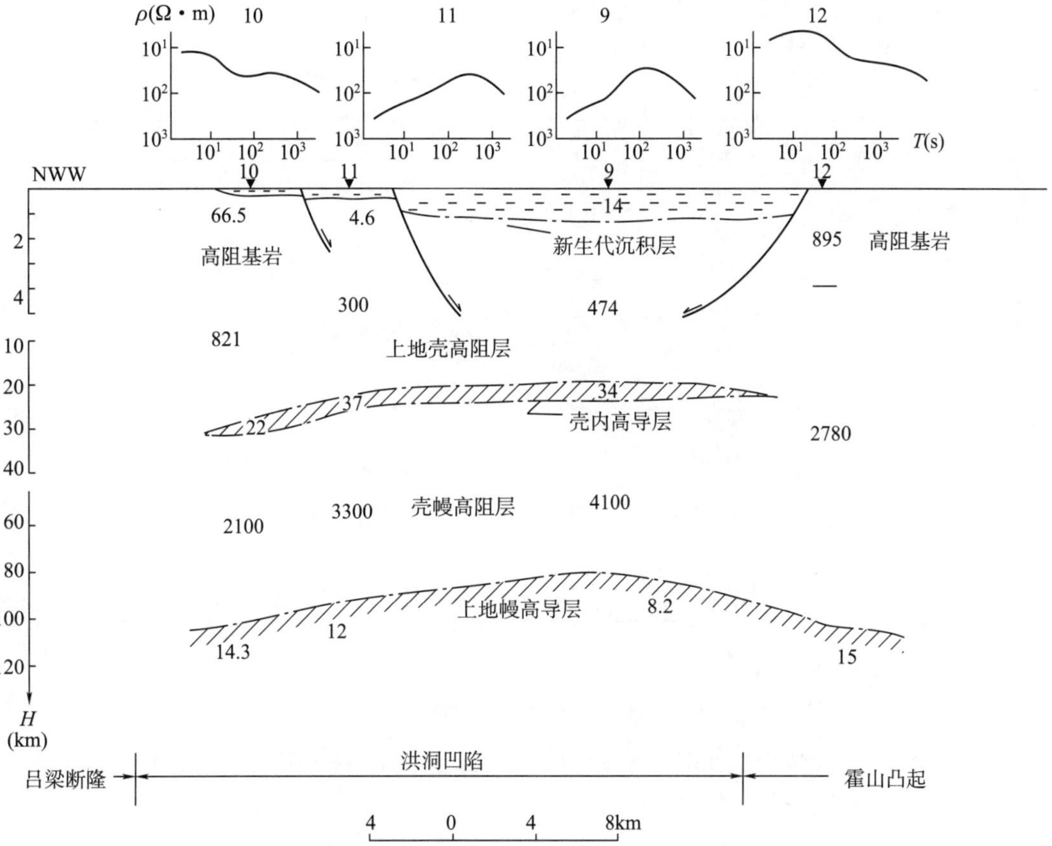

图 17　沿 NWW 向横切洪洞凹陷的地壳上地幔电性结构剖面（剖面 A—A′）

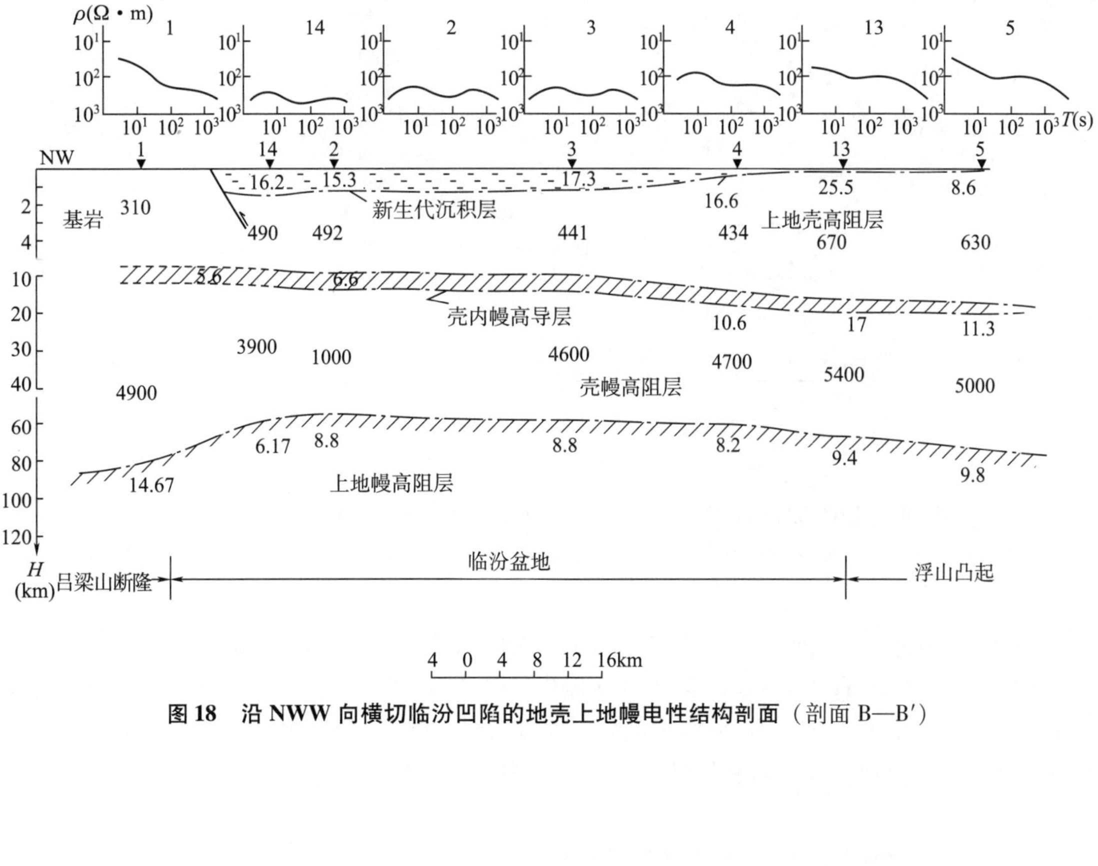

图 18　沿 NWW 向横切临汾凹陷的地壳上地幔电性结构剖面（剖面 B—B′）

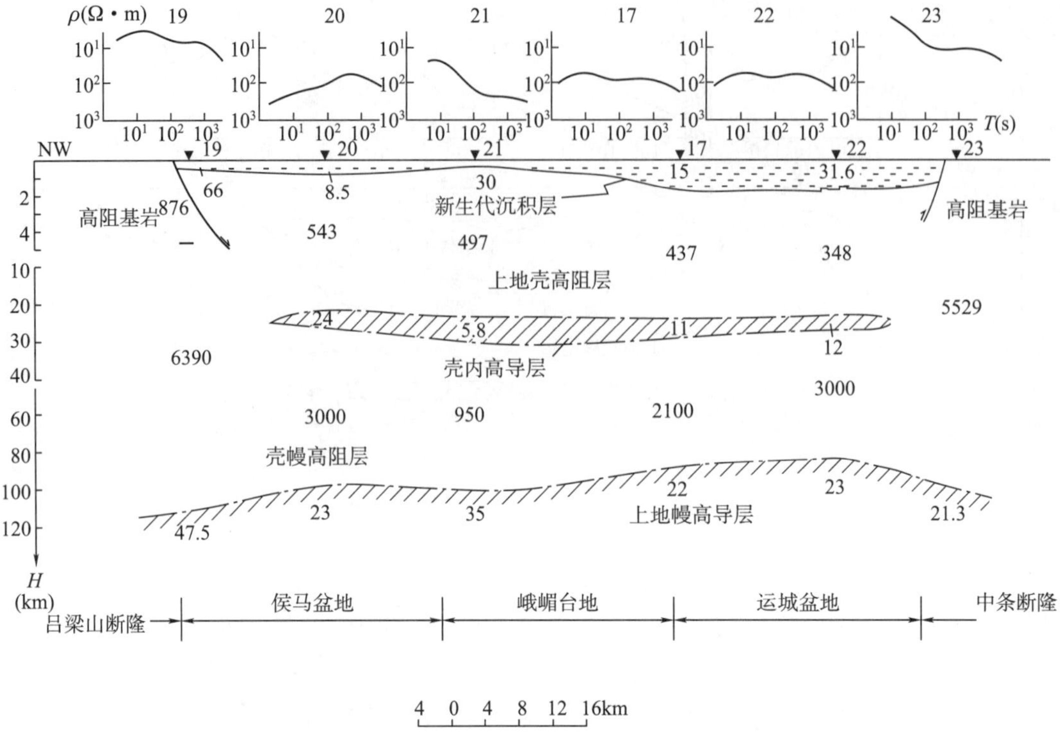

图 19　沿 NW 向横切运城-侯马盆地的地壳上地幔电性结构剖面（剖面 C—C′）

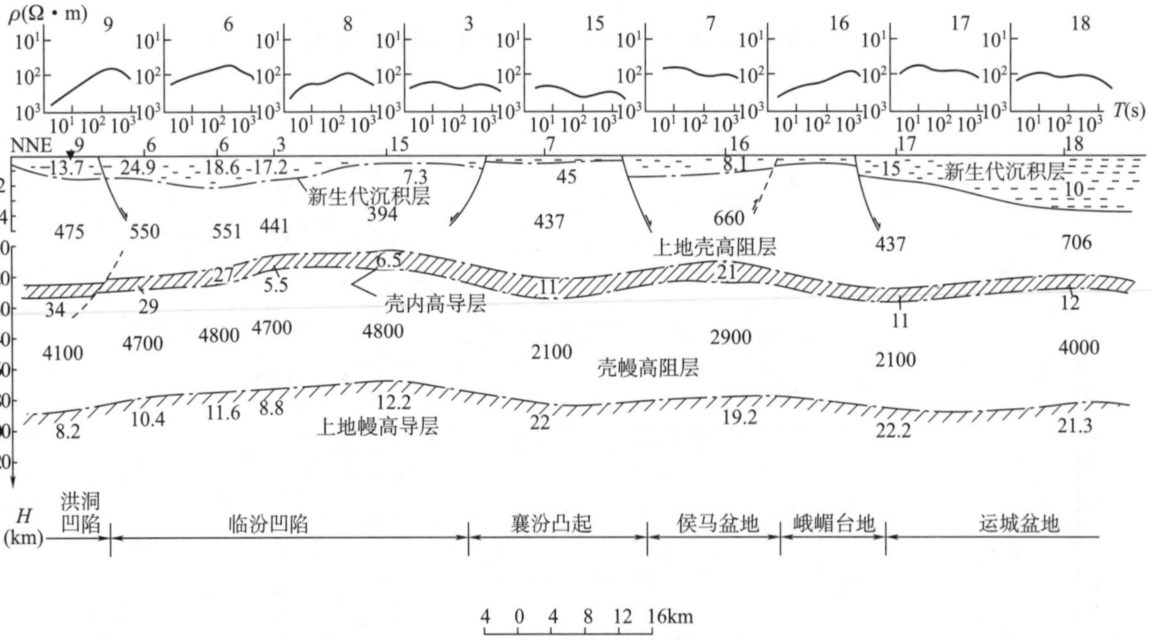

图 20　沿 NNE 向断陷盆地走向方向的地壳上地幔电性结构剖面（剖面 D—D′）

上述 4 条剖面各自上方的曲线及编号代表纵向视电阻率曲线和测点编号；图中的深度比例尺是不等间隔的

从图 17 至图 20 可见，在研究区范围内，特别在断陷盆地内部及邻近，壳内有高导层发育，厚 5～10 km，电阻率值 10～20 Ω · m 左右，向东西两侧山区方向壳内高导层有逐渐消失的趋势，其埋深变化见图 21。从图 21 可见，在临汾凹陷壳内高导层埋深最浅，约 10～12 km。向外围逐渐加深，但向南北两侧埋深变化比较迅速。在运城和侯马盆地一带壳内高导层埋深达 20～25 km，在其东西两侧中条山和吕梁山断隆区，壳内高导逐渐消失。沿断陷盆地 NNE 方向，壳内高导层从北而南逐渐加深。

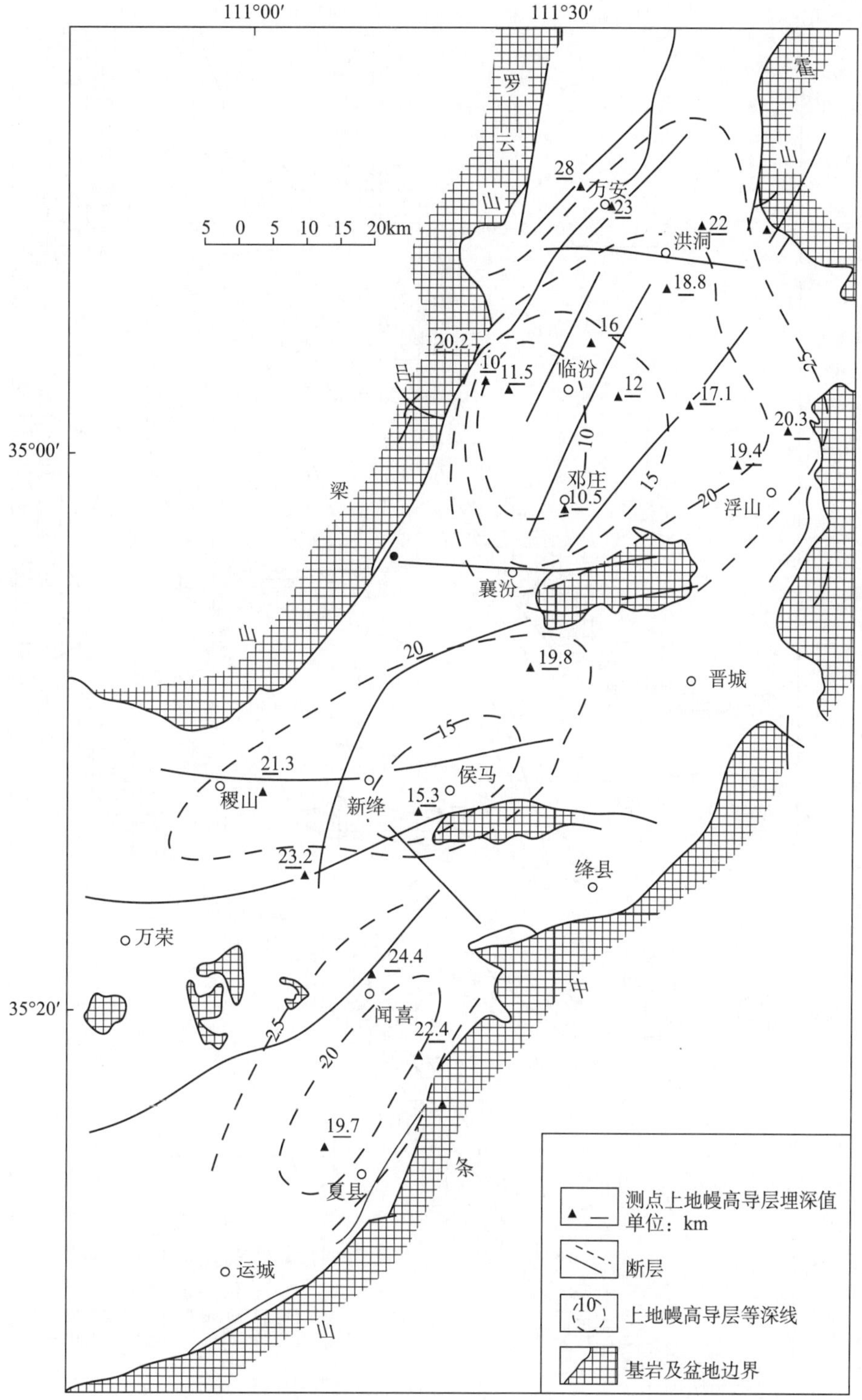

图 21　临汾和运城断陷盆地壳内高导层埋藏深度

从图 17 至图 20 还可见，在本研究区范围内普遍探测到了上地幔高导层的存在，其电阻率值约 10～20 Ω · m，正如前述它相当于上地幔软流圈。根据图 22 可见，上地幔高导层的埋深变化与壳内高导层的埋深变化基本同步。在临汾凹陷最浅，约 70～75 km，在运城和侯马盆地一带埋深为 85～100 km，向西部吕梁山和鄂尔多斯方向加深至 120 km 以上，向东部断陷盆地外围的山区加深至 100 km。

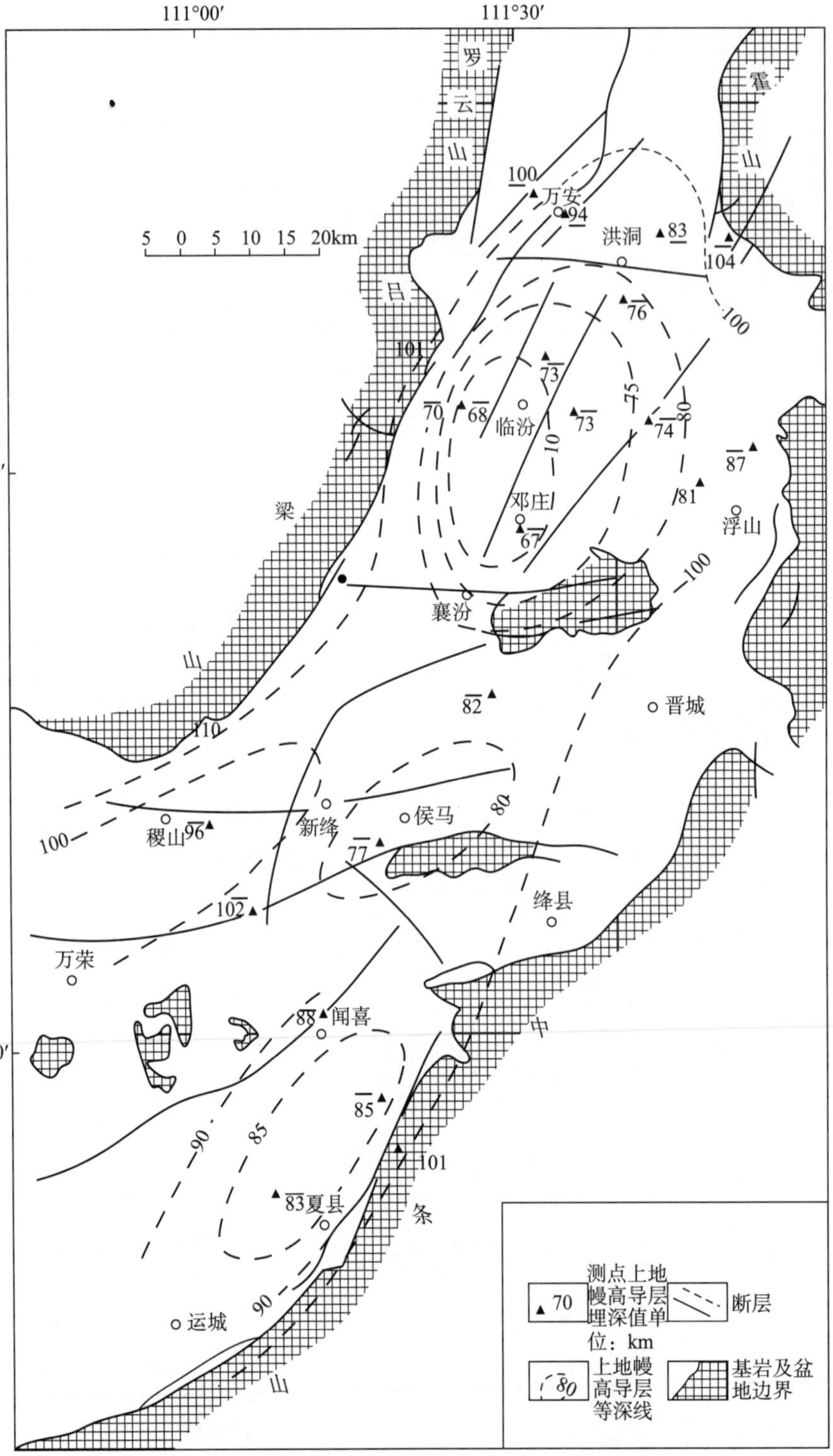

图 22　临汾和运城断陷盆地上地幔高导层埋藏深度

图 23 是横切临汾凹陷（剖面 B—B′）的电阻率—深度等值线图，它比较形象地反映了地壳上地幔范围内的电性结构。从图可见，在临汾凹陷下方上地幔高导层明显上隆，然后向 NWW 方向迅速下倾、向 SEE 方向缓慢倾伏；岩石圈地幔在凹陷下方明显减薄，两侧山区显著加厚；凹陷下方有壳内高导层

发育并向两侧山区倾伏、消失。

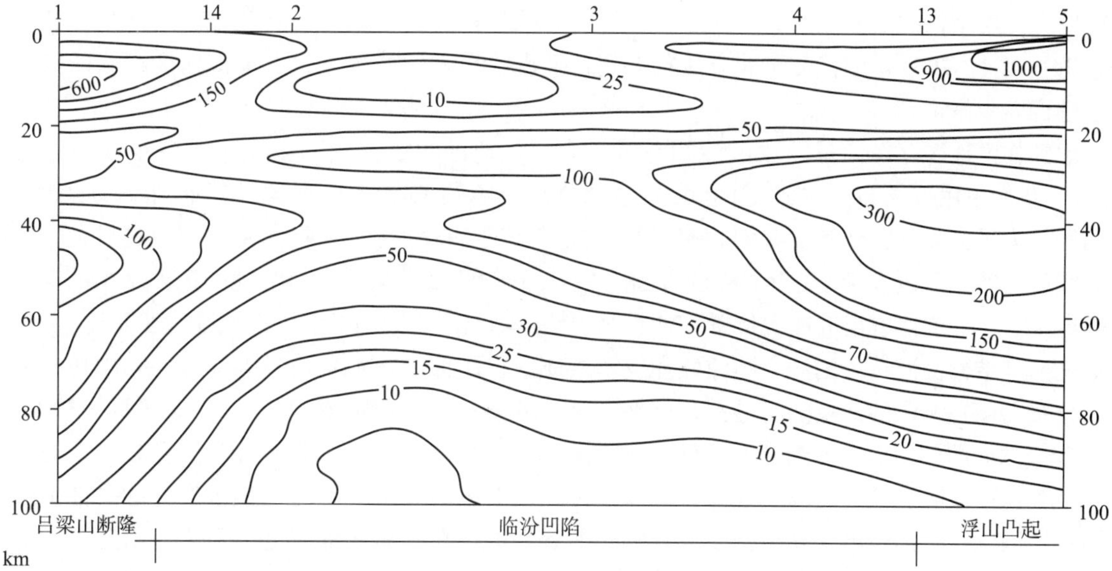

图 23 沿 NWW 向横切临汾凹陷的电阻率—深度等值线剖面

上述大地电磁测深探测结果表明，临汾和运城断陷盆地下方上地幔软流层明显上隆，上隆幅度达20～30 km，临汾凹陷下方上隆幅度最大，其上隆方式是向 NWW 向斜顶。

4.3 临汾和运城断陷盆地的地壳上地幔速度结构

前已述之，有两条人工地震测深剖面分别穿过临汾凹陷（图 13）和运城及侯马盆地（图 12），其剖面位置见图 16。这两条剖面所反映的本区的地壳上地幔速度结构，前面已经做过简单论述，为便于各种资料的综合分析，在此，再做一些必要的描述。从图 13 可见，临汾凹陷下方壳内有低速异常体发育，速度值为 5.9～6.0 km/s，比上覆和外围岩层的速度值约低 3%，其厚度值约 3 km，顶界埋深约11 km。该低速异常体与大地电磁法所发现的壳内高导层基本一致（图 18）。在凹陷下方约 20 km 以下的中地壳范围内，速度值也比两侧略低。在下地壳范围内，于凹陷下方有一个速度值较低的（6.5 km/s）的薄层，该层向剖面右侧，即 SEE 方向缓慢倾伏、延伸；在剖面左侧，即向鄂尔多斯断块方向，下地壳速度值从 6.65 km/s增至莫霍面附近的 7.30 km/s，属于正常的下地壳速度值。在凹陷下方，莫霍面有一个局部隆起，但其西侧还有一个局部隆起，同时非常值得注意的是，下地壳和中地壳的上界面依次地向临汾凹陷的西侧抬升。

图 12 是穿过运城、侯马盆地的人工地震测深剖面。该剖面的东南端终止于运域，由于测线延伸不够和炮点的限制，该剖面只能粗略的描绘出盆地下方的地壳速度结构。但仍明显可见在壳内 25 km 深处有低速异常体发育，厚约 6 km，速度值 6.2 km/s，比上覆及周围岩层的速度值低 4.5%。该低速异常体与壳内高导层的位置基本一致（图 19）。此外，莫霍界面在侯马盆地西北侧开始上隆；同样，上地幔内的速度等值线也呈明显上隆趋势，这与本区上地幔高导层上隆是一致的。

上述的人工地震测深法所探测的地壳上地幔速度结构与大地电磁测深法所探测的地壳上地幔电性结构，两者在基本特征上是一致的。

4.4 临汾及周围地区地壳三维速度结构

地震层析成像技术，通常称为地震 CT 法，是近些年发展起来的探测深部三维速度结构的地球物理方法。层析成像的实质是利用各方向测线的观测量，通过 Radon 反变换得到平面图像，再由大量的平面图像通过计算机辅助得到物体内部未知物理量的立体图像。在地震层析成像技术中，震源定位的准确度对地壳速度结构的反演质量有直接影响，因为震源位置和速度结构是互相耦合的参量。利用联合反演思想[33]，将 CT 理论的代数重建方法扩大到包括震源在内的情况下，在反演速度结构的同时对震源参数进行同步修正。

考虑到临汾地区存在大量的微震活动并有一个对该地区构成控制的由 9 个子台组成的地震台网（图 16），我们采用地震 CT 方法，利用联合反演思想，研究了临汾断陷盆地及其周围地区的地壳三维速度结构。为了完成这一任务，我们收集了临汾地震台网 1987 年至 1990 年 4 月的地震目录，从中挑选了研究区内的、震级大于 1.0 级的 317 个地方震，近 3000 个数据。在反演地壳速度结构的同时，还重新确定了这 317 个地方震的震源位置①。地壳速度结构反演拟合中的走时平均残差为 0.53 s。

地壳速度结构反演结果用数字图像处理技术绘成两种图像。一种是按不同深度间隔横切的地壳速度平面分布图像，所取的深度间隔是：2～8 km，8～14 km，14～20 km，20～26 km 和 26～32 km。

从 2～8 km 的横切面速度图像上可见，在临汾凹陷北半部和洪洞凹陷南缘附近存在一个局部低速异常体，其速度值明显低于周围地区。该低速异常体在形态和分布范围上与该区发育的局部负磁异常基本一致。因此，我们推测它是由密度较低的、非磁性的、低变质相的古老变质岩所引起，可能相当于残留的绛县群绿片岩相或中条群沉积浅变质相。该低速异常北缘与苏堡断裂大致相当。看来苏堡断裂的形成与变质基底结构有关。此外，从罗云山断裂中段起始有一条 WS 走向的相对高速带穿过侯马盆地并终止于峨嵋台地万荣以南的地震台站的下方，这里有中生代的花岗闪长岩出露；在航磁异常图上此相对高速异常带对应着正磁异常体；因此，我们推测它可能是侵入于基底中的岩体。

从 8～26 km 的几个横切面速度图像可见，罗云山断裂带以西存在一个 NNE 向的高速异常区，其向两端的延伸情况因地震台网的控制范围不够而无法明确。该高速异常区宽约 60 km，位于吕梁山断隆区的南段，该区下古生界地层广泛出露，变质基底埋深约 1 km（图 3）。该高速异常区在 14～20 km 深度间隔内虚波速度值达到最大，并一直延深到 32 km 深处。此外，临汾盆地在 8～14 km 深度间隔内出现低速区，随着深度的加大，该低速区逐渐向南西，即运城断陷盆地方向扩展；临汾和运城断陷盆地下方，在 26～32 km 深度间隔内，虚波速度值普遍偏低。一个共同特点是，罗云山断裂带以西为明显的高速异常区，临汾和运城断陷盆地下方是低速区，向断陷盆地以东速度值有缓慢升高的趋势。上述的地壳速度分布特征与人工地震测深剖面所获得的地壳速度结构一致。例如：沿 NWW 向横穿临汾凹陷的地震测深部面（图 13），在 11 km 深处发现有低速层，该低速层越过罗云山断裂向西延伸有 25 km；从 CT 结果可见，8～14 km 深度间隔内，临汾凹陷下方有低速区存在，同时它也越过罗云山断裂呈舌状向西延伸约 25 km。从图 13 可见，地壳内部的速度界面在临汾凹陷以西依次地向上隆升，它们正好对应罗云山断裂以西的高速异常区。此外，上述 CT 结果所反映的临汾和运城断陷盆地下方的低速区分布特征，与前述的大地电磁测深结果所反映的壳内高导层变化趋势也是一致的。

沿 EW 向分别切过洪洞凹陷、临汾凹陷和侯马盆地的地壳纵向速度剖面，其反映的地壳速度结构图像与前面所述的横切地壳的速度结构图像是一致的，只不过更形象地反映着速度随深度的变化。

4.5 临汾及其周围地区微震震源的三维定位

前已述之，在利用临汾地震台网所记录的、震级大于 1.0 级的 317 个地方震反演地壳速度结构的同时，也对这些微震进行了重新定位。图 24 是这些微震的震中分布，图中的红线是罗云山断裂的位置。可见，微震主要分布在罗云山断裂以东的洪洞凹陷、临汾凹陷和侯马盆地内部，运城盆地内部微

① 吴建春、田勇，1991，临汾盆地的三维速度结构及地震活动性，本课题专题研究成果。

震较少。

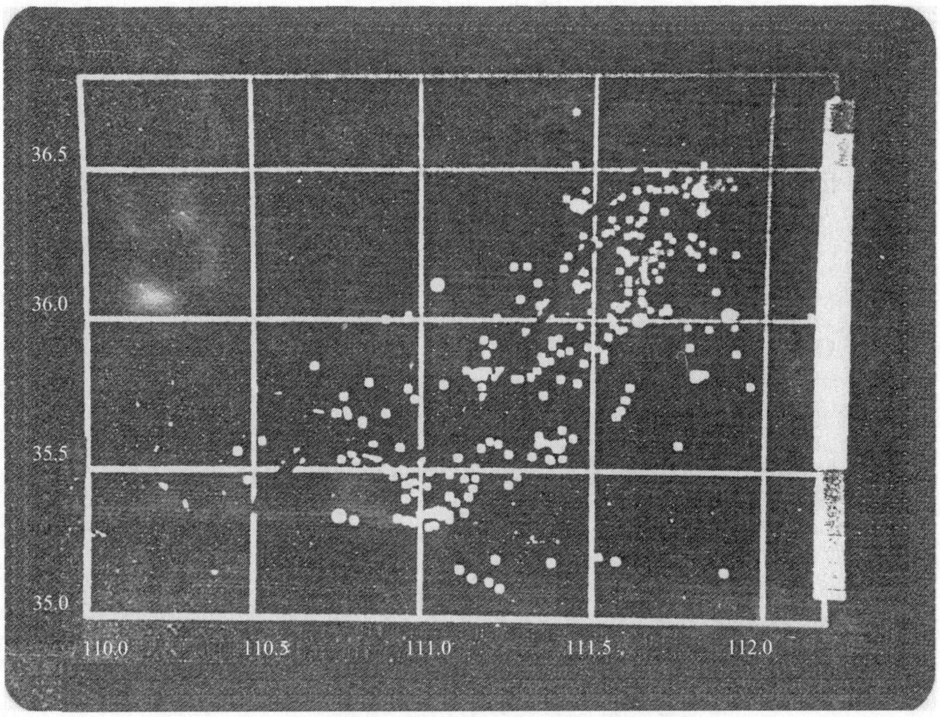

图 24 临汾及其周围地区微震震中分布图

为了具体了解微震震源的分布情况，我们把研究区按构造单位划分为三个子区，即洪洞凹陷、临汾凹陷和侯马盆地，将每个子区内的震源深度沿 EW 向进行投影（图 25、26、27），此外还将所有震源沿南北向，即近于上述构造单元的走向方向进行投影（图 28）。

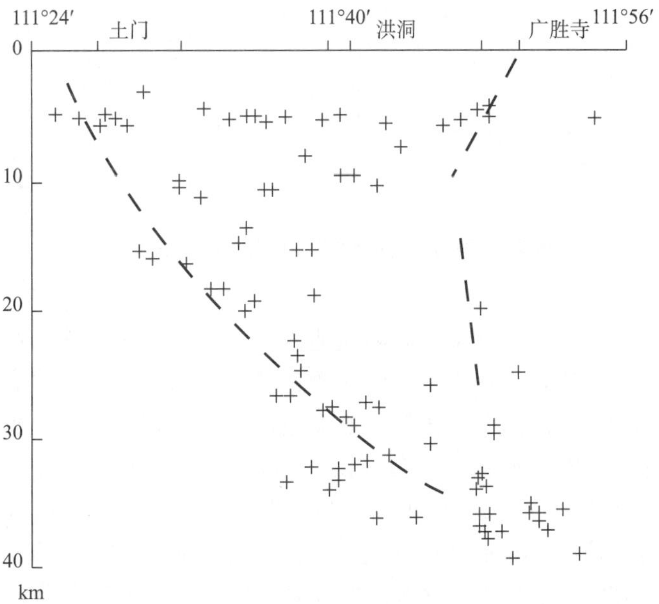

图 25 洪洞凹陷的微震震源沿 EW 向投影图

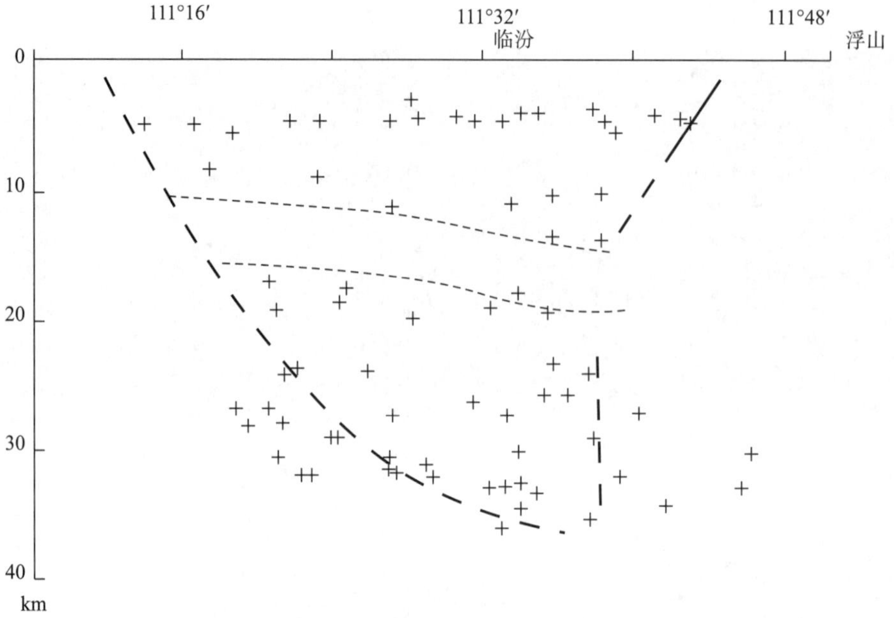

图 26　临汾凹陷的微震震源沿 EW 向投影图

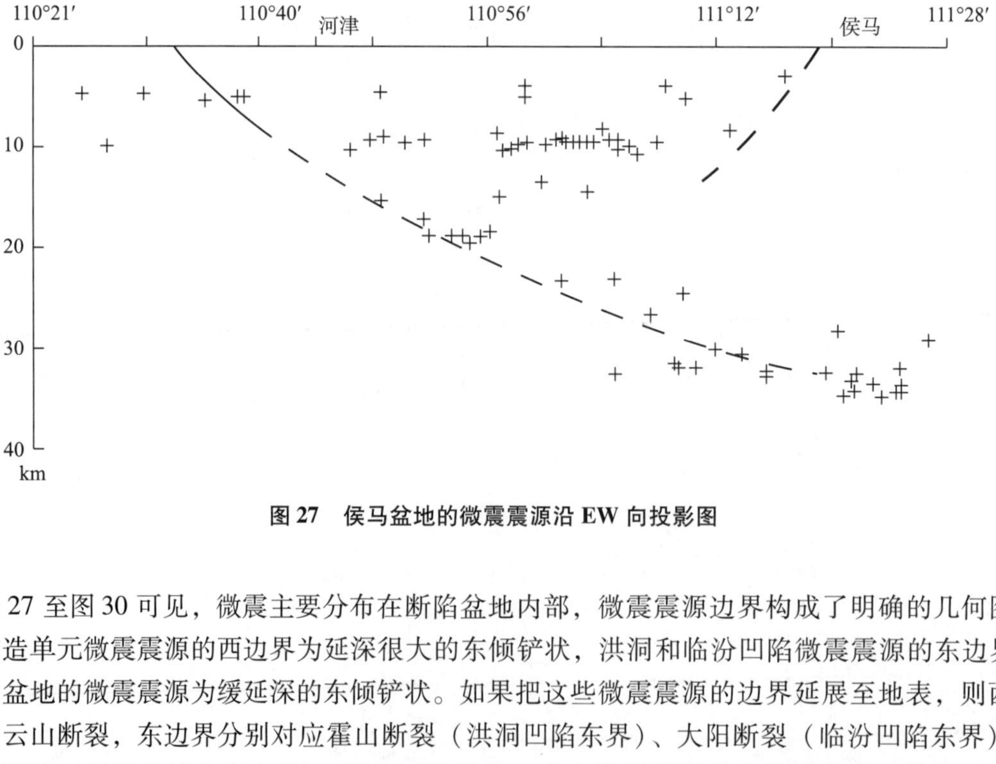

图 27　侯马盆地的微震震源沿 EW 向投影图

从图 27 至图 30 可见，微震主要分布在断陷盆地内部，微震震源边界构成了明确的几何图像。上述三个构造单元微震震源的西边界为延深很大的东倾铲状，洪洞和临汾凹陷微震震源的东边界呈半 X 形，侯马盆地的微震震源为缓延深的东倾铲状。如果把这些微震震源的边界延展至地表，则西边界正好对应罗云山断裂，东边界分别对应霍山断裂（洪洞凹陷东界）、大阳断裂（临汾凹陷东界）和峨嵋台地北缘断裂（侯马盆地东南边界）。因此可以认为，现今微震震源的边界可能代表着盆地下方的周边断裂和构造活动面的分布情况。其中侯马盆地西侧的微震震源边界之下延倾角小于其他两个凹陷，这可能与震源投影方向（EW 向）与侯马盆地延伸方向（NEE）之间的夹角较小有关。此外，从图 28 可见，在 10～14 km 深度面上出现一个微震空区层，厚约 5 km，它与前述的壳内低速-高导层的分布空间基本一致。从图 28 可见，从北而南大致沿盆地走向方向，壳内也有一个微震空区层，其上界面从

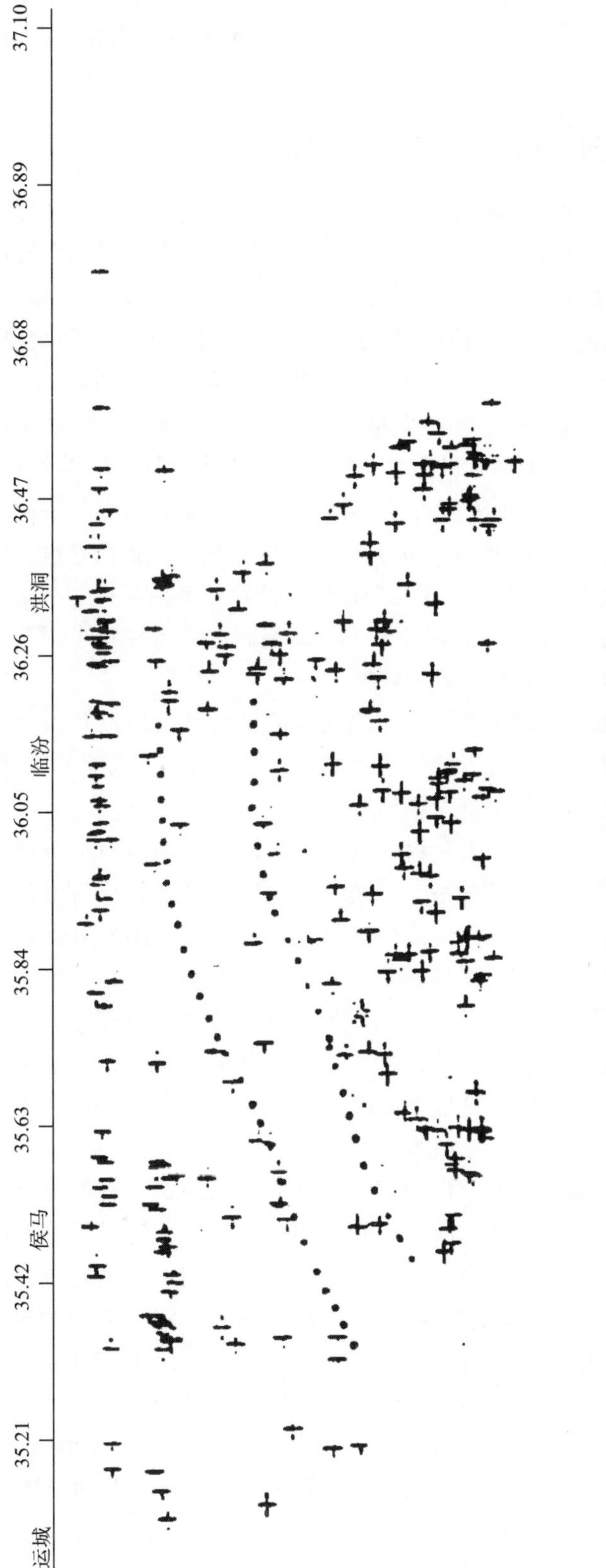

图 28　临汾、运城断陷盆地微震震源沿 SN 方向投影

临汾盆地向运城盆地下倾，这与前述的壳内高导层分布情况基本一致。由此可以推测，壳内低速-高导层是一个不爱发生地震的层位。从图 28 还可见，大致在 36°15′左右，有一条纵向垂直延深的微震震源密集带，它正好与 EW 向左旋走滑的苏堡断裂带一致，这表明苏堡断裂是一条活动的、陡倾角的、以走滑为主的地壳断裂。

4.6　临汾断陷盆地的形成机制及壳内低速-高导层的成因

临汾断陷盆地是山西断陷带的组成部分，关于山西断陷带或地堑系的形成机制，已有众多研究。邓起东等在对山西断陷带进行地震地质考察的基础上提出，该断陷带是一条右旋剪切拉张带，北段的 NEE 向诸盆地是右旋剪切带的张性构造[34]；刘光勋等认为，山西断陷带是一条 NNE 向大型剪切带发生顺时针水平错动而成，东侧地块向南、西侧地块向北运动，地块在重力作用下陷落成完整的地堑系[35]；已故张文佑教授根据野外观察和室内泥饼模拟实验结果提出，山西地堑系是一条剪切—拉张的锯齿状断裂带形成的，NNE 向的较窄地堑以剪切为主，而 NE 向的较宽盆地为拉张性质[36]；Molnar 等认为，山西、渭河断陷带是印度板块楔入欧亚板块所产生的近东西弧形剪切破碎带尾端的张性构造[37]；徐锡伟等在对山西地堑系的活动构造和地震活动性进行考察和研究的基础上提出，在右旋剪切作用下，形成了山西地堑系中段、由 NNE 向右旋剪切正断层控制的剪张性盆地，而在南北端形成了由 NEE 向正断层控制的尾端拉伸张性盆地[38]；罗焕炎教授在有限元数值模拟的基础上认为，地壳底部边界的局部隆起有利于山西地堑系的形成[39]。可见，多数研究者都充分注意了山西断陷带的平面展布特征，并强调了右旋剪切作用和剪切与拉张之间的转换关系。

本课题试图在深部构造探测的基础上并结合断陷盆地的结构和发展以及现今微震活动特征，探讨临汾断陷盆地的形成机制，因为这里的深、浅构造研究得比较充分，同时又是本课题的重点研究地区。然后，再用此机制检验其他断陷盆地的深部探测结果。

首先，我们回顾一下前面的航磁和重力资料分析和反演所获得的山西高原磁性基底结构和浅部密度界面构造与山西新生代断陷盆地之间的关系，以及莫霍面区域构造特征与山西新生代断陷之间的关系。这些关系表明：①断陷盆地是沿着磁性地壳构造边界裂开的，断陷盆地发育在宽达百公里的磁性基底隆起带，也是在浅部密度界面隆起带的背景之上；②山西高原地壳沿 NWW 向明显加厚以及地表一系列中生代时期的复背、向斜构造，是燕山运动时期该区遭受强烈 NWW 向挤压作用的结果，山西断陷带发生在地壳急剧变厚区的西侧边缘和这种挤压作用完全消失之后；③地质研究表明，山西断裂带各盆地的主边界断裂是随着中生代的逆断层发展起来的[25]。这些特点表明，山西断陷带的孕育与基底构造和早期挤压应力场的消失有一定因果联系。

由于临汾盆地的两个凹陷（临汾凹陷，洪洞凹陷）和侯马盆地都具有相同的或类似的地壳上地幔速度结构、电性结构和微震震源分布特征，故仅以临汾凹陷为例来探讨它们的形成机制。为此，我们把穿过临汾凹陷的人工地震测深剖面所获得的地壳上地幔速度结构、大地电磁测深剖面所获得的地壳上地幔电性结构以及 CT 方法所获得的地壳速度图像和浅部地震勘探方法所获得凹陷内部构造，以立体图式的方式表示在图 29 之中。该图纵、横比例尺大致为 1 : 1；图中的凹陷内部构造和断裂分布取自浅层地震勘探资料；地壳上地幔速度结构取自人工地震测深剖面（图 13），它与 CT 剖面所获得的地壳速度结构图像是一致的；壳内低速-高导层取自人工地震测深（图 13）和大地电磁测深剖面（图 18）；上地幔高导软流圈取自大地电磁测深剖面；凹陷西侧罗云山断裂向下延深情况取自微震震源投影剖面（图 26），其中虚线带表示推测的韧性剪切带；凹陷东侧的深部断裂也取自图 26；图中的空心圆圈代表我们推测的 1695 年 $M=7.5$ 级强震的震源位置。

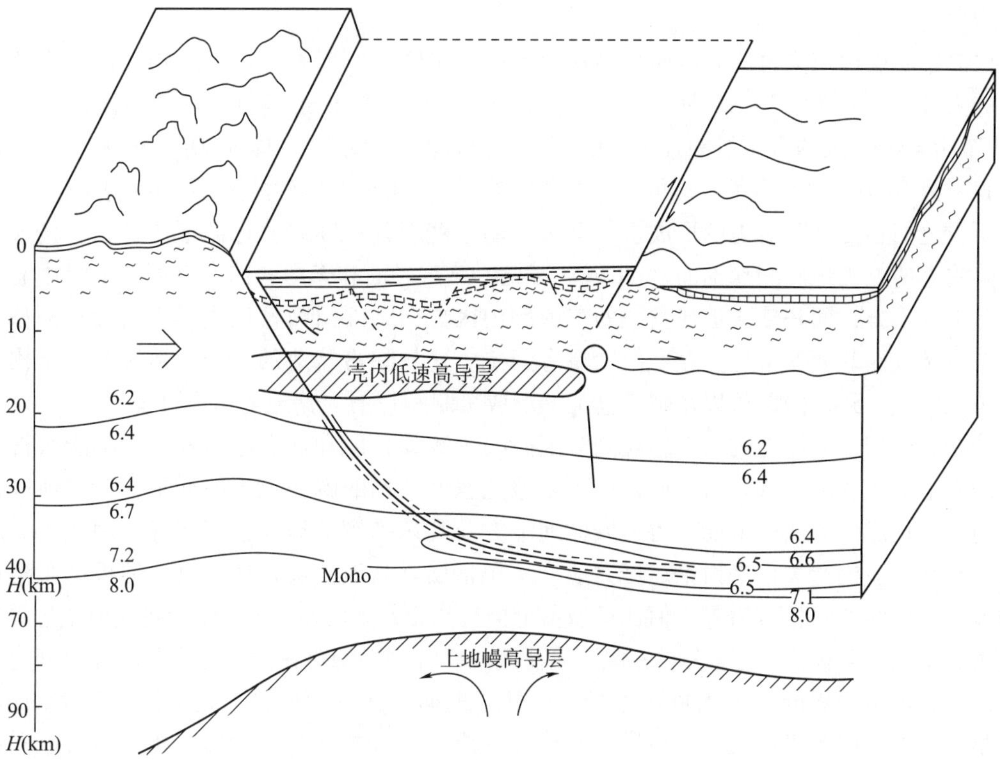

图 29 临汾凹陷深、浅构造及临汾凹陷的形成机制

根据图 29 的深、浅构造关系，我们可以推测临汾凹陷的形成过程如下：

（1）燕山运动时期的 NWW 挤压应力场完全消失后，山西隆起中部的地壳发生松驰；早已存在的宽达百公里的基岩隆起带，导致地表层产生 NWW 向引张应力，早期的中生代逆断层可能活化。

（2）由于地壳松驰和表层的 NWW 向引张应力场的存在，随着上地幔高导软流圈的非对称性上隆；在地壳非对称拉张和差应力作用下，在目前的临汾凹陷下方和其以东的软流圈上隆区上方的下地壳内部形成韧性剪切带，该剪切带是缓倾的、层状塑性流动的[40]，如图 29 中右边的、速度值较低的（6.5 km/s）下地壳便是。

（3）随着软流圈进一步上隆，韧性剪切带向上运动，当其穿过壳内脆韧过渡带后，韧性变形就转变为脆性变形，并与早期的中生代逆断层复合形成张性的主边界正断层；随着韧性剪切带的上升，韧性剪切带下盘地壳向左侧隆升，上盘地壳向右侧伸展，地表形成单断盆地，见图 29。这有些类似于“纯剪切”模式[41]。

由于上地幔高导软流圈的上隆中心位于临汾凹陷之下（图 22），因此临汾凹陷之下的韧性剪切带上升速率要大于洪洞凹陷，这样临汾凹陷地壳的东向伸展速率就要大于洪洞凹陷地壳的东向伸展速率，于是在两个凹陷之间形成了近 EW 向的、高角度的、左旋走滑的苏堡断裂。由于该断裂的右旋滑动，洪洞凹陷一侧相对西向运动，导致其凹陷中心东移。此外，我们推测断陷盆地东侧地壳的伸展方向并非完全垂直于盆地走向，而是具有一定的右旋分量，因而导致洪洞凹陷东侧的霍山断裂具有 NNE 向右旋走滑特征。

上述的断陷盆地形成机制可以较好地解释本区现今微震震源的分布特征：断陷下方由于壳内破裂发育又是断陷活动的主体部分，因此微震活动主要限于其内；断陷右边的罗云山断裂及其下延的韧性剪切带是控制断陷发展的主要活动带，因此也是微震活动的主要边界，虽然地壳的韧性部分具塑性，但在剪切运动中仍可发生微破裂而形成微震；断陷右边的断裂是断陷盆地的前缘破裂带，因此也是微震活动的边界之一。

谢富仁等用断层擦痕矢量法对山西断陷盆地的第四纪断层所反映的应力场特征做了系统观测，结果是主张应力轴（δ_3）为 NW-SE 向、近水平、主压应力轴（δ_1）近垂直，这表明浅部断层是纯张性的。对 27 个 $M=3\sim4$ 级的震源机制计算表明，主张应力轴不再水平、具有 20°～50°倾角，主压应力轴也不再垂直、具有 30°～40°倾角，这可能表明断陷盆地下方的壳内应力场受深部的剪切带活动所控制。

这里所讨论的临汾断陷盆地的形成机制也可以用于解释其他断陷盆地的形成过程。例如，根据穿过渭河断陷盆地的人工地震测深剖面（图 11）可见，莫霍界面和壳内各速度界面的上隆中心不是正对应着渭河盆地的下方，而是依次地向盆地的东南侧山区方向，即渭河盆地边界主断裂外侧偏移，此外渭河盆地下方及其西北侧的下地壳速度值则略有降低。这与临汾盆地的地壳上地幔速度结构和深、浅构造对应关系完全一致，因此可以用临汾盆地的形成机制解释渭河盆地的形成过程。

遗憾的是，横切运城盆地的人工地震测深剖面限于测线长度和炮点数不够，而不能获得运城盆地东南侧的地壳上地幔速度结构，对运城盆地下方地壳速度结构的解释也不能详细；由于地震台网布局的限制，地震层析成像方法也未能获得运城盆地下方及其东南侧的地壳速度图像。因此，无法依据深部构造特征和深、浅构造关系来讨论运城盆地（不包括侯马盆地）的形成机制。但根据布格重力异常图，运城盆地东南侧的布格重力异常值比运城盆地内部高出约 50 mGal（其他断陷盆地主边界断裂外侧的布格重力异常均显著偏高）。这表明，像渭河盆地一样，这里的莫霍面和壳内各速度界面也是向运城盆地的东南侧，即主边界断裂外侧依次上隆。此外。根据前述，运城盆地是渭河断陷带的组成部分，均发育于早第三纪，因此可以认为它与渭河盆地的形成过程基本同步。这样，在运城盆地和侯马盆地范围内，可能存在两个不同时期的、控制断陷盆地形成和发展的壳内韧性剪切带上升过程。一个开始于早第三纪，韧性剪切带向 SSE-ES 方向上升，它控制着渭河和运城盆地的形成与发展；另一个形成于新近纪上新世，韧性剪切带向 NWW-NW 方向上升，它控制着临汾盆地和侯马盆地的形成与发展。

正如前述，在本研究区的断陷盆地范围内发现有壳内低速-高导异常体的存在，其埋深在临汾盆地为 10 km 多（属上地壳），在侯马和运城盆地为 20 km 多（属中地壳）。关于壳内低速层和高导层的成因问题，国内外已有很多研究[42]。本区壳内低速层和高导层的特点是，两者共存、电阻率值很低（仅 10～20 Ω · m），但速度值仅比上覆和周围岩层低 3%～4.5%，同时又是地震空区层。根据前面研究，在临汾盆地的上地壳范围内可能有绿泥石相变质岩存在，而绿泥石的脱水为 280～480℃[43]；根据本课题对临汾盆地的地壳上地幔温度分布的计算结果，在壳内低速-高导异常体出现的深度上其温度值为 300 ℃。因此我们认为，临汾盆地下方的壳内低速-高导异常体是由绿泥石矿物脱水造成的。前面曾经指出，侯马和运城盆地的地壳温度值应低于临汾盆地，前两者的壳内低速-高导异常体出现在中地壳 20 多公里深处。估计在该深度处的温度值约 500 ℃。因此我们推测，侯马和运城盆地的壳内低速-高导异常体是中地壳范围内黑云斜长片麻岩中黑云母矿物脱水造成的。因为在这样的深度范围内，黑云母矿物的脱水温度为 480～550 ℃[43]。根据在相应温压条件下的实验结果，含有脱出水的绿泥石相变质岩和黑云斜长片麻岩承受差应力能力很低，在变形过程中表现出明显的塑性行为[44]。因此，壳内低速-高导异常体内部没有明显地震活动是可以理解的。

4.7　临汾断陷盆地的大震孕育和发生条件及未来大震可能性分析

临汾断陷盆地中的洪洞凹陷和临汾凹陷在 1303 年和 1695 年分别发生了 $M=8.0$ 和 $M=7.5$ 级的大震。我们认为，前节所给出的临汾断陷盆地的形成机制和发展过程，不可能是这种大地震孕育和发生的主导原因，因为图 27 所给出的模型是一个比较开放、没有很大障碍的系统，因而在断陷盆地发展过程中不会形成巨大的应力积累、产生巨大的地震。但如果考虑临汾凹陷盆地东边界下方的、高角度的深部断裂之存在（正如前述这个深断裂可能是中生代时期发生的），以及考虑具有塑性的、壳内低速-

高导异常体的存在，那么应力积累条件就会发生截然的变化。首先，深部高角度断裂与浅部的断裂之间，存在一个上、下断层倾向不同但又不连通的空间，这种空间最易于应力的积累而又具有较高的力学强度。其次，具塑性的壳内低速-高导异常体，由于其力学性质的差异在其边缘地带最易积累应力；同时它还可将其内部应力传递给上方的脆性地壳[23]，以及给巨大的应力释放所产生的地震断层让位。根据前面介绍的深部探测结果，洪洞凹陷也存在这种地壳结构和物性特征。因此，我们认为，它们就是1695年临汾大震和1303年洪洞大震的孕育和发生条件。根据对邢台、海城和唐山大震区的深部探测结果，在震源区附近几乎都有类似于上述的震源结构[26]。由于没有深地震反射剖面穿过洪洞和临汾大震震源区，因此上述的震源结构乃是宏观的探测结果。经过1303和1695年的两个大震之后，原有震源体的连通情况如何仍不得而知。最近王椿镛等在邢台大震区做了深地震反射剖面，发现1966年3月24日7.2级大震区的震源结构与这里的震源结构很一致，但震源体已显出明显的破碎现象。1303年洪洞8.0级地震和1695年临汾7.5级地震虽然分别发生在两个新生代凹陷区，但两者相距仅数十公里，因此我们估计这里的震源体已经强烈破碎了，将来很难在原地再发生大于7.0级的大震。而根据现有的深部探测剖面，尚未发现临汾的其他地区有类似的大震震源结构存在，因此可以推测临汾的其他地区未来也很少可能发生大于7.0级的大震。

这里有一个问题，为什么侯马盆地、运城盆地和太原盆地没有7级以上的大地震发生？我们认为主要是不具备适合于高强应力积累的地壳结构条件和物性条件。侯马盆地和运城盆地是两个相向发展的断陷盆地，因此其间的上地壳破碎的比较厉害，不易积累高强应力；其次壳内低速-高导层处于20多公里深处，它对上地壳应力积累的贡献会明显减弱。正如以前所述，太原盆地及其周围地区位于结晶基底介质强度较弱的负磁场区，人工地震测深剖面（图15）也未发现壳内低速异常的存在，故而它不具备形成高强应力积累的介质条件。

这里我们没有探讨大震力源问题，我们认为它有两种可能：①来自鄂尔多斯西南边缘的NE向区域挤压应力场与引起断陷本身活动的深部应力场联合作用的结果；②伴随断陷盆地伸展而发生的外侧地块右旋滑动分量所导致的应力积累。

参考文献

[1] 余钦范、马杏垣，1989，华北地区航磁图像处理结果和地震构造解释，地震地质，Vol. 11，No. 4。
[2] 余钦范等，1990，亚东—格尔木地学断面的磁结构，中国地质科学院院报，第21号。
[3] 朱英，1986，中朝准地台大地构造和深部构造的若干问题——再论华北地块，物探与化探，Vol. 10，No. 4。
[4] 马杏垣、吴正文，1979，华北地台基底构造，地质学报，Vol. 53，No. 4。
[5] 刘国栋，1980，华北断块区结晶基底的早期结构，华北断块区的形成与发展，北京：科学出版社。
[6] 邢集善等，1991，山西板内构造及其演化特征初探，山西地质，Vol. 6，No. 1。
[7] 邢集善等，1990，华北（奉贤—灵壁—长治—太原—白云鄂博）剖面，山西区段综合研究研究报。
[8] 刘福田等，1986，华北地区的地震层面成像，地球物理学报，Vol. 29，No. 5。
[9] 江钊等，1987，江苏响水—内蒙古满都拉地壳上地幔电性结构初探，地震地质。Vol. 12，No. 3。
[10] 中国岩石圈动力学地图集编委会，1991，中国岩石圈动力学概论，北京：地震出版社。
[11] 殷秀华等，1991，均衡异常与地壳表、浅层结构。
[12] 张存德等，1990，华北地区的现代构造运动，地震地质，Vol. 12，No. 3。
[13] 林中洋等，1991，福建宁德至青海门源地学断面。
[14] 孙武城等，1990，鄂尔多斯地块和银川盆地地壳上地幔结构。
[15] 嘉世旭、刘昌铨，1991，华北裂谷盆地南部菏泽—长治地震测深剖面结果解释，华北地震科学，Vol. 9，No. 2。
[16] 刘昌铨等，1991，江苏响水—内蒙古满都拉地学断面地震折射测深结果，地震地质，Vol. 13，No. 3。
[17] 孙武城等，1988，对华北地壳上地幔的探测与研究，中国大陆深部构造的研究与进展，北京：地震出版社。

[18] 刘国栋、刘昌铨，1982，华北北部地区地壳上地幔构造及其与新生代构造活动的关系，中国科学，B 辑，No. 12。

[19] 吴宗絮、郭才华，1991，冀东陆壳结构的岩石学模型，地震地质，Vol. 13，No. 4。

[20] Kern，H.，1982，P-and S-Wave velocities in crustal and mantle rocks under the simultaneous action of high confining pressure and high temperature and the effect of the rock microstructure，High - pressure researches in geoscience，E. Schweizerbartsche Verlagsbuchandlung，Stuttgart.

[21] 曾融生等，1988，从地震折射和反射剖面结果讨论唐山地震成因，地球物理学报，Vol. 31，No. 4。

[22] 刘国栋等，1982，地震地质背景，1976 年唐山地震，北京：地震出版社。

[23] 刘国栋等，1984，华北地区壳内高导层及其与地壳构造活动性的关系，中国科学，B 辑，No. 9。

[24] Byerlee，J. D.，1968，Brittle-ductile transition in rocks，J. Geophys. Res.，Vol. 73，4741-4750.

[25] 国家地震局《鄂尔多斯周边活动断裂系》课题组，1988，鄂尔多斯周边活动断裂系，北京：地震出版社。

[26] 刘国栋、宋惠珍，1992，孕震层结构和物性，大陆多震层研究——国际大陆多震层学术讨论会论文选集，北京：地震出版社。

[27] 邢集善等，1991，山西省深部地球物理综合研究报告——大陆板内构造及深部过程初探。

[28] 刘国栋，1990，大地电磁测深法在岩石圈研究中的应用及中国大陆地壳上地幔电性结构的基本特征，岩石圈研究基本问题和方法，北京：冶金工业出版社。

[29] 黄少鹏，1989，中国大陆地区热流数据的分布及其初步分析，地震地质，Vol. 11，No. 3。

[30] Adam，A.，1978，Geothermal effects in the formation of electrically conducting zone and temperature distribution in the Earth. Phys. Earth Planet. Inter. Vol. 17，21-28.

[31] A. A. 考夫曼 . G. V. 凯勒，1981，大地电磁测深法，刘国栋等译，北京：地震出版社。

[32] Liu Guodong，1987，MTS studies on the upper mantle conductivity in China，PAGEOPH，Vol，125 Nos. 2/3.

[33] 吴建春，1990，CT 技术在新丰江水库的应用，中国地震，No. 4。

[34] 邓起东，1984，断层性状，盆地类型及其形成机制，地震科学研究，No. 2。

[35] 刘光勋等，1982，山西地堑系及其地震构造特征，全国构造学术会议文集，第 3 卷，北京：科学出版社。

[36] 张文佑等，1981，地堑形成的力学机制，地质科学，No. 1。

[37] Molnar，P.，et al.，1975，Cenozoic tectonics of Asia，effects of a continental collision，Science. Vol. 189.

[38] 徐锡伟等，1992，山西地堑系的新构造活动及其形成机制，大陆构造和成控作用讨论会论文先集，北京：中国地质大学出版社。

[39] 罗焕炎等，1988，山西裂陷盆地带形成机制的初步数字模型，地震地质，No. 1。

[40] 张青，1991，拆离、伸展构造变质核心杂岩的若干问题，山西地质，Vol. 6，No. 1。

[41] Lister，G. S.，and Davis，G. A.，1985，The origin of matamorphic core complexes and detachment faults formed during Tertiary continental extension in the northern Colorado River region. U. S. A. J. Struct. Geol.

[42] 刘国栋，1984，地壳上地幔结构研究的某些新进展（一），（二），地震学刊，Vol. 1，No. 2。

[43] 马宝林，1991，山西裂谷带南段地壳岩相结构和壳内异常层。

[44] 李彪等，1991，临汾地区主要地壳岩石的变形特征及潜在孕震层。

唐山地震震源构造及动力学过程的再认识*

刘国栋

引 言

1976年7月28日唐山发生了7.8级强烈地震，震中烈度高达Ⅺ度，使唐山地区的人民生命财产和经济建设遭受了极其严重的损失。十几年来，关于唐山大震的发震构造及大震成因问题，一直是人们所关注的重点研究课题之一。早期，虢顺民等从浅部地质构造分析出发，认为唐山地区是由外围不同方向的四组断裂所围限的菱形块体[16]。该块体新生代时期活动强烈，块体中央的唐山断裂带构成了闭锁地段，形成了地震能量的积累并导致大震的发生。唐山地震工作队和杨理华等认为，唐山地区位于两个陆地小板块构造边界带的交会处[12,17]，它构成了唐山地区发生强震的地质背景，发震构造与NE向的宁河—唐山断裂与开平向斜在唐山地区交会有关。马瑾等利用有限元分析，认为唐山地震的发震模型是NE向断裂与EW向断裂交而不会的地区形成应力集中的结果[1]。强祖基等通过卫星图像解释和第四纪沉积厚度变化分析，认为唐山地震发震构造是NNE向陡河断裂、唐山断裂与NWW向昌平—丰南断裂组成的多组活动断裂的交会部位[15]。刘国栋等根据当时的深部探测资料，认为唐山地区深部构造比较复杂，存在着隐伏的深断裂[4]。由于渤海地区地幔强烈上隆引起上地壳沿壳内低速带侧向滑动，在深部构造复杂的唐山地区受阻并形成应力积累，导致大震的发生。刘昌铨等根据宽角反射-折射剖面探测结果，认为唐山地震的孕育和发生与壳内低速异常体关系密切[10]。陆涵行等根据深地震反射剖面的探测结果，认为唐山—古冶断裂、陡河断裂、唐山—巍山—长山南坡多组断裂组成的唐山断裂带形成了复杂的结点，导致了多点源的应力集中，加之新生代以来的断块之间发生的差异运动共同提供了孕育强震的条件[13]。曾融生等根据地震折射和反射剖面的解释，认为地幔物质自开平向斜下的地壳断裂上升，使地壳物质软化，因此在区域应力场作用下易于发生错动[14]；同时，热物质上升还在地壳上部形成附加拉应力，产生正断层，而在地壳中部形成附加的压应力，使震源介质加速破坏。朱岳清等根据三维有限元分析结果，认为地幔上隆对于唐山地震的孕育和发生起着重要作用[3]。此外，还有不少其他研究结果和认识，在此就不一一介绍了。

为了研究唐山地震的发震构造，在1988～1991年间我们与德国科隆大学地球物理和大气研究所以及METRONIX公司合作，在该区开展了深部瞬变电磁法[19]研究。深部瞬变电磁法的测区选在丰南县西南郊，距唐山市中心约15 km。共布设四条测线，其中三条穿过1976年唐山地震断层，即剖面F8801、F8802和F8803，另一条剖面F8804顺断层方向展布。四条剖面总长为73.4 km，测点总数为80个，其中位于剖面线上的共74个。图1是唐山地区的地质构造图和第四纪沉积厚度以及深部瞬变电磁法剖面、深地震反射剖面和宽角反射-折射剖面位置。本文主要是建立在这些深部探测工作成果的基础之上。

* 本文原载于《现今地球动力学研究及其应用》，1994，70～83。

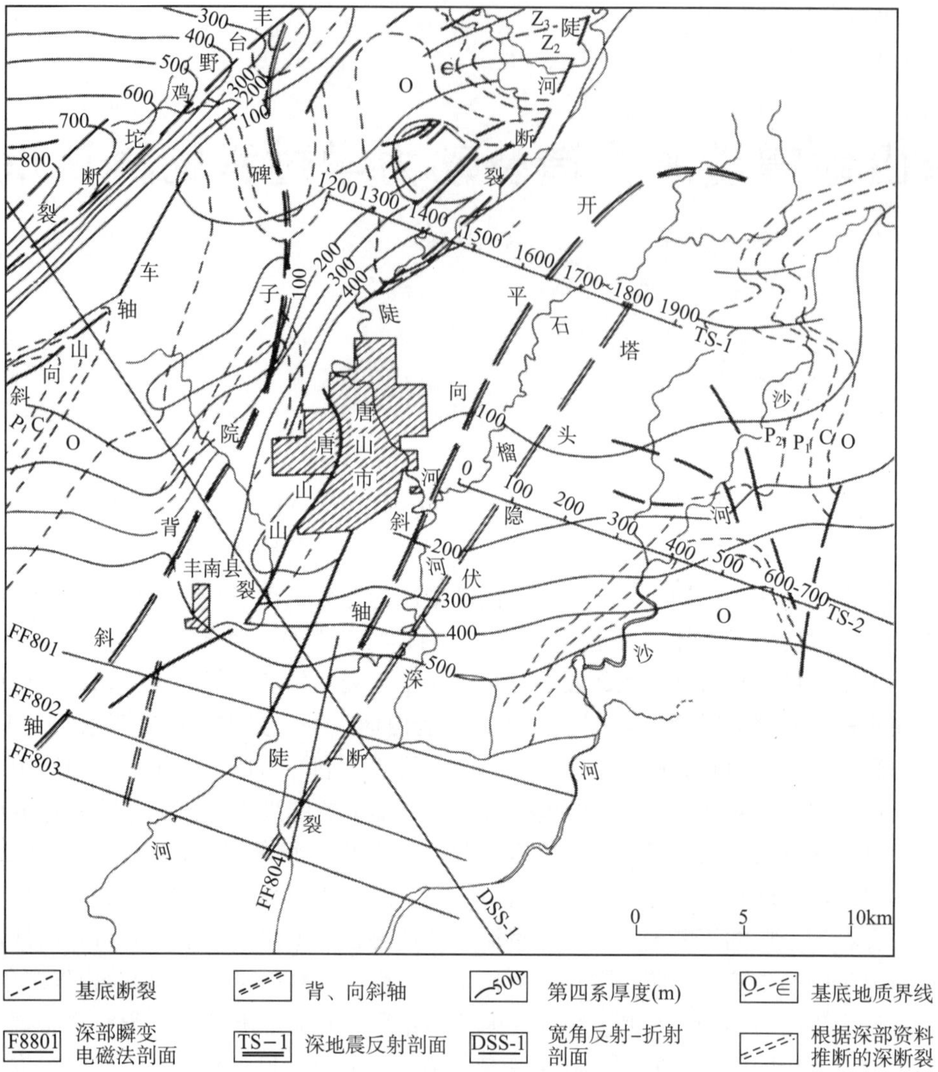

图 1　唐山地区地质构造图和深部探测剖面布置图

1　深部瞬变电磁法探测结果

深部瞬变电磁法的基本原理是：通过电偶极子对向地下注入稳定的电流（实际为方波电流，但可把方波电流的平顶部分视为稳定电流），此稳定电流将在地下介质中产生稳定磁场，当稳定电流被突然切断时，磁场迅速衰减。根据电磁感应定律，为了阻止这种衰减在地下介质中将产生二次电磁场，即所谓瞬变电磁场，该瞬变电磁场随着时间的延长，向下传播和向周围扩散。其传播速度、扩散方式和强度依赖于地下介质的电性结构特征。如果在地面上某点观测该瞬变电磁场的传播过程，就可以获得一条瞬变电磁场曲线。对该曲线进行处理和反演，便可获得该测点下的地下电性结构，包括地下介质的电性分层、层厚度和层电阻率值等。从原理上讲，在一个测点上只要观测一个方波电流所产生的瞬变场信号，便可以获得一条完整的瞬变场曲线。但由于瞬变场信号往往较弱，为了获得足够高信噪比的瞬变电磁场曲线，经常要向地下供入近百次、甚至数百次方波电流，并同时接收同样多次的瞬变场信号，然后对其进行叠加处理，就像地震法的多次叠加覆盖技术一样[20,6,9]。

下面我们依次介绍唐山地区四条剖面瞬变磁场数据反演结果，以及其中两条剖面（F8801 和 F8802）的瞬变磁场和瞬变电场数据的联合反演结果。因为另外两条剖面没有进行瞬变电场观测，因此无法进行联合反演。上述各条剖面线上的倒三角符号代表测点位置并给以编号，剖面中的横短线条代表电性层边界、竖短线条代表反演的深度误差范围，剖面中的数据代表各电性层的电阻率值。下述四条剖面的位置见图 1。在构造部位上该四条剖面基本上位于开平向斜之内，但三条 NWW 向剖面的西北端已进入碑子院背斜。

（1）剖面 F880l 是三条 NWW 向剖面中最北面的一条，长 24. 2km。该剖面共观测了 25 个测点的瞬变磁场数据，其反演结果见图 2；此外，还在 7 个测点上观测了瞬变电场数据，电、磁场数据联合反演结果见图 3。从图可见，两类数据反演的结果是一致的，但瞬变磁场的电性界面深度反演的误差范围较大一些。剖面中的第一电性层为低阻层，电阻率值 16～17 Ω · m，厚 1. 2～1. 8 km，该层在开平向斜较厚，向两侧逐渐减薄；第二电性层为高阻层，电阻率值在 100～200 Ω · m 之间变动，该层总的趋势是从 NWW 向向 SEE 方向加厚，然后又逐渐减薄，最厚处达 6 km。第三层为高导层，电阻率值仅几个欧姆 · 米。该层在剖面的 NWW 向段埋深为 4. 5～5. 5 km，在剖面中段突然加深至 8～9 km，然后抬升至 6～7 km。由于瞬变电磁法的发射功率有限，以及高导层对瞬变电磁场的屏蔽作用，因此无法探测到该层的厚度。如果我们仔细分析上述各电性层的埋深变化可见：

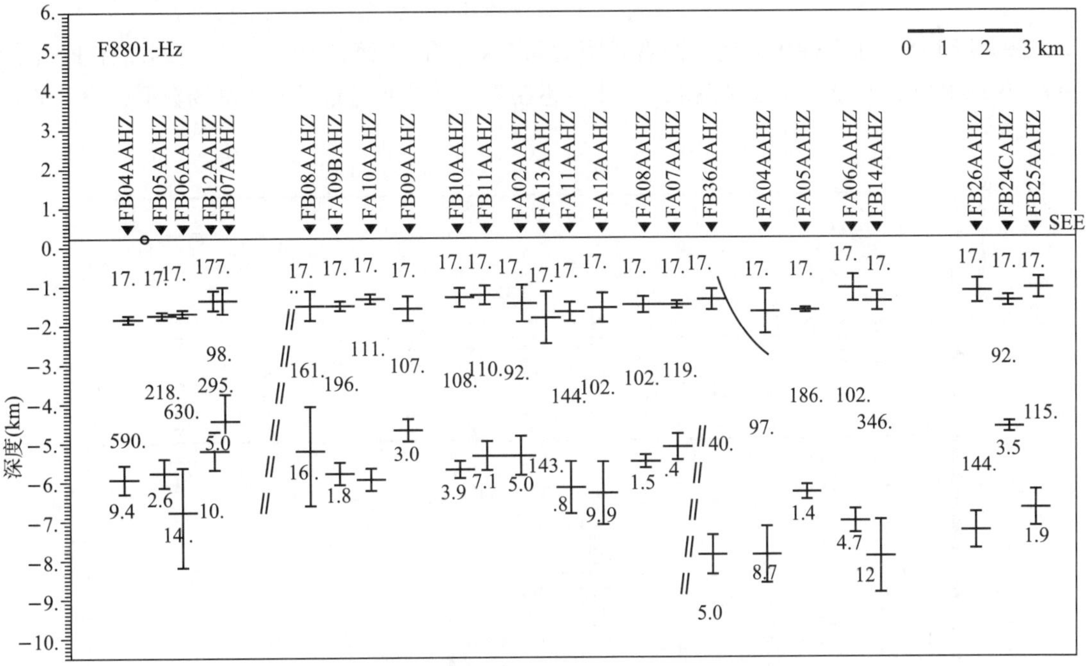

图 2 F880l 剖面瞬变磁场反演结果

垂直比例尺与水平比例尺相同；图中数据为电阻率值（Ω · m）

在剖面 NWW 向段的 FB07AA—FB08AA 测点之间（图 2），也即 FB07AA—FA09BA 测点之间（图 3）有一断层存在。沿该断层第一电性层底界埋深变化约 200 m，第二电性层的底界埋深变化约 1. 0 km 左右，西盘上升。此外，在剖面中段的 FA07AA—FB36AA 测点之间有隐伏断层存在（图 2，图 3），沿此断层第一电性层底界被错断约 300 m，第二电性层底界被错断达 2. 5 km，西盘上升。上述两条断层在其余的三条剖面，即 F8802、F8803 和 F8804 之中也有明显的反映。

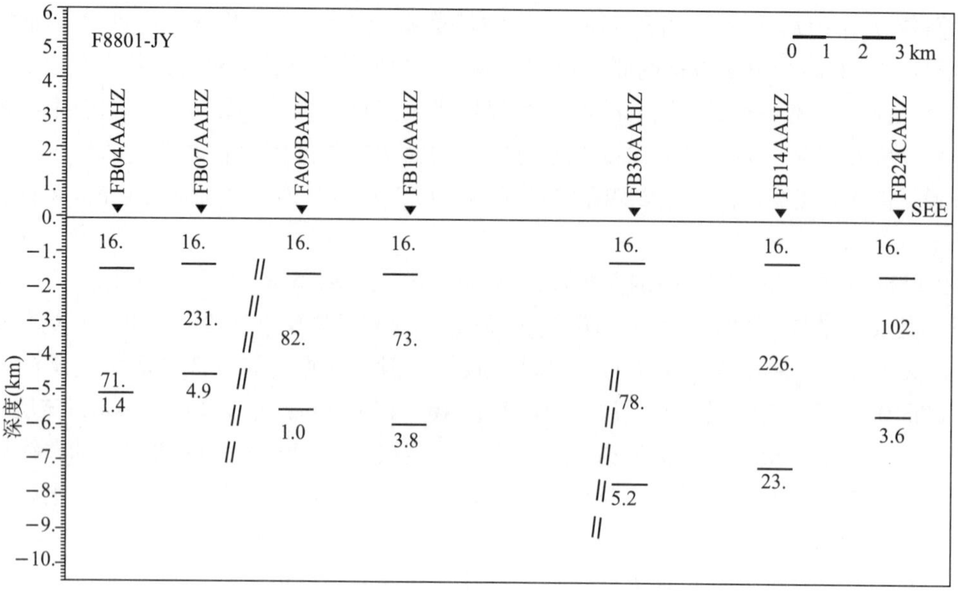

图 3　F8801 剖面瞬变磁场和瞬变电场联合反演结果

垂直比例尺与水平比例尺相同；图中数据为电阻率值（Ω · m）

（2）剖面 F8802 位于 F8801 以南，两者相距约 3. 5 km。该剖面长 19. 2km，沿剖面在 17 个测点上观测了瞬变磁场数据，其反演结果见图 4；此外，还在 7 个测点上观测了瞬变电场数据，电、磁场数据

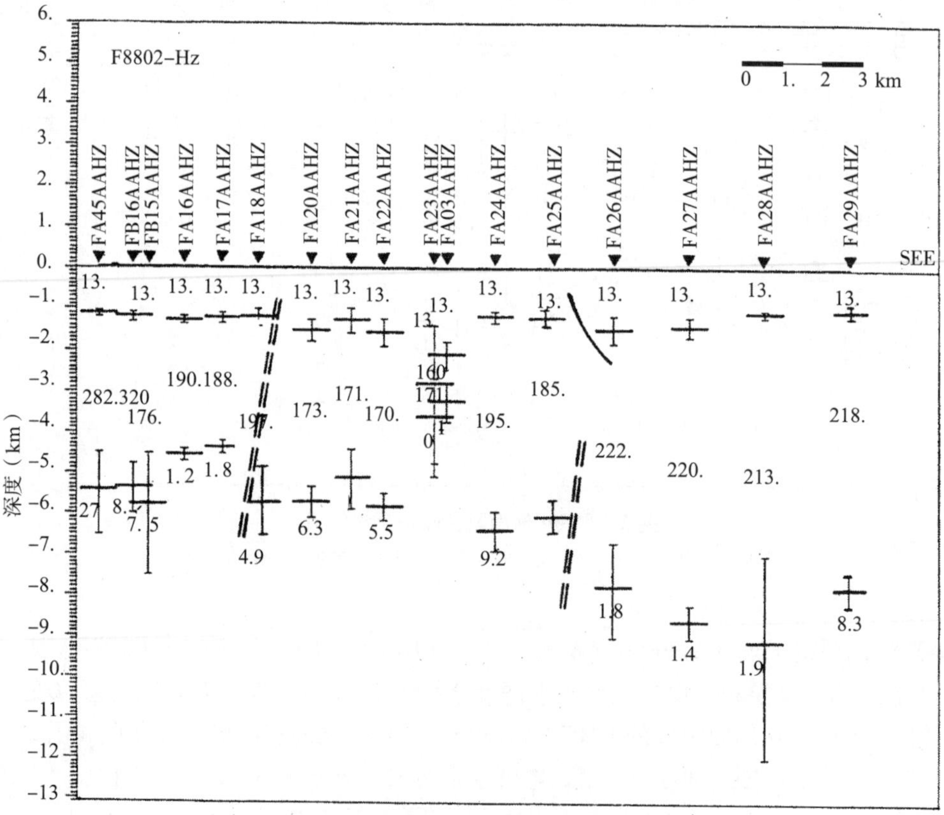

图 4　F8802 剖面瞬变磁场反演结果

垂直比例尺与水平比例尺相同；图中数据为电阻率值（**Ω · m**）

联合反演的结果见图5。本剖面的电性分层情况与剖面 F8801 完全一致，因此就不再重述了。从图4、图5可见，在测点 FA17AA—FA20AA 之间有一断层存在，该断层明显地错断了第二电性层底界达1.0 km，错断第一电性层底界约300 m；该断层与剖面 F8801 的 NWW 段断层一致。此外，在该剖面中段的测点 FA25AA—FA26AA 之间（图4），也即测点 FA26AA 以西（图5），有隐伏断裂存在，它错断第二电性层底界达2.0 km，错断第一电性层底界约300 m；该断裂与剖面 F8801 中段的隐伏断裂一致。

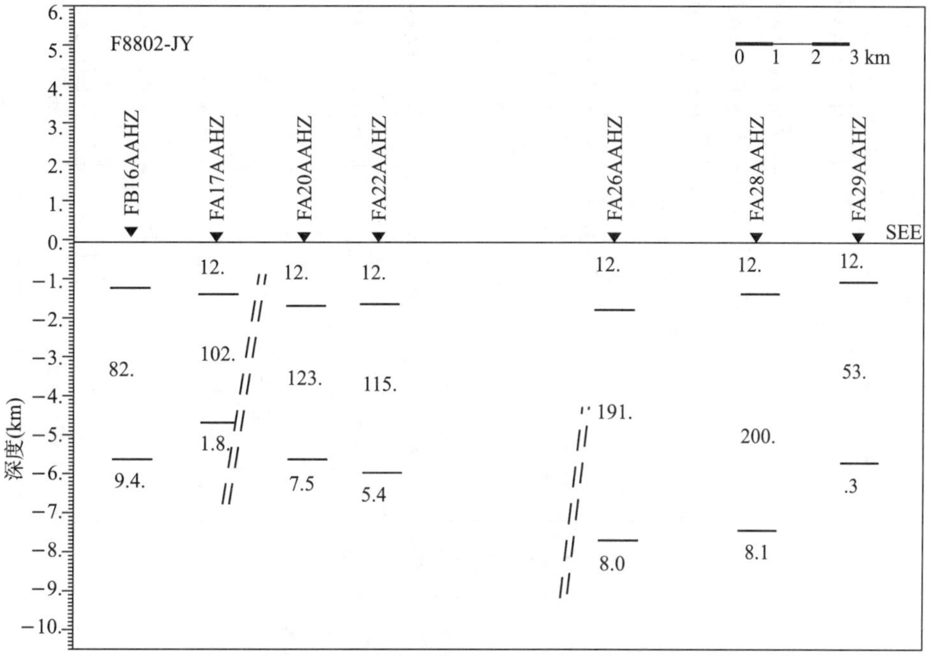

图5 F8802 剖面瞬变磁场与瞬变电场联合反演结果

垂直比例尺与水平比例尺相同；图中数据为电阻率值（Ω · m）

（3）剖面 F8803 是本测区最南边的一条剖面，距 F8802 约2.7 km，全长20 km，由13个瞬变磁场测点组成，未做瞬变电场观测，反演结果见图6。从图可见，该剖面的电性分层与上述两条剖面完全一致。但应指出的是，在本剖面上的 FA38AA、FA39AA 和 FA40AA 三个测点上的第一电性层和第二电性层的底界深度与其他测点显著的不协调，这三个测点的瞬变磁场曲线存在着明显的过冲现象，它是浅层三维不均匀体影响的结果。从图可见，在测点 FA47AA 以东和测点 FA36AA 以西分别有断裂存在，它们与上述两条剖面上的断裂相呼应。但由于在 FA38AA—FA40AA 三个测点上浅部三维不均匀性影响的结果，导致这些测点的电性层埋深很不准确，因此无法给出这些断裂的错距。

（4）剖面 F8804 与上述三条剖面近于垂直、接近 SN 向展布，全长10 km，由8个瞬变磁场测点组成，没有观测瞬变电场值。该剖面的瞬变磁场反演结果见图7。可见，本剖面的电性分层情况与上述三条剖面一致，从南而北在测点 FA34AA 附近，第二电性层底界突然上升，由剖面南段的8 km 埋深抬至6.3 km 左右，显然这里有断裂存在。然后向北逐渐抬升至5.0 km 左右。这条断裂与上述三条 NWW 向剖面中段的隐伏断裂位置一致。

下面我们对上述断裂的平面展布及其性质做一分析。当我们把各条剖面上的断点位置展布在平面图上（图1），可以清楚地发现，这两条断裂分别沿 NE15°和 NE30°延伸。沿 NE15°延伸的断裂分布在测区的西部，它似乎与陡河断裂及唐山断裂处于同一断裂带内，但走向偏西。这条断裂延深达6.0 km 以上，倾角很陡，因此推测为走滑断层。如果假定该断层向西倾，那么它就是逆冲走滑断层；如果假定向东倾，那么它就是兼有正断分量的走滑断层；目前我们采用第一种推断。沿 NE30°展布的隐伏断裂分布在开平向斜内部。关于该断裂的延伸情况及其性质我们将在下一节中结合深地震反射剖面的分析，进行详细研究。

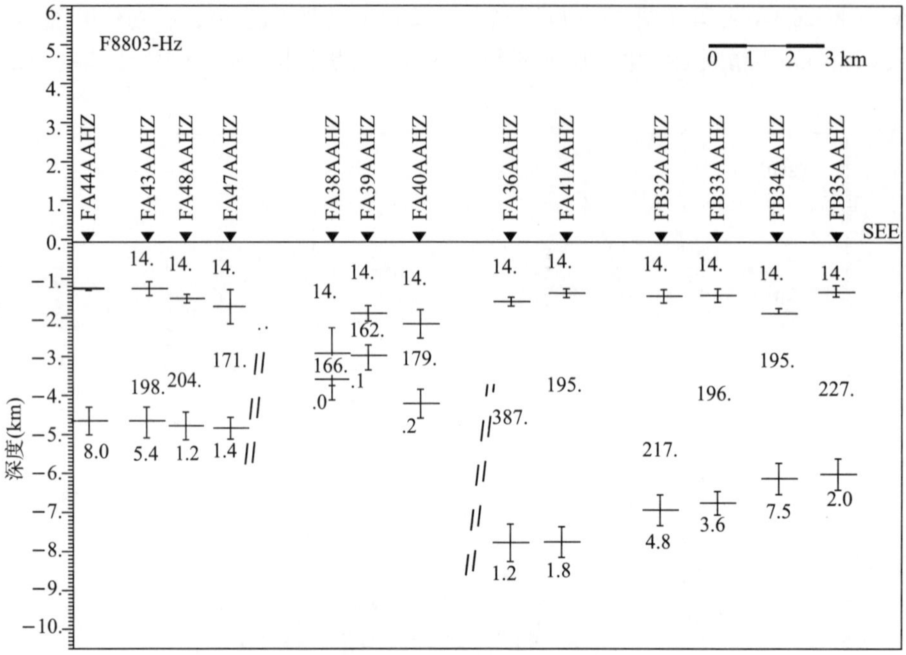

图 6　F8803 剖面瞬变磁场反演结果

垂直比例尺与水平比例尺相同；图中数据为电阻率值（Ω · m）

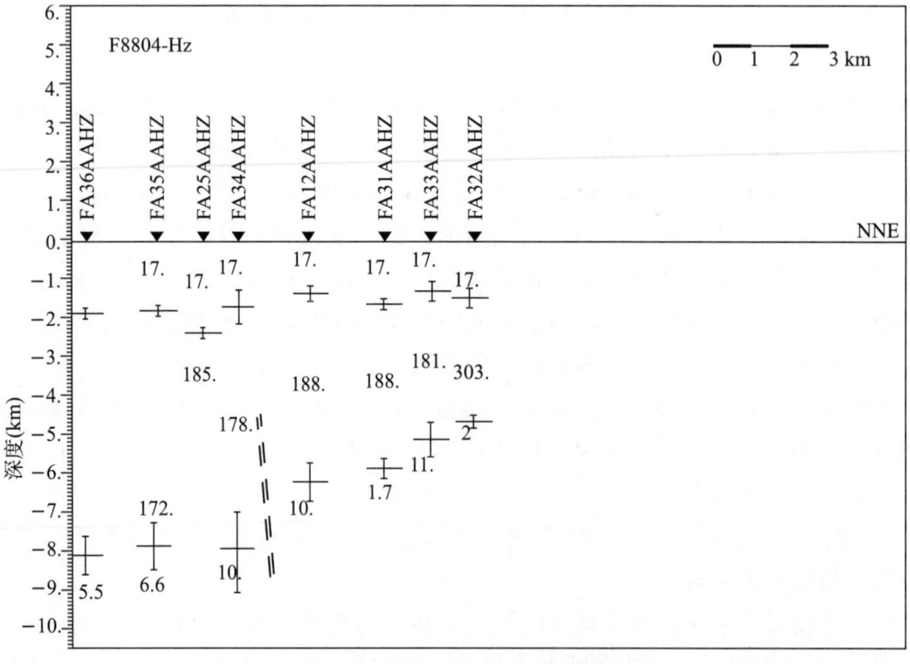

图 7　F8804 剖面瞬变磁场反演结果

垂直比例尺与水平比例尺相同；图中数据为电阻率值（Ω · m）

下面我们对各电性层和电性界面的地质含义做一推断性解释。本测区处于开平向斜内部，开平向斜是石炭—二叠系含煤盆地，上覆700～800 m厚的第四系疏散沉积，下覆巨厚的寒武—奥陶和震旦系高阻岩系[4]。根据深部瞬变电磁法所确定的各电性层的电阻率值大小及其厚度变化情况，我们推断第一电性层为第四纪疏散沉积和上古生界的低阻碎屑沉积；第二电性层主要反映的是寒武—奥陶和上元古界的高阻岩系；高导的第三电性层可能是上元古界内部的低阻岩系或太古界变质基底顶面的残留风化壳，估计其厚度不大。

3 对深地震反射剖面结果的认识

国家地震局地球物理研究所曾在1984年12月至1985年1月在唐山地震区做了两条实验性的深地震反射剖面。一条长17 km，西起唐山市东郊马各庄、东至滦南县青坨营乡，呈NWW向展布，命名为TS-2剖面；另一条长47 km，西起玉田县雅洪桥、东至开平区吕家坨煤矿，呈NWW向展布，命名为TS-1剖面，这两条剖面由曾融生和陆涵行等发表[13,14]。剖面位置见图1。对于TS-1剖面本文只取通过唐山地震带的东段，长约17.5 km。

（1）图8是深地震反射剖面TS-2测线剖面图。该剖面与深部瞬变电磁法剖面平行、位于F8801剖面以北11.5 km。TS-2剖面穿过了开平向斜的主体部分，陆涵行等对该剖面已做过详细解释[13]。在此我们拟结合深部瞬变电磁法资料，对该剖面所反映的某些地质现象做一综合分析。

从图8可见，在剖面的西段于共深度点30～90处，在双程反射时间0.7～2.1 s附近（约相当于1.5～5.0 km），有一向东倾的正断层存在，其上断点大致位于开平向斜轴部偏东，它与深部瞬变电磁法剖面F880l和F8802所确定的浅部正断层（图2、图4）处于同一个NE30°延伸线上。因此可认为它们共同构成了沿开平向斜轴部方向展布的、倾向SEE的正断层。在该断层的下方，在共深度点80附近，于双程反射时间2.8～6.0 s范围内（约相当于7.5～18 km），有一高倾角的隐伏深断裂存在。在该断裂以东，发育着一系列清晰的，并不十分连续的，但互为平行的反射界面，而在该断裂以西基本为反射透明区。在6.0 s以下的深度区间，地壳反射特征没有明显的差异，因此我们推断该断裂的下断点位于18 km左右。该断裂倾角很陡，但有西倾的趋势，因此我们推测它是具有逆冲分量的、隐伏的走滑断裂。该断裂与上述四条深部瞬变电磁法剖面所确定的隐伏断裂完全可以连结起来。

从图8可见，从共深度点50处开始，于双程反射时间1.2 s左右（约相当于2.5 km深），发育一组互为平行的反射波组，它以较缓的倾角向SEE抬升，并被一些断层所错断。该反射波组与深部瞬变电磁法所确定的第一电性层底界深度相当。根据地质资料分析，它应是开平向斜基底，即奥陶系灰岩顶面的反映。此外，从共深度点70附近开始，在双程反射时间1.8～2.2 s（相当于4.5～6.5 km深）又有一组相互平行的反射层组出现，也以较缓的倾角向SEE抬升，并尖灭在共深度点420，其底界相当于深部瞬变电磁法所确定的高导层位置。根据地质资料，我们推测它是上元古界内部的低阻岩系或变质基底的顶界面。若是后者它可能发育有古老的含水风化壳，形成高导薄层。可见，地震反射界面的地质属性与电性界面的地质属性是一致的。

（2）图9是深地震反射剖面TS-1测线的剖面图的东段，与TS-2剖面平行，并位于其北，两者相距12km（图1）。根据陆涵行等的文章（1988），该剖面所经之处村庄密集，高压线较多，因此干扰严重，资料信噪比明显低于TS-2剖面。

从图9可见，浅部有一组基本上可连续追踪的反射界面，它相当于奥陶纪灰岩的顶界面。该界面在共深度点1340、1460和1530等处被不同断层所错断，这些断层均可与地表出露的断层相连。共深度点1720处，即开平向斜轴部偏东的断层，与TS-2剖面西端的浅部正断层相对应。

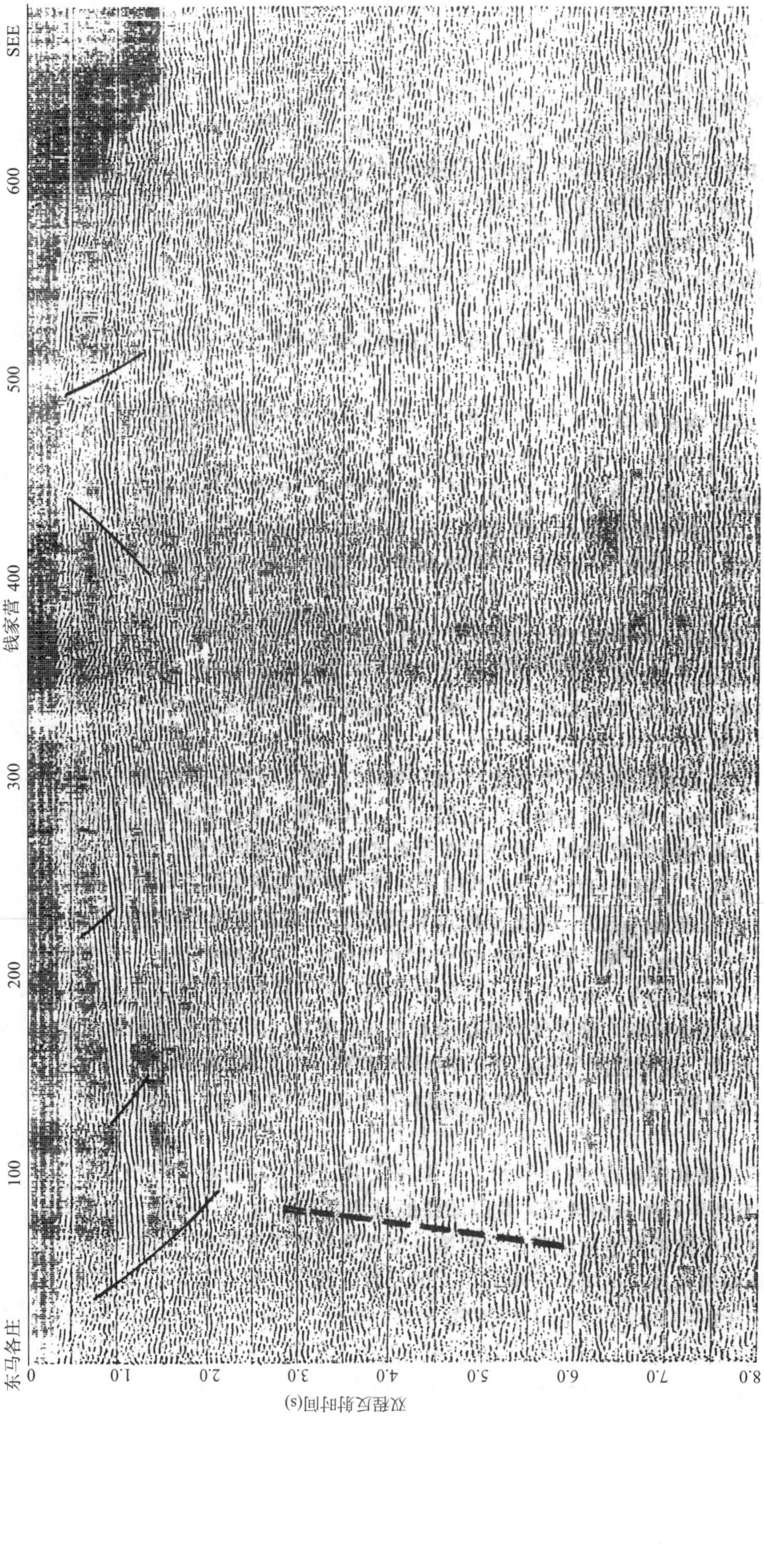

图 8　TS-2 测线深地震剖面图（据陆涵行等，1988）

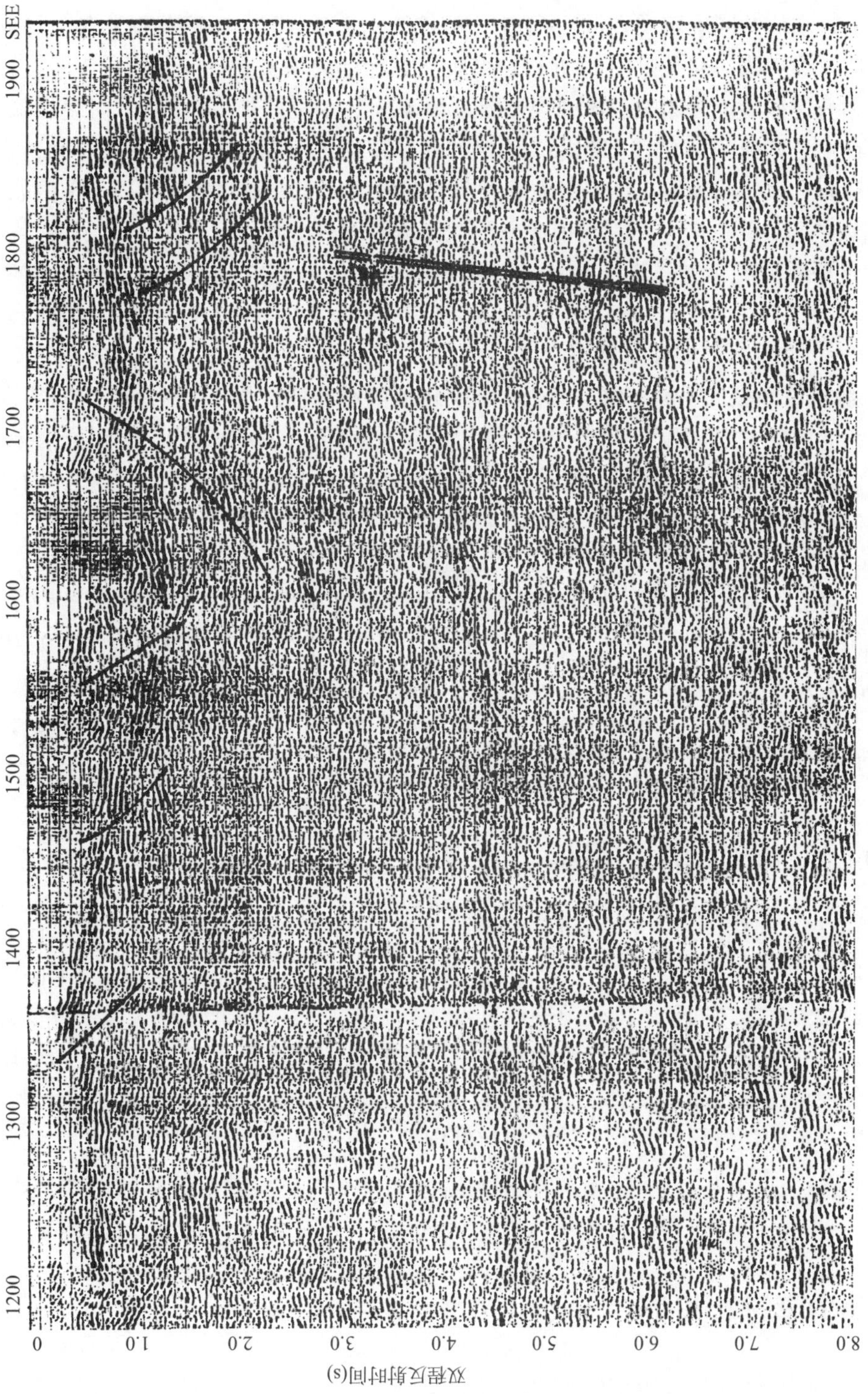

图 9 TS-1 测线深地震反射剖面图（据陆涵行等，1988）

在共深度点1800处，于反射时间3.0～6.0 s之间，推测有一隐伏的深断裂存在。该断裂东西两侧的反射特征有明显差异，特别是在3.2 s左右和6.0 s左右的两个反射波组在断裂以东明显消失或显著变形。根据在断裂西侧这两个反射层明显向断裂方向抬升的特点，可以认为它是一条逆冲的走滑断裂。这条断裂与TS-2反射剖面西段的隐伏逆冲走滑断裂以及四条深部瞬变电磁法所确定的隐伏断裂，均位于同一延伸线上，它们共同确定了在开平向斜下方存在一条NE30°。的隐伏深断裂。该断裂在测区范围内南起黄各庄、经塔头、北至夏庄（图1），我们将其命名为塔头隐伏深断裂。该断裂倾向NWW，倾角很陡，推测为一逆冲的走滑断裂。该断裂上断点埋深从西南段的4 km左右，向北加深至9 km左右。断裂上方存在两条倾向SEE的浅部断层。隐伏的深部逆冲走滑断裂和浅部断层之间，存在一个未连通的纵向闭锁空间。我们认为唐山7.8级地震就孕育和发生在这个闭锁空间之内。理由如下：

（1）这种闭锁空间最易于应力积累，因此是孕育大震的理想场所。

（2）塔头隐伏深断裂的延伸方向与唐山7.8级地震的断层破裂方向和余震分布方向一致，均为NE30°左右。

（3）唐山7.8级地震的震源机制解为高倾角的右旋走滑型错动[11]，并包括走向滑动和逆冲事件[18]，这与塔头隐伏深断裂的性质一致。唐山7.8级地震的震源深度为8-10 km，与塔头深断裂的上断点深度大致相当。因此可以认为7.8级地震是塔头深断裂重新活动并继续向上发展的结果。

（4）经过详细的地质调查，在唐山地区并未发现地表浅部有明显活动的断裂存在，因此不能把唐山地震归结于浅部断裂再活动的结果。但隐伏的塔头深断裂则顺着石榴河和陡河中段展布，两者相距约±1.0～1.5 km（图1），故可认为塔头断裂可能还控制着现今的河流分布。

此外，从图9可见，4.5 s左右的反射界面是一个很连续的界面，它向西还可以追索到TS-1剖面的最西端[13]，即图9西端以西约30 km；从图9还可见，该界面向东抬升并被隐伏的塔头深断裂所截。这种在地壳内部稳定延伸并逐渐向浅部抬升的强反射界面，可能是壳内滑动剪切带的反映。如果是这样，则可能意味着该区的上地壳沿着剪切带滑动，并在共深度点1800附近的下方被隐伏的塔头断裂所阻挡，从而形成地震能量的积累，引起塔头隐伏深断裂的再活动，导致唐山地震的发生。

3　宽角反射-折射剖面结果给予的启示

图10是沿NW向穿过唐山地区的宽角反射-折射剖面，该剖面东南端起于柏各庄，西北端止于正兰旗，全长400 km。刘昌铨等已对其做过详细地解释[10]。稻地镇位于本剖面桩号35 km处。从图10可见，在稻地镇西北—兴隆之间于中地壳范围内有低速异常体发育。在低速异常体下方莫霍面局部上隆，下地壳速度值也明显偏低，因此我们推测这里的上地幔有局部活动。这种上升活动可以给地壳施加局部应力场，促使地震的发生。此外，唐山7.8级地震就发生在壳内低速异常体的上隅边缘地带。壳内低速异常体有一定的塑性行为，其力学性质与外围地区有明显的差异，因此其边缘地带易于积累应力，同时还可将其内部的应力传递给上方的脆性地壳[5]，以及给巨大的应力释放所产生的地壳错动让位。

4　地震动力学过程推断

在NEE向区域应力场作用下，壳内发生剪切滑动并在隐伏深断裂处受阻，在深浅断裂不联结处的空间范围内形成应力积累，导致深断裂再次活动，产生唐山7.8级地震。上地幔的局部上隆形成了附加应力场，壳内低速异常体的存在有利于应力在脆性地壳内积累和给巨大的应力释放所产生的地壳错动让位。上述过程示意于图11。

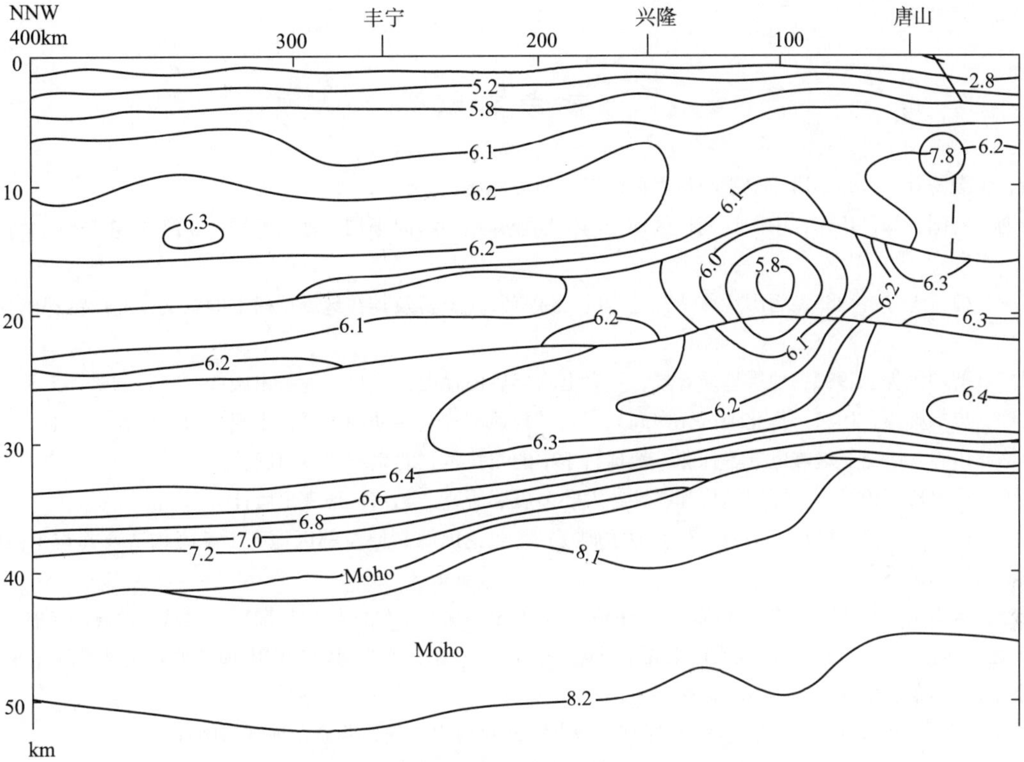

图 10　DSS-1 宽角反射-折射剖面（据刘昌铨等，1986）

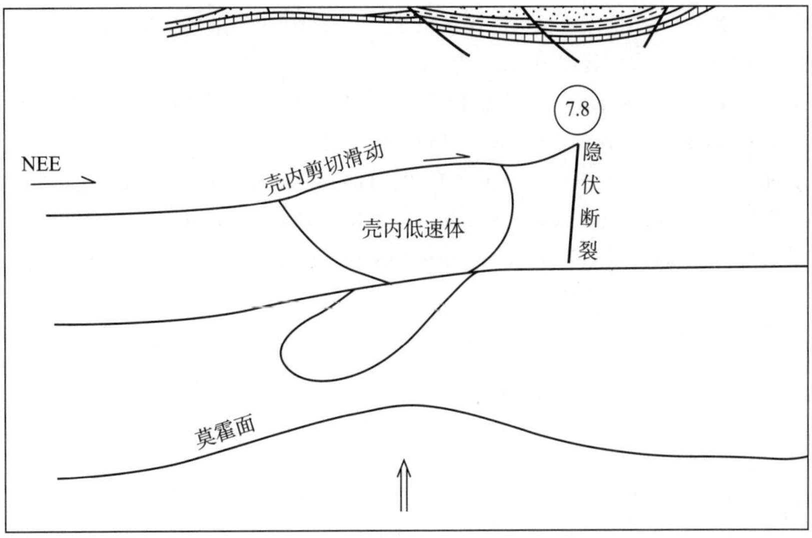

图 11　唐山地震动力学过程示意图

在现有深部探测资料的基础上，通过上述分析，我们给出了唐山 7.8 级大震的震源构造及其物性特征。对海城、邢台和临汾大震区深部探测资料的研究结果，发现也存在与唐山大震区相类似的情况[2,8,7]。

曾融生教授和 Meissner 教授对唐山地区的深地震反射剖面解释给予了指导，在此表示感谢。在唐山地区深部瞬变电磁法的开展过程中，国家地震局震害防御司和国际合作司给予了大力支持和帮助，在此表示深切谢意。

参考文献

[1] 马瑾、张渤涛等，1980，唐山地震与地震危险区，地震地质，2卷，2期。

[2] 卢造勋、刘国栋等，1990，中国辽南地区地壳与上地幔介质的横向不均匀性与海城7.3级地震，地震学报，12卷，4期。

[3] 朱岳清、梅世蓉等，1988，唐山地震孕育过程的三维有限元分析及其在地震预研上的意义，地球物理学报，31卷，4期。

[4] 刘国栋、虢顺民等，1982，地震地质背景，一九七六年唐山地震，北京：地震出版社。

[5] 刘国栋、史书林等，1984，华北地区壳内高导层及其与地震构造活动的关系，中国科学，B辑，9期。

[6] 刘国栋，1989，地壳上地幔电导率探测，地球科学中的新技术，北京：地震出版社。

[7] 刘国栋、宋惠珍，1992，孕震层结构和物性，大陆多震层研究，北京：地震出版社。

[8] 刘国栋，1992，临汾地区地壳构造及其动力学研究——兼论山西高原及邻区地壳上地幔构造及其与山西断陷带和地震活动性的关系。

[9] 刘国栋、张木生等，1992，唐山大震区的深部瞬变电磁法勘探，电磁法研究与勘探，北京：地震出版社。

[10] 刘昌铨、嘉世旭，1986，唐山地震区地壳上地幔结构特征——二维非均匀介质中理论地震图计算和结果分析，地震学报，8卷，4期。

[11] 吴开统、王泽皋等，1982，地震参数与序列，一九七六年唐山地震，北京：地震出版社。

[12] 杨理华、李钦祖，1980，华北地区地壳应力场，北京：地震出版社。

[13] 陆涵行、曾融生等，1988，唐山震区深反射剖面分析，地球物理学报，31卷，1期。

[14] 曾融生、陆涵行等，1988，从地震折射和反射剖面结果讨论唐山地震成因，地球物理学报，31卷，4期。

[15] 强祖基、张立人，1982，唐山地震与第四纪活动断裂，中国活动断裂，北京：地震出版社。

[16] 虢顺民、李志义等，1977，唐山地区区域构造背景和发震模式的讨论，地质科学，4期。

[17] 唐山地震工作队，1977，唐山大震发震构造，地震战线，2期。

[18] Butler, R., Stewart, G. S. and Kanamori, H., 1979, The July 27, 1976 Tangshan, China Earthquake—a complex sequence of interplate events, Bull. Seism. Soc. Am., 69 (1).

[19] Rossow, J., Strack, K—M. and Wolfram, P. A., 1989, Long offset transient electromagnetic depth soundings in the area of Fengnan, China, Report on the field measurements, University of Cologne.

[20] Strack, K—M., 1992, Exploration with Deep Transient Electromagnetics, Elsevier, Amsterdam.

中国大陆岩石圈结构与动力学*

刘国栋

1 主要工作和研究领域

1991～1994 年中国对大陆及其海域的岩石圈结构与动力学研究的主要工作和研究领域包括：

1.1 全球地学断面的编制、研究和出版

全球地学断面计划（Global Geoscience Transects Project，简称 GGT）是国际岩石圈委员会制定的全球性地球科学重大的前沿性课题，1985 年 8 月提出，1986 年成立全球地学断面协调委员会（CC-7）。中国岩石圈委员会 1986 年 7 月在北京召开的第二次会议上，确定在全国范围内编制 11 条地学断面，后来根据实际情况调整为 9 条，它们是：

（1）江苏响水-内蒙古满都拉地学断面，长 1200 km，国际编号为 GGT2，国家地震局负责，主编为马杏垣、刘昌铨和刘国栋并在 1991 年由国家地震局地学断面编委会以及国际岩石圈委员会和美国地球物理学会分别以中文和英文出版[1,2]。

（2）亚东-格尔木地学断面。长 1400 km，国际编号为 GGT3，地质矿产部负责，主编为吴功建、肖序常和李庭栋。1991 年由国际岩石圈委员会和美国地球物理学会以英文出版[3]。

（3）内蒙古东乌珠穆沁旗-辽宁东地学断面，长 960 km，国际编号为 GGT13，国家地震局负责，主编为卢造勋和夏怀宽。由国家地震局地学断面编委会于 1992 年和 1994 年分别以中文和英文出版[4,5]。

（4）青海门源-福建宁德地学断面，长 2200 km，国际编号为 GGT14，国家地震局负责，主编为林中洋、蔡文伯、陈学渡和王椿镛。由国家地震局地学断面编委会于 1992 年和 1994 年分别以中文和英文出版[6,7]。

（5）湖北随县-内蒙古喀喇沁旗地学断面，长 1200 km，国际编号为 GGT15，国家地震局负责，主编为孙武城、马宝林、宋松岩和胡鸿翔。由国家地震局地学断面编委会于 1992 年和 1994 年分别以中文和英文出版[8,9]。

（6）云南遮放-马龙地学断面，长 745 km，国际编号 GGT16，国家地震局负责，主编为阚荣举、韩源。由国家地震局地学断面编委会于 1992 年和 1994 年分别以中文和英文出版[10,11]。

（7）上海奉贤-内蒙古阿拉善左旗地学断面，长 1700 km，国际编号为 GGTT7，国家地震局负责，主编为孙武城、徐杰、杨主恩和张先康。由国家地震局地学断面编委会于 1992 和 1994 年分别以中文和英文出版[12,13]。

（8）台湾-阿尔泰地学断面，长 4300 km，地质矿产部负责，主编为袁学诚等[14]，本文简称为

---

* 本文原载于《地球物理学报》，1994，37/supp：65～81。本文是受国际大地测量和地球物理联合会中国国家委员会委托为第 21 届 IUGG 大会编写的中国国家报告。

GGT（T-A）。

（9）满洲里-绥芬河地学断面[15]，长 1300 km，地质矿产部负责，本文简称为 GGT（M-S）。

中国的上述 9 条地学断面是完全按照全球地学断面编制指导书进行的[16]，其内容包括 1/1000000 比例尺的 100 km 宽地质走廊条带图、重力条带图（附有大地热流值和震中分布）和磁力条带图，0～10 km 深的地质断面图，综合地球物理剖面图（含有宽角反射/折射剖面、大地电磁测深剖面、面波反演结果及地壳上地幔密度分布等信息）和解释性的岩石圈结构断面图，还包括地层柱状图，构造地层时-空图，岩石圈构造概要图，区域构造索引图和由古地磁数据得出的地质块体古纬度变化等图件；此外，每条地学断面还根据具体情况附有全断面的或部分地段的岩石圈演化模型。可见地学断面内容十分丰富、齐全，它包括了地质学、地球物理学和地球化学等学科的主要研究成果。中国的每条地学断面在编制过程中，还针对该断面所面临的地学热点问题开展了专题研究，每条地学断面都附有详细的说明书。

中国的 9 条地学断面全长 15000 km，它们穿过了中国大陆的主要地质构造单元。其中有 6 条地学断面的主要部分位于中国大陆的东部，两条位于西部，一条横跨东西。地学断面的编制和研究对于了解中国大陆的岩石圈结构演化和动力学过程，对于矿产和能源预测以及减轻地震灾害等都具有十分重要的意义。本文将简述其主要研究成果，除上述 9 条断面外，刘国栋（中国），Rodnikov（前苏联）和 Isezaki 等（日本）还合作编制了华北平原-菲律宾-马里亚纳海沟长近 5000 km 的地学断面，并于 1991 年以俄文出版[17]。

1.2　中国海区及邻域地质-地球物理系列图编制、研究与出版

这一系列图由刘光鼎主编，1992 年出版[18]。系列图系统地整理了过去 30 多年来地质矿产部在中国海域地区所完成的海洋地质-地球物理调查和研究的成果，并在此基础上深入总结了中国海域地质构造的形成和演化等问题。系列图的编图范围为东经 102°～140°，北纬 0°～42°。中国海域在此图幅中大致呈 NE-SW 向的弧带，其西北部分是中国大陆的一部分。该系列图比例尺为 1/2000000，共 9 幅，包括地形图、地貌图、空间重力异常图、布格重力异常图、磁力剖面平面图、地质图、地球动力学图和大地构造图。

1.3　青藏高原岩石圈结构、现代地壳变形及动力学研究

青藏高原一直是世界地学界所瞩目的热点地区。1991～1994 年期间像过去一样开展了多方面的地学研究，其中关于岩石圈结构与动力学研究中比较重要的课题包括：马宗晋负责的“青藏高原现今岩石圈变动与动力学研究”，赵文津和 K. D. Nelson[19] 负责的“喜马拉雅和西藏高原深地震反射剖面计划”，曾融生和 Wu[20] 负责的“西藏高原岩石圈结构调查”的中、美合作研究项目，孔祥儒等负责的“青藏高原西部岩石圈结构和地球物理综合研究”项目以及姜枚和 A. Hirn[21] 负责的“青藏高原岩石圈结构与地壳厚度增厚和缩短机制研究”的中、法合作项目。

1.4　造山带岩石圈结构与动力学研究

1991～1994 年除上述的对喜马拉雅新生代碰撞造山带进行详细的岩石圈结构探测外，还对中国大陆的其他造山带进行了类似的研究，例如吴宣志[22]、崔作舟[23]、高锐[24] 等对祁连山造山带所进行的深部探测研究，袁学诚等[25] 对东秦岭褶皱带所进行的深地震反射剖面观测和研究，孔祥儒、熊绍柏等[26,27] 对华南褶皱系所进行的岩石圈结构和综合地球物理研究，卢造勋、白登海等[28,29] 对兴蒙造山带所进行的深部构造研究。

1.5　大陆裂谷岩石圈结构和裂谷模型研究

1991～1994 年期间，有关大陆裂谷区岩石圈结构的探测研究主要集中在新生代山西裂谷系[30] 和新

生代华北平原裂谷系地区[31]；此外，对云南西部的中生代楚雄裂谷和兰坪—思茅裂谷的岩石圈电性结构及裂谷模型也进行了比较详细的探测研究[32]。

1.6 板内大震震源结构及介质物性的探测研究

中国是板内大震多发国家，特别是20世纪60～70年代华北地区发生了一系列强震，造成了惨重的人员伤亡和财产损失，为了研究板内大震的震源结构、介质物性特征和孕震环境，在1991～1994年期间，由刘国栋、张先康和王椿镛负责对华北的几个大震区的地壳细结构进行了综合探测和研究。

上述的有关岩石圈结构与动力学的研究项目，都是得到政府部门或国家自然科学基金会资助的重大或重要的科研项目，并多数属于多手段的综合性研究项目。此外，在1991～1994年期间，还开展了多项专题研究，例如利用面波反演中国大陆及海域的地壳上地幔三维速度结构[33～36]，利用地震CT技术研究秦岭造山带及其南北缘的深部构造[37]，研究山西裂谷带临汾地堑的地壳结构[38]，研究渤海及其邻区的地壳上地幔速度图像[39]，研究渭河断陷及邻近地区地壳速度图像[40]等，主要偏重于局部地区的地震层析成像研究。根据在中国大陆地区获得的686个大地热流值，对中国大陆的大地热流分布特征、岩石圈热结构[41]及热结构分类[42]进行了研究，同时在中国东南、华北、西北等地区进一步开展了大地热流观测[43～45]。在1991～1994年期间，利用大地电磁法对中国大陆的岩石圈电导率结构探测和研究做了大量工作。在这一期间内完成的大地电磁测点数约4000个，其中深大地电磁测深点约占1000个，主要分布在中国西南、东南地区，部分分布在西藏、西北和东北地区（据1994年10月在武汉举行的中国第三届大地电磁学术会议提供的信息）。这些成果主要由石油天然气总公司的下属部门会同有关单位完成的，其中绝大部分尚未公开发表。1993年出版的《电磁方法研究与勘探》一书，包括了部分岩石电性结构探测结果[46]。此外，近来年还开展了深部瞬变电磁法（LOTEM）和电磁阵列剖面法（EMAP）研究[46,47]。

以研究岩石圈结构和动力学为目的的爆炸源地震测深剖面，过去主要集中在中国东部大陆地区，1991～1994年期间在中国西部大陆地区也加强了研究，其中除西藏高原外，横穿塔里木盆地完成了两条地震转换波测深剖面[48]，有一条地学断面穿过中国西部大陆[49]，有7条人工地震测深剖面穿过青藏高原东缘和东北缘[50～52]，它们为研究中国西部大陆岩石圈结构和动力学提供了有价值的信息。过去中国在研究地壳速度结构方面所采用的主要手段是宽角反射/折射方法，到目前已完成了约40000 km长的剖面工作量；20世纪80年代后期以来强调了深地震反射法的应用，到目前共完成了17条全长1412km的深地震反射剖面，它们分别位于唐山地震区[53]、邢台地震区[54]、扬子地台区[55]、中生代大庆裂谷[56]、新生代延庆-怀来地堑[57]、东秦岭褶皱带[25]、喜马拉雅山[19]和北祁连山-河西走廊[22]以及南海北缘东部[58]。

2 中国大陆岩石圈结构与动力学研究

2.1 南北构造带

根据地球物理场、岩石圈结构、地震活动性和区域地质构造特征，中国大陆可分为东、西两部分，其分界线位于大陆中部的101°～106°E（自南而北），称为南北构造带。南北构造带的主要地球物理和地质构造特征是[59]：

（1）南北构造带是一条巨型重力梯级带，平均宽约150 km，梯度值约为0.7×10^{-5} m·s^{-2}/km，南北构造带以东的区域布格重力场为NE-NNE向，异常值从海域的300×10^{-5}m/s^{2}降至南北构造带东侧的-150×10^{-5}m/s^2；南北构造带以西的区域布格重力场为NWW-EW向，异常值由北部的阿尔泰地区的-100×10^{-5}m/s^2，降至南部西藏高原的-525×10^{-5}m/s^2。

（2）南北构造带是均衡重力异常的分界带，以东均衡异常从海域的（10～30）$\times10^{-5}m/s^2$，向西逐渐降至南北构造带东侧的（-10～-30）$\times10^{-5}m/s^2$，基本处于均衡状态；以西，除青藏高原处于均衡补偿状态外，其周边和以北地区处于明显的不均衡状态，在高山区有高达（60～70）$\times10^{-5}/s^2$ 的正异常，在盆地区有（-60～80）$\times10^{-5}m/s^2$ 的负异常。

（3）南北构造带也是区域磁异常的重要分界线，以东区域磁异常走向以 NE-NNE 向为主，磁异常结构复杂，具明显的分区性；以西区域磁异常走向以 NWW-EW 向占优势，具明显的线状分布特征。

（4）南北构造带是地壳厚度和岩石圈厚度明显变化的地带，地壳厚度从该带以东的 42～43 km，增加到该带以西的 50～52km（北段）[50,5]和 54～58 km（中段和南段）[51,14]，并且显示出地壳有由西而东仰冲的特点。

（5）南北构造带下方是上地幔高导层隆起带，高导层顶界埋深 80～90 km，比东西两侧分别浅 30 km和 50 km。

（6）南北构造带是一条强烈的地震活动带，并且该带以西的强震活动带呈 NWW-EW 向展布，以东的强震活动带以 NNE 向为主，同时西部的地震强度和频度比东部地区约高 10 倍。

（7）南北构造带以西的青藏高原自中新世以来整体强烈挤压抬升，青藏高原以北则为挤压构造发育区；南北构造带以东的华北区自新生代以来以引张作用为主，剪切正断层及张性盆地十分发育，而华南区是中国大陆新构造活动最弱的地区，南北构造带是青藏高原向北楔进而形成的一个巨型右旋剪切带[50]。为论述方便，我们把南北构造带以西的中国大陆称为中国西部大陆，以东称为中国东部大陆和海域。

2.2 中国西部大陆

中国西部大陆自南而北包括青藏高原、昆仑山脉、柴达木盆地、阿尔金-祁连山脉、塔里木盆地、天山山脉、准噶尔盆地和阿尔泰山。区域大地构造方向为 NWW-EW 向，因青藏高原的岩石圈结构与动力学将有专门报告论述，本文将不涉及外，其他区域在 1991～1994 年期间的主要研究进展有：

（1）北起塔里木盆地西南端的叶城，沿近 SSE 方向穿过昆仑山脉和喀喇昆仑山脉至冈底斯西段，全长 800 km，完成一条由 27 个测点组成的大地电磁剖面[51]。结果表明，沿该测线的不同地段，壳内含有一个或两个低阻层，埋探分别为 10～35 km 和 30～65 km，由南向北倾，它们可能是壳内剪切滑脱面的反映；上地幔存在两个高导层，埋深分别为 100～150 km 和 350～550 km，总体上由北向南倾；视电阻率断面图在北昆仑缝合线和金沙江缝合线附近发生了最为显著的变化。

（2）利用中国地震台网和 ISC 提供的区域地震和远震 P 波走时数据，利用层析成像方法重建了塔里木盆地及其邻近地区的岩石圈三维速度图像并与其他深部探测结果比较可见[52]：地壳上部速度图像与地表大地构造明显相关；柴达木、塔里木、准噶尔等盆地的莫霍界面上拱，造山带则相对下凹；柴达木盆地地壳平均厚 52 km，比周边造山带薄 5～10 km，盆地内的地壳含低速层和高速梯度夹层，上地幔顶部速度 8.2 km/s；塔里木盆地地壳平均厚 42～44 km，周边造山带为 50～60 km；盆地下方上地幔软流圈上隆，埋深约 110 km；地壳和上地幔结构在纵向与横向上都是不均匀的，且被一系列深大断裂所切割。

（3）利用天然地震转换波法穿越塔里木盆地在东西两侧完成两条探测剖面，长度分别为 500 km 和 600 km。结果表明[43]：塔里木盆地的地壳厚度在 40～50 km 之间变化，上地壳厚 10～20 km，平均速度 5.80 km/s，中地壳厚 10～15 km，平均速度 6.27 km/s，下地壳厚 10～15 km，平均速度 6.68 km/s；地壳结构的突出特点是，地壳深浅界面同步变化，例如在盆地基底隆起区，壳内各界面也一致相对隆起，地壳厚仅 40 km，在盆地基底坳陷区，壳内各界面也一致相对下沉，地壳厚度可达 50 km；在隆起和坳陷两侧能分辨出一系列壳内深断裂，它们多数具逆断层性质；岩石圈厚度大致在 120 km 左右。这些表明塔里木盆地是在近 SN 向挤压应力作用下，岩石圈各层同步挠曲变形的结果，它与中国东部大陆的新生代伸展盆地的形成机制截然不同。

（4）格尔木—额济纳旗的宽角反射/折射剖面，长900 km，呈 NNE 向，穿过了中、新生代的柴达木盆地、祁连山造山带和河西走廊山前坳陷带。其结果表明[23]：①柴达木盆地地壳厚50～53 km，局部可达60 km，向西北加厚，地壳平均速度6.15～6.17 km/s；上地壳厚（包括沉积层）25～26 km，底部速度值6.0～6.1 km/s；其下为一厚6～8 km，速度为5.8 km/s的低速层；下地壳厚18～20 km，速度值6.6～6.8 km/s；上地幔速度值为8.1 km/s。②位于柴达木盆地之北的祁连山造山带，地壳厚度为55～66 km，地壳平均速度6.35 km/s；上地壳可分两个亚层，厚度分别为11～12km和12～14 km，速度值分别为4.5～6.1 km/s和6.2～6.3 km/s，这可能反映了变质程度的差异；中地壳厚14～18 km，上部为4～8 km厚，速度为5.8 km/s的低速层，下部厚10 km，速度值6.4 km/s；下地壳厚18～22km/s，速度值6.8 km/s；上地幔速度值8.1 km/s。地壳和壳内各速度层表现为南厚北薄，在祁连山南侧的哈拉湖地区地壳增厚至65～70 km，这可能是柴达木地壳向北插使下地壳增厚的结果。③很窄的河西走廊是祁连山造山带的山前坳陷带，地壳厚60 km，大于南邻的祁连山区。④北山构造带地壳较薄，一般为40 km，无“山根”，地壳平均速度6.29 km/s；上地壳厚15～17 km，速度值5.3～6.2km/s；中地壳厚16～19 km，上部厚7～9 km，速度值6.0 km/s，下部厚7～10 km，速度值6.5 km/s；下地壳厚6～10 km，速度值6.9 km/s。可见，该区的地壳变薄主要是下地壳减薄的结果，在柴达木盆地北缘和河西走廊北缘均存在向北倾的NWW走向的新生代活动的逆冲断层，显示了近南北挤压的特点。横穿北祁连山和河西走廊的深地震反射剖面表明[22,24]：北祁连山强烈地向北逆冲于河西走廊盆地上，南祁连山向南逆冲于柴达木盆地上，北山向南逆冲于河西走廊上，这些逆冲带表现为强的反射带，其倾角随深度变缓并大致在11～13 km深度上变平，在走廊带内的酒西盆地下方于15～18 km深处发现向南倾的强反射带，厚约3 km。反射剖面所确定的莫霍界面和下地壳顶面均向南倾。这种地壳结构特征表明，柴达木盆地的地壳向北插，南祁连山向南推覆，北祁连山向北逆冲，北山向南推覆。格尔木-额济纳旗的大地电磁测深结果表明[35]：在壳内10～20 km深处有一高导层，厚2～4 km，电阻率值数欧姆·米，但祁连山地区无此高导层，北山地区壳内高导层深30 km，上地幔高导层埋深一般为150 km，祁连山地区为160 km。

（5）当金山口-柳园-将军庙-可可托海的地学断面，全长1170 km，从南而北穿过了阿尔金-祁连山、东塔里木盆地、北山隆起、东天山的库鲁克塔格山、吐鲁番盆地和博格达山，以及东准噶尔盆地和阿尔泰山等中国西北地区的主要地貌和大地构造单元，该断面表明[48]：①东塔里木盆地和北山隆起的地壳厚度约48～50 km，向南至敦煌一带加厚到57 km，且中地壳底部存在低速薄层，再南在阿尔金-祁连山区可能加厚至70 km，并且在其北缘存在向南倾的逆冲深断裂。这些可能表明，阿尔金-祁连山地区除存在大规模左旋走滑外，可能还存在北向逆冲。②东天山的库鲁克塔格山地壳厚53 km，是高阻的，具反射性，但莫霍界面反射不清楚，上地幔速度7.9 km/s，为重、磁高值带，其南缘以北倾的逆冲断层与北山隆起为界；东天山的博格达山与库鲁克塔格山具有相似地壳结构特点，其北缘为南倾的逆断层与东准噶尔盆地为界，据地质资料博格达山为石炭纪的裂谷；上述两山之间为吐鲁番盆地，盆地北半部地壳厚44 km，南半部变厚，中地壳速度逆转。③东准噶尔地壳厚44～50 km，向北变薄；阿尔泰山地壳厚56 km；东准噶尔与阿尔泰山之间为阿尔曼太断裂，该断裂是宽的北倾的高导带，缺少反射，为重、磁低值带，该断裂以北的地壳速度明显高于以南；断裂以北于7～8 km深处有P_t震相，以南缺失；断裂以南的上地壳存在连续的导电带，它可能是拆离带的反映，以北缺失，认为阿尔曼太断裂是准噶尔大陆板块与阿尔泰弧之间的碰撞缝合带。

（6）近年来在中国西部大陆地区进一步开展了大地热流观测，在柴达木盆地实测的22个热流值其变化范围为32～75 mW/m^2，平均热流值为53 mW/m^2[45]。在塔里木盆地实测的17个热流值中多数为40～45 mW/m^2，为低热流区，仅盆地中部的隆起区热流值可达60～70 mW/m^2（据王钧提供的资料）。

2.3　中国东部大陆

中国东部大陆自南而北包括华南褶皱系、扬子地台、秦岭-大别褶皱系，华北地台、吉黑褶皱系和兴蒙褶皱系。考虑中、新生代以来的构造发展和岩石圈结构，中国东部大陆自东而西可以划分为 4 个 NNE 向构造带和两个近 EW 向构造带[47]（图 1）。它们是沿海山脉带（带Ⅰ）；中、新生代裂谷盆地带（带Ⅱ）；中生代挤压隆起山脉带（带Ⅲ）；中生代挠曲坳陷带（Ⅳ）、郯庐断裂带、中国东部重力梯级带分别位于带Ⅰ和带Ⅱ，以及带Ⅱ和带Ⅲ之间，南北构造带位于带Ⅳ西侧。近 EW 向的秦岭-大别褶皱带和燕山构造带横亘于上述的 NNE 向构造带之中。

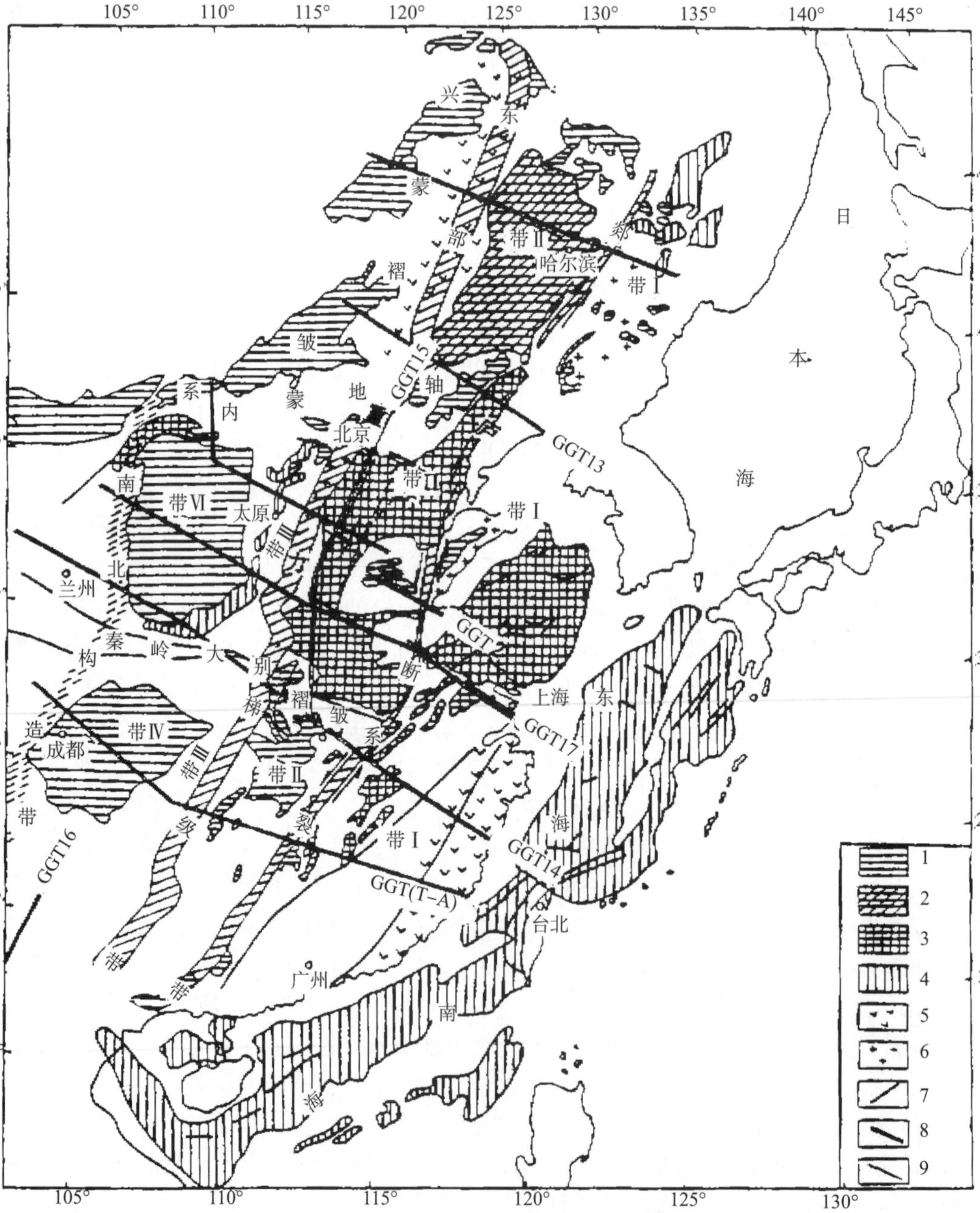

图 1　中国东部大陆大地构造略图

表 1　中国东部大陆岩石圈结构基本参数

构造单元			上地壳		中地壳			下地壳			地壳厚度 (km)	岩石圈厚度 (km)	说　明	参考文献
			厚度 (km)	速度 (km/s)	厚度 (km)	速度 (km/s)	速度梯度 (s^{-1})	厚度 (km)	速度 (km/s)	速度梯度 (s^{-1})				
带 I	华南褶皱系	南段	8～13	5.0～6.1	8～10	6.1～6.4	0.03	9.11	6.5～3.8	0.03	29～33	70	沿海岸地带中地壳顶部发育 5.8km/s 底速度	[14,27,65]
		中段	12	6.0	11	6.2～6.4	0.02	8	6.8～7.0	0.03	31	70	中地壳顶部含 5.7km/s 低速层，上地幔顶部含高导薄层	[6]
		北段	10～13	5.2～6.15	7～9	6.2～6.3	0.01	12～14	6.6～6.8	0.02	31～34	65～90	中地壳底部含 5.9km/s 低速层	[26,66]
	扬子地台	江南隆起（中段）	21～22	4.8～6.1				11～12	6.8～7.0	0.02	32～34		中、上地壳界线不清；上地幔顶部含高导薄层	[6]
		江南隆起（北段）	13～15	5.0～6.15	7～10	6.2～6.3	0.01	11～14	6.6～6.8	0.02	32～35		中地壳底部含 5.9km/s 低速层	[26,66]
		苏南台褶带	9～11	2.5～5.8	11～12	6.2～6.5	0.03	9～12	6.8～7.1	0.03	31～34	76	中地壳底部含 6.3km/s 低速薄层；上地幔顶部高导层	[8,67]
		苏北断陷	8～9	2.5～5.8	14～16	6.2～6.5	0.02	9～11	6.8～7.1	0.03	32～25	76	中地壳底部含 6.3km/s 低速薄层	[8,67]
	苏北-胶南地体和胶东台隆		10～11	3.0～6.4	12～13	6.2～6.5	0.02	6～8	6.7～7.4	0.1	29～33	95	中地壳含 6.2km/s 低速薄层	[2,68,74]
	华北地台	辽东台隆	13～14	4.8～6.3	11～13	6.2～6.5	0.03	7～8	6.5～7.0	0.07	33～35	105		[4,28]
	吉黑褶皱带	张广才岭地体	14～15	5.8～6.1	6～10	6.5～6.7	0.03	7～15	6.8～7.0	0.02	29～33	68～75		[69,70,71]
	扬子地台	衡阳盆地	11	3.0～6.1	13	5.9～6.3		7	6.5～7.0		31			[14]
		江南隆起（南段）	8～11	3.0～6.1	14～18	6.1～6.4	0.02	8～10	6.9～7.1	0.02	35～37		某些地段中地壳顶部含 5.8km/s 低速层	[14]

续表

构造单元			上地壳		中地壳			下地壳			地壳厚度(km)	岩石圈厚度(km)	说　明	参考文献
			厚度(km)	速度(km/s)	厚度(km)	速度(km/s)	速度梯度(s^{-1})	厚度(km)	速度(km/s)	速度梯度(s^{-1})				
带Ⅱ	华北地台	南华北坳陷	10～12	2.5～6.1	8.5～11.5	6.0～6.3	0.03	10.5～14	6.5～7.0	0.04	30～35	90	开封坳陷中地壳顶部含5.8km/s低速体	[8]
		鲁西台隆	13	3.0～6.4	10.5	6.2～6.5	0.03	10	6.7～7.4	0.07	33～34	95	中地壳和下地壳顶部含6.0km/s和6.5km/s低速薄层	[2,68]
		华北裂谷系(南段)	9～11	2.0～6.2	11～15	6.2～6.4	0.02	5～9	6.6～7.4	0.1	31～34		下地壳含6.4km/s低速体	[12,72]
		华北裂谷系(中段)	12～15	2.0～6.1	7～10	6.1～6.3	0.02	8～11	6.5～7.2	0.07	30～34	70～80	壳内结构复杂，部分地段下地壳含6.4km/s低速体	[2,12,68]
		华北裂谷系(北段)	13～15	2.5～6.3	6～12	6.2～6.4	0.02	7～10	6.7～7.5	0.09	31～34	80	中地壳含6.1km/s低速体	[4,28]
		松辽东盆地	11		12			7			30		地壳结构来自反射剖面，没有速度值	[56]
带Ⅲ	扬子地台	湘西褶皱隆起	9～13	4.0～6.1	8.5～11	6.0～6.3	0.03	16～23.5	6.5～7.0	0.03	40～42		部分地段中地壳底部含6.0km/s低速层	[14]
		鄂西隆起带	12～14	5.4～6.2	11～15	6.2		13.5～20.5	6.5～6.7	0.01	42～44		上地壳底部含6.0km/s低速薄层	[73]
	华北地台	山西台隆(南段)	12～14	4.5～6.1	9～10	6.3		16～21	6.5～7.1	0.03	39～43	100		[8]
		山西台隆(中段)	25	4.0～6.4				18	6.6～7.0	0.02	43	100	上、中地壳之间界线不清	[2,68]

续表

构造单元			上地壳		中地壳			下地壳			地壳厚度（km）	岩石圈厚度（km）	说明	参考文献
			厚度（km）	速度（km/s）	厚度（km）	速度（km/s）	速度梯度（s^{-1}）	厚度（km）	速度（km/s）	速度梯度（s^{-1}）				
带Ⅲ	兴蒙褶皱系	西拉木伦褶皱带	14～15	3.0～6.2	9～12	6.2～6.5	0.03	13～15	6.4～7.4	0.02	38～40			[4,28]
		贺根山褶皱带	14	3.0～6.2	8.0～10	6.2～6.3	0.01	16～17	6.4～7.4	0.04	39～40	100		[4,28]
带Ⅳ	扬子地台	四川盆地	12～14	3.0～5.9	8.5～10	6.0～6.4	0.04	21～22	6.6～7.1	0.02	43～44			[14]
	华北地台	鄂尔多斯盆地（中部）	12	3.0～6.0	8～10	6.2		20～22	6.5～6.8	0.01	42～44	120		[8]
		鄂尔多斯盆地（西北缘）	19	2.0～6.3	10～11	6.2～6.4	0.02	14～15	6.6～7.1	0.03	43～44	120		[8]
东西向构造带	秦岭大别褶皱系	秦岭褶皱带	9～14	5.0～6.0	11～14	5.8		7～9	6.8		35		中地壳为低速层	[6]
		大别隆起	10～12	5.0～6.2	10～13	6.4～6.6	0.02	8～154	6.7～7.2	0.04	33～35		中地壳顶部和下地壳底部分别含有 5.8km/s 和 6.7km/s 的低速层	[6,12,27]
	华北地台	燕山褶皱带（中段）	13～14	5.0～6.2	10～12	6.0～6.6	0.06	9～11	6.6～6.8	0.02	35～36	100	中地壳含 6.0km/s 低速薄层	[12]
		燕山褶皱带和内蒙地轴（东北段）	13～19	3.6～6.2	9～13	6.0～6.5	0.04	5～10	6.5～7.0	0.06	36～37	105	中地壳含 6.0km/s 低速薄层	[4,28]

注：速度梯度指垂直速度梯度；岩石圈厚度指 L 地幔低速带或高导层的深度。

根据前述的通过中国东部大陆的7条地学断面和近年来完成的其他深部探测剖面结果，将中国东部大陆岩石圈结构的基本参数列于表1，并做以下描述[64]：

（1）带Ⅰ中的华南褶皱系广泛发育起因于壳内部分熔融的晚侏罗—白垩系的火山岩和中生代S型花岗岩，胶东台隆、辽东台隆和张广才岭地体也有很多中生代花岗岩分布。根据宽角反射/折射剖面结果[6,56]，华南褶皱系北段和中段的地壳向NW向加厚；中地壳顶部或底部发育有低速薄层，速度值5.7～5.9 km/s，厚3～5 km；上地壳存在倾向ES向的逆断层并收敛于中地壳的低速层之内。根据来自莫霍界面的反射波组，判断上地幔最上部似乎是一系列冲向NW向的片状结构。华南褶皱系与扬子地台的边界应为江绍断裂，这里地幔局部上隆，断裂两侧的壳内速度结构差异很大。华南褶皱系南段的东南沿海，地壳有向NNW向加厚的趋势，似乎有NWW向深断裂的存在；中地壳顶部存在速度值5.8 km/s的低速异常，其Q_P为30～50和40～80，与热田密切相关，推测为部分熔融体[65]。

根据深地震反射剖面结果，带Ⅰ内的下扬子地区存在4个向NW向推覆的大型逆掩片，它们的主拆离面10～13 km深，浅部是逆冲，下地壳是俯冲，扬子的下地壳可能俯冲到华北地台之下，这种挤压变形主要发生在中生代[55]。下扬子地壳也是从沿岸地区的31 km厚，向NW向逐渐加厚至其西界郯庐断裂带附近的34 km，莫霍界面起伏平缓，下地壳有丰富的“叠层”状反射，这可能反映了挤压变形之后的伸展过程的结果。下扬子地区的岩石圈厚度约76 km[57]。带Ⅰ内的苏北—胶南地体和胶东台隆壳内含有低速薄层，地壳厚29～33 km，其下地壳似乎向西侧的郯庐带下方俯冲。带Ⅰ内的辽东台隆和张广才岭地体虽然是高达1000多米的山区，但地壳厚度仅为29～35 km，岩石圈厚度也较薄。上述情况表明，带Ⅰ在中生代时期可能遭受了来自NW向的挤压变形，中生代末期以来遭受着引张伸展过程。

（2）带Ⅰ的西界为NNW向郯庐断裂带，在北起伊兰南至庐江长达2200 km的地段已由大量地质和地球物理证据所证实，是一条晚侏罗—白垩纪大规模左旋，新生代右旋的走滑断裂，它是否继续南延没有结论。目前已有7条折射剖面，1条反射剖面和6条大地电磁剖面在不同地段通过郯庐断裂带。断裂带的深部结构具有某些共同的特征[64]：断裂带陡直地切过了莫霍界面，其两侧的地壳速度结构明显不同，莫霍界面深度有2～3 km的变化（莱州湾以北为东深、西浅，以南为东浅、西深），在下扬子地段下地壳向郯庐带以西插入，山东半岛可能也有这种特点，地学断面GGT14在九江—黄梅和台湾—阿尔泰地学断面在衡阳附近均发现地壳速度结构和莫霍界面深度的明显变化，这可能是郯庐断裂带向南延伸的深部证据[64]。

（3）带Ⅱ的松辽盆地是晚侏罗纪开始的裂谷盆地，晚白垩世均匀下沉。NNE向的北安—大庆左旋走滑的中央断裂对盆地的形成和演化具有重要意义[75]。

根据深地震反射剖面结果，松辽盆地的下地壳反射强度明显高于上地壳，在盆地西半部安达附近壳内存在东倾的剪切拆离带，拆离带下方莫霍界面有局部起伏，表明该区曾遭受来自ES向的挤压作用[55]。从表1可见，松辽盆地是具有薄地壳和薄岩石圈的盆地，故可推测松辽盆地在晚侏罗纪时期可能是与NNE向左旋走滑有关的拉分盆地，白垩纪转化为与地幔上隆有关的坳陷盆地、带Ⅱ内的新生代华北裂谷系，下伏着规模不等的晚侏罗-白垩系断陷盆地，深地震反射剖面结果表明，裂谷系下方存在着高角度的隐伏深断裂，它们可能控制了这些断陷盆地的形成，所以应具有拉分性质，带Ⅱ内的新生代裂谷盆地据深地震反射剖面揭示，它受上地壳内的拆离带控制[31]。从表1可见，华北裂谷系的地壳和岩石圈都薄，并且地壳结构复杂。根据对比研究，地壳的减薄是在晚白垩世和始新世以来的两个阶段实现的[54]。带Ⅱ的南部包括南华北坳陷、江汉盆地、衡阳盆地和南宁盆地等，带Ⅱ应是晚白垩纪以来的引张带。

（4）带Ⅱ的西界是中国东部巨型的重力梯级带，在中国境内该带北起大兴安岭，越燕山，沿太行，穿秦岭，然后向武陵山和苗岭一线延伸，呈NNE向，长约4000 km，宽80～100 km，梯度值

(0.8～1.0) $\times 10^{-5}$ m · s^{-2}/km，它与我国东部地貌分界线吻合，但是在反映古老变质基底组成的航磁图上没有显示；重力梯级带北段有大量的晚侏罗—白垩系的火山岩，中段有很多燕山期的碱性侵入岩分布。因此认为该重力梯级带是深部构造带，是燕山运动早期开始形成的[59]。到目前已有 12 条折射剖面和 8 条大地电磁剖面穿过了该重力梯级带，其结果表明[54]，重力梯级带下方的莫霍界面是显著西倾的斜坡，上地幔速度值受到很大扰动，壳内往往含有低速异常体。从表 1 可见，重力梯级带两边的带Ⅱ和带Ⅲ之间的地壳厚度相差 8～10 km，岩石圈厚度相差 20～30 km。

(5) 带Ⅲ的地壳厚度一般在 40～43 km 之间，岩石圈厚度约 100 km，带Ⅲ在地表上是由燕山运动形成的山西高原复背向斜和湘西地区线状褶皱山脉所组成的挤压山脉带。根据在带Ⅲ中段延庆—怀来盆地的深地震反射剖面结果[53]，下地壳是由两个“叠层”状反射层所组成，下层近水平状厚 9 km，上层厚 8.5 km，以近 30°角倾向 NWW，像是一个自东而西挤入的“楔状”体。故可推测带Ⅲ的地壳增厚可能主要是下地壳的挤压增厚。

(6) 带Ⅳ包括内蒙古高原、鄂尔多斯高原、四川盆地和云贵高原。带内发育两个大型的晚侏罗-白垩纪的鄂尔多斯和四川挠曲盆地，盆地内部构造简单，沉积中心由东向西收缩，鄂尔多斯高原周边发育有新生代裂谷系。带Ⅳ下地壳结构简单，呈平行层状展布，地壳厚 42～44 km；但周边的新生代裂谷系下方，地壳减薄了 3～6 km，上地幔软流圈相对上隆了 10～20 km[1,76]。

(7) 南北构造带以西地壳加厚至 50～60 km，地壳由西向东仰冲，南北构造带是中国大陆内部的巨型构造带。

横亘于中国东部大陆的近 EW 向秦岭-大别褶皱系向西切过南北构造带而与祁连山造山带连接。根据穿过秦岭-大别山的两条地学断面[6,8]和一条折射剖面[27]可见秦岭-大别造山带的地壳厚 33～35 km，没有“山根”。根据横穿东秦岭的深地震反射剖面[25]可见：秦岭是印支-燕山期的碰撞缝合带，宽约 100 km，其上地壳是一个巨型的推覆构造，由南北两个推覆体所组成，中地壳是一系列嘴向北张的鳄鱼式构造，很多剪切滑脱面收敛于下地壳，少量的插入到上地幔；扬子地台插入秦岭之下，秦岭插入华北地台之下；在秦岭地区来自莫霍界面的双程反射时间为 10～11 s，与南北两侧的扬子地台和华北地台相同，相当于 30～33 km 的地壳厚度。表明秦岭碰撞缝合带没有“山根”，“山根”的消失可能与碰撞后期中国东部遭遇的区域性伸展过程有关。

上述中国东部大陆的岩石圈结构特征可以用图 2 加以概括。对其动力学过程的一种解释是[63]：侏罗纪末期位于西太平洋的伊佐奈木板片可能沿 NW 向往中国东部大陆之下插入，这可导致：①带Ⅰ被挤压、隆升并向西俯冲；壳内强烈剪切、升温和部分熔融，形成火山喷发和花岗岩熔。②郯庐带大规模左旋平移，并在带Ⅱ内产生伴生的平行断裂和拉分盆地；在拉分过程中地壳遭受引张，地幔上隆、地壳减薄。③伊佐奈木板片向陆内楔入过程中，由于某种原因沿现今的大兴安岭—太行山—武陵山一带前进角度变陡，于是推进阻力增大，地壳迅速增厚，上地幔被强烈扰动，部分地段形成火山喷发和碱性岩浆侵入，形成巨型的 NNE 向重力梯级带，在重力梯级带以西的带Ⅲ内，仍是地壳的强烈挤压地带，浅层发生 NNE 向褶皱或复背向斜和推覆逆掩构造。④过 NNE 向重力梯级带后，伊佐奈木板片的楔入角再次变平，地表形成大型坳陷带（带Ⅳ）。最后伊佐奈木板片可能沿南北构造带消减于地幔之中，从而导致鄂尔多斯和四川盆地的沉积中心西移，南北带西侧的地壳向东仰冲。⑤白垩纪晚期，伊佐奈木板片活动停止，带Ⅲ以东地壳伸展、减薄，形成规模不等的晚白垩盆地，由于带Ⅱ伸展导致带Ⅲ继续陆升。⑥始新世以来，以两个近 EW 向的构造带为边界，带Ⅱ的构造发展明显不同于中生代：南部缓慢隆起，中部软流圈强烈上隆形成大型华北裂谷盆地，北部稳定。

从表可见，大别山以南的华南褶皱系和江南隆起的地壳厚度与大别山以北的华北裂谷和下扬子坳陷的地壳厚度均在 30～35 km 范围内变动，几乎没有差异，但大别山以南和大别山以北的区域布格重力值且有很大差异，前者走向 NE，重力值在（0～50）$\times 10^{-5}$ m/s^2 变动，后者走向 NNE 向，重力值在

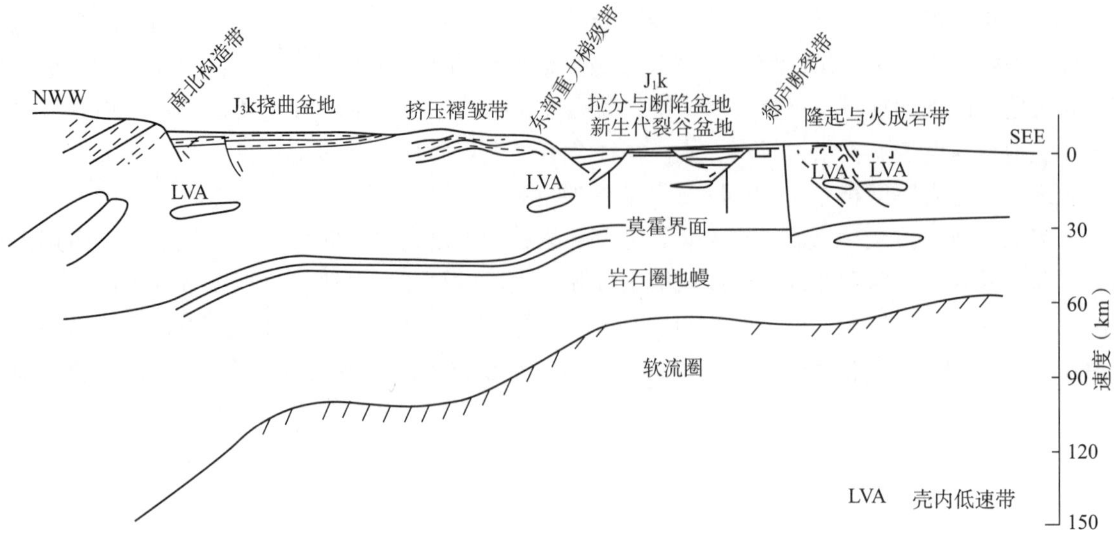

图 2　中国东部大陆岩石圈结构断面示意图

(30～20) ×10^{-5}m/s^2 变动；1°×1°的平均重力异常值前者为（0～30）×10^{-5}m/s^2，后者为（0～40）×10^{-5}m/s^2。这种区域重力值与地壳厚度之间的不一致性，可能起因于地壳内部物质组成上的不同。从表可见，大别山以南的华南褶皱系和江南隆起的下地壳速度值为6. 5～6. 8 km/s 或6. 8～7. 0 km/s，其垂直速度梯度为 0. 02～0. 03 s^{-1}，而大别山以北的华北裂谷和下扬子坳陷的下地壳速度为 6. 7～7. 4 km/s 或6. 8～7. 1 km/s，垂直速度梯度为0. 07～0. 1 s^{-1}或0. 03 s^{-1}。后一地区明显地大于前一地区。但从表 1 可见，两个地区的中地壳和上地壳（如果不考虑低速沉积层）的速度差异很小。这可能表明，在新生代时期由于华北裂谷和下扬子坳陷区的上地幔强烈活动，有大量基性物质侵入地壳之中，从而导致该区下地壳密度值加大，速度值增高，区域重力值变大。

2. 4　海域地区

中、美合作利用双船地震扩展排列剖面研究了南海北部陆缘东部的地壳结构，结果表明[58]：从陆架、陆坡到深海平均地壳厚度呈 4 个台阶状减薄，这 4 个台阶的地壳厚度分别是 26～28 km，23～24 km，13～15 km 和5～7 km（海洋地壳）；由于这里发育有数公里厚的新生代沉积，所以地壳的台阶状减薄反映地壳的拉张运动不止一次，而是以幕式方式进行的，第 4 幕将陆缘拉开，产生新洋壳；在每个地壳台阶上，如果不考虑新生代沉积厚度，那么上地壳厚度只是下地壳厚度的 1/2～1/5，说明在引张应力场作用下结晶的上地壳显著拉伸减薄；下地壳底部存在 7. 1～7. 4 km/s、厚 4. 8～12km 的高速层，它可能是来源于上地幔的冷却的基性物质；如果减去这一高速层的厚度，那么原有下地壳的厚度仅有 0～13 km，说明在上地幔隆起和地壳伸展过程中原有的下地壳也显著地伸展减薄。

2. 5　震源构造

中国东部大陆的华北和鄂尔多斯周边新生代裂谷系是现今的强震活动区，有历史记载以来 $M \geqslant 7.0$ 级大震共发生 33 次，仅 20 世纪以来就发生 8 次，但现代的大震断层机制解均为带有某些倾滑分量的高角度走滑断层，主压应力场为 NEE 向，它们完全不同于控制新生代裂谷的、以 NNE 向为主的铲式正断层。为了研究大震震源构造，近些年来在邢台、海城、唐山和临汾等震区，使用反射剖面、折射剖面、大地电磁和深部瞬变电磁法等多种手段，对大震震源区的地壳细结构进行了详细探测和综合研究[30,54,77-81]，结果表明：①大震区的地壳内部存在陡倾角的隐伏深断裂，浅部存在引张断裂，但两者并不连接。大震震源位于深部隐伏断裂的顶部和深、浅断裂互不连接的空间范围之中；②大震区存在着壳内剪切滑脱面，该滑脱面似乎在震源区内被上述的隐伏深断裂所阻挡；③大震区存在壳内低速-高导异常体，主震常发生在异常体的上角隅附近。④大震区附近莫霍界面存在局部上隆。

2.6 岩石圈热结构

根据目前在中国大陆地区已获得的686个大地热流数据编制了中国大地热流图[82]，中国大陆地区大地热流值变化范围相当大（30～320 mW/m^2），但主要分布在40～100 mW/m^{2}之间，其中60～70 mW/m^{2}比例最高，占24.8%，70～80 mW/m^{2}占18.5%，50～60 mW/m^{2}占17.1%，40～50 mW/m^{2}占18.5%，而大于90 mW/m^{2}和小于40 mW/m^{2}分别占7.0%和5.5%。大地热流的区域分布特征是"东高西低"和"南高北低"[83]。东部地区的松辽盆地的平均热流值为70 mW/m^2，下辽河地堑为66 mW/m^2，华北裂谷为62 mW/m^2；西部地区的塔里木盆地的多散热流值为40～50 mW/m^2，柴达木盆地的平均热流值为53 mW/m^2[45]，东昆仑北麓为42 mW/m^2，而藏南及喜马拉雅是高热区，热流值可达91～146 mW/m^2[84]，中部的鄂尔多斯和四川盆地平均热流值为55 mW/m^2，居中；根据中国东南地区实测的125个热流值，其变化范围是35.6～209 mW/m^2，平均值为67.9 mW/m^2[43]。这种"东高西低"，"南高北低"的热流分布格局是中、新生代以来，东部大陆受太平洋板块影响，西部大陆受印度板块作用的结果。岩石圈热结构的研究结果表明[83]，华北裂谷具有"冷壳热幔"的特点。华北裂谷地幔热流可高达38 mW/m^2，为地表总热流量的51%～62%，而藏南地区的壳、幔热流比值大于2，即地壳比地幔的热贡献大两倍多。温度计算表明，华北裂谷的地幔温度比藏南地区高，这可能与华北裂谷的地幔受扰动有关。

参考文献

[1] 马杏垣、刘昌铨、刘国栋，1991，江苏响水至内蒙古满都拉地学断面，GGT2，北京：地震出版社。

[2] Ma Xingyuan, er al., 1991, GGT2: Xiongsuu to Mandal Transeor (North China), Copublished by the Inter-Union Commtssion on the Lithosphere and American Geophsical Uruon.

[3] Wu Gongian et al., GGT3, 1991, Yadong to Clomud Transect (Qinghat-Tibet plateau, China), Copublished by the Inter-Union Commission on the Litinosphere and Americal Geophysical Union.

[4] 卢造勋、夏怀宽，1992，内蒙古东乌珠穆沁旗至辽宁东沟地学断面，GGT13，北京：地震出版社。

[5] Lu Zhaoxun, et al., 1994, GGT13: Dong Ujimq Q_1-Donggou Transect, BengJing: Selsmological Press.

[6] 林中洋、蔡文伯、陈学波、土椿镛主编，1992，青海门源至福建宁德地学断面，GGT14，北京：地震出版社。

[7] Lin Zhongyang, et al., 1994, GGT14: Menyun—Ningde Transect, Benjing: seismological Press.

[8] 孙武城、马宝林、宋松岩，1992，湖北随县至内蒙古喀喇沁旗地学断面，GGT15、北京：地震出版社。

[9] Sun Wuchen, et al., 1994, Q_1 GGT15: Suizhou, Hubet-Harqm Nei Mangoi Transect, Beijing: Seismological Press.

[10] 阚荣举、韩源，1992，云南遮放—马龙地学断面，GGT16，北京：地震出版社。

[11] Kan Rongru, et al., 1994, GGT16, Zhefang-Malong Transect, Beijing Seismological Press.

[12] 孙武城、徐杰、杨主恩等，1992，上海奉贤至内蒙古阿拉善左旗地学断面，GGT17，北京：地震出版社。

[13] Sun Wuhen , et al, 1994, GGT17: Fengxian-Alxazouqi Transect, Beijing: Seismological Press.

[14] 袁学诚等，1997，台湾-阿尔泰地学断面，北京：中国地质大学出版社。

[15] 张贻侠等，1998，满洲里-绥芬河地学断面，北京：地质出版社。

[16] Monger. J. W. H. 1987, The Guidelines for the Clobal Genscience Transect Project.

[17] Rodmkov. A. G., et al., 1991, The North China Plain-Philline Sea-Manand Trench Georraverse. Moscow, "NAUKA".

[18] 刘光鼎，1982，中国海域及领域地质-地球物理系列图，北京：地震出版社。

[19] Zhao W. J., Nelson, K. D. and Project INDEPTH Team., 1993, Deep seasmlc reflection evidence for continental

underthrusong beneath southem Tibet, Nature. , 366、557-559.

[20] Zen, R. S. , Wu, Francis T. , et al. , 1993, Lateral variacion of the Iithospheruc structure and stress condition inside the Tibetan plateau. in Comelnental Earchquake, Selected Papers of the Sebcond Internauonal Conference On Continental Earthquake, IASPEI Poblication Series for the IDNDY Volume No. 3：253-258. , Beijing; Seismological Press.

[21] 姜枚、吕庆田、薛光琦，1994，中法两国联合进行青藏高原天然地震探测地壳结构的研究，地球物理学报，37，412～413。

[22] 吴宣志、吴春玲、卢杰等，1984，深地震反射剖面对北祁连—河西走廊地壳细结构的研究，中国地球物理学会年刊，北京：地震出版社，86。

[23] 崔作舟，1994，格尔木—额济纳旗地学断面地壳结构与地质构造的关系，中国地球物理学会年刊，北京：地震出版社，87。

[24] 高锐，1993，格尔木—额济纳旗地学断面地球动力学模型初探，中国地球物理学会年刊，北京：地震出版社，144。

[25] 袁学诚、徐明才、唐文榜等，1994，东秦岭陆地壳反射地震剖面，地球物理学报，37，749～758。

[26] 孔祥儒、张丽、白登海等，1993，屯溪—温州剖面岩石圈电性结构，东南大陆岩石圈结构与地质演化，北京：冶金工业出版社，245～249。

[27] 熊绍柏，1992，中国东南地区的岩石圈结构，中国东南海陆岩石圈结构与演化研究，北京：科学技术出版社，267～277。

[28] 卢造勋，夏怀宽，1993，内蒙古东乌珠穆旗—辽宁东沟地学断面，地球物理学报，36，765～772。

[29] 白登海、张丽、孔祥儒等，内蒙古东部古生代块体碰撞区的大地电磁测深研究——Ⅱ，二维解释、地球物理学报。36，773～783。

[30] 刘国栋，1995，山西临汾地区的地壳上地幔构造、裂谷模型和大震震源结构，发展中的地震科学研究，北京：地震出版社。

[31] 王椿镛、张先康、吴庆举等，1994，华北盆地滑脱构造的地震学证据，地球物理学报，37，623～629。

[32] 刘国栋、邓前辉、沈铁龙，1994，云南思茅盆地大地电磁测深研究，国家地震局地质研究所报告。

[33] 宋仲和、陈国英、安昌强等，1993，中国大陆及海城地壳-上地幔三维速度结构，中国科学（B 辑），23，180～188。

[34] 庄真、傅竹武、吕梓龄等，1992，青藏高原及邻近地区地壳与上地幔剪切波三维速度结构，地球物理学报，35，694～709。

[35] 陈立华、宋仲和、安昌强等，1992，中国南北带地壳上地幔三维面波速度结构和各向异性，地球物理学报，35，574～583。

[36] 傅竹武、庄真、吕梓龄等，1993，由长周期地震面波研究华南地区地壳和上地幔三维构造，地震学报，15，159～167。

[37] 刘建华、刘福田、孙若昧等，1995，秦岭-大别山造山带及其南北缘地震层析成像，地球物理学报，38，46～54。

[38] 田勇、吴建春，1993，临汾盆地 CT 成像及微震活动的三维定位，山西临汾地震研究与系统减灾，北京：地震出版社，244～250。

[39] 孙若昧、赵燕来、梅世蓉，1993，渤海及其邻区的地震层析成像，地球物理学报，36，45～54。

[40] 丁韫玉、袁志祥、黄长林等，1994，渭河断陷及邻近地区地壳速度图像，中国固体地球物理学进展——庆祝曾融生教授诞辰七十周年，北京：海洋出版社，55～65。

[41] Huang, S. P. , Wang, J. Y. , 1992, Heat folw distribution and thermal structure of the continental area of china, in Advances in Geoscience (2). China, 361-372, BeiJing; Ocean Press.

[42] Wang. J. Y. , Huang, S. P. , 1992, Perliminary chlassificaltion on typen of thermal structure of Iithosphere in the continental area of China, in Advaces in Geoscience (2). Chins, 330-340, BeiJing, Ocean Press.

[43] 熊亮萍、胡圣标、汪集旸，1993，中国东南地区实测热流值，地球物理学报，36，784～790。

[44] 吴韩藩、祖金华、康雨芳，1993，山西断陷带地热场特征和地震活动性，华北地震科学，11，14～22。

[45] 沈显杰、李国华、汪辑安等，1994，青海柴达木盆地大地热流测量与统计热流计算，地球物理学报，37，56～65。

[46] 刘国栋、邓前辉主编，1993，电磁方法研究与勘探，北京：地震出版社。
[47] 孙传文、邓前辉、刘国栋等，1993，电磁阵列剖面法的实施与资料处理初探，电磁方法研究与勘探，北京：地震出版社，52～59。
[48] 邵学钟、张家茹，1994，塔里木盆地深部构造的地震转换波探测与研究，地球物理学报，37，836。
[49] Yuan，X. C.，Zuo，Y.，Zhang，C. W.，1994，Evidence for the West China croton and its evolution，in Proceeding of the 29th International Geological Congress，Part 13. Reconstruction og the Paleo—Asian Ocean，39-51，VSP.
[50] 闵祥仪、周民都、郭建康，1994，灵台—阿木去乎剖面地壳速度结构，西北地震学报，13，增刊，29～36。
[51] 林中洋、胡鸿翔、张文杉等，1993，滇西地区地壳上地幔速度结构特征的研究，地震学报，15，427～440。
[52] 熊绍柏、郑晔、尹周勋等，1993，丽江—攀枝花—者海地带二维地壳结构及其结构意义，地球物理学报，36，434～444。
[53] 陆涵行、曾融生、郭建明等，1993，唐山震区深地震反射剖面分析，地球物理学报，31，27～36。
[54] 王椿镛、王贵美、林中洋等，1993，用深地震反射方法研究邢台地区地壳细结构，地球物理学报，36，445～452。
[55] Weng，S. J.，Chen. H. S.，Zhou，Z. Q.，1990，Deep Seismic reflection of continental ernst in the Lower Yangtze region，eastern，sastern China，Tectoto physics，173，297-305.
[56] 杨宝俊、董世学、刘财等，1993，满洲里—绥芬河地学断面的垂直反射地震测深研究，中国地球物理学会年刊，北京：地震出版社，246。
[57] 张先康、王椿镛、刘国栋等，1996，怀来—延庆地区地壳细结构—利用深地震反射剖面，地球物理学报，39（3）：356～364。
[58] 姚伯初、曾维军、陈艺中等，1994，南海北部陆缘东部的地壳结构，地球物理学报，37，27～35。
[59] 刘国栋、朱英，1991，中国岩石圈的非均匀性及结构的基本特征，中国岩石圈动力学概论，北京：地震出版社，78～90。
[60] 汪一鹏，1994，中国大陆现代构造活动特征，中国地震学会第五次学会大会论文摘要集，北京：地震出版杜。
[61] 秦国卿、陈九辉、刘大建等，1994，昆仑山脉和喀喇昆仑山脉地区的地壳上地幔电性结构，地球物理学报，37，193～199。
[62] 滕吉文、刘福田、全幼黎等，1994，中国西北造山带与沉积盆地地区的地壳和地幔的地麓层析成像，中国固体地球物理学进展——庆祝曾融生教授诞辰七十周年，北京：海洋出版社，66～80。
[63] Liu Guodong，1994，Geodynamic processes of the eastem chinese continent since Mesozoic era. in 1994 Western Pacific Geophysical Meeing. Hing King，55. AGU.
[64] 杨主恩，1988，中国东部地学断面的编制与研究，10（4）：44～44。
[65] 滕吉文、郑晔、张中杰等，1994，中国东南大陆及近海地带岩石圈结构与动力学，祝贺方俊院士九十寿辰论文集，北京：测绘出版社，131～145。
[66] 熊绍柏、赖明惠、刘宏宾，1993，屯溪—温州地带的岩石圈结构与速度分布，东南大陆岩石圈结构与地质演化，北京：冶金工业出版社，250～256。
[67] 郑晔、滕吉文，1994，中国东部随县—启东地带上地幔结构再研究，地球物理学报，37，553～558。
[68] 马杏垣、刘昌铨、刘国栋，1991，江苏响水至内蒙古满都拉地学断面，地质学报，65，199～215。
[69] 徐新中、雷江锁、杨长来等，1994，满洲里—绥芬河地学断面东段爆破地震测深结果，中国地球物理学会年刊，北京：地震出版社，92。
[70] 傅维洲、梁铁成，1994，满洲里—绥芬河地学断面S波速度结构，中国地球物理学会年刊，北京：地震出版社，95。
[71] 程振森、陈玉新、胡祥云，1994，满洲里—绥芬河地学断面域岩石圈电性结构研究，中国地球物理学会年刊，北京：地震出版社，94。
[72] 张成科、赵金仁、任青芳等，1994，豫北及其外围地区地壳上地幔结构研究，地震地质，16，243～253。
[73] 陈学波等，1994，三峡及其邻区深部构造特征研究，北京：地震出版壮，1～29。
[74] 张碧秀、汤永安、夏铁军等，1996，聊城—荣城地壳二维速度结构——初探“泰山震”之谜，中国地震12（2）：141～146。

[75] 叶茂、张世红、吴福元，中国满洲里—绥芬河地学断面地质、地球物理、地球化学综合解释。

[76] 孙洁、史书林、江钊等，1993，山西临汾盆地及外圈大地电磁与地壳构造活动研究，山西临汾地震研究与系统减灾，北京：地震出版社，261～274。

[77] Lu Zaoxun, Liu Guodong, Wei Menhua, 1991, Lateral inhomogenetty of crust and upper mantle in southern Liaoning, China and its relationship with the $M=7.3$ Haicheng earthquake, Acta Seismalogtco sinica, 4, 521-534.

[78] 张先康、杨玉春、赵平等，1994，唐山滦县震区的三维地震透射研究——中、上地壳速度层析成像，地球物理学报，37，759～766。

[79] Liu Guodong, Lu Zaoxun, The structure of the crust and upper mantle beneath the Haicheng and Tangshan earthquake areus, in Proceeding of the Inremational School of Solid Earth Geophysics. 5th Course, Eartthauake Prediction, 111-139. IL CIGNO GALILEO GALILEI EDIZIONI DI ARTE E SCIENZA.

[80] 刘国栋、宋惠珍，1992，孕震层结构和物性，大陆多震层研究（国际大陆多震层学术讨论会选集），北京：地震出版社，100～109。

[81] 刘国栋，1994，唐山地震震源构造及动力学过程研究，现今地球动力学研究及其应用，北京：地震出版社，70～83。

[82] 何丽娟、熊亮萍、汪集旸，1994，中国大地热流图的编制及初步分析，中国地球物理学会年刊，北京：地震出版社，185。

[83] 汪集旸，1993，从我国大地热流分布看地壳、上地幔活动的不均匀性，中国地球物理学会年刊，北京：地震出版杜，134。

[84] Shen Xainjie, Zhu Yuanqing, Shi Yaolin, 1992, Heat flow on the Qinghat-Xizang (Tibetan) plateau and modding of the tectonic thermal evolution, Sciercce in China (Setles. B). 35. 340-356.

[85] 朱仁学、胡祥云、陈玉新，1994，格尔木—额济纳旗地学断面电性结构的研究，中国地球物理学会年刊，北京：地震出版杜，91。

大地电磁法新进展*

刘国栋　赵国泽

大地电磁法（Magnetotellurics），简称MT，是以观测来自高空的电磁波在地球内部产生的感应电磁场，研究地下电性结构的一种地球物理方法。由于高空电磁波具有很宽的频带，其穿透深度可以从地表至地幔内部；由于地球电导率受多种因素影响（如岩石的物质组成和结构、孔隙度、水溶液饱和度、温度、部分熔融等），因此地球内部的电性分布特征能揭示许多很重要的地球科学问题，使MT法被广泛地应用于地球内部构造及其动力学过程的研究，以及含油气构造、煤田构造、热田、地下水、矿产资源和工程地质等勘探领域和地震前兆监测研究等方面。

MT法经过约40年的发展，已经成为一种具有广阔应用前景的较成熟的地球物理方法，当今正结合其他学科的研究成果向着更高层次进展。先进的MT仪器不仅轻便，且具有宽频带（大致从10^3～10^{-4}Hz、多通道、多用途和现场实时处理等功能；数据观测和重测精度可达1%～39%；远参考道和robust方法能有效地克服人文电磁噪声对观测结果的污染；EMAP等方法的使用可有效地抑制浅部不均匀体的影响；二维反演、三维模型技术、静位移和局部畸变效应等问题的研究取得了很大进展，并且由于这些问题直接关系到MT数据的解释精度，目前仍然是人们关注和研究的热点。

1　静位移和局部畸变效应的研究

在地球介质电导率发生变化，即存在不均匀体时，当沿电导率变化的梯度方向上有电场（初始电场）分量时，则在不均匀体边界上或电导率梯度区产生静电荷，静电荷的密度与初始电场分量成正比[1]。若不均匀体的几何尺度小于电磁波的趋肤深度，则由静电荷产生的二次电场与频率无关。据库仑定律，二次电场与静电荷成正比，并具有与初始电场相同的量级而不可忽略，但相位却与初始场相同。于是有效电场就相当于未受不均匀体影响的电场乘以某一标量因子，但磁场不受不均匀体所引起的边界电荷的影响。所以，由电场与磁场之比构成的阻抗值及进而计算得到的视电阻率值就发生了位移。这相当于未受影响的视电阻率值被放大或缩小了一定的倍数，在对数坐标系内，表现为视电阻率曲线向上或向下的平移，称为静位移。

近年，对静位移的校正技术进行了广泛探索[2]，提出了直接校正法、联合反演法、EMAP法和分解计算法等。

直接校正法，是在对观测资料反演之前，依据某已知的标准，如浅层的电阻率值或某电性界面深度值，判断静位移的幅度，并对视电阻率曲线进行校正。在无其他已知标准可参考时，有时可采用对位于相似构造上的所有MT测点的数据进行平均来确定静位移的幅度。

联合反演法，是利用一些受局部不均匀体影响较小的其他观测资料，如人工源的TEM法、电测井的资料等，与MT资料联合反演，从而获得由浅到深的电性结构[3,4]。

* 本文原载于《地球科学进展》，1994，9（4）：97～100。

EMAP 法，是在野外观测时，把一系列测量电极对（电偶极子）沿剖面首尾相接连续排列组成一系列观测点，同时观测各电极对之间的电场信号以及某一观测点上的磁场信号，然后计算各测点上的阻抗值，并采用合适的空间滤波技术消除或减小局部不均匀体的影响，以得到较真实的地下构造[5]。

分解计算法与下面的阻抗张量分解技术类同。

由局部三维不均匀体引起的 MT 阻抗张量的畸变问题与静位移问题是联系的，但通常是用不同的技术分别处理。观测的阻抗张量是深部二维甚至一维构造响应与近地表三维小不均匀体的畸变矩阵（与频率无关）叠加耦合的结果，这时畸变矩阵不能变成标量，也不能沿某主轴坐标使矩阵的对角元素为零，也即找不到一个坐标系可以使阻抗张量的对角元素为零，这种现象称为局部（电流）畸变效应。于是，对单个测点的 MT 资料的解释必须考虑三维电阻率分布特点，因而提出了阻抗张量的分解技术，以分离局部畸变效应和深部的电性结构[6,7]。

张量分解是利用坐标旋转矩阵的性质，对观测的阻抗张量进行分解。其中，除可以求得反映深部构造的阻抗张量及构造走向之外，还可求出与局部畸变有关的扭曲度、剪切度等物理量。这里的关键是用合适的矩阵分解技术，构成相应的超定方程，用迭代法解出各有关参量，以达到分离局部畸变效应和代表深部特征的阻抗张量，进而获得较真实的地下电性构造。

此外，分析静位移资料的其他一些方法也在发展中，如用 MT 阻抗张量的实部和虚部，采用类似于力学分析中常用的摩尔圆技术描述阻抗信息等。

关于地形起伏的影响有时也与局部畸变结合起来进行分析，或者使用含地形起伏形态的二、三维模型技术进行模拟。

2　模型和反演技术

2.1　正演模型技术

当前在二维正演模型技术研究的基础上，正在向三维模型技术开拓。三维模型技术除了需更大的内存，计算时间更长之外，设法解决模型内相邻的不同异常体的电阻率之间差异较大时带来的计算问题也是面临的难点之一。正在研究的方法中，有些是从二维技术发展来的，有些则采用新的思路。

三维模型技术与二维技术相似，包括微分方程法、积分方程法或者二者的结合。微分方程法在数学上相对简单，但计算量较大；积分方程法数学上困难些，但计算量较小；所谓二者的结合，是指在模型域内控制方程用微分方程，而用积分方程处理边值问题。对于不同异常体电阻率差异较大时的问题，目前采用的一种途径是，模型内各节点的场值不用节点的加权平均定义，而采用与节点相邻单元内的围线积分求出节点上的有限差分方程，以避免可能引起的不确定性。

对于正演模型技术所提出的新方法或思路包括：①动态有限单元法[8]，即允许节点在计算中适当移动，以达到尽量精确的解。②交错网的分时计算技术[9]，模型内各个单元是相互交错的，一个单元的顶点是另一个单元的中心点。在初始 t_0 时刻，用解析法计算半空间电场网络上的电场；在下一个 t_1 时刻，固定电场，计算磁场网络上的磁场；在 t_2 时刻，再固定磁场，计算电场网络上的电场。这个过程连续迭代进行，直到期望的最大延迟时间。③t—k 法（波数域分时法），把空间域麦克斯韦方程经傅立叶变换，变到空间频率域或波数域，以避免在有限单元或有限差分计算中由于数值微分可能引起的误差。④2.5 维方法，主要用于人工源的电磁方法，地球构造用二维近似，而场源用三维近似，即二维模型三维源。

2.2　反演技术

在以前的几个二维反演方法之后，又出现了两个具有代表性的反演方法。一个是近似投影法[10]，用资料空间到模型空间的近似逆影像（或投影）替代一般难以获得的精确逆影像（或投影），计算与这种投影相应的“近似响应”，而用精确方法计算正演模型的响应，通过迭代求出可接收的模型。另一个是快速反演法[11]，其中的关键步骤是，模型内电磁场的横向梯度用前一次迭代的数值近似。每一次迭代的资料残差与下一次迭代模型内的场只需一次正演即可求出。其他正在探索的研究思路还有[9]：

（1）时间域测深的变形 Born 近似反演。该方法是用三维反演方法改进时间域测深资料得到的一维电阻率估算值。反演的基本思想是，设 Frechet 微分被包含在积分方程公式内，异常体电阻率变化引起的垂直磁场的扰动可以用以前未被扰动的磁场通过积分方程计算出来。Born 近似是由一维估算方法设定电场的初始值，用迭代方法计算场值。而变形 Born 近似是在每次迭代中计算格标张量以及电场值，它可适应的不同异常体的电阻率之间的差异要大得多。

（2）Q 域—视波方程技术。其原理是，电磁扩散场在 Q 域定义下通过积分变换后，与视波场具有唯一的关系，于是可用地震资料分析中的技术来处理电磁资料。

（3）时间域目标认定研究。由于仅用原始剖面数据难以区分电磁响应是由沉积盖层内较大的电性差异引起的，还是由盖层下部的导电体引起的，于是就发展了能分离不同导体响应的技术。

此外，在地球物理反演中引入“仿自然法”（模拟自然的方法）的问题近年来引起人们的注意[9]。通常所观察到的自然现象都可看成是“自然优选”的结果。尽管看起来似乎很简单，但却含有复杂的内涵，即使我们尽最大努力进行简化近似，有时仍不能捕捉到实际自然过程的本质。但“仿自然法”摸拟“自然优选”的过程，将使我们能够取得一些意想不到的结果，这对优化 MT 反演解具有重要意义。

“仿自然法”包括“遗传算法”、“退火模拟法”和“经络法”等，前两者通过直接 Monte Carlo 法寻找总体的极小，第三者属于达到某种目标的合理的“视思维”模式。

3 应用研究的发展

在地球电磁感应方法的各种数据处理和解释技术发展的同时，自 20 世纪 80 年代中期以来，应用研究取得了重要进展。这种进展具有两个显著的特点：一是在较大范围跨越较多构造区的，或者在具有重要构造意义地区的国际合作综合研究；二是这种研究已不限于大陆地区，而逐步向海洋区域扩展。这些研究中采用的主要电磁方法是 MT 法和磁变法（MV）。有代表性的国际合作计划包括：北美西部和东北太平洋的 EMSLAB 计划，北美的 LITHOPROB 计划，欧洲的 EGT 计划和关于 Juande Fuca 洋脊的 EMRIDGE 计划等。

这些研究有力地促进了对地球上各种构造现象的认识。如海洋岩石圈的形成，海洋大陆间的被动边缘、主动边缘、大陆岩石圈的演化，岛弧、大陆边缘弧、陆陆之间古缝合线、大陆地壳及其克拉通化，等等。

通过这些研究还表明[12]，近地球表面的各种构造现象都有着显著的电导率标志，这些标志通常与自由流体、部分熔融或石墨等导电物质的存在有关。其中自由流体在大陆地壳构造过程中的作用也只是近来才被认识的，它对地壳演化和地壳性质产生多方面的影响。甚至在区域变质作用消失很长时间以后，流体运动的痕迹仍存在于稳定的大陆地壳内。自由流体也常存储于较深处的破碎带或构造带。此外，在构造运动过程中，被掩埋在地壳内的沉积岩系以及以不同方式形成的并附着在壳内岩石颗粒周围的石墨，和高温导致的部分熔融及岩浆囊体等都是深部导电异常带（体）的重要起因。

参考文献

[1] Kaufman A A. 1985, Tutorial. Distribution of alternating electrical charges in a conducting medium. Geophysical Prosp, 33:

171–184.

[2] Jones A G. 1988, Static shift of magnetotelluric data and its removal in a sedimentary basin environment. Geophysics, 53: 967–978.

[3] Sternberg B K, Washburne J C and Pellerin L. 1988, Correction for the static shift in magnetotellurics using trasient elec–tro-magnetic sounding. Geophysics, 53 : 1459–1468.

[4] Zhao Guoze, Zhao Yan, Chen Daohong and Sun Xinbo. 1992, Joint inversion and interpretation of MT data with a resistivity log. 11th Workshop on EM induction in the Earth, New Zealand.

[5] Bostick F X. 1986, Electromagnetic array profiling (EMAP). 56th Ann Internal Mtg Soc Expl Geophys Expanded Ab–stracts, 60–61.

[6] Bahr K. 1988, Interpretation of the magnetotelluric impedance tensor: regional induction and local tell uric distortion. J Geophys, 62 : 119–127.

[7] Groom R and Bailey R C. 1989, Decompos it ton of mognetotelluric impedance tensors in the presence of local three–dimensional galvanic distortion. J Geophys Res, 94: 1913–1925.

[8] Travis B J and Chave A D. 1989, A moving finite element method for magne totelluric modelling. Phys Earth Planet Inter, 53: 432–443.

[9] Raiche A. 1992, Modelling and inversion: progress, problems and challenges, 11th Workshop on EM lnductoion in the Earth. New Zealand.

[10] Oldenburg D W and Ellis R G. 1991, Inversion of geophysical data using an approximate inverse mapping. Geophys J Int, 105: 325–353.

[11] Smith J T and Booker J R. 1991, Rapid inversion of two–and three–dimensional magnetotellurlc data. J Geophys Res, 96 : 3905–3922.

[12] Brown C. 1992, Tectonic interpretation of regional conducttvtty anomalies, 11th Workshop on EM induction in the Earth. New Zealand.

我国大地电磁测深的发展*

刘国栋

引 言

电磁测深法包括被动场源法和主动场源法两大类。被动场源法是指以天然交变电磁场做场源的电磁测深法，包括大地电磁测深法（MT）、声频大地电磁法（AMT）、地磁测深或磁变量测量法（GDS）以及近些年发展起来的电磁列阵剖面法（EMAP）和电导率参考勘探法（ECRE）等。主动场源法是指以人工建立的电偶极子或磁偶极子场做场源的电磁测深法，包括可控源声频电磁法（CSAMT）、瞬变电磁法（TEM）、磁流体动力脉冲法（MHD_{PG}）和频率测深法等。

20 世纪 60 年代初，在顾功叙教授倡导下原中国科学院兰州地球物理研究所开始对大地电磁测深法进行试验、研究，取得了初步进展。70 年代初，由于地震预报工作的需要，推动了大地电磁测深工作在我国的发展。自 70 年代末期，尤其是近五六年来，我国大地电磁测深法进展较为迅速，其他电磁测深法也有不同程度的进展或已开始研究。这些进展主要表现在仪器设备的加强，工作队伍和其所完成的工作量迅速增长，应用领域的扩展，理论研究包括数据处理和解释方法的深入，以及国际间合作和交流的发展。促进这些进展的主要原因是能源，特别是石油和天然气普查勘探的需求以及地震预报、国际岩石圈计划（ILP）和全球地学断面（GGT）工作的推动。但由于我国对电磁测深法的研究和发展与世界某些发达国家相比起步较晚，队伍较薄弱，因而在仪器研制、方法理论、应用领域和效果研究等方面，与先进国家相比，存在一定差距。本文拟就我国的大地电磁测深方法的发展做一些回顾和探讨，所用资料截止于 1993 年。

1 大地电磁测深仪器设备

大地电磁测深法是 20 世纪 50 年代初由 A. N. Tikhonov 和 L. Cagnird 分别提出来的[1,2]。60 年代以前该方法发展很慢，自 70 年代以来由于张量阻抗分析方法的提出[3]，远参考道方法的发展[4]，以及现代的数字化记录设备及现场实时处理系统的采用，使大地电磁测深法在世界上获得了较快发展。

20 世纪 60 年代中期，原中国科学院兰州地球物理研究所研制了光电负反馈式磁力仪，并与匈牙利产的 T9 型大地电流仪联合组成大地电磁观测站。该设备能较好地记录中、低频大地电磁场信号，但因高频特性不好以及温漂大和移动不方便等原因未能进一步发展。国家地震局兰州地震研究所利用这套装置在我国西北地区获得了我国最早的大地电磁测深数据[5]。1970 年，国家地震局地质研究所试制成功了感应式、晶体管线路的模拟大地电磁测深仪，并在华北地区取得了一批野外观测数据。在此基础上，该研究所与国家地震局兰州地震研究所和地球物理勘探大队共同研制了 LH-1 型模拟记录大地

* 本文原载于《地球物理学报》，1994，37（Supp Ⅰ）：301～310。

电磁测深仪。这曾是我国20世纪70年代中期至80年代初用于大地电磁测深的主要设备。但由于仪器动态范围小以及需对模拟信号进行数值化等原因，不适合大地电磁测深工作发展的需要。1976年，国家地震局地质研究所又与石油部地球物理勘探局仪器厂合作，开始研制SD-1型数字大地电磁测深仪，以及与原北京地质学院物探系和石油部地球物理勘探局研究院在早期合作的基础上，研制其软件系统。该仪器系统于1978年投入野外试验，取得了我国第一批数字化大地电磁测深记录，并在1982年通过部级鉴定，一些主要技术指标已达到当时的国际同类仪器水平，但仪器的频带上限只有10 Hz，并且功耗也较大[6]。鉴定后由石油部地球物理勘探局仪器厂进一步完善和提高，后续完成的SD-Ⅱ型仪器的频率上限已达256 Hz，并具有实时处理和远参考功能。1984年中国科学院地球物理研究所，利用自行研制的CTM-302型三分量高分辨率磁通门磁力仪和DDY-201型地电记录仪配以DPS-85型数据采样与分析系统，组成了一套低频数字大地电磁测深装置，并在攀枝花—西昌地区开展了工作。长春地质学院采用德国Metronix公司生产的磁场传感器和自行研制的数据采集及记录系统，于1985年制成了GEM-1型宽频带数字大地电磁测深仪。该院应用地球物理系利用该设备，在东北等地区完成了很多大地电磁测深工作。

虽然国内多家研制过或正在研制着大地电磁测深仪器，但仍由于设备庞大、功耗高等原因，不完全适应野外工作，因而目前国内应用的大部分大地电磁测深设备，仍然主要依靠进口。据不完全统计，从国外进口的数字大地电磁测深仪器目前已达30多套，并有继续进口的趋势。目前国内研制的大地电磁测深仪，在技术指标、稳定性等方面并不落后，应该在轻便化、低功耗、多功能和现场实时处理等方面下功夫，尽快赶上国际先进水平，满足国内市场需要。

2 大地电磁测深的数据处理和反演

大地电磁测深工作除了用仪器设备在野外观测电磁场信号外，其余两项重要内容就是数据处理和反演。所谓数据处理就是把观测到的电磁场信号经过运算转换为能够反映地下电性分布的曲线（视电阻率曲线和相位曲线）；所谓反演就是把这些曲线与反演模型的理论曲线进行迭代拟合，以求出地下的电性结构分布。在我国的大地电磁测深工作早期，利用的是最简单的标量阻抗数据处理方法。该方法由于没有考虑非一维地质构造条件下场源极化特点的影响，因而在相同频率窄带上计算出来的视电阻率值或相位值往往相当分散。20世纪70年代初，国家地震局地质研究所、原北京地质学院物探系石油电法组和石油部地球物理勘探局研究院电法组共同合作开展了大地电磁张量阻抗估算方法的研究，同时兰州地震研究所也开展了这方面工作。70年代获得的大地电磁测深数据，已经全部采用张量阻抗分析方法，从而显著地提高了大地电磁测深数据处理的质量[7,8]。在当时这是一项重要而又基本的进展。

随着我国工农业建设的发展，电磁噪声背景日益严重，使观测的大地电磁场信号受到不同程度的电磁噪声污染，导致视电阻率曲线和相位曲线质量明显下降。为了解决这一问题，在20世纪70年代末和80年代初，根据当时国际上发表的一些抑制电磁噪声影响的数据处理方法，国内大地电磁测深工作者曾进行了多方面的探讨，其中包括互功率谱法[9]、有限频段的电磁信号对法[10]和近参考道法等。特别是在有限频带的电磁信号对法中，作者还将其他一些数据处理方法中的优点结合其中，从而提高了方法的效果。这些方法对压制噪声的影响都有不同的作用，但又不能明显地解决问题。主要原因是，这些方法只能克服不相关噪声的影响，然而，电磁噪声往往是同时作用在各道电磁信号之上的，属于相关噪声，此时上述方法就失效了[11]。Gamble等[4]提出的远参考道大地电磁测深法，能同时解决就基点而言的相关噪声和互不相关噪声对估算张量阻抗元素的影响。我国进行的远参考道大地电磁测深工作表明，该方法在压制噪声提高张量阻抗估计精度方面具有显著效果。不过，目前由于很多单位现有的仪器设备不具有远参考道功能以及远参考道方法野外施工比较麻烦和效率较低等原因，该方法尚未得到广泛应用。近年来，国外发展的 Robust 数据处理方法[12]，可以明显改善受噪声污染的单台大地电磁测深数据处理结果。我们的试验也表明[13]，该方法对含有一定噪声含量的大地电磁数据是有效的，但如果噪声含量过高，甚至达到 50% 时，该方法失效；此外，Robust 方法的效果，还取决于要有足够多的原始观测数据。Robust 方法有效地压制了张量阻抗关系式中输出端的噪声，但并未解决输入端的噪声，因而一些人建议将 Robust 方法与远参考道技术相结合，是获得可靠的大地电磁观测数据的最好途径。

大地电磁测深数据反演问题，在我国的大地电磁测深工作初期主要采用一维的渐近线近似解法和手工对量板法，但随着工作的深入很快被计算机反演所代替。近 10 多年来，国际上提出了多种一维大地电磁反演方法。其中一类属于间接反演方法，即首先给定初始模型，然后对比观测数据进行反演拟合，经多次迭代求出最后的反演模型。这类方法，国内于 1974 年曾采用过梯度法和差商牛顿法[14]，目前应用比较普遍的有马跨特法[15]以及改进的广义逆矩阵法[16]。最近两年我们应用了最大频度法（MF 法）和最大延后方法（MAP 法），效果很好。MF 法在曲线拟合过程中自动判断各个频点的视电阻率值和相位值的合理性，对于个别飞点给予的权小，而对于合乎曲线变化规律的点给予的权大，因而避免了曲线上个别飞点对反演结果的影响。MAP 法的特点是，可以事先把某些层位的厚度和电阻率值（如果已知的话）固定下来，而在反演过程中只求解那些特定层位的电性参数[17]。间接反演法的结果强烈地依赖于事先给定的初始模型。另一类反演方法属于直接反演法，它是直接从观测数据出发求取反演模型，国内应用比较普通的有 Bostick 法。近来我们还应用了自动寻找最佳层参数法，该法只需事先输入一个最少层数和最多层数，计算机便给出一套最佳拟合参数。王家映等[18]对 Cone 提出的一维直接反演法做了一些重要修改，提出所谓修改的 Cone 近似法。据模型计算结果，该法对浅层反演比较理想。直接反演法是在一定近似条件下进行的，计算量小、快捷，但反演结果较粗。国内比较习惯于用快速的直接反演法给出初始模型，再用间接反演法进行迭代拟合，以限定初始模型的人为成分。

王家映等[19]曾提出一种新的大地电磁数据的解释方法，即将在反射地震勘探中行之有效的解释方法有选择地运用到大地电磁测深数据解释中来，以减少解的非维一性。该方法是把水平层状介质划分为电磁波或弹性波在其中的双程走时相等的“微层”，则大地电磁场与弹性波位移场的反射函数就有十分相似的表达形式和物理含义了，这样对大地电磁测深数据就可以像对待地震反射数据一样计算出“时间剖面”，对其解释便可得出地下电性分层情况。从理论上，该方法也可推广到二维大地电磁的数据解释，目前还缺少解释实例。

目前我国的大地电磁测深数据反演仍以一维反演为主，并且有的还忽视对相位曲线的利用，显然这是不理想的。因为多数情况下地下构造是二维或三维的，并且相位曲线不受静效应影响，能获得较深层的信息。理论模型计算和实际工作经验表明，在二维构造情况下，研究深部构造时可采用纵向视电阻率曲线的一维反演结果；研究浅部构造时可视视电阻率曲线受畸变的情况，采用横向或纵向视电阻率曲线的一维反演结果。如果能密切结合各种有用信息，并且在构造不太复杂的情况下能认真勾制初始模型，仍可得到较好的近似结果。

大地电磁测深数据的二维反演完全不同于一维反演，它不是对单个测点进行反演，而是沿着一条垂直于构造走向的、含有很多测点的大地电磁剖面进行。二维反演可以分别对 TE 模型（纵向曲线）和 TM 模型（横向曲线）进行，但最好是对两者同时进行联合反演。二维反演被拟合的数据量显著增加。二维模型参数不仅随深度变化，而且沿剖面方向也变化，因而模型参数的数量大大增加。这导致雅克比矩阵阶数变大，为形成修改后模型的响应函数及其导数和求解其线性方程组所需的计算量大幅度增加[11]。由于在反演迭代过程中，需不断修改模型参数，每次都要计算修改后的新模型的响应函数及其导数，于是整个反演过程的计算量就显得非常庞大，而使二维反演因耗机时太大，变得不切实际。针对这一问题，孙必俊和陈乐寿[20]提出一种快速反演法，其过程是，先合理给定地电模型类型及模型参数变化范围（区间），再把此区间均匀划分、组成一组变化的模型，并计算出这些模型的响应函数。

然后把被划分区间上的节点坐标和相应的响应函数值作为基本数据组存放。在反演过程中，根据这些基本数据组、利用样条插值法求解迭代过程中修改后的模型参数（在上述变化范围内）所对应的响应函数及其导数，并形成方程组。再利用马跨特法或改进的广义逆矩法求解。可见，由于此法预先控制了模型参数变化范围和计算出基本数据组，因而大大减少了二维反演时间。此法的关键在于事先给定的模型参数变化范围是否合理。赵国泽和刘国栋[21]提出了另一种二维反演方法，其原理是，认为在某一深度处的二维构造只对某一频率范围内的响应函数有突出影响，而对更高和更低频率范围的影响很小，即某一频率段的响应函数主要反映某一深度段上的模型参数。因此，反演可从最高频率开始，逐渐向低频方向移动，也即渐次从浅而深逐步确定模型参数。在第一步确定某深度（频率）以上的模型参数时，认为此深度以下部分仅是待求的电阻率横向变化半空间。下一步相对更低频率反演时，与前一步一样，并依此类推。从第二个频率开始的每一步反演中，都将以前各频率反演中所确定的模型参数作为已知量固定下来。这样，每一频率反演中所需确定的模型参数量就大大减少了，从而显著地缩短了计算雅可比矩阵的时间。经过从最高频到最低频的反演过程，最后获得全剖面范围内的模型参数。吴广耀和胡建德[22]提出大地电磁资料的二维连续模型自动反演法。该法从二维介质的麦克斯韦方程出发，借助于 Backus-Gilbert 线性反演理论和连续模型的反演方法，给出一种与一维自动迭代反演类似的二维连续模型自动迭代反演法。该方法在每次迭代中，利用二维断面情况下在每个测点上产生的地球响应函数计算值与实际观测值之间的差值，以及它们在二维断面情况下与相应的测点处的断面参数修改函数 δm （z） 之间的近似线性泛函关系，先对每个测点分别求解出它们的 δm （z），然后在此基础上得出总的经过修改的新的二维断面。

近年国外发展一种快速反演算法[23]，它的关键步骤是反演模型内电磁场的横向梯度用前一次迭代的数据近似，每一次迭代的资料残差和下一次迭代模型内的场只需一次正演即可求出。该反演方法初始模型是一均匀半空间；它可以对 TE 和 TM 两种曲线进行独立反演，也可以进行联合反演，甚至还可以做静位移校正，被认为是当今较好的二维反演方法。我们对该反演方法的试验结果表明，它具有快速、方便、不受人为因素影响等特点。目前国内通常采用的途径是，以一维反演为主，二维反演做检查。

浅层的局部不均匀和地形起伏要引起异常的电荷积累，它导致视电阻率曲线沿纵轴位移，即所谓静效应。如果对其不加校正，会使反演结果产生极大误差。现已提出多种静效应校正方法[24]。国内已开始研究这一问题，并在实际工作中加以应用。例如，根据未受静效应影响的高频渐近线或其他信息确定浅层的电阻率值，或根据 TE 曲线的低频信息确定区域性的深层电性参数；然后对受静效应影响的曲线做平移，使其高频渐近线与浅层电阻率值一致，或使其低频曲线与区域性的深层电性参数重合。如果 TE 和 TM 曲线平行分开，则求它们的几何平均值。关于对 TE 和 TM 曲线的识别问题，虽然曾有一些标准，但当地下电性结构比较复杂时这些标准往往失效，因此需针对具体情况进行深入分析之后才能正确的识别。

前几年国际上提出两种非一维构造情况下的电磁测深方法，即：电磁阵列剖面法（EMAP）和电导率参数勘探法（ECRE）。EMAP 法里建筑在 Born 近似基础上，为三维电导率结构而设计的[25]。它是沿垂直于构造走向方向的观测路线布置一系列头尾相联的电偶极子，极距要满足采样定理，以观测沿路线方向的电场水平分量；并在一个固定点上同时观测磁场两个水平分量。因为介质的不均匀性几乎不影响磁场水平分量而只强烈影响电场分量，资料处理时只对所观测的电场进行空间低通滤波，对不同频率（对应不同穿透深度）采用不同的滤波窗口。这类似于随着电磁波穿透深度的加大，电极距也随着加大，于是浅部非均匀性对电场的影响被平滑了。这样，用滤波后的不同频率的电场值和相应频率的磁场值所计算各频率的张量阻抗值，就不受浅部非均匀性影响，于是可对其采用一维反演。然而，实际应用中往往是先计算各电偶子极处的张量阻抗值，再对其进行空间滤波，而不是对电场做空间滤波。两者是等效的。EMAP 法对滤波窗口宽度和衰减因子的选择十分重要，如果选择不当不是效果不佳就是滤掉了所希望保留的信息。孙传文等[26]发展了一种最优化选择法，效果较好。我们的实际应用表明，该方法对压制静效应具有明显作用，但野外施工量十分庞大。ECRE 方法是在一个固定测点上观测 3 个磁场分量和在沿剖面的流动点上观测 5 个大地电磁场分量，并联合起来计算各流动点上的地磁传输函数 W 和张量阻抗 Z，然后沿剖面对两者进行联合反演，以解决横向不均匀的构造问题。因为地磁传输函数 W 对于构造的横向变化反应敏感，故两者联合反演易于确定非均匀构造，同时也增加了确定反演模型的约束条件[27,28]。我们应用结果表明，该法因在反演中需人机联合，工作量大。

3 大地电磁法的应用

20 世纪 70 年代我国的大地电磁测深工作处于试验和准备阶段，主要是研制仪器、改进数据处理和解释方法，当时仅有两支大地电磁野外队伍，完成的总测点数约 100 个，主要工作成果包括在《大地电磁测深》一书之中。1984 年，中国地震学会地震地质专业委员会在广州主持召开了全国第一次地球电磁感应会议，当时全国完成的大地电磁测点约 500 个，主要用于探测地壳上地幔构造，但已开始涉及石油构造普查工作。当时全国已有 8 支大地电磁野外队伍，以应用国产和自己组装的仪器为主，从事大地电磁研究的单位十几个[29]。1991 年 12 月中国地球物理学会在北京主持召开了全国第二次大地电磁测深学术会议（暨电磁感应会议）。这时，我国的大地电磁测深队伍已发展到 20 多个，拥有仪器设备 30 多套，绝大多数都是从国外引进的。据粗略统计，至 1991 年底已完成大地电磁测深点 6500 个，工作区域遍布全国。在已完成的测点中，用于石油、天然气构造普查的占 80%强，其余主要用于地壳上地幔构造研究，少数用于地热田勘探，个别的用于监视地震前兆。可见，我国最近几年大地电磁测深工作发展很快，预计今后仍会有所发展。这次会议认为，当前我国大地电磁测深工作亟待解决的问题有：①研制宽频带、低噪声、多功能、低功耗、轻便的仪器；②更深入地研究 MT 曲线畸变，发展有效的静校正方法和软件；③发展新的二维反演技术和三维数值模拟技术以及综合电磁法联合反演技术；④提高陆地大地电磁测深的应用效果，开展水域大地电磁工作。

我国大地电磁测深用于油气构造普查仅刚刚开始，近几年主要在以下方面做了尝试：

（1）确定油、气勘探远景区。工作结果表明，大地电磁法能较迅速地提供工作地区的构造格架、构造单元划分以及单元内部的电性分层和构造边界的固定，能较准确地确定低阻沉积盆地范围、盆地内部各电性层的构造轮廓和断裂展布及高阻基底的埋深和构造形态，以帮助圈定有进一步勘探价值的区段。

（2）在地震勘探难于获得资料的地区提供有价值的信息。我国有很多石油勘探区因地表或地下有较厚的或多层火山岩分布、或有巨厚的砾石层分布、或地形条件恶劣、或者其他原因，用地震勘探法很难取得有效资料。但大地电磁法在这类地区能很容易地获得不同深度的信息。这是因为该法以交变电磁场做场源，不受高阻屏蔽，而设备又轻便、施工队伍小，适应各种工作环境，当然要避免有强烈人为电磁干扰的地区。

（3）寻找厚的高阻岩层内部的低阻或中等电阻的岩层，并确定其埋深和厚度。我国很多碳酸盐岩分布地区有较好的含油气远景，但因高速碳酸盐岩的屏蔽，会使地震勘探失效。由于大地电磁法不受高阻层屏敝，对低阻层又特别敏感，使该法成为解决这类问题的有效手段。

（4）我国华南、西南和西北某些地区的大地电磁结果表明，在地表出露的古老或变质基岩之下，发现有低阻岩层存在，推测这种地区可能有推变逆掩构造。大地电磁法在解决这类问题上有很多成功的实例。

大地电磁法是目前世界上探测地壳上地幔电性结构中比较流行的方法。由于地壳上地幔的电导率变化范围达 6 个数量级以上，因此它对了解岩石圈的结构、温度和状态等，都有重要参考价值。目前我国已在华北、东北、西北、华东、中南、西南和西藏的一些地区，开展了地壳上地幔电性结构的大地电磁测深探测工作。其中部分工作结果有关文献已做过介绍[5,30～40]，现就某些问题做些讨论。

3.1　壳内高导层

在大多数新生代裂谷区完成的大地电磁测深结果表明，在中地壳范围内常常发现有壳内高导层存在，例如华北新生代裂谷系的冀中坳陷、山西地堑系、河套地堑、银川地堑、苏北坳陷等；但又不是普通的，例如华北新生代裂谷系的下辽河坳陷就没有壳内高导层。此外，某些强震区，例如唐山地震区、海城地震区、邢台地震区、滇西地震区等也发现中地壳范围内有高导体发育。上述有壳内高导层发育的新生代裂谷区也是地震活动区。此类高导层厚约数公里，电阻率值几至二十几欧姆·米。震源深度大部分位于壳内高导体之上。温度计算表明，壳内高导体所处的温度范围，一般在400～600 ℃之间，并往往与壳内低速体一致。我们认为此类高导体可能起因于矿物脱水或部分熔融。它们具有一定塑性，有利于其上部脆性地壳的应力集中[34]。我们在楚雄盆地发现，在变质基底顶部有约2km厚的高导层存在，埋深2～12km，与盆地形态非常一起，推测它是基底滑脱构造破碎带的反映。有些壳内高导层可能起因于变质岩的石墨化。

西藏地区的大地电磁测深结果表明，中地壳范围内有连续的高导层发育。河西走廊地区、鄂尔多斯盆地中部、华北平原南部开封—灵壁一带，下地壳范围内有高导层发育；在一些地区，例如内蒙地轴、胶东地块、中南如华南部分地区壳内没有高导层发育。

3.2　上地幔高导层

新生代裂谷以及部分中生代裂谷（例如松辽盆地）和南北构造带地区，上地幔高导层偏浅，一般为60～100 km，电阻率值为几至十几欧姆·米或略高，厚度较大。天然地震数据反演表明，这类地区的上地幔低速层也偏浅[41,42]，同时大地热流值也往往偏高。因而，我们认为这类上地幔内的高导层可能起因于部分熔融，即通常所谓的上地幔高导软流圈[39]。在构造稳定区这类高导层埋深较大。裂谷区和构造活动区上地幔高导软流圈上隆，可能起因于底辟上升或局部对流。

此外，在某些地区，例如下扬子坳陷、福建宁德—湖北襄樊一线以及湖南大庸—资兴的某些地区，发现还存在另一类上地幔高导层，其埋深常在40～60 km，有时甚至接近莫霍界面，厚几至十几公里，电阻率值几十欧姆·米。显然它不同于上述的上地幔高导软流圈，因为它的深度较浅、厚度较簿、电阻率值也略高。对其成因，我们还不清楚，有可能是地质历史构造运动时期残留下来的部分熔融层位，或者是上地幔顶部的韧性剪切带。在我国西北某些地区[29]、中南某些地区[36]、鲁南地区[40]和豫北地区等，发现在200～250 km或更大一些深度上，还有高导层出现，限于观测的电磁波周期所限，对其进一步信息所知甚少。推测它可能起因于橄榄石-尖晶石的相变结果[39]。

目前国内用大地电磁测深资料确定壳内和上地幔高导层时，一般都采用纵向视电阻率曲线的反演结果，虽然它遭受表层不均匀性所产生的畸变效应较小，但必须严格注意感应畸变效应造成的假极小，以及浅部非均匀性所产生的静位移效应。

近几年我国大地电磁工作发展很快，很多单位都具有很先进的设备，取得了不少成绩。但不容讳言也存在不少问题，首先是对原始数据采集质量重视不够，有些测点的记录时间太短、在人为电磁干扰严重地区没有采用特殊的技术，导致视电阻率和相位曲线误差棒太大；对静校正重视不够，反演方法仍以一维为主，甚至忽视对相位曲线的利用。

最近几年，世界上电磁法发展十分迅速，有很多新方法问世，出现很多新的二维反演方法，三维模型研究也取得了很大进展，目前正在发展着不同电磁法的联合观测和联合反演。我国地域辽阔，很多地区等待进一步勘探，我们应该尽快提高水平，采用新方法新技术，使电磁法发挥更大作用。

参考文献

[1] Tikhonoy, A. N., 1950, Determination of the electrical characteristics of the deep strata of the Earth ' s crust, Dokl, Akod. Nauk SSR, 73, 295-311.

[2] Cagniard, L., 1953, Basic theory of the magnetotelluric method of geophysical prospecting, Geophysics, 18, 605-635.

[3] Sims, W. E., 1971, Bostick, F. X., Jr, Smith, H. W., The estimation of magnetotelluric impedance tensor elements from measured data, Geophysics, 36, 538-542.

[4] Camble, T. D., Goubau, W. M., Clarke, J., 1979, Magnetotelluric with aremote magnetic reference, Geophysics, 44, 53-68.

[5] 国家地震局兰州地震大队大地电磁测深组，1976，中国南北地震带北段地壳上地幔的电性特征，地球物理学报，19，28～34。

[6] 国家地震局地质研究所大地电磁组、石油部地球物理勘探局仪器厂电法仪器组，1984，SD-1 型数字大地电磁测深仪，地球物理学报，27，600～604。

[7] 国家地震局地质研究所大地电磁测深组、武汉地质学院物探系石油电法组、石油部地球物理勘探局研究院电法组，1981，估算张量阻抗的大地电磁测深资料处理方法，大地电磁测深，3～16，北京：地震出版社。

[8] 国家地震局兰州地震研究所大地电磁测深组、兰州大学数学力学系七三级毕业实践小组，1981，用数字滤波法处理大地电磁测深资料，大地电磁测深，17～29，北京：地震出版社。

[9] 邓前辉、白改先，1982，互功率谱法在大地电磁阻抗张量估算中的应用，石油地球物理勘探，(4)，57～64。

[10] 晋光文、王家映、王天生，1982，一种大地电磁张量阻抗的计算方法，地球物理学报，25（增刊），650～559。

[11] 刘国栋、陈乐寿主编，1984，大地电磁测深研究，北京：地震出版社。

[12] Sutarno, D., Vozlff, K., 1989, Robust estimation of magnetotelluric impedance tensors. Expl. Geophys, 22, 383-398.

[13] 江钊、刘国栋、孙洁、晋光文，1993，Robust 估计及其在大地电磁资料处理中的初步应用，电磁方法研究与勘探，北京：地震出版社。

[14] 国家地震局兰州地震研究所大地电磁测深组，原兰州地震大队计电室计算组，1981，使用电子计算机解释大地电磁测深曲线，大地电磁测深，58～67，北京：地震出版社。

[15] 武汉地质学院石油电法组、石油部地球物理勘探局研究院电法组、国家地震局地质研究所大地电磁测深组，1981，大地电磁测深曲线的病态反演，大地电磁测深，49～57，北京：地震出版社。

[16] 陈明生、陈乐寿、王天生、白改先，1983，用改进广义逆矩阵法解释大地电磁测深及电测深资料，地球物理学报，26，390～400。

[17] Martinez, M., 1989, Electromagnetic induc tion in the Earth, Metrontx Germany.

[18] 王家映、周一强，1987，一维大地电磁资料的直接反演法——修改的 Cone 近似法，中国地质大学地质科技情况，6，104～114。

[19] 王家映，1985，大地电磁测深的拟地震解释法，石油地球物理勘探，20，66～79。

[20] 孙必俊、陈乐寿，1985，关于大地电磁测深资料反演问题，地球物理学报，28，218～229。

[21] 赵国泽、刘国栋，1985，一种二维大地电磁反演方法，地震地质，7、56～58。

[22] 吴广耀、胡建德，1990，大地电磁资料的二维连续模型自动反演，地球科学——中国地质大学学报，5（增刊），23～36。

[23] Smith, J. T., Booker, J. R., 1991, Rapid inversion of two-and three-dimensional magnetotelluric data, J. Geophys. Res., 96, 3905-3922.

[24] Singer, B. S., 1990, Allowance for stattc distortions in magnetotelluric, 10th Workshop on Electromagnetic Induction in the Earth, Ensenada, Mexico, 1-35.

[25] Bostick, F. X., 1986, Electromagnetic array profiling (EMAP), 56th Annual SEG Meeting, Houston, 42-100.

[26] 孙传文、邓前辉、刘国栋等，1993，电磁阵列剖面法的实施与资料处理初探，电磁方法研究与勘探，北京：地震出版社。

[27] Wolfgram, P., Scharberth, J., 1986, Electrlcai conductvity reference exploration (ECRE), Geometra Ltd.

[28] 刘国栋，1989，地壳上地幔电导率探测的电磁方法，新技术在地球科学中的应用，北京：地震出版社。

[29] 刘国栋、邓前辉主编，1987，勘探地球物理专辑，第二辑，电磁测深，北京：地质出版社。

[30] 顾群、孙洁、史书林、石障松，1980，华北、西北一些地区地壳和上地幔内高导层，地震地质，2 (2)，21～29。

[31] 国家地震局地质研究所大地电磁测深组，1981，北京平原地区大电磁测深结果，大地电磁测深，74～79，北京：地震出版社。

[32] 刘国栋、顾群、史书林、孙洁、石障松、刘金汉，1983，京津唐渤和周围地区地壳上地幔电性结构及其与地震活动的关系，地球物理学报，26，149～157。

[33] 林长佑、张云琳、司玉兰、蒋梅、李柱国，1984，河西走廊东部地区的大地电磁测深研究，地球物理学报 . 27，131～143。

[34] Liu Guodong, Shi Shulin, Wang Baojun., 1984, Conductive layer in the crus in North China and its relation to crustal tectonism. Scientia sinuca (series B) 27, 1093-1104.

[35] 范文科、袁学诚，1984，羊八井至洛扎南北向剖面磁大地电流测深初步成果，中法喜马拉雅考察成果 1980，413～419，北京：地质出版社。

[36] 周雪清、刘国栋、张木生、刘任、王天生、汪德琨、张先觉，1987，雪峰山及其两侧地区深部构造特征初探，勘探地球物理专辑，第二辑，123～137，北京：地质出版社。

[37] 国家地震局兰州地震研究所大地电磁测深组，1987，河西走廊及其附近地区的大地电磁测深，勘探地球物理专辑，第二辑，138～144，北京：地质出版社。

[38] 孔祥儒、刘士杰、窦秦川、张建军、苏先英、李宗舜、周成炳，1987，攀西地区地壳和上地幔中的电性结构，地球物理学报，30，136～143。

[39] Liu Guodong, 1987, MTS studies on the upper mantle conducttvity in China, PAGEOPH, 125, 465-480.

[40] 孙洁、徐常芳、江钊，1988，鲁南地区大地电磁测深结果，中国地震，4 (3)，30～37。

[41] 刘福田、曲克信、吴华、李强、刘建华、吴戈，1986，华北地区的地震层面成像，地球物理学报，29，442～449。

[42] 宋仲和、安昌强、张丽娟、仇志荣，1988，中国大陆和边缘海上地幔 P 波速度结构，中国大陆深部构造的研究与进展，205～215，北京：地质出版社。

胜利油区的深、浅构造及其相互关系，惠民凹陷形成机制以及无机 CO_2 气体的运移过程*

刘国栋　张先康　刘泰生

1　研究区所处的构造部位及浅部构造的基本特征

胜利油气区深地震宽角反射/折射法勘探任务是由两部分野外观测系统所组成。第一部分是三角形观测系统，第二部分是正方形的台阵观测系统。三角形观测系统由四条测线组成，其中三条各边长250～300 km，组成了一个近似等腰三角形，另一条沿三角形的中线呈 NNW 向布置（图 1）。本观测系统的主要任务是通过对三角形观测系统的数据处理及反演给出研究区范围内的莫霍面和壳内主要界面的三维特征以及深断裂的三维展布；通过对四条测线数据的分别处理和反演给出沿测线的地壳上地幔速度结构和构造的二维分布以及壳内低速异常体的发育情况。从图 1 可见，三角形观测系统覆盖了济阳坳陷的主要部分并包括一些相邻的地质构造单位，其中有济阳坳陷以北的沧县隆起、黄骅坳陷、埕宁隆起和济阳坳陷以南的鲁西隆起北缘，我们称三角形观测系统所覆盖的地区为研究区。正方形台阵观测系统是由 150 多台记录仪组成的，边长 80 km×85 km 的观测台阵。正方形台阵观测系统的主要任务是探测和研究台阵范围内的上地壳三维细结构及其与 CO_2 气田的关系。该观测系统基本覆盖了惠民凹陷，目前发现的 CO_2 气田均位于该观测系统之内。我们称之为工作区。

为了探讨研究区和工作区范围内的深、浅构造关系，首先我们根据前人的一些研究成果简述一下本研究区的浅部构造的基本特征（国家地震局地质研究所等，1993；任安身等，1989）。

1.1　渤海湾盆地的基本构造特征

本研究区属于渤海湾盆地，位于渤海湾盆地的东南（图 2）。渤海湾盆地位于华北地台的东部，是在前新生代构造基础上发展起来的新生代裂陷盆地。新生代之前，渤海湾盆地地区经历了太古宙-早元古代的地台基底形成，中-晚元古代的坳拉槽发育，古生代和三叠纪的典型地台盖层沉积以及中生代的拉分、裂陷作用等四个主要发展阶段。早白垩纪末以 NW-ES 向挤压为主的燕山运动，使中生代的绝大多数裂陷盆地封闭消亡，地层发生不同程度的变形，形成褶皱、逆断和平移逆断。早白垩纪末期的燕山运动之后，华北地台整体缓慢抬升。始新世起，强烈的新生代拉张作用使渤海湾盆地地区的地壳进一步开裂、解体，形成了新生代裂谷。

根据前人对航磁资料的分析，认为渤海湾盆地地区的太古宙-早元古代的地台基底主要是由近 EW 向的早期构造带所组成，而后又被一些 NE-NNE 向的中-晚元古代坳拉槽所切割（刘国栋，1980）。地台盖层是稳定的海相和海陆交互相沉积。渤海湾地区的中生代裂陷作用，可能与该时期 NNE 向的郯庐

---

* 本文原载于《胜利油气区深部地壳结构与构造研究》，1995，是一项由胜利石油管理局资助的研究项目。参加本项工作的还有国家地震局地球物理研究所祝治平等很多同志，本文仅是著者负责资料解释部分。

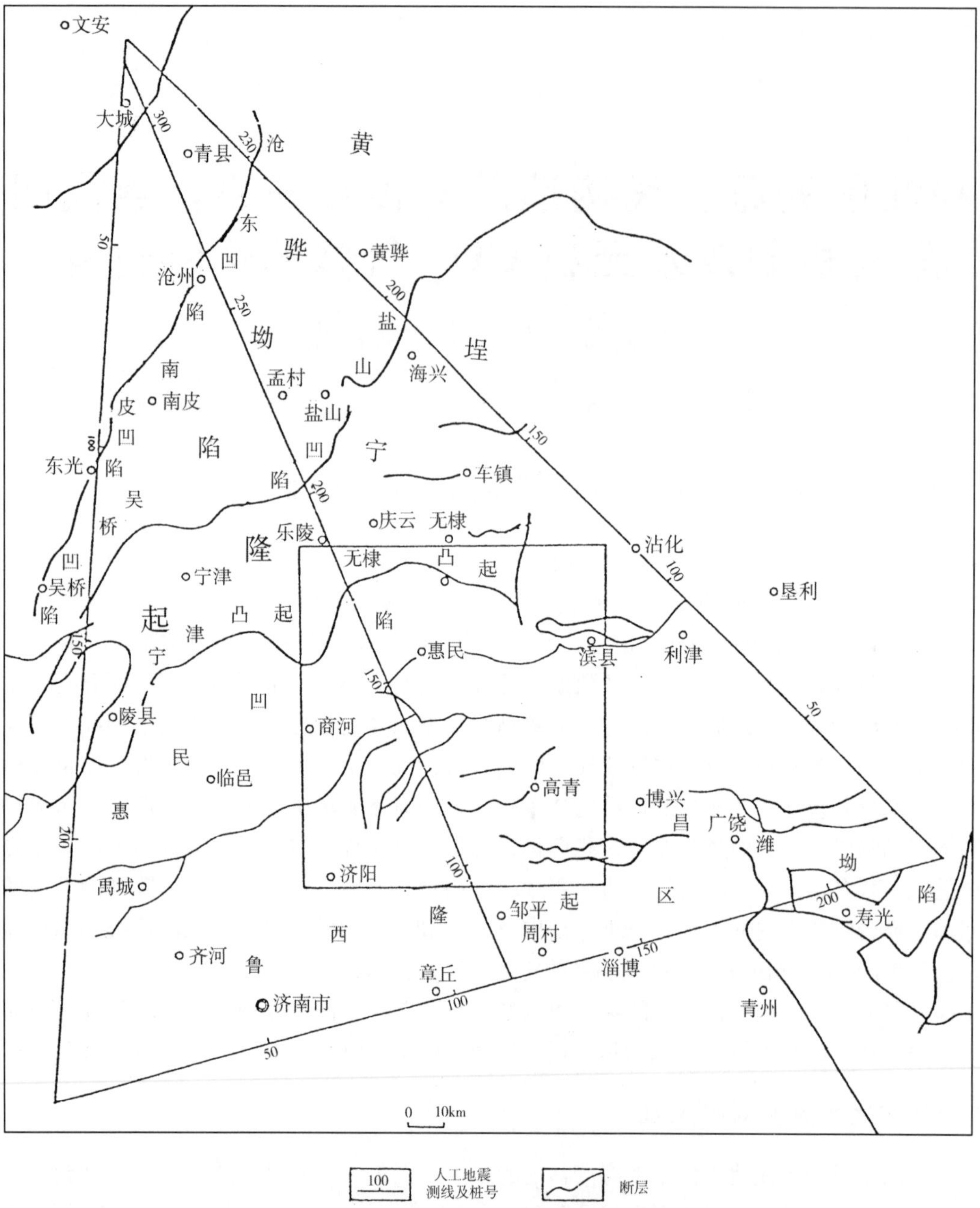

图 1　胜利油气区深部地震探测工程测线位置及构造图

断裂带（在本区称为营口–潍坊断裂带）大规模左旋平移所导致的地壳拉分作用有关（刘国栋，1995）。这种拉分作用对靠近郯庐带的地区可产生近 NW 向的裂陷构造。

由于本章的主要目的是研究深部构造与新生代构造之间的关系以及研究主要储存于新生代地层中的 CO_2 气田与深部构造之间关系，所以我们重点叙述渤海湾盆地、特别是济阳坳陷的新生代构造特征。

根据对渤海湾盆地的分析，其在新生代裂谷作用时期的构造演化，大致可分为早第三纪的断陷和新近纪至第四纪坳陷两大阶段。也可分为始新世初始裂陷、渐新世强烈裂陷和新近纪至第四纪区域沉降三个主要发育阶段（国家地震局地质研究所等，1993）。

1）断陷阶段

始新世时，首先在冀中、济阳、黄骅、临清等坳陷地区沿一些 NNE–NE、NEE 和 NWW 向断裂，

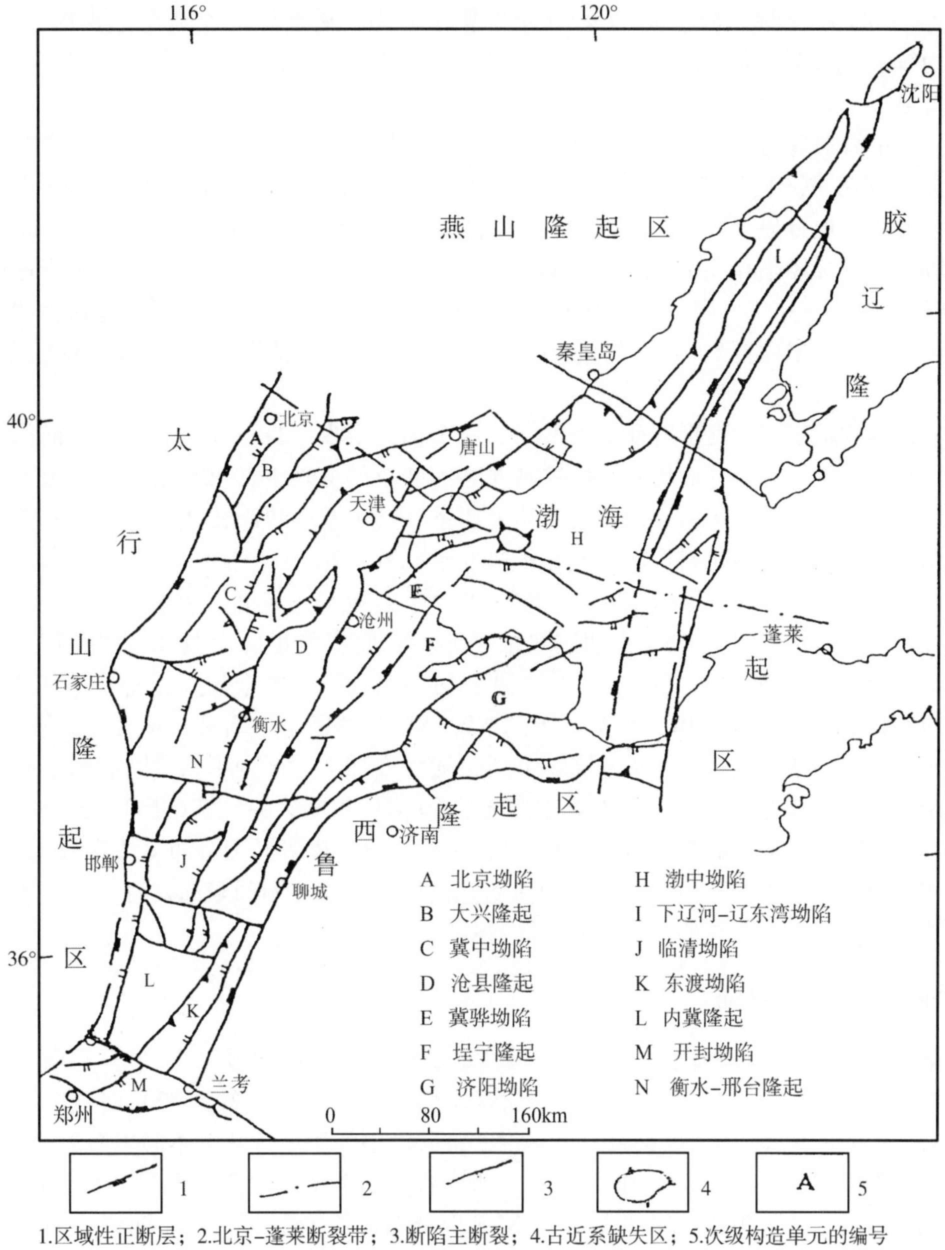

1.区域性正断层；2.北京-蓬莱断裂带；3.断陷主断裂；4.古近系缺失区；5.次级构造单元的编号

图 2　渤海湾盆地地质构造格架图

如太行山前断裂、沧东断裂、陵县-阳信断裂、聊城-兰考断裂等形成一系列凹陷。后期，又在下辽河、辽东湾坳陷地区形成断陷。此时，渤海大部分地区依然隆起。凹陷中堆积了一套以陆相碎屑岩为主的孔店组（E_2k）和（或）纯化镇组（E_2c）沉积，地层厚一般 2000 m，最厚达 5000 m。

渐新世为盆地地区裂陷作用最盛时期，除上述的始新世凹陷不同程度的继续发育外，冀中坳陷东北部、黄骅坳陷北段和中段以及渤海地区强烈断陷，渤中坳陷诞生。该时期的渤海湾盆地全境盆-岭化，形成多凹多凸、多坳多隆、多层次掀斜的复杂盆-岭构造。凹陷内接受了一套以陆相杂色砂、泥岩为主的渐新统沙河街组（E_3s）和东营组（E_3d）的沉积，一般厚 2000 m 左右，但在武清、歧口、渤中和东濮等凹陷内，其厚度可达 3000～6000 m。

2）坳陷阶段

自新近纪起，渤海湾盆地以区域沉降为主要特征，但一些凹陷还有不同程度的继承性活动。新近系馆陶组（N_1g）和明化镇组（N_2m）及第四系平厚组（Qp）逐渐填平并掩埋了早第三纪的盆-岭构造，从而成为统一的大型渤海盆地。新近系和第四纪一般厚1000～1500 m，但在武清、歧口、渤中和东濮凹陷厚度最大，达2500～4500 m。

图2展示了渤海湾盆地的基本格局。整个渤海湾盆地似乎是由4条断陷带和3条隆起带相间排列而成，它们多呈NNE-NE向带状展布。大致以NWW向的北京-蓬莱等断裂带和隆尧-高唐断裂带为界，可以把渤海湾盆地分成三段。中段是盆地的主体，略呈菱形，东西宽400 km，南北长300 km，包括济阳、黄骅、冀中等坳陷和渤中坳陷的一部分，以及埕宁和沧县等隆起区。坳陷和隆起的走向，自东而西由NEE转为NE-NNE。南段东西宽130 km，南北长240 km，为长方形，包括临清坳陷、东濮坳陷和内黄隆起。北段东西宽80 km，长达400 km，为条带状，包括辽河-辽东湾坳陷和渤中坳陷的一部分。

渤海湾盆地的构造表现为变形特征显著不同的三个构造层次。自下而上为：①由前第三系组成的盆地基底及其块断系统；②受基底块断系统控制并卷入变形的盆地下部沉积层，即古近系；③未受变形或仅轻微变形的盆地上部沉积层，即新近系和第四系。其中基底块断构造系统对渤海湾盆地的形成和发展起控制作用。基底块断掀斜作用形成一系列半地堑和地堑。

渤海湾盆地中的断裂绝大多数为正断裂，它们发育于盆地基底和沉积层中，其中以古近系内分布密度最大。控制断陷发育的主断裂，均切割盆地基底。它们多数走向为NNE-NEE向，少数走向为NW-NWW向。NNE-NEE向者，其倾向具有区段上的一致性。总的来说在盆地中段大多倾向SEE-SSE，盆地北段和南段大多倾向NW-NWW。走向NW-NWW的断陷主断裂，绝大多数倾向SW。主断裂为铲状正断裂和平面状正断裂，倾角上陡、下缓，随深度加大逐渐变平。主断裂的水平拉张断距多大于垂直断距，两者之比为1.0～1.8（对冀中坳陷的10多条主断裂的计算结果）。此外，在渤海湾盆地中还存在一些NWW-EW向断裂（带），见图2。这些断裂近于等间距分布，大多倾向SW，倾角一般较大，约40°～60°。它们具显著的水平剪切活动，且很少直接控制凹陷的发育。渤海湾盆地中各地段的差异伸展量，通过这类断裂的水平活动而得到调节。

1.2　济阳坳陷的构造特征

济阳坳陷位于渤海湾盆地中段的东南部，是盆地中构造转向的地段（图2）。它南以近EW向齐河-广饶断裂与鲁西隆起区相接，西北部与NE向埕宁隆起断续相连，东至NNE向营口-潍坊断裂带，东北侧分布有NW向的北京-蓬莱断裂带，就是说，济阳坳陷处于上述几个不同方向的构造带（或区）所围限的地区。坳陷主要由NEE至近EW向的车镇、沾化、惠民和东营四个凹陷及义和庄、陈家庄、无棣、滨县和青城五个凸起组成（图3），总体NEE向分布，长220 km左右，西窄（约60 km），东宽（120 km），总面积约26000 km^2。

1）坳陷的地质发育历史

根据前人研究（任身安等，1986、1989，国家地震局地质研究所等，1993）的结果，认为济阳坳陷的发育经历了中、新生代两个裂陷旋回。

早-中侏罗世时，据下-中侏罗统分布不受坳陷构造控制，且与下覆石炭-二叠系基本呈假整合接触，表明此期间济阳坳陷尚未产生。

晚侏罗世-早白垩世，坳陷地区强烈拉张断陷，在南北两侧的齐河-广饶断裂和埕南断裂控制下，总体构成一个规模较大的地堑式盆地，可谓济阳坳陷的雏型。其中堆积了厚约2000～3000 m的上侏罗统和下白垩统地层。

早白垩世末以NW-SE向挤压为主的燕山运动，使盆地封闭消亡。此后它随同整个华北地区缓慢抬升，遭受剥蚀均夷，直至新生代初的古新世成为广泛分布的北台期准平原面的组成部分（坳陷新生代沉积层之下的基岩顶面）。

到始新世，由于新生代裂陷作用致使本区大致承袭了中生代盆地的基本格局重新拉张断陷，形成一系列单边断陷（凹陷）和凸起，组成特征的盆–岭构造。凹陷中堆积了主要由碎屑岩组成的始新统孔店组（E_2k）和纯化镇组（E_2c），厚一般2000～5000 m。渐新世时盆–岭构造继续发育，堆积了由砂岩、泥岩、油页岩组成的沙河街组（E_3s）和东营组（E_3d），一般厚2000～3000 m。早第三纪的断陷盆地发育的同时，有多期基性岩浆喷溢。渐新世末由于裂陷作用消失或拉张应力松弛，盆地微受挤压抬升而遭受剥蚀。

自新近纪进入坳陷阶段，形成由粗碎屑沉积物组成新近系馆陶组（N_1g）和明化镇组（N_2m）及第四系平原组（Qp），它们呈面状展布，掩埋了盆—岭构造。这些地层厚一般1000～2000 m。新近纪亦有火山活动。

由上述可见，济阳坳陷的构造发育，经历了中生代裂陷旋回的断陷（J_3–K_1）和封闭消亡（K_2–E_1），以及新生代裂陷旋回的断陷（E_{2-3}）和坳陷（N–Q）的演化过程，属中、新生代形成的坳陷。

2）坳陷的构造特征

上已述及，济阳坳陷位于NE向埕宁隆起、近EW向鲁西隆起、NNE向营口–潍坊断裂带及NW向北京–蓬莱断裂带围限的地区，坳陷濒邻埕宁隆起的西北部，构造线以NE–NEE向为主；连接鲁西隆起区的南部，构造方向以近EW向占优势；坳陷东北角出现一些NW向的断裂，由此可见，邻区构造对坳陷内部的构造发育有不同程度的影响，从而使济阳坳陷的构造结构显得比渤海湾盆地的其他坳陷复杂而奇特。

济阳坳陷中断裂构造十分发育，据断裂的规模、活动时代、发育的层位及对坳陷发育所起作用的大小，一般可分为四级（任身安等，1986）。按走向它们可分NE、NW和近EW向三组，在数量上以NE向最多，NW向次之，近EW向的较少，它们几乎都具正断层性质，有些亦显示有平移特征。其中，分割凹陷和凸起的断陷主断裂，如埕南、义南、陈南、陵县–阳信、夏口–斜庙等断裂是主干断裂，控制了坳陷构造的基本格局。

断陷主断裂均切割了盆地的基底，构成盆地基底的块断构造系统，并直接控制了早第三纪断陷沉积的发育及其变形。它们是由NE、NW或与近EW向断裂首尾相连而成，总体呈锯齿状或梯状NEE近EW向展布。这是不同渤海湾盆地其他坳陷的一个重要的形态特征。断陷主断裂大多倾向S，倾角甚缓，约40°～30°，最小如陈南断裂仅20°～25°。它们均具数公里拉张断距和垂直断距。

断陷主断裂控制的凹陷也非窄长条形，而是弯曲形态，绝大多数凹陷是单边断陷，为北断南超的箕状凹陷。

断陷主断裂及其控制的断陷盆地呈NEE至近EW向分布（图2、图3），它们在总体上呈略向西收敛而往东北撒开的左行雁列帚状结构。由于断陷主断裂多倾向S，它们控制的凹陷为北断南超，使坳陷的构造结构在横向（南北方向）上明显具有非对称的特点。

根据凹陷和凸起的总体配置（图4）分析，济阳坳陷可分成近EW走向的两条断陷带及夹于其间的一条凸起构造带。北部的为车镇–沾化断陷带，包括车镇凹陷和沾化凹陷，二凹陷之间是NE向的义和庄凸起。中央凸起构造带主要由近EW向走向的无棣凸起陈家庄凸起组成，可称无棣–陈家庄凸起构造带，它与营口–潍坊断裂带西侧NEE向的垦东–青坨子凸起相连成“肘”状形态。南部断陷带包括惠民凹陷和东营凹陷及两者之间的林樊家和青城等小型凸起。

由图3和图4还可看出，在济阳坳陷发育过程中，大致于义和庄、沾化、滨县和青城一线，始终存在一些NEE至近EW向的小型凸起和低凸起（沉积较薄），它们与NE向断裂一起断续组成一条NE向斜贯济阳坳陷的义和庄–滨县–青城凸起构造带。此带将济阳坳陷分成东西两部分，西部包括车镇凹陷和惠民凹陷；东部包括沾化凹陷和东营凹陷，其构造较西部复杂，耐人寻味的是，至今的济阳坳陷勘探到的油气田，主要集中分布于NE向凸起构造带及其以东的地区。

上述近EW向无棣–陈家庄凸起构造带和与之交会的NE向沾化–滨县–青城凸起构造带，将坳陷分成四个区块，每个区块发育一个凹陷，东北区块有沾化凹陷，西北区块分布车镇凹陷，西南区块有惠民凹陷，东南区块有东营凹陷。

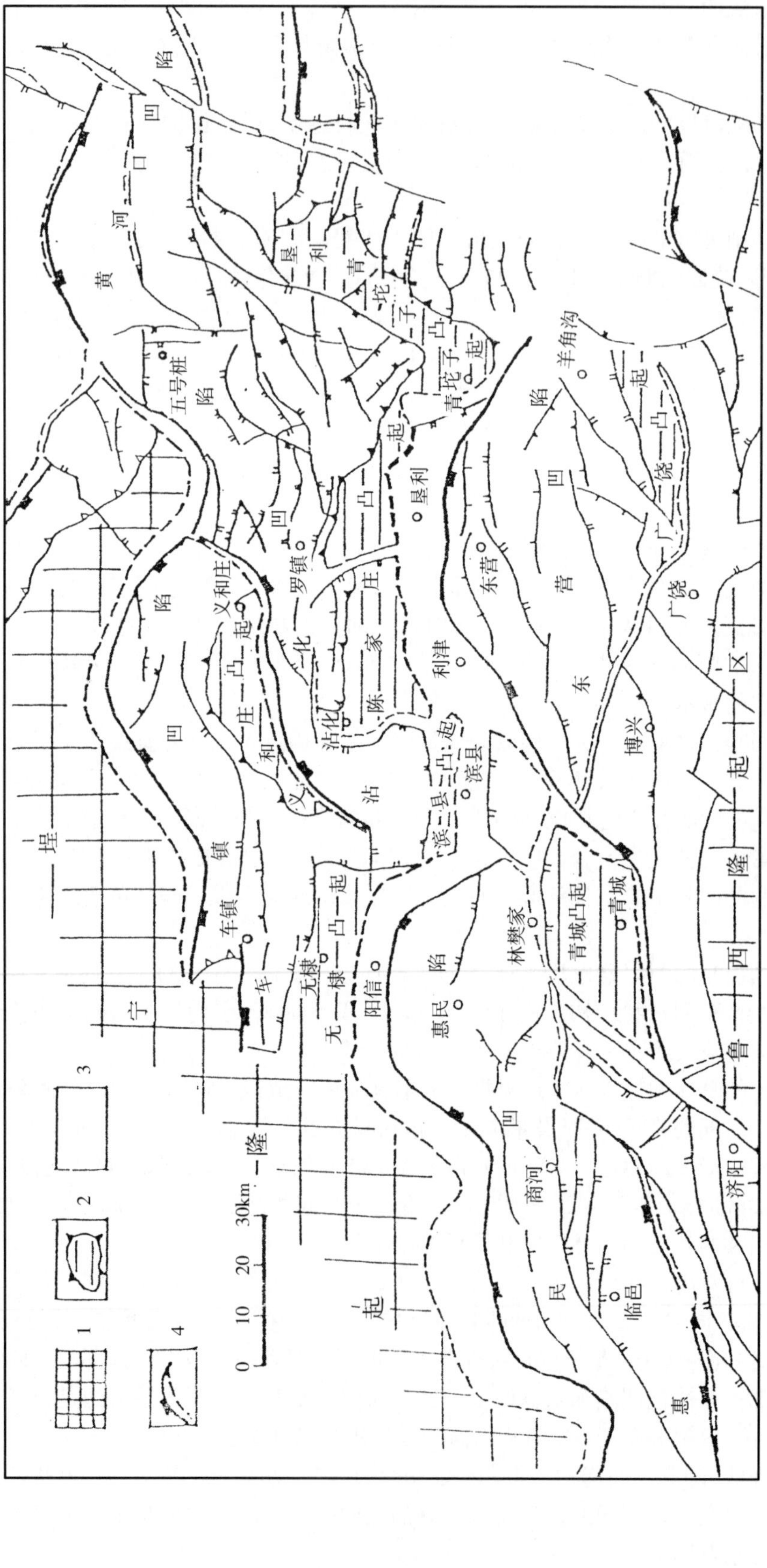

图 3　济阳坳陷构造分区示意图

1. 隆起（区）；2. 坳陷内部的凸起；3. 凹陷；4. 断陷主断裂

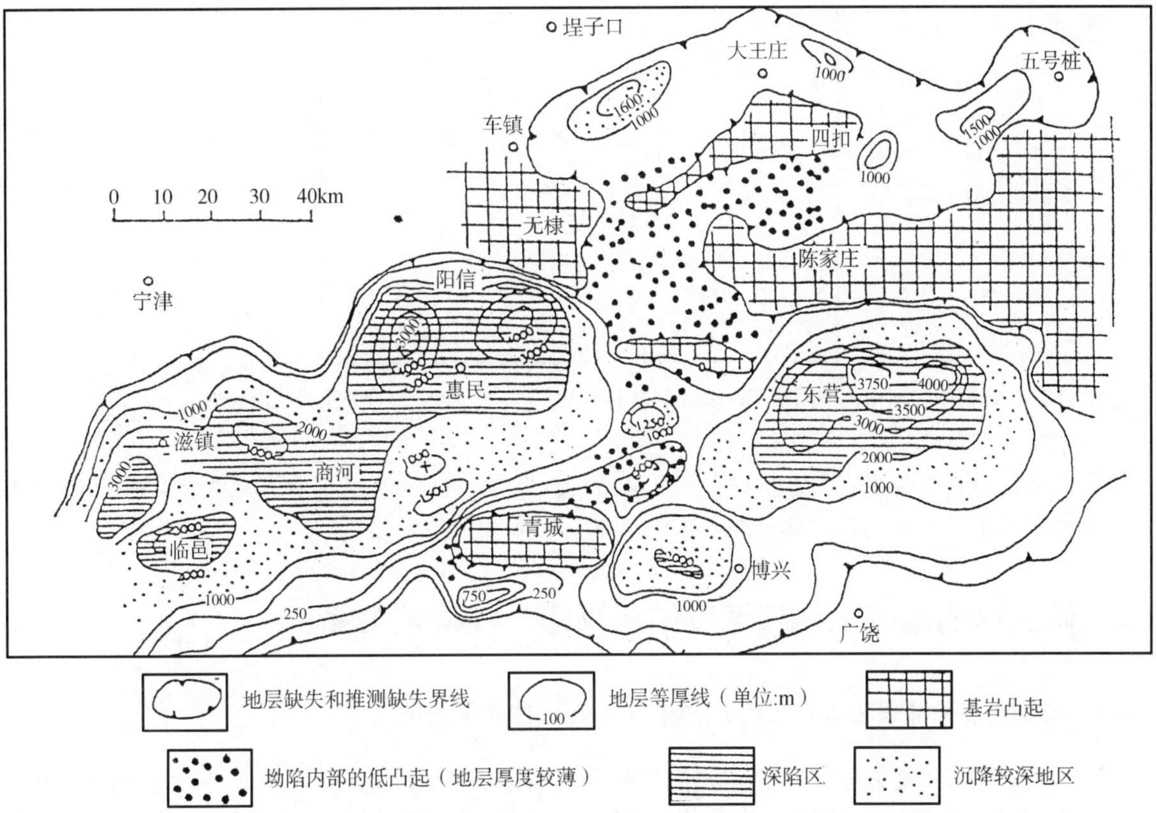

图 4　济阳坳陷始新统地层厚度及其反映的凹陷、凸起构造分布示意图

在济阳坳陷发育过程中，断裂拉张活动是众所周知的，与此同时有些断裂还具有不同程度的平行活动。据资料进行的初步分析，NE 向断裂似乎显示右旋（图 5、6）。从埕宁隆起与济阳坳陷的交接关

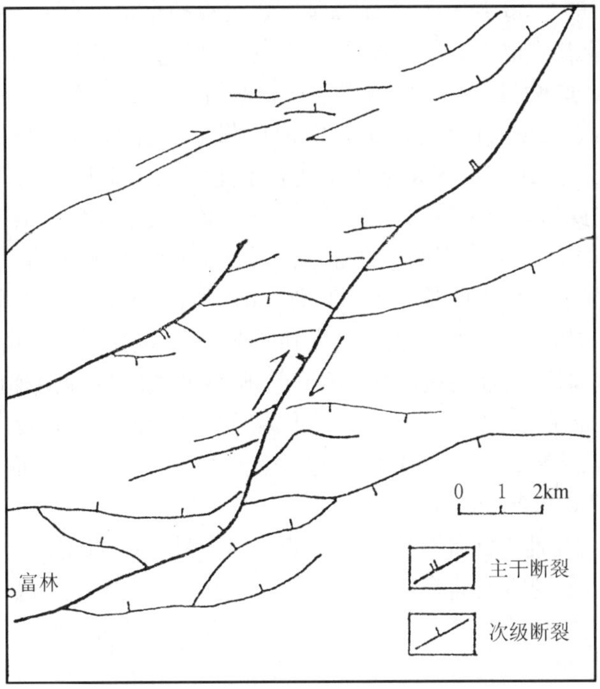

图 5　垦利—富林一带不同级次断裂（据胜利石油管理局，1992 组合关系反映断裂的运动方式）

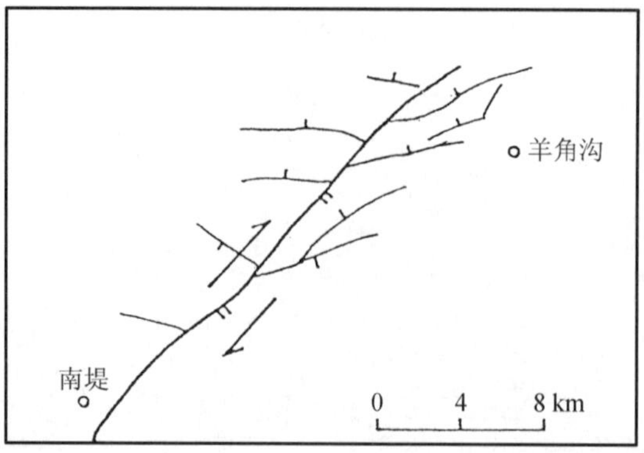

图 6　东营凹陷东南部不同级次断裂（据胜利石油管理局，1992 组合关系反映断裂的运动方式）

系（图 3）看，前者相对于后者发生过右旋平移活动。此外，据临邑至林樊家一线新生代玄武岩成带分布的现象可以推断，该地带深部可能存在一条 NE-NEE 走向的断裂。

2　研究区的地壳上地幔速度结构及深、浅构造关系

2.1　影响地壳内部岩石纵波（V_P）和横波（V_S）速度值的因素

本节主要根据人工地震爆破方法所获得的地壳上地幔的速度值及其分布特征（统称速度结构）来研究地壳内部的构造和深、浅构造关系等问题，因此首先必须探讨影响地壳内部岩石纵波速度值（V_P）和横波速度值（V_S）的因素是什么？根据世界有关实验室在模拟地壳内部的温压条件下，对不同岩石标本的速度测定结果，经分析总结后认为，影响地壳内部岩石纵、横波速度值的主要因素有以下几种：

（1）首先是岩石的矿物组成，不同岩石的纵、横波速度值有很大差异。表 1 是 W. S. Holbrook 等人（1992）总结了世界上发表的约 30 篇关于岩石物理参数实验的重要文献后所获得的，在中、下地壳温压条件下不同岩石的波速值及其他参数值的结果。从表 1 可见，在相同的中、下地壳温压环境下，不同岩石的波速值相差很大，这说明影响地壳内部岩石波速值的主要因素是岩石的矿物组成。

（2）温度和压力对岩石波速的影响在实验室内已做了大量实验。总的结果表明（Christensen，1982；Kern，1978），围压增高到 200 MPa 时（在基岩出露区约 7.5 km 深，在沉积盆地区约 8～9 km 深），岩石微破裂闭合。在此压力以前围压的增高能引起岩石纵、横波速的快速增加，其增加值大约是 0.5～0.1 km/s/100 MPa；所以在上地壳的上部速度随深度的增加是显著的。但在更高的围压下，岩石波速随压力的增加就变得很小了，大约是 0.02～0.06 km/s/100 MPa。温度增加岩石的波速值降低，其典型系统是（2.0～6.0）$\times10^{-4}$ km/s/℃，其变化范围与岩石的类型有关。我们知道温度和压力都是随深度而增加的，所以它们对岩石波速的影响是相反的。典型的大陆区地温梯度为 15 ℃/km，因此对大部分岩石而言，在中、下地壳条件下其波速值是稳定的、不随深度而变化，然而在高热区（25～35 ℃/km）温度的影响将占主要地位，会引起负的速度梯度。对于下地壳而言，温度估算误差既或为 200 ℃，对速度的影响也只有 0.1 km/s。

（3）目前有证据表明，在地壳深部存在着广泛的各向异性和孔隙流体，它们显著地影响着地震波速。岩石中流体的存在可以使地震波速降低 4%～8%（刘国栋，1984）。这种流体包括矿物脱出的水，部分熔融体和孔隙中所含的气体等。岩石内部的孔隙压很高也可以明显地降低地壳深部的波速值。

表 1　中、下地壳岩石的物理参数实验室测量结果

岩石类型	标本数量	ρ	V_P	V_s	σ	P-anis	参考文献
中地壳							
1. 蛇纹岩	16	2. 59±0. 09	5. 50(5. 63)±0. 55	2. 71(2. 79)±0. 44	0. 34(0. 34)±0. 03	6. 9±4. 0	6,7,9,20,27
2. 石英岩	9	2. 57±0. 12	5. 52(5. 71)±0. 57	3. 57(3. 60)±0. 41	0. 14(0. 17)±0. 07	2. 9±2. 9	2,4,5,19,26,28
3. 花岗岩	27(26)	2. 66±0. 05	6. 07(6. 22)±0. 23	3. 52(3. 57)±0. 23	0. 24(0. 25)±0. 04	2. 1±1. 8	2,4,13,17,21,26,27,28
4. 花岗闪长岩	16	2. 69±0. 07	6. 08(6. 26)±0. 35	3. 43(3. 55)±0. 21	0. 27(0. 26)±0. 02	2. 9±0. 9	4,9,13. 18,21,26
5. 长英角闪相片麻岩	18(15)	2. 73±0. 07	6. 18(6. 27)±0. 17	3. 57(3. 61)±0. 16	0. 25(0. 25)±0. 03	6. 8±3. 7	5,13,15,17,21
6. 石英云母片岩	8(6)	2. 79±0. 07	6. 26(6. 37)±0. 11	3. 57(3. 62)±0. 17	0. 26(0. 26)±0. 04	11. 6±7. 4	5,13,15,21
7. 变辉长岩	14(9)	2. 91±0. 09	6. 59(6. 76)±0. 30	3. 71(3. 76)±0. 11	0. 27(0. 28)±0. 01	—	9,16
8. 辉长岩	33(15)	2. 94±0. 09	6. 95(7. 12)±0. 22	3. 74(3. 80)±0. 18	0. 29(0. 30)±0. 02	2. 5. ±1. 5	2,4,9,12,13,16,18,19,22,25
9. 闪长岩	11(10)	3. 05±0. 10	7. 03(7. 05)±0. 24	3. 77(3. 92)±0. 21	0. 30(0. 28)±0. 02	5. 4±53	5,12,13,17,18,19,27
下地壳							
1. 石英岩(麻粒岩)	17	2. 66±0. 12	5. 82(5. 97)±0. 22	3. 71(3. 75)±0. 09	0. 15(0. 17)±0. 05	4. 0±0. 0	2,4,5,19,26,28
2. 英角闪片麻岩	16(13)	2. 73±0. 07	6. 20(6. 36)±0. 19	3. 54(3. 62)±0. 16	0. 26(0. 26)±0. 03	7. 3±3. 2	5,13. 15,17,21
3. 长英质麻粒岩	13	2. 70±0. 06	6. 25(6. 44)±0. 11	3. 53(3. 64)±0. 09	0. 27(0. 27)±0. 02	2. 8±2. 2	3,10,13,21,24
4. 石英云母片岩	8(6)	2. 79±0. 07	6. 29(6. 47)±0. 12	3. 58(3. 66)±0. 16	0. 26(0. 26)±0. 04	10. 7±6. 4	5,13,15,21
5. 中性麻粒岩	21	2. 79±0. 11	6. 39(6. 59)±0. 20	3. 58(3. 69)±0. 14	0. 27(0. 27)±0. 03	2. 7±1. 5	10,13,21,23,24
6. 斜长岩	15	2. 80±0. 10	6. 81(7. 03)±0. 31	3. 65(3. 72)±0. 20	0. 30(0. 31)±0. 02	2. 9±1. 6	2,4,13,15,24,27,29
7. 基性麻粒岩	38	3. 03±0. 17	6. 86(7. 13)±0. 27	3. 60(3. 90)±0. 22	0. 31(0. 29)±0. 02	2. 6±1. 7	10,12,13,14,15,20,23,24
8. 闪长岩	13(12)	3. 05±0. 09	7. 00(7. 14)±0. 24	3. 81(4. 03)±0. 22	0. 29(0. 27)±0. 02	5. 4±5. 2	5,13,15,17,18,19,27
9. 变泥质岩	12(11)	3. 10±0. 11	7. 17(7. 33)±0. 36	4. 03(4. 11)±0. 21	0. 27(0. 27)±0. 01	0. 5±5. 5	14,15,20,21,23
10. 辉岩	14	3. 27±0. 04	7. 71(8. 00)±0. 15	4. 23(4. 41)±0. 27	0. 28(0. 28)±0. 04	2. 2±1. 7	1,2,4,9,12,15,22,26,27
11. 橄辉岩	24	3. 43±0. 09	7. 94(8. 11)±0. 28	4. 38(4. 54)±0. 16	0. 28(0. 27)±0. 02	2. 44±0. 9	18,23,24,27
12. 撖榄岩	18	3. 28±0. 04	8. 02(8. 28)±0. 23	4. 37(4. 61)±0. 18	0. 29(0. 28)±0. 02	11. 6±4. 0	1,2,4,6,18,19,22,26,27

在中地壳(3～5 kbar)和下地壳(4～10 kbar)高压环境下，每个标本测量的平均值及标准差。考虑到温度影响(假定地温梯度为15℃/km)对梯度进行了校正。N=样本数(括号里的代表S波速度测量的样本数)；ρ=密度(g/cm^3)；V_P=P波速度(km/s)；V_s=S波速度(km/s)；σ=泊松比；P-anis=P波速度各向异性百分比。1. Babuska, 1972; 2. Birch, 1960, 1961; 3. Bonatti and Seyler, 1987; 4. Bonnet and Schock, 1981; 5. Christensen, 1966a; 6. Christensen, 1966b; 7. Christensen, 1972; 8. Christensen, 1977; 9. Christensen, 1978; 10. Christensen and Fountain, 1975; 11. Christensen etal., 1975; 12. Chroston and Evans, 1983; 13. Chroston and Brooks, 1989; 14. Evans, 1980; 15. Founlain, 1976; 16. Fox et al., 1973; 17. Hall and Simmons, 1979; 18. Kanamori and Mizukani, 1965; 19. Kern, 1982; 20. Kern and Schenk, 1985; 21. Kern and Schenk, 1988; 22. Kroenke el at., 1976; 23. Jackson and Arculus, 1984; 24. Manghnani et al., 1974; 25. Nur and Simmons, 1969; 26. Schock et al., 1974; 27. Simmons, 1964; 28. Simmons and Brace, 1965; 29. Wang et al., 1973.

（4）近代实验表明，地壳内部的某些构造活动带或其遗迹，也能明显地影响岩石的波速值。例如韧性剪切带糜棱岩由于矿物发生塑性变形产生晶格优选定向，从而产生糜棱岩纵波速度各向异性，沿面理方向的纵波速度大于与面理垂直方向的纵波速度，但两者又都小于未遭受糜棱岩化的围岩的波速值。在中地壳内，垂直糜棱上岩面理方向的纵波速度比其围岩低 0.4 km/s，顺面理方向的比其围岩低 0.2 km/s；在下地壳内，上述值则分别为 0.3 km/s 和 0.15 km/s（母润昌等，1995）。

（5）在下地壳内，基性组成的增加和变质程度的增加都会引起岩石波速的增高。例如从表 1 可见，基性岩（辉岩，基性麻粒岩）和变泥质岩（高度变质的麻粒岩）之间的速度值就有一定的重叠区。

上述的实验结果，对我们讨论本研究区地壳速度结构的地质含义将很有帮助。

2.2　地壳的速度分层

根据本研究区的四条宽角反射/折射剖面所获得的结果（图 7 至图 11）。本区的地壳具有三层速度结构（不包括低速的沉积盖层）。其中上地壳的纵波速度值 $V_{p1}=5.70 \sim 6.25$（6.30）km/s，横波速度值 $V_{S1}=3.00 \sim 3.70$ km/s；中地壳的纵波速度值 $V_{P2}=6.45 \sim 6.55$ km/s，横波速度值 $V_{S2}=3.80 \sim 3.90$ km/s；下地壳的纵波速度 $V_{P3}=6.60 \sim 7.30$ km/s，横波速度值 $V_{S2}=3.95 \sim 4.30$ km/s。上地幔顶部的纵波速度值 $V_{Pm}=8.00$ km/s，横波速度值 $V_{Sm}=4.10$ km/s。现将上地壳至上地幔顶部的各层速度结构及其所反映的构造特征叙述如下。

2.3　上地壳构造及其与浅部构造关系

根据上述四条宽角反射/折射剖面的观测和反演结果，本研究区内结晶上地壳厚度（指不包括新生界沉积厚度的上地壳），从 L1 剖面可见（图 7），在鲁西隆起地区比较稳定，厚约 18 km，浅层覆盖 1～2 km 的沉积盖层和结晶基底的风化壳。鲁西隆起区的上地壳底界埋深保持在 17～18 km 之间，几乎没有变化。但在渤海盆地内部上地壳厚度变化剧烈，从沿 NNW 向穿过沧县隆起、黄骅坳陷中段、埕宁隆起中段、济阳坳陷中的惠民凹陷，最后终止于鲁西隆起内部的 L4 剖面可见（图 8）：结晶上地壳厚度在沧县隆起地区为 14～15 km，在黄骅坳陷地区 8 km，在埕宁隆起地区 14～15 km，在惠民坳陷地区中部 9～10 km，然后向鲁西隆起逐渐加厚至 16～17 km。沿该 L4 剖面的上地壳底界深度从黄骅坳陷和惠民凹陷下方的 14～15 km，加深至沧县隆起和埕宁隆起下方的 17 km 以及鲁西隆起下方的 18 km 多。位于 L4 剖面 EN 向的 L2 剖面（图 9），则是沿 NW 向穿过沧县隆起、黄骅坳陷中段偏北、埕宁隆起东北段、济阳坳陷中的车镇凹陷-义和庄凸起-沾化凹陷-陈家庄凸起和规模较大的东营凹陷，最后终止于广饶凸起以南的鲁西隆起之上。从 L2 剖面可见，结晶的上地壳厚度在沧县隆起、黄骅坳陷和埕宁隆起地区与 L4 剖面一致，在车镇凹陷—陈家庄凸起—带结晶上地壳厚约 12～13 km，在东营凹陷的中心部位结晶上地壳的厚度仅有 6 km，然后向鲁西隆起下方较快地加厚至 15 km。沿 L2 剖面的上地壳底界深度从黄骅坳陷和东营凹陷下方的 15 km，加深至沧县隆起和鲁西隆起下方的 17 km 以及车镇凹陷-陈家庄凸起下方的 15.5 km。位于 L4 剖面西北方向的 L3 剖面（图 10），则以近 SN 向穿过沧县隆起、黄骅坳陷南段、埕宁隆起西南段和济阳坳陷的西南部分，然后向南终止于鲁西隆起之上。从 L3 剖面可见，结晶上地壳的厚度在沧县隆起地区为 15 km。在黄骅坳陷南部地区为 11～12 km，在济阳坳陷西南为 9 km，在鲁西隆起为 17 km；而上地壳的底界埋深在上述构造单位的下方分别为 17 km、15 km、14 km 和 18 km。

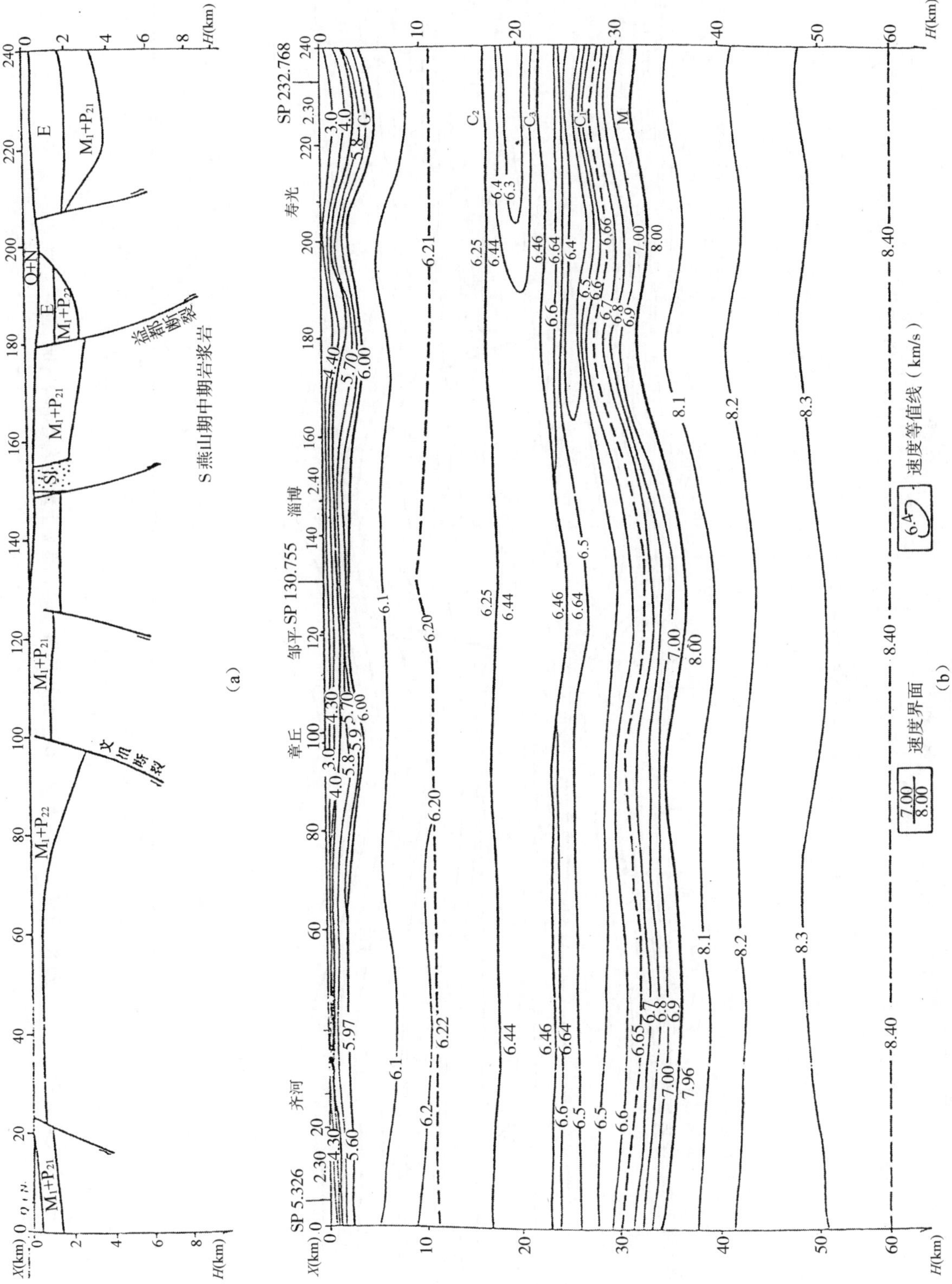

图7 齐河-淄博-寿光（L1）剖面地质（a）、地壳上地幔速度结构（b）图

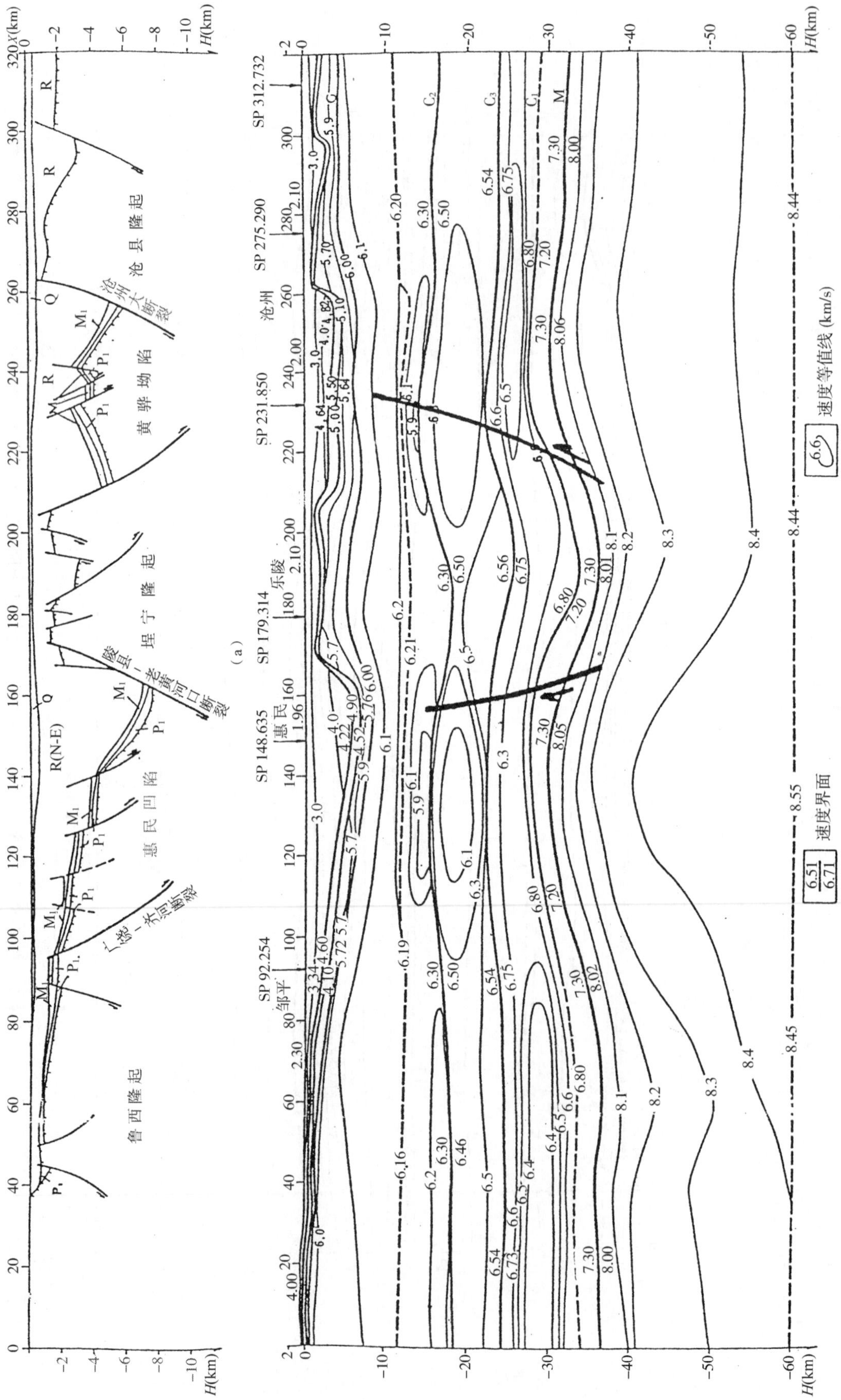

图 8　沂源-乐陵-大城（L4）剖面地质（a）、地壳上地幔速度结构（b）图

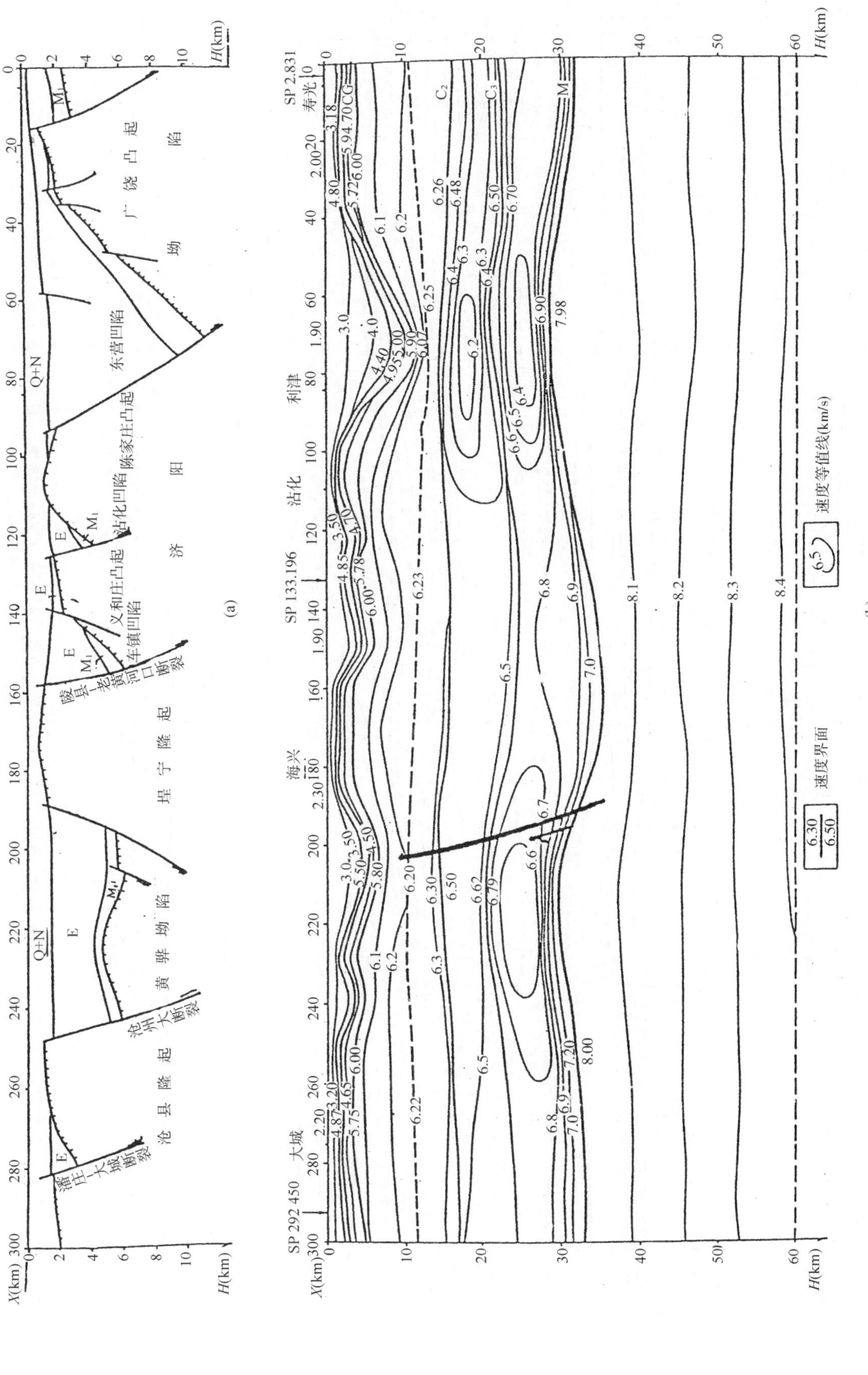

图 9 寿光-沾化-文安（L2）剖面地质（a）、地壳上地幔速度结构（b）图

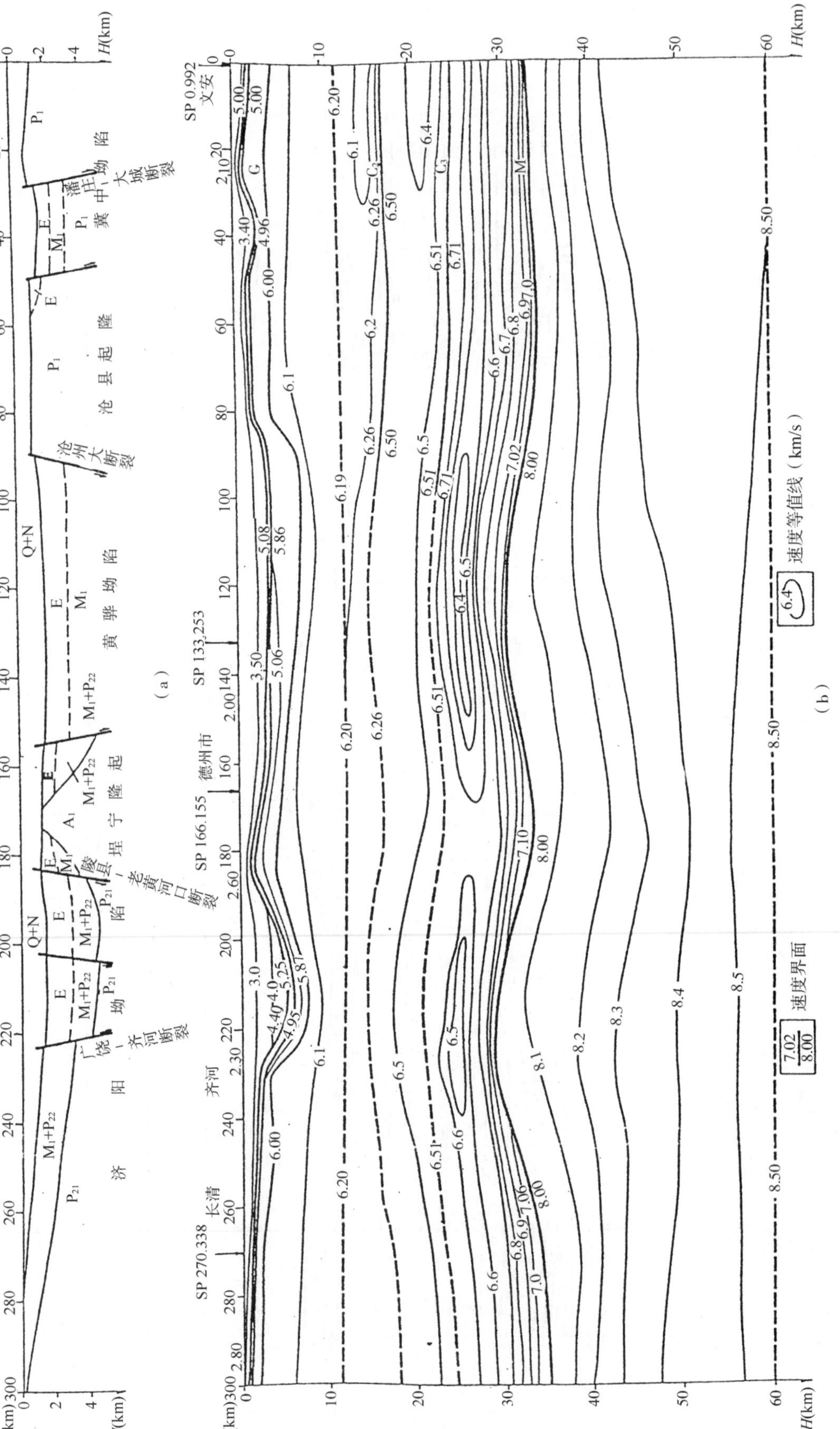

图10　文安-德州-齐河（L3）剖面地质（a）、地壳上地幔速度结构（b）图

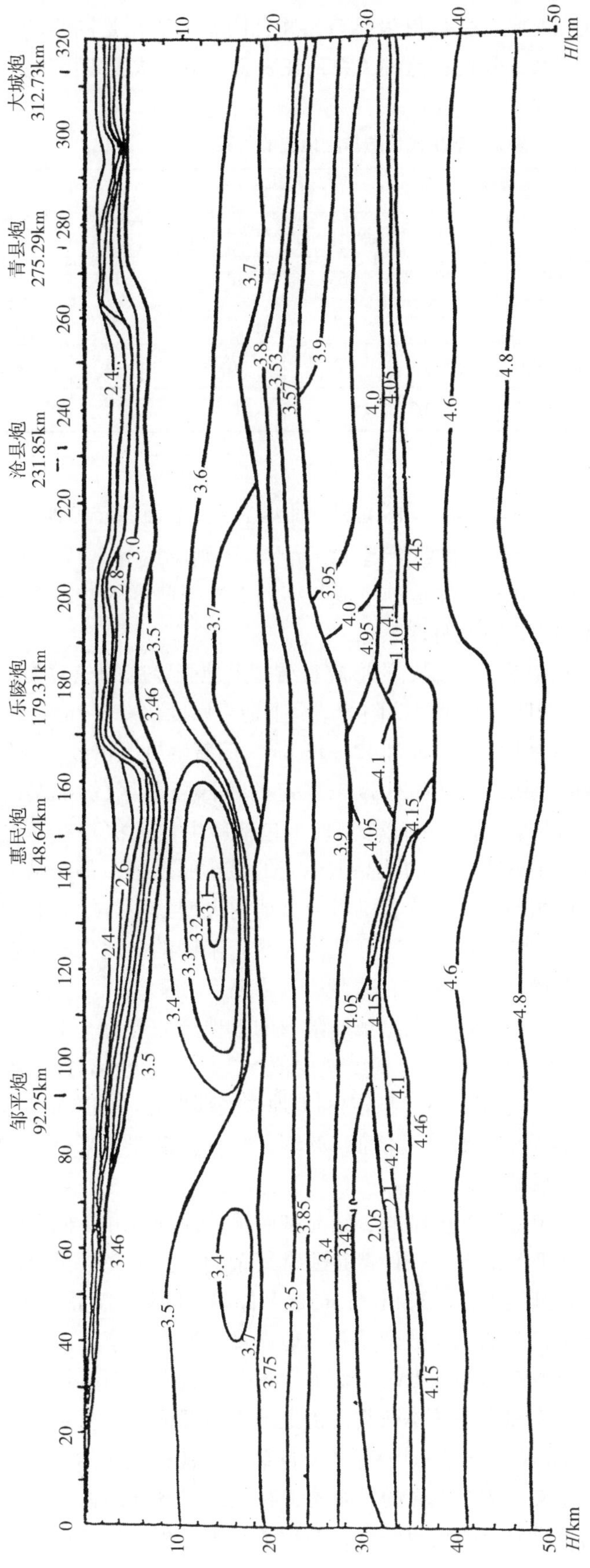

图 11 沂源-乐陵-大城（L4）剖面二维 S 波速度结构图

根据上述的 4 条宽角反射/折射剖面的探测结果，本研究区内结晶上地壳的厚度及其底界埋深均发生了明显变化，尤其是结晶上地壳的厚度变化更为显著，并且两者的变化是同步的，与新生代的构造单位和新生代沉积厚度具有密切关系。我们将这种关系列在表 2 之中。从表 2 可见：

表 2　新生代构造与上地壳的关系

内容＼构造单位	黄骅坳陷		济阳坳陷		沧县隆起	埕宁隆起	鲁西隆起
	中段	南段	惠民凹陷	东营凹陷			
新生代坳（凹）陷宽度	60	40	65	65	50	35	>250
新生代最大沉积厚度	5	3	7	9	1.5	1.5	0.5
结晶上地壳最小厚度	10～11	12～13	8	6	14～15	14～15	16～17
上地壳底界最小埋深	15～16	15～16	14～15	15	17	17	17～18

注：表中的单位为 km。

（1）渤海湾坳陷区的结晶上地壳厚度在 5～15 km 范围内变化，上地壳底界埋深在 14～17 km 范围内变化（均视次级构造单位性质而定），而鲁西隆起的结晶上地壳则厚达 16～17 km，上地壳底界埋深达 17～18 km。这种对应关系说明，渤海湾盆地的形成与结晶上地壳厚度的减薄有密切关系，而与上地壳底界，即中地壳顶界的上隆似乎也有某种联系。

（2）渤海湾盆地内部新生代坳陷或大型凹陷的形成与结晶上地壳厚度的减薄关系更为密切。从表 2 可见，新生界沉积厚度最大的东营凹陷和惠民凹陷的结晶上地壳厚度仅有 6 km 和 8 km，新生界沉积厚度次之的黄骅坳陷结晶上地壳厚为 10～11 km 和 12～13 km，而新生界沉积最薄的隆起区结晶上地壳则厚达 14～15 km 和 16～17 km。考虑到新生代以来稳定的鲁西隆起区的结晶上地壳厚度为 16～17 km，所以我们可以假设本研究区内的结晶上地壳（即不包括新生代沉积）在新生代之前的厚度大致在 16～17 km 左右，如果从此值中减去现存的结晶上地壳的最小厚度值，那么从表 2 可见，其差值基本上与新生代的最大沉积厚度值相当。这意味着渤海湾盆地内大型新生代坳陷和凹陷的形成基本上是结晶上地壳拉伸和减薄的结果。此外，从表 2 还可见坳（凹）陷区的上地壳底界埋深相对隆起区而言有 1～3 km 的抬升，这似乎表明坳（凹）陷区的中地壳顶界略有上隆。

此外，根据 L4 剖面的观测结果（图 8），在惠民凹陷内的上地壳底部有一低速异常体存在，其顶界埋深 13～20 km，纵波速度值 5.9～6.1 km/s，横波速度值 3.2～3.3 km/s，比上覆岩层的速度值分别低 2%～5%（纵波）和 3%～8.5%。在东营凹陷内的上地壳底部也有一低速异常体，但规模小，纵波速度值为 6.1 km/s，仅比上覆岩层的纵波速度值低 2% 弱，并且在横波上未显示出低速的特征。关于低速异常体问题，我们将在本章后面加以讨论。

通过对研究区的新生代构造、上地壳速度结构、结晶基底顶界面埋深和不同深度平面上速度分布图像的描述和分析，可以认为本研究区的上地壳构造是非常复杂的：①地壳的最上层发育着不同规模和不同走向的新生代凸起和凹陷，其间以正断裂相隔；凸起和凹陷区的新生界沉积厚度可相差 6 km 以上，总体上为北断南超。说明新生代时期地壳强烈拉张，地壳最上层发生了巨大的差异运动。②新生界上覆地层和结晶基底内部发育有 NW 向和近 EW 向的前期构造，它们对新生代的构造格局具有一定影响。③NE 向的埕南断裂和滨县-青城断裂是本研究区内上地壳内部的两条重要断裂，它们对济阳坳陷的形成和演化具有重要作用。NW 向的阳信东南-平方王断裂，可能构成了惠民凹陷的东北界，对惠民凹陷的形成和演化也具有重要意义。④上地壳的复杂构造在上地壳底部的低速体顶界附近基本上消失。这可能表明该低速体是壳内拆离界面的组成部分，在拆离滑脱过程中把界面处的、原有的构造复杂性给消蚀掉了。

2.4 中地壳构造及其与浅部构造关系

根据前述的4条宽角反射/折射剖面结果，本研究区范围内的中地壳是一个比较特殊的层位。首先，中地壳的速度值变化很小，如果不考虑某些地区存在的低速异常体，其速度值 V_{P2} = 6.45～6.55 km/s，垂直速度值仅为0.01 s^{-1}，这意味着中地壳的速度几乎不随深度而增加。其次，中地壳的顶界埋深在15～18 km内变动，在凹陷区和坳陷区浅，在凸起区和隆起区深；中地壳的厚度在隆起区和凸起区为8～9 km，在坳陷区和凹陷区为6～7 km，相对减薄2～3 km，但与结晶上地壳的顶界埋深变化和厚度变化相比，中地壳的变化是很小的，同时也小于下地壳的相应变化。再者，在某些凹陷区的中地壳内部发育有低速异常体，最明显的是惠民凹陷区。惠民凹陷区的中地壳低速体厚达6 km，在垂直凹陷走向方向上的分布范围达60 km，纵波速度值6.1～6.3 km/s，比中地壳的正常速度值低3.0%～6.0%。此外，惠民凹陷的中地壳低速体与其上地壳底部的低速体呈上、下叠置排列（图8）。东营凹陷的中地壳内部也有低速体存在，但其纵波速度值为6.2～6.4 km/s，比中地壳的正常速度值低3.0%～4.6%（图9）。同样黄骅坳陷中段的中地壳内部也有低速体，厚度为6 km，纵波速度值6.3 km/s，比中地壳正常速度值低3.0%（图8）。但在黄骅坳陷北段和南段，中地壳内没有低速体（图9和图10），此外在本研究区的隆起区和凸起区的中地壳内部也没有发现低速体存在。

从上述可见，本研究区范围内中地壳的厚度、深度和埋深变化均明显小于结晶的上地壳，也小于下地壳（后述）；特别是如果不考虑某些凹陷区内中地壳存在的局部低速异常体的话，那么中地壳的速度值十分均匀，几乎不随深度而增加；此外，浅部发育的大型和较大型的断裂均以较低的角度收敛于中地壳上部。这些特点表明，中地壳应是一个具有某种韧性和水平剪切活动的层位，所以其内部结构比较均匀。当然，根据2.1节对中、下地壳岩石速度的实验结果论述，也可能意味着在中地壳内由于压力和温度对岩石速度的影响正好抵消，所以其速度值保持均匀。关于凹陷区下部中地壳内部的低速体，我们将在后面讨论。

2.5 下地壳构造和莫霍面起伏及其与浅部构造关系

根椐位于鲁西隆起地区的宽角反射/折射剖面L1（图7），新生代时期稳定隆升的鲁西隆起区的下地壳顶界面变化平缓，埋深23～25 km，下地壳厚约12～13 km，莫霍面埋深35～37 km。但在该剖面的东段，接近郯庐带附近，下地壳和莫霍面则抬升至22 km和32 km。鲁西隆起地区的下地壳为正速度梯度层，其速度值从下地壳上部的6.5（6.6）km/s，逐渐增至下地壳下部的7.0 km/s。根据在下地壳温压条件下，对各种岩石标本的实验室测定结果（表1）可见，6.5 km/s的纵波速度值相当于中性麻粒岩，而6.8～7.1 km/s的纵波速度值则相当于基性麻粒岩。这表明，本区的下地壳组成从上至下是由中性麻粒岩逐渐过渡为基性麻粒岩。这与对渤海湾盆地以北冀东地区出露的下地壳组成变化是一致的（吴宗絮，1991）。在接近郯庐带附近的下地壳内部含有6.4 km/s的相对低速薄层，从表1可见，它可能相当于酸性（长英质）麻粒岩夹层。因此我们认为，下地壳内部的速度变化可能与它的原岩组成变化有关。

根据位于渤海盆地内的三条宽角反射/折射剖面（图8，图9和图10）可见，渤海湾盆地区的下地壳顶面埋深，厚度和莫霍面埋深的变化幅度，均明显地强烈于鲁西隆起区（图7），在盆地内部的坳（凹）陷和隆起之间的变化则更为剧烈。例如黄骅坳陷、惠民凹陷和东营凹陷的下地壳顶界埋深均在22 km左右，下地壳厚度均在7.5 km左右，莫霍面埋深均在29～30 km左右；它们分别比相邻隆起区的下地壳顶界面埋深浅2.0～3.0 km，厚度薄3.0～3.5 km，莫霍面上隆3.0～5.0 km。也就是说，新生代坳（凹）陷区对应着莫霍面上隆区、下地壳减薄区和下地壳顶界面变浅区。这似乎表明，本研究区新生代坳（凹）陷的形成与地幔的上隆有直接关系，即所谓裂谷的主动成因机制（Pam6pt，1984）。

但在裂谷的主动成因机制中，在裂谷形成早期有广泛的岩浆活动，地幔上隆范围明显大于裂谷区范围，裂谷区下的莫霍面最大上隆幅度往往大于裂谷区所接收的沉积厚度。但在本研究区内，始新世开始裂谷活动，渐新世才开始较广泛的岩浆活动，上地幔上隆范围与裂谷下沉区基本一致，上隆幅度仅有3.0～5.0 km，明显小于凹（坳）陷区新生代的最大沉积厚度。这些表明，本研究区的裂谷成因不是起因于地幔上隆，但又与地幔上隆有密切关系。

近些年来，世界上对大陆裂谷的形成机制不断地进行探索和研究，特别是结合深部探测结果，对大陆裂谷成因不断提出新的看法。例如，美国盆地山脉省的地壳在中生代是挤压缩短的，新生代时期遭受引张和减薄。图12是通过东盆地山脉省的深地震反射剖面。从图可见，上地壳内发育一系列铲式正断裂和拆离带，一般而言其深度不超过10～15 km；在下地壳内不连续的亚水平反射占主导地位；莫霍界面非常平坦，与地壳地貌和构造单位没有联系。根据测定和计算，沿剖面的上地壳伸展率从15%变化到300%，所以上地壳的脆性变形是非常不均匀的，但根据莫霍面缺乏起伏、地壳厚度均匀以及下地壳发育一系列亚水平反射的特点，可认为中、下地壳是均匀伸展的，据此，Gans提出“开放系统，双层伸展”的模式（Gans，1987）。该模型认为，脆性上地壳的应变是不均匀的，韧性下地壳的应变是均匀的，两者以拆离带或脆-韧转换带为界，拆离带调整着上地壳的应变过程。拆离带的深度可在很大范围内变化，这取决于地壳热状态和岩石组成，并随着岩浆的侵入、地壳上隆和减薄等过程而变动，所以它是一个高活动性的动力界面。

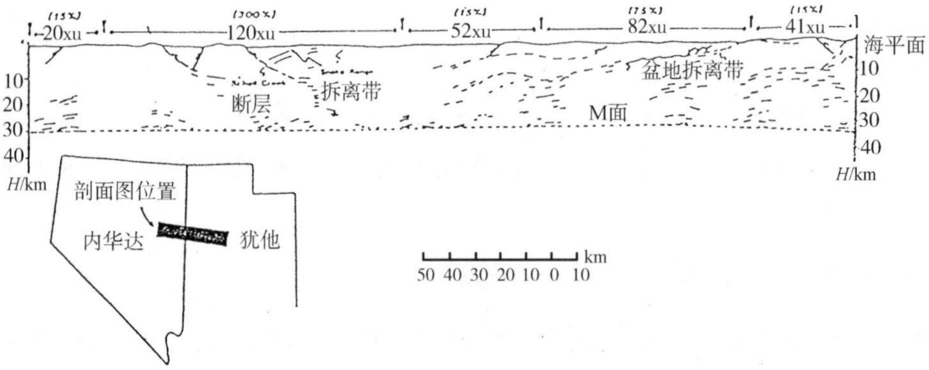

图12　美国盆地山脉省东部深地震反射剖面

近来，特别强调壳内拆离系统在大陆岩石圈伸张过程中的作用，认为大陆地壳引张应力是由壳内拆离系统所调整的。这种拆离系统把相对未变形的地壳部分与上地壳内部的正断层系统分离开来。大陆岩石圈引张的结果是中地壳被亚水平的拆离面所镶盖（图13）。这种拆离面调整着区域性引张的上地壳之运动。

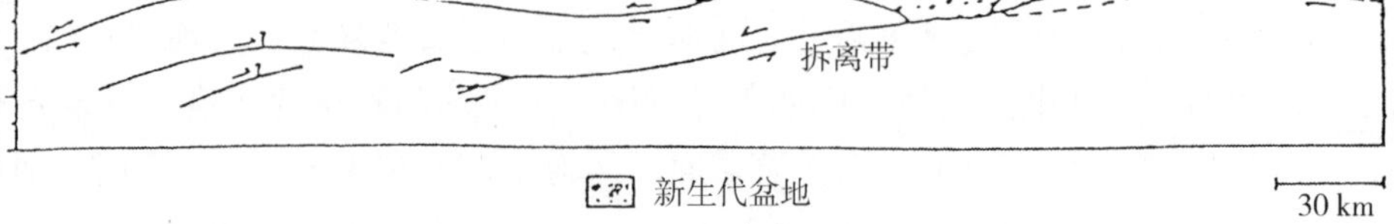

图13　美国盆地山脉省地壳拆离模型

2.6 深断裂及其与浅部构造的关系

覆盖本研究区的三角形地震观测系统及其四条地震观测剖面（图 1），对确定研究区范围内的深部断裂展布情况具有决定性作用。图 14 是研究区范围内三角形地震观测系统的三维反演结果。在本反演结果中共给出了莫霍面（下图）、中地壳底界面（中图）和上地壳底界面（上图）的三个速度界面结构的三维空间分布。顶图中的 A、B、C、D 代表壳内断裂带在地面上的投影位置，它们分别相当于浅层的沧东断裂（A—A′）、埕西断裂（B—B′）、埕南断裂（C—C′）和齐河-广饶断裂（D—D′）。断裂带两侧所标的数据代表断裂带两盘同一速度界面的深度，其差值为断距。为了讨论方便，我们把这些断裂带的相应位置也标在上宽角反射/折射剖面图上（图 8，图 9）。我们根据这些图件，对本研究区的深部断裂分布特点及其与浅部构造的关系做如下讨论：

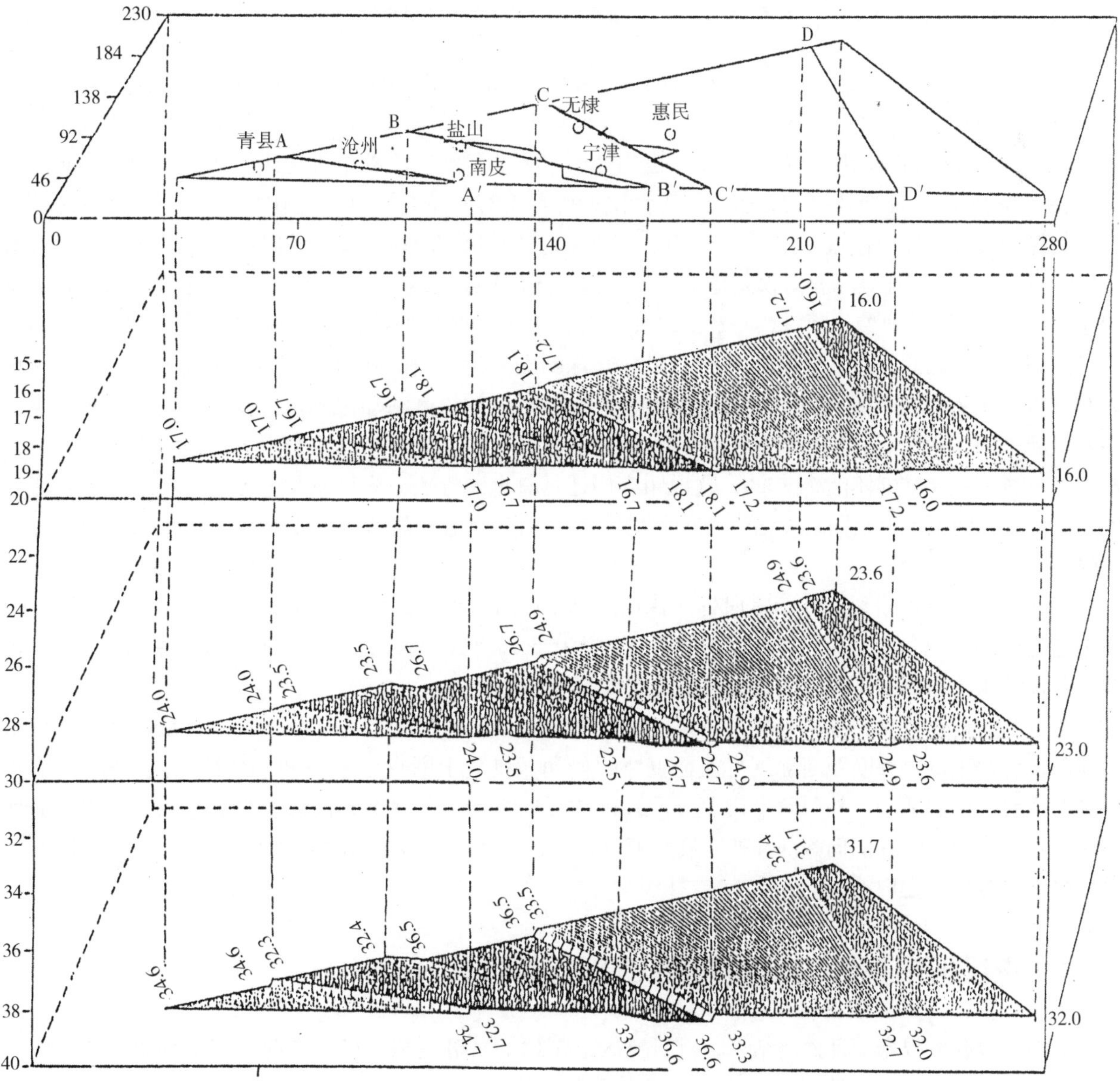

图 14　胜利油气区深部地震探测三维空间反演地壳结构图

（1）深部断裂的走向从北而南由 NNE 向（断裂 A）逐渐转为 NEE 向（断裂 D），这与新生代的构

造走向由黄骅坳陷的 NNE 向向南逐渐转为济阳坳陷的近 NNE 向是一致的，

2）深断裂的断距不仅随水平位置变化而且随深度变化更为明显（图 14）。根据三维反演结果，我们把上述四条深断裂断距的空间变化情况列入表 3 之中。从表 3 可见：

表 3　深断裂断距随空间的变化

深断裂名称、位置 / 断距	A（沧东断裂）		B（埕西断裂）		C（埕南断裂）		D（齐河-广饶断裂）	
	NNE 段	SSW 段	NE 段	SW 段	NE 段	SW 段	NEE 段	SWW 段
上地壳底界断距（km）	0.3	0.3	1.4	1.4	0.9	0.9	1.2	1.2
中地壳底界断距（km）	0.5	0.5	3.15	3.15	2.1	1.8	1.3	1.3
莫霍面断距（km）	2.3	2.0	4.1	3.6	3.0	3.3	0.7	0.7

①断裂 D（齐河-广饶）断裂在莫霍面处（深约 32 km）的断距仅为 0.7 km，明显地处于本方法相对误差为 7% 的范围之内，同样断裂 D 在中地壳底界处（深约 24 km）的断距为 1.3 km，在上地壳底界处（深约 17 km）的断距为 1.2 km，也均处于本方法的相对误差范围之内。因此，可认为断裂 D（齐河-广饶断裂），不是深断裂，也即济阳坳陷的南界没有深断裂控制，济阳坳陷是向南超覆的坳陷。

②深断裂 C（埕南断裂）和深断裂 B（埕西断裂）在莫霍面处的断距很大，达 3.0～3.3 km 和 4.1～3.6 km，明显地处于相对误差范围之外；这两条断裂在中地壳底界处的断距分别为 2.1～1.8 km 和 3.15 km，也明显地处于相对误差范围之外，但在上地壳底界处的断距仅有 0.9 和 1.4 km，接近于相对误差范围。因此，可认为断裂 C 和断裂 B 是深断裂，但它们的断距随深度变浅而变小，这说明断裂 C 和断裂 B 是从深部莫霍面处或者是上地幔内发展起来的，其活动性越接近浅部越小，它们与从浅层发育起来的埕南断裂和埕西断裂不是同一系统的断裂。从宽角反射/折射剖面 L 4 可见（图 8），深断裂 C 和深断裂 B 的倾角是很陡的，这说明它们还具有走滑特性；从此剖面还可见深断裂 C 和深断裂 B 的上断点分别位于惠民凹陷中轴带和黄骅坳陷的中轴带附近，而这一带正好是新生代玄武岩活动比较强烈的集中的地带。

③断裂 A（沧东断裂）在莫霍面处（深约 33 km）的断距为 2.0～2.3 km，处于相对误差边界上，在中地壳底界面处和上地壳底界面处的断距分别为 0.5 km 和 0.3 km，完全处于相对误差范围之内。因此，可以认为沧东断裂不是深断裂，其下部也没有深断裂存在。

从上面的论述可见，本研究区存在深、浅两套断裂系统。深断裂只有两条它们是从莫霍面或上地幔顶部发育起来的，其断距随深度变浅而变小，倾角很陡，上断点位于坳（凹）陷带的中轴带附近，控制新生代玄武岩活动。控制新生代坳（凹）陷边界的大断裂是在地壳浅部发育起来的，是在岩石圈伸展过程中形成的，它们向深部往往发展为亚水平状的拆离带。浅部大量存在铲式正断层，延伸很浅，最后收敛于拆离带之内。

3　惠民凹陷形成机制和无机 CO_2 气体运移过程

前面各节我们根据深部探测结果，对研究区范围内的黄骅坳陷、埕宁隆起、济阳坳陷和鲁西隆起等地质单位的上地壳、中地壳、下地壳、莫霍面和深断裂的构造特征及其与新生代浅部构造的关系，做了较详细的描述，特别是对惠民凹陷的上地壳构造做了很详细的分析，从这些描述和分析中可见：

（1）新生代的沉积厚度与其下覆的结晶上地壳的现存厚度几乎呈反比关系，即新生代沉积厚度越大，结晶上地壳的厚度越小。这表明本研究区新生代时期地表的下沉和接受沉积的总量完全是结晶上地壳张裂和侧向伸展的结果。

（2）中地壳是一个较薄的、均匀的、厚度和顶界埋深变化不大的、大型和较大型的新生代断裂以平缓的角度消失其上界面附近并且是具有某种韧性的层位。可认为脆性的上地壳是沿着中地壳顶界做侧向伸展的。中地壳的上述特征与上地壳侧向伸展过程中在中地壳内部产生的水平拖曳剪切活动有关。

（3）在新生代坳（凹）陷区下方，莫霍面上隆，下地壳厚度有所减薄，顶界埋深有所变浅，并有陡角度的深断裂存在，其断距随深度变浅而变小。深断裂的上断点往往位于坳（凹）陷的中心部位（图 8 和图 9）。在新生代坳（凹）陷发展过程中在坳（凹）陷内部有强烈的玄武岩喷发活动等等。这些事实表明，济阳坳陷以及其中的惠民凹陷的形成是与上地幔活动有关的，但正如前述，上地幔的上隆活动又不可能是济阳坳陷和惠民凹陷形成的主导原因。然而，要与前述的美国盆地山脉省等新生代裂谷的深部构造相比，本区又有其独特之处，特别是莫霍面和下地壳有较显著的垂向活动特征。下面我们以惠民凹陷为例对本区新生代裂谷的形成机制做一探讨。

图 15 是胜利油田完成的垂直惠民凹陷走向（近 SN 向）的石油反射地震勘探剖面。其双程反射时间为 6 s，最大勘探可达 12～14 km，仍处于上地壳之内。该剖面北起埕宁隆起，穿过整个惠民坳陷，终止于鲁西隆起北缘，大致沿乐陵—商河—济阳一线展布，接近宽角反射/折射剖面 L4 的测线位置（图 8）。

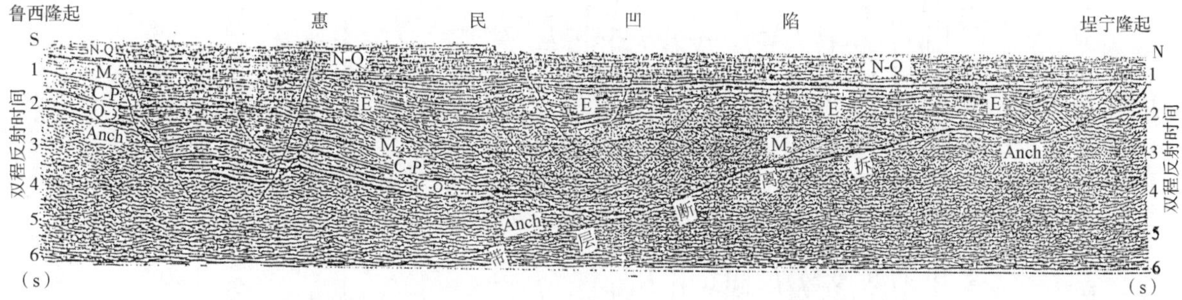

图 15　沿南北方向穿过惠民凹陷中段的石油地震反射剖面

从图 15 可见，惠民凹陷是在中、古生界和前寒武纪变质基底的基础上发展起来的新生代地堑，中、古生界地层与新生界一起被卷入了新生代时期的裂谷变形过程。从图可见，以惠民凹陷轴部为中线，在其以北于上地壳浅部发育一系列向北掀斜的沉积体，其间被南倾的铲式正断层系所隔；在中线以南于上地壳浅部发育一系列不具明显掀斜特点的沉积体，其间被北倾的铲式正断层系所隔。这种结构特征很像负花状构造，只不过北半部是由向北掀斜的沉积体所组成。上述的这些铲式正断层，无论南倾者，还是北倾者均以很低的角度收敛于向南缓倾的，最后成为亚水平状的，拆离断层带之内。

正如图 15 所示，拆离带在浅部为正断引张活动，在深部逐渐变为亚水平状的剪切拉张活动。在拆离带上述活动过程中，拆离断层带的上盘向南滑落，下盘向北拉张抬升，从而形成一系列不断向外扩展的、南倾的铲式正断层和北斜的沉积掀斜体。拆离带下盘的北向拉张抬升，导致惠民凹陷北侧的基底上隆，形成埕宁隆起；同时拆离带下盘在深部的水平活动，导致拆离带下部的上地壳遭受水平剪切破坏，这可能是惠民凹陷的上地壳底部发育低速体的原因之一。然而，壳内拆离带的上述活动过程，还不能解释惠民凹陷中轴地带出现的负花状构造。

负花状构造是基底右旋剪切活动在沉积盖层中所产生的张扭作用而形成（陆克政，1992）。根据前面对本区深断裂分布及其特征的讨论，在惠民凹陷的中轴带下方存在一条陡倾角的、NE 向的深断裂 C。陡倾角断裂一般都具走滑特点，济阳坳陷某些地区的浅层断裂排列方式，确实反映了右旋走滑特征（图 5 和图 6）。因此我们认为，惠民凹陷内部的负花状构造与深部的、陡倾角的、NE 向的、右旋走滑

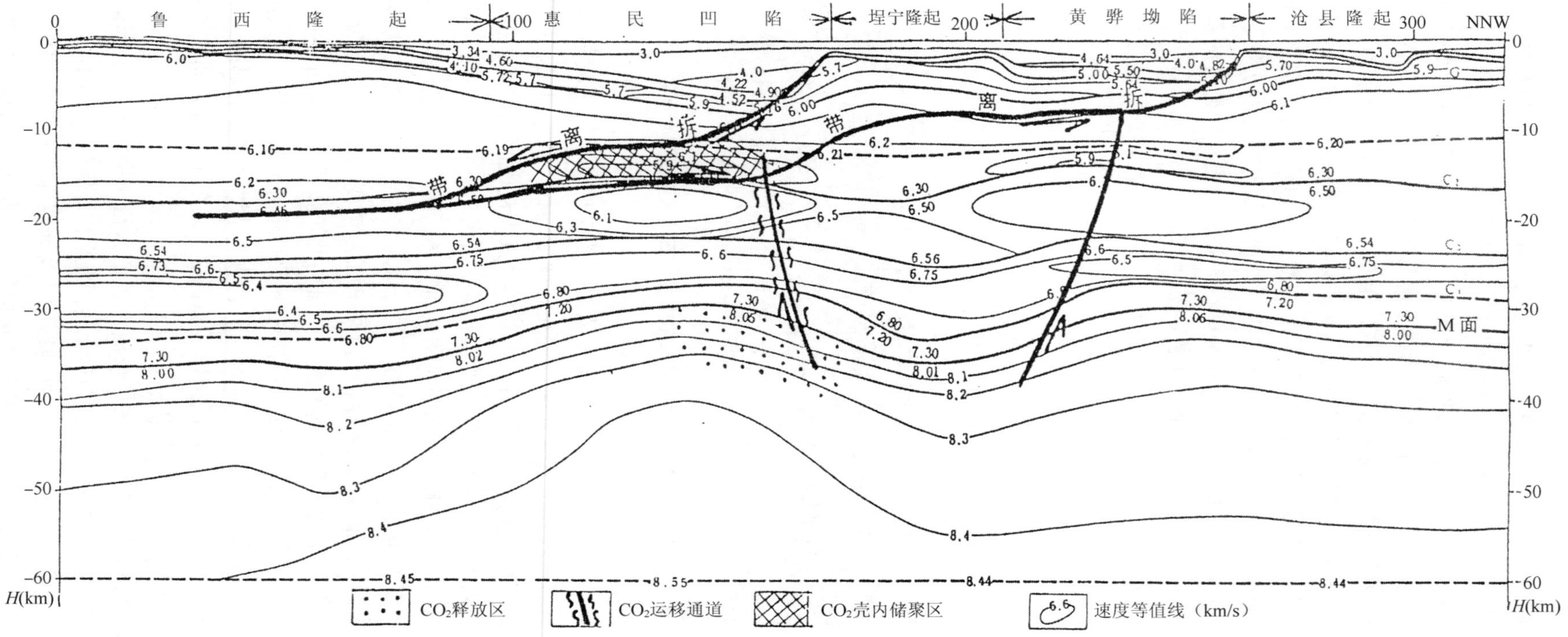

图 16　惠民凹陷形成机制及无机 CO_2 气体运移过程模式

断裂的活动有关。在黄骅坳陷中轴带下方也存在一条陡倾角的深断裂 C（图 8），它的上方也正好对应着黄骅坳陷中轴带附近的负花状构造。

从图 8 的深浅部构造特征可见，黄骅坳陷下方也应存在一个从沧县隆起东界向东南倾状的壳内拆离断层带，它控制着黄骅坳陷的形成和发展。这一拆离带从黄骅坳陷下方继续向东南方向的深层次发展，并可能从惠民凹陷下方的上地壳底部低速体的下界面通过。这样，由于该拆离带正好位于控制惠民凹陷拆离带的下方，于是这两个拆离带之间所夹持的空间，就是惠民凹陷上地壳底部的低速体之所在。因此可以推测，该低速体是由于这两个上、下拆离带在活动过程中，使其所夹持的空间经受了一对力偶作用，在其内部产生了很多裂隙网络，而这些裂隙网络又被来源于深部的 CO_2 气体所充填，并导致纵、横波值均明显降低的结果。

此外，根据前面所述的三维地震台网的探测结果，惠民凹陷及邻近的结晶上地壳内部结构是很复杂的，反映了地壳历史上多期构造活动的结果。在新生代时期，上地壳遭受强烈引张过程中，这些原有的构造格架对新生代的构造展布和发展均起着或强或弱的控制或制约作用。这需要更进一步的工作加以研究。

根据近年来地面地质和年代学研究，本研究区西缘的郯庐断裂带在晚侏罗世晚期至早白垩世晚期发生了两次重大的左旋走滑运动，延续时间约 30 Ma 左右，走滑速率为 2.33 cm/a。随后郯庐断裂带进入以伸展为主的构造运动。从始新世中期开始（45 Ma 左右），郯庐带转化为挤压和小幅度右旋走滑运动（徐嘉伟等，1995）。我们认为，新生代时期 NNE 向郯庐带的右旋走滑活动，表明了渤海湾盆地在这一时期处于以引张为主并兼有右旋走滑运动的变形场作用之下，图 5 和图 6 也说明了这一特点。

岩石圈引张必然导致地幔上隆，在地幔上隆过程中的走滑运动则易于在上地幔隆起的翼部产生高角度的走滑断裂。上地幔和地壳深部的这一活动过程，导致上地幔强烈扰动，玄武岩浆沿断裂上溢或渗入壳内，含于上地幔内部的无机 CO_2 气体在上地幔活动过程中大量释放并沿深断裂向上运移。如果地壳内部存在含有裂隙的空间，该空间又与深断裂相连通，那么它就可能成为无机 CO_2 气体的中转储藏区。上面提到的惠民凹陷内上地壳底部的低速体就可能是这种中转储藏区。该低速体顶界埋深 13 km，厚 5～6 km，沿探测剖面方向长约 55 km，其截面积约为 300 km^2。该低速体的纵波速度值为 5.9～6.1 km/s，比上覆岩层和围岩分别低 2%～5% 和 3%～6%；该低速体的横波速度值为 3.2～3.3 km/s，比上覆岩层和围岩低 3%～8%。这纵、横波速都表现为显著偏低的壳内低速体，可能性之一是其中含有大量气体。惠民凹陷内的这一壳内低速体是研究区范围内唯一的，纵波和横波都表现为低波速值的低速体。此外，正像前面所分析的那样，该低速体内部裂隙发育而又与深断裂连通，所以具有深源气体从下而上运移其中和储存其中的条件（图 16）。由于该低速体的上界面和下界面分别被两条拆离带所限，所以低速体内部所储藏的 CO_2 气体，便会沿拆离带向浅部运移，同时也会沿收敛于拆离带内部的铲式正断层向拆离带上部运移，并在具有合适的存储、盖保的地方成为无机 CO_2 气田。

4 中地壳低速体成因机制探讨

在 2.2 节我们已经叙述了在某些凹陷区的中地壳内部发育有低速异常体。其中最明显的是惠民凹陷，中地壳内低速体的速度值为 6.1～6.3 km/s，比本区中地壳的正常速度值 6.5 km/s、低 3%～6%（图 8）；其次是东营凹陷低速体的速度值为 6.5 km/s，比正常值低 3.0%～4.6%（图 9）；同样，黄骅坳陷中段中地壳内部也有低速体，速度值为 6.3 km/s，比本区正常的中地壳速度值低 3.0%（图 8）；此外，在接近郯庐带附近，中地壳内部也发育有低速体，速度值为 6.3 km/s，比本区的中地壳正常速度值 6.45 km/s，低 2.3%。4 条宽角反射/折射剖面和三角形观测网所覆盖的、本研究区的其他构造单位，例如沧县隆起、埕宁隆起、鲁西隆起和新生代沉积厚度较薄的车镇凹陷、沾化凹陷、济阳坳陷西段、黄骅坳陷西南段等构造单位的中地壳内部均不含低速体（图 7，图 10）。从图 7 至图 10 还可见，中地壳内含有低速体的地区，都是莫霍面上隆、下地壳变薄、新生代沉积很厚和新生代火山岩活动强烈的地域。据此可以推测，中地壳内的低速体应与上地幔或下地壳在新生代时期的活动事件有关，其中可能包括：

（1）因岩石圈引张，深凹陷地区上地幔强烈上隆，使深凹陷区的地壳显著升温。由于温度对岩石波速的负效应，从而使壳内岩石的波速明显下降。2. 2 节所述我们知道，岩石波速的温度系是（2. 0～6. 0）$\times10^{-4}$ km/s/℃，而本区中地壳的低速体比其围岩的速度值低 0. 2～0. 3 km/s，这就意味着低速体发育的地区要比其周围地区的温度高出数百度至 1000℃。这显然是不可能的。

（2）由于上述原因使深凹陷区的地壳内温度升高，从而导致中地壳含水矿物的脱水；所脱出的水变成自由水，并储存中地壳内部，从而导致低速体的形成。从上述可知，本区中地壳的正常速度值为 6. 45～6. 50 km/s，从表 1 可见，它可能相当于石英云母片岩或长英角闪相片麻岩。我们知道云母和角闪岩都是含有大量结晶水的矿物，大约在 500～600 ℃的情况下结晶水就能从晶格中析出来而变为自由水，从而可导致岩石波速有 3%～5% 的下降（刘国栋，1984）。显然这种情况是很有可能发生的。

（3）深凹陷区的中地壳内发生了广泛的部分熔融或含有大规模的岩浆物质。石英云母片岩和长英角闪相片麻岩，其中的长英质组分在含水情况下，一般认为大约在 700 ℃情况下可以出现部分熔融。但如果中地壳内有广泛的部分熔融物质或大规模的岩浆物质存在，则应引发第四纪以来的岩浆活动。虽然，惠民凹陷北部的埕宁隆起上有第四纪的玄武岩喷发，但认为中地壳低速体就是玄武岩岩浆的反映，似乎还应做更深入的研究。

（4）在新生代早期由于上地幔的强烈活动，属于橄榄岩组成的上地幔物质大量侵入于凹陷区的中地壳之中。在侵入过程中壳内温度显著上升，导致壳内岩石中的水分大量溢出，在此自由水的作用下侵入于中地壳内的橄榄岩被蛇纹岩化而转变为蛇纹岩，从而导致波速值的显著下降而成为中地壳内的低速体。

5. 由于新生代深凹陷区下部的上地幔强烈活动、上隆，使上地幔内含有的各种气体组分大量外溢，并富存于中地壳之中，从而导致波速值的明显降低。

上面所探讨的五种可能引起中地壳速度降低的原因，除第一种外，其他四种原因似乎都有可能发生，但究竟是哪一种还必须做进一步的探测、实验和研究才能确定。

5　对惠民凹陷区无机 CO_2 远景勘探区的探讨

到目前为止，在惠民凹陷区共有 6 处发现了无机 CO_2 气田。我们把已发现的这 6 处气田用点划线的闭合圈表示在 3 km 深平面和 8 km 深平面纵波速度层析成像图上，同时在这两张图上也标出了大断裂的位置（A—A′，B—B′和 C—C′），在 8 km 深平面上还标出了惠民凹陷内新生界最厚沉积区的范围（图 17 和图 18）。

从图 17 和图 18 可见，目前已发现的六处无机 CO_2 气田与埕南大断裂（A—A′），滨县-青城大断裂（B—B′）和阳信东南-平方王大断裂（C—C′）以及沿这些大断裂带上的低速区密切相关。在横波层析成像图上和纵波/横波速度比的图上也保持着这种相关性，在此我们也不赘述了。

我们认为，这种相关性是与我们前面所讨论的惠民凹陷无机 CO_2 的成因机制及其运移过程是一致的。由于来源于上地幔的 CO_2 首先沿深断裂运移至上地壳底部的低速异常体之内并储聚其中（图 16），又由于作为拆离带的埕南大断裂（A—A′），滨县-青城大断裂（B—B′）和阳信东南-平方王大断裂（C—C′）又与该低速异常体相连，特别是跟埕南大断裂相连通的证据十分确凿（图 15），所以储聚于该低速体中的 CO_2 气体，就易于沿着这些大断裂向浅部运移，当其遇到合适的存储、盖保条件时便富集成藏。由于 CO_2 气体的波速值很低，所以 CO_2 成藏处往往形成低速体。但是，我们不能设想凡是沿大断裂带附近发育的底速体必然是 CO_2 成藏区，因为还有其他原因也可形成低速度体，因此必须对它们进行深入一步的研究。但作为无机 CO_2 气田的可能远景地区，首先应当是沿大断裂 A—A′，B—B′和 C—C′附近的低速区（图 18）。

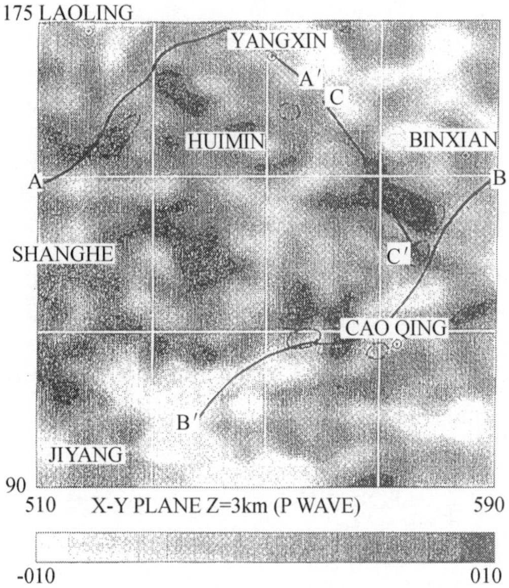

图 17　工作区范围内 3 km 深平面上纵波速度成像与已发现的 CO_2 气田关系

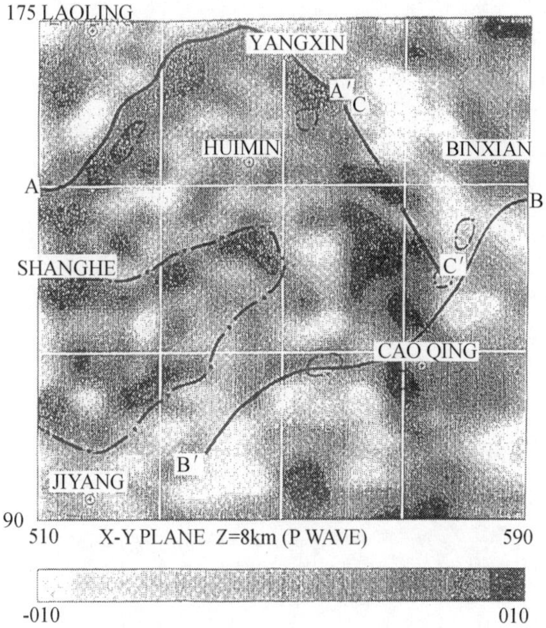

图 18　工作区范围内 8 km 平面上纵波速度成像与 CO_2 气田预测区

参考文献

刘国栋，1984，地壳上地幔结构研究的某些新进展（二），地震学刊，第二期。

刘国栋，1980，论华北断块结晶基底的早期构造《华北断块形成与演化》，北京：科学出版社。

刘国栋，1995，中国大陆岩石圈结构与动力学，第 XXI IUGG 大会，国家报告，国际大地测量和地球物理联合会中国国家委员会，北京：气象出版社（英文版）。

陆克政，1992，盆地类型及其特征，北京：石油大学出版社。

母润昌、高平、刘若新、马宝林，1995，华北地区韧性剪切带几种岩石的波速各向异性高温高压实验研究，地球物理学报，Vol. 38，No. 2。

任安身、杜公仪，1989，济阳坳陷构造特征及油气勘探，《中国含油气区构造特征》，北京：石油工业出版社。

任安身、杜公仪，1986，济阳断块盆地始新统构造研究及油气勘探方向。

吴宗絮、郭才华，1991，冀东陆壳结构的岩石学模型，地震地质，Vol. 13，No. 4。

徐嘉伟、朱克、吕培基等，1995，郯庐断裂带平移年代学研究的进展，《全国构造地质学 1995 年年会论文摘要》。

Christensen, N. I. , 1982, Seismic Velocity, In: R. S. Carmichael (Editors, Hand book of Physical Properties of Rocks, 2, CRC Press, Boca, Raton, Fla. , 1-228.

Gans, P. B. , 1987, An open-system, two-layer crustal stretching model for the eastern Great Basin, Tectonic, Vol. 6, No. 1, 1-12.

Kern, H. , 1978, The effect of high temperature and high confining pressure on compressional wave velocities in quatze-bearing and quatzefree igneous and metamorphic rocks. Tectonophysics, Vol. 44, 185-203.

National Research Council of America. , 1993, Solid-Earth Sciences. National Academy press. Washinton. , D. C. 1-46.

Nolbrook, W. S. , Mooney, W. D. and Christensen, N. I. , 1992, The seismic velocity structure of deep continental crust. In: ContinentalLower Crust. Developments in Geotectonics 23. ELSEVIER. 1-44.

рамберт, И; Морган, П; 1984, Фиэическая харахтеристика и направления эвалюцин контиентальных рифтов, 27-ймежаунарадний геологический конгрес, Тектоника, Докл, 7.

华北北部地壳上地幔构造、物性、深源岩石参数及其与孕震环境的研究*

刘国栋　张先康　王椿镛

1　前　言

本专题工作区指北纬39°～41°，东经114°～117°，位于华北平原和山西高原的北部。北京位于本工作区之内，天津位于工作区以东，是我国政治、经济和文化的中心地带，也是人口最密集的地区之一。NWW向的张家口—渤海地震带以及NNE向的山西地震带和华北平原地震带，在本区穿过或交会。本工作区是我国东部主要地震活动区之一，据有历史记载以来，在本区东界三河—平谷地区，1679年曾发生过8.0级大震，在本区范围内曾发生7.0级地震3次，6.0级地震10次，1989年阳高6.1级地震位于本区的西北角附近。由于本区的重要地理位置，特殊的地震构造环境和较频繁的地震活动，因此探明与强震孕育和发生有密切关系的地壳上地幔构造和物性特征，对于阐明本区强震活动的原因和预测未来的强震危险区都具有十分重要意义，这也是本专题研究的主要目的。

本区地跨近EW向的燕山褶皱带，中生代的NNE向山西隆起带和新生代的华北平原裂谷带，在工作区西北部汉诺坝和西部阳原—繁峙一带新生代火山活动强烈并携有大量上地幔和深部地壳捕掳体，在工作区内部有上新世时期开裂的延庆-怀来盆地（地堑），可谓地质现象十分丰富，是研究深、浅构造关系和地球动力学过程的较理想场所。

本工作区范围的燕山褶皱带内，中、下地壳广泛出露，这不仅对于研究中、下地壳的物质组成十分有利，而且对于在高温高压条件下研究中、下地壳的岩石物性参数（如速度和电导率等）及其出现异常变化的机制也十分有利。这两者对于解释深部探测结果是重要的。

基于上述考虑，本专题共包括四个子专题，它们是：

（1）工作区地壳上地幔构造及速度结构探测研究；

（2）工作区地壳上地幔电性结构探测，密度结构计算以及地壳磁性结构分析；

（3）工作区地壳上地幔物质组成、结构和构造变形及应力状况，热结构以及高温高压下岩石物性和力学行为的实验研究；

（4）各项深部探测结果、深浅构造及其与地震活动关系的研究。

上述四个子专题的主要研究内容及其考核目标分别是：

（1）在工作区范围内新布设3条、总长约1100 km的宽角反射/折射剖面，并对原有的6条宽角反射/折射剖面数据重新进行统一处理和解释，从而在工作区范围内构成一个较合理的深部探测剖面网，

---

* 本文源自八五计划（85-907-02-03）研究报告。

参加本项工作的还有祝治平、赵国泽、高严、宋松岩、李清河、吴乾藩、张成科、樊棋诚、汤吉、盖玉杰、李钦祖、江钊、李强、何昌荣、史书林、周雪松、于利民、刘瑞丰、马宝林、赵金仁、祖兴华、张建狮、刘铁胜、王溪利、聂文英、任青芳、张文斌。

以获得区内的地壳上地幔构造和速度分布特征，并研究其与地震活动性的关系。通过上述工作要给出工作区范围内壳内各速度界面的三维构造形态以及壳内低速体的分布范围和深断裂展布。此外，要根据现有地震台网的地震记录，采用层析成像技术研究地壳上地幔的三维速度结构。

（2）采用大地电磁测探法，沿宽角反射/折射剖面布置 90 个大地电磁测深点，探测地壳上地幔的电性结构和电导率异常分布情况以及深断裂标志。根据现有的航磁资料对磁性构造进行划分，根据重力资料研究莫霍面起伏。

（3）对工作区及邻区的新生代火山岩及其所含的捕掳体进行调查和实验室研究，确定其组成、与地温状况和上地幔变形及流变学特征。采用大地热流法测定工作区的大地热流分布，计算岩石圈的热结构。

在高温（700 ℃）、高压（1000 MPa）条件下，对地壳不同层次的岩石标本进行波速和电导率测定，以帮助解释壳内低速-高导体的成因机制。在高温高压条件下对岩石的矿物变形和蠕变特征进行实验研究。

（4）对各项深部测结果所获得的地壳上地幔结构，如速度、电性、密度、磁性、温度等，进行对比分析，研究它们与地震活动性的关系，研究深、浅构造之间的关系，给出板内大震孕育和发生的物理模型。

本专题于 1992 年和 1993 年分别起动，历经 2 年的野外观测和一年多的室内工作，克服了因涨价因素所引起的经费严重不足的困难，圆满地完成了各项任务，其中包括：

（1）完成宽角反射/折射剖面 3 条，全长 1058 km。对原有的 6 条宽角反射/折射剖面的数据做了重新处理和解释，总长 3268 km。在此基础上编制工作区范围内的地壳详细分层剖面图和三维构造图，圈定了与强震活动有关的深断裂展布和壳内低速体分布情况。

（2）完成大地电磁测深剖面 7 条，全长 1128 km，总测点 96 个。系统编制了工作区范围内岩石圈电性结构的剖面图件，圈定了壳内高导异常体和岩石圈内主要电性边界的分布情况。在全区获得了 22 个大地热流值，计算了岩石圈的温度分布。还对本区的重磁资料做了全面解释。

（3）对汉诺坝、繁峙-阳原和邯邢地区的捕掳体进行了深入考察，获得了 58 个电子探针分析结果，在此基础上研究了上地幔和下地壳的物质组成，给出了本工作区的岩石圈组成模型。采用地质温度计和压力计方法，计算了捕掳体形成的温压条件，给出了它们形成的大地构造环境。对 17 块代表地壳不同层次的岩石样本在高温高压条件下进行了蠕变性质测定，获得了它们的蠕变参数及随深度变化的蠕变强度曲线。对于代表深度从上地壳至上地幔的 16 块岩石标本在高温高压条件下，做了岩石电导率随温度和压力变化的曲线，研究了壳内电导率异常的形成机制。对于采自工作区内的不同变质岩相和某些侵入体及沉积岩标本做了波速实验，研究了这些样本的纵波速度值和横波速度值随温度和压力的变化以及壳内低速体的形成机制。

（4）在总结本工作区和邢台地震区各项深部探测成果的基础上，系统地研究了各项深部探测成果之间的关系、深浅构造之间的关系以及与地震活动性之间的关系，给出了板内大震孕育和发生的物理模型。

为了提高深部探测成果和实验研究水平，我们在执行本专题过程中还加强了深部地球物理数据处理和反演方法的研究，以及新的实验技术方法的研究。例如，本专题所完成的 3 条宽角反射/折射剖面，全部实现了三分量记录，可同时获得地壳上地幔的纵波和横波速度结构，大大增加了了解地壳上地幔物质组成、结构和构造的信息量。又如，在大地电磁测深方法中，研究开发了张量分解法和多参数二维反演技术，较有效地解决了畸变效应和浅层不均匀体的影响，显著提高了反演结果的可靠性。在高温高压的岩石电导率实验中，由于用交流测试代替直流测试的方法，消除了因极化效应导致测试结果不准的弊端；在岩石波速实验中，由过去纵波速度和横波速度分别测试的方法，改进为两个波速可同时测定的新方法，提高了工作效率和测试精度。

本专题所完成的各项深部探测，实验分析和地质考察等多兵种联合作战的科研成果，不仅在本工作区是前所未有的，而且在国内、乃至世界上也是很少见的。在执行本专题中所采用的一套深部研究思路，已在我国胜利油田非烃类天然 CO_2 气体的深部勘探中得到应用和发展；新研究开发的大地电磁测深数据处理和反演的软件系统，已广泛用于我国的油气田普查勘探工作之中。上述两者均获得了很好的经济效益。

完成和参加本专题的单位有：

国家地震局地质研究所；

国家地震局地球物理勘探中心；

国家地震局地球物理研究所；

国家地震局兰州地震研究所；

河北省地震局。

2 工作区地质背景和地震活动性情况

2.1 地质背景

为了便于了解深部构造，我们简单叙述一下工作区范围内（北纬 39°～41°，东经 114°～117°）的区域地质构造特征。本工作区在区域构造上处于近 EW 向燕山褶皱带、NNE 向山西隆起带与 NNE 向华北平原裂谷带的交接部位（图 1）。区内前新生代的地层分布，断裂构造和岩浆活动的基本情况如下：

1）地层

太古宇主要出露于燕山褶皱带上的兴隆、密云、宣化等地区，以及太行山区和山西隆起带上的紫荆关一带。太古宇是一套变质很深的岩石，多为片麻岩、各种片岩以及斜长角闪岩、磁铁石英岩等。其原岩主要是中酸性火山岩以及超基性岩、碎性岩和黏屑岩。太古宙变质岩系自下而上可分为：早-中太古界的迁西群和密云群（燕山区）以及桑干群（山西区）；晚太古界下部的阜平群（太行山区）、单塔子群（燕山区）和上部的五台群（山西区）、张家坟群和双子山群（燕山区）。

中-上元古界，包括长城系、蓟县系和青白口系，是由一套未经变质的海相碳酸盐岩、碎屑岩和黏土岩组成。这套沉积岩层主要出露于兴隆、蓟县、平谷、昌平、涿鹿、宣化以及房山、易县一带。其中，兴隆—蓟县一带沉积厚度最大，可达 6544～9200 m，但向北和向西南沉积厚度明显减薄。

古生界，本区分布不广，属典型的沉积盖层。寒武-中奥陶统以海相碎屑岩和碳酸盐岩为主，厚约 1600 m。上奥陶统至下石炭统普遍缺失；中石炭统-二叠系以陆相碎屑岩为主，厚约 300～500 m。

中生界，属陆相沉积地层。三叠系为砂页岩，仅局限于北京西山出露；侏罗-白垩系分布广泛，是一套火山-沉积岩系，为断陷盆地沉积。其中，侏罗系下统是中、基性火山岩-含煤岩系，厚 80～2117m；侏罗系中统是中性火山岩，杂色粗碎屑岩，厚 900～7588 m；白垩系下统是陆源碎屑岩，厚 1547 m，白垩系上统缺失。

新生代始新世开始，本研究区西南部分连同华北平原一起进入了一个新的发展阶段，在引张应力场作用下岩石圈强烈伸展，形成大规模裂谷盆地。在本研究区内主要是冀中盆地，其中包括北京凹陷、大兴凸起、固安凹陷和宝坻凸起等。在固安凹陷内部沉积有厚达 2000～5000 m 的早第三系沉积，而北京凹陷缺失早第三系沉积。自中新世以来华北平原普遍下沉，本研究区范围内接受了厚达 2000～3000 m 的疏

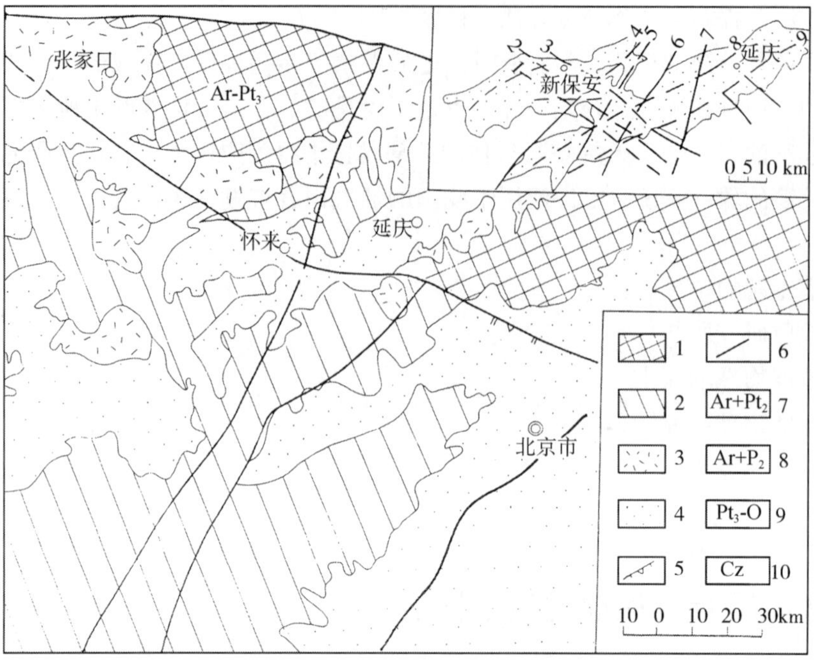

图1　工作区范围内区域构造略图

1. 燕山褶皱带和内蒙地轴；2. 山西隆起带；3. 中生代火山岩沉积区；4. 华北平原裂谷；5. 正断层；6. 断层；7. 太古界-晚元古界；8. 太古界-二叠系；9. 晚元古界-奥陶系；10. 新生界

散沉积物。在本区华北新生代裂谷盆地的北界是 NWW 向的张-渤构造带，西界是太行山前构造带。

进入上新世以来，在延庆-怀来-涿鹿一带大致沿 NWW 向张-渤构造带发生裂陷活动，产生怀来—延庆盆地，上新世以来的最大沉积厚度达 2000 m，其中第四纪沉积约 1000 多米。

进入第四纪以来，沿张-渤构造带又新发育了一系列小型盆地，如马池口盆地、顺义盆地、平谷盆地和夏垫盆地等，第四纪沉积厚度达 500～800 m[1]。

2）主要断裂

在本工作区的北缘有一条大型的近 EW 向断裂、即崇礼-赤城断裂。该断裂向东经赤城、古北口继续向东延至承德，崇礼-赤城断裂可能形成于太古代末-早元古代初，中生代时期显示出强烈地由北向南逆冲并兼有右旋的特点，白垩纪至新生代呈正断性质[1]。

NWW 向张-渤断裂带在早期是一条韧性剪切带，也是山西隆起带与燕山褶皱带拼接带。该断裂带后期继承性活动明显，中、新代时期的继承性活动尤为强烈。在延怀盆地中，这条继承性活动的断裂带又可细分为三条次级断裂，自南至北依次是：施庄-长疃断裂带①，新保安-后郝窑断裂②和怀来-狼山断裂③（图 1 内插图）。

NNE 向断裂为紫荆关断裂带。这条断裂带最早形成于中元古代，为中-晚元古代沉降带的西部边界断裂。中、新生代以来，继承性活动明显加剧。

这条断裂带由四条次级断裂组成，自西而东依次为：麻峪口-黑山寺断裂④，矾山-后郝窑断裂⑤，施庄-狼山断裂⑥和火烧营断裂⑦。此外，还有两条 NE 向的、隐伏于盆地之中的延庆断裂⑧和康庄断裂⑨。

在延怀盆地中，NNE 向断裂总体向东倾斜，次级断裂依次控制了延庆盆地和怀来盆地的沉降中心。

NNE 向的太行山前断裂，隐伏于平原区之下，它是控制华北平原新生代裂谷系西界的主边界断裂，浅部向东倾，倾角上陡下缓，深部向西倾。

除上述断裂外，本区还发育有大量的、不同规模的、不同时代活动的 NNE 向和某些近 EW 向断裂[1,2]。

2.2 地震活动情况

根据国家地震局 85-907-04-01 专题组对工作区范围内历史地震的重新考查结果，认为在本工作区内发生的 7.0 级以上历史大震有：1679 年的三河-平谷 8.0 级地震，1057 年香河南 $M \geqslant 7.0$ 级地震，1626 年灵丘 7.0 级地震以及 1720 年沙城东 7.0 级地震；此外，还发生 6.0～6.9 级地震 10 次，5.0～5.9 级地震 24 次（图 2）。6.0 级以上地震多发生在公元 1000 年以来的时间段，以 17 世纪为最高[2]。可见本工作区是中国东部最强的地震活动区之一。

本区 6.0 级以上地震集中发生在 NWW 向张-渤地震带和 NNE 向山西裂谷地震带。此外，沿涞水-北京温泉一带似乎也有一条 NNE 向地震带。5.0 级以上地震仍沿上述 3 条地震带活动，但随着震级的降低地震带宽度加大。4.0 级以下小震呈弥散状分布，但仍有沿 NWW 向和 NNE 向集中的趋势。NWW 向张-渤地震带是本研究区的主要地震活动带（图 2）。

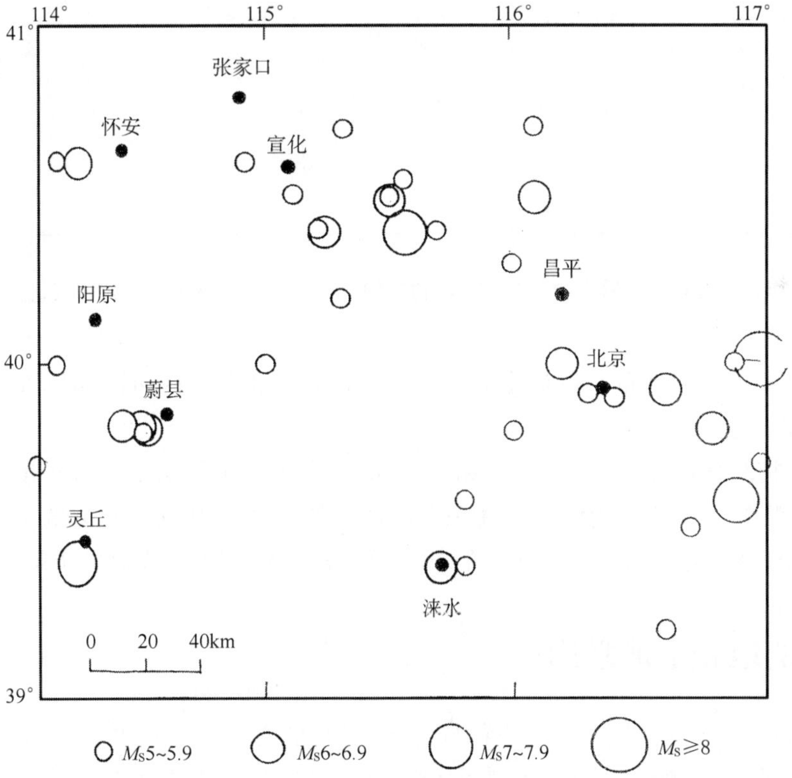

图 2 工作区内历史地震震中分布图（据 85-907-04-01 专题组资料，1994）

由于本区的较大地震都是历史地震，因此无法较精确地确定它们的震中位置和震源深度。国家地震局 85-907-04-01 专题组对工作区内 1979 年 1 月至 1992 年 3 月期间发生的全部 2.0 级以上地震和极少数小于 2.0 级的地震共 348 个进行了重新定位（图 3）。可见，重新定位后的微震震中，多集中分布于新生代的山间盆地内部和山区与平原的交界地带，从西而东微震大致集中于五个地区：①近 EW 向的天镇、怀安盆地；②NE-NNE 向的阳原和蔚县盆地；③NWW 向的张家口-宣化盆地；④NE-NEE 向的怀来-涿鹿盆地和延庆盆地；⑤怀柔 NNE 和昌平 NNE 一带[2]。从总体看，本区的微

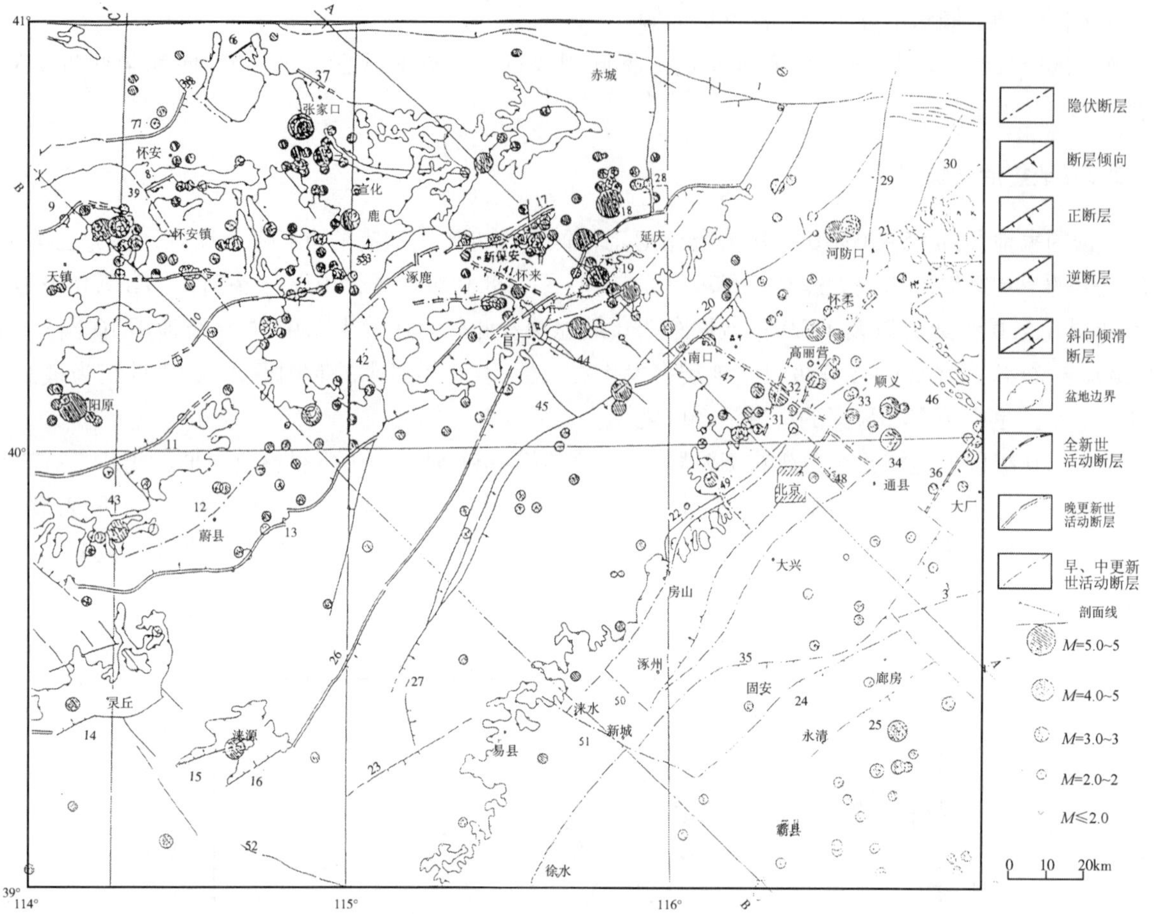

图3　工作区内重新定位后震中分布与活动构造图（据85-907-04-01专题组资料，1994）

震活动在西部呈NEE-EW向展布，在东北部呈NW-NWW向展布，在西南部呈NNE向展布，并与NW-NWW向微震带交会。

图4是沿图3中3条剖面A-A′、B-B′和C-C′的微震重新定位后的震源深度分布。每条剖面中的地震是剖面两侧15 km范围内的地震震源在剖面上的投影。可见，本区的微震活动基本上位于17～18 km以浅的深度范围内，微震活动的下界面比较平缓，在某些地段微震震源呈陡倾状。

3　工作区的地壳上地幔构造

在工作区范围内完成了3条宽角反射/折射剖面，它们是近EW向的北京-怀来-丰镇剖面（H-20）、NW向的文安-蔚县-察哈尔右翼中旗剖面（H-22）和NE向的繁峙-怀安-太仆寺剖面（H-21），此外，对过去在该区完成的6条宽角反射/折射剖面进行了重新反演和统一解释，还把已有的邻区2条剖面纳入其中，从而构成了一个较完整的宽角反射/折射剖面勘探网。除上述深部地震勘探剖面外，在工作区范围内还完成了7条大地电磁测深剖面，它们基本上是沿宽角反射/折射剖面布置。此外，在工作区范围内获得22个大地热流值，还沿着一些宽角反射/折射剖面对重、磁资料进行了深入的定量解释。各项深部探测剖面的布置见图5。

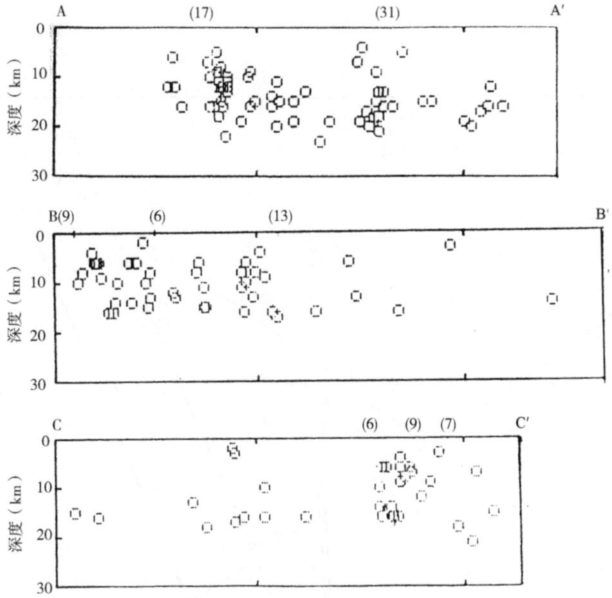

图4　微震震源深度剖面图（据85-907-04-01专题组资料，1994）

3.1　工作区内地壳上地幔速度结构

根据本区的宽角反射/折射剖面的解释结果，在本工作区范围内地壳具有三层结构的特点，现以文安-蔚县-察哈尔右翼中旗剖面为例简述如下（图6）：

（1）除浅部沉积盖层外，上地壳速度值为5.8～6.2km/s，速度随深度逐步增加，一般认为这是裂隙随深度增加而逐渐闭合的结果。根据速度值上地壳组成相当于花岗岩-石英云母片岩。

（2）中地壳速度值一般为6.3～6.4 km/s，厚度较薄，一般为5～8 km，山区略厚，垂直速度梯度值最小，仅有0.015 s^{-1}。某些地段的中地壳内含有低速体，根据速度值，中地壳组成相当于中酸性-中性片麻岩。

（3）下地壳在本区内往往可以划分为两个亚层。上部亚层的速度值为6.4～6.6 km/s，厚5～10 km，山区厚、平原区薄；下部亚层的速度值为6.6～7.0 km/s，厚6～9 km，山区厚、速度低，平原区薄、速度薄，根据速度值，上部亚层相当于中酸性麻料岩组成，下部亚层相当于中性麻粒岩至基性麻粒岩组成。

根据上述速度值和岩石波速值的实验室测定结果所推测的本区上、中、下地壳的物质组成与实地观测结果是一致的。冀东地区所出露的变质岩组成的研究结果表明[3]：上地壳主要为绿片岩相和低角闪岩相的片岩和花岗岩；中地壳主要为角闪岩相的中性、中酸性成分的片麻岩和片岩；下地壳上部为角闪石麻粒岩亚相的中性麻粒岩，下地壳下部为辉石麻粒岩亚相的基性麻粒岩。我们在汉诺坝地区新生代玄武岩中所发现的下地壳捕掳体，也是由中酸性和中基性两种麻粒岩组成。其中富含镁质的麻粒岩是地幔岩浆侵入后经麻粒岩相变质作用而成。平原区的下地壳薄、速度值高，可能与新生代时期平原区的下地壳遭受广泛的基性物质侵入和侧向蠕变有关[4]。图6至图13是工作区及其外围地区的宽角反射/折射部面所获得的地壳上地幔速度结构。从图6至图13可见，NWW向张-渤构造带，NNE向太行山前和山西裂谷带地壳构造复杂，而其他地区比较简单。

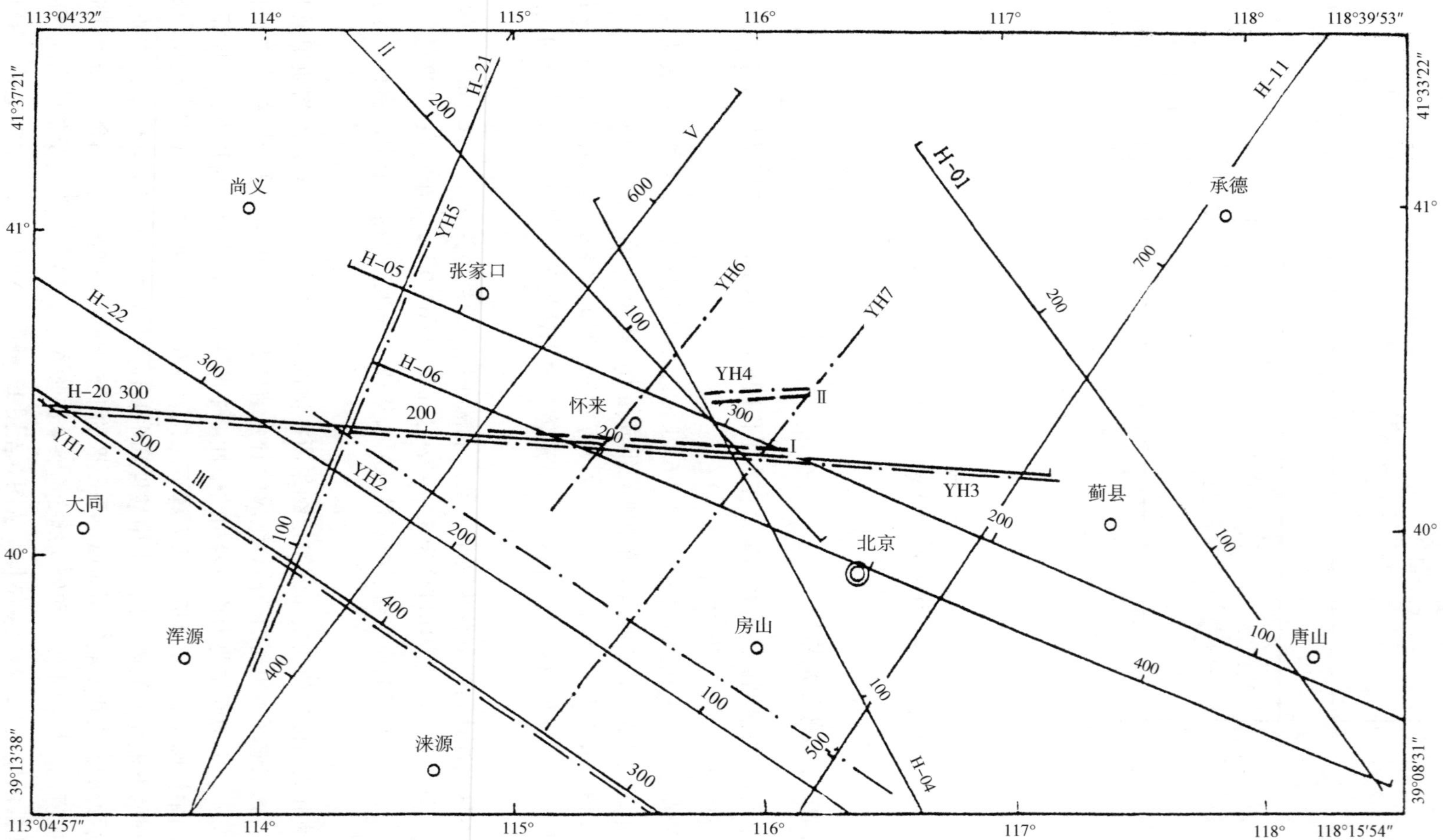

图5 工作区范围内各项深部探测剖面布置图

H-01.柏格庄-丰宁-正蓝旗剖面；H-04.盐山-大兴-延庆剖面；H-05.乐亭-张家口剖面；H-06.宁河-北京-涿鹿剖面；

H-11.石家庄-喀喇沁剖面；H-20.北京-怀来-丰镇剖面；H-21.繁峙-怀安-太仆寺旗剖面；H-22.文安-蔚县-察哈尔右翼中旗剖面；

Ⅱ.北京-张家口-化德剖面；Ⅲ.海兴-阳原-丰镇剖面；Ⅴ.大原-宣化剖面；——宽角反射/折射剖面；— —大地电磁测深剖面 —·—深地震反射剖面；

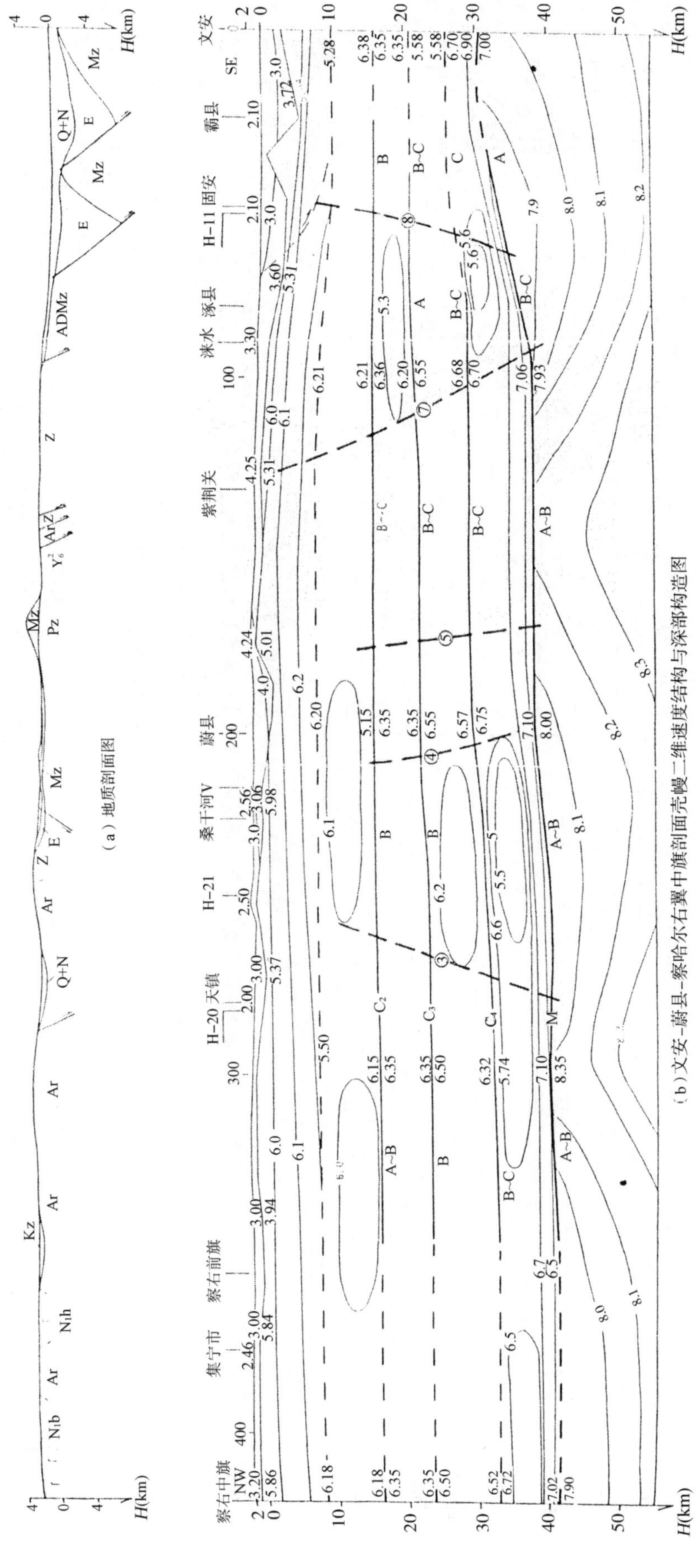

（a）地质剖面图

（b）文安-蔚县-察哈尔右翼中旗剖面壳幔二维速度结构与深部构造图

图6 文安-蔚县-察哈尔右翼中旗宽角反射/折射剖面（H-22）的地壳上地幔纵波速度结构

$\frac{7.02}{7.90}$ 地震界面及速度值(km/s)；6.2 速度等值线(km/s)；/ 推测延伸至M面的断裂；- - - 推断界面；

C₁、C₂、C₃、C₄.壳内界面；M.莫霍界面；A.强反射段；B.弱反射段；C.模糊不清反射；H-20、H-21、V、H-11 地震剖面

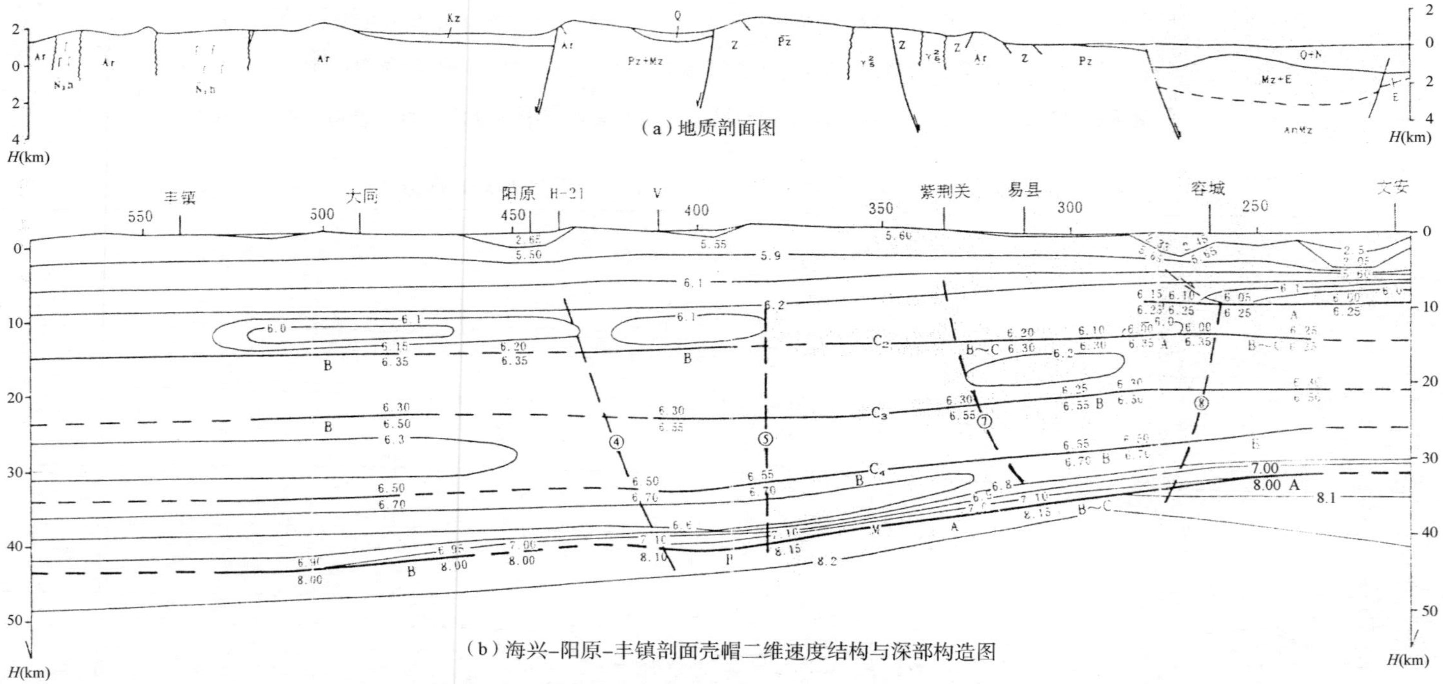

（a）地质剖面图

（b）海兴–阳原–丰镇剖面壳幔二维速度结构与深部构造图

图7　海兴—阳原宽角反射／折射剖面（Ⅲ）的地壳上地幔纵波速度结构

$\frac{7.00}{8.00}$ 地震界面及速度值(km/s); 6.2 速度等值线(km/s); ╱ 推测延伸至M面的断裂; - - - 推断界面;

C_1、C_2、C_3、C_4. 壳内界面; M. 莫霍界面; A. 强反射段; B. 弱反射段; C.模糊不清反射段; H-21、V. 地震剖面

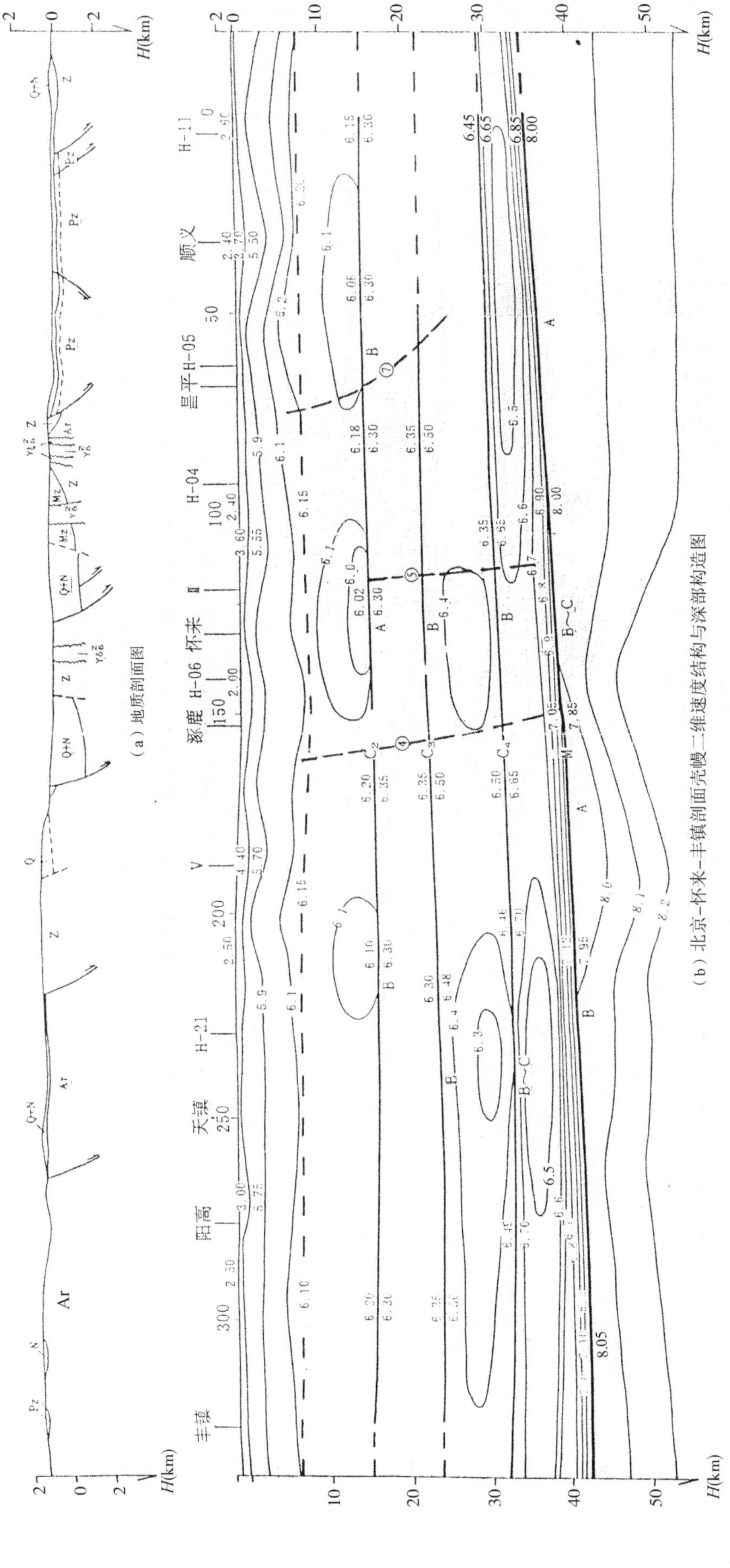

（a）地质剖面图

（b）北京-怀来-丰镇剖面壳幔二维速度结构与深部构造图

图8　北京—怀来—丰镇宽角反射／折射剖面（H-20）的地壳上地幔纵波速度结构

$\frac{6.20}{6.30}$ 地震界面及速度值(km/s)；6.2 速度等值线(km/s)；/ 推测延伸至M面的断裂；- - - 推断界面；C_1、C_2、C_3、C_4.壳内界面；M.莫霍界面；

A.强反射段；B.弱反射段；C.模糊不清反射段；H-21、V、H-06、Ⅱ、H-04、H-05、H-11.地震剖面

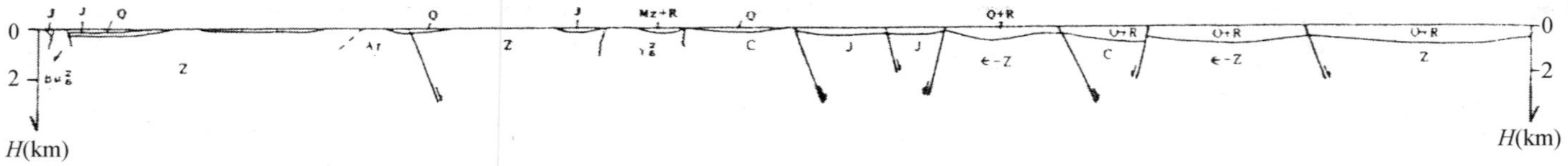

（a）地质剖面图

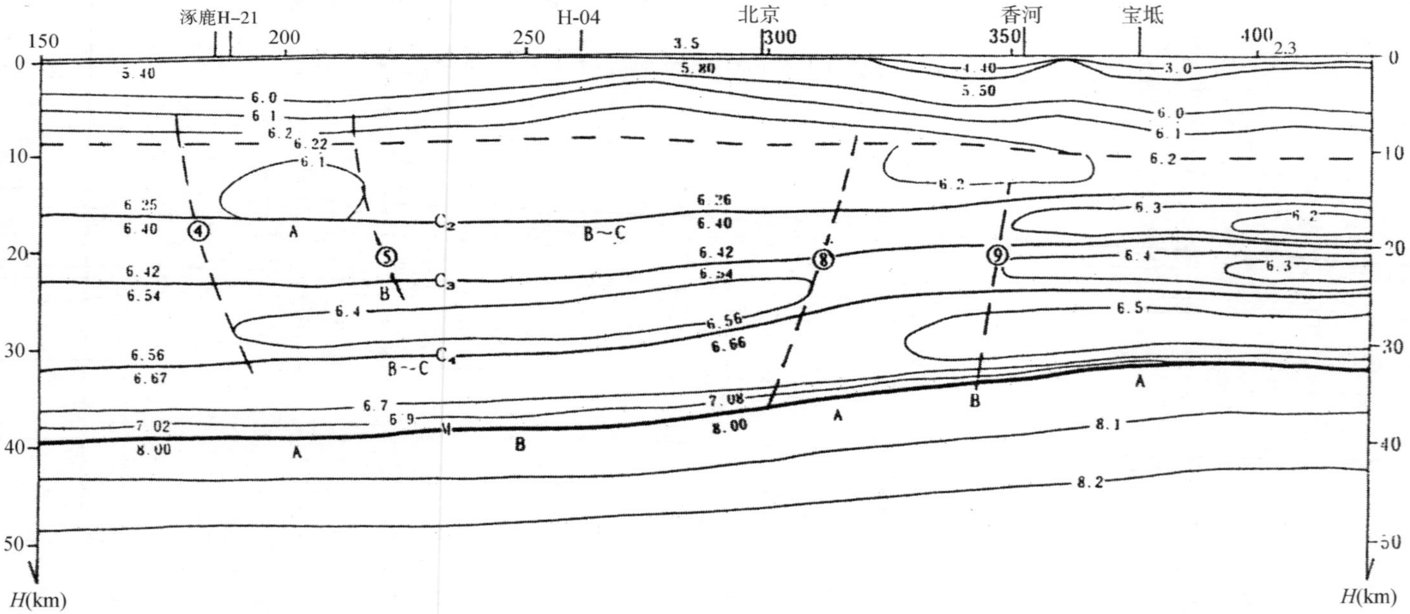

（b）宁河-北京-涿鹿剖面壳幔二维速度结构与深部构造图

图9　宁河—北京—涿鹿宽角反射／折射剖面（H—06）的地壳上地幔纵波速度结构

$\frac{6.20}{6.30}$ 地震界面及速度值(km/s)；6.2 速度等值线(km/s)；推测延伸至M面的断裂；- - - 推断界面；C_1、C_2、C_3、C_4.壳内界面；

M.莫霍界面；A.强反射段；B.弱反射段；C.模糊不清反射段；H-21、H-04.地震剖面

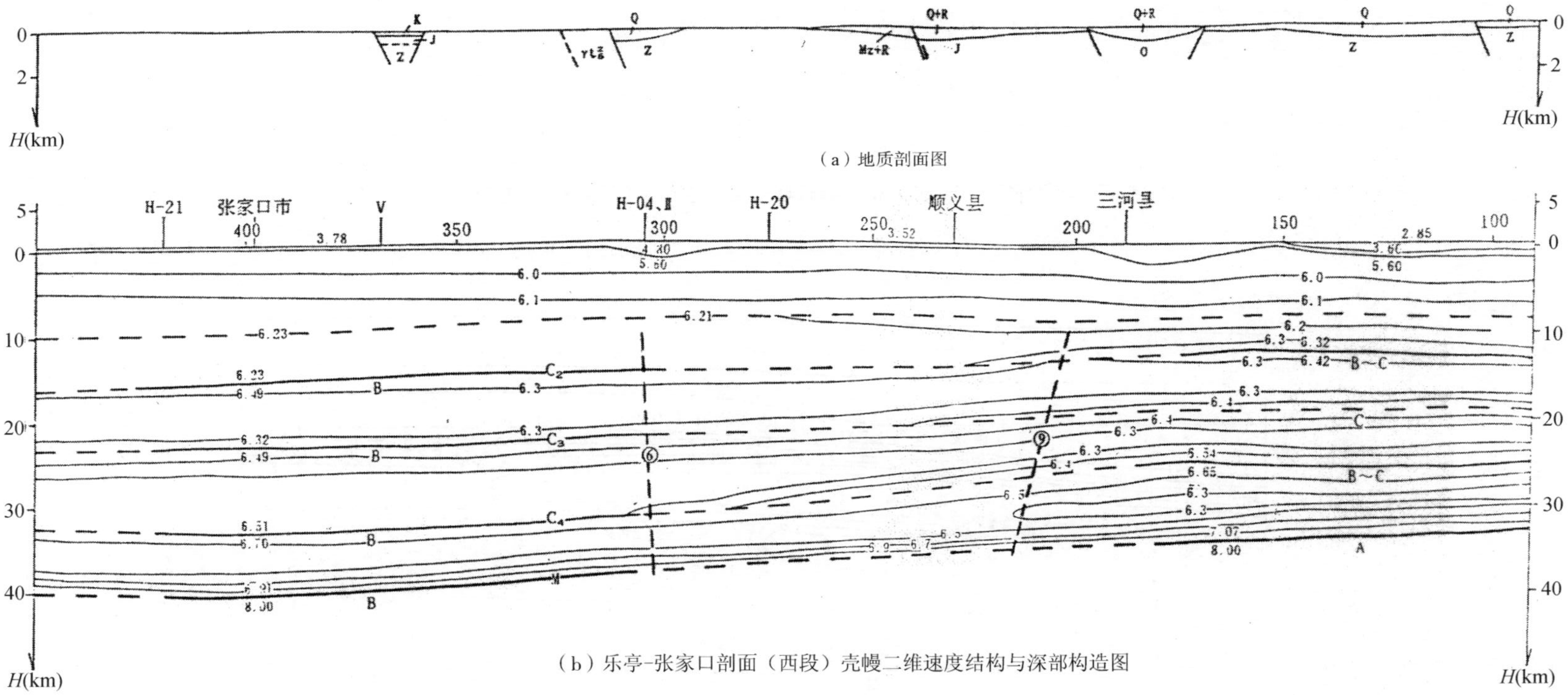

（a）地质剖面图

（b）乐亭-张家口剖面（西段）壳幔二维速度结构与深部构造图

图10　乐亭—张家口宽角反射／折射剖面（H–05）的地壳上地幔纵波速度结构

$\frac{6.32}{6.49}$ 地震界面及速度值(km/s)；6.2 速度等值线(km/s)；/ 推测延伸至M面的断裂；--- 推断界面；C_1、C_2、C_3、C_4.壳内界面；

M.莫霍界面；A.强反射段；B.弱反射段；C 模糊不清反射段；H-21、V、H-04、Ⅱ、H-20.地震剖面

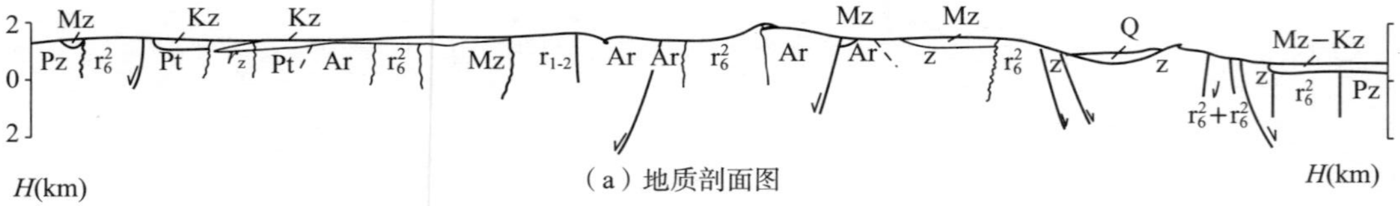

（a）地质剖面图

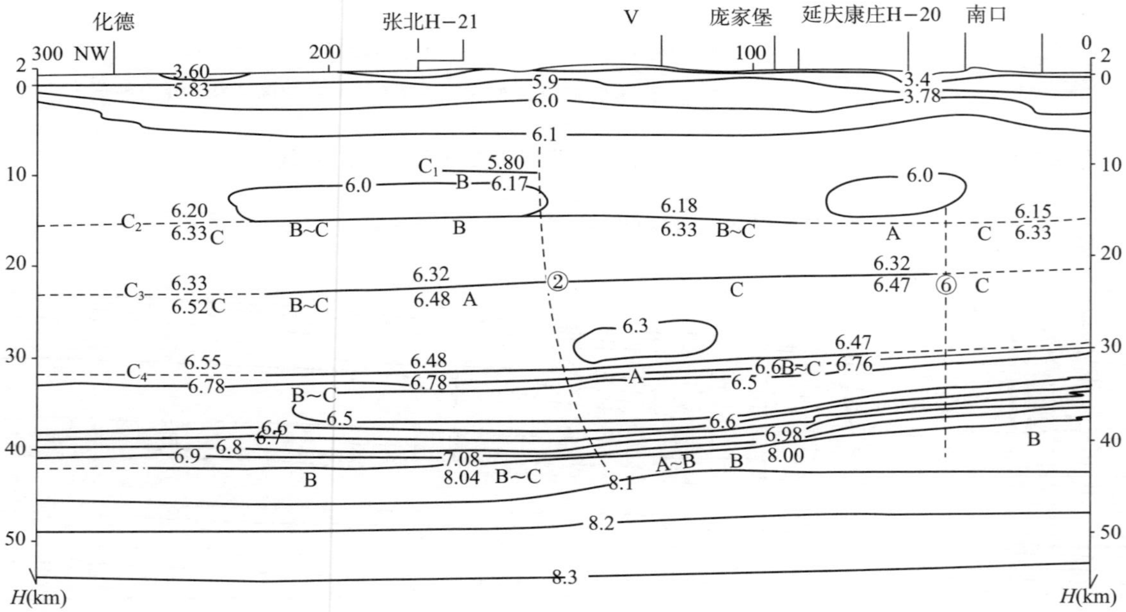

（b）北京–张家口–化德剖面壳幔二维速度结构与深部构造图

图11　北京—张家口—化德宽角反射／折射剖面（Ⅱ）的地壳上地幔纵波速结构

$\frac{6.20}{6.33}$ 地震界面及速度值(km/s)；6.6 速度等值线(km/s)；推测延伸至M面的断裂；---- 推断界面；M.莫霍界面；A.强反射段；B.弱反射段；C_1、C_2、C_3、C_4.壳内界面；C.模糊不清反射段；H−21、V、H−20.地震剖面

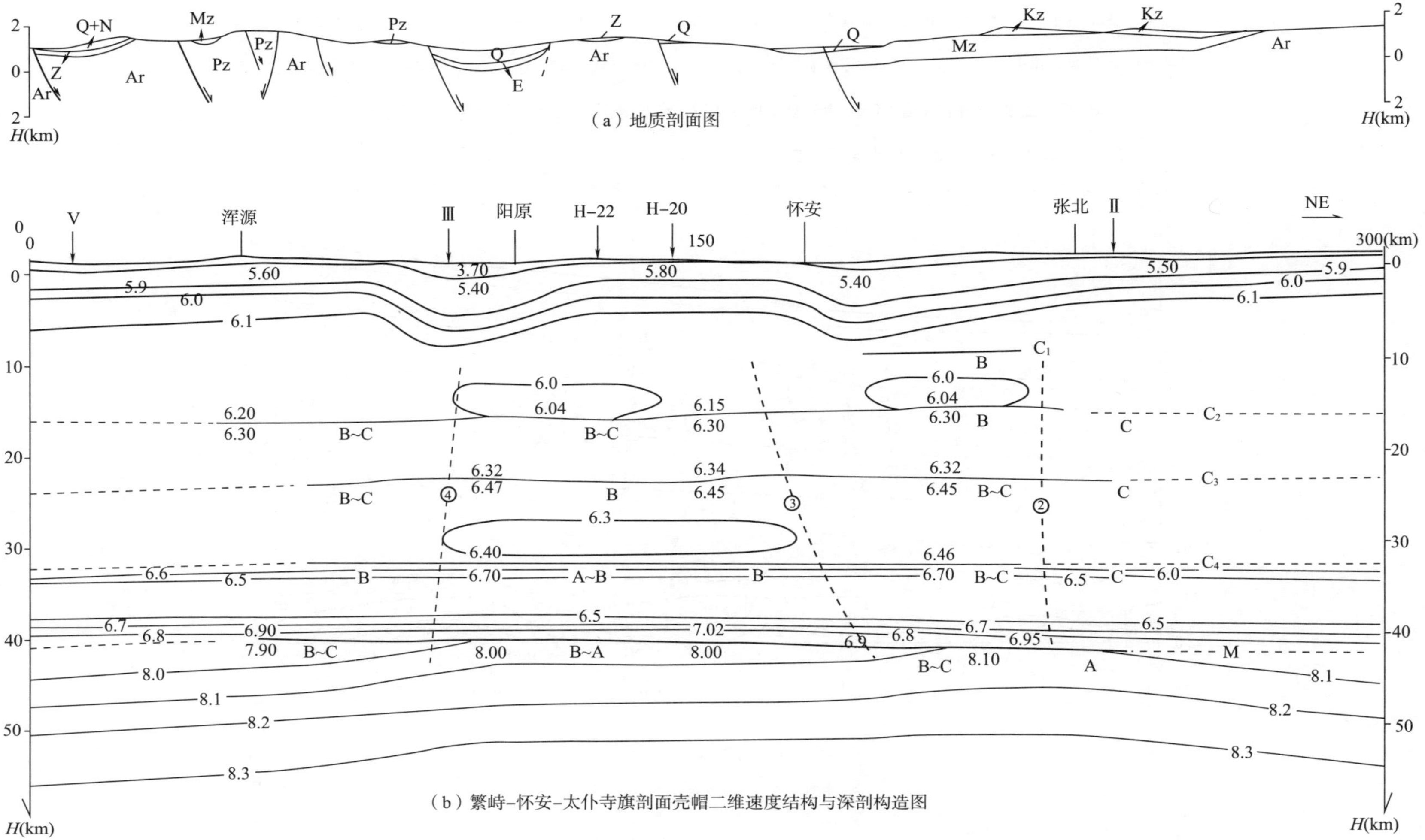

图12 繁峙—怀安—太仆寺宽角反射／折射剖面（H-21）的地壳上地幔纵波速度结构

$\frac{6.20}{6.33}$ 地震界面及速度值(km/s)； 6.0 速度等值线(km/s)； 推测延伸至M面的断裂； ---- 推断界面；M.莫霍界面；A.强反射段；B.弱反射段；

C_1、C_2、C_3、C_4.壳内界面；C.模糊不清反射段；Ⅱ、Ⅲ、Ⅴ、H-20、H-22.地震剖面

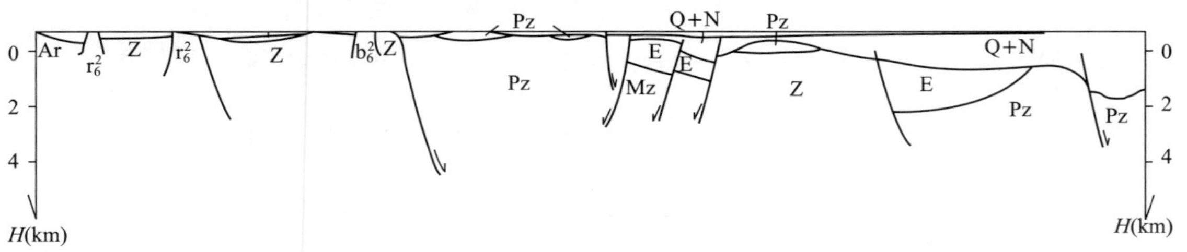

（a）地质剖面图

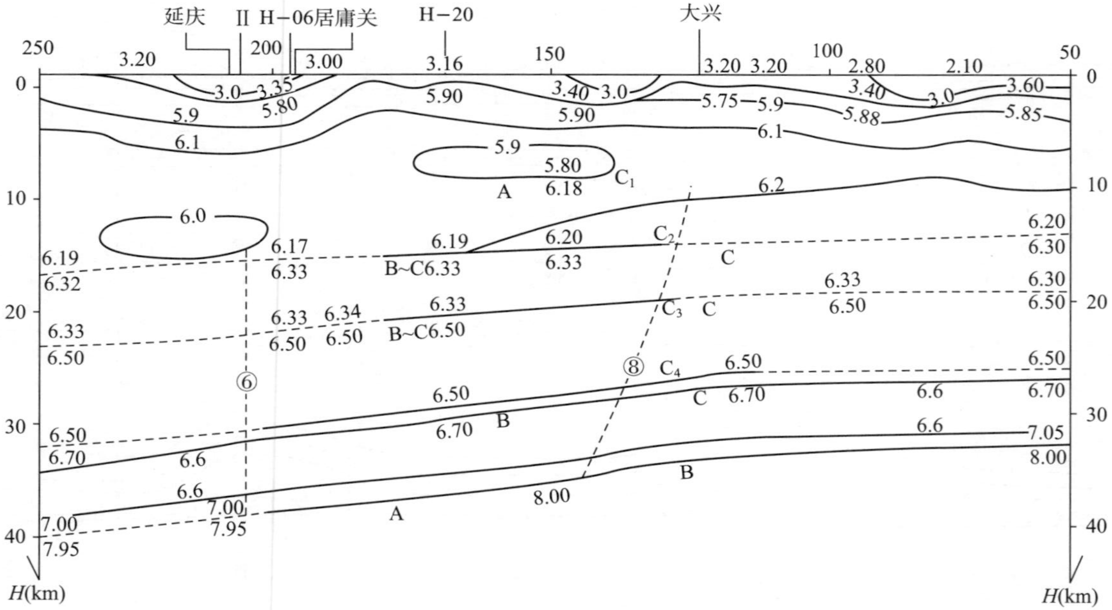

（b）盐山−大兴−延庆剖面壳幔二维速度结构与深部构造图

图13 永清—大兴—延庆宽角反射/折射剖面（H−04）的地壳上地幔纵波速度结构

$\frac{6.20}{6.30}$ 地震界面及速度值(km/s)；6.1 速度等值线(km/s)；/ 推测延伸至M面的断裂；---- 推断界面；M.莫霍界面；

A.强反射段；B.弱反射段；C₁、C₂、C₃、C₄.壳内界面；C.模糊不清反射段；H、H−06、H−20.地震剖面根据工作区范围内的 11 条宽角反射/折射剖面和地震 CT 成像结果，编制了该区地壳各主要界面的构造图。现讨论如下：

（1）图 14 是上地壳内部 8 km 深处的地震 CT 速度成像结果。可见，有一条 NWW 向低速带穿过本工作区的中部，它就是张-渤地震带西北段①；在工作区北缘纬度 41°线左右，有一条速度界线把以北的高速区与以南的低速区分开，它应是崇礼-赤城断裂的反映②；在工作区的东南部分，还可识别出两条 NNE 向断裂，它们是紫荆关断裂⑦和太行山前断裂⑧。此外，在工作区的西南部分，还可能存在 NW 向断裂。

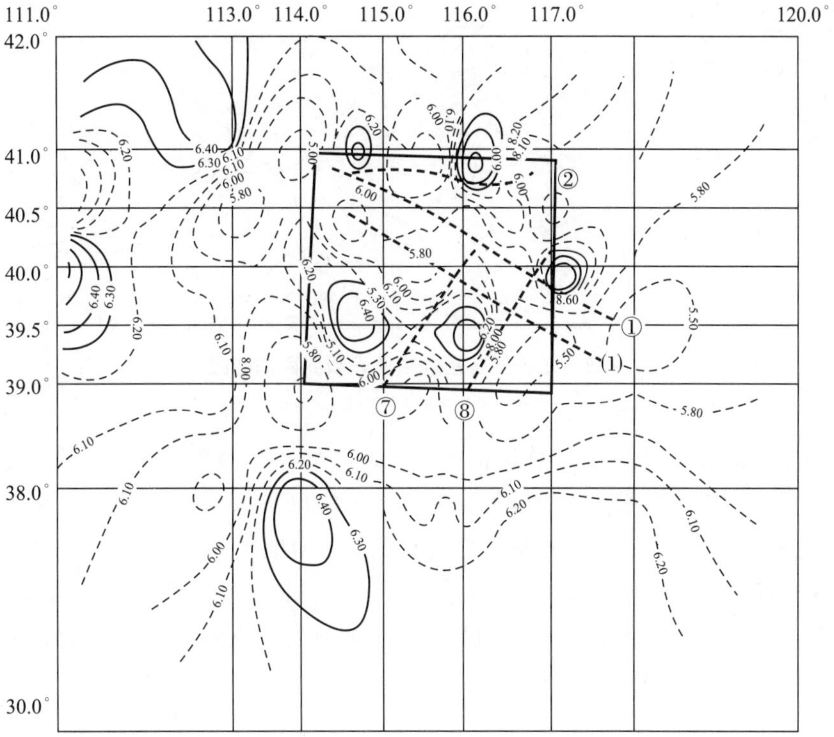

图 14　8 km 速度层析成像

图中黑框代表工作区，虚线代表断裂

（2）中地壳顶界面构造。图 15 是工作区范围内中地壳顶界面构造图，即上地壳的等厚度图。从图可见，本区的中地壳顶界面的构造图像较复杂，其主体构造方向为 NEE-NE 向，但有一条 NWW 向线性构造带将主体构造拦腰截断，并分为 NE 和 SW 两部分。这条 NWW 向构造带西起张家口，经北京以北和唐山以南，然后向测区以外的 SEE 方向伸展，在本研究区范围内它就是通常所称的张-渤地震带的西北段。从图 15 可见，这条 NWW 向构造带很平直，两侧的上地壳厚度有 2～3 km 落差，并有左旋特征。所以它可能是一条以走滑为主并兼有倾滑分量的壳内断裂，我们称之为张-渤断裂带①。在本研究区内这条断裂带的东南段上地壳厚度是南厚北薄，而在其西北段上地壳厚度是北厚南薄，转换地点就在与 116°经线交接处，即延庆盆地内部。在测区的西缘、纬度 40°30′附近，即丰镇-天镇-怀安镇一带存在一条近 EW 向的壳内断裂，我们称之为天镇断裂③。

在张-渤断裂带的北东部分，即燕山地区和燕山山前地带，中地壳的顶界面构造比较简单，呈单斜构造从 SE 向 NW 缓倾。在张-渤断裂带的南西部分，中地壳顶界面的走向从太行山地区的 NE 向转为京津唐平原地区的 NWW 向，上地壳厚度向西南方向的平原内部缓慢减薄。

工作区范围内中地壳顶界面构造的另一个特点是，界面起伏比较平缓，如果不考虑局部地段，其起伏变化在 14～18 km 之间，明显的小于下地壳顶界面和莫霍面的起伏。

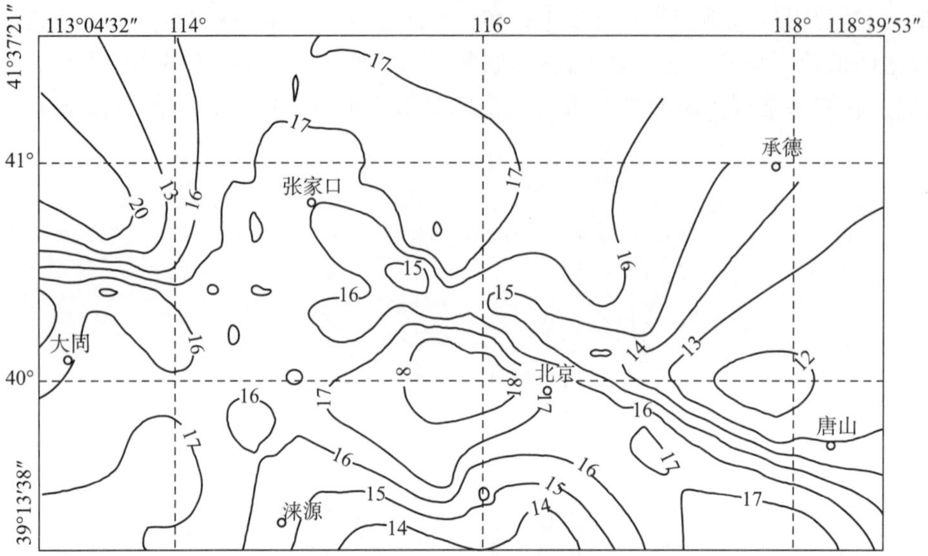

图 15　工作区范围内中地壳顶界面构造图

（3）下地壳顶界面构造。图 16 是工作区范围内下地壳顶界面构造图，也即中、上地壳等厚度图。从图可见，NWW 向的张-渤构造带仍保持在测区中部，但它已不是一条平直的线性构造带。其两侧的中-上地壳厚度也无显著变化。在张-渤构造带之北东侧的燕山地区，下地壳顶界面构造与图 15 所示的中地壳顶界面构造没有显著差异；在张-渤构造带之西南侧的北太行山地区下地壳顶界面为 NWW 向，而中地壳顶界面则非常平缓；在京津唐平原地区下地壳顶界面向 ES 倾斜，而中地壳顶界面则向 EN 倾斜。这说明，至少在张-渤构造带之西南的广泛地域内，上地壳和下地壳之间是相互解耦的。

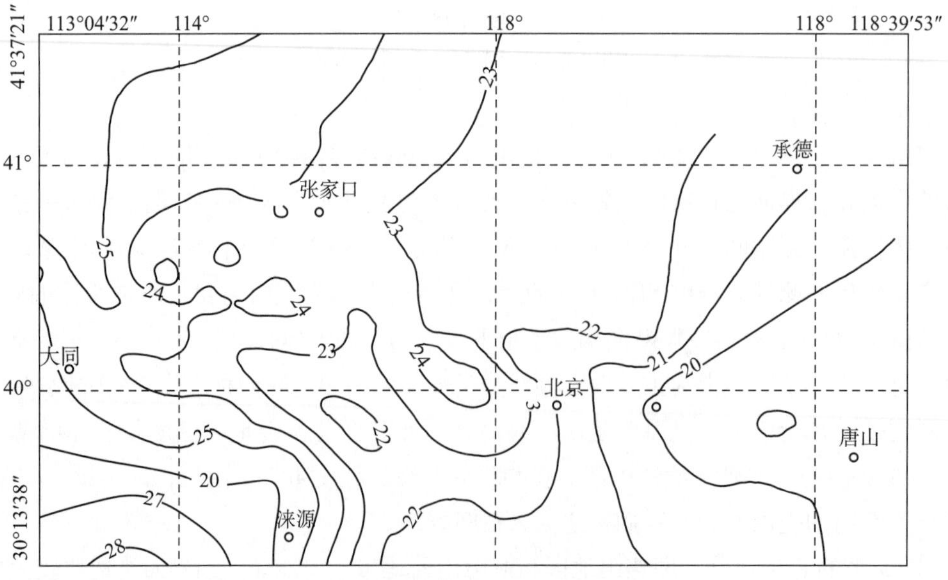

图 16　工作区范围内下地壳顶界面构造图

就区域性而言，上、下地壳之间的解耦可能是在中地壳内部进行的。因为中地壳是垂直速度梯度值最小的层位，说明它经受了水平方向的均匀化过程。中地壳厚度也最薄，顶界面起伏也较小，这都表明它具有解耦活动的特征。根据我们沿一些宽角反射/折射剖面的航空磁测资料所进行的地壳垂向磁化率填图结果表明（图 17（a），图 17（b）），地壳的磁化率结构在壳内 17 km 深左右发生截然改变：17 km 以上地壳磁化率呈平行块状展布，17 km 以下地壳磁化率呈直立状分布，17 km 深左右的、近于水平状的磁化率界面可能就是壳内解耦带的反映。这个解耦带深度与本区微震震源的下界面深度是一致的。

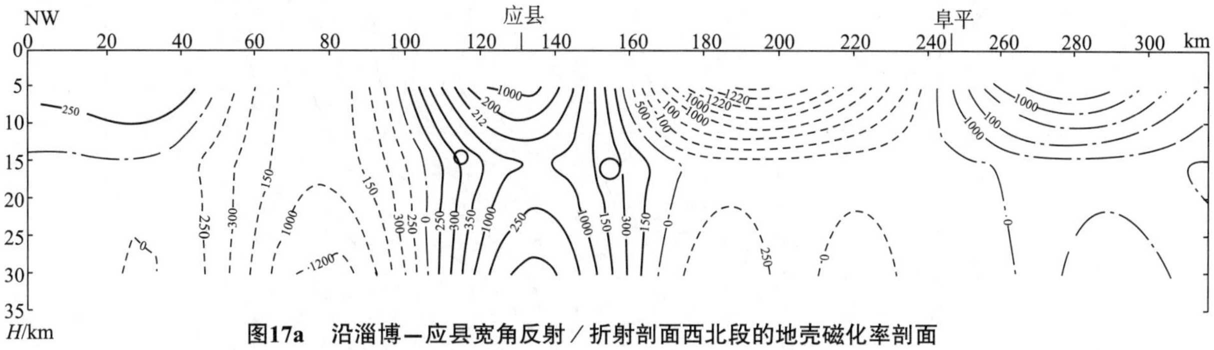

图17a 沿淄博—应县宽角反射／折射剖面西北段的地壳磁化率剖面

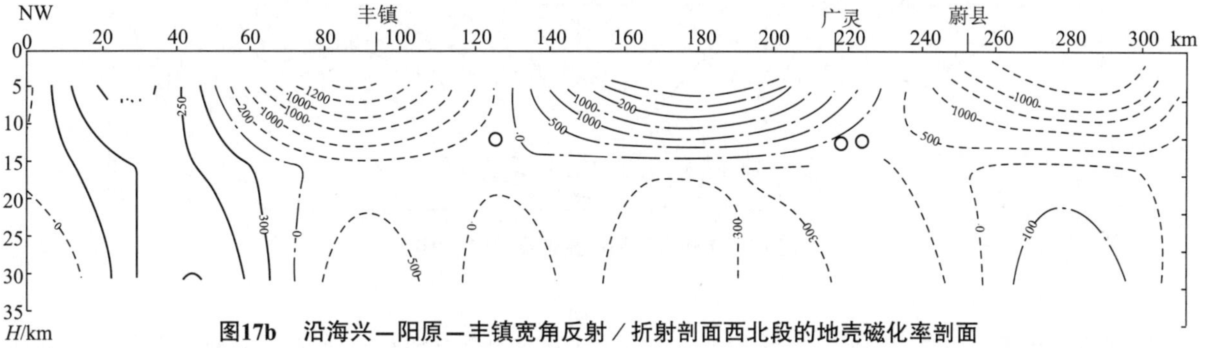

图17b 沿海兴—阳原—丰镇宽角反射／折射剖面西北段的地壳磁化率剖面

（4）莫霍界面构造。图 18 是工作区范围内的莫霍界面构造图。从该图可见 NWW 向的张-渤构造带依然明显存在，并把莫霍界面构造切成为东北和西南两个截然不同的部分，张-渤构造带在莫霍界面上表现为一条向 SEE 方向伸出的长舌状坳陷变形带。在此变形带的东北侧莫霍界面呈 NE-NNE 向展布，并在承德以西存在一条宽达 80 km 的 NNE 向莫霍面埋深梯级带；在此变形带的西南侧，沿着北太行山一带也存在一条宽达 80 km 的、近于 SN 走向的莫霍面埋深梯级带。这两条莫霍面梯级带与 NNE 向的太行山重力梯级带一致。

在上述的莫霍面梯级带两侧地壳厚度发生了剧烈变化，梯级带东侧的华北平原和燕山东缘地区地壳厚度只有 30～34 km，而梯级带西侧的山西高原和张北地区地壳厚度则增厚至 40～42km。根据对中国东部岩石圈结构和动力学过程研究，该莫霍面梯级带是中国北北东向的大兴安岭-太行山-武陵山地壳厚度巨变带的一部分，它是在燕山运动时期由于来自古太平洋方向的冷板片向前楔入角度沿大兴岭-太行山-武陵山一带变陡的结果[5]。从图 20 可见，在上述地壳厚度剧烈变化的地带，上地幔速度等值线强烈扰动，中、下地壳有低速体发育。这都与冷板片的楔入角变陡有关。

3.2 工作区内岩石圈电性结构

在工作区范围内共布置了7条大地电磁测深剖面，对其采用了多参数二维反演解释，以获得岩石圈的电性结构。其中有4条剖面沿NWW-EW向布置，3条剖而沿NNE向布置。现将其所揭示的岩石圈电性结构特征简述如下：

1）容城-阳高大地电磁测深剖面（YH1）

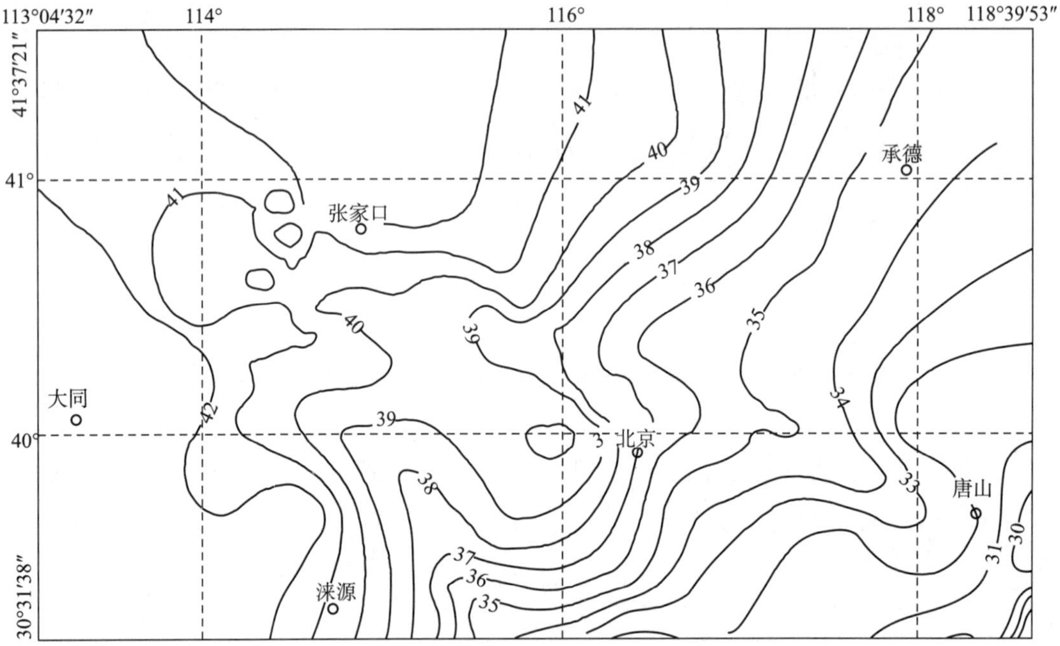

图18　工作区范围内莫霍界面构造图

该剖面东起华北平原的容城，经易县进入太行山，穿过蔚县盆地和阳原盆地，在西部终止于阳高，全长250 km，沿NWW向展布（图19）。从图19可见：

（1）在华北平原内部上地幔高导层埋深仅有75 km，进入太行山以后急剧加深至120 km，在山西高原内部达150 km深。这与同剖面位置的宽角反射/折射剖面Ⅲ所给出的莫霍界面变化形态一致（图7），说明本区的莫霍界面与上地幔高导层（软流层）是同步变化的。

（2）阳原盆地，直至阳高一带地壳内部广泛发育有低阻体，特别是阳原至阳高附近壳内低阻带埋深尚不足10 km。我们知道，从大同盆地东部至阳原和阳高一带有大同火山群分布，据近些年来对大同火山群喷发年代的详细研究，表明大同火山的早期活动时间为（0.74～0.54）Ma，而晚期活动时间大约0.2 Ma。所以这一带壳内广泛发育的低阻体，可能与残留的部分熔融物质有关。1990年M6.1的阳高地震就发生在壳内低阻体的上部。

（3）在测点105附近，108附近，701附近和115～116之间，地壳电性结构均发生了显著变化，它们分别相当于阳原-涿鹿深断裂④，怀来-灵丘深断裂⑤，紫荆关深断裂⑦和太行山前深断裂⑧。

2）固安-怀安镇大地电磁测深剖面（YH2）

该剖面东起华北平原的固安，经房山进入太行山，西部终止于晋北高原的怀安镇，全长190 km，沿NWW向布置（图20）。该剖面与文安—蔚县—察哈尔右翼中旗的宽角反射/折射间面（图6）位置基本重合。从图20可见：

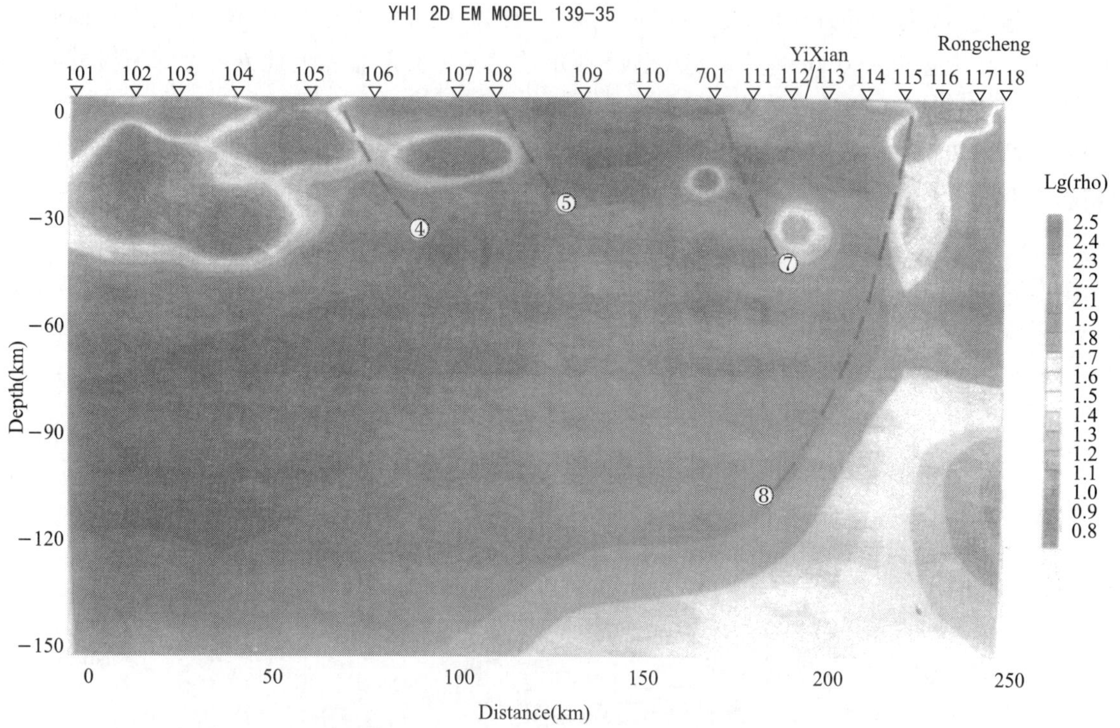

图 19　容城-阳高大地电磁测深剖面（YH1）

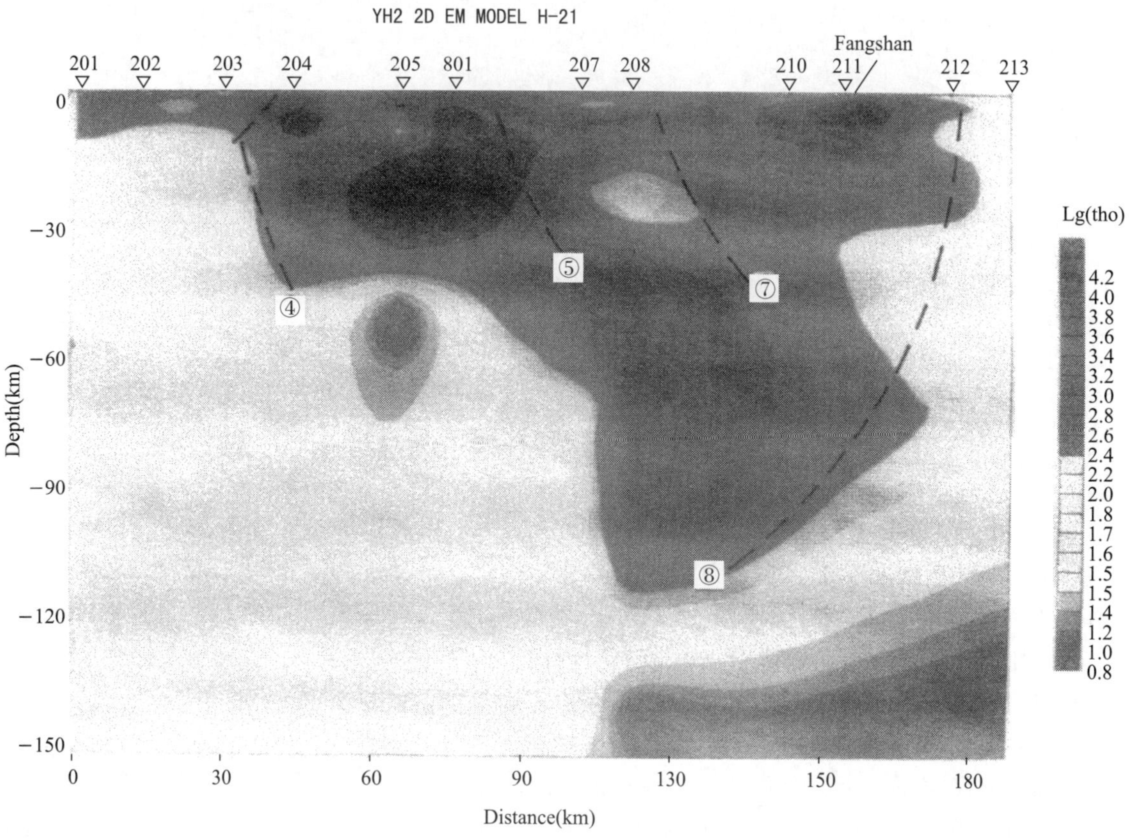

图 20　固安-怀安镇大地电磁测深剖面（YH2）

(1) 上地幔高导层从华北平原区的 80 km 深向太行山区内部加深至 120 km，然后在剖面西北段测点 205 下方又上升至 50～60 km 左右，这与图 6 所示的莫霍界面形态和上地幔速度等值线分布特征是一致。从图 6 可见，上地幔速度等值线恰好在上地幔高导层局部上隆地段向上抬起。

(2) 在测点 203～204 之间，601，208 和 212 附近，地壳或岩石圈电性结构均有显著变化，推测它们相当于阳原—涿鹿④，怀来-灵丘⑤，紫荆关⑦和太行山前深断裂⑧。

3) 广灵-万全镇大地电磁测深剖面 (YH5)

该剖面南起山西广灵经阳原和怀安，北止河北万全镇，呈 NNE 向展布，与宽角反射/折射剖面 H-21 重合（图 21）。从图 21 可见，剖面中部的地壳岩石圈电性结构比较均一，但在测点 105 以南和测点 302 以北，地壳电性结构发生明显变化，这分别相当于阳原—涿鹿④和天镇深断裂③。

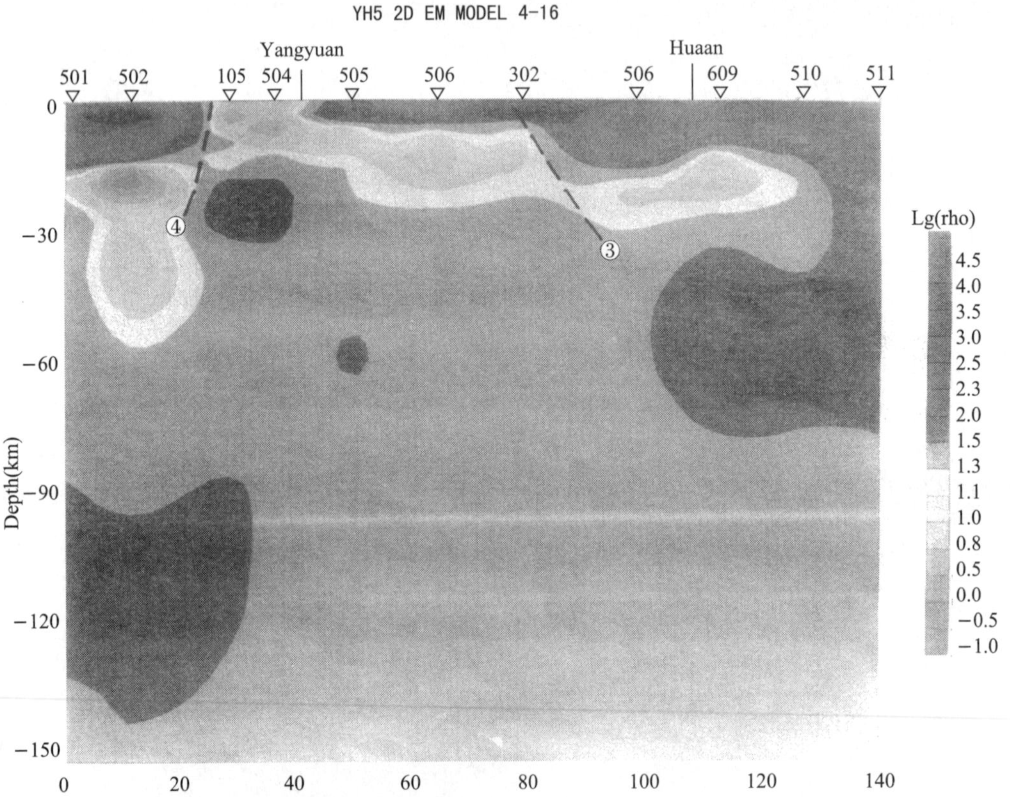

图 21　广灵-万全镇大地电磁测深剖面（YH5）

4) 刁鄂-怀来-黑山寺大地电磁测深剖面 (YH6)

该剖面沿 NNE 向横穿怀来盆地和 NWW 向张-渤构造带（怀来至测点 605，图 22）。从图 22 可见，沿该 NNE 向剖面的岩石圈电性结构，在张-渤构造带上发生了极其显著的变化：张-渤构造带及其两侧 40 km 宽度内岩石圈表现为高导带，并大约在 30 km 深处高导体向北穿入；张-渤构造带以南，岩石圈电性以高阻为特征；张-渤构造带以北，地壳为高阻，上地幔为高导。

5) 花盒-延庆-紫荆关大地电磁测深剖面 (YH7)

该剖面与 HY6 剖面平行，沿 NNE 向横穿延庆盆地和北西西向张-渤构造带（测点 708～711）。从图 23 可见，它与图 22 有相似的岩石圈电性结构特征，也是在张-渤构造带及其两侧约 35 km 宽度内岩石圈电性以高导为特征；张渤构造带以南岩石圈为高阻，以北上地幔高导层变浅。从 YH6 和 YH7 两条岩石圈电性结构剖面可以看出，NWW 向的张-渤构造带是一条岩石圈构造带。

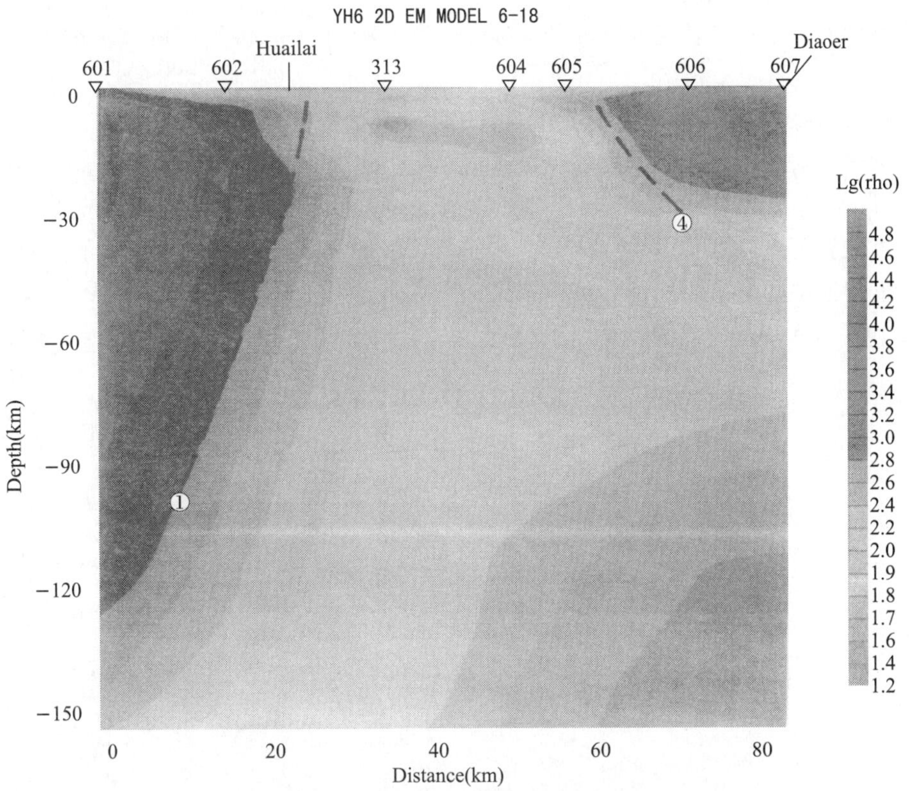

图 22　刁鄂–怀来–黑山寺大地电磁测深剖面（YH6）

此外，在测点 703～704 之间存在一个电性结构界线，它与紫荆关深断裂比较靠近。

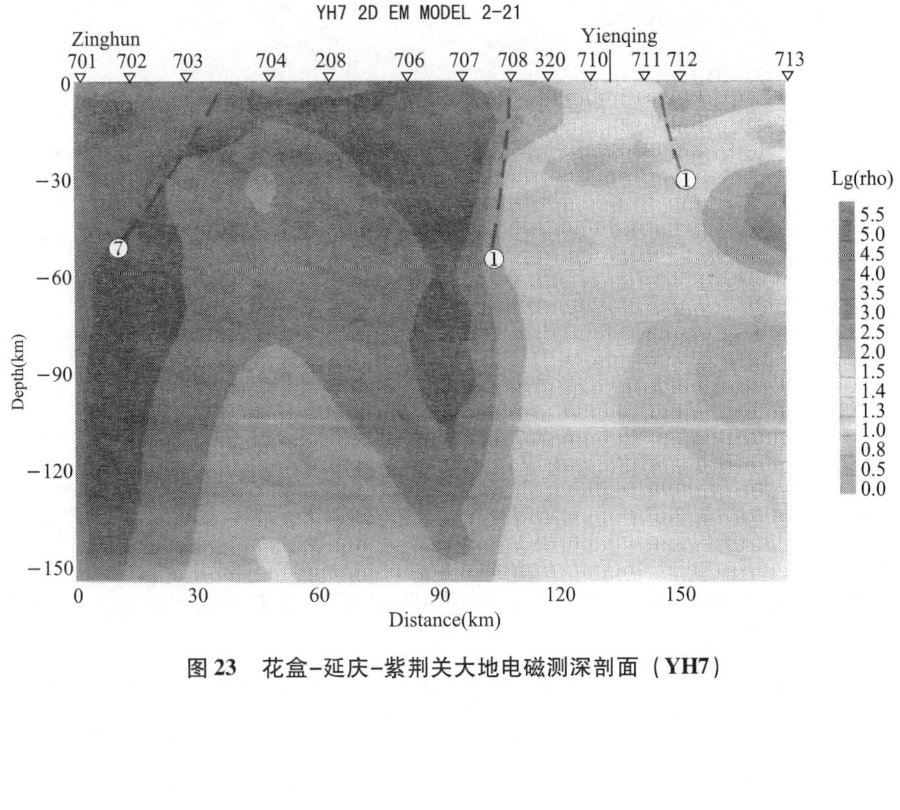

图 23　花盒–延庆–紫荆关大地电磁测深剖面（YH7）

6）延庆盆地大地电磁测深剖面（YH4）

斜切延庆盆地布置了一条长仅 40 km 的大地电磁测深剖面，呈 NEE 向展布（图 24），与深地震反射剖面位置一致。

从图 24 可见，在延庆附近的下方存在一条近于垂直的岩石圈电性结构分界线，它与深地震反射剖面所给出的的地壳反射结构垂直分界线的位置基本上是一致的。此外，在延庆附近大约在 13 km 深处，有一厚约 2～3 km、近于水平的低阻薄层存在，它与深地震反射剖面上的所谓“亮点”层是基本一致的，因此我们推测它可能是岩浆囊。1484 年延庆的 6¾级地震就发生在近于垂直的岩石圈电性结构分界线上和壳内低阻薄层的上角隅处。

7）怀安镇-平谷大地电磁测深剖面（YH3）

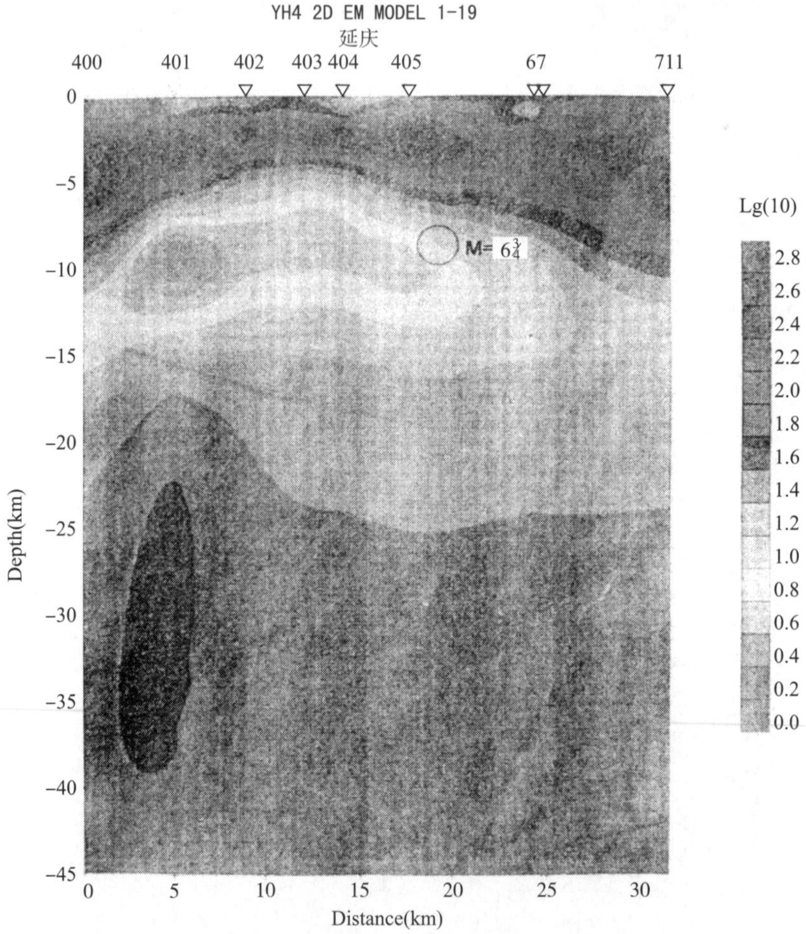

图 24　延庆盆地大地电磁测深剖面（YH4）

该剖面近 EW 向展布，穿过涿鹿-怀来盆地，与宽角反射/折射剖面 H-20 位置重合。剖面东端（测点 327～322）位于 NWW 向张-渤地震带之上，向西经昌平进入八达岭隆起和延-怀盆地，剖面西端终止于晋北隆起区（图 25）。从图 25 可见：

（1）在张-渤地震带（测点 322 以东）岩石圈表现为高导，在测点 322 以西，即张-渤地震以南地区，岩石圈电性以高阻为特征。

（2）在怀来盆地下方（测点 910～316）有壳内高导体存在，在怀安镇下方壳内也有局部高导体发育。

（3）在测点 303，316 和 322 下方，地壳电性结构均出现显著变化，它们分别相当于天镇深断裂

③，怀来-灵丘深断④和紫荆关深断裂⑦。

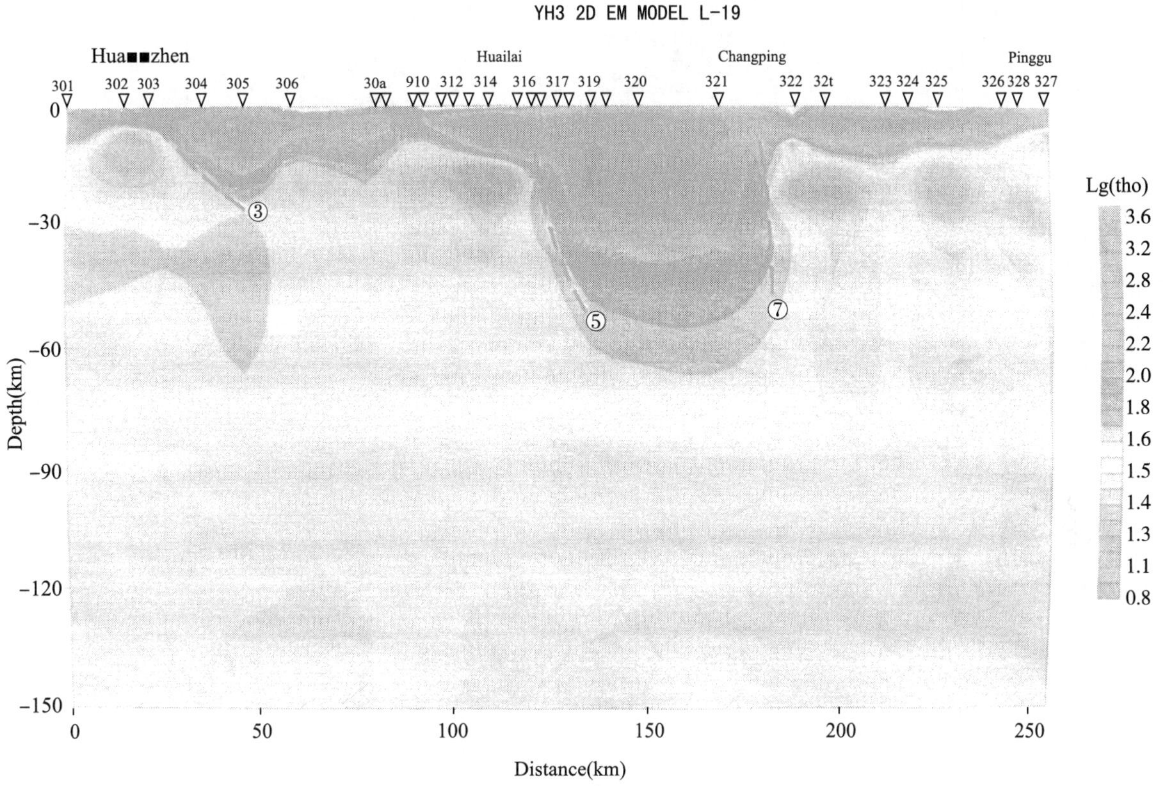

图 25　怀安镇-平谷大地电磁测深剖面（YH3）

3.3　工作区的岩石圈热结构

由于在工作区范围内可供用于观测有效地温梯度的钻孔很少，所以只获得 12 个大地热流值，加上过去发表的 10 个热流数据，总共是 22 个大地热流数据。这 22 个热流值的分布地点，钻孔的地温梯度和岩芯样品的热导率值等参数，列于表 1 之中。图 26 表示这 22 个热流值的平面分布。可见，多数热流值分布在工作区西北的宣化一带，其次是北京地区。由于热流值太少、覆盖的又不均匀，所以很难全面探讨工作区的大地热流场特征和岩石圈的热结构状况，不过我们仍然可以找出某些变化趋势来。例如：

（1）北京地区平均热流值最高，达 67mW/m^2，宣化地区的平均热流值为 51 mW/m^2，大地热流值明显的从东南向西北方向降低。

（2）山间裂谷盆地区的热流值明显高于山区的热流值。例如，蔚县盆地的两个热流值为 57 和 61 mW/m^2，怀来盆地下花园地区的两个热流值为 60 和 61 mW/m^2，此外，在延-怀盆地内已发现 10 个热水区，有些热水区的井口水温达 90 ℃；山区热流值大约 50 mW/m^2，有的甚至只有 30 mW/m^2 左右。

利用本工作区内宽角反射/折射剖面和大地电磁测深剖面所给定的岩石圈结构和实验室测定的岩石热导率和热生成率做为初始模型参数。根据二维稳态热传导方程计算该模型的理论大地热流值，并与实测的大地热流值相比较，采用不断修正岩石热导率和热生成率的方法，使理论热流值与实测热流达到拟合，以给出沿剖面方向的岩石圈断面的温度分布（图 27）。

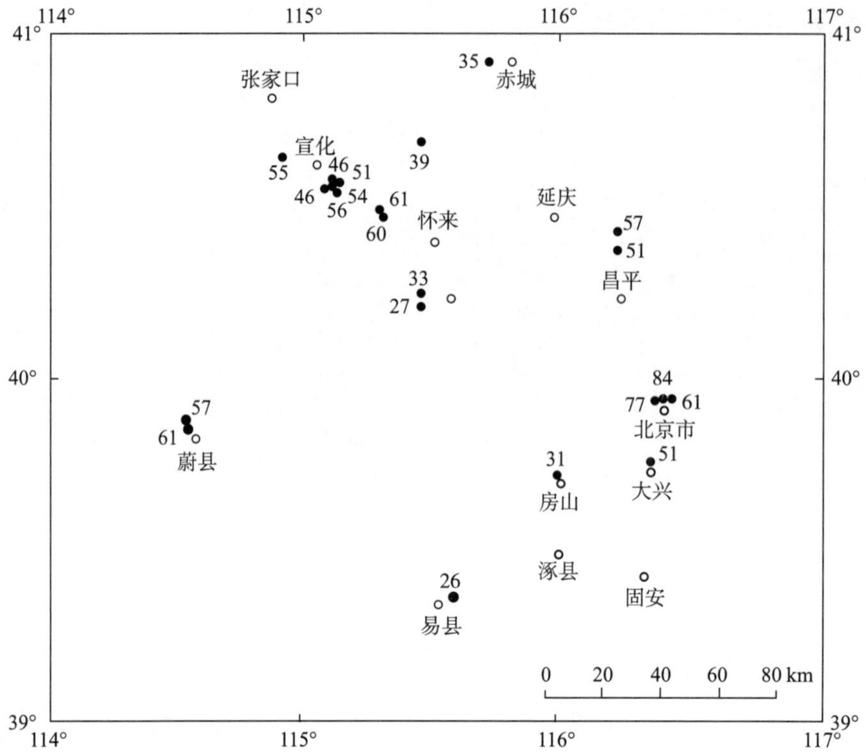

图 26　工作区内大地热流分布图

大地热流值单位：mW/m²

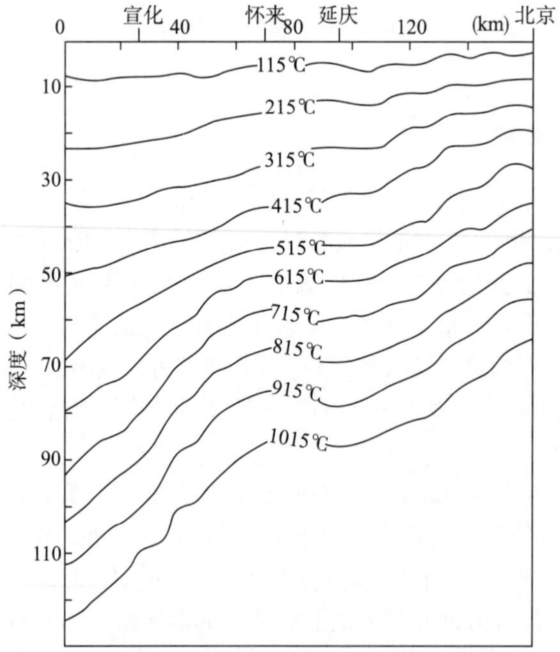

图 27　工作区内沿 NW-SE 剖面岩石圈二维热结构

表1 延庆-怀来盆地及其邻区大地热流数据一览表

序号	地 点	经纬度		地温梯度(K/100 m)	热导率(W/km)	大地热流(mW/m^2)	数据来源*
		东经	北纬				
1	河北下花园	115°16′29″	40°29′13″	2.20	2.72	61.12	
2	河北下花园	115°15′18″	40°28′20″	4.17	1.32	59.86	
3	河北宣化	115°10′21″	40°32′32″	2.16	2.57	55.67	
4	河北宣化	115°10′21″	40°32′36″	2.04	2.64	54.00	
5	河北宣化	115°09′30″	40°32′55″	2.41	2.12	51.07	
6	河北宣化	115°09′27″	40°33′21″	2.45	2.10	46.05	
7	河北宣化	115°08′19″	40°34′03″	2.42	2.22	45.63	
8	河北宣化	114°52′32″	40°42′49″	2.26	2.71	55.26	
9	河北蔚县	114°31′17″	39°53′19″	3.50	1.75	61.12	
10	河北蔚县	114°30′46″	39°55′04″	3.50	1.64	57.35	
11	北京	116°27′	39°55′	1.94	4.33	84.14	1
12	北京	116°26′	39°55′	1.95	3.96	77.44	1
13	北京	116°29′	39°55′	1.75	4.19	60.70	1
14	北京延庆	116°15′	40°25′	1.99	2.85	56.51	1
15	北京延庆	116°16′	40°24′	1.64	3.29	50.65	1
16	北京大兴	116°19′	39°44′	3.51	1.49	50.65	
17	北京房山	115°57′	39°44′	1.27	2.38	30.98	1
18	河北赤城	115°30′	40 °41′	1.43	2.75	39.40	1
19	河北赤城	115°49′34″	40°54′45″	1.44	2.65	34.74	1
20	河北矾山	115°26′	40°12′	1.38	2.43	33.49	1
21	河北矾山	115°26′	40°10′	0.71	3.85	27.20	1
22	河北易县	115°26′	39°13′	1.35	0.82	26.40	2

*本表中未标明数据来源的数据为本项研究获得的数据。

1. 中国科学院地质研究所地热组，1978，华北大地热流，地热研究论文集，科学出版社。
2. 中国科学院地质研究所地热组，1979，中国第一批大地热流数据，地震学报，1卷，1期。

从图27可见，岩石圈内部的温度从北京平原区附近向西北方向降低，但在延-怀盆地出现局部上升。这种温度变化趋势与地壳厚度的变化趋势一致。北京平原区附近的莫霍面温度约600 ℃，而宣化地区则仅有380 ℃左右。如果这种温度变化趋势是正确的，则可能表明宣化地区的上地幔是很稳定的，基性的下地壳厚度是很大的，因此深部对地表大地热流值的贡献很小。

3.4 工作区内深部断裂展布和壳内低速-高导层分布

根据图6～13的地壳上地幔速度结构剖面所确定的深断裂和壳内低速度体位置以及图19～25大地电磁测深剖面所给出的岩石圈电性结构边界和壳内高导体分布，并考虑地震CT成像和区域重、磁异常场特征，我们编制了工作区范围内深断裂和壳低速-高导异常体的平面展布（图28）。深断裂和壳内低速-高导层沿深度的分布情况可阅读图6～13和图19～25。

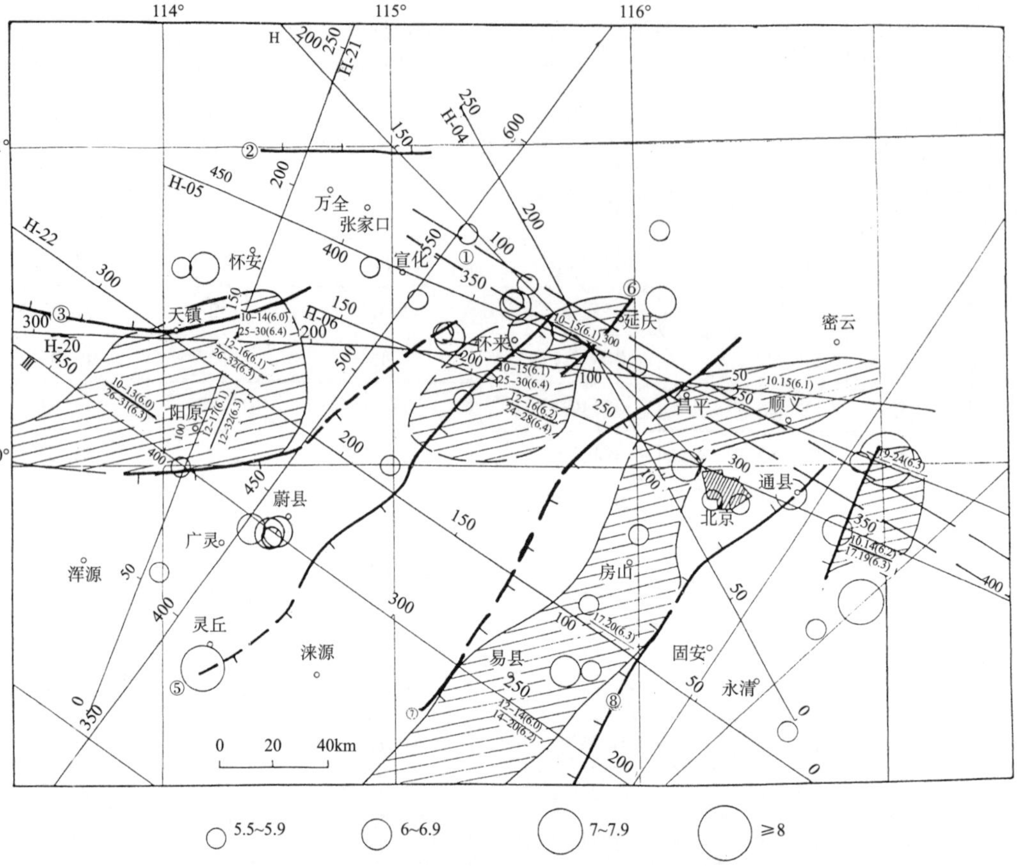

图 28　工作区内深断裂和壳内低速-高导层分布

图中斜线区代表壳内低速-高导层或壳内低速度层分布范围，阿拉伯数字代表其上、下界面深度（km），括号中的数字代表其速度值（km/s）；如果有两层低速层则分别用分子和分母表示

1）深断裂

（1）在本工作区中部有一条 NWW 向的巨型构造带，即张-渤地震带①。在上地壳内部该带因剪切作用而成为低速带（图 14），在中地壳顶部是兼有倾滑分量的左旋走滑断裂带（图 15），在莫霍面处该带成为向 SEE 方向伸出的长舌状坳陷变形带（图 18）。非常有意义的是，根据穿过 NWW 向张-渤地震带的 NNE 大地电磁测深剖面 YH6 和 YH7 以及近 EW 向的大地电磁测深剖面 YH3 可见，图 22、23、25 沿张-渤地震带两侧约 40～50 km 宽度范围内，整个岩石圈电阻率均显著升高。这表明张-渤地震带是一条强烈活动的岩石圈构造带。

（2）在本工作区西缘沿 41°纬度线的崇礼东西一带有一条 EW 向的深断裂，它就是崇礼-赤城深断裂②。根据图 11 和图 12 该断裂向北倾，已断至莫霍界面，根据地质研究它是一条古老断裂[1]。

（3）在本工作区西侧存在一条从近 EW 向转为 NEE 向的深断裂，即天镇深断裂③。根据穿过该断裂的地壳上地幔速度结构（图 6、12）以及岩石圈电性结构（图 21）可见，该深断裂向北倾，深度断至 30 km 以下，在工作区内长约 130 km。

（4）在天镇深断裂以南，有一条从近 EW 向转为 NE 向的深断裂，我们称之为阳原-涿鹿深断裂④。根据穿过该断裂的宽角反射/折射剖面（图 6、7、12）可见，阳原-涿鹿深断裂向 S-ES 倾，在延-怀盆地西北缘，即涿鹿一带，倾角变缓并成为壳内拆离断层。该断裂长约 140 km。

（5）怀来-灵丘深断裂⑤，呈 NNE 向展布。根据深地震反射剖面（图 31）和大地电磁测深剖面（图 25），该断裂在怀来盆地内部是一条陡倾角的隐伏断裂，根据宽角反射/折射剖面（图 6，图 7）和大地电磁测深剖面（图 19），该断裂向南延伸至蔚县以东，并可能继续延至灵丘一带，总长 170 km。

（6）延庆深断裂⑥，呈 NNE 向展布。根据深地震反射剖面（图 33）和大地电磁测深剖面图（图 24），该断裂也是一条陡倾角的隐伏断裂，推测长约 40 km。

（7）紫荆关深断裂⑦。有 4 条宽角反射/折射剖面（图 6、7、9、13）和三条大地电磁测深剖面图（图 19、20、25）穿过紫荆关断裂，表明该断裂倾向 ES，呈 NNE 向展布，向北延至昌平以北，已断至下地壳。该断裂在工作区内长达 200 km。

（8）太行山前深断裂⑧。上述的穿过紫荆关深断裂的 4 条宽角反射/折射剖面（图 6、7、9、13）和其中的两条大地电磁测深剖面（图 19、20）也穿过了太行山前深断裂，表明该断裂倾向 NWW，是一条岩石圈断裂，呈 NNE 向展布，在工作区内长达 150 km。

（9）夏垫深断裂⑨。根据宽角反射/折射剖面（图 9、10），夏垫深断裂是一条陡倾角的隐伏断裂，呈 NNE 向展布，推测长约 50 km。

2）壳内低速度-高导层分布

根据本工作区内的 9 条宽角反射/折射剖面和 7 条大地电磁测深剖面的反演结果（图 6～13 和图 19～25），我们把壳内低速-高导层的分布范围用斜线条绘在图 28 中。在本工作区内，多数情况下壳内低速层和壳内高导层的分布范围比较一致，此时我们称为壳内低速-高导层。但宽角反射/折射剖面数据反演结果表明，往往在某些地段壳内有两个低速层发育，一个位于上地壳内，一个位于下地壳顶部；然而，同一地段的大地电磁测深数据反演结果，且只能识别出一个较厚的壳内高导层，它的顶界面和底界面深度大体相当于第一个低速层的顶界面深度和第二个低速层的底界面深度。其原因是，当两个高导层之间所夹的高阻层不足够厚时，该高阻层往往是透明的，不会被电磁测深曲线反映出来。现对本工作区范围内壳低速-高导层的分布情况分区简述如下：

（1）工作区西部的阳高-阳原地区。壳内有两个低速层发育：第一个顶界埋深 10～12km，厚 4～5 km，速度值 6.0～6.1 km/s，比周围层的速度值低 2%～3%；第二个顶界埋深 25～27 km，厚 5～6 km，速度值 6.3 km/s，比周围层的速度值低 2%～3%，它们的电阻率值为几至几十欧姆·米。

（2）延-怀盆地及其邻近。延庆盆地只有一个低速-高导层，埋深 10 km，厚 4～5 km，速度值 6.0 km/s，电阻率值几欧姆·米。怀来盆地有两个低速层，顶界埋深分别为 12km 和 24 km，速度值分别为 6.0 和 6.4 km/s，各厚 4 km，电阻率值 10 至几十欧姆·米。

（3）太行山前地区。在紫荆关深断裂和太行山前深断裂之间有壳内低速带发育。带内低速层顶界面埋深 12～17 km，厚 2～3 km，速度值 6.0～6.2km/s，该低速带在电性上为高阻。

（4）三河-香河地区。在夏垫深断裂以东有壳内低速体发育，南部埋深 10 km，向北加深，厚 4 km，速度值 6.2km/s。由于没有大地电磁测深剖面通过这里，所以电性特征不了解。

3.5 壳内低速-高导层的成因机制

1）影响地壳介质速度值的因素

根据我们以及国外在高温高压下对岩石样品的波速实验结果，表明影响地壳介质速度值的因素有：

（1）首先是岩石的矿物组成。不同岩石的纵、横波速度值有很大差异。表 2 是 W. W. Holbrook 等[7]总结了世界上发表的约 30 篇关于岩石物理参数实验的重要文献后所获得的，在中、下地壳温压条件下不同岩石的波速值及其他参数值。从表 2 可见，在相同中、下地壳温压环境下，不同岩石的波速值相差很大，这说明影响地壳内部岩石波速值的主要因素是岩石的矿物组成。

（2）温度和压力对岩石波速的影响在实验室内已做了大量实验。总的结果表明[8]，围岩增高到 200 MPa时（在基岩出露区约 6.5 km 深，在沉积盆地区约 8～9 km 深），岩石微破裂闭合。在此压力以前围压的增高能引起岩石纵、横波速的快速增加，其增加值大约是 0.5～0.1（km/s）/100 MPa；所以在地壳的上部速度随深度的增加是显著的。但在更高的围压下，岩石波速随压力的增加就变化很小了，

表 2　中、下地壳岩石的物理参数实验室测量结果

岩石类型	标本数量	ρ	V_P	V_s	σ	P±anis	参考文献
中地壳							
1. 蛇纹岩	16	2. 59±0. 09	5. 50 (5. 63) ±0. 55	2. 71 (2. 79) ±0. 44	0. 34 (0. 34) ±0. 03	6. 9±4. 0	6, 7, 9, 20, 27
2. 石英岩	9	2. 57±0. 12	5. 52 (5. 71) ±0. 57	3. 57 (3. 60) ±0. 41	0. 14 (0. 17) ±0. 07	2. 9±2. 9	2, 4, 5, 19, 26, 28
3. 花岗岩	27 (26)	2. 66±0. 05	6. 07 (6. 22) ±0. 23	3. 52 (3. 57) ±0. 23	0. 24 (0. 25) ±0. 04	2. 1±1. 8	2, 4, 13, 17, 21, 26, 27, 28
4. 花岗闪长岩	16	2. 69±0. 07	6. 08 (6. 26) ±0. 35	3. 43 (3. 55) ±0. 21	0. 27 (0. 26) ±0. 02	2. 9±0. 9	4, 9, 13. 18, 21, 26
5. 长英角闪相片麻岩	18 (15)	2. 73±0. 07	6. 18 (6. 27) ±0. 17	3. 57 (3. 61) ±0. 16	0. 25 (0. 25) ±0. 03	6. 8±3. 7	5, 1 3, 15, 1 7, 21
6. 石英云母片岩	8 (6)	2. 79±0. 07	6. 26 (6. 37) ±0. 11	3. 57 (3. 62) ±0. 17	0. 26 (0. 26) ±0. 04	11. 6±7. 4	5, 13, 1 5, 21
7. 变辉长岩	14 (9)	2. 91±0. 09	6. 59 (6. 76) ±0. 30	3. 71 (3. 76) ±0. 1 1	0. 27 (0. 28) ±0. 01	—	9. 16
8. 辉长岩	33 (15)	2. 94 4±0. 09	6. 95 (7. 12) ±0. 22	3. 74 (3. 80) ±0. 18	0. 29 (0. 30) ±0. 02	2. 5±1. 5	2,4,9,12,13,16,18,19,22,25
9. 闪长岩	11 (10)	3. 05±0. 10	7. 03 (7. 05) ±0. 24	3. 77 (3. 92) 4±0. 21	0. 30 (0. 28) ±0. 02	5. 4±5 3	5, 12, 13, 17, 18, 1 9, 27
下地壳							
1. 石英岩（麻粒岩）	17	2. 66±0. 12	5. 82 (5. 97) ±0. 22	3. 71 (3. 75) ±0. 09	0. 15 (0. 17) ±0. 05	4. 0±0. 0	2. 4, 5, 19, 26, 28
2. 英角闪片麻岩	16 (13)	2. 73±0. 07	6. 20 (6. 36) ±0. 19	3. 54 (3. 62) ±0. 16	0. 26 (0. 26) ±0. 03	7. 3±3. 2	5, 13. 1 5, 17, 21
3. 长英质麻粒岩	13	2. 70±0. 06	6. 25 (6. 44) ±0. 11	3. 53 (3. 64) ±0. 09	0. 27 (0. 27) ±0. 02	2. 8±2. 2	3, 10, 13, 21, 24
4. 石英云母片岩	8 (6)	2. 79±0. 07	6. 29 (6. 47) ±0. 12	3. 58 (3. 66) ±0. 16	0. 26 (0. 26) ±0. 04	10. 7±6. 4	5, 13, 1 5, 21
5. 中性麻粒岩	21	2. 79±0. 11	6. 39 (6. 59) ±0. 20	3. 58 (3. 69) ±0. 14	0. 27 (0. 27) ±0. 03	2. 7±1. 5	10, 13, 2, 23, 24
6. 斜长岩	15	2. 80±0. 10	6. 81 (7. 03) ±0. 31	3. 65 (3. 72) ±0. 20	0. 30 (0. 31) ±0. 02	2. 9±1. 6	2, 4, 13, 1 5, 24, 27, 29
7. 基性麻粒岩	38	3. 03±0. 17	6. 86 (7. 13) ±0. 27	3. 60 (3. 90) ±0. 22	0. 31 (0. 29) ±0. 02	2. 6±1. 7	10,12,13,1 4,1 5,20,23,24
8. 闪长岩	13 (12)	3. 05±0. 09	7. 00 (7. 14) ±0. 24	3. 81 (4. 03) ±0. 22	0. 29 (0. 27) ±0. 02	5. 4±5. 2	5, 13, 1 5, 17, 18, 1 9, 27
9. 变泥质岩	12 (11)	3. 10±0. 11	7. 17 (7. 33) ±0. 36	4. 03 (4. 11) ±0. 21	0. 27 (0. 27) ±0. 01	5. 5±5. 5	1 4, 15, 20, 21, 23
10. 辉岩	14	3. 27±0. 04	7. 71 (8. 00) ±0. 15	4. 23 (4. 41) ±0. 27	0. 28 (0. 28) ±0. 04	2. 2±1. 1	1,2,4,9,12,1 5,22,26,27
11. 榴辉岩	24	3. 43±0. 09	7. 94 (8. 11) ±0. 28	4. 38 (4. 54) ±0. 16	0. 28 (0. 27) ±0. 02	2. 47±0. 9	18, 23, 24, 27
12. 橄榄岩	18	3. 28±0. 04	8. 02 (8. 28) ±0. 23	4. 37 (4. 61) ±0. 18	0. 29 (0. 28) 4±0. 02	1 1. 6±4. 0	1, 2, 4, 6, 18, 1, 9, 22. 26, 27

在中地壳（3～5 kbar）和下地壳（4～10 kbar）高压环境下，每个标本测量的平均值及标准差。考虑到温度影响（假设地温梯度为15℃/km）对梯度进行了校正。N=样本数（括号里的数代表 S 波速度测量的样本数）；ρ=密度（g/cm^3）；V_P=P 波数速度（km/s）；V_s=S 波速度（km/s）；σ=泊松比；P-anis=P 波速度各向异性百分比。1. Babuska，1972；2. Birch，1960，1961；3. Bonatti and Seyler，1981；4. Bonnet and Schock，1981；5. Christensen，1966a；6. Christensen，1966b；7. Christensen，1972；8. Christensen，1977；9. Christensen，1978；10. Christensen and Fountain，1975；11. Christensen etal.，1975；12. Chroston and Evans，1983；13. Chroston and Brooks，1989；14. Evans，1980；15. Founlain，1976；16. Fox et al.，1973；17. Hall and Simmons，1979；18. Kanamori and Mizukani，1965；19. Kern，1982；20. Kern and Schenk，1985；21. Kern and Schenk，1988；22. Kroenke el at.，1976；23. Jackson and Arculus，1984；24. Manghnani et al.，1974；25. Nur and Simmons，1969；26. Schock et al.，1974；27. Simmons，1964；28. Simmons and Brace，1965；29. Wang et al.，1973.

大约是0.02～0.06（km/s）/100 MPa。温度增加岩石的波速值降低，其典型系列是2.0～6.0×10^{-4}（km/s）/℃，其变化范围与岩石的类型有关。由于温度和压力都是随深度而增加的，所以它们对岩石波速的影响是相反的。典型的大陆区地温梯度为15 ℃/km，因此对大部分岩石而言，在中、下地壳条件下其波速值是稳定的、不随深度而变化，然而在高热区（25～35 ℃/km）温度的影响将占主要地位，会引起负的速度梯度。对于下地壳而言，温度估算误差既或为200 ℃，对速度的影响也只有0.1 km/s。

（3）目前有证据表明，在地壳深部存在着广泛的各向异性和孔隙流体，它们显著地影响着地震波速。岩石中流体岩浆囊的存在可以使地震波速降低4%～8%。这种流体包括矿物脱出的水，部分熔融体和孔隙中所含的气体等。岩石内部的孔隙压增高也可以明显的降低地壳深部的波速值。

（4）我们的实验还表明，地壳内部的某些构造活动带或其遗迹，也能明显地影响岩石的波速值。例如，韧性剪切带摩棱岩由于矿物发生塑性变形产生晶格优选定向，从而产生糜棱岩纵波速度各向异性，沿面理方向的纵波速度大于与面理垂直方向的纵波速度，但两者又都小于未遭受糜棱岩化的围岩的波速值。在中地壳内，垂直糜棱岩面理方向的纵波速度比其围岩低0.4 km/s，顺面理方向的比其围岩低0.2km/s；在下地壳内，上述值则分别为0.3 km/s和0.15 km/s。

（5）在下地壳内，基性组成的增加和变质程度的增加都会引起岩石波速的增加。例如从表2可见，基性岩（辉岩，基性麻粒岩）和变泥质岩（高度变质的麻粒岩）之间的速度值就有一定的重叠区。

2）导致壳内电阻率值显著降低的因素

我们在高温高压下对岩石样品的电导率实验结果表明，能导致壳内电阻率值显著降低的因素有：

（1）岩石或矿物颗粒周围如果有碳膜存在并相互连通，可导致电导率的显著升高。在动力变质或一定温压条件下，沉积岩中的有机组份可转化为碳；来源于上地幔的无机CO_2在有还原条件的地壳内部可释出碳。

（2）地壳内部流体的存在可导致电导率的显著升高。这种流体可来源于含水矿物的脱水，深埋地壳内部的沉积岩中的水，沿裂隙渗入的自由水以及地壳内部的岩浆囊中和部份熔融体中的流体。

（3）韧性剪切中的糜棱岩由于矿物塑性变形而形成的晶格优选定向，可导致电导率的各向异性，但不会形成高导异常，如果没有流体参与其中的话。

从上述实验结果可见，能同时形成壳内低速层和高导层的共同因素是壳内流体的存在。

3）壳内低速-高导层的成因

根据本工作区内壳内低速和高导层的分布层位、几何参数和物理参数以及分布区的地质构造特征，并根据高温高压下的实验结果，我们对壳内低速和高导层的可以成因做如下推断。

（1）阳高-阳原地区和延-怀盆地内、埋深10 km左右的壳内低速-高导层，可能是岩浆囊或部分熔融体的反映。根据延庆盆地的深地震反射剖面，这里的壳内低速-高导层在反射特征上是一个“亮点”层，厚约3 km，长约7 km，分布在延庆深断层的西侧（图32），而延庆盆地又是中新世产生的裂谷盆地，壳内有岩浆囊存在也是容易理解的。阳高-阳原地区位于山西裂谷带的北部，并有大同火山群分布，正如前述，埋深10 km的壳内低速-高导体可能与残留的部分熔融物质有关。

阳高-阳原地区和怀来盆地的、埋藏于下地壳上部的壳内低速-高导层可能起因于矿物的脱水。因为这里的地温场相对较高，在下地壳条件下含水矿物可以发生脱水反应。

（2）紫荆关深断裂和太行山前深断裂之间的壳内低速带，可能与燕山运动时期冷板片向NWW方向插入，导致从太行山一带开始地壳和岩石圈急骤增厚过程中，地壳内部产生的剪切构造带有关[5]。

（3）三河-香河地区壳内低速层的成因，因缺少更多的信息，尚难判断。

4　工作区内深、浅构造关系以及它们与地震活动性的关系

4.1　区域性关系

本工作区的北部是稳定上隆的燕山褶皱带和内蒙地轴，东南部是华北平原新生代裂谷系，西南部是山西隆起，NWW 向的张-渤构造带将前者与后两者分开，太行山前断裂带又把后两者分开。

根据地表地质和航磁异常资料，NWW 向张-渤构造带北侧的燕山褶皱带和内蒙地轴具有近 EW 向的地质构造和磁性地壳走向；根据古近纪北台期夷平面的目前高度，自新生代以来该区上升了 1000 m[9]，太古界变质岩系，甚至下地壳基性麻粒岩相广泛出露地表。而 NWW 向张-渤构造带南侧的华北平原裂谷系，区域构造方向为 NNE 向，构造带附近的新生代最大沉积厚度可达 7000～8000 m。根据我们的深部探测结果，张-渤构造带是一条岩石圈边界，至少在上地壳范围内表现为具有倾滑分量的走滑型断裂带，同时沿断裂带发育一系列第四纪沉积盆地，最厚沉积可达 800 m[9]。因此，可认为 NWW 向的张-渤构造带在新生代时期是一条似转换断层，它对华北平原裂谷系和燕山褶皱带之间的、岩石圈内部的巨大的伸展量差异起调节作用[10]。

位于本工作区西南部分的山西高原隆起，中生代时期发育一系列 NNE 向复背、向斜和逆掩断裂等挤压型构造。进入新生代以来高原整体隆升，早第三纪北台期夷平面高达 2000 m，但高原中部自中新世以来发生裂陷活动，产生著名的 NNE 向山西裂谷系。根据我们的研究结果，山西高原隆起与华北平原裂谷系之间是以 NNE 向的太行山前岩石圈断裂为界。这条断裂在浅部是向 SEE 倾的铲式正断层，随深度的加大在平原区之下变为近水平状的壳内拆离带，控制了华北平原新生代裂谷系的形成和发展。这条断裂在岩石圈内部是向 NWW 倾的仰冲断裂（图 19 和图 20 的断裂⑧）。我们认为该断裂是燕山运动早期（J_3），来自古太平洋方向的冷板片在向 NW 方向楔入过程中，在太行山前地带楔人角变陡，而导致山西高原的岩石圈向 SE 方向仰冲的结果。这使山西高原及其以西的地壳和岩石圈显著加厚，导致太行山重力梯级带的形成。由于山西高原地壳经受着来自 SEE 方向的挤压以及岩石圈的相对仰冲，其地壳内部产生了一系列高角度逆冲断裂[5]（图 29）。

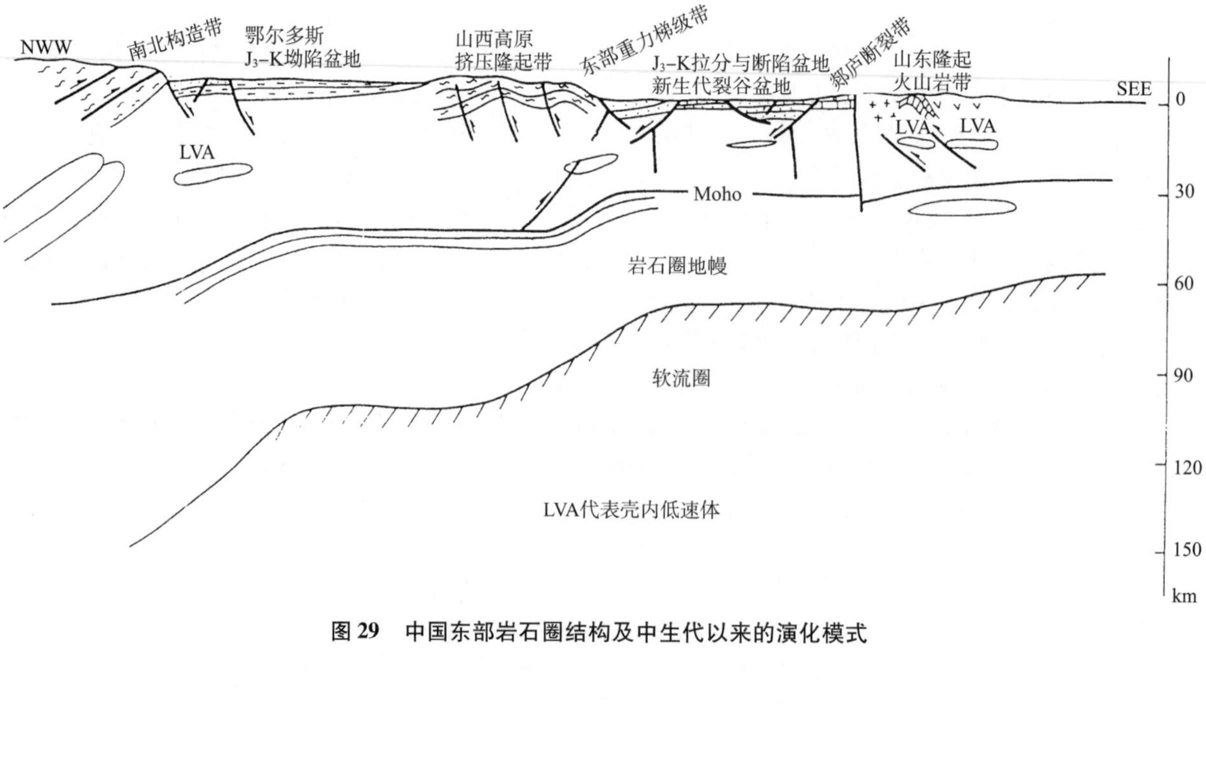

图 29　中国东部岩石圈结构及中生代以来的演化模式

4.2 新生代裂谷内部关系

进入新生代以来，在本工作区内相继发生两次裂陷活动：

1）古新世-始新世时期华北裂谷系的形成

燕山运动早期（J_3）太平洋冷板片向大陆内部楔入，导致郯庐断裂带大规模左旋平行，并在其西侧产生一系列平行的走滑断裂，在它们的控制下产生侏罗-白垩系拉分和断陷盆地。燕山运动后期，冷板片停止楔入，挤压应力场消失；新生代早期华北平原岩石圈沿 NWW 向强烈引张、裂陷，上地幔软流圈沿 NNE 向广泛隆起，壳内形成拆离系统（图 29）。随着软流圈和上地幔的不断抬升以及深源物质的侵入，地壳热状况也随之发生变化，与其密切相关的壳内拆离带不断运动，控制着裂谷的发展和演化。

位于华北平原裂谷系以北的燕山褶皱系，地表发育的古老构造和代表古老变质基底的上部磁性地壳的走向均为 EW 向，但该区的下地壳和莫霍界面构造则为 NE-NNE 向（图 16 和图 18），深、浅之间的构造形成“立交”，同时燕山地区还没有明显的“山根”存在。这表明，燕山褶皱系的深部构造已强烈地被华北裂谷系的新生代时期的深部构造所改造，所以燕山地区的深层构造远远年轻于其浅层构造。

2）中新世-上新世时期山西裂谷系的形成

山西裂谷系北支的蔚县盆地、阳原盆地和延-怀盆地位于本工作区之内。这些盆地的宽度不足 20 km，新生代沉积最厚者不超过 2000 m（延庆盆地）。可见，其规模远远不能与华北平原裂谷系相提并论，但就其地震活动性而言则高于华北平原裂谷系。

图 30 是沿 EW 向穿过怀来盆地的深地震反射叠加剖面线描图，图 31 是沿深地震反射剖面的地壳电性结构剖面。现分析如下：

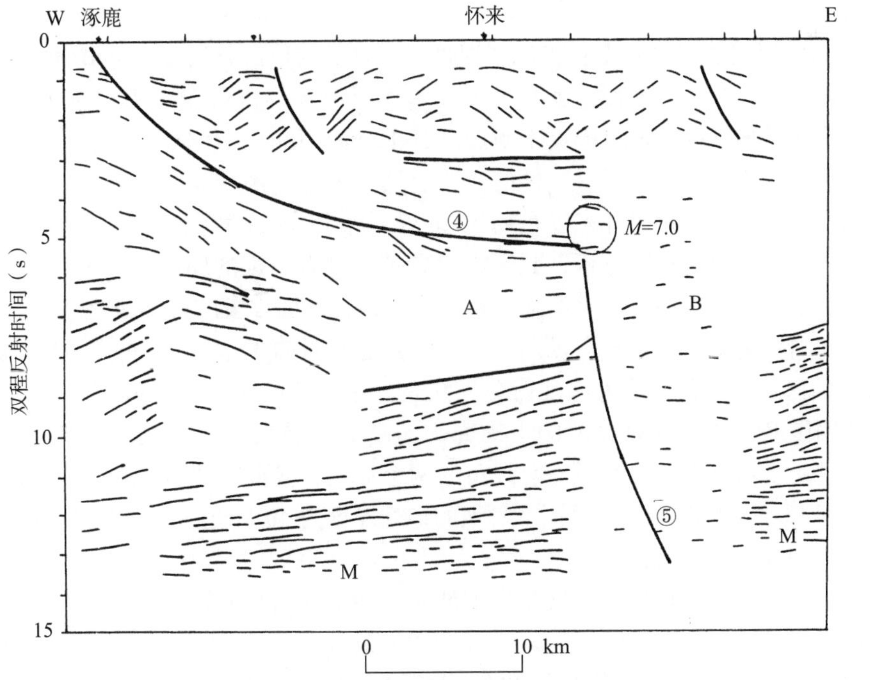

图 30 怀来盆地深地震反射剖面线描图

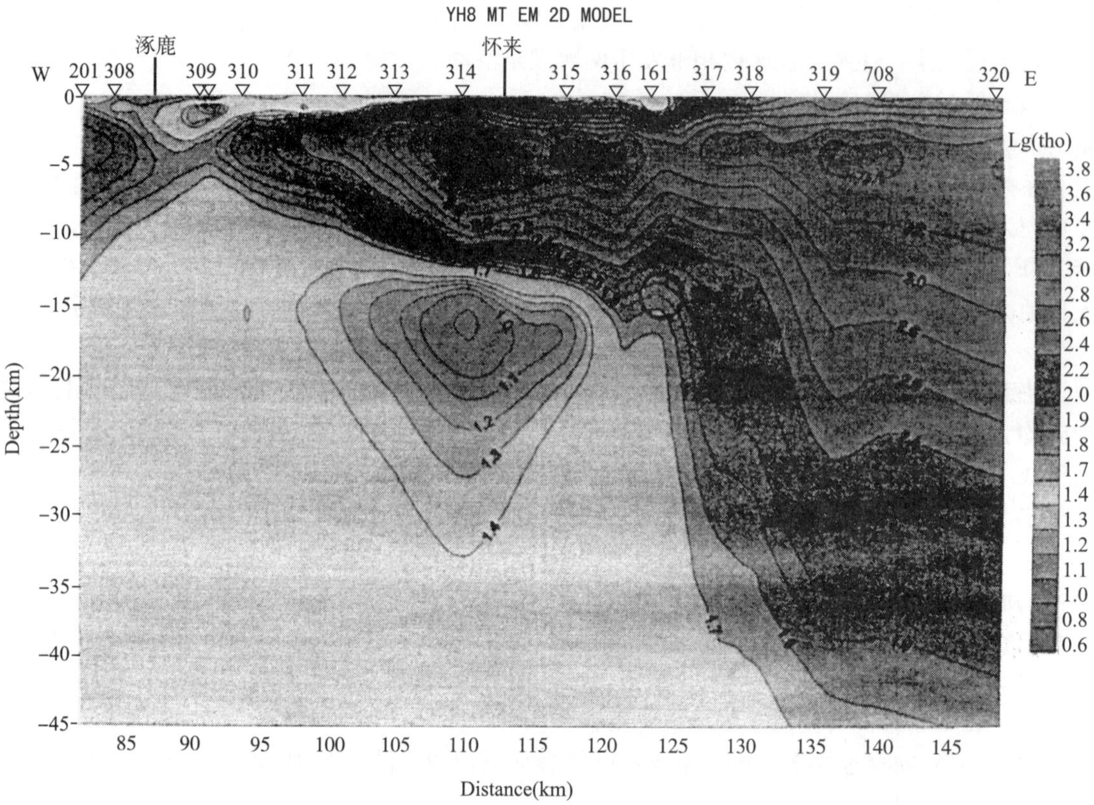

图 31　怀来盆地大地电磁剖面（YH8）

（1）由于深地震反射法只能获得双程反射时间 1 s 以下的信息，所以很难识别浅层新生代沉积层的发育情况。从图 30 可见：①怀来盆地的新生代基底反射零乱，可能代表着强烈变形的变质岩系。②基底内部发育有多条向 E-ES 倾的铲式正断层。其中剖面西端位于涿鹿盆地西北缘的边界正断层④在反射特点上表现为：断层上下盘反射事件的倾角有明显差异，断层及其下盘的反射事件向东倾并随深度加大而逐渐变平，最后终止于怀来以东约 6 km 处，深 15 km。我们认为它是控制怀来盆地发生和发展的壳内拆离带。③从反射特点分析，此壳内拆离带似乎有一定的厚度，而成为拆离层。④在剖面西段、于拆离层之下，反射事件丰富，但强烈挤压变形；在剖面中段的拆离带之下，为反射透明区 A；在剖面的东段，壳内拆离带④的终止点以东，存在一条近于垂直的地壳反射分界线，该线以东的地壳是近于反射透明的区域 B。我们认为该反射分界线是一条隐伏的深断裂，即怀来-灵丘深断裂⑤的北段。⑤除反射透明区 B 之外，怀来盆地的下地壳为清晰的“叠层状”反射，属典型的大陆引张区特点。下地壳还可进一步划分出具有不同反射倾角的两个亚层，其间似乎存在层间运动。⑥下地壳的反射事件在双射时间 13.3 s 时消失，表明怀来盆地的地壳厚度为 40 km，与宽角反射/折射法所获得的地壳厚度基本一致（图 8），属厚地壳区。

（2）根据与深地震反射剖面同一测线位置的地壳电性结构剖面可见（图 31）：①剖面西段的涿鹿，即测点 309 附近，低阻的新生代沉积最厚，可达 2000 m 以上，向东则逐渐减薄至数百米，然后又在怀来以东、测点 161 附近加厚至 1000 多米。②剖面西端的涿鹿盆地边界断裂④，在电性结构上表现为电阻率值梯级带，该梯级带向盆地内部方向逐渐加深，倾角逐渐变缓，最后终止于怀来以东 6 km 处，15 km 深左右，与图 31 中的壳内拆离带④位置完全一致。③在剖面中段、测点 312～315 之间，电阻率值梯级带下方，有一长半径约 15 km 的椭球状高导体存在，它与图 31 中的反射空白区 A 的空间位置一致，此外，它的纵波速度值较低（图 8）。再考虑到这一带有井口温度高达 90 ℃的高温温泉出露，所以我们认为它可能是岩浆囊的反映。岩浆囊体成为反射空白区可能与其规模较小、形状特殊等不利于形成反射因素有关。④上述的电阻率值梯级带在怀来以东 6 km、15 km 深处突然变陡、向 E-ES 方向倾伏，它与深地震反射法所确定的隐伏深断裂位置一致。⑤在剖面的东段、测点 318 以东，地壳为高阻，它与上述的反射空白区 B 一致，所以我们推测它是花岗岩侵入体的反映。

根据上述的对怀来盆地的深地震反射剖面和大地电磁测深的分析可见：①与邢台地区一样，地壳的反射结构特征与电性结构特征具有很好的对应关系。②怀来盆地的地壳结构具有引张区的特点，其中包括浅层发育的铲式正断层，上地壳内部的拆离带，壳内岩浆囊的存在以及叠层状反射的下地壳等等，但怀来盆地的地壳厚度达 40 km，并不比周围的地壳厚度薄（图 18）。这说明怀来盆地的形成与地壳引张密切相关，但地壳引张不是起因于地幔上隆。延-怀盆地以及其东部的一系列第四纪小盆地，均沿着 NWW 向的张-渤构造带展布，这说明它们的形成与张-渤构造带的活动有关。③怀来盆地下方、反映最新一期活动的地壳深部结构，还具有明显的挤压特点，例如深地震反射剖面西段的中地壳强烈挤压变形，以及下地壳两个亚层之间的相互运动等。这可能与该区新构造时期经受的、来自于西南方向的区域性挤压有关。

根据国家地震局 85-907-04-01 专题组最近对该区历史地震的重新考查结果[2]，在怀来盆地内有两次 6.0 级以上地震发生，一次是 1720 年沙城东的 7.0 级地震，一次是 1538 年涿鹿的 6.0 级地震。从上述的深地震反射剖面和大地电磁测深剖面结果可见（图 30，图 31）：怀来东的 7.0 级地震位于陡倾角的深部隐伏断裂的顶部以及隐伏断裂与壳内拆离带的交会地区，同时也位于壳内低速-高导体的上角隅地带。这与邢台大震震源区的地壳结构很相似[11]。然而，对于涿鹿的 6.0 级地震则没有发现很突出的震源结构特征。

在延庆盆地也完成了一条近 EW 向布置的、长 26 km 的深地震反射剖面和大地电磁测深剖面（图 32，图 24），对它们反射特征和电性结构特征就不做详细描述了。但我们很容易识别出延庆东、于双程反射时间 5～6s 之间有一“亮点”层发育，它与壳内高导体位置基本一致，推测为层状岩浆囊。在延庆下方、亮点层两侧的壳内反射有明显差异，因此推测这里有陡倾角的深断裂存在，即延庆深断裂⑥。断裂西侧莫霍面局部上隆，地壳厚度约 40 km。最近经重新考查 1484 年的 6¾地震就发生在延庆附近，我们认为其震源位置应在陡倾角隐伏深断裂的顶部，壳内高导-低速异常体的上角隅地区（图 32 和图 24）。

4.3 区域深部构造特征与地震活动

前面根据深地震反射剖面和密点距的大地电磁测深剖面结果，详细地论述了延-怀盆地的深、浅构造及其与强震活动性的关系。下面我们根据宽角反射/折射剖面，疏点距的大地电磁测深剖面和重、磁资料等，所确定的工作区内的深断裂和壳内低速-高导层的展布情况并结合 $M_S \geqslant 5.0$ 级历史地震的震中分布（图 2）和地表活动断裂与现今微震震中分布（图 3），对本工作区范围内区域性的深部构造与地震活动关系探讨如下：

（1）从图 2 可见，本工作区内多数 $M_S \geqslant 5.0$ 级地震是沿着 NWW 向张-渤构造带①和其两侧分布的，而 $M_S \geqslant 7.0$ 级或接近 7.0 级的地震均发生在 NWW 向张-渤构造带和 NNE 向深断裂的交会区或其附近，并且在震源区附近均有壳内低速-高导层发育。例如，1679 年的三河-平谷 8.0 级地震，1057 年香河南的 7.0 级地震，均发生在 NNE 向夏垫深断裂⑨与 NWW 向张-渤构造带交会区附近；前述的 1720 年沙城东 7.0 级地震和 1484 年延庆 6¾级地震也是发生在 NNE 向怀来-灵丘深断裂⑤以及延庆深断裂⑥与张-渤构造带的交会区及其附近；1976 年的唐山 7.8 级地震也如此。上述这些大震震源附近均有壳内低速-高导层发育。

（2）1626 年灵丘的 7.0 级地震，由于没有深部地球物理剖面通过震源区，所以深部情况不明，但推测深断裂⑤可能已延至该区，所以命名为怀来-灵丘深断裂。

（3）从图 28 可见很多 6.0～6.9 级的历史地震还与 NNE 向的深断裂或壳内低速带有密切关系。

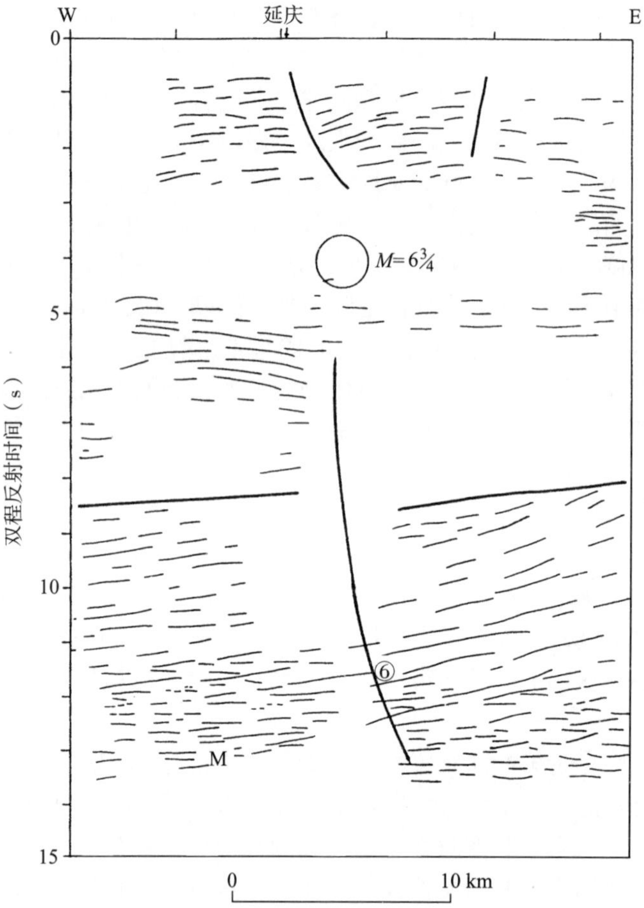

图 32　延庆盆地深地震反射叠加剖面

（4）沿紫荆关深断裂⑦没有强震活动，沿太行山前深断裂⑧强震活动也很少，从图 3 可见，这两条断裂不是活动断裂。

（5）将图 28 与图 3 对比可见，深断裂③、④、⑤和⑨分别对应着地表活动断裂 5、11、13 和 36，它们也是现今的微震活动带。

从上述对比分析可见，控制本区大震孕育和发生的主要构造因素，是 NWW 向与 NEE 向两组活动深断裂的交会区以及壳内低速-高导层发育区的边缘地带。

参 考 文 献

[1] 高文学、马瑾，1993，首都圈地震地质环境，北京：地震出版社。

[2] 国家地震局 85-907-04-01 课题实施组，1994，华北北部十年尺度地震危险性预测研究工作报告。

[3] 吴宗絮、郭才华，1991，冀东陆壳结构的岩石学模型，地震地质，13 卷，369～379。

[4] 刘国栋、刘昌铨，1982，华北北部地区地壳上地幔构造及其与新生代构造活动的关系，中国科学（B 辑），第 12 期，1132～1141。

[5] Liu Guodong，1995，The Lithospheric structure and dynamic of China. In ChinaNational Report on Seismology and Physics of the Earth S Interior for XXIth General Assembly of IUGG，Clorado，USA，July 1995，China Meterological Press，54-76.

[6] 陈文寄、李大明、戴潢等，1992，大同第四纪玄武岩 K-Ar 年龄及过剩氩，中国新生代火山岩年代学，81～92，北京：地震出版社。

[7] Holbrook, W. S. , Mooney, W. D. and Christersen, N. I. , 1992, The seismic velocity strucure of the deep continental crust, In Continental Lower Crust, Developments in Geotectonics 23. 1-44.

[8] Christensen, N. I. , 1982, seismic velocity, In Handbook of Physical Poperties of Rocks, 2. CRC Press, Boca, Raton, Fla, 1-228.

[9] 刘国栋、虢顺民、刘昌铨，1982，地震地质背景，《一九七六年唐山地震》，梅世蓉主编，71～130，北京：地震出版社。

[10] 马杏垣、刘国栋、宿俭，1984，华北及东北油区大陆岩石圈和动力学，石油实验地质，第三期。

ELECTRICAL CONDUCTIVITY ANOMALIES IN NORTH AND EAST CHINA AND THE PHILIPPINE SEA*

G. Liu** and Y. Honkura***

**Institute of Geology, National Bureau of Seismology, 100029 Beijing, China

*** Department of Earth and Planetary Sciences, Tokyo Institute of Technology, Meguro, Tokyo 152, Japan

Abstract The magnetotelluric soundings and observations of geomagnetic variations were made to study the conductivity structures of the crust and upper mantle and their relation to the plate subduction and intraplate processes in the studied region. In the Yangtze plate of East China the crustal conductive layer having the top depth of 20 – 25 km, the thickness of 3 – 5 km and the resistivity of 5–20 ohm · m was found in some areas and it is located below the low velocity layer in the crust. The other conductive layer having the top depth of 52–92 km, the thickness of 4–9 km and the resistivity of 20–80 ohm · m lies above the low velocity zone in the upper mantle along the NW profile. Since the Yangtze plate has experienced a strong shear movement during the Mesozoic, the above two conductive layers are infered to be caused by the events related to such a movement in the lithosphere. In the North China plate the crustal conductive layer with the thickness of 3–5 km (8 km at most) and the resistivity of 5–10 ohm · m was also found in some areas and it is located basically within the middle crust, or near its top or bottom. This conductive layer has something to do with the crustal low velocity layer, but the relation seems to be different from one tectonic environment to another. The conductive layer in the upper mantle in this plate is coincident with the low velocity zone and its top depth ranges from 65–70 km in the Cenozoic rift system to more than 100 km in the other geological unit. Both the conductive layers mentioned above may be caused by fluid in the crust and partial melting in the asthenosphere, respectively. Beneath Minami–Daito Island in the northwestern Philippine Sea the conductive layer exists at the depth of about 100 km and the conductivity amounts to 0. 5 S/m, or about 0. 1 S/m if we consider the mean heat flow value of 60 mW/m^2 in the west Philippine Basin. Beneath Okinawa Island there exist two high conducting columnar zones; one lies at the depth range of 20–60 km in the fore–arc region and corresponds to the hydrous column, and the other at the depth from 60 to 130 km or more in the Okinawa trough and to the partial meling zone. In the region of the Mariana trough the conductivity at the depth range of 40–60 km is 0. 0002 S/m and then it increases monotonously with depth and reaches 1 S/m at the depth of 700 km.

* 本文原载于《Geology and Geophysics of the Philippine Sea》, 1995, 51–58。

Electromagnetic researches aim at deriving information on the subsurface electrical conductivity which should be closely related to tectonic processes. Natural electromagnetic signals of rather low frequencies are usually measured and analyzed to determine the conductivity structure in the crust and mantle. Although magnetotelluric (MT) and geomagnetic variation methods have extensively been applied to many regions, only a few results are available for the present Geotraverse; that is, northeastern China (Gu Qun et al. , 1980; Liu Guodong et al. , 1981, 1982, 1984; Zhao Guoze et al. , 1986; Liu Guodong, 1987; Sun Jie et al. , 1988), the northwestern part of the Philippine Sea (Honkura et al. , 1981; Kaneko and Honkura, 1987), and the Mariana island arc zone (Filloux, 1983). Recently, more MT studies have been undertaken in the vicinity of the Geotraverse in China, and also geomagnetic variation measurements were carried out at some sea-floor sites in the Okinawa trough region. In this article, preliminary results derived from recent studies are also included.

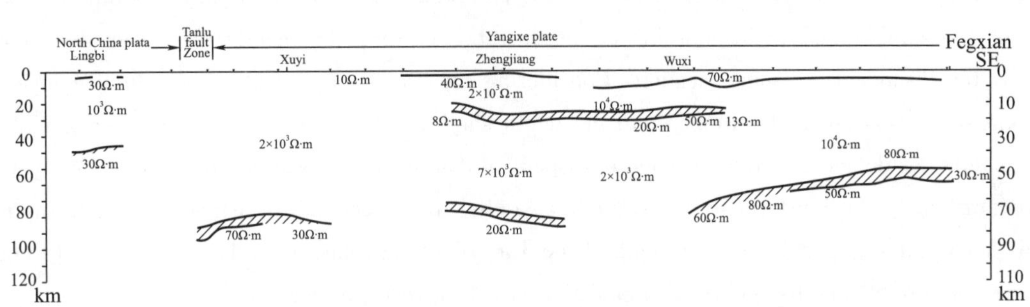

Fig. 1 MTS profile from Fengxian to Lingbi in East China, the Philippine Sea Geotraverse.

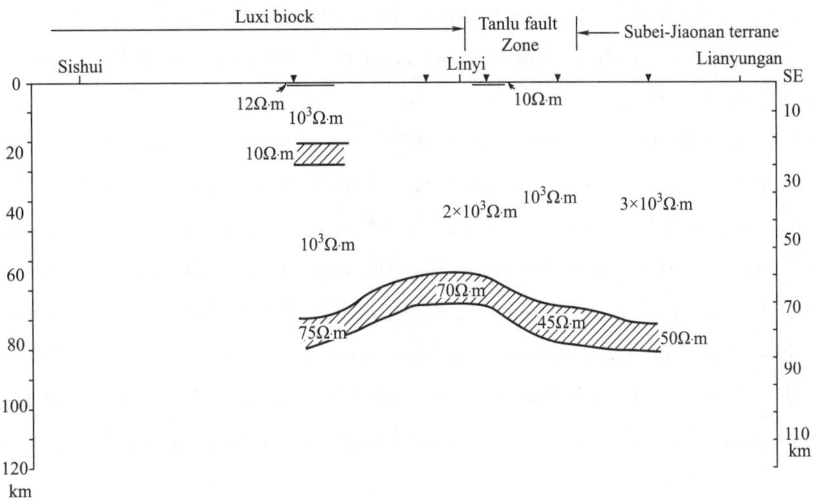

Fig. 2 MTS profile from Xiangshui to Sishui in North China, the Philippine Sea Geotraverse.

North and East China

Magnetotelluric sounding (MTS) has recently been made at 4 profiles along the Geotraverse. The electrical conductivity structure could be determined by applying a one-dimensional inversion scheme to the TE (E-polarization) mode which is less sensitive to local distortion effects. In the following, the conductivity structure is discussed in terms of resistivity values as in conventional MT studies.

Figure 1 shows an MTS profile across the Yangtze plate, where a 0.5 – 4.0 km thick layer of low to intermediate resistivity exists. The layer corresponds to the Mesozoic and Cenozoic sedimentary cover. In the middle part of this profile appears a crustal conductive layer with the resistivity of 5 – 20 ohm · m and the thickness of 3–5 km. The depth to this conductive layer varies between 20 and 25 km; basically below the low velocity layer of 6.3 km/s. This conductive layer tilts toward the northwest. This is consistent with the feature of the third continuous reflection boundary in the wide line reflection profile, although the conductive layer lies below the boundary. As presumed before, this reflection boundary might represent a crustal slip interface, and then the conductive layer might be a layer containing water thrusted beneath the slip interface.

We can also see in Fig. 1 that in the region of Yangtze plate through which this Geotraverse goes, there appears a 4–8 km thick conductive layer of the resistivity between 20–80 ohm · m at the depth of 52 km in the southeast of this profile and at 92 km in the northwest. However, this conductive layer does not extend continuously but disappears at some locations. Considering the characteristics of the conductive layer such as small thickness, discontinuous distribution and the depth shallower than the low velocity layer of 4.2 km/s in the upper mantle, as detected by the inversion of dispersion data of surface waves, the conductive layer can reasonably be attributed to a thin layer of partial melting, rather than a conductive asthenosphere. In the northwest end of this MTS profile, near the western flank of the Tanlu faulting zone, a conductive layer of 40 ohm · m is found at the depth of 50 km. Its geological implication is not clear at present.

The MTS profiles in the Subei – Jiaonan terrane, the Tanlu faulting zone and the Luxi block along the Geotraverse disclose a clear feature of a 10 km thick conductive layer of 50–80 ohm · m existing at the top of the upper mantle (Fig. 2). This layer also lies above the low velocity layer of Vs = 4.2 km/s. The depth varies from 60 km beneath the Tanlu faulting zone to 75 km in both sides of the zone. In the Luxi block, a crustal conductive layer exists and coincides with the low velocity layer of 6.3 km/s, which has been inferred to stem from dehydration of minerals in the crust.

In Fig. 3 shown is an MTS profile across the North China plain rift system, the Taihangshan– Wutaishan block and the Shanxi rift system. In these regions, good agreement can be seen between the thickness of the shallow low resistivity layer and that of the Cenozoic sediments and also between the depth of the conductive layer and that of the low velocity layer in the upper mantle. Beneath the rift system of North China plain, this conductive layer in the upper mantle upheaves to a depth of 72–65 km, whereas it is depressed to 100 km at both sides of the rift system. The local upheaval of the conductive layer is seen just beneath the Shanxi rift system. Obviously, the Cenozoic rifting in the regions is closely related to the upheaval of the asthenosphere. In addition, the crustal conductive layer coincides with the crustal low velocity layer. It might be caused by partial melting of minerals.

The MTS profile across the Ordos block, the Hetao rift basin and the Yinshan block is shown in Fig. 4. At the depth of 25 km beneath the Ordos block and the Yinshan block, there exists a conductive layer with the resistivity of 10 ohm · m and the thickness of 5–7 km. The depth agrees with that of the crustal low velocity layer of 6.2 km/s resulting from dehydration of minerals. At the depth of 14 km beneath the Hetao rift basin, there appears a crustal conductive layer with the thickness of 4 km and the resistivity of 6–10 ohm · m. Clearly, it is shallower than that of the crustal conductive layer beneath both sides of the rift basin. The shallower depth of the crustal conductive layer beneath the Hetao rift basin might reflect on–going tectonic processes, since the present Hetao rift basin is still at the depression stage. Along this MTS profile, the depth of the conductive layer in the upper mantle basically agrees with that of the low velocity layer of Vs = 4.2 km/s and varies from about 100 km beneath the Hetao rift basin gradually to 115 km toward the north.

Generally, in regions relevant to the Geotraverse, there are two kinds of conductive layers in the upper mantle. One lies above the low velocity layer in the upper mantle. It is not thicker than 10 km and the resistivity amounts to several tens of ohm · m, and it is found in the eastern regions of the Geotraverse. The other coincides with the low velocity layer in the upper mantle. It is thicker and the resistivity is lower, about 10 ohm · m. This is a typical nature of rift systems and their adjacent regions. The former conductive layer is considered to reflect partial melting at the top of the upper mantle and the latter one would represent a property peculiar to the asthenosphere.

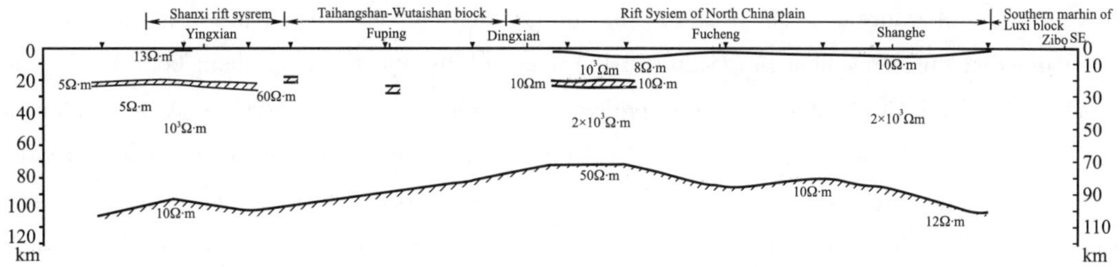

Fig. 3 MTS profile from Zibo to Yingxian in North China, the Philippine Sea Geotraverse.

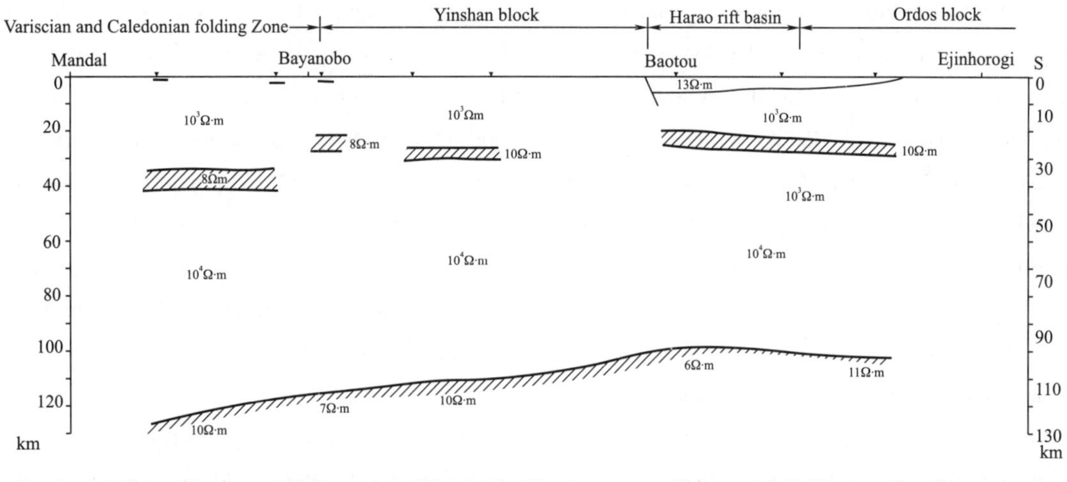

Fig. 4 MTS profile from Ejinhorogi to Mandal in Northwestern China, the Philippinc Sea Geotraverse.

In these studied regions, there also exists a crustal conductive layer having the thickness of 3–5 km (8 km at most) and the resistivity of 5–10 ohm · m. Within the rift region, the crustal conductive layer is shallower, at the depth less than 20 km, than in other regions where it is found at about 25 km. The crustal conductive layer is located basically within the middle crust, or near its top or bottom boundary. The crustal conductive layer has something to do with the velocity anomaly, but the relation seems to be different from one tectonic environment to another.

Okinawa Trough and the Western Philippine Sea

On Minami – Daito Island in the northwestern Philippine Sea, located about 400 km away from the

Geotraverse, observations of geomagnetic variations were made at three sites; in the south, at the center and in the north of the island (Honkura et al., 1981). Geologically, the island is situated within the West Philippine Basin. The recorded geomagnetic field variations were analyzed for the period range of 7–240 min. It was not possible to analyze variations of longer periods with the required precision because of temperature drifts of the magnetometers.

Anomalies in the vertical component of varying magnetic field are the evidence of the so-called island effect. The quantitative evaluation of the island effect leads to the conclusion that a high electrical conductivity layer exists at the depth of about 100 km and the conductivity amounts to 0.5 S/m (Honkura et al., 1981). However, the reliability of this evaluation is not high for lack of long-period data. The conductivity of 0.5 S/m corresponds to the temperature of 1400 ℃ and to the volume melt content of 10% which is extremely high. If we take into account that the mean heat flow value in the West Philippine Basin is about 60 mW/m^2, it is more probable that at the depth of about 100 km the temperature is about 1200 ℃ and the volume content of melt is only a few percent (Vanyan and Shilovsky, 1983). These parameters correspond to the conductivity of about 0.1 S/m (Vanyan and Shilovsky, 1983). Therefore, it is reasonable to suppose the presence of the asthenospheric layer with the conductivity of about 0.1 S/m at the depth of about 100 km in the West Philippine Basin.

Sea-floor observations of geomagnetic variations have become popular in Japan and several attempts have been made to determe the conductivity structure in the crust and mantle in the vicinity of the Islands of Japan. The Hydrographic Department, Maritime Safety Agency, recently deployed sea-floor fluxgate magnetometers at 6 locations in the Ryukyu trench—Okinawa trough region. The distribution of sea-floor sites is shown in Fig. 5. A fluxgate magnetometer was also installed at a site on Okinawa Island.

Kaneko and Honkura (1987) proposed a new method of analysis of geomagnetic variation data; the horizontal components at sea-floor stations are considered to be the outputs for the input which is assumed to be represented by the corresponding horizontal component at the station on Okinawa Island. Then we can derive transfer functions for the horizontal components which relate the output to the input. This procedure may not be theoretically rigorous, but in the sense that the transfer functions derived from observations can be directly compared with those from model calculations, transfer functions for the horizontal components should be as effective as those for the vertical component.

The horizontal component of short period at sea-floor stations is highly attenuated because of the shielding effect of conducting sea-water, and hence reliable transfer function estimates could be obtained only for the period range between 30 and 240 min. Two-dimensional model calculations were made for the periods of 30, 60, 120, and 240 min, respectively, in order to interpret the observed transfer functions. Figure 6 shows a model of the electrical conductivity structure which can account for the observed transfer functions for both the horizontal and the vertical components. The most notable feature of this model is the existence of highly conducting columnar zones; one at the depth range of 20–60 krn in the fore-arc region and the other at the depth range from 60 to 130 km or more beneath the Okinawa trough.

From mineralogical studies of magma genesis at subduction zones, Tatsumi (1989) pointed out the importance of dehydration of some minerals in hydrated peridotite. Hydrous minerals in the subducting lithosphereare decomposed and water is released in the fore-arc region, creating a hydrous column and also forming hydrated peridotite. Some minerals in the hydrated peridotite, which is dragged downwards, are subject to dehydration at the depth of 90 km, and released water triggers partial melting in the mantle wedge. Another mineral is also decomposed at the depth of 150 km and partial melting will again occur. Thus in the model of

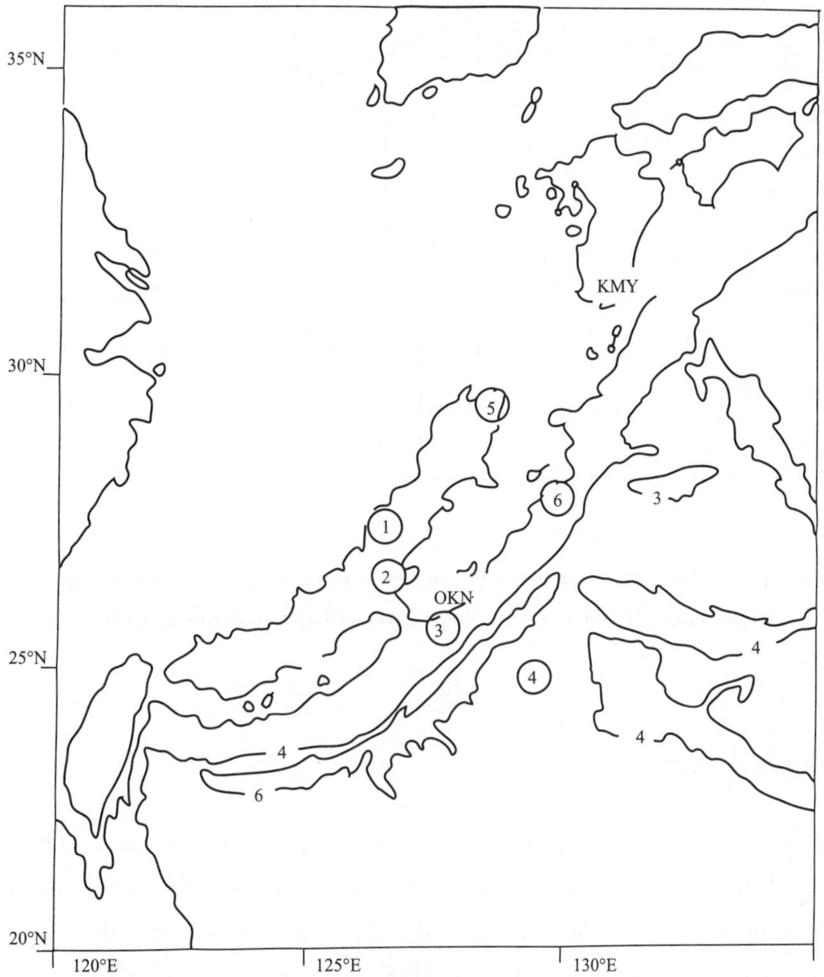

Fig. 5 Localities of seafloor sites for observations of geomagnetic variations, shown by circleswith numbers. OKN denotes a site on Okinawa Island and KNY the Kanoya Magnetic Observatory. Bathymetric contours are given in units of kilometers.

Tatsumi (1989), three columnar zones are expected; one hydrous column in the forearc region and two partial melting zones beneath the volcanic arc.

The highly conducting column in the fore-arc region clearly corresponds to the hydrous column in the model of Tatsumi (1989). However, only one conducting column can be seen below the Okinawa trough, whereas two partial melting zones are expected beneath the volcanic arc. We interpret this discrepancy as follows. The Ryukyu subduction zone may not be a typical one in the sense that back-arc opening is a dominant factor behind the arc. Although the mechanism of such opening is not clearly understood, it would be possible that an extensive partial melting zone prevails below the Okinawa trough and two columnar zones as in the model of Tatsumi (1989) can no longer be distinguished from each other. It is also possible that the fine structure may not be resolved with sea-floor observations at only 4 sites. More extensive observations are obviously required in the Okinawa trough region. It should be noted that the conducting layer found from the island effect for Minami-Daito Island disappears in the model shown in Fig. 6. This is also a problem to be solved in the future.

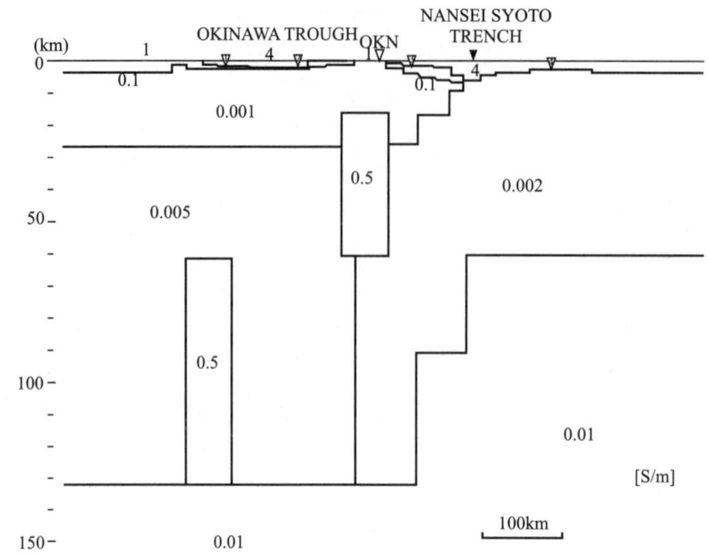

Fig. 6 A two-dimensional model of the electrical conductivity structure which accounts approximately for the observed data. Conductivity values are given in S/m.

Mariana Island Arc

In the area of the Mariana island arc, MTS was carried out at two sea-floor sites (Filloux, 1983). One is located near the bore-hole 454 of the International Phase of Ocean Drilling (IPOD) in the Mariana trough and the other near the bore-hole 458 in the fore-arc area. The electrical conductivity of the crust and mantle was estimated through one-dimensional interpretation of the MTS curves for periods of 0.15–40 h.

In the region of the Mariana trough, which is supposed to be a spreading zone, the electrical conductivity at the depth range of 40–60 km is found to be as low as 0.0002 S/m. Then the conductivity increases monotonously with depth and reaches 1 S/m at the depth of 700 km. This depth profile of the conductivity is not typical for zones with a distinct asthenospheric layer or phase transformation. It is different from the conductivity structures in other regions of the Pacific Ocean and characterizes a colder structure with less active magmatic processes.

In the fore-arc region, the surface layer down to 10 km is characterized by a very high electrical conductivity. This layer having the conductivity of 0.8–1.5 S/m is interpreted as corresponding to the sedimentary layer (Filloux, 1983). The conductivity amounts to 0.007–0.01 S/m at the depth range of 10–60 km. It is presumed that sediments would subduct with the plate and a large amount of water released during the subduction would be responsible for such a relatively high conductivity. The presence of water is confirmed by many samples of serpentinized rocks dredged along the outer island arc (Filloux, 1983). The electrical conductivity is low, about 0.002 S/m, for the depth range of 60–420 km. It has been suggested that the low conductivity is a direct consequence of the thick, old and cold subducting plate with its cooling effect on surrounding rocks (Filloux, 1983). At the depth of about 420 km, the conductivity increases to 0.04 S/m and remains almost the same in the underlying layer about 300 km thick. Then the conductivity increases abruptly and reaches 1 S/m at the depth of about 800 km.

REFERENCES

Filloux, J. H. , 1983, Sea-floor magnetotelluric sounds in the Mariana islands arc area. In: The Tectonic and Geologic Evolution of the Southeast Asian Seas and Islands. Part 2, pp. 255-265, American Geophysical Union, Washington.

Gu Qun, Sun Jie, Shi Shulin and Shi Zhangsong, 1980, The features of highly electrical conductivity layer in North China and Northwest China regions, Seismology and Geology, 2, No. 2, 21-30 (in Chinese).

Honkura, Y. , Isezaki, N. and Yaskawa, K. , 1981, Electrical conductivity structure beneath the northwestern Philippine Sea as inferred from the island effect on Minami-Daito Island, J. Geomag. Geoelectr. , 33, 365-377.

Kaneko, Y. and Honkura, Y. , 1987, Electrical conductivity structure beneath the Okinawa Trough and the Ogasawara Arc, Rep. Hydrogr. Res. , 22, 135-158 (in Japanese).

Liu Guodong, Gu Qun and Sun Jie, 1981, The geoelectric structure in the crust and upper mantle beneath Beijing plain. In: The Magnetotelluric Sounding, pp. 74-79, Seismological Publishing House, Beijing, China (in Chinese).

Liu Guodong, Guo Shunmin and Liu Changquan, 1982, The background of seismology and geology. In: Tangshan Earthquakes in 1976, pp. 71-130, Seismological Publishing House, Beijing, China (in Chinese).

Liu Guodong, Gu Qun, Shi Shulin, Sun Jie, Shi Zhangsong and Liu Jinhan, 1983, The electrical structure of the crust and upper mantle and its relationship with seismicity in the Beijing-Taijing-Tangshan region and adjacent area, Acta Geophysica Sinica, 26, No. 2, 157-166 (in Chinese).

Liu Guodong, Shi Shulin and Wang Baojun, 1984, Conductive layer in the crust in North China and its relation to crustal tectonism, Scientia Sinica (Series, B), 27, No. 10, 1093-1104.

Liu Guodong, 1987, MTS studies on the upper mantle conductivity in China, PAGEOPH, 125, Nos. 2/3, 465-480.

Sun Jie, Xu Changfang and Jiang Zhao, 1988, Result of magnetotelluric sounding in south Shandong area, EarthquakeResearch in China, 4, No. 3, 30-37 (in Chinese).

Tatsumi, Y. , 1989, Migration of fluid phases and genesis of basaltic magmas in subduction zones, J. Geophys. Res. , 94, 4697-4707.

Vanyan, L. L. and Shilovsky, P. P. , 1983, Deep electrical conductivity of oceans and continents, M. "Nauka", p. 88 (in Russian).

Zhao Guoze, Liu Guodong and Wang Jiaying, 1986, Inversion and interpretation of magnetotelluric data along the Beijing-Baigezhuang profile: a continuous variation model in resistivity, Acta Seismologiea Sinica, 8, No. 2, 179-190 (in Chinese).

SEISMIC ZONE IN THE PHILIPPINE SEA AND THE NORTH CHINA*

G. Liu[1], Y. Ishikawa[2*], and M. Rodkin[3]

[1] Institute of Geology, State Seismological Bureau, Beijing 100029, China

[2] Matsushiro Seismological Observatory, Japan Meteorological Agency, Matsushiro, Nagano 381-12, Japan

[3] Academy of Sciences of the USSR, Soviet Geophysical Committee, Molodezhnaya 3, Moscow, GSP-1, 117296, USSR

Abstract In the studied region the active seismicity takes place in three separate regions: in islands arcs (Mariana and Ryukyu) and in North-East China. Between these regions the seismicity is very low, only rare earthquakes take place there. The seismic zonation, the relation between seismicity and lithospheric structure and some seismic parameters including the periodicities, focal depths and stress directions in the Mariana islands arc, Ryukyu islands arc and North China have been outlined in this work. The results indicate that the two huge seismic zones corresponding both the Mariana islands arc and Ryukyu islands arc and five seismic zones in North China can be divided into the marine region and continental region respectively. The seismicities of the former are related with the subducting processes of marine plates and ones of the latter are related with the crustal structures of the continental region.

1 Mariana Islands Arc

Mariana subduction zone is known as an example of a zone with rather weak interaction between the downgoing slab and islands arc block. Deep earthquakes occur here up to the depth 650-700 km. The higher velocity slab was traced to the depth as high as 1000 km (Creager and Jordan, 1986).

The seismicity map and cross section of seismicity in the Mariana zone are shown in Figs. 1 and 2. One can see that the seismicity of the islands arc block is not high there when compared with some other collision zones (Japan zone for example).

The crust earthquakes occur in the two structures separated by the a seismic zone. The former of this active structures coincides with the deep trench and forepart of the islands arc, the latter correlate with the axis of backarc spreading basin. The spectral analysis made by the Burg's method of maximum entropy was used to distinguish the probable hidden periodicities of shallow ($H < 70$) seismicity activization. Such probable periodicities were estimated as 5-6 and 10-12 years.

The deep earthquakes in the Mariana Benioffzone beneath 250-300 km are located in the subvertical downgoing slab. The seismicity is not homogeneous with depth. The maxima of seismicity are revealed at depths

* 本文原载于《Geology and Geophysics of the Philippine Sea》, 1995, 87-94。

50–270, 320–380, 440–500 and 560–640 km (see Fig. 2). This data agree well with the hypothesis relating the deep-focus earthquakes generation with the solid state transformations taking place in the downgoing slab. Really, the upper maximum take place at the depth where reactions of eclogitization and dehydration occur. The transition to the β-spinel phase is proposed to take place at depth about 320–400 km. The more deeper zones of seismicity activization correlate with the $\beta \rightarrow \gamma$-spinel and spinel$\rightarrow$ perovskite transformations zones (Ringwood, 1982). In the terms of the discussed model certain restrictions for the deep temperature regime of the downgoing slab can be proposed. This restrictions base on the data that avalanch like stage of the solid state transformations capable to generate earthquakes can occur only if high hysteresis takes place. So one has supposed that the temperature about 900 ℃ or lower have taken place in the Mariana Benioff zone at depths 650–700 km.

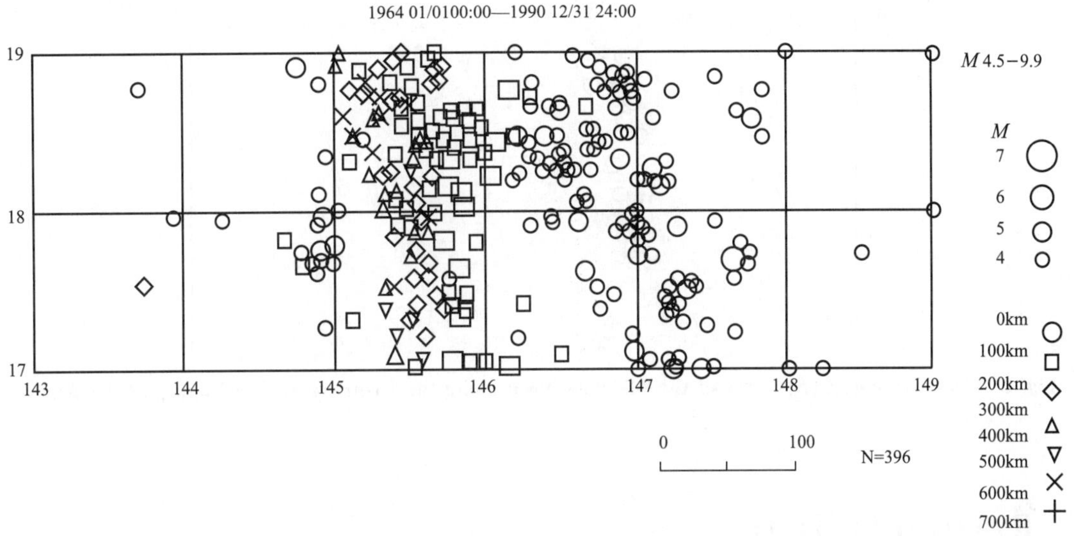

Fig. 1 Seismic map of the Mariana basin based on the ISC data (1964–1985).

For the events deeper than 70 km the hidden periodicities about 6–8 and 13–16 years were exposed by using the Burg's method of maximum entropy. One of this periodicities (6–8 years) is about the same that was revealed for the deep earthquakes of the Tonga islands arc and Okhotsk sea regions (Anishchenko et al., 1980).

The data on seismotectonic stresses are of considerable importance. This data are presented in Fig. 3 where P- and T-axes orientations for focal mechanisms of earthquakes are shown. One can see that the directions of P-axes in the Mariana zone are more dispersed than near the Japan islands. Some of this orientations are well distinguished from the direction of plate collision. This data confirm that the tectonic compression stresses acting between the downgoing slab and islands arc block is not high. In the deep part of the Mariana Benioff zone the P-axesare subvertical and T-axes have subhorizontal orientation across the deep trench direction (Fig. 3).

The seismicity regime of back-arc basin was investigated with the use of various data sets both from world and local seismic stations nets. Local net of the bottom seismographes was used by Hussong and Sinton (1983). According to this data set the great number of comparatively weak earthquakes were registered in the upper 10–12 km. The depths around 5–7 km are most active. The b-value for the earthquakes data set was estimated to be extremely low—0. 4–0. 6. Infrequent strong earthquakes registered by the world stations net have rather distinguished parameters. Their depths were estimated as 20–60 km. Maybe such estimations are invalid due to the sparse world stations net in this region.

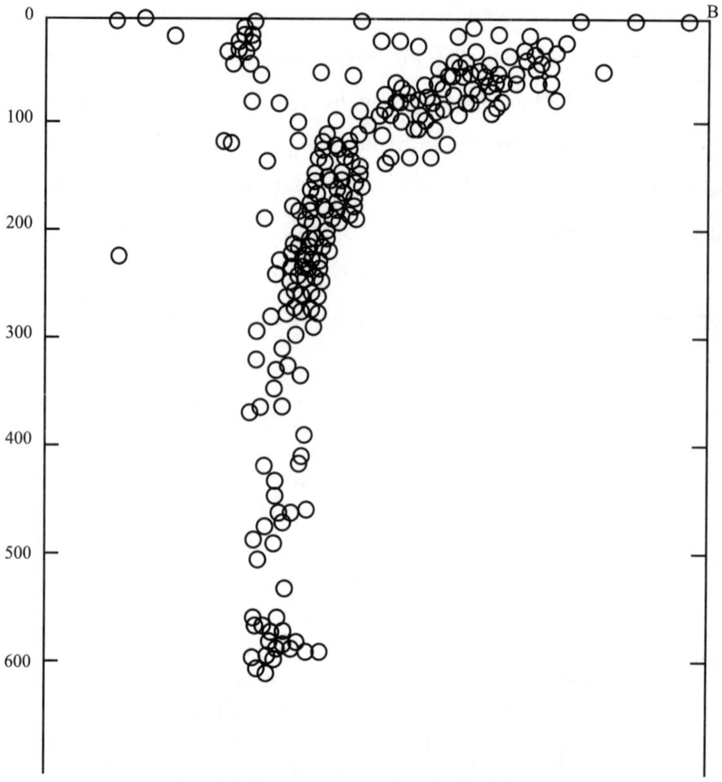

Fig. 2 Cross section of seismicity of the Mariana basin along the Geotraverse (ISC deta, 1964–1985).

2 Ryukyu Islands Arc

The seismicity in the Ryukyu zone is much more dispersed than in the Mariana islands arc. The orientation of P– and T–axes of focal mechanisms of earthquakes is rather varied (Fig. 3).

Relative less depth of the Benioff seismogenetic zone can be explained by the less thickness of the Philippine plate and more lower velocity of subduction (≃6 cm/a opposite to = 10 cm/a in the Mariana zone). So the critical temperatures about 900 ℃ have to be at depths near 250 km. The most probable hidden periodicities of seismogenetic activization were estimated about 3–7 and 13–18 years for events shallower than 70 km and 6–9 and 11–14 years for deeper earthquakes. One can see that the periodicities exposed for deeper events are about the same as for the Mariana zone and for Tonga and Okhotsk Sea regions. It can be interpreted as an evidence of similarity of subduction processes besides the various velocities of subduction and age of plates downgoing in the studied areas.

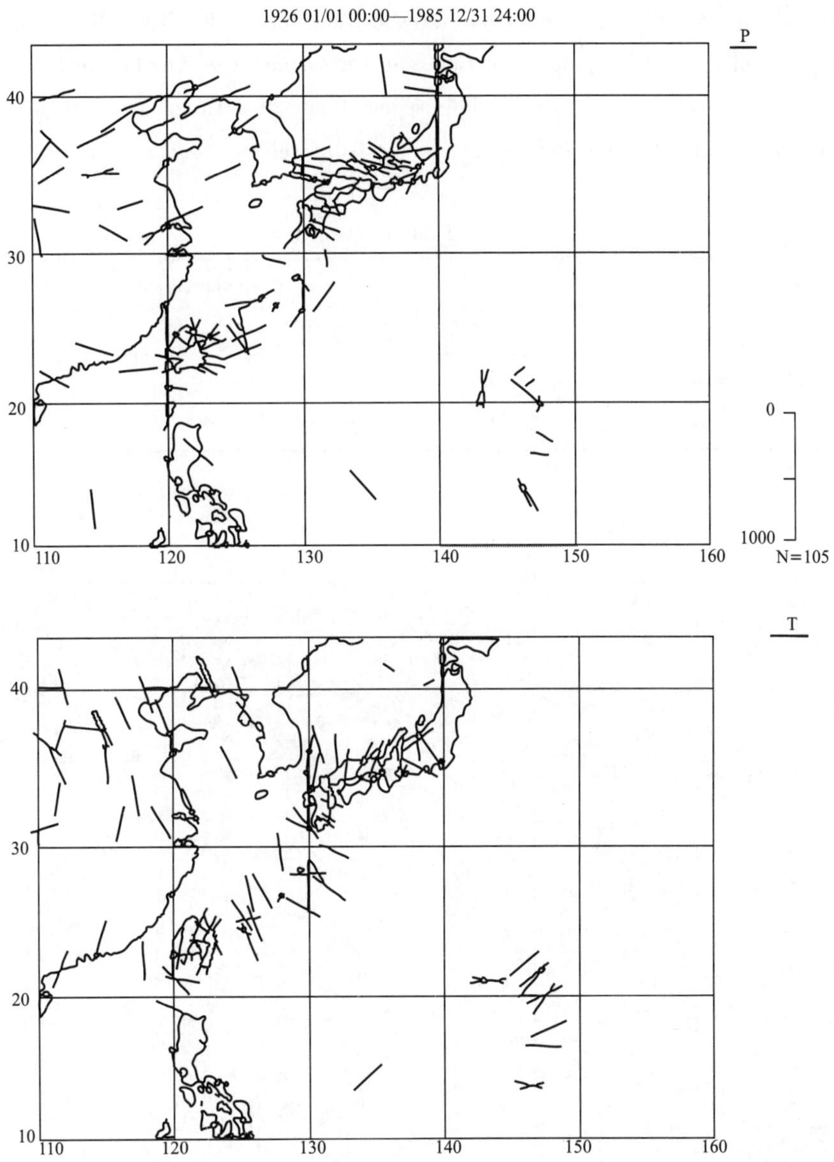

Fig. 3 Directions of P-and T-axes of focal solutions of earthquakes in the studied area (from various sources).

3 North China

Figure 4 shows the distribution of the epicentres of earthquakes with $M \geqslant 4.5$ that were registered in North China since 780 BC. Strips No. 1–No. 4 are shown in Fig. 4 also. Relationship between the magnitudes, time and frequency of the events is summarized in Table 1. Most earthquakes are located above than 20 km.

The seismicity pattern can be divided in a number of active zones.

Shanxi seismic zone

This seismic zone spreads along the Shanxi Cenozoic rifting zone filled up with the deposits up to thickness 4–5 km in the southern part, 2–3 km in the middle and about 2.5–3 thick in the northern part. The three very strong earthquakes with $M = 8.0$ took place in the seismic zone in 1303, 1556 and 1695, respectively.

North China plain seismic zone

It starts southerly from Xinxiang and ends northerly at Tangshan, with NNE direction. This seismic zone passes through an inside of the North China plain Cenozoic rift system. The Xingtai earthquakes with maximum magnitude of 7.2 in 1966 took place in the middle segment and the Tangshan earthquakes with maximum magnitude of 7.8 in 1967 occured in the northern segment of this seismic zone.

Table 1

Time	Magnitude				
M	4.5–4.9	5.0–5.9	6.0–6.9	7.0–7.9	≥8.0
780 BC–31.12.1969	50	188	57	13	5
1.01.1970–31.12.1985	24	26	7	3	–

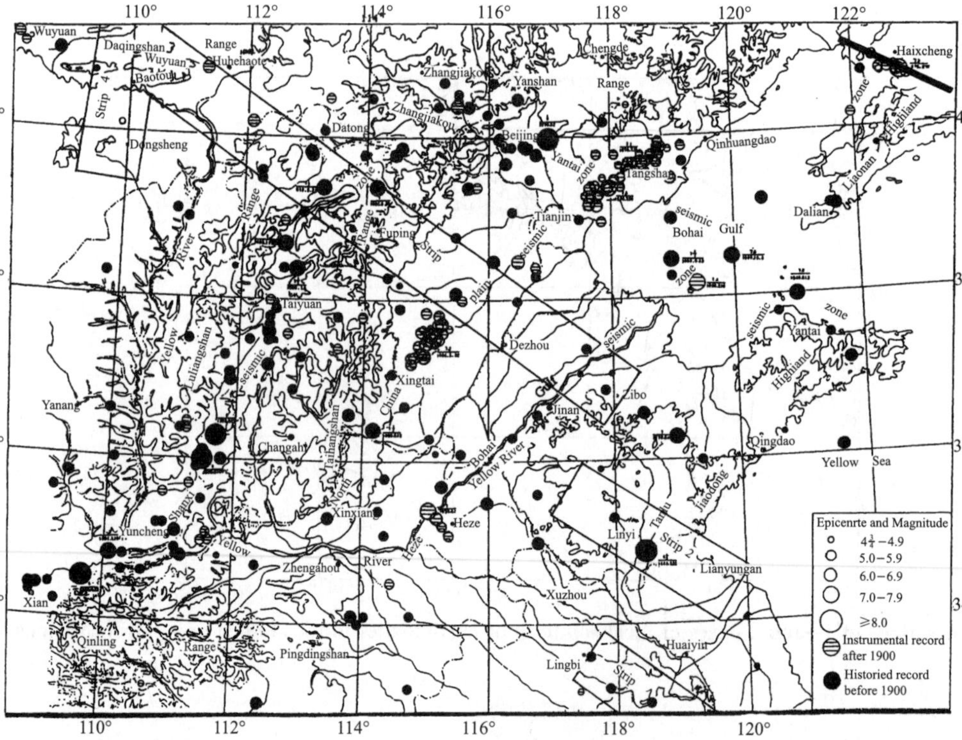

Fig. 4 (Solid line corresponds to cross section shown in Fig. 5). Seismicity map of North China.

Heze–Bohai Gulf seismic zone

It starts southerly from southwest of Heze, runs along Yellow river and ends northerly at the center of Bohai Gulf, with NNE direction. The middle segment of this seismic zone constitutes the eastern boundary of the southern part of the North China plain Cenozoic rift system.

Tanlu seismic zone

It starts southerly from Lingbi, cuts through the Shandong highland and Bohai Gulf and ends northerly at Shenyang, with NNE direction, The northem half segment of the seismic zone is the eastern boundary of the North China plain Cenozoic rift system. The largest earthquake in study region with $M = 8.5$ in 1668 and the

Haicheng earthquakes with maximum magnitude of 7. 3 in 1975 happened in the southern and northern segments of this seismic zone. zhangjiakou

Wuyuan–Zhang/iakou– Yantai seismic zone

It starts westerly from Wuyuan, passes through the southem root of Yanshan range and the central part of Bohai Gulf, and ends easterly at Yantai. The Tangshan earthquakes and the Sanhe earthquake with $M=8$ in 1679 distributed along this seismic zone. The Hetao rifting basin and the North China plain Cenozoic rift system were limited northerly by the western and middle segments of this seismic zone respectively.

From the five seismic zones mentioned above we can see that the strong earthquakes in study region are closely related with the Cenozoic rifts. Most of the focal depths are less than 20 km, the recent main shocks, such as the Xingtai, Bohai, Haicheng and Tangshan earthquakes, have their focal depths of 8–15 km. The focal mechanisms for the recent earthquakes show that the main axis of compression stress pointed towards NEE direction and the ratio of a compression to vertical stress is usually about 1/3–1/5.

The four strips in this region crosses the five seismic zones mentioned above (see Fig. 4). The four geophysical profiles along the strips reveal the features of structure in the crust and upper mantle beneath those seismic zones. The profiles are presented in the chapter "Structure of the crust and upper mantle" and discussed as follows:

(1) The Tanlu seismic zone crossed by profile 2 where the Tanlu earthquake with $M=8.5$ took place on July of 1668 is characterized by a quite difference of the crust velocity structure from profile northwestern side, an existence of the low velocity anomaly in the lower crust and the uplift of a conductive layer in the upper mantle.

(2) The Heze–Bohai Gulf seismic zone passed through profile (see Fig. 4 in the chapter of "Structure of the crust and upper mantle") shows a great change of the velocity structure in the upper and middle crust by contrast to its northwestern, and an obvious variation of the depths of the Moho discontinuity and the conductive layer in the upper mantle.

(3) Beneath the North China plain seismic zone which cuts profile (see Fig. 11 in the chapter of "Structure of the crust and upper mantle"), there exist a dramatic change of the crustal velocity structure, the low velocity and conductive anomalies in the lower crust and the uplift of conductive layer in the upper mantle.

(4) The Shanxi seismic zone on profile (see Fig. 11 in the chapter of "Structure of the crust and upper mantle") shows a complicate crustal velocity structure, especially, an existence of the lower velocity and conductive anomalies in the middle crust and the low velocity anomaly in the lower crust.

(5) Beneath the Wuyuan–Zhangjiakou–Yantai seismic zone which crosses westerly by profile (see Fig. 5 in the chapter of "Structure of the crust and upper mantle") the velocity contour of the upper crust becomes clearly distorted, the velocity interface between the upper and middle crust disappears and both crustal and upper mantle's conductive layers as well as Moho discontinuity rise upward.

The data on spatial correspondence between the earthquakes hypocenters and seismic velocities and deep conductivity anomalies have of considerable importance. Such problems concerning the areas of large earthquakes are discussed in (Liu Guodong and Lu Zhaoxun, 1989). According to this results the main shocks and after– and for–shocks are located at the upper corder and above the upper boundary of the lower velocity and high conductivity anomalies respectively. Such cross section is presented in Fig. 5. Mentioned above data can be summarized as follows:

(1) The crustal velocity structures beneath the seismic zone are very complex or a quite difference from the vicinal areas.

(2) The crustal low velocity and conductive anomalies there simultaneously exist beneath most of the seismic zones and most of the earthquakes occured over them.

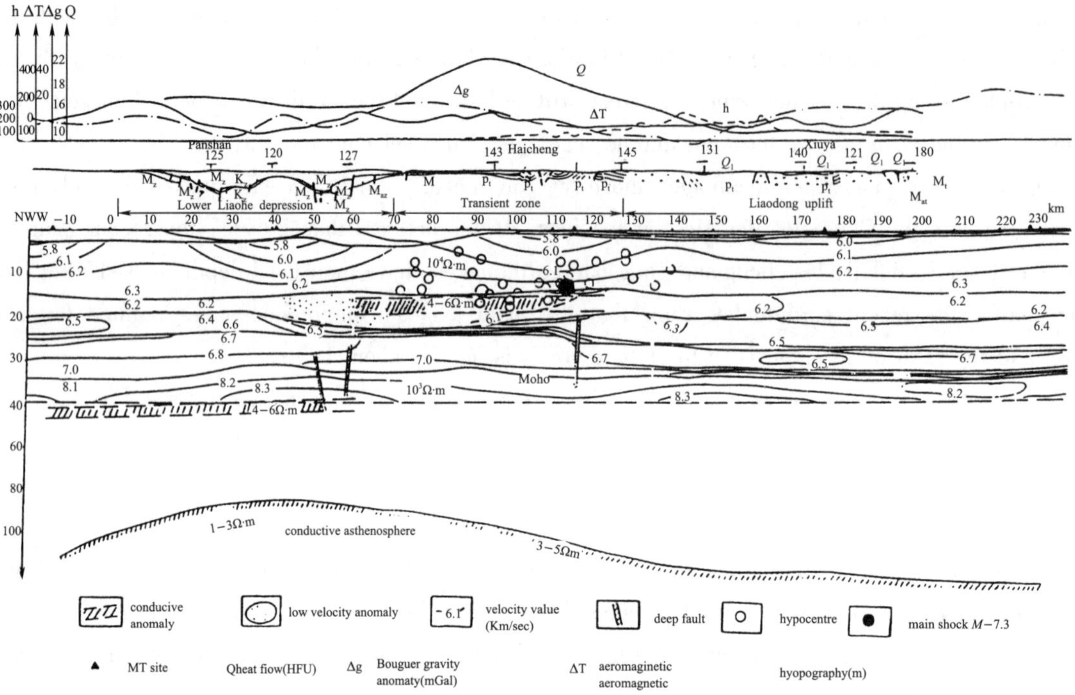

Fig. 5 Cross section of the area of strong Haicheng earthquake.

(3) Beneath the seismic zones the conductive asthenosphere in the upper mantle is usually upwelling and the earthquakes took generally place over the margin or top of this layer.

The Chinese continent located between the subduction zone of the west Pacific plate and collision zone of the Himalayas and has been experiencing the action of regional stresses exerted by the two zones or mainly by the collision zone. The seismic zones described in this paper stand generally at the margins inside of the Cenozoic rifts. Many evidences show that the rifts are still active which is mainly due to the upwelling of the conductive asthenospheric layer, this activity can give a vertical force to be borne in the lithosphere, a horizontal regional stress mentioned above would combine with the vertical on and will be responsible for earthquakes. The low velocity-conductive layer might be behaved plastically, it would be difficult to accumulate strain energy and easy to transfer a stress into the brittle upper crust. Perhaps, this is the reason why the strong earthquakes usually occurred in the upper crust and a margin or top of conductive layer in the upper mantle (Liu Guodong and Liu Changquen, 1983; Liu Guodong et al. , 1984).

The problem of temporal regime of seismicity in China has considerable importance also. It's easy to see the historical seismicity in China is inhomogeneous in time. Most active seismicity was registered in XIII-XIV, XVI and XIX-XX centuries. More detailed properties can be revealed by using of spectral analysis approach. But the false periods can be obtained in this way as well. In task to prevent it one of the authors (M. V. Rodkin) analysed seismical data for various time periods separately. Certain periodicities (150 ±20, 55± 10, 25 ± 5, 14 ± 2, 4 ± 1 years) were revealed most of the corresponding in duration and representativity time rows independently.

According to Han Dayu (1985) the periodicity of recent strong seismicity in China is about 3. 9 years. So the periodicities about 140, 50, 14 and 4 years were determined by the different authors independently. It's interesting to note that similar periodicities ($\backsimeq$4, 13 and 25 years) were revealed by analysis of strong world seismicity in 1898-1972 (Hanthakis, 1982). Such coincidence can be regarded to indicate that the seismic regime can be concerned in certain sense in scale of planet as a whole.

We note also that the revealed hidden periodicities of the seismic regime form together the numerical row with Ti/Ti + 1 $\backsimeq$ 3. So this periodicities make some type of hierarchical-like row. Such property is rather characteristic for fractal sets, model widely used now to study various natural phenomena.

REFERENCES

Anischenko, I. A., Kogan, S. Ya. and Pisarenco, V. Ph., 1980, O periodichnosty chisla silnikh zemletriasenii raionov ostrovov Tonga i Okhotskogo moria. Vulcanologia i seismologia (Vulcanology and seismology), 6: 68-81.

Creager, K. C. and Jordan, T. H., 1986, Slab penetration into the lower mantle beneath the Mariana and other island arcs of the Northwest Pacific. J. Geophys. Res., 91 (B3): 3573-3589.

Han Dayu, 1985, Time series analysis of earthquake sequences occurred both in China and the World. J. Seismol. Res., 8 (5): 593-604.

Hanthakis, J., 1982, Possible periodicities of the annually released global seismic energy ($M \geqslant 7.5$) during the period 1898-1971. Tectonophysics, 81 (1-2): T7-T14.

Hussong, D. M. and Sinton, J. B., 1983, Seismicity associated with back-arc crustal spreading in the Central Mariana trough. In: The tectonic and geological evolution of southeast Asian seas and islands. Part 2, pp. 217-235.

Liu Guodong and Liu Changquen, 1983, Structures of crust and upper mantle and their relation to Cenozoic tectonism in northern part of North China. Scientia Sinica (Series, B), 26 (5): 550-560.

Liu Guodong and Lu Zaoxan, 1992, The structure of the crust and upper mantle beneath the Haicheng and Tangshan earthquake areas. Earthquake Prediction, IL Cigno Galileo Galilei Edizioni Di Arte, Scienza, Roma, 111-139.

Liu Guodong, Shi Shulin and Wang Baojun, 1984, Conductive layer in the crust in North China and its relation to crustal tectonism. Scientia Sinica (Sereis, B), 27 (10): 1093-1104.

Ringwood A. E., 1982, Phase transformations and differentiation in subducted lithosphere: implications for mantle dynamics, basalt petrogenesis and crustal evolution. J. of Geology, 90 (6): 611-643.

GRAVITY ANOMALIES IN THE PHILIPPINE SEA*

H. Fujimoto and G. Liu

1 Gravimetry in the Philippine Sea

The first gravity survey around the Izu–Bonin area was carried out in 1935 by use of a Vening Meinesz pendulum apparatus on board a submarine, and a map of free–air anomalies was compiled (Kumagai, 1940). Surface ship gravimetry started in the early 1960s and mapping of free–air gravity anomalies has been carried out around Japan (Tomoda, 1973), in the Philippine Sea (Watts, 1976), in the Taiwan–Luzon region (Bowin et al., 1978), in the East China Sea (Stroev, 1985), and in the northwest Pacific (Tomoda and Fujimoto, 1982; Nakakuki and Fujimoto, 1991). The Geological Survey of Japan carried out detailed geophysical surveys in the selected areas around Japan (Ishihara, 1983; Ishihara and Yamazaki, 1991). The Japan Hydrographic Department, Maritime Safety Agency (MSA), compiled a map of free–air anomalies near the coast of Japan (Ganeko and Harada, 1982). Ganeko (1980) also determined gravimetric geoid around Japan by compiling available gravity data. MSA has then performed extensive geophysical mapping in the northern Philippine Sea and a part of the results were compiled as a map of free–air anomalies in the area 18°N–35°N, 120°E – 150°E (Maritime Safety Agency, 1994; Kasuga et al., 1994). Bowin et al. (1981, 1982) performed the global mapping of free–air anomalies using sea surface gravity data.

Progresses both in satellite positioning and in radar altimetry have made satellite altimetry the most important method for the mapping of global and regional gravity anomalies. Horai (1982) compiled a satellite altimetric geoid in the Philippine Sea based on the GEOS–3 data and discussed variation of geoid height with seafloor age. Gravity anomalies of the world ocean were compiled by Haxby (1987) by using SEASAT altimetry data. Segawa and Matsumoto (1987) also compiled the anomalies into many sheets of detailed maps by using GEOS–3 and SEASAT data. Detailed tectonic structures have been revealed by a map of global gravity anomalies using the data of ERS–1 Geodetic Mission (Sandwell et al., 1994).

Because sea surfaee gravity data are still indispensable for the studies of subterranean structures and water currents, compiling of sea surface gravity data around the Philippine Sea has been carried out at several institutes. A free–air anomaly map of the northwestern Pacific compiled bg Nakakuki and Fujimoto (1991) is one of preliminary results and is shown in Fig. 1. Fukuda et al. (1993) compiled the gravity field around Japan by using the data of satellite altimetry and seafloor topography as well as the sea surface gravity data compiled by Nakakuki and Fujimoto. A big project to integrate all available land and marine gravity data of the South East Asia has been proposed and carried out by the University of Leeds, UK. Most of the related institutes are cooperating with this project. Colour maps with digital grid data (5′×5′) will be compiled in the area 45°S to 45°N and 60°E to 180°E.

---

* 本文原载于《Geology and Geophysics of the Philippine Sea3》, Terra Scientific Publishing Company (Terrapub), 1995, 25–30。

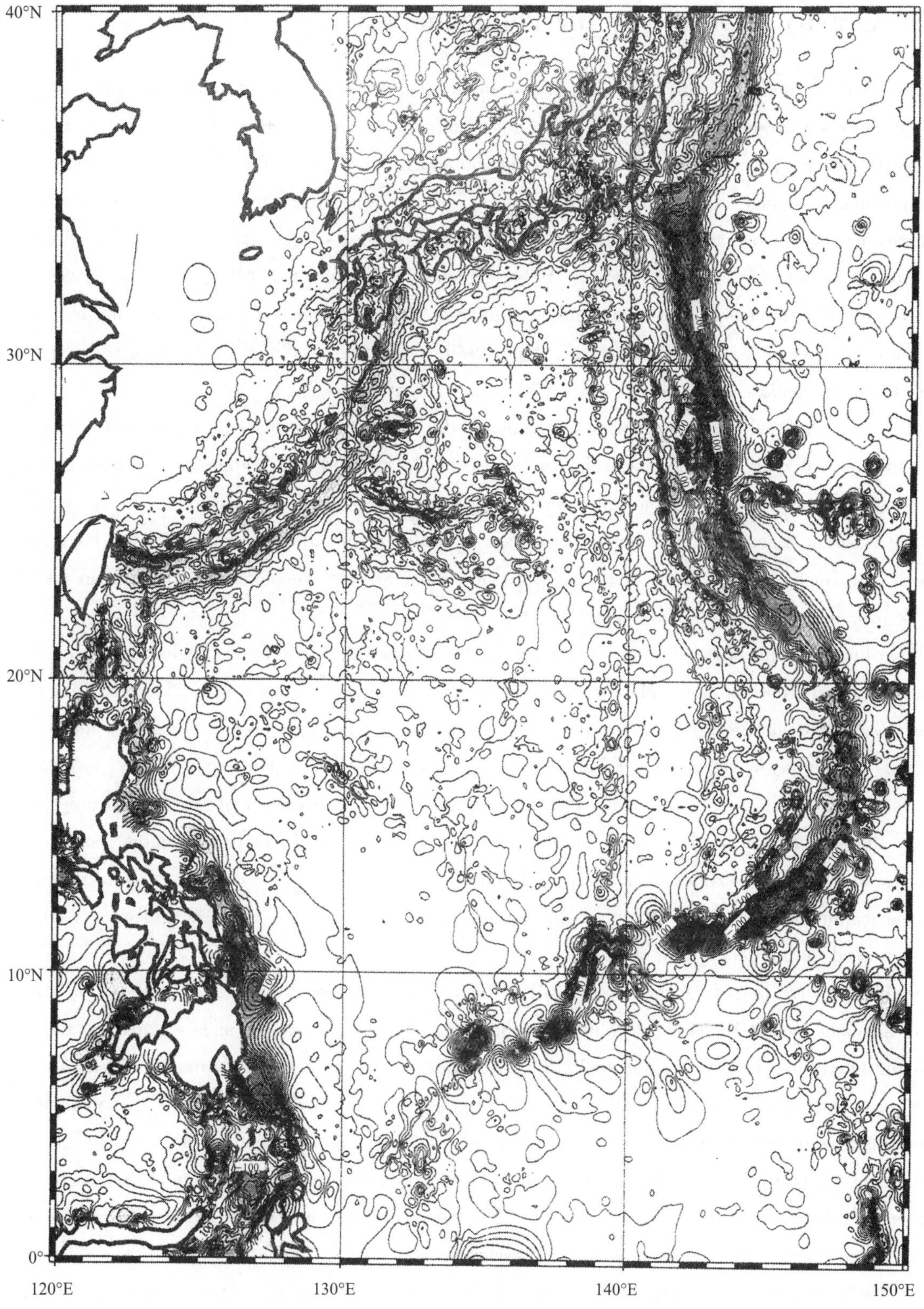

Fig. 1 Free-air gravity anomalies in and around the Philippine Sea compiled from sea surface gravity date (after Nakakuki and Fujimoto, 1991).

2 Gravity Anomalies in the Philippine Sea

Most striking free–air gravity anomalies in and around the Philippine Sea are those associated with the arc–trench systems surrounding the Philippine Sea. Large – amplitude, negative free – air anomalies run parallel to large positive anomalies of the island arc with the minimum axes of the anomalies being on the landward side of the topographic trench axis. These characteristics are known from the age of submarine gravity measurements. The outer gravity high seaward of the Ryukyu Trench is smaller than that of the Izu–Bonin Trench or Philippine Trench (Watts and Talwani, 1974; Tomoda and Fujimoto, 1981; Tomoda, 1983). These anomalies are interpreted to be dynamically maintained by subduction of slabs with negative buoyancy (Fujimoto and Tomoda, 1988; Matsu'ura and Sato. 1989). Outer gravity high of the Nankai Trough is small enough to be negligible.

The age of the seafloor is younger and consequently the water depth is shallower in the back–arc basin than that in the western Pacific Basin. Crustal thickness is much the same in both the areas, and free–air anomalies are only slightly positive in the former and slightly negative in the latter. These observations were explained by low–density structure in the upper mantle (reduced thickness of the lithosphere) under the back-arc basins (Segawa and Tomoda. 1976; Yang et al. ,1992). The same results were obtained by Chapman and Talwani (1982) over the Tonga arc–trench system.

From the viewpoint of free–air gravity anomalies. the Philippine Sea Plate is divided into three parts. The most easterly part, the Bonin and Mariana arcs, shows positive anomalies larger than 25 mgals. They are a part of positive gravity anomalies over the Circum–Pacific subduction zones. The positive anomalies might be partly attributed to subducting slabs. The Bonin arc consist of three ridges and show large positive free-air anomalies. The positive gravity anomalies over the Bonin Ridge are exceptionally large. indicating a special tectonic stress. Although southern part of the Mariana Ridge is associated with large positive free-air anomalies. the positive anomalies are not observed around 18°N. Prominent low–density structure is estimated in the upper mantle under the Mariana Arc around 18°N (Sager. 1980; Yang et al. ,1992). However, the strange anomalies need further geophysical mapping.

Slightly positive free-air anomalies prevail in the central part. the Shikoku and Parece Vela basins. The positive anomalies might be partly attributed to subducting slab stagnant in the mantle transition zone (i. e. , Fukao and Obayashi, 1992). The Parece Vela Rift, which is in the center of the Parece Vela basin and on the northem extension of the Yap Trench. shows negative free–air anomalies. In the center of the Shikoku basin is located Kinan seamount chain. which shows positive free–air anomalies corresponding to the seamount bodies.

The western part is the West Philippine basin bordered by the Kyushu-Palau Ridge to the east. Free–air anomalies are around–20 mgals in the central part of the basin. The clear contrast of the free–air anomalies at the Kyushu–Palau Ridge shows the effect of the difference in the ages and tectonic settings. The Central Basin Fault running NWW-SEE is an extinct spreading center in the West Philippine basin (Ben–Avraham et al. ,1972). The fault is well recognized in a map of gravity anomalies based on satellite altimetry (Sandwell et al. , 1944). The basin shows relatively calm and slightly negative free. air anomalies except the northern region of the Daito and Oki Daito ridges. Other gravimetric characteristics of the basin are similar to those of old ocean basins; deep broad basin with large negative gravity anomalies at deep sea trenches and positive anomalies seaward of the trenches. Outer gravity highs around +20 mgals are observed seaward of the Ryukyu Trench, and +20 to +40 mgals seaward of the Philippine Trench.

Free-air anomalies in the West Philippine Basin are nearly zero in the south of the Central Basin Fault and slightly negative in the north. This N-S trend of free-air anomalies as well as relatively large amplitude of the gravity high seaward of the Philippine Trench seems to be partly affected by the long wavelength gravity high centered on New Guinea.

Judging from the age-depth curve. the seafloor in the Philippine Sea is deeper than that of the normal ocean basin of the same age (Park et al., 1990). The same results are obtained if crustal structures are taken into account. The depth anomalies may partly be attributed to dynamic topography associated with a mantle flow as is shown by Kido and Seno (1994), but slightly negative free-air anomalies are expected in the whole Philippine Sea from this interpretation. Although stagnant slabs lying in the lower part of the upper mantle may have some contribution, further studies in seismic tomography and numerical simulations are needed to settle the problem.

The Philippine Sea Plate is surrounded by subduction zones except the Ayu Trough. which lies southwest of the Palau Trench. Recent geophysical surveys have revealed that the Ayu Trough was a divergent plate boundary, which has ceased spreading a few million years ago (Fujiwara et al., 1995).

3 Gravity Anomalies along the Philippine Sea Geotraverse at 18°N

Figure 2 shows profiles of free-air anomalies and density structure of the Mariana Arc and its vicinity along latitude 18°05′N obtained from successive inversion of "Residual Gravity Anomalies" (Yang et al., 1992). The Residual Gravity Anomalies are mantle Bouguer anomalies obtained from Bouguer anomalies by correcting for gravimetric effect of crustal structures. Because they used the revised crustal structure obtained by Hussong et al., (1982), their results seem to be more reliable compared with the earlier study by Sager (1980). Assuming a mean lithospheric thickness to be 80 km in the western Pacific, and density contrast between the lithosphere and the asthenosphere to be 0.05 g cm^{-3}, they estimate, in the regional sense, thickness of the lithosphere to be 20-40 km in the Parece Vela Basin and 50-60 km in the West Philippine Basin.

The figure also shows a low-density body in the upper mantle between the Mariana Trough and the East Mariana Ridge. This result is in contrast with mantle Bouguer anomalies across Northern Japan and the Japan Trench, which show a high density structure in the upper mantle beneath the well-developed continental crust.

Free-air anomalies are positive by several tens of milligals between the West and East Mariana Ridges, slightly positive in the Parece Vela Basin, and nearly zero in the West Philippine Basin. A narrow zone of negative free-air anomaly lies in the center of the Parece Vela Basin at the northward extension of the Yap Trench. The Kyushu-Palau Ridge runs intermittently. and is not prominent on the geotraverse line both in topography and in free-air anomalies.

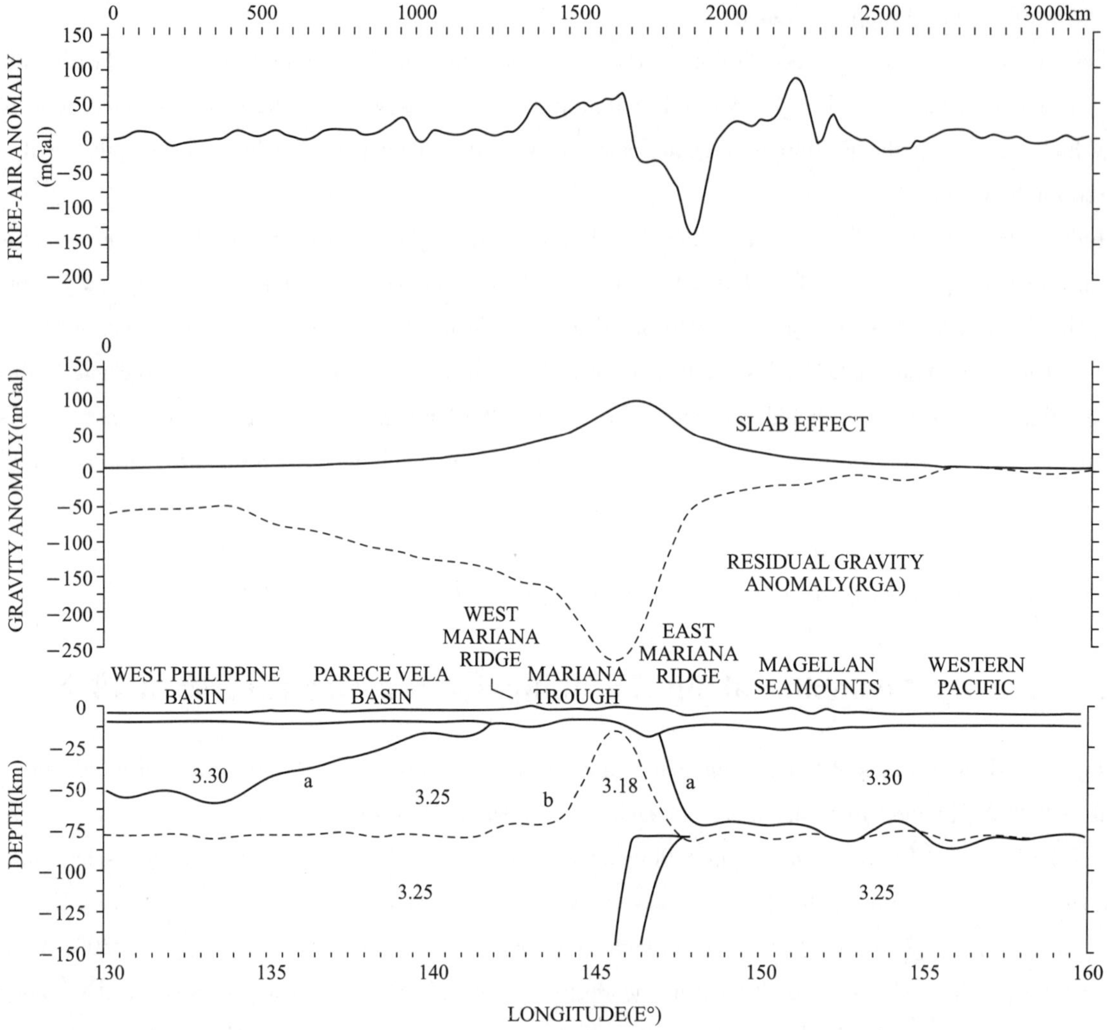

Fig. 2 Profiles of gravity anomalies and density structures along latitude 18°05′N (modified from Yang el al. ,1992). (Top) Profiles of the free-air anomalies. (Middle) Gravity effect of the descending slab assumed in the region on the bottom with a density of 3. 30 g/cm^3 (solid line) and the resultant residual mantle gravity anomalies (dotted line). (Bottom, *a*=Boundary between lithosphere (3. 30 g/cm^3) and asthenosphere (3. 25 g/cm^3); *b*=configuration of low-density body beneath the East Mariana Ridge.

REFERENCES

Ben - Avraham, Z. , J. Segawa, and C. Bowin, 1972, An extinct spreading center in the Philippine Sea, Nature, 240: 453-455

Bowin, C. , R. S. Lu, C Lee, and H Shouten, 1978, Plate convergence and accretion in Taiwan - Luzon region, Am. Assoc. Pet. Geol. Bull. , 62: 1653.

Bowin, C. , W. Warsi. and J. Milligan, 1981, Free-air gravity anomaly map of the world, Geo. Soc. Amet. Map and Chart Ser. , No. MC-45.

Bowin, C. , W. Warsi, and J. Milligan, 1982, Free-air gravity anomaly atlas of the world, Geo. Soc. Amer. Map and Chart Ser. , No. MC-46.

Chapman, M. E and M. Talwani, 1982, Geoid anomalies over deep sea trenches, Geophvs, J. R. Astron. Soc. , 68: 349-369.

Fujimoto, H. and Y. Tomoda, 1988, Gravity, In: Alan, E. M. et al. , The Ocean Basins andMargins, Vol. 7B, pp. 485-521.

Fujiwara, T. , K. Tamaki. H. Fujimoto et al. , 1995, Morphological studies of the Ayu Trough, Philippine Sea-Caroline plate boundary. Geophys. Res Lett. , 22: 109-112.

Fukao. Y. and M. Obayashi, 1992, Subducting slabs stagnant in the mantle transition zone, J. Geophys. Res. , 97: 4809-4822.

Fukuda, Y, P. Shi, and J. Segawa, 1993, Maps of geiod in and around Japan with JODC J-BIRD bathymetric chart in a scale of 1 : 1,000,000, Bull. Ocean Res. Inst. , Univ Tokyo, No. 31.

Ganeko, Y. , 1980, New determination of a marine geoid around Japan, Report of Hydrographic Researches, No. 15, 71-170.

Ganeko, Y. and Y. Harada, 1982, Gravity anomalies around Japan, Report of Hydrographic Researches, No. 17, 163-180.

Haxby. W. F. , 1987, Gravity field of the world's oceans, National Geophysical Data Center, NOAA, Boulder.

Horai, K. , 1982, A satellite alitimetric geoid in the Philippine Sea, Nature, 299: 117-121.

Hussong, D. M. , S. Uyeda, R. Knapp, H. Ellis, S. Kling, and J. Natland, 1982, Deep sea drilling project Leg 60: cruise objectives, principal results, and explanatory notes, In: Hussong, D. M. , Uyeda, S. et al. , Init. Repts DSDP, 60: Washington (U. S. Govt. Printing Office), PP. 3-30.

Ishihara, T. , 1983, Gravity filed around Japan-sea gravimetry by the Geological Survey of Japan. Mar. Geod. , 7: 227-256.

Ishihara, T. and T. Yamazaki。1991, Gravity anomalies over the Izu-Ogasawara (Bonin) and northern Mariana Arcs, Bull. Geol. Surv Japan. 42: 687-701.

Kasuga, S. , M. Hayashida, and Member of Continental Shelf Surveys Office, 1994, Publication of geomagnetic and gravity anomaly chart and characteristics of the magnetic anomalies in the southern waters of Japan, Res. Rept. Hydrog. Sur. , 30: 329-344.

Kido, M. and T. Seno, 1994, Dynamic topography compared with residual depth anomalies in oceans and its effect on age-depth curve, Geophgs. Res. Lett. , 21: 717-720.

Kumagai, N. , 1940, Studies in the distribution ofgravity anomalies in the northeast Honshu and the central part of the Nippon Trench, Japan, Jpn J. Astron Geophys. , 17: 477-551.

Maritime Safety Agency, 1994, Gravity anomaly chart of the adjacent Seas of Japan. No. 6302 - G, Maritime Safety Agency, Tokyo.

Matsu'ura, M. and T. Sato, 1989, A dislocation model for the earthquake cycle at convergent plate boundaries, Geophys. J. , 96: 23-32.

Nakakuki. T. andH. Fujimoto, 1991, Free-air gravity anomaliesin and around the Philippine Sea, J. Geography, 100: Color Plate p. 2 (in Japanese).

Park, C. H. , K. Tamaki, and K. Kobayashi, 1990, Age-depth correlation of the Philippine Sea back-arc basins and other marginal basins in the world, Tectonophysics, 181: 351-371.

Sager, W. W. , 1980. Mariana Arc structure inferred from gravity and seismic data, J, Geophys Res. , 85: 5382-5388.

Sager, D. T. , W. H. F. Smith, and M. M. Yale, 1994, ERS-1 Geodetic Mission reveals detailed tectonic structures, EOS Trans. AGU, 75, Fall AGU Meeting.

Segawa, J. and Y. Tomoda, 1976, Gravity measurements near Japan and study of the upper mantle beneath the oceanic trench-marginal sea transitionzones, In: Sutton, G. H. et al. , The Geophysics of the Pacific Ocean Basin and Its Margin, AGU Geophys. Monog. , 19: 35-52.

Segawa, J. and T. Matsumoto, 1987, Free air gravity anomaly of the world ocean as derived from satellite altimeter data, Bull. Ocean Res. Inst. , Univ. Tokyo, No. 25.

Stroev, P. A. (chiefeditor), 1985, Gravity map of the East China sea. Free air and Bouguer anomalies. Scale 1 : 2,000,000. Moscow, Mingeo REFSR, 4 sheets (in Russian).

Tomoda, Y. , 1973, Maps of free air and Bouguer gravity anomalies in and around Japan, Univ. Tokyo Press. Japan.

Tomoda, Y. and H. Fujimoto, 1981, Gravity anomalies in the western Pacific and geophysical interpretation on their origin. J. Phys. Earth, 29: 387-419.

Tomoda, Y. and H. Fujimoto, 1982, Maps of gravity anomalies and bottom topography in the Western Pacific and Reference book for gravity and bathymetric data, Bull. Ocean Res, Inst. , No. 14, 1 59 pp.

Tomoda, Y. , 1983, Marine geodesy of the northwestern Pacific. Mar. Geod. , 7: 11–38.

Watts, A. B. , 1976, Gravity field on the No rthwest Pacific Ocean basin and its margin: Philippine Sea, Geol. Soc. Amer. Map and Chart Ser. , No. MC–25.

Watts. A. B. and M. Talwani. 1974. Gravity anomalies of deep sea trenches and their tectonic implications, Geophys. J. R. Astron. Soc. ,36:57–90.

Yang, C. S. , J. Segawa, and Y. Fukuda, 1992, Density structure of the Mariana Arc and its vicinity obtained from successive inversion of the gravity anomaly, Tectonophysics, 206: 325–339.

张北-尚义地震区及其邻区地壳上地幔结构*

赵国泽　刘国栋　詹　艳　江　钊　刘铁胜
汤　吉　王继军　李文军　梁竞阁

摘　要　对张北-尚义地震区及其邻区的深部结构的研究表明，张家口-蓬莱构造带与其两侧的山西裂谷系、华北裂谷盆地和燕山褶皱带相比，具有低阻性质，地壳内的速度界面及莫霍面的深度分布显示出明显的不同。以延怀盆地为界，把张家口-蓬莱构造带分成西北和东南两段。最新的大地电磁观测研究表明，张北-尚义地震区电性结构与周围有一定差别，壳内有一近 NNW 向构造，主震和绝大多数余震都发生在壳内低阻带以上。

主题词：　地壳　上地幔　大地电磁测深　张家口-蓬莱构造带　张北-尚义地震

引　言

张北-尚义地震位于中朝地台的二级构造单元内蒙地轴内，震区被第三纪玄武岩覆盖。其北侧由开源-赤峰深断裂与内蒙褶皱系相隔，其南侧即为尚义-崇礼断裂，断裂以南分布有燕山褶皱带、华北裂谷盆地、山西裂谷系和鄂尔多斯块体（图 1）。

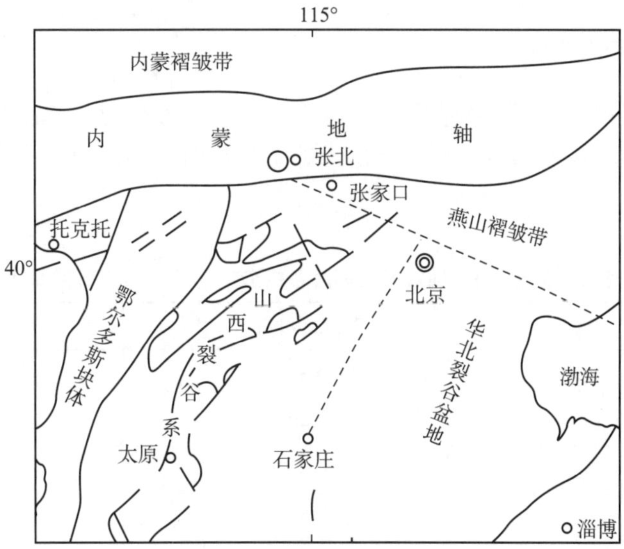

图 1　张北-尚义震区及其邻区构造分区简图

* 本文原载于《地震地质》，1998，20（2）：155～164。国家地震局“八五”攻关项目（859070203）和国家自然科学基金资助（49374205）；国家地震局地质研究所论著 98B0017。

自20世纪70年代以来，对上述地区分别进行了不同程度的地震测深、大地电磁测深等探测研究（Liu et al.，1983；国家地震局地质研究所，1984；曾融生等，1985；赵国泽等，1986；国家地震局《深部物探成果》编写组，1986；马杏垣等，1989；江钊等，1990；孙武城等，1992；孙洁等，1993；白登海等，1993），“八五”计划期间，作为国家攻关项目对北京及京西北地区地壳上地幔构造、深源岩石参数及其孕震环境的研究①，获得了张北-尚义地震区以南的广大地区较详细的研究结果（赵国泽等，1997；Zhao et al.，1997；张建狮等，1997；张先康等，1998）。

张北-尚义地震以后，我们赶赴地震现场，在“八五”期间已经观测的测点（511测点）及震中区新布设的测点（梅茂村MMC）分别进行了大地电磁重复观测和连续观测，获得了地震前后地下电阻率变化的数据，补充了尚义-崇礼断裂以北无大地电磁测点的空缺，并研究了张北-尚义地震区的地壳结构。

1 张北-尚义地震区及周围地区地壳上地幔结构的区域特征

至今，至少已有10多条地震测深剖面、10多条大地电磁测深剖面和3条地学综合断面（GGT）穿过地震区及周围地区不同的构造单元。研究表明，上述不同的二级构造单元之间的地壳上地幔结构有较大的差别，存在较显著的横向不均匀性，甚至在同一个二级构造单元内部也存在差异。

1.1 地壳结构

华北地区地壳速度结构通常分为上、中、下3层。上地壳除表层沉积盖层外，速度值一般为5.6～6.2km/s，随深度增加而增大，相当于花岗岩、石英云母片岩组成，厚度一般为14～16 km。中地壳速度值一般为6.3～6.4 km/s，厚度一般为7～9 km，山区略厚一些，相当于片麻岩组成。下地壳可进一步分为两层，上层速度值一般为6.4～6.6 km/s，厚5～11 km，相当于中酸性麻粒岩组成，下层速度值为6.6～7.0 km/s，厚5～9 km，山区相对较厚，相当于中性麻粒岩至基性麻粒岩组成。莫霍面和上地幔顶部的速度值一般为8.0 km/s，向下有小的速度梯度②。

1.2 地壳厚度和岩石圈厚度

不同构造单元的表层构造与深层构造有一定对应关系。一般情况，基底起伏与莫霍面深度成镜像关系，即基底坳陷区对应莫霍面隆起，基底隆起区对应莫霍面坳陷。地壳厚度与大地电磁方法确定的岩石圈厚度变化基本同步（表1）。

表1 张北-尚义地震区及邻区各构造单元地壳和岩石圈厚度

构造单元	地壳厚度/km	岩石圈厚度/km
华北裂谷盆地	30～34	70～80
燕山褶皱带	32～40	～100
山西裂谷系	35～42	100～140
鄂尔多斯块体	40～42	120～130
内蒙地轴（含张北-尚义地震区）	40～42	～100
内蒙褶皱系	>42	～130

① 刘国栋等，1995，工作区地壳上地幔构造、物性、深源岩石参数及其与孕震环境的研究。

② 刘国栋等，1995，工作区地壳上地幔构造、物性、深源岩石参数及其与孕震环境的研究。

可以看出，张北-尚义地震所处的内蒙地轴与其南北两侧其他构造单元相比．地壳厚度、岩石圈厚度具有过渡性质。这些结果与其他地球物理资料也有较好的对应关系。例如，大地热流、地温梯度的分布，在华北坳陷最高，热流值可达70 mW/m^2 左右，而内蒙褶皱系较低，约40～50 mW/m^2。张北-尚义地震所在的内蒙地轴显示为过渡性质（王钧等，1990）。

1.3 壳内低阻带和低速带分布

壳内低阻带和壳内低速带具有不同的成因机制，因而它们并不都是同时存在的。当二者同时存在时，则可能是由于壳内流体如部分熔融的岩浆或矿物的脱水所致。

在上述各构造区内，大多数情况下，二者发育的位置基本对应，偶而在某些地区它们的深度略有一些差别。比如有的地区，壳内出现上、下两个低速带，但却只有一个低阻带出现。其原因可能是，当出现上、下两个低阻带时，由于二者之间的高阻带较薄，相对于电磁波是透明的，电性上反映不出来，只显示一个低阻带。

低阻-低速带的分布也不均匀。如在华北裂谷盆地和山西裂谷系的断陷盆地内，壳内低阻-低速带较发育，并且沿着张家口-蓬莱构造带及其两侧发育比较普遍。低阻-低速带的深度一般在平原区或山间盆地区较浅，如华北裂谷盆地和山西裂谷系的断陷内一般为10 km左右，在隆起区较深或不甚发育。

研究表明，低阻-低速带的存在往往与流体的存在有关，而流体是地壳内最活跃的物质成分，因而地震活动性与地壳内流体的关系值得进一步研究。

2 张家口-蓬莱构造带的地壳上地幔结构与张北-尚义地震

地震测深、大地电磁测深等多种资料表明，张家口-蓬莱构造带是岩石圈断裂构造带，是速度和电阻率变化的重要边界（Zhao et al.，1997；张先康等，1998）。许多6级以上地震沿着张家口-蓬莱构造带分布，7级以上的地震又多发生在张家口-蓬莱构造带与其他NNE（或NE向）地震带的交会处，张北-尚义6.2级地震就是发生在张家口-蓬莱构造带与山西裂谷系的交会处。

近年来在这一地区开展了大量的地球物理勘探工作．对张家口-蓬莱构造带的地壳上地幔结构进行了分析研究（图2）。

2.1 电性结构

穿过张家口-蓬莱构造带的大地电磁解释剖面显示，构造带对应有明显的电性异常。图3（a）是沿YH6剖面对大地电磁资料进行二维反演得到的电阻率结构剖面。可以看出，在602和313测点之间，以及在605和606测点之间，分别存在电阻率变化的边界（电阻率等值线梯度带），如图中黑虚线所示。在两个边界之间，自地表至深100 km以下的电阻率明显地比两侧的电阻率低，电阻率极小值小于100 Ω·m，出现在约10 km以下，厚约几千米。而在西南和东北两侧的高电阻区，电阻率值在1000 Ω·m以上，极大值可达10000 Ω·m以上。在这两个边界之间的地带（与张家口-蓬莱构造带相对应），即怀来县城及其以北，水平宽度约40 km，并随深度增加逐渐变宽。其南侧的边界，可向下延伸至100 km以下；北侧的边界较浅，约达40 km，即莫霍面附近。在莫霍面以下，低阻带继续向北横向延伸。

剖面YH7的二维电性结构（图3（b））显示出与剖面YH6相似的结果。与张家口-蓬莱构造带相对应（延庆附近及其以南）出现岩石圈低阻带，其西南边界可向下延伸至100 km以下，东北边界深至40 km左右。低阻带内的电阻率极小值出现在约20 km深度左右，厚度大于YH6剖面的低阻带的厚度，电阻率值小于YH6剖面的数值。张家口-蓬莱构造带的宽度与YH6剖面相当，约40 km，并随深度逐渐加宽。东北侧莫霍面以下的低阻带继续向北东延伸。

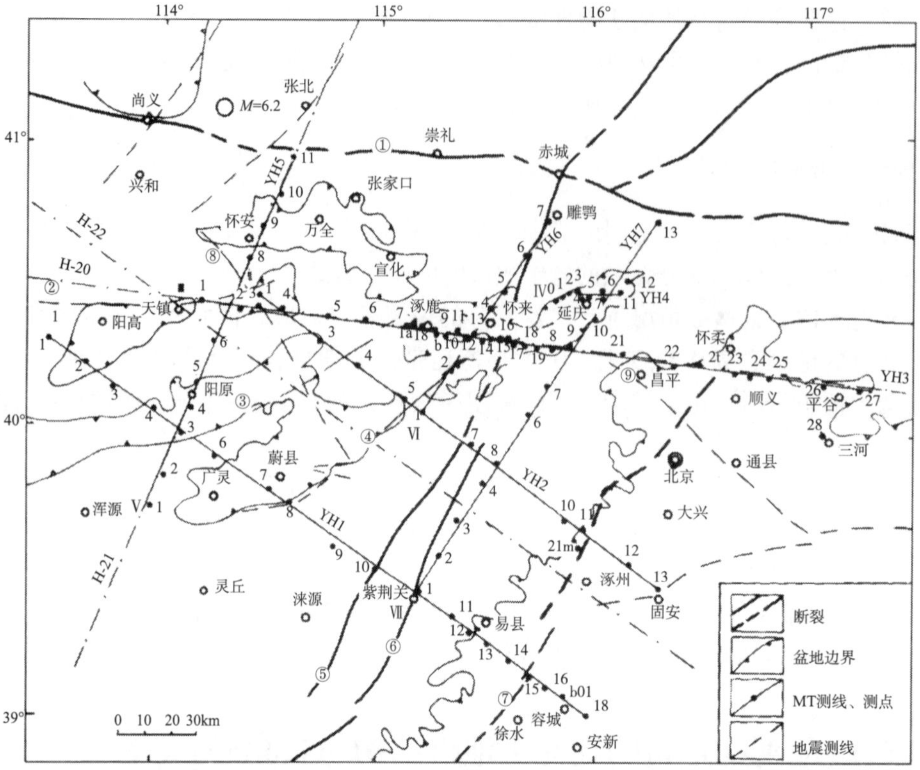

图 2　大地电磁测深剖面和地震宽角反射/折射剖面的分布图

①尚义-崇礼断裂；②天镇断裂；⑧桑干河断裂；④蔚县-延庆断裂；⑤上黄旗-乌龙沟断裂；⑥紫荆关断裂；⑦太行山前断裂；⑧马市口-松支口断裂；⑨南口-孙河断裂

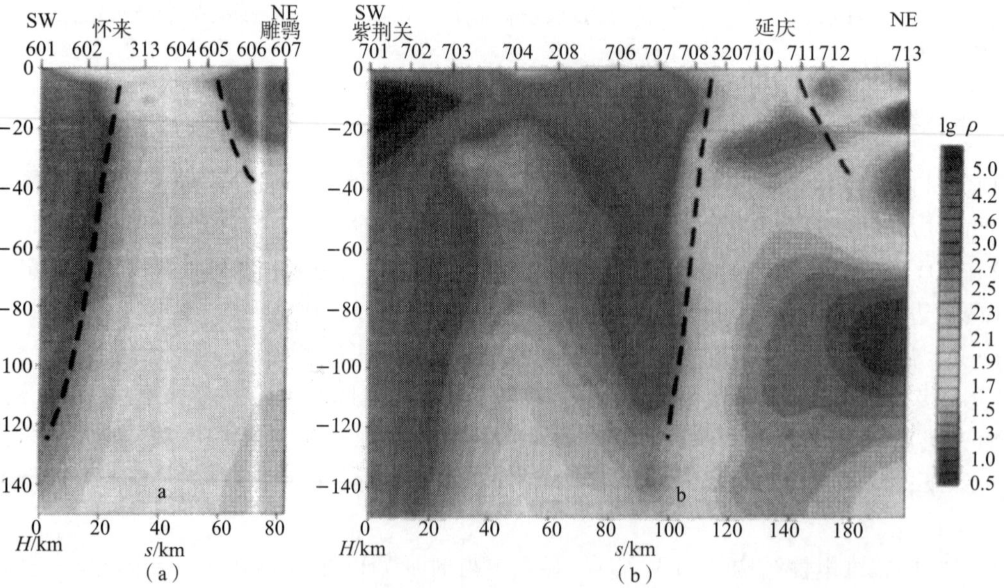

图 3　穿越张家口-蓬莱构造带 HY7 的剖面（a）和剖面（b）的二维电性结构

等值线上的数值代表电阻率（单位：Ω · m）的对数（下同）；虚线表示张家口-蓬莱构造带的南、北边界根据7条剖面的电阻率结构构制了区域的不同深度的电阻率分布图（图4）。由图可见，沿张家口、怀来、三河一线的张家口-蓬莱构造带的电阻率异常，在深度为15 km（图4（a））、30 km（图4（b））、50 km（图4（c））和110 km（图4（d））的平面分布图中都清楚可见。

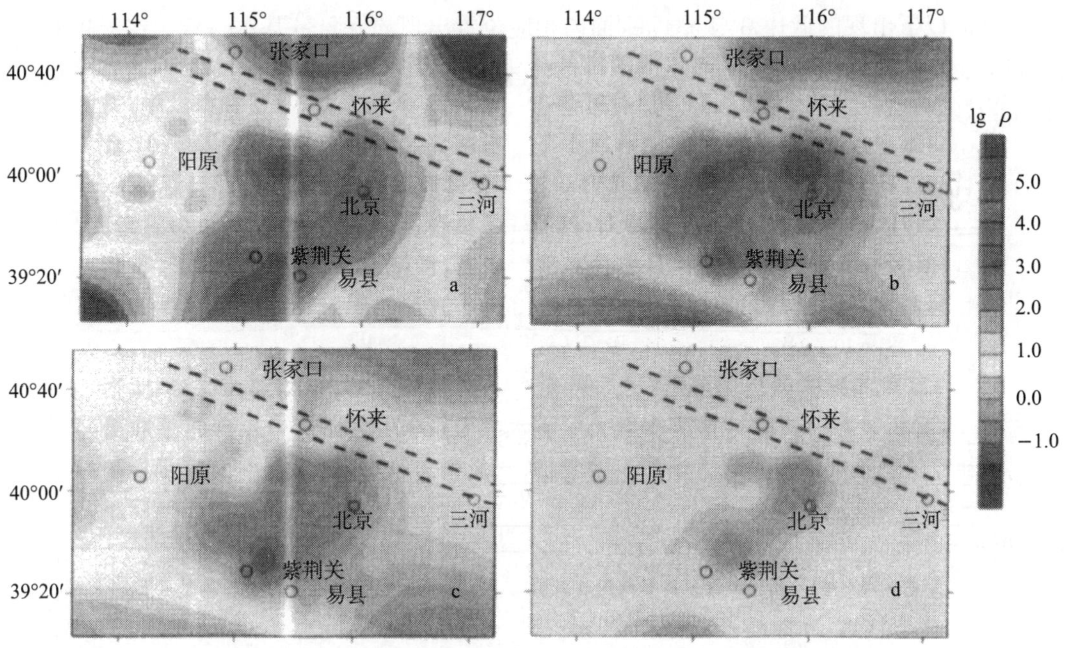

图4　张家口-蓬莱构造带及其周围地区不同深度电阻率分布图

（a）15 km深度；（b）30 km深度；（c）50 km深度；（d）110 km深度；虚线表示张家口-蓬莱构造带的位置

不同深度的电阻率分布图显示如下特点：①张家口-蓬莱构造带以北的相对高电阻区与燕山褶皱带对应；张家口-蓬莱构造带以南则由山西裂谷系和华北裂谷盆地两个构造单元组成，两个单元的边界大体在北京至易县一线东侧，呈NE至NNE走向。②在15 km深度，电阻率的横向差异较大，电阻率的极大值出现在燕山褶皱带和山西裂谷系东部的紫荆关岩浆带邻近地区，电阻率极小值出现在华北裂谷盆地和山西裂谷系西部的阳原-蔚县盆地附近。随着深度的增加，电阻率总体减小，其横向差异也逐渐减小，如110 km深度，紫荆关岩浆带的电阻率极大值及极大值的范围都明显小于其他深度的。说明随深度增加（温度的逐渐升高）电阻率逐渐减小，深部物质组成也趋向一致。③随深度的增大，如30 km、50 km和110 km深度的电阻率分布图中，北东或北北东构造线不如15 km深度的明显，在北东方向延伸的长度变短，但北西至北西西向张家口-蓬莱构造带却始终存在。说明张家口-蓬莱构造带属于整个电性岩石圈的构造边界。而且，在其南侧阳原—易县一线以南的位置，显示出另一个北西至北西西向的构造线。④大约在怀来盆地附近，张家口-蓬莱构造带被分成西北和东南两段，西北段向南错开，东南段向北错开，说明张家口-蓬莱构造带具左旋错动性质①。⑤在张家口-蓬莱构造带西北端以南的阳原-蔚县盆地附近，地壳范围内（15 km和30 km深度的分布图中）发育有低阻带，并与张家口-蓬莱构造带低阻带连为一体。这里位于山西裂谷系的北部，有大同火山群分布，因而推测它可能与部分熔融物质有关。这些特点构成了该地区特殊的地震构造环境，在其南侧发生了1989年的6.1级大同-阳高地震（Zhao，et al.，1997），北侧于张家口-蓬莱构造带西北端的北边缘又发生了1998年1月10日的张北-尚义6.2级地震。

---

① 刘国栋等，1995，工作区地壳上地幔构造、物性、深源岩石参数及其与孕震环境的研究。

2.2　速度结构

地震宽角反射/折射剖面 H-21，与大地电磁剖面 YH5 剖面基本一致，向北穿过了尚义-崇礼断裂进入内蒙地轴。尚义-崇礼断裂大体与张家口-蓬莱构造带低阻带的北界对应（图 5）。尚义-崇礼断裂的南侧约 10 km 以下出现的低速带与 YH5 剖面内相应位置出现的低阻带基本一致。在天镇断裂与桑干河断裂之间上、下地壳分别出现的低速带与阳原-蔚县盆地内的壳内低阻带相对应。说明速度结构与电性结构有相当好的一致性。

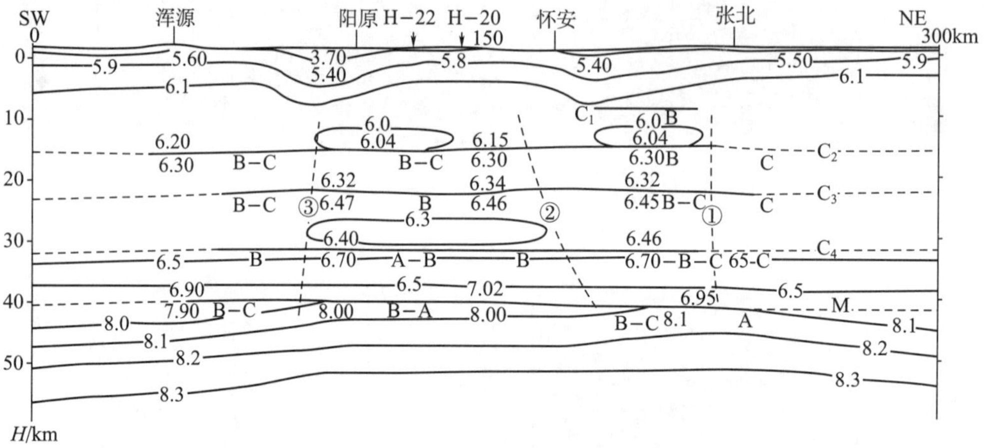

图 5　H-21 剖面地壳速度结构（据张先康，1998）

①尚义-崇礼断裂；②天镇断裂；③桑干河断裂

尚义-崇礼断裂以北的地壳速度结构与以南的有较大差别，壳内无明显低速带存在，下地壳下层的速度比断裂南侧的速度值小。与尚义-崇礼断裂对应的上地幔顶部存在上拱现象。

根据各条地震剖面的速度结构，构制了上地壳底界，中地壳底界和莫霍面深度图（张先康等，1998）。它们都清楚地显示了张家口-蓬莱构造带的存在。上地壳底界深度图显示，张家口-蓬莱构造带将 NEE-NE 向构造线截断，并以延怀盆地为界，把张家口-蓬莱构造带又分成东南和西北两段。在东南段，西南侧的界面深度（约 16～18 km）比东北侧（13～16 km）的深，而在张家口-蓬莱构造带内界面变浅。在西北段，西南侧的深度（16～17 km）比东北侧的（约 17 km）略浅。中地壳底界面深度在张家口-蓬莱构造带及其两侧变化较平缓，该带的西南侧比东北侧稍有变深的趋势，落差（约 1 km）比上地壳底界面显示的深度落差（2～3 km）小。

图 6 清楚地显示张家口-蓬莱构造带将区域的 NNE 向莫霍面等深线截断。同样，延怀盆地把张家口-蓬莱构造带分成东南和西北两段。在东南段，张家口-蓬莱构造带内出现莫霍面向东南伸出的舌状构造，即显示带内比两侧深的趋势。而在西北段，出现东北侧比西南侧深的台阶。与前述的电性结构对应，在张家口-蓬莱构造带南侧沿阳原—易县一线也出现另一个 NW 向构造线，使张家口-蓬莱构造带和阳原—易县构造线之间呈现宽约 100 多千米的 NW 向条带，并有继续向北西方向延伸的趋势。

因此，总体上看，沿张家口-蓬莱构造带的莫霍面结构与上地壳底界面结构之间有较大的差别，说明下地壳与上地壳之间是解耦的，解耦层存在于中地壳范围内。张家口-蓬莱构造带又是其北侧燕山褶皱带和南侧的山西裂谷系与华北裂谷盆地之间的“活动”边界。研究表明，张家口-蓬莱构造带具有左旋性质（高文学等，1993），而沿张家口-蓬莱构造带上地壳底界深度比两侧浅，推测是由于拉张作用使上地壳比两侧薄，故认为上地壳具左旋拉张性质。相反，沿张家口-蓬莱构造带莫霍面有变深的趋势，说明由于挤压作用使整个地壳变厚，即中、下地壳沿张家口-蓬莱构造带是加厚的，因此认为下地

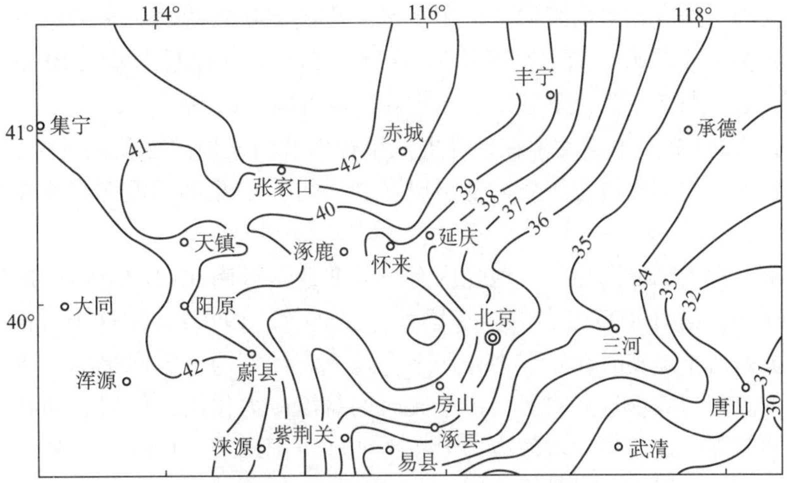

图 6　莫霍面深度等值线图（据张先康等，1998）

壳具有一定挤压特点的左旋性质。张北-尚义地震就发生在电性和速度结构明显变化的张家口-蓬莱构造带东北侧附近，与沿张家口-蓬莱构造带其他地震的深部构造背景类似（Zhao et al.，1997）。

3　张北-尚义地震区的深部结构

张北-尚义地震后，笔者于 1 月 13～21 日在 YH5 剖面的 511 测点和震中梅茂村测点（MMC）进行了大地电磁观测。梅茂村测点位于尚义-崇礼断裂以北的内蒙地轴上。通过对观测资料反演构制了地下电性结构（图 7）。

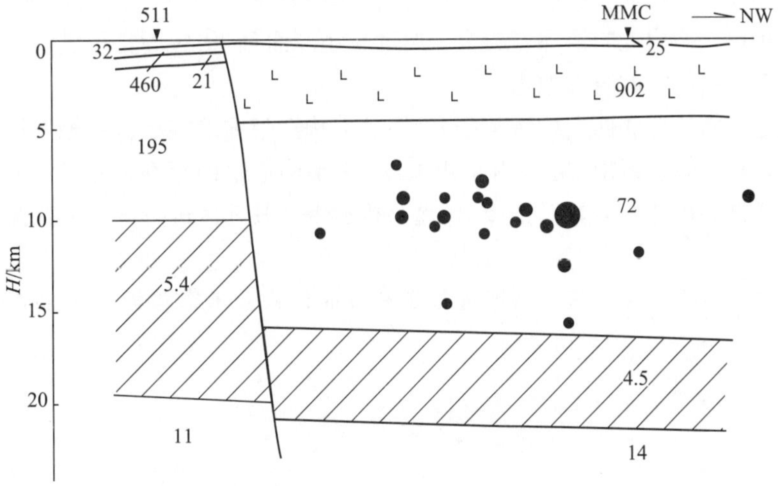

图 7　511 测点和梅茂村（MMC）测点电性结构剖面及震源深度分布图

震源深度引自北京台网的资料

由图 7 可见，震中梅茂村（MMC）及其以南 511 测点的地壳电性结构大致可分出 7 层。第 1 层电阻率为几到几十欧姆·米，厚度几十到几百米，相当于地表的风化层和松散盖层；第 2 层电阻率为 100 至几百欧姆·米，厚度约 300 m；第 3 层电阻率约 20 Ω·m，厚度 500～1000 m，相当于地下含水层。

第4层为高阻层，电阻率约1000 Ω · m，厚约4 km，仅出现在梅茂村测点（MMC），推测相当于第三纪玄武岩层。第5层为上地壳相对高阻层，电阻率约几十到100多欧姆 · 米，厚10 km左右。第6层为壳内低阻层，电阻率为几欧姆 · 米，厚度几到10 km，511测点较厚，埋深10 km左右，MMC测点较薄，埋深16 km左右。第7层为次低阻层，出现在壳内低阻层以下。

上述结果表明，张北-尚义地震发生在地壳电性结构出现明显横向变化的地区，同时，张北-尚义地震主震及大多数较大余震的震源位于壳内低阻层以上（图7），说明地震多发生在电阻率较高的脆性上地壳内。

另外，大地电磁电性主轴方向显示，地壳内有一北北西至近南北向的电性构造带，沿这个方向在地震时电阻率明显减小，沿其垂直方向电阻率增大（汤吉等，1998）。在这个方向上（近北北西向）电阻率的减小，可能是由于地震时在张应力作用下，地下流体沿这个方向聚集，使流体的体积含量增大，引起电阻率降低。而与其垂直方向上，由于震时的挤压应力作用，使岩石的孔隙度缩小，流体含量减小，导致电阻率升高。这与华北地区应力分布特征（丁国瑜等，1991）一致，可以推测，地壳内的流体在地震孕育和发生过程中起了重要作用。

4 讨　论

区域性地壳上地幔结构研究表明，地震经常发生在地壳上地幔结构出现明显横向变化的地带（如沙城地震，*M* 7.0，1720；邢台地震，*M* 7.2，1966；大同-阳高地震，*M*6.1，1989），这次张北-尚义地震（*M*6.2，1998）也是发生在这种变化带上。

对北西向张家口-蓬莱构造带深部结构的研究表明，张家口-蓬莱构造带是深达岩石圈范围的低阻带，张北-尚义地震就发生在张家口-蓬莱构造带北侧的边缘。沿张家口-蓬莱构造带及其邻区，地壳的上部和下部是相互解耦的。因此，张家口-蓬莱构造带对于张北-尚义地震的孕育和发生有重要作用。

最近的观测研究表明，张北-尚义地震区地壳内约15 km深度以下，存在壳内低阻层，与尚义-崇礼断裂以南的地区相比，壳内低阻层深度较大，厚度较小。而且张北-尚义地震的主震和大多数较大的余震都发生在壳内低阻层以上的脆性地壳内。

关于在地震区地壳内的北北西向构造与张家口-蓬莱构造带在地震孕育和触发过程中的作用，有待对张北-尚义地震区进一步的探测研究。由于张家口-蓬莱构造带的存在，张北-尚义地震后，是否出现地震向东南方向迁移的可能，需要对张家口-蓬莱构造带及其邻区进行全面的探测研究。

撰写论文过程中，与徐常芳、邵学忠等进行了有益的讨论，张家茹提出了宝贵的意见，在此一并表示感谢。

参 考 文 献

白登海、张丽、孔祥儒，1993，内蒙古东部古生代块体碰撞区的大地电磁测深研究，地球物理学报，36（6）：773～783。

丁国瑜主编，1991，中国岩石圈动力学概论，北京：地震出版社。

高文学、马瑾主编，1993，首都圈地震地质环境与地震灾害，北京：地震出版社。

国家地震局地质研究所大地电磁测深组，1981，北京平原地区大地电磁测深结果，大地电磁测深，北京：地震出版社，74～79。

国家地震局《深部物探成果》编写组，1986，中国地壳上地幔地球物理勘探成果，北京：地震出版社。

江钊、孙洁、徐常芳等，1990，江苏响水—内蒙满都拉地壳上地幔电性结构初探：地学断面研究报道之三，地震地质，12（3）：193～206。

马杏垣主编，1989，中国岩石圈动力学地图集，北京：中国地图出版社。

孙洁、史书林、江钊等，1993，山西临汾盆地及外围地区大地电磁与地壳构造活动研究，见：马宗晋主编，山西临汾地震研究与系统减灾，北京：地震出版社。

孙武城、徐杰、杨主恩等，1992，上海奉贤至内蒙古阿拉善左旗地学断面，北京：地震出版社。

汤吉、赵国泽、詹艳等，1998，张北-尚义地震前后电阻率的变化及分析，地震地质，20（2）：164～171。

王钧、黄尚瑶、黄歌山等，1990，中国地温分布的基本特征，北京：地震出版社。

曾融生、张少泉、周海南等，1985，唐山地震区地壳结构及大陆地震成因的探讨，地震学报，7（2）：125～142。

张建狮、祝治平、张先康等，1997，山西高原北部地壳上地幔地震波速结构与深部构造，地震地质，19（3）：220～226。

张先康、祝治平、张成科等，1998，张家口-渤海地震带及其两侧地壳上地幔构造与速度结构研究，见：国家地震局地质研究所编，活动断裂研究（6）. 北京：地震出版社。

赵国泽、刘铁胜、江钊等，1997，山西阳高-河北容城剖面大地电磁资料的二维反演解释，地球物理学报，40（1）：38～46。

赵国泽、赵永贵，1986，华北平原盆地演化中深部热、重力作用初探，地质学报，（1）：102～113。

Liu Guodong, Liu Changquan, 1983, Structure of crust and upper mantle and their relation to Cenozoir tectonlsm in northernpart og North China, Scientia Sinica, 26 (5): 550-560.

Zhao Guoze, Jiang Zhao, Liu Guodong, et al, 1997, Two-dimensional inversion and interpretation of magnetotellurie data in a seismic active area of northern part of North China, Proc 30th Int'l Geol Congr, 20: 69-82.

华北地壳结构的三维探测和研究*

张先康 刘国栋 刘泰升 杨卓欣 张成科 赵金仁
杨 健 宋建立 祝治平 高泉生

摘 要 本文讨论了在华北东部实施的三维深地震测深数据采集观测系统和资料处理方法。与传统的二维宽角反射-折射剖面技术相结合，可以更有效地研究区域性地壳结构，特别是确定壳内深断裂和低速层的空间展布特征。

关键词： 三维空间地震测深 观测系统 解释方法

引 言

地壳结构的探测研究中，深地震测深方法至今仍然是最有效的方法（国家地震局“深部物探成果编写组”，1986；国家地震局科技监测司，1988）。目前被广泛采用的二维宽角度反射-折射剖面技术能够有效地获得区域性的地壳分层构造和层间速度分布特征。其不足之处在于观测是在沿剖面的二维空间中进行的。因此，对于地壳结构复杂的区域其空间分辨尚显不足，而恰恰就是这些结构的三维复杂性对于地壳动力过程和资源背景的研究有着特殊的重要性（刘光鼎、郝天珧，1998）。此外，传统的二维地震测深资料解释过程，本质上仍然是正演拟合的过程，解释者的意图常过多地被带入到结果中去。弥补上述二维深地震测深方法不足的有效途径之一，是发展三维空间地震测深技术。采用三维数据采集的观测系统，利用三维层析技术，以求获得区域地壳三维分层结构和层间三维速度分布图像。Kanasewich 等给出了利用空间深地震测深资料重建莫氏面三维构造的方法（Kanasewich and Chiu，1985）。我们在其方法的基础上，进一步提出了地壳三维构造和三维速度分布的联合反演方法，并在华北济阳坳陷地区实施了三维地震测深观测。给出了该地区地壳三维构造和结构图像。

1 测区地质构造背景和三维深地震测深观测系统

1.1 地质构造背景

测区位于山东胜利油田范围内。它属于华北平原新生代裂谷盆地的一部分，自北而南跨越了冀中坳陷、沧县隆起、黄骅坳陷、埕宁隆起和济阳坳陷，进入鲁西隆起。各隆起和坳陷之间由断裂所分割，这些断裂控制着大小隆起区和坳陷区的边界和坳陷内的新生界沉积。研究区的主体部分为济阳坳陷，它是新生代断陷盆地，西邻埕宁隆起，南界鲁西隆起，北接渤中坳陷，东为郯庐断裂带所隔。区域构造为 NEE-EW 向，区内发育有大量的 NEE-NW 向正断层和部分 NW 向断层，把整个坳陷切割成凹陷和凸起等多个次级构造单元。济阳坳陷从始新世至中新世，特别是渐新世岩浆活动频繁（图 1）。

* 本文原载于《寸丹集——庆祝刘光鼎院士工作 50 周年学术论文集》，科学出版社，1998，715～720。

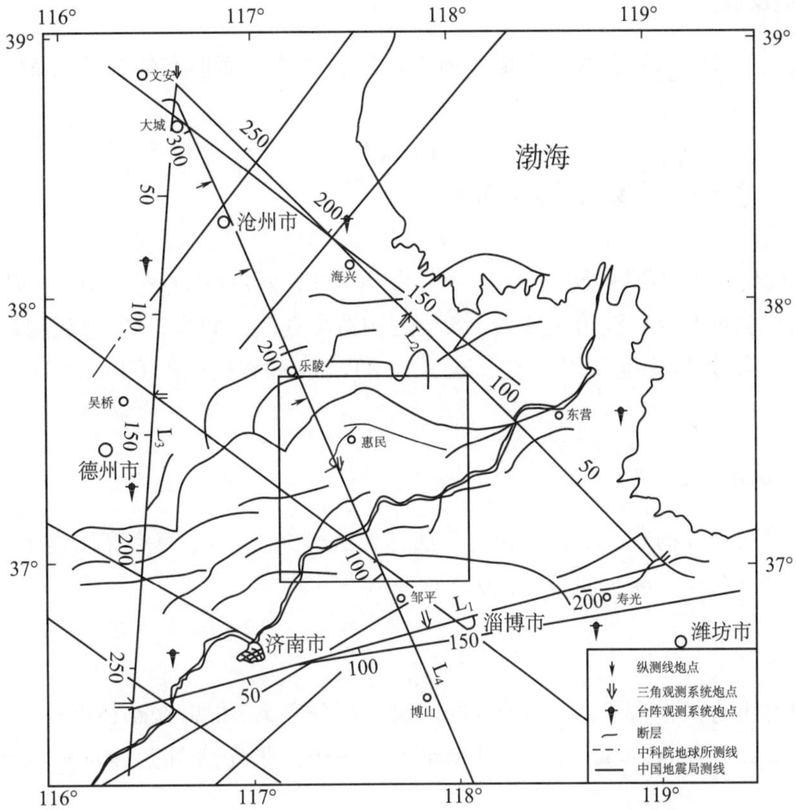

图1　华北三维深地震测深观测系统和测区构造略图

1.2　三维观测系统

为了研究该区地壳三维结构，实施了三维深地震测深数据采集观测系统①（图1）。该观测系统由边长约300 km的近似等边三角形三条边的三条测线（分别为L1、L2和L3测线），一条横穿研究区域的纵测线L4和一个中央观测台阵所组成。L4测线起着控制该区地壳基本结构的作用，并为三维地壳结构反演提供较为接近实际的初始模型。中央观测台阵主要是为研究台阵下中、上地壳的精细结构所设。三角形观测系统是为建立研究区三维地壳结构而设计的。本文将主要讨论三角形观测系统的结果。在三角形的三个顶点、每边的中点和三角形的中心位置的7个炮点上共进行了14次井中爆破，三条边同时布设地震仪器，以接收所有来自这7个炮点的14次爆破的地震信号。爆破次数之所以被加倍是为了移动每条边上的仪器以满足获得更密集的空间射线展布的需要。

2　三维地壳结构重建方法

假定地壳为分层结构，每层由若干断块组成，层间速度是三维非均匀分布的。正问题的计算（两点射线追踪）是在Chander方法的基础上改进的（Cbander，1977）。三维速度反演采用模型不分块的连续反演技术（Tarantola and Nercession，1984；Nercession et al.，1984）。

---

① 张先康等，1985，“应用深地震宽角反射-折射勘探技术研究深部地壳结构与构造——胜利油气区深部地壳结构与构造研究”课题报告。

2.1 三维构造反演

假定地壳各层反射波走时残差为 δt，描述地壳各层各块体界面形态的参数为 δP，则线性化后的正问题可表述为

$$\delta t = G\delta P \tag{1}$$

式中，G 为反射波走时对构造参数的偏微商矩阵。

失配函数定义为

$$S\ (\delta P_K)\ =\ (\delta t^0 - G\delta P_K)^{\mathrm{T}} C_d^{-1}\ (\delta t^0 - G\delta P_K)\ +\ (\delta P_K - \delta P_0)^{\mathrm{T}} C_m^{-1}\ (\delta P_K - \delta P_0) \tag{2}$$

式（2）中，δt^0 为观测反射波走时残差，δP_K 为构造参数改正向量，C_d 为观测数据协方差，C_m 为模型先验协方差。利用共轭梯度法可以获得使式（2）最小的迭代解（Tarantola，1986；杨卓欣等，1997）。

2.2 三维速度反演

三维速度反演是与三维构造反演利用松驰算法迭代进行的。令 δ_n 表示介质慢度扰动，相应的走时扰动在线性近似下可以写成（张先康等，1994）

$$H^i \delta n = \int_{R^i(n)} \mathrm{d}s^i \delta n(r^i) \tag{3}$$

式中，H^i 是第 i 根射线的积分算子，r^i 表示空间向量，积分沿第 i 根射线路径进行。

文献（Tarantola and Nercession，1984；Tarantola，1986；张先康等，1994）给出了式（3）的反演解

$$\delta n = C_n H^{\mathrm{T}}\ (C_t + HC_n H^{\mathrm{T}})^{-1} \delta t^0 \tag{4}$$

式中，C_t，C_n 分别为数据协方差算子和模型先验协方差算子，δt^o 为走时残差。与这些文献中不同的是，对于我们所考虑的问题，射线的积分路径应从源至接收点（杨卓欣等，1997）。

3 结 果

本区由 L4 纵测线得到的地壳主要震相有 Pg、PmP、Pn、Pc_1、Pc_2、Pc_3 和 Pc_4 等（图 2）。我们选择了反映本区主要地壳界面的反射震相 PmP、Pc_2 和 Pc_3 来进行三维地壳结构的重建。根据该区地质构造特征和 L4 纵测线的结果，地壳结构自北向南被分成五个块体。图 3 给出了三维构造的反演结果。该区莫霍面总体上呈现南北浅，中间深的近似马鞍形的构造形态，最深处在埕宁隆起之下，约为 36.6 km。这在华北是鲜见的。结果表明，在块 2 和块 3 之间，莫霍面存在 3.6～4.1 km 的落差，C_3 和 C_2 界面的落差分别为 3.2km 和 1.4 km，均呈北高南低之势，表明了该处存在切割地壳的深断裂，其位置与埕西断裂位置相应。同时块 3 也是本区地壳最厚之处。块 3 和块 4 分界的位置大约与埕南断裂相应，该处莫霍面显示出 3.0～3.3 km 的落差，南高北低，反映了该处壳内深断裂的存在。这些壳内深断裂和浅部断裂构成了复杂的深浅构造形式，控制着该区的构造格局。这两条高倾角壳内深断裂还显示出由深至浅逐渐变小的特征。

图 4 给出 20 km 深度的速度扰动切面。由图可见，在惠民凹陷和黄骅凹陷下存在着明显的低速异常。

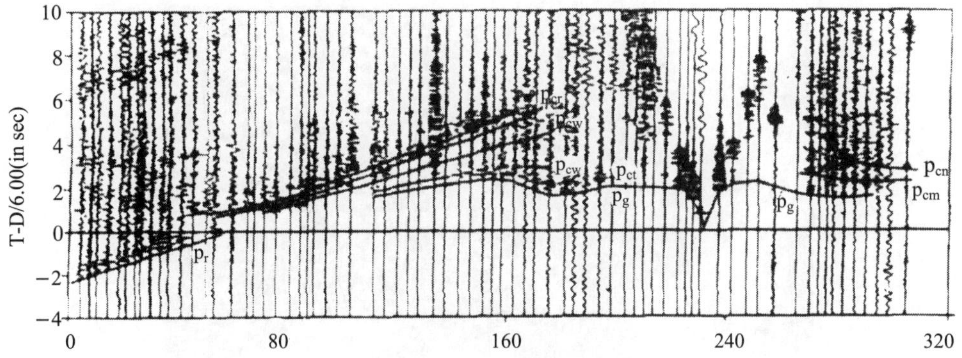

图 2　研究区地壳主要震相

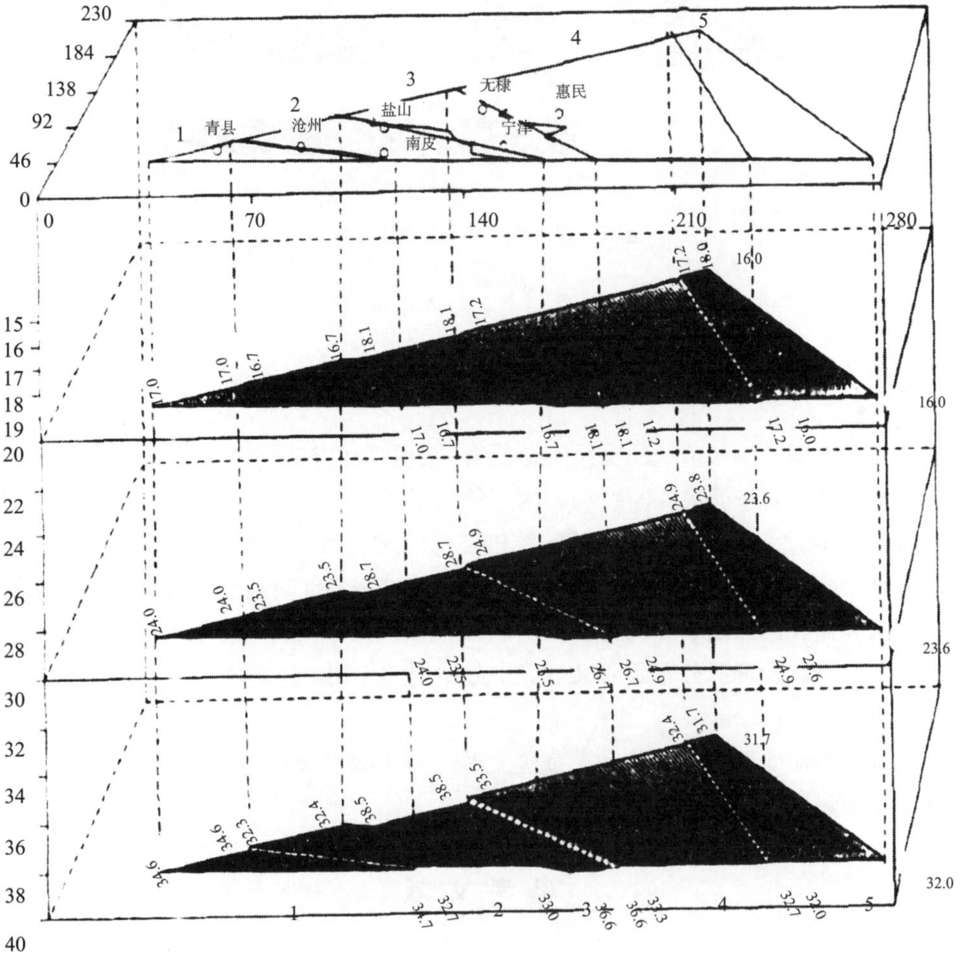

图 3　研究区地壳三维分块构造

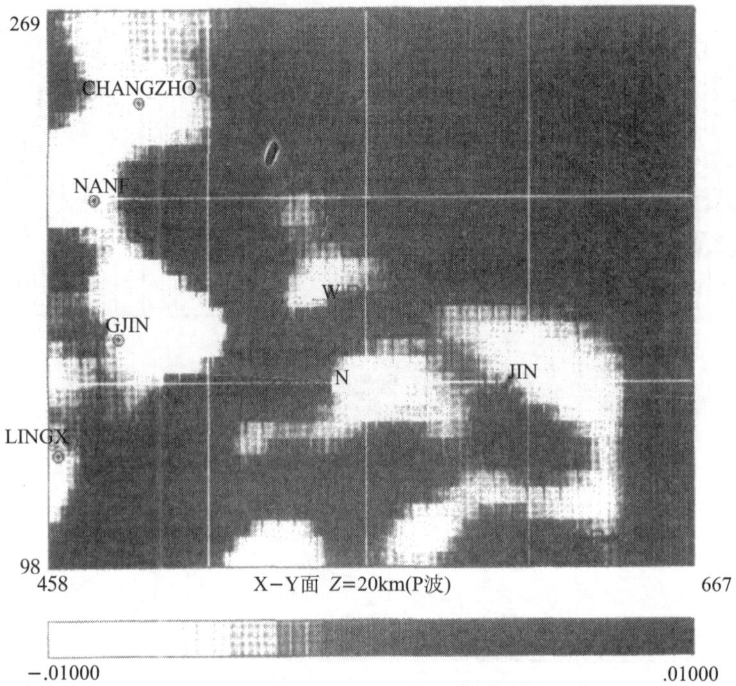

图4　20 km 深度处的速度分布

4 讨 论

三维空间深地震测深方法和传统的二维宽角反射-折射剖面方法的结合使用，使得获得较为详细的地壳结构成为可能。特别对于壳内深断裂和壳内低速层的确定变得依据更为充分。二维深地震测深主要是根据震相特点和走时正演拟合来推断深断裂和壳内低速层的存在与否，而三维空间测深可以通过三维反演和层析技术确定壳内深断裂和低速层的存在，并进一步推断其空间的走向、展布和发育程度，补充了确认的证据。而壳内深断裂和低速层的确认及其性质的研究，对于区域性地壳结构、地壳演化和动力过程、地震孕育以及资源分布研究又有着十分重要的作用。

本研究得到胜利石油管理局、中国地震局的资助。马宗晋院士、刘兴才教授提出了许多宝贵的意见。在此一并表示感谢。

参 考 文 献

国家地震局“深部物探成果编写组”，1986，中国地壳上地幔地球物理探测成果，北京：地震出版社。

国家地震局科技监测司，1988，中国大陆深部构造的研究新进展，北京：地质出版社。

刘光鼎、郝天珧，1998，中国的地质环境与隐伏矿床，地球物理学报，41：182～188。

杨卓欣等，1997，地壳三维构造反演和速度层析成像，地球物理学进展，12：41～52。

张先康等，1994，唐山滦县震区三维地震透射研究——中、上地壳速度层析成像，地球物理学报，37：759～766。

Chander, R. , 1997, On tracing seismic rays with specified end points in layers of constant velocity and plan interfaces. Geophys. Prosp. , 25：120-124.

Kanasewich, E. R. and Chiu, S. K. L., 1985, Least - squares inversion of spatial seismic refracion data. B. S. S. A., 75: 865-880.

Nercessian, A., Him, A. and Tarantola, A., 1984, Three - dimensional seismic transmission prospecting of the Mont Dore volcano, France. Geophys. J. R. astr. Soc., 76: 307-315.

Tarantola, A. and Nercession, A., 1984, Three-dimensional inversion without blocks. Geophys. J. R. astr. Soc., 76: 299-306.

Tarantola, A., 1986, Inverse problem theory, methods for data fitting and model parameter estimation. Elsevier Science Publ. Co., 506-528.

天山造山带与准噶尔盆地壳幔过渡带及其动力学含义*

赵俊猛　刘国栋　卢造勋　张先康　赵国泽

摘　要　利用小波分析方法对天山造山带与准噶尔盆地壳幔过渡带的反射波进行处理，获得了来自各个爆炸点壳幔过渡带反射波走时曲线。计算结果表明，沙雅-布尔津地学断面的壳幔过渡带根据其特点可以分为三段：塔里木盆地北缘、天山造山带与准噶尔盆地。塔里木盆地北缘的壳幔过渡带比较简单，主要由一级间断面构成；准噶尔盆地的壳幔过渡带也比较简单，除个别地段外皆以一级速度间断面过渡；天山造山带（尤其是北天山）的壳幔过渡带十分复杂，它由7～8个薄层叠合而成，层厚度2～3 km不等，层速度高低相间，总厚度近20 km，天山造山带与准噶尔盆地壳幔过渡带的结构特点及其两者之间的差异特征是天山造山带地球动力学“层间插入消减”模型建立的重要依据之一。

关键词：　小波分析　天山造山带　准噶尔盆地　壳幔过渡带

自1909年南斯拉夫地震学家Mohorovičic首次发现壳幔间一级速度间断面以来，很多学者对这一间断面的结构与性质进行了研究。20世纪60年代初期人们已经注意到了来自壳幔分界面的连续波列[1]。后来Fuchs等人提出了薄层束的概念。70年代期间提出了3种可能的壳幔结构模型[2]。到了80年代，随着近垂直反射剖面的开展，人们不仅确信壳幔间成层过渡，而且注意到了壳幔过渡带的变化特征[3]，不同的地质构造单元往往对应着结构特点不同的壳幔过渡带[4,5]。目前，小波分析技术已被成功地引进地震宽角反射/折射资料处理与解释[6]，使得从地震宽角反射/折射资料中提取壳幔过渡带详细信息成为可能，并由此发现了壳幔过渡带的结构特点与构造环境之间的内在联系[7]。

为考察天山造山带与准噶尔盆地岩石圈结构及其动力学过程，布设了沙雅-布尔津地学断面。该断面南起塔里木盆地北缘的沙雅，北至阿尔泰山南麓的布尔津，长995 km，宽100 km。它以北北东走向近于垂直地穿过天山褶皱系、准噶尔-北天山褶皱系和阿尔泰褶皱系；穿过具有缝合带性质的大型动力变形变质带，即鄂尔多斯动力变形变质带和博罗克努-阿其克库都克动力变形变质带；同时也穿过南、北天山地震带。该地学断面以合理、完整的观测系统对天山造山带与准噶尔盆地的岩石圈结构进行地震宽角反射/折射探测，获得了十分丰富而宝贵的资料，特别是来自天山造山带与准噶尔盆地壳幔过渡带的反射波（图1，2）。

从图1和图2可以发现，尽管各种波来自同一个爆炸点，但来自壳幔过渡带的反射波的运动学与动力学特点存在很大的差异。

* 本文原载于《中国科学（D）》，2001，31（4）：272～282。国家305课题（批准号：95-04-09-01-02）以及国家973课题（批准号：G1999043301）资助项目。

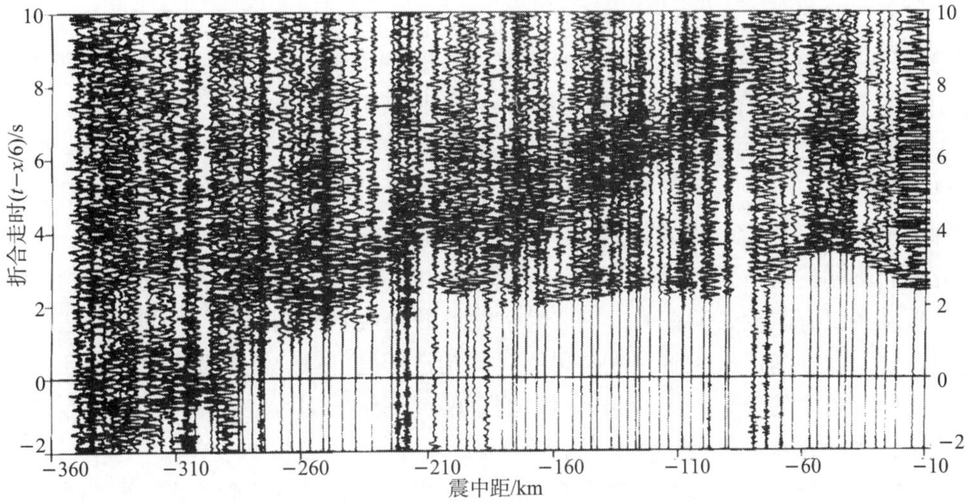

图 1　奎屯爆炸点（南支）折合记录截面图

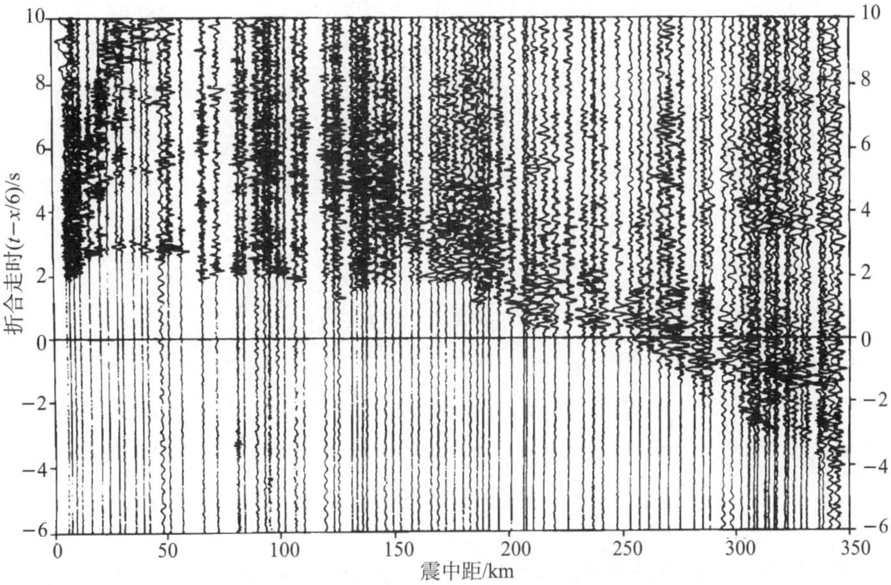

图 2　奎屯爆炸点（北支）折合记录截面图

1　地震波的运动学与动力学分析

地震波的旅行时是其运动学特征之一。来自相同爆炸点（如奎屯爆炸点）的同一组波（如 P_m）在相同的震中距（如 250 km）其旅行时不同。奎屯爆炸点（南支）P_m 波组折合走时为零线上近 2 s（图 1）；而奎屯爆炸点（北支）P_m 波组折合走时则接近折合零线（图 2），两者有着近 2 s 的时间差。造成这种时间差的主要因素有两个：一是两者的地壳厚度不同。天山地区的地壳可能较厚，即是说有山根的存在，使得 P_m 波组旅行路程延长；准噶尔盆地的地壳可能较薄，表现为 P_m 波组在相同的震中距离上旅行路程较短；另一个原因是：P_m 波组在不同的构造单元中的传播速度不同，即介质在横向上是非均匀的。对于天山与准噶尔盆地来说，这两种因素同时存在。

地震波的振幅是地震波的动力学特征之一，它取决于以下几个因素：①震源强度，②传播路径，③界面的反射系数（反射波）与上、下界面的速度差异（折射波）以及④介质对波的吸收特性等。

从所获得的地震记录上看，反映造山带的地震波与反映盆地的地震波的动力学特点有着明显的差异。来自造山带的 P_m 波（M 面的反射波）较强，在记录截面图（图 1）上表现出一个较宽的延续带。该延续带自 100 km 左右的震中距开始，一直延续到 300 km 还隐约可见；相比之下，来自盆地中的 P_m 波（图 2）显得微弱、简单、不清晰，信噪比较低。但这里很容易造成一个错觉，即来自造山带内部的 P_m 波的振幅一定比来自盆地内部的相同震中距的 P_m 波的振幅大。

为了研究来自不同构造单元 P_m 波的强弱，需要对地震波的振幅进行计算。然而，虽然奎屯爆炸点两次激发的位置基本没有改变，但在天山与准噶尔盆地的接收不是同时的，即第一次激发与接收主要在盆地中进行，解决盆地南部（大致到克拉玛依）的构造问题；第二次激发与接收主要解决造山带的构造问题。由于两次激发的参数不同，而 P_m 波的振幅与上述的诸因素有关，因此，P_m 波的振幅只有本爆炸点的意义，将两者直接进行比较没有实际意义。

为了对来自不同爆炸点、反映不同构造单元的地震波的强弱进行比较，在二维横向均匀介质的假设条件下，采用 P_m 波与 P_g 波（结晶基底的折射波）的振幅比（Apm/Apg）的办法（图3），这样便可以消除震源（激发条件）与接收点（接收条件）不同所造成的非构造原因的差异。

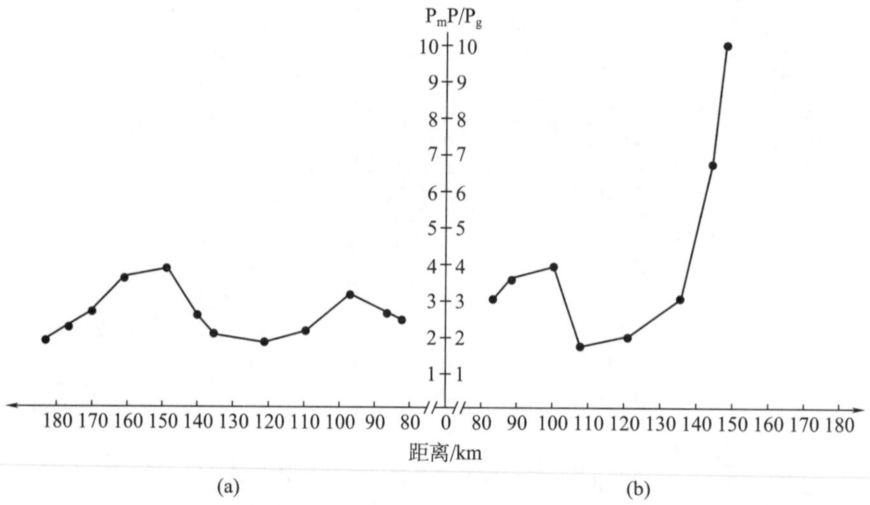

图 3　来自天山造山带与准噶尔盆地 P_m 与 P_g 波振幅比 Apm/Apg 随震中距变化曲线

（a）天山造山带；（b）准噶尔盆地

从图 3 中可以看出，①不论是造山带还是盆地 Apm/Apg 皆为震中距 X 的函数，即对应于不同的震中距 Apm/Apg 有两个极值，即一次极大值与二次极大值，并且二次极大值比一次极大值还要大，这种现象意味着壳内存在着低速层。②依据天山造山带 Apm/Apg 比盆地的 Apm/Apg 小这一现象是否可以推断：天山造山带的壳幔间具有多薄层过渡的特点，正是这些薄层分解了地震波的能量，使得每一个界面反射波的能量较小。

地震波的频谱特性是地震波动力学特征的又一重要方面。资料解释中对来自天山造山带与准噶尔盆地的各有效波组均进行了频谱分析，结果表明，来自两个不同构造单元的有效波的频谱差异较大：对于 P_g 波组，来自天山造山带与准噶尔盆地的主频相差不大，均在 12 Hz 左右，主频相应的极值亦相近；天山造山带与准噶尔盆地的 P_m 波组的频谱差异较大：前者的主频在 7～8 Hz，且表现出多峰值的特点，反映出天山造山带壳幔间的复杂结构（图 4（a））；后者 P_m 波组主频多在 4 Hz 左右，并以单峰值为特点，预示着壳幔过渡带的相对简单（图 4（b））。

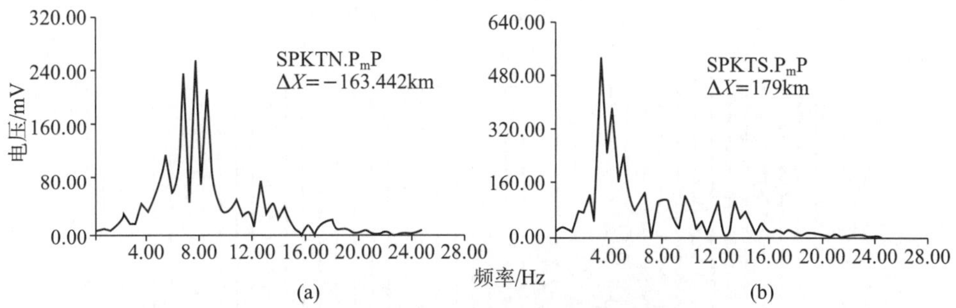

图4　天山造山带与准噶尔盆地 P_m 波组频谱分析

（a）天山造山带；（b）准噶尔盆地

天山造山带与准噶尔盆地的频谱差异表明了这两个地质单元的构造差异，它们对地震波的吸收特性不同。在天山造山带内部，沉积盖层较浅，多处基底出露地表。而准噶尔盆地（尤其是南缘）的盖层是一些巨厚的、松散的磨拉石堆积，对地震波的高频成分有很强的吸收能力。从深部构造分析，天山造山带的壳幔间可能具有复杂的结构；而准噶尔盆地地壳结构整体性好，壳幔间可能比较简单。

然而，尽管地震资料中含有壳幔过渡带的详细结构信息，但由于地震宽角反射/折射波的特点以及传统资料处理与解释技术的限制，从只能构成波组对比的地震宽角反射/折射资料中获得壳幔过渡带的详细结构信息是困难的。

2　小波变换及程序

将小波分析理论与方法应用于地震宽角反射/折射资料处理与解释是一个尝试。模型计算结果表明，小波分析方法对于地震宽角反射/折射资料处理是有效的，它可以将地震信号的分辨率从传统的1/2～1/4 波长提高到优于 1/6 波长[6]，因而，大大提高了解释精度。

小波变换应用于地震宽角反射/折射资料处理程序由两部分构成：主体程序和配套程序。其主体程序又由两部分构成：①第 1 尺度小波分解，②5 个尺度小波分解。其配套程序使用中国地震局地球物理勘探中心提供的 DSS 资料解释工作站-人机联做解释系统部分软件。

3　沙雅-布尔津地震宽角反射/折射剖面南段(沙雅-克拉玛依)小波分析

沙雅-布尔津地学断面的南段（沙雅-克拉玛依）跨越了两个构造单元：天山造山带与准噶尔盆地。对于不同的地质构造单元，来自壳幔过渡带反射波的动力学特点和运动学特点存在着较大差异。研究不同构造单元壳幔过渡带的详细结构，为天山造山带与准噶尔盆地岩石圈结构及其动力学演化过程的研究提供约束与依据。

3.1　资料选取

为了获得沙雅-布尔津地学断面南段（沙雅-克拉玛依）壳幔过渡带详细结构，选用了如下几个爆炸点的资料：①沙雅爆炸点 SPSHY（41.577）；②巴音布鲁克爆炸点 SPBYBLK（218.217）；③奎屯爆炸点（南支）SPKT（388.799）；④奎屯爆炸点（北支）SPKT（389.703）。根据上述各爆炸点壳幔过渡带反射波组出现的范围截取地震记录截面，将非壳幔过渡带的波逐道清零，得到各爆炸点壳幔过渡带反射波组的记录截面，如图 5。这样做的目的一是为了分析、对比方便，二是节约计算机内存，提高计算速度。

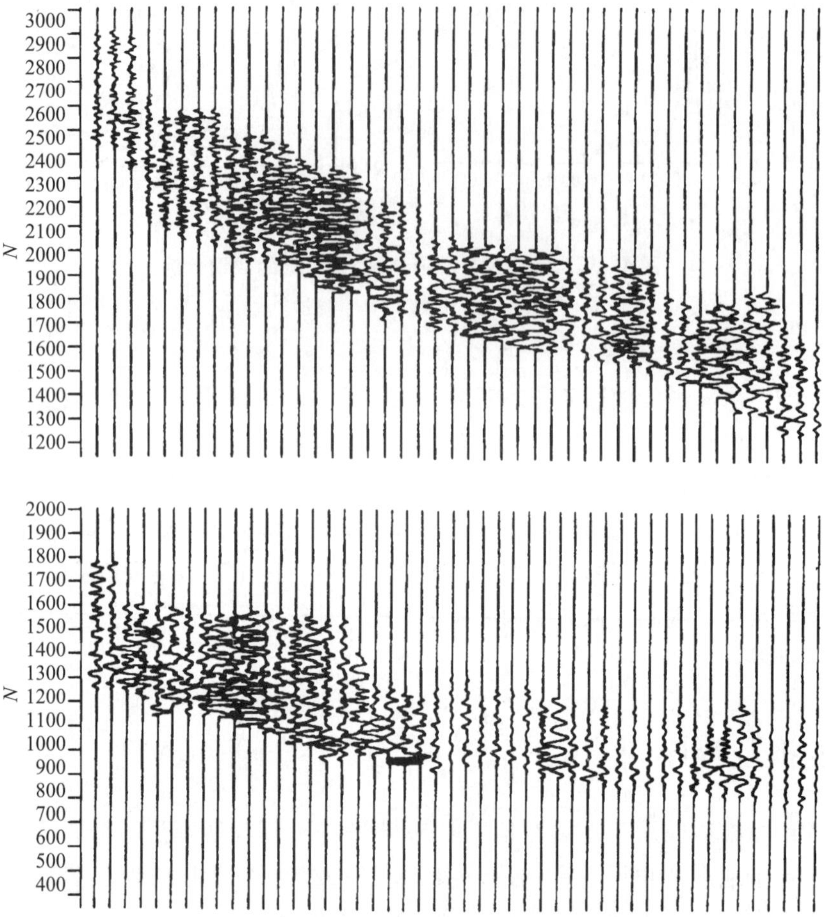

图 5　奎屯爆炸点（北支）壳幔过渡带反射波记录

N 为采样点数，采样间隔为 4 ms

3.2　第 1 尺度小波变换

第 1 尺度的小波变换就是将各个地震道的记录（信号）进行数学处理（小波变换），并将分辨率最高的一道提取出来，构成新的、反映地震信号变化剧烈程度的截面图，如图 6，图 7。

对比图 5（小波变换前壳幔过渡带反射波组序列）与图 6，图 7（经小波变换后的信号），可以看出两者之间的同异点。

（1）两者出现的时间范围相同。

（2）两者的属性不同。前者是在地表接收的震动信号，它记录的是质点震动的幅度随时间的变化曲线；后者并非地震信号，而是地震信号的变化（二阶导函数）。

（3）后者的频率较前者的高，足见其有较强的分辨能力。

值得注意的是，第 1 尺度小波变换结果并非都是壳幔过渡带薄层的反映，实际上它只给我们提供了薄层识别的基础材料。如何从中提取壳幔过渡带的详细结构信息还需要对其进行二次“震相识别”。

二次“震相识别”是高层次的，非传统的。所谓高层次是指被识别的对象已不再是传统的地震记录，而是经过小波变换后的一系列数值信号；所谓非传统是指有效波判别的标准以及追踪方式与传统

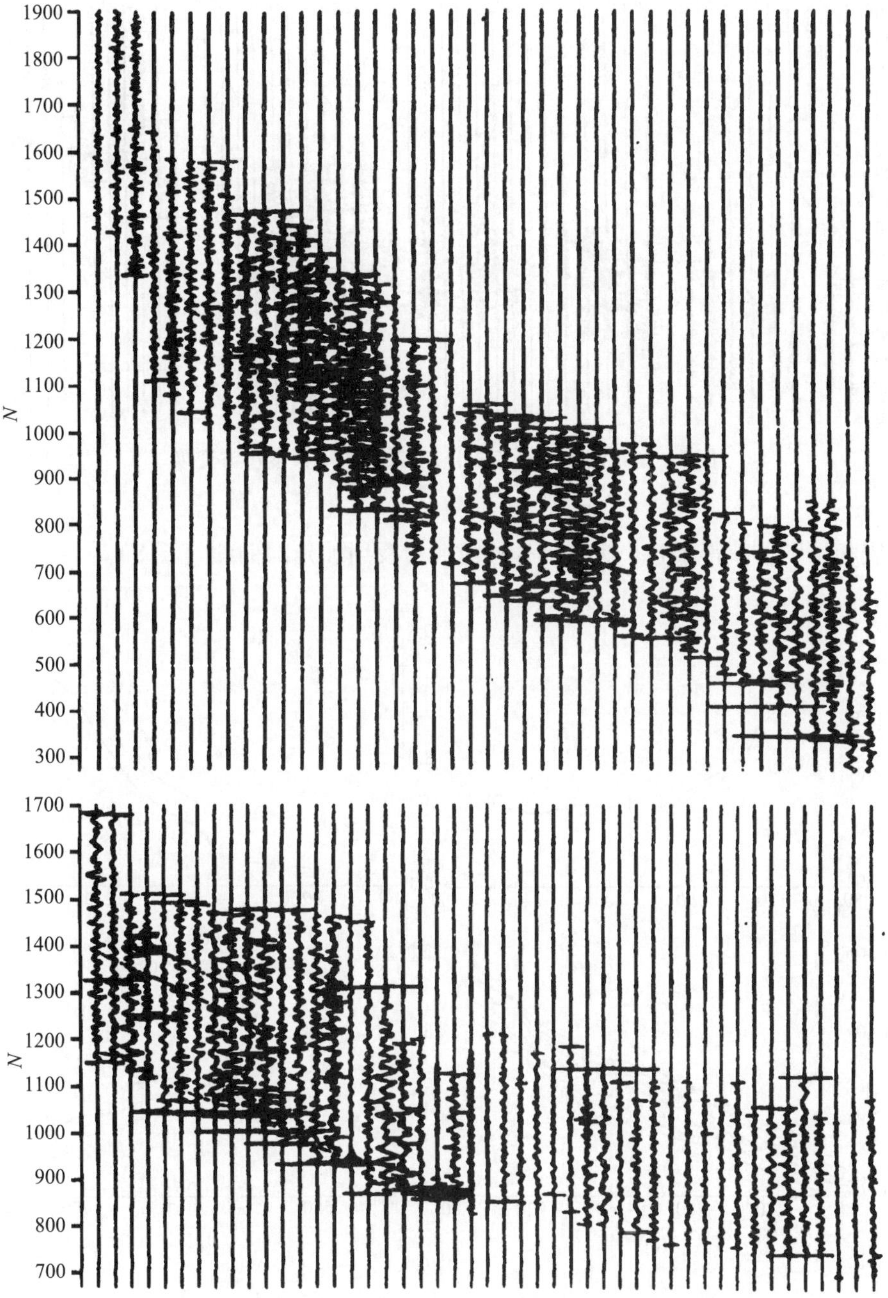

图 6　奎屯爆炸点（北支）壳幔过渡带反射波组第 1 尺度小波变换

N 为采样点数，采样间隔为 4 ms

的不同。传统的震相对比原则为：①被识别震相的振幅必须大于噪音的幅度；②震相的追踪要有一定的长度；③视速度值在合理的范围内变化；④利用完整的观测系统与相邻爆炸点的记录进行互换对比等。但在小波变换后的记录上进行对比并不根据信号幅度的大小，即波的强弱（来自薄层的波往往很弱）、波的延续度等特性来确定有效波的存在，而是根据小波变换 1～5 个尺度的波形变化进行追踪。从第 5 尺度（低频）向第 1 尺度（高频）方向扫描，看是否有相位增组。若有相位增组（即使很弱）则说明有薄层存在；否则的话，即使波的能量很强也不是有效波。震相识别过程即是用数学上的“显微镜”对地震资料进行变焦处理，由远到近，由低频到高频进行逐尺度的薄层识别。

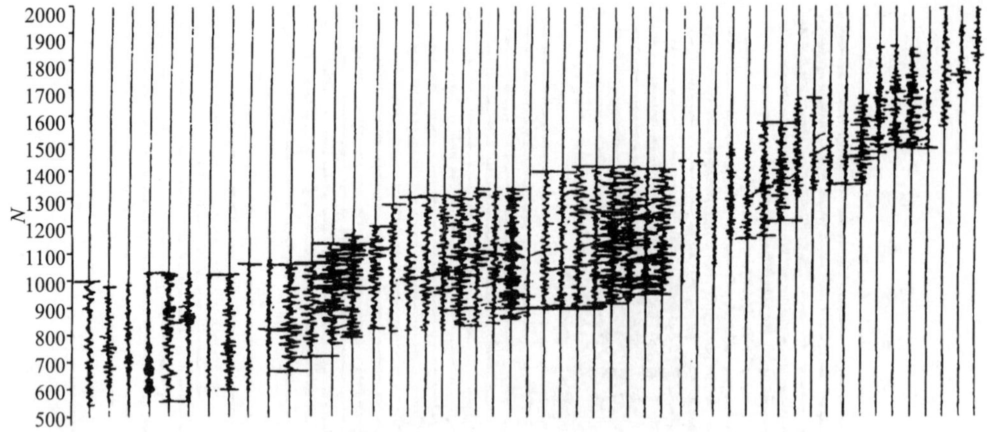

图 7　奎屯爆炸点（南支）P_m 波组第 1 尺度小波变换

经过二次震相识别，获得了各个爆炸点壳幔过渡带反射波走时曲线（图 8）。

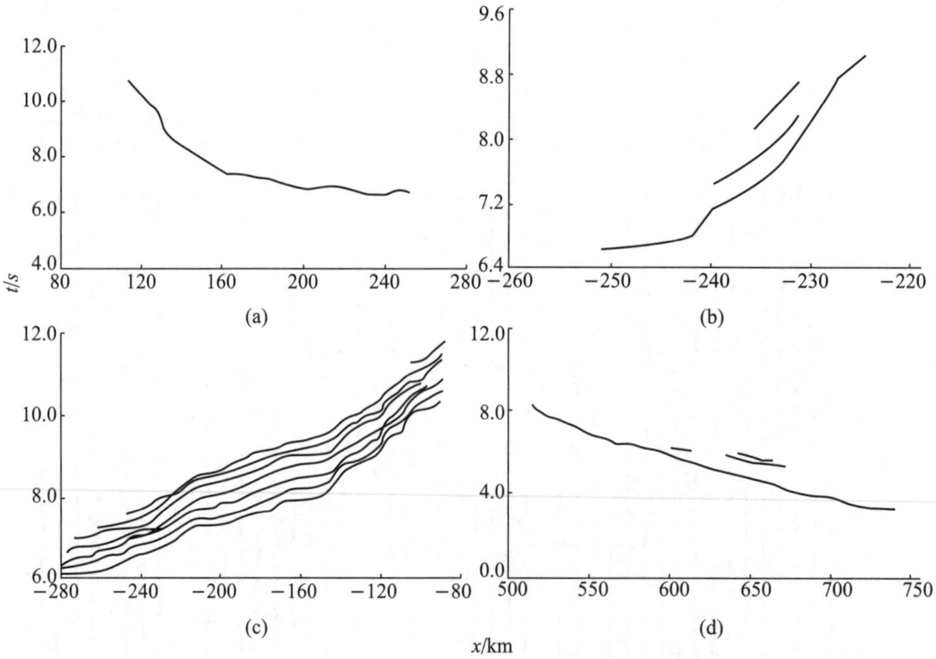

图 8　天山造山带与准噶尔盆地壳幔过渡带反射波走时曲线

（a）沙雅爆炸点；（b）巴音布鲁克爆炸点（南支）；（c）奎屯爆炸点（南支）；（d）奎屯爆炸点（北支）

4　天山造山带与准噶尔盆地壳幔过渡带结构特点

根据壳幔过渡带反射波时距曲线，天山造山带与准噶尔盆地壳幔过渡带沿断面横向上可分为 3 个区域：塔里木盆地北缘、天山造山带与准噶尔盆地。

4.1 塔里木盆地北缘的壳幔过渡带结构特点

来自沙雅爆炸点的壳幔过渡带反射波从 60 km 桩号（震中距 100 km）起可连续追踪到 220 km 桩号（震中距为 260 km），所反映的是塔里木盆地与天山造山带接触部位的壳幔过渡带。从地震记录上看，在壳幔过渡带反射波的位置附近地震波形态复杂，但小波分析结果（图 8（a））表明，除 P_m 波组外，余者不具有成层的特点（表现在由第 5 尺度向第 1 尺度追踪中断），说明这些形态复杂、具有一定延续度的波列是由于地壳中复杂的断裂构造、起伏的界面以及剧烈的横向非均匀所致。实际上，该区的壳幔过渡主要通过由 P_m 波组所确定的、经典的莫霍界面（一级间断面）实现，其上层介质的速度为 7.8 km/s，下层速度为 8.2 km/s。

4.2 天山造山带壳幔过渡带结构特点

由巴音布鲁克爆炸点（图 8（b））、奎屯爆炸点（南支）（图 8c））获取了天山造山带内部的壳幔过渡带结构。从这两个爆炸点所反映的壳幔过渡带的位置看，从南到北依次为巴音布鲁克爆炸点、奎屯爆炸点（南支）。巴音布鲁克爆炸点反映的壳幔过渡带由较少的薄层组成，深度相对较小；奎屯爆炸点（南支）所反映的壳幔过渡带由 7～8 个薄层组成，层厚度 2～3 km 不等，总厚度近 20 km，层速度高低相间分布，平均速度较低，接近塔里木盆地北缘下地壳速度值。因此，天山造山带壳幔过渡带呈现出由南向北逐渐加深、增厚的趋势，最大厚度落在北天山之下。

为了进一步验证所获得的结论，将得到的天山造山带地壳上地幔结构（包括壳幔过渡带的多薄层结构）作为理论模型，用 Fuchs 反射率法正演计算理论地震图，如图 9。将所获得的理论地震图与实测的奎屯爆炸点（南支）地震记录进行比较，发现两者之间不论波的运动学还是波的动力学特征都符合的相当好，尤其是理论地震记录截面上出现的宽的条带与实测地震记录截面上来自壳幔过渡带反射波列的对应有力地证明了中天山与北天山的壳幔间以多薄层成层过渡的结论。反之，若假定上述地区的壳幔间为一级速度间断面，用同样的方法计算理论地震图，如图 10。

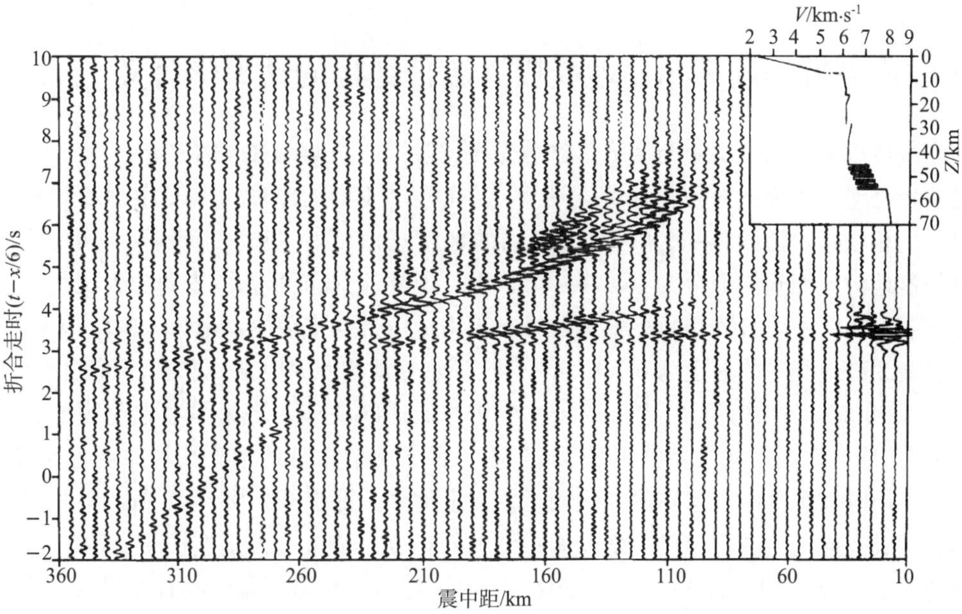

图 9 用反射率法正演计算奎屯爆炸点（南支）理论地震图（壳幔间多薄层过渡模型）

右上角的图为岩石圈速度结构模型，它由连续 7 个薄层叠合而成，层厚度 2km，层速度高低相间

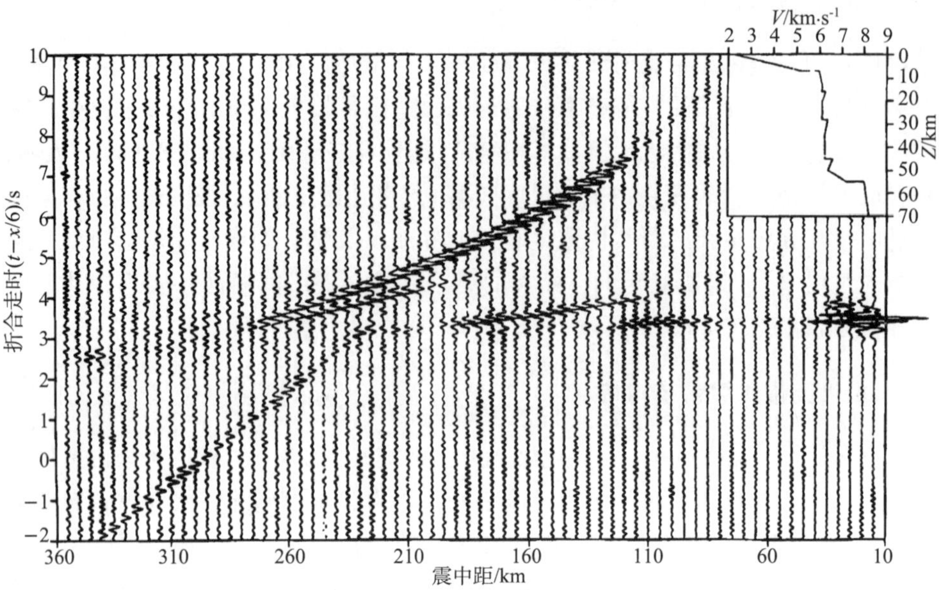

图 10　用反射率法正演计算天山造山带理论地震图（壳幔间一级间断面模型）

右上角的图为岩石圈速度结构模型，其中壳幔过渡带由一级速度间断面构成

将图 10 与实测的奎屯爆炸点（南支）记录截面图（图 1）进行比较便可以发现，两者并不符合。这说明天山造山带壳幔间多薄层过渡是一个客观事实。

4.3　准噶尔盆地壳

准噶尔盆地壳幔过渡带结构由奎屯爆炸点（北支）（图 8（d））和 128 团爆炸点确定。该区的壳幔过渡带相对简单，除 400～500 km 桩号范围内具有两个界面外，再向北则以一级间断面过渡。

5　天山造山带与准噶尔盆地壳幔过渡带结构的动力学含义

是什么原因造成了天山造山带与准噶尔盆地壳幔过渡带之间如此之大的差异？

壳幔过渡带是连接壳幔的桥梁。研究表明[8,9]，壳幔过渡带的厚度及其复杂程度与构造活动性有关，与高温环境相联系。沿沙雅-布尔津地学断面的地震宽角反射/折射剖面探测结果表明①，天山造山带与准噶尔盆地的地壳垂向上分为上、中、下三层，其中上地壳可进一步划分为沉积盖层、结晶基底与上地壳底层；横向上可分为塔里木盆地北缘、天山造山带与准噶尔盆地 3 个区域。

塔里木盆地北缘地壳平均速度为 6.30 km/s，准噶尔盆地为 6.50 km/s 左右，而天山造山带的地壳平均速度仅为 6.20 km/s，说明天山造山带是一个相对低速的块体。塔里木盆地北缘地壳平均厚度为 50 km，准噶尔盆地的地壳平均厚度也在 50 km 左右，而天山造山带的地壳平均厚度为 55 km，这又说明天山有山根。同时发现：①在库尔勒断裂附近，自上地壳的底层开始到莫霍界面皆以与地表成约 36° 夹角向北倾斜，具有向天山造山带的上地幔俯冲消减的态势；②来自天山造山带南部的 P_1，P_2，P_3 震相之后又出现了 P'_1，P'_2，P'_3 震相，但在天山造山带的北部与准噶尔盆地没有发现这 3 个震相，表明天山造山带地壳具有更多的反射界面；③天山造山带下面具有双层莫霍面结构；④在天山造山带的壳

① 赵俊猛，天山造山带与准噶尔盆地岩石圈结构及其动力学过程，中国地震局地质研究所博士学位论文，1998。

内以及准噶尔盆地达尔布特断裂附近的上地壳中发现了低速体及速度逆转层。

沿沙雅-布尔津地学断面地壳上地幔二维密度结构表明，天山地区自上地壳底层至上地幔的密度较塔里木盆地北缘与准噶尔盆地的相应层位的密度低。天山的中下地壳存在低密度体，而上地幔顶部密度比两侧盆地明显偏低：塔里木盆地北缘为3.32 g/cm^3；准噶尔盆地为3.38 g/cm^3；而天山造山带仅为3.03 g/cm^3，与前两者的密度差分别为0.29 g/cm^3 与0.35 g/cm^3。但天山造山带上地幔的密度与塔里木盆地北缘下地壳的密度（2.96～3.06 g/cm^3）颇为接近，推测为塔里木盆地北缘下地壳物质进入天山造山带上地幔的结果。

沙雅-布尔津地学断面（巴音布鲁克，布尔津段）二维电性结构表明，天山地区（巴音布鲁克以北）岩石圈厚160～180 km，电阻率变化较大；准噶尔盆地岩石圈厚约120～160 km；阿尔泰地区岩石圈厚180 km。从巴音布鲁克起厚约50 km，近于平行的电阻率等值线以与地表成约38°角向北延伸到天山造山带近180 km 的深处，结合二维速度结构，推测为塔里木板块向天山造山带之下俯冲的电性反映。

根据天山地区地震震源深度分布，南天山地震带的震源深度为0～40 km，北天山地震带的震源深度为0～90 km；横切天山造山带的震源深度分布剖面显示，震源深度由南向北逐渐加大，与塔里木板块向天山造山带下俯冲消减吻合。准噶尔盆地的平均大地热流值为49.61 mW · m^{-2}；塔里木盆地平均大地热流值为50 mW · m^{-2}左右，天山造山带的热流估计在100 mW · m^{-2}左右。这表明塔里木盆地与准噶尔盆地是两个冷盆，而天山造山带的岩石圈比较热。

根据塔里木盆地北缘、天山造山带与准噶尔盆地的岩石圈二维速度结构、二维密度结构、二维电性结构以及壳幔过渡带详细结构，结合中国西北地区地质资料，如蛇绿岩套和高压变质带的分布等，综合建立了天山造山带地球动力学“层间插入消减”模型，其要点为：天山两侧的塔里木盆地和准噶尔盆地是两个刚性块体，在侧向应力作用下相对变形较小；天山造山带是一个地震波速度较低，介质密度较低，电阻率变化较大，热流值较高的块体，地壳缩短主要发生在这里。在印度板块与西伯利亚板块敛合的过程中，塔里木盆地的岩石圈在目前库尔勒断裂附近向天山造山带的地壳与上地幔层间插入与俯冲消减。地壳上部的沉积盖层发生折离、滑脱、逆掩、冲断；上、中地壳分别插入到天山造山带的中、下地壳；而下地壳连同岩石圈地幔则向天山造山带的上地幔俯冲消减。在俯冲消减的过程中，塔里木盆地的下地壳被带进天山造山带的上地幔。由于地壳中含有大量的流体，这些流体在板块俯冲过程中可能被释放出来，它一方面减小了下插板片与上覆岩体间的摩擦力，使得俯冲消减更为容易；另一方面降低了下地壳物质的熔点，使下地壳物质在进入软流圈之前部分熔融。这些熔融的物质沿着壳幔通道（如博罗克努-阿其克库都克断裂）向壳内迁移，当遇到壳幔分界面（莫霍面）时，一部分熔融体沿着这一拆离面侧向席状侵位，使单一的一级间断面复杂化；另一部分可能继续向壳内迁移，在中、上地壳就位，形成了中、上地壳中的低速囊体，成为地震宽角反射/折射所揭示的壳内低速体和由大地电磁探测所确定的壳内高导层；最后可能还有部分岩浆喷出地表，形成壳源为主的岩浆岩体。由于构造活动的长期性与复杂性，使得天山造山带下面的壳幔过渡带由7～8个薄层叠合而成，总厚度近20 km。准噶尔盆地是一个冷的、稳定的刚性块体，盆地内部不具有壳幔间良好通道，壳幔间仍保持着一级间断面的性质。

致谢　第一作者曾多次得到马宗晋院士、滕吉文院士、张培震研究员、陈学波研究员等的指导，在模型计算中又得到嘉世旭高级工程师的帮助，在此均深表感谢。

参 考 文 献

[1] 曾融生、阚荣举、何传大，1961，柴达木盆地震探测的基岩首波和大角度反射，地球物理学报，10：54～66。

[2] Davydova N I. 1975, Possibilities of the DSS Technique in Studying Properties of the Deep Seated Interface in Seismic Properties of Mohorovicic Discontinuity. Springfield, Va: National Technical Information Service, US Dept of Commerce, 4-22.

[3] 王椿镛、吴庆举、唐景见等，1995，冀中凹陷壳幔过渡带结构特征的探讨，见：卢造勋主编，发展中的地震科学研究，北京：地震出版社，172～179。

[4] 赵俊猛、梦补在、李爱民等，1995，辽南地区莫霍洛维奇界面的结构特点，见：卢造勋主编，发展中的地震科学研究，北京：地震出版社，223～229。

[5] 马宗晋、赵俊猛，1999，天山与阴山-燕山造山带的深部结构和地震，地学前缘，6（3）：95～102。

[6] 赵俊猛、汤吉、张海江等，2000，小波变换及其在地震宽角反/折射资料处理中的应用，地球物理学报，43（5）：666～676。

[7] 赵俊猛、张先康、赵国泽等，1999，不同构造环境下的壳-幔过渡带结构，地学前缘，（3）：165～172。

[8] 刘国栋，1994，大陆地壳及其动力学，见：现今地球动力学问题讨论会论文集，北京：地震出版社，131～153。

[9] 赵俊猛、卢造勋，1998，辽河裂谷的深部构造与裂谷活动的侧向迁移，地震地质，20（3）：225～233。

电磁法及电法仪器的新进展和应用*

刘国栋

引 言

电磁法、电法应用于各种领域，包括石油勘探，地下水勘探，地热能勘探，工程勘探和选址，矿产资源勘探，活动断层勘探，地震安全评价，地质填图，环境勘探，堤坝病害诊断，地下埋藏物和管线探测，海水倒灌和地下污染范围界定，地下电阻率变化监视以及地壳和上地幔构造研究，等等。

电磁法和电法除地面观测外，还可在井中、井间、地下开采巷道和水域进行观测，以解决某些特殊的地质问题。例如井中瞬变电磁法、井下地质雷达和井中高密度电法，可以探测井间、井壁周围和井中与地表之间的地质结构；巷道内的瞬变电磁法可以对巷道四周和工作面前方进行超前探测，预测可能存在的含水体（层）、断层和陷落柱等，以保证在煤矿和隧道内的安全作业。

目前电磁法、电法仪器种类繁多，但应用最普遍、效果最佳的不外乎三类仪器，即大地电磁测深仪（MT仪）、瞬变电磁仪和高密度电法仪。当今一流的电磁法和电法仪器必然是硬件和软件的完美结合，以达到：①高分辨率，高信噪比；②宽频带，大动态范围；③高集成，多功能，低功耗；④操作简单，轻便灵活，现场实时显示结果。

本文拟以GMS-06地球物理电磁观测系统（MT仪）、PROTEM瞬变电磁仪和RESECS高密度电法仪为例，对这三类仪器的最新进展和应用做一简介。

1 GMS-06地球物理电磁观测系统及其应用

近年来，MT方法面临的主要问题是如何提高野外数据采集质量，以获取高质量的视电阻率和相位曲线并提高生产效率，以及如何有效地消除静位移和获得最接近实际的反演模型。

提高野外数据采集质量和提高生产率，与磁场传感器的信噪比、数据采集单元的分辨率以及MT法的观测排列形式和数据处理方法等紧密相关。

GMS-06磁场传感器是德国Metronix公司最新研制的感应式MFS-06型磁场传感器，重约8 kg，长1.2 m，直径75 mm，很轻便。由于采用了特殊结构的磁芯材料，计算机模拟设计的线圈结构和磁反馈前置放大，MFS-06的频带范围扩展到10000 Hz～10000 s，达8个数量级，其信噪比（即天然场低活动水平与传感器的噪声之比）高达10～100倍，在高频段的噪声低至$5\times10^{-7}\mathrm{nT}\sqrt{\mathrm{Hz}}$，并且没有温漂和时漂，见图1。这是当今世界上性能最好的感应式磁场传感器。该传感器保证了在天然场活动最平静的日子也能记录到高质量、全频段电磁信号[1]。

---

* 本文原载于《石油地球物理勘探》，2004，39（Supp）：46～51。

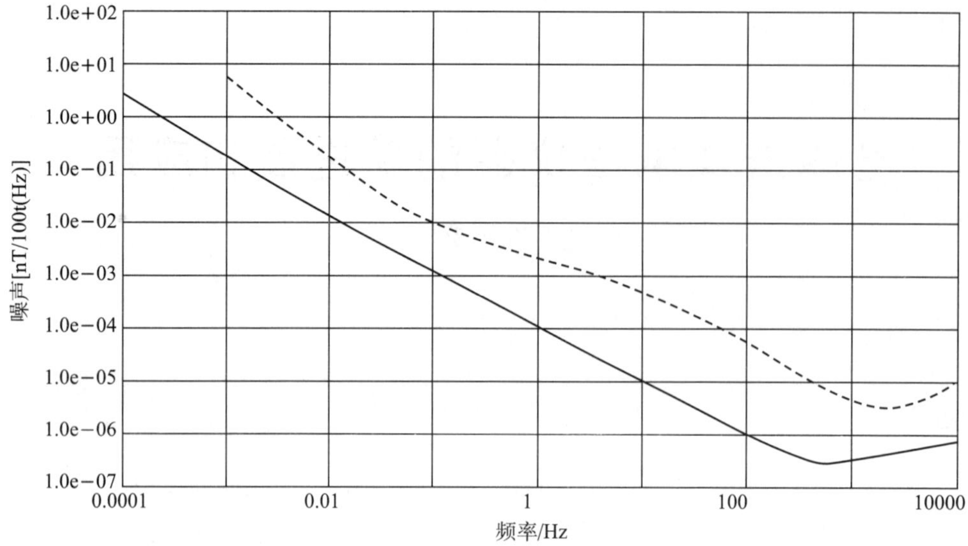

图 1　MFS-06 磁场传感器噪声与天然场低活动水平信号对比

GMS-06 的数据采集单元 ADU-06 即主机带宽 20 kHz～直流，其高频段和低频段各有一个 24 位 A/D 转换器，以保证全频段都具有最高的分辨率和最大的动态范围。除三个固定频段外，还设有一个自由频段，用户可根据需要选择自己最感兴趣的记录频段。ADU-06 内部设有 2 GB 的闪烁存储器，可存储大量的野外记录数据。ADU-06 重约 5 kg，5 道功耗 7～12 W[2]。

如果把 MFS-07 感应式传感器（频响 20 kHz～1000 s）与微型的磁通门磁力仪 FGS-01 结合起来，GMS-06 的频带范围可以扩展到 20 kHz～100000 s。

图 2 和图 3 是配有 MFS-06 磁传感器的 GMS-06 系统所记录的 MT 曲线，其高频端达 10000 Hz，低频端达 10000 s。

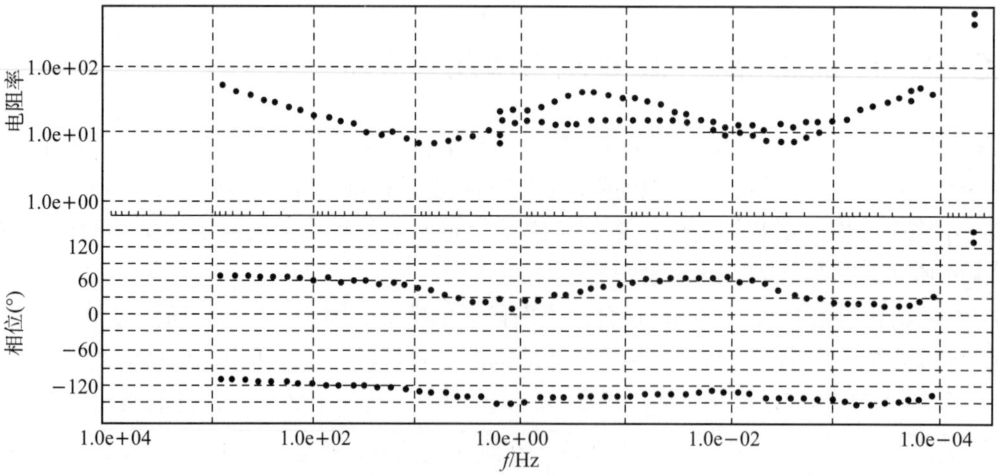

图 2　GMS-06 系统观测的周期达 10000 s 的 MT 曲线

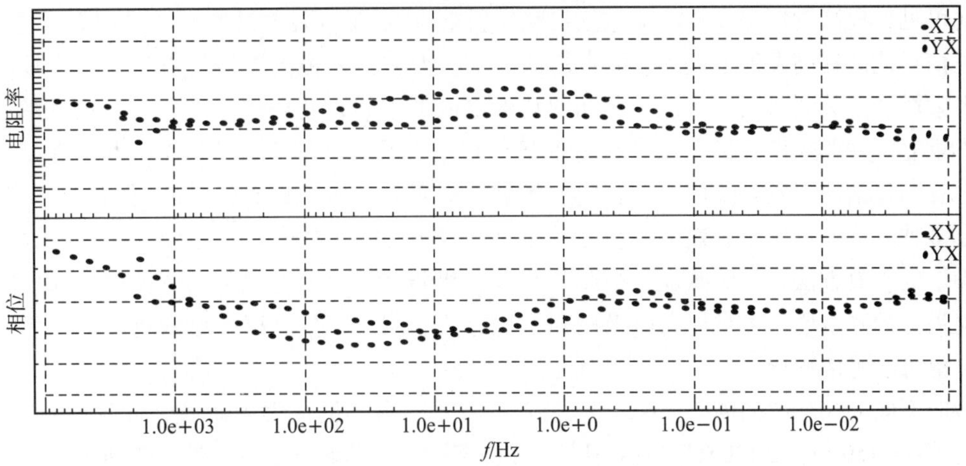

图3　黑龙江某金矿 GMS-06 单站（非远参考）MT 曲线（最高频率 10000 Hz）

如果局部噪声很强，消除这种噪声的最好方法是采用远参考道观测。此外，GMS-06 的软件系统 MAPROS 具有很强的去噪功能，例如剔除干扰尖峰技术和 Robust 评估算法。Windows 系统下的 MAPROS 软件可实时处理观测数据并获得多种大地电磁参数，例如时间系列、原始谱、计算谱、叠加谱、视电阻曲线、相位曲线、倾子、相干度、走向、二维偏离度和各向异性系数等[3]。

提高生产效率的有效途径是采用网络式或阵列式 MT 观测排列形式。GMS-06 可以容纳 32 个移动单位与基站共同组成这种观测排列。此时，可以采用 GPS 钟同步或同轴电缆同步。在这种排列下，如果与远参考道结合并采用 EMAP 数据处理方法，既可以有效地压制局部噪声，又可以有效地消除静位移。

静位移是浅部非均匀体引起的，它使 TE 和 TM 曲线沿纵轴互相分离。如果已知浅层的真电阻率值就可对其进行校正。可用瞬变电磁法求取浅层的真电阻率值。如果 MT 仪的频带足够高，也可以根据不受静位移影响的高频渐近线读取浅层的真电阻率值，并以该值为准对其他有静位移的测点进行校正。由于 GMS-06 的高频响应达 10000 Hz，可以满足这种要求。

GMS-06 可应用于 MT，AMT，CSAMT，EMAP，网络观测和远参考道。

2　PROTEM 瞬变电磁仪系统及其应用

瞬变电磁法是一种时间域电磁法，它以局部场做场源，分辨率高于以平面波场做场源的频率域电磁法，近些年来发展很快，在很多领域得到广泛应用。瞬变电磁法对浅层分辨率很高，但随深度加大而降低。PROTEM 可应用于地面观测、井中观测、巷道和掌子面观测。

对瞬变电磁仪所关心的主要问题是如何减少关断时间以获得更早期的瞬变场，如何提高晚期瞬变场的信噪比以增加勘探深度，如何从瞬变场信息中提取更多的地质信息，以及如何适应多种观测排列形式等。

加拿大 Geonics 公司生产的 PROTEM 瞬变电磁仪系统[6]，由于在发射机的关断线路设计和加工工艺上采取了特殊的技术，其关断时间只有 0.5μs，在使用 40 m×40 m 的发射线框情况下，关断时间也只有 2.5μs，是当今世界关断时间最小的瞬变电磁仪，它可以获得浅至几米的地下信息[4]。

提高瞬变电磁法的勘探深度是大家所关心的问题之一。瞬变电磁法的最大勘探深度 H 可近似地由下式确定[5]

$$H=0.55\ (M\rho/RmN)^{1/5}$$

式中，M 为发射磁矩，$M=IS$（I 为发射电流，S 为发射线圈面积）；乘积 RmN 为最小可分辨信号电平。

从上式可见，提高勘探深度的途径包括提高发射电流 I，加大发射线圈尺寸 S 和降低可分辨信号电平，即提高信噪比。提高发射电流 I 是最容易的方式，但它带来很大弊端。首先是一次场消失时间显著加大，大大增加了关断时间，淹没了早期的瞬变电磁场信号；此外还很难保持发射场的稳定，导致观测结果不重复。一般来说，最大发射电流在 30～40A 范围。加大发射线圈面积 S 是提高勘探深度的最好方法之一，包括加大发射线框边长和增加发射线圈匝数，但这将导致关断时间增加。降低可分辨信号电平有多种方法，首先是有效地抑制各种噪声，包括天然电磁噪声，人为电磁噪声，感应噪声等。抑制随机噪声的有效方法是多次叠加，抑制工频及其谐波噪声的有效办法是模拟滤波以及剔除坏值。选择接收机最佳的测量增益也是提高信噪比的一种方法。测点尽量靠近发射线框中心，发射线框与高压线斜交，也可改善信噪比。

为了适应不同勘探深度的需要，Geonics 公司研发了三种不同的发射系统，即①PROTEM47，其勘探深度可达 100～150 m；②PROTEM57-MK2，其勘探深度可达 500 m；③PROTEM67 的勘探深度可达 1500 m。当然，这里所说的勘探深度是指地层为中等电阻率的情况下，地层电阻率高勘探深度加大，地层电阻率低勘探深度减小。

接收机需要有很高的频带、很窄的早期门和极大的动态范围以及很高的分辨率才能满足高质量观测的需要。PROTEM 瞬变电磁仪频宽高达 270 kHz，早期门窄为 6μs，有 30 个观测门，动态范围达 132 dB，仪器分辨率为 23 位[4]。

PROTEM 瞬变电磁仪可以同时观测瞬变电磁场的三分量信号，而不是仅仅观测垂直分量信号。当地下为非均匀水平层状构造时，瞬变场中便会产生 x、y 水平分量，它们包含着地下构造的更多信息，例如构造走向、倾向、倾角等等。所以三分量观测有助于全面了解地下构造情况，也为日后实现多维反演创造了条件。

PROTEM 瞬变电磁仪适合于多种野外观测装置，例如同点装置、偶极装置、大定回线源装置和井中装置，不同装置适合于不同勘探目的和深度，均可在现场实时显示瞬变曲线。

煤矿或隧道工程的超前探测是地球物理勘探中最具挑战性的课题之一。由于 PROTEM47 的高度轻便和灵活性，它已在我国煤矿的超前探测中得到成功应用。河北省峰峰矿务局梧桐庄煤矿，利用 PROTEM47 井下瞬变电磁仪，2002 年在国内首次成功地探测到煤层陷落柱和含水体的存在（图 4），并事先采取封堵措施，避免了水害的发生。《科技日报》于 2003 年 12 月 11 日在技术创新版对此做了较详细的报道。

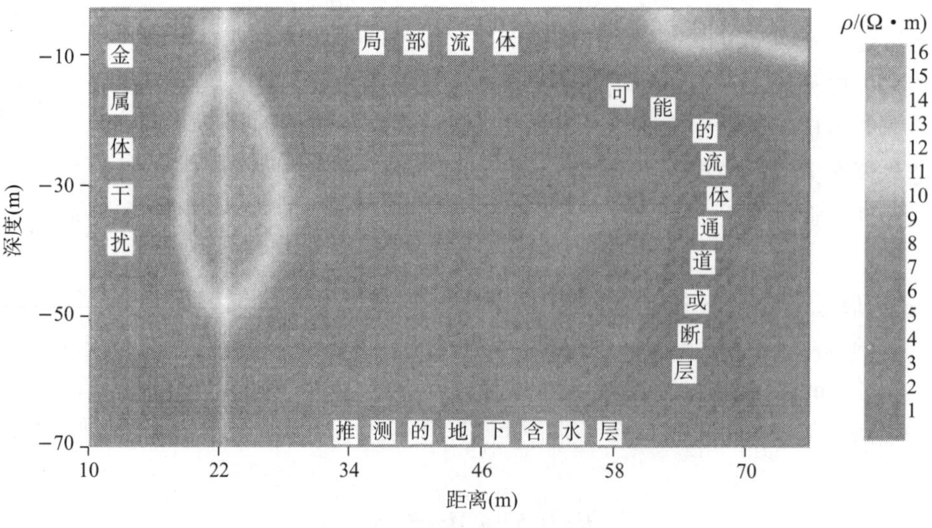

图 4　PROTEM47 探测梧桐庄煤矿井下水情

图5是中国地震局地质研究所在2001年利用PROTEM系统对福州市八一水库活断层的探测剖面[7]。

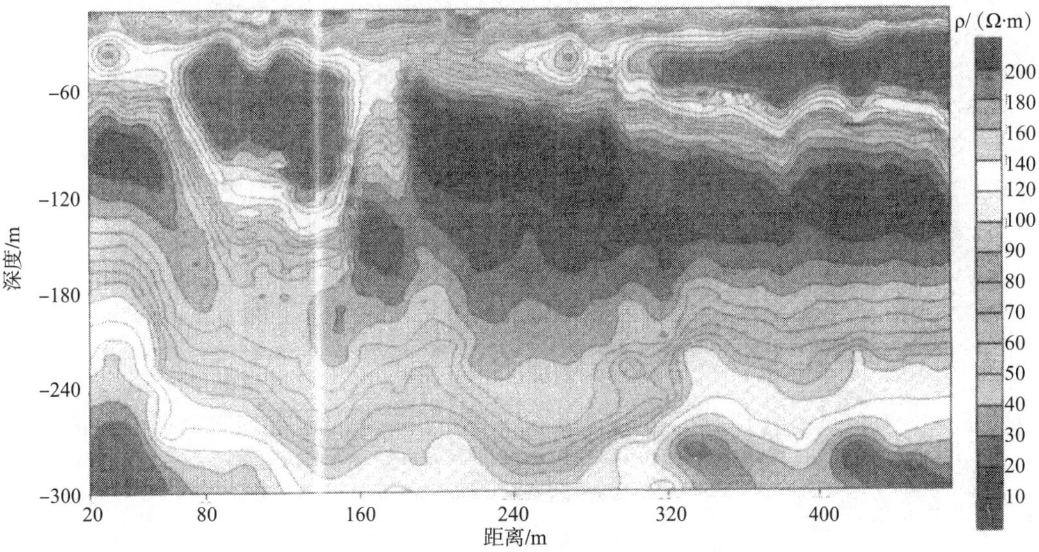

图5　PROTEM瞬变电磁仪对福州市八一水库活断层的探测剖面

3　RESECS高密度电法仪系统及应用

高密度电法的主要优点是对地下构造的高分辨能力和设备的轻便性，其主要不足是探测深度 H 有限（$H \approx 1/5 \sim 1/6\ AB$，式中 AB 是最大供电极距）。AB 一般不超过1000 m，所以最大勘探深度为200 m。如果 AB 超过1000 m，不仅增加电极串长度，还要加大供电电压，使设备变得笨重和困难。

德国DMT公司研制和生产的RESECS高密度电法仪具有6个电位测量道和一个电流测量道。在单道或多道工作情况下均可控制960个电极。每个电极串由16个编码器和16个电极组成，一条轻便的7芯电缆可以连接60个电极串，即960个电极。主机重仅13 kg，很轻便。RESECS可以进行井间观测以及井中和地表联合观测。

RESECS的硬件分辨率为16位，采样率为每道1 kHz。于是，在1 ms发射脉冲情况下，电流道和电位道的样品数均为1000个，对其平均叠加后相当于分辨率提高 10^3 倍，即 2^{10} 倍。这样，RESECS的分辨率就达到了26位，相当于20nV左右。这样高的分辨率足以分辨出精细的地下结构。为了分辨出几十毫伏级的有效电位信号，RESECS采取了一系列措施。其中包括对所有的道进行极完善的电性绝缘处理及防水、防潮处理；消除地下激散电流的影响；选择合适的采样窗口，避免采集干扰信号；设置合适的滤波系数，去掉伴随采样窗口上升沿和下降沿的干扰，等等[7]。

为了保证实现高质量观测，可以在观测菜单上设置较严格的观测误差值，拒绝接收不合格的观测数据。此外，可以增加观测的叠加次数和加大发射电流以提高信噪比。

对地下结构的分辨能力还与装置排列形式有关，因为不同的装置排列形式对不同的目标体有不同的灵敏度。RESECS有10种不同装置排列形式，可通过软件自动选择，用户也可自己定义装置排列形式。

RESECS高密度仪具有非常完善的软件功能。对观测结果进行在线处理，实时显示时间域过程，实时计算直流电阻率值及其标准方差，实时计算感应极化强度值和极化率值，实时显示伪断面的图形，实时显示失效道位置，并可立即补测或在排列滚动前统一补测，以保证总体的观测质量。

图 6 是 RESECS 高密度电法仪对福州市八一水库活断层的探测断面，结果十分精细[7]。

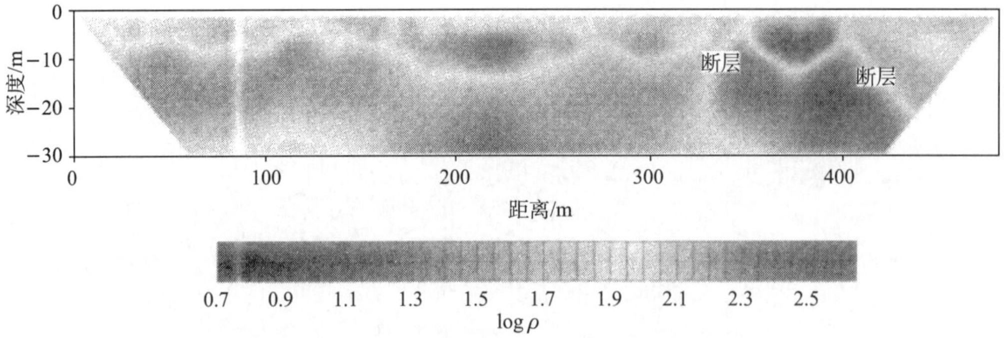

图 6　RESECS 对福州市八一水库活断层的探测结果

图 7 是 RESECS 高密度电法仪对涿州市垃圾掩埋场的污染物向地下扩散范围的探测结果。图 7（a）是现场实时显示的伪断面，图 7（b）是反演结果。垃圾场位于剖面右端的干涸河床上，可见污染物已向河床下方和右前方扩散。

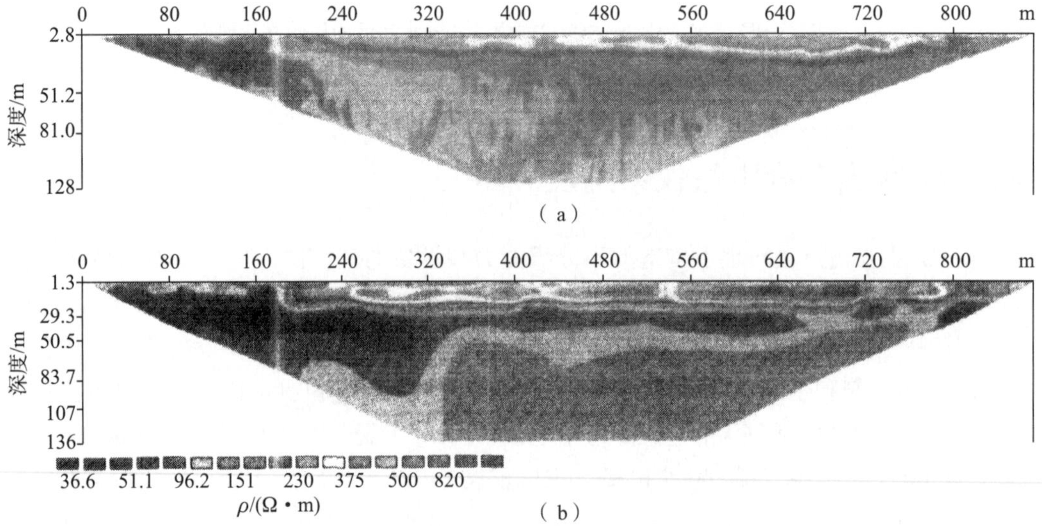

图 7　RESECS 探测涿州垃圾场污染范围（据黄丹青，2003）

（a）实时伪剖面；（b）反演剖面

图 8 是 RESECS 高密度电法仪对哈尔滨市内某建筑工地地下防空洞的探测结果。图中的深色低阻体是充水的防空洞位置，已被证实。

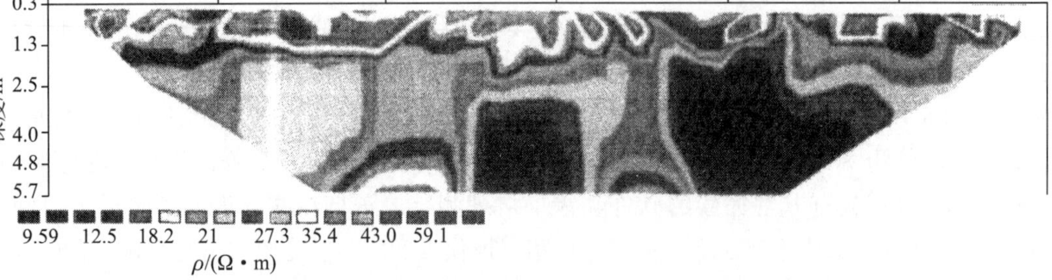

图 8　RESECS 高密度电法仪在哈尔滨市内某建筑工地探测防空洞（据黄丹青，2003）

参考文献

[1] Matzander U. Broad band induction coil magnetometer. Branschweiger, Germany, Metronix, 2003.

[2] Matzander U. ADU-06 user manual. Branschweiger, Germany, Metronix, 2001.

[3] Friedrichs B. MT software-MAPROS. Branschweiger, Germany, Cooper Power Tools, 2001.

[4] Geonics L. Time domain EM system-PROTEM. On-taric, Canada, Geonics Limited, 1999.

[5] 牛之琏，1992，时间域电磁法原理，长沙：中南工业大学出版杜。

[6] 蒋邦远主编，1998，瞬变电磁法勘探，北京：地质出版社。

[7] 白登海、王立凤、孙洁、朱金芳、黄宗林、黄丹青、何兆海、祖金华、廉雨芳、Quentin Yarie、Volker Schaepe，2002，福州八一水库—上干断裂的高密度电法和瞬变电磁法试验探测，地震地质，24（4）。

[8] Schaepe V. RESECS DC—Resistivity and ElectrodeControl system. Essen, Germany. DMT. 2002.

[9] Kemna E A. Complex resistivity tomography. 4th Progress Report. Essen Germany. DMT. 1998.

矿产资源调查的物探方法和仪器设备*

刘国栋

笔者所指的矿产资源主要为有色金属矿和贵金属矿，如铜、铅、锌、锡、钨、镍、铬、金、金刚石矿等。这类矿产资源具有不同的成因、控制条件和物理性质，形成了特征不同的地球物理场，因此对它们进行物探调查的方法也各异。例如有些矿产受构造和断裂控制或者呈层状产生，此时应主要采用地震方法和电磁法；有些矿产资源与岩浆岩或矽卡岩带有密切关系，此时应首先采用快速、廉价的磁法；有些矿产资源伴有高磁性，高密度或高波速，此时应采用对应的物探手段。

由于不同物探方法的探测精度差异很大，以及物探数据的多解性，因此在矿产资源探测的不同阶段要采用不同的物探手段，并与地质资料密切结合，进行综合物探解释，以期获得更准确的结果。笔者就矿产资源调查中的一些物探方法和仪器设备做一些探讨。

1 磁 法

磁法是最经典的物探方法。很多有色金属矿与岩浆岩充填的断裂带、矽卡岩带以及与岩浆活动伴随的热液活动带有关。由于岩浆岩一般都含有磁性物质，因此通过地面磁测可以快速的圈定与岩浆活动有关的有色金属矿远景区。此外某些金属矿伴生有磁铁矿，某些金属矿产在基性和超基性岩之中，某些金属矿与弱磁性的蚀变带有关，此时可利用磁法直接寻找这类矿产资源。

矿产资源调查中一般都观测全磁场 T。有多种观测全磁场 T 的磁力仪，例如，质子磁力仪（核旋），Overhauser 磁力仪，光泵磁力仪（钾光泵，铯光泵，氦光泵）和相应的磁场梯度仪。

标准质子磁力仪的分辨率高达 0.01nT，精度为 1nT；Overhauser 磁力仪和光泵磁力仪的分辨率均≥0.01nT，精度高达 0.1nT。在矿产资源调查中一般都应用质子磁力仪。近 3 年来国内矿产资源调查部门共进口了 300 多台 GSM-19T 标准质子磁力仪，该仪器小型、轻便、全数字化、稳定，获得用户好评。磁场梯度仪主要用于确定磁异常边界和浅层探测，也可作为磁力仪使用。

2 重 力

重力法主要用于寻找高密度的矿产资源以及与高密度基岩和超基性岩伴生的矿产资源。CG-5 型重力仪和 BURRIS 重力仪是当今观测精度最高的重力仪，其读数分辨率达 $1\times10^{-5}m/s^2$，重复观测精度小于 $5\times10^{-5}m/s^2$ 和 $10\times10^{-5}m/s^2$。如果在山区使用如此高精度的重力仪进行观测，地改精度很难达到要求。地改不足或过剩，将出现与地形高差成镜像的假异常。

* 本文原载于《物探与化探》，2007，31（Supp）：35～52。

3 电磁法

电磁法是矿产资源调查和勘探中最常用的物探方法。电磁法可分三大类，即时间域电磁法，频率域电磁法和直流电法[1]。时间域电磁法有两种，一种是通过观测由地面回线发射的一次场在地下介质中感应出的、随时间变化的二次场来探测地下电性结构，通常称为瞬变电磁法（TEM）；另一种是通过观测由地面偶极源发射的电流脉冲在地下介质中产生的、随时间变化的二次场来探测地下电性结构，称为长偏移距瞬变电磁法（LOTEM）。

3.1 瞬变电磁法（TEM）

瞬变电磁法分辨率高，探测深度适中（与测区地下平均电阻率值有关）。它在圈定断裂，破碎带，蚀变带，岩浆岩接触带，地下电性分层等方面能提供较可靠的信息，对陡立的地质构造分辨程度高，可直接寻找高导矿体。

国内有多个单位研发或生产瞬变电磁仪，国外厂家生产的瞬变电磁仪有 PROTEM，PEM，terraTEM 以及 V8 和 GDP-32 系统中含有的瞬变电磁功能。

PROTEM 瞬变电磁仪由加拿大 Geonics 公司研发和生产。该公司自 1978 年开始生产 EM37 瞬变电磁仪，至今已更新换代 4 次。目前生产的瞬变电磁仪有 PROTEM47，PROTEM47HP，PROTEM57-MK2，PROTEM67 和加强型 PROTEM 67，它们的主要区别是勘探深度不同，最大勘探深度可以达 1500～2000 m。此外，还有井中瞬变电磁仪。

在过去 4 年中，国内已有 31 家用户购买了 PROTEM 瞬变电磁仪。PROTEM 瞬变电磁仪的主要特点是：分辨率高，抗干扰能力强，工作效率高，三分量、30 个观测道同时观测，工作温度-40～60 ℃，防水，防潮，接收-发射相互分离，适应各种野外观测装置，工作稳定，重复准确率 100%。

下面举几个 PROTEM 瞬变电磁仪的应用实例。

图 1 至图 3 为 PROTEM57-MK2 探测云南锡矿带实例。图 4 是 EM37（PROTEM67 前身）在澳大利亚探测金矿实例。图 5 是 PROTEM 对黑龙江乌拉嘎金矿深部找矿的勘探结果。图 5 右上角 Ⅰ 号异常是低阻体，它与正在开采的金矿体一致，推测是由于岩石破碎程度较高，含金矿存于破碎带，蚀变，导致低阻。据此推测剖面左侧的 Ⅱ 号低阻体以及深部的 Ⅲ 号低阻带，应是金矿区远景区[2]。

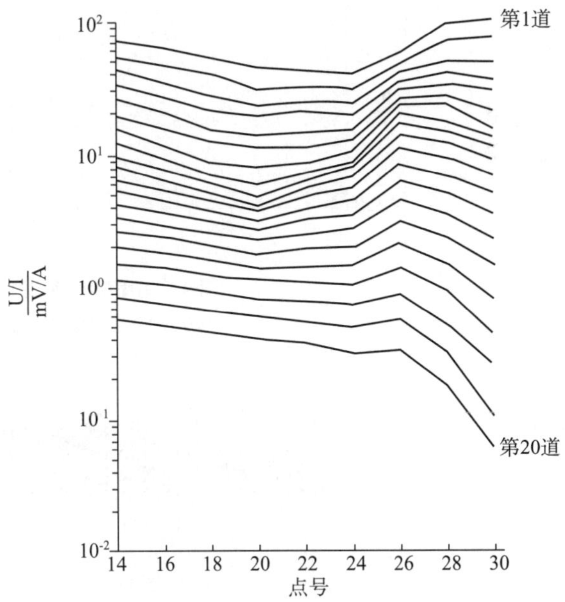

图 1 瞬变电磁场响应曲线

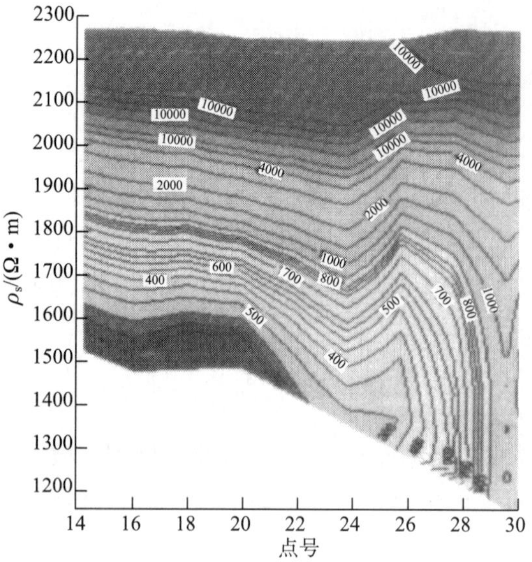

图 2　反演的视电阻率断面

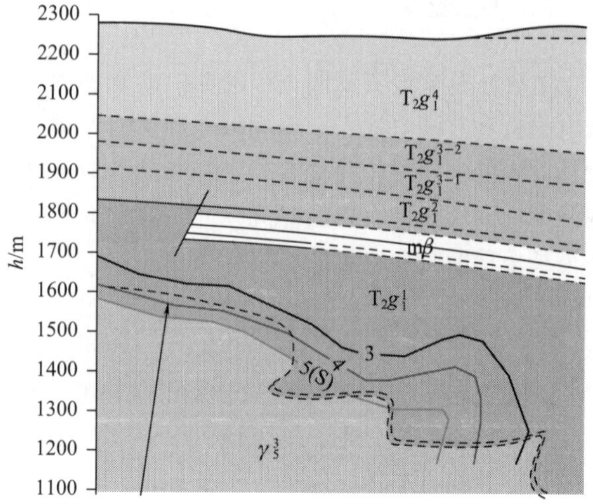

图 3　地质解释断面（据云南省有色地质调查院资料,2006）

图中的粗线为推断的锡矿带，已被钻探证实

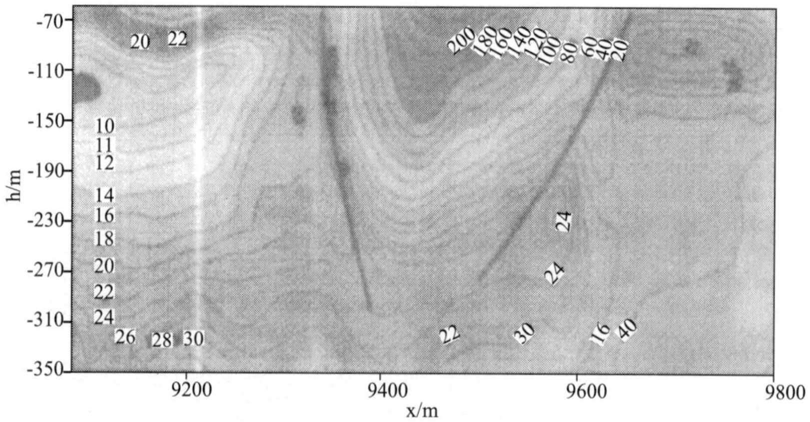

图 4　用 EM37 瞬变电磁仪测量曲线剖面

金矿赋存于受断裂控制的高阻流纹斑岩之中

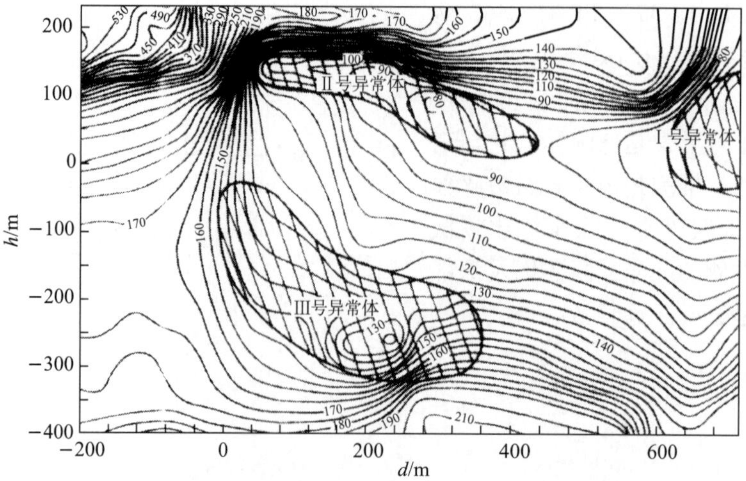

图 5　乌拉嘎金矿 127 线 TEM 测量结果解释剖面

3.2 长偏移距瞬变电磁法（LOTEM）

长偏移距瞬变电磁法是通过接地偶极子向地下注入100～200 A的脉冲电流，偶极长度2km，接地电阻要低至几欧姆，发电机功率高达几百千瓦，可见发射装置十分庞大。该方法即可观测对高导层敏感的、随时间变化的二次磁场分量，也可观测对高阻层敏感的、随时间变化的二次电场分量[3]。长偏移距瞬变电磁法的勘探深度可达3～4 km，与测区地下平均电阻率值有关。很少见该方法在有色矿产资源调查中的应用。

3.3 频率域电磁法

频率域电磁法是通过在地面观测随时间变化的电磁场分量来探测地下的电性结构，其场源是太阳活动产生的电磁波或人工发射的电磁场。标准的频率域电磁法叫大地电磁法（MT），它有很多变种，以适应不同的观测环境，例如远参道法用以解决局部电磁噪声干扰，电磁阵列法（EMAP）用以解决静效应，电磁剖面法（CEMAP）用以提高生产效率，可控源法（CSAMT）用以提高信噪比。上述方法可以联合应用，以解决频率域电磁法中的各种问题。

频率域电磁法的主要优点是：勘探深度可从地表至几公里，乃至百公里，取决于仪器所能记录的频率范围；对高导层（体）十分敏感，有利于寻找高导矿体；横向分辨率高，有利于圈定构造和岩体边界；仪器设备轻便；二维反演成熟，也可进行三维反演[4]。在矿产资源调查中的应用范围与瞬变电磁法类似。

目前世界上生产的大地电磁仪有GMS-06，V5-2000，ACF-4M，V8和GDP-32中含有的大地电磁功能。最近德国Metronix公司在30年研发和生产大地电磁仪的基础上，研制成功一种全新概念的GMS-07综合电磁法仪。该仪器的特点是：频带范围250 Hz～直流，为全频段电磁测量仪；有10个数据采集道，因此一台仪器可同时完成4个测点的观测任务，工作效率提高4倍，也可做EMAP处理；具有CSAMT功能，可以人工源和天然源联合观测：一台小型主机进行数据采集控制和实时处理；可远程操控，随时下载或传递数据。

下面给出两个大地电磁法探测金属矿的实例。

3.3.1 GMS-06大地电磁仪勘查铜镍矿实例

新疆图拉而根铜镍矿是全岩矿化超镁铁质岩浆硫化物型铜镍矿，为查明含岩矿体向深部的延伸情况在矿区进行了2次大地电磁剖面勘探。图6是2004年勘探的2条MT剖面的解释结果。图6（a）中部连续的低阻异常和图6（b）中部2个规模较小的低阻异常，是铜镍矿在深部的展布情况，并得到钻探证实[5]。

3.3.2 大地电磁法预测铜矿成矿带实例

为了预测土屋铜矿在深部的成矿地带，在该矿进行了详细的MT勘探。从已知区勘探结果可见（图7），铜矿分布在高阻体和低阻围岩的接触带中。为了预测深部成矿带，对全区所有MT测点的观测结果做出不同深度的平切图，并对310 m深处远景成矿做出预测[6]（图8）。

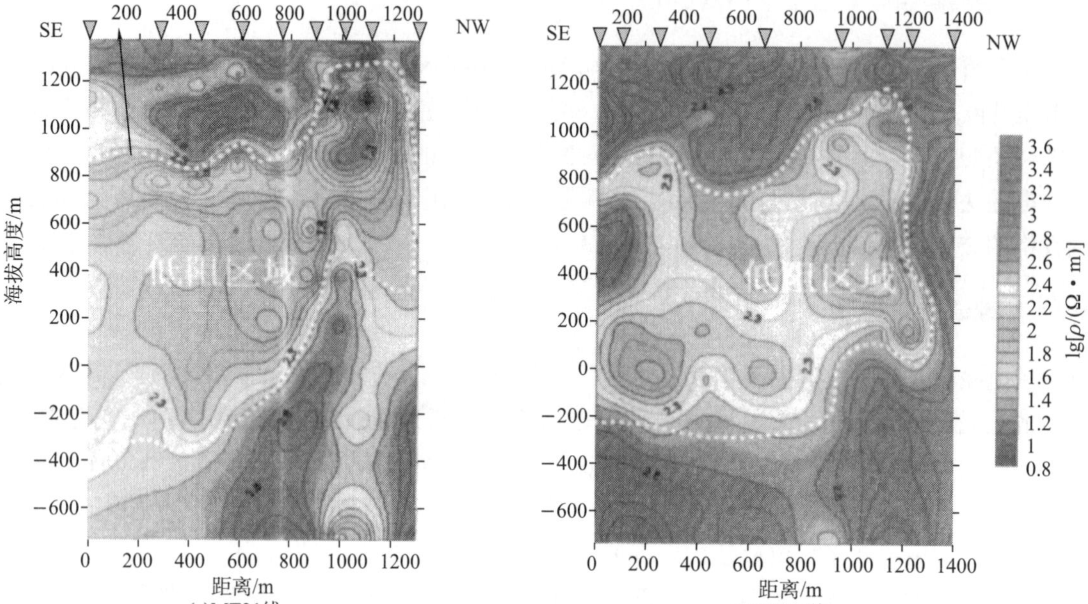

(a)MT21线　(b)MT41线

图 6　图拉而根电阻率断面

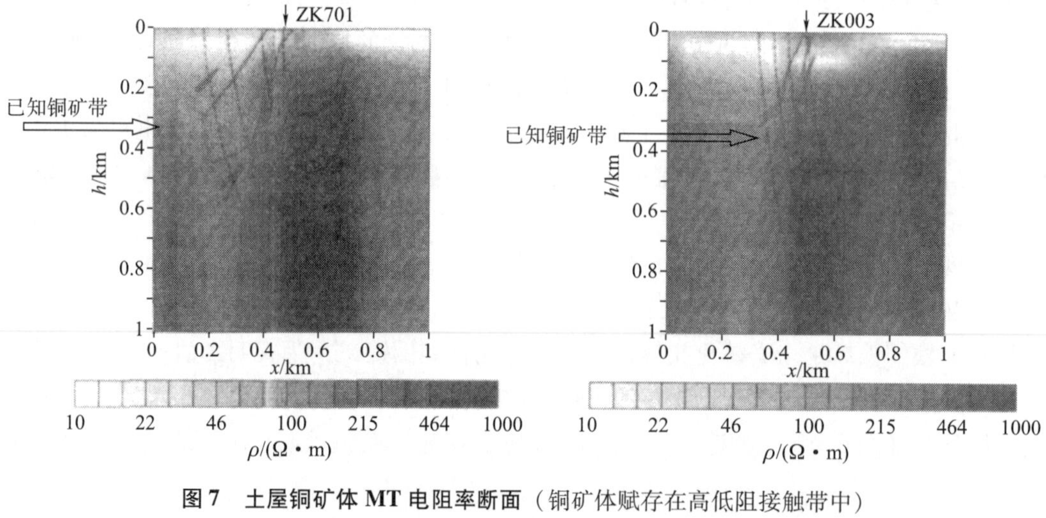

图 7　土屋铜矿体 MT 电阻率断面（铜矿体赋存在高低阻接触带中）

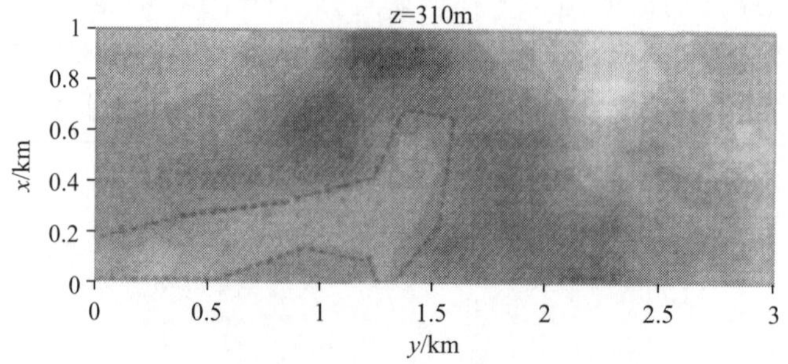

图 8　土屋铜矿体 310 m 深处有利成矿带预测

有利成矿带由虚线圈出

3.4 高密度电法

高密度电法由于采用多电极、小极距，多次叠加，纵向密集分层，自选多种装置结构和有效的二（三）维反演等一系列技术，使其分辨率在电法勘探中最高，但勘探深度为最大供电距的1/5，即不超过200 m。高密度电法既可以获得细微的地下电性结构，也可以观测IP值，所以在浅层金属矿勘探中能发挥很大作用。

目前比较著名的高密度电法仪有RESECSⅡ和AGI。

3.5 激发极化法

激发极化法是探测有色矿产资源的经典方法，它对于寻找浸染状矿和斑岩型矿有较好效果，因为这类矿物颗粒分散在岩体之中，互不相连，形不成低阻异常，但却可以产生较大的激电异常。然而较广分布的黄铁矿，石黑化和碳化岩体（层），往往产生更强烈的激电异常，很难与矿体异常区分，此外人文电磁噪声也会造成强烈干扰。

激发极化法的探测深度取决于测区平均电阻率值和人文噪声水平，在*AB*极距1000 m、接地电阻低至几欧姆情况下，其探测深度可达200～300 m。为了提高信噪比往往采用大功率发射。Vip和IPR-12是专用激电仪，V8和GDP-32系统含有激电功能，最大发射功率为30 kW。

4 地震法

在油气勘探、煤田勘探和工程勘探中地震法是最有效的物探方法，但笔者所论的矿产资源调查中地震法应用的比较少，主要原因是很多矿产资源多与岩浆活动有关，控矿构造倾角大，地震法很难取得有效数据。然而，有些矿产资源，例如与深海岩浆热液活动有关的铅锌矿、沉积型矿等往往为层状结构，此时利用地震法勘探可获得很好效果。此外，有些矿产资源伴生在高速体或低速体中，此时采用井中地震层析成像技术，往往能达到直接找矿的目的，下面给出两个实例。

（1）爱尔兰的Navan铅锌矿赋存于深650 m的灰岩之中，为探测深至1000 m的控矿构造和矿产发育情况，采用Summit地震仪进行了详细的反射法地震勘探。地震反射剖面如图9所示，结合钻井资料解释后的地质断面如图10所示。可见矿体在深部呈层状展布并被次级断裂切割。

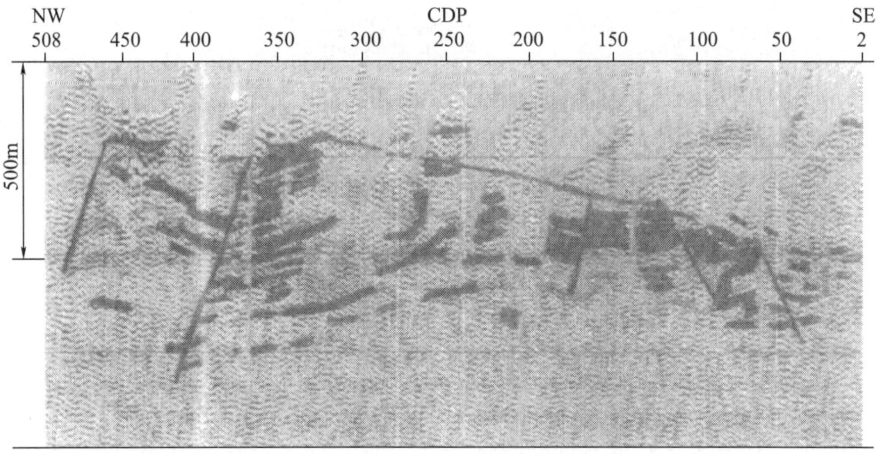

图9 爱尔兰Navan铅锌矿地震反射剖面（V. Schaepe，2007）

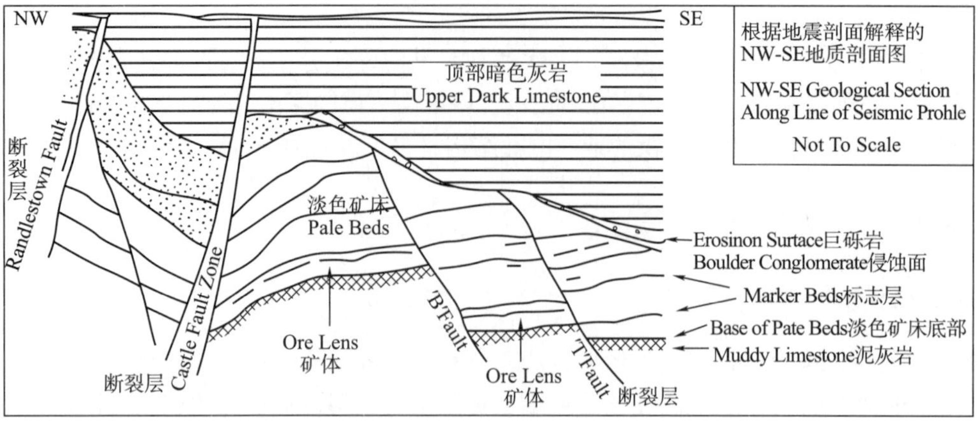

图 10　爱尔兰 Navan 铅锌矿地震解释剖面（V. Schaepe，2007）

（2）西班牙 Reocin 锌矿是欧洲的第二大金属矿基地，年产量 200 万吨。该矿赋存于厚层白云岩之中，主矿体被断层切割。为了获取现有采矿巷道下 22 m 深以上的矿产信息，利用 Summit 地震仪井中地震层析成像技术取得了成功结果（图 11）。从图可见，赋存锌矿体的白云岩波速值高达 5900 m/s，因此根据波速层析成像获得的速度图像就可以圈定未知矿体的位置。

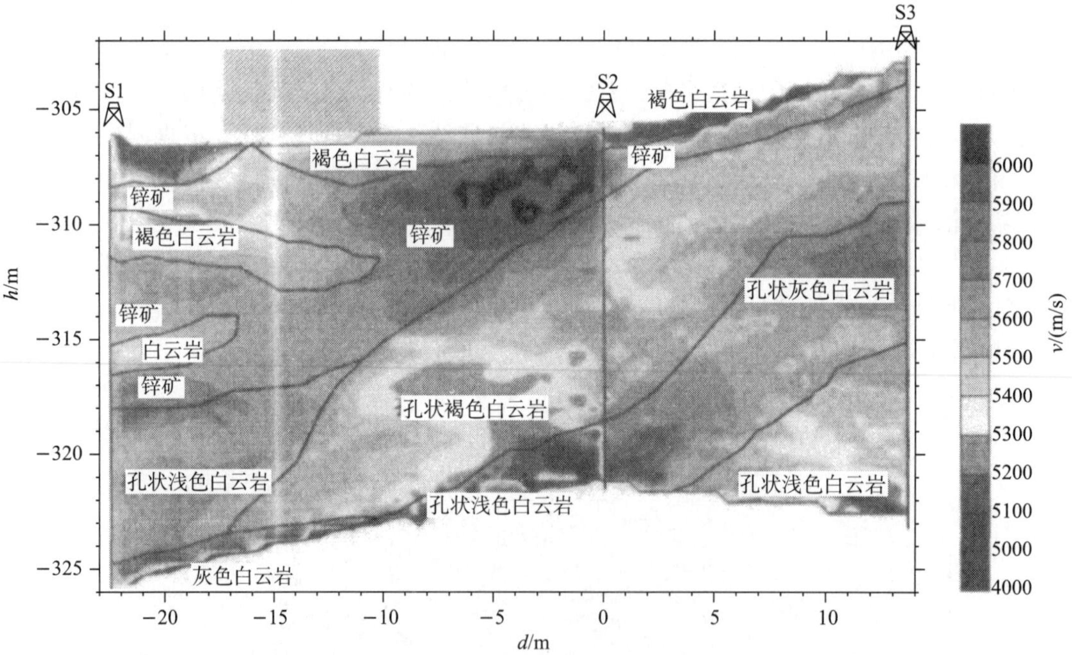

图 11　西班牙 Reocin 锌矿地震层析成像断面（V. Schaepe，2007）

Summit 地震仪是德国 DMT 公司的著名产品，在中国已有 40 家用户。2006 年研制成功的 Summit Ⅱ plus 地震仪是最新一代产品，其采样率高达 20μs，即 50 kHz 分辨率高达 24 位，系统动态范围 160 dB，瞬时动态范围 120 dB，双道采集站具有强的数据处理功能，重 1.2 kg，道间距可变，笔记本电脑做主机，道数可无限扩展，非常轻便，稳定，特别适合山区和地形复杂地区开采二维和三维地震勘探工作。在过去一年中国内已有 10 家用户购买了 Summit 地震仪的新产品，即 Summit Ⅱ plus。

参 考 文 献

[1] 刘国栋，2004，电磁法及电法仪器的新进展和应用［J］，石油地球物理勘探，39（增刊）：46。

[2] 张宝林、蔡新平、梁光河等，2002，综合地球物理方法对金矿深部找矿靶区的验证［J］，地球物理学报，45（增刊）：346。

[3] 刘国栋、张木生、邓前辉等，1993，唐山大震区的深部瞬变电磁法勘探［A］，电磁方法研究与勘探［C］，北京：地震出版社。

[4] 胡祖志、胡祥云，2005，大地电磁三维反演方法综述［J］，地球物理学进展，(1)。

[5] 梁光河、徐学旺、肖骑彬等，2007，大地电磁测深法在铜镍矿勘查中的应用［J］，矿床地质，26（1）：120。

[6] 谭捍东、李聪嫔、王彩琪，2003，大地电磁三维反演在土层铜矿探测中的应用研究——三维反演解释［J］，地质与勘探，21。

电磁法仪*

刘国栋

1 频率域电磁法仪

1.1 方法原理

频率域电磁法是通过观测天然的或人工发射的不同频率的平面电磁波（*Hx*、*Hy*、和 *Hz*）以及它们在地球介质中感应的大地电流场分量（*Ex*、*Ey*）求取地下介质的电性分布，包括电性分层，电性层厚度，电性层结构、构造，特别是高导层（体）的存在、埋深、形态和规模等一系列地质信息。频率域电磁法早期主要用于石油、地下水和热水勘探以及深部构造研究，近些年来随着仪器和数据处理方法及反演水平的提高，在矿产资源勘探和某些工程勘探中得到广泛应用。其主要优点是对高导层（体）特别敏感，不受高阻层屏蔽，勘探深度大，设备轻便，适合在任何地形、地貌条件下施工；主要缺点是易受工业电磁噪音干扰，但人工场源的 CSAMT 和远参考道的 MT 法可在很大程度上克服这一缺点。

1950 年苏联学者吉洪诺夫（A. H. TNXOHOB）首先提出大地电磁法设想，1953 年法国学者尼卡尔（L . Cagniard）阐述了标量大地电磁法工作原理和实施方法。1966 年我国开始研究频率域电磁法方法和仪器设备，21 世纪初我国已成为世界上频率域电磁法大国。正如图 1 所示，大地电磁法要在地面观

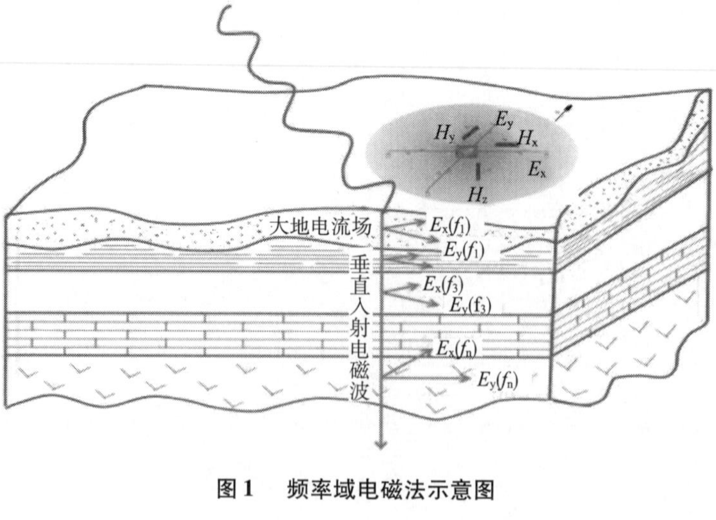

图 1 频率域电磁法示意图

* 本文原载于《地球物理仪器汇编及专论》，地质出版社，2012 年。

测不同频率的天然电磁场或人工发射电磁场的互为垂直的三个磁场分量（Hx、Hy、和 Hz）和两个互为垂直的水平电场分量（Ex、Ey），并通过下式计算地下介质的电性阻抗值 Zxy、Zyx、Zxx 和 Zyy：

$$Ex(f) = ZxxHx(f) + ZxyHy(f)$$
$$Ey(f) = ZyxHx(f) + ZyyHy(f) \tag{1}$$

式中的磁场（Hx，Hy）和大地电流场（Ex，Ey）都是频率（f）的函数，所以称其为频率域电磁法。频率越低，勘探深度 D 越大，两者关系式为：

$$D = 356\sqrt{\frac{\rho}{f}}(\mathrm{m}) \tag{2}$$

式中，ρ 是上覆层的平均电阻率值。

1.2 频率域电磁法仪器分类

频率域电磁法一般按频带范围，也即按勘探深度分类。频率域电磁法仪应用的电磁波频率范围 1000 kHz～10000 s，其中包括无线电台发射的电磁波（（10～1000）kHz），大气层雷电活动产生的电磁波（1～10 kHz）以及太阳粒子活动产生的低频电磁波（10 Hz～10000s）。通常将 10 kHz～10000s 的电磁波叫大地电磁测深频段。按所记录的频率范围，频率域电磁法仪分为：

（1）甚低频仪，以海军甚低频电台或便携式偶极发射源做场源，频率范围 15～30 kHz，勘探深度约 20～30 m。

（2）无线电频率大地电磁仪，以海军和民用电台发射的电磁波或人工发射的电磁波做场源，频率范围 10～1000 kHz，勘探深度 30～50 m。

（3）大地电导率仪，自发单频或几个频率的电磁波做场源，如 9.8 kHz 或 6.4、1.6、0.4 kHz，勘探深度 60 m。

（4）声频大地电磁仪（AMT），以大气层雷电活动产生的电磁波做场源，频率范围 1～10 kHz，勘探深度约 800 m。

（5）中低频大地电磁仪，以太阳粒子活动和大气层雷电活动激发的电磁波做场源，频率范围 384 Hz～30000 s，对应的勘探深度大致为 100 m～100 km 以上。如果再选配高频磁场传感器，对浅层的勘探可提高至几米。

（6）全频段大地电磁仪，以太阳粒子活动和大气层雷电活动激发的电磁波做场源，其频带范围 50 kHz～1000s或 10 kHz～10000 s，其对应的勘探深度为几米至 50 km 或 10 m～100 km。

按频率范围，即勘探深度分类的好处是用户可以根据自己的应用目的，即勘探目标的深度来选择合适的频率域电磁仪类型，但应强调的是仪器的勘探深度与工作区覆盖层的电阻率值密切相关。

1.3 频率域电磁仪组成

频率域电磁仪由电、磁场传感器，主机和软件系统三部分组成（图 2）：

（1）传感器

①磁场传感器。

频率域电磁仪所涉及的频率范围一般是 10 kHz～10000 s；在超浅层应用中高频可扩展至 1000 kHz，在基础科学研究中低频可扩展至 100000 s。图 3 是自然界存在的 10 kHz～10000 s 的电磁场振幅[2]。在 10 Hz～0.1 Hz 左右的磁场变化幅值可低至 10^{-3}nT，称为“死区”。“死区”对应的勘探深度约为数百米至数公里，这正是最有意义的深度范围。所以频率域电磁仪最关键的技术指标是磁场传感器的噪声谱，在“死区”范围内磁场传感器的噪声应低于 10^{-4}nT，这样才能有效地记录“死区”频带内的磁场信号。

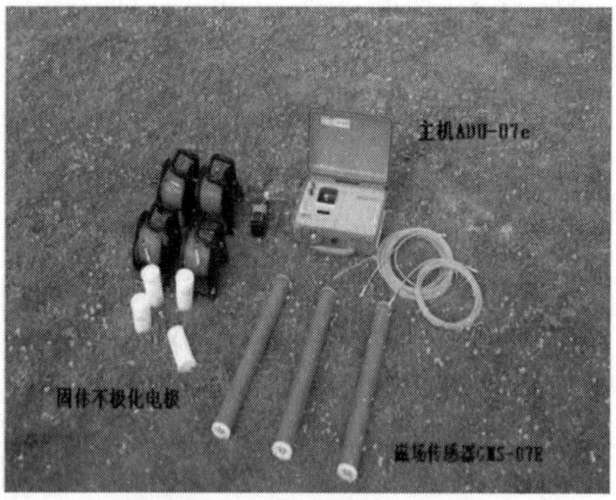

图 2　频率域电磁仪组成

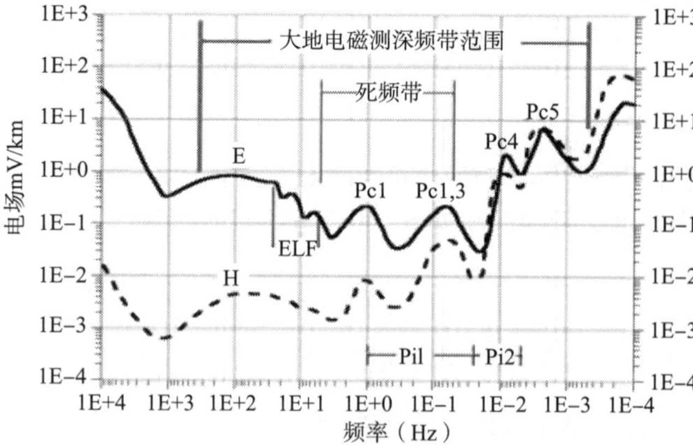

图 3　全球天然电磁场强度平均振幅

频率域电磁法所覆盖的主要频率范围 10 kHz ～10000 s，频带宽达 8 个数量级。所以磁场传感器不仅要有超低噪声，而且要有极宽的频带，极高的时间和温度稳定性。磁场传感器是频率域电磁仪的核心，目前在频率域电磁仪中广泛应用的是螺旋管感应式磁场传感器。

感应磁场传感器的输出电动势 ε_i 与被测磁场的变化率 $\frac{\mathrm{d}H}{\mathrm{d}t}$，螺旋管面积 S 和匝数 N 以及磁芯导磁率 μ 成正比：

$$\varepsilon_i = \mu NS\frac{\mathrm{d}H}{\mathrm{d}t} \tag{3}$$

要想在低频时获得高感应电动势 ε_i，必须加大 S 和 N，但这必将导致传感器的体积和重量加大，或者是采用高 μ 值的软磁材料做磁芯，但这必将导致高频特性下降、温度系数增高。因为高 μ 值的软磁材料在高频情况下涡流加大，μ 值随温度变化明显。

先进的感应磁场传感器采用互相高度绝缘的、众多细丝状高 μ 值导磁材料做磁芯以避免在高频情况下涡流的产生，并在传感器内配置具有强负反馈和低频情况下具调制解调放大功能的电子线路，以保证传感器的低噪声和稳定性，及在低频情况下提高 ε_i 值。这种先进的感应磁场传感器的噪音功率谱比磁平静日时的天然变化磁场功率谱低 10～100 倍，频带宽达 8 个数量级（图 4）。

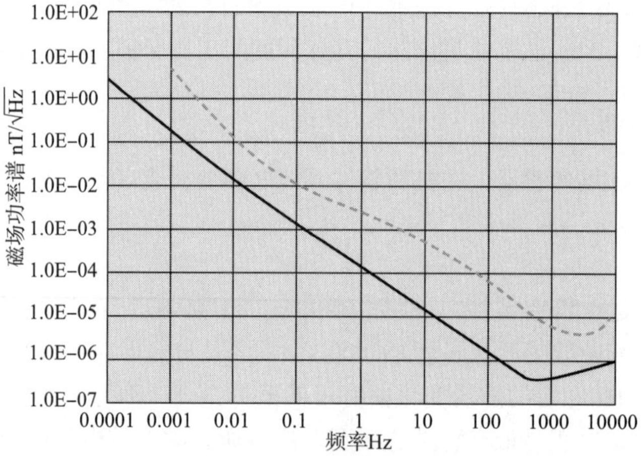

图 4　感应磁场传感器噪声功率谱（实线）与磁平静日时天然变化磁场功率谱（虚线）对比

在研究地球内部上地幔电性结构时，目前一般采用三分量磁通门磁力仪做磁场传感器，其 MT 频带为 30～100000s。

②电场传感器。

频率域电磁仪的电场传感器，一般为固体不极化电极，电极是通频带的，没有很高的技术和工艺要求。在观测超高频电场信号时，也可采用不接地电容做电场传感器。

（2）主机

主机一般包括模拟部分和数字部分。模拟部分对来自传感器的模拟信号进行放大，滤波，极化补偿和模/数转换等。数字部分由 CPU 主板通过软件对模拟部分和模/数转换后的数字信号进行控制和管理，包括野外观测参数设置，模拟部分参数设置，GPS 同步，仪器标定，观测数据存储，各种 MT 参数计算以及数据传输和远程控制等功能，如图 5。

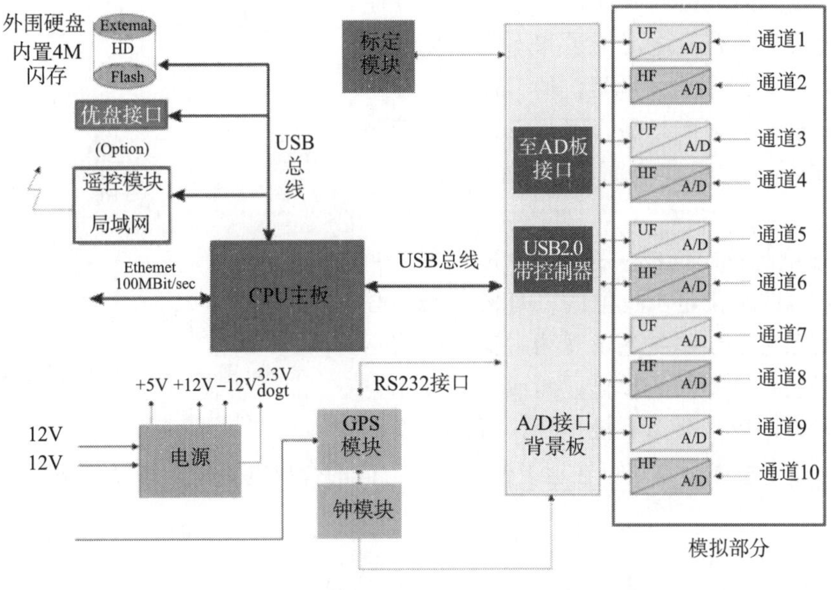

图 5　频率域电磁仪电路组成（以 ADU-07e 为例）

模拟部分的设计和制作水平决定了主机的主要技术指标，包括频带，分辨率，动态范围，输入噪声，输入阻抗等等。现今大地电磁仪的主机频带可宽达 250 kHz-DC，多至 10 个数据采集通道，大大扩展了应用领域。由于天然磁场变化幅度在 10^{-3}～10^{2}nT 之间，因此主机的分辨率和动态范围都必须足够高，高频和低频线路都应配置 24 位 A/D 转换器。

数字部分的设计水平决定着主机的功能和应用方便程度，包括频带设置，自检和标定，GPS 同步，网络功能，数据传输，远程控制以及仪器工作状态和故障实时显示等等。

（3）数据处理软件

频率域电磁法仪特别是 MT，AMT 和 CSAMT 仪器基本上都实现了现场实时处理功能，即根据记录的时间域数据实时处理大地电磁的各种参数，例如富氏谱、自功率谱、互功率谱以及在此基础上计算的视电阻率和相位曲线、二维偏离度、主轴方位和倾子等，这些都需要通过软件由主机 CPU 板完成。大地电磁场是随机变化场，易受人文电磁噪声干扰，因此数据处理软件必须具备尽可能的多的去噪功能，以消除不同人文噪声的影响。大地电磁仪必须能存储和保留时间序列等原始数据，数据处理软件最好是开放式的，以便用户可以修改和增补。

（4）可控源 CSAMT 发射系统

上述的频率域电磁仪以变化的天然电磁场做场源，若以人工发射的电磁场做场源，则称为可控源声频大地电磁法（CSAMT）。由于人工场源发射功率大、可进行同步叠加，所以在人文噪声干扰强的地区采用 CSAMT 法，能有效压制干扰，获得较高质量的视电阻率和相位曲线。

CSAMT 发射系统包括发射机，控制单元，发电机，发射电偶极子及发射电缆。

目前通用的 CSAMT 发射机只能通过单一的电偶极子向地下注射不同频率的方波、正弦波或三角波形电流，其产生的人工磁场是单一的极化场，只能计算地下介质的标量阻抗值，也就是说它仅适合探测简单的、水平层状的一维构造，而无法计算复杂的、非层状的二维或三维构造的张量阻抗值。在单一的电偶极子情况下，其可观测面积是以电偶极子中心为顶点的 120°扇形面积内，即 1/3 面积不能进行观测。

最近国外研制成功了由三个接地电极组成的发射系统。某一给定频率的发射电流同时通过三个接地电极注入地下，产生不同方向的合成电流矢量和不同极化方向的磁场，不仅可以计算地下的张量阻抗值，而且在任何位置都可以观测到最佳的电磁场值。因此它适合于探测各种复杂的地下构造，并可在全面积范围内进行观测（图 6）。

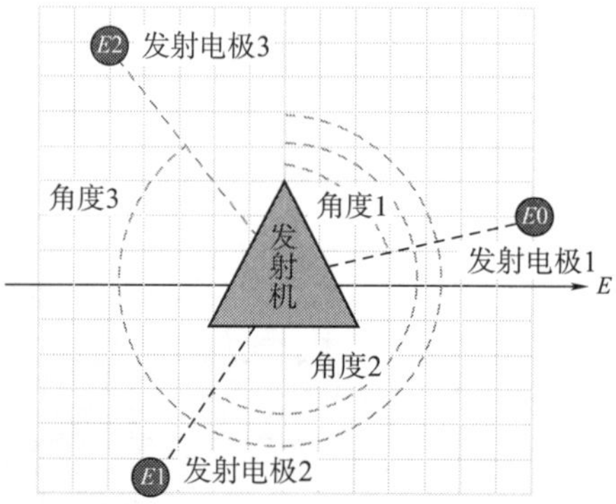

图 6　三对电偶极子发射系统

从电磁场与张量阻抗之间的关系式（1）可见，两个方程式是无法求解四个张量阻抗值的，有解的条件必须是至少要有两组互为独立的电磁场观测数据。所谓互为独立即两组电磁场各具不同的极化方向或不同极化类型。单一偶极子发射的磁场是单一极化场，所以不能求解张量阻抗，但三个电极发射系统可在地下建立六个方向的合成电流矢量和极化磁场，可以解出 15 组四个张量阻抗值[3]。

2　时间域瞬变电磁法仪

2.1　方法原理

瞬变电磁法是通过发射机向发射线圈输入脉冲电流（磁偶极子发射）或向地下注射脉冲电流（电偶极子发射）。输入的电流脉冲下降沿产生一次场并随时间像烟圈一样向下扩散。该一次场在地下导电介质中激发随时间变化的二次场，即瞬变场。瞬变场的大小及变化过程受导电介质的电导率值、规模和埋深等控制。通过对瞬变场的数据处理和反演，可获得地下电性分层，电性层厚度和结构、构造以及高导体埋深、形态和大小等地质信息（图 7）。

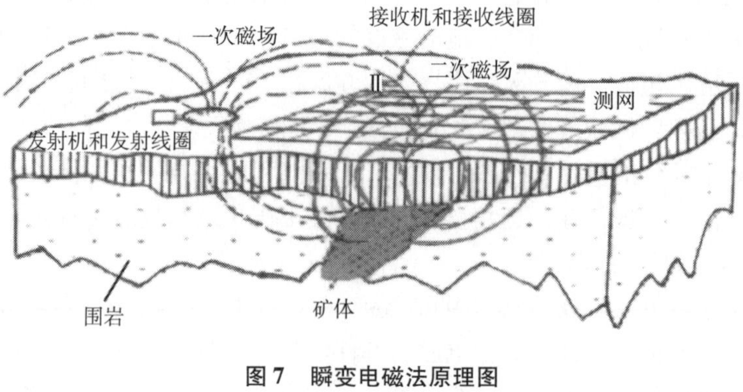

图 7　瞬变电磁法原理图

磁偶极子发射的磁偶极距取决于发射电流的大小和发射线圈的有效面积。磁偶极子场源的勘探深度一般小于1500 m，主要用于矿产资源勘探，地下水和热水资源勘探，工程勘探和地质结构调查，以及煤田构造和煤矿井下水患调查。电偶极子场源的注射电流可高达±200A 或更大，勘探深度可达3000～4000 m，主要用于石油、天然气勘探，称为LOTEM，即长偏移距瞬变电磁法[4]。

图8是瞬变电磁法的电流发射和瞬变场接收的时间过程：

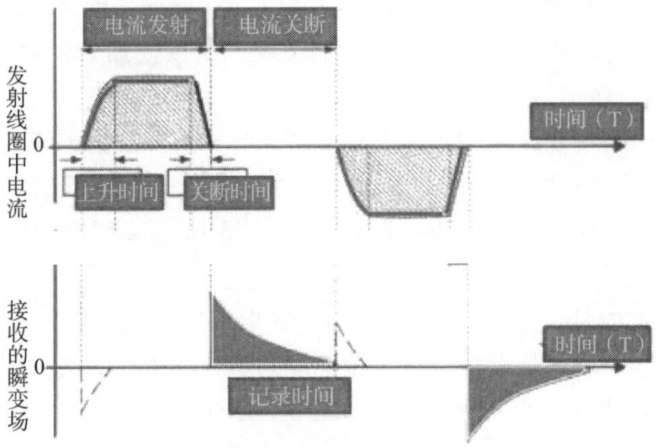

图8 电流发射和瞬变场接收的时间过程

在发射电流突然关断时，发射线圈将产生向地下传播的电磁波，即一次场。由于发射线圈的自感和一次场的反抗作用，发射电流不能立即归零，有一延迟时间，称之为关断时间，关断时越大，育区越深。在一次场消失、发射电流完全关断时开始测量在地下介质中由一次场产生的二次场，即瞬变场随时间的变化过程。所以瞬变电磁法也叫时间域电磁法。

20世纪40年代苏联学者吉洪诺夫（A. H. THXOHOB）提出时间域电磁法理论，50年代以后，斯多洛夫（B. A. CN ДOPOB）等人建立了近区建场法。在西方，1951年怀特（J. R. Wait）提出利用瞬变电磁法寻找导电矿体的概念，20世纪70年代加拿大Geonics公司推出EM37瞬变电磁仪。我国20世纪70年代初开始开发研究瞬变电磁法[4]，目前国内从事瞬变电磁法的单位估计有数百家。

2.2 时间域电磁仪组成

如图8所示，时间域瞬变电磁仪由以下部分组成：

- 发射机
- 发射线圈
- 接收机
- 接收线圈
- 系统软件

多数瞬变电磁仪发射机和接收机是分离的，也有发射—接收一体机。

1）发射机：

发射机一般包括时间控制器、用以产生时间脉冲和与接收机同步脉冲；预激励和激励电路、用以在时间脉冲控制下产生连续可调的输出脉冲电压；输出和输出功率电路、用以在输出电压作用下产生发射脉冲电流。

发射机发射的脉冲电流值 I 与勘探深度 H 有关[5]：

$$H = 0.5\left[\frac{M\rho}{RmN}\right]^{1/5} \tag{4}$$

式中，发射磁偶极距 $M = I \times S$，I 为发射电流，S 为发射线圈有效面积；ρ 为勘探深度 H 以上覆盖层的电阻率值；RmN 为瞬变电磁仪可分辨的信号电平，它与发射电流所激发的瞬变场幅度，仪器噪声和场地背景噪声有关。

瞬变电磁仪发射机按勘探深度不同可分为小功率发射机，中功率发射机和大功率发射机。不同功率发射机发射的脉冲电流周期，即基本频率不同。小功率发射机一次场穿透深度小，勘探深度浅，只需发射和观测高频信号；而大功率发射机一次场穿透深度大，勘探深度大，需要发射和观测低频信号。但从式 4 可见，发射电流 I 与勘探深度 H 是 1/5 方的关系，所以仅加大发射电流对勘探深度贡献并不很大。

为了抑制工业电干扰，发射机采用同步相干检测技术，即选择发射电流的重复频率离开 50 周工业频率及其谐波频率，而又等于工业频率的整倍数。例如，小功率发射机的发射脉冲重复频率选择 25 Hz，62. 5 Hz 或 237. 5 Hz；中功率发射机选择 2. 5 Hz，6. 25 Hz 或 25 Hz；大功率发射机选择 0. 25 Hz，0. 625 Hz，2. 5 Hz 或 25 Hz。

从图 8 可见，在电流发射时，停止记录（观测），在电流完全关断后，开始记录（观测），所以发射机和接收机必须高度同步。在浅层勘探中常采用电缆同步，在中、深层勘探中多数采用晶体钟同步。为了降低盲区深度，发射机要有立即关断功能，以缩短关断时间。

2）接收线圈

接收线圈用于接收瞬变场信号，并将其输出给接收机。目前常用的接收线圈为带前放的多匝空芯线圈。对于重叠观测装置的瞬变电磁仪，接收线圈与发射线圈重叠布置。多匝空芯线圈有顺序三分量测量和同时三分量测量以及高频和低频之分，以适应不同勘探深度。接收线圈输出的是瞬变场的感应电动势。

三分量磁通门磁力仪也可作为瞬变场的传感器。如果探测目标体是高导矿体，那么一次场在高导体中激发的瞬变场（即涡流场）很强，但衰减很慢，因此在空芯线圈中产生的感应式电动势就很小，难于识别高导矿体的存在，而磁通门磁力仪测量的是磁通量，而不是磁通量变化率，因此它对高导矿体敏感。然而磁通门磁力仪作为瞬变电磁仪传感器仍有很多缺陷，例如它的噪声水平要比空芯线圈高的多，它的频带宽度要比空芯线圈窄的多，当目标体是电导率较低的矿体或其他电性体时，空芯线圈产生的感应电动势要比磁通门磁力仪的输出电压高的多，此外高频空芯线圈的带宽可达 700 kHz，这对接收非常早期的瞬变场信号非常重要，低频空芯线圈带宽可达 30 kHz，对接收来自深层的晚期信号非常重要。因此在瞬变电磁仪中广泛应用的仍是多匝空芯线圈，磁通门磁力仪尚未获得有效应用。

3）接收机

接收机是瞬变电磁仪的核心，瞬变电磁仪的功能和主要技术指标主要取决于接收机的设计和制造水平；瞬变电磁仪接收机与频率域电磁仪一样，也包括模拟和数字两部分，但模拟部分组成比较复杂，数字部分组成比较简单。其组成框图一般如图 9 所示。

接收线圈的输出信号由内置于线圈中的前放放大，以提高输出信号水平；噪声抑制器用来剔除天电高值噪声；可变增益放大器用来扩展接收机的动态范围，但主要功能是根据场地环境噪声水平和瞬变场信号大小选择最合适的增益值，以取得最佳电平的有效信号；观测门数是将瞬变场模拟信号按时间顺序逐次观测的次数；一般 30 个观测门足以描述瞬变场的变化特征；早期观测门密，晚期观测门疏，因为晚期瞬变场变化平缓；积分器是将通过观测门的瞬变场值进行叠加平均，然后再由多路调制器和模/数转换器转换为数字信号；最后以数字形式存储于固体存储器中，再由数字处理软件进行实时处理以获得反演解释用的瞬变场曲线。

4）瞬变电磁仪接收机的主要关键技术指标有：

（1）输入噪声：输入噪声是任何观测仪器中的一项重要指标，特别是对于观测弱信号的仪器。来自深层的瞬变场晚期信号幅值低达 0. n μv，所以接收机的输入噪声应低于信号幅值。

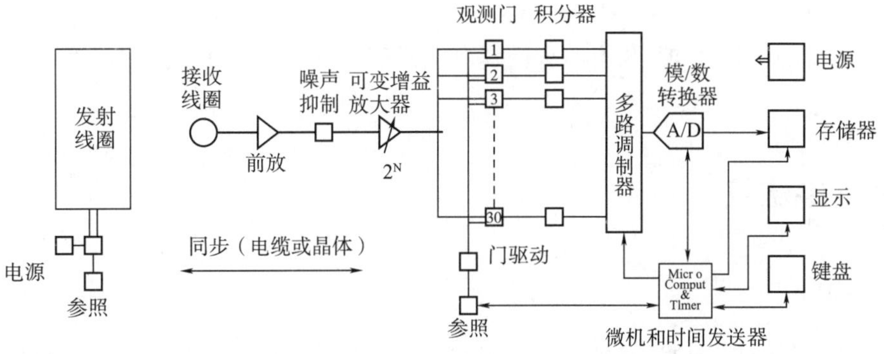

图 9　瞬变电磁仪接收机电路框图（以 PROTEM 为例）

（2）动态范围：瞬变场从早期到晚期的信号幅度从 0. nμv 至 n × 10^5 μv 到达 6 个数量级，因此接收机必须有足够大的动态范围。目前有的瞬变电磁仪接收机的动态范围高达 175 dB，远远超过 6 个数量级动态范围。

（3）信噪比：根据式（4）要提高勘探深度，除加大发射偶极距外，只有提高信噪比。这除了降低仪器噪声，选择低环境噪声工作区外，对接收机而言要具备“聪明”的叠加功能，也即通过选择对瞬变场的最佳叠加次数，消除随机噪声。

（4）分辨率：要在观测的瞬变场中识别某些目标体产生的微弱瞬变电磁响应，接收机必须要具备高分辨率的模/数转换器，目前的接收机一般采用 24 位 A/D 转换器。

（5）稳定性和轻便性：有时野外工作环境很恶劣，地形陡峭，温度变化很大，所以对任何物探仪器而言稳定性是第一位的。稳定性包括观测结果的重复性和仪器的无故障率。

2.3　井下和井中瞬变电磁仪

我国是世界上煤炭开采大国，煤炭总产量占世界产量的 30% 以上。这些年来煤矿事故频发，尤其是水患。它造成很多人员死亡和巨大财产损失。在巷道开掘中和工作面采掘前，探清巷道前方和采煤工作面内及其顶、底板的储水构造或老窑储水情况（如果存在的话），对保证煤矿安全开采具有重大意义。近些年来，井下瞬变电磁法已成为井下探水的重要物探手段，据一些煤矿统计，其成功率达 70%～80% 。

井下瞬变电磁仪与地面用的瞬变电磁仪没有本质区别，只是要采用小尺寸（1. 5 m×1. 5 m 或 2. 0 m×2. 0 m）、角度可调的、多匝发射线圈。井下观测装置，可采用偶极装置或重叠装置，但重叠装置由于发射和接收线圈重叠，导致盲区加大，有效探测距离过短。出于安全考虑井下发射电流不能大，而发射线圈尺寸又小，所以探测距离一般小于 120 m。

井中瞬变电磁仪是将三分量接收线圈或三分量磁通门磁力仪作为传感器布置在钻孔中，发射线圈和发射机布置在钻井周围，在发射机向地下发射一次场时，布置在钻孔中的三分量传感器沿井中上、下顺序移动，接收来自在钻孔周围介质中激发的瞬变场信号。

井中瞬变电磁法发射线圈尺寸与钻井深度有关，发射线圈边长一般为钻孔深度的 1/2。例如，对于 600～800 m 深钻孔而言，一般在钻孔周围布置两个或三个 300 m×300 m 的发射线圈。其中一个发射线圈发射的一次场要与目标体有最大的耦合，另一个有最小的耦合。发射机先与一个发射线圈连接，并不断的发射一次场，传感器从地表向井底移动，接收瞬变场信号。然后，发射机再与另一个发射线圈连接、发射一次场，传感器从井底向地面移动，接收瞬变场信号。

井中瞬变电磁法的探测深度可达 2000 m，以钻孔为中心的有效探测半径为 200 m。由于井中观测噪声很低，传感器距目标体很近，所以井中瞬变电磁法是深部找矿，特别是探测块状硫化物矿体特别有效的方法[6]。

井中瞬变电磁仪的接收机和发射机与地面瞬变电磁仪相同，只是井中接收线圈（传感器）与地面的不同。

3　高密度电法仪

3.1　方法原理

高密度电法是在传统直流电法基础上发展起来的、全新的直流电法，国际上一般称为电阻率成像法（ERT），但有的仍称其为直流电法。

高密度电法是通过向地下注入快速脉冲电流 I，并对其产生的电位差 ΔV 进行观测，根据装置常数 K 计算地下电性分布，包括电性层结构，电性异常体埋深，形态和电导率值。由于对每次注入地下的电流脉冲 I 及其产生的电位差 ΔV，进行上千次的高密度采样和叠加平均，所以高密度电法的观测精度非常高。由于测量电位差 ΔV 的电极距可以缩小，所以可对探测目标体有很高的分辨率。

如图 10 所示，布置在地面的由编码器或转换开关控制的电极，可根据软件指令不断转换为供电电极 AB 和测量电极 MN。例如，在第一次供电测量中，从左至右第一个电极和第四个电极作为供电电极 AB，第二个电极和第三个电极作为测量电极 MN，此时计算的地下电阻率值是在层次 $n=1$ 的第一个点位上；在第二次供电测量值，第一个电极和第七个电极作为供电电极 AB，第三个和第五个电极作为测量电极 MN，此时计算的地下电阻率值是在层次 $n=2$ 的第一个点位上，以此类推，供电电极 AB 和测量电极 MN 不断扩大，计算的电阻率值点位不断加深。

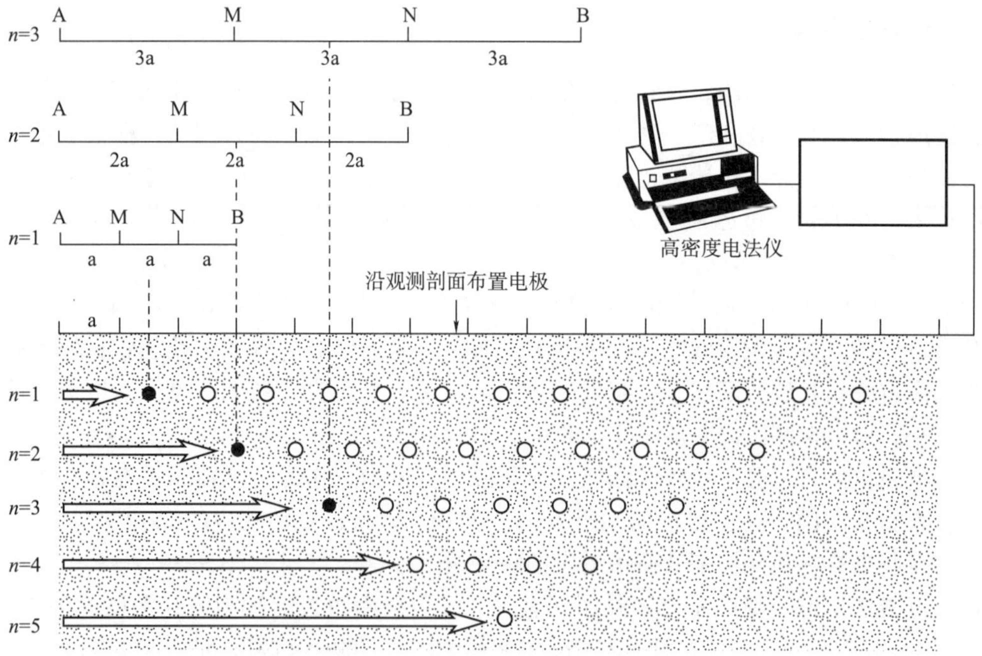

图 10　高密度电法的工作原理

在地面布置的电极个数和电极距大小取决于勘探深度和所探测目标体的尺寸。勘探深度一般等于 AB 供电电极距的 4～5 倍。考虑到高密度电法仪的分辨率和可携带性，AB 距离一般不大于 1000 m，即最大勘探深度为200 m 。

高密度电法除观测地下电性分层、结构和电导率异常外，还可同时测量地下介质的极化率IP。在测量IP时应配备两种电极，一种为钢电极作为供电电极，一种为不极化电极作为测量电极。

高密度电法仪也可在单一钻孔中进行井中观测，在双钻孔中做井间观测或井中-地面联合观测。单井观测探测半径可达50 m，井间观测可达100 m[7]。

高密度电法由于勘探深度设定在200 m以内，所以主要应用于浅部矿产资源和地下水勘探，小煤窑勘探，工程和环境勘探，地质调查以及监视地下电阻率随时间变化。

3.2 高密度电法仪

高密度电法仪主要由主机，供电电路（包括解码器或继电器开关）以及软件系统组成。由软件控制的、作为数据采集单元的主机是高密度电法仪的主要部分，它决定高密度电法仪的精度，功能，抗干扰性和稳定性。

高密度电法仪主机有单通道和8通道之分，每个模拟通道均有一个独立的信号通路系统，其中包括供电电流通路，电位差测量通路，高质量的可变增益放大器，各种滤波器以及直流电源DC/DC转换器。各信号通路之间高度绝缘。

1）众所周知，高密度电法仪的观测结果是地下介质的视电阻率值：

$$\rho_s = K\left(\frac{\Delta V}{I}\right) \tag{5}$$

式中，K是装置常数，I是供电电流，ΔV是测量电极MN之间的电位差。提高ρ_s观测精度的关键是如何提高ΔV的观测精度，这取决于：

（1）供电电流I越大，ΔV越大，测量精度越高。供电电流可由高密度电法仪主机内置的供电电路提供，但其供电电压一般小于120V，适合浅部勘探；对于深部勘探，可应用外接供电系统，其供电电压可达400V（±800Vpp），最大供电电流可达2.5A。

（2）在大地中游散的50 Hz工业电流及其谐波和其他高频电流对电位差ΔV会造成很大干扰，因此要在主机中设置50 Hz滤波器和低通滤波器，以抑制或消除这些干扰。

（3）测量电极转换为接收电极过程中未被完全消除的残留电荷，也会影响电位差ΔV的观测精度，因此硬软件系统要有辨别和消除功能。

（4）提高电位差ΔV观测精度的最主要方式，是在高采样率条件下的多次叠加，例如设供电电流脉冲周为1 s，采样率为1 ms，那么对每个供电电流产生的1 ms电位差可以有1000个样品值进行叠加平均，以获得所需要电位差ΔV。在理论上这意味着观测精度提高2^{10}。

（5）电极的接地电阻或耦合程度对提高供电电流，也即提高电位差ΔV具有重要作用，因此在野外施工过程中应尽量降低电极的接地电阻值。

2）高密度电法仪具有多种用途，对硬、软件配置有不同要求：

（1）剖面测量：这是常用的方式，此时电极仅沿单条剖面布置，可采用较低价的单通道主机，电极和电极串数量取决于勘探深度。

（2）三维测量：像三维地震勘探一样在地面布置多条观测剖面，同时供电和测量以获得全空间的观测结果。此时需要多通道主机，例如8道和大量电极同时观测功能。

（3）井中和水域测量：此时需配置井中防水电缆和电极以及解码器箱。作为继电开关的解码器箱不能下井和入水。一个解码器箱可控制24个电极。

（4）井间测量或井中—井间—地面联合测量：需配置井中防水电缆和电极以及解码器箱和多通道主机。

（5）IP和复电阻率测量：此时每个电极位置需安置两种电极，即钢电极做供电电极，不极化电极做测量电极。测量周期应能任意改变。

（6）电阻率随时间变化：此功能用于监测地震前兆，地下水渗流过程，垃圾场和加油站渗漏污染监测等，需要设置专门的软件模块执行此功能。

3）解码器串和解码器箱：

高密度电法和普通直流电法的最大区别是，一次性布好所有电极排列，按设置好的观测装置通过软件和解码器或解码器箱控制每个电极的功能转换（供电或测量）。完成观测后再对排列进行滚动。

每个解码器控制一个电极，多个解码器组成一个解码器串或解码器箱，解码器串由7芯电缆连接，其中四芯通过编程控制960个电极，两芯用来供电，单芯接地。

4）观测装置类型和实时显示：高密度电法仪适合多种野外观测装置类型，例如偶极—偶极，单极—偶极，偶极—单极，单极—单极，半施伦贝格，施伦贝格，温纳，阿尔法/贝塔/伽马和梯度以及自定义的装置等等。

这些装置类型都存储在数据采集软件之中。当选定某种装置类型之后，调出相应的菜单，输入装置参数，便可开始观测。在观测过程中实时显示观测结果，包括视电阻率断面，每个电极位的观测精度，异常道或失效道等等。高密度电法仪的数据采集软件是比较复杂的。

参考文献

[1] 米萨克 N. 纳比吉安；赵经祥译，1992，电磁法，北京：地质出版社。

[2] 刘国栋、陈乐寿，1984，大地电磁测深研究，北京：地震出版社。

[3] N. Nabighian, 1993, Electromagnetic methods in applied geophysics : application and part B SEG Books.

[4] 刘国栋等，1993，深部瞬变电磁法及其在唐山大震区的勘探成果，《电磁方法研究与勘探》，北京：地震出版社。

[5] 牛之琏，2007，时间域电磁法原理，长沙：中南大学出版社。

[6] R. A. Robertson and G. L. Ascough, 1991 , A Study of Borehole Time Domain Electromagnetic Surveys From the Heath Steele/Stratmat Properties of Northern New Brunswick . In proceeding of 4th International MGLS/KEGS symposium on Borehole Geophysics for Mineral , Geotechnical and Groundwater Applications; Toronto , 18-22 August .

[7] W. Qian, B. Milkereit, G. McDowell, K. Stevens, S. Halladay, 2007, Borehole Resistivity Logging and Tomography for Mineral Exploration. EAGE 69th Conference & Exhibition – London UK, June.

频率域电磁法找矿

刘国栋

频率域电磁法包括大地电磁法（MT），声频大地电磁法（AMT），标量可控源声频大地电磁法（CSAMT）和最新研发成功的张量可控源大地电磁法（TCSMT）。大地电磁法长期应用于石油天然气勘探和地下水及热水资源勘探方面，并有很多成功实例，近些年来国内外广泛应用频率域电磁法普查和勘查矿产资源，本文主要讨论对后者应用中的一些问题。

1　电磁法找矿的地质前提

电磁法找矿的物性基础是矿体与围岩之间的电性差异，在10 km深度以内的条件下岩矿的电性主要取决于是否含水（哪怕是极微量的水）及其连通性。干燥的岩浆岩和深变质岩的电阻率在10^3～$10^7\Omega \cdot m$之间，沉积岩电阻率在$n\times10^0$～$n\times10^1\Omega \cdot m$之间[1]，如果导电的金属矿物互相连通，其电阻率值可低至$n\times10^{-1}$～$n\times10^0\Omega \cdot m$，含盐地下水电阻率只有$n\times10^{-1}\Omega \cdot m$。可见地下介质电阻率变化达8个数量级，这就是电磁法找矿的物性基础。

频率域电磁法对低阻体特别敏感，对高阻体没有屏蔽效应，适合在高阻岩浆岩、变质岩和沉积岩或岩浆岩接触带中直接寻找低阻矿体，或者寻找与矿体伴随的低阻蚀变带和构造破碎带等控矿构造。现对频率域电磁法直接找矿和通过控矿构造间接找矿的一些实例简述如下：

1.1　探测断层，破碎带，韧性剪切带等控矿构造

断层，破碎带，韧性剪切带等构造破碎带是含矿热液上升和沉淀的最好路径和场所，是最常见的控矿构造（图1，图2）；深断裂带是岩浆上涌的重要通道，是区域性控矿构造[2]。探测构造破碎带和深断裂带往往是寻找和评估矿产资源的重要依据。

构造破碎带是软弱带，在电性上是低阻带，如果被岩浆岩充填在电性上是高阻带。断裂带两侧电性差异往往很大，是电性突变带，也是天然变化磁场垂直分量异常带。频率域电磁法很容易探测构造破碎带和断层带。

1）探测断层控矿

廊坊大山地质矿业公司利用GMS-07综合电磁法仪于2009年10月在山东沂水县开展金矿找矿工作。该矿区位于沂沭大断裂带中段，其两侧发育很多次级断裂，已知金矿受次级断裂控制。为了探明金矿蕴藏远景，必须探明次级断裂带的分布。为此在该区布置了10条MT探测剖面，图3为第100线剖面的二维反演结果。图中向东倾的高阻体（红色）是由基性岩充填的沂沭深大断裂带的基性岩；浅部电性变化剧烈，600 m深度以上的近垂直分布的电性梯度带是次级断裂（粉色），钻孔已证实含金矿脉受次级断裂控制。

图 1　某锡矿脉分布在断层两侧

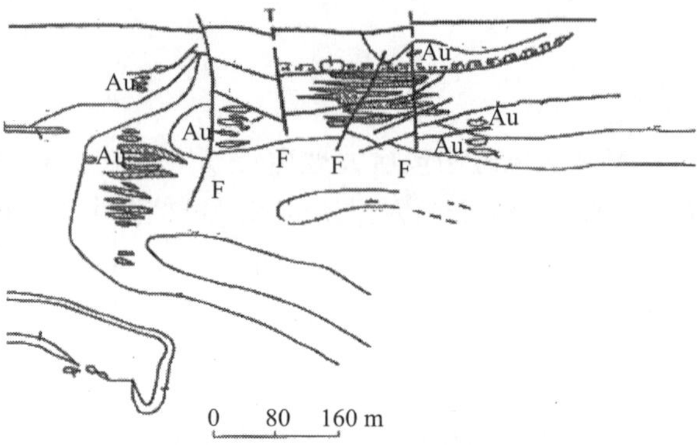

图 2　某金矿受断裂控制

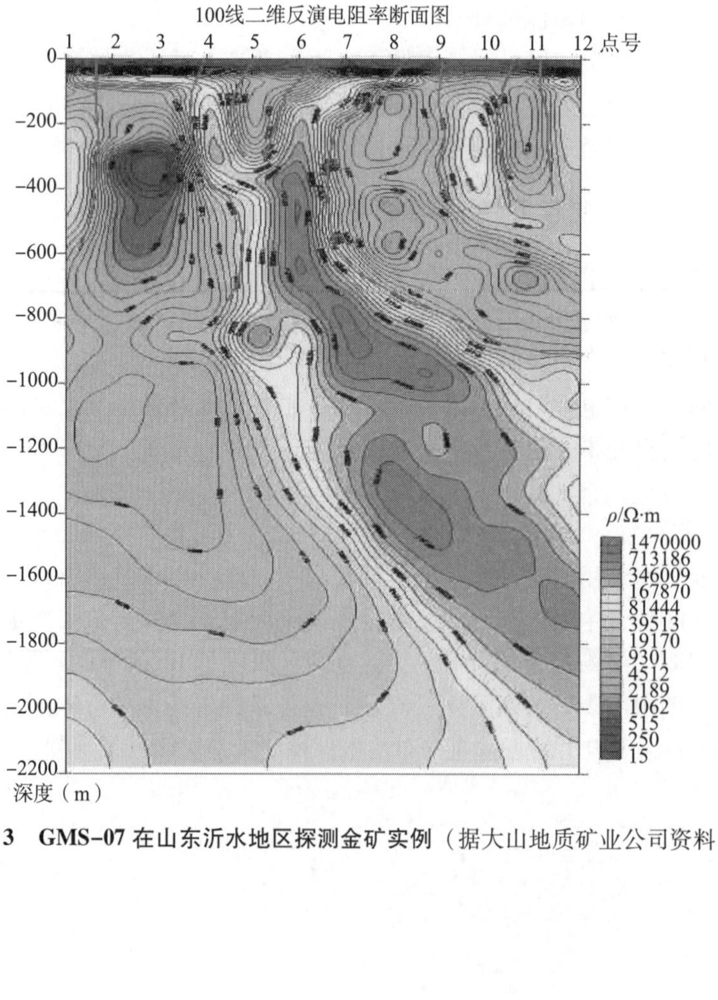

图 3　GMS-07 在山东沂水地区探测金矿实例（据大山地质矿业公司资料）

2）探测剪切带控矿

2009 年北京欧华联科技有限责任公司在新疆验收 GMS-07 综合电磁法仪，用户选定已知的鄯善地区作为验收地点。图 4 为观测的视电阻率和相位剖面图，图 5 为一维反演结果，可见在 150 m 深处有一低阻层。这与钻孔在 140 m 深处钻到的 20 m 厚的含铜剪切破裂带一致。

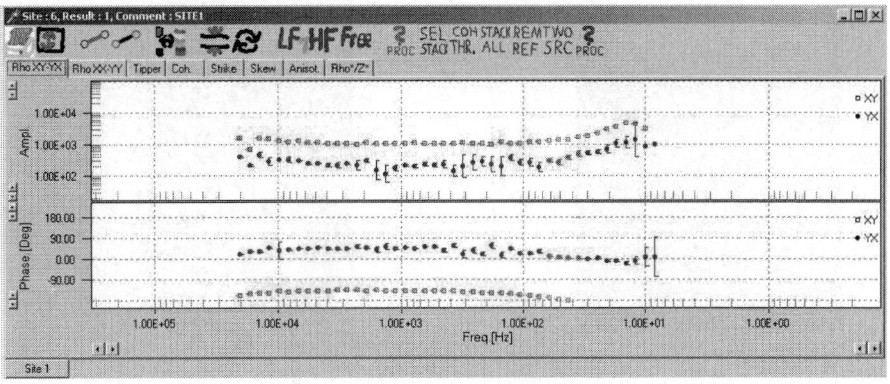

图 4　视电阻率和相位剖面图

1.2　探测矽卡岩带或岩浆岩接触带中的金属矿成矿带

作为母岩的岩浆岩电阻率值可高达 $10^4 \sim 10^5 \Omega \cdot m$，作为围岩的碳酸岩或碎屑沉积岩的电阻率值一般在 $n \times 10^2 \sim n \times 10^1 \Omega \cdot m$，两者的电性差达 $10^2 \sim 10^5 \Omega \cdot m$（图6），故而频率域电磁法可以圈定矽卡岩带和岩浆岩接触带。

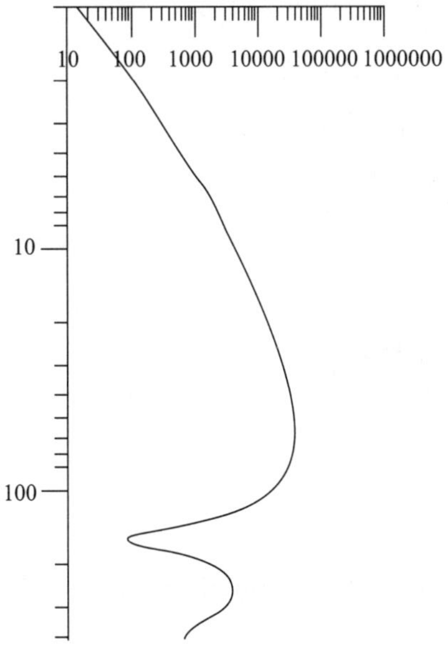

图 5　新疆鄯善地区 MT 的一维反演结果

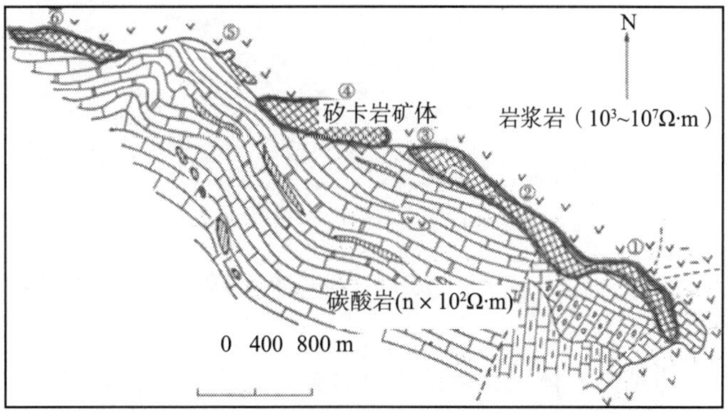

图 6　形成矽卡岩带的岩浆岩和碳酸岩之间的电阻率差可达 $10^2 \sim 10^3 \Omega \cdot m$（据薛春纪等原图改编[2]）

图 7 是新疆土屋铜矿已知矿体（红线圈定的区域）与大地电磁的电阻率剖面的对比，虚线是钻孔位置。土屋铜矿区侵入岩发育，主要为偏酸性岩浆岩，高阻，与铜矿化有关的是古生界的火山岩和碎

屑沉积岩。矿区浅部由厚70～100 m低阻盐碱壳覆盖。从图7可见，已知铜矿体在浅部（深100 m以内）显示为低阻背景中的相对高阻，在深部（100 m以下）表现为两个高阻体（岩体）之间的电性过度带内，电阻率值56～237Ω · m或500 Ω · m，属中阻。该中阻带的位置和产状与已知矿体一致[3]。

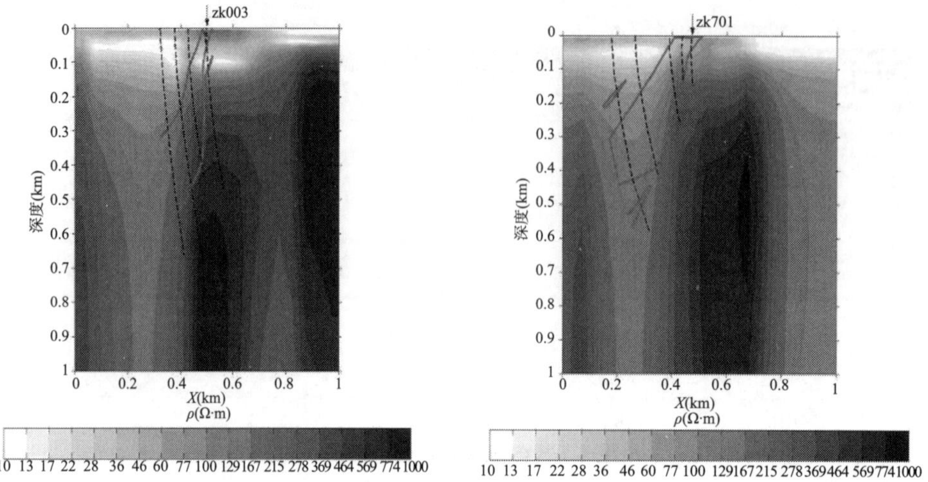

图7　已知土屋铜矿体（红线圈定区）与MT电阻率剖面对比图（虚线是钻孔位置）

1.3　探测矿体伴生的蚀变带

岩浆中的水处于超高温、超高压临界状态，它溶解了各种金属矿物，可击碎围岩为岩浆打开通道，形成矿藏，并与围岩置换形成蚀变带。蚀变带矿物饱含结构水，结构水容易脱出成为封闭的自由水，成为低阻带；此外蚀变带结构松软，在开放条件下容易吸收自由水，变成低阻体（图8，图9）。

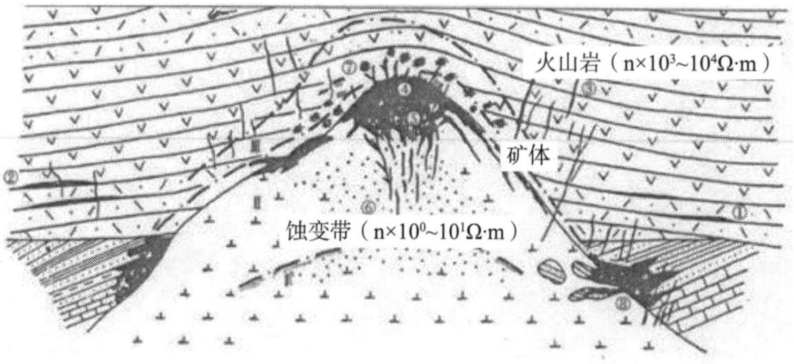

图8　与矿体伴随的蚀变带为低阻体（据薛春纪等原图改编）

超基性岩体是找矿的重点目标，其中蛇纹岩化橄榄岩和蚀变橄榄岩因含水成为低阻体，所以频率域电磁法很容易探测到伴有低阻蚀变带的矿体。

图10是新疆地区图拉而根铜镍矿的大地电磁法探测结果。该铜镍矿位于一套镁铁质—超镁铁质杂岩内，岩石类型有角闪橄榄岩，斜辉橄榄岩，角闪辉岩。岩石中蛇纹岩化，透闪石化，滑石化，绿泥石化等蚀变带发育，矿体受岩相接触带和韧性剪切带控制。图10（a）和图10（b）是MT电阻率剖面图，低阻区域为镁铁质和超镁铁质岩中的蚀变带，铜镍矿蕴藏其中，并已被钻孔证实[4]。

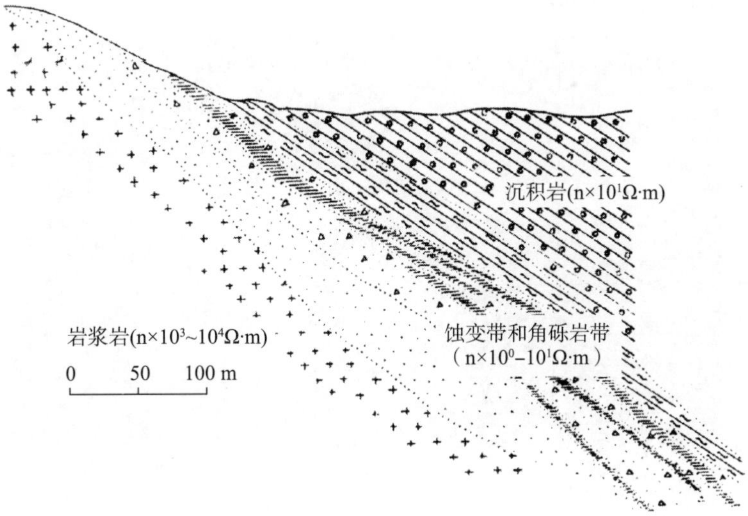

图 9　低阻蚀变岩和角砾岩带夹在高阻和次高阻层之间（据薛春纪等原图改编）

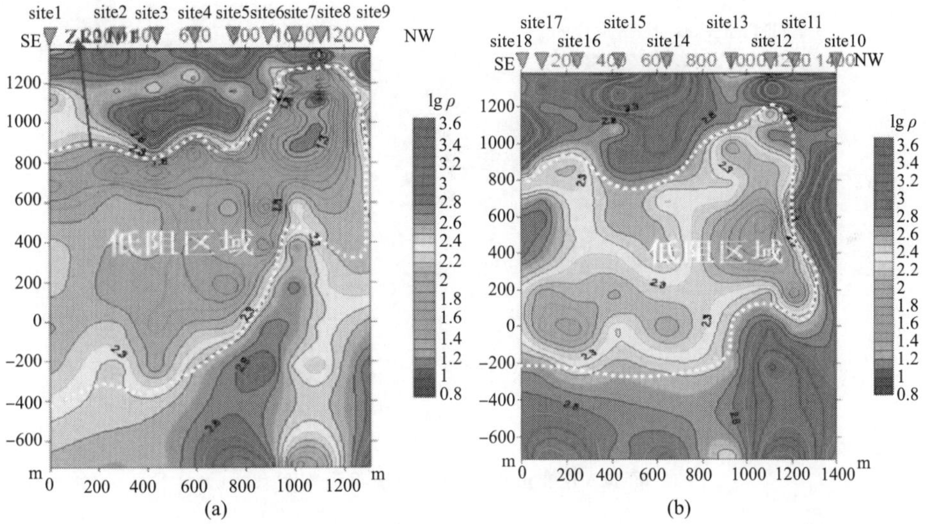

图 10　图拉而根铜镍矿是全岩矿化超镁铁质岩浆硫化物型铜镍矿，其中蛇纹岩化橄榄岩，蚀变橄榄岩为低阻体，已被钻孔证实

1.4　直接寻找深部硫化矿床

在西班牙 Aguas Tenidas 矿区做过多种物探方法探测硫化矿床的深部蕴藏情况之后，又要求用张量可控源法做进一步探测，共布置 9 条剖面[5]。

测区为一套火山岩与泥盆-石炭纪的沉积物组合。富含黄铁矿的块状硫化沉积物存在流纹岩和黑色页岩系列之中。早期曾在近地表处开采硫化矿床。

图 11 为 9 条剖面中一条南北向剖面的二维反演结果。图 12 是根据 9 条剖面的二维反演结果绘制的、在 658 m 深处的电阻率平剖图。

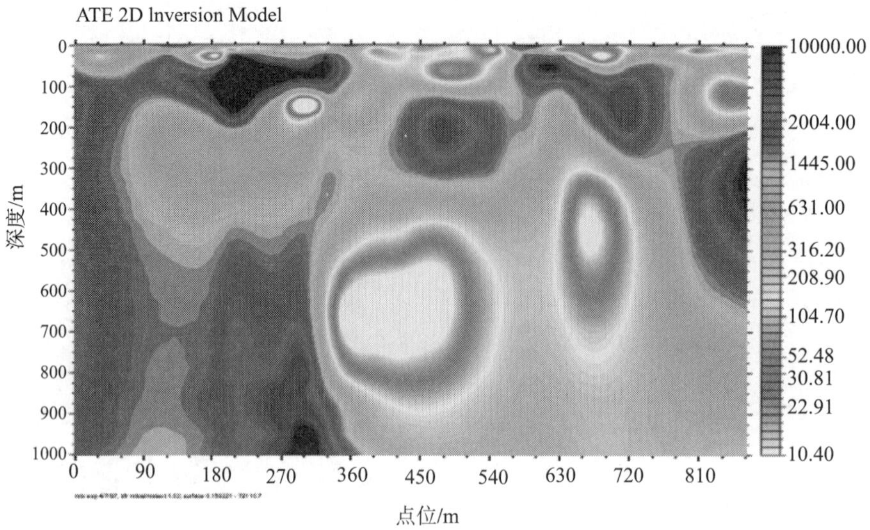

图 11　Aguas Tenidas Este 一条剖面的二维反演结果

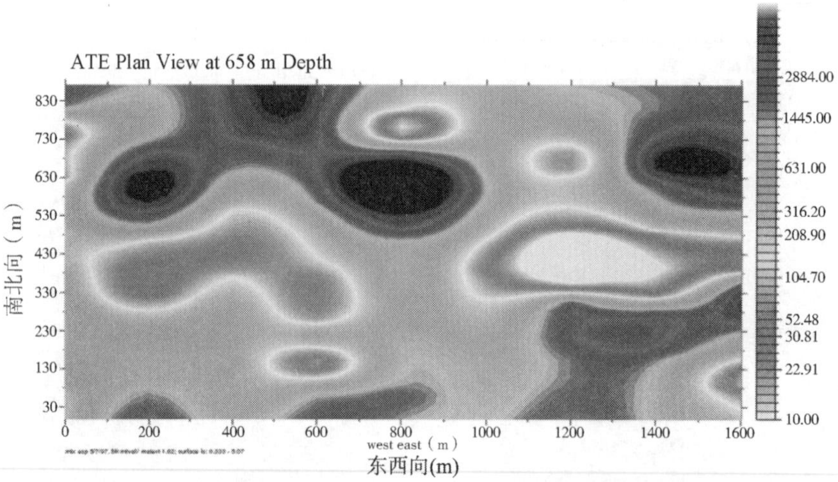

图 12　658 m 深的电阻率值平面剖图

由图 11 可见，近地表有良导体存在，它们可能是仍未被挖掘过的块状硫化物矿体。在点位 330～530 之间，深度 550～750 m 范围内有一个高导体，南北宽约 200 m，厚约 300 m。在点位 360 处电阻率值急剧变化，已证明它是东西走向、对成矿起控制作用的正断层。

图 12 是 658 m 深处的高导层分布范围，该深度正处于上述高导体埋深的中部。可见沿东西向 1000～1500 m区间的高导区域（红色）正是上述高导体的东西向展布，它与钻孔发现的 660 m 深处的硫化矿体一致，该矿体北界为上述东西向正断层所限，该断层向硫化矿体西部延伸。

Aguas Tenidas 矿区的地质情况极为复杂，为了尽可能找出矿体与电阻率分布之间的联系，根据已有的 9 条二维反演剖面编制成三维立体图（图 13）。这是频率域张量可控源大地电磁法（TCSMT）直接找矿的成功实例之一。

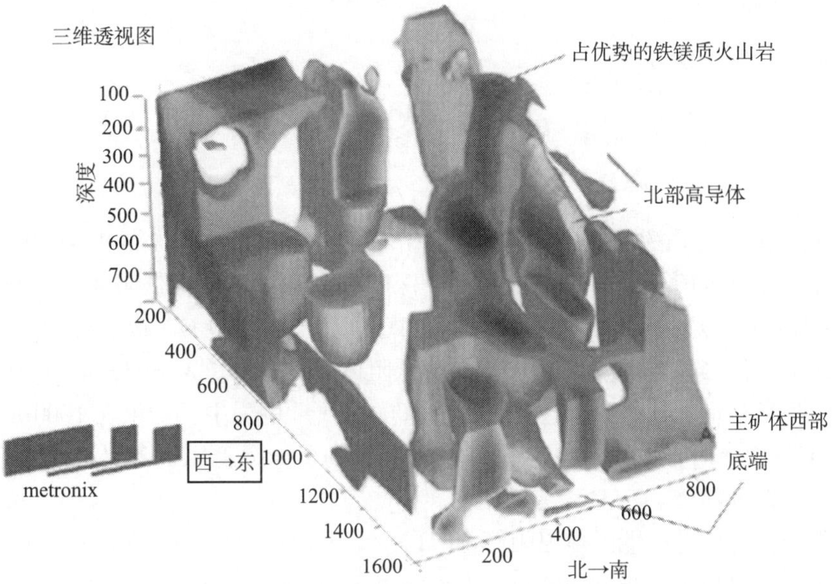

图13 地质解释结果的三维显示

2 频率域电磁法探测深度和分辨率

探测深度，分辨率和观测精度是物探方法找矿的主要问题，尤其是我国浅部矿产资源已很匮乏，转向500～1500 m的深部找矿已是当前重要课题。很多物探方法受勘探深度限制，不适合深部找矿，而频率域电磁法无此限制，但勘探深度越深，分辨率越低，尤其是寻找非层状分布的、规模有限的矿产资源，更要考虑方法的分辨能力和观测精度，当然也要考虑方法的生产效率。此外，在矿产资源勘探中通常情况下都是从矿产露头或蕴矿岩体露头向深度追踪，因此要求仪器要有非常高的频率响应和较宽频带范围，以便获得从露头区至2～3 km或更深的地质信息。矿产资源一般都蕴藏在比较复杂的地质环境中，因此必须探测地下张量阻抗而非简单的标量阻抗。

2.1 频率域电磁法的探测深度

$$D = 356\sqrt{\frac{\rho}{f}}\,(m) \tag{1}$$

式中，ρ是从地表至探测深度D的平均电阻率值，可设平原区沉积层的电阻率值为20 Ω·m，基岩出露区的电阻率往往大于1000 Ω·m。f是所记录的电磁场频率。以天然场做场源的MT法，场源的频带范围10 kHz～0.0001 Hz，勘探深度从地表米到百公里以上，可以说没有勘探深度限制，这是MT法的优点之一。以人工发射源做场源的可控源MT法，其勘探深度受发射机有效频带限制。Metronix公司研发的张量可控源电磁法发射机TXM-22的频带范围10 kHz～0.0078 Hz，但是频率域电磁法接收的场源信号必须是平面电磁波，而可控源发射的是非平面波，若变为平面波接收点距发射源必须有足够远的距离，该距离是勘探深度的3～5倍，所以可控源法的勘探深度一般在0～2或3 km，因为勘探深度太大时则无法收到有效信号。如果我们设计的勘探深度为1500 m，那么在平原区接-发距离必须达到4500～7500 m，最低发射频率应为1.0 Hz，在山区的最低发射频率约为50 Hz。如果设接-发距为15000 m，则最大勘探深度可达5000 m，此时在平原区发射频率最低约为0.1 Hz，在山区约为5 Hz，但这么长的接-发距能收到的有效信号较弱。

2.2　频率域电磁法分辨率

在介质中电磁波的穿透深度

$$P = \frac{\lambda}{2\pi} = \frac{\sqrt{10^7\rho/f}}{2\pi}(m) \tag{2}$$

$$\text{波长}\ \lambda = \sqrt{10^7\rho/5} \tag{3}$$

式中，ρ 是介质电阻率，f 是电磁波频率。电磁波对介质的分辨率是波长 λ 的 1/4，即 $\lambda/4$。

我们设围岩电阻率 $\rho_1 = 1000\ \Omega \cdot m$，在 1000 m 深度夹有 10 Ω · m 的低阻体。根据式（2），当电磁波频率 $f = 250$ Hz 时，其穿透深度达到 1000 m，根据式（3），在 1000 Ω · m 介质中 $f = 250$ Hz 时的电磁波其波长 $\lambda_1 = 6330$ m，但当该电磁波进入 10 Ω · m 低阻体后，其波长 $\lambda_2 = 633$ m。电磁波对介质的分辨率是波长的 1/4，即 633 m/4 = 158 m，这意味着在 1000 Ω · m 围岩中，如果在 1000 m 深处夹有 158 m 厚 10 Ω · m 的低阻异常体时，频率域电磁法是可以分辨的。如果低阻异常体走向是波长的 5～6 倍，可认为该低阻体是二维地质体。

我们利用二维正演算法计算低阻体电阻率 10 Ω · m，截面积 200 m×200 m 和 400 m×400 m 的长方体，分别埋在围岩 1000 Ω · m，埋深 500 m、1000 m 和 1500 m 情况下，频率域电磁法对该低阻体的分辨能力。计算结果见图 14 至图 19 和表 1 至表 4。

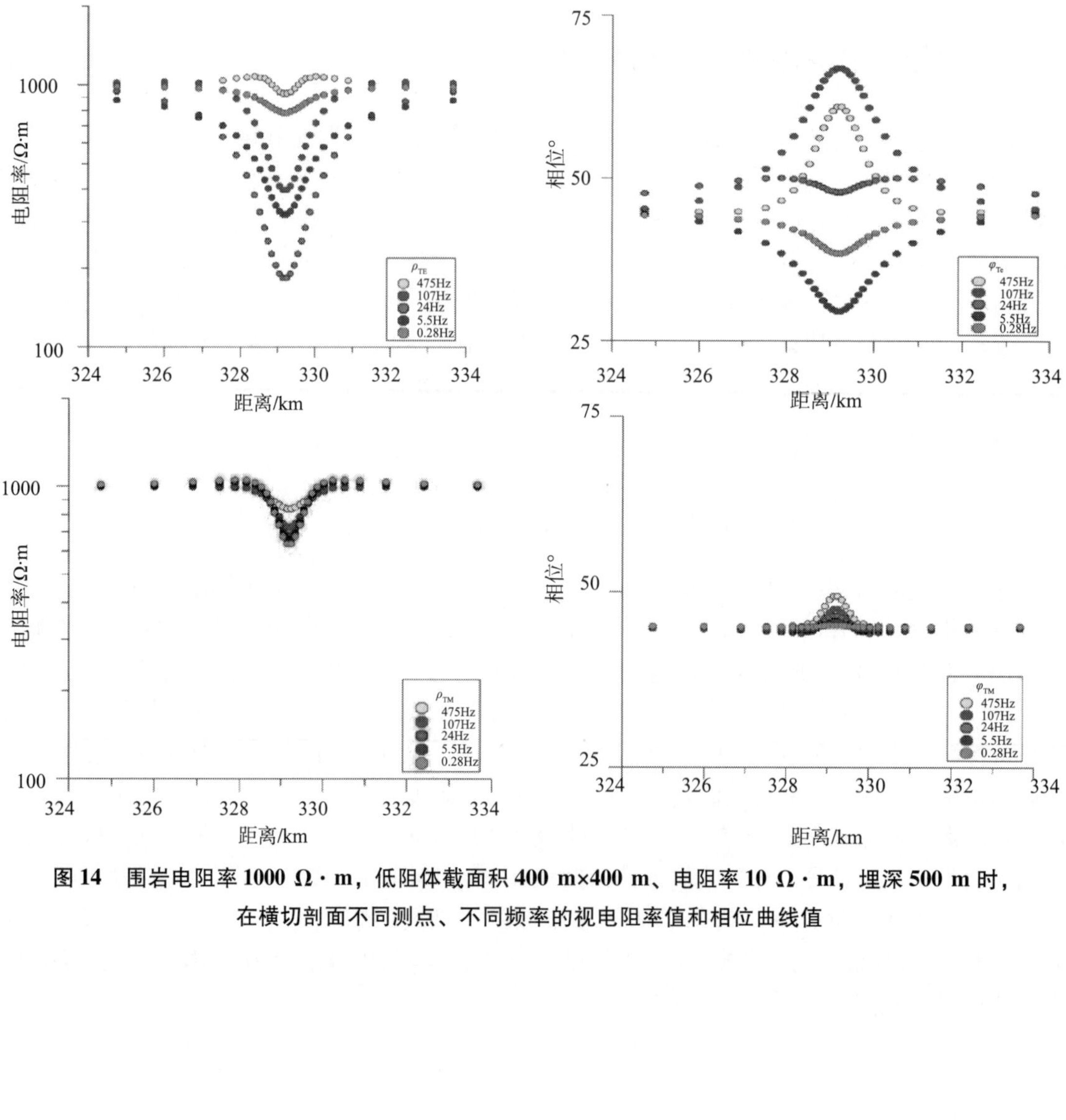

图 14　围岩电阻率 1000 Ω · m，低阻体截面积 400 m×400 m、电阻率 10 Ω · m，埋深 500 m 时，在横切剖面不同测点、不同频率的视电阻率值和相位曲线值

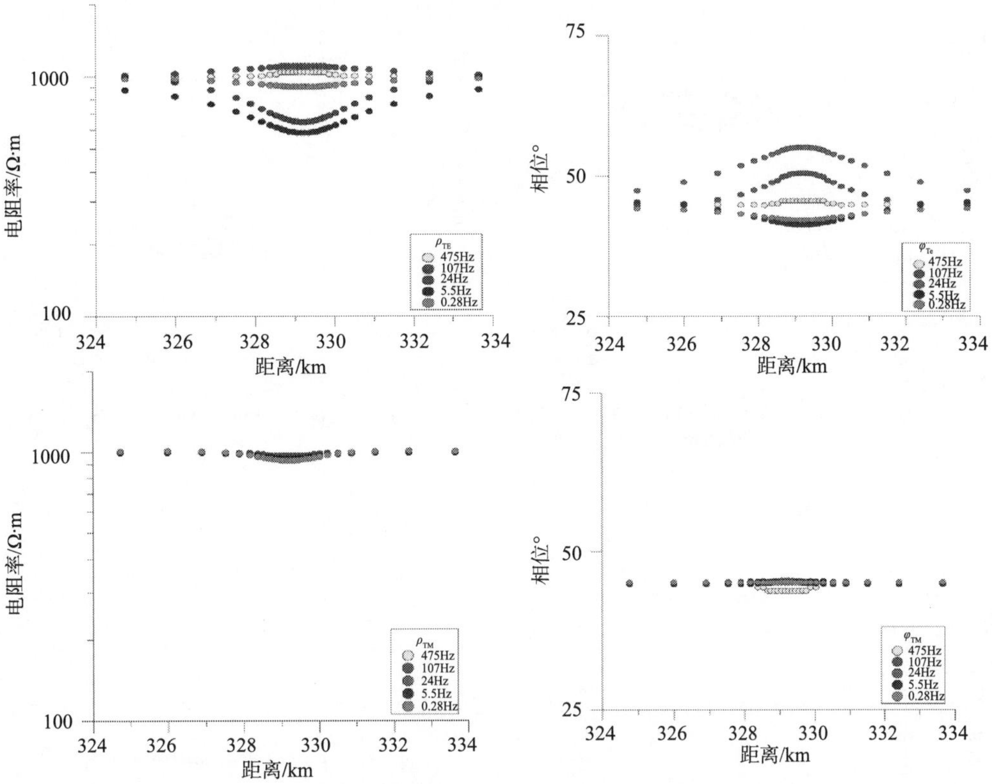

图 15　围岩电阻率 1000 Ω · m，低阻体截面积 400 m×400 m、电阻率 10 Ω · m，埋深 1000 m 时，在横切剖面不同测点、不同频率的视电阻率值和相位曲线值

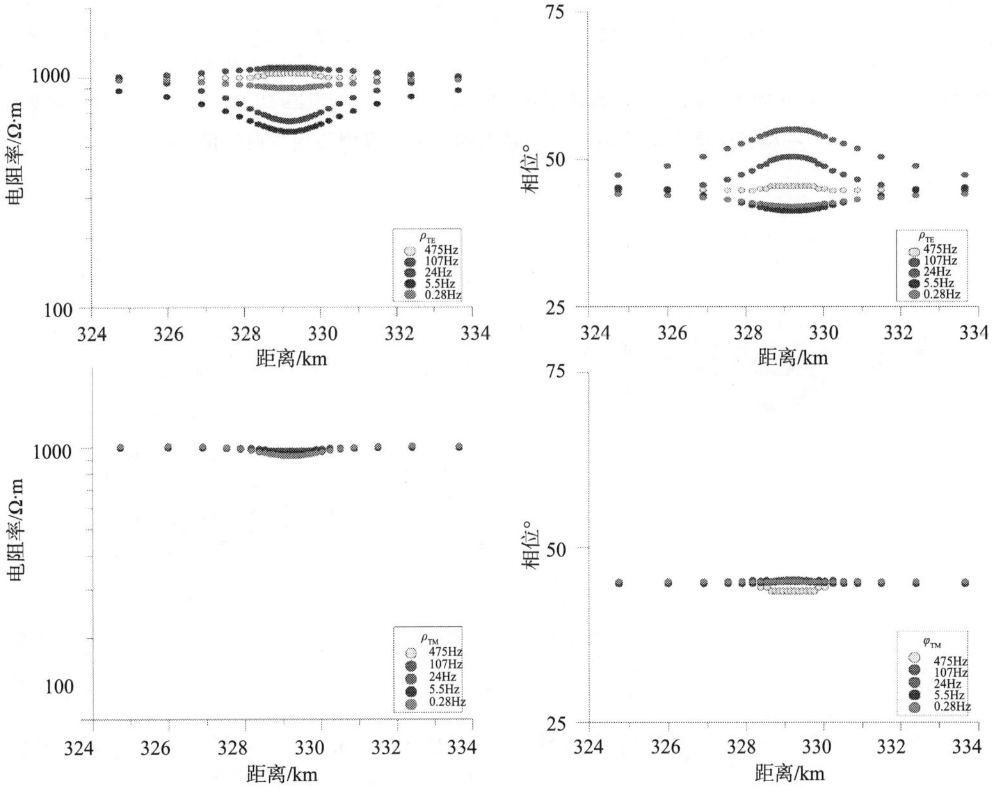

图 16　围岩电阻率 1000 Ω · m，低阻体截面积 400 m×400 m、电阻率 10 Ω · m，埋深 1500 m 时，在横切剖面不同测点、不同频率的视电阻率值和相位曲线值

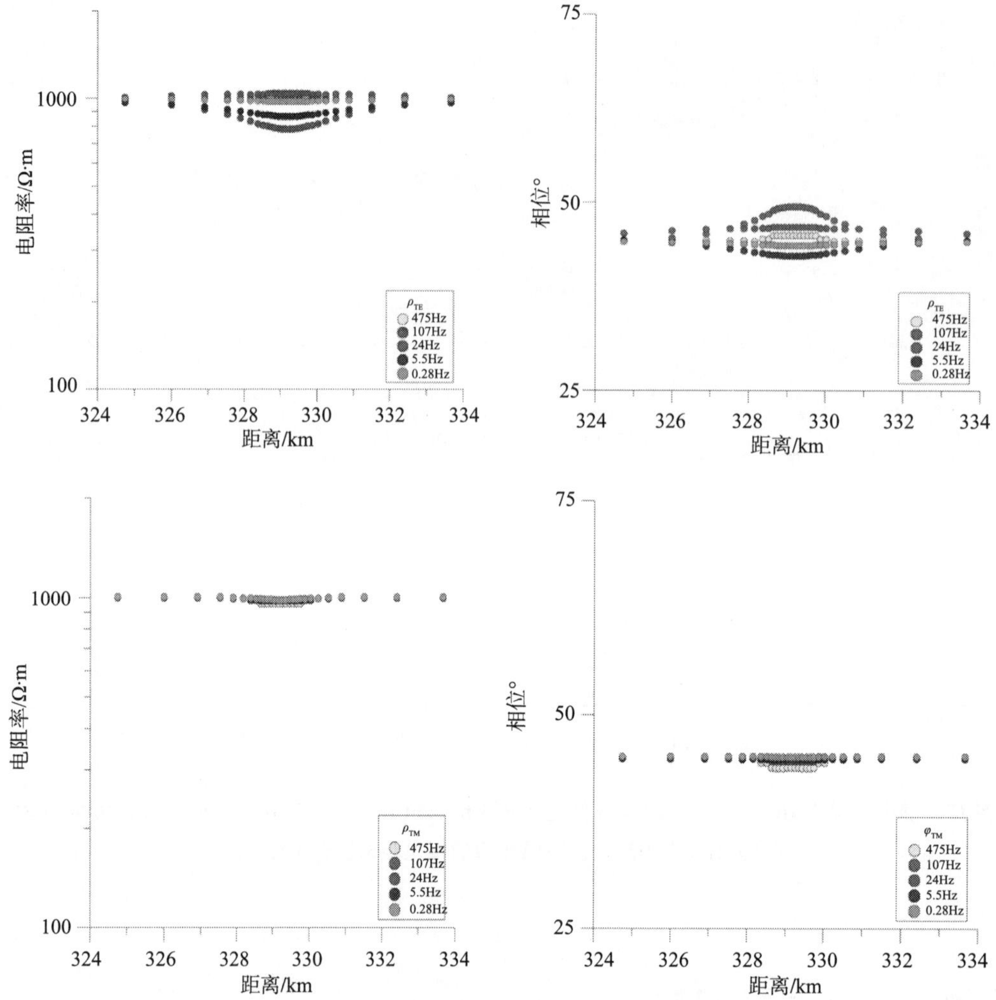

图 17　围岩电阻率 1000 Ω · m，低阻体截面积 200 m×200 m、电阻率 10 Ω · m，埋深 500 m 时，在横切剖面不同测点、不同频率的视电阻率值和相位曲线值

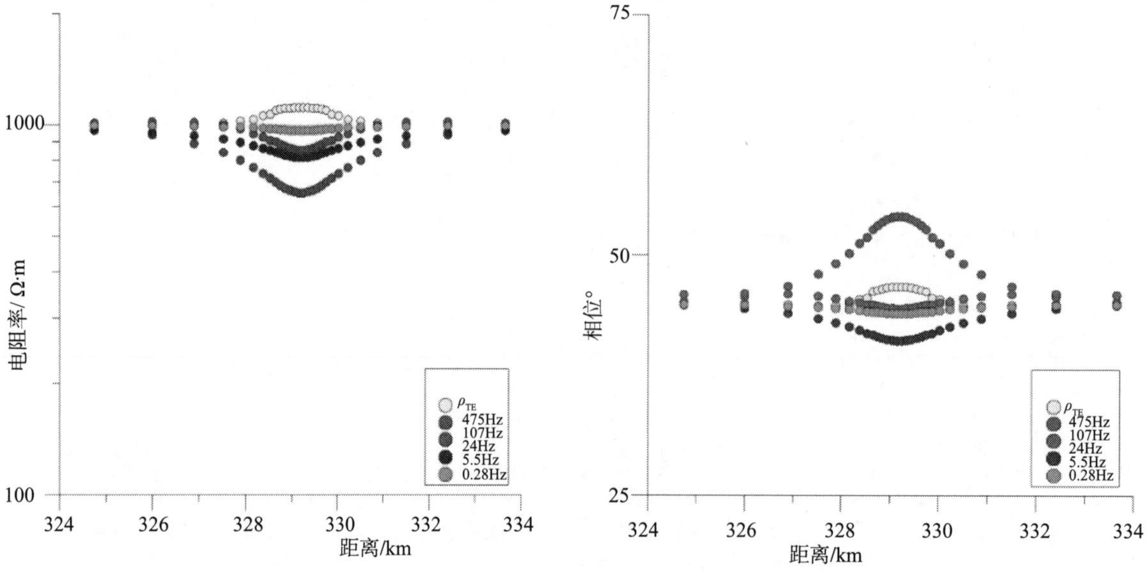

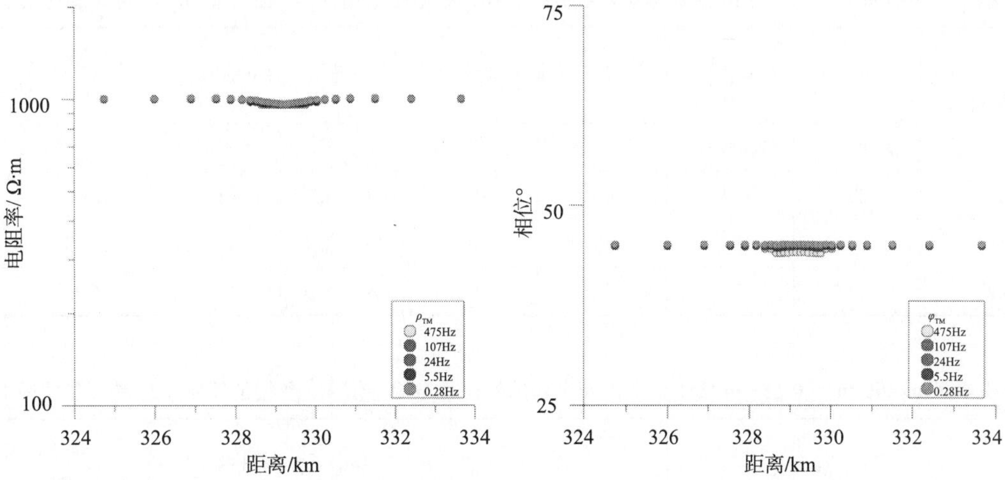

图 18　围岩电阻率 1000 Ω · m，低阻体截面积 200 m×200 m、电阻率 10 Ω · m，埋深 1000 m 时，在横切剖面不同测点、不同频率的视电阻率值和相位曲线值

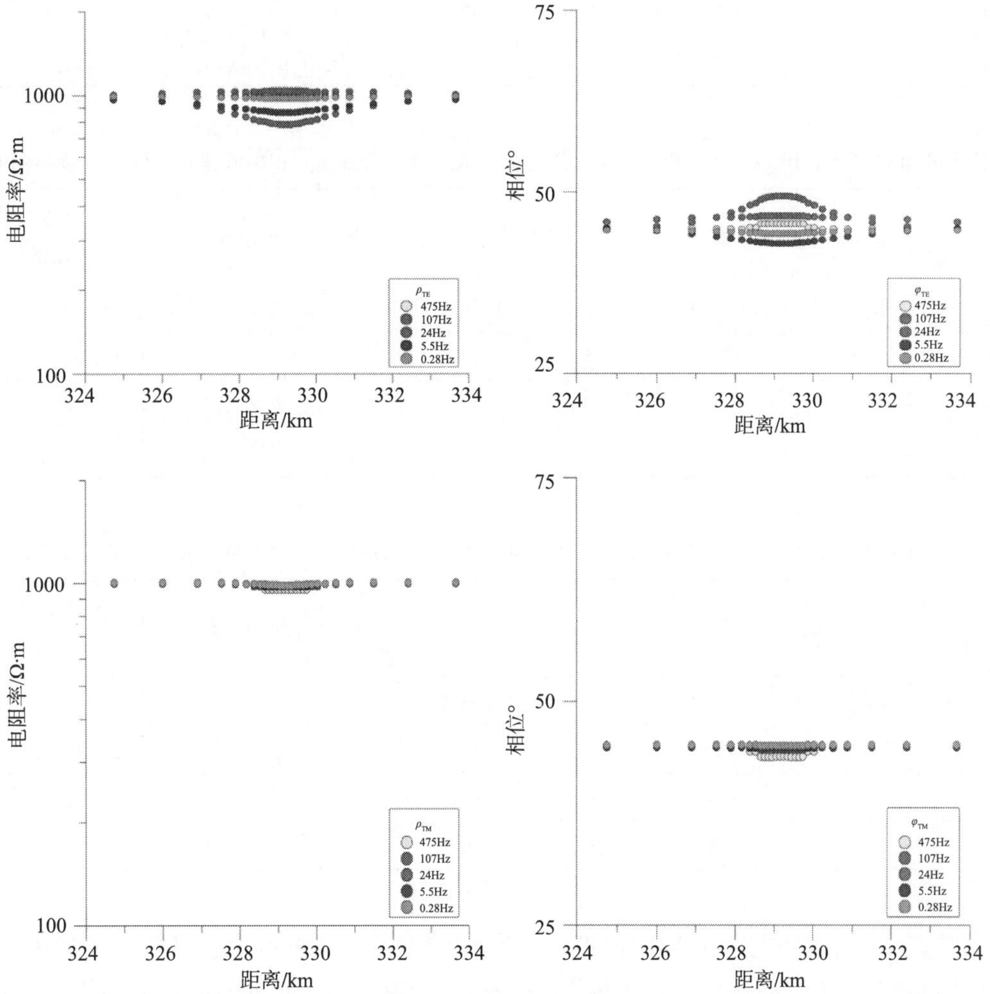

图 19　围岩电阻率 1000 Ω · m，低阻体截面积 200 m×200 m、电阻率 10 Ω · m，埋深 1500 m 时，在横切剖面不同测点、不同频率的视电阻率值和相位曲线值

表 1　截面积 400 m×400 m，10 Ω · m 低阻异常体所引起的纵向视电阻率值 ρ_{TE} 和相位值 ϕ_{TE} 异常（参照图 14 至图 16）

异常体埋深/m	ρ_{TE} 最大异常值		ϕ_{TE} 最大异常值		异常=20%的频宽		异常=20%距异常体距离	
	幅度/%	频率/Hz	幅度/%	频率/Hz	ρ_{TE} /Hz	ϕ_{TE} /Hz	ρ_{TE}	ϕ_{TE}
500	82	24	49	107	107～0.28	475～1.0	2300	1300
1000	59	24	33	107	40～0.1	107～24	2000	700
1500	42	24	22	107	24～5.5	无	1900	570

表 2　截面积 400 m×400 m，10 Ω · m 低阻异常体所引起的横向视电阻率值 ρ_{TM} 和相位值 ϕ_{TM} 异常（参照图 14 至图 16）

异常体埋深/m	ρ_{TE} 最大异常值		ϕ_{TE} 最大异常值		异常=20%的频宽		异常=20%距异常体距离	
	幅度/%	频率/Hz	幅度/%	频率/Hz	ρ_{TE} /Hz	ϕ_{TE} /Hz	ρ_{TE}	ϕ_{TE}
500	36	0.28	11	475	107～0.28	无	340	无
1000	14	0.28	5	475	无	无	无	无
1500	9	0.28	3	475	无	无	无	无

表 3　截面积 200 m×200 m，10 Ω · m 低阻异常体所引起的纵向视电阻率值 ρ_{TE} 和相位值 ϕ_{TE} 异常（参照图 17 至图 19）

异常体埋深/m	ρ_{TE} 最大异常值		ϕ_{TE} 最大异常值		异常=20%的频宽		异常=20%距异常体距离	
	幅度/%	频率/Hz	幅度/%	频率/Hz	ρ_{TE} /Hz	ϕ_{TE} /Hz	ρ_{TE}	φ_{TE}
500	54	24	25	107	107～5.5	475～107	1280	400
1000	35	24	20	107	24～5.5	107～5.5	1100	300
1500	22	24	10	107	无	无	无	无

表 4　截面积 200 m×200 m，10 Ω · m 低阻异常体所引起的横向视电阻率值 ρ_{TM} 和相位值 φ_{TM} 异常（参照图 17 至图 19）

异常体埋深/m	ρ_{TE} 最大异常值		ϕ_{TE} 最大异常值		异常=20%的频宽		异常=20%距异常体距离	
	幅度/%	频率/Hz	幅度/%	频率/Hz	ρ_{TE} /Hz	ϕ_{TE} /Hz	ρ_{TE}	φ_{TE}
500	12	0.28	1.5	107	无	无	无	无
1000	3.5	0.28	1	107	无	无	无	无
1500	2.4	0.28	1	107	无	无	无	无

从表 1 和表 2 可见，当截面积 400 m×400 m 的低阻体埋深在 500 m 时，该低阻体在纵向视电阻率曲线 ρ_{TE} 上引起的最大异常高达 82%，在相位曲线 ϕ_{TE} 上高达 49%；在横向视电阻曲线 ρ_{TE} 引起的异常值高达 36%，在相位曲线 ϕ_{TM} 上达 11%。当埋深在 1000 m 时，在 ρ_{TE} 上引起的最大异常值达 59%，在 ϕ_{TE} 上达 33%；但在 ρ_{TM} 上只有 14%，在 ϕ_{TM} 上仅 5%。当埋深在 1500 m 时，在 ρ_{TE} 上引起的最大异常值达 42%，在 ϕ_{TE} 上达 22%；但在 ρ_{TM} 上仅 9%，在 ϕ_{TM} 上仅 3%。

从表3和表4可见，当截面积200 m×200 m的低阻体埋深在500 m时，该低阻体在纵向视电阻率曲线ρ_{TE}上引起的最大异常值高达54%，在相位曲线ϕ_{TE}上高达25%；在横向视电阻率曲线ρ_{TM}上引起的异常值仅12%，在相位曲线ϕ_{TM}上仅1.5%。当埋深在1000 m时，在ρ_{TE}上引起的最大异常值达35%，在ϕ_{TE}上达20%；但在ρ_{TM}上仅3.5%，在ϕ_{TM}上仅仅1%。当埋深在1500 m时，在ρ_{TE}上引起的最大异常值为22%，在ϕ_{TE}上为10%；但在ρ_{TM}上仅2.4%，在ϕ_{TM}上仅仅1%。

从上述可见：

（1）低阻异常体对纵向视电阻率和阻抗相位产生的异常值远大于横向视电阻率和阻抗相位的异常值，这是因为在低阻异常体中感应的大地电流矢量趋向于沿低阻体走向方向流动，因此纵向视电阻率和阻抗相位曲线对低阻体更敏感。

（2）视电阻率异常幅度百分比明显大于阻抗相位异常幅度百分比，而在实测数据中阻抗相位又易受电磁噪声干扰，因此要重点对视电阻率曲线进行分析。

（3）如果频率域电磁法在设定频带上的观测误差小于5%，那么截面积400 m×400 m的低阻体，当埋深在1500 m时从纵向和横向视电阻率曲线上都可分辨出来，但如果观测误差在10%～15%时，可以从纵向视电阻率和相位曲线上分辨。但当低阻体截面积为200 m×200 m，埋深1500 m时只能从纵向视电阻率上分辨。

3 频率域电磁法的观测精度和生产效率

频率域电磁法观测精度是指观测的纵向和横向视电阻率ρ_{TE}和ρ_{TM}，以及相位曲线的ϕ_{TE}和ϕ_{TM}的观测误差。评定观测误差的直接方法是对比在同一测点上、不同时间观测的视电阻率和相位曲线的一致性，即重复观测误差。

观测精度或观测误差是保证分辨率的唯一标准。被动源频率域电磁法观测精度主要取决于工作区附近的人文电磁噪声和天然场强度以及仪器设备的噪声水平和抗干扰能力。人文电磁噪声主要来自电力设备和高压输电线路，野外选点时避开干扰源越远越好。天然电磁场强度每时每刻都在变化，波动很大，又无法预测，天然变化磁场在1～1000 Hz高频段，其谱值幅度在3×10～3nT$\sqrt{\text{Hz}}$～4×10-6nT/$\sqrt{\text{Hz}}$之间，只有采用高信噪比的磁场传感器才能有效地分辨出如此微弱的信号。

在“十一五”国家重点科研项目中中国地震局地质研究所承担极低频（1000～0.001 Hz）电磁观测项目。该项目通过招标选购了34套极低频电磁场观测系统。招标前中国地震局地质研究所在张北地区和大连地区对国外几种型号的大地电磁测深仪进行了长时间的观测对比。张北观测点人文噪声很低，大连观测点有一定的人文噪声。图20是用ADU-07e在张北观测点第一次观测的视电阻率和相位曲线，第二次在同一测点观测的结果与第一次完全一致。图21是用ADU-07e在大连瓦房店地震台不同日期多次观测的视电阻率和相位曲线。由于各次观测结果一致，所以只列出单次观测结果。图20和图21表明被动场源的频率域电磁法，即MT法在人文噪声很低和有一定人文噪声的地区，尽管不同日期的场源活动强弱不等，但观测重复性极好，几乎没有观测误差，说明ADU-07e的抗干扰能力强，灵敏度高，有很高的观测精度。

图22是测点位于村庄附近的视电阻率和相位曲线，这里只有民用电，没有高压电和工业用电。可见在1000～0.1 Hz高频段的观测误差很小，仅在50 Hz附近视电阻率和相位曲线出现观测误差，在0.1～0.001 Hz低频段观测误差较大，这与观测时间短数据量不够有关。

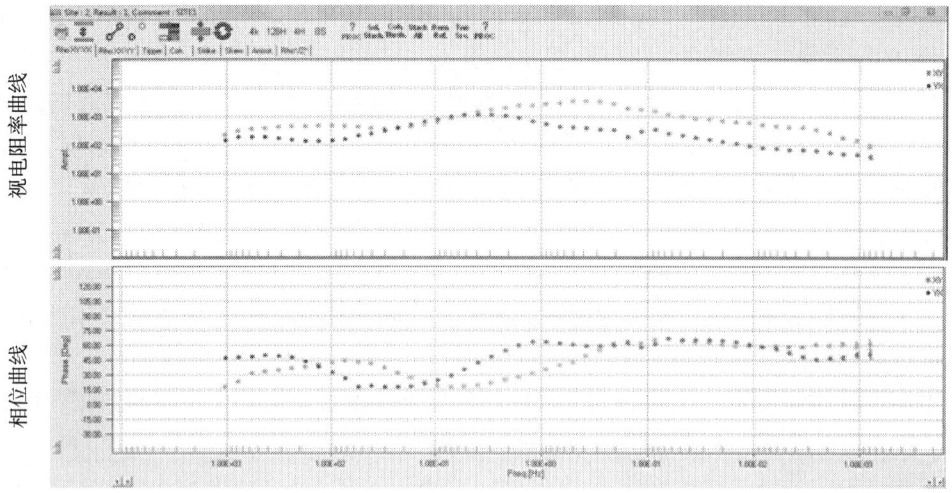

图 20　ADU-07e 在张北测点第一次和第二次观测结果完全一致

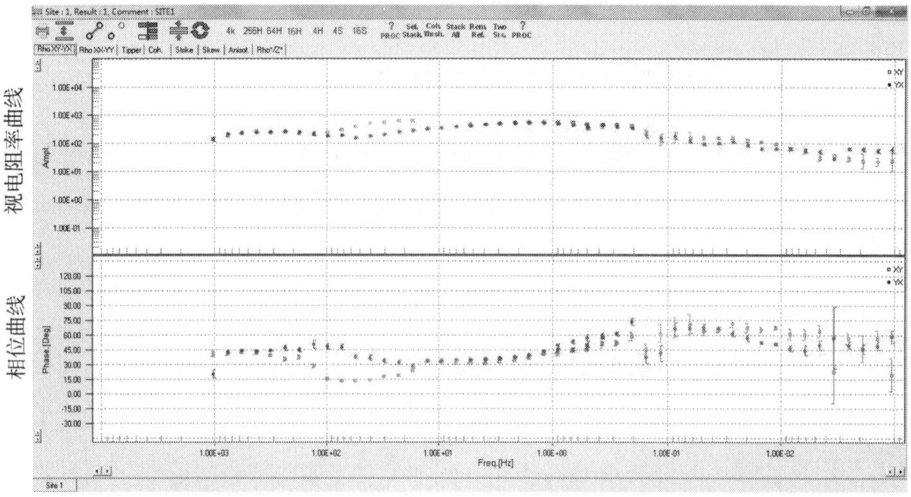

图 21　ADU-07e 在大连测点不同日期的观测结果完全一致

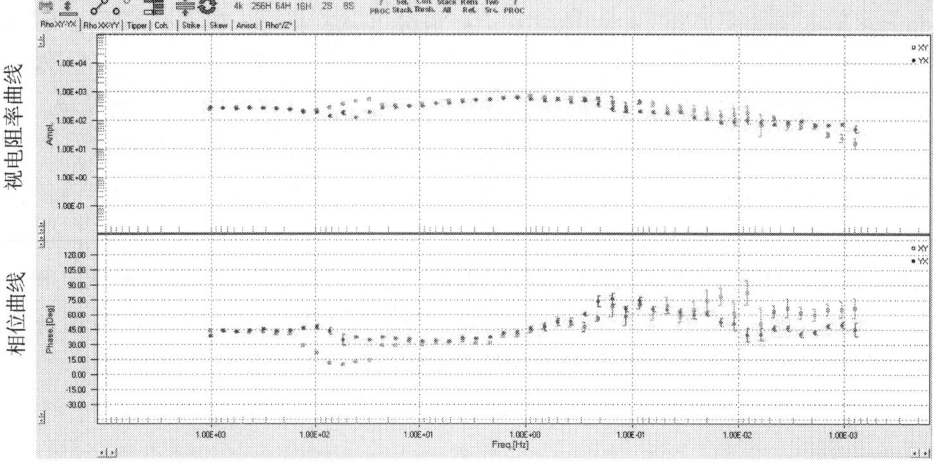

图 22　测点受周围 220 伏民用电干扰，50 Hz 附近有观测误差线，低频段观测误差大

图 23 是测点不远处有强高压线通过，图 24 是测点不远处有公路通过。可见在这两个测点观测的视电阻率和相位曲线都比较分散，误差很大，很难用于矿产资源勘探。

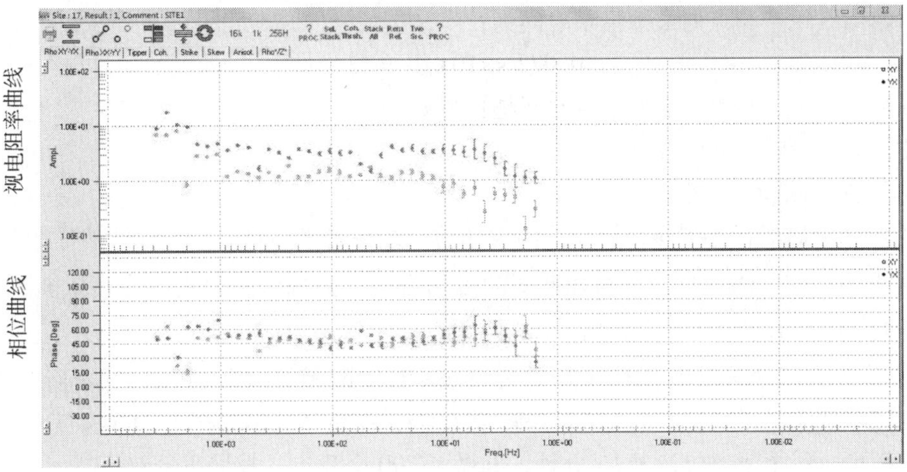

图 23　测点受强高压输电线干扰

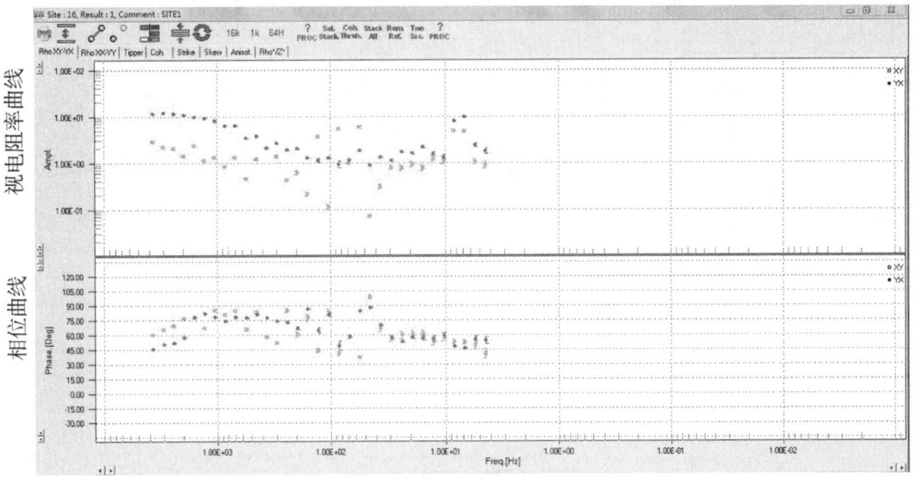

图 24　公路干扰

可见用天然场源的频率域电磁法 MT 和 AMT 找矿必须选择人文噪声很低或较低的地区才能保证有成功的可能。在人文噪声大的地区，建议采用张量可控源电磁法（TCSMT）。

频率电磁法的生产效率主要取决于勘探深度和工作区人为噪声环境。如果勘探深度为 3000 m，根据勘探深度式（1）：

$$D = 3000\ m = 356\sqrt{\frac{\rho}{f}}\,(\mathrm{m})$$

则记录的电磁场最低频率，应等于或低于：

$$f = \frac{(356)^2\rho}{(3000)^2}(\mathrm{Hz}) \tag{4}$$

如果在平原区设 $\rho=20\ \Omega\cdot\mathrm{m}$，则 $f=0.28$ Hz（$T\approx3.6$s）；如果在基岩裸露的山区 $\rho=1000\ \Omega\cdot\mathrm{m}$，则 $f=14$ Hz（$T\approx0.072$ s）。根据大地电磁法数据处理的要求，每段记录长度应是所记录的电磁波

周期（T）的 8～10 倍以上，记录的段数要达到 10 段以上。可见，在平原区每个测点的最短记录时间为：

$$3.6\mathrm{s}\times10\times10 = 360\ \mathrm{s} = 6\ \mathrm{min}$$

在基岩出露山区每个测点的最短记录时间为：

$$0.072\ \mathrm{s}\times10\times10 = 72\ \mathrm{s}$$

为了保证数据质量，每个测点的记录时间越长越好。

满足上述最短记录时间的前提是：

（1）测区人文电磁噪声很小。

（2）仪器所用的磁场传感器噪声极小，因为如前所述在磁平静日时高频段天然磁场的变化谱在 $3\times10^{-3}\,\mathrm{nT}/\sqrt{\mathrm{Hz}}$～$4\times10^{-6}\,\mathrm{nT}/\sqrt{\mathrm{Hz}}$之间，分辨如此弱的磁场变化，磁场传感器噪声必须达到 $3\times10^{-4}\,\mathrm{nT}/\sqrt{\mathrm{Hz}}$（在@ =1 Hz 时）和 $5\times10^{-7}\,\mathrm{nT}/\sqrt{\mathrm{Hz}}$（在@ =1000 Hz 时）。

图 25 是在青海都兰地区采用 GMS-07e 综合电磁法仪，配 MFS-07e 磁场传感器所获得的视电阻率和相位曲线的实时处理结果，记录的频带 4096～0.5 Hz，在该基岩出露区的勘探深度达 7000 m。该区人文电磁噪声很小，每个测点仅记录 15 分钟，共做了 200 个测点，数据质量都很高。在矿产资源勘探中，由于记录的电磁场频段较高，所以工作效率是很高的。尤其是 GMS-07e 综合电磁法每个主机还可配置 3 个卫星站，生产效率可提高 3～4 倍。

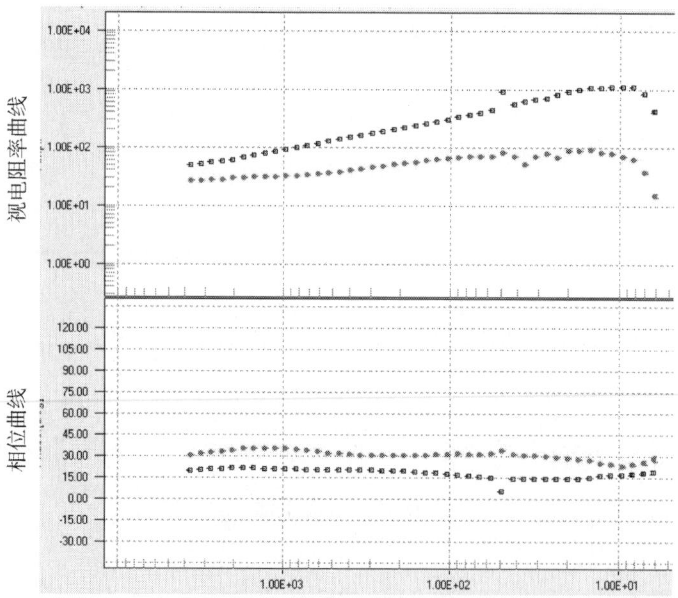

图 25　在无干扰区域采集的视电阻率和相位曲线，观测时间 15 min

蔡军涛博士计算本文对低阻体的分辨率，并致感谢！

参 考 文 献

[1] Simpson, F and Bahr, K. , 2005, Practical Magnetotelluric, Combrige University press .

[2] 薛春纪、祁思明、隗合明，2007，基础矿床学，北京：地质出版社。

[3] 谭捍东、李聪嫔、王彩旗，2003，大地电磁三维反演在土屋铜矿床探测中的应用研究——三维反演和解释，地质与勘探，第39卷。

[4] 梁光河、徐兴旺、肖骑彬等，2007，大地电磁测深法在铜镍矿勘查中的应用，矿床地质，第26卷，第一期。

[5] Friedrichs, B. , 2011, Controlled Source Electro-Magnetic Mapping project of the Central Spanish Pyrite Belt . Report of Metronix.

张量可控源大地电磁法

刘国栋　朱自串

1　张量可控源电磁法（TCSMT）和大地电磁法（MT）

TCSMT 原理与 MT 原理是一样的，所不同的是 MT 场源是天然的，即被动场源，TCSMT 场源是人工发射源，即主动源。天然场源的频带极宽，从 10000 Hz～10000 s，勘探深度极大；而人工场源限于低频接-发距离大，信噪比低的限制，可利用的频带范围一般为 8192～0.1 Hz，勘探深度 2000～3000 m。天然场源信号来自太空，可视为平面电磁波，符合大地电磁法对场源的要求；而人工场源发射的是非平面电磁波，传播一定距离后方可视为平面电磁波，该距离为勘探深度的 3～5 倍，所以 TCSMT 方法的发射-接收距离一般为 6～15 km。MT 场源是不同频率简谐波组成的连续复合波，TCSMT 场源一般是谐波丰富的、不同频率的矩形波序列或伪随机二进制序列波（PRBS），所以两者的数据处理方法不同，但反演解释方法相同。TCSMT 方法除场源发射设备外，其接收设备与 MT 法相同。

张量可控源电磁法（TCSMT）的最大优点是发射的人工场强度大，适合探测二维甚至三维电性结构，可以弥补 MT 法天然场源“死区”信号弱的缺点，并可在电磁环境噪声大的地区获得高质量的观测结果。TCSMT 方法可在复杂地质条件下进行：矿产资源勘探，地下水和断层含水性勘探，热水资源勘探，小煤窑勘探，溶洞勘探，工程地质勘探，环境勘探和浅层油气田勘探。

TCSMT 方法的侧向分辨率取决于接收点距离，点距一般为 20～150 m；地下电阻率越低，分辨率越高，垂直分辨率为勘探深度的 5%～10%。

2　张量可控源电磁法（TCSMT）和标量可控源电磁法（CSAMT）

当地下构造是水平层状、电性仅沿垂直方向变化时，称其为一维电性结构。由于电性沿水平方向不变，所以电性为标量，称其为标量阻抗 Z。

求取标量阻抗 Z 只需在地面观测磁场分量 H 及其在地下感应的、互为垂直的电场分量 E[1]，即：

$$Z=\frac{E}{H} \tag{1}$$

测点下的视电阻率 ρ_a 为：

$$\rho_a = 0.2T\,|Z|^2 \tag{2}$$

式中，T 是所观测的电磁波周期。

目前普通应用的 CSAMT 发射装置只有单一组发射电偶极子，发射的电流矢量方向与电偶极子方向一致，其产生的磁场的极化方向不变，在地面仅观测磁场分量 H 和电场分量 E，只能求取标量阻抗 Z，只适合探测水平层状一维电性结构，并且在以发射偶极子为中心的30°角范围内发射的场强弱，不能进行观测（图 1）。我们称该装置为标量可控源电磁法（CSAMT）发射装置。

标量 CSAMT 最终获得的是单条标量视电阻率曲线和单条阻抗相位曲线，不能与同一测点的 MT 视

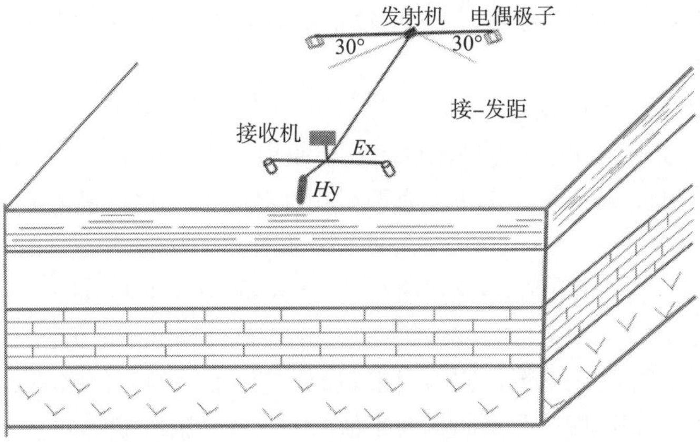

图 1　CSAMT 发射装置只有一组放射偶极子，只适合探测一维电性结构

电阻率曲线 ρ_{xy} 和 ρ_{yx} 以及 ϕ_{xy} 和 ϕ_{yx} 进行联合反演。

张量 TCSMT 发射机通过三组电偶极子向地下注射电流，在地下建立的是三维电流体系，在地面观测 Hx，Hy，Hz 磁场信号和 Ex，Ey 电场信号（图 2）。对低阻层和高阻层都敏感[2]，可与同一测点的 MT 曲线进行联合反演。

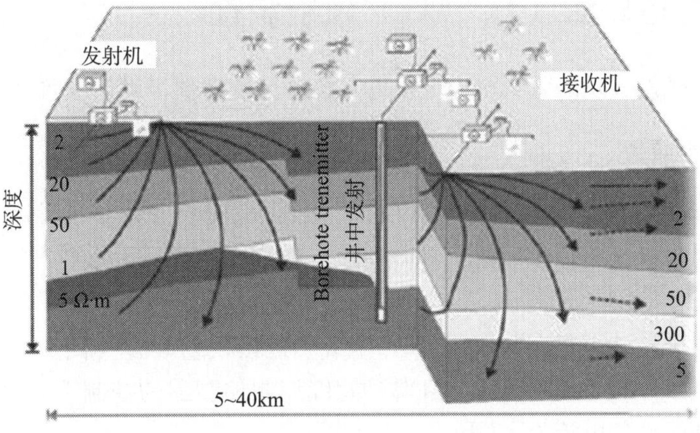

图 2　TCSMT 发射装置在地下建立的三维电流体系

当地下是二维或三维结构时，电性除沿垂直方向变化外，还沿倾向变化，称其为二维电性结构；若电性沿垂直方向和两个水平方向都变化时，称其为三维电性结构。二维和三维电性结构的电性是张量。

张量阻抗与电磁场的关系为：

$$\begin{bmatrix} Ex \\ Ey \\ Ez \end{bmatrix} = \begin{bmatrix} Zxx & Zxy & Zxz \\ Zyx & Zyy & Zyx \\ Zzx & Zxy & Zzz \end{bmatrix} \begin{bmatrix} Hx \\ Hy \\ Hz \end{bmatrix} \tag{3}$$

称为张量阻抗关系式。

除了极高频率之外，Ez 分量很小，很难观测到，因此张量阻抗关系归结为[3]

$$\begin{aligned} Ex &= ZxxHx + ZxyHy \\ Ey &= ZyxHx + ZyyHy \end{aligned} \tag{4}$$

可见，在二维或三维构造情况下，电场 *Ex* 不仅由 *Hy* 感应出，而且部分还由 *Hx* 感应出。由 *Hy* 感应的 *Ex* 依赖于张量阻抗 *Zxy*，由 *Hx* 感应的 *Ex* 依赖张量阻抗 *Zxx*，张量阻抗值 *Zyx*，*Zyy* 也有类似依赖关系。

我们的目的是在地面观测不同频率的电磁场信号 *Hx*，*Hy*，*Ex* 和 *Ey*，然后求解地下不同深度的张量阻抗要素值 *Zxy*，*Zyx*，*Zxx* 和 *Zyy*。根据简单的数学原理可知，从两个代数方程式（公式4）是无法解出四个张量阻抗要素值的，若有解，至少要有两组相互独立的变化磁场值 H_1 和 H_2，共同组成四个方程式，即：

$$E_1x = ZxxH_1x + ZxyH_1y \qquad E_1y = ZyxH_1x + ZyyH_1y$$

$$E_2x = ZxxH_2x + ZxyH_2y \qquad E_2y = ZyxH_2x + ZyyH_2y$$

（所谓相互独立的变化磁场是指极化方向不同或极化类型不同的变化磁场）

联立该四个方程式便可解出四个张量阻抗要素值[4]

$$Zxx = \frac{E_1xH_2y - E_2xH_1y}{H_1xH_2y - H_2xH_1y} \qquad Zyy = \frac{E_1yH_2x - E_2yH_1x}{H_2xH_1y - H_1xH_2y} \tag{5}$$

$$Zxy = \frac{E_2xH_1y - E_1xH_2x}{H_1xH_2y - H_2xH_1y} \qquad Zyx = \frac{E_2yH_1y - E_1yH_2y}{H_2xH_1y - H_1xH_2y} \tag{6}$$

目前通用的标量 CSAMT 发射装置，只能产生单一极化方向的线性极化磁场，因此无法求取四个张量阻抗要素值。

3　张量可控源电磁法（TCSMT）发射装置

德国 Metronix 公司研发成功的张量可控源发射系统分为旋转偶极发射装置和交替偶极发射装置。

3.1　旋转偶极发射装置

旋转偶极发射装置可以发射各种不同极化方向、不同频率的变化磁场，组成很多类似于式（6）的方程组，从而解出多组张量阻抗要素值。我们称其为旋转偶极发射装置。

1）工作原理

该发射装置是由三个接地电极（U、V、W）组成多偶极发射装置（图3），也即三个电极分别与张量发射机 TXM-22 的三个极性开关连接，在脉冲宽度调制控制器的控制下同时向地下分别发送不同频率、不同强度和不同极性的电流 I_1，I_2 和 I_3。

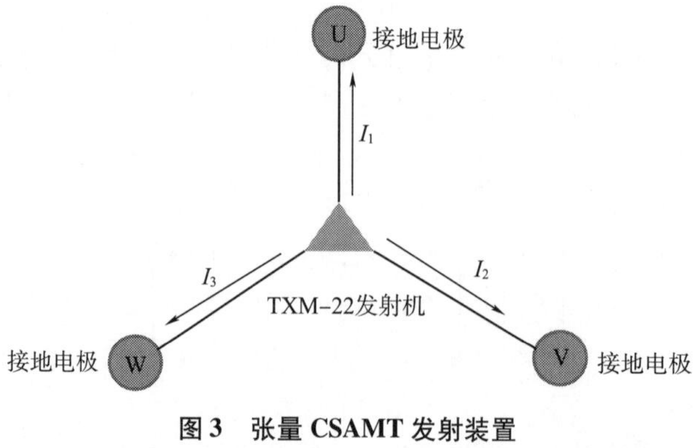

图3　张量 CSAMT 发射装置

由于 I_1，I_2 和 I_3 同时注入地下，因此它们在地下组成一个在给定频率下的合成电流矢量 $\vec{I}$ 。当改变

I_1，I_2和I_3中的任何一个电流强度和极性时，合成电流矢量$\vec{I}$的方向，即磁场极化方向随之改变，因此张量发射装置可以产生任意极化方向的磁场信号。在最简单情况下，即发射电流I_1，I_2，I_3之间成倍数关系改变，极性成正、负关系改变时，可以发射六种不同方向的合成电流矢量，它们是

$$\vec{I}_1 = 0° = 180°, \quad \vec{I}_2 = 120° = -60°, \quad \vec{I}_3 = 60° = -120°,$$

$$\vec{I}_4 = 30° = -150°, \vec{I}_5 = 150° = -210°, \vec{I}_6 = 270° = -90°$$

因此可产生六种不同极化方向的磁场信号H_1，H_2，H_3，H_4，H_5和H_6。这样式（4）便可扩展成包括发射磁场H_1和H_2的式（7），包括发射磁场H_1和H_3的式（8），

$$E_1x = ZxxH_1x + ZxyH_1y \qquad E_1y = ZyxH_1x + ZyyH_1y$$
$$E_2x = ZxxH_2x + ZxyH_1y \qquad E_2y = ZyxH_2x + ZyyH_2y \tag{7}$$
$$E_1x = ZxxH_1x + ZxyH_1y \qquad E_1y = ZyxH_1x + ZyyH_1y$$
$$E_3x = ZxxH_3x + ZxyH_3y \qquad E_3y = ZyxH_3x + ZyyH_3y \tag{8}$$

以及包括磁场H_1和H_4，H_1和H_5，H_1和H_6的三个方程组；包括H_2和H_3，H_2和H_4，H_2和H_5，H_2和H_6的四个方程组；包括H_3和H_4，H_3和H_5，H_3和H_6的三个方程组；包括H_4和H_5，H_4和H_6的两个方程组；以及包括H_5和H_6的方程组；总计共可组成15个方程组，从而可解出15组四个张量阻抗要素值。在数据处理中选择15组张量阻抗要素中质量最好的一组求取其主轴方位，计算TE模式和TM模式下的视电阻率和阻抗相位曲线以及其他MT参数。

在实际应用中，如果测区内布置有大量的、呈面积性分布的接收装置，应采用旋转偶极发射装置相继发送六个方向的合成电流矢量是最佳选择（每两个电流合成矢量之间的夹角应在45°～135°之间），此时测区内的任何一点都能观测到最佳的电磁场信号以及15组张量阻抗要素值。如果测区内仅沿剖面线布设接收装置，可采用交替偶子发射装置，分别发送两个互为垂直的或夹角大于45°的电流矢量，此时可先在六个方向发射合成电流，以便选择发射电流最大的一组（两个夹角近于垂直的）作为交替偶子发射装置，但只能获得一组张量阻抗要素值。

2）建立六种不同方向的合成电流矢量$\vec{I}_1 \sim \vec{I}_6$

前以述之，全区张量发射装置可以产生任意方向的合成电流矢量并随之产生的任意极化方向的磁场信号，但在最简单情况下可以发射六种不同方向的合成电流矢量，相应的六种不同极化方向的磁场信号。现简述如下：

1）向电极U注射的电流强度$I_1 = -2 \times I_2 = -2 \times I_3$，向$V$和$W$注射的电流强度为$I_2$和$I_3$，并且$I_2 = I_3$，此时在地下建立的合成电流矢量$\vec{I}_1$方向是0° = 180°，即南北向（图4（a））；在中心点TXM-22发射机内的总电流强度为：

$$I = I_1 + I_2 + I_3 = -I_2 - I_3 + I_2 + I_3 = 0$$

2）向电极V注射的电流强度$I_2 = -2 \times I_1 = -2 \times I_3$，向U和W注射的电流为$I_1$和$I_3$，并且$I_1 = I_3$，此时在地下建立的合成电流矢量$\vec{I}_2$方向是120° = -60°（图4（b））；在中心点TXM-22发射机内的总电流强度：

$$I = I_1 + I_2 + I_3 = I_1 - I_1 - I_3 + I_3 = 0$$

3）向电极W注射电流$I_3 = -2 \times I_1 = -2 \times I_2$，向$U$和$V$注射的电流为$I_1$和$I_2$，并且$I_1 = I_2$；此时在地下建立的合成电流矢量$\vec{I}_3$方向是60° = -120°（图4（c））；在中心点TXM-22发射机内的总电流强度：

$$I = I_1 + I_2 + I_3 = I_1 + I_2 - I_1 - I_2 = 0$$

4）向电极U注射电流$I_1 = -I_3$，向W和V注射的电流为I_3和0，此时在地下建立的合成电流矢量$\vec{I}_4$方向是30° = -150°（图4（d））；在中心点TXM-22发射机内的总电流强度：

$$I = I_1 + I_2 + I_3 = -I_3 + 0 + I_3 = 0$$

5）向电极 U 注射的电流 $I_1 = -I_2$，向 V 和 W 注射的电流为 I_2 和 0；此时在地下建立的合成电流矢量 $\vec{I}_5$ 方向是 150° = –210°（图 4（e））；在中心点 TXM–22 发射机内的总电流强度：

$$I = I_1 + I_2 + I_3 = -I_2 + I_2 + 0 = 0$$

6）向电极 V 注射电流 $I_2 = -I_3$，向 W 和 U 注射的电流为 I_3 和 0，此时地下建立的合成电流矢量 $\vec{I}_6$ 方向是 270° = –90°（图 4（f））；在中心点 TXM–22 发射机内的总电流强度：

$$I = I_1 + I_2 + I_3 = I_1 + I_2 - I_1 - I_2 = 0$$

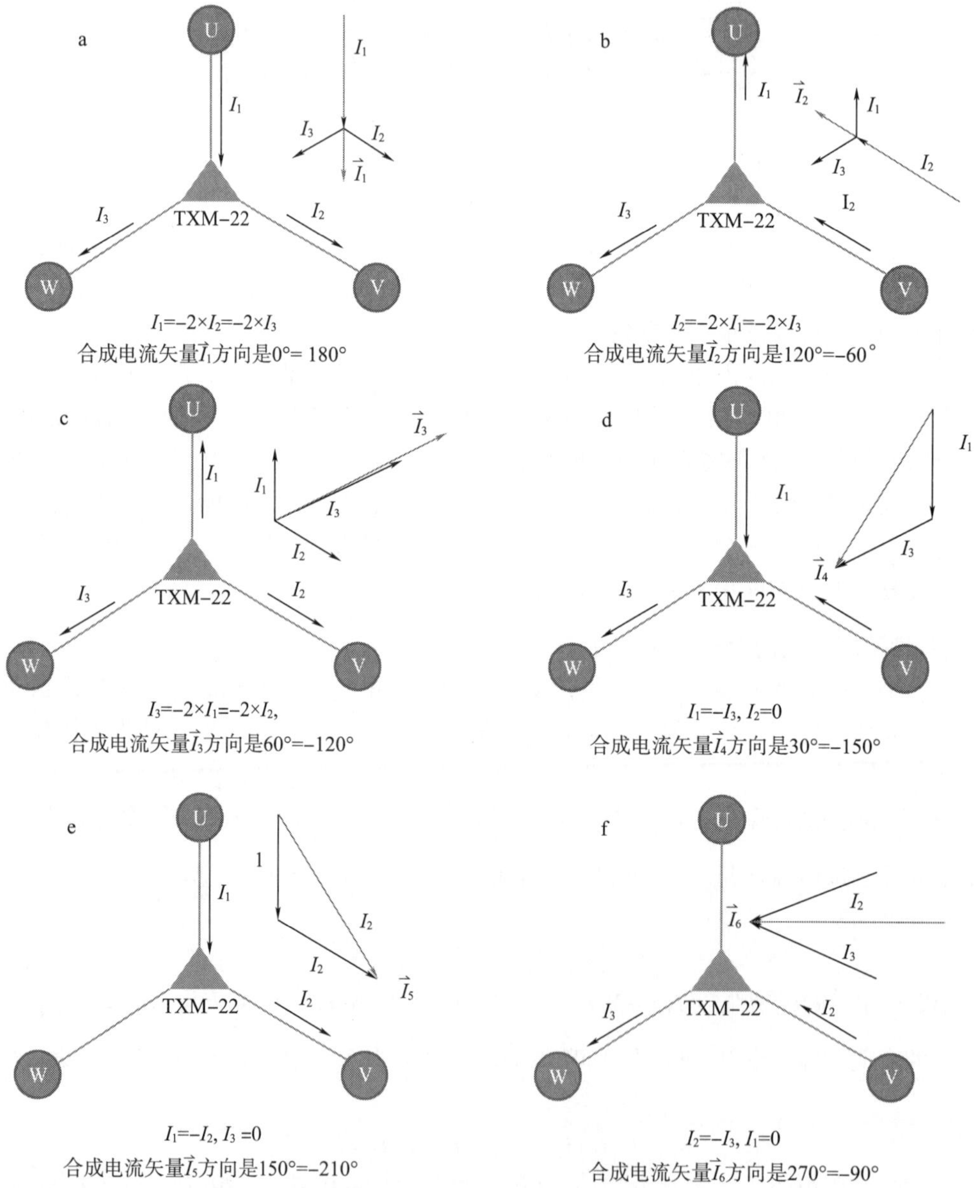

图 4　六个方向的合成电流矢量图解

3.2　交替偶极发射装置

在交替偶极发射装置中发射机分别（非同时）向互相垂直或夹角大于 45° 的两对偶极子注射电流，

在地下建立两组互为垂直或夹角大于45°的电流矢量和相应极化方向的两组磁场，此时按式（6）只能解出一组张量阻抗要素值。最简单的偶极发射装置如图5所示。其他组合也可组成交替偶极发射装置，如图6所示。

在图6中，如果令电极U的方向为0°，那么电极W和电极V的连线方向便为90°。如果发射机先向电极U供电，则电流矢量为0°，然后再向电极W、V同时供电，则其电流矢量为90°，结果便是交替偶极发射方式（图6中红箭头所示）。如果同时向电极U供电I_1，向电极W供电$-I_3$，向电极V供电$I_2=0$，并且$I_1=-I_3$，此时电流便从V向W流动，则合成电流矢量方向为30°（令电极U的方向为0°）。最终两个合成电流矢量夹角为90°，也是交替偶极发射装置（图6中黑箭头所示）。正如前述，首先应发射六个方向的合成电流矢量，以选择发射电流最大的、近于垂直的两个发射方向形成交替偶极发射装置。

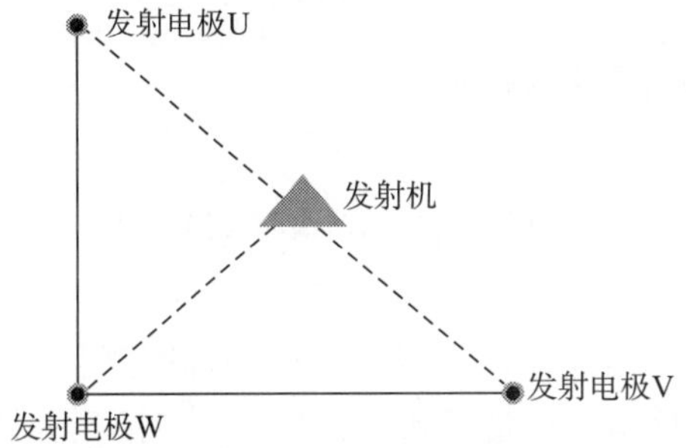

图5　交替偶极发射装置

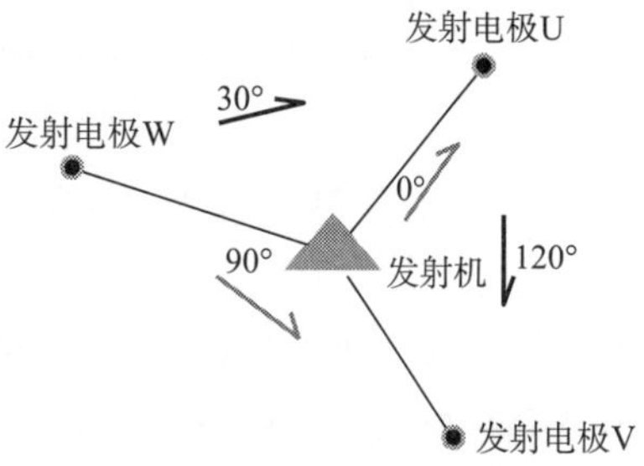

图6　交替偶极发射装置

3.3　根据感应电场探测近区和远区的地下电性结构

CSAMT必须满足平面电磁波前提，因此必须在远区进行观测。然而Metronix公司的张量TCSMT发射装置内置“实时发射电流模块”，可实时记录和存储各偶极源向地下注射的不同频率的电流值，用于计算与地下电性参数有关的感应电场[5]，进而反演近区和远区的地下电性结构。由于感应电场对高阻层敏感，因此可以精确探测低阻薄层也可以精确探测高阻薄层。如图7左图是厚100 m，电阻率值100 Ω · m高阻薄层，埋藏在10 Ω · m低阻半空间内的电场E的实部曲线和虚部曲线，图7右图是真实模型（黑线）和反演结果（红线），可见，利用感应的电场数据可反演出低阻半空间中的高阻薄层[6]。

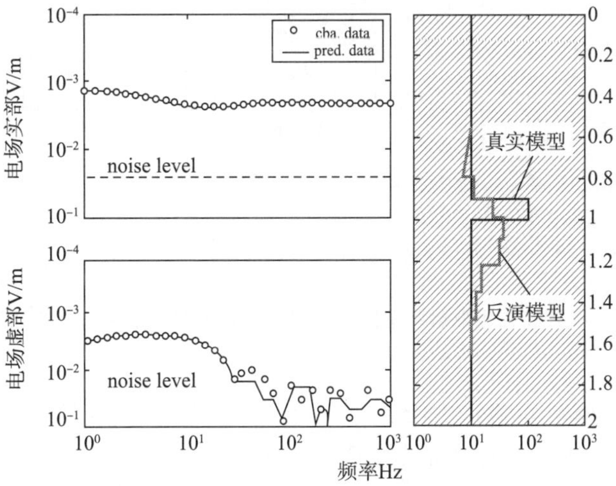

图7　在接–发距5 km情况下，埋深1 km，100 m厚高阻薄层的感应电场曲线和反演结果

图 8 是用 TCSMT 方法在执行德国科教部支持的 GFZ 计划中，在三个放射装置距已知钻孔0. 75 km，5 km 和 10. 5 km 接-发距情况下观测到的远区和近区电场 *Ey* 振幅和相位随频率的变化曲线（图 8 左）和反演结果（图 8 右）[7]。

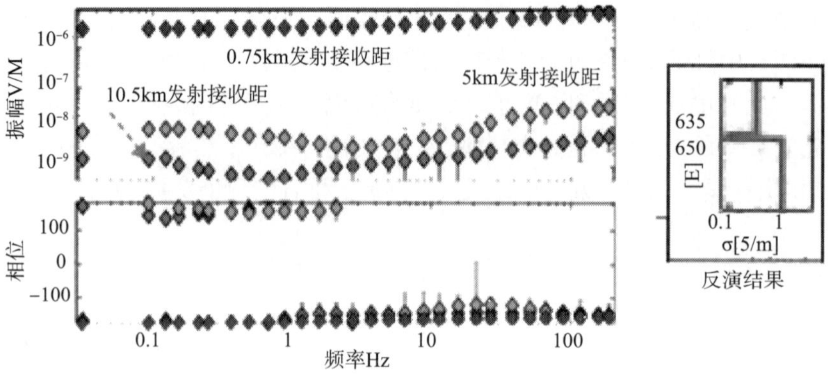

图 8　TCSMT 在三种不同发射-接收距情况下电场 *Ey* 随频率变化的曲线和反演结果

可见，在有限长偶极源发射时，根据感应电场随频率的变化，可以在近区和远区探测地下电性结构和厚 15 m 高阻薄层的存在。在三个接-发距情况下的反演结果是一致的，并与已知钻孔资料吻合。

3. 4　张量可控源电磁法（TCSMT）主要特点

1）正如前述，TCSMT 发射装置可以产生任意极化方向的磁场信号，因此可以求解测点下的多组张量阻抗要素值，这不仅适合探测二维，甚至三维的地质体，而且可选择质量最高的张量阻抗要素值进行反演解释。标量可控源电磁法（CSAMT）仅适合探测一维地质结构。

2）由于 TCSMT 发射装置建立的合成电流矢量方向可控，也即发射的最佳场强位置可控，因此在发射装置周围区域内均可布置接收系统，并能接收到最强的电磁场信号，所以它比 CSAMT 的观测范围大得多（图 9）。

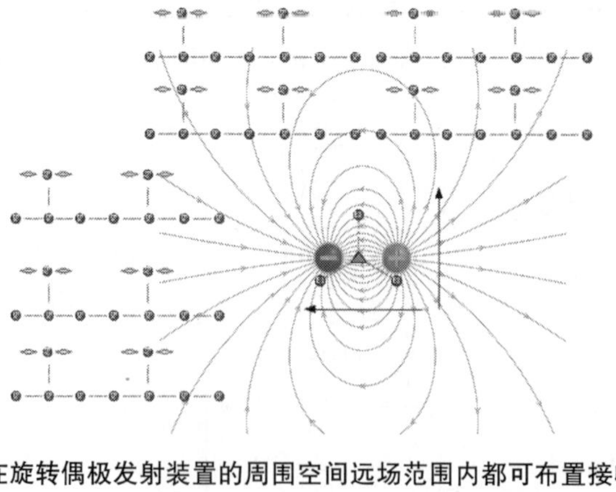

图 9　在旋转偶极发射装置的周围空间远场范围内都可布置接收系统

3）TCSMT 场源强度可控，可进行多次叠加，对每个测点都可获得多组张量阻抗要素值，因此在电磁噪声环境较强的地区也能观测到高质量数据。

4）当 CSAMT 发射偶极子位于地下高导体之上并与其走向一致时，发射的电磁场能量部分被高导体吸收，导致测点处的电磁场减弱，信噪比降低，但 TCSMT 发射装置由于发射的电磁场方向是可变的，所以可以避免这一问题。

5）TCSMT 发射的是三维电流体系，能有效探测复杂的地质构造。

6）TCSMT 可以测量发射电流和接收电流的频率和强度，用以计算近区和远区的地下电性结构，由于测量的是电流，所以对高阻层敏感（反演软件正在编制中）。

7）可与同测点的 MT 数据进行联合反演，相互约束，增加勘探深度。

3.5 张量可控源电磁法（TCSMT）发射装置的工作特点

1）可根据确定好的发射频率和发射时间同时向发射机和接收机预置工作列表（包括发射的波形、最大电流强度和发射角度、频率、叠加次数及每个发射频率工作起止时间等），便可根据野外接收和发射人员约定的开始时间自动执行工作列表内的所有频率的发射和数据采集工作；

2）发射伪随机二进制序列波（PRBS），频带宽，振幅稳定；

3）发射装置可任意组合，发射和接收由高精度 GPS 同步；

4）可任意编辑发射波形，可使用国产 50 Hz、400V、三相发电机做动力源；

5）由于 GPS 模块可存储时间信号，因此在 GPS 信号盲区仍可进行精确同步；

6）由于发射系统的控制器 TXB-07 与接收系统主机性能一致，因此两者之间高度同步，于是叠加过程可以在时间域进行，大大节省了数据处理时间。

4 张量可控源电磁法（TCSMT）设备组成和技术指标

Metronix 公司的 TCSMT 系统包括发射装置和接收系统两大部分。发射装置由张量发射机 TXM-22，TXB-22 控制器，供电电极和电缆，400V、50 Hz、三相发电机组成，电极电缆长 500～1000 m。接收系统由两个或三个磁场传感器（MFS-07e），两对电场传感器（不极化电极）和一台 ADU-07e 主机组成，是标准的大地电磁测深仪。发射装置和接收系统之间由高精度 GPS 同步（图 10），也可由事先输入的工作列表同步。

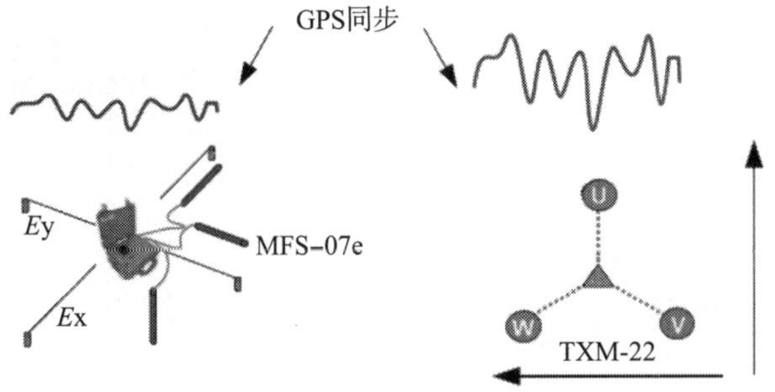

图 10 张量可控源电磁法（TCSMT）组成

左图为接收系统；右图为发射系统

由于 TCSMT 方法主要用于详查和精查阶段，测点距离一般为 20～150 m，所以可采用带卫星站的接收系统，即一台 ADU-07e 主机带三个卫星站，同时完成四个测点观测任务（图 11）。主机与卫星站之间由电缆同步[8]。如果有几台 ADU-07e 同时观测，工作效率非常高。

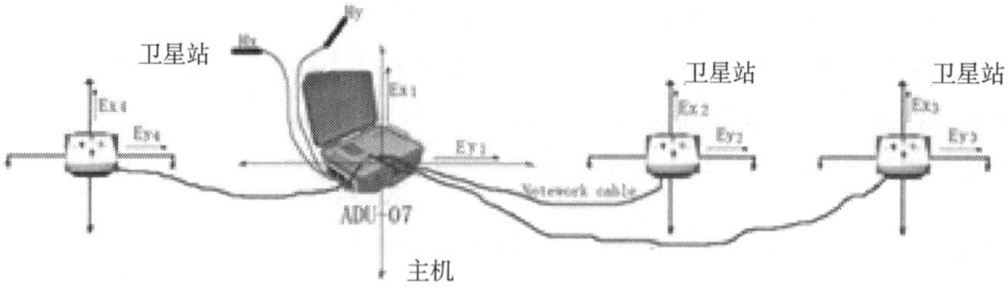

图 11　一台主机可同时完成四个测点观测

4.1　张量可控源发射机 TXM-22 技术指标

频带	8192 Hz-0.0078s
功率输入	40 kVA，三相，50 Hz 交流发电机
功率输出	最大±40A，连续输出
输出电压	±560V
负载类型	接地电极或发射线圈
要求的负载电阻范围	5 ～10000 Ω
发射信号波形	预设的波形有：矩形波、正弦波、三角波，伪随机二进制序列波（PRBS）等波形
系统控制	由 TXB-07 发射控制器通过电缆控制
测试功能	对所有重要的功能均可自动自检
外壳	牢固的防水铝合金外壳
重量	35 kg
外形尺寸	480 mm×514 mm×354 mm
工作温度	0～50 ℃
存储温度	-20～70 ℃
湿度范围	相对湿度可达 90%

4.2　ADU-07e 接收机技术指标

频率范围	直流～256 kHz
道数	每个 ADU-07e 含有 10 个通道
带宽	两个频带（直流～500 Hz，1 Hz ～250 kHz）； 用数字滤波器可建立任何带宽的亚频带
A/D 转换器	每个通道有两个 24 位 A/D 转换器：低频采样率 4000 Hz； 高频采样率 600000 Hz
动态范围	> 130 dB
系统控制器	32 位嵌入式控制器，LINUX
存贮介质	8 GB 闪烁硬盘，可扩充，USB 接口

测试装置	对所有的重要功能，包括传感器和仪器指标都可自动检测、标定和显示并建立文档
输入阻抗	电道>10 MΩ，磁道 20KΩ
网络连接	标准的 100 M 双绞电缆；USB 1.1，2.0，（无线/蓝牙技术）
同步	GPS 钟±30ns，时间精确，可确定和存贮测点位置
接口种类	网络，磁传感器，电极传感器，电源，GPS 天线，USB，无线蓝牙
外壳	牢固和防水玻璃纤维加筋外壳
重量	8 kg
外型尺寸	400 mm×330 mm×170 mm
功耗	3～5W 低频，15W 高频
工作温度范围	-40～+70℃

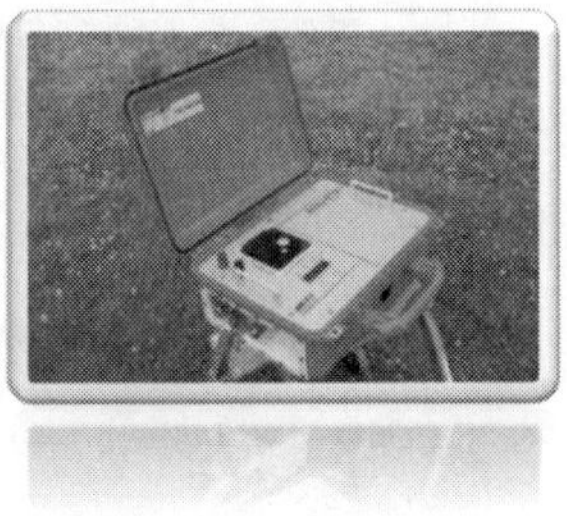

5 应用实例

5.1 探测深部硫化矿床

在西班牙 Aguas Tenidas 矿区做过多种物探方法探测硫化矿床的深部蕴藏情况之后，又要求用张量可控源法做进一步探测，共布置 9 条剖面[9]。

测区为一套火山岩与泥盆-石炭纪的沉积物组合。富含黄铁矿的块状硫化沉积物存在流纹岩和黑色页岩系列之中。早期曾在近地表处开采硫化矿床。

图 12 为 9 条剖面中一条南北向剖面的二维反演结果。图 13 是根据 9 条剖面的二维反演结果绘制的、在 658 m 深处的电阻率平剖图。

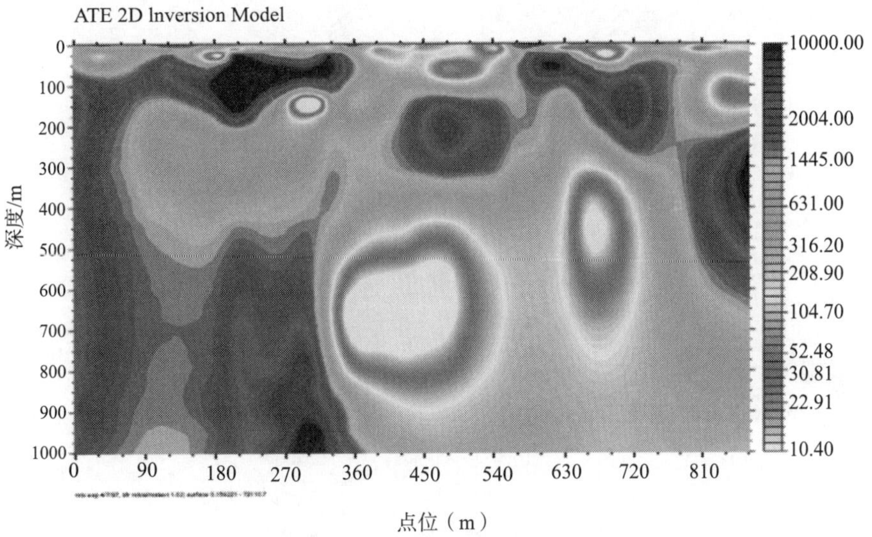

图 12 Aguas Tenidas Este 一条剖面的二维反演结果

由图 12 可见，近地表有良导体存在，它们可能是仍未被挖掘过的块状硫化物矿体。在点位 330～530 之间，深度 550～750 m 范围内有一个高导体，南北宽约 200 m，厚约 300 m。在点位 360 处电阻率值急剧变化，已证明它是东西走向、对成矿起控制作用的正断层。

图 13 是 658 m 深处的高导层分布范围，该深度正处于上述高导体埋深的中部。可见沿东西向 1000～1500 m区间的高导区域（红色）正是上述高导体的东西向展布，它与钻孔发现的 660 m 深处的硫化矿体一致，该矿体北界为上述东西向正断层所限，该断层向硫化矿体西部延伸。

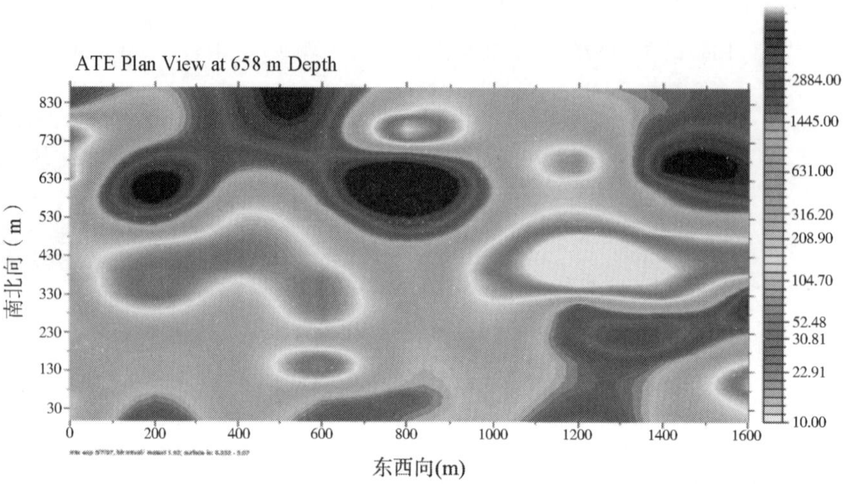

图 13　658 m 深的电阻率值平面剖图

Aguas Tenidas 矿区的地质情况极为复杂，为了尽可能找出矿体与电阻率分布之间的联系，根据已有的 9 条二维反演剖面编制成三维立体图（图 14）。这是频率域张量可控源大地电磁法（TCSMT）直接找矿的成功实例之一。

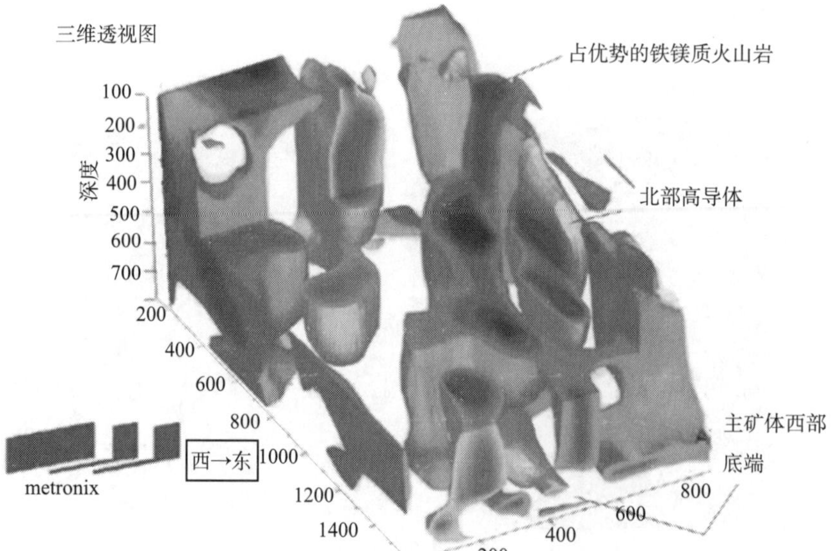

图 14　地质解释结果的三维显示

5.2　探测赋矿层

2012 年 4 月，北京欧华联科技有限责任公司与安徽省地球物理地球化学勘查院及德国 Metronix 公司专家在安徽省合肥市的泥河地区开展张量可控源野外试验。

1）工作目的

（1）掌握张量可控源的野外工作方法；

（2）了解1000 m深度以内的地层电性分布情况并与已知钻孔和地质剖面对比，验证测量结果的可靠性；

（3）探测火山岩盆地中铁、硫、铜、铅锌等赋矿层的可行性；

（4）本次勘探测线上曾进行过直流激电测深，标量可控源测量和1∶10000地面磁法扫面。由于区内村庄聚集，以往所做电磁法效果不佳，因此想通过张量可控源测量结果与以往工作成果进行对比，检验张量可控源在抗干扰能力、解决复杂地质情况等方面的优势。

2）地质与地球物理概况

泥河铁矿位于庐枞火山岩盆地的西缘，北东向基底隆起带上。矿区为第四系所覆盖，零星出露有早白垩世双庙组，钻孔深部见有上侏罗统砖桥组，岩性主要有火山熔岩、火山碎屑岩、沉积火山碎屑岩，砖桥组是铁、硫、铜、铅锌等赋矿地层。地层主要为单斜产出，断裂构造发育，大部分断裂发育在赋矿之上的火山岩中，为成矿前断裂。成矿的闪长玢岩体主要沿北东向基底断裂侵入。主要赋矿地层砖桥组电阻率相对较低；浅层的白垩系双桥组（K1sh）主要为火山碎屑岩夹熔岩，电阻率较高；赋矿层下伏地层电阻率呈逐渐升高的趋势。

3）野外工作方法

本次野外测试选取了相对简单的交替偶极发射方式，发射源和试验剖面的相对关系如图15所示。发射机位于中心点处，与U、V、W三个发射电极的距离分别为500 m、600 m、600 m。设发射机和偶极U的连线作为0°，则V和W偶极连线方向为90°，与试验剖面近似平行。对剖面1进行观测时我们选用了0°和90°两个方向的电偶极子进行交替发射；对剖面2观测时选取了30°和120°两个方向进行交替发射。

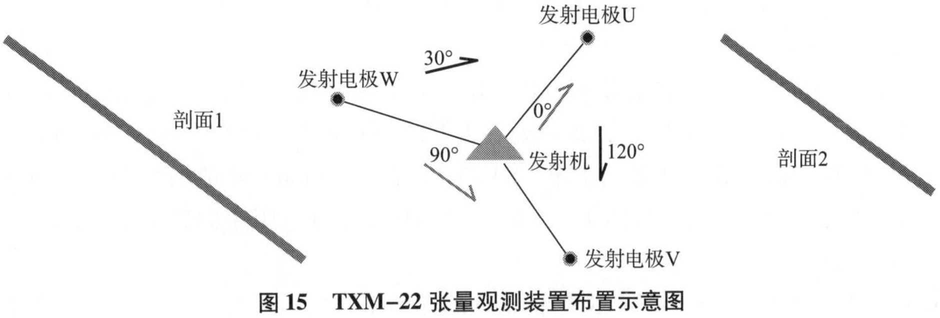

图15 TXM-22张量观测装置布置示意图

试验剖面1位于发射源西南方向，沿南东135°布置，长1200 m，共28个测点，点距44 m，剖面距发射源中心点7～7.38 km。测试剖面2位于发射源北东方向，沿南东120°布置，长760 m，共21个测点，点距38 m，剖面距发射源7.4～7.66 km。两条剖面相距14 km。

数据采集系统使用四个测点同时测量的方式，布置方式如图16所示，ADU-07e主机记录两个共用的磁场信号H_x，H_y和两个电场信号E_x和E_y，另外三个卫星站分别记录两个互相垂直的电道信号。卫星站和ADU-07e主机通过电缆连接，最后数据统一存储到ADU-07e的存储器中，同时完成四个测点的测量。E_x和E_y分别为南北向和东西向布置，极距50 m。

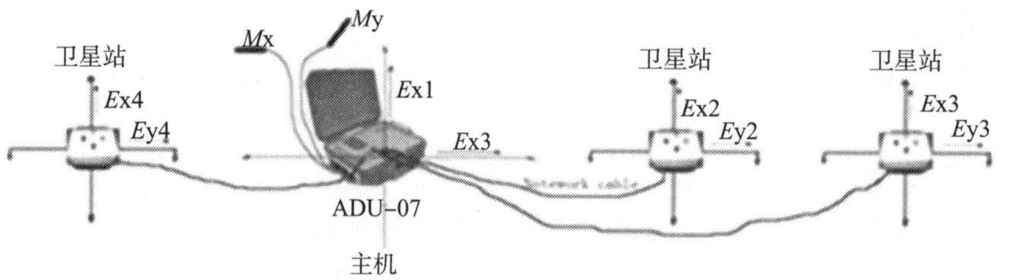

图 16　接收系统结构

4）数据处理和反演解释

由于 ADU-07e 记录可控源数据时不同发射频率的时间序列是分开的，以往天然场观测的数据处理软件 Mapros 显然无法满足每个测点十几个发射频率的可控源数据。为此，本次数据处理使用的是德国 Metronix 公司最新研发的处理软件——ProcMT。该软件可一次执行同一个测点多个采样率或多个测点的数据处理，中间过程无需人工干预，大大提高了数据处理效率。数据处理的基本流程如图 17 所示。

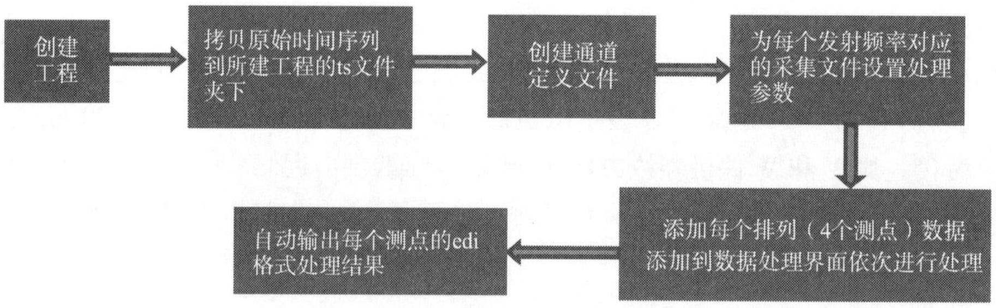

图 17　数据处理流程

ADU-07e 最多支持 10 个通道同时使用（8 个电道和两个磁道测量），一次记录 4 个测点的数据，这 4 个测点将共用 2 个磁道进行计算，因此在处理数据之前必须配对每个测点的磁道和电道数据文件。

图 18 是一些测点的数据处理结果。张量 CSAMT 处理结果和 MT 处理结果一样，包括 TE 模式和 TM 模式视电阻率和阻抗相位曲线。从图 18 可见，在 8 Hz 以下视电阻率曲线呈 45°抬升，相位降到 0°左右，表明已进入近场区范围。

德国 Metronix 公司提供的 ProcMT 数据处理软件的输出格式与国际通用的 EDI 格式文件一致。输出内容包含观测频率下的四个阻抗张量要素的实分量、虚分量和误差，主轴方位，TE 和 TM 模式下的视电阻率和阻抗相位曲线以及其他 MT 参数。

数据反演使用了中国地震局地质研究所陈小斌博士后的 Pioneer 二维数据反演软件，反演流程如图 19 所示。

（1）图 20（a）是试验剖面 1 的反演电性结构断面图，图中以等值线和色标表示电阻率分布，参照已知的地质断面图（图 20b）推断的各电性层边界和断层位置用虚线表示，分析如下。

电性层划分：

从图 20（a）可见，在浅层 20～40 m 范围内为低阻薄层，是第四纪沉积。下覆的电阻率 100～200 Ω · m的中阻层是早白垩系上段杨湾组（K_1y），是一套粗-细的砂岩组合，厚度从东南向西北加厚至 250 m 左右，并被断层 F_1控制。

杨湾组之下为高阻层，电阻率值 240～440 Ω · m，该高阻层在剖面东南端的 152～158 测点下方被断层 F_2控制，在断层上盘厚度超过 400 m；该高阻层应是早白垩系下段的双庙组（K_1sh），它是一套火山碎屑岩夹熔岩，表现为高阻。

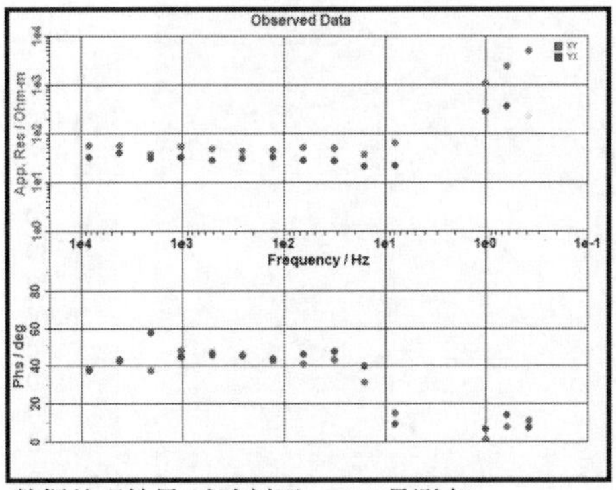

数据处理结果(试验剖面1，142号测点)

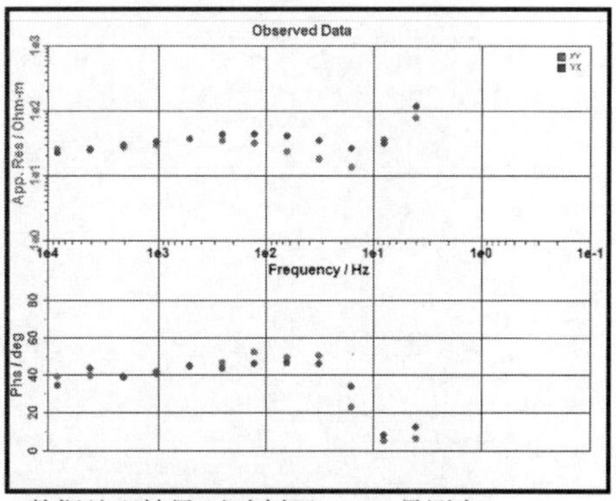

数据处理结果(试验剖面1，158号测点)

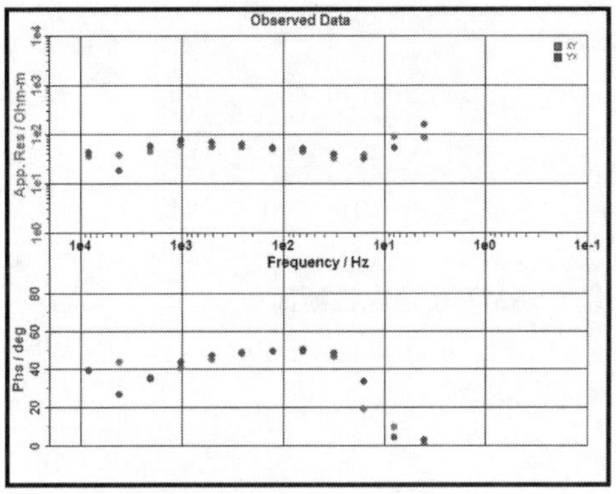

数据处理结果(试验剖面1，166号测点)

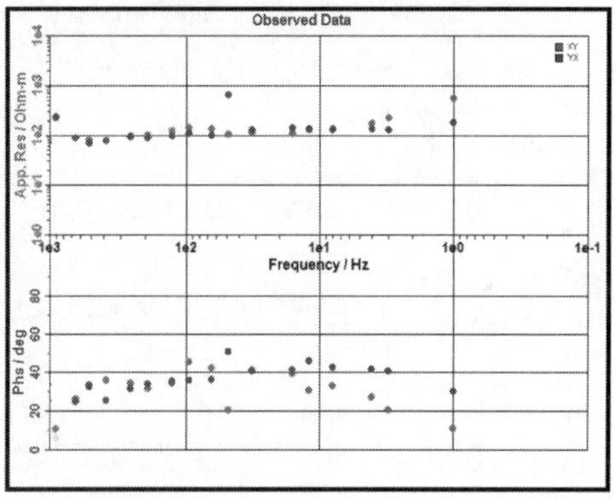

数据处理结果(试验剖面2，380号测点)

图 18　TCSMT 数据处理结果

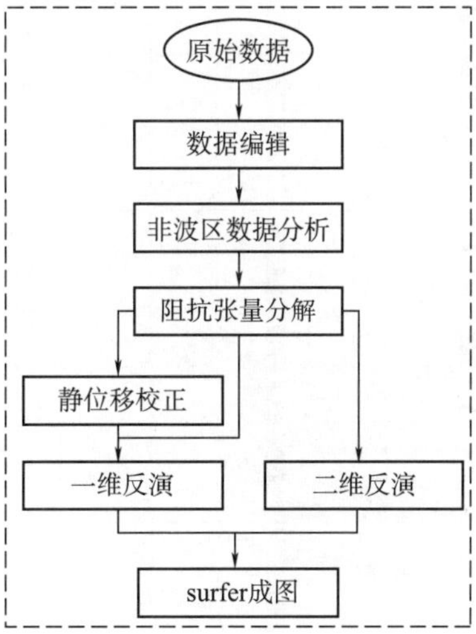

图 19　数据反演流程图

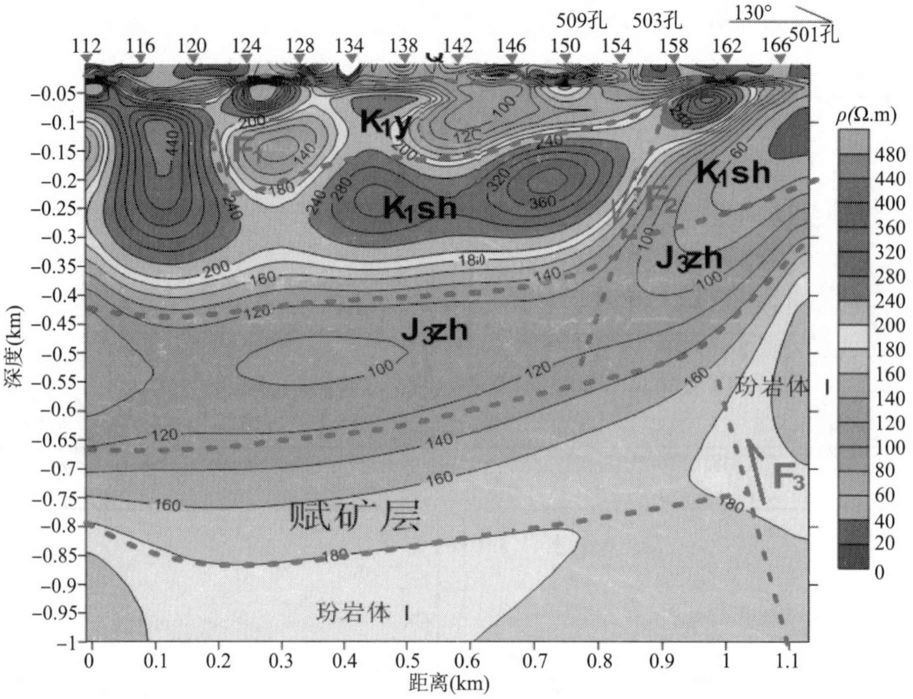

图 20（a）　试验剖面 1 张量 CSAMT 反演电性断面

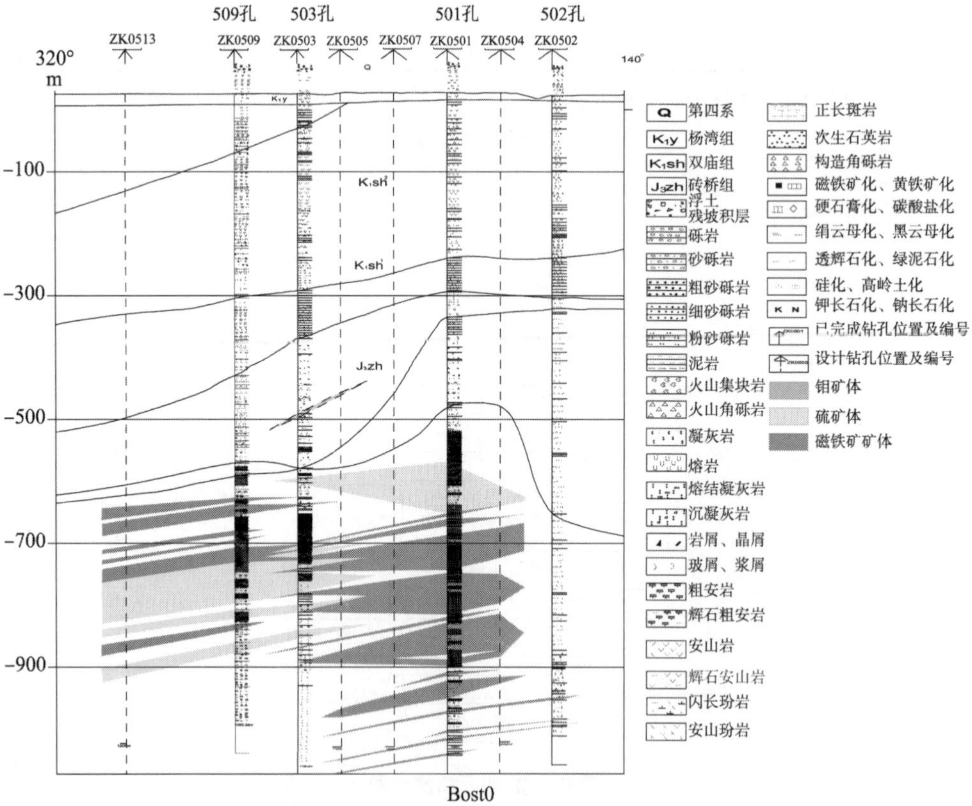

图 20（b）　试验剖面 1 地质剖面（黄色为硫铁矿，红色为磁铁矿体）

上述高阻层之下为一套低阻层，电阻率值 100～120Ω · m，在剖面东南端低至 60Ω · m，该低阻层厚度 200 m 左右，向西北倾，在剖面东南端迅速抬升；该低阻层应是晚侏罗系砖桥组，是一套火山碎屑岩，沉火山碎屑岩等多孔隙岩系，表现为低阻。

上述低阻层之下为电阻率值 140～160 Ω · m 的相对低阻层，也是砖桥组，但它是铁、硫、铜、铅锌等赋矿地层[10]。推测该层电阻率略高于上覆砖桥组的原因，可能与后期含矿热液侵入和沉淀有关。

赋矿层之下为高阻体，电阻率值大于 180 Ω · m，推测它应是成矿母岩-玢岩岩体。

电性构造划分：

试验剖面 1 是一组从东南向西北缓倾的单斜构造。正断层 F_1控制杨湾组（K_1y）的西北边界，正断层 F_2控制双庙组（K_1sh）和砖桥组沉积。断层 F_1和 F_2都是成矿前的正断层。推断的断层 F_3是逆冲断层，由于上盘上冲，导致砖桥组（J_3zh）在剖面的东南端显著抬升，形成单斜凸起。F_3是成矿后断层。

（2）试验剖面Ⅱ。

从 TCSMT 电性断面图（图 21）可见，试验剖面Ⅱ的电性结构比试验剖面Ⅰ复杂。在测点 540～1140，顶深 200～350 m 有一驼峰状高阻体，峰凹在测点 780～940 之间，电阻率值 240～380 Ω · m，我们推测该高阻体可能是岩浆侵入体。浅层在测点 820 和 1060 附近有两个截面椭圆形的局部高阻体，电阻率值大于 500Ω · m。它们可能是火山角砾岩的反映。

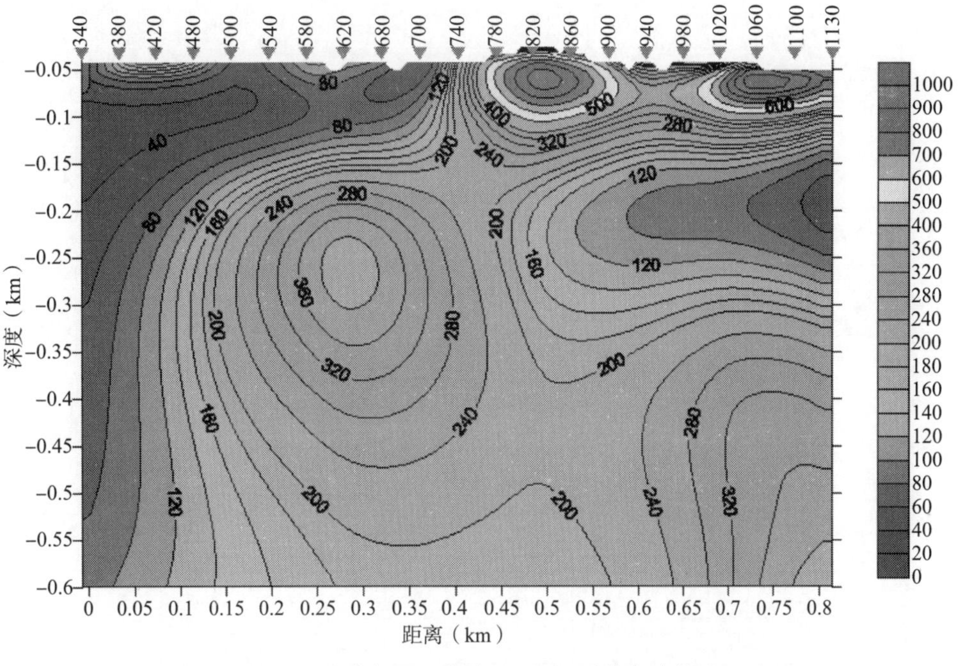

图 21 试验剖面 2 张量 TCSMT 反演电性断面

在测点 340～740 之间广泛分布低阻层，电阻率值 40～160 Ω · m，向西北倾，厚度向西北方向显著加厚；在测点 780～1140，上述推测的岩浆侵入体高阻体和浅层两个局部高阻体之间，也存在一个低阻层，电阻率值 40～160 Ω · m，向西北倾。我们认为上述两个低阻层应是正常沉积碎屑岩，如砂岩岩系的反映，它们原本是同一层位的砂岩岩系但由于后期的岩浆侵入被分割成现有的状态。

5）小结

总体来说，本次野外试验是成功的，表明 TCSMT 法在电磁干扰地区和复杂地质条件下是有效的，例如：

（1）通过频谱特征分析，可以明显看出发射频率及其 3 倍和 5 倍谐波的幅值明显大于天然场频谱幅值，证实了张量发射源的有效性；

(2) 试验剖面1的反演结果，与过去沿同一剖面所做的标量可控源（CSAMT）结果对比表明，两者有实质性差别。TCSMT与钻孔所得地质分层情况有很好的吻合，CSAMT则否，说明TCSMT在解决二维和三维地质问题的能力明显优于CSAMT法；

(3) 从试验剖面2的反演结果可以看出，本次试验结果和激电测深结果有很好的对应。但激电法无法满足深部找矿要求，TCSMT可以弥补激电法在勘探深度上的不足；

(4) 本次试验正值农耕时节，试验区水田较多，为不损坏禾苗，发射机的三个发射电极均布设在田埂上，接地条件欠佳，导致试验剖面1测量时两个方向偶极子平均电流只能达到8A左右，剖面2的平均电流为18A左右，明显小于发射机的最大发射电流值±40A。小的发射电流值对观测数据质量有明显影响。

6　张量可控源电磁法(TCSMT)与声频大地电磁(AMT)观测数据对比

2013年3月，中国地震局地质研究所与北京欧华联科技有限责任公司在云南遮放地区用GMS-07e作为接收系统，TXM-22作为发射系统，进行TCSMT和AMT对比观测。测区内有两条高压线穿过，一条300kV距2100测点100 m，另一条50kV伏距2100测点40 m。图22至图27是对比的观测结果。

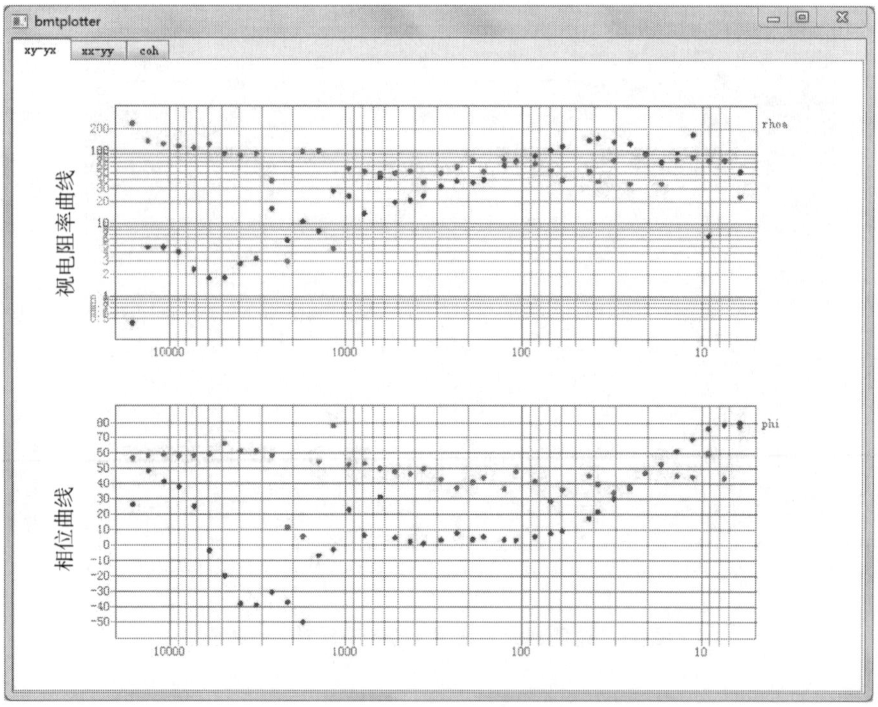

图22　遮放2100号点AMT结果

从图22可见，AMT的视电阻率曲线ρ_{xy}、ρ_{yx}和相位曲线受强烈干扰，在1000 Hz以上的高频段视电阻率和相位曲线高度分散；在1000 Hz以下频段，虽然分散不严重，但视电阻率和相位之间没有很好的对应关系，这可能是电磁噪声干扰的结果。

从图23可见，TCSMT的视电阻率曲线ρ_{xy}、ρ_{yx}和相位曲线虽然在1000 Hz以上的高频段仍然受噪声干扰，高度分散，但在1000 Hz以下频段四条曲线非常圆滑，噪声干扰已被强烈压制。在1000 Hz以上高频段曲线分散的原因可能是在高频段发射电缆的感抗值变大，发射电流显著下降，导致人工场强度无法压制两条高压线产生的高频干扰。

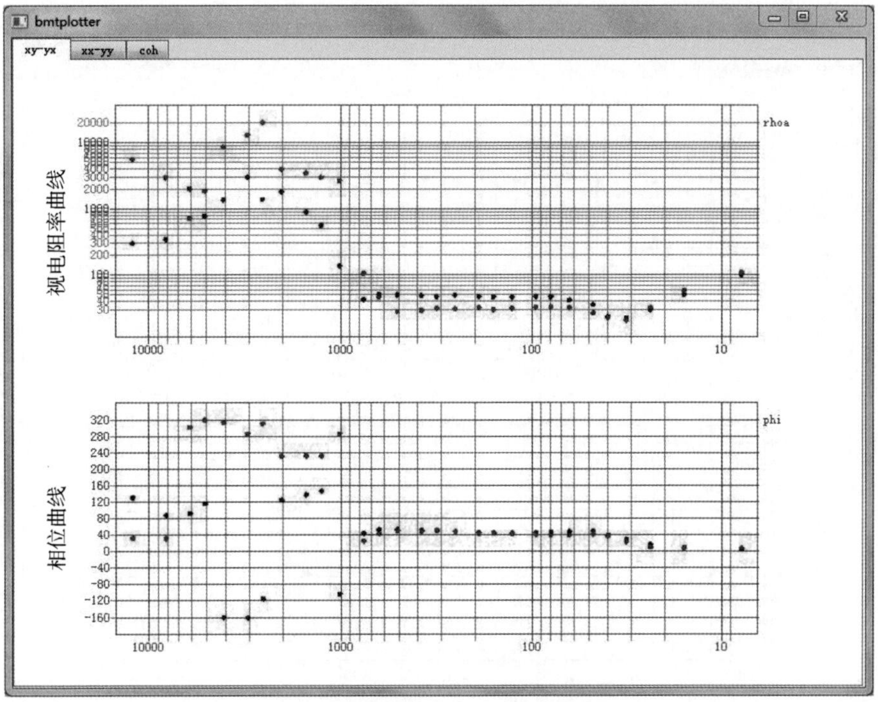

图 23　遮放 2100 号点 TCSMT 结果

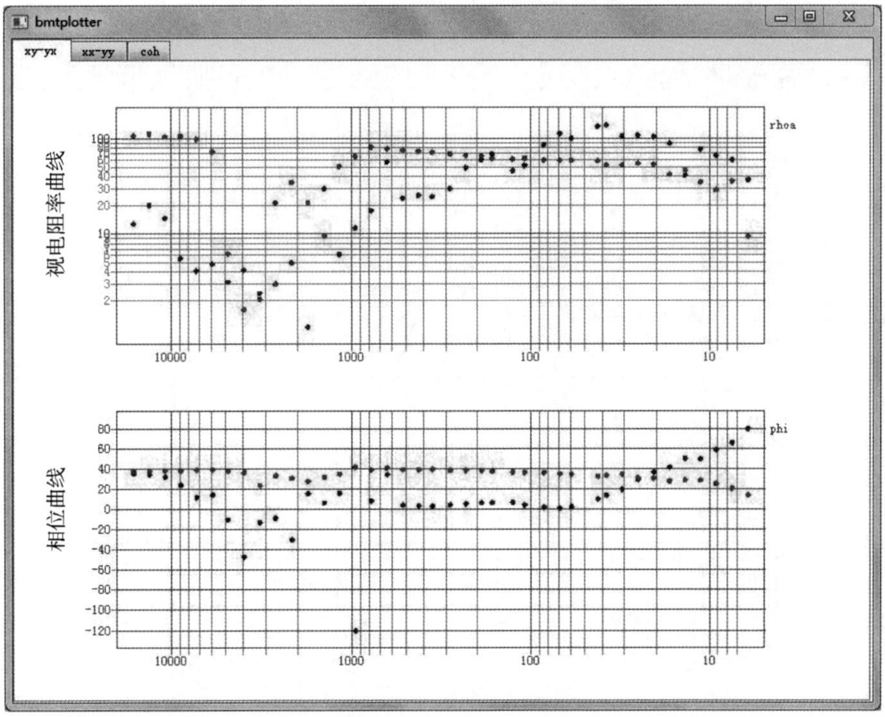

图 24　遮放 3140 号点 AMT 数据

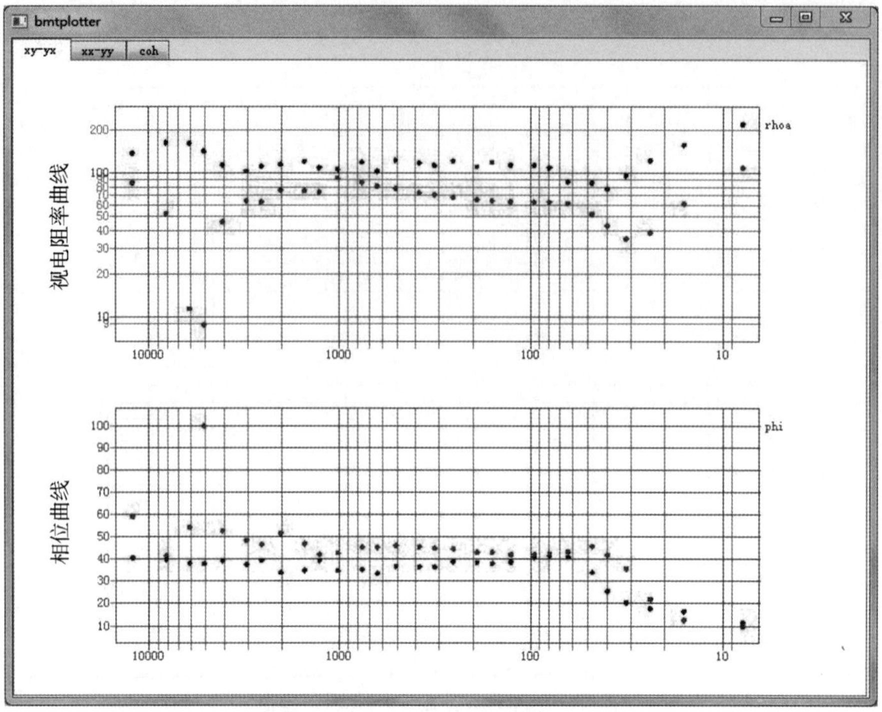

图 25　遮放 3140 号点 TCSMT 结果

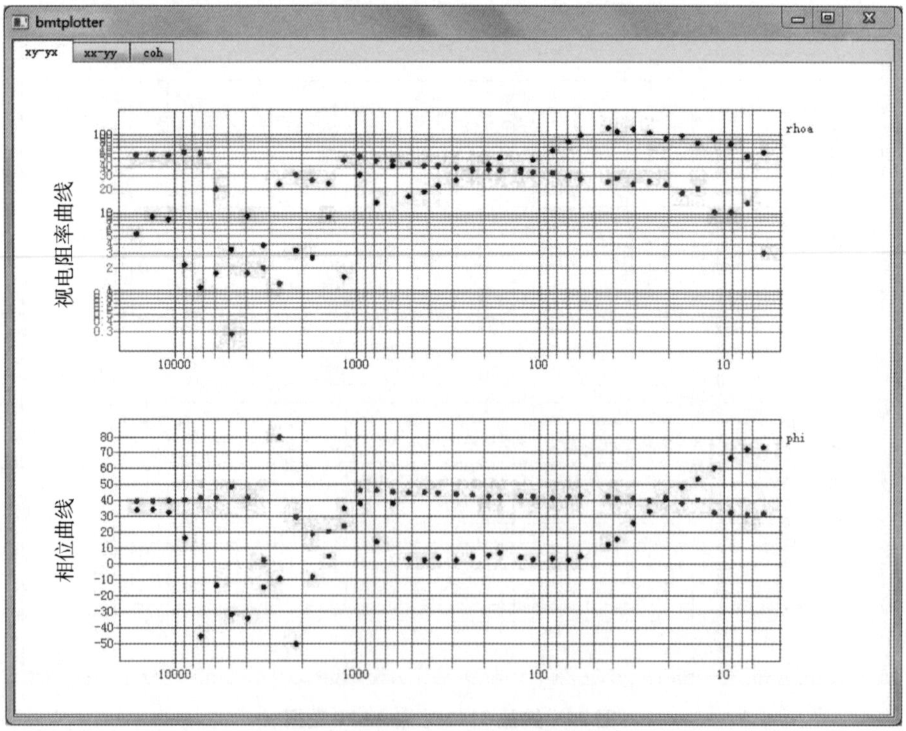

图 26　遮放 3060 号点 AMT 数据

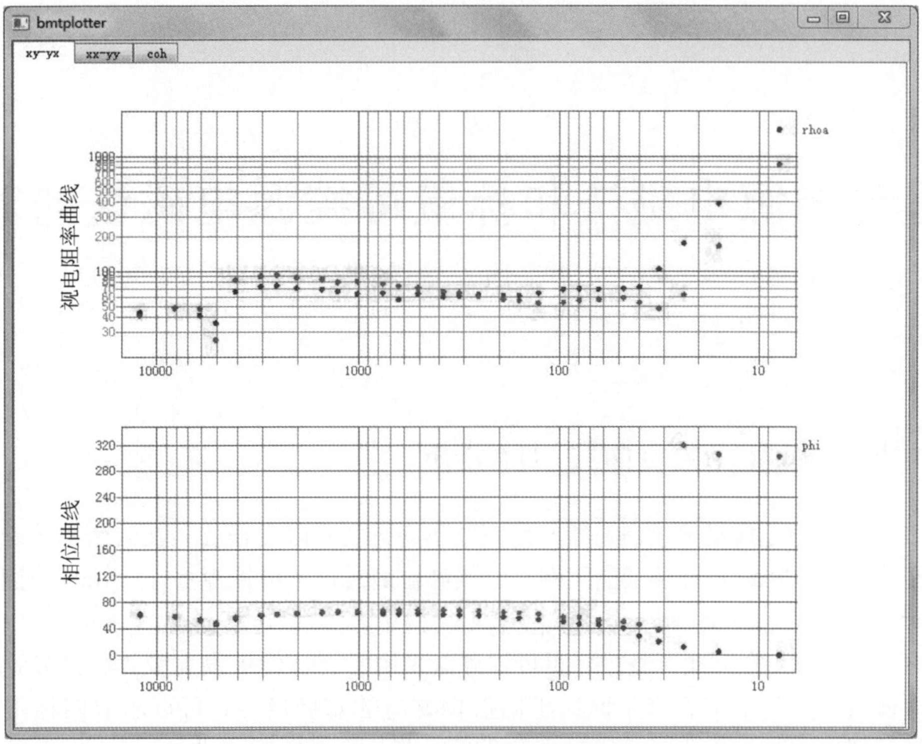

图 27 遮放 3060 号点 TCSMT 结果

图 24 和图 26 两个测点 3140 和 3060 距两条高压线较远，但 AMT 观测结果仍受显著干扰，特别是 1000 Hz 以上的高频段；而 1000 Hz 以下频段虽然曲线比较圆滑，但视电阻率曲线和相位曲线没有对应关系，这可能仍然是两条高压线路所产生的干扰的结果。

但从 TCSMT 观测结果（图 25，图 27）可见，在 10000～30 Hz 的频段内视电阻率和相位曲线除个别频点外都非常圆滑，噪声干扰被完全压制，并且视电阻率曲线和相位曲线有很好的对应关系。

从上述对比结果可见，在电磁噪声强的地区 AMT 很难取得高质量的观测结果，但张量可控源电磁法（TCSMT）能取得令人满意的观测结果。

参 考 文 献

[1] Cagniard, L., 1953, Basic theory of the magnetotelluric method of geophysical prospecting. Geophysics, Vol. 18, No. 3.

[2] Streich, R., Becken, M and Ritter, O., 2010, Imaging of CO2 Storage sites, geothermal reservoirs , and gas shales using controlled-source magnelotellurics: Modeling studies. Chemie der Erde 70 (2010) 53, 63-75.

[3] 刘国栋、陈乐寿，1984，大地电磁测深研究，北京：地震出版社。

[4] Nabighian N., 1993, Electromagnetic methods in applied geophysics, "application and Part B SEG Book".

[5] Streich, R. and Becken, M., 2009, EM field generated by finite-length wire sources in 1D media : Comparison with point dipole Solutions . In 23. Schmucker -weidelt- Kolloguium für Elektromagnetische Tiefenforschung , 28 September-2 October.

[6] Becken, M., Streich, R and Ritler, O., 2009, Establishing ControlledSource MT at GFZ. In 23. Schmucker -weidelt- Kolloguium für Elektromagnetische Tiefenforschung , 28 September-2 October.

[7] Friedrichs, B and Matzander, U. , 2011, Multi dipole CSAMT in 10th China International Geo- Electromagnetic Workshop.

[8] 刘国栋，电磁法勘探仪器，北京欧华联科技有限责任公司出版。

[9] Friedrichs, B., 2011, Controlled Source Electro-Magnetic Mapping project of the Central Spanish Pyrite Belt . Report of Metronix.

[10] 吴明安、汪青松、郑光文等，2011，安徽庐江泥河铁矿的发现及意义，地质学报，85（5）；802～809。

张量可控源电磁法和标量可控源电磁法的对比

刘国栋　朱自串

1　视电阻率和阻抗相位曲线对比分析

2013 年 3 月，中国地震局地质研究所与北京欧华联科技有限责任公司在云南省德宏州遮放盆地利用张量可控源法（TCSMT）开展活断层调查，该区曾做过标量可控源法（CSAMT）测量，为了两者对比 TCSMT 测点选在 CSAMT 测点的相同位置上。两个方法的收发距均为 6 km。

为了提高工作效率，在此次调查中张量可控源法采用了交替偶极发射装置，该装置分别向两对相互垂直的电偶极子发射电流，产生两组不同极化方向的磁场信号，可以求取四种张量阻抗要素值，对其旋转后解出主轴方向上的 TE 模式和 TM 模式下的视电阻率曲线 ρ_{xy}、ρ_{yx} 和视电阻率曲线 ϕ_{xy}、ϕ_{xx}。

在此我们仅选择两个相同测点上的张量 TCSMT 曲线和标量 CSAMT 曲线进行对比分析。

测点 3060 位于盆地边缘，图 1（a）是 3060 测点上的张量 TCSMT 视电阻率曲线，可见从 15000 ～30 Hz 曲线非常圆滑，观测误差很小，30 Hz 以下进入过渡和近场区，曲线呈 45°上升。TE 模式的视电阻率曲线 ρ_{xy} 为 HKH 型，TM 模式视电阻率曲线 ρ_{yx} 也是 HKH 型。ρ_{xy} 曲线和 ρ_{yx} 曲线沿纵坐标轴有偏移，可能是表层非均匀体引起的静位移。图 1（b）的张量阻抗相位曲线与视电阻率曲线有类似特征。

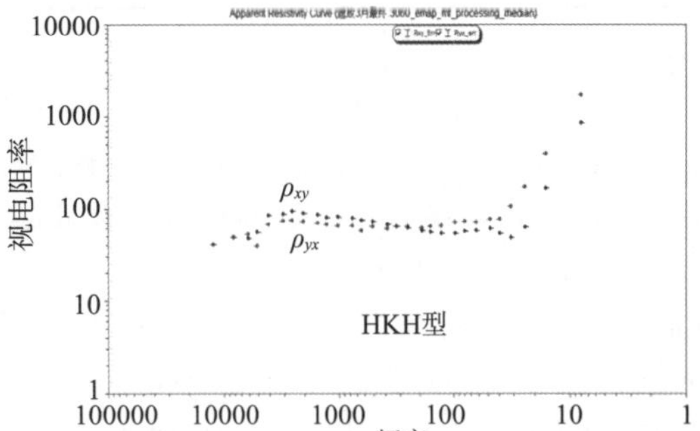

图 1a　3060 测点的张量 TCSMT 视电阻率曲线

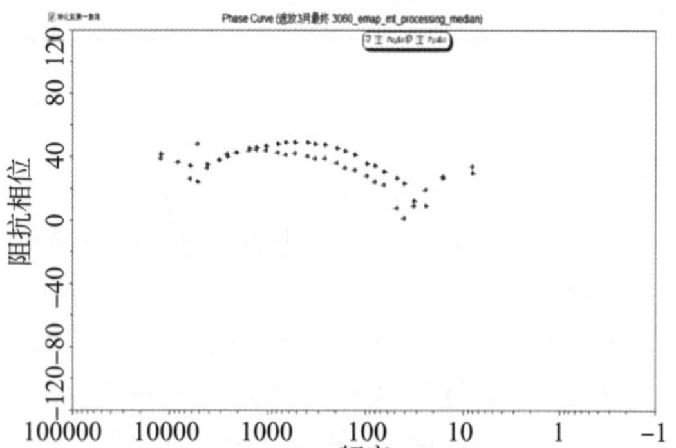

图 1b　3060 测点的张量 TCSMT 阻抗相位曲线

图 2（a）是 3060 测点上的 CSAMT 视电阻率曲线 ρ_a，可见从 5000～30 Hz 曲线非常圆滑，观测误差很小，30 Hz 以下进入过渡区和近场区，曲线急速下降。标量视电阻率曲线 ρ_a 为 Q 型，曲线特征与张量视电阻率曲线有显著差异，它不同于 ρ_{xy}，也不同于 ρ_{yx} 曲线。图 2（b）的标量阻抗相位曲线与标量视电阻率曲线有类似特征。

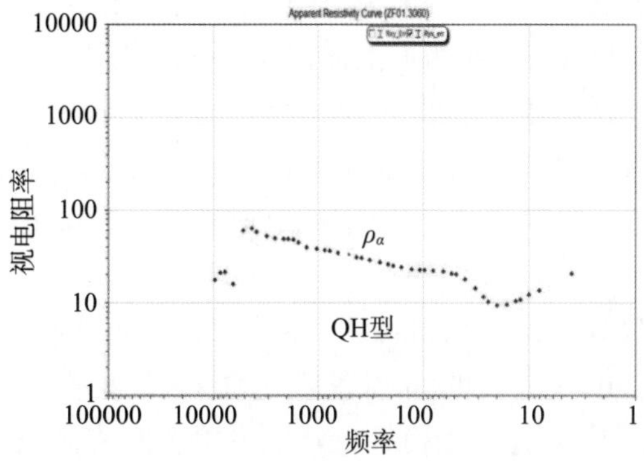

图 2（a） 3060 测点的标量 CSAMT 视电阻率曲线

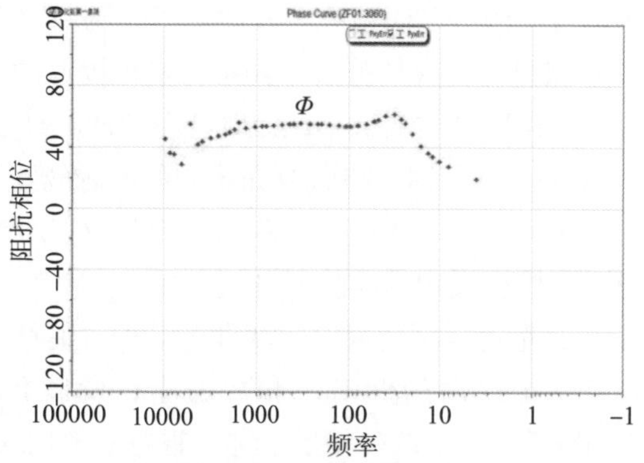

图 2（b） 3060 测点的标量 CSAMT 阻抗相位曲线

测点 3980 已进入山区，图 3（a）是 3980 测点上的张量 TCSMT 视电阻率曲线，从 15000～30 Hz 曲线非常圆滑，观测误差很小，30 Hz 以下进入过渡区和近场区，曲线呈 45°上升。TE 模式视电阻率曲线 ρ_{xy} 为 HKH 型，TM 模式的视电阻率曲线随频率降低急剧下降，与 ρ_{xy} 明显分开，表明在深处地质构造是二维或是三维的。图 3（b）的张量阻抗相位曲线有类似特征。

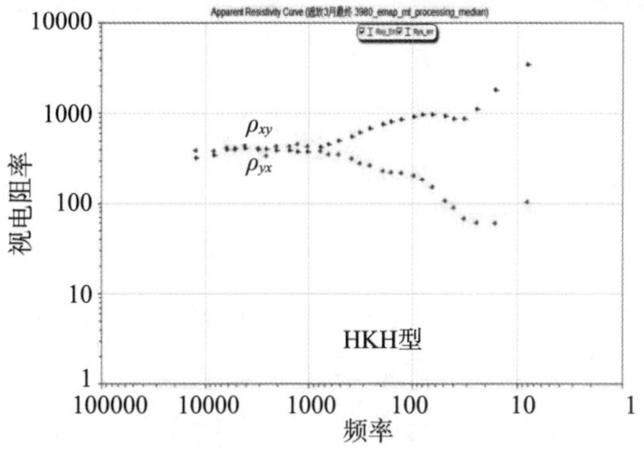

图 3（a） 3980 测点张量 TCSMT 视电阻率曲线

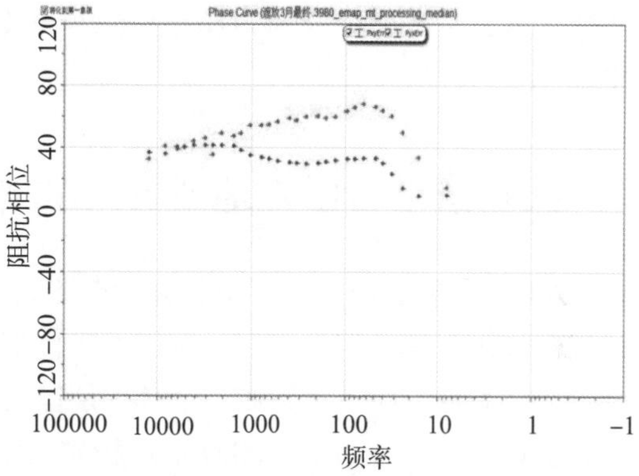

图 3（b） 3980 测点的张量 TCSMT 阻抗相位曲线

图 4（a）是 3980 测点的标量 CSAMT 视电阻率曲线 ρ_a，在 10000～30 Hz 曲线非常圆滑，观测误差很小，30 Hz 以下进入过渡区和近场区。标量视电阻率曲线 ρ_a 为 A 型，曲线特征与图 3（a）的两条张量视电阻率曲线均有明显差异。图 4（b）的标量阻抗相位曲线与标量视电阻率曲线有类似特征。由上述可见：

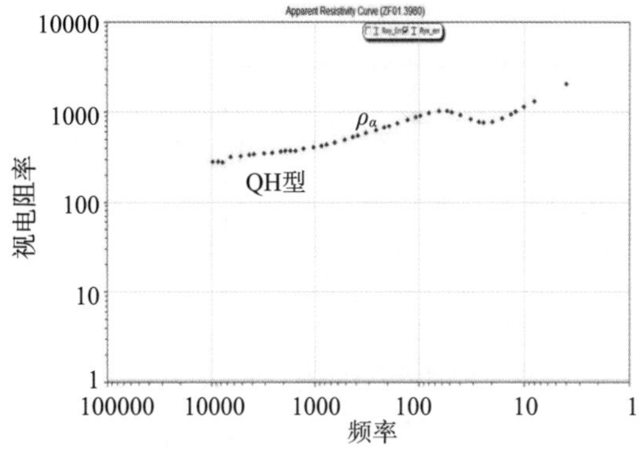

图 4（a） 3980 测点的标量 CSAMT 视电阻率曲线

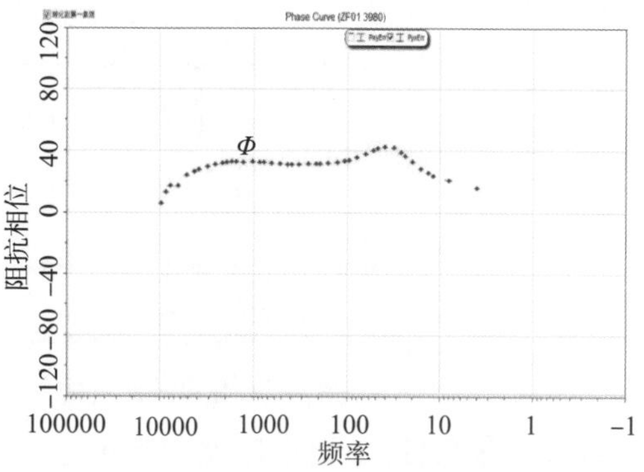

图 4（b） 3980 测点的标量 CSAMT 相位曲线

（1）无论是张量可控源法（TCSMT）还是标量可控源法（CSAMT）都能获得高质量的观测数据，这是因为可控源电磁法是人工发射场源，场源强度大，电磁信号强，能有效地压制人文电磁噪声干扰。

（2）张量可控源的分辨率高于标量可控源的分辨率，例如 3060 测点上的 ρ_{xy} 和 ρ_{xx} 视电阻率曲线为 HKH 型，而标量视电阻率曲线为 Q 型；3980 测点上的 ρ_{xy} 视电阻率曲线为 HKH 型，而标量视电阻率曲线 ρ_a 为 A 型。这是因为在二维介质中的电磁场不仅沿深度 Z 变化，而且也沿倾向 X 方向变化，而在用标量方式进行观测时忽略了电磁场 Z 分量（H_Z 和 E_Z）沿 x 方向变化所引起的电磁感应，所以它无法清晰分辨二维介质中的电性弱分层。

（3）张量可控源的视电阻率和阻抗相位曲线客观地反映了地下构造特征，例如 3060 测点位于盆地边缘，有一定厚度的低阻沉积层覆盖，所以张量视电阻率曲线的高频段视电阻率值显著降低至 40 Ω · m以下（图 1a）；相反，标量视电阻率曲线 ρ_a 在高频段呈上升趋势，其视电阻率左支渐进线趋近于 100 Ω · m，这显然与低阻层覆盖区不符。

3980 测点已接近山区，有风化层，张量视电阻率曲线高频段呈 HKH 型，左支渐近线趋于 300 Ω · m，在低频段 ρ_{xy} 和 ρ_{yx} 显著分开，这些特点反映了表层的电性分层，深部是高阻基底以及二维结构等特点。而标量视电阻率曲线 ρ_a 从高频-低频呈线性上升，反映不出电性分层。

测点 3060 和测点 3980 相距 900 m，属于同一构造单元，只是前者浅部有较厚低阻沉积层。两个测点的张量视电阻率曲线均为 HKH 型，但前者视电阻率曲线值明显低于后者，这些特点反映了两个测点的地质情况。但两个测点的标量视电阻率曲线类型和特征截然不同，一个为 Q 型视电阻率值随频率降低而快速下降，一个为 A 型视电阻率值随频率降低而快速上升，不能反映两个测点位于同一构造单元的事实。

2 探测结果与已知地质资料的对比分析

1）某矿区沉积变质铁矿张量与标量探测结果对比

该矿区属沉积变质型铁矿，主要工业矿体多分布在变粒岩及片岩向大理岩过度的部位。矿体呈南北向延伸，多呈似层状、透镜状，矿体单层厚度数米至数十米，单孔见矿最大厚度为 97 m。

为查明该区矿体分布，安徽省地球物理地球化学勘查技术院早期进行过标量 CSAMT 勘探，2012 年又进行了张量 TCSMT 勘探，野外布置图如图 5 所示，收发距 10 km。CSAMT 只能观测互为垂直的磁

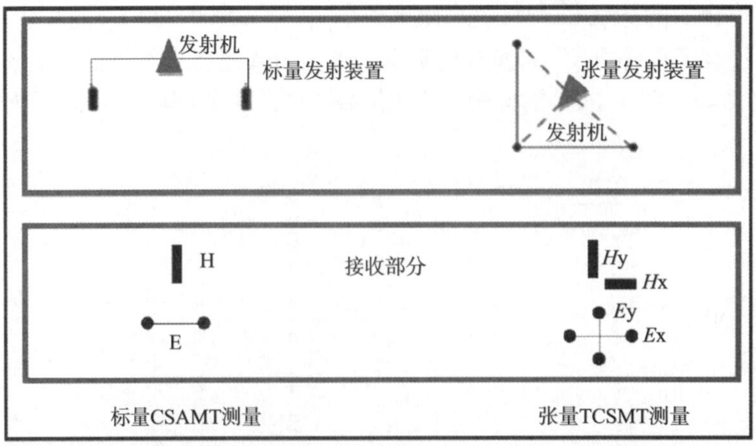

图 5 标量可控源（左）和张量可控源（右）野外布置示意图

场分量 H 和电场分量 E，$TCSMT$ 必须观测磁场分量 Hx，Hy 和电场分量 Ex，Ey 四个分量。

图 6a 是根据钻孔资料编制的工区地质剖面图，地表至～200 m 深是第四系黏土层，下伏太古界变

质岩系。浅部厚度较大的透镜状铁矿（红色）埋藏在变质基岩面上，深部呈弓形展布厚度薄，延伸大的铁矿（红色）分布在变质岩系内部。厚度较大的透镜状矿体在反演剖面上位于高低阻过渡带上，这是因为上覆第四系黏土层孔隙率大，充水后电阻率非常低，仅为几欧姆米至十几欧姆米；而下伏的变质岩系是高阻层，进入该层后电阻率迅速升高，矿体虽然具有低阻特征但由于相对厚度小，通常不会在电性上表现出明显低阻特征；然而矿体正好位于高低阻过度带上，即电阻率梯度带。张量可控源反演结果中（右图）的电阻率梯度带（红色圆圈定部分）和钻孔 ZK27 揭露的矿体位置具有很好的对应性；呈弓形展布的深部矿带与高阻分界面比较吻合，该分界面可能是变质岩的岩相分界面；整体反演结果所显示的电性结构特征与工区地质剖面基本一致。标量可控源反演结果（左图）梯度带深度在 100 m 左右，与钻孔揭露的矿体埋深有很大差异，而整体反演结果与工区地质剖面图很不一致，甚至高阻和低阻分界面都不吻合，这主要因为本区是复杂的二维—三维构造，而标量可控源仅适合探测一维构造。

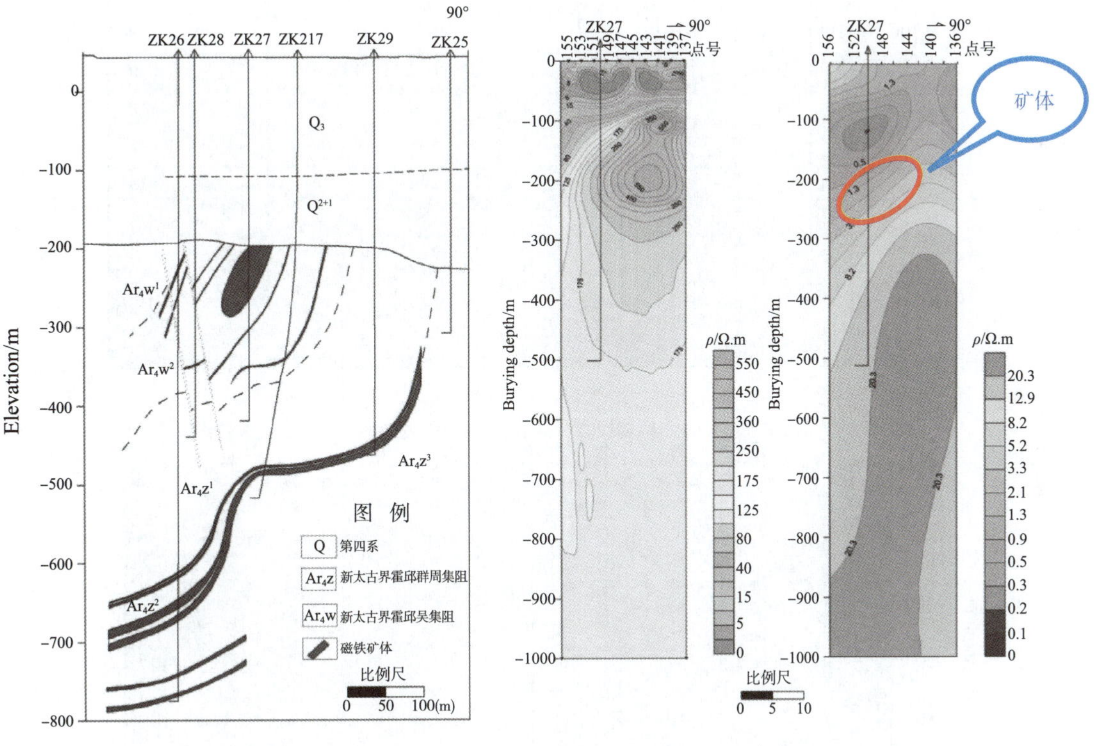

图 6 标量 CSAMT 和张量 TCSMT 测量反演结果对比

a. 工区地质剖面；b. 标量 CSAMT（左）和张量 TCSMT（右）反演结果

2）某地区热液型多金属矿张量与标量探测结果对比

安徽省地球物理地球化学勘查技术院早期在该矿进行过标量可控源勘探，2012 年又进行了张量可控源勘探。图 7a 是根据钻孔资料编制的工区矿脉分布图，ZK202 孔钻于多条矿脉，矿脉分布在 400～600 m 深度，ZK211 孔在 600 m 深度附近见矿脉分布。图 7b 是张量可控源反演结果，可见图中有五个电祖率仅有 5 Ω · m 的低阻体，其中被钻孔 ZK202 和 ZK211 穿透的低阻体是多条金属矿脉的总体响应。根据从已知推未知的原则，其他三个低阻体也应该是多条矿脉的总体响应（图中红色圈定区域）。然而标量可控源反演结果图 7c 则完全不同，与工区矿脉分布图没有对应关系。该热液型多金属矿区地质构造复杂，横向和纵向上岩性变化快，属二维或三维地质结构。只适合探测一维地质构造的标量可控源法 CSAMT 无法取得客观结果。

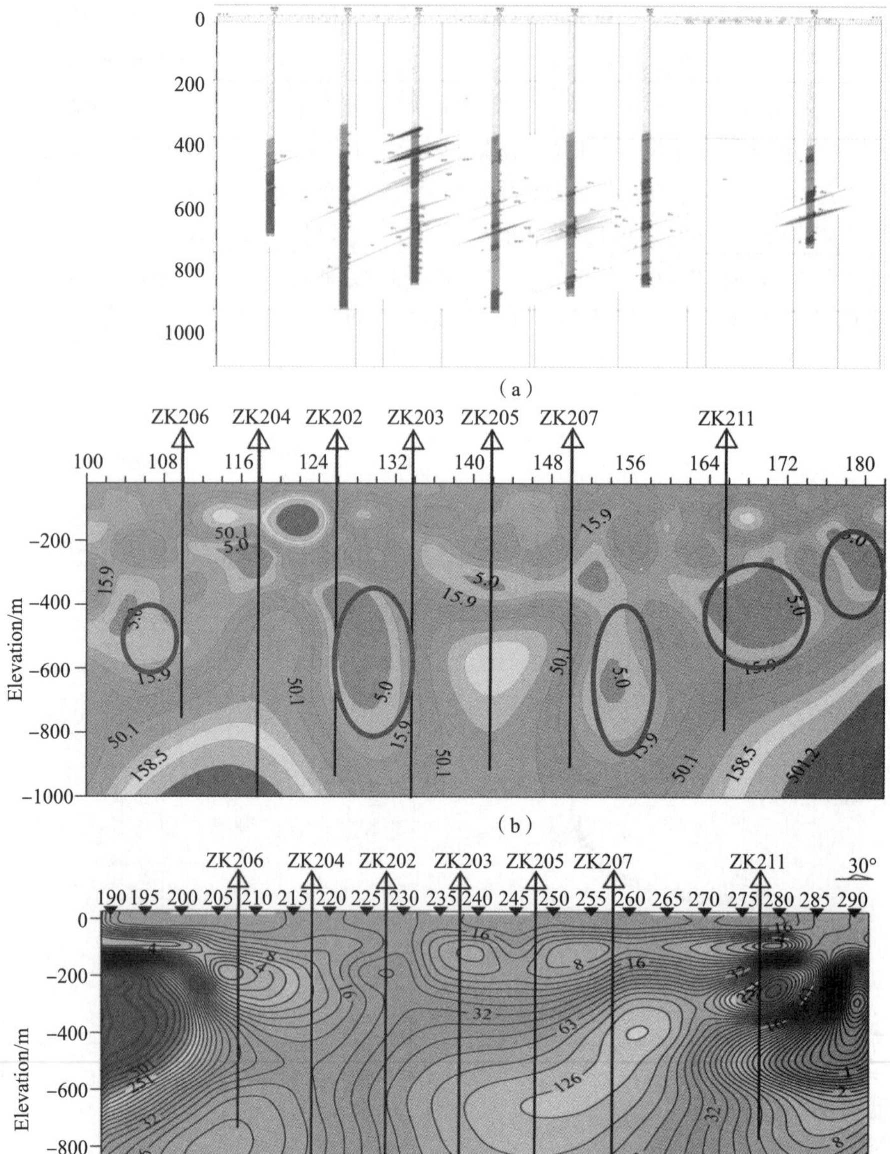

图 7　标量和张量 CSAMT 反演结果对比图

a. 工区矿脉分布图；b. 张量可控源反演结果；c. 标量可控源反演结果

参 考 文 献

[1] 刘国栋、陈乐寿，1984 年，大地电磁测深研究，北京：地震出版社。

[2] Streich，R.，Becken，M and Ritter，O.，2010，Imaging of CO2 Storage sites，geothermal reservoirs，and gas shales using controlled-source magnelotellurics：Modeling studies. Chemie der Erde 70（2010）53，63-75.

瞬变电磁法找矿

刘国栋

1　瞬变电磁法简单原理

一套完整的瞬变电磁仪包括发射机、发射线圈、接收线圈和接收机（图 1）。根据探测深度不同可选择不同功率的发射机，不同频率的接收线圈和不同尺寸的发射线圈及不同的同步方式。

图 1　瞬变电磁仪装置图

发射机向发射线圈发送电流脉冲，当发射机关断电流脉冲时，脉冲的下降沿在发射线圈周围产生感应电动势，即一次场。该一次场向地下扩散并在导体内感应出瞬变场，即二次磁场。在地面多个测点测量二次场幅度及其随时间的衰减过程，便可确定地下导体的埋深、大小和电导率值（图 2）。

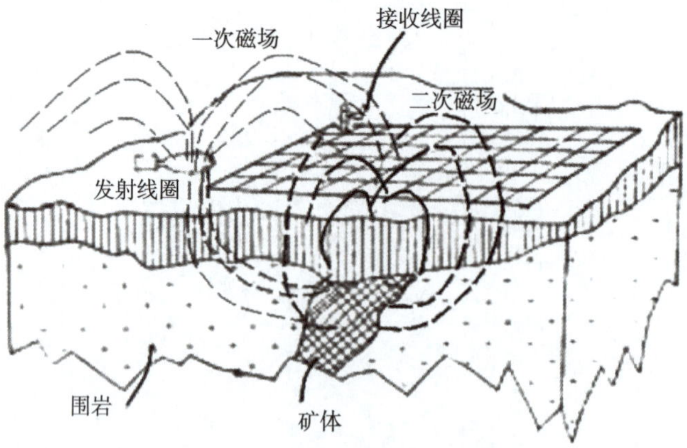

图 2　瞬变电磁法简单原理图

2　初始场

2.1　初始场（一次场或激发场）形成过程

瞬变电磁场的发射系统由发射机和发射线圈组成。发射机向发射线圈发送矩形脉冲电流。当发射机关断时，发射线圈中的脉冲电流 I 随之关断，但由于发射回路中的自感，要彻底关断电流 I 需要一段时间，即关断时间 t_{off}。在此关断时间内发射线圈中的电流值 I 急剧下降，于是在发射线圈周围产生感应电动势 V（t），即随时间变化的一次磁场，它就像烟圈一样向地下扩散。图 3（a）是发射线中电流 I 随时间的变化过程，图 3（b）表示关断时间 $t_{off}=\Delta t$，图 3c 是在关断时产生的一次场 V（t）。

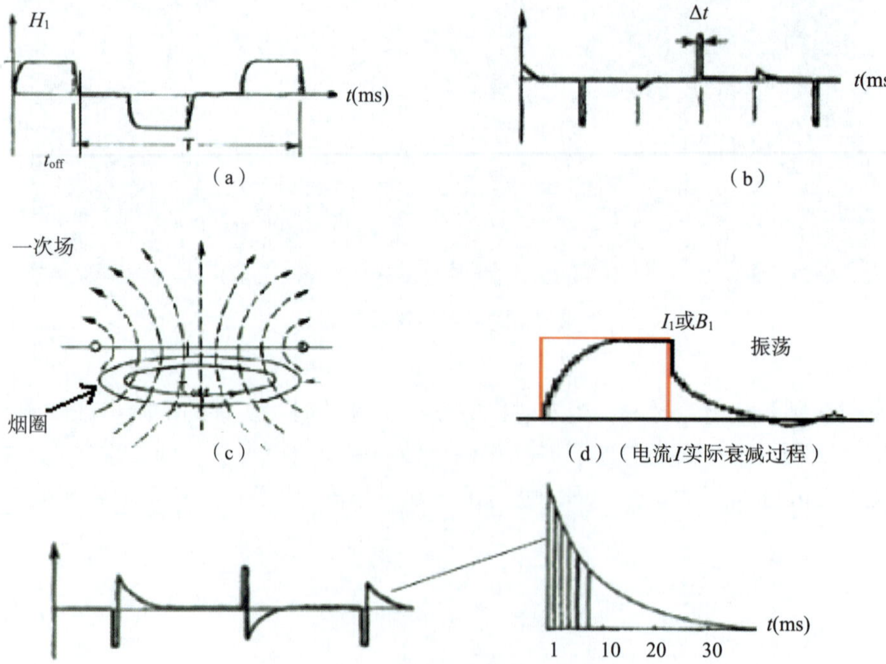

图 3　初始场和瞬变场形成过程及衰减

$$V(t) = -NS\frac{dI(t)}{dt_{off}} \tag{1}$$

可见一次磁场的大小与发射线圈面积（NS），发射电流 I 大小及其在关断时间 t_{off} 内的变化率有关。但发射电流 I 的实际关断过程如图 3（d）所示：在开始关断时 I 随时间变化很快，然后变缓，最后 $I=0$，然而由于发射回路中的自我振荡过程，发射电流 I 在关断时间 t_{off} 之后仍需一段极短时间才能最终归零。为了避免振荡过程所产生的一次场对瞬变场观测的影响，测点要离开发射线圈边框一定距离。

在一次场扩散过程中，当遇到导电介质时（例如矿体、矿化带，水体、含水层，低阻蚀变带等等），便在其中产生随时间变化的二次磁场，即瞬变场。瞬变场的大小及衰减过程（图 3e）除与一次磁场大小以及一次磁场与导电介质的耦合程度有关外，主要与导电介质电导率、规模及埋深等参数有关。

一次场（激发场）和二次场（瞬变场）都是在关断过程中产生的。关断完成后，一次场消失，二次场开始衰减，瞬变电磁法就是观测并记录二次场的大小和衰减过程，进而反演地下电性结构和电性异常体的分布，并对它们进行地质解释，达到勘探目的[1]。

2.2 初始场方向和幅值

图 4 表示初始场在地下的扩散方向，在地面观测的发射线圈之内的初始场方向向上，发射线圈之外向下，所以在框内和框外测量的瞬变场方向总是相反的。

图 5 表示初始场强度，初始场强度随发射线框距离按指数衰减，距离越远衰减越慢[2]。

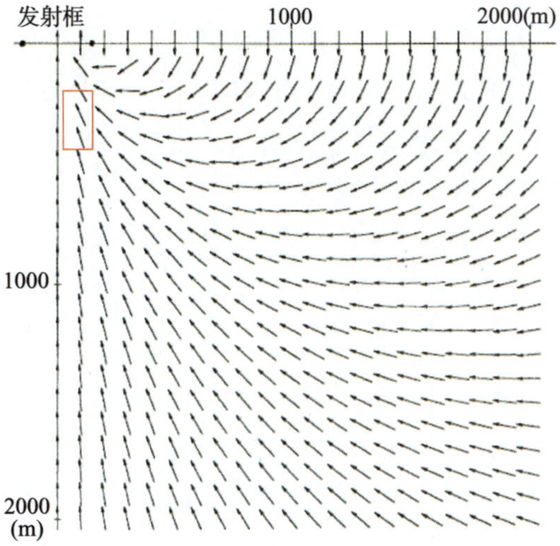

图 4　初始场方向

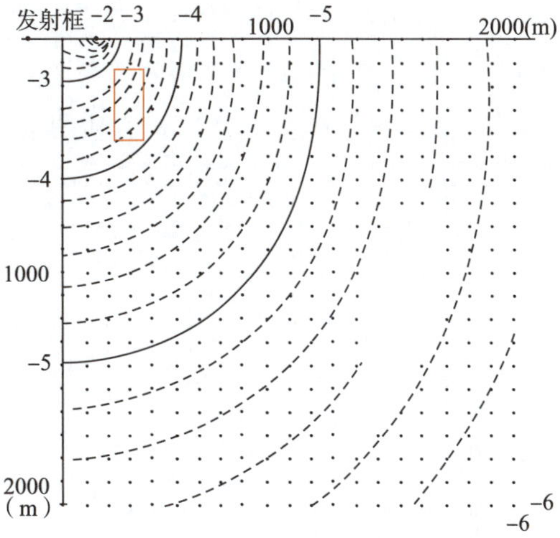

图 5　初始场幅值

图 6 表示初始场向地下的扩散过程，随时间扩散变缓。

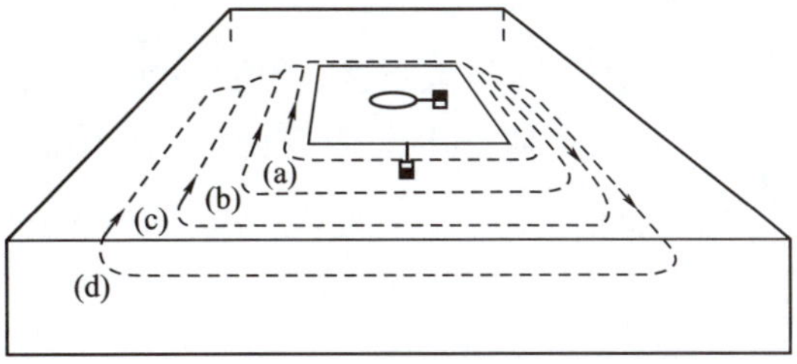

图 6　关断时间之后初始场向地下扩散

2.3　初始场扩散

初始场早期强度大，衰减快，穿透深度浅；晚期幅度小，衰减慢，穿透深度大。

2.4　决定初始场幅值的因素

（1）发射线圈有效面积 NS；

（2）发射电流 I；

（3）关断速率 $\frac{\mathrm{d}I(t)}{\mathrm{d}t_{\mathrm{off}}}$。

3　二次场（瞬变场）

3.1　在均匀介质中的瞬变场

在均匀介质中瞬变场是发射磁矩 M、介质电导率 σ 和观测时间 t 的函数，其数学表达式很复杂，简化后在晚期阶段的瞬变场表达式可写成：

$$e(t)=\frac{k_1 M\sigma^{\frac{3}{2}}}{t^{\frac{5}{2}}} \tag{2}$$

式中，e（t）是在 1 m^2接收线圈中的瞬变场值（$\mathrm{V/m^2}$），k_1是常数，发射磁矩 $M=S\times I$，（S 是发射线圈面积（m^2），I 是发射电流（A）），σ 介质的电导率（S/m），t 是瞬变场衰减时间。图 7（a）是在均匀介质中瞬变场在线性坐标系中的衰减图，图 7b 是在双对数坐标中的衰减图。

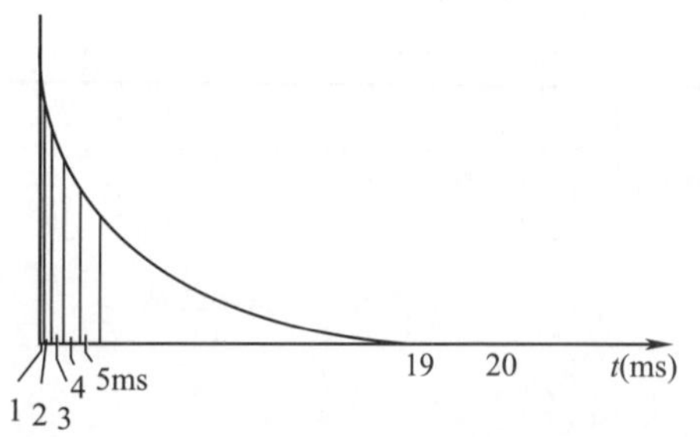

图 7（a）　瞬变场衰减曲线（线性坐标）

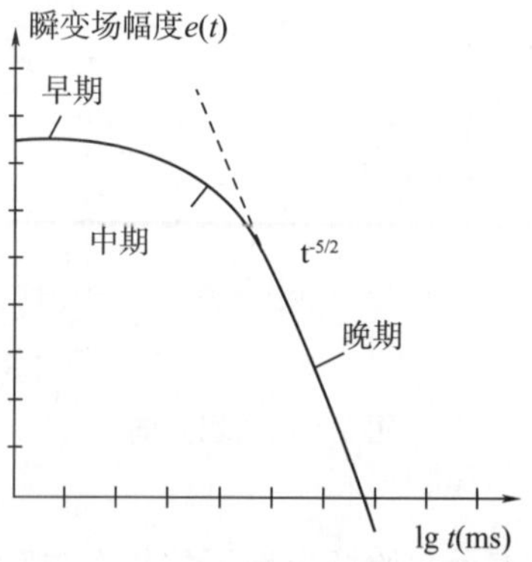

图 7（b）　瞬变场衰减曲线（双对数坐标）

在晚期阶段瞬变场 e（t）与介质电导率 $\sigma^{3/2}$ 成正比，说明瞬变场对电导率变化敏感，与时间 $t^{5/2}$ 成反比，也即随时间衰减是非常快的，时间增加 10 倍，瞬变场 e（t）降低 300 倍，随观测时间增加瞬变场有效信号很快消失在仪器噪声中。

3.2　良导矿体中的瞬变场

发射线框 Tx 产生的初始场 H_1 进入良导体后感应出涡流，涡流产生感应电动势，即瞬变场 e（t）也叫二次场 H_2。

如果不考虑初始场，在良导体中瞬变场的大小决定于目标体的时间常数 τ，$\tau=\dfrac{\sigma a^2\mu_0}{\pi^2}$，其中 σ 是目标导体电导率，a 是目标导体半径，μ_0 是目标导体磁导率。时间常数 τ 越大产生的瞬变场越强。目标的电导率值越大，半径 a 越大，则时间常数 τ 越大。良导体产生的瞬变场随时间 t 按指数 $1/e^t$ 衰减。

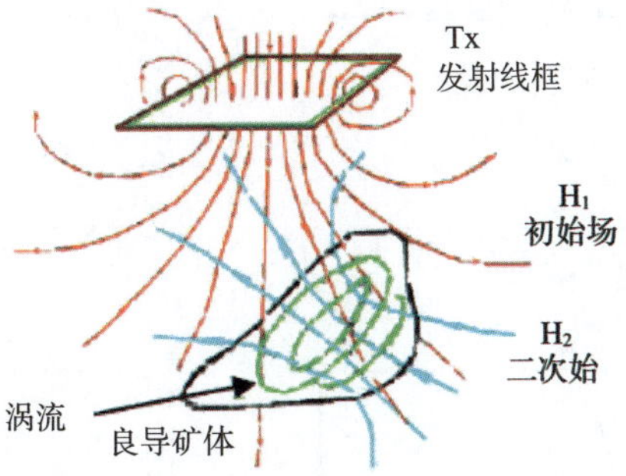

图 8　瞬变场在目标导体的中形成并扩散（取自牛之琏瞬变电磁法导论）

3.3　三分量瞬变场

现对均匀半空间内板状导体的三分量（X、Y、Z）瞬变电磁响应做一简述[4]：

设均匀半空间电阻率 500 Ω · m，板状导体电阻率 0.1 Ω · m，走向长 400 m 与发射线框长轴方向一致，向下延伸至 400 m，发射线框面积 300×600 m²（图 9）。计算结果见图 10（a），图 10（b），图 10（c）和图 10（d）。

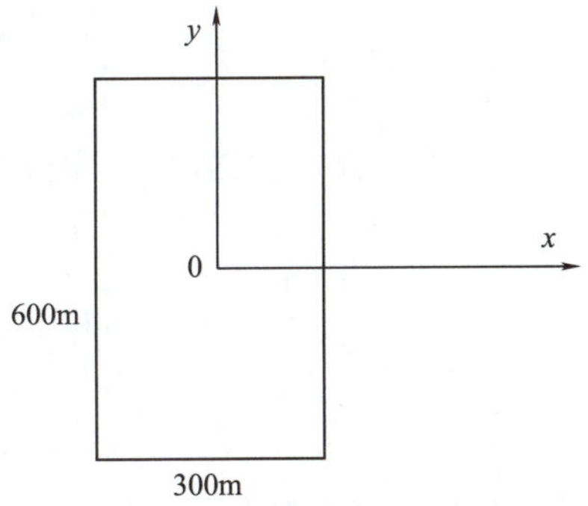

图 9　发射线框 300 × 600 m²

图 10（a）是板状导体呈水平状并直接处于发射线框的下方，图中横坐标上的两个实圆点代表发射线框的两个边框位置，此时板状导体与初始场的耦合程度最佳，瞬变场最强：垂直分量 Z 高达 8μV/m²，水平分量 X 和 Y 高达 3.5 和 3μV/m²左右；X 分量过零处对应板状导体中心在地面的投影，并在过零处呈反对称分布；Z 分量和 Y 分量在板状导体上方表现为单峰异常极大值，在靠近板状体边缘表现为极小值。

图 10（b）是板状导体呈垂直状并处于发射线框中心的下方，由于初始场方向在发射线框中心下方是垂直分布的，与板状体延伸方向一致，因此耦合关系极弱：瞬变场 Z 在板状体正上方为零，向两侧缓慢增至 0.7μV/m²左右；X 分量和 Y 分量也仅有 0.7～0.8μV/m²，形状类似。

图 10（c）和图 10（d）是板状导体呈 45°或 135°倾角时，垂直分量 Z、水平分量 X 和 Y 的瞬变场曲线。在此倾角情况下，板导体与初始场的耦合程度处于板状体呈水平分布和垂直分布之间：垂直瞬变场 Z 约 5μV/m²，水平分量 X 和 Y 约 1.5μV/m²，X 分量的正负极大值对应板状体顶端和底端在地面的投影。

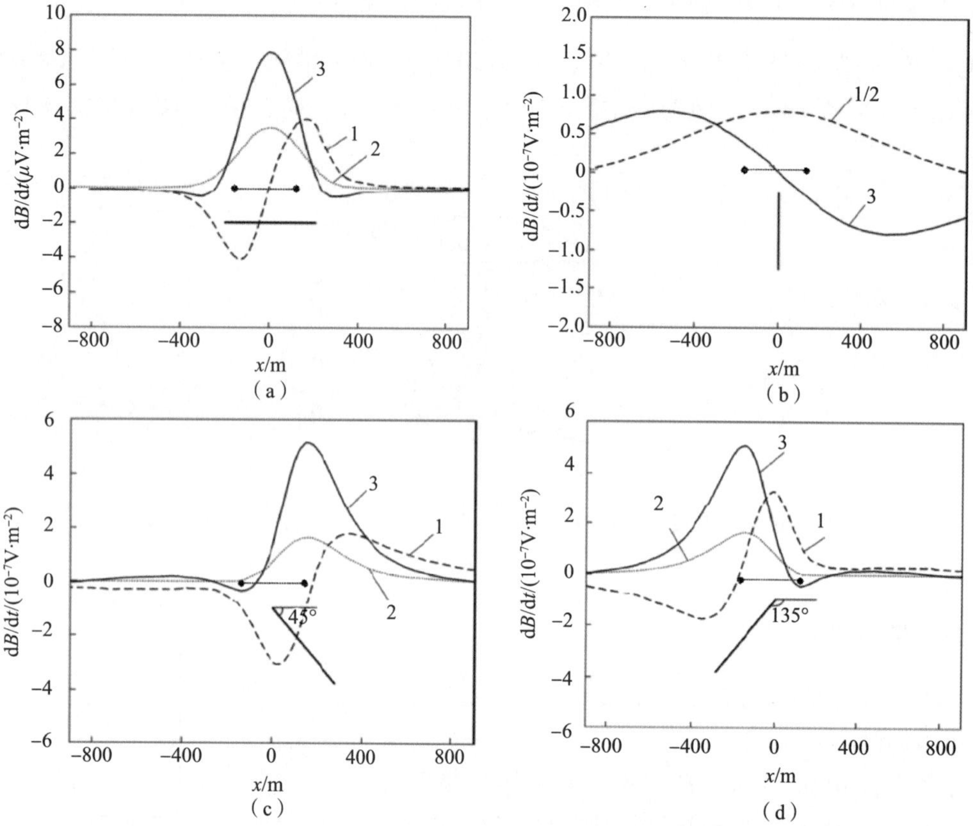

图10　均匀半空间内板状导体的三分量瞬变响应

1. *X* 分量；2. *Y* 分量；3. *Z* 分量

从上述可见，瞬变场垂直分量 *Z* 明显大于水平分量 *X* 和 *Y*，所以目前一般都应用 *Z* 分量进行反演，而 *Z* 分量的反演程序也比较完善，但水平分量特别是 *X* 分量在判断目标导体的产状和边界时很有参考价值。

4　瞬变电磁法的探测深度

4.1　均匀介质中瞬变电磁法的探测深度

均匀介质中瞬变电磁法最大勘探深度 *H* 的近似表达式为[5]：

$$H = 0.55\left[\frac{M\rho}{RmN}\right]^{1/5} \tag{3}$$

式中，M 是发射线圈磁距，ρ 是测点下方至勘探深度 H 的平均电阻率值（Ω · m），RmN 是瞬变电磁仪可分辨的最小信号电平。

对于 PROTEM 系统而言，归一化后的系统噪声为 0. 1nV/m^2，即有效面积为 1 m^{2}时接收线圈的噪声为 0. 1nV，如果接收线圈有效面积 1000 m^2，则系统噪声为 100nV，即 10^{-7}V。此时，根据式（3）计算的勘探深度 *H* 如下表。

最大发射电流	发射线圈尺寸	测点下方至勘探深度 H 的电阻率值		
		20 Ω·m	100 Ω·m	1000 Ω·m
20A	单匝 100 m×100 m $S=10000\ m^2$	$H=280$ m	$H=390$ m	$H=620$ m
20A	单匝 500 m×500 m $S=250000\ m^2$	$H=530$ m	$H=730$ m	$H=1170$ m
20A	单匝 1000 m×1000 m $S=1000000\ m^2$	$H=700$ m	$H=960$ m	$H=1540$ m

由于勘探深度 H 与 $[M\rho]^{1/5}$ 成正比，与 $[RmN]^{1/5}$ 成反比，也即当 M 或 ρ 增加 2 倍时，勘探深度 H 仅增加 15%；当 M 或 ρ 增加 4 倍时，H 增加 32%。可见勘探深度 H 与 M 的依赖关系是较弱的，但为了增加勘探深度也只能加大发射线圈的有效面积 S 或发射电流 I，即加大发射线圈磁矩。然而，当发射电流 I 过大时，关断时间 t_{off} 显著加大，于是一次场强 $V(t)=\frac{dI}{dt_{off}}$ 显著降低，可见加大发射电流 I 并非最佳选择。

由于地层电阻率变化很大，在新生代沉积盆地区区地层电阻率可低至 20 Ω·m，在基岩出露的山区电阻率可高达 1000 Ω·m 以上，这对勘探深度影响可达 1 倍以上。

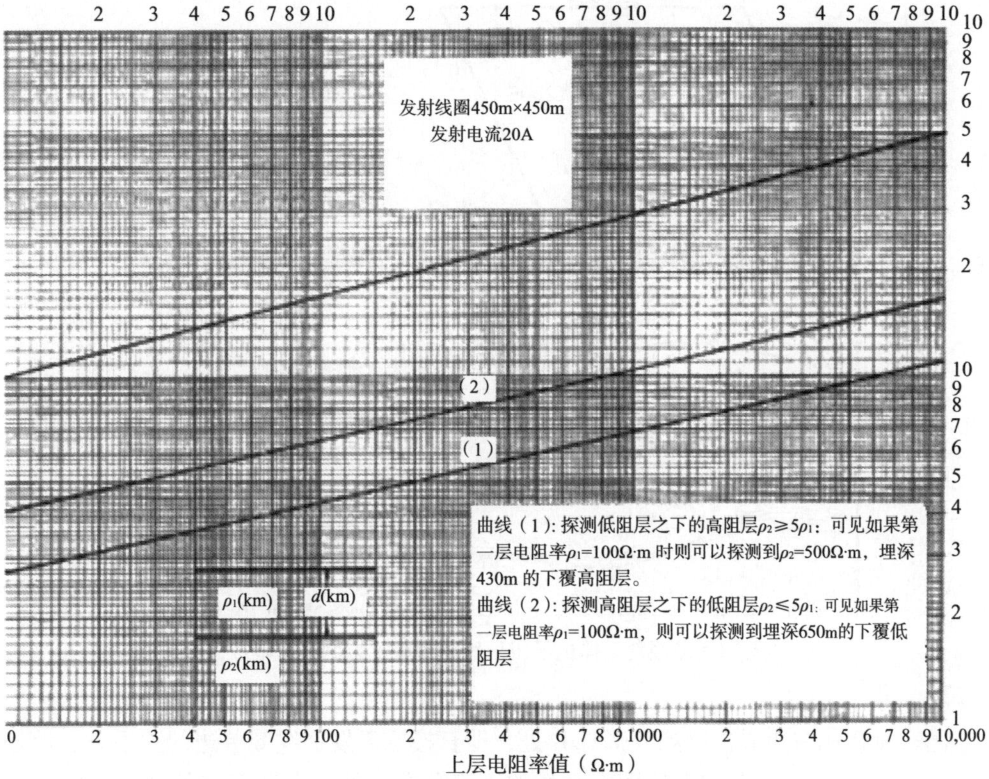

图 11　对于层状模型的探测深度

4.2　对层状模型的探测深度

在发射线框 450 m×450 m，发射电流 20A 情况下，对两层水平层状模型的探测深度计算如下[2]：

曲线（1）：探测低阻层之下的高阻层 $\rho_2 \geqslant 5\rho_1$，可见如果第一层电阻率 $\rho_1 = 100\ \Omega \cdot m$ 时则可以探测到 $\rho_2 = 500\ \Omega \cdot m$，埋深 430 m 的下伏高阻层。

曲线（2）：探测高阻层之下的低阻层 $\rho_1 \geqslant 5\rho_2$，可见如果第一层电阻率 $\rho_1 = 100\ \Omega \cdot m$，则可以探测到埋深 650 m 的下覆低阻层[2]。

如果上层电阻率 $\rho_1 = 1000\ \Omega \cdot m$，则可探测到埋深 1000 m 的下伏低阻层曲线（2），这是因为上层电阻率从 100 Ω · m 增高至 1000 Ω · m 以后上层对初始场和瞬变场的吸收减弱了，所以勘探深度加大。可见对第二层的探测深度取决于上伏层电阻率值。

4.3　对良导性矿体的探测深度

根据模型计算，探讨对有限规模良导性矿体的探测深度：

图 12 上图表示矿体顶边界位于测线中心 600E 处，即直接位于发射线圈中心的下方。图 12 下图是其瞬变响应，图中左侧数字 0.1 和 0.05 是瞬变场标尺（nV/m²），右侧 X 和 Z 是瞬变场水平分量和垂直分量，数值 11，15 和 16，20 表示观测门数，图上方的数字 0E，1200E，1800E 是剖面位置[3]。

从图 12 下图可见矿体顶边界直接位于发射线圈中心的下方时，最大的瞬变场仅 0.1nV/m²，是非常小的，原因是矿体倾角大（75°），在发射线圈中心位置下方的一次场呈垂直分布，与矿体走向近于平行，因此耦合程度很弱。

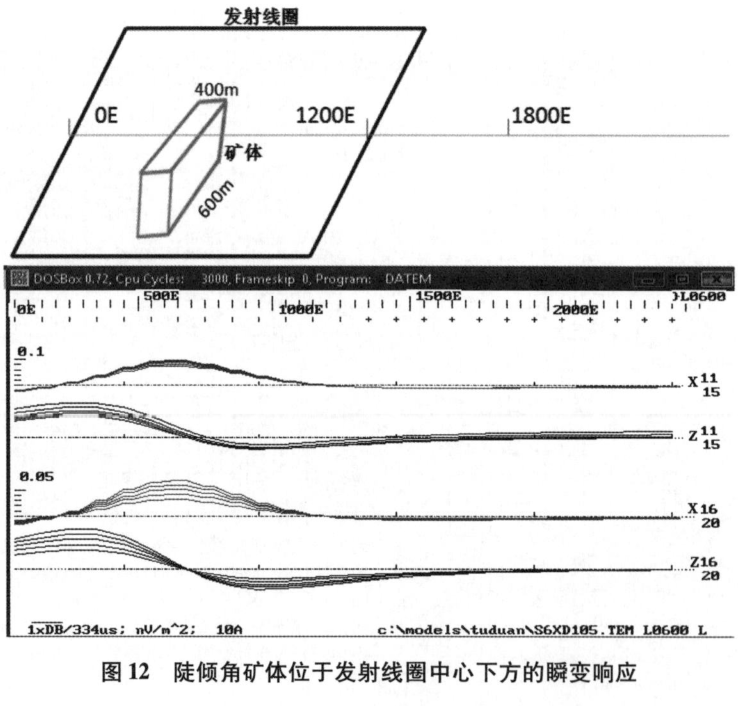

图 12　陡倾角矿体位于发射线圈中心下方的瞬变响应

图 13 上图表示矿体右边界位于测线 1200E 处，即直接位于发射线圈单边的正下方，此处是一次场最强的地方，也是一次场方向从发射线圈中心处的垂直分布向外侧逐渐变缓的地方，所以耦合程度略好。此处的最大瞬变响应为 0.3 nV/m²（图 13），比图 12 中的最大瞬变响应大 3 倍。但这里的一次场影响最大，不宜进行观测。

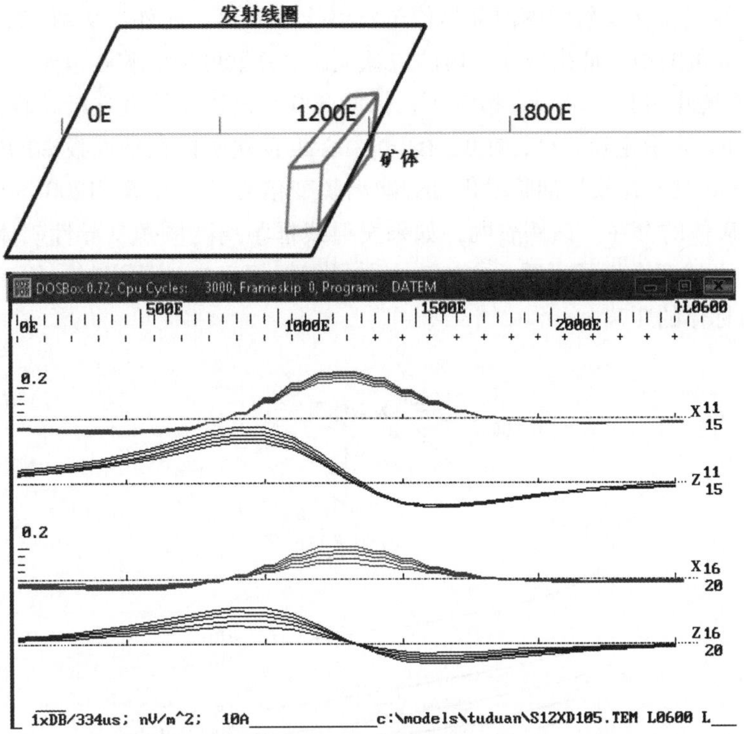

图 13　陡倾角矿体位于发射线圈单边正下方的瞬变响应

图 14 上图表示矿体右边界位于测线 1800E 处，即位于发射线圈之外 600 m 远，此处最大的瞬变电磁响应为 0.26 nV/m^2，略小于图 13 中的情况。这是因为在发射线圈之外的一次场强度比图 13 中的弱，但一次场变得更平缓了，一次场方向与矿体走向近于垂直，耦合关系强，并且一次场影响很小，观测效果最佳。

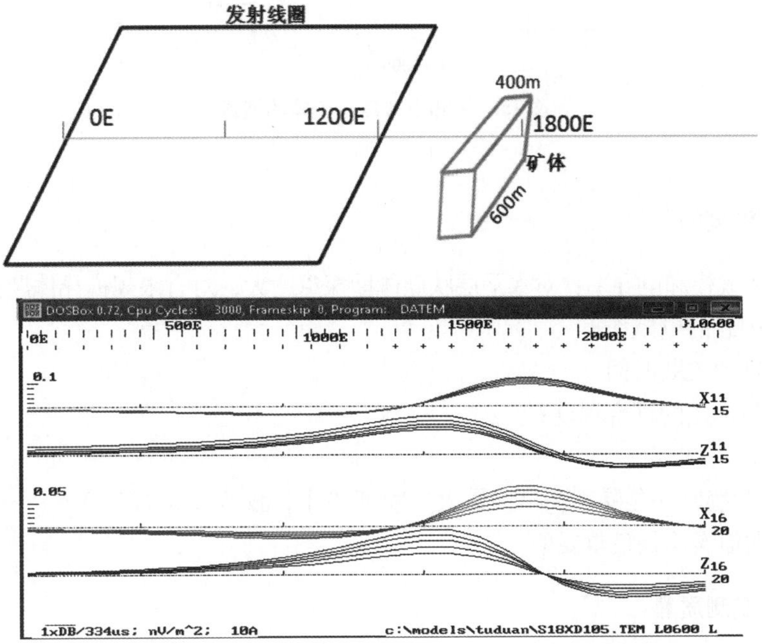

图 14　陡倾角矿体位于发射线圈以外 600 m 的瞬变响应

由于金属矿体通常倾角比较陡，因此用大定源发射装置探测时，发射线圈不能直接位于矿体之上，最好位于矿体外侧，测线要从发射线圈内部延伸至发射线圈外部。此外，从图 12，图 13 和图 14 的瞬变响应曲线可见，X 分量的最大值出现在矿体的边缘上，X 分量可指明矿体边界。

图 15 是在仪器系统噪声 0.1 nV/m^2 情况下，探测 300 × 300 m 的直立板状良导矿体的最大埋深：发射线框 300 × 600 m，发射电流 20A，在发射线框中心距直立矿体在地面投影的距离 R=600 m 情况下，矿体埋深 d=450 m 时，在较早期阶段仍可分辨出瞬变信号，但在 R=1200 m 情况下，只有在 d=200 m 时才能探测到矿体的存在。该例表明，如果发射线框距离陡倾角良导性矿体太远，则难于发现埋藏较深的矿体[2]。上述两个例子说明，在施工之前最好根据已知地质资料，用正演公式计算一下发射线框中心距探测目标体的距离。

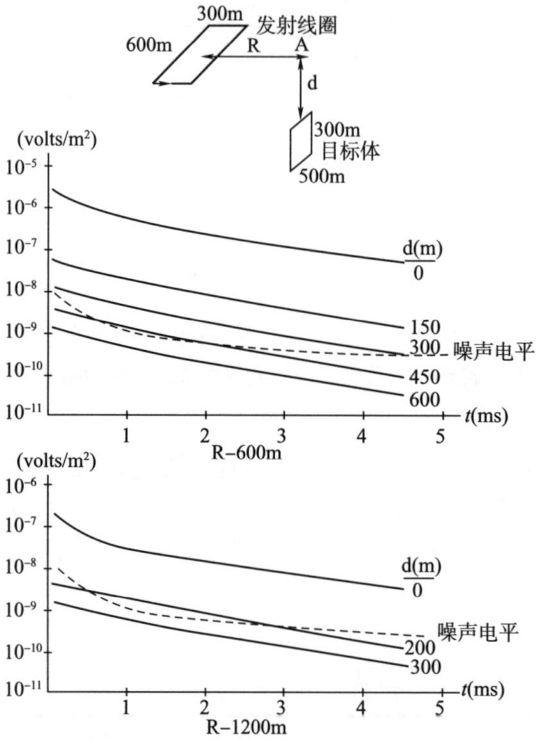

图 15 探测板状良导矿体的埋深

4.4 影响勘探深度的因素

(1) 勘探目标体规模和电导率：对水平层状导体勘探深度大，对有限规模导体勘探深度明显降低；

(2) 上伏层或围岩的电阻率；

(3) 初始场强度和关断时间；

(4) 初始场与目标体的耦合程度；

(5) 仪器噪声。

从图 16 可见，系统归一化噪声在早期最大，晚期最小，仅为 2×10^{-10} V/m^2，但晚期瞬变场信号最弱，所以提高晚期信噪比是最重要的。

4.5 如何提高观测质量

综上所述，要提高勘探深度需要：

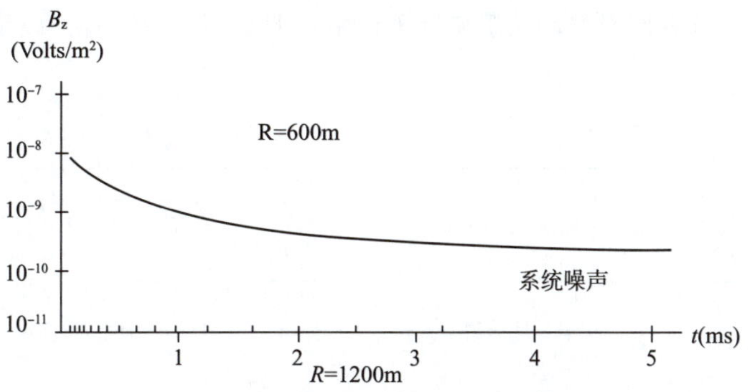

图 16 PROTEM 仪器系统归一化噪声

(1) 仔细设计观测系统。根据地质资料判断矿体或矿化点的位置和探测深度，然后设计观测装置，布设位置和观测剖面位置。如果计划的探测深度较大，应采用单匝大定源观测装置，如果因地形复杂无法布设大定源观测装置，可采用多匝发射线圈。如果矿体倾向较大，发射线圈应布置在矿体或矿化点在地面投影范围之外。若矿体埋深 400 m，则发射线圈单边应距离矿体在地面投影的 400 m 处，如图 17 和图 18 所示，此时，初始场与矿体之间有最佳耦合，可产生最强的瞬变信号。如果发射线圈直接位于矿体的上方，由于在发射线圈内部的初始场是近于垂直的，所以耦合程度最差，瞬变场最弱，无法探测到矿体的存在。

(2) 选择合理发射频率，勘探深度越大，发射的矩形脉冲频率越低，观测时间 t 越长，在勘探深度小于 200 m 时，发射频率可选 25 Hz，500 m 时可选 6. 25 Hz，1000 m 时可选 2. 5 Hz 或 0. 625 Hz。

(3) 加大发射功率，对于 PROTEM 瞬变电磁仪而言，可选择 TEM67 和 TEM67plus 发射机，提高发射功率加大勘探深度。

(4) 正确选择积分时间（叠加次数）以达到既有效地压制了噪声，又没有过多地增加观测时间。

(5) 尽量避开环境干扰。

(6) 认真进行野外施工，避免抢进度牺牲观测质量。

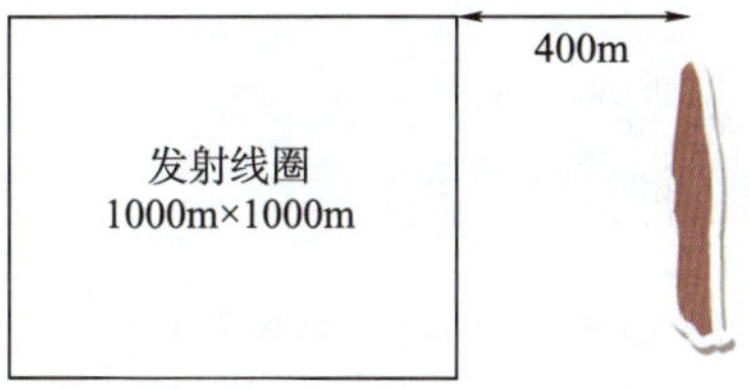

图 17 发射线圈与矿体位置平面图

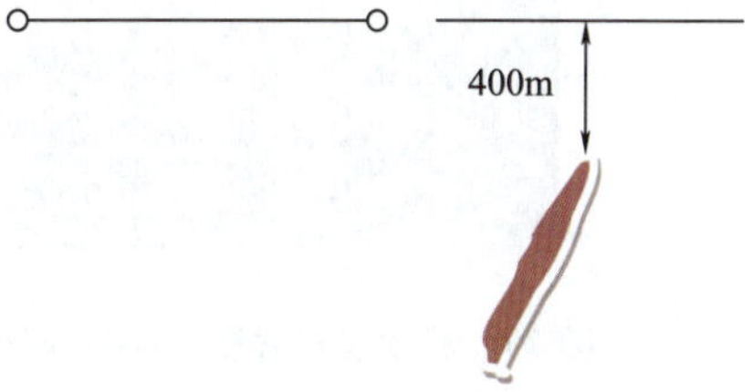

图 18 发射线圈与矿体位置断面图

5 观测装置

瞬变电磁法的观测装置是指发射线圈与接收线圈的分布关系。发射线圈用 Tx 表示，a 和 b 代表发射线圈两个边长，接收线圈用 Rx 表示。

瞬变电磁法一般有四种野外观测装置（图 19）。重叠装置和中心回线装置发射的场源集中，瞬变曲线简单，但勘探深度浅，发射线圈振荡过程引起的噪声大。大定源单匝回线装置的勘探深度大致与回线单边长度相等，可分框内观测和框外观测。向前移动发射线圈后反演结果在边界附近有畸变，如图 20（图中垂直线是发射线框移动边界），这可能是因为地下构造非一维所致。偶极装置发射线圈和接收线圈保持一定距离，并且同时移动。煤矿井下探水一般采用偶极装置，该装置探测深度较浅。

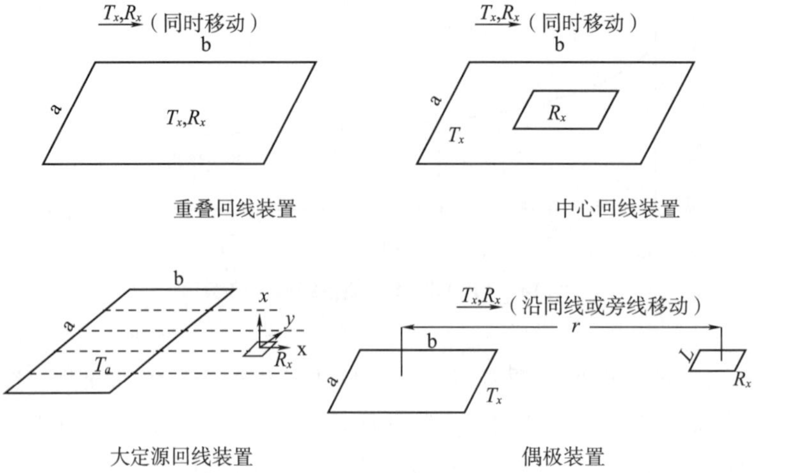

图 19　瞬变电磁法野外观测装置

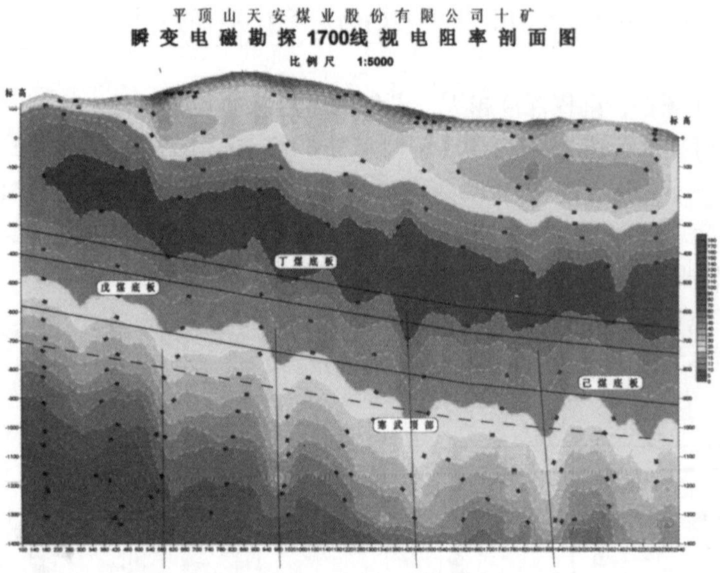

图 20　移动发射线圈后地下非均匀构造引起的畸变（图中垂直线所示）

6　PROTEM 瞬变电磁仪

瞬变电磁仪由发射线圈、接收线圈、接收机和发射机组成。

6.1　接收线圈

接收线圈型号	有效面积	有否前放
高频线圈 HF	31.4 m^2	有
中频线圈 MF	31.4 m^2	没有
低频线圈 LF-1D	100 m^2	没有

续表

接收线圈型号	有效面积	有否前放
低频线圈 3D-1/3LF	200 m^2	有
1000 m^2线圈	1000 m^2	没有

线圈噪声主要来源于大气噪声（天然电磁场），50 Hz 工业噪声，前放噪声和线圈铜线产生的噪声，其中主要噪声源是大气噪声。这些噪声在观测过程中通过叠加（即积分时间）都可降低至很小。

一般可认为，在环境噪声很低的地区归一化噪声水平大致是 0.1nV/m^2，一旦瞬变场幅度降至 0.1nV/m^2时，就不能观测到有效的瞬变场信号了。

增加积分时间（叠加次数）可以降低噪声水平，但这需增加观测时间。一般而言，0.1nV/m^2的噪声水平已经足够好了，积分时间再长，线圈自身噪声和接收机噪声也不会降低，因为它们是非随机噪声。接收机噪声也是主要噪声源，大概是 0.1nV/m^2，带前放的线圈噪声要比不带前放的线圈噪声大。大气噪声和工业噪声是随机噪声，可通过叠加降低。

我们无法单独地测量接收线圈的自身噪声，因为它总是处在接收外部噪声的环境下。但可以首先把接收机输入端短路读出接收机噪声，然后接上线圈再读数，两者相减就是接收线圈的噪声。

6.2 接收机和发射机

有关接收机和发射机可参阅本文集中《电磁法仪》一文。

7 数据反演过程

（1）在均匀半空间、垂直磁偶场源条件下，瞬变电磁场的表达式为[5]：

瞬变电场切向分量
$$E_{\varphi}(t)=\frac{3\ M\rho}{2\pi r^{4}}e_{\varphi} \tag{4}$$

瞬变磁场垂直分量
$$B_{z}(t)=\frac{\mu_{0}\ M}{4\pi r^{3}}b_{z} \tag{5}$$

瞬变场感应电动势
$$V_{z}(t)=\frac{9\ M\rho q}{2\pi r^{5}}\dot{b}_{z} \tag{6}$$

式中，M 为发射线圈的磁距，$M=I\times S$，I 是发射电流，S 为发射线圈面积；r 为发射线圈中心到观测点的距离；ρ 为均匀大地电阻率；q 为接收线圈有效面积。e_{φ}，b_z，$\dot{b}_z$ 和 $\Phi(u)$ 是 U 的函数，其表达式为：

$$e_{\varphi}=\left[\Phi(u)-\sqrt{\frac{2}{\pi}}u(1+\frac{u^{2}}{3})\exp(-\frac{u^{2}}{2})\right] \tag{7}$$

$$b_{z}=\left[1-(1-\frac{9}{\pi^{2}})\Phi(u)\right]-\sqrt{\frac{2}{\pi}}\exp(-\frac{u^{2}}{2})(\frac{9}{\pi}+2u) \tag{8}$$

$$\dot{b}_{z}=\Phi(u)-\sqrt{\frac{2}{\pi}}\exp(-\frac{u^{2}}{2})u(1+\frac{u^{2}}{3}+\frac{u^{4}}{9}) \tag{9}$$

式中，$\Phi(u)=\int_{0}^{u}\frac{2}{\sqrt{\pi}}\exp(-t^{2})\mathrm{d}t$ 为概率积分。

$$\mu=2\pi r/\tau,\ \tau=2\pi\sqrt{\frac{2\rho t}{\mu_{0}}} \tag{10}$$

t 为瞬变场扩散时间，$\mu_0=4\pi\times10^{-7}h/m$ 为空气磁导率，τ 为扩散参数，也叫时间常数

$$\tau = \sqrt{2\pi\rho t \times 10^7} \tag{11}$$

另式（10）中 $\sqrt{\dfrac{2\rho t}{\mu_0}} = \delta_{TD}$，则 δ_{TD} 是在时间 t 时地下最大瞬变电场的所在深度，称之为扩散深度。

（2）由瞬变电磁场计算视电阻率。

从式（4）至式（9）可见，瞬变电磁场 E_φ，B_z，V_z 与视电阻率 ρ 和瞬变场扩散时间 t 有非常复杂的关系，很难根据式（4）至公式（9）解出 ρ 的表达式。但如果取极限条件，那么式（4）至式（9）就变得简单、可解。所谓极限条件就是：

$$\tau/r \to 0 \qquad \tau/r \to \infty$$

① $\tau/r \to 0$ 意味扩散参数 $\tau = \sqrt{2\pi\rho t \times 10^7}$ 远远小于 r，也即扩散时间 t 非常小，所以也称为早期。当 $\tau/r \to 0$ 时，$e_\varphi \approx 1$，$\dot{b}_z \approx 1$，于是式（4）等于：

$$E_\varphi(t) = \frac{3\ M\rho}{2\pi r^4} \tag{12}$$

式（6）等于：

$$V_z(t) = \frac{9\ Mq\rho}{2\pi r^5} \tag{13}$$

于是得到早期极限条件下的视电阻率表达式：

$$\rho_{aE早} = \frac{2\pi r^4}{3\ M} E_\varphi \tag{14}$$

$$\rho_{aM早} = \frac{2\pi r^5}{9\ Mq} V_z \tag{15}$$

② $\tau/r \to \infty$ 意味扩散参数 τ 远远大于发射线圈中心到观测点的距离 r，所以也称为晚期。当 $\tau/r \to \infty$ 时，

$$E\varphi(t) = \frac{{\mu_0}^{5/2} Mr}{40\pi\sqrt{\pi}\rho^{3/2} t^{5/2}} \tag{16}$$

$$Vz(t) = \frac{{\mu_0}^{5/2} Mq}{20\pi\sqrt{\pi}\rho^{3/2} t^{5/2}} \tag{17}$$

于是在晚期极限条件下视电阻率表达式为：

$$\rho_{a晚}(t) = \frac{\mu_0}{4\pi t}\left(\frac{\mu_0\ Mr}{5tE\varphi(t)}\right)^{2/3} \tag{18}$$

或

$$\rho_{a晚}(t) = \frac{\mu_0}{4\pi t}\left(\frac{2\mu_0 Mq}{5tV_z(t)}\right)^{2/3} \tag{19}$$

式中，$V_z(t) = \dfrac{\mathrm{d}B_z(t)}{\mathrm{d}t}$ 是单位面积接收线圈输出的瞬变场值：

$$V_z(t) = V_m \times 10^6/q^{G2^n} = 19200 V_m/q^{2^n} \tag{20}$$

其中 V_m 是 PROTEM 瞬变电磁仪输出的瞬变场值，单位是 μV，其中 q 是接收线圈有效面积（m^2）；G=52.1 是前置放大器和后置放大器的固定放大倍数；2^n 是仪器共有的程控放大器的放大倍数，n=1、2、…6、7，人工选择设置。

于是式（19）中的 $V_z(t) = 19200 V_m/q^{2^n}$，t 是瞬变场扩散时间，即观测时间。$\mu_0$ 是空气磁导率，M 是发射线圈磁距。由于这些参数值都是已知的，所以根据式（19）便可以求出晚期视电阻率 $\rho_{a晚}$ 随观测时间 t 的变化，即时间域视电阻率曲线。

③时-深转换公式。式（19）是时间域晚期视电阻率 $\rho_a(t)$ 的表达式，但要将时间域 t 转换为深度 h，需用时-深转换式（21）：

$$h = \left(\frac{3\,Mq\rho_{a晚}}{16\pi V_z(t)}\right)^{1/4} - \frac{t\rho_{a晚}}{\mu_0} \tag{21}$$

经时-深转换后，便可获得晚期视电阻率曲线随深度 h 的变化 $\rho_a(h)$，这叫视电阻率曲线图。

④最终结果是将视电阻率 $\rho_a(h)$ 通过反演转换为电阻率随深度变化 $\rho(h)$。为此，需要计算正演问题，即计算一维层状模型（理论模型）情况下的视电阻率随深度的分布 $\rho_{a理}(h)$，然后再与实际观测的视电阻率 $\rho_{a实}(h)$ 进行拟合，通过不断修改理论模型使两者达到最佳拟合。

综上所述，可把瞬变场的反演过程简述如下：

（1）在野外观测之前将下列参数输入 PROTEM 接收机：

①发射线圈面积 SN，S 是单匝线圈面积，N 是匝数。

②发射电流 I，于是可知发射线圈磁距 $M = I \times SN$。

③接收线圈类型及有效面积 q。

④放大器增益 G。

⑤基本频率（观测频率）。

⑥积分时间，即叠加次数。

⑦关断时间 t_{off}（可从接收机直接读取或根据列表）。

（2）根据上述参数 PROTEM 接收机自动计算出在晚期条件下每个测点的瞬变场曲线 V_m（图 21）。

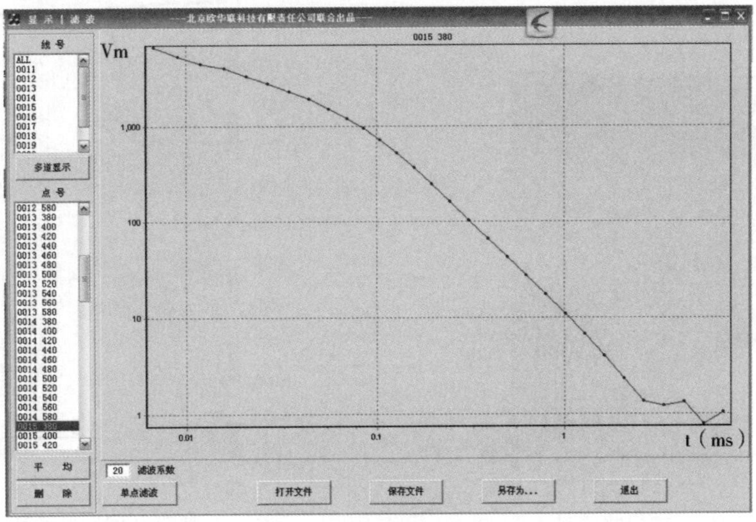

图 21　瞬变电磁场曲线

曲线尾端瞬变值发生跳动是由于在晚期的瞬变场来自深部，幅值很小，易受噪声干扰。

（3）沿着观测剖面把每个测点的瞬变场曲线编制成瞬变场断面图，便可以定性的分辩出剖面下的电性结构特点（图 22）。图中左侧为瞬变场值（nV/m^2），右侧为观测门数。1～10 门为早期瞬变场值，10～20 门为中期瞬变场值，20～30 门为晚期瞬变场值。高瞬变场值表示有良导体存在，29～30 门的瞬变场波动是观测噪声所致。

（4）计算每个测点的晚期视电阻率-时间曲线 $\rho_a(t)$；根据时-深转换公式（18），把晚期视电阻率曲线转换为随深度 h 分布的视电阻率曲线 $\rho_a(h)$；沿观测剖面将每个测点的 $\rho_a(h)$ 编制成断面图，便是通常所称的视电阻率断面图，也叫伪断面图。

（5）通过反演拟合将 $\rho_a(h)$ 转换为 $\rho(h)$，便是每个测点的电性柱状图；将各测点的电性柱状图沿剖面编制成断面图，便是反演后的地电断面（图 23a）；对其进行地质资料解释后便是地电-地质剖面图（图 23b）。

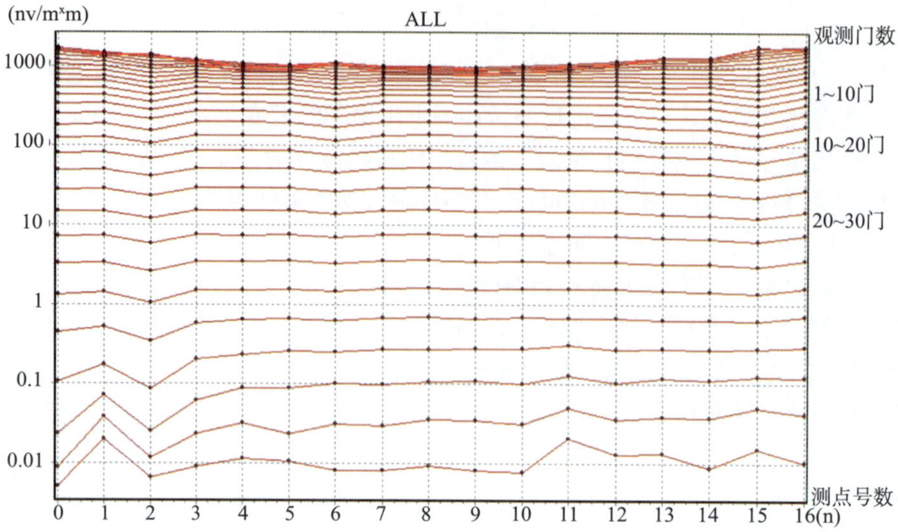

图 22　瞬变场断面图

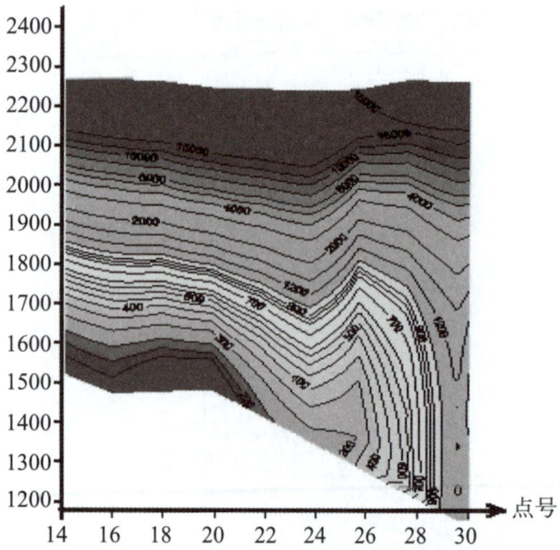

图 23（a）　地电断面图

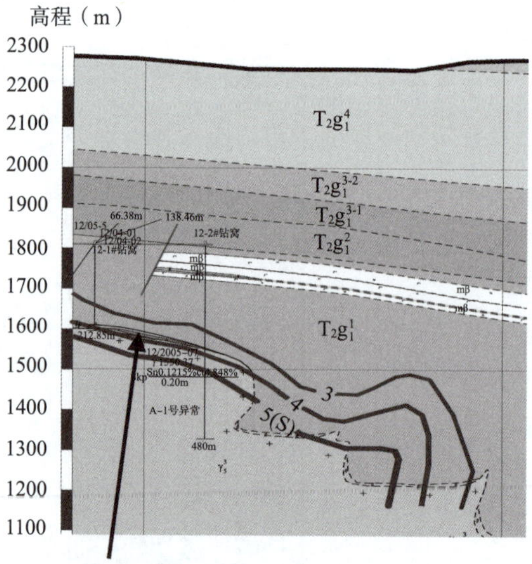

图 23（b）　地电-地质剖面图

参 考 文 献

[1] 刘国栋，2004，电磁法勘探仪器，内部资料。

[2] J. D. McNeill，1980，EM37 ground transient electromagnetic system；calculation depth of exploration，Technical Note TN-10，Geonics Limited.

[3] J. D. McNeill，1994，principles and application of time domain electromagnetic techniques for resistivity sounding，Technical Note TN-27，Geonics.

[4] 席振铢、刘剑、龙霞、侯海涛，2010，瞬变电磁法三分量测量方法研究，中南大学学报（自然科学版），Vol. 41，No. 1。

[5] 牛之琏编著，2007，时间域瞬变电磁法原理，长沙：中南大学出版社。

[6] 刘国栋，2012，电磁法仪，“地球物理仪器汇编及专论”，北京：地质出版社。

煤矿井下槽波地震勘探

刘国栋

1 前 言

由于煤的密度和弹性波传播速度明显的低于顶、底板，所以在煤层内激发的弹性波大部分能量不能向煤层外部传播，总是在两个界面（煤层顶板和底板）之间反射和混响，从而形成一种特殊的弹性地震波——槽波。槽波是频散波，速度随频率变化。当槽波横穿整个工作面时便会携带煤层的全部信息，称为透射槽波，当槽波在传播中遇到煤层内反射界面时便会反射回来，形成反射波。

槽波在煤层内传播的距离非常大，其探测距离可超过 1000 m；槽波在煤层内激发和接收，在煤层的各个部分有大量的槽波射线穿过，对其进行处理和 CT 成像后，可以精确的发现煤层内的各种地质异常；槽波波形易于识别，最终成果直观。

新西兰在 1995 年首先开展槽波观测，1960 年德国 DMT 公司开始槽波仪器和方法研究，于 2010 年研发出第五代防爆槽波地震仪 Summit Ⅱ Ex，同时 DMT 公司在德国，英国，西班牙，波兰，捷克，俄罗斯，乌克兰，哈萨克斯坦，墨西哥，南非，法国等国家共销售和完成 400 多个煤矿井下槽波项目。

我国 1978 年开始槽波法研究，1985 年西安煤科院从德国 DMT 公司引进第三代槽波地震仪，2010 年河南省义马煤业集团和河北煤炭科学研究院从德国 DMT 公司引进最新一代防爆槽波地震仪和软件系统，并在一些煤矿开展探测工作，取得了令人满意的成果。2011 年黑龙江省龙煤集团从德国 DMT 公司购买了 3 套槽波地震仪，分配给下属煤业公司，兖矿集团肥城矿业集团购买一套槽波地震仪自用，中国矿业大学（徐州）和山东科技大学各购买一套槽波地震仪用于教学和科研，现场实测验收结果均非常令人满意。我国的实际应用结果表明，槽波法可应用于：

· 探测工作面或采区内的煤层厚度变化，矸石层分布，大、小断层和破碎带规模及产状，陷落柱，煤层分叉，剥蚀带，岩墙等煤层内各种地质异常；

· 探测采空区边界和位置；

· 探测断层、陷落柱等形成的导水通道和老窑储水等安全隐患；

· 评估煤层高地压带；

· 评估可能的高瓦斯带；

· 给出工作面不同地段的开采安全性评估；

· 对独头巷道进行超前探测，在巷道内对深部煤层进行反射法勘探。

井下槽波勘探可发现尺寸仅为 10 m 级的地质异常体和断距为煤厚 1/3 和更小的断层、直径大于 15 m 的陷落柱。透射法槽波勘探距离是煤厚的 300 倍，反射法槽波探测距离可达煤厚的 150 倍，所以槽波勘探可获得整个工作面内非常详细的地质信息和不安全隐患，以便采前处理，保证安全科学开采。

由于槽波法探测距离大，也可探测采区内的煤层内部信息，为工作面的合理划分提供依据，避免增加无效掘进，提高回采率。

2　槽　波

当在煤层中激发一个震动时便产生 P 波和 S 波，S 波又包括 SH 波和 SV 波。这些地震波向四周扩散、传播。由于煤层的波速明显低于顶板和底板的波速，当震源产生的地震波传播到煤层顶板和底板界面时将会被全部反射和折射回煤层内部，并相互混响、叠加形成槽波。如图 1 所示[1]。

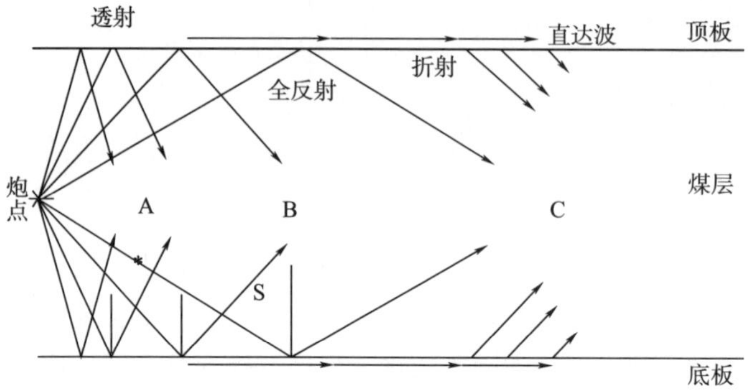

图 1　槽波形成示意图

在 A 区由于地震波的入射角小于临界角，所以部分能量透过顶、底板向围岩中泄露，另一部分能量反射回煤层内部，A 区称为泄露区。在 B 区和 C 区入射角大于临界角，地震波在顶、底板界面上被全部反射回煤层之中，这些反射回煤层之中地震波，在 C 区内相互叠加混响。SV 波和 P 波叠加混响后形成瑞利波；SH 波叠加混响后形成勒夫波。勒夫波和瑞利波统称为槽波。槽波的传播速度是频率的函数，是频散波。此外，震源的部分能量还沿顶、底板界面传播，形成直达 P 波和直达 S 波。

所以在槽波记录中包括：

· 直达 P 波和直达 S 波

· 勒夫波（L）和瑞利波（R）

对直达波进行 CT 成像可以了解顶、底板的速度分布。煤层的后期构造破坏，如断层、破碎带等都会出现在顶、底板内，因此直达波的速度成像，除了解顶、底板的性质和结构外，也可帮助了解煤层内部的后期构造破坏。

勒夫波传播距离最远，是煤厚的 300 倍。勒夫波的振幅弱，震相不易识别，但频散强烈，频散曲线对煤层厚度变化，矸石层分布和煤层内的各种地质异常反映最敏感；勒夫波 CT 成像能清晰地显示煤层内部结构和各种异常体的位置和大小；勒夫波能量 CT 成像能清晰地反映煤层的完整性和遭受破坏的程度，是开采安全评估的重要依据。

瑞利波出现在槽波波列的尾端，振幅大，衰减慢，频率高，速度最小，震相易于识别，但频散弱。

在透射法槽波勘探中主要利用勒夫波，在反射法槽波勘探中主要利用瑞利波。

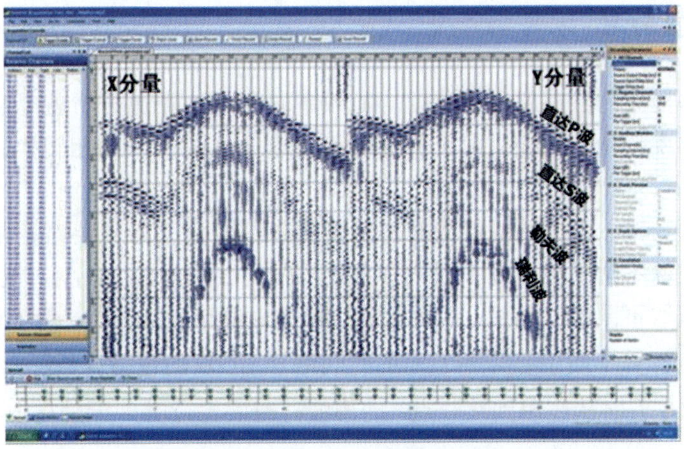

图2　井下槽波勘探记录到的原始地震波形

X 分量和 Y 分量是在单炮情况下同时记录到的两个水平分量信号

3　槽波勘探

3.1　透射法槽波勘探

槽波勘探分透射法槽波勘探和反射法槽波勘探。在透射法槽波勘探中，震源和接收单元（包括检波器和数据采集单元）分别布置在不同巷道内。在一条巷道内激发，在另一条巷道内接收穿过采区或盘区的透射槽波（图3），并计算震源与接收排列之间地震射线所覆盖的扇形区内的槽波速度分布，频率分布，能量分布和槽波传播质量等多项参数，用来确定工作面或采区内的煤层厚度变化，矸石层分布，断层和破碎带以及陷落柱和老窑等各种异常体的位置和规模。槽波在传播路径上能量必然被吸收，如果煤层完全被切断（如断层、断距接近煤厚时）则槽波消失。

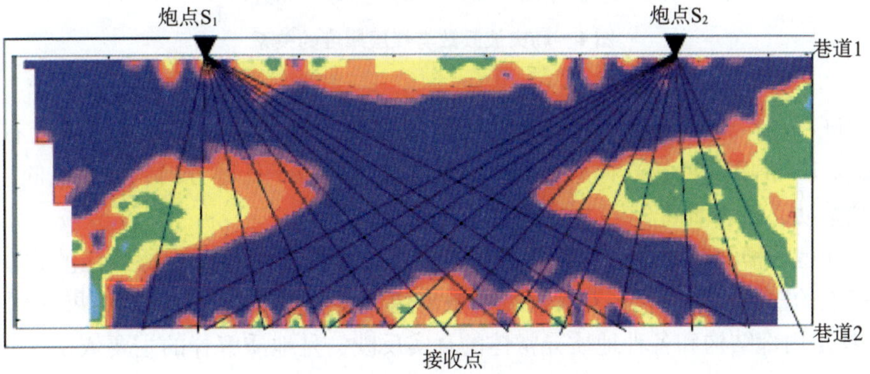

图3　槽波透射法勘探示意图

透射槽波勘探法是槽波勘探中最基本的，最有效的方法。透射槽波勘探法的数据处理主要是槽波频散分析和 CT 成像。

3.2 槽波频散分析

槽波是频散波，即槽波的群速度和相速度均随频率而改变。频散分析就是从实测的槽波记录中提取群速度和相速度随频率变化的曲线。由于群速度和相速度之间可以互相转换，因此只计算一种速度便可。

由于槽波含有多种频率，因此要提取槽波速度随频率的变化，必须要对记录的槽波进行不同中心频率的窄带滤波，以获取不同中心频率f_i时的一系列窄带滤波输出谱$y_i(f)$，然后再对输出谱$y_i(f)$进行反付氏变换，以获取不同中心频率f_i时的一系列槽波时间信号$y_i(t)$。为了计算槽波在不同中心频率f_i时的速度，要分别计算不同中心频率f_i时的时间信号$y_i(t)$的包络$A_i(t)$。包络$A_i(t)$极大值对应的时间t_i便是在中心频率f_i时从震源到接收点x的槽波群速度旅行时，于是在中心频率f_i时的槽波群速度$U(f_i)=\frac{x}{t_i}$。根据计算的不同中心频率f_i的槽波速度，便可绘制出槽波频率曲线。槽波振幅最强的频率，称之为主频。

上述窄带滤波法是计算槽波频散的方法之一[2]。

图4是在单煤层情况下勒夫波群速度与煤层厚度的关系，可见速度变化与煤厚密切相关，煤层越厚勒夫波速度越低，主频越向低频移动。勒夫波波散变化的最陡部分，煤厚变化引起的勒夫波速度变化最大，探测精度最高，因此在速度成像时，所选频率要位于槽波速度变化最陡的部分。

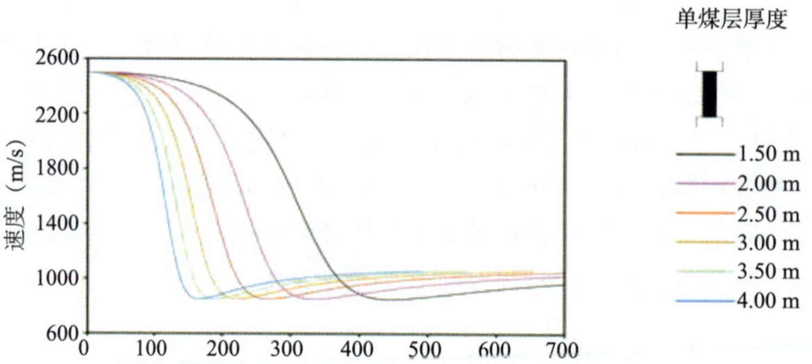

图4 勒夫波频散与煤层厚度的关系

图5是在夹矸石存在情况下勒夫波频散与夹矸石厚度之间的关系。可见，在没有夹矸石层存在（黑线）和矸石层10cm厚（粉线）两种情况下，勒夫波主频位于低频方向，波速值低；随着矸石层加厚，主频向高频移动，波速增高。

在对各炮点获得的槽波数据进行频散分析后，便可获得槽波主频，在所选定的频率下计算工作面或采区内各网格点的槽波速度值，再对其进行层析成像便可获得波速CT成像结果（图6）。槽波速度CT成像结果是煤层内部结构和各种地质异常体的真实反映，是地质解释的主要依据。

3.3 槽波传播质量

槽波传播质量是指槽波射线在其穿过的路径上槽波能量的衰减情况：当槽波射线穿过未受构造破坏、均匀煤层时，槽波能量衰减很弱，槽波频散曲线非常规则；当槽波射线穿过遭受强烈构造破坏的煤层时，槽波能量强烈衰减，槽波频散曲线非常混乱[3]（图7a）。

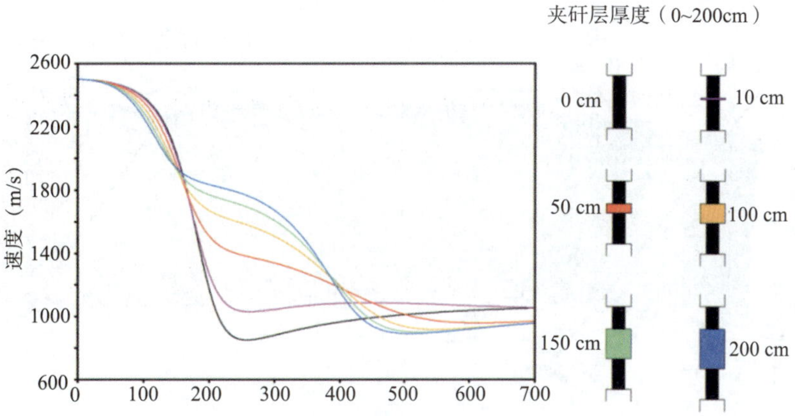

图 5　勒夫波频散夹矸层厚度的关系

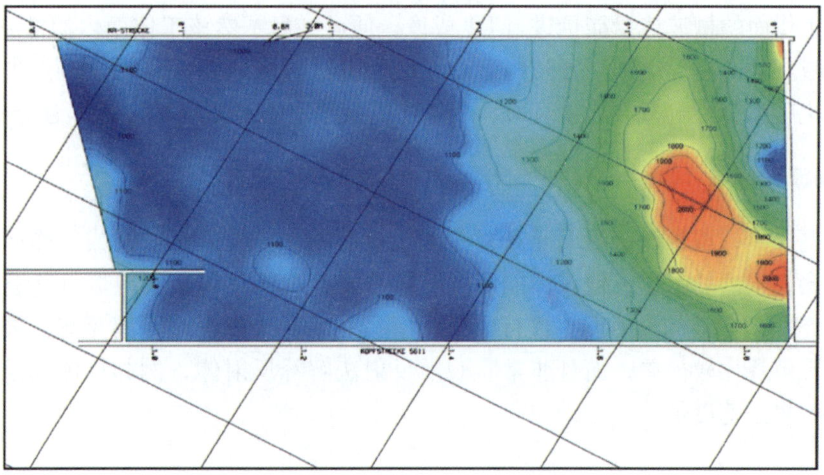

图 6　某工作面的勒夫波槽波 CT 成像图（250 Hz）

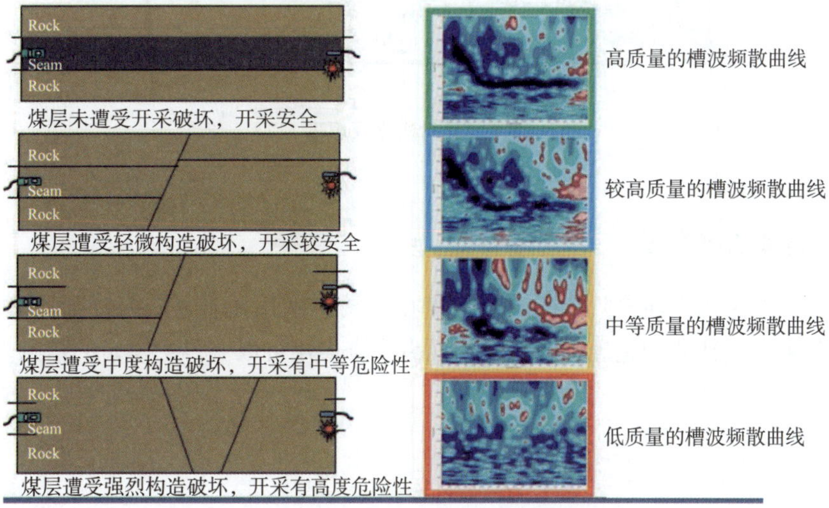

图 7（a）

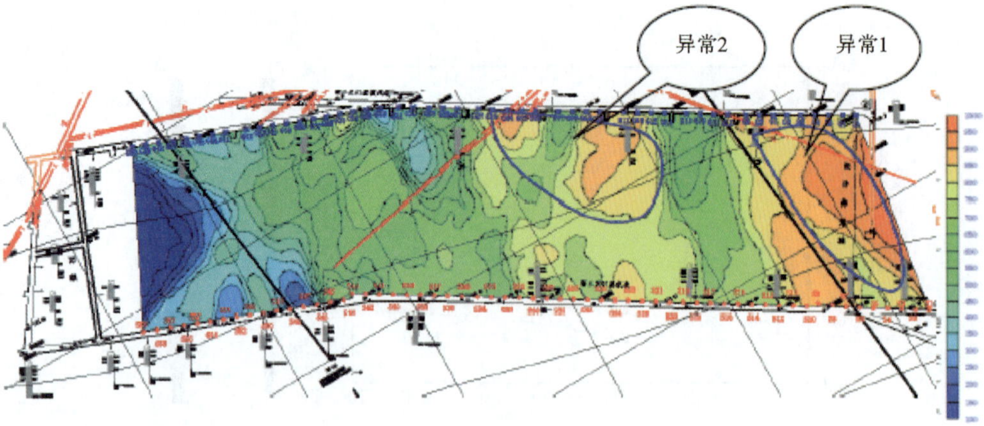

图 7（b）　槽波能量传播 CT 成像

如果对整个工作面的槽波传播能量进行 CT 成像，便可一目了然该工作面内的槽波传播能量分布情况：槽波能量衰减异常区是煤层遭受强烈构造破坏区，也是开采危险区（图 7b）。当然，夹矸层增厚区或煤层组份变化区也会影响槽波能量衰减，所以还需根据巷道地质资料进行综合分析。

3.4　反射槽波勘探法

在反射槽波勘探中，震源与接收单元布置在同一巷道内，接收来自采区或工作面内的地震反射信号。主要用于探测煤层内的断层，侵入体能形成反射体的地质异常和导致能量显著衰减的采空区（图 8）。反射法主要是对瑞利波的反射震相进行分析和解释。反射法的探测距离是煤层厚度的 150 倍。反射法的数据处理和解释比较简单，而且非常直观。反射法解释反射体，例如探测断层位置时，需要知道由透射法计算的煤层速度值。

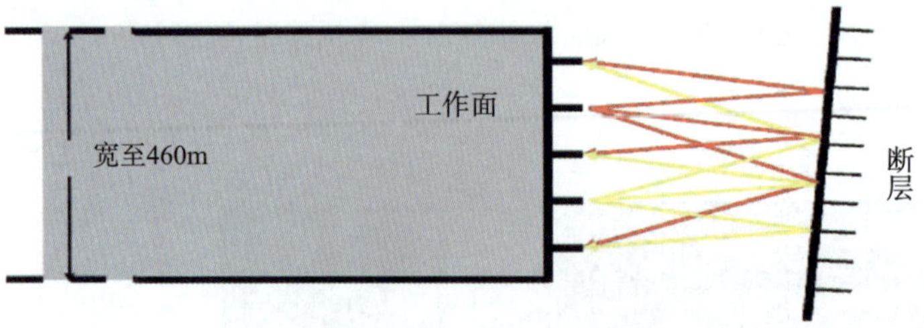

图 8　反射法勘探原理

3.5　透射/反射联合勘探法

若震源位于通风巷道内，而接收单元同时布置在通风巷道和运输巷道内，则通风巷道内接收的是反射波信号，运输巷道内接收的是透射波信号。两者联合应用可以获得更丰富的信息。

4 透射槽波法勘探应用实例

4.1 透射法探测断层

从图9上图可见，当炮点在断层左侧14点激发时，各数据采集站均可收到直达P波，因为直达P波沿顶、底板界面传播不受断层阻挡；位于断层左侧的接收站1～11能接收到瑞利波，但位于断层右侧各采集站由于断层阻挡收不到瑞利波。

从图9下图可见，当炮点在断层右侧12点激发时，各采集站均可收到直达P波，同时位于断层右侧的采集站12～20可以接收到瑞利波，但位于断层左侧的采集站1～11由于断层阻挡收不到瑞利波。所以在透射法勘探中可根据对瑞利波的追踪，确定断层的存在和位置。

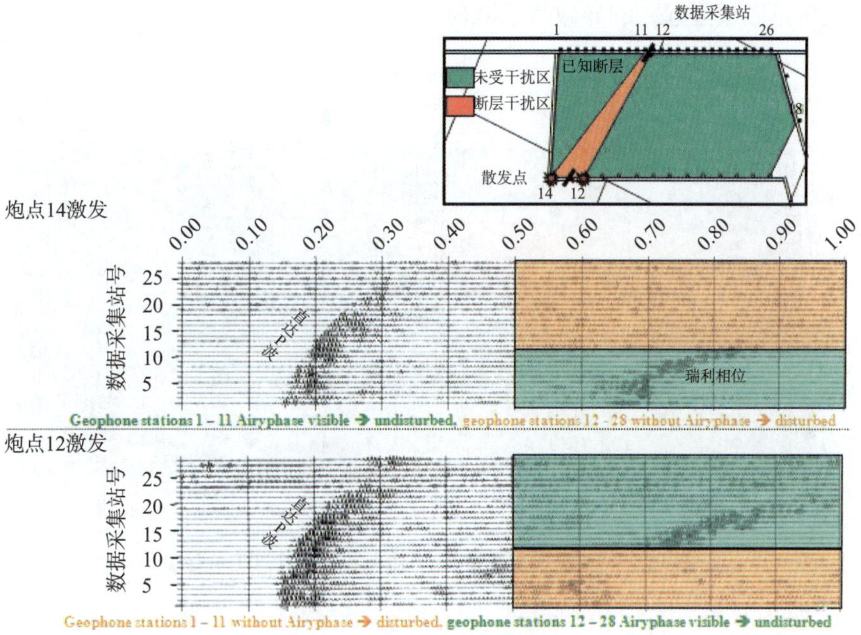

图9 透射法探测断层原理

4.2 透射法勘探煤层厚度变化及断层

图10是新安矿13151工作面勒夫波速度图。该工作面煤厚变化剧烈，最薄处不到1m，最厚处达8～9 m，从图10可见，高速区煤厚变薄，低速区煤厚增厚。图中的3条煤厚线是回采线的煤厚实测数据，和槽波勘探成果对照较好。例如，波速2400m/s的高速区，煤厚只有0.9 m；波速1250 m/s的中速区，煤厚3.5 m。

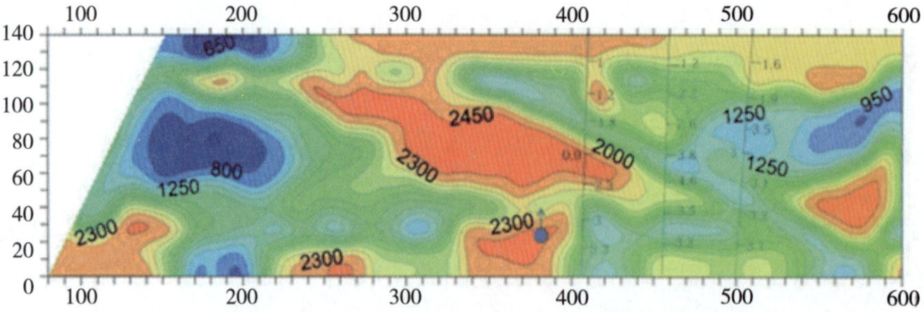

图 10　新安矿 13151 工作面勒夫波速度图

4.3　透射法勘探顶、底板构造

图 11 是另一个煤矿工作面的透射槽波勘探结果，工作面中部为一宽缓的高速区，最大波速达 1700 m/s。该高速区是底板隆起，它导致煤层减薄。

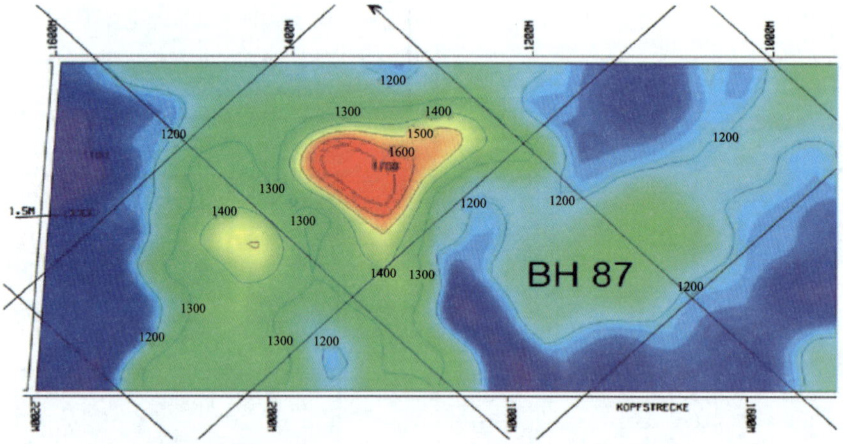

图 11　探测煤层厚度变化（勒夫波 250 Hz CT 成像）

4.4　透射法探测断层破碎带和剥蚀带

图 12 中左图是 400 Hz 勒夫波速度 CT 成像，可见明显的分成两部分：右半部速度低，没有明显速度差，表明煤层厚、稳定；左半部有一椭圆形高速区，速度差大。左右两部分的分界线是速度梯度带。图 12 中右图是采后地质图，可见断层破碎带正好与左图中的速度梯度带一致，断层破碎带左侧的剥蚀带正好与左图中的椭圆形高速区（红色）一致。透射槽波探测结果与采后地质图一致。

4.5　透射法评估工作面内高压带和冲击地压转移

图 13 是俄罗斯某煤矿一个工作面的透射槽波勘探结果，从速度 CT 成像图可见，在工作面中部有一相对高速带，波速值 1300～1350 m/s，但巷道地质图并未揭示该高速带内有煤层减薄或其他地质异常存在，因此可认定该高速带是煤层高压带所致。这与实际情况是一致的。

德国某煤矿有上、下两个煤层，在上、下煤层均未开采情况时下煤层 2 中正常压力 P_0 是均匀分布的；在上煤层开采过程中，煤层 2 中的压力发生转移：在煤层 1 采后区下方的煤层 2 中为低压区，而煤层 1 未开采区下方的煤层 2 中变成了高压区（图 14）。这一结论来自煤层 2 中的槽波探测结果。槽波勘探可以判断煤层开采过程中的压力转移[3]（图 15）。

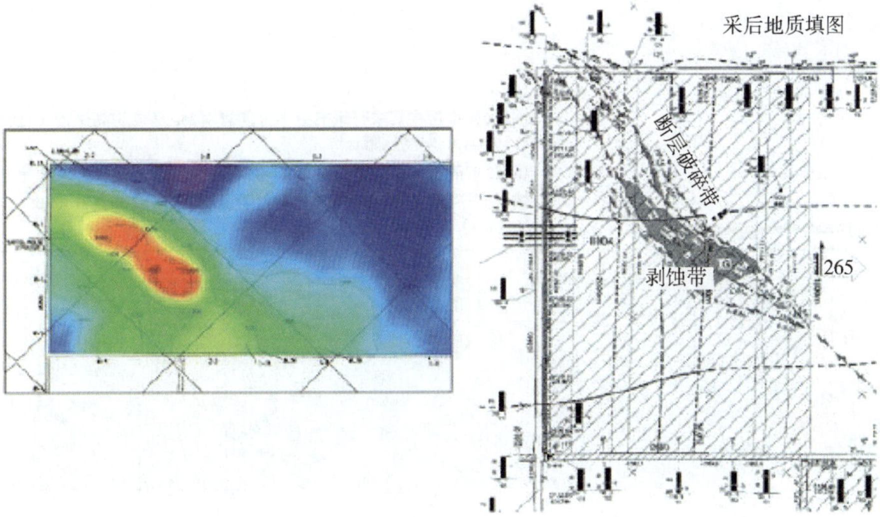

图 12　探测断层破碎带和剥蚀带（左图）及采后验证结果（右图）

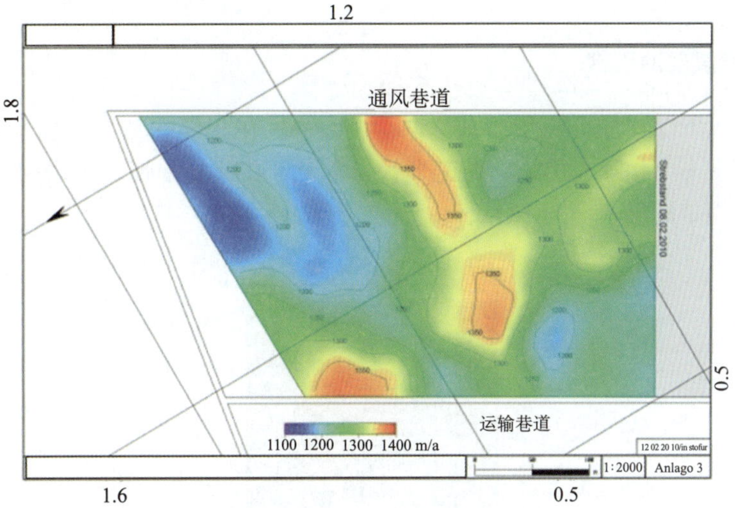

图 13　评估煤层高压带（勒夫波 200 Hz 速度 CT 成像）

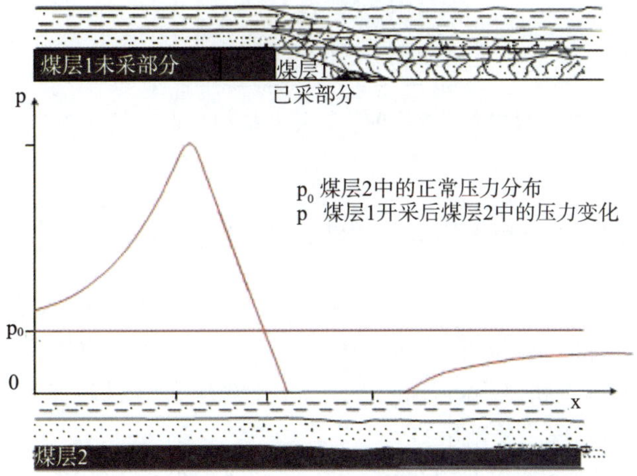

图 14　煤层 1 开采后煤层 2 中的压力变化

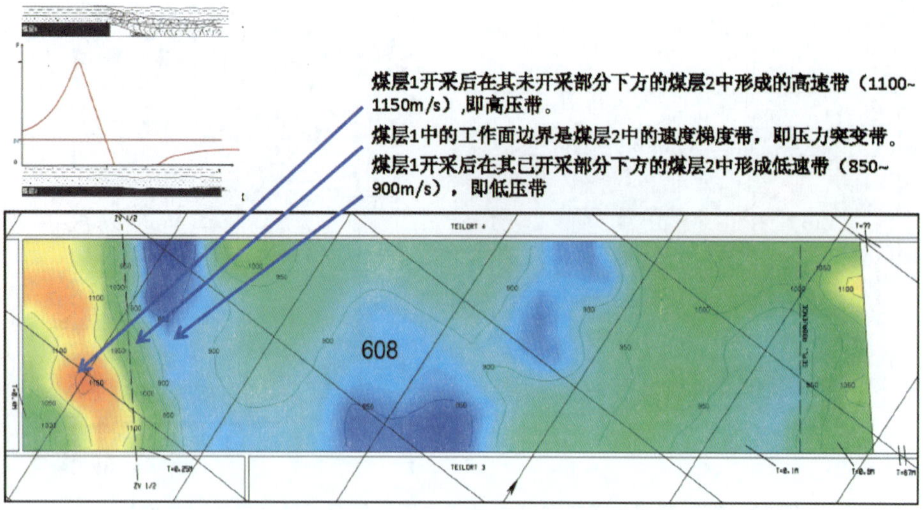

图 15　煤层 1 开采后煤层中槽波的速度分布

4.6　透射法探测煤层冲刷带

探测区由上煤层、下煤层和矸石层组成，总厚 412cm。在相邻的三个工作面内进行了槽波探测，发现在工作面中部存在一个相互连接的、高速带状异常带，在此异常带上上煤层已被剥蚀殆尽，所以高速异常带是煤层冲刷带的反映（图 16）。

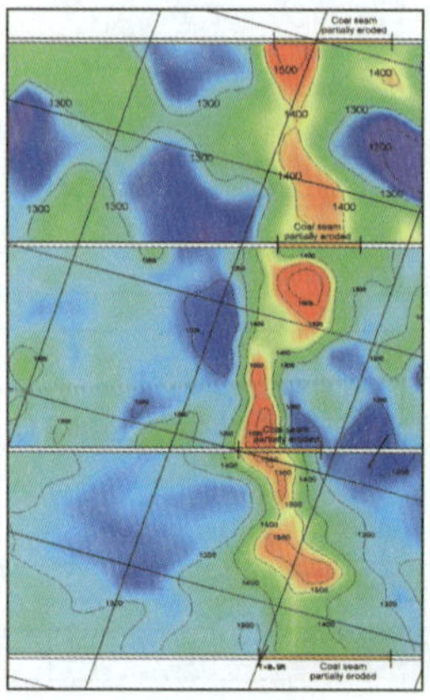

图 16　煤层冲刷带探测（勒夫波 240 Hz 速度 CT 成像）

4.7　透射法探测双煤层矸石夹层的厚度，煤层分叉和构造扰动

该实例的槽波勘探工作面宽 250 m，长 1200 m，数据采集站 G（接收单元）布置在通风巷道内，炮点 S 布置在运输巷道内。工作面近南北方向（图 17）。煤层为 O/N 双层煤系，上煤层 O 可进一步划分成 O_1 和 O_2 煤层，中间夹有不超过 5cm 厚的矸石层，下煤层系 N 被较厚的矸石层与上煤层系 O 分开（图 18）。根据巷道地质资料发现两条断层：

· 在南部基面有一条走滑断层 BL1，断距 3.20 m，走向 NE。该断层在运输巷道南端被再次发现，其断距为 2.50 m，但被分成两条倾向相反的断层。

· 在通风巷道的南部发现另一条走滑正断层 BL2，走滑距 0. 50 m，正断距 0. 60 m（图 18）。

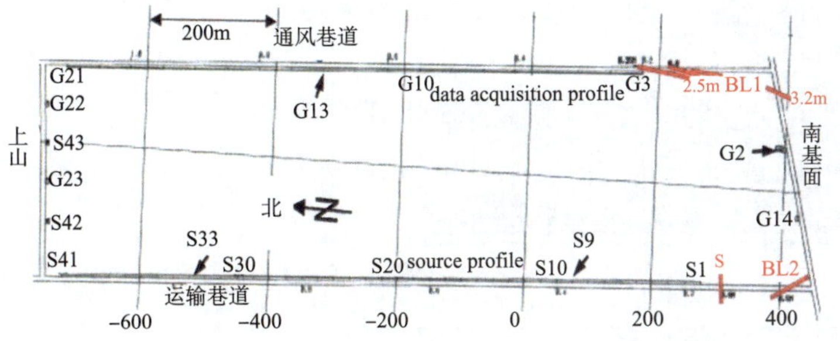

图 17　O/N 煤系工作面内的透射槽波勘探工作布置图

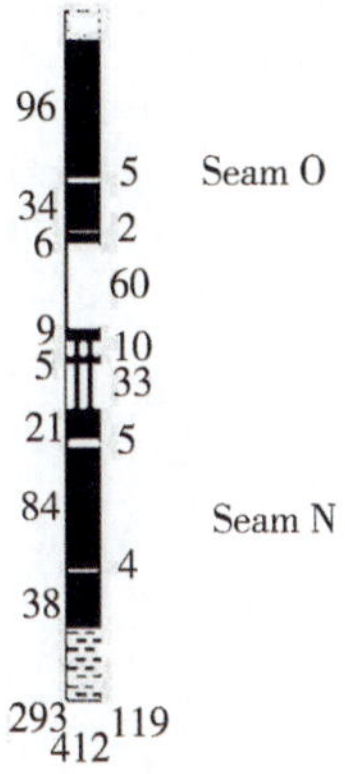

图 18　O/N 煤系地质柱状图

图 19 是上述工作面所获得的勒夫波速度 CT 成像图，勒夫波主频为 250 Hz[4]。

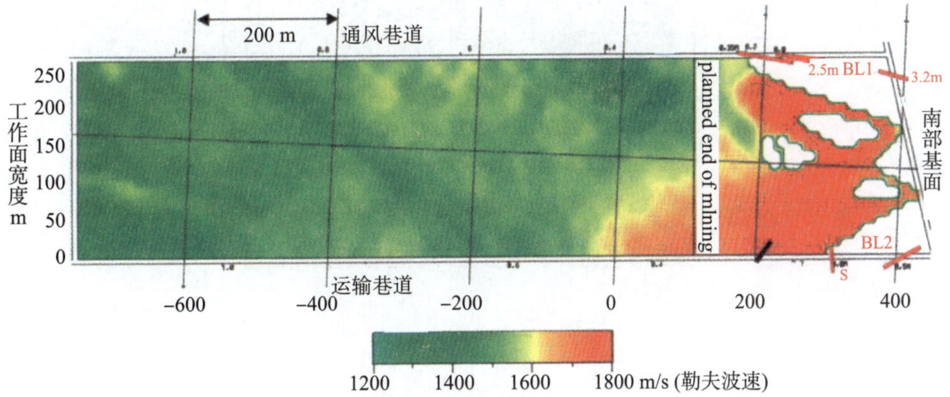

图 19　勒夫波速度 CT 成像图

为了进一步解释槽波的观测结果，对每一地震道槽波频散分析结果与根据巷道地质资料所计算的理论槽波频散曲线进行对比。图 20 是在 S33 号炮点激发，在 G13 点接收的槽波数据进行频散计算后所获得的勒夫波和瑞利波频散曲线。

从图 20 可见，勒夫波频散曲线清晰，勒夫波主频 L_N 在 250 Hz 左右，能量强，速度约 1500 m/s，瑞利波频散曲线模糊，主频约在 250 Hz 左右，能量很弱，所以在透射法槽波勘探中主要应用勒夫波频散分析结果进行速度 CT 成像。图 21 是根据巷道地质资料计算的勒夫波理论频散曲线，在计算中分别设定矸石层厚度为 10cm（SD1 曲线），50cm（SD2 曲线）和 100cm（SD3 曲线）。

将图 20 与图 21 对比可见，炮点 S33 激发，G13 点接收的勒夫槽波频散曲线（图 20）与矸石层厚度 50cm（SD_2）和矸石层厚度 100cm（SD_3）的理论槽波频散曲线比较接近。因此可认为 S33 激发 G13 接收所经过的射线路径内的矸石层厚度应在 50～100cm 之间。采后结果证明，该区的矸石层厚度 80～90 cm。

为了定量地确定矸石层厚度变化和煤层分叉边界，需要绘制工作面内勒夫波速度与矸石层厚度之间的关系曲线，再用四级多项式加以近似（图 22）。图中的波速取自勒夫波频散分析结果，矸石层厚度取自巷道地质图。然后根据勒夫波速度分布图（图 19）便可计算出工作面内的矸石层厚度分布（图 23）。

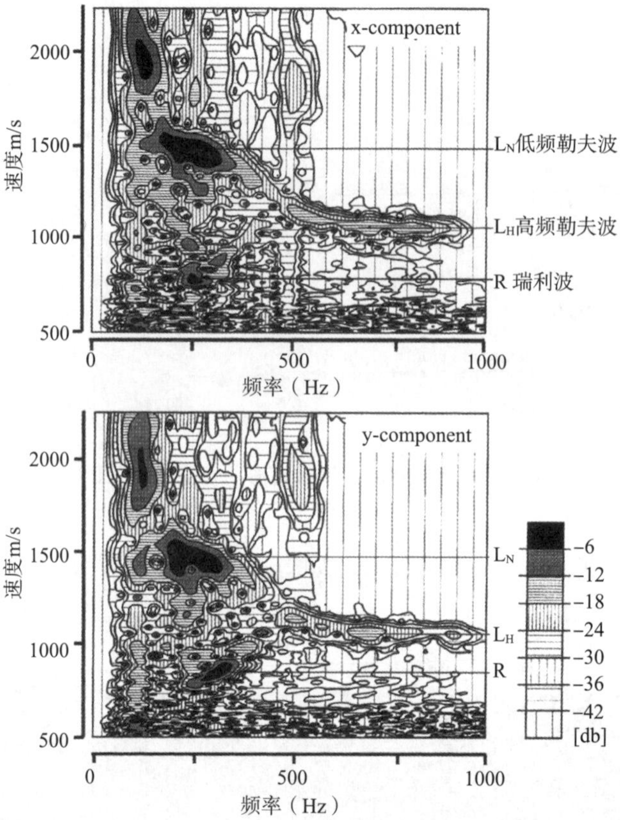

图 20　在 S33 号炮点激发，G13 点接收的低频和高频勒夫波以及瑞利波的 *X* 分量（上图）和 *Y* 分量（下图）的频散曲线

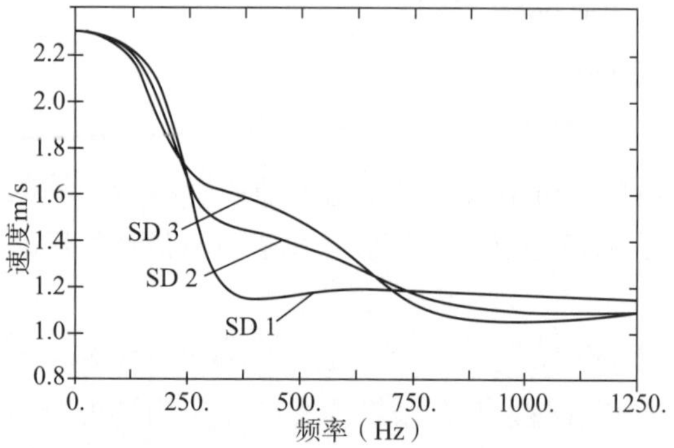

图 21　根据巷道地质资料计算的勒夫波理论频散曲线

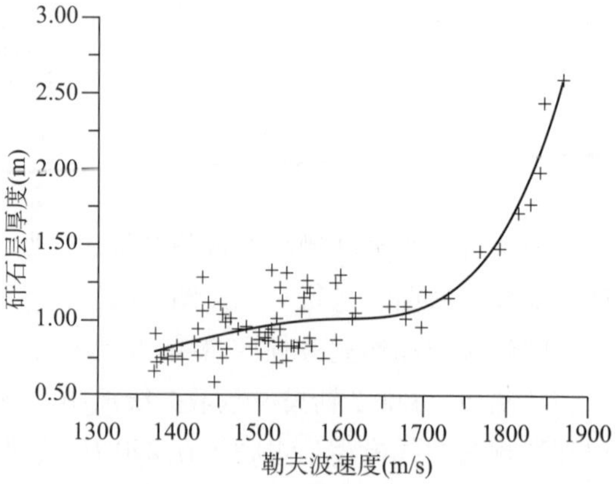

图 22　勒夫波速度与矸石层厚度之间的关系曲线

从图 23 可见，O/N 煤系内部的矸石层厚度从工作面北部的 0. 8 m 向南增厚至 1. 0 m，然后向南基面方向急剧增厚至 2. 5 m。矸石层急剧增厚的边界是煤层分叉的位置。

450～650 Hz 的高频勒夫波主要沿着 N 煤底面传播，它含有断层带信息。图 24 是高频勒夫槽波在工作面内不同地点的透射质量，也即能量损耗情况。绿色区域代表槽波透射质量高，能量损耗很小，兰色区域代表有能量损耗。在工作面北部的较大区域内高频勒夫波有能量损耗，这是因为该区的煤层倾角变大。工作面东南的兰色区域也有能量损耗，原因是这里有构造扰动。

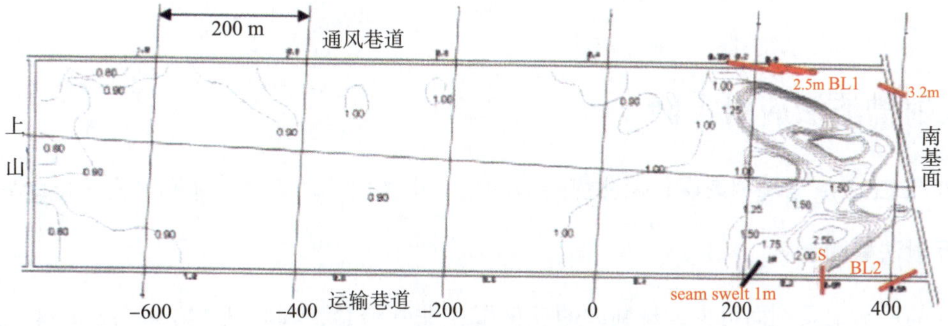

图 23 工作面内矸石层厚度分布图

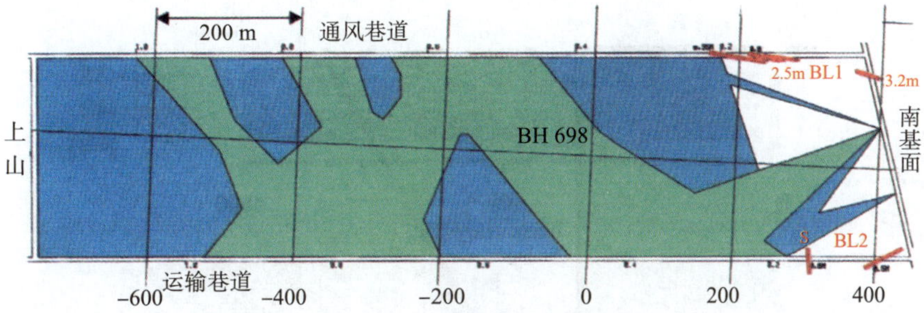

图 24 高频勒夫波透射质量，即能量损耗分布图

图 25 是低频勒夫波在工作面内的透射质量。低频勒夫波是在煤系 O_1/O_2 和 N 内部传播的，因此它对煤层内部的变化特别敏感，并且含有煤厚变化和矸石层厚度的信息。不同颜色代表低频勒夫波在工作面内的传播质量。工作面内的大部分地区为绿色，代表低频槽波透射质量高、损耗小，表明矸石层厚度变化很小。在工作面最西北端的兰色区域透射质量略差，波速最低（图 19），可能是煤系中煤的组份增加所致。向南颜色变成橘黄色-红色，表明低频勒夫波透射质量越来越差，这是因为矸石层越来越厚的结果。绿色和黄色交界地带是煤层开始分叉的边界，这与矸石层厚度急变边界是一致的（图 23）。

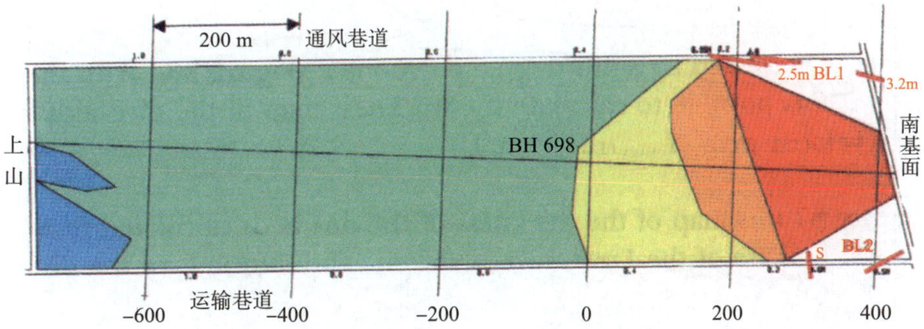

图 25 低频勒夫波透射质量分布图

根据槽波的频散分析结果可获得工作面内速度分布的精密图像，但速度变化有不同原因，例如煤厚变化，矸石层厚变化，断层和破碎带以及煤层内部各种地质异常体和老窑的存在等等。正确的解释

速度变化不仅需要了解透射和反射槽波的传播特性，而且更需要巷道地质图所揭示的地质信息以及钻探资料等。

5　反射槽波法应用实例

反射槽波法主要应用瑞利波震相探测煤层内的大、小断层，岩浆侵入体和老窑等反射异常体。

5.1　反射法探测断层

从图 26 的反射地震剖面可见，瑞利波的反射震相非常清楚，到时从 120 ms 延至 440 ms，是断层的确切标志。该断层与巷道大致呈 30°斜交。在该反射界面之后还有两个较弱的反射界面，其中一个呈弯曲状分布，另一个呈较短的直线分布，它们也是断层的反映。

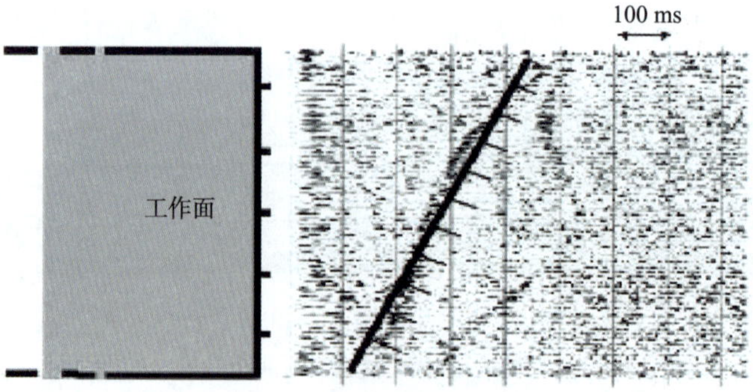

图 26　反射法探测断层实例

5.2　反射法探测多条平行断层

图 27 下图是瑞利波相位的反射断面，上图是解释结果。本区在通风巷道和运输巷道内并未发现断层，但经过反射槽波探测后发现工作面内有多条平行断层，这些断层发育区是不宜开采的（红色以上区域）。

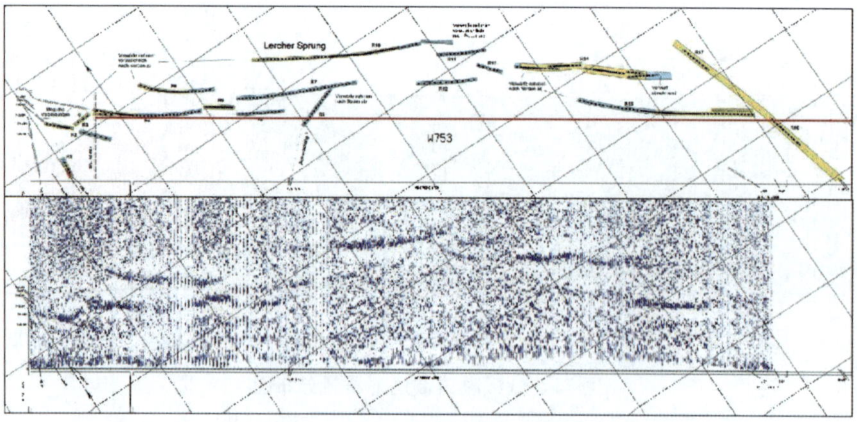

图 27　反射法探测多条平行断层

6 透射/反射法联合勘探实例

评估开采安全性

图28上图为反射法所观测到的瑞利波相位分布，可见在图左上角有一组强反射相位，图右下角有一组弱反射相位，它们都是来自断层的瑞利波反射相位。

根据巷道地质图，在该工作面内煤层稳定，但勒夫波CT成像结果表明，在工作面左上角勒夫波速度明显偏高，这是煤层地压增高所致；瑞利波反射震相清晰，这是断层所致；槽波传播质量极差，这是煤层遭受强烈扰动所致，所以工作面的左上角是开采危险区。虽然工作面右下角也有断层存在，但地压不高，槽波传播质量较好，它是开采低度危险区。在此：安全开采区是指没有断层，波速变化不大，槽波质量高；高度危险区是指断层发育，地压高，槽波质量极差；低度危险区和中度危险区处于上述两者之间。当然，在不同条件下，评估开采安全性所依据的因素是有差异的。

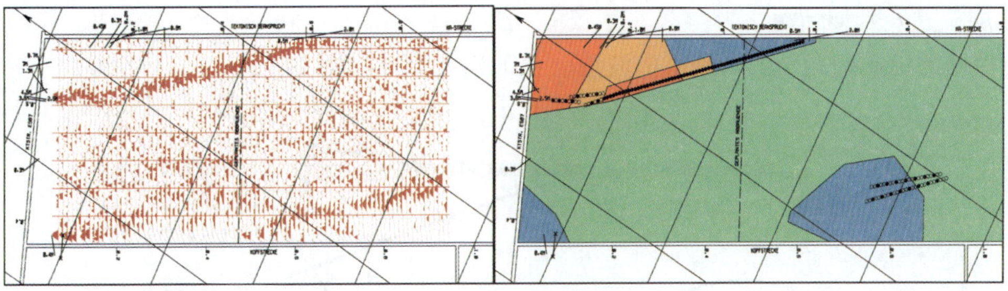

图28 安全开采评估图

绿色：安全开采区；蓝色：低度危险区；褐黄色：中度危险区；红色：高度危险区，不宜开采

图28透射法/反射法联合勘探-评估开采安全性黄色区域的速度值在1200～1600 m/s之间，较高速的黄色从北向南增多，这是因为矸石层从北向南逐渐增厚。在南端速度值高至1600 m/s（红色），在接近南部基面处高达1800 m/s，速度值增加表明矸石层厚度显著加大，煤层向南部分叉。

从上述的应用实例可见，在槽波地震勘探中通过勒夫波频散曲线分析，速度CT成像，能量传播CT成像，勒夫波主频变化，瑞利波震相追踪，以及瑞利波反射震相成图等结果，结合巷道揭露的地质资料，揭露工作面内的各种地质异常体和潜在灾害事件的存在，以确定灾害预防和治理方案及科学合理的采掘方案，计算工作面的产煤总量和采掘比以及不同地段的采掘安全性。

7 河南义马煤业集团透射槽波法应用实例评述

7.1 仪器组成

我国河南义马煤业集团2010年从德国DMT公司定购一套防爆槽波地震仪，包括：

- 1台中心站；
- 30个双道数据采集站；
- 30个双分量水平检波器；
- 6个智能型中继站；
- 2个触发单元；

- 6 条数据传输电缆；
- 3 个充电站；
- 1 个爆炸单元（包括触发脉冲单元）；
- 槽波数据处理和解释软件。

上述设备于2010年6月到货，2010年7月10日德国DMT公司派两位专家和北京欧华联科技有限责任公司工程技术人员共同与义马煤业集团地质研究所人员进行现场验收和技术培训。

7.2　现场施工，验收

验收地点选在义安煤矿11061工作面。义马煤业集团要求在验收过程中，除检验设备的功能、技术指标和稳定性以及培训人员外，还希望探明11061工作面的主要地质问题。

根据工作面掘进过程中实际揭露的地质资料，掘进巷道附近的煤层厚度变化很大，最厚处7 m，最薄处1 m，煤层倾角最大12°，最小1°，煤层结构复杂，瓦斯涌出量较大。

希望探明的主要地质问题有：

（1）煤层厚度变化；

（2）断层位置及延伸情况。

根据要探明的地质问题，选择透射槽波法。井下施工设计如图29所示。

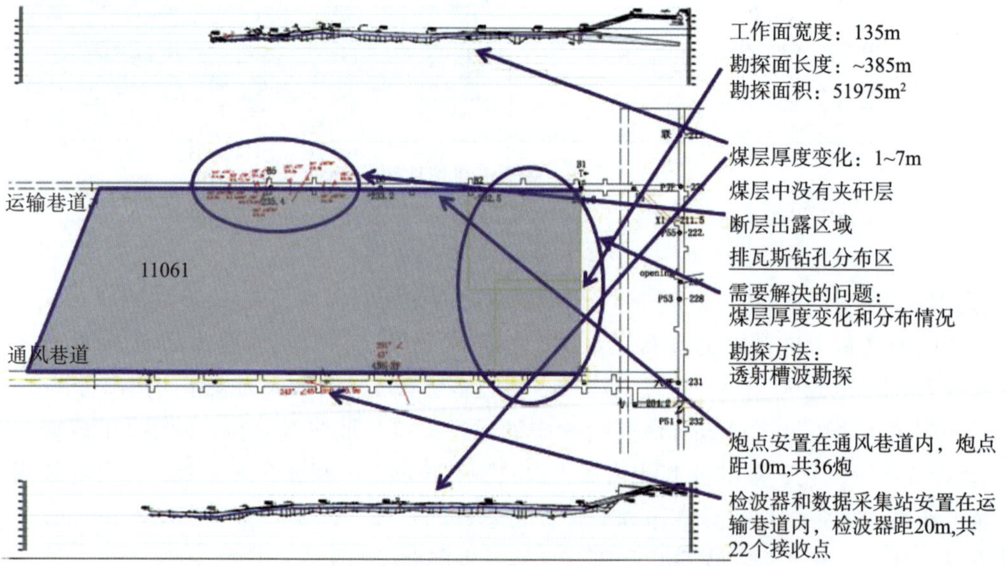

图29　义安煤矿11061工作面的透射槽波勘探设计图

根据施工设计图进行现场施工，包括：

（1）选择炮点和接收站（包括检波器和数据采集站）位置，并标明它们的坐标。炮点和接收站一般位于煤层中部。

（2）在选择的炮点处打眼，深约2 m，装填150 g炸药；检波器孔深约2 m，直径55 m，安置检波器后充气，以保证检波器与煤层紧密接触。

（3）布设数据传输线，数据采集站和中心站等。

（4）对布设好的仪器设备进行现场检测，一切完备后开始放炮、记录。中心站可实时显示观测结果。

11061工作面井下槽波探测共花费8小时30分钟，时间分配见图30。

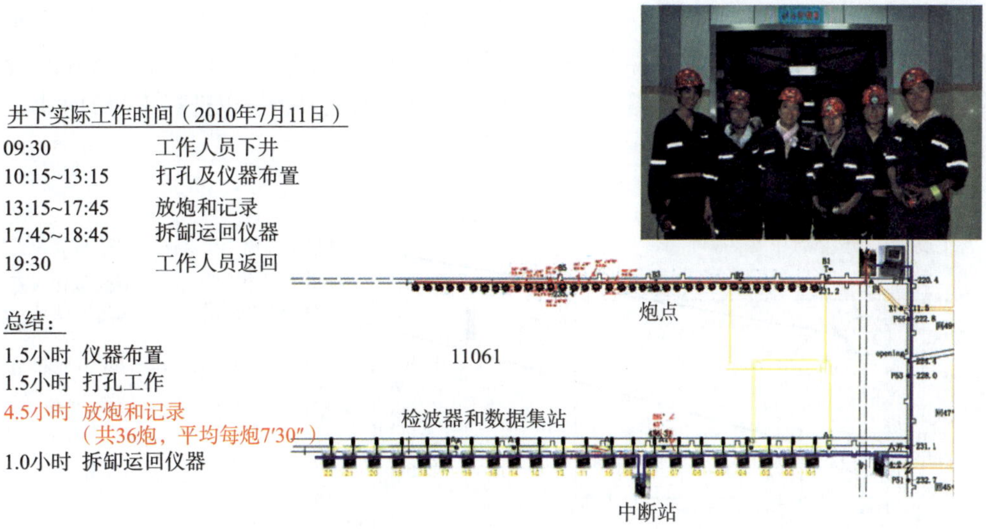

图 30　透射法勘探炮点和检波器布置及井下实际工作时间

7.3　义安煤矿 11061 工作面透射槽波应用实例

1）槽波记录图

图 31 是第 17 炮的槽波记录（11061 工作面共用 36 炮，所以有 36 份这样的记录文件），从图可见，直达 P 波清晰、连续、到时最早；其后跟随的是直达 S 波，震相强、清晰、可连续追踪；最后达到的是一组瑞利波震相 R，频率高、震相最强、速度最慢；勒夫波震相 L 位于直达 S 波和瑞利波之间，振幅弱、连续性较差。

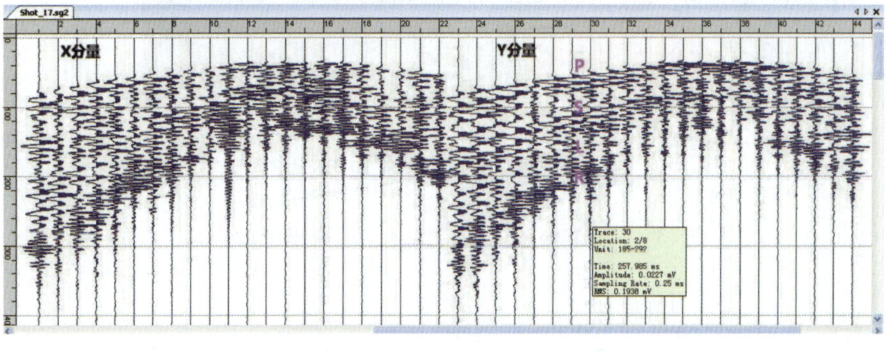

图 31　第 17 炮的槽波记录图

左图是 X 分量槽波信号，右图是 Y 分量槽波信号，P 代表直达 P 波震相，S 代表直达 S 波震相，L 代表勒夫波震相，R 代表瑞利波震相

2）勒夫波频散分析和速度成像

透射法槽波勘探主要建立在勒夫波频散分析和勒夫波速度 CT 成像基础之上。首先要对所有接收点所记录到的每一炮槽波数据进行频散分析，以确定勒夫波主频并计算和绘制该频率下的勒夫波速度 CT 成像。

由于 11061 工作面煤厚变化在 1～7 m 之间，在如此巨大的煤厚变化条件下，要取得最佳的勒夫波速度 CT 成像结果必须考虑如何选择勒夫波的主频。图 32 是不同煤厚时的勒夫波频散曲线，从图可见，选择 125 Hz 作为频散分析主频，可对 2～5 m 之间的煤厚变化取得最好的速度成像结果；选择 250 Hz 作为主频，可对小于 2 m 的煤层取得最好的成像结果；选择 75 Hz 作为主频，可对大于 5 m 的煤层取得最好成像结果。折中考虑之后，选择 125 Hz 作为勒夫波的频散主频及该频率下的速度成像结果（图 31），作为最终的成果和地质解释的依据。当然，对不同煤厚的地段也可以选择不同的主频，并计算该主频下的速度成像图。

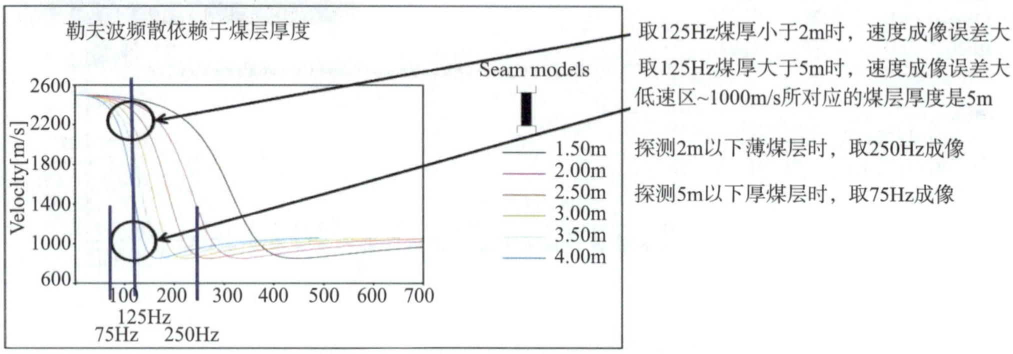

图 32　勒夫波频散与煤层厚度关系

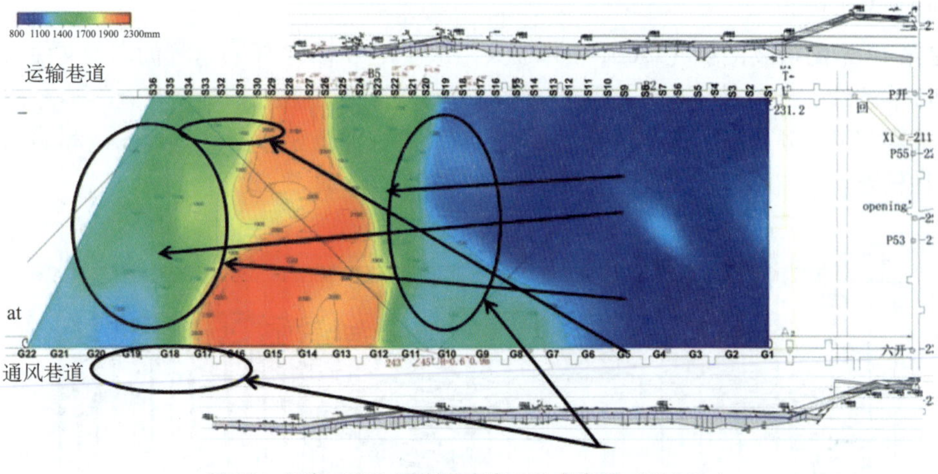

图 33　义安 11061 工作面速度 CT 成像图（125 Hz）

从图 33 的 125 Hz 的速度成像结果可见：

（1）在工作面右半部，炮点 S1～S19 之间是低速区，速度值从 1200 m/s 向右降至 1100 m/s。该区煤厚比较稳定，在 6～7 m 之间。

（2）在工作面左侧，炮点 S25～S30 之间是一高速区，速度值在 1700～2200 m/s 之间变化，此高速区宽度从运输巷道向通风巷道方向扩展。该高速区是 11061 工作面内煤层最薄，断层发育的地区，根据瓦斯监测结果该高速区也是瓦斯含量最高的地区，高瓦斯含量可导致勒夫波速增高。

（3）在上述高速区右侧，炮点 S20～S26 之间是一中速区，速度值在 1300～1800 m/s 之间变化，该中速区两侧的速度梯度带是断层发育区。高速区左侧，炮点 S30～S36 之间也是中速区，也有一速度梯度带存在。

（4）在工作面左下方出现低速区，在此煤层加厚。

根据巷道地质图揭露的不同地段的煤层厚度及其对应的波速值（取自图 33），经过统计分析便可绘制出 11061 工作面的煤层与波速的关系曲线，据此曲线就可以把波速成像图转换为煤厚分布图。

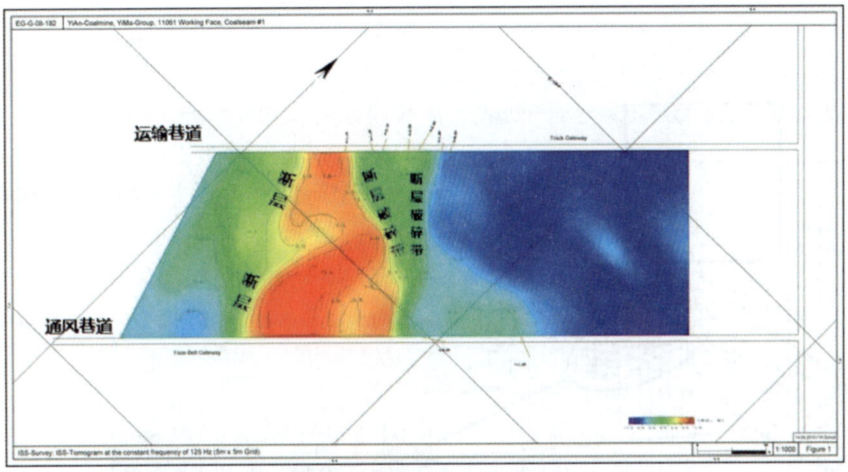

图 34　义安煤矿 11061 工作面煤层厚度及断层分布图

3）透射槽波所反映的其他地质信息

除上述的勒夫波频散分析和速度成像所给出的 11061 工作面内的煤层厚度变化和断层分布等重要成果外，所观测到的槽波特征还给出了其他一些重要的地质信息，例如：

（1）透射槽波传播质量分区：每一炮所产生的槽波均穿透煤层后被接收。如果所接收的槽波仍清晰可见，未受干扰，则说明该槽波所穿过的区域构造简单，煤层未受扰动；如果被接收的槽波被强烈干扰，难以识别，则说明槽波所穿过的区域构造复杂，煤层被强烈扰动。图 35 是义安煤矿 11061 工作面内透射槽波传播质量分区图。从该图可见，在高速区中部存在一个透射槽波被强烈扰动的地段（黄色），该地段也是含高瓦斯地带。

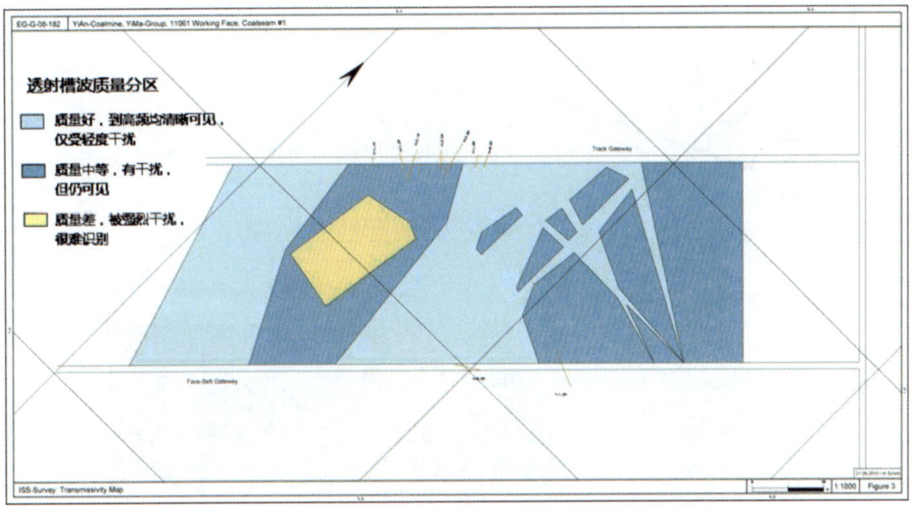

图 35　义安煤矿 11061 工作面透射槽波传播质量分区

（2）分析不同炮点所产生的瑞利波频率和振幅变化：前已述之，瑞利波到达在透射槽波的最后到达，煤层越薄产生的瑞利波频率越高，振幅越大。如图 36 所示，在接收点 G10 处由炮点 S1～S17 所激发的瑞利波频率和振幅相对较低，而在同一接收点处由炮点 S18～S36 所激发的瑞利波频率和振幅相对较高，这说明在炮点 S18～S36 和接收点 G10 所圈定的扇形地段内煤层厚度要比 S1～S17 和接受点 G10 所圈定的扇形地段内的煤层厚度明显变薄。这与前述的勒夫波速度 CT 成像和煤层厚度变化（图 33，图 34）是一致的。

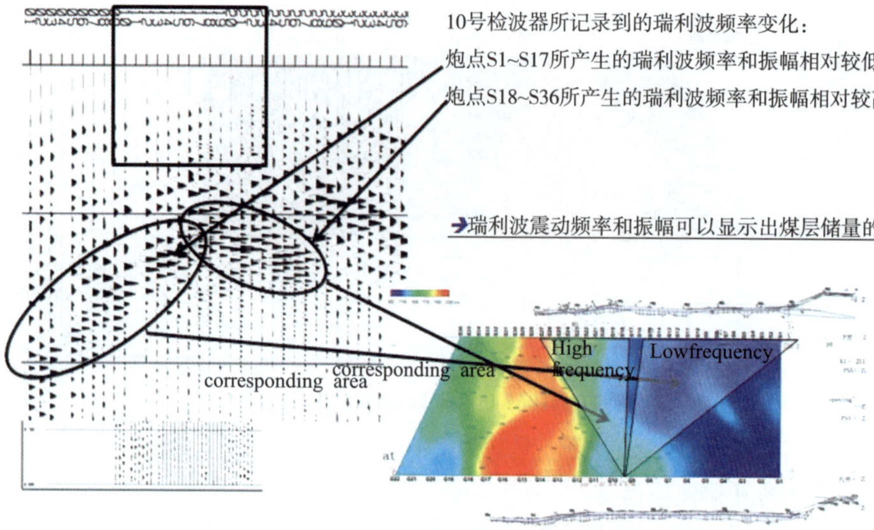

图 36　义安煤矿 11061 工作面内瑞利波频率和振幅变化分析

（3）槽波异常分析：当在固定的接收点上按炮序绘制透射槽波记录图时，发现在 G6 接收点的 X 分量上、在瑞利震相之后还有一反射槽波震相（图 37 上由圆圈圈定的局部震相）。该局部震相只出现在 G6，G7，G8 和 G9 接收点上，所以它应是煤层内体积较小的地质异常体的反映。该异常体位于工作面右上角（由圆圈所圈定），其原因有待查明。

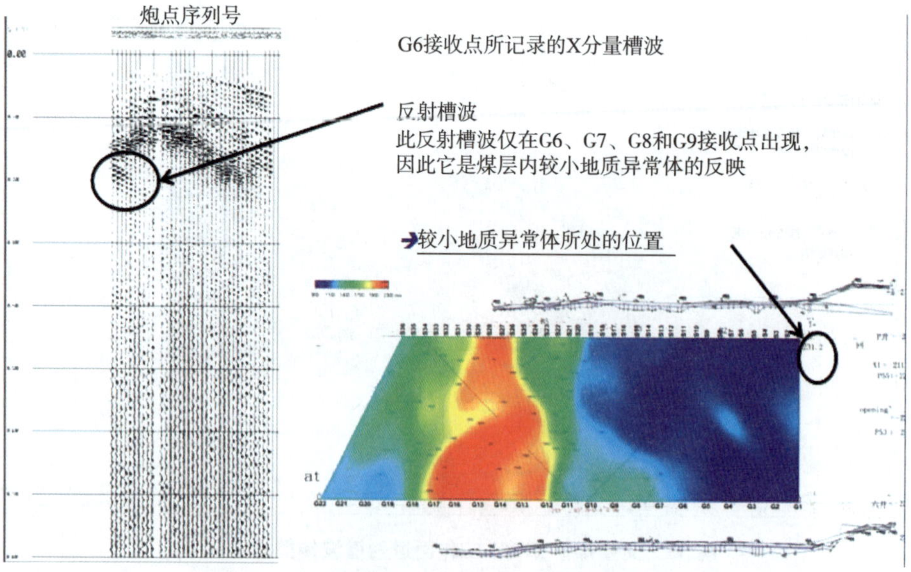

图 37　义安煤矿 11061 工作面内槽波异常分析

从河南义马煤业集团义安煤矿 11061 工作面的透射槽波现场验收结果可见：

（1）槽波勘探可以获得煤层内部各种地质信息（包括评估高瓦斯地带），槽波法探测精度高，可以分辨出较小的断层和地质异常体。

（2）槽波探测距离很大，是煤层厚度的 300 倍，可以获取整个工作面的各种地质信息。

（3）槽波勘探所获得的信息量又大、又丰富，可以提供很多有价值的地质信息。

（4）DMT 槽波勘探设备比较轻便，有极高的防爆功能。定购的槽波地震仪均已获得国家矿业产品安全中心颁发的《矿用产品安全标志证书》。

（5）槽波工作效率高，一个或最多两个工作日可完成宽 200～500 m，长达 1000 m 的工作面的探测任务。

（6）槽波仪器操作和现场施工比较简单，容易掌握，但槽波数据处理和解释需经专门培训和一定的经验积累。

8 河北煤炭科学研究院透射和反射槽波法应用实例

河北煤炭科学研究院利用德国 DMT 公司生产的 Summit Ⅱ Ex 防爆槽波地震仪，从 2011 年 4 月开始到年末在不同矿区做了 8 个地震槽波项目。下面将该研究院的 3 个槽波探测结果简介如下。

8.1 透射槽波探测陷落柱

对山西寿阳段王煤业集团有限公司 090606 工作面进行陷落柱探测。在该探测中接收点位于轨道巷内，点距 10 m；激发点（炮点）位于皮带巷内，炮点距 10 m。图 36 是探测结果。图中速度值大于 1500 m/s 的高速异常体（红色）是槽波法预测的陷落柱位置和大小，红线圈定的是已被揭露的陷落柱大小和位置，图中部两个大型的槽波法预测的陷落柱一个已被揭露，另一个等待揭露中。由于槽波预测的陷落柱是高速异常体，它们是干陷落柱。在此，井下槽波圈定的陷落柱直径大于 15 m。可见，井下透射槽波对圈定陷落柱是准确的。

8.2 在已开采巷道探测拟采工作面的地质构造

用反射法探测邢东矿 1228 工作面内断层：1228 工作面位于 1226 工作面下方，1228 工作面正准备开采。探测目的是采用槽波反射法在 1226 工作面的运料巷道探测 1228 工作面的断层分布，为 1228 工作面的巷道安全掘进提供依据。

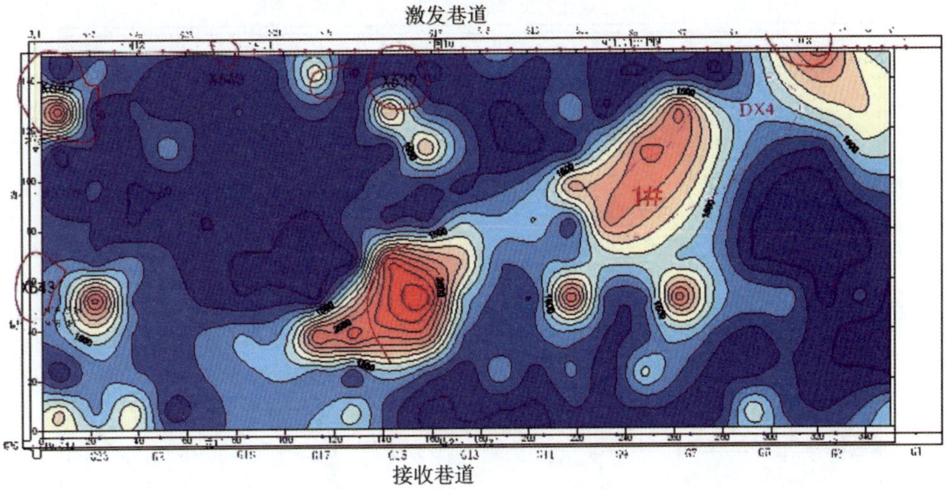

图 38 透射槽波在山西寿阳段王煤业集团有限公司 090606 工作面探测陷落柱的成果

槽波反射剖面位于1226工作面的运料巷道，共布置24个接收点和23个炮点，炮点距20 m，道间距20 m，药量300 g/炮，接收点和炮点相间排列。图39是反射剖面叠加图：在靠近观测剖面最近的、最早到达的强震相是直达波，随后到达的是三个反射震相。该三个反射震相与实际揭露的断层（黑色窄双虚线）完全一致，但地面三维地震圈定的两条断层（黑色宽双虚线）与实际揭露的断层差距很大。

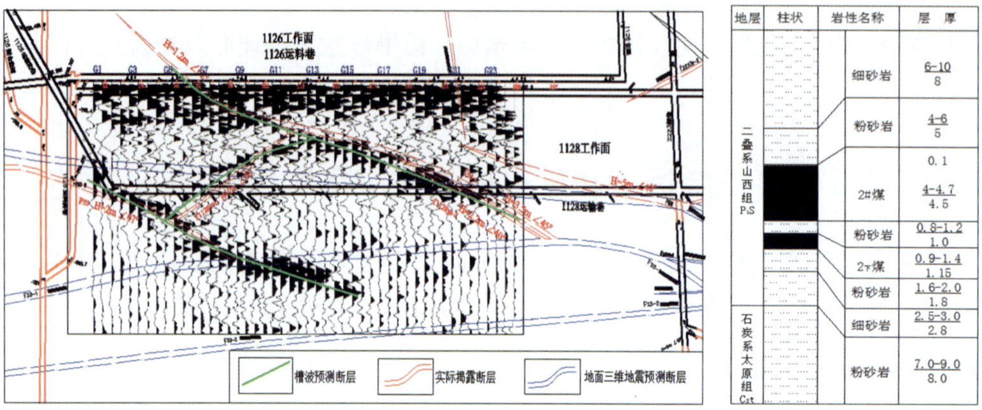

图39　邢东矿1228拟采工作面断层分布

8.3　在下巷探测拟采工作面断层

2505工作面是设计的掘进工作面，在掘进之前采用反射法在2505下巷内布置槽波反射剖面探测2505工作面内的地质构造（图40）。图41是反射槽波叠加剖面，靠近观测剖面最近的、最早到达的强震相是直达波，随后到达的、出现在剖面左侧的次强震相是反射震相。该反射震相位置与地面三维地震所圈定的断层末端位置一致，故可认为该反射震相是断层，但它比地面地震圈定的断层走向复杂，并且地面地震所圈定断层的其余部位没出现槽波反射震相，其原因有待采后证明。此外，在上述震相之后，有一个连续的弱反射震相出现，其走向呈曲线状，推断为断层。

观音堂煤业2505槽波地震勘探工作布置示意图

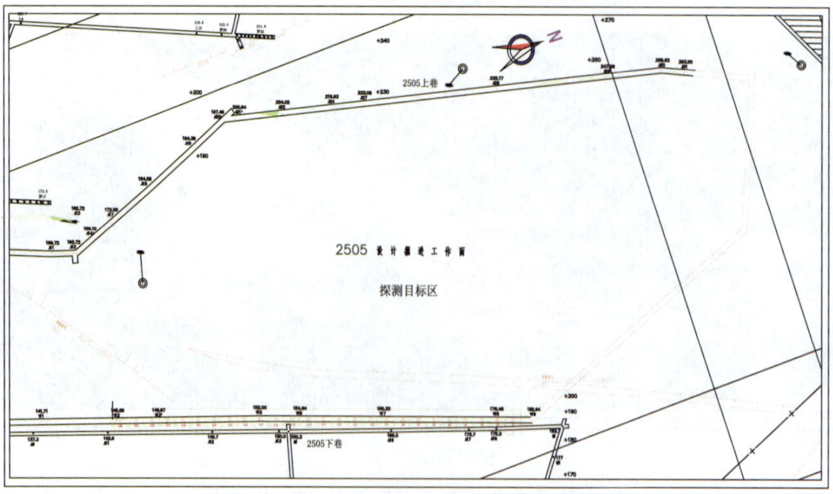

图40　2505工作面和反射槽波探测布置图

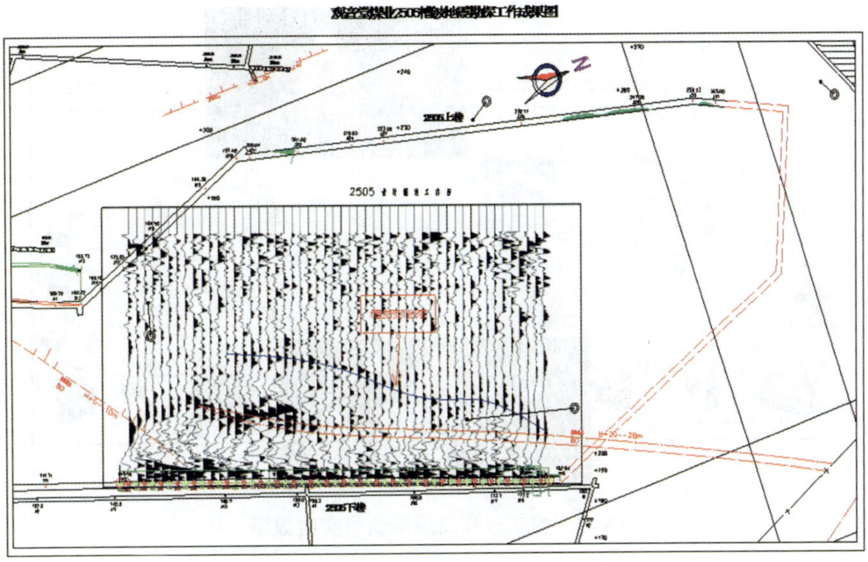

图41　2505工作面反射槽波叠加剖面

9　井下槽波勘探施工简述

（1）勘探方案设计：主要根据勘探目标，精度，工作面几何尺寸，现有的数据采集站数量和巷道地质图等资料，设计所采取的勘探方法（透射法或反射法或透射/反射联合法），炮点和接收点位置及密度，并标在施工设计图上。

（2）施工前准备：根据施工设计图中的炮点和接收站位置（一般在煤层的中部），打好炮眼（直径无要求，深约2 m，炸药量100～200 g）和检波器埋置孔（直径55 mm，深2 m）。

（3）施工布置：布置好仪器设备，安置好检波器，对整个仪器系统进行最后一次检查（图42）。

（4）施工：炮工通过电话与主机操作员联系后，引爆炸药，主机实时显示各数据采集站记录到的地震信号（图43）。

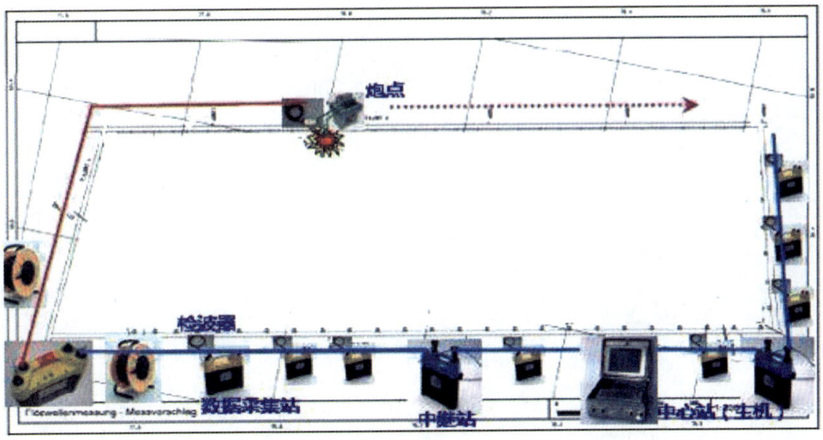

图42　施工现场仪器设备布置

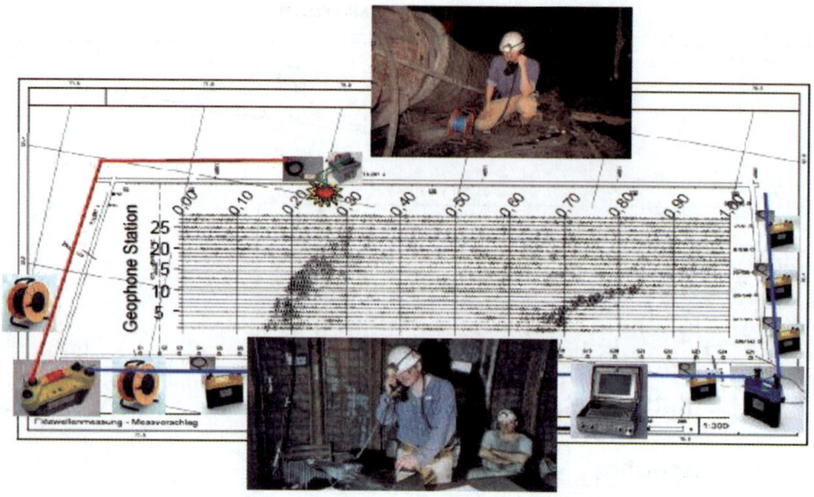

图 43　施工过程及观测信号实时显示

参 考 文 献

[1] 杨真，2009，基于 ISS 的薄煤层采空边界探测理论与试验研究，博士论文。
[2] 刘天放、潘东明、李德春、李海山，1994，槽波地震勘探，北京：中国矿业大学出版社。
[3] V. Scheape，ISS Method and Seismic instrument family with its application，地球物理新技术与应用交流会，2013 年 3 月 25～29 日。
[4] Bodo Lehmann，2007，Seismic traveltime tomography for engineering and exploration applications，EAGE.

附录一

刘国栋论文（研究成果）目录

1. 刘国栋，根据地球物理等资料对华北地台基底构造格式的初步探讨，中国地质学会第一届构造地质学术会议论文摘要汇编，中国地质学会，1965，139～140。
2. 刘国栋，根据重磁力资料对郯庐断裂带北延及平移等问题的探讨，中国地质学会第一届构造地质学术会议论文摘要汇编，中国地质学会，1965，141～142。
3. 刘国栋，邢台地震的地质背景及其成因，1966 年邢台地震科学讨论会大会报告，1966 年 5 月，北京 。
4. 刘国栋、张木生、赵国泽、王宝钧、徐常芳，LH-1 型大地电磁测深仪研制报告，1973。
5. 刘国栋、张木生、赵国泽、秦国卿、徐常芳，LH-2 型大地电磁测深仪研制报告，1975，1～3。
6. 刘国栋，大地电磁方法、仪器及其应用，地震地质译丛，第 1 卷，第 2 期，1979，16～24。
7. 刘国栋，论华北断块结晶基底的早期结构，华北断块形成与演化，科学出版社，1980，62～72。
8. 刘国栋、孙洁、顾群、张木生、石樟松、史书林、王宝钧、赵国泽，北京地区的地壳上地幔电性研究，北京地震地质会战文集，1980，66～77。
9. 刘国栋、张木生、秦国卿、邓前辉、邓连智、徐常芳等，SD-1 型数字大地电磁测深仪及软件系统研制报告，1981，1～5 。
10. 国家地震局地质研究所大地电磁测深组，北京平原地区大地电磁测深结果，大地电磁测深，北京：地震出版社，1981，74～79。
11. 国家地震局地质研究所大地电磁测深组，北京凤河营地区的地壳电性结构及其在唐山地震前后的变化，大地电磁测深，北京：地震出版社，1981，89～95。
12. 国家地震局地质研究所大地电磁测深组，SD-1 型数字大地电磁测深仪，大地电磁测深，北京：地震出版社，1981，115～133。
13. 刘国栋、张汝惠、吴乾藩、顾群、洪汉净、郝书俭，华北大震及其与地壳上地幔的热动力学过程，中国地震学会地震地质专业委员会，中国大陆地震构造及地壳动力学学术讨论会论文摘要汇编，1981，64。
14. 刘国栋、邵学钟、张家茹、孙洁、殷秀华，华北北部地区主要大震的深部孕震环境，中国地震学会地震地质专业委员会，中国大陆地震构造及地壳动力学学术讨论会论文摘要汇编，1981，65。
15. 刘国栋、虢顺民、刘昌铨，地震地质背景，国家地震局一九七六年唐山地震编辑组，1976 年唐山地震，北京：地震出版社，1982，71～130。
16. 刘国栋、刘昌铨，华北北部地区地壳上地幔构造及其与新生代构造活动的关系，中国科学 B 辑，1982，第 12 期，1132～1140。
17. Liu Guodong，The electrical structure of the crust and upper mantle and its relationship with seismisity in the Beijing–Tianjin–Tangshan region and adjacent area. Sixth Workshop on EMI in the Earth and

Moon. Victoria Canada. 1982.

18. 刘国栋、顾群、史书林、孙洁、石障松、刘金汉，京津唐渤和周围地区地壳上地幔电性结构及其与地震活动的关系，地球物理学报，1983，26（2）：149～157。
19. 刘国栋，发展中的大地电磁测深法，地球物理文集，中国地球物理学会，1983。
20. Liu Guodong and Liu Changquen, Structures of crust and upper mantle and their relationship to Cenozoic tectonism in northern part of North China, Scientia Sinica（B）, 1983, 26（5）: 550-560.
21. 国家地震局地质研究所大地电磁组，石油部地球物理勘探局仪器厂电法仪器组，SD-1 型数字大地电磁记录系统，地球物理学报，1984，27（6）：600～604。
22. 刘国栋、史书林、王宝钧，华北地区壳内高导层及其与地壳构造活动性的关系，中国科学，B 辑，1984，第 9 期，839～848。
23. 刘国栋，地壳上地幔结构研究的某些新进展（一），地震学刊，1984，第 1 期，29～36。
24. 刘国栋，地壳上地幔结构研究的某些新进展（二），地震学刊，1984，第 2 期，17～22。
25. 刘国栋、赵国泽，华北地区的壳内高导层和壳内低速层，第一次全国地壳上地幔物理学术讨论会论文集，1984，162～169。
26. 马杏垣、刘国栋、宿俭，华北及东北油区大陆岩石圈构造和动力学，石油实验地质，1984，6（3）：180～191。
27. 鹿刚、刘国栋，国外磁大地电流仪器介绍，国外地质勘探技术，1984，第 12 期，13～18。
28. Ma Xingyuan, Liu Guodong and Su Jian, The Structure and dynamics of the continental lithosphere in north-northeast China. Annales Geophysical, 1984, Vol. 2, No. 6.
29. Liu Guodong, Shi Shulin and Wang Baojun, Conductive layer in the crust in North China and its relation to crustal tectonism. Scientia Sinica（Sereis, B）, 1984, Vol. 27, No. 10. 1093-1104.
30. 刘国栋、汪一鹏，中国的强震活动与地球动力学过程关系的初析，中国地震学会，1984，6～8。
31. 刘国栋，华北平原新生代裂谷系及其深部过程，地壳现代构造运动（1），北京：地震出版社，1985，17～25。
32. 宋熏珍、刘国栋，华北平原北部上地幔软流圈底辟构造的数学模拟，地壳现代构造运动（1），北京：地震出版社，1985，150～156。
33. 刘昌铨、刘国栋、邵学钟、吴乾藩，我国深部地球物理探测工作的主要成果，国家地震局 1983 年鉴，北京：地震出版社，1985。
34. 赵国泽、刘国栋，一种二维大地电磁反演方法，地震地质，1985，第 7 卷，第 4 期，56～58。
35. 刘国栋，地壳上地幔构造，国家地震局 1984 年鉴，北京：地震出版社，1986，68～77。
36. 刘国栋，大地电磁测深，中国大百科全书固体地球内部学，北京：中国大百科全书出版社，1986，1～5。
37. 赵国泽、刘国栋、王家映，北京-柏各庄剖面连续介质大地电磁反演解释，地震学报，1986，第 8 卷，第 2 期，179～190。
38. 刘国栋，冀中坳陷地区的构造背景与孕震环境，文安-霸县地壳隆起的研究，北京：地震出版社，1986，18～27。
39. 刘国栋，华北地区地壳厚度及上地幔高导层深度，华北地区 1987～2000 年地震危险区判定图册，西安：西安地图出版社，1986。
40. 刘国栋，华北地区航磁 ΔTa 上延 10 km 异常图与地震活动，华北地区 1987～2000 年地震危险区判定图册，西安：西安地图出版社，1986。

41. 刘国栋，大地电磁测深反演中应注意的几个问题，勘探地球物理专辑（第二辑），北京：地质出版社，1987，76～83。
42. 赵国泽、刘国栋、王宝钧，华北平原地壳上地幔电性结构及上地幔部分熔融，勘探地球物理专辑（第二辑），北京：地质出版社，1987，115～122。
43. 周雪清、刘国栋、张木生、刘任、王天声、汪德琨、张先觉，雪峰山及其两侧地区深部构造特征初探，勘探地球物理专辑（第二辑），北京：地质出版社，1987，123～137。
44. 罗焕炎、刘国栋、张淑霞，内蒙塞汗乌力吉地区地壳电性结构的边界元与有限元耦合模拟，地震地质，1987，第3卷，第2期，29～34。
45. 刘国栋，中国区域地球物理场和地壳、上地幔构造的基本特征，马杏垣主编，中国岩石圈动力纲要，北京：地质出版社.1987，15～24。
46. Liu Guodong, The Cenozoic rift system of North China Plain and deep internal procese. Tectonophysics, 1987, 133, 277-285.
47. Liu Guodong, MTS studies on the upper mantle conductivity in China. PAGEOPH, 1987, Vol. 125, No. 2/3. 465-482 .
48. 徐杰、刘国栋，关于中国东部大陆一条巨型北西向新生代裂陷盆地的雏议，国际大陆岩石圈构造演化与动力学讨论会，第三次全国构造会议论文摘要，1987，82～83。
49. 赵国泽、刘国栋，华北平原地壳上地幔构造特点及深部热场、重力场分析，国际大陆岩石圈构造演化与动力学讨论会，第三次全国构造会议论文摘要，1987，82～83。
50. Liu Guodong, Xu Jie and Hong Hanjing, Origin and evolution of the Cenozoic basin in the North China and a mantle plume of the Bohai Guef, XIX General Assembly of IUGG, Abstracts Vol. 1, Vancouver, Canada. 1987.
51. 刘国栋、叶洪，华北断块的地壳上地幔结构，断块构造理论及其应用，北京：科学出版社，1988，143～149。
52. 刘国栋，大地电磁测深在岩石圈研究中的应用以及中国大陆地壳上地幔电性结构的基本特征，岩石圈论文集，北京：冶金工业出版社，1988，229～249。
53. 刘国栋，华北地区深部孕震环境的探讨，近期强震危险性研究 ，北京：地震出版社，1988，13～20。
54. Liu Guodong, Structure of the lithosphere and its evolution with North China plateform. Tectonics of Eastern Asia and Western Pacific Continental Margin , Tokyo, ILPP publication, No. 0155, PDELP. publication No. 22, 1988.
55. 刘国栋，地壳上地幔电导率探测技术，地球科学中的新技术，北京：地震出版社，1989，96～120。
56. 刘国栋，地球物理和地球化学图组说明，中国岩石圈动力学地图集，北京：中国地图出版社，1989，1～2。
57. 马宗晋、刘国栋、谢广林，岩石圈动力学特征图组说明，中国岩石圈动力学地图集，北京：中国地图出版社，1989，4。
58. 刘国栋、孙洁、刘金汉，华北地壳、上地幔电性结构，中国岩石圈动力学地图集，北京：中国地图出版社，1989，60。
59. Liu Guodong and Liu Changguan, Struture of lithosphere with in North China platform. IGC. Abstracts. 1989, Vol. 2.

60. 地壳上地幔构造研究室，大地电磁测深研究，国家地震局地质研究所十年，北京：地震出版社，1989，71～73。

61. Liu Guodong, The geoelectrical structure of the crust and upper mantle beneath some seismic area in chinese continent, Workshop HEFEST-1, Erice Italy, 1989, 1-9 .

62. 赵国泽、刘国栋，大地电磁资料的二维反演，地球物理学报，1990，第 33 卷，专辑Ⅱ，第 301 ～312 。

63. 王关勇、刘国栋，用反射法处理 MT 资料的一种尝试，地球物理学报，1990，第 33 卷，专辑Ⅱ. 313～323。

64. 张淑霞、刘国栋，用边界单元法计算地形起伏对大地电磁测深结果的影响，地球物理学报，1990，第 33 卷，专辑Ⅱ，324 ～331。

65. 邓前辉、刘国栋、刘金汉、张木生、汤吉、王关勇，湖北襄樊-福建罗源的大地电磁测量与地壳上地幔电性特征研究，地震地质，1990，第 12 卷，第 2 期，150～158。

66. 卢造勋、刘国栋、位梦华、孟在朴、赵俊猛，中国辽南地区地壳与上地幔介质的横向不均匀性与海城 7. 3 级地震，地震学报，1990，第 12 卷，第 4 期，367～378。

67. 刘国栋、卢造勋，辽南地区地壳与上地慢介质温度结构特征与地震，东北地震研究，1990，第 6 卷，第 3 期，5～13。

68. Zhao Guoze and Liu Guodong, A new inversion scheme for two dimensional magnetotelluric modell ing. J. Geomag. Geoelectr, 1990, Vol. 42, 1209-1220.

69. Liu Guodong, The structures of seismological layer and its underlying layers in some seismic areas of China, International Workshop on Continental Seismogenetic Layer, 1990, 31.

70. 马宗晋、张家声、刘国栋、刘若新，大陆多震层研究现状和讨论，地震地质，1990，Vol. 12，No. 3，262～264。

71. Liu Guodong, The conductivity of the crust and upper mantle and its relation with the seismic velocity and heat flow value along six long profiles in China. 10th Workshop on Electromagnetic Induction in the Earth. Ensenada. Mexico. 1990 .

72. Wolfgram . P. A. , Liu Guodong, Strack, K M. , Vozoff, and Zhang Zhijie, LOTEM Case histories in carbonate exploration. Presented at the SEG/SPG Carbonate Exploration Workshop. Chengdu China, August, 1990, 1-24.

73. 马杏垣、刘昌铨、刘国栋，沿响水至满都拉地学断面的板块构造形迹，中国地球物理学会，1991 。

74. 马杏垣、刘昌铨、刘国栋，江苏响水至内蒙古满都拉地学断面，地质学报，1991，第 3 期，199～215。

75. 刘国栋，深部探测研究的主要方向，中国地震报，1991，第 174 期。

76. 刘国栋，电磁列阵法（EMAP）简介，中国地震报，1991，第 174 期。

77. 刘国栋，中国大陆岩石圈结构基本特征，丁国瑜主编，中国岩石圈动力学概论，北京：地震出版社，1991，82～90。

78. 刘国栋，对提高 MT 法能力的思考，中国地球物理学会，第二次全国大地电磁学术讨论会论文摘要汇编，1991 ，2～4。

79. 邓前辉、孙传文、刘国栋、张木生、赵国泽、汤吉、詹艳、陈乐寿、李群堂、逯自立、刘传茂，电磁阵列剖面法的实施与资料处理初探，中国地球物理学会，第二次全国大地电磁学术讨论会论文摘要汇编，1991，8～9。
80. 江钊、刘国栋、孙洁、晋光文，Robust 估计及其在大地电磁资料处理中的初步应用，中国地球物理学会，第二次全国大地电磁学术讨论会论文摘要汇编，1991，9～10。
81. Lu Zaoxun, Liu Guodong, Wei Menghua, Meng puzai and Zhao Junmeng, Lateral inhomogeneity of crust and upper mantle in southern Liaoning, China and its relationship with the $M=7.3$ Haicheng earthquake, Acta Seismologica Sinica, 1991, 4 (4): 521-534 .
82. Liu Guodong and Gao Qinghua, The developing trend and countermeasure for the environmental problems in China. Workshop HEFEST- II , Erice Italy, 1991.
83. Liu Guodong, MT studies on the conductivity of the crust and upper mantle in China. China National Report (1987 - 1990) for the XXth General Assembly of IUGG Vienna, China Meteorological Press, 1991.
84. Liu Guodong, G. 1. Semyonova, K. Suehiro and Liu Changquan, The Earth crust. The North China Plain-Philippine Sea-Mariana Trench Geotraverse, Moscow Navka, 1991.
85. M. V. Rodkin, Y. Ishikawa and Liu Guodong, Seismisity. The North China Plain - Philippine Sea - Mariana Trench Geotraverse, Moscow Navka, 1991.
86. Stroev, Liu Guangding, A. G. Gainaov, and Liu Guodong, Gravimetry. The North China Plain - Philippine Sea-Mariana, Trench Geotraverse, Moscow Navka, 1991.
87. N. Isezaki, Liu Guodong, Liu Changguen and V. A. Rashidov, Magnetic fields. The North China Plain-Philippine Sea-Mariana Trench Geotraverse, Moscow Navka, 1991.
88. Liu Guodong, Y. Honkura, 1. A. Yakovlev and V. Yu. Semenov, Electrical conductivity. The North Chian Plain-Phil ippine Sea-Mariana Trench Geotraverse, Moscow Navka, 1991.
89. Liu Guodong, Sun Jie and Song Huizhen, Conductivity and seismic velocity of the crust and upper mant1e and seismisity in Shanxi rift zone. EGS General Assembly, Weisbaden, Germany, 1991.
90. 刘国栋、王椿镛，大震震源构造，中国地震学会，1992，286。
91. 刘国栋，中国大陆地壳上地幔电导率结构的大地电磁法研究，固体地理物理论评 1991，北京：地震出版社，1992，45～49。
92. Ma Xingyuan, Liu Changquan and Liu Guodong, The Geoscience Transect from Xiangshui, Jiangsu to Mandal, Inner Mongolia, Acta Geologica Sinica, 5 (1): 1-21 .
93. 刘国栋、宋慧珍，1992，孕震层结构和物性，大陆多震层研究-国际大陆多震层学术讨论会论文选集，北京：地震出版社，100～109。
94. LiuGuodong and Lu Zaoxan, The structure of the crust and upper mant1e beneath Haicheng and Tangshan Earthquake areas. Earthquake Prediction, IL Cigno Galileo Ga1ilei Edizioni Di Arte, Scienza, Roma, 1992, 111-139.
95. Liu Guodong and Wang Chunyong, The deep structures that control great earthquake. 2nd International Conference on Continenta1 Earthquakes, Beijing, China, 1992.
96. 刘国栋、张木生、邓前辉、王关勇、汤吉，唐山大震区的深部瞬变电磁法勘探，刘国栋、邓前辉主编，《电磁方法研究与勘探》，北京：地震出版社，1993，1～21。
97. 孙传文、邓前辉、刘国栋、张木生、赵国泽、汤吉、詹艳，电磁阵列剖面法的实施与资料处理初探，刘国栋、邓前辉主编，《电磁方法研究与勘探》，北京：地震出版社，1993，52～59。
98. 江钊、刘国栋、孙洁、晋光文、陈九辉，Robust 估计及其在大地电磁资料处理中的初步应用，刘国栋、邓前辉主编，《电磁方法研究与勘探》，北京：地震出版社，1993，60～69。

99. 张流、刘国栋、马宝林、刘若新，多学科（GGE）研究地壳结构和震源区的方法探讨，地球物理进展，1993，第8卷，第4期，8～24。

100. 刘国栋；临汾地区地壳构造及其动力学研究-兼论山西断裂带地壳上地接构造及其与裂谷和地震活动性的关系，山西临汾地区地震区划和防震减灾规划的课题研究报告，1993，1～62。

101. 马宗晋、邓起东、刘光勋、赵新平、刘国栋、马宝林，山西临汾地区的地震研究和震灾预评估与预防，山西临汾地震研究与系统减灾，北京：地震出版社，1993，1～11。

102. 刘国栋，大陆地壳及其动力学，现今地球动力学问题讨论会文集，北京：地震出版社，1993，1～24。

103. 刘国栋，唐山地震震源及动力学过程的再认识，现今地球动力学研究及其应用，北京：地震出版社，1994 ，70～83。

104. 刘国栋，中国大陆岩石圈结构与动力学，地球物理学报增刊1，1994，65～81。

105. 刘国栋、赵国泽，大地电磁法新进展，地球科学进展，1994 ，9（4）：97～100。

106. 刘国栋，我国大地电磁测深的发展，地球物理学报，1994，37（Supp. 1）：301～310。

107. 高平、毋润昌、郭才华、张流、刘国栋，华北岩石圈高导低速层成因的实验研究，中国地震学会，1994 ，101～102。

108. Y. Ishikawa，Liu Guodong and Y. Feng，Seismisity. Geology and Geophysics of Philippine Sea，Terra Scien tific publishing Compang，Japan，1995.

109. K. Suyehiro，Liu Guodòng and Liu Changquan，Structure of the Crust and upper mantle. Geology and Geophysics of Philippine Sea，Terra scien tific publishing compang，Japan，1995.

110. N. Isezaki，R. G. Kulinich and Liu Guodong，Magnetic anomaly. Geology and Geophysics of Philippine Sea，Terra scien tific publishing compang，Japan，1995.

111. H. Fujimoto and G. Liu，Gravity anomalies in the Philippine sea，Geology and Geophysics of the Philippine Sea，Terra Scientific Publishing company，Japan，1995，25-30.

112. G. Liu and Y. Honkula，Electrical conductivity anomalies in North and East China and the Philippine Sea，Geology and Geophysics of the Philippinc Sea，Terra Scientific Publishing company，Japan，1995，51-58.

113. Song Huizhen，Liu Jie，Liu Guodong，A study of the focal process of Xingtai earthquake in 1966，Seismology and Geology，1995，18（Supp. l）：99-111.

114. 江钊、赵国泽、汤吉、刘铁胜、詹艳、刘国栋，延怀盆地大地电磁研究，地球物理学会年会，1995，296。

115. 张先康、王椿镛、刘国栋、宋建立、罗力雷、吴涛、吴建春，由深地震反射剖面得到的延庆-怀来地区地壳细结构，地球物理学会年会，1995 ，83。

116. 刘国栋、张先康、刘泰升，胜利油气田深、浅构造及其相互关系、凹陷形成机制以及无机CO_2气体的运移过程，胜利油区深部地壳结构与构造研究，1995 ，279～321 。

117. 刘国栋、张先康、王椿镛等，华北北部地壳上地幔构造、物性、深源岩石参数及其与孕震环境的研究，八五计划85-907-02-03课题研究报告，1995，1～26 。

118. 赵国泽、刘铁胜、江钊、汤吉、徐常芳、詹艳、白登海、刘国栋，山西阳高-河北容城剖面大地电磁资料的二维反演解释，地球物理学报，1997 40（1）：38～45。

119. 张先康、刘国栋、刘泰升、王椿镛、李清河、张成科、宋建立，三维深地震测探方法及其在非烃类气体勘探中的应用，地球物理年会，1997，306。

120. 王椿镛、张先康、刘国栋，邢台大震区地壳细结构与地震发生关系的探测研究，庆祝地球物理学会成立50周年，北京：地震出版社，1997 ，313～315。

121. Zhao Guoze, Jiang Zhao, Liu Tiesheng, Tang Ji, Xu Changfang, Zhan Yan, Bai Denghai, Liu Guodong; Investigation of MT data along the Yanggao-Rongcheng profile by two-dimensional inversion. Chinese Journal of Geophysics, 1997, 40 (2): 211-220.

122. 邓前辉、张木生、詹艳、刘国栋、赵国泽、汤吉，邢台7.2级地震震源区的电磁阵列剖面法测量与电性特征研究，地球物理学报，1998，41（2）：218～225。

123. 赵国泽、刘国栋、詹艳、江钊、刘铁胜、汤吉、王继军、李文军、梁竞阁，张北-尚义地震区及其邻区地壳上地幔结构，地震地质，1998，20（2）：155～164，189。

124. 张先康、刘国栋、刘泰升、杨卓欣、张成科、赵金仁、杨健、宋建立、祝治平、高泉生，华北地壳结构的三维探测和研究，寸丹集——庆祝刘光鼎院士工作50周年学术论文集，北京：科学出版社，1998，715～720。

125. Zhao Guoze, Zhan Yan, Liu Guodong, Jiang Zhao, Liu Tiesheng, Tang Ji, Wang Jijun, Li Wenjun, and Liang Jingge, Structure of the crust and upper mantle beneath the Zhangbei-Shangyi earthquake area and its surroundings, Earthquake Research in China, 1999, 13 (1): 13-24.

126. 赵国泽、江钊、刘国栋、汤吉、刘铁胜、詹艳，华北北部地震活动区的MT资料二维反演和解释，刘光鼎、郭爱缨主编，第30届国际地质大会论文集，1999 ，第20卷，69～79。

127. 赵俊猛、张先康、赵国泽、刘国栋、卢造勋，不同构造环境下壳幔过渡带的结构特点，地学前缘，1999，6（3），165～172 。

128. 赵俊猛、刘国栋、卢造勋、张先康、赵国泽，天山造山带与准噶尔盆地岩石圈结构及其动力学模型，邓乃恭、雷伟志主编，大陆构造及陆内变形暨第六届全国地质力学学术讨论会论文集（纪念著名地质学家李四光教授诞辰110周年），北京：地震出版社，1999，85～88 。

129. Junmeng Zhao, Guodong Liu, Zaoxun Lu, Xiankang Zhang, and Guoze Zhao; A geodynamic model for quickly uplifting of the Tianshan orogenic belt. 99 International Symposium on Tianshan Earthquakes. 1999, pp: 175-177.

130. 赵俊猛、刘国栋、卢造勋、张先康、赵国泽，天山造山带与准噶尔盆地壳慢过渡带及其动力学含义，中国科学，2001，第31卷，第4期，272～282。

131. 詹艳、汤吉、刘国栋、赵国泽，GMS-06电磁测深系统及应用，地球物理学年会，2001，427。

132. Junmeng Zhao, Guodong Liu, Zaoxun Lu, Xiankang Zhang, and Guoze Zhao; Crust mantle transitional zone of Tianshan orogenic belt and Junggar basin and its geodynamic implication. Science in China (Series D). 2001, 44 (9): 824-837.

133. Junmeng Zhao, Guodong Liu, Zaoxun Lu, Xiankang Zhang, Guoze Zhao, Lithospheric structure and dynamic processes of the Tianshan orogenic belt and the Junggar basin. *Tectonophysics* , 2003, 376 (2003) 199-239 .

134. 刘国栋，电磁法及电法仪器的新进展和应用，石油地球物理勘探，2004，39（增刊）：46～51。

135. 刘国栋，矿产资源调查的物探方法和仪器设备，物探与化探，2007，31（ 增刊）：35～52。

136. 刘国栋，频率域电磁法仪的最新进展，第八届中国国际地球电磁学讨论会论文集，2007，63～70。

137. 刘国栋，电磁法仪，地球物理仪器汇编及专论，北京：地质出版社，2012. 1～17。

138. 刘国栋，频率域电磁法找矿，地球物理方法、仪器、应用，www. ouhualian. com，2013，30～48。
139. 刘国栋、朱自串，张量可控源电磁法，地球物理方法、仪器、应用，www. ouhualian. com，2013，49～74。
140. 刘国栋、朱自串，张量可控源电磁法与标量可控源电磁法对比，地球物理方法、仪器、应用，www. ouhualian. com，2013，75～84。
141. 刘国栋，瞬变电磁法找矿，地球物理方法、仪器、应用，www. ouhualian. com，2013，85～105。
142. 刘国栋，煤矿井下槽波地震勘探，地球物理方法、仪器、应用，www. ouhualian. com，2013，106～134。

附录二

刘国栋著作目录

1. 刘国栋、陈乐寿，大地电磁测深研究，北京：地震出版社，1984。
2. 石应骏、刘国栋、吴广耀、王家映、王华俊、王光鄂、吴乃爵，大地电磁测深教程，北京：地震出版社，1985。
3. 刘国栋、邓前辉主编，地球物理勘探文辑，第二辑，北京：地质出版社，1987。
4. 刘国栋、晋光文、邓前辉、赵国泽、王宝钧、孙洁，大地电磁测深法（译著），北京：地震出版社，1987。
5. A. G. Rodnikov（URSS）N. Isezaki，T. Shiki，S. Uyeda（Japan），Liu Guodong（China），The North China Plain-Philippine Sea-Mariana Trench Geotrave e. Moscow Navka，1991.
6. 马宗晋、刘国栋、刘若新、马宝林、张家声主编，大陆多震层研究——国际大陆多震层学术讨论会论文选集，北京：地震出版社，1992。
7. 刘国栋、邓前辉主编，电磁方法研究与勘探，北京：地震出版社，1993。
8. 刘若新、刘国栋、邓起东、李祥根主编，现今地球动力学及其应用，北京：地震出版社，1994。

附录三

刘国栋获奖目录

（一）国家级奖

1. 国家科技进步二等奖，1985，SD-1 型数字大地电磁测深仪及其软件系统应用与研究，（85-DK-2-008-1）。

2. 对国家有突出贡献的中青年专家，1990 年授。

3. 第三届李四光地质科学奖，1993 年授。

4. 国家自然科学奖三等奖，1997 年授。

（二）省部级奖

1. 国家地震局科研成果三等奖，1983，大地电磁测深论文集。

2. 北京市科技成果二等奖，1983，北京地震地质会战成果。

3. 国家地震局科技进步二等奖，1985，1976 年唐山地震。

4. 国家地震局科技进步三等奖，1985，华北地区深部构造与强震活动性研究。

5. 国家地震局科技进步二等奖，1985，SD-1 型数字大地电磁测深仪和软件系统及其应用。

6. 国家地震局科技进步一等奖，1986，中国岩石圈动力学图集及 1/400 万挂图。

7. 国家地震局科技进步三等奖，1987，地球深部构造与地震关系的研究。

8. 国家地震局科技进步三等奖，1990，鄂中坳陷大地电磁测深的研究和应用。

9. 国家地震局科技进步二等奖，1991，辽南地区地壳上地幔介质横向非均匀性及其与构造活动动力源关系的研究。

10. 国家地震局科技进步三等奖，1992，一种新的二维大地电磁反演方法研究。

11. 国家地震局科技进步一等奖，1995，山西临汾地区地震区划与防震减灾规划。

12. 国家地震局科技进步一等奖，1995，中国东部地学大断面的编制和研究。

13. 国家地震局科技进步二等奖，1996，板内大震孕震环境和震源结构研究。

14. 国家地震局科技进步一等奖，1996，邢台大震区地壳细结构及介质与地震发生关系的探测研究。

15. 国家地震局科技进步二等奖，1999，工作区内未来强震危险区地壳细结构，物性特征及与已知大震区对比研究。

（三）专项奖

1. 国家地震局科研成果三等奖，1983，LH-2 型模拟大地电磁测深仪。

2. 国家地震局攻关项目一等奖，1985，华北地区近期（10 年）地震危险区划。

3. 国家地震局攻关项目二等奖，1985，华北地区深部构造及区域地球物理场与地震活动性构系。

（四）优秀论文奖

江苏响水至内蒙古满都拉地学断面，地质学报，1992 年优秀论文奖。

在钻探培训班学习　1950年　长春

参加工作第三年　1952年

与母亲合影　1955年

结婚照　1965年

家庭照　1974年

与孙女在一起　2006年

全家福　2008年　北京

与夫人和孙女刘婧琳合影　2008年

与外孙何凯文（后）、何欧文（前）在一起　2008年

中国地震代表团访问日本（前排左起第二刘国栋，第六代表团团长安启元局长） 1978年

与马杏垣教授访问伦敦帝国大学　1980年

在第三届中国国际大地电磁学术会后（右起第二Berdichersky、第三Ádám、第四刘国栋，左起第一刘仁、第二陈乐寿、第三Booker）　1994年　游三峡

访日期间与日本地震学家交流　1978年

访问联合国日内瓦总部　1980年

SD-1型数字大地电磁仪在野外工作（右起卸玉良、刘国栋、外宾、林卓然、张木生、秦国卿）　1980年

与大地电磁仪专家Karmann博士讨论工作（左起Karmann、刘国栋、孙洁、江钊） 1986年

重新评定鲁南地区地震区划验收会议后合影（左一张国民，左三起时振梁、马宗晋、刘国栋、鄢家全） 1988年

地学大断面国际会议
（前排左一国际地学断面计划主席Monger教授，左二刘国栋，左三国际地学断面计划副主席Geotze教授） 1989年 北京

做学术报告　1991年

参观野外宽角反射地震施工区（左起宋建立、陈学波、外宾、刘国栋、刘昌铨、张先康）　1992年

评审辽东核电站辽东湾海域地震剖面　1995年　上海

与卢造勋参加海洋地震剖面评审会　1995年　上海

讨论宽角地震反射剖面（左起刘国栋、刘昌铨、张先康）　1992年　郑州

思考论文　1995年

工作照　1995年

夫人宋瑞卿工作照　1993年

在第三十届国际地质大会参观地学成果　1996年　北京

与儿子刘宇（左一），女婿何赛忠（左二），女儿刘爽（左三）在巴黎埃菲尔铁塔前合影　1996年

与德国地震学专家Reuter教授（左二）合影　1997年

爱犬点点　2000年

与德国DMT公司地震仪专家Martin先生（中）在野外施工现场　2005年

天涯海角　2009年

自然科学奖

证　书

为表彰在自然科学研究中做出重大贡献者，特颁发国家自然科学奖证书，以资鼓励。

获奖项目：中国东部地学大断面的编制与研究

获奖者：刘国栋

奖励等级：三等奖

奖励日期：一九九七年十二月

证书号：25-3-002-03

中华人民共和国
国家科学技术委员会主任 宋健

为表彰在促进科学技术进步工作中做出重大贡献，特颁发此证书，以资鼓励。

奖励日期：一九八五年

证 书 号： 85-DK-2-008-1

获奖项目：SD－1型数字大地电磁测深仪及其软件系统应用和研究

获 奖 者：刘 国 栋

奖励等级：二 等

国家科学技术进步奖
评审委员会

中青年
有突出贡献专家

证 书

中华人民共和国
人 事 部

姓 名 刘国栋

性 别 男

出生年月 1934年3月

工作单位 国家地震局

专业技术职务或职称 研究员